KUHMINSA

한 발 앞서나가는 출판사, 구민사

구민사 출간도서 中 수험서 분야

- 용접
- 자동차
- 조경/산림
- 품질경영
- 산업안전
- 전기
- 건축토목
- 실내건축
- 기술사
- 기계
- 금속
- 환경
- 보일러
- 가스
- 공조냉동
- 위험물

전국 도서판매처

- 일산남부서점
- 안산대동서적
- 대전계룡서점
- 대구북앤북스
- 대구하나도서
- 포항학원사
- 울산처용서림
- 창원그랜드문고
- 순천중앙서점
- 광주조은서림

www.kuhminsa.co.kr

자격증 시험 접수부터 자격증 수령까지!

01 필기 원서 접수

큐넷(www.q-net.or.kr)
필기 시험은 회원 가입 후 **인터넷 접수만 가능**
(사진 파일, 접수비(인터넷 결제) 필요)
응시자격 요건 반드시 확인

02 필기시험

입실 시간 미준수 시 시험 응시 불가
준비물 : 수험표, 신분증, 필기구 지참

03 필기 합격 확인

큐넷(www.q-net.or.kr)
사이트에서 확인

04 실기 원서 접수

큐넷(www.q-net.or.kr)
응시 자격 서류는 **실기시험 접수기간(4일 내)**에 제출해야만 접수 가능

전문가를 위한 첫걸음, 주민사는 그 이상을 봅니다!
KUHMINSA

실기 시험
필답형과 작업형으로 분류
원서 접수 시 선택한 장소와 시간에 맞게 시험을 봅니다.
준비물 : 수험표, 신분증, 필기구 지참

최종합격 확인
큐넷(www.q-net.or.kr)
사이트에서 확인

자격증 신청
인터넷으로 신청(상장형 자격증 발급을 원칙으로 하며,
희망 시 수첩형 자격증 발급 신청 / 발급 수수료 부과)

자격증 수령
인터넷으로 발급
(수첩형 자격증은 등기 수령 시 등기 비용 발생)

D-DAY 60 자동차정비산업기사 필기 D-60 합격 플랜

(위의 플랜은 가장 이상적인 것이므로 참고하여 개인의 입장과 일정에 맞춰 준비하시기 바랍니다.)

월요일	화요일	수요일	목요일	금요일	토요일	일요일
D-60	D-59	D-58	D-57	D-56	D-55	D-54
PART 1 학습 및 복습						
D-53	D-52	D-51	D-50	D-49	D-48	D-47
PART 2 학습 및 복습						
D-46	D-45	D-44	D-43	D-42	D-41	D-40
PART 3 학습 및 복습						
D-39	D-38	D-37	D-36	D-35	D-34	D-33
PART 4 학습 및 복습						
D-32	D-31	D-30	D-29	D-28	D-27	D-26
전체 이론 복습 및 과년도 문제풀이						

D-DAY 60 놓친 부분 다시보기

월요일	화요일	수요일	목요일	금요일	토요일	일요일
D-25	D-24	D-23	D-22	D-21	D-20	D-19
		이론복습 (O/X)				문제풀이 (O/X)
D-18	D-17	D-16	D-15	D-14	D-13	D-12
		이론복습 (O/X)				문제풀이 (O/X)
D-11	D-10	D-9	D-8	D-7	D-6	D-5
		이론복습 (O/X)				문제풀이 (O/X)
D-4	D-3	D-2	D-1			
		이론복습 (O/X)				

시험장 가기 전에 Tip

Q 계산기를 따로 가져가야 하나요?
A 시험을 치르는 PC에 설치된 계산기를 이용하실 수 있습니다.(개인 계산기 지참 가능)

Q PC로 시험을 치르면 종이는 못 쓰나요?
A 시험장에서 필요한 사람에 한해 종이를 제공합니다. 시험장마다 상황이 다를 수 있으니 전화로 해당 시험장의 상황을 파악해보시길 권장합니다. 이 때 시험이 끝나고 종이 반납은 필수입니다.

Preface 머리말

공부!
듣기만 해도 고개가 저절로 돌아가게 만드는 단어이다. "어떻게 하면 빠르게 핵심만 공부할까?"
이 책을 접한 독자는 최소한 12년 이상 공부에 혼을 쏟았을 거라 믿는다. 저자 역시 수많은 책과 씨름해본 경험이 이 책을 만들게 된 동기가 되었다.
일반 대입 수험서는 주변의 대학생에게 얼마든지 물어볼 수 있으나 특히 자동차 정비에 관한 내용은 정비공장이나 카센터 사장님께 여쭤보아도 사업에 바쁘셔서 충분한 대답을 얻을 수 없었다. 물론 질문하려고 해도 용기가 없긴 하였다. 용기도 없고 궁금은 하니 독학은 해야겠고…
예전에는 혼자 독학한다는 것이 매우 어려웠던 시절이었다. 도서관에 가도 조금만 늦으면 자리가 없었고, 혹여 들어가도 책을 찾느라 많은 시간을 허비하였다. 그나마 찾을 수 있으면 횡재였다. 요즘은 네이버 형님과 다음 언니가 다 알려주질 않는가? 이 책은 그런 부분에서도 채울 수 없는 자동차 정비에 초점을 맞춰 자동차정비를 배우는 사람들이 혼자서도 빠르게 독학이 가능하도록 집필하였다.

본 자동차정비산업기사 필기 교재의 특징은

첫째, 가능한 산업인력공단 출제기준에 맞춰 구성하도록 하였다.
둘째, 자동차정비산업기사 이론내용과 과년도 기출문제를 엄선·분석하여 중요 핵심 내용을 알기 쉽게 정리하였다.
셋째, 앞으로 출제될 예상문제풀이를 각 단원별 학습 내용에 따라서 핵심요점 정리를 통하여 폭 넓고 알기 쉽게 기술하였다.
넷째, 과년도 문제는 가장 최근의 문제를 전부 해설을 첨부하여 궁금한 문제를 스스로 해결할 수 있도록 하였다.

끝으로 이 책의 출판을 위해 적극적으로 도움주신 도서출판 구민사 조규백 대표님과 직원 여러분께 깊은 감사를 드립니다.

저자

Construct 이 책의 구성 및 특징

1 이론 핵심 요약 & 예상문제 수록

각 단원마다 체계적인 핵심 요약을 기반으로 이론을 구성하였고, 단원의 마지막에 예상문제를 수록하여 실전 시험에 대비하였습니다.

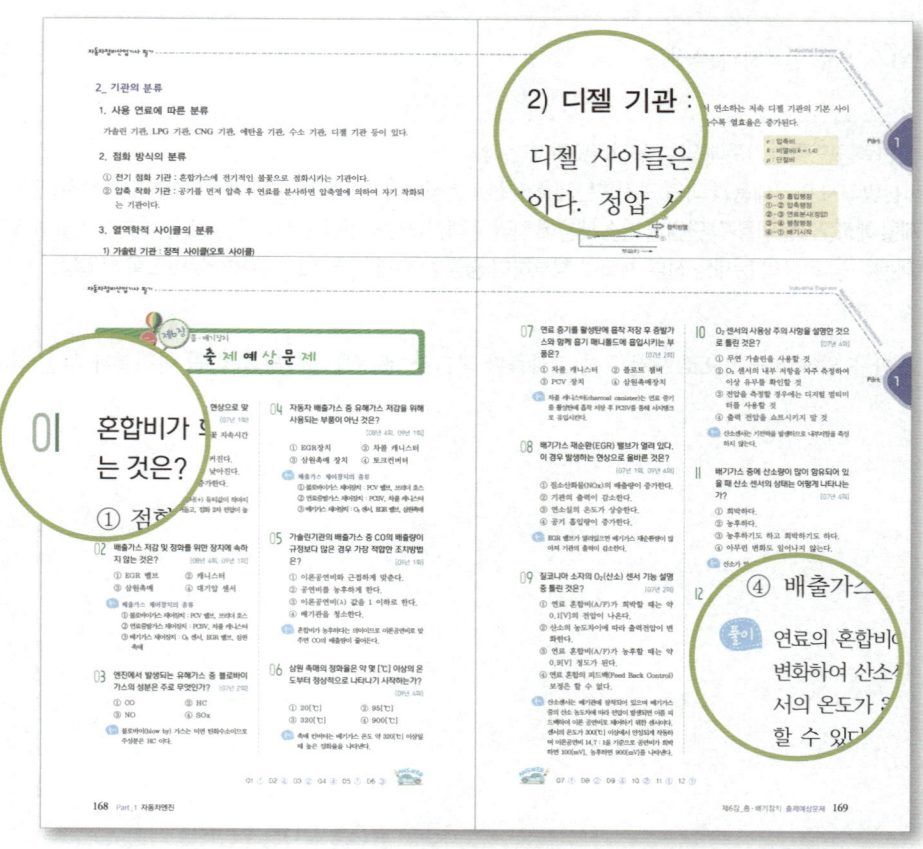

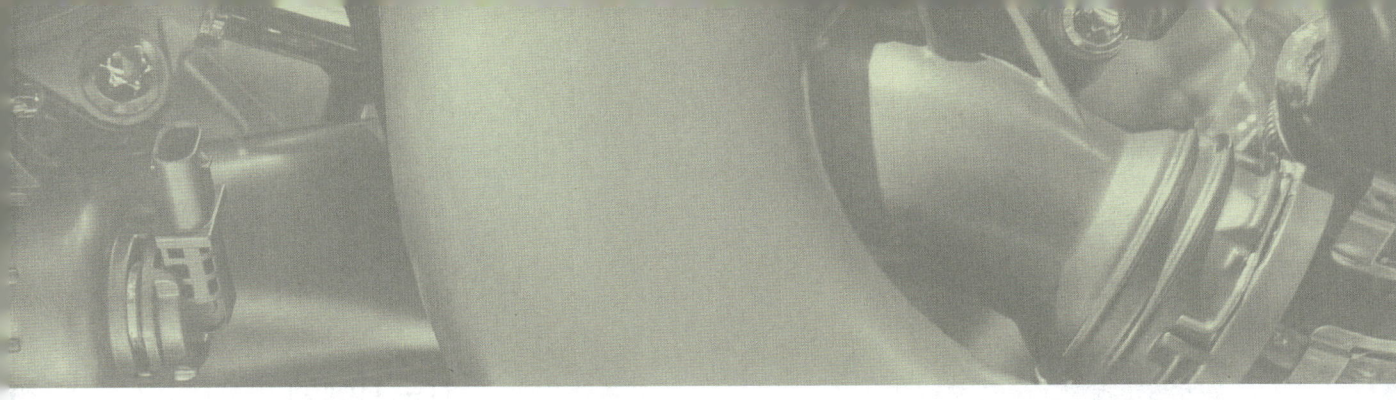

2 최근 과년도 & CBT 기출복원 문제 수록

부록으로 최근 과년도 문제와 CBT 기출복원 문제를 수록하여 실전시험에 대비하였습니다.

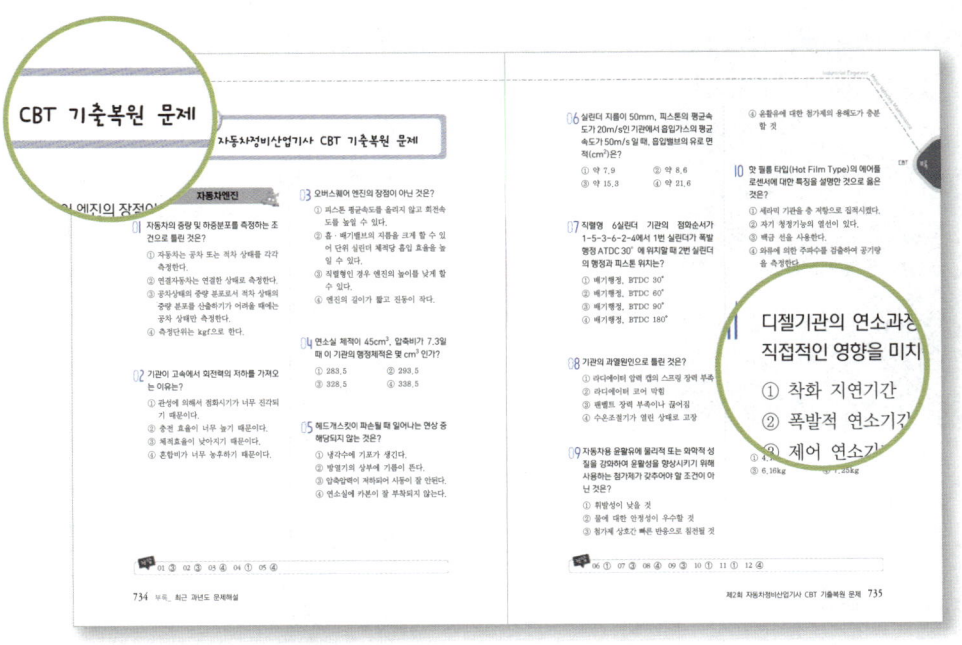

Contents
목차

PART 1   자동차엔진

제1장 기관의 개요   3
제1절 기관 기초사항   3
제2절 연료와 기관 성능   7
제1장 기관의 개요 출제예상문제   13

제2장 내연 기관의 본체   20
제1절 기관본체   20
제2장 내연 기관의 본체 출제예상문제   45

제3장 윤활 및 냉각장치   50
제1절 윤활장치(lubricating system)   50
제2절 냉각장치(cooling system)   56
제3장 윤활 및 냉각장치 출제예상문제   65

제4장 연료장치   68
제1절 전자제어 가솔린 연료장치   68
제2절 LPG, CNG 연료장치   90
제4장 연료장치 출제예상문제   105

제5장 디젤 기관   114
제1절 기계식 디젤 기관   114
제2절 CRDI 디젤기관   132
제5장 디젤 기관 출제예상문제   147

제6장 흡・배기장치   150
제1절 흡기장치(Intake system)   150
제2절 배기장치(exhaust system)   159
제3절 배출가스 저감장치   159
제4절 친환경 제어시스템   170
제6장 흡・배기장치 출제예상문제   172

PART 2 　 자동차섀시

제1장 동력전달장치 　 179
제1절 클러치(clutch) 　 179
제2절 변속기 　 186
제3절 친환경 동력전달장치 　 216
제1장 동력전달장치 출제예상문제 　 218

제2장 현가 및 조향장치 　 226
제1절 현가장치 　 226
제2절 전자제어 현가장치
(E.C.S : Electronic Control Suspension) 　 237
제3절 조향장치 　 242
제4절 동력 조향장치(power steering system) 　 248
제2장 현가 및 조향장치 출제예상문제 　 256

제3장 제동장치 　 263
제1절 일반 제동장치 　 263
제2절 전자제어 제동장치 　 278
제3장 제동장치 출제예상문제 　 294

제4장 주행 및 구동장치 　 300
제1절 휠 및 타이어 　 300
제2절 정속 주행장치 　 306
제3절 자동차의 성능 　 310
제4장 주행 및 구동장치 출제예상문제 　 317

PART 3 　 자동차전기

제1장 전기전자 　 325
제1절 기초전기 　 325
제2절 기초전자 　 334
제3절 통신장치 　 342
제1장 전기전자 출제예상문제 　 362

제2장 시동, 점화 및 충전장치 　 367
제1절 축전지 　 367
제2절 시동장치 　 374
제3절 점화장치 　 383
제4절 충전장치 　 391
제2장 시동, 점화 및 충전장치 출제예상문제 　 399

제3장 계기, 등화 및 편의장치 　 406
제1절 계기 및 등화장치 　 406
제2절 안전 및 편의장치 　 420
제3장 계기, 등화 및 편의장치 출제예상문제 　 445

제4장 냉·난방장치 　 448
제1절 냉방장치 　 448
제2절 난방장치 　 467
제4장 냉·난방장치 출제예상문제 　 469

PART 4 친환경 자동차

제1장 하이브리드 자동차 … 473
- 제1절 하이브리드 개요 … 473
- 제2절 하이브리드 시동 및 취급방법 … 480
- 제3절 하이브리드 시스템 구성 … 482
- 제1장 하이브리드 자동차 출제예상문제 … 485

제2장 전기자동차 … 506
- 제1절 전기자동차 개요 … 506
- 제2절 전기자동차 전지(Battery) … 510
- 제3절 전기자동차 모터 … 516
- 제4절 전기자동차의 주요부품 … 519
- 제5절 전기자동차의 충전 … 521
- 제6절 전기자동차의 냉·난방장치 … 522
- 제2장 전기자동차 출제예상문제 … 528

제3장 수소연료전지자동차 … 542
- 제1절 수소연료전지 자동차 일반 … 542
- 제2절 수소연료전지 … 544
- 제3절 수소자동차 운전 시스템 … 546
- 제4절 수소자동차의 전력 전환 … 554
- 제3장 수소연료 전지자동차 출제예상문제 … 557

Appendix 최근 과년도 문제해설

2017년
- 자동차정비산업기사 제1회(2017.03.05 시행) … 567
- 자동차정비산업기사 제2회(2017.05.07 시행) … 581
- 자동차정비산업기사 제3회(2017.08.19 시행) … 594

2018년
- 자동차정비산업기사 제1회(2018.03.04 시행) … 607
- 자동차정비산업기사 제2회(2018.04.28 시행) … 621
- 자동차정비산업기사 제3회(2018.08.19 시행) … 636

2019년
- 자동차정비산업기사 제1회(2019.03.03 시행) … 650
- 자동차정비산업기사 제2회(2019.04.27 시행) … 664
- 자동차정비산업기사 제3회(2019.08.04 시행) … 678

2020년
- 제1·2회 통합 기출문제(2020.06.21 시행) … 692
- 자동차정비산업기사 제3회(2020.08.22 시행) … 706

CBT
- 제1회 자동차정비산업기사 CBT 기출복원문제 … 720
- 제2회 자동차정비산업기사 CBT 기출복원문제 … 734
- 제3회 자동차정비산업기사 CBT 기출복원문제 … 747
- 제4회 자동차정비산업기사 CBT 기출복원문제 … 761
- 제5회 자동차정비산업기사 CBT 기출복원문제 … 774
- 제6회 자동차정비산업기사 CBT 기출복원문제 … 787

안전보건표지의 종류와 형태

전문가를 위한 첫걸음, 구민사는 그 이상을 봅니다!
KUHMINSA

	101	102	103	104	105	106
1. 금지표지	출입금지	보행금지	차량통행금지	사용금지	탑승금지	금연
	107 화기금지	108 물체이동금지	**2. 경고표지**	201 인화성물질 경고	202 산화성물질 경고	203 폭발성물질 경고	204 급성독성물질 경고
205 부식성물질 경고	206 방사성물질 경고	207 고압전기 경고	208 매달린 물체 경고	209 낙하물 경고	210 고온 경고	211 저온 경고
212 몸균형 상실 경고	213 레이저광선 경고	214 발암성·변이원성·생식독성·전신독성·호흡기 과민성 물질 경고	215 위험장소 경고	**3. 지시표지**	301 보안경 착용	302 방독마스크 착용
303 방진마스크 착용	304 보안면 착용	305 안전모 착용	306 귀마개 착용	307 안전화 착용	308 안전장갑 착용	309 안전복 착용
4. 안내표지	401 녹십자표지	402 응급구호표지	403 들것	404 세안장치	405 비상용기구	406 비상구
407 좌측비상구	408 우측비상구	**5. 관계자외 출입금지**	501 허가대상물질 작업장 **관계자외 출입금지** (허가물질 명칭) 제조/사용/보관 중 보호구/보호복 착용 흡연 및 음식물 섭취 금지	502 석면취급/해체 작업장 **관계자외 출입금지** 석면 취급/해체 중 보호구/보호복 착용 흡연 및 음식물 섭취 금지	503 금지대상물질의 취급 실험실 등 **관계자외 출입금지** 발암물질 취급 중 보호구/보호복 착용 흡연 및 음식물 섭취 금지

6. 문자추가시 예시문

▶ 내 자신의 건강과 복지를 위하여 안전을 늘 생각한다.
▶ 내 가정의 행복과 화목을 위하여 안전을 늘 생각한다.
▶ 내 자신의 실수로써 동료를 해치지 않도록 안전을 늘 생각한다.
▶ 내 자신이 일으킨 사고로 인한 회사의 재산과 손실을 방지하기 위하여 안전을 늘 생각한다.
▶ 내 자신의 방심과 불안전한 행동이 조국의 번영에 장애가 되지 않도록 하기 위하여 안전을 늘 생각한다.

Information 자동차정비산업기사 시험정보

개요
자동차산업의 성장과 더불어 운행되는 자동차 수가 늘어남에 따라 기계상의 결함이나 사고 등 여러 가지 이유로 정상적으로 운행되지 못하는 경우가 많다. 이런 경우 원인을 찾아내고 정비하여 안전하고 쾌적한 운행상태로 바꾸어 주는 것이 자동차 정비이다. 이를 위해 산업현장에서 필요로 하는 자동차정비업무를 수행할 전문 기능인력이 필요하게 됨

수행직무
자동차의 냉각수, 윤활유, 충전상태, 유압 등 사고예방을 위한 일상점검과 정기점검을 실시하며 고장이나 사고에 의한 직접적인 정비업무 혹은 지도적 기능업무 수행. 엔진 부문, 전기부분, 섀시부분, 차체부분으로 나누어 업무를 수행하기로 함.

출제경향
작업형 : 자동차정비에 관한 지식 및 기능을 가지고, 작업현장의 지도, 경영층과 정비 생산계층을 유기적으로 결합시켜주는 중간 관리자로서의 역할과 각종 공구 및 기기와 점검 장비를 이용하여 엔진, 섀시, 전기장치 등의 결함이나 고장부위를 진단, 정비, 검사하고 작업지시를 내릴 수 있는 직무 수행능력을 평가(공개문제 참조)

취득방법
① 시행처 : 한국산업인력공단
② 관련학과 : 대학 및 전문대학의 자동차과, 자동차공학 관련학과
③ 시험과목
  - 필기 : 1. 자동차 엔진정비 2. 자동차 섀시정비 3. 자동차 전기·전자 장치정비 4. 친환경 자동차정비
  - 실기 : 자동차정비 작업(작업형)
④ 검정방법
  - 필기 : 객관식 4지 택일형, 과목당 20문항(과목당 30분)
  - 실기 : 작업형(5시간 30분 정도, 100점)
⑤ 합격기준
  - 필기 : 100점을 만점으로 하여 과목당 40점 이상, 전과목 평균 60점 이상
  - 실기 : 100점을 만점으로 하여 60점 이상

시험수수료
필기 : 19,400원
실기 : 58,200원

종목별 검정현황

종목명	연도	필기 응시	필기 합격	필기 합격률(%)	실기 응시	실기 합격	실기 합격률(%)
	소계	345,490	80,245	23.2%	113,012	42,036	37.2%
자동차정비산업기사	2023	6,055	1,714	28.3%	2,085	1,186	56.9%
	2022	7,560	1,097	14.5%	1,827	963	52.7%
	2021	8,806	2,116	24%	2,988	1,568	52.5%
	2020	8,305	1,668	20.1%	2,465	1,279	51.9%
	2019	8,499	1,678	19.70%	2,867	1,268	44.20%
	2018	7,735	2,036	26.30%	2,829	1,318	46.60%
	2017	8,226	2,080	25.30%	2,846	1,292	45.40%
	2016	7,742	1,467	18.90%	2,102	864	41.10%
	2015	7,365	1,034	14%	1,692	628	37.10%
	2014	7,770	1,014	13.10%	1,501	552	36.80%
	2013	7,590	880	11.60%	1,439	597	41.50%
	2012	7,644	1,004	13.10%	1,738	610	35.10%
	2011	6,583	1,271	19.30%	1,764	719	40.80%
	2010	7,941	1,158	14.60%	1,734	662	38.20%
	2009	8,504	1,594	18.70%	2,294	857	37.40%
	2008	9,216	1,817	19.70%	3,005	1,128	37.50%
	2007	9,576	2,694	28.10%	3,912	1,468	37.50%
	2006	10,580	2,843	26.90%	3,205	1,196	37.30%
	2005	9,563	1,523	15.90%	2,246	835	37.20%
	2004	9,044	1,685	18.60%	2,220	942	42.40%
	2003	9,485	1,477	15.60%	2,147	888	41.40%
	2002	8,772	2,664	30.40%	3,646	1,385	38%
	2001	10,270	2,516	24.50%	3,526	1,485	42.10%
	1977~2000	152,659	41,224	27%	56,934	18,346	32.20%

Standard 자동차정비산업기사 출제기준

직무분야	기계	중직무 분야	자동차	자격종목	자동차정비산업기사	적용기간	2025.1.1 ~2027.12.31
직무내용	\multicolumn{7}{l}{자동차의 엔진, 섀시, 전기·전자장치, 친환경 자동차 등의 결함이나 고장부위를 진단, 정비, 검사하고 관리하는 직무이다.}
필기검정방법	객관식	문제수	80	시험시간		2시간	

필기 과목명	출제문제수	주요항목	세부항목
자동차 엔진정비	20	1. 과급 장치 정비	1. 과급장치 점검·진단 2. 과급장치 조정하기 3. 과급장치 수리하기 4. 과급장치 교환하기 5. 과급장치 검사하기
		2. 가솔린 전자제어 장치 정비	1. 가솔린 전자제어장치 점검·진단 2. 가솔린 전자제어장치 조정 3. 가솔린 전자제어장치 수리 4. 가솔린 전자제어장치 교환 5. 가솔린 전자제어장치 검사
		3. 디젤 전자제어 장치 정비	1. 디젤 전자제어장치 점검·진단 2. 디젤 전자제어장치 조정 3. 디젤 전자제어장치 수리 4. 디젤 전자제어장치 교환 5. 디젤 전자제어장치 검사
		4. 엔진 본체 정비	1. 엔진본체 점검·진단 2. 엔진본체 관련 부품 조정 3. 엔진본체 수리 4. 엔진본체 관련부품 교환 5. 엔진본체 검사
		5. 배출가스장치 정비	1. 배출가스장치 점검·진단 2. 배출가스장치 조정 3. 배출가스장치 수리 4. 배출가스장치 교환 5. 배출가스장치 검사

※ 세세기준은 한국산업인력공단 홈페이지 참조

필기 과목명	출제문제수	주요항목	세부항목
자동차 섀시정비	20	1. 자동변속기 정비	1. 자동변속기 점검·진단 2. 자동변속기 조정 3. 자동변속기 수리 4. 자동변속기 교환 5. 자동변속기 검사
		2. 유압식 현가장치 정비	1. 유압식 현가장치 점검·진단 2. 유압식 현가장치 교환 3. 유압식 현가장치 검사
		3. 전자제어 현가장치 정비	1. 전자제어 현가장치 점검·진단 2. 전자제어 현가장치 조정 3. 전자제어 현가장치 수리 4. 전자제어 현가장치 교환 5. 전자제어 현가장치 검사
		4. 전자제어 조향장치 정비	1. 전자제어 조향장치 점검·진단 2. 전자제어 조향장치 조정 3. 전자제어 조향장치 수리 4. 전자제어 조향장치 교환 5. 전자제어 조향장치 검사
		5. 전자제어 제동장치 정비	1. 전자제어 제동장치 점검·진단 2. 전자제어 제동장치 조정 3. 전자제어 제동장치 수리 4. 전자제어 제동장치 교환 5. 전자제어 제동장치 검사

※ 세세기준은 한국산업인력공단 홈페이지 참조

필기 과목명	출제문제수	주요항목	세부항목
자동차 전기·전자장치정비	20	1. 네트워크통신장치 정비	1. 네트워크통신장치 점검·진단 2. 네트워크통신장치 수리 3. 네트워크통신장치 교환 4. 네트워크통신장치 검사
		2. 전기·전자회로 분석	1. 전기·전자회로 점검·진단 2. 전기·전자회로 수리 3. 전기·전자회로 교환 4. 전기·전자회로 검사
		3. 주행안전장치 정비	1. 주행안전장치 점검·진단 2. 주행안전장치 수리 3. 주행안전장치 교환 4. 주행안전장치 검사
		4. 냉·난방장치 정비	1. 냉·난방장치 점검·진단 2. 냉·난방장치 수리 3. 냉·난방장치 교환 4. 냉·난방장치 검사
		5. 편의장치 정비	1. 편의장치 점검·진단 2. 편의장치 조정 3. 편의장치 수리 4. 편의장치 교환 5. 편의장치 검사
친환경 자동차 정비	20	1. 하이브리드 고전압 장치 정비	1. 하이브리드 전기장치 점검·진단 2. 하이브리드 전기장치 수리 3. 하이브리드 전기장치 교환 4. 하이브리드 전기장치 검사
		2. 전기자동차정비	1. 전기자동차 고전압 배터리 정비 2. 전기자동차 전력통합제어장치 정비 3. 전기자동차 구동장치 정비 4. 전기자동차 편의·안전장치 정비
		3. 수소연료전지차 정비 및 그 밖의 친환경 자동차	1. 수소 공급장치 정비 2. 수소 구동장치 정비 3. 그 밖의 친환경자동차

PART 1

자동차엔진

제1장 기관의 개요
제2장 내연 기관의 본체
제3장 윤활 및 냉각장치
제4장 연료장치
제5장 디젤 기관
제6장 흡·배기장치

01 기관의 개요

제1절 기관 기초사항

1_ 기관의 정의

연료를 연소시켜 발생되는 열에너지를 기계적인 운동 에너지로 변환하는 장치로, 내연기관과 외연기관으로 분류한다.

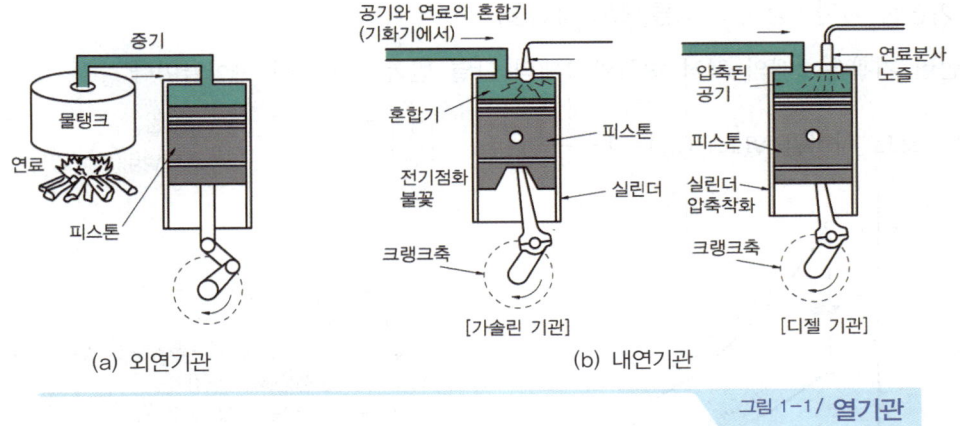

그림 1-1 / **열기관**

1. 외연기관

기관 밖에서 공기와 연료를 혼합하여 연소함으로써 기계적 에너지를 얻는 기관으로써, 증기 기관(왕복형), 증기 터빈(회전형) 등이 있다.

2. 내연기관

기관 안에서 공기와 연료를 혼합하여 연료를 연소시켜 기계적 에너지를 얻는 기관으로써, 가솔린 기관과 디젤 기관으로 분류한다.

2_ 기관의 분류

1. 사용 연료에 따른 분류

가솔린 기관, LPG 기관, CNG 기관, 에탄올 기관, 수소 기관, 디젤 기관 등이 있다.

2. 점화 방식의 분류

① 전기 점화 기관 : 혼합가스에 전기적인 불꽃으로 점화시키는 기관이다.
② 압축 착화 기관 : 공기를 먼저 압축 후 연료를 분사하면 압축열에 의하여 자기 착화되는 기관이다.

3. 열역학적 사이클의 분류

1) 가솔린 기관 : 정적 사이클(오토 사이클)

가솔린 기관은 2개의 정적 변화와 2개의 단열 변화로 구성된 사이클이다.

오토 사이클 열효율(η_o) = $1 - \dfrac{1}{\epsilon^{k-1}} = 1 - \left(\dfrac{1}{\epsilon}\right)^{k-1}$

ϵ : 압축비
k : 비열비($k = 1.4$)

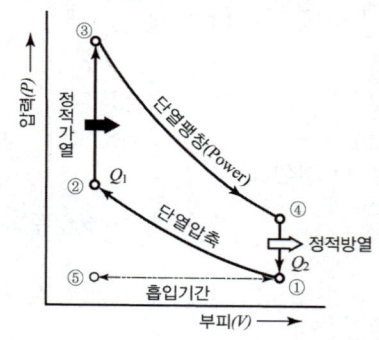

⑤-① 흡입행정
①-② 단열압축
②-③ 폭발(일정한 체적하에서 열량 Q_1을 공급)
③-④ 팽창행정(power 발생)
④-① 배기시작(열량 Q_2를 방출)
①-⑤ 배기행정

그림 1-2 / P-V 지압선도

오토 사이클의 이론 열효율을 η_o 라 하면

$$\eta_o = \dfrac{Q_1 - Q_2}{Q_1} = 1 - \dfrac{Q_2}{Q_1}$$

각 점(①, ②, ③, ④)에서의 온도를 각각 T_1, T_2, T_3, T_4라 하고 압축비를 ϵ라 하면

$$\eta_o = 1 - \dfrac{T_4 - T_1}{\epsilon^{k-1}(T_4 - T_1)} = 1 - \left(\dfrac{1}{\epsilon}\right)^{k-1}$$

따라서, 오토 사이클의 이론 열효율은 ϵ와 K에 의해 결정된다.

2) 디젤 기관 : 정압 사이클(저속 디젤 기관)

디젤 사이클은 정압 사이클로써 일정한 압력하에서 연소하는 저속 디젤 기관의 기본 사이클이다. 정압 사이클의 이론 열효율은 단절비가 작을수록 열효율은 증가된다.

디젤 사이클 열효율(η_d) = $1 - \left(\dfrac{1}{\epsilon}\right)^{k-1} \times \dfrac{\rho^k - 1}{k(\rho - 1)}$

ϵ : 압축비
k : 비열비($k = 1.4$)
ρ : 단절비

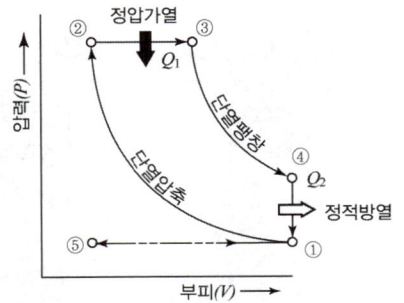

⑤-① 흡입행정
①-② 압축행정
②-③ 연료분사(정압)
③-④ 팽창행정
④-① 배기시작

그림 1-3 / P-V 지압선도

3) 고속 디젤 기관 : 복합 사이클(사바테 사이클)

사바테 사이클(Sabathe cycle)은 폭발비(ϕ)가 1이 되면 정압 사이클이 되며, 단절비(ρ)가 1이 되면 정적 사이클이 된다. 또한, 압축비가 증가하면 열효율은 상승하며, 공급 열량과 압축비가 일정할 때 열효율은 오토 사이클 > 사바테 사이클 > 디젤 사이클 순이며, 공급 압력과 최고 압력이 일정할 때 열효율은 디젤 사이클 > 사바테 사이클 > 오토 사이클 순이다.

복합 사이클 열효율(η_s) = $1 - \left(\dfrac{1}{\epsilon}\right)^{k-1} \times \dfrac{\phi \cdot \rho^k - 1}{(\phi - 1) + k \cdot \phi(\rho - 1)}$

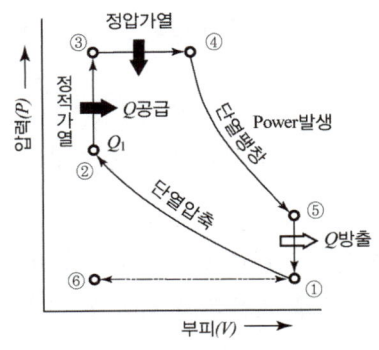

ϵ : 압축비
k : 비열비
ρ : 단절비(체적비)
ϕ : 폭발비(압력비)

그림 1-4 / P-V 지압선도

4. 기계학적 사이클의 분류

1) 4행정 사이클(cycle) 기관

사이클(cycle)이란 혼합기가 실린더 내에 유입된 후 배기가스가 되어 나올 때까지의 주기적인 변화를 말하며 흡입, 압축, 폭발, 배기의 순으로 4개의 행정을 크랭크축이 2회전하면 1사이클이다.

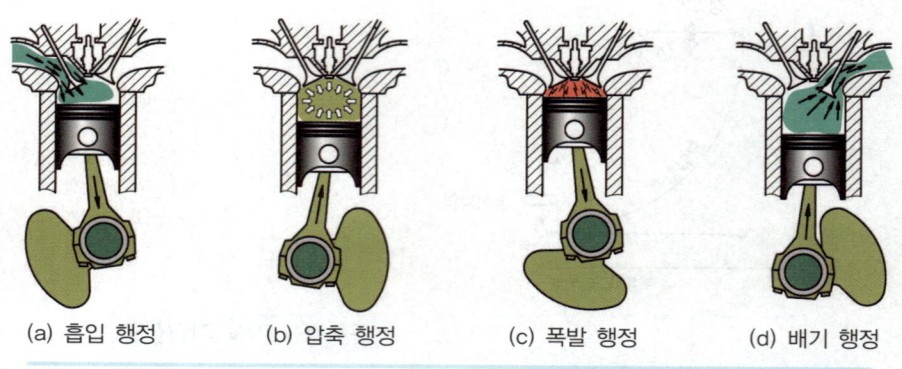

(a) 흡입 행정   (b) 압축 행정   (c) 폭발 행정   (d) 배기 행정

그림 1-5 / 행정 사이클 기관

① **흡입행정** : 피스톤이 하강하여 혼합기를 연소실로 흡입하며, 크랭크축은 180° 회전한다.
② **압축행정** : 피스톤이 상승하여 혼합기를 압축하며, 이 때 압축압력은 7~11[kg/cm²] 정도이다. 크랭크축은 360°(1회전) 회전한다.
③ **동력행정** : 연소가스의 열이 일로 바뀌어 동력이 발생하는 과정으로, 최대 폭발 압력은 TDC 후 10~15° 지점에서 발생한다. 크랭크축은 540° 회전한다.
④ **배기행정** : 잔류 연소가스를 배출하는 행정으로, 배기가스 압력은 3~4[kg/cm²], 배기가스의 대략 온도는 600~700[℃]이다. 크랭크축은 720°(2회전) 으로 마무리 된다.

2) 2행정 사이클 기관

흡입, 압축, 폭발, 배기 등 4개 작용을 피스톤 2행정에 마치고 크랭크 축 1회전에 1회 동력이 발생되는 기관이다.

① **흡입, 압축 및 폭발 행정** : 피스톤이 상승하면서 흡입 포트가 열려 크랭크 케이스 내에 혼합기를 흡입하고 피스톤 헤드부는 배기 구멍을 막은 다음 유입된 혼합기를 압축하여 점화 연소시킨다.
② **배기 및 소기** : 연소 가스가 피스톤을 밀어내려 배기공이 열리면 가스가 배출되며, 피스톤에 의해서 소기공이 열리면 흡입 행정에서 흡입된 혼합 가스가 피스톤 헤드부로 유입된다.

2행정 기관에서 디플렉터는 혼합기의 손실을 적게 하고, 와류를 증가시키기 위해 피스톤 헤드에 설치된 돌기부를 말한다.

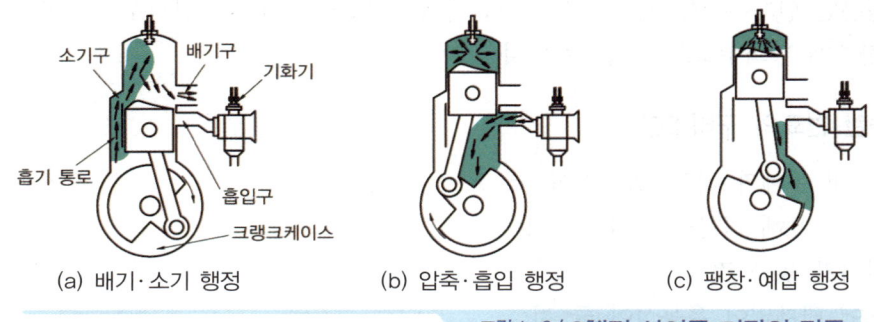

그림 1-6 / **2행정 사이클 기관의 작동**

제2절 / 연료와 기관 성능

1_ 연료

1. 연료의 분류

내연기관의 연료로는 고체연료, 액체연료, 기체연료 등의 3종류가 있으나 현재 사용하고 있는 것은 액체 연료와 기체 연료이다.

1) 기체연료

기체연료로는 가장 많이 쓰이고 있는 액화석유가스(LPG : Liquefied Petroleum Gas)가 있으며 또한 최근에는 액화천연가스(LNG : Liquefied Natural Gas)와 압축천연가스(CNG : Compressed Natural Gas) 등도 많이 사용하고 있다.

2) 액체연료

액체연료로는 일반적으로 석유계 연료인 가솔린, 등유, 경유, 중유 등을 주로 사용하며, 가솔린은 불꽃점화기관의 연료이며 경유, 중유 등은 압축착화기관인 디젤기관의 가장 중요한 연료이기도 하다.

2. 석유계 연료

석유계 연료의 주성분은 탄소와 수소의 화합물인 탄화수소이며, 이 외에도 산소, 질소, 황등의 불순물이 섞여 있다. 이 석유계 연료를 비점의 차이에 따라 분류하면 가솔린, 등유, 경유, 중유 등이 있으며, 내연기관 연료의 대부분은 이 석유계 연료에 속한다. 또한 석유계 연료는 주성분인 탄화수소를 기준으로 파라핀계 탄화수소, 올레핀계 탄화수소, 나프텐계 탄화수소, 방향족계 탄화수소로 나눌 수 있다.

1) 가솔린 연료의 구비조건

① 체적 및 무게가 적고, 발열량이 클 것.
② 연소 후 유해 화합물을 남기지 말 것.
③ 옥탄가가 높을 것.
④ 온도에 관계없이 유동성이 클 것.
⑤ 연소 속도가 빠를 것.

2) 가솔린 기관의 노킹

가솔린 기관의 노킹이란 연소실 내부의 이상연소에 의해 기관이 금속을 두드리는 것과 같은 금속성, 즉 노킹음이 나타나는 현상을 말하며, 연소실 내부에서의 매우 급격한 연소에 의해 발생하는 것으로 알려져 있다.

3) 노킹이 발생하면 나타나는 현상

① 이상연소하여 평균 유효압력은 낮아지고 순간 폭발압력이 증가한다.
② 이상 열전달로 냉각수가 끓어 넘친다.(over heat)
③ 이상 열전달로 인하여 실린더 헤드, 실린더 블록이 휘어지게 된다.
④ 실린더 헤드 가스켓이 찢어진다.
⑤ 엔진오일과 냉각수가 섞이게 되어 라디에이터에 기름이 뜨게 된다.
⑥ 실린더 헤드가 휘거나 가스켓이 찢어지므로 압축압력이 낮아지게 된다.
⑦ 출력이 낮아지므로 연료소비량이 증가한다.

4) 옥탄가(Octane Number, ON)

옥탄가란 가솔린 연료의 안티 노킹성(anti-knocking,내폭성)을 나타내는 척도로, 노크를 일으키기 어려운 이소옥탄과 노크를 일으키기 쉬운 노멀 헵탄과의 혼합액 중에서 이소옥탄의 백분율[%]로 나타낸다. 즉 옥탄가 90인 연료라면, 그 연료는 이소옥탄 90[%], 노멀헵탄 10[%]의 혼합액과 동일한 안티 노크성을 갖는다는 것을 의미한다. 옥탄가가 높을수록 노킹이 억제된다.

또한 옥탄가 측정에는 CFR(Cooperative Fuel Research)기관을 사용하며, 이 기관은 단실린더 가변 압축비 기관이다.

$$옥탄가 = \frac{이소옥탄}{이소옥탄 + 노말헵탄} \times 100[\%]$$

5) 가솔린 기관의 노킹 방지책

① 적당한 혼합기
② 고옥탄가 연료를 사용
③ 엔진의 실린더벽 온도를 낮춘다.
④ 점화시기를 지각(지연)시킨다.
⑤ 흡입공기 온도와 압력을 낮춘다.
⑥ 연소실 압축비를 낮춘다.
⑦ 연소실 화염 전파거리를 짧게(빠르게) 한다.
⑧ 연소실 내의 퇴적 카본을 제거해 준다.
⑨ 기관의 회전수를 느리게 한다.

6) 농후한 혼합비가 기관에 미치는 영향

① 기관의 동력감소
② 불안전 연소
③ 기관 과열
④ 카본 생성

7) 희박한 혼합기가 기관에 미치는 영향

① 저속 및 고속회전이 어렵다.
② 기동이 어렵고, 동력이 감소된다.
③ 배기 가스온도 상승으로 노킹이 발생된다.

8) 경유의 구비조건

① 고형 미립이나 유해 성분이 적을 것
② 내폭성과 내한성이 클 것
③ 적당한 점도가 있을 것
④ 연소 후 카본 생성이 적을 것
⑤ 발열량이 클 것
⑥ 불순물이 섞이지 않을 것
⑦ 온도 변화에 따른 점도 변화가 적을 것
⑧ 인화점이 높고, 발화점이 낮을 것
⑨ 세탄가가 높을 것

9) 디젤 노크

① 착화늦음 기간 중에 분사된 다량의 연료가 화염전파 기간 중에 연소되어 실린더 내의 압력이 급격히 상승되어 피스톤 헤드가 실린더벽을 타격하는 현상
② 세탄가 : 디젤기관 연료의 착화성을 나타내는 척도이며, 높을수록 노킹이 억제된다.

$$세탄가 = \frac{세탄}{세탄 + \alpha 메틸나프탈렌} \times 100[\%]$$

10) 디젤 기관 노크 방지책

① 연료의 착화온도를 높게 한다.
② 압축비 및 흡입공기온도와 압력을 높게 한다.
③ 연료 분사시 관통력이 크게 한다.
④ 분사 노즐 분사시기를 알맞게 조정해 준다.
⑤ 연소실 벽의 온도를 높게 한다.
⑥ 착화 지연 시간을 짧게 한다.
⑦ 고세탄가 연료(경유)를 사용한다.
⑧ 착화지연 기간동안에는 분사 노즐 초기 분사량을 작게하고, 자연발화 후에는 분사량을 증대시켜 준다.

2_ 기관의 성능

1. 마력(PS)

1) 지시(도시)마력(IHP : Indicated Horse Power)

실린더 내에 공급된 혼합기가 폭발하여 나타나는 압력과 피스톤 운동에 따른 체적의 변화 관계를 지압계로 측정하여 지압선도에서 계산한 마력으로 미국 자동차공학학회(S.A.E)에서 임의로 제작되고 C.F.R 기관에서 직접 산출한 마력(PS)을 말한다.

$$IHP = \frac{P \times A \times L \times Z \times N}{75 \times 60}$$

P : 지시평균 유효압력[kg/cm²]
A : 실린더 단면적[cm²]
L : 행정[m]
Z : 실린더 수
N : 엔진 회전수(rpm)(4행정기관 : N/2, 2행정기관 : N)

2) 제동(축, 정미) 마력(BHP : Brake Horse Power)

연소열 에너지 중에서 일로 변화된 에너지 중 동력손실(마찰력, 발전기, 물 펌프 등)을 제외하고 실제 크랭크축에서 동력으로 활용될 수 있는 동력을 말한다.

$$\text{BHP} = \frac{2\pi TN}{75 \times 60} = \frac{TN}{716}$$

T : 회전력[m-kg$_f$]
N : 엔진 회전수[rpm]

3) 마찰(손실)마력(FHP : Friction Horse Power)

$$\text{FHP} = \frac{f \times Z \times N \times V_s}{75} = \frac{P \times V_s}{75}$$

f : 피스톤 링 1개의 마찰력[kg$_f$]
Z : 실린더당 링의 수
N : 실린더 수
V_s : 피스톤 평균속도[m/s]
P : 총마찰마력

4) 공칭(과세)마력(SAE)

자동차공업학회(SAE)의 기관의 제원을 이용하여 간단히 계산되는 것으로, 자동차의 등록 및 과세 기준으로 사용되는 마력(PS)이다.

$$\text{SAE} = \frac{M^2 Z}{1,613} = \frac{D^2 Z}{2.5}$$

M : 내경[mm]
D : 내경[inch]
Z : 실린더 수

5) 연료마력(PHP : Petrol Horse Power)

$$\text{PHP} = \frac{H \times W}{632.3 \times t}$$

H : 연료의 저위발열량[kcal/kg$_f$]
W : 연료의 중량[kg$_f$]
t : 측정시간[hour]

6) 시간 마력당 연료소비율(F)

$$F = \frac{시간당\ 연료소비량}{PHP}\ [\text{kg}_f/\text{ps-h}]$$

2. 기관의 효율

1) 기계 효율(mechanical efficiency, η_m)

실린더 내에서 실제로 일로 변화된 지시마력 중 각부 마찰 및 기타 손실되는 일을 제외한 제동마력과 상호관계 효율을 나타낸다.

$$기계효율(\eta_m) = \frac{제동마력(BHP)}{지시마력(IHP)} \times 100\,[\%]$$

2) 열효율(thermal efficiency, η_h)

연소실에 공급된 연료에서 발생한 열량이 기계적인 일로 변화시킬 수 있는 열의 백분율을 말한다. 즉, 일로 변화한 에너지와 엔진에 공급된 열에너지의 비율을 말한다.

$$열효율(\eta_h) = \frac{632.3 \times PS}{H \times F}$$

PS : 마력
H : 연료의 저위발열량[kcal/kg$_f$]
F : 시간당 연료소비율[kg$_f$/ps-h]

3) 체적 효율(volumetric efficiency, η_v)

체적 효율(용적효율)이란 피스톤의 행정체적과 흡입생성시 상온하에서 실제로 흡입된 공기 체적의 중량비를 말한다.

$$\text{체적 효율(용적효율, } \eta_v) = \frac{\text{실제 흡입 공기량}}{\text{실린더용적이 차지하는 이론공기량}} \times 100 [\%]$$

제1장 기관의 개요 출제예상문제

01 단위 환산을 나타낸 것으로 맞는 것은? [07년 4회]

① $1[J] = 1[N \cdot m] = 1[W \cdot s]$
② $1[J] = 1[W] = 1[PS \cdot h]$
③ $1[J] = 1[N/s] = 1[W \cdot s]$
④ $1[J] = 1[cal] = 1[W \cdot s]$

풀이) $1[J] = 1[N \cdot m] = 1[W \cdot s] = 0.24[cal]$

02 9,000[J]은 몇 [Wh]인가? [07년 2회]

① 1,500[Wh] ② 150[Wh]
③ 250[Wh]   ④ 2.5[Wh]

풀이) $1[J] = 1[W \cdot s]$이므로, $\frac{9,000}{3,600} = 2.5[Wh]$

03 전자제어 연료분사장치에서 연료가 완전 연소하기 위한 이론 공연비와 가장 밀접한 관계가 있는 것은? [09년 4회]

① 공기와 연료의 산소비
② 공기와 연료의 중량비
③ 공기와 연료의 부피비
④ 공기와 연료의 원소비

풀이) 이론 공연비 14.7 : 1은 공기와 연료의 중량비이다.

04 1.2[KJ]을 [W·s] 단위로 환산한 값은? [09년 2회]

① 120[W·s]   ② 1,200[W·s]
③ 4,320[W·s] ④ 72[W·s]

풀이) $1[N \cdot m] = 1[W \cdot s] = 1[J]$
∴ $1.2[kJ] = 1,200[J] = 1,200[W \cdot s]$

05 가솔린을 완전 연소시켰을 때 발생되는 것은? [07년 4회]

① 이산화탄소, 물
② 아황산가스, 질소
③ 수소, 일산화탄소
④ 이산화탄소, 납

풀이) 연료는 탄소와 수소로 구성된 고분자 화합물이므로, $C, H + O_2 = CO_2 + H_2O$ 가 생성된다.

06 연소실의 벽면 온도가 일정하고, 혼합가스가 이상기체라고 가정하면, 이 엔진이 압축행정일 때 연소실 내의 열과 내부에너지의 변화는? [09년 4회]

① 열 = 방열, 내부에너지 = 증가
② 열 = 흡열, 내부에너지 = 불변
③ 열 = 흡열, 내부에너지 = 증가
④ 열 = 방열, 내부에너지 = 불변

풀이) 연소실 내는 방열, 내부 에너지는 불변

01 ① 02 ④ 03 ② 04 ② 05 ① 06 ④

07 가솔린 300[cc]를 연소시키기 위하여 몇 [kg]의 공기가 필요한가? (단, 혼합비는 15, 가솔린 비중은 0.75로 한다.) [07년 1회]

① 2.18[kg] ② 3.42[kg]
③ 3.37[kg] ④ 39.2[kg]

풀이 필요 공기량 = 0.3[L]×15×0.75 = 3.375[kg]

08 내연기관에 적용되는 공기표준 사이클은 여러 가지 가정하에서 작성된 이론 사이클이다. 가정에 대한 설명으로서 틀린 것은?
[09년 4회]

① 동작유체는 일정한 질량의 공기로서 이상기체 법칙을 만족하며, 비열은 온도에 관계없이 일정하다.
② 급열은 실린더내부에서 연소에 의해 행해지는 것이 아니라 외부의 고온 열원으로부터의 열전달에 의해 이루어진다.
③ 압축과정은 단열과정이며, 이때의 단열지수는 압축압력이 증가함에 따라 증가한다.
④ 사이클의 각 과정은 마찰이 없는 이상적인 과정이며, 운동에너지와 위치에너지는 무시된다.

풀이 공기표준 사이클의 주된 가정(假定)
① 동작유체는 이상기체이고, 그 물성치는 표준상태의 공기의 값과 같다.
② 압축 및 팽창과정은 단열 과정이다.
③ 사이클 과정을 하는 동작물질의 양은 일정하다.
④ 비열은 온도에 따라 변화하지 않는 것으로 보며, 압축행정과 팽창행정의 단열지수는 같다.
⑤ 연소에 의한 발열 및 연소가스의 배출에 의한 방열은 작동유체의 가열 및 냉각으로 치환된다.

09 이상기체의 정의에 속하지 않는 것은?
[08년 1회]

① 이상기체 상태 방정식을 만족한다.
② 보일 샤를의 법칙을 만족한다.
③ 완전가스라고도 부른다.
④ 분자 간 충돌시 에너지가 변화한다.

풀이 이상기체는 완전가스라고도 부르며, 분자간의 상호 작용이 전혀 없고, 이상기체 상태 방정식과 보일 샤를의 법칙이 완전히 적용된다는 가상의 기체를 말한다.

10 자연계에서 엔트로피의 현상을 바르게 나타낸 것은?
[08년 1회]

① $\oint \frac{\delta Q}{T} \leq 0$ ② $\oint \frac{\delta Q}{T} < 0$
③ $\oint \frac{\delta Q}{T} > 0$ ④ $\oint \frac{\delta Q}{T} \geq 0$

풀이 가역 사이클인 경우 : $\oint \frac{\delta Q}{T} \geq 0$

비가역 사이클인 경우 : $\oint \frac{\delta Q}{T} < 0$

11 다음 그림과 같은 디젤 사이클의 P – V 선도를 설명한 것으로 틀린 것은? [08년 2회]

① 1 → 2 : 단열 압축과정
② 2 → 3 : 정적 팽창과정
③ 3 → 4 : 단열 팽창과정
④ 4 → 1 : 정적 방열과정

풀이 2 → 3 : 정압 팽창과정

07 ③ 08 ③ 09 ④ 10 ④ 11 ②

12. 열역학 제 2법칙을 설명한 것으로 맞는 것은?
[09년 1회]

① 일은 쉽게 모두 열로 변화하나, 열을 일로 바꾸는 것은 용이하지 않다.
② 열은 쉽게 모두 일로 변화하나, 일을 열로 바꾸는 것은 용이하지 않다.
③ 일은 쉽게 모두 열로 변화하며, 열도 쉽게 모두 일로 변화한다.
④ 일은 열로 바꾸는 것이 용이하지 않으며, 열도 일로 바꾸는 것이 용이하지 않다.

풀이 열역학의 기본 법칙
① 열역학 제 0법칙 : 2개의 물체가 각각 제 3의 물체와 열평형 상태에 있으면 그들 2개의 물체도 열평형상태에 있다.
② 열역학 제 1법칙 : 일은 쉽게 모두 열로 변화하며, 열도 쉽게 모두 일로 변화한다.
③ 열역학 제 2법칙 : 일은 쉽게 모두 열로 변화하나, 열을 일로 바꾸는 것은 용이하지 않다.
④ 열역학 제 3법칙 : 절대 영도에서의 엔트로피에 관한 법칙으로, 네른스트의 열정리라고도 한다. 엔트로피의 변화 ΔS는 절대온도 T가 0으로 접근할 때 일정한 값을 갖고, 그 계는 가장 낮은 상태의 에너지를 갖게 된다는 법칙

13. 어떤 오토사이클 기관의 실린더 간극체적이 행정체적의 15[%] 일 때 이 기관의 이론 열효율은 약 몇 [%] 인가? (단, 비열비 = 1.4)
[08년 1회, 09년 4회]

① 39.23[%] ② 46.23[%]
③ 51.73[%] ④ 55.73[%]

풀이 압축비 $\epsilon = 1 + \dfrac{V_s}{V_c} = 1 + \dfrac{100}{15} = 7.67$

이론 열효율 $\eta_o = 1 - \dfrac{1}{\epsilon^{k-1}} = 1 - \left(\dfrac{1}{\epsilon}\right)^{k-1}$ 이므로,

$\therefore \eta_o = 1 - \left(\dfrac{1}{7.67}\right)^{1.4-1} = 0.5573$, 즉 55.73[%]

14. 내연기관의 열효율에 대한 설명 중 틀린 것은?
[07년 4회]

① 열효율이 높은 기관일수록 연료를 유효하게 쓴 결과가 되며, 그만큼 출력도 크다.
② 기관에 발생한 열량을 빼앗는 원인 중 기계적 마찰로 인한 손실이 제일 크다.
③ 기관에서 발생한 열량은 냉각, 배기, 기계 마찰 등으로 빼앗겨 실제의 출력은 1/4 정도이다.
④ 열효율은 기관에 공급된 연료가 연소하여 얻어진 열량과 이것이 실제의 동력으로 변한 열량과의 비를 열효율이라 한다.

풀이 기관에 발생한 열량을 빼앗기는 주 원인은 냉각손실과 배기손실에서 제일 크다.

15. 고온 327[℃], 저온 27[℃]의 온도 범위에서 작동되는 카르노 사이클의 열효율은?
[09년 2회]

① 30[%] ② 40[%]
③ 50[%] ④ 60[%]

풀이 카르노 사이클 열효율 $\eta_c = 1 - \dfrac{Q_2}{Q_1} = 1 - \dfrac{T_2}{T_1}$

$\therefore \eta_c = 1 - \dfrac{T_2}{T_1} = 1 - \dfrac{273+27}{273+327} \times 100 = 50[\%]$

16. 가솔린 기관의 열손실을 측정한 결과 냉각수에 의한 손실이 25[%], 배기 및 복사에 의한 손실이 35[%] 였다. 기계효율이 90[%] 이라면 정미효율은 몇 [%] 인가?
[08년 1회]

① 54[%] ② 36[%]
③ 32[%] ④ 20[%]

풀이 열정산 = {100[%]−(냉각손실+배기손실)} × 기계효율
∴ 정미효율 = {100−(25+35)} × 0.9 = 36[%]

12 ① 13 ④ 14 ② 15 ③ 16 ②

17 무게 2[t]의 자동차가 1,000[m]를 이동하는데 1분 40초 걸렸을 때 동력은?

[09년 1회]

① 70[kg$_f$·m/s]
② 200[kg$_f$·m/s]
③ 2,670[kg$_f$·m/s]
④ 20,000k[g$_f$·m/s]

 동력 = $\dfrac{\text{힘} \times \text{거리}}{\text{시간}}$ 이므로,

∴ 동력 = $\dfrac{2,000 \times 1,000}{100}$ = 20,000[kg$_f$·m/s]

18 기관의 출력시험에서 크랭크축에 밴드 브레이크를 감고 3[m]의 거리에서 끝의 힘을 측정하였더니 4.5[kg$_f$], 기관 속도계가 2,800[rpm]을 지시하였다면 이 기관의 제동마력은?

[08년 2회]

① 약 84.1[PS] ② 약 65.3[PS]
③ 약 52.8[PS] ④ 약 48.2[PS]

 제동마력(출력) $H_{ps} = \dfrac{2\pi Tn}{75 \times 60} = \dfrac{T \cdot n}{716}$

∴ $H_{ps} = \dfrac{T \cdot n}{716} = \dfrac{4.5 \times 3 \times 2,800}{716} = 52.79$[PS]

19 엔진의 최대 토크가 6[kg$_f$·m], 회전수가 2,500[rpm]일 때 엔진 출력은?

[07년 4회]

① 18.95[PS] ② 19.95[PS]
③ 20.95[PS] ④ 21.95[PS]

 출력(제동마력) = $\dfrac{2\pi TN}{75 \times 60} = \dfrac{TN}{716}$

∴ $\dfrac{6 \times 2,500}{716} = 20.95$[PS]

20 대형 화물자동차에서 기관의 회전속도가 2,500min^{-1} 일 때, 기관의 회전토크는 808[N·m]이였다. 이 때 기관의 제동 출력은?

[09년 4회]

① 약 561.1[kW] ② 약 269.3[kW]
③ 약 7.48[kW]   ④ 약 211.5[kW]

제동마력(출력) $B.H.P = \dfrac{2\pi Tn}{75 \times 60} = \dfrac{T \cdot n}{716}$

1[kg$_f$·m/s] = 9.8N 이므로

∴ $B.H.P = \dfrac{808 \times 2,500}{716 \times 9.8} = 287.88$[PS]

1[kW] = 1.36[ps]이므로,

$\dfrac{287.88}{1.36} = 211.67$[kW]

21 4행정 사이클 기관의 실린더 내경과 행정이 100[mm]×100[mm]이고 회전수가 1,800[rpm] 이다. 축 출력은 몇 [PS]인가? (단, 기계효율은 80[%] 이며, 도시평균 유효압력은 9.5[kg$_f$/cm^2]이고 4기통 기관이다.)

[07년 2회]

① 35.2[PS] ② 39.6[PS]
③ 43.2[PS] ④ 47.8[PS]

 지시(도시)마력 = $\dfrac{PALNR}{75 \times 60} = \dfrac{PVNR}{75 \times 60 \times 100}$

P : 지시평균 유효압력[kg$_f$/cm^2]
A : 실린더 단면적[cm^2]
L : 행정[m]
V : 배기량[cm^3]
N : 실린더수
R : 엔진 회전수[rpm]
  (2행정기관 : R, 4행정기관 : R/2)

∴ 도시마력 =
$\dfrac{9.5 \times 0.785 \times 10^2 \times 0.1 \times 900 \times 4}{75 \times 60} = 59.66$[ps]

기계효율 = $\dfrac{\text{제동마력}}{\text{지시마력}} \times 100$[%] 이므로

∴ 제동마력(축 출력) = 도시마력×기계효율
= 59.66×0.8 = 47.728[PS]

17 ④ 18 ③ 19 ③ 20 ④ 21 ④

22 기관의 제동마력이 380[PS], 시간당 연료소비량 80[kg], 연료 1[kg] 당 저위발열량이 10,000[kcal] 일 때 제동열효율은 얼마인가? [08년 4회]

① 13.3[%]   ② 30[%]
③ 35[%]   ④ 60[%]

풀이 제동 열효율 $\eta_b = \dfrac{632.3 \times ps}{B \times H}$

$\therefore \eta_b = \dfrac{632.3 \times 380}{80 \times 10,000} \times 100 = 30[\%]$

23 내연기관에서 기계효율을 구하는 공식으로 맞는 것은? [09년 4회]

① $\dfrac{마찰마력}{제동마력} \times 100[\%]$
② $\dfrac{도시마력}{이론마력} \times 100[\%]$
③ $\dfrac{제동마력}{도시마력} \times 100[\%]$
④ $\dfrac{마찰마력}{도시마력} \times 100[\%]$

풀이 제동마력(출력) $B.H.P = \dfrac{2\pi Tn}{75 \times 60} = \dfrac{T \cdot n}{716}$

$1[N] = 9.8[kg_f \cdot m/s]$이므로

$\therefore B.H.P = \dfrac{808 \times 2,500}{716 \times 9.8} = 287.88[ps]$

$1[kW] = 1.36[ps]$이므로,

$\dfrac{287.88}{1.36} = 211.67[kW]$

24 디젤 노크를 일으키는 원인과 직접적인 관계가 없는 것은? [07년 4회]

① 압축비   ② 회전속도
③ 연료의 발열량   ④ 엔진의 부하

풀이 노킹의 직접적인 원인은 압축비, 엔진 회전속도, 엔진의 부하이며, 연료의 발열량과 노크와는 관련이 없다.

25 자동차로 15[km]의 거리를 왕복하는데 40분이 걸렸다. 이때 연료소비는 1830[cc]이었다. 왕복 시 평균속도와 연료소비율은 약 얼마인가? [08년 4회]

① 23[km/h], 12[km/ℓ]
② 45[km/h], 16[km/ℓ]
③ 50[km/h], 20[km/ℓ]
④ 60[km/h], 25[km/ℓ]

풀이 속도(V) = $\dfrac{거리}{시간}$

연료소비율(F) = $\dfrac{거리}{연료소비량}$

$\therefore V = \dfrac{15 \times 2}{\frac{40}{60}} = 45[km/h]$

$\therefore F = \dfrac{15 \times 2}{1.83} = 16.39[km/\ell]$

26 4실린더 4행정 기관의 내경×행정(85×90[mm])이다. 이 기관이 3,000[rpm]으로 운전할 때 도시평균 유효압력이 9[kg$_f$/cm^2]이며, 기계효율이 75[%] 이면 제동마력은 얼마인가? [07년 4회]

① 15.3[PS]   ② 46[PS]
③ 61.3[PS]   ④ 92[PS]

풀이 지시마력 = $\dfrac{PALNR}{75 \times 60} = \dfrac{PVNR}{75 \times 60 \times 100}$

P : 지시평균 유효압력[kg$_f$/cm^2]
A : 실린더 단면적[cm^2], L : 행정[m]
V : 배기량[cm^3], N : 실린더 수
R : 엔진 회전수[rpm]
   (2행정기관 : R, 4행정기관 : R/2)

$\therefore$ 지시(도시)마력
$= \dfrac{9 \times 0.785 \times 8.5^2 \times 0.09 \times 4 \times 3,000}{75 \times 60 \times 2}$
$= 61.25[PS]$

제동마력 = 지시마력×기계효율 이므로,
$\therefore$ 제동마력 = $61.25 \times 0.75 = 45.94[PS]$

22 ②   23 ③   24 ③   25 ②   26 ②

27 연료 저위 발열량이 10,500[kcal/kg]인 연료를 사용하는 가솔린 기관의 연료 소비율이 180[g/PS·h]이라면, 이 기관의 열효율은 약 얼마인가? [07년 4회]

① 16.3[%] ② 21.9[%]
③ 26.2[%] ④ 33.5[%]

풀이 제동 열효율 = $\dfrac{632.3 \times PS}{CW} \times 100[\%]$

C : 연료의 저위발열량[kcal/kg$_f$]
W : 연료 중량[kg$_f$]
PS : 마력(주어지지 않으면 1마력)

∴ 제동 열효율 = $\dfrac{632.3 \times 1}{0.18 \times 10,500} \times 100 = 33.45[\%]$

28 연료의 저위발열량을 H_l[kcal/kg$_f$], 연료 소비량을 F[kg$_f$/h], 도시출력을 P_i[PS] 연료소비시간을 t[s]라 할 때 도시 열효율 η_i을 구하는 식은? [09년 1회]

① $\eta_i = \dfrac{632 \times P_i}{F \times H_l}$ ② $\eta_i = \dfrac{632 \times H_i}{F \times t}$

③ $\eta_i = \dfrac{632 \times t \times H_l}{F \times P_i}$ ④ $\eta_i = \dfrac{632 \times t \times P_i}{F \times H_l}$

풀이 도시 열효율 $\eta_i = \dfrac{632 \times P_i}{F \times H_l}$

29 조기 점화에 대한 설명 중 틀린 것은? [07년 4회]

① 조기점화가 일어나면 연료 소비량이 적어진다.
② 점화 플러그 전극에 카본이 부착되어도 일어난다.
③ 과열된 배기밸브에 의해서도 일어난다.
④ 조기점화가 일어나면 출력이 저하된다.

풀이 조기점화가 일어나면 출력이 저하되므로 연료 소비량이 증대된다.

30 내경 87[mm], 행정 70[mm]인 6기통 기관의 출력은 회전속도 5,600[rpm]에서 90 [kW]이다. 이 기관의 비체적 출력 즉, 리터 출력 [kW/L]은? [07년 1회]

① 6[kW/L] ② 9[kW/L]
③ 15[kW/L] ④ 36[kW/L]

풀이 총배기량 = $\dfrac{\pi}{4} D^2 \cdot L \cdot N$

∴ $\dfrac{\pi}{4} \times 8.7^2 \times 7 \times 6 = 2,495[cc]$

∴ 리터 출력 = $\dfrac{90}{2.495} = 36[kW/L]$

31 가솔린 기관의 실린더 벽 두께를 4[mm]로 만들고자 한다. 이때 실린더의 직경은? (단, 폭발압력은 40[kg$_f$/cm²]이고 실린더 벽의 허용응력이 360[kg$_f$/cm²]이다.) [07년 2회]

① 62[mm] ② 72[mm]
③ 82[mm] ④ 92[mm]

풀이 실린더 벽 두께(t) = $\dfrac{P \times d}{2 \times \sigma_a}$

P : 폭발압력[kg$_f$/cm²]
d : 실린더 지름[mm]
σ_a : 허용응력[kg$_f$/cm²]
t : 실린더벽 두께[mm]

∴ $d = \dfrac{2 \times \sigma_a \times t}{P} = \dfrac{2 \times 360 \times 4}{40} = 72[mm]$

27 ④ 28 ① 29 ① 30 ④ 31 ②

32 디젤 기관의 노킹 발생을 줄일 수 있는 방법은? [09년 2회]

① 압축 압력을 낮춘다.
② 기관의 온도를 낮춘다.
③ 흡기 압력을 낮춘다.
④ 착화지연을 짧게 한다.

> 디젤 노킹 방지법
> ① 세탄가가 높은 연료를 사용한다.
> ② 착화지연을 짧게 한다.
> ③ 기관의 온도를 높인다.
> ④ 흡기온도를 높인다.
> ⑤ 압축압력, 흡기압력을 높인다.

33 디젤 노킹(knocking) 방지책으로 틀린 것은? [09년 4회]

① 착화성이 좋은 연료를 사용한다.
② 압축비를 높게 한다.
③ 실린더 냉각수 온도를 높인다.
④ 세탄가가 낮은 연료를 사용한다.

> 디젤 노크의 방지 대책
> ① 세탄가가 높은(착화성이 좋은) 연료를 사용한다.
> ② 흡입공기의 온도, 실린더 벽의 온도를 높게 한다.
> ③ 압축비를 높게 한다.
> ④ 착화지연기간을 짧게 한다.
> ⑤ 착화지연기간 중 연료의 분사량을 적게 한다.
> ⑥ 흡입공기에 와류가 일어나도록 한다.

34 디젤노크에 대한 설명으로 가장 적합한 것은? [08년 4회]

① 연료가 실린더 내 고온 고압의 공기 중에 분사하여 착화할 때 착화지연기간이 길어지면 실린더 내에 분사하여 누적된 연료량이 일시에 급격히 착화 연소 팽창하게 되어 고열과 함께 심한 충격이 가해지게 된다.
② 연료가 실린더 내 고온 고압의 공기 중에 분사하여 점화될 때 점화지연기간이 길어지면 실린더 내에 분사하여 누적된 연료량이 일시에 급격히 착화 연소 팽창하게 되어 고열과 함께 심한 충격이 가해지게 된다.
③ 연료가 실린더 내 저온 저압의 공기 중에 분사하여 착화될 때 착화지연기간이 짧아지면 실린더 내에 분사하여 누적된 연료량이 서서히 증가하고 착화 연소 팽창하게 되어 고열과 함께 심한 충격이 가해지게 된다.
④ 연료가 실린더 내 저온 저압의 공기 중에 분사하여 점화될 때 점화지연기간이 짧아지면 실린더 내에 분사하여 누적된 연료량이 서서히 증가하고 점화 연소 팽창하게 되어 고열과 함께 심한 충격이 가해지게 된다.

> 디젤노크란 분사된 연료가 착화지연이 길어져 누적된 연료가 한꺼번에 연소하는 현상을 말한다.

ANSWER 32 ④ 33 ④ 34 ①

02 내연 기관의 본체

제1절 기관본체

1_ 실린더 헤드(cylinder head)

실린더 블록 윗부분에 설치되며 점화 플러그, 캠축, 밸브 등이 설치되어 연소실을 형성하며 재질로는 특수주철과 알루미늄 합금을 사용한다.

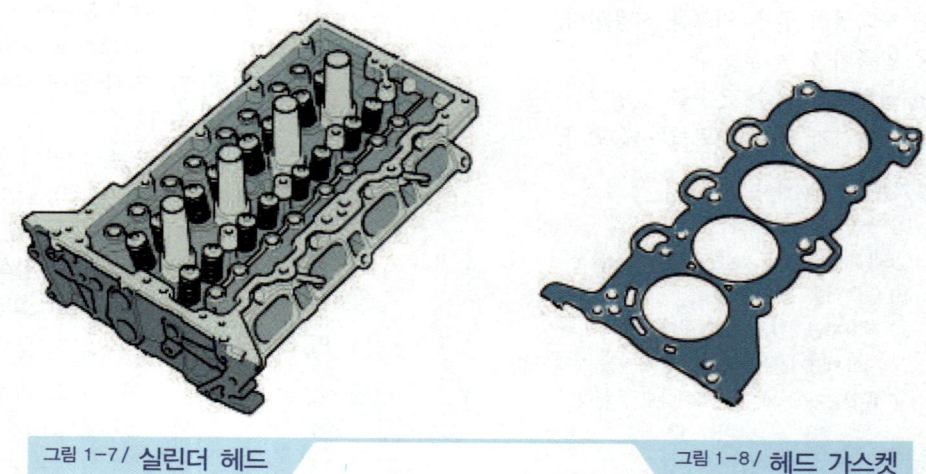

그림 1-7 / 실린더 헤드　　　　　　　　　　그림 1-8 / 헤드 가스켓

1. 실린더 헤드 가스켓(cylinder head gasket)

실린더 블록과 실린더 헤드 사이에 설치되는 것으로써 압축 압력의 기밀유지와 냉각수, 엔진오일의 누출을 방지하기 위해 설치된다.

① **보통 가스켓** : 동판이나 강판에 석면을 싸서 만든 가스켓이다.
② **스틸 베스토 가스켓** : 현재 가장 많이 사용하는 가스켓으로써 강판에 흑연과 석면을 고온 압착하여 고열, 고압에 강하다.
③ **스틸 가스켓** : 강판(steel) 만으로 만든 가스켓이다.

2. 실린더 헤드 정비

① 분해시 힌지 핸들을 사용하여 대각선의 바깥쪽에서 중앙으로 풀고, 조립시는 토크렌치를 사용하여 대각선의 중앙에서 바깥쪽을 향해 2~3회 나눠서 체결한다.
② 헤드 변형도는 곧은자와 시크니스 게이지를 사용하여 6~7군데를 측정하며, 규정값 이상이면 평면 연삭기로 연삭한다.
③ 헤드를 떼어 낼 때는 플라스틱 해머 또는 고무 해머로 가볍게 두드려 떼어 내거나 압축 압력 또는 호이스트를 이용하여 자중으로 탈거한다.

2_ 실린더 블록(cylinder block)

내부에 실린더와 냉각수 통로 및 크랭크 케이스 외부에는 각종 부속 장치와 코어 플러그가 있어 동파를 방지하고, 재질은 특수주철 또는 알루미늄(Al) 합금으로 되어있다.

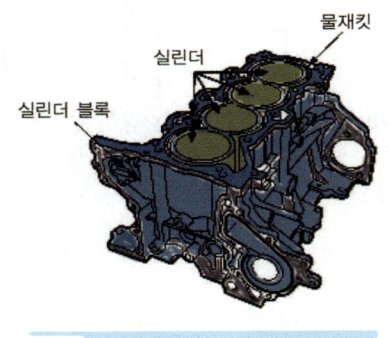

그림 1-9 / 실린더 블록

1. 실린더 라이너(cylinder liner)

실린더 라이너는 습식과 건식이 있으며 원심주조법으로 제작한다.

① 습식 : 냉각수와 직접 접촉하며 비눗물을 묻혀서 삽입한다.
② 건식 : 냉각수와 간접 접촉되며 압입 압력은 2~3[ton]이다.

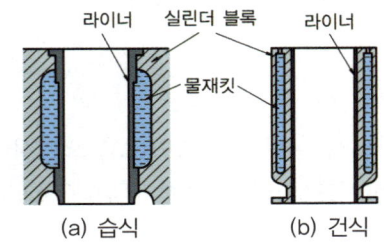

그림 1-10 / 실린더 라이너의 구조

2. 행정과 실린더 안지름비

1) 장행정 기관(under square engine)

① 피스톤의 행정이 안지름보다 크다.
② 기관의 회전속도가 느리고 회전력이 크다.
③ 실린더에 가해지는 측압발생이 적다.

2) 정방행정 기관(square engine)

① 피스톤의 행정과 실린더 안지름이 동일하다.
② 기관의 회전속도 및 회전력이 다른 기관에 비해 중간 정도이다.

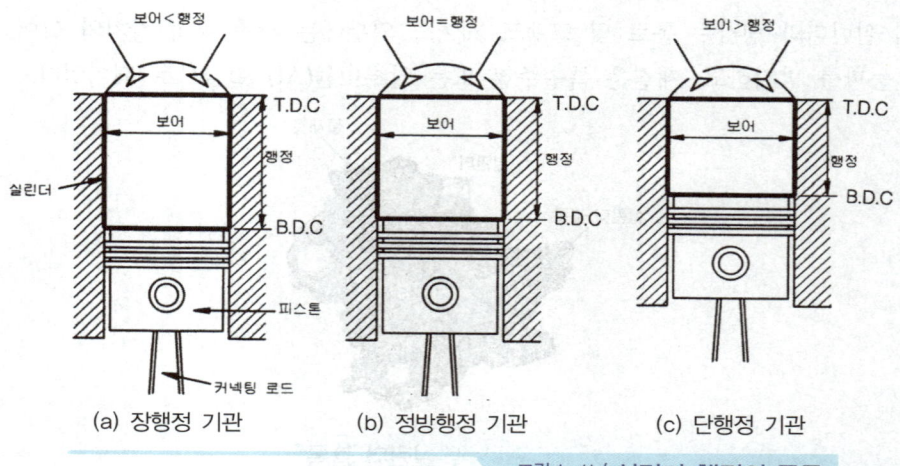

그림 1-11 / 실린더 행정의 종류

3) 단행정 기관(over square engine)

① 피스톤의 행정이 실린더보다 작다.
② 기관의 회전속도가 빠르고 회전력이 적다.
③ 실린더에 가해지는 측압이 크다.
④ 기관의 높이가 낮아지지만 기관의 길이가 길어진다.

3. 실린더 보링

실린더가 규정값 이상으로 마모시 실린더를 깎아내고 오버사이즈 피스톤을 장착하는 작업을 말한다. 보링 작업 후에는 바이트 자국을 없애기 위해 호닝(horning)이라는 다듬질 작업을 한다.

예를 들어, 신품 실린더 내경이 75.00mm이고, 최대 마멸량이 75.38mm인 경우 보링값은

75.38mm + 0.2mm(진원 절삭량) = 75.58mm가 된다. 오버 사이즈 피스톤이 75.58mm가 없으므로 이보다 큰 75.75mm로 보링한다. 즉, 피스톤이 표준보다 0.75mm 더 큰 75.75mm 오버 사이즈 피스톤을 끼우는 것이다.

> **예** O/S 피스톤의 종류 : 0.25mm, 0.50mm, 0.75mm, 1.00mm, 1.25mm, 1.50mm

4. 실린더벽의 두께

실린더 안에서 혼합기의 폭발 압력은 기관의 압축비, 연료의 종류, 연료와 공기의 혼합 비율에 의하여 조금씩 다르지만 보통 25~30[kg/cm²] 정도이므로 실린더벽은 항상 그 압력에 견딜 수 있는 두께이어야 한다.

$$t = \frac{PD}{2\sigma_a}$$

t : 실린더 벽의 두께[mm]
P : 폭발압력[kg$_f$/cm²]
D : 실린더 지름[mm]
σ_a : 실린더벽의 허용응력[kg$_f$/cm²]

3_ 연소실(combustion chamber)

실린더 블록과 실린더 헤드, 피스톤 및 점화 플러그에 의해 형성이 되어 있으며 혼합기를 연소하는 곳이다.

1. 연소실의 종류

1) 반구형

반구형 연소실은 고출력을 기대할 수 있으나 옥탄가가 높은 연료를 사용하여야 하며, 점화 플러그의 위치 때문에 밸브 개폐 기구가 복잡해지고 압축상태에서 와류를 거의 얻을 수 없다.

2) 지붕형

지붕형 연소실은 밸브가 크랭크축의 방향으로 배열되어 밸브 기구가 간단하나 압축비를 높이기 위해 피스톤의 형상이 특수하여 피스톤의 무게가 늘어나야 하기 때문에 관성력이 커진다.(DOHC 멀티 밸브 기관)

3) 욕조형

욕조형 연소실은 압축와류를 얻을 수 있고 옥탄가도 보통인 것을 사용할 수 있으며, 점화 플러그의 배치가 용이하나 밸브의 크기가 제한 받고 고출력을 얻을 수 없다.(흡·배기 포트의 굽음으로 체적효율이 좋지 않다.)

4) 쐐기형

쐐기형 연소실은 강한 압축와류를 얻을 수 있고 압축비도 크게 할 수 있으며 혼합기 및 배기가스의 흐름이 좋고 점화 플러그의 배치가 용이하나 직렬 실린더에서는 밸브 개폐기구의 배치가 어렵다.

5) 다구형

혼합기에 와류를 일어나게 하며, 연소실 면적에 비해서 밸브를 크게 할 수 있는 잇점이 있다. 결점으로서는 지붕형에 비해 형상이 복잡하다.

6) 스월 연소실

흡입행정과 압축행정시 실린더(cylinder) 내에서 발생하는 수평방향의 회전와류를 스월(swirl)이라고 한다. 또한 와류에는 압축행정 말기에 피스톤이 상사점에 접근함에 따라 발생하는 스퀴시(squish)와 텀블(tumble)이 있는데 스퀴시는 쐐기형 연소실에서 피스톤이 상사점에 접근함에 따라 퀜칭 지역(quenching area)에서 실린더 안쪽을 향한 반경 방향의 운동을 뜻하며 텀블은 압축말기의 수직방향의 와류를 뜻한다.

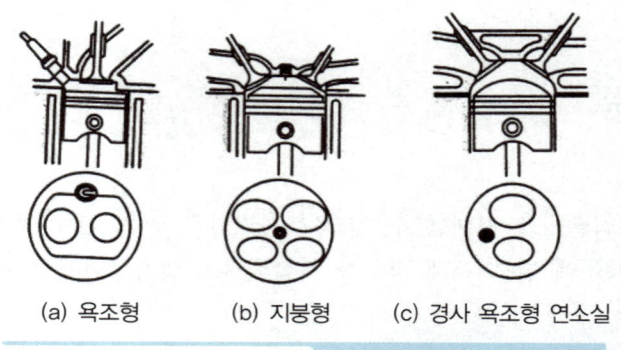

(a) 욕조형   (b) 지붕형   (c) 경사 욕조형 연소실

그림 1-12 / **연소실 종류**

2. 연소실의 구비조건

① 화염전파 시간을 최소로 할 것(길면 노킹 발생)
② 밸브 면적을 크게 하여 충진효율을 높일 것
③ 혼합기가 연소실 내부에서 강한 와류가 일어나게 할 것
④ 가열되기 쉬운 돌출부를 두지말 것
⑤ 연소실 내의 표면적은 최소가 될 것
⑥ 연소실이 작고, 기계적 옥탄가가 높을 것

4_ 밸브 장치(valve system)

1. 밸브 개폐기구

1) 밸브 개폐기구의 종류

① L 헤드형 밸브 기구 : 캠 축, 밸브 리프트(태핏) 및 밸브로 구성되어 있다.
② F 헤드형 밸브 기구 : L헤드형과 I헤드형 밸브 기구를 조합한 형식이다.
③ T 헤드형 밸브 기구 : 피스톤 양단에 T자모양으로 밸브를 배열한 형식이다.
④ I 헤드형 밸브 기구 : 캠 축, 밸브 리프트, 밸브, 푸시로드, 로커암으로 구성되어 있으며, 현재 가장 많이 사용되는 밸브기구이다.
⑤ OHC(Over Head Cam shaft) 밸브 기구 : 캠 축이 실린더 헤드 위에 설치된 형식으로 캠 축이 1개인 SOHC와 캠 축이 2개인 DOHC가 있다.

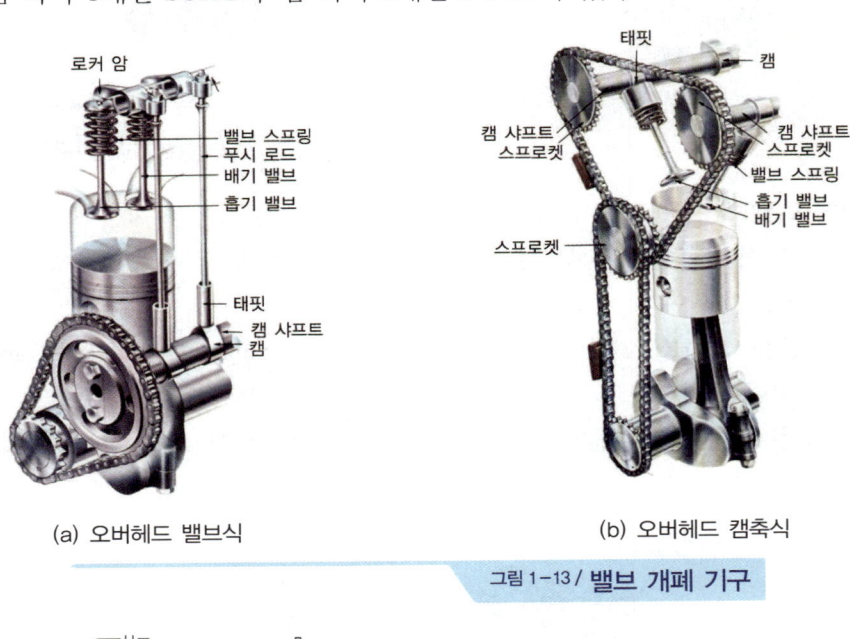

(a) 오버헤드 밸브식   (b) 오버헤드 캠축식

그림 1-13 / **밸브 개폐 기구**

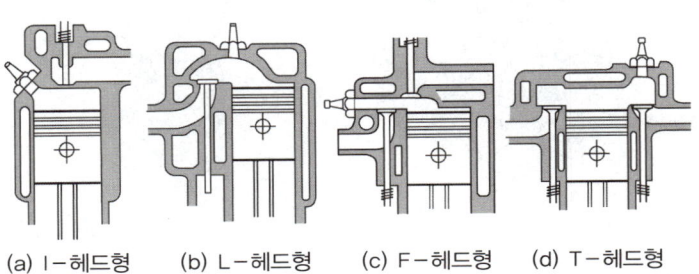

(a) I-헤드형   (b) L-헤드형   (c) F-헤드형   (d) T-헤드형

그림 1-14 / **밸브 배치에 의한 분류**

2) I 헤드형 밸브 기구

흡·배기밸브 모두 실린더 헤드에 설치된 형식으로, 밸브만 헤드에 설치된 오버헤드 밸브식과 캠축까지 실린더 헤드에 설치한 형식 SOHC 방식과 DOHC 방식이 있다.

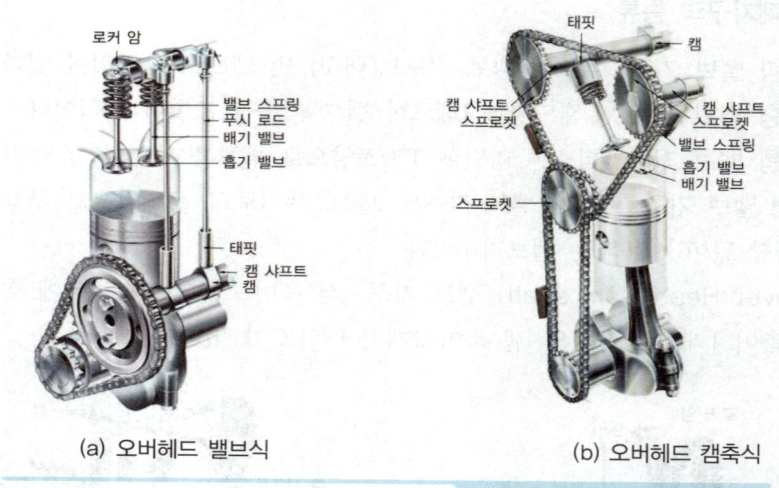

(a) 오버헤드 밸브식   (b) 오버헤드 캠축식

그림 1-15 / 밸브 개폐 기구

① **오버헤드 밸브 기구(OHV 기구)** : 크랭크축의 회전력은 타이밍 체인 또는 타이밍 기어로 캠축에 전달되며, 푸시로드를 통해 실린더 헤드 위에 있는 로커 암을 움직여 밸브를 열게하는 형식이다.

② **SOHC 엔진** : SOHC 엔진이란 싱글 오버 헤드 캠축(Single Over Head Cam shaft)의 약자로, 실린더 헤드에 한 개의 캠축을 두어 흡기 밸브와 배기 밸브를 같이 작용시키는 방식이다. 캠축이 두개 인 것을 DOHC(Double Over Head Cam shaft)라 하며, 트윈 캠이라고도 한다..

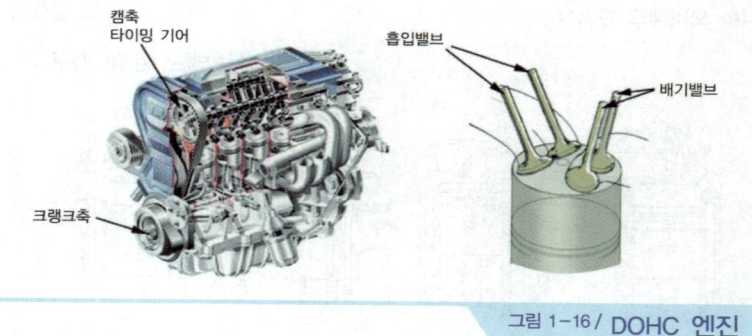

그림 1-16 / DOHC 엔진

3) 캠축(cam shaft)

크랭크축에서 동력을 받아 캠을 구동하고 밸브 수와 같은 수의 캠이 배열된 축이며 저널,

캠, 편심륜으로 구성된다. 재질은 특수주철, 저탄소강, 중탄소강, 크롬강이며, 표면 경화한 특수주철을 사용한다.

① **캠의 구성** : 캠의 용어는 다음과 같으며, 양정은 캠의 총 높이에서 기초원을 뺀 값으로, 다음 공식으로도 구한다.

$$양정\ H = \frac{D}{4}$$

D : 실린더 지름[mm]
H : 양정[mm]

㉠ 베이스 서클 : 기초원으로 단경을 의미한다.
㉡ 리프트(양정) : 기초원과 노스원과의 거리(캠의 장경과 단경의 차이의 수치)
㉢ 플랭크 : 밸브 리프터 또는 로커 암이 접촉되는 옆면
㉣ 로브 : 밸브가 열려서 닫힐 때까지의 거리

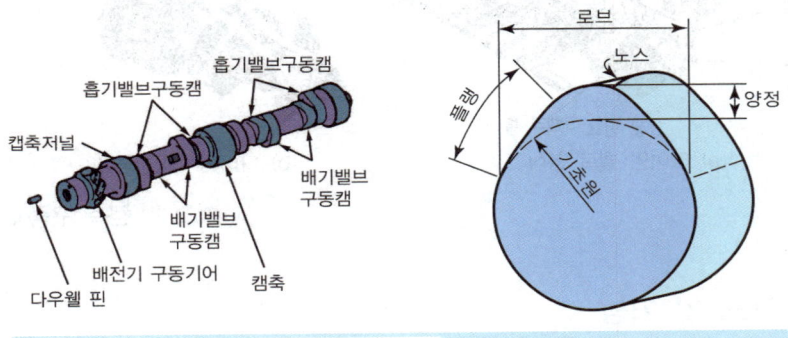

그림 1-17 / 캠축 및 캠의 구성

② **캠의 종류**
㉠ 접선 캠 : 플랭크가 기초원과 노스와의 접선 밸브 개폐가 급격히 이루어져 장력이 큰 밸브 스프링에 사용한다. 고속기관용으로는 적합하지 않다.
㉡ 볼록 캠 : 플랭크가 원호로 되어 있고 고속기관에 많이 쓰인다.
㉢ 오목 캠 : 플랭크가 오목한 모양이며 태핏은 롤러를 사용해야 하고 밸브의 가속도를 일정하게 할 수 있는 캠이다.(자동차에 적합하지 않다.)
㉣ 비례 캠 : 캠의 가속도 변화가 원할하여 밸브 기구의 충격이 감소한다.

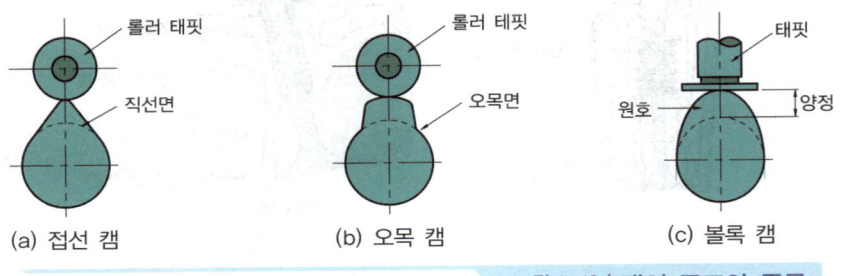

그림 1-18 / 캠의 구조와 종류

제2장_내연 기관의 본체 27

③ 캠축의 구동 방식
  ㉠ 기어 구동식 : 헬리컬 기어를 사용한 방식이다.
  ㉡ 체인 구동식 : 자동차에는 사일런트 체인과 롤러 체인이 사용되고 있다.
  ㉢ 벨트 구동식 : 체인 대신 벨트로 캠축을 구동하며, 고무의 탄성에 의해 진동과 소음이 적다.

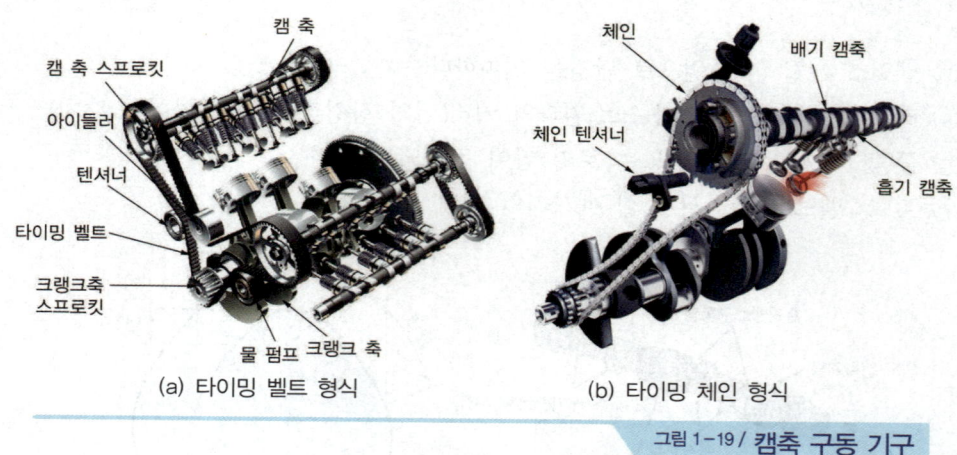

(a) 타이밍 벨트 형식   (b) 타이밍 체인 형식

그림 1-19 / **캠축 구동 기구**

2. 밸브의 구조 및 기능

1) 밸브의 구조

① 밸브 헤드(valve head) : 엔진 작동 중에 흡입 밸브는 450~500[℃], 배기 밸브는 700~815[℃]의 열적부하를 받으므로 오스테나이트계 내열강을 재료로 한다.
② 마진(margin) : 기밀유지와 충격흡수를 위해 두께로서 재사용 여부를 결정하며 헤드의 열팽창을 고려하여 마진 두께가 0.8mm 이상이어야 한다..

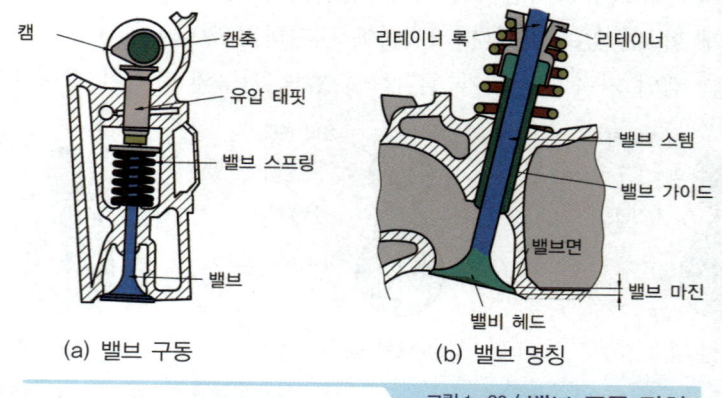

(a) 밸브 구동   (b) 밸브 명칭

그림 1-20 / **밸브 구동 장치**

③ 밸브 면(valve face) : 밸브 시트에 밀착되어 기밀유지 및 헤드의 열을 시트에 전달한다. 밸브 시트와 접속폭은 1.5~2.0mm이며 넓으면 열 전달면적이 커져 냉각이 양호하나 압력이 분산되어 기밀유지가 불량하다. 반대로 좁으면 냉각은 불량하나 기밀유지는 양호하다. 접촉각은 30°, 45°, 60°, 연삭각은 15°, 45°, 75°가 있다.

④ 스템 엔드(stem end) : 로커 암이 접촉되는 부분으로 평면으로 되어 있고 스텔라이트계 내열강을 사용하여 찌그러짐이 없다.

⑤ 밸브 스프링(valve spring) : 압축과 동력 행정에서 밸브 면과 시트를 밀착시켜 기밀을 유지하며 탄성이 큰 니켈강이나 규소-크롬(Si-Cr)강을 사용한다. 밸브 스프링의 장력이 너무 크면 밸브가 열릴 때 큰 힘이 필요하므로 엔진의 출력이 손실되고 닫힐 때는 시트에 충격이 가해져 밸브가 손상되고, 반대로 장력이 너무 작으면 밸브 밀착 불량으로 엔진 출력이 감소되고, 블로바이가스가 발생되며 밸브 스프링의 서징이 발생한다.

⑥ 밸브 가이드와 스템 실 : 밸브가 상하운동을 정숙하게 구동하기 위해서 밸브 스템 주위를 잡아주는 가이드와 기밀유지, 오일 누설방지를 하는 스템 실로 구성되어 있다.

2) 밸브 헤드의 형상

밸브 헤드부의 모양에는 버섯형, 튜립형, 플랫형, 개방 튜립형 등이 있다.

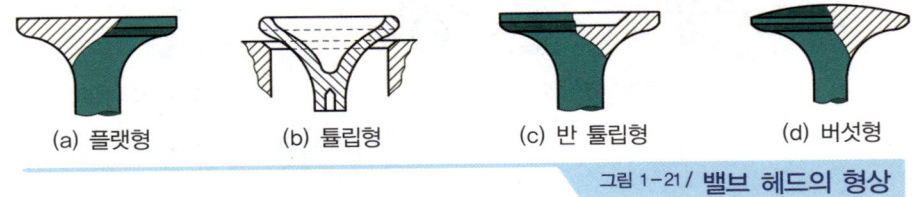

(a) 플랫형   (b) 튤립형   (c) 반 튤립형   (d) 버섯형

그림 1-21 / 밸브 헤드의 형상

3) 나트륨 밸브(natrium valve)

스템 내부를 중공으로 하고, 그속에 금속 나트륨을 40~60[%] 정도 봉입하여 냉각 효과를 높인 밸브이다.

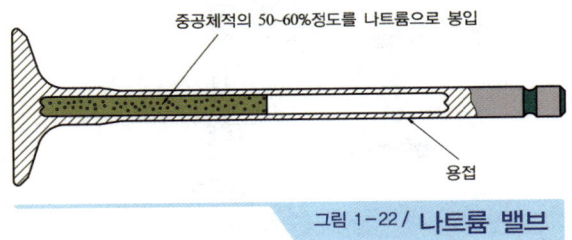

그림 1-22 / 나트륨 밸브

4) 밸브 리프터(valve lifter)

캠의 회전 운동을 상하 직선으로 바꾸어 푸시 로드 및 로커 암에 전달하는 일을 하며, 기계식과 유압식이 있다.

① 기계식 : 원통형으로 형성되어 리프터 밑면에는 편마멸 방지하기 위해 리프터 중심과 캠 중심을 겹치게 설치한다.

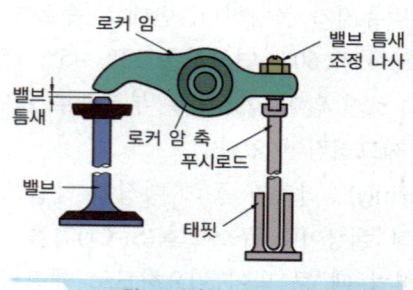

그림 1-23 / 오버헤드 밸브식

② 유압식 : 기관의 유압을 이용하여 밸브 간극을 작동온도에 관계없이 항상 "0"으로 유지하는 방식으로서, 작동이 안정되고 정숙하지만 고장시 정비가 곤란하다.

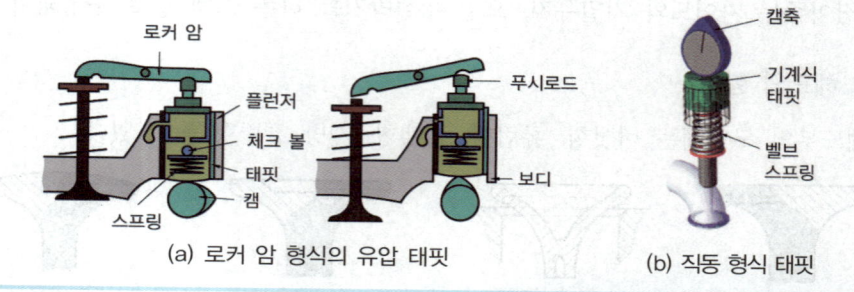

(a) 로커 암 형식의 유압 태핏   (b) 직동 형식 태핏

그림 1-24 / 밸브 구동 장치와 유압 태핏

5) 푸시 로드(push rod)

오버 헤드 밸브 기구에서 리프터와 로커 암을 연결하고 밀어주는 금속막대이다.

그림 1-25 / 오버헤드 밸브식

6) 밸브 회전기구

① 릴리스 형식 : 기관의 진동에 의해 밸브가 자연 회전하는 형식이다.

② 포지티브 형식 : 강제 회전기구를 두어 강제 회전하는 방식이다.

7) 밸브를 회전시키는 이유

① 밸브의 회전에 의해서 밸브 소손의 원인이 되는 카본을 제거한다.
② 밸브 스프링의 장력에 의해서 생기는 편마멸을 방지한다.
③ 밸브 회전에 의하여 밸브 헤드의 온도를 일정하게 한다.

8) 밸브간극

밸브는 엔진의 온도상승으로 팽창하여 간극(間隙)을 두지 않으면 밸브와 밸브 시트의 밀착 상태가 불량하여 정상적인 작동을 할 수 없게 된다. 이것을 방지하기 위해 냉간시에 간극을 두어 엔진이 정상운전온도에 이르렀을 때 알맞는 간극을 유지하도록 한다. 즉, 기관의 출력 향상 및 작동의 정숙을 위하여 간극을 둔다. 엔진이 작동 중 열팽창을 고려하여 흡입 밸브 0.2~0.35mm, 배기 밸브 0.3~0.4mm 정도의 여유 간극을 둔다.

① 밸브 간극이 너무 크면
  ㉠ 운전온도에서 밸브가 완전하게 열리지 못한다.(늦게 열리고 일찍 닫힌다.)
  ㉡ 흡입 밸브 간극이 크면 흡입량 부족을 초래한다.
  ㉢ 배기 밸브 간극이 크면 배기 불충분으로 엔진이 과열된다.
  ㉣ 심한 소음이 나고 밸브 기구에 충격을 준다.

② 밸브 간극이 작으면
  ㉠ 일찍 열리고 늦게 닫혀 밸브 열림 기간이 길어진다.
  ㉡ 블로바이 현상으로 인해 엔진의 출력이 감소한다.
  ㉢ 흡입 밸브 간극이 작으면 역화 및 실화가 발생한다.
  ㉣ 배기 밸브 간극이 작으면 후화가 일어나기 쉽다.

③ 밸브 지름(d)

$$d = D\sqrt{\dfrac{V}{V_g}}$$

D : 실린더 지름[mm]
V : 피스톤 속도[m/s]
V_g : 밸브 구멍을 통과하는 가스속도[m/s]

9) 밸브 오버 랩(valve over lap)

상사점 부근에서 흡입 밸브와 배기 밸브가 동시에 열려 있는데 이것을 밸브의 오버 랩이라고 하며, 오버 랩을 두는 이유는 혼합기가 관성을 가지고 있기 때문에 가스의 흐름 관성을 유효하게 이용하기 위함이다. 즉, 연소실의 충진 효율을 높이기 위함이다.

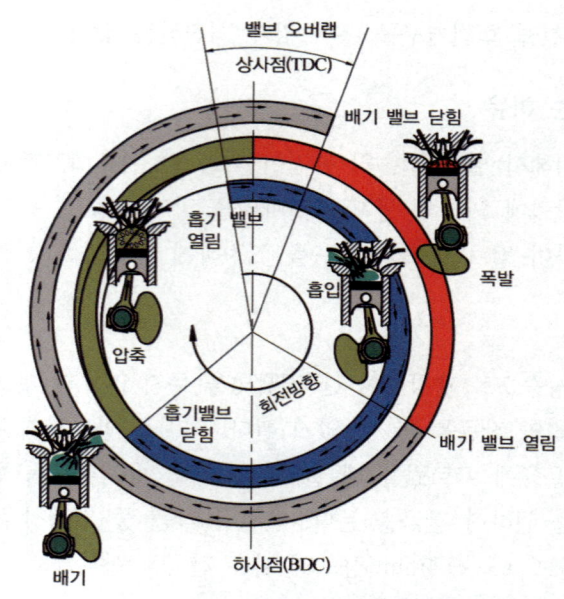

그림 1-26 / 밸브 개폐 시기 선도

5_ 피스톤 및 커넥팅 로드

1. 피스톤(piston)

피스톤은 실린더 내를 왕복운동하며, 고온고압의 가스로부터 동력을 받아 커넥팅 로드를 거쳐 크랭크축에 동력을 전달한다.

1) 피스톤의 구비조건

① 관성력을 적게하기 위해 가벼울 것
② 기계적 강도가 클 것
③ 열팽창이 적을 것
④ 열전도가 양호할 것
⑤ 폭발압력을 유용하게 이용할 것

2) 피스톤의 구조

① **피스톤 헤드**(piston head) : 연소실의 일부가 되는 부분이 되며 내면에 리브를 설치하여 피스톤을 보강하여 강성을 증대 시킨다.
② **링홈** : 피스톤 링을 설치하기 위한 홈이다.
③ **랜드** : 링홈과 링홈 사이이다.

④ 보스부 : 커넥팅 로드와 연결되는 피스톤 핀이 설치되는 부분이다.
⑤ 히트댐 : 헤드부의 열(약 2,700 ~ 2,800[℃])이 스커트부로 전달되는 것을 방지하는 피스톤 링의 윗부분 이다.
⑥ 리브(rib) : 피스톤 헤드의 강성을 높여 준다.
⑦ 피스톤 평균 속도 : 13 ~ 25[m/sec] 정도로, 왕복 회전운동을 한다.

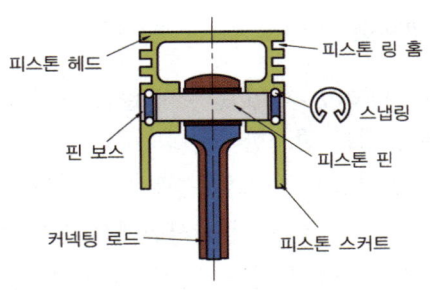

그림 1-27 / **피스톤의 구조**

3) 피스톤의 종류

① 캠 연마 피스톤(cam ground piston) : 상온에서 피스톤 보스 부분을 짧은 지름(단경), 스커트 부분을 긴지름(장경) 으로 하는 타원형으로 하고, 온도 상승에 따라 보스 부분의 지름이 증대되어 엔진의 정상 온도에서 진원에 가깝게 되어 전면이 접촉하는 형식이다.

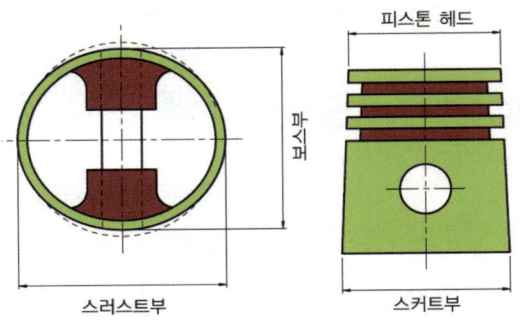

그림 1-28 / **캠 연마 피스톤**

② 스플릿 피스톤(split piston) : 측압이 적은 부분의 스커트 위 부분에 세로로 홈을 두어 스커트 부로 열이 전달되는 것을 제한한 형식이다.
③ 인바 스트럿 피스톤(invar strut piston) : 열팽창률이 매우 적은 인바제의 링을 스커트 부에 넣고 일체 주조한 피스톤으로 엔진 작동 중 일정한 피스톤 간극을 유지한다.

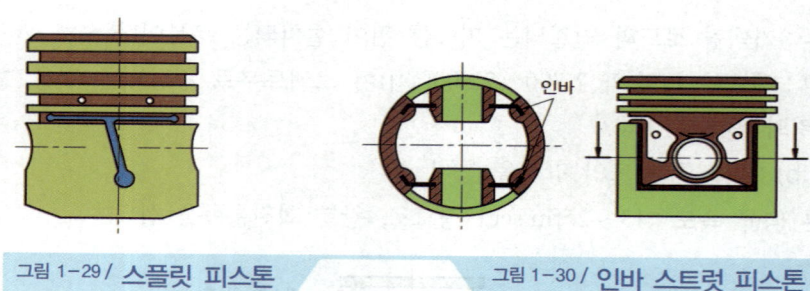

그림 1-29 / **스플릿 피스톤**　　　　　그림 1-30 / **인바 스트럿 피스톤**

④ 슬리퍼 피스톤(slipper piston) : 측압을 받지 않는 부분의 스커트 부분을 절단하여 피스톤 무게감소, 피스톤 슬랩을 감소한다.

⑤ 오프셋 피스톤(off-set piston) : 피스톤 슬랩을 방지하기 위하여 피스톤 핀의 위치를 중심으로부터 1.5mm 정도 오프셋 시켜 상사점에서 경사 변환시기를 늦어지게 한 형식으로 피스톤의 측압을 감소시켜 회전을 원활하게 하고, 진동을 방지하며, 실린더와 피스톤의 편 마모를 방지한다.

⑥ 솔리드 피스톤(solid piston) : 스커트 부분에 홈이 없고, 원통형으로 된 형식으로 기계적 강도가 높아 가혹한 운전조건의 디젤 엔진에서 주로 사용한다.

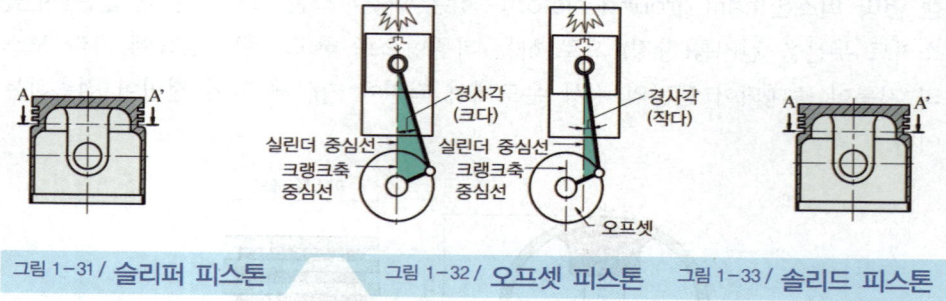

그림 1-31 / **슬리퍼 피스톤**　　　그림 1-32 / **오프셋 피스톤**　　　그림 1-33 / **솔리드 피스톤**

3) 피스톤 간극

피스톤의 재질 및 형상에 따라 다르나 피스톤과 실린더벽 사이에는 피스톤의 열팽창을 고려하여 알맞는 간극이 있어야 한다.

① 간극이 클 때
　㉠ 블로바이 가스에 의한 압축압력이 낮아진다.
　㉡ 피스톤 링의 기능저하로 인하여 오일이 연소실에 유입되어 오일 소비가 많아진다.
　㉢ 피스톤 슬랩(slap) 현상이 발생되며 기관 출력이 저하된다.

② 간극이 적을 때
　㉠ 오일 간극의 저하로 유막이 파괴되어 마찰마멸이 증대된다.
　㉡ 마찰열에 의해 소결(stick)되기 쉽다.

4) 피스톤 링(piston ring)

① 구비조건
   ㉠ 내열성, 내마멸성이 좋을 것
   ㉡ 열전도율이 높고, 탄성률이 양호할 것
   ㉢ 실린더 벽에 균일한 면압을 가할 것
   ㉣ 마찰저항이 작을 것

② 피스톤 링의 3대 작용
   ㉠ 기밀작용(압축가스 누출방지)
   ㉡ 오일 제어작용(연소실 내의 오일 유입방지 및 실린더벽 윤활작용)
   ㉢ 열전도작용(냉각작용)

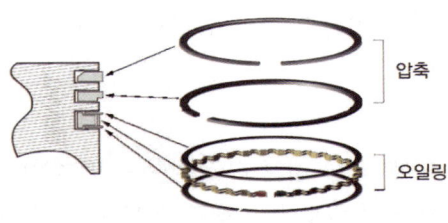

그림 1-34 / **피스톤 링의 구조**

③ **피스톤 링의 재질** : 조직이 치밀한 특수 주철을 사용하여 원심 주조법으로 제작하며, 실린더 벽의 재질보다 다소 경도가 낮은 재질로 제작하여 실린더 벽의 마찰을 감소한다.

④ **피스톤 링의 형상에 의한 분류**
   ㉠ 동심형 링 : 제작은 쉬워 많이 사용되지만 실린더 벽에 가하는 면압이 전 둘레에 걸쳐 균일하지 못하다.
   ㉡ 편심형 : 링 이음부 쪽의 폭이 좁고 그 반대쪽의 폭은 넓으며, 실린더 벽에 가해지는 면압이 균일하지만 제작이 어렵다.

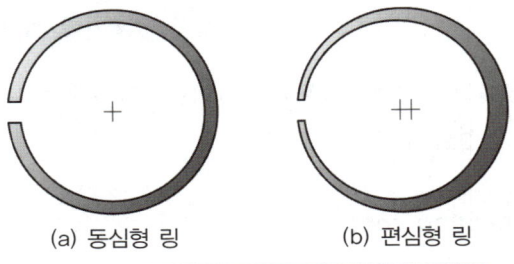

(a) 동심형 링   (b) 편심형 링

그림 1-35 / **피스톤 링의 분류**

⑤ **피스톤링 이음 방법** : 피스톤링 이음 방법에는 버트 이음, 각 이음, 랩 이음, 실 이음 등이 있다.

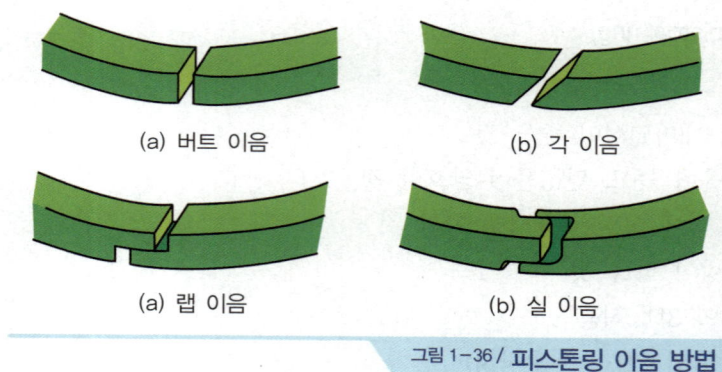

그림 1-36 / **피스톤링 이음 방법**

5) 피스톤 핀(piston pin)

피스톤과 커넥팅 로드를 연결하는 핀으로 피스톤 보스부에 끼워져 피스톤에서 받은 압력을 커넥팅 로드에 전달한다.

① 피스톤 핀 설치방법
  ㉠ 고정식 : 핀을 보스부에 고정 볼트로 고정하는 방법이다.
  ㉡ 반부동식 : 커넥팅 로드 소단부에 클램프 볼트로 고정하는 방식이다.
  ㉢ 전부동식 : 어느 부분에도 고정되지 않고 스냅링에 의해 빠져나오지 않도록 하는 방식이다.

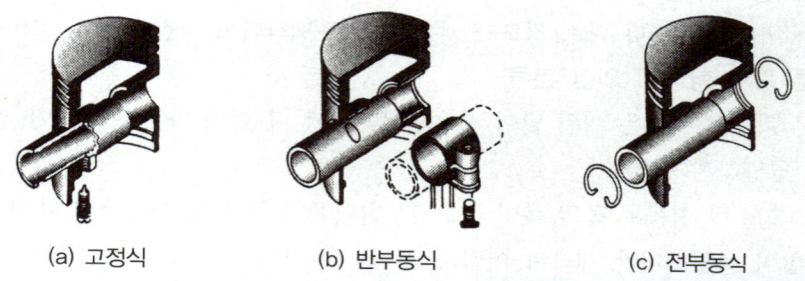

그림 1-37 / **피스톤 핀의 설치방법**

② 재질 : 저탄소강, 크롬강이 주로 사용되며 표면은 경화시켜 내마멸성을 높이고 내부는 그대로 두어 높은 인성을 유지하도록 한다.

2. 커넥팅 로드(connecting rod)

연소실 내에서 왕복운동을 하는 피스톤에 피스톤 핀과 연결되어 크랭크축에 동력을 전달하며, 관성을 줄이기 위해 경량이어야 하므로 일반적으로 I 및 H형 단조(forging) 면으로 제작한다.

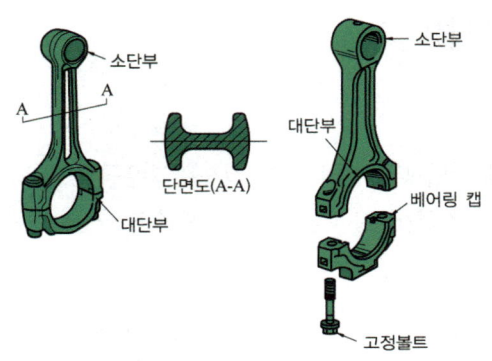

그림 1-38 / **피커넥팅 로드**

1) 커넥팅 로드의 길이

① 길 때
  ㉠ 피스톤 측압이 적어지고, 실린더벽 마모도 감소한다.
  ㉡ 기관의 높이가 높아지고 강도나 무게면에서 불리하다.

② 짧을 때
  ㉠ 기관의 높이가 낮아지고 길이가 길어진다.
  ㉡ 무게를 가볍게 할 수 있다.
  ㉢ 피스톤 측압이 커지고 실린더벽 마모가 증가 한다

2) 재질

니켈(Ni)-크롬강(Cr), 크롬-몰리브덴강(Mo)을 사용하며, 커넥팅 로드의 길이는 소단부의 중심간의 거리이며 피스톤 행정의 1.5~2.3배이다.

3) 커넥팅 로드 베어링

강철 베이스에 화이트 알루미늄 메탈 또는 켈밋 메탈을 융착한 것이 많이 사용한다.

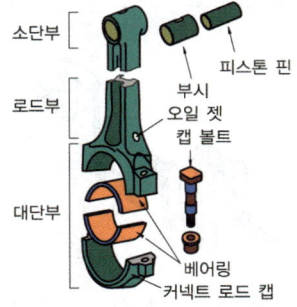

그림 1-39 / **커넥팅 로드 베어링**

6_ 크랭크축 및 플라이휠

1. 크랭크축

각 실린더의 동력행정에서 발생한 피스톤의 직선왕복운동을 커넥팅 로드를 통해서 회전운동으로 바꾸어 주고 또한 피스톤에 운동을 가해서 연속적인 동력을 발생하고 평형을 유지시킨다.

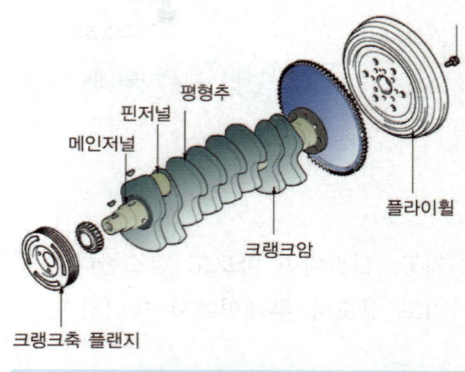

그림 1-40 / 크랭크축과 플라이휠

1) 구비조건

큰 하중을 받으면서 고속으로 회전하기 때문에 강도나 강성이 커야하며 내마모성이 있는 고탄소강, 크롬-몰리브덴, 니켈-크롬강으로 제작하며 정적 및 동적 평형이 잡혀있어 회전이 원활하여야 한다.

2) 크랭크축의 점화순서

① 4행정 사이클 기관에서는 4개의 실린더가 각각 크랭크축 회전 180°마다 점화가 이루어지며, 1번 실린더를 점화순서의 첫번째로 정하며 점화순서는 크랭크축 핀의 배열 위치와 순서에 따라서 정한다. 점화순서는 1-3-4-2, 1-2-4-3 이다.

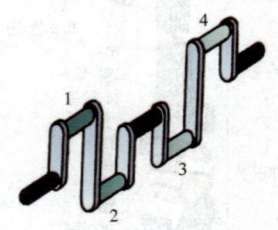

그림 1-41 / 4실린더용 크랭크축

② 6실린더 기관에는 점화순서가 1-5-3-6-2-4(우수식 : 제1번 피스톤을 압축 상사점으로 하였을 때 제3번과 제4번 피스톤이 오른쪽에 있는 것)와 1-4-2-6-3-5(좌수식 : 제3번과 제4번 피스톤이 왼쪽에 있는 것)가 있다.
이것은 인접한 실린더에서 연이어서 폭발되지 않도록 고안한 것이다.

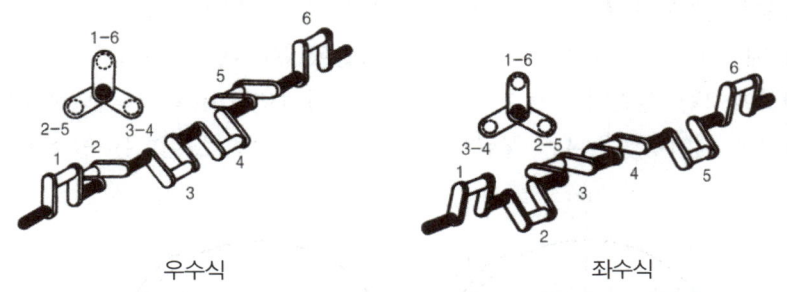

그림 1-42 / 6실린더용 크랭크축

③ V형 8실린더 경우 좌우의 실린더 중심선이 90° 각도를 이룬 90° V형이 많고, 각 크랭크핀에는 2개의 커넥팅 로드가 결합되어 있다. 점화순서는 1-6-2-5-8-3-7-4(우수식), 1-5-7-3-8-4-2-6(좌수식)이 있다.

④ 점화시기 고려사항
  ㉠ 연소가 1사이클을 하는 동안 같은 간격으로 일어나야 한다.
  ㉡ 인접한 실린더에 연이어 점화되지 않도록 하여 크랭크축에 비틀림 진동이 일어나지 않게 한다.
  ㉢ 혼합기가 각 실린더에 균일하게 분배되도록 한다.

3) 행정 찾는 방법

4행정 기관의 행정을 찾는 방법은 4실린더 기관이나 6실린더 기관이나 몇가지 방법이 있다. 그러나 크랭크 핀저널의 움직임을 이해하는 것이 훨씬 좋은 방법이다.

① 4실린더 기관
  ㉠ 크랭크 핀저널의 위상차로 찾는다.
   4실린더의 경우 위상차가 180°이므로 1,4번과 2,3번 크랭크핀이 180° 차이로 같이 움직인다. 또한 위에서 내려오는 행정은 흡입행정과 폭발행정, 올라가는 행정은 압축행정과 배기행정이다. 따라서 1번 실린더가 폭발행정이면 4번 실린더는 같이 내려오는 행정이므로 흡입행정, 점화순서가 1-3-4-2라면 점화순서에 따라 1번 다음에 3번이 폭발하여야 하므로 현재는 올라가는 압축행정을, 나머지 2번은 역시 올라가는 배기행정을 하게 된다.

ⓛ 점화순서의 역순으로 찾는다.
위의 그림처럼 원을 그려놓고 오른쪽 위부터 시계방향으로 흡입, 압축, 폭발, 배기를 적은 다음, 지정된 실린더를 해당 실린더 앞에 놓고 반시계 방향으로 점화순서에 따라 기재한다. 즉 1번 실린더가 흡입행정일 때 나머지 행정을 묻는다면 1번을 흡입행정 앞에 적은 다음 점화순서에 따라 반시계방향으로 적으면 흡입행정 왼쪽 옆인 배기행정에 1번 실린더를, 그 밑 폭발행정에 4번 실린더를 오른 쪽 아래인 압축행정에 2번 실린더가 놓이게 된다. 따라서 1번 실린더가 흡입행정을 하면, 3번 실린더는 배기행정을 4번 실린더는 폭발행정을, 2번 실린더는 압축을 하게 된다.

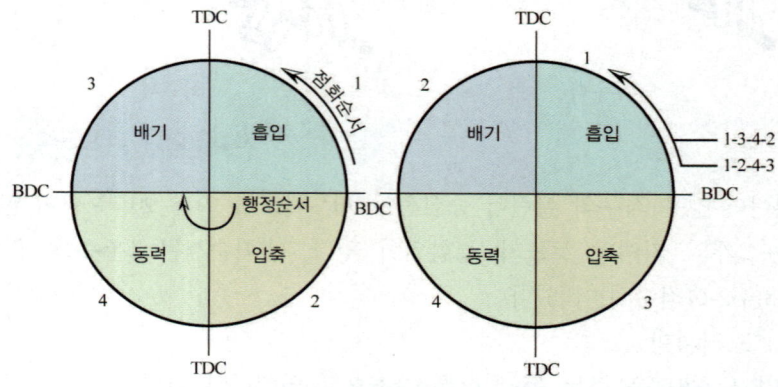

그림 1-43 / **4기통 점화순서와 각 실린더 작동**

② 6실린더 기관
㉠ 크랭크 핀저널의 위상차로 찾는다.
6실린더의 경우 위상차가 120° 이므로 1,6번과 2,5번, 3,4번 크랭크핀이 120° 차이로 같이 움직인다. 또한 위에서 내려오는 행정은 흡입행정과 폭발행정, 올라가는 행정은 압축행정과 배기행정인 것은 모든 4행정 기관은 같다. 따라서 5번 실린더가 폭발행정 초라면 같이 움직이는 2번 실린더는 흡입행정 초, 점화순서가 1-5-3-6-2-4라면 점화순서에 따라 5번 다음에 3번이 폭발하여야 하므로 현재는 올라가는 압축행정 중을, 같이 올라가는 4번은 배기행정 중을 하게 된다. 1번은 점화순서에 의해 5번보다 먼저 폭발하였으므로 폭발행정 말을, 같이 움직이는 6번 실린더는 흡입행정 말을 하게 된다. 4행정 기관은 모두 해당되므로 몇 개의 실린더라도 같은 방법으로 찾을 수 있다.
ⓛ 점화순서의 역순으로 찾는다.
아래의 그림처럼 원을 그려놓고 오른쪽 위부터 시계방향으로 흡입, 압축, 폭발, 배기를 적은 다음, 한 행정을 3칸으로 나눈다. 왜냐하면 크랭크축의 위상차가 120°이

고 한 행정(180°)을 60°로 나누기 위함이다. 그 다음 오른쪽 위에서부터 시계방향으로 초, 중, 말을 모든 행정에 기재한다. 이제 5번 실린더가 폭발 초라 한다면 5번 실린더를 해당 실린더 앞에 놓고 점화순서에 따라 반시계 방향으로 기재하되 2칸씩 띄워가며 적는다. 왜냐하면 아까 이야기 했듯이 위상차가 120°이기 때문이다. 점화순서가 1-5-3-6-2-4 라면 5번 다음이 3번 이므로 3번 실린더는 반시계 방향으로 두칸 옆인 압축 중에, 6번은 흡입 말에, 2번은 흡입 초에 4번은 배기 중에, 1번은 폭발 말에 각각 적으면 된다.

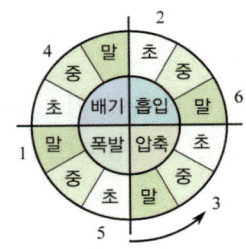

그림 1-44 / **6기통 점화순서와 각 실린더 작동**

4) 엔진 베어링(engine bearing)

베어링의 역할은 기계의 마모를 막기위해 표면에 적당한 유막을 형성하여 회전부분이 받는 큰 하중이나 충격을 흡수하고 회전에 의해 생기는 고체마찰을 액체마찰로 바꾸어 눌러 붙는 것을 방지하여 출력의 손실을 적게 한다.

① 베어링의 구비조건
  ㉠ 눌러 붙지 않는 성질, 하중부담능력이 있을 것.
  ㉡ 크랭크축 회전중 이물질의 매몰성(매입성)이 있을 것.
  ㉢ 내부식성과 내피로성이 있을 것.
  ㉣ 추종유동성이 있을 것.
  ㉤ 강도가 크고, 마찰저항이 작을 것.
  ㉥ 고속회전에 견딜것.

② 베어링의 재질
  ㉠ 화이트 메탈(white metal)(배빗 메탈) : 승용차, 소형 트럭에 많이 사용되고 있다. 주석(Sn), 납(Pb), 안티몬(Sb), 아연(Zn), 구리(Cu) 등의 백색 합금이며 내부식성이 크고 무르기 때문에 길들임과 매몰성은 좋으나 고온강도가 낮고 피로강도, 열전도율이 좋지 않다.

ⓒ 켈밋 메탈(kelmet metal) : 자동차 엔진 베어링으로 가장 많이 사용되고 있다. 구리(Cu)와 납(Pb)의 합금이며 고속 고하중을 받는 베어링으로 적합하나 화이트 메탈보다 매몰성이 좋지 않다.

ⓒ 알루미늄 합금 메탈 : 알루미늄(Al)과 주석(Sn)의 합금이며 강판에 녹여 붙여서 사용한다. 길들임과 매몰성은 화이트 메탈과 켈밋의 중간 정도의 능력을 가지며, 내피로성은 켈밋보다 크다. 그리고 길들임과 매몰성은 주석으로 표면층을 만들면 개량된다. 따라서 화이트 메탈과 켈밋의 양쪽 장점을 갖춘 매우 좋은 베어링 재료이며, 최근에 많이 사용된다.

③ 하중의 작용 방향에 따른 베어링의 분류
  ㉠ 레이디얼 베어링(radial bearing) : 축에 직각 하중을 받는 베어링이다.
  ㉡ 스러스트 베어링(thrust bearing) : 축방향으로 하중을 받는 베어링이다.

④ 크랭크축 베어링의 구조
  ㉠ 베어링 크러시(bearing crush) : 베어링을 하우징 안에서 움직이지 않도록 하기 위하여 하우징 안둘레와 베어링 바깥둘레와의 차를 0.025 ~ 0.078[mm] 두어 고정하며 베어링을 설치하고 규정 토크로 죄었을 때 베어링이 하우징에 완전히 접촉되어 열전도가 잘되도록 한다.
  크러시가 작으면 엔진작동 온도변화로 헐겁게 되어 베어링이 움직이게 되고 크면 조립시에 찌그러져 오일 유막이 파괴되어 스틱 현상이 발생된다.

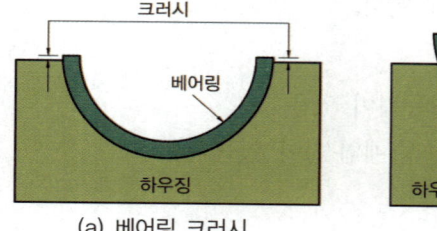
(a) 베어링 크러시

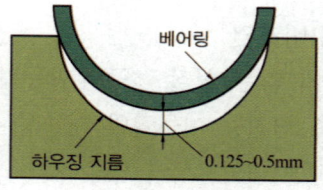
(b) 베어링 스프레드

  ㉡ 베어링 스프레드(bearing spread) : 베어링을 끼우지 않았을 때 베어링 바깥쪽 지름과 베어링 하우징의 안지름 차이를 스프레드라 하며 0.125 ~ 0.5[mm]이다. 스프레드를 두는 이유로는 작은 힘으로 눌러끼워 베어링이 제자리에 밀착되어 있게 할 수 있고 베어링을 조립할 때 베어링이 캡에 끼워진 채로 작업하기 편리하며 베어링 조립에서 크러시가 압축됨에 따라 안쪽으로 찌그러지는 것을 방지할 수 있다.

5) 크랭크축 점검 정비
① 휨 점검 : 크랭크축을 V 블록에 올려놓고 회전시킨 다음, 최대값과 최소값 차이의 1/2이 크랭크축 휨 값이다.

② 크랭크축 마멸 한계값
　㉠ 진원 마멸 : 0.2[mm] 이내
　㉡ 타원 마멸 및 테이퍼 마멸 : 0.03[mm] 이내
　㉢ 진원 마멸 상태가 한계값 이내일지라도 타원 또는 테이퍼 마멸이 한계값을 초과하면 크랭크 축을 수정한다.

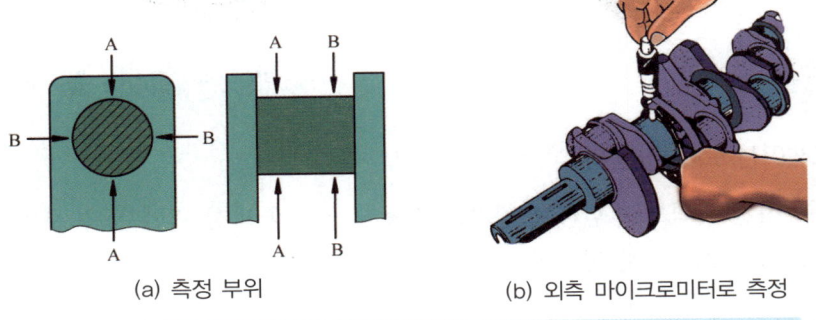

(a) 측정 부위　　　(b) 외측 마이크로미터로 측정

그림 1-45 / **크랭크축 저널 마멸량 측정**

③ 수정 방법(U/S)
　㉠ 축의 최소 측정값을 구한다.
　㉡ 최소 측정값에서 0.2[mm](진원 절삭량)를 뺀다.
　㉢ 진원 절삭량을 뺀 값보다 작고 가장 가까운 값을 수정 기준값에서 택한다.
　㉣ 언더 사이즈의 기준값은 0.25[mm], 0.50[mm], 0.75[mm], 1.00[mm], 1.25[mm], 1.50[mm]로 6 단계로 되어 있다.
　㉤ 언더 사이즈 수정의 한계값

크랭크 축의 지름	수정 한계값
50[mm] 이하	1.00[mm]
50[mm] 이상	1.50[mm]

2. 플라이 휠(fly wheel)

엔진에서는 동력행정만이 출력이 되고 흡입, 압축, 배기행정은 출력 감소가 된다. 따라서 회전력도 동력행정에서 크고 점차로 적어진다. 이에 따라 엔진 회전속도도 변동하므로 이것을 막기 위하여 크랭크축 플랜지부 끝에 플라이 휠을 설치한다. 즉 엔진의 맥동적인 회전을 원활히 하기 위해서 플라이 휠의 회전 관성력을 이용한 추로서 원활한 회전으로 바꾸어서 동력을 전달하게 된다.

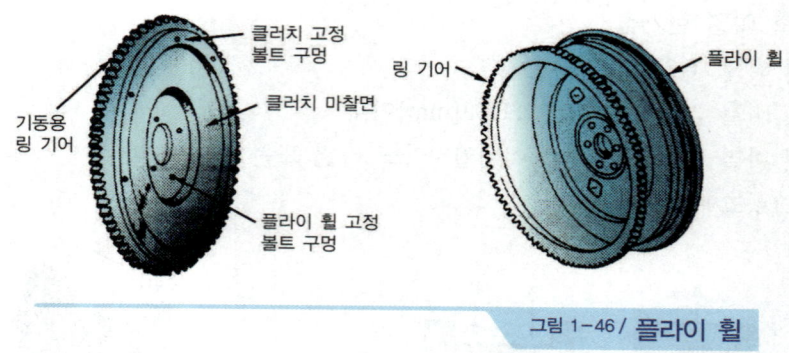

그림 1-46 / 플라이 휠

1) 바이브레이션(토셔널) 댐퍼

엔진의 맥동적인 출력으로 인하여 생기는 진동과 열처리 과정 결함 등을 보호하기 위하여 크랭크축이나 캠축 스프로킷 앞쪽에 설치한다.

2) 플라이 휠의 링 기어가 불량할 때 교환방법

플라이 휠을 오일통에 넣고 오일을 가열하여 플라이 휠 링 기어를 빼낸후 플라이 휠을 꺼내고 새로운 링 기어를 오일통에 넣고 가열후 링 기어를 플라이 휠에 프레스로 장착한다.

열박음 온도 ┌ 링 기어 탈착시 온도 : 130 ~ 150[℃]
　　　　　　 └ 링 기어 끼울때 온도 : 200 ~ 250[℃]

3) 기관의 토크 변동 억제 방법

① 실린더수를 많게 한다.
② 크랭크 배열을 점화순서에 맞도록 한다.
③ 플라이 휠을 붙인다.

출제예상문제

내연 기관의 본체

01 실린더 헤드의 재료로 경합금을 사용할 경우 주철에 비해 갖는 특징이 아닌 것은?
[07년 4회, 09년 4회]

① 경량화 할 수 있다.
② 연소실 온도를 낮추어 열점(hot spot)을 방지할 수 있다.
③ 열전도 특성이 좋다.
④ 변형이 거의 생기지 않는다.

[풀이] 경합금제 실린더 헤드의 특징
① 가볍고 열전달이 좋다.
② 연소실 온도를 낮추어 열점을 방지할 수 있다.
③ 주철에 비해 열팽창 계수가 크다.
④ 내구성, 내식성이 작다.

02 기관 정비시 실린더헤드 가스켓에 대한 설명으로 적합하지 않은 것은? [08년 4회]

① 실린더 헤드를 탈거하였을 때는 새 헤드 가스켓으로 교환해야 한다.
② 압축압력 게이지를 이용하여 헤드 가스켓이 파손된 것을 알 수 있다.
③ 기밀유지를 위해 고르게 연마하고 헤드 가스켓의 접촉면에 강력한 접착제를 바른다.
④ 라디에이터 캡을 열고 점검하였을 때 기포가 발생되거나 오일 방울이 보이면 헤드 가스켓이 파손되었을 가능성이 있다.

[풀이] 헤드 가스켓의 접촉면에는 밀봉을 좋게 하기 위하여 열경화성 실런트를 바른다.

03 기관에서 블로 다운(blow down) 현상의 설명으로 옳은 것은? [08년 2회]

① 밸브와 밸브 시트 사이에서의 가스의 누출현상
② 배기행정 초기에 배기밸브가 열려 배기가스 자체의 압력에 의하여 가스가 배출되는 현상
③ 압축 행정시 피스톤과 실린더 사이에서 공기가 누출되는 현상
④ 피스톤이 상사점 근방에서 흡배기 밸브가 동시에 열려 배기류의 잔류가스를 배출시키는 현상

[풀이] 블로 다운이란 배기행정 초기에 배기밸브가 열려 배기가스 자체의 압력에 의하여 가스가 배출되는 현상

04 밸브 스프링에서 공진 현상을 방지하는 방법이 아닌 것은? [08년 2회]

① 원뿔형 스프링을 사용한다.
② 부등 피치 스프링을 사용한다.
③ 스프링의 고유진동을 같게 하거나 정수비로 한다.
④ 2중 스프링을 사용한다.

[풀이] 밸브스프링 서징(공진)현상 방지법
① 2중 스프링, 부등피치 스프링, 원뿔형 스프링을 사용한다.
② 스프링 정수를 크게 한다.
③ 스프링의 고유 진동수를 높게 한다.

01 ④ 02 ③ 03 ② 04 ③

05 고속 회전을 목적으로 하는 가솔린 기관에서 흡기 밸브와 배기 밸브의 크기를 비교한 설명으로 옳은 것은? [09년 2회]

① 양 밸브 크기는 동일하다.
② 흡기 밸브가 더 크다.
③ 배기 밸브가 더 크다.
④ 1,4번 배기 밸브만 더 크다.

풀이 흡입(체적)효율을 좋게 하기 위하여 흡기밸브를 더 크게 한다. (3밸브인 경우, 흡기밸브 2개 배기밸브 1개)

06 실린더 내경이 73[mm], 행정이 74[mm]인 4행정 사이클 4실린더 기관이 6,300[rpm]으로 회전 하고 있을 때, 밸브구멍을 통과하는 가스의 속도는? (단, 밸브면의 평균지름은 30[mm]이고, 밸브 스템의 굵기는 무시한다.) [09년 1회]

① 62.01[m/s]   ② 72.01[m/s]
③ 82.01[m/s]   ④ 92.01[m/s]

풀이 연속방정식 $A_1 \cdot v_1 = A_2 \cdot v_2$

$$\therefore d^2 \cdot v_1 = D^2 \cdot v_2, \quad \therefore v_1 = \frac{D^2}{d^2} \times v_2$$

$$v_2 = \frac{L \cdot n}{30} = \frac{0.074 \times 6,300}{30} = 15.54[m/s]$$

$$\therefore v_1 = \frac{73^2}{30^2} \times 15.51 = 92.01[m/s]$$

07 크랭크축의 재질로 사용되지 않는 것은? [08년 4회]

① 니켈-크롬강
② 구리-마그네슘 합금
③ 크롬-몰리브덴강
④ 고 탄소강

풀이 크랭크축은 강해야 하므로 재질은 합금강으로 한다.

08 DOHC 기관의 장점이 아닌 것은? [09년 4회]

① 구조가 간단하다.
② 연소효율이 좋다.
③ 최고회전속도를 높일 수 있다.
④ 흡입 효율의 향상으로 응답성이 좋다.

풀이 DOHC 기관의 장점
① 흡입 효율의 향상으로 응답성이 좋다.
② 허용 최고회전속도를 높일 수 있다.
③ 연소효율이 좋다.
④ 구조가 복잡하고, SOHC에 비해 비싸다.

09 자동차 기관에서 피스톤 구비조건이 아닌 것은? [09년 4회]

① 무게가 가벼워야 한다.
② 내마모성이 좋아야 한다.
③ 열의 보온성이 좋아야 한다.
④ 고온에서 강도가 높아야 한다.

풀이 피스톤의 구비조건
① 무게가 가벼울 것
② 내마모성이 클 것
③ 고온에서 강도가 높을 것
④ 열팽창율이 적고, 열전도율이 좋을 것

10 피스톤 링 이음 간극으로 인하여 기관에 미치는 영향과 관계 없는 것은? [08년 1회]

① 소결의 원인
② 압축가스의 누출 원인
③ 연소실에 오일유입의 원인
④ 실린더와 피스톤과의 충격음 발생원인

풀이 링 이음 간극이 크면 소결현상이, 작으면 압축가스가 누출되거나 오일이 연소실로 유입되는 원인이 된다.

05 ② 06 ④ 07 ① 08 ① 09 ③ 10 ④

11 피스톤 평균속도를 증가시키지 않고 기관의 회전속도를 높이려고 할 때의 설명으로 옳은 것은? [08년 2회]

① 실린더 내경을 작게, 행정을 크게 해야 한다.
② 실린더 내경을 크게, 행정을 작게 해야 한다.
③ 실린더 내경과 행정을 동일하게 해야 한다.
④ 실린더 내경과 행정을 모두 작게 해야 한다.

풀이) 피스톤 평균속도 $V = \dfrac{2 \cdot L \cdot n}{60} = \dfrac{L \cdot n}{30}$ (m/s)

평균속도 V가 일정하므로, 기관의 회전속도 n을 높이려면 행정 L을 짧게 하고, 내경을 크게 해야 한다.

12 자동차 기관에서 베어링 재료로 사용되고 있는 켈밋합금(Kelmet Alloy)에 대한 설명으로 옳은 것은? [09년 2회]

① 주석, 안티몬, 구리를 주성분으로 하는 합금이다.
② 구리와 납을 주성분으로 하는 합금이다.
③ 알루미늄과 주석을 주성분으로 하는 합금이다.
④ 구리, 아연, 주석을 주성분으로 하는 합금이다.

풀이) 엔진 베어링의 종류
① 배빗메탈 : 안티몬 + 주석 + 구리 (배안주구)
② 켈밋메탈 : 구리 + 납 (켈구납)

13 크랭크축 오일 간극을 측정하는 게이지는? [07년 4회]

① 보어 게이지
② 틈새 게이지
③ 플라스틱 게이지
④ 내경 마이크로미터

풀이) 오일간극 측정은 플라스틱 게이지로 한다.

14 다음 중 플라이 휠과 관계없는 것은? [09년 4회]

① 회전력을 균일하게 한다.
② 링기어를 설치하여 기관의 시동을 걸 수 있게 한다.
③ 동력을 전달한다.
④ 무부하 상태로 만든다.

풀이) 엔진을 무부하 상태로 만드는 것은 클러치와 변속기의 역할이다.

15 점화시기를 정하는데 있어 고려할 사항으로 틀린 것은? [07년 4회]

① 연소가 일정한 간격으로 일어나게 한다.
② 크랭크축에 비틀림 진동이 일어나지 않게 한다.
③ 혼합기가 각 실린더에 균일하게 분배되게 한다.
④ 인접한 실린더가 연이어 점화되게 한다.

풀이) 인접한 실린더에 연이어 점화되지 않도록 한다.

16 다이얼게이지로 측정 할 수 없는 것은? [09년 4회]

① 축의 휨
② 축의 엔드플레이
③ 기어의 백래시
④ 피스톤 직경

ANSWER 11 ② 12 ② 13 ③ 14 ④ 15 ④ 16 ④

17 점화순서가 1-3-4-2인 기관에서 2번 실린더가 배기행정을 한다면 1번 실린더는 어떤 행정을 하는가?
[08년 1회]

① 흡입　② 압축
③ 폭발　④ 배기

풀이 행정 찾는 방법
① 피스톤 핀의 움직임으로 찾는다.
4행정 기관에서, 상사점에서 하사점으로 내려오는 행정은 흡기행정과 동력행정이고, 하사점에서 상사점으로 올라가는 행정은 압축행정과 배기행정이다. 또한, 1번과 4번, 2번과 3번 크랭크 핀이 항상 같이 움직이므로 2번이 배기행정이면 3번이 같이 올라가는 행정이므로 압축행정이 된다.
점화순서에 따라 3번보다 먼저 압축한 후 폭발하면서 내려오는 실린더는 1번 실린더이므로 같이 내려오는 4번 실린더는 흡입 행정이 된다. 6실린더에서는 매우 유용하므로 반드시 이 방법을 이해하도록 한다.
② 점화순서(1-3-4-2)의 반대로 행정을 적으면 된다.
즉, 2번이 배기이므로 4번은 흡입, 3번은 압축, 1번은 동력 행정이다. 단, 이 방법은 6실린더에서는 적용할 수 없다.

18 자동차 기관 점화순서가 1-3-4-2인 직렬형 4기통 기관에서 2번 실린더가 배기행정일 때 1번 실린더는 어떤 행정을 하는가?
[09년 4회]

① 흡입행정　② 압축행정
③ 폭발행정　④ 배기행정

풀이 2번 실린더가 배기행정이면 같이 올라가는 3번 실린더는 압축행정, 점화순서에 따라 3번 실린더보다 먼저 압축행정이 지나간 실린더는 현재 동력행정을 하고 있으므로
1번 실린더가 해당된다. 당연히 4번은 흡기행정이다.

19 아래 사항에서 기관의 분해 정비시기를 모두 고른 것은?
[09년 2회]

A. 압축압력 70[%] 이하일 때
B. 압축압력 80[%] 이하일 때
C. 연료소비율 60[%] 이상일 때
D. 연료소비율 50[%] 이상일 때
E. 오일소비량 50[%] 이상일 때
F. 오일소비량 50[%] 이하일 때

① A, C, F　② A, C, E
③ B, C, F　④ B, D, F

풀이 엔진 분해정비(overhaul) 시기
① 오일소비량이 50[%] 이상일 때
② 연료소비율이 60[%] 이상일 때
③ 압축압력이 70[%] 이하일 때

20 기관의 성능 시험에 대한 설명이다. 잘못 짝지어 진 것은?
[07년 1회]

① 완성시험 : 성능 및 내구성 확인시험
② 시운전 시험 : 각부 조임, 토크, 틈새 등의 시험
③ 성능 확인 시험 : 시작 및 개조한 기관의 출력, 내구성, 경제성 시험
④ 연구 시험 : 기관 성능특성, 기초적 성능 실험 연구시험

풀이 각 부 조임, 토크, 틈새 등의 시험은 시운전 전에 시험하여야 한다.

17 ③　18 ③　19 ②　20 ②

21 가솔린 엔진에서 불규칙한 진동이 일어날 경우의 정비 사항과 가장 관계가 없는 것은? [07년 2회]

① 마운팅 인슐레이터 손상 유, 무 점검
② 점화 플러그 손상 유, 무 점검
③ 진공의 누설 여부 점검
④ 연료 펌프의 압력 불규칙 점검

> 점화플러그에 손상이 있으면 규칙적으로 진동이 발생된다.

22 가솔린 기관에 일반적인 타이밍 라이트(Timing Light)를 사용하려고 한다. 다음 내용 중 틀린 것은? [08년 1회]

① 타이밍 라이트의 적색클립을 배터리 (+)단자에, 흑색클립을 배터리 (-)단자에 물린다.
② 타이밍 라이트의 픽업 클램프를 1번 점화 플러그 고압 케이블에 화살표 방향이 점화 플러그 쪽으로 향하게 하여 물린다.
③ 전류 측정 픽업 클램프를 배터리 (+)단자에 물린다.
④ 타이밍 라이트의 흑색 또는 녹색 부트 리드선을 점화 플러그 (-) 단자에 물린다.

> **타이밍 라이트 연결 방법**
> ① 리드선이 1개인 경우 : 고압 픽업만 있으므로 1번 고압 케이블에 고압 픽업의 화살표 방향이 점화플러그로 향하게 물린다.
> ② 리드선이 3개인 경우 : 배터리 선이 있으므로 +, - 선을 배터리에 물리고 고압 픽업은 1개와 같다.
> ③ 리드선이 4개인 경우 : 녹색(청색 또는 황색) 클립은 점화코일 - 단자에 연결한다. (전자제어 엔진일 경우, 노이즈 필터에 연결한다.)

21 ② 22 ③

03 윤활 및 냉각장치

제1절 윤활장치(lubricating system)

1_ 윤활장치의 개요

기관(engine) 내부에서 정화 및 회전운동을 하는 마찰부분은 금속끼리 직접 접촉하여 마찰열이 발생하고, 마찰면이 거칠어져 빨리 마모하거나 눌러 붙는 등의 고장이 발생하여 기관이 작동할 수 없게 된다. 이것을 방지하기 위해 금속의 마찰면에 오일을 주입하면 그 사이에 유막(oil film)이 형성되어 고체 마찰이 오일의 유체 마찰로 바뀐다. 따라서 마찰 저항이 작아져 마모가 적고 마찰열의 온도 상승을 방지하며 기계 효율을 향상시킨다.

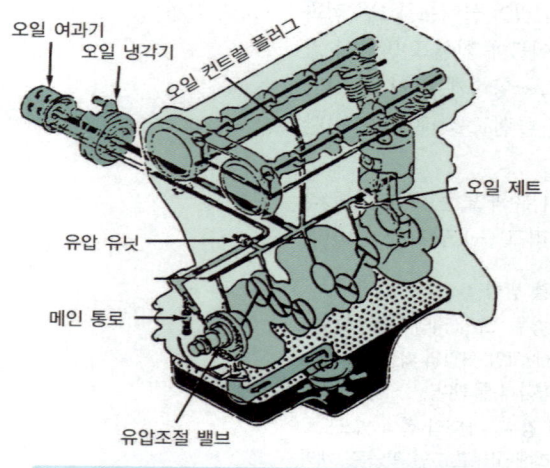

그림 1-47 / 오일 공급계통 흐름도

1. 윤활유의 작용과 구비조건

1) 윤활유의 작용

① 감마작용(마찰의 감소 및 마멸방지)
② 세척작용(미세한 먼지, 찌꺼기 여과)
③ 밀봉작용(기밀유지 작용)

④ 방청작용(산화부식 방지)
⑤ 냉각작용(약 10~15[%])
⑥ 응력분산작용(국부적인 압력을 피해서)

2) 윤활유의 구비조건

① 점도가 적당할 것
② 청정력이 클 것
③ 열과 산의 저항력이 클 것
④ 비중이 적당할 것
⑤ 인화점과 발화점이 높을 것
⑥ 응고점이 낮을 것
⑦ 기포 발생이 적을 것
⑧ 카본 생성이 적을 것

2. 윤활방식

1) 윤활방식의 종류

① **비산식** : 이 방식은 커넥팅 로드의 큰쪽(big end) 하단에 붙어 있는 주걱(oil dipper)으로 오일 팬에 있는 오일을 윤활한다.
② **압송식** : 압송식은 기관 오일을 오일 팬(oil pan)에 넣어 두고 여기서 오일 펌프로 기관의 각 윤활 부분에 오일을 강제적으로 압송하는 방식이다.
③ **비산 압송식** : 위의 비산식만으로 윤활의 신뢰성이 낮으므로, 비산식과 압송식을 복합한 방식이다.

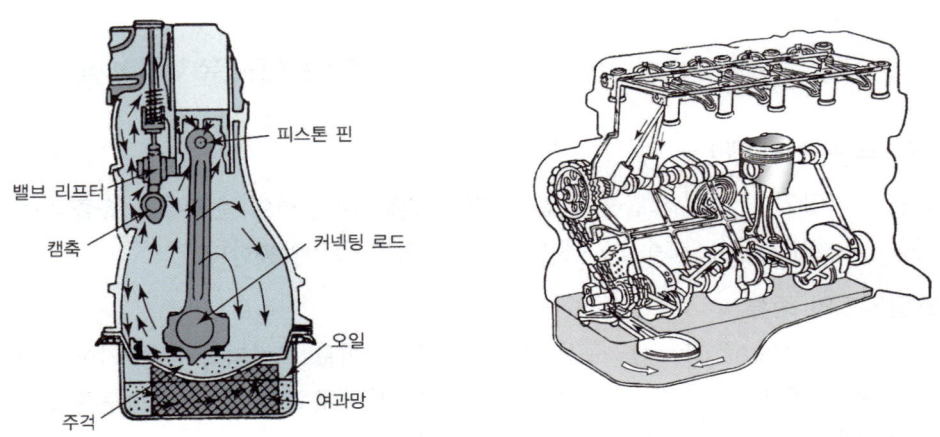

그림 1-48 / **비산식**   그림 1-49 / **압송식 윤활장치의 오일 순환**

3. 윤활장치의 구성

1) 오일 스트레이너(1차 여과기)

점프 내의 오일을 흡입시에 커다란 불순물을 여과하여 오일 펌프에 유도하여 주는 작용을 하며, 불순물에 의해 스크린이 막히면 바이패스 통로를 통하여 순환할 수 있도록 한다.

2) 오일 여과기(oil-filter)와 여과 방식

오일속의 수분, 연소 생성물, 금속분말, 슬러지 등의 미세한 불순물 0.01[mm] 이상을 제거하며 엘리먼트로는 여과지나 여과포로 사용한다. 오일여과 방식은 전류식, 분류식, 샨트식으로 구분한다.

① 전류식 : 전류식(full-flowfilter)은 오일 펌프에서 압송한 오일 전부를 오일 여과기에서 여과한 다음 각 부분으로 공급하는 방식이며, 오일의 청정작용은 좋으나 여과기가 막히면 윤활이 안될 염려가 있으므로 바이패스 밸브를 설치하여 여과기가 막혔을 때는 여과기를 통하지 않고 각 부로 공급하게 되어 있다.

② 분류식 : 분류식(by-pass filter)은 오일 펌프에서 압송된 오일을 각 윤활 부분에 직접 공급하고, 일부를 오일 여과기로 보내 여과한 다음 오일 팬으로 되돌아가는 방식

③ 복합식(샨트식) : 전류식과 분류식을 합한 방식이다.

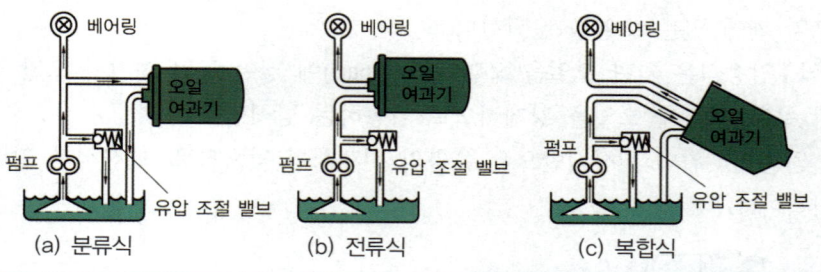

그림 1-50 / **윤활유 여과 방식**

3) 오일 펌프(oil pump)

오일 팬에 저장되어 있는 오일을 흡입 가압(2~3[kg/cm²])하여 윤활부에 송출하는 작용을 하며 저속 : 3~4[kg/cm²], 고속 : 6~8[kg/cm²]의 압력으로 압송한다.

① 오일펌프의 종류

㉠ 기어 펌프(gear pump) : 구동 기어와 피동 기어로 조립되어 구동 기어가 회전하면 펌프실 내면에 진공이 생겨 흡입되어 기어 사이에 오일이 실려 출구쪽으로 운반되어 배출하며 외접 기어식 펌프와 내접 기어식 펌프가 있다.

ⓒ 로터리 펌프(rotary pump) : 아웃 로우터와 인너 로우터로 구성되어 있으며 인너 로우터는 편심으로 설치되어 회전하며 부피가 넓은쪽에 진공이 생기면 흡입하여 부피를 점차로 좁게 하여 오일을 송출한다.

ⓓ 베인 펌프(vane pump) : 편심 설치된 로우터와 베인으로 구성되며 베인의 움직임에 따라 부피의 변화가 생겨 진공이 발생되면 흡입하여 다음에 오는 날개에 의해 출구쪽으로 운반되어 송출한다.

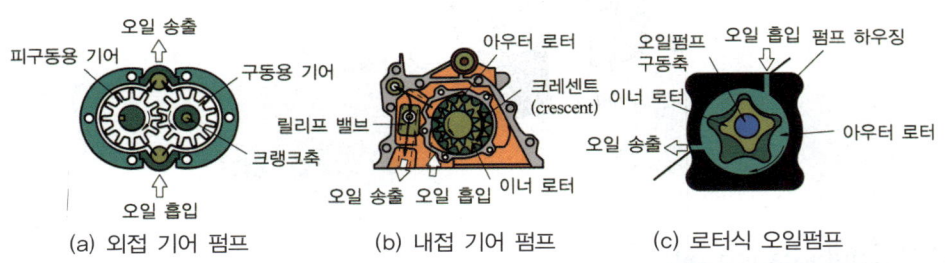

그림 1-51 / **오일펌프의 종류**

ⓔ 플런저 펌프(plunger pump) : 캠축에 의해 플런저를 상하 왕복운동시키고 플런저 스프링에 의해 플런저가 상승되면 진공이 생겨 오일을 흡입하고 플런저를 밀면 오일의 압력이 생겨 체크 볼을 밀고 통로를 열어 오일을 송출한다.

② 유압 조절 밸브(oil pressure relief valve) : 이 밸브는 윤활회로 내를 순환하는 유압이 과도하게 상승하는 것을 방지하여 유압이 일정하게 유지하도록 하는 작용을 한다.

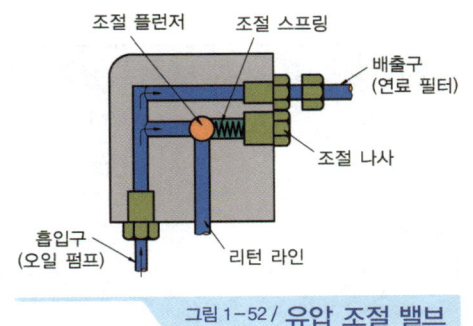

그림 1-52 / **유압 조절 밸브**

4) 오일 쿨러(oil cooler : 냉각기)

기관의 오일의 온도는 85[℃] 부근을 넘지 않는 것이 바람직하다. 약 125[℃] 이상되면 윤활성이 급격히 상실하기 때문에 일부 기관에서는 오일 냉각기를 설치하여 알맞는 오일 온도를 유지시켜 준다.

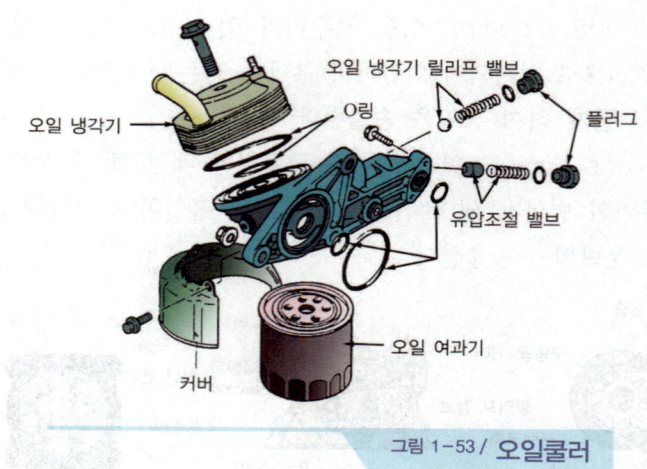

그림 1-53 / 오일쿨러

4. 윤활유(lubricating oil)

1) 윤활유의 분류

① SAE 분류 : 미국자동차 기술협회에서 오일의 점도에 의해 분류한 것으로, SAE 번호로 표시하며 번호가 클수록 점도가 높다.

② API 분류 : 미국석유협회에서 엔진의 운전조건에 의해 분류한 방법으로, 가솔린 기관과 디젤 기관으로 분류하였다.

표 1-1 / API 분류

운전조건 기관	좋은 조건	중간 조건	가혹한 조건
가솔린 기관	ML	MM	MS
디젤 기관	DG	DM	DS

표 1-2 / API 분류와 SAE 신분류의 비교

구분	운전조건	API 분류	SAE 신분류
가솔린 기관	좋은 조건	ML	SA
	중간 조건	MM	SB
	가혹한 조건	MS	SC·SD
디젤 기관	좋은 조건	DG	CA
	중간 조건	DM	CB·CC
	가혹한 조건	DS	CD

③ SAE 신분류 : SAE 신분류는 SAE 분류방법과 API 분류방법이 달라 SAE, ASTM, API 등이 새로 제정한 오일 분류 방법으로, 가솔린은 SA, SB, SC,···, 디젤은 CA, CB, CC,···의 알파벳 순서로 분류하며 뒤로 갈수록 가혹한 조건에서 사용이 가능하다.

2) 점도

① **점도지수** : 온도 변화에 따른 오일의 끈끈한 정도를 말한다. 점도지수가 높다는 것은 온도 변화에 따른 오일의 점도 변화가 작다는 것을 의미한다.

② **점도지수 측정법**
　㉠ 세이볼트 초 : 오일의 온도를 0[°F], 100[°F], 130[°F], 210[°F] 등에 따라 오일의 점도가 변화되는 과정을 측정하는 방법으로, 오일이 작은 구멍(0.17[mm])을 흐르는 시간으로 그 점도를 측정하는 방법
　㉡ 앵귤러 점도 : 오일의 유출시간을 물의 유출시간으로 나누어 구하는 방법
　㉢ 레드우드 점도 : 60[°F], 50[cc] 유체가 유출되는 시간을 초로 나타내는 방법

2_ 유압 장치 정비

1) 유압이 상승하는 원인

① 엔진의 온도가 낮아 오일점도가 높다.
② 윤활회로의 일부가 막혔다.(특히, 오일 여과기가 막히면 유압이 상승하는 원인이 된다).
③ 유압조절 밸브 스프링의 장력이 과대하다.

2) 유압이 낮아지는 원인

① 크랭크축 베어링의 과대마멸로 오일간극이 크다.
② 오일 펌프의 마멸 또는 윤활회로에서 오일이 누출된다.
③ 오일 팬의 오일량이 부족하다.
④ 유압 조절 밸브 스프링 장력이 약하게 파손되었다.
⑤ 엔진 오일이 연료 등으로 현저하게 희석되었다.
⑥ 엔진 오일의 점도가 낮다.

3) 오일의 색깔에 의한 정비

① 검정 : 심한 오염 또는 과부하 운전
② 붉은색 : 자동변속기 오일 혼입
③ 노란색 : 무연 휘발유 혼입
④ 우유색(백색) : 냉각수 혼입

제2절 냉각장치(cooling system)

1_ 냉각장치 개요

냉각장치는 엔진 작동 중 발생되는 열(약 2,000[℃])을 냉각하여 과열을 방지하고 냉각수의 온도를 85~95[℃]로 유지하는 장치이다. 냉각수 온도는 물통로(jacket) 내의 냉각수의 온도로 정한다.

1. 엔진의 냉각 방식

1) 공랭식(air cooling type)

엔진을 대기와 직접 접촉시켜서 냉각하므로 냉각수의 보충, 누출, 동결 등의 염려가 없고 구조가 간단하나 기후, 운전상태 등에 따라 엔진의 온도가 변화하기 쉽고 냉각이 균일하지 못한 결점이 있다.

① **자연 통풍식** : 자동차가 주행할 때 받는 공기로 냉각하며, 실린더 블록과 같이 과열되기 쉬운 부분에 냉각핀을 설치하여 냉각한다.
② **강제 통풍식** : 냉각 팬을 사용하여 강제로 많은 양의 공기를 엔진으로 보내어 냉각하는 방식으로, 엔진 주위를 시라우드로 감싸서 냉각 효율을 높인다.

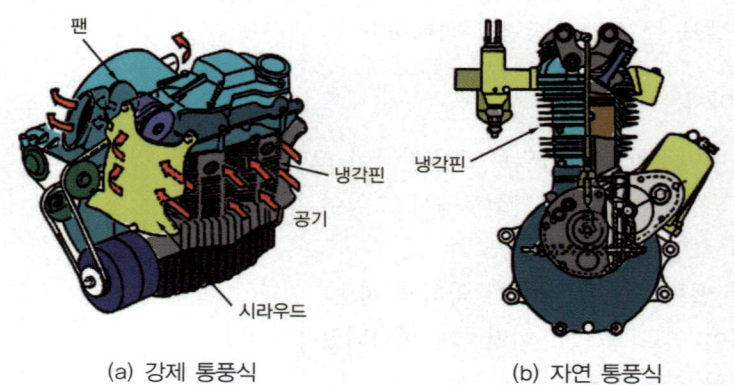

(a) 강제 통풍식　　　　　(b) 자연 통풍식

2) 수냉식(water cooling type)

냉각수를 사용하여 엔진을 냉각시키는 방식으로, 자연 순환식, 강제 순환식, 압력 순환식, 밀봉 압력식 등이 있다.

① **자연 순환식** : 냉각수의 대류에 의해서 순환시키는 방식으로서 정치식 기관에 사용된다.
② **강제 순환식** : 물 펌프를 이용하여 강제적으로 냉각수를 순환시켜 기관을 냉각시키는 방

식이다.
③ **압력 순환식** : 강제 순환식에서 압력식 캡으로 냉각장치의 통로를 밀폐시켜 냉각수가 비등되지 않도록 하는 방식이다.
④ **밀봉 압력식** : 압력 순환식에서 라디에이터 캡을 밀봉하고 냉각수가 외부로 누출되지 않도록 하는 방식이며, 냉각수가 가열되어 팽창하면 냉각수를 보조 탱크로 보낸다.

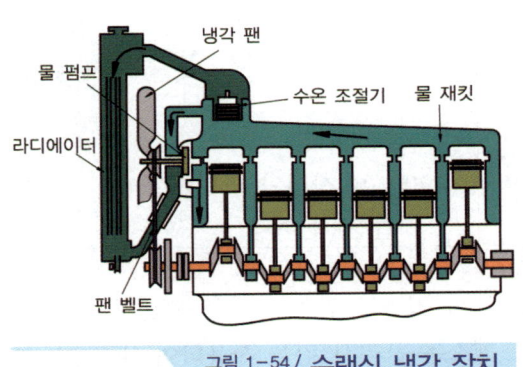

그림 1-54 / 수랭식 냉각 장치

2. 냉각 장치의 구성

라디에이터(방열기), 물 펌프, 냉각 팬, 수온조절기, 냉각수온 센서 등으로 구성되어 있다.

1) 라디에이터(radiator, 방열기)

엔진에서 뜨거워진 냉각수를 방열판을 통과시켜 공기와 접촉하여 냉각수를 식히는 장치이다.

① 구비조건
　　㉠ 단위면적당 방열량이 큰 것.
　　㉡ 공기의 흐름저항이 적은 것.
　　㉢ 가볍고 견고한 것.
　　㉣ 냉각수의 흐름 저항이 적은 것.
② 방열기 코어 형식
　　㉠ 플레이트 핀 : 평면으로 된 판을 일정한 간격으로 설치한 형식이다.
　　㉡ 코루게이트 핀 : 냉각 핀을 파도 모양으로 설치한 것으로 방열량이 크다.
　　㉢ 리본 셀룰러 핀 : 냉각 핀을 벌집 모양으로 배열된 형식이다.

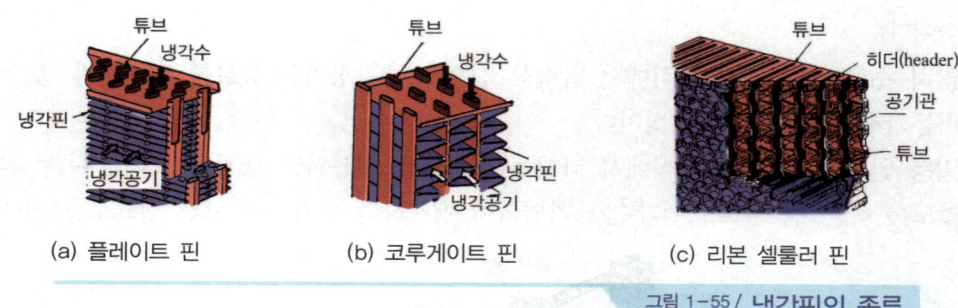

(a) 플레이트 핀   (b) 코루게이트 핀   (c) 리본 셀룰러 핀

그림 1-55 / **냉각핀의 종류**

③ 방열기 정비

㉠ 방열기 코어의 막힘이 20[%]이상이면 라디에이터를 교환한다.

$$\text{라디에이터 코어 막힘률} = \frac{\text{신품 주수량} - \text{구품 주수량}}{\text{신품 주수량}} \times 100[\%]$$

㉡ 라디에이터의 냉각 핀 청소는 압축 공기를 기관 쪽에서 밖으로 불어 낸다.

㉢ 라디에이터 튜브 청소는 플러시 건을 사용하여 냉각수를 아래 탱크에서 위 탱크로 흐르게 하여 청소하고, 세척제는 탄산나트륨, 중탄산나트륨을 사용한다.

2) 압력식 라디에이터 캡

라디에이터 캡은 내부 압력과 진공에 의하여 열리는 압력 밸브와 진공 밸브가 있다. 라디에이터 캡의 작동 압력은 일반적으로 0.2~0.9[kg_f/cm^2] 이며, 비점은 112~119[℃] 이다.

① 라디에이터 내부압력 상승시 냉각수는 보조 탱크로 배출된다.

② 라디에이터 내부압력 감소시 냉각수는 보조 탱크에서 흡입된다.

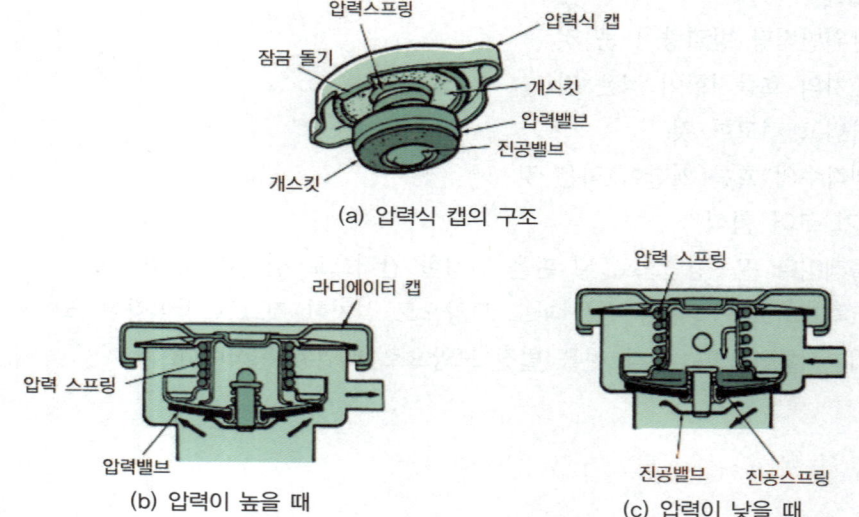

(a) 압력식 캡의 구조

(b) 압력이 높을 때   (c) 압력이 낮을 때

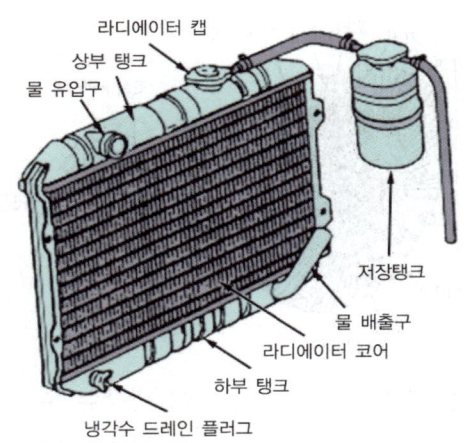

3) 시라우드(shroud)

라디에이터와 팬을 감싸고 있는 판으로써 냉각팬 작동시 공기의 와류를 방지하고 냉각 효율을 증대하기 위하여 설치한다.

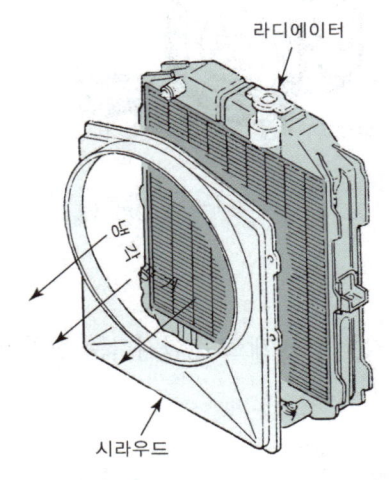

그림 1-56 / 라디에이터

4) 냉각 팬(cooling fan)

엔진과 라디에이터 사이에 설치되며 시라우드가 감싸고 있다. 공기를 강제로 빨아들여 엔진의 냉각효과를 증대 시킨다.

① **유체 커플링 팬** : 유체 마찰을 이용하여 구동하는 팬으로써 엔진 고회전시 물 펌프와 냉각 팬을 분리 회전시켜 고속 주행시 팬이 고속으로 회전되는 것을 방지하여 엔진 출력이 증가 및 소음을 감소한다.

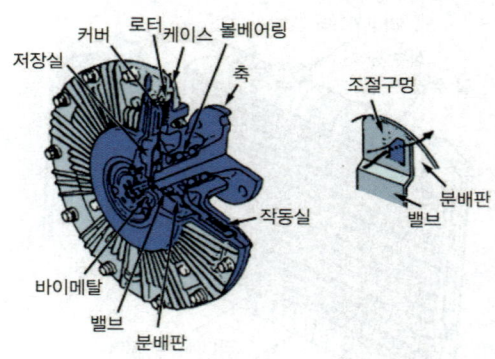

② 전동 팬 : 바이메탈 또는 수온 센서를 이용하여 냉각수 온도가 약 85~90°가 되면 팬이 작동하고, 냉각수 온도가 감소하면 자동으로 작동을 멈추어 소음 및 연비의 저감과 난기운전에 요하는 시간을 단축시킬 수 있다.

그림 1-57 / **전동 팬**

5) 물펌프(water pump)

원심식 물 펌프를 사용하여 냉각수를 강제로 순환시키는 장치이며, 크랭크축 회전수의 1.2~1.6배로 회전한다.

그림 1-58 / **물 펌프의 구조**

6) 수온조절기(thermostat)

냉각수의 온도에 따라 통로를 자동적으로 개폐하여 냉각수 온도가 일정하도록 조절해주는 장치이며 벨로즈형과 왁스 펠릿형이 있다.

① 수온조절기의 종류
　㉠ 왁스 펠릿형 : 왁스 케이스에 왁스와 합성 고무를 봉입한 형식으로 냉각수의 온도가 상승하면 고체 상태의 왁스가 액체로 변화되어 밸브가 열리며 냉각수의 온도가 낮으면 액체 상태의 왁스가 고체로 변화되어 밸브가 닫힌다.
　㉡ 벨로즈형 : 황동의 벨로즈 내에 휘발성이 큰 에테르나 알코올을 봉입한 형식으로 냉각수의 온도에 의해서 벨로즈가 팽창 및 수축으로 냉각수의 통로가 개폐되며, 65[℃]에서 열리기 시작하여 85[℃]에서 완전히 열린다.
　㉢ 바이메탈형 : 코일 모양의 바이메탈이 수온에 의해 늘어날 때 밸브가 열리는 형식이다.

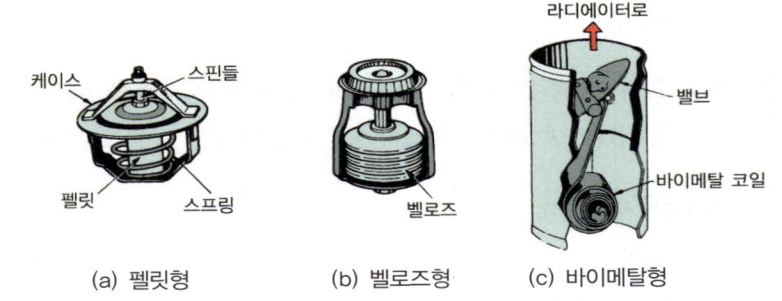

그림 1-59 / **수온 조절기의 종류**

② 왁스 펠릿형 수온조절기의 작동 : 아래 그림은 왁스 펠릿형 수온조절기의 구조와 작동을 나타내었다. 냉각수 온도가 낮으면 스프링 힘에 의해 밸브가 닫혀있다가 냉각수가 규정온도에 다다르면 왁스가 팽창하여 합성고무를 눌러 스프링 힘을 이기고 아래로 내려가 밸브가 열리게 된다.

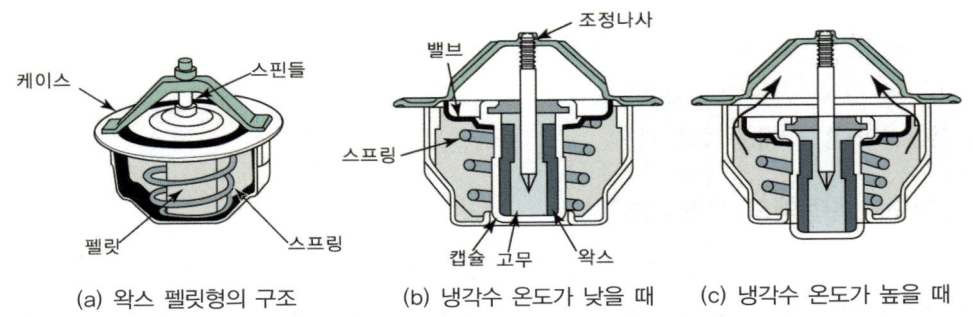

7) 냉각수온 센서(WTS : Water Temperature Sensor)

실린더 헤드부의 물 재킷 부분에 설치되어 있으며, 냉각수의 온도를 검출하여 ECU에 정보를 보내주면 연산 제어되어 인젝터 기본 분사량을 보정하는 부특성(NTC) 서미스터이다.

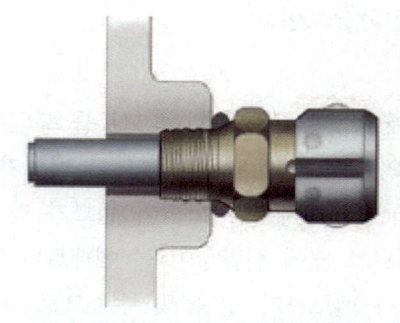

그림 1-60 / 수온 센서(스위치)

2_ 부동액(anti-freeze)

냉각수의 응고점을 낮추어 추운 겨울에 엔진의 동파를 막기위해 에틸렌 글리콜(비점 197.2[℃], 응고점 -50[℃])과 냉각수를 혼합하여 사용한다.

1. 부동액의 일반적 성질

1) 부동액의 종류

① 글리세린 : 산이 포함되면 금속을 부식시킨다.
② 메탄올 : 비등점이 82[℃] 이며, 응고점이 -30[℃]로 낮은 온도에 견딜수 있다.
③ 에틸렌 글리콜 : 영구 부동액이며, 응고점 -50[℃] 이다.
④ 알콜

2) 부동액의 구비조건

① 내식성이 클 것, 팽창계수가 적을 것.
② 비점이 높고 응고점이 낮을 것.
③ 휘발성이 없고 유동성일 것.

3) 냉각수와 부동액의 혼합비([%])

일반적으로 국내에서는 50[%](냉각수) : 50[%](부동액)의 비율로 혼합하여 사용한다.

온도 혼합비율	-4[℃]	-7[℃]	-11[℃]	-15[℃]	-20[℃]	-25[℃]	-31[℃]
부동액	20	25	30	35	40	45	50
냉각수	80	75	70	65	60	55	50

※ 해당 지방 최저온도 기준에 따른다.

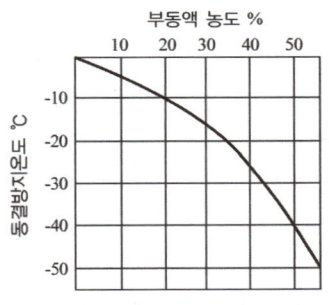

그림 1-61 / 부동액의 필요량과 동결 온도

3_ 냉각장치 정비

1. 라디에이터의 수압 시험

1) 압축공기에 의한 방법

0.5~2.0[kgf/cm²] 정도의 압력을 가해 기포발생 여부를 확인한다.

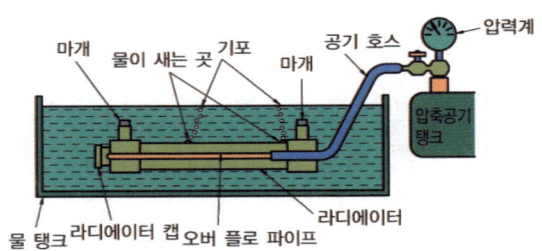

2) 테스터에 의한 방법

라디에이터의 냉각수 출, 입구를 모두 막고 물을 가득 담은 후 라디에이터 주입구에 테스터를 설치하고, 테스터의 펌프로 수압시험 압력까지 펌핑 후 라디에이터에 누출이 없으면 테스터의 지침이 내려가지 않으나, 누출이 있으면 지침이 상승하지 않거나 상승하더라도 곧 하강한다.

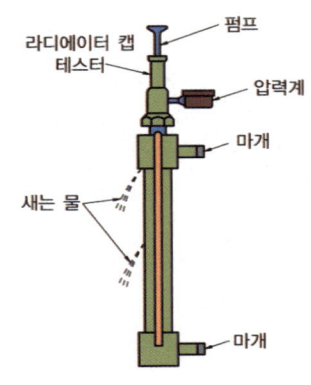

2. 냉각장치의 이상 현상

1) 기관 과열시 나타나는 현상

① 실린더 헤드 및 피스톤 손상
② 실린더 벽손상(유막파괴)

③ 기관출력 저하 원인
④ 노킹 및 조기점화 발생

2) 기관 과냉시 나타나는 현상
① 연료 소비량 증대
② 기관출력저하
③ 실린더 내에 카본 퇴적
④ 기관 각부 마멸 촉진

제3장 윤활 및 냉각장치 출제예상문제

01 윤활유가 갖추어야 할 주요 기능으로 틀린 것은? [09년 1회]

① 냉각작용 ② 응력집중작용
③ 방청작용 ④ 밀봉작용

> 풀이 윤활유의 6대 작용
> ① 감마작용 ② 밀봉작용
> ③ 냉각작용 ④ 세척작용
> ⑤ 방청작용 ⑥ 응력 분산작용

02 엔진 오일 압력시험을 하고자 할 때 오일압력 시험기의 설치 위치로 적합한 곳은? [09년 1회]

① 엔진오일 레벨게이지
② 엔진오일 드레인 플러그
③ 엔진오일 압력 스위치
④ 엔진 오일 휠터

> 풀이 엔진 오일 압력시험은 엔진오일 압력 스위치를 탈거하고 그 장소에 압력계를 설치하여 시험한다.

03 부동액의 종류로 맞는 것은? [07년 1회]

① 메탄올과 에틸렌 글리콜
② 에틸렌 글리콜과 윤활유
③ 글리세린과 그리스
④ 알콜과 소금물

> 풀이 부동액의 종류 : 메탄올, 에틸렌 글리콜, 프로필렌 글리콜

04 윤활유가 갖추어야 할 조건으로 틀린 것은? [09년 4회]

① 카본 생성이 적을 것
② 비중이 적당할 것
③ 열과 산에 대하여 안정성이 있을 것
④ 인화점이 낮을 것

> 풀이 윤활유의 구비조건
> ① 비중이 적당할 것
> ② 적당한 점도를 가질 것
> ③ 응고점은 낮고, 인화점이 높을 것
> ④ 열과 산에 대하여 안정성이 있을 것
> ⑤ 카본 형성에 대한 저항력이 있을 것

05 기관의 윤활방식 중 윤활유가 모두 여과기를 통과하는 방식은? [09년 2회]

① 전류식 ② 분류식
③ 중력식 ④ 션트식

> 풀이 윤활방식의 분류
> ① 전류식 : 윤활유 전부를 여과시켜 공급하는 방식, 막히면 바이패스 밸브로 통과
> ② 분류식 : 윤활유의 일부는 여과시키고, 여과하지 않은 오일은 공급하는 방식
> ③ 션트(shunt)식 : 오일의 일부는 여과시켜서 공급, 일부는 바로 공급되는 방식

01 ② 02 ③ 03 ① 04 ④ 05 ①

06 기관의 윤활유 소비 증대와 가장 관계가 큰 것은? [07년 1회]
① 새 여과기의 사용
② 기관의 장시간 운전
③ 실린더와 피스톤 링의 마멸
④ 오일 펌프의 고장

풀이) 실린더와 피스톤 링의 마멸에 의해 윤활유가 연소되어 가장 많이 소비된다.

07 기관에서 유압이 높을 때의 원인과 관계 없는 것은? [09년 2회]
① 윤활유의 점도가 높을 때
② 유압 조정 밸브 스프링의 장력이 강할 때
③ 오일 파이프의 일부가 막혔을 때
④ 베어링과 축의 간격이 클 때

풀이) 유압이 높아지는 원인
① 유압조절밸브 스프링 장력이 클 때
② 오일간극이 작을 때
③ 오일의 점도가 높을 때
④ 윤활회로의 일부가 막혔을 때

08 겨울철 기관의 냉각수 순환이 정상으로 작동되고 있는데, 히터를 작동시켜도 온도가 올라가지 않을 때 주 원인이 되는 것은? [09년 4회]
① 워터 펌프의 고장이다.
② 서모스탯의 고장이다.
③ 온도 미터의 고장이다.
④ 라디에이터 코어가 막혔다.

풀이) 서모스탯이 열린 채로 고장나면 냉각수가 너무 냉각되어 히터를 작동시켜도 온도가 올라가지 않는다.

09 자동차 엔진 작동 중 과열의 원인이 아닌 것? [09년 4회]
① 전동팬이 고장일 때
② 수온조절기가 닫힌 상태로 고장일 때
③ 냉각수가 부족할 때
④ 구동벨트의 장력이 팽팽할 때

풀이) 구동벨트의 장력이 헐거울 때 과열의 원인이 된다.

10 기관의 냉각장치 회로에 공기가 차 있을 경우 나타날 수 있는 현상과 관련 없는 것은? [08년 2회]
① 냉각수 순환 불량
② 기관 과냉
③ 히터 성능 불량
④ 구성품의 손상

풀이) 냉각장치 회로에 공기가 차 있을 경우는 냉각수 순환 불량이므로 냉각효과가 저하한다. 따라서 과냉될 수 없다.

11 냉각 수온센서 고장 판단시 나타나는 현상으로 가장 거리가 먼 것은? [09년 4회]
① 엔진이 정지
② 공전속도가 불안정
③ 웜업 후 검은 연기 배출
④ CO 및 HC 증가

풀이) 냉각 수온센서가 고장이면 연비를 맞추기 어려워서 공전속도가 불안정하거나, 배기가스가 증가한다. 엔진 시동이 꺼지지는 않는다.

06 ③ 07 ④ 08 ② 09 ④ 10 ② 11 ①

12 냉각장치의 냉각팬을 작동하기 위한 입력 신호가 아닌 것은? [09년 4회]

① 냉각수온 센서
② 에어컨 스위치
③ 수온 스위치
④ 엔진 회전수 신호

풀이 엔진 회전수 신호와는 관계없다.

13 라디에이터 캡 시험기로 점검할 수 없는 것은? [08년 4회]

① 라디에이터 코어 막힘 여부
② 라디에이터 코어 손상으로 인한 누수 여부
③ 냉각수 호스 및 파이프와 연결부에서의 누수 여부
④ 라디에이터 캡의 불량 여부

풀이 라디에이터 캡 시험기는 밀폐 여부를 점검하여 누수를 점검하는 시험기이다.

ANSWER 12 ④ 13 ①

04 연료장치

제1절 전자제어 가솔린 연료장치

1_ 전자제어 연료장치

1. 시스템 개요

각종 센서들의 전기적인 신호를 ECU가 종합 연산 제어하여 정밀하게 혼합기의 공급을 제어하기 때문에 엔진 효율의 향상, 연비의 향상, 배기가스 중의 유해 성분 감소, 저온 시동의 향상, 빠른 응답성 등의 장점을 가진 전자제어 기관이다.

2. 카뷰레터 방식과의 비교

1) 카뷰레터 방식

엔진에 공급되는 연료의 양은 제트 지름과 부압에 의해 기본적으로 결정되고 벤투리관을 통하여 흡입통로로 전달되며 또한 밸브, 에어블리드, 펌프 등을 사용하여 엔진의 작동조건에 맞는 적당한 공연비를 기계적으로 조절한다.

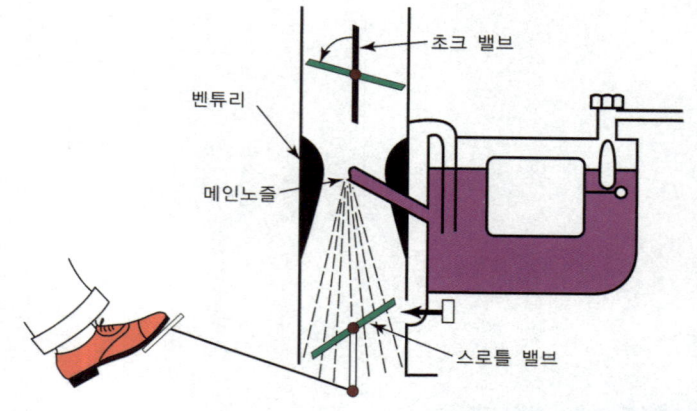

그림 1-62 / **카뷰레터 방식**

2) 전자제어 방식

엔진에 공급되는 연료량은 인젝터가 열려있는 기간으로 결정되며 흡입공기량, 엔진속도 및 기타 상태를 기본으로 컨트롤 유닛(ECU)에 의해 조절된다. 컨트롤 유닛은 각종 센서의 작동 상태 변화를 감지하여 인젝터가 열려 있는 기간을 결정함으로써 공연비를 적당하게 유지한다.

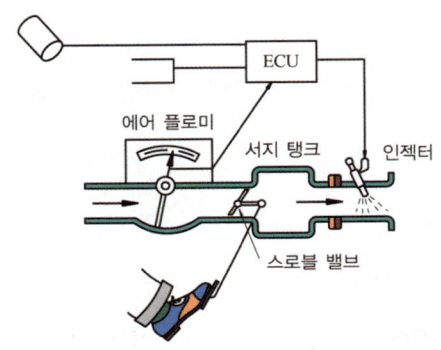

그림 1-63 / 전자제어 방식

3. 가솔린 분사장치의 분류

1) 인젝터(injector) 설치 위치에 따른 분류

① 직접 분사방식(GDI : Gasoline Direct Injection) : 연소실 내부에 직접 고압으로 연료를 분사하는 방식이다.
② 간접 분사방식(indirect injection) : 흡기다기관 또는 흡입 밸브 상단에 저압으로 연료를 방식이다.

2) 인젝터(injector) 수에 따른 분류

① SPI(single point injection) : 인젝터가 드로틀 밸브 상단에 1개 인젝터로 연료를 저압 연속 분사하는 시스템이다.

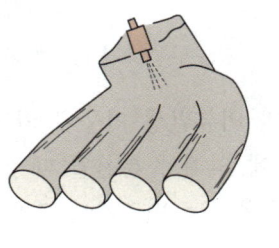
(a) SPI I

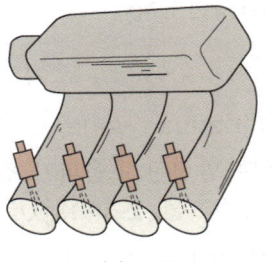
(b) MPI

② MPI(multi point injection) : 인젝터가 흡기밸브 상단에 실린더 마다 각각 1개씩 따로 설치된 방식으로, SPI 방식에 비해서 혼합기가 각 실린더에 균일하게 분배된다.

3) 공기량 계량방식에 따른 분류

① 직접 계량방식 : 흡입공기 체적 또는 흡입공기 질량을 직접 계량하는 방식으로 K-제트로닉, L-제트로닉 등이 있다.

② 간접 계량방식 : 흡입 공기량을 직접 계량하지 않고 흡기다기관의 절대압력, 또는 스로틀 밸브의 개도와 기관의 회전속도로부터 공기량을 간접 계량하는 방식으로 D-제트로닉, TBI 등이 있다.

4. 기관 전자제어 센서

1) 공기유량 센서(AFS : Air Flow Sensor)

흡입 공기량을 계측하여 ECU에 보내어 인젝터의 기본 연료분사 시간을 결정하는 센서이다.

① 체적유량 검출방식

  ㉠ 에어플로우미터 방식(air flow meter type) : L-제트로닉 방식으로 흡입공기량을 베인에 연결된 포텐시오 미터에 의해서 전기적 신호로 바꾸어 ECU에 보내는 방식이다.

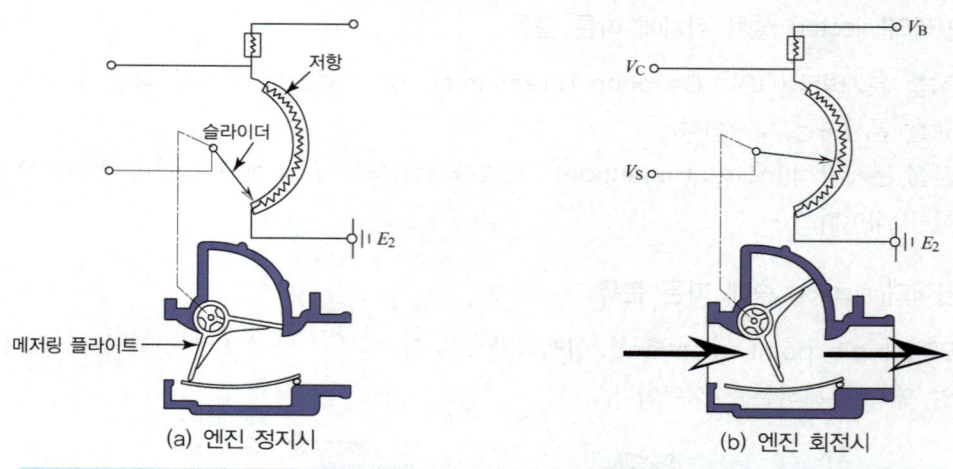

그림 1-64 / **포텐쇼미터의 작동**

  ㉡ 칼만 와류식(Karman vortex) : 흡입공기가 와류발생 기둥에 의해 와류가 생성되면 발신기로부터 발생된 초음파가 칼만 와류에 의해서 분산될 때 칼만 와류수만큼 밀집되거나 분산된 후 수신기에서 수신된 초음파는 변조기에 의해 디지털 펄스 신호로 변환되어 ECU에 보내진다.

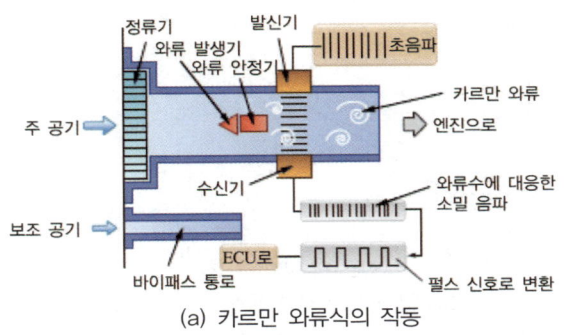
(a) 카르만 와류식의 작동

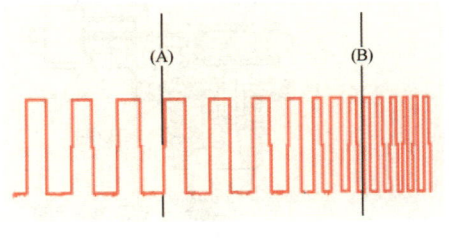
(b) 카르만 와류식의 출력 파형

그림 1-65 / **카르만 와류식의 작동과 출력 파형**

② 질량유량 검출방식

㉠ 열막식(hot film type) : 흡입 통로에 열막을 설치하여 흐르는 공기량을 계측하는 방식으로, 흡입 공기량이 작으면 열막이 열을 조금 빼앗겨 흐르는 전류가 낮으며 흡입공기가 많으면 열막이 열을 많이 빼앗겨 전류가 많이 흐르게 된다. 직접 계측방식에 많이 사용한다.

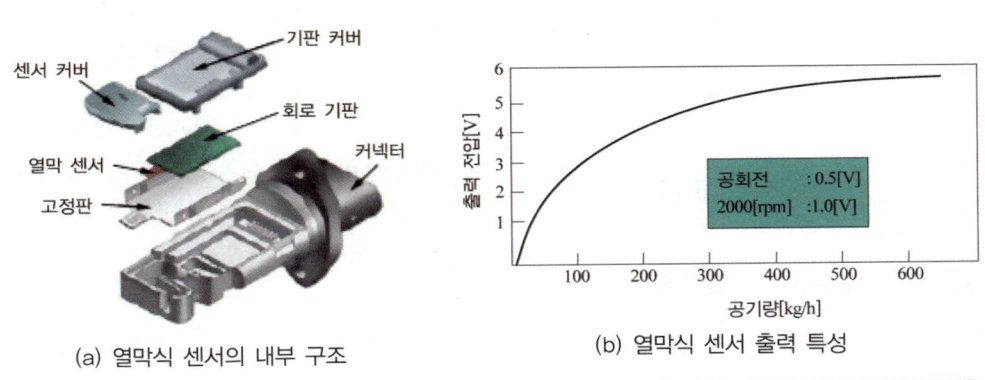

(a) 열막식 센서의 내부 구조   (b) 열막식 센서 출력 특성

그림 1-66 / **열막식 센서 출력 특성**

③ 간접 계측방식

㉠ MAP센서 방식 : 서지 탱크의 절대 압력을 검출하는 센서로서 흡기압력이 높으면(흡입 공기량이 많으면) 전압이 증가하고 흡기압력이 낮으면 출력 전압이 감소하는 방식을 사용한 장치로 인젝터 기본 분사량과 점화시기 결정신호로 ECU에 보내진다.

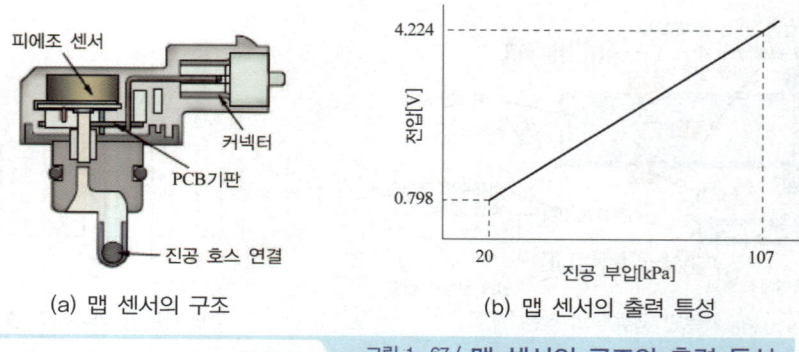

(a) 맵 센서의 구조　　　　　(b) 맵 센서의 출력 특성

그림 1-67 / **맵 센서의 구조와 출력 특성**

표 1-3 / **흡입 공기량 센서의 형식**

센서 형식	계측 방식	출력 신호와 형식		특성
		출력 신호	형식	
열막(Hot film)	전자식 직접 계측	아날로그	흡기 질량에 비례하는 전압	• 질량 유량 검출로 신뢰성 큼 • 오염에 의한 측정 오차 큼 • 설치에 제약이 따름
열선(Hot wire)	전자식 직접 계측	아날로그		
칼만 와류 (Karmann vortex)	전자식 직접 계측	디지털	흡기 체적에 비례하는 주파수	• 정밀성이 우수함 • 신호 처리가 쉬움 • 대기압 보정이 필요함
맵 센서 (Map sensor)	전자식 직접 계측	아날로그	흡기관 압력에 비례하는 전압	• 소형 저가이며 장착성 양호함 • 엔진 특성 변화에 대응 곤란함

2) 흡기온도 센서(ATS : Air Temperature Sensor)

흡입 공기온도를 검출하는 부특성 서미스터로 이 출력전압을 ECU에 보내면 ECU는 흡기온도를 감지하여 흡입 공기에 대응하는 인젝터 기본연료 분사량 조정을 한다.

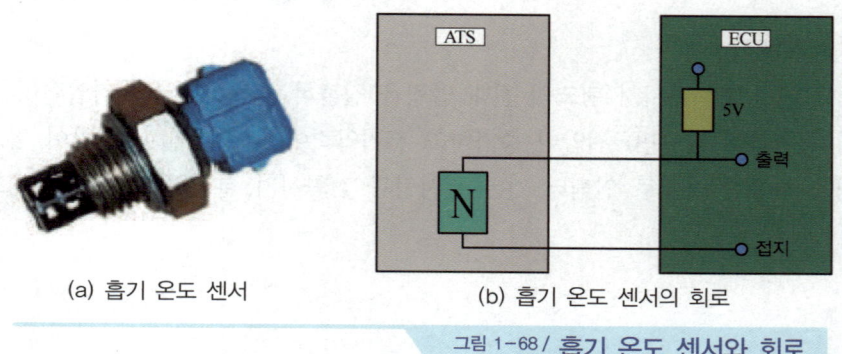

(a) 흡기 온도 센서　　　　　(b) 흡기 온도 센서의 회로

그림 1-68 / **흡기 온도 센서와 회로**

3) 대기압 센서(BPS : Barometric Pressure Sensor)

자동차의 고도에 따른 대기의 압력을 검출하는 피에조 저항형 센서로, 인젝터 기본연료 분사량과 점화시기를 보정데이터로 이용한다.

4) 아이들 스위치(idle position switch)

엔진의 공회전 상태를 검출하여 ECU에 보내어 주는 센서로서 운전자가 액셀러레이터 (accelerator) 페달을 밟으면 OFF가 되고, 놓으면 스위치 접점에 의해 ON이 된다.

5) 스로틀 포지션 센서(TPS : Throttle Position Sensor)

스로틀 보디의 스로틀 밸브축과 같이 회전하는 가변저항기로 스로틀 밸브의 열림량을 검출한다. 스로틀 밸브의 개도를 감지하여 ECU에 보내주면 ECU는 이 출력 전압과 다른 센서들의 입력신호를 연산하여 연료 분사량을 제어한다.

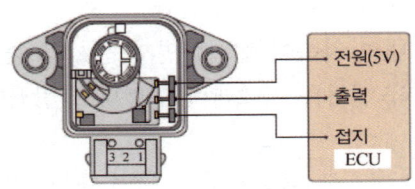

그림 1-69 / **TPS의 입·출력 회로**

6) 1번 실린더 TDC 센서 및 크랭크각 센서

① 광 센서 방식 : 배전기 내부에 설치되어 있으며 1번 실린더 TDC 센서는 원판 디스크 안쪽에 길게 구멍이 나있으며 실린더 내의 1번 피스톤의 압축상사점 위치를 검출하여 ECU에 보내어 초기분사시기를 결정한다. 크랭크각 센서의 불량시 기관의 부조현상이 발생하거나 시동이 불능상태가 된다.

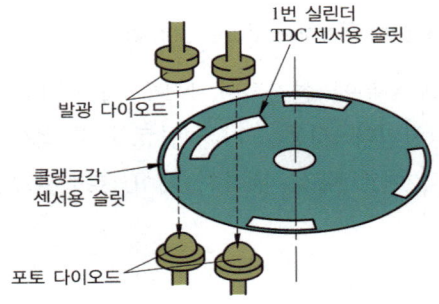

그림 1-70 / **디스크와 다이오드**

② 홀 센서(hall sensor) 방식 : 같은 거리에 두 개의 자석을 두고 홀효과를 발생하는 반도체를 움직이면 자장이 변화하면서 일정한 전압 신호가 발생한다. 이 현상을 홀 효과(hall effect)라고 한다. 홀 효과를 이용하여 출력 신호를 ECU에 입력하는 방식이다.

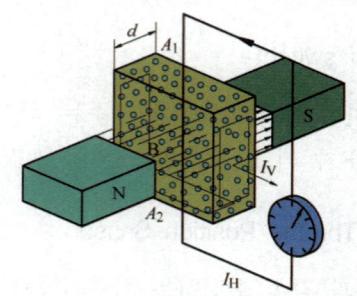

③ 전자 유도식 크랭크각(CAS : Crank Angle Sensor) 센서 : 전자 유도식 센서는 크랭크축에 장착된 톤 휠에 6° 간격으로 60개의 돌기가 설치되어 있고, 돌기 중 2개를 삭제하여 1번 실린더 상사점의 기준으로 정한다.

톤 휠이 회전하면 센서 내의 자속이 변화하면서 센서의 출력은 아날로그 신호를 발생한다. 이러한 전자 유도식 센서를 마그네틱 인덕티브 방식이라고도 한다

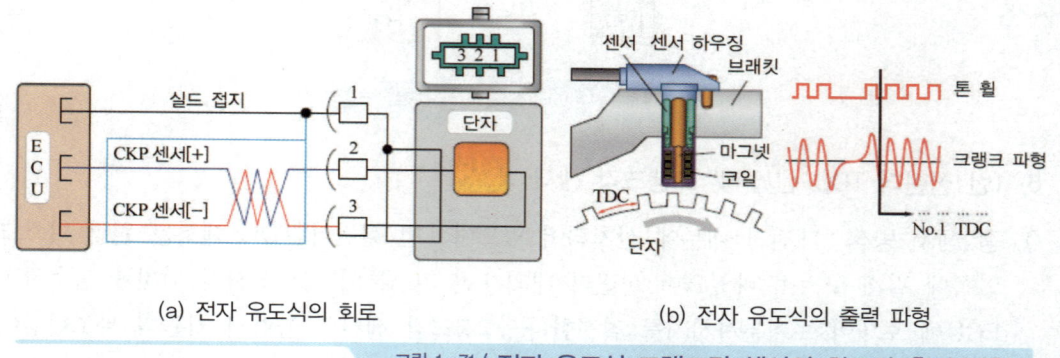

(a) 전자 유도식의 회로   (b) 전자 유도식의 출력 파형

그림 1-71 / 전자 유도식 크랭크각 센서의 회로와 출력 파형

7) 냉각수온 센서(WTS : Water Temperature Sensor)

실린더 헤드부의 물 재킷 부분에 설치되며, NTC 서미스터를 이용하여 냉각수의 온도를 검출하고 이를 ECU에 입력시킨다. 시동시 기본 연료량 및 점화시기 결정, 시동시 기본 아이들 듀티량 결정, 대시포트시 연료 보정, 냉각팬 제어, 트랙션 제어에 필요한 배기가스 온도 모델링에 사용한다.

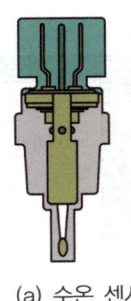 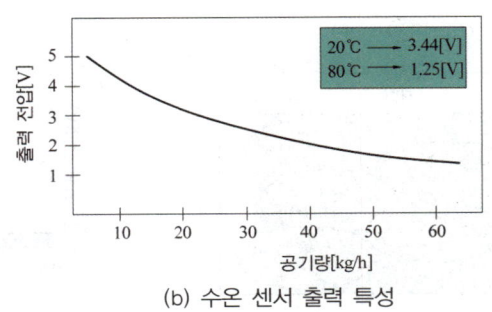

(a) 수온 센서   (b) 수온 센서 출력 특성

그림 1-72 / **수온 센서와 출력 특성**

8) 산소 센서(O₂ 센서, oxygen sensor)

배기 다기관에 설치되며 배기가스 400[℃] 이상~800[℃] 이하에서 작동 중의 산소농도와 대기중의 산소농도를 비교 검출하여 ECU에 보내주면 이 정보를 입력받아 EGR 밸브를 작동시켜 배기가스의 일부를 피드백시키고 이론 공연비(14.7 : 1)가 되도록 연료 분사량을 보정한다.

① 지르코니아(Zr O2 sensor) 산소 센서 : 고체 전해질인 지르코니아 양면에 백금 전극을 설치하고, 전극을 보호하기 위하여 외부를 세라믹으로 코팅한 것이다. 센서의 안쪽은 대기와 접촉되고 바깥쪽은 배기가스와 접촉되도록 하여 농도 차이가 크면 기전력이 발생되는 원리를 이용하여 산소 농도를 검출한다. 산소 센서가 정상 작동을 하려면 센서의 온도가 400~800[℃]가 되어야 한다. 혼합기가 이론 공연비일 경우에는 약 0.45~0.5[V], 혼합기가 농후하면 약 0.8[V] 이상, 혼합기가 희박하면 약 0.2[V] 이하의 기전력이 발생된다.

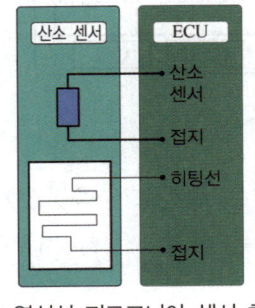 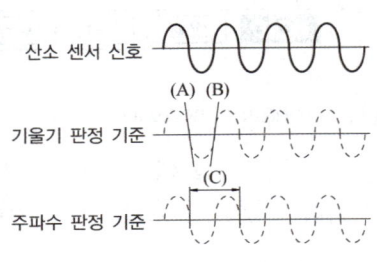

(a) 열선식 지르코니아 센서 회로   (b) 지르토니아 센소 출력 파형

그림 1-73 / **지르코니아 산소 센소의 회로와 출력 파형**

② 티타니아(titanic O2 sensor) 산소 센서 : 산소 센서의 세라믹 팁에 전자 전도체인 티타니아(TiO₂)를 설치하여 티타니아가 주위의 산소분압에 따라 산화·환원되면서 전기 저항의 변화를 일으키게 되고, 이때의 전압 변화를 이용하여 산소 농도를 검출한다. 티타니아 산소 센서는 센서 내부에 저항을 두고 배기가스 중에 티타니아 소자를 삽입하여 전자 전도성의 원리를 이용하여 출력값이 0.4~3.85[V]까지 변화된다.

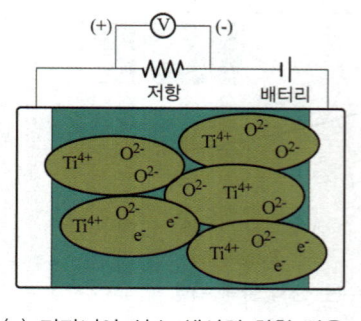

(a) 티타니아 산소 센서의 화학 반응

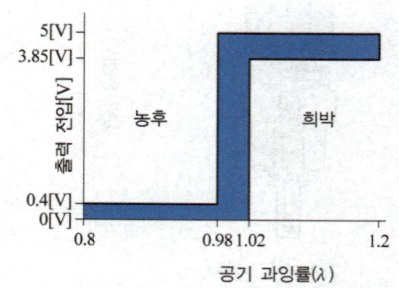

(b) 티타니아 산소 센서의 제어 영역

그림 1-74 / **티타니아 산소 센서 작동 원리**

티타니아 산소 센서는 센서를 정상 온도로 작동시키기 위해 ECU에 히팅 제어 회로가 내장되어 있다. 농후할 때는 약 0.4[V], 희박할 때는 3.85[V]에 가까운 전압이 출력된다.

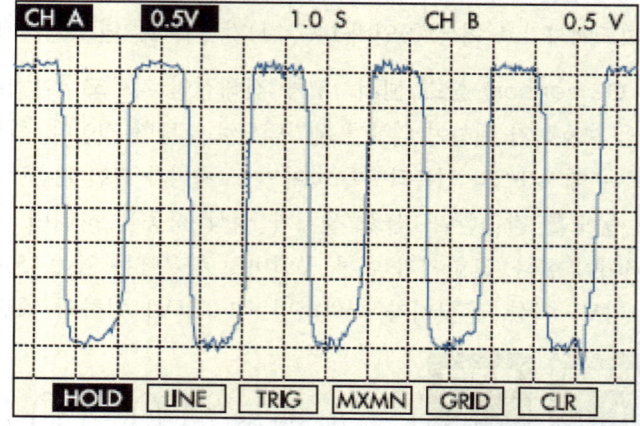

9) 폭발(노킹) 센서(detonation sensor)

실린더 블록에 설치되어 연소실 내의 노킹을 검출하는 센서로서 측정값을 ECU에 보내어 주면 ECU는 점화시기와 인젝터의 분사량을 보정하도록 하여 노킹을 지각시켜 억제시킨다.

10) 차속 센서(vehicle speed sensor)

차속 센서는 변속기 출력축에 설치한 홀센서와 함께 내장되어 변속기 출력축의 회전속도를 스피드 미터 기어의 회전으로 바꾸어 전기적 신호를 ECU에 보낸다.

11) 컨트롤 릴레이(control relay)

ECU, 연료펌프, 인젝터, AFS 등에 전원을 공급을 하는 장치이며 내부에 있는 솔레노이드의 ON, OFF로 컨트롤 릴레이를 제어한다.

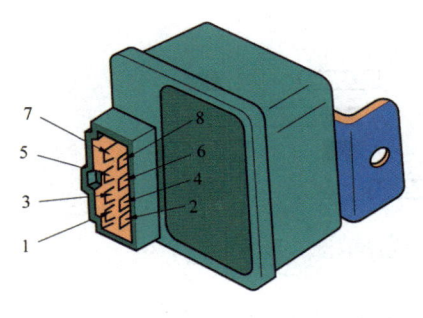 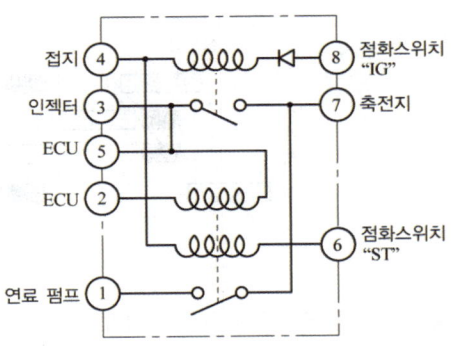

12) ECU(Electronic Control Unit)

ECU는 각종 센서들의 디지털 출력값을 받아 연산하여 각종 제어장치를 제어하며, 최적의 엔진 상태가 되도록 연료분사, 공전속도, 점화시기, 피드백, 연료 증발가스 등을 제어해주는 장치이다.

① 점화 시기 제어 : 파워 트랜지스터의 베이스로 제어 신호를 보내어 제어한다.
② 연료 펌프 제어 : 기관의 회전수가 50[rpm] 이상일 때 제어 신호가 공급된다.
③ 연료 분사량 제어 : 흡입 공기량과 기관 회전수에 따라서 결정된다.

5. 연료분사 시기 제어

1) 연료분사 시기의 분류

① 동기분사(독립분사, 순차분사) : TDC 센서의 신호로 분사 순서를 결정하고, 크랭크각 센서의 신호로 점화시기를 조절하며, 크랭크 축이 2 회전할 때마다 점화 순서에 의하여 배기 행정시에 연료를 분사시킨다.

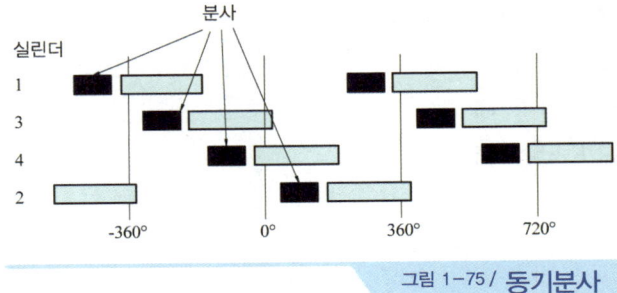

그림 1-75 / **동기분사**

② 그룹분사 : 인젝터 수의 ½씩 짝을 지어 분사하며, 연료분사를 2 개 그룹으로 나누어 시스템을 단순화시킬 수 있다.

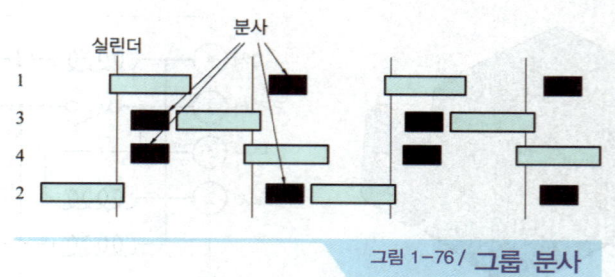

그림 1-76 / **그룹 분사**

③ **동시분사** : 모든 인젝터에 연료분사 신호를 동시에 공급하여 연료를 분사시키며 냉각수 온 센서, 흡기온도, 스로틀 위치 센서 등 각종 센서에 의해 제어되며 1 사이클 당 2 회씩(크랭크 축 1회전당 1회씩 분사) 연료를 분사시킨다.

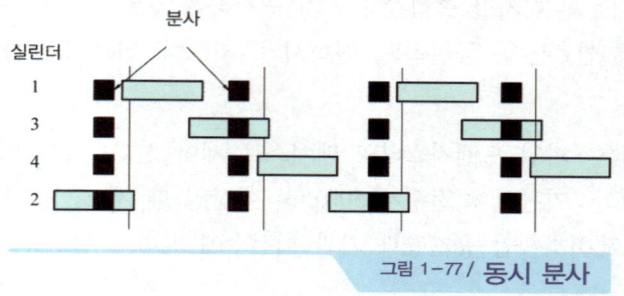

그림 1-77 / **동시 분사**

2) 피드백 제어

산소 센서의 출력이 낮으면 혼합비가 희박하므로 분사량을 증량시키고, 산소 센서의 출력이 높으면 혼합비가 농후하므로 분사량을 감량시킨다.

① 피드 백 제어 정지 조건
  ㉠ 기관을 시동 할 때
  ㉡ 기관 시동 후 분사량을 증량시킬 때
  ㉢ 기관의 출력을 증가시킬 때
  ㉣ 연료 공급을 차단할 때
  ㉤ 냉각수 온도가 낮을 때

6. 액추에이터

1) 스로틀 보디(throttle body)

흡입공기량을 제어하는 스로틀 밸브, 공전시 회전수를 제어하는 ISC—Servo 및 모터 위치 센서, 스로틀 밸브 개도를 검출하는 TPS가 조합되어 있다. 스로틀 밸브 하부에는 물통로가 설치되어 엔진의 냉각수가 순환하여 한랭시 빙결을 방지한다.

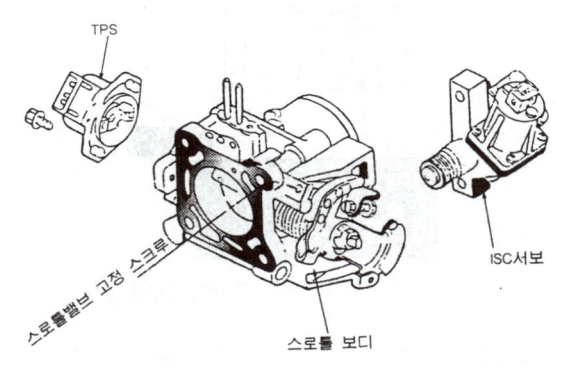

그림 1-78 / **스로틀 보디**

2) 공회전 속도 조절 장치

① ISC - 서보(servo) 방식 : 모터, 웜 기어, 모터 위치 센서(MPS), 아이들 스위치 등으로 구성되어 있으며, ECU의 제어 신호에 따라 모터가 회전하여 웜 기어가 회전하면서 플런저를 이동시키면서 스로틀 밸브의 개도를 조정하여 공회전 rpm을 조절하는 장치이다.

㉠ 웜 기어, 웜 휠 : ECU의 제어에 의해 모터의 회전운동을 플런저가 직선왕복을 할 수 있게 하는 기어장치이다.

㉡ 모터 포지션 센서(MPS) : ISC-서보 내에서 공회전상태에서 직선 왕복운동을 하는 플런저의 상·하 위치를 검출하는 센서(가변저항식 센서)

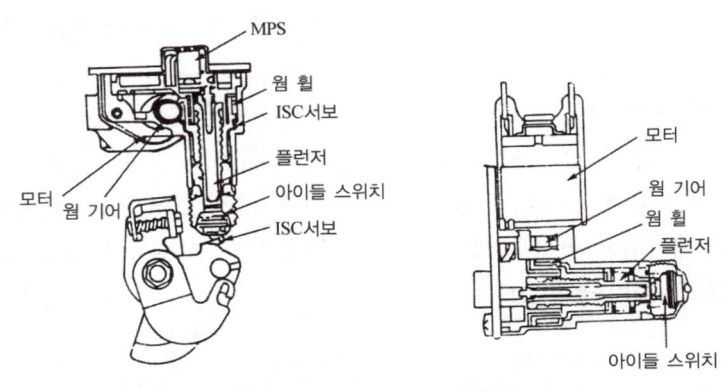

그림 1-79 / **ISC 서보의 구조**

② 로터리 액추에이터 방식 : 로터리 방식의 공회전 속도 액추에이터(ISA : Idle Speed Actuator)는 각종 부하에 따라 액추에이터의 에어 바이패스 통로를 개폐하여 엔진의 공회전 속도를 조절한다. ISA 내부의 코일에는 ECU가 공급하는 전류의 듀티율에 따라 바이패스되는 공기량이 변화된다.

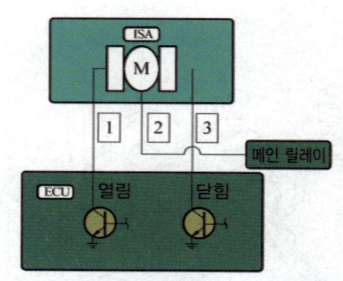

그림 1-80 / **액추에이터 제어 회로**

③ **스텝 모터(step motor) 방식** : 스텝 모터 방식의 공회전 속도 액추에이터 역시 스로틀 보디에 바이패스 통로를 설치하고 엔진 부하에 따라 흡입되는 공기량을 증감시키는 밸브이다. 스텝모터는 ECU의 작동 신호에 의해 좌우 방향으로 15°씩 마그네틱 로터가 회전하면서 축의 길이를 변화시켜 바이패스되는 공기량을 증감시킨다.

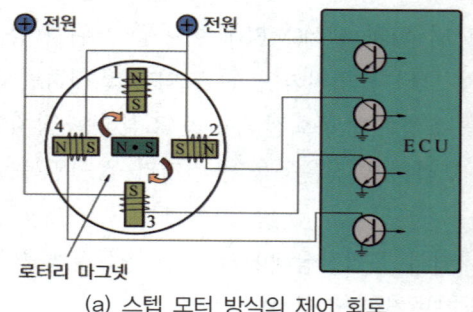
(a) 스텝 모터 방식의 제어 회로

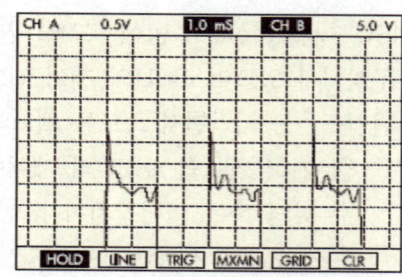
(b) 스텝 모터 방식의 듀티 파형

그림 1-81 / **스텝 모터 방식의 제어 회로와 듀티 파형**

3) 연료 펌프(fuel pump)

연료 펌프의 내부에는 D.C 모터가 내장되어 있으며 축전지 전원을 공급받아 구동된다. 연료 펌프는 연료 탱크 내에 설치된 내장형과 엔진 룸에 설치한 외장형이 있으나, 연료 펌프의 소음을 억제하고 베이퍼록 현상을 방지하는 내장형을 많이 사용한다. 연료 펌프에는 릴리프 밸브와 체크 밸브가 설치되어 있다.

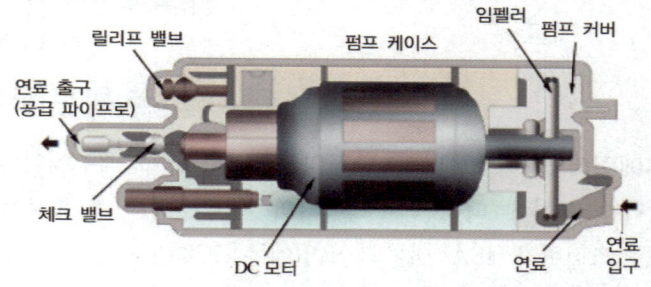

그림 1-82 / **연료 펌프의 구조**

① **체크 밸브** : 연료의 역류를 방지, 잔압 유지, 베이퍼록을 방지, 재시동성을 향상시킨다.
② **릴리프 밸브** : 송출압력이 규정압력 이상이 되면 연료를 탱크로 되돌려 보내어 상승압력에 의한 연료 라인의 파손을 방지한다.

4) 연료 압력 조절기(pressure regulator)

연료 압력 조절기는 흡입 매니폴드 부압 변화에 대응하여 연료 분사시간에 대한 연료 분사량을 항상 일정하게 하는 기구이다.

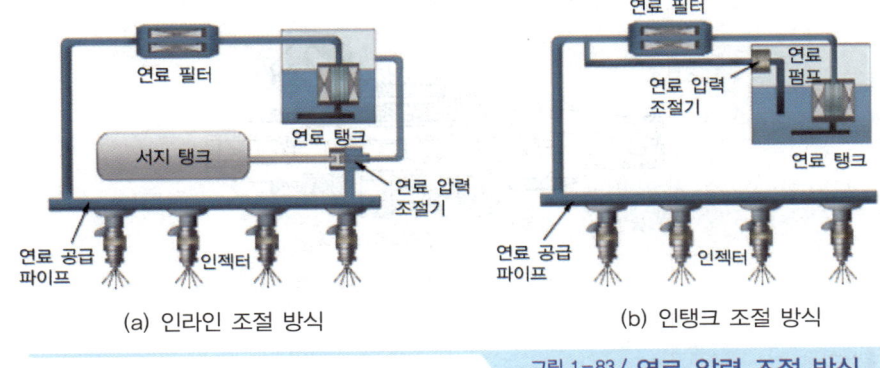

(a) 인라인 조절 방식   (b) 인탱크 조절 방식

그림 1-83 / **연료 압력 조절 방식**

① **인탱크 조절 방식** : 연료 압력 조절기를 연료 탱크내에 설치하여 일정 압력으로 연료를 공급하고, ECU가 인젝터 개변 시간으로 연료압을 보정한다.
② **인라인 조절 방식** : 연료 압력 조절기에 의해 인젝터의 분사압을 조절하는 방식이다. 일반적으로 스로틀 밸브가 닫혀 있는 공회전 때나 급감속 때는 진공 부압이 크고, 급가속하거나 정속 주행 중에는 진공 부압이 낮다. 이와 같이 인젝터 끝단에 걸리는 진공 부압의 크기는 실시간으로 변화되므로, 진공 호스가 서지 탱크에 연결되어 연료압력 조절기의 다이어프램을 구동시키는 구조로 되어 있다.

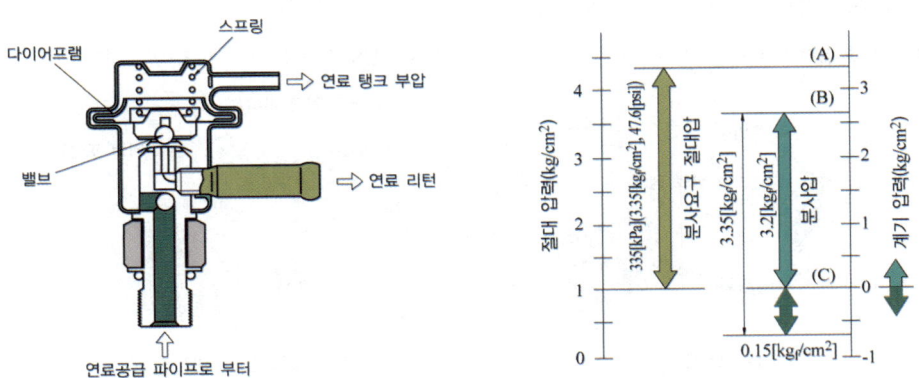

그림 1-84 / **연료 압력 조절기의 구조**   그림 1-85 / **연료 압력 조절기의 구조와 작동 원리**

흡기 다기관의 부압(c)이 얼마인지에 따라 연료 압력 조절기의 계기 압력(b)은 분사 요구 절대 압력(A) 만큼의 크기로 조절한다. 예를 들면, 분사 요구 절대 압력(A)이 3.35[kg/cm^2] 이고 서지 탱크의 부압(c)이 −0.15[kg/cm^2] 라면, 계기 압력(b)은 3.35 + (-0.15) = 3.2[kg/cm^2]로 조절된다.

5) 인젝터(injector)

흡입밸브 상단 흡기다기관에 설치되어 ECU의 분사신호에 의하여 연료를 분사하는 장치이며, 내부에 니들 밸브(needle valve), 플런저(plunger), 솔레노이드 코일(solenoid coil) 등으로 구성되며 분사량은 코일에 흐르는 전류의 통전 시간에 의해 조절된다.

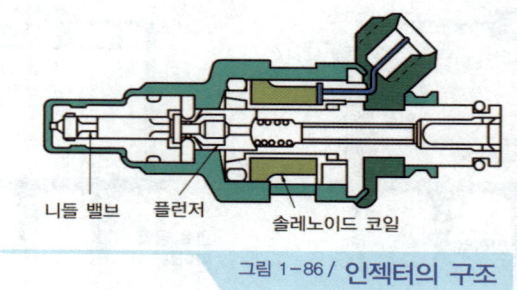

그림 1-86 / **인젝터의 구조**

6) 연료탱크

알루미늄 화성피막 처리된 강판이나 고강도 플라스틱을 사용하며, 다음과 같은 부품으로 구성되어 있다.

① **환기밸브** : 연료증기는 캐니스터에 포집되며 진공밸브가 열려 대기압을 공급한다.
② **중력밸브** : 과량의 연료가 주유되거나 차량 전복시 연료의 누출을 방지한다.
③ **셧-오프밸브** : 연료 증발가스가 캐니스터로 부터 대기중으로 유출되는 것을 방지한다.
④ **재생밸브** : 캐니스터에 포집된 유증기를 흡기다기관으로 유입하는 밸브이다.
⑤ **연료 잔량 경고 시스템** : NTC 서미스터를 사용하여 연료 잔량을 경고한다.
⑥ **유량계** : 가변저항을 이용하여 탱크내의 연료량을 표시한다.
⑦ **드레인 플러그** : 탱크 내에 모이는 물이나 침전물을 배출하기 위한 것이다.

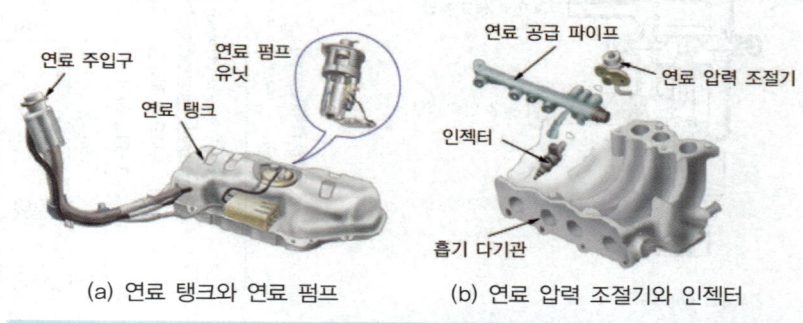

(a) 연료 탱크와 연료 펌프   (b) 연료 압력 조절기와 인젝터

그림 1-87 / **가솔린 연료 장치의 구성**

7. 전자제어 스로틀(ETS : Electric Throttle System)

1) 개요

기존의 엑셀 페달과 스로틀 밸브를 케이블을 이용하여 기계적으로 연결시킨 구조와는 달리 운전자의 가속 의지 및 운전 조건 등에 따라 ECU가 스로틀 밸브를 구동시켜 흡입공기량을 정밀 제어함으로써 최적의 배출가스 저감을 실현하였으며 엔진 공회전 속도 제어, TCS 제어, 정속주행 등을 수행하고 시스템 간소화로 인한 고장률 저감 및 신뢰성을 확보할 수 있는 시스템이다.

2) ETS의 구성요소

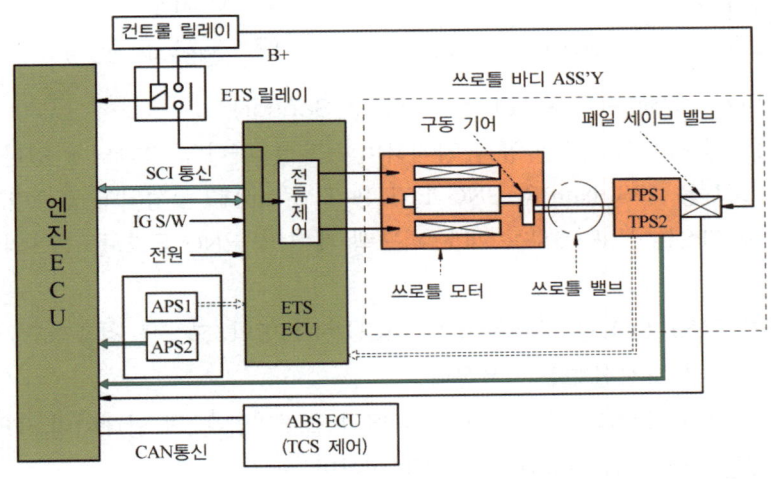

그림 1-88 / ETS 구성요소

3) 스로틀 밸브 제어의 개요

엔진 ECU는 ABS(TCS) ECU, APS, 엔진 회전수, A/CON 신호 등 각종 센서로부터 정보를 입력받아 TCS 작동유무, 엔진 부하, 운전자의 가속 의지 등을 판단함으로써 목표 스로틀 밸브 개도를 연산하여 ETS ECU로 목표 스로틀 밸브의 개도량을 명령하고 ETS ECU는 엔진 ECU로부터 목표 스로틀 밸브 개도량을 입력받아 스로틀 모터로 전류를 공급한다. 스로틀 모터는 ETS ECU로부터 입력되는 전류의 양에 따라 회전하여 스로틀 밸브를 구동한다.

4) 주요 구성부품의 기능

① 엑셀러레이터 위치 센서(APS, Accelerator Position Sensor)
  ㉠ 운전자의 가속의지를 판단하기 위해 엑셀 페달의 밟은 양을 감지한다.
  ㉡ ENG ECU용 APS(main)와 ETS ECU용 APS(sub) 2개로 구성되어 있으며, 내부에

Idle SW가 내장되어 있다.

ⓒ ENG ECU용 APS는 ETS 목표 개도 산출 및 ETS ECU용 APS의 고장을 검출하고, ETS ECU용 APS는 ENG ECU용 APS의 고장 검출 및 엔진 ECU와의 통신라인 이상시 ETS ECU가 목표 스로틀 개도를 연산할 수 있도록 보정신호로 사용한다.

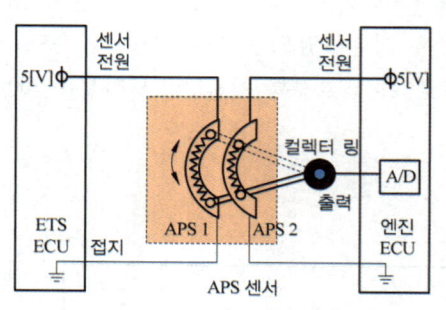
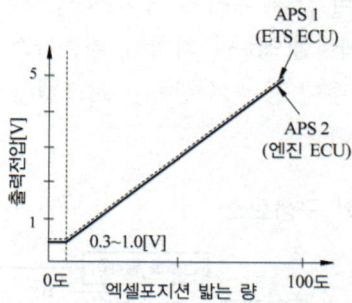

② 스로틀 위치 센서(TPS : Throttle Position Sensor)
㉠ 스로틀 밸브의 움직이는 양을 감지하며 스로틀 바디에 장착되어 있다.
㉡ ETS ECU용 TPS(main)와 ENG ECU용 TPS(sub)로 구성되어 있으며, 메인인 ETS ECU용 TPS는 목표 스로틀 개도 피드백 제어 및 ENG ECU용 TPS의 고장을 검출한다.
㉢ 서브인 ENG ECU용 TPS는 ETS ECU용 TPS의 고장을 검출하고, ETS ECU용 TPS 고장시 보정신호로 사용한다.
㉣ ENG ECU용 TPS와 ETS ECU용 TPS의 출력전압은 정 반대이며, TPS조정 및 교환시에는 필히 ETS 초기화를 실행하여야만 한다.

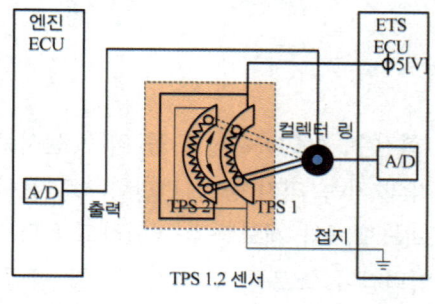
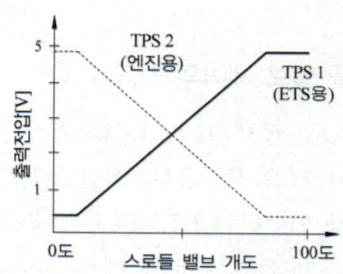

③ 스로틀 모터(throttle motor)
㉠ 3상 코일을 적용하여 정밀한 구동이 가능하며, ETS ECU로부터 작동 전류를 입력받아 스로틀 밸브를 구동한다.
㉡ 스로틀 모터는 위치를 검출할 수 있는 Hall IC가 없으므로 스로틀 모터 교환시 또는 탈부착시에는 필히 ETS 초기화를 실행해 주어야 한다.

ⓒ ETS는 스로틀 바디에 카본이 누적되면 목표 스로틀 개도를 학습하여 보정하므로 스로틀 바디의 카본 누적에 의한 엔진 부조 등은 발생하지 않는다.

④ 엔진 ECU 및 ETS ECU

㉠ 엔진 ECU는 APS, TCS ECU, 각종 모터 등 각 센서로부터 신호를 입력받아 목표 스로틀 개도량을 연산하여 ETS ECU로 스로틀 모터 구동신호를 보낸다.

㉡ ETS ECU는 엔진 ECU로부터 목표 스로틀 위치를 입력받아 스로틀 모터를 구동하고 APS 및 TPS의 신호를 입력받아 목표 스로틀 개도를 피드백 제어한다. 또한 엔진 ECU와의 통신선 이상시 ETS ECU가 목표 스로틀 개도를 연산하여 스로틀 모터를 구동한다.

⑤ ETS 릴레이

ETS ECU는 스로틀 모터를 구동하기 위하여 ETS 릴레이로부터 전원을 공급받으며, 자기진단에서 "스로틀 모터 이상" 이라고 점등되면 스로틀 모터 자체 불량보다는 ETS 릴레이 관련 부품이 불량률이 높으므로 주의한다.

⑥ 페일 세이프 밸브(fail safe valve) 제어

ETS 시스템에 주요 결함이 발생되면 스로틀 모터가 구동하지 못함으로 인한 시동불가 및 주행 불가를 방지하기 위하여 엔진 ECU는 페일 세이프 밸브를 구동하여 최소한의 구동이 가능하도록 한다.

5) ECU간 통신방법

엔진 ECU와 ETS ECU 사이의 통신은 SCI(Serial Communication Interface) 방식으로 데이터 공유 및 신속한 데이터 송, 수신을 위하여 2개의 배선을 통한 데이터 통신을 행한다. 각종 배선의 삭제로 시스템의 간소화 및 배선의 접촉 불량 등의 고장율을 감소시켰다.

6) ETS 초기화 방법

① ETS 초기화를 실행해야 할 항목 및 조건

㉠ 차량 조립 생산 후 및 차량 출고시
㉡ 스로틀 바디 교환시
㉢ 스로틀 모터 교환 및 탈부착시
㉣ TPS 조정 및 교환시
㉤ 스로틀 밸브 스토퍼 조정시
㉥ ETS ECU 교환시

② ETS 초기화 실행 방법

㉠ IG. Key를 "ON"(1초 이하)으로 한다. 단, 엔진 시동은 걸지 말 것

ⓛ IG. Key를 "OFF"하고 컨트롤 릴레이가 "OFF"될 때까지(약 10초) 유지한다.
ⓒ 다시 IG. Key를 "ON"(1초 이상 지속)하면 ECU는 모터 학습값을 기억함으로써 ETS 초기화를 완료한다.
ⓔ IG. Key "ON" 상태에서 엑셀 페달을 밟았을 때 스로틀 밸브가 움직이면 ETS 초기화가 완료된 것이다.

★ 참조
- 최소화를 실행하기 전 ETS 시스템이 정상이어야 하며 필히 고장코드를 소거해야 한다.
- 주행 정지시 또는 공회전시 시동 꺼짐 및 부조 발생시에는 ETS 초기화를 필히 실행해야 한다.
- ETS ECU는 학습값을 계속 기억하고 있으므로 배터리를 탈거하여도 초기화를 실행시킬 필요는 없다.

2_ GDI(Gasoline Direct Injection) 연료장치

1. 시스템 개요

기존 MPI 엔진에서 흡기다기관에 연료를 분사했던 시스템과는 달리, 실린더 내에 연료를 고압으로 직접 분사하여 연소시킴으로써 성능 향상, 유해 배출가스 저감, 연비 개선을 동시에 실현한 엔진이다.

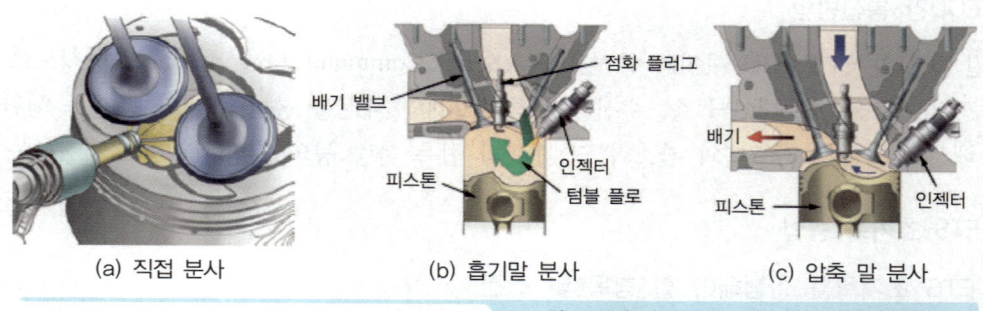

그림 1-89 / GDI 시스템의 직접 분사 과정

2. 연료 제어 장치

GDI 엔진의 연료공급은 연료탱크 → 저압펌프 → 고압펌프 → 연료레일 → 고압 인젝터 순으로 공급되며, 저압펌프의 공급 압력은 약 5[bar], 고압펌프 압력은 공회전시 30[bar], 최고 150[bar] 이다.

연료 레일에는 연료압력 센서가 장착되어 있어 연료압력 피드백 제어가 가능하다.

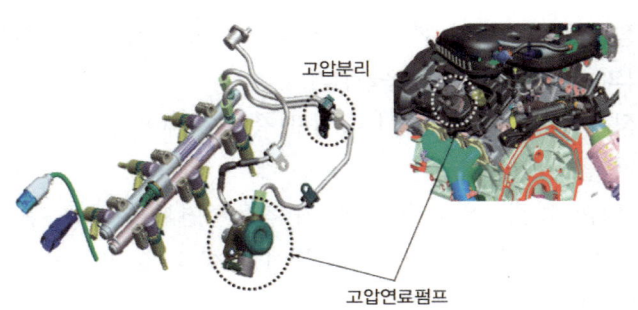

1) 고압펌프 작동

캠 샤프트가 회전하면 캠 샤프트에 있는 고압펌프 구동용 로브에 의해 롤러 태핏이 상하로 움직이고 롤러 태핏에 의해 고압펌프가 작동하게 된다.

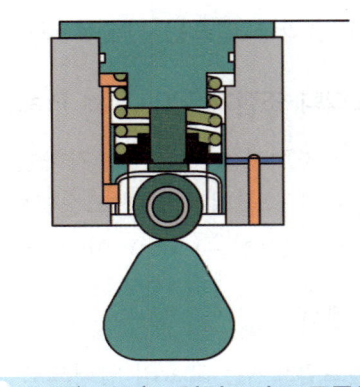

그림 1-90 / 고압연료펌프 구동용 로브

2) 고압펌프 연료공급

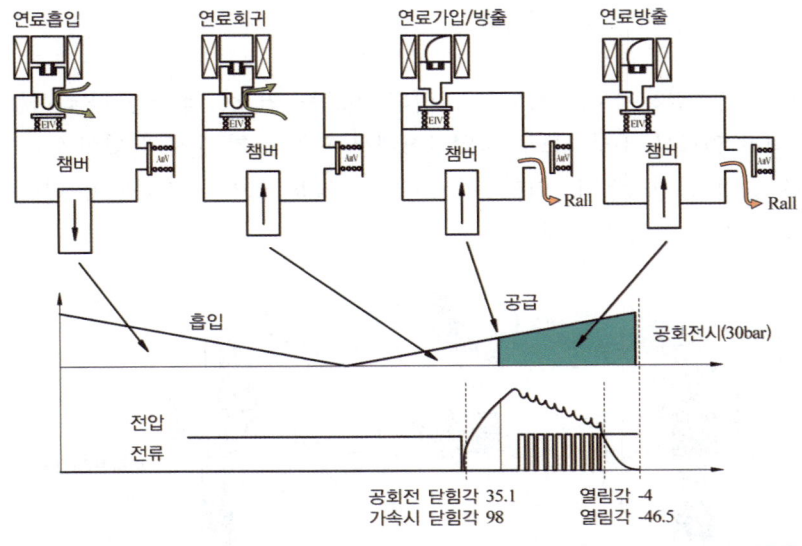

그림 1-91 / 고압펌프 작동방법

① 연료 흡입 과정 : 캠 샤프트의 회전에 의해 피스톤이 하강하면 고압펌프 챔버와 저압연료의 공급압력의 차이로 연료가 공급된다.
② 연료 회귀 과정 : 피스톤은 상승되나 흡입구 측 유량제어 밸브의 개방으로 연료가 흡입구 쪽으로 다시 돌아 나간다.
③ 연료 가압 및 방출 과정 : 유량제어 밸브가 작동하면서 흡입구 측 밸브는 스프링에 의해 폐쇄되며, 챔버 내 잔류 유량이 피스톤에 의해 가압되어 고압측 체크밸브를 밀고 연료레일 쪽으로 방출된다.
④ 연료 방출 과정 : 유량제어 밸브의 작동이 중단(전류 차단)되나, 챔버 내 가압된 압력에 의해 흡입구 밸브는 지속적으로 닫히고 가압된 연료는 레일로 방출된다.

3) 연료압력 조절기(FPR : Fuel Pressure Reglator)

연료압력 조절기는 듀티를 증가하면 압력이 증가하는 구조로, 고압 연료펌프는 5bar의 압력으로 연료가 공급되어 압력 조절밸브 이후에는 아이들 rpm에서 30bar 정도 수준으로 제어가 되고 최대 압력은 150bar 이다. 고장시는 저압 연료 압력인 5bar로 공급한다.

4) 고압센서

고압 연료펌프에는 5bar의 압력으로 연료가 공급되어 압력 조절밸브 이후에는 아이들 rpm에서 30bar 정도 수준으로 제어가 되고 최대 압력은 150bar 이다. 연료압력 센서는 연료 레일에 장착되어 있으며 최고압력은 250bar 이고 사용전압은 5V이다. 고장시는 저압 연료압력인 5bar로 공급된다.

5) 인젝터

인젝터는 고압 연료펌프에서 공급되는 고압의 연료를 연소실에 직접 공급하는 기능을 한다. 연소실에 직접 연료를 분사하므로 흡입과정에서 흡입 공기 온도가 낮아지고 공기의 밀도가 높아지므로 출력이 향상된다. 인젝터는 ECU에 의해 코일이 자화되어 니들밸브와 볼이 함께 위로 올라가면서 연료가 분사된다.

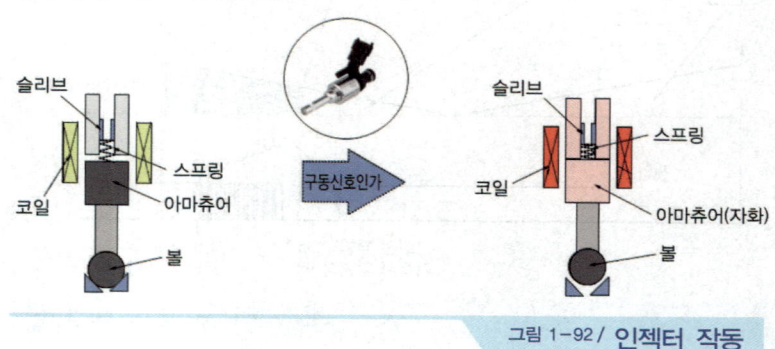

그림 1-92 / 인젝터 작동

시동직후 촉매의 활성화 온도인 350[℃] 까지 빠르게 상승시키기 위하여 분할분사를 11초간 실시한다. 따라서 CO, HC, NOx가 저감된다.

3. 연료분사 시기 제어

인젝터 연료분사는 MPI 엔진과는 차이가 매우 다르다. 분사시점은 일반 주행시는 흡입행정에서 분사하여 연료와 공기의 혼합을 좋게 한다. 시동시는 압축행정에 연료를 분사하여 공기와 연료의 성층화 현상에 의해 연료가 점화플러그 주변으로 모여 점화플러그 근처에만 농후하게 되어 시동성을 좋게 하고 연료를 절약할 수 있다. 촉매 히팅시는 흡입행정과 압축행정에서 분사한다. 분사량은 흡입행정에서 약 70[%], 압축행정에서 약 30[%]로 나누어 분사하며, 점화시기는 ATEC 10 ~ 15[℃]에서 점화한다. 이렇게 늦게 하면 배기밸브가 열릴 때까지 화염이 전파하여 배기온도 상승을 할 수 있다. 만약 고압펌프에 고장이 발생하여 연료압력이 낮을 경우는 분사시기를 당겨 준다.

	행정	폭발행정	배기행정	흡기행정	압축행정
GDI	일반주행			연료분사	
	시동시				연료분사
	촉매히팅			연료분사	연료분사
MPI 연료분사			연료분사		

1) 연료분사 제어방법

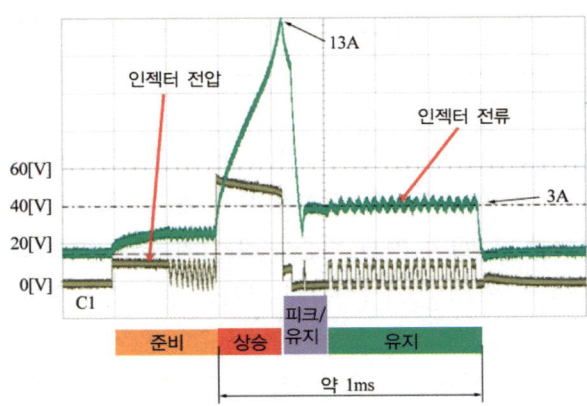

① 준비 : 준비 구간은 빠르고 정확한 인젝터의 열림을 위한 자화 구간으로 일정 수준의 전류를 흘리기 위해 인젝터에 배터리 전압으로 특정 듀티 펄스를 구동한다. 이 때 인젝터는 닫혀있다.(전압 : 12V)

② 상승 : 상승 구간은 인젝터를 빠른 시간 안에 열기 위하여 전류를 급격히 상승시키고 전압을 12V에서 55V로 공급하여 인젝터의 전류가 13A 까지 상승한다. 인젝터는 최고 전류 부근에서 열린다.

③ 피크/유지 : 피크/유지 구간은 인젝터의 열림 상태를 유지하기 위한 준비구간으로 전류는 급격히 감소시키기 위하여 전압을 해제하고 일정 전류 이하로 떨어지게 만든다. 인젝터는 피크지점에서 열린 이후로 계속 열려있다.

④ 유지 : 유지 구간은 인젝터의 열림 상태를 유지하기 위하여 일정 수준의 전류를 흘려주도록 특정 듀티로 구동한다. 인젝터는 유지 종료시점에서 즉, 전류가 급격히 감소하는 지점에서 빠르게 닫힌다.

제2절 / LPG, CNG 연료장치

1_ LPG 연료장치

1. LPG 시스템 개요

LPG는 프로판과 부탄이 주성분으로 프로필렌과 부틸렌이 포함되어 있다. 액화석유가스는 가열이나 감압에 의해서 쉽게 기화되고 냉각이나 가압에 의해서 액화되는 특성을 가지고 있다. 자동차의 연료로 사용하는 경우 증기 압력이 저하되면 연료의 공급이 잘 이루어지지 않기 때문에 계절에 따라서 프로판과 부탄의 혼합 비율을 변경하여 필요한 증기 압력을 유지하며, 혼합 비율은 대략 프로판 47~50[%], 부탄 36~42[%], 올레핀 8[%] 정도이다.

1) LPG 가스의 특성

① **색과 냄새** : 액화석유가스는 위험을 방지하기 위하여 고압가스관리법으로 독특한 냄새가 나도록 의무화되어 있으며, 본래의 액화석유가스는 무색, 무취, 무미이다.

② **비중(specific gravity)** : LPG의 액체 비중은 4[℃]의 물을 기준으로 하였을 때 0.5로 물보다 가볍고, 기체의 비중은 0[℃] 1기압의 공기를 기준으로 하였을 때 1.5~2.0으로 공기보다는 무겁다.

③ **착화점(ignition point)** : 착화점은 경유가 350~450[℃] 이고 가솔린은 500~550[℃], 프로판은 450~550[℃], 부탄은 470~540[℃]이다. 따라서 가솔린과 LPG는 압축열에 의해서 착화하기가 어렵기 때문에 전기적인 점화 불꽃에 의해서 연소된다.

④ **증기 압력** : 밀봉한 용기 내에 LPG를 넣으면 기체와 액체의 경계면에는 기체로 되기도 하며 활발한 운동이 발생되어 기체의 압력이 어떤 압력이 되면 기화하는 양과 액화하

는 양이 같게 되어 기화도 액화도 진행되지 않는 것처럼 보인다. 이때 기체 압력을 증기 압력이라 하며 증기압은 연료 통로에 작용하므로 LPG 차량은 연료 공급이 가능하다. LPG의 온도와 증기 압력과의 관계는 다음과 같다.

㉠ LPG는 온도가 높게 되면 증기압력도 높다.
㉡ 프로판 성분이 많으면 증기압력이 높아진다.
㉢ 액체량의 대소는 압력에 영향을 주지 않는다.

⑤ 팽창 : LPG는 온도가 상승하면 부피가 증가하지만 액체가 기체로 변화할 때는 부피가 약 250배로 된다. 즉, 250l 의 기체를 액화하면 약 1l 의 액체가 되므로 운반 및 저항을 하기에 편리하다. 그러므로 물과 비교하면 액체의 팽창이 아주 크기 때문에 용기에 충전하는 경우에도 일정한 공간을 두어야 한다.

⑥ 증발 잠열 : LPG는 기화할 때 주위로부터 많은 열을 흡수한다. LPG가 다량으로 기화하는 베이퍼라이저에는 증발 잠열에 의해 주위로부터 많은 열을 빼앗겨 동결될 우려가 있으므로 엔진의 냉각수를 베이퍼라이저에 순환시켜 가열하여야 동결을 방지하며 쉽게 기화할 수 있도록 한다.

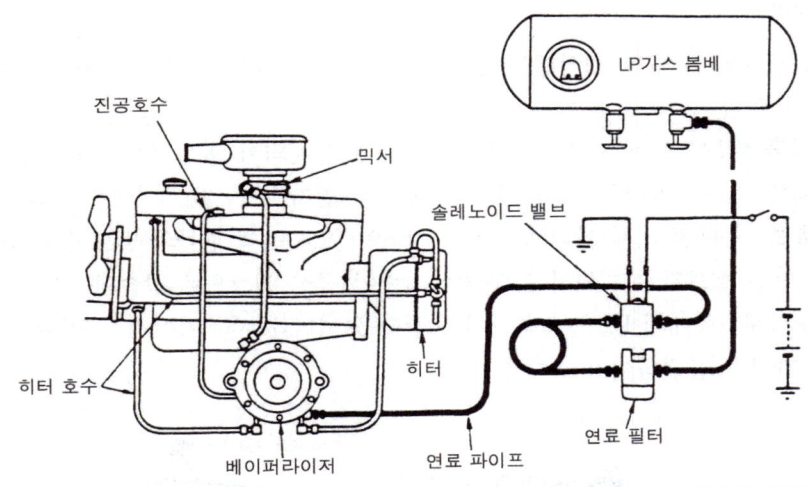

그림 1-93 / LPG 연료장치 계통도

⑦ 화학적인 성질 : 프로판이나 부탄은 천연 고무나 페인트를 용해시키는 성질이 있기 때문에 각 결합부의 실(seal)은 LPG용을 사용하며, 프로필렌, 부틸렌은 산소 또는 기타 화합물에 결합하기 쉬운 성질을 가지고 있기 때문에 금속을 침식시키거나 타르가 생성되어 고장의 원인이 발생된다. 따라서 베이퍼라이저는 주행 후 엔진 정지시 타르를 배출시키기 위한 코크를 설치하여야 한다.

2. LPG의 장점 및 단점

1) 장점

① 가솔린 연료보다 가격이 저렴하기 때문에 경제적이다.
② 혼합기가 가스 상태로 실린더에 공급되기 때문에 일산화탄소(CO)의 배출량이 적다.
③ 가솔린 연료보다 옥탄가가 높고 연소 속도가 느리기 때문에 노킹이 적다.
④ 가스 상태로 실린더에 공급되기 때문에 미연소가스에 의한 오일의 희석이 적다.
⑤ 황분의 함유량이 적기 때문에 오일의 오손이 적다.
⑥ 베이퍼록 현상이 일어나지 않는다.

2) 단점

① 연료의 보급이 불편하고 트렁크의 공간이 좁다.
② 한냉시 또는 장시간 정차시에 증발 잠열 때문에 시동이 어렵다.
③ LPG 연료 봄베 탱크를 고압 용기로 사용하기 때문에 차량의 중량이 무겁다.

3. 시스템 구성

1) 봄베(bombe)

① 주행에 필요한 LPG를 저장하는 탱크이며, 액체 상태로 유지하기 위한 압력은 7~10 [kg/cm^2] 이다.
② 기체 배출 밸브 : 봄베의 기체 LPG 배출쪽에 설치되어 있는 황색 핸들의 밸브이다.
③ 액체 배출 밸브 : 봄베의 액체 LPG 배출쪽에 설치되어 있는 적색 핸들의 밸브이다.
④ 충전 밸브 : 봄베의 기체 상태 부분에 설치되어 있는 녹색 핸들의 밸브이며, 충전 밸브 아래쪽에 안전 밸브가 설치되어 봄베내의 압력이 규정 이상으로 상승되는 것을 방지한다.
⑤ 용적 표시계 : 봄베에 LPG 충전시에 충전량을 나타내는 계기이며, LPG는 봄베 용적의 85[%] 까지만 충전하여야 한다.

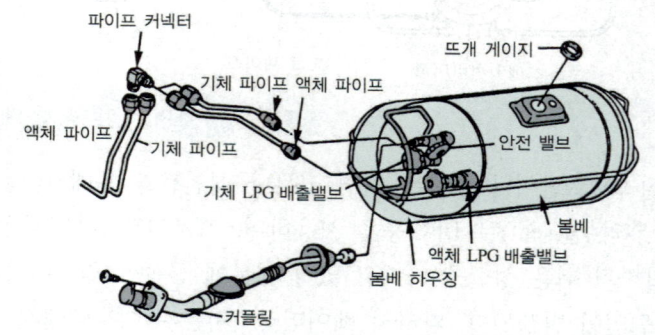

그림 1-94 / LPG 봄베의 구조

⑥ 안전 밸브 : 봄베 내의 압력이 상승하여 규정값 이상이 되면 이 밸브가 열려 대기 중으

로 LPG가 방출된다.

⑦ **과류방지 밸브** : 배출 밸브의 안쪽에 설치되어 배관의 연결부 등이 파손되었을 때 LPG가 과도하게 흐르면 이 밸브가 닫혀 유출을 방지한다.

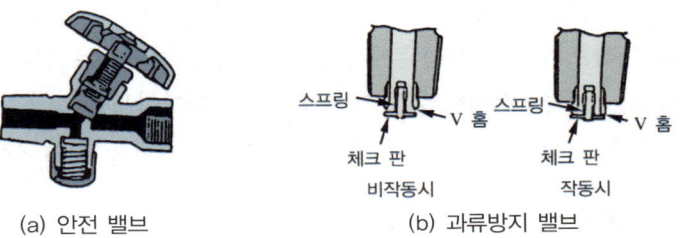

(a) 안전 밸브   (b) 과류방지 밸브

2) 연료차단 솔레노이드 밸브

운전석에서 조작하는 밸브이며, 기체 솔레노이드 밸브와 액체 솔레노이드 밸브로 구성되어 있다. 시동시 기체 LPG를 공급하고, 시동 후에는 액체 LPG를 공급해준다.

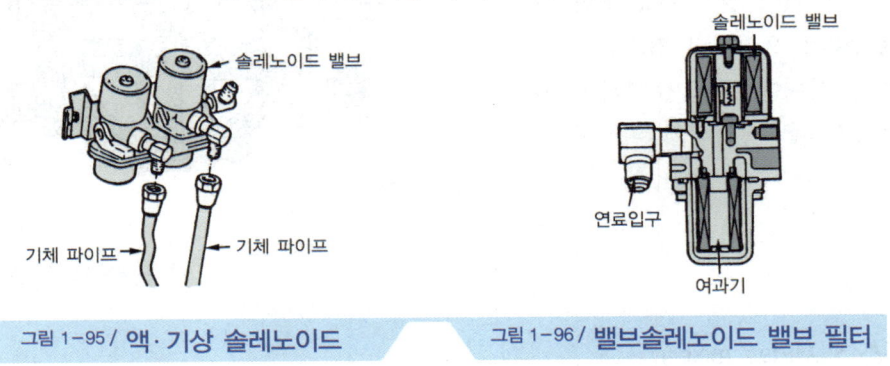

그림 1-95 / 액·기상 솔레노이드   그림 1-96 / 밸브솔레노이드 밸브 필터

3) 베이퍼라이저

① 봄베에서 공급된 LPG의 압력을 감압하여 기화시키는 작용을 한다.

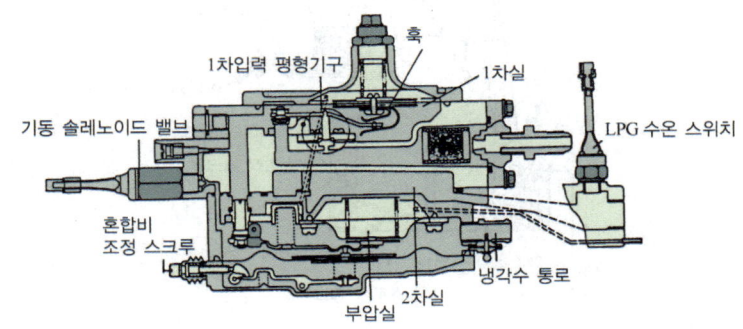

그림 1-97 / 베이퍼라이저의 구조

② **수온 스위치** : 수온이 15[℃] 이하일 때는 기상, 15[℃] 이상일 때는 액상 솔레노이드

밸브 코일에 전류를 흐르게 한다.

③ 1차 감압실 : LPG를 0.3[kg$_f$/cm^2]로 감압시켜 기화시키는 역할을 한다.
④ 2차 감압실 : 1차 감압실에서 감압된 LPG를 대기압에 가깝게 감압하는 역할을 한다.
⑤ 기동 솔레노이드 밸브 : 한랭시 1차실에서 2차실로 통하는 별도의 통로를 열어 시동에 필요한 LPG를 확보해주고, 시동후에는 LPG 공급을 차단하는 일을 한다.
⑥ 부압실 : 기관의 시동을 정지하였을 때 부압 차단 다이어프램 스프링 장력이 부압실보다 커서 2차밸브를 시트에 밀착시켜 LPG 누출을 방지하는 일을 한다.

4) 프리히터(pre-heater)

베이퍼라이저 직전에 프리히터를 설치하여 LPG를 가열하여 LPG 일부 또는 전부를 기화시켜 베이퍼라이저에 공급하기 위해 설치하며, 또한 엔진의 냉각수가 프리히터 가스통로 아래에 벽을 사이에 두고 순환하여 가열된 증발잠열을 공급하기 위함이다.

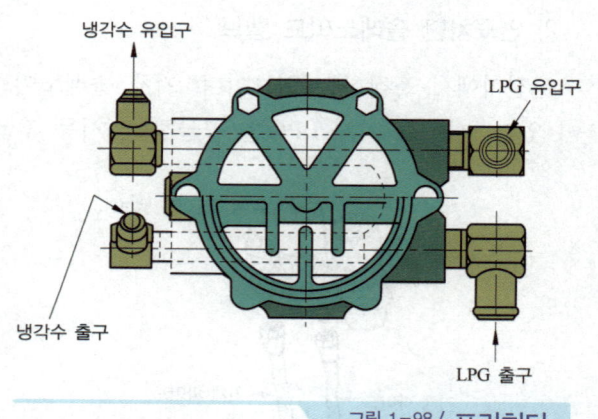

그림 1-98 / **프리히터**

5) 가스 믹서(gas mixer)

믹서는 공기와 LPG를 15 : 3의 비율로 혼합하여 각 실린더에 공급하는 역할을 한다.

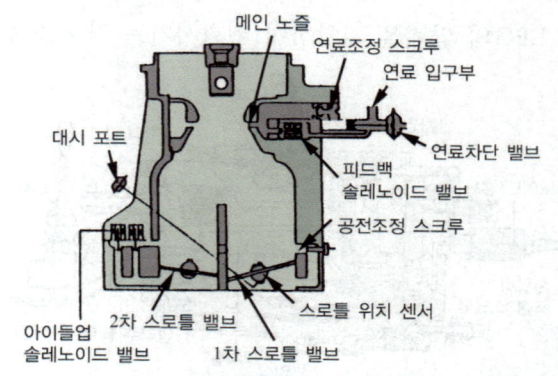

그림 1-99 / **가스 믹서의 구조**

2_ LPI 연료장치

1. LPI 연료장치의 개요

LPI(Liquefied Petroleum Injection) 연료분사 시스템은 기존 LPG 자동차의 배출가스 규제 강화와 출력부족, 냉시동성 불량, 역화 등에 대한 개선방안으로, 봄베 내의 LPG 연료를 연료펌프를 이용하여 액상 연료를 인젝터를 통해 분사하는 방식이다. LPI 시스템은 엔진 작동 중 연료라인 내의 기체 발생을 억제할 수 있으며 기존 LPG 엔진에서 주요부품이었던 베이퍼라이저나 믹서 등의 부품이 사용되지 않는다.

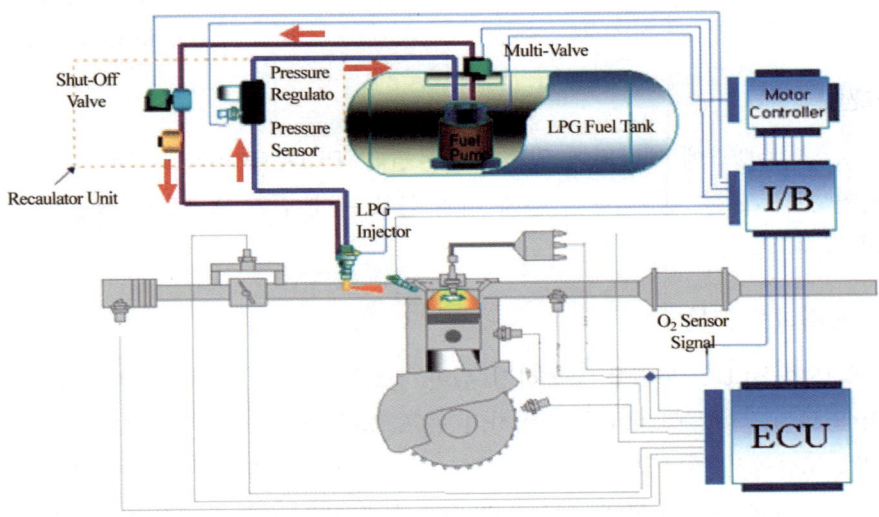

1) LPI 연료장치의 특징

① 겨울철 냉간 시동성이 향상된다.
② 정밀한 연료 제어에 의해 유해 배기가스의 배출이 적다.
③ 타르의 발생 및 역화(back fire)가 적으며, 타르의 배출이 필요 없다.
④ 가솔린 엔진과 동등한 동력 성능을 발휘한다.

2. LPI 연료장치 주요 구성품

LPI 연료장치는 봄베, 연료펌프, 연료압력 레귤레이터, 연료차단 솔레노이드 밸브, 연료압력 센서, 연료온도 센서, 인젝터 등으로 구성되어 있다.

1) 봄베

봄베는 LPG를 충전하기 위한 고압의 용기로 충전량은 안전을 위하여 봄베 체적의 85[%]만 충전하며, 연료펌프, 연료펌프 드라이버, 멀티밸브 어셈블리, 충전밸브, 유량계 등이 부착되어 있다.

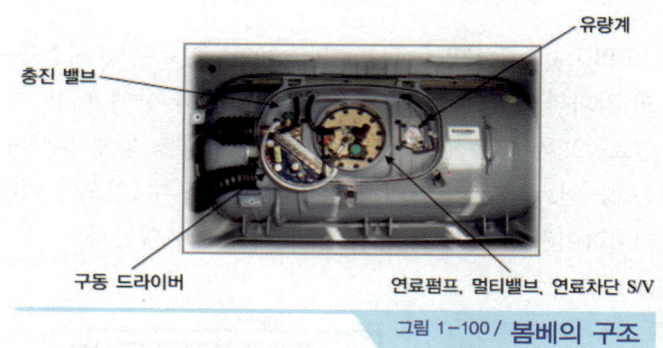

그림 1-100 / 봄베의 구조

2) 연료펌프

연료펌프는 연료탱크에 내장되어 있으며 연료필터, BLDC(Brushless DC) 모터, 멀티밸브로 구성되어 있다. 또한 연료펌프는 봄베 내의 연료 속에 잠겨 있으므로 작동 소음 및 베이퍼 로크의 방지기능이 있다.

3) 펌프 드라이브 모듈

연료펌프 내의 BLDC 모터를 구동하기 위한 컨트롤러로, 인터페이스 박스(IFB, Interface Box))에서 연료펌프의 구동 rpm을 결정하여 펌프 드라이브 모듈로 PWM 신호를 보내면 펌프 드라이브 모듈에서 연료펌프로 구동전류를 출력하여 엔진의 운전조건에 따라 펌프를 5단계(500[rpm], 1,000[rpm], 1,500[rpm], 2,000[rpm], 2,800[rpm])로 속도를 제어한다.

① BLDC Motor(Brushless DC Motor) : 브러쉬와 정류자가 없는 모터로서, 디스크 타입(disk type)과 실린더 타입(cylinder type)의 두 종류가 있다. 이는 모두 슬롯이 없는(slotless) 형태로 필름코일인 스테이터는 움직이지 않고 로터인 영구자석이 순환하는 구조이며, 내부의 센서와 콘트롤러가 정류자 역할을 하고 있다.

4) 멀티밸브 어셈블리

연료 차단 솔레노이드 밸브, 매뉴얼(수동) 밸브, 릴리프 밸브, 과류 방지 밸브 등으로 구성되어 있다.

① **연료 차단 솔레노이드 밸브** : 연료펌프에서 인젝터로 공급되는 연료라인을 전기적인 신호에 의해 개폐하는 역할을 한다. 즉 시동 Key를 ON하면 연료가 공급되고, OFF하면 연료가 차단된다.

② **매뉴얼(수동) 밸브** : 장시간 차량을 운행하지 않을 경우 수동으로 연료라인을 차단할 수 있는 밸브이다.

③ **릴리프 밸브** : 연료 공급라인의 압력을 액상으로 유지시켜 열간 재 시동성을 향상시키

는 역할을 한다. 개구부에 연결된 플레이트와 스프링의 힘에 의해 연료 압력이 20bar 부근에 도달하면 연료를 연료탱크로 재순환시킨다.

④ **과류 방지 밸브** : 차량 사고 등으로 연료라인이 파손되었을 때, 연료 탱크로부터의 연료 송출을 차단하여 LPG 방출로 인한 위험을 방지하는 역할을 하며, 첵 밸브(check valve)라고도 한다.

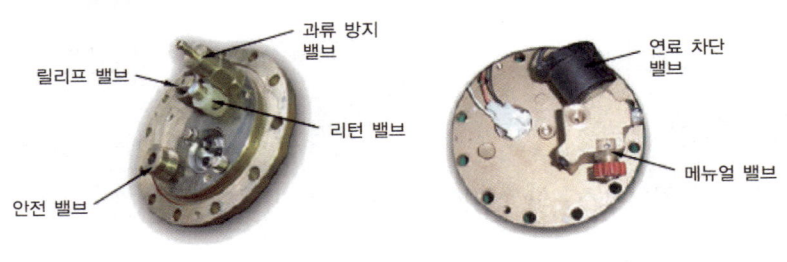

그림 1-101 / 멀티 밸브 유닛

5) 연료압력 레귤레이터 유닛

연료 봄베에서 송출된 고압의 LPG 연료를 다이어프램과 스프링 장력의 균형을 이용하여 연료탱크에서 송출된 고압의 연료와 리턴되는 연료의 압력차를 항상 5bar로 유지하는 역할을 한다. 또한 연료 압력 레귤레이터 외에 연료 분사량을 보상하기 위한 연료 압력센서, 연료 온도센서, 연료차단 솔레노이드 밸브와 일체로 구성되어 있어 연료라인의 연료공급을 차단하는 기능을 한다.

① **연료 압력센서** : 가스 압력 변화에 따른 연료량 보정신호로 이용되며, 시동시 연료펌프 구동시간을 제어한다.
② **연료 온도센서** : 가스 온도에 따른 연료량 보정신호로 쓰이며, LPG 성분비율을 판정할 수 있는신호로 이용한다.

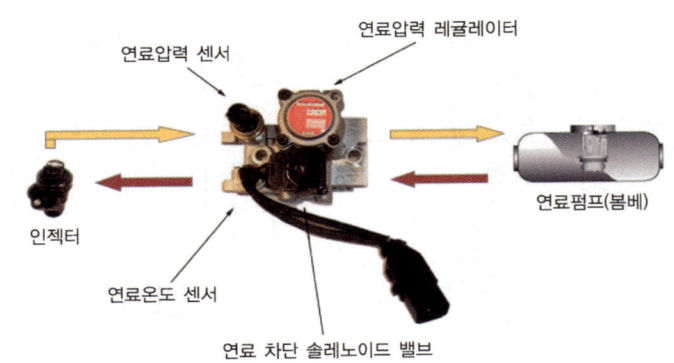

그림 1-102 / 연료압력 레귤레이터 유닛의 구조 및 연료 흐름도

6) 인젝터

액체 상태의 LPG 연료를 분사하는 인젝터와 연료 분사 후 기화 잠열에 의한 수분의 빙결현상을 방지하는 아이싱 팁(icing tip)으로 구성되어 있다.

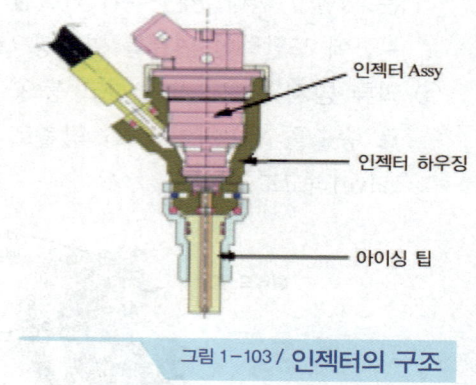

그림 1-103 / **인젝터의 구조**

3_ CNG 연료장치

일반 기체 상태의 천연가스로서 메탄(CH_4)이 주성분인 가스이다.

1. CNG 시스템 개요

1) 가스의 종류

① CNG : 압축 천연 가스이며 상온에서 기체 상태로 가압 저장된 상태의 가스이다.
② LNG : 액화 천연 가스이며 CNG를 -162[℃]의 상태에서 약 600배로 압축 액화 시킨 상태로 순수 메탄 함량이 높고 수분이 없는 청정연료 이다.

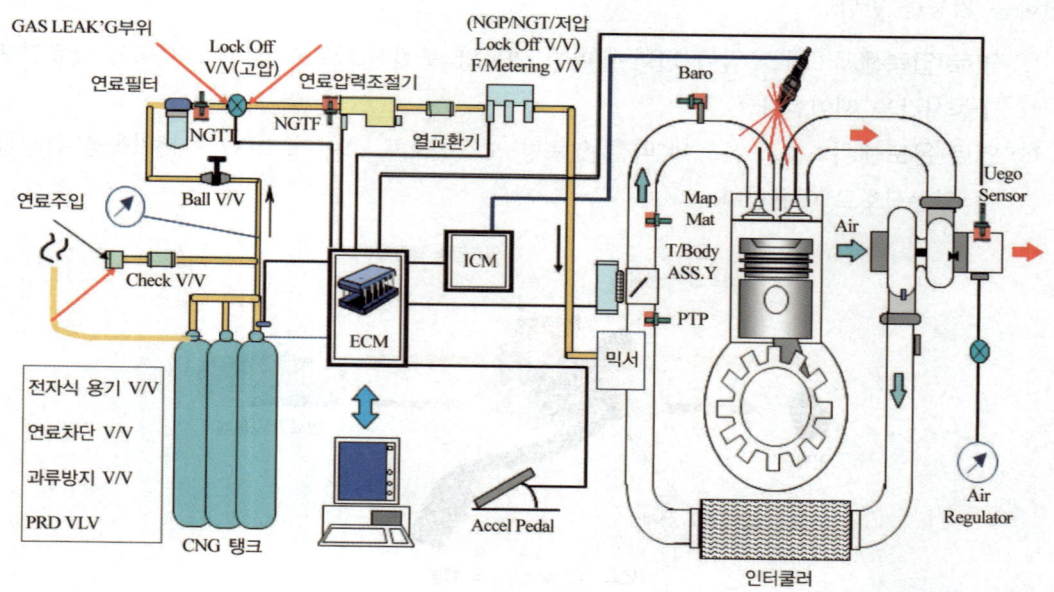

그림 1-104 / **시스템 구성도**

2) 천연가스 연료의 특성

① 가볍다.(공기의 0.55배 / LPG는 1.6배)
② 옥탄가(130정도)가 높아 노킹이 일어나지 않는다.
③ 고압으로 가압하여 용기에 저장한다.(약 200기압)
④ 인화점이 높다.(천연가스 : 메탄→595[℃], LPG : 프로판→470[℃], 부탄 : →365[℃])
⑤ 무색, 무독, 무취이다.

2. 시스템 안전 장치

1) 시동 스위치 : KEY 2단 ON시에만 가스가 공급 된다.

2) 전자식 용기 VALVE

① 연료차단 : KEY ON상태 5초 이상 경과 시 연료를 차단한다.
② 과류 방지 : 충돌 등으로 GAS LEAK시 연료를 차단한다
③ PRD 밸브 : 화재 시 외부로 GAS를 배출 한다.
④ CNG 스위치 : 긴급 상황시 운전자가 가스를 차단하는 스위치이다.
⑤ 충전체크 밸브 : 충전 시 가스 역류를 방지한다.
⑥ 수동차단 밸브 : 엔진 정비 시 사용하는 중간 차단 밸브이다.
⑦ LOCK UP VALVE(고압/저압) : 엔진 정지 시 연료를 차단한다.
⑧ GIF 밸브 : 화재로 인한 온도 상승시 납성분이 녹아 대기중으로 가스를 방출하는 안전 장치이다.

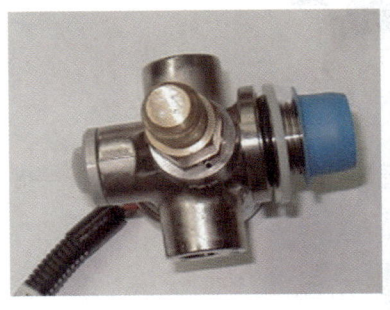

3. CNG 구성 부품

1) 가스탱크 온도센서

가스 탱크내 가스온도를 측정 ECU는 이 신호로 연료 분사량을 계산한다.

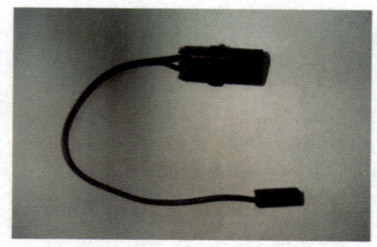

2) 고압 차단밸브
시동 off 시 고압 연료라인을 차단한다.

3) 탱크압력 센서
가스 압력 조정기에 조립 ECU는 이 신호를 계산하여 연료량을 계산한다.

4) 연료 압력조절기
고저압 Lock-Off Valve 사이에 장착되어 가스 압력을 감압한다.(25 ~ 200bar → 8 ~ 10bar)

5) 열 교환기

가스 레귤레이터와 연료량 조절밸브 사이에 장착되어 감압시 냉각된 가스를 엔진 냉각수로 가열한다.

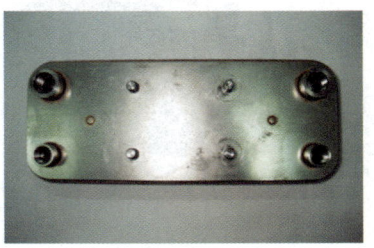

6) 연료온도 조절기

열 교환기와 연료량 조절밸브 사이에 장착되어 냉각수 흐름을 On/Off 하여 가스 온도를 제어한다.

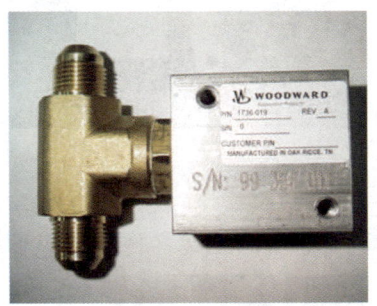

7) 연료량 조절밸브 어셈블리

CNG 인젝터로 드로틀 바디 전단에 연료 분사하며 가스 압력센서, 가스 온도센서, 가스 차단 밸브로 구성되어 있다.

① 가스 압력센서 : 압력 변환기로 분사 직전의 조정된 가스압력을 ECU로 입력한다.

② 가스 온도센서 : 부특성 써미스터로 분사 직전의 조정된 가스온도를 검출하여 ECU로 입력한다.

8) 드로틀 바디

직류모터로 엑셀포지션 센서로 부터 신호를 받아 흡입 공기량을 제어한다.

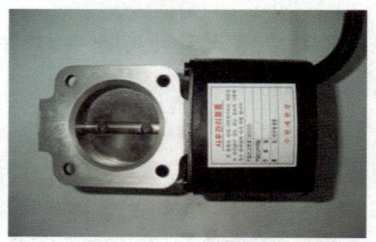

9) 산소센서

배기파이프에 장착되어 산소농도를 측정하고 이를 ECU에 입력하여 공연비를 제어한다.

10) 냉각수온 센서

엔진 냉각수 온도를 측정하여 연료량을 보정한다.

11) 엑셀 페달 위치센서

엑셀 개도를 측정하여 드로틀 밸브를 제어한다.

12) 흡기온도 & 압력센서

흡기 온도와 압력을 검출하여 연료 분사량을 보정한다.

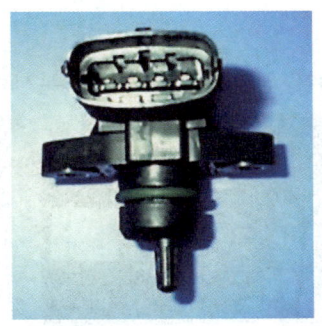

4. 점화 장치

1) ICM(Ignition Control Module)

엔진 ECU로부터 신호를 받아 파워 TR 기능을 수행하며 점화시기를 제어한다.

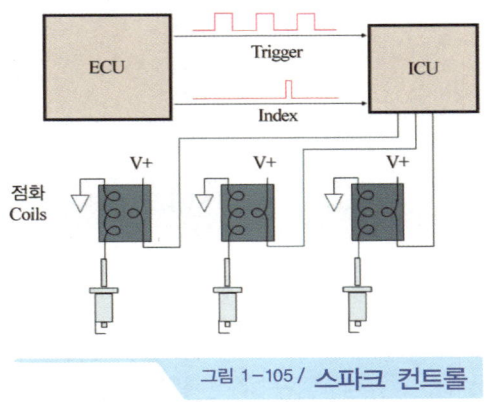

그림 1-105 / **스파크 컨트롤**

2) 스파크 플러그 & 점화코일

실린더 헤드에 장착되며 플러그 일체형 코일을 사용한다.

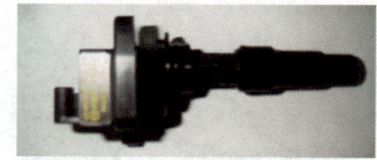

3) 크랭크각 센서

크랭크축 각도를 검출하여 ECU에 입력한다.

4) 컴퓨터(ECM)

각 센서로 부터 신호를 입력받아 점화시기 및 연료 분사량을 제어한다.

제4장 연료장치 출제예상문제

01 급가속시에 혼합기가 농후해지는 이유로 올바른 것은? [09년 4회]

① 연비 증가를 위해
② 배기가스 중의 유해가스를 감소하기 위해
③ 최저의 연료 경제성을 얻기 위해
④ 최대 토크를 얻기 위해

풀이) 급가속시 엔진 부하에 대응하는 최대 토크를 얻기 위하여 혼합기를 농후하게 한다.

02 전자제어 기관의 기본 분사량 결정 요소는? [07년 1회, 08년 1회]

① 수온　　② 흡기온
③ 흡기량　④ 배기량

풀이) 가솔린 연료 분사장치는 흡입 공기량(AFS)과 기관 회전수(CAS)로 기본 분사량을 결정한다.

03 전자제어 엔진의 연료 펌프 작용에 대한 설명으로 틀린 것은? [07년 4회]

① 평상 운전시 ST 위치로 하면 연료 펌프가 작동한다.
② 엔진 회전시 IG 스위치가 ON되면 연료 펌프는 작동한다.
③ IG 스위치를 ON 상태로 두면 항상 펌프는 작동한다.
④ 연료 펌프 구동 단자에 전원을 공급하면 펌프는 작동한다.

풀이) IG 스위치를 ON 상태로 두면 연료라인에 압력을 형성하기 위하여 펌프가 작동한 후 바로 멈춘다.

04 전자제어 가솔린엔진에서 연료펌프 내부에 있는 체크(check)밸브가 하는 역할은? [09년 1회]

① 차량의 전복시 화재 발생을 막기 위해 휘발유 유출을 방지한다.
② 연료 라인의 과도한 연료압 상승을 방지한다.
③ 엔진 정지시 연료 라인 내의 연료압을 일정하게 유지시켜 베이퍼 록(vapor lock) 현상을 방지한다.
④ 연료 라인에 적정압력이 상승될 때까지 시간을 지연 시킨다.

풀이) 연료펌프의 첵밸브는 연료펌프가 작동을 멈출 때 연료 출구를 막아 연료의 역류를 방지하며 잔압을 유지하여 고온에 의한 베이퍼 록을 방지하고, 재시동성을 향상시킨다.

05 연료탱크 내의 연료펌프에 설치된 릴리프 밸브가 하는 역할이 아닌 것은? [08년 1회]

① 연료압력의 과다 상승을 방지한다.
② 모터의 과부하를 방지한다.
③ 과압의 연료를 연료탱크로 보내준다.
④ 첵 밸브의 기능을 보조해준다.

풀이) 릴리프 밸브(relief valve, safety valve)의 역할
① 연료 공급라인이 막혔을 경우 압력의 과다 상승을 방지
② 과압의 연료를 연료탱크로 보내준다.
③ 연료 모터의 과부하를 방지한다.

01 ④　02 ③　03 ③　04 ③　05 ④

06. 전자제어 가솔린 분사장치의 연료펌프에서 연료 라인에 고압이 작용하는 경우 연료누출 혹은 호스의 파손을 방지하는 밸브는?
[08년 2회]

① 릴리프 밸브 ② 체크 밸브
③ 분사 밸브   ④ 팽창 밸브

풀이) 릴리프 밸브(relief valve)는 연료 라인에 고압이 작용하는 경우 연료의 누출 및 호스의 파손을 방지하기 위하여 밸브가 작동하여 과압의 연료를 연료탱크로 보내준다.

07. 전자제어 가솔린 기관의 연료압력 조정기에 대한 설명 중 맞는 것은?
[09년 2회]

① 기관의 진공을 이용한 부스터로 연료의 압력을 높이는 구조이다.
② 스프링의 장력과 흡기 매니폴드의 진공압으로 연료압력을 조절하는 구조이다.
③ 공기압에 의하여 압력을 조절하는 구조이다.
④ 유압밸브로 연료압을 조절하는 구조이다.

풀이) 가솔린 기관의 연료압력 조정기는 스프링 장력과 흡기 매니홀드의 진공압으로 연료압력을 조절한다.

08. 가솔린 연료분사장치 엔진에서 연료압력 조절기가 고장 났을 경우, 가장 현저하게 나타날 수 있는 현상은?
[09년 2회]

① 유해 배기가스가 많이 배출된다.
② 가속이 어렵고 공회전이 불안정해진다.
③ 엔진이 회전이 빨라진다.
④ 엔진이 과열된다.

풀이) 연료압력 조절기가 고장 나면 연료 분사량이 변하므로 공연비가 맞지 않아 유해 배기가스가 많이 배출된다.

09. 전자제어 가솔린 기관의 연료장치에 해당되지 않는 부품은?
[09년 1회]

① 오리피스   ② 연료압력 조정기
③ 맥동 댐퍼   ④ 분사기

풀이) 오리피스(orifice)는 쇽업소버 댐핑력 제어, 에어컨 오리피스 튜브 등에 사용되는 용어로 작은 구멍을 의미한다.

10. 전자제어 연료 분사장치에서 ECU(Electronic Control Unit)로 입력되는 요소가 아닌 것은?
[07년 4회]

① 냉각수 온도 신호
② 연료분사 신호
③ 흡입 공기온도 신호
④ 크랭크 앵글 신호

풀이) 냉각수 온도, 흡입 공기온도, 크랭크 앵글 신호 등은 입력신호이고, 연료분사 신호는 ECU에서 행해지는 출력신호이다.

11. 열선식(hot wire type) 흡입공기량 센서의 장점으로 맞는 것은?
[08년 1회]

① 기계적 충격에 강하다.
② 먼지나 이물질에 의한 고장 염려가 적다.
③ 출력 신호 처리가 복잡하다.
④ 질량 유량의 검출이 가능하다.

풀이) 열선식 흡입공기량 센서의 특징
① 질량 유량의 검출이 가능하다.
② 응답성이 빠르다.
③ 대기압력에 따른 오차가 없다.
④ 맥동 오차가 없다.
⑤ 오염물질이 부착되면 오차가 발생되므로 엔진 정지시마다 크린 버닝(clean burning)을 실시한다.

06 ① 07 ② 08 ① 09 ① 10 ② 11 ④

12. 전자제어 엔진에서 입력신호에 해당되지 않는 것은? [08년 4회]

① 냉각수온 센서 신호
② 흡기온도 센서 신호
③ 에어플로 센서 신호
④ 인젝터 신호

풀이 전자제어 엔진에서 센서, 스위치는 입력요소이고, 액추에이터인 인젝터는 출력 요소이다.

13. 칼만 와류(kalman vortex)식 흡입공기량 센서를 사용하는 전자제어 가솔린 엔진에서 대기압 센서를 사용하는 이유는? [07년 1회]

① 고지에서의 산소 희박 보정
② 고지에서의 습도 희박 보정
③ 고지에서의 연료량 압력 보정
④ 고지에서의 점화시기 보정

풀이 고지에서는 대기압이 낮아 산소가 희박하게 들어오므로 대기압 센서를 이용하여 연료를 보정한다.

14. 전자제어 가솔린 기관에서 공전속도를 제어하는 부품이 아닌 것은? [07년 1회]

① ISC 액추에이터
② 컨트롤 릴레이
③ 에어 바이패스 솔레노이드 밸브
④ ISC 밸브

풀이 컨트롤 릴레이는 ECU, 연료펌프, 인젝터 등에 전원을 공급해 주는 장치이다.

15. 인젝터에서 통전 시간을 A, 비통전 시간을 B로 나타낼 때 듀티비(Duty Ratio)의 식으로 알맞은 것은? [07년 1회, 09년 1회]

① 듀티비 $= \dfrac{A}{A+B} \times 100[\%]$
② 듀티비 $= \dfrac{A+B}{A} \times 100[\%]$
③ 듀티비 $= \dfrac{A+B}{B} \times 100[\%]$
④ 듀티비 $= \dfrac{B}{A+B} \times 100[\%]$

풀이 듀티비란 1 펄스 중 "ON"되어 있는 비율로, 듀티비 $= \dfrac{A}{A+B} \times 100[\%]$ 로 정의한다.

16. 기본 점화시기 및 연료 분사시기와 가장 밀접한 관계가 있는 센서는? [07년 1회]

① 수온 센서
② 대기압 센서
③ 크랭크각 센서
④ 흡기온 센서

풀이 엔진 ECU는 흡입 공기량 센서와 크랭크각 센서의 신호를 바탕으로 기본 점화시기와 연료 분사시기를 연산한다.

17. 전자제어 연료 분사장치의 점화계통 회로와 거리가 먼 것은? [09년 1회]

① 점화코일
② 파워트랜지스터
③ 체크 밸브
④ 크랭크 앵글 센서

풀이 체크 밸브는 유압회로에 사용되는 밸브이다.

ANSWER 12 ④ 13 ① 14 ② 15 ① 16 ③ 17 ③

18 전자제어 가솔린 연료 분사장치의 인젝터에서 분사되는 연료의 양은 무엇으로 조정하는가? [07년 4회]

① 인젝터 개방시간
② 연료 압력
③ 인젝터의 유량계수와 분구의 면적
④ 니들 밸브의 양정

풀이 인젝터의 연료 분사량은 인젝터(니들밸브)의 통전 시간 (개방시간)으로 결정된다.

19 전자제어 연료분사 계통에서 인젝터의 분사시간 조절에 관한 설명 중 틀린 것은? [07년 1회]

① 엔진을 급가속할 경우에는 순간적으로 분사시간이 길어진다.
② 산소 센서의 전압이 높아지면 분사시간이 길어진다.
③ 엔진을 급감속할 때에는 경우에 따라서 가솔린의 공급이 차단되기도 한다.
④ 축전지 전압이 낮으면 무효 분사시간이 길어지게 된다.

풀이 산소센서 전압이 높으면 농후하다는 의미이므로 연료를 줄이기 위하여 분사시간을 줄여야 한다.

20 전자제어 연료분사장치의 연료 인젝터는 무엇에 의해서 분사량을 조절하는가? [08년 2회]

① 플런저의 하강 속도
② 로커암의 작동 속도
③ 연료의 압력 조절
④ 컴퓨터(ECU)의 통전시간

풀이 인젝터의 연료 분사량은 컴퓨터(ECU)의 통전시간 (개방시간)으로 결정된다.

21 전자제어 분사차량의 분사량 제어에 대한 설명으로 틀린 것은? [08년 1회]

① 엔진 냉간시 공전시 보다 많은 량의 연료를 분사한다.
② 급감속시 연료를 일시적으로 차단한다.
③ 축전지 전압이 낮으면 무효 분사 시간을 길게 한다.
④ 산소센서의 출력값이 높으면 연료 분사량은 증가한다.

풀이 산소센서 출력값이 높으면 농후하다는 의미이므로 인젝터의 통전시간을 줄여 연료 분사량을 감소시킨다.

22 연료분사 밸브는 엔진 회전수 신호 및 각종 센서의 정보 신호에 의해 제어된다. 분사량과 직접적으로 관련이 되지 않는 것은? [08년 2회]

① 밸브 분사공의 직경
② 분사 밸브의 연료 레일
③ 연료 라인의 압력
④ 분사 밸브의 통전 시간

풀이 연료 분사량은 노즐의 크기, 분사시간, 분사횟수, 연료 압력에 비례한다.
(연료분사량 α 노즐의 크기×분사시간×분사횟수×연료 압력)

23 전자제어 분사장치에서 공전 스텝모터의 기능으로 적합하지 않은 것은? [09년 2회]

① 냉간시 [rpm] 보상
② 결함코드 확인시 [rpm] 보상
③ 에어컨 작동시 [rpm] 보상
④ 전기 부하시 [rpm] 보상

풀이 공전 스텝모터는 냉간시, 에어컨 작동시, 전기 부하시 등 공전시 [rpm]을 보상해주는 모터이다.

18 ① 19 ② 20 ④ 21 ④ 22 ② 23 ②

24 MAP 센서에서 ECU(Electronic Control Unit)로 입력되는 전압이 가장 높은 때는? [09년 2회]

① 감속시 ② 기관 공전시
③ 저속 저부하시 ④ 고속 주행시

> 맵 센서의 출력전압은 흡기다기관의 절대압력에 비례한다. 즉, 공전시 출력전압이 낮고(1~1.5[V]) 가속시 전압이 높게(4~5[V]) 출력된다.

25 맵 센서(MAP sensor) 출력 특성으로 알맞은 것은? [07년 1회]

①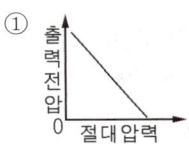
②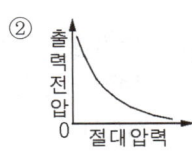
③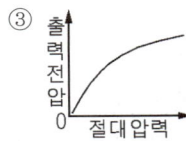
④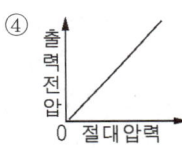

> 맵 센서의 출력전압은 흡기다기관의 절대압력에 비례한다. 즉, 공전시 출력전압이 낮고(1~1.5[V]) 가속시 전압이 높게(4~5[V]) 출력된다.

26 수온 센서의 역할이 아닌 것은? [08년 1회]

① 냉각수 온도 계측
② 점화시기 보정에 이용
③ 연료 분사량 보정에 이용
④ 기본 연료 분사량 결정

> 기본 분사량 결정은 흡입 공기량 센서와 크랭크각 센서의 신호를 바탕으로 ECU가 수행한다.

27 노크센서(knock sensor)에 이용되는 기본적인 원리는? [08년 2회]

① 홀 효과   ② 피에조 효과
③ 자계실드 효과 ④ 펠티어 효과

> **용어 설명**
> ① 홀 효과(hall effect) : 자계 내에 홀 효과를 발생하는 반도체를 설치하고 전류를 흘리면 플레밍의 왼손법칙에 의해 홀 전압이 발생되는 현상
> ② 피에조 효과(piezo electric effect) : 금속 또는 반도체 결정에 압력을 가하면 전압이 발생하는 현상. 압전효과라고도 하며, 노크센서에 이용된다.
> ③ 자계실드(magnetic shield) 효과 : 자계차폐라고도 하며, 노이즈를 방지하기 위하여 전자파를 차단하는 것
> ④ 펠티어 효과(Peltier effect) : 2종류 금속을 접합하여 전기를 보내면 한쪽은 열이, 한쪽은 차가워지는 현상. 제백효과와 반대

28 엔진 크랭킹시 연료 분사가 되지 않을 경우의 원인에 해당되지 않는 것은? [07년 1회]

① 엔진 컴퓨터에 이상이 있다.
② 컨트롤 릴레이에 이상이 있다.
③ 크랭크각 및 1번 상사점 센서의 불량이다.
④ 아이들 스위치의 불량이다.

> 아이들 스위치 불량이면 공전 [rpm]이 불안정해진다.

29 전자제어 자동변속기 차량에서 가변 저항식으로 스로틀 밸브의 열리는 정도를 검출하는 것은? [07년 1회]

① TPS   ② ECU
③ TCU   ④ MPI

> TPS는 가변 저항식으로 스로틀 밸브를 밟으면 스로틀 밸브 축에 위치한 스로틀 위치센서(T.P.S)를 통해 밸브의 열림 정도가 감지된다.

ANSWER 24 ④ 25 ④ 26 ④ 27 ② 28 ④ 29 ①

30 가솔린 엔진 연료 분사장치에서 기본 분사량을 결정하는 것으로 맞는 것은?
[07년 1회, 08년 1회]

① 흡기온 센서와 냉각수온 센서
② 에어플로 센서와 스로틀 보디
③ 크랭크각 센서와 에어플로 센서
④ 냉각수온 센서와 크랭크각 센서

풀이 가솔린 연료 분사장치는 흡입 공기량(AFS)과 기관 회전수(CAS)로 기본 분사량을 결정한다.

31 전자제어 가솔린 기관에서 연료의 분사량은 어떻게 조정되는가? [08년 4회]

① 인젝터 내의 분사압력으로
② 연료 펌프의 공급압력으로
③ 인젝터의 통전시간에 의해
④ 압력 조정기의 조정으로

풀이 인젝터의 연료 분사량은 인젝터(니들밸브)의 통전 시간 (개방시간)으로 결정된다.

32 전자제어 연료분사 엔진에서 수온센서 계통의 이상으로 인해 ECU로 정상적인 냉각수온 값이 입력되지 않으면 연료 분사는?
[08년 4회]

① 엔진 오일온도를 기준으로 분사
② 흡기 온도를 기준으로 분사
③ 연료 분사를 중단
④ ECU에 의한 페일세이프 값을 근거로 분사

풀이 페일 세이프(fail safe) : 부품의 고장에 의해 장치가 작동하지 않더라도 항상 정상상태를 유지할 수 있는 안전 기능으로, 냉각수온 센서가 고장이면 ECU는 페일 세이프 값을 근거로 연료를 분사한다.

33 전자제어 장치 기관에서 대기압을 측정하여 고도 조정에 따른 제어에 필요한 입력신호(센서 출력 신호)를 발생하는 것은?
[07년 2회]

① 스로틀 포지션 센서(TPS)
② 흡입 공기온도 센서(ATS)
③ 흡입 매니폴드 압력 신호(MAP)
④ 크랭크각 센서(CAS)

풀이 MAP센서란 Manifold Absolute Pressure sensor의 약자로 반도체식 압력센서를 이용하여 흡기 매니홀드의 진공(절대압력)을 측정한다.

34 대기압 센서의 출력 파형은 압력과 전압에 대해 어떤 관계가 있는가? [08년 1회]

① 지수감소 관계
② 정비례 관계
③ 스텝 응답 관계
④ 임펄스 응답 관계

풀이 대기압 센서는 반도체 피에조 저항형 센서로, 대기 압력이 높아지면 전압이 높아지는 정비례 관계이다.

35 다음은 스로틀 밸브(Throttle Valve)의 구성에 대한 설명이다. 틀린 것은?
[07년 2회]

① 스로틀 밸브는 엔진 공회전시 전폐(全閉) 위치에 있다
② 스로틀 밸브의 크기는 엔진 출력과는 무관하다
③ 스로틀 밸브 개도(開度) 특성과 액셀러레이터 조작량과의 관계는 운전성을 고려하여 결정하도록 한다
④ 스로틀 밸브는 리턴 스프링의 힘에 의해 전폐(全閉) 상태로 되돌아온다.

풀이 자동차 출력이 커지려면 흡입공기량이 많아져야 하므로 스로틀 밸브의 크기도 커진다.

30 ③ 31 ③ 32 ④ 33 ③ 34 ② 35 ②

36 전자제어 가솔린 기관에서 전부하 및 공전의 운전 특성 값과 가장 관련성 있는 것은?
[09년 1회]

① 배전기
② 시동스위치
③ 스로틀밸브 스위치
④ 공기비 센서

풀이 TPS는 스로틀 밸브 축과 같이 회전하는 센서로, 엔진 작동조건(공전, 부분부하, 전부하 등)을 결정하는 센서이다.

37 가솔린기관에서 와류를 일으켜 흡입 공기의 효율을 향상시키는 밸브에 해당 되는 것은?
[09년 1회]

① 어큐뮬레이터
② 과충전 밸브
③ EGR 밸브
④ 매니폴드 스로틀 밸브(MTV)

풀이 매니폴드 스로틀 밸브(MTV) : 흡기 통로 중 한 곳에 개폐가 가능한 매니폴드 스로틀 밸브를 설치하고 운전 중 ECU가 이 밸브(MTV)를 닫으면 나머지 한 쪽으로 공기가 들어가게 되어 유속이 빨라지고 강한 와류를 일으켜 희박한 공연비에서도 연소가 가능하게 된다.

38 전자제어식 엔진에서 크랭크각 센서의 역할은?
[09년 1회]

① 단위 시간 당 기관 회전속도 검출
② 단위 시간 당 기관 점화시기 검출
③ 매 사이클 당 흡입공기량 계산
④ 매 사이클 당 폭발횟수 검출

풀이 크랭크각 센서는 압축상사점에 대한 크랭크축의 위치를 측정하여 단위 시간당 엔진 회전수를 검출하고, 연료 분사시기 및 점화시기를 결정하는 데 사용한다.

39 무 배전기 점화(D,L,I)시스템에서 압축 상사점으로 되어 있는 실린더를 판별하는 전자적 검출방식의 신호는?
[09년 2회]

① AFS 신호
② TPS 신호
③ No.1 TDC 신호
④ MAP 신호

풀이 No.1 TDC 센서는 홀센서를 이용하여 압축 상사점을 검출한다.

40 전자제어 엔진에서 각종 센서들이 엔진의 작동상태를 감지하여 컴퓨터가 분사량을 보정함으로써 최적의 상태로 연료를 공급한다. 여기에서 컴퓨터(ECU)가 분사량을 보정하지 못하는 인자는?
[09년 1회]

① 시동증량
② 연료압력 보정
③ 냉각수온 보정
④ 흡기온 보정

풀이 전자제어 엔진에서 컴퓨터(ECU)는 시동시 증량보정, 냉각수온 보정, 흡기온도 보정, 축전지 전압 보정, 가속시 및 출력 증가시 보정, 감속시 연료차단 등을 수행한다.

41 다음 그림은 자기진단 출력 단자에서 전압의 변화를 시간대로 나타낸 것이다. 이 자기진단 출력이 10진법 2개 코드 방식일 때 맞는 것은?
[08년 4회]

① 112
② 22
③ 12
④ 44

풀이 ON시간이 긴 것을 10, 짧은 것을 1로 읽는다. 그러므로 22이다.

36 ③ 37 ④ 38 ① 39 ③ 40 ② 41 ②

42 다음 회로에서 측정하는 점검 내용으로 바른 것은? [07년 2회]

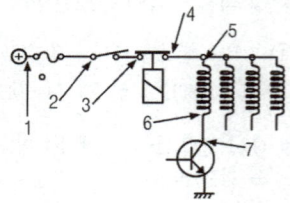

① 6번과 접지 사이에서 전압 파형을 측정 시 인젝터와 ECU 간의 접속 상태를 알 수 있다.
② 릴레이 접점의 최적 측정 장소는 ③과 ④사이 전류 측정이다.
③ 인젝터 서지 전압 측정은 ⑤번과 접지 사이에서 행하는 것이 가장 좋다.
④ 스위치 ON 후 TR이 OFF시 ⑦번과 ⑤번 사이의 전압은 0[V]이어야 한다.

풀이 릴레이 점검은 통전 여부로, 서지 전압 측정은 6번과 접지사이를, 5번과 7번을 검검하면 12[V] 이어야 한다.

43 LP가스를 사용하는 자동차의 봄베에 부착되지 않는 것은? [08년 4회]

① 충전 밸브
② 송출 밸브
③ 안전 밸브
④ 메인 듀티 솔레노이드 밸브

풀이 봄베(bombe)란 LPG 기관의 연료탱크를 의미하며, 충전밸브, 송출밸브(액상밸브, 기상밸브), 안전밸브, 액면 표시 장치 등이 설치되어 있다.

44 LP가스를 사용하는 기관의 설명으로 틀린 것은? (단, LPI SYSTEM 제외) [08년 2회]

① 옥탄가가 높아 노킹 발생이 적다.
② 연소실에 카본 퇴적이 적다.
③ 연료 펌프의 수명이 길다.
④ 겨울철 시동성이 나쁘다.

풀이 LPG 연료 차량은 고압의 가스를 감압, 기화시켜 연료로 공급하므로 연료펌프가 없다.

45 LPG 기관의 주요 구성 부품에 속하지 않는 것은? [07년 2회]

① 베이퍼라이저
② 긴급차단 솔레노이드 밸브
③ 퍼지 솔레노이드 밸브
④ 액상 기상 솔레노이드 밸브

풀이 퍼지 솔레노이드 밸브는 연료증발가스 제어장치에 해당하는 부품이다.

46 LPG 자동차에서 연료탱크의 최고 충전량은 85[%] 만 채우도록 되어 있는데 그 이유로 가장 타당한 것은? [08년 4회]

① 충돌시 봄베 출구밸브의 안전을 고려하여
② 봄베 출구에서의 LPG 압력을 조정하기 위하여
③ 온도 상승에 따른 팽창을 고려하여
④ 베이퍼라이저에 과다한 압력이 걸리지 않도록 하기 위하여

풀이 LPG 자동차에서 연료탱크의 최대 충전량은 온도 상승에 따른 팽창을 고려하여 봄베 전체 체적의 85[%]만 충전하도록 하고 있다.

42 ① 43 ④ 44 ③ 45 ③ 46 ③

47 액상 LPG의 압력을 낮추어 기체 상태로 변환시켜 연료를 공급하는 장치는? [09년 2회]

① 베이퍼라이저(vaporizer)
② 믹서(mixer)
③ 대시 포트(dash pot)
④ 봄베(bombe)

풀이 베이퍼라이저(vaporizer)는 액체를 기체로 변화시켜 주는 장치로 감압, 기화 및 압력조절 작용을 한다.

48 LPG 엔진의 베이퍼라이저 1차실 압력측정에 대한 설명으로 틀린 것은? [08년 4회]

① 베이퍼라이저 1차실의 압력은 약 0.3 [kg_f/cm^2]정도이다.
② 압력게이지를 설치하여 압력이 규정치가 되는지 측정한다.
③ 압력 측정시에는 반드시 시동을 끈다.
④ 1차실의 압력 조정은 압력조절 스크루를 돌려 조정한다.

풀이 압력 측정을 하기 위해서는 시동을 걸어야 한다.

47 ①   48 ③

05 디젤 기관

제1절 기계식 디젤 기관

1_ 디젤 기관의 개요

자동차용 디젤 기관은 실린더 안에 공기(air) 만을 흡입, 압축하여 공기의 온도가 500~600[℃]에 이를 때, 연료를 안개 모양의 입자로 고압 분사하여 이 분사된 연료가 공기의 압축열에 의해 자기착화, 연소하게 된다. 이 때 발생한 연소 가스의 압력에 의해 동력을 얻는 기관이다.

1. 디젤기관 연소실

1) 구비 조건

고속 디젤 기관의 연소실은 와류를 생성시켜 공기와 연료를 짧은 연소 시간내에 잘 혼합 연소시킬 수 있는 구조이어야 한다. 연소실의 구비조건은 아래와 같다.

① 분사된 연료를 될 수 있는 대로 짧은 시간에 완전 연소시켜야 한다.
② 평균 유효 압력이 높아야 한다.
③ 연료 소비율이 적어야 한다.
④ 고속 회전시의 연소 상태가 좋아야 한다.
⑤ 시동이 용이해야 한다.

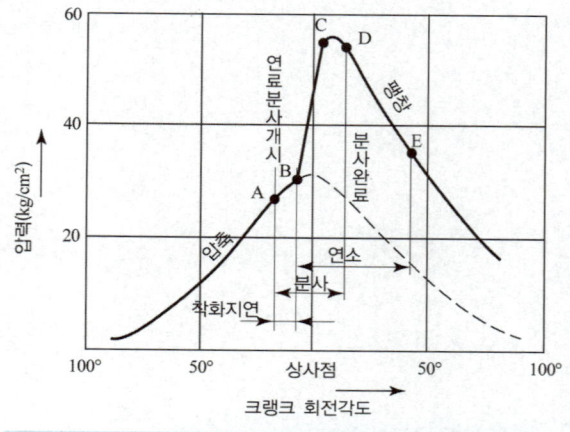

그림 1-106 / 디젤 기관의 연소과정

2) 디젤 기관의 연소과정

① **착화 지연기간(연소 준비기간, A ~ B)** : 연소실에 연료가 분사되어 연소를 일으킬 때까지의 기간

② **화염 전파기간(폭발 연소기간 B ~ C)** : 분사된 연료 모두가 동시에 착화되어 폭발적으로 연소하는 기간

③ **직접 연소기간(제어 연소기간, C ~ D)** : 화염 전파기간에 생긴 화염 때문에 분사된 연료가 분사와 거의 동시에 연소하는 기간

④ **후기 연소기간(후 연소기간, D ~ E)** : 연료 분사가 끝나는 D점에서 연소되지 않은 상태로 남은 약간의 연료가 E점까지 연소하는 기간

3) 디젤엔진의 노크

디젤엔진의 노크는 착화 지연기간 중에 분사된 연료가 착화하지 못하고 화염 전파기간에 한꺼번에 연소하여 실린더 내의 압력이 급격히 상승하는 현상을 말한다. 가솔린 엔진의 연소와는 반대로 분사된 연료는 분사 즉시 공기와 혼합하여 연소하여야 한다.

① **세탄가** : 디젤 연료의 착화성을 나타내는 척도를 말하며 착화 지연이 짧은 세탄($C_{16}H_{34}$)과 착화지연이 나쁜 α-메틸 나프탈렌($C_{11}H_{10}$)의 혼합 연료의 비를 [%]로 나타내는 것이다.

$$세탄가 = \frac{세탄}{세탄 + \alpha 메틸나프탈렌} \times 100(\%)$$

② **착화 촉진제** : 초산아밀($C_5H_{11}NO_3$), 아초산아밀($C_5H_{11}NO_2$), 초산에틸($C_2H_5NO_3$), 아초산에틸($C_2H_5NO_2$)을 1 ~ 5[%] 정도 첨가한다.

③ **디젤 노크 방지방법** : 착화 지연기간이 길면 노크가 발생한다. 노크 방지방법은 다음과 같다.
  ㉠ 착화성이 좋은 연료(세탄가가 높은 연료)를 사용한다.
  ㉡ 압축비를 높게 한다.
  ㉢ 분사초기(A ~ B지점)의 연료 분사량을 적게 한다.
  ㉣ 연소실에 강한 와류(소용돌이)를 형성한다.

④ **착화지연에 영향을 미치는 요인**
  ㉠ 연료의 세탄가
  ㉡ 실린더 내의 온도와 압력
  ㉢ 연료의 분사상태
  ㉣ 공기의 와류

4) 디젤 기관 연소실의 분류

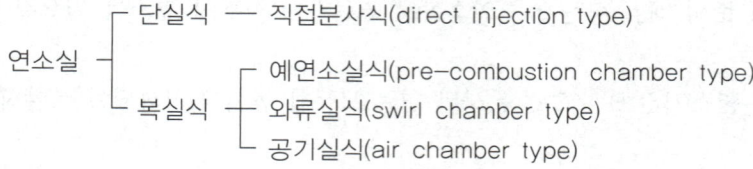

① **직접 분사실식** : 실린더 헤드와 피스톤 헤드의 요철에 의해 연소실이 하나로 형성되어 연료를 연소실에 직접 분사하는 것으로서 공기와 연료가 잘 혼합되도록 다공형 노즐을 사용한다.

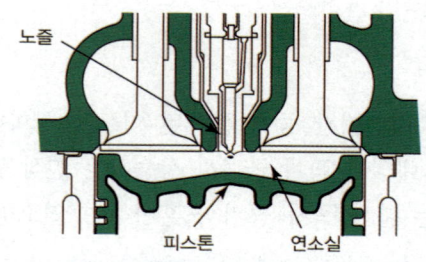

그림 1-107 / 직접 분사식 연소실

㉠ 직접 분사실식의 장, 단점

장점	단점
• 연소실의 구조가 간단, 열의 손실이 적고 열효율이 높고 연료 소비가 적다. • 구조가 간단하므로 열에 의한 변형이 적다. • 냉각 손실이 적다. • 시동이 잘되고 예열 플러그가 필요치 않다.	• 연료의 착화성에 민감하다(노크를 일으키기 쉽다). • 연료 분사 개시 압력이 높다. • 복실식에 비하여 공기의 소용돌이가 약하므로 공기의 흡입율이 나쁘고 고속 회전에 적합하지 않다. • 분사 압력이 높아 분사 펌프와 노즐 등의 수명이 짧다.

② **예연소실식** : 실린더 헤드에 마련된 주연소실 윗쪽에 부연소실인 예연소실이 있고 그 끝에 분구가 있어 주연소실과 통해 있으며 압축행정에서 압축된 공기는 분구를 통하여 예연소실로 유입된다. 분사 노즐에서 예연소실에 분사된 연료는 그 일부가 연소하여 고온 고압가스가 발생하면, 그 압력에 의해 남은 연료가 분사 구멍을 통해 주연소실로 분출되어 소용돌이를 따라 공기와 잘 혼합하여 완전 연소하게 된다.

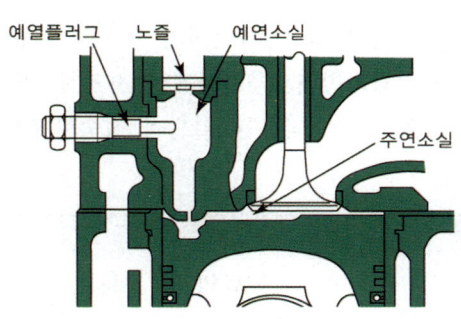

그림 1-108 / **예연소실의 구조**

㉠ 예연소실식의 장, 단점

장점	단점
• 연료의 분사 개시 압력이 비교적 낮으므로 연료 장치의 고장이 적고, 수명이 길다. • 사용 연료의 변화에 민감하지 않다.(노크가 적다) • 운전 상태가 조용하다. • 공기와 연료의 혼합이 잘되고 다른 형식보다 기관에 유연성이 있다.	• 실린더 헤드의 구조가 복잡하다. • 예연소실 용적에 대한 표면적이 크기 때문에 냉각 손실이 크다. • 시동이 곤란하며 예열장치가 필요하다. • 마력이 큰 기동 전동기가 필요하다. • 연료 소비량이 많다. • 엔진의 소음이 크고, 진동이 있다.

③ **와류실식** : 이 형식에서는 압축 행정시에 와류실로 공기를 유입시키면서 강한 소용돌이를 일으켜 여기에 연료를 분사하여 연소시킨다. 와류실에 분사된 연료는 강한 선회 운동을 하는 공기와 혼합하여 착화 연소하며, 예연소실식에서는 연료를 부분적으로 연소시키나 와류실 안에서는 전부를 완전히 연소하도록 되어 있다.

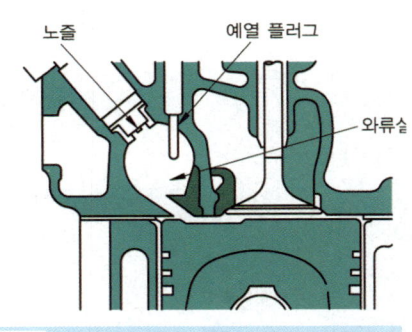

그림 1-109 / **와류실식의 구조**

㉠ 와류실식의 장, 단점

장점	단점
• 압축에 의해 생기는 와류를 이용하므로 공기와의 혼합이 잘되고 회전수 및 평균 유효압력을 높게 할 수 있다. • 분사 압력이 낮아도 된다. • 원활한 운전을 할 수 있다.	• 실린더 헤드의 구조가 복잡하다. • 분사 구멍의 억제 작용, 연소실 용적 및 단면적비가 크므로 직접 분사식보다, 열효율이 낮다. • 저속시에 디젤 노크를 일으키기 쉽다. • 시동에는 예열 플러그가 필요하다.

제5장_디젤 기관 117

④ **공기실식** : 압축행정이 종료될 무렵, 연료분사가 개시되고 분사된 연료와 공기는 함께 공기실로 밀려 들어가 자기착화한다. 공기실에서 자기착화되어 연소중인 가스가 주연소실로 밀려 나오면서 주연소실에 와류를 일으켜 정숙한 연소가 진행되도록 한다.

㉠ 공기실식의 장, 단점

장점	단점
연소가 원만하기 때문에 최고 폭발 압력이 낮고, 작동이 조용하다.	• 연료의 분사시기가 민감하게 연료에 영향을 준다. • 후연소의 경향이 있으며 배기온도가 높고 열효율이 나쁘다. • 연료의 소비량이 비교적 많다.

㉡ 디젤기관 연소실 형식의 비교분석

내 용	직접 분사식	예연소실식	와류실식
표면적 대 체적비	아주 작다.	크다.	약간 크다.
열손실(냉각손실)	아주 적다.	많다.	약간 많다.
압축비	17 ~ 20	20 ~ 21	23
분사 노즐 형식	다공 노즐	스로틀, 핀틀 노즐	스로틀, 핀틀 노즐
냉시동보조장치	필요없음 (냉시동성 우수함)	필요함	필요함
와류	압축행정 말기에 발생한다. 강도 약간 크다. 주로 압입와류	거의 없다. 연소와류	압축행정 말기에 격렬하게 발생한다. 강도가 가장 크다.
연료 무화와 혼합	주로 분사 노즐에 의해 이루어진다.	주로 예연소실에서의 와류에 의해 이루어진다.	무화는 분사 노즐에 의해, 혼합은 주로 와류에 의한다.
연료소비율	가장 낮다.	가장 높다.	높다.
평균유효압력	가장 낮다.	약간 높다.	높다.
노크 발생 빈도	가장 높다.	아주 낮다.	낮다.
분사 압력	구멍형 : 150 ~ 300[kg_f/cm^2]	핀틀형 : 100 ~ 120[kg_f/cm^2]	스로틀형 : 100 ~ 140[kg_f/cm^2]

2. 디젤 기관의 연료장치

디젤기관의 연료 분사장치는 연료 탱크, 연료 공급펌프, 연료 여과기, 분사펌프, 분사노즐 및 이들 부품을 연결하는 파이프와 호스로 구성되어 있으며, 연료 공급 과정은 연료 탱크 →

연료 여과기 → 공급 펌프 → 연료 여과기 → 분사 펌프 → 분사 파이프 → 분사 노즐 → 연소실 순서로 연료가 공급된다.

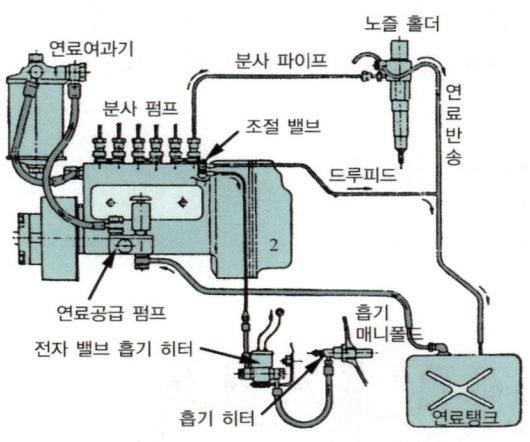

그림 1-110 / **디젤 기관의 연료장치**

1) 연료 공급펌프(feed pump, priming pump)

엔진 작동시 분사펌프에서의 공급량이 부족하지 않도록 탱크 내의 연료를 일정한 압력으로 가압하여 분사펌프에 공급하는 것이다. 연료 분사펌프에 설치되어 펌프의 캠축에 의해 작동되고, 수동 조작도 할 수 있으며, 수동 펌프(플라이밍 펌프)는 엔진 정지시에 연료 공급 및 회로 내의 공기빼기 작업 등에 사용한다.

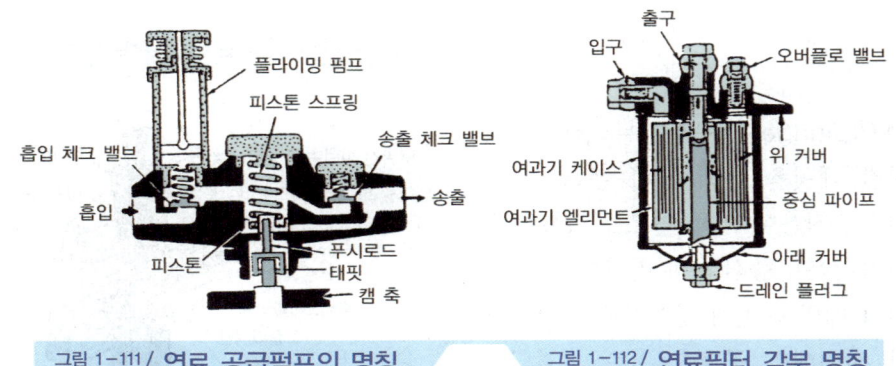

그림 1-111 / **연료 공급펌프의 명칭**   그림 1-112 / **연료필터 각부 명칭**

2) 연료 여과기(fuel filter)

연료 여과기는 연료 중에 포함된 불순물과 물을 분리하여 분사펌프와 분사노즐로부터 격리시키는 역할을 한다. 연료 여과기 내의 압력은 $1.5[kg/cm^2]$ 이며, 규정 압력 이상으로 높아지면 오버플로 밸브가 작동하여 연료 탱크로 연료를 되돌아가게 한다.

3) 독립식 분사펌프(injection pump)

분사펌프는 연료 공급펌프와 여과기로부터 공급받은 연료를 고압으로 압축하여 폭발 순서에 따라서 각 실린더에 분사 노즐로 압송하는 펌프이다. 독립식 분사펌프는 엔진의 각 실린더마다 한 개씩 펌프를 설치한 것으로서, 구조가 복잡하나 현재 고속 디젤 기관에 주로 사용한다.

```
            ┌─ 독립식(고속 디젤, 대형)
 ┌ 무기분사식 ─┼─ 공동식
 │          └─ 분배식(소형 디젤)
 └ 공기분사식 ── 선박
```

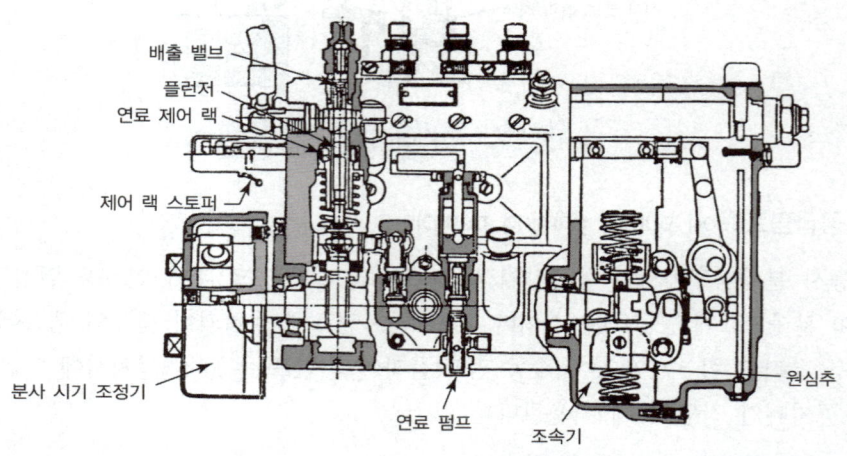

그림 1-113 / **독립식 분사펌프**

① **플런저(plunger)** : 플런저는 캠축 위에 놓여진 태핏을 통해 상하 왕복운동을 하며, 이 작용에 의해 연료를 압송한다. 플런저 상단 중심부에 바이패스 홈과 플런저 배럴 측면에 분사량을 가감하기 위한 바이패스 구멍이 서로 연결되어 있어 가속 페달을 밟는 양에 따라 플런저 배럴의 연료공급 구멍과 바이패스 구멍의 위치를 변화시켜 연료 분사량이 조절된다.

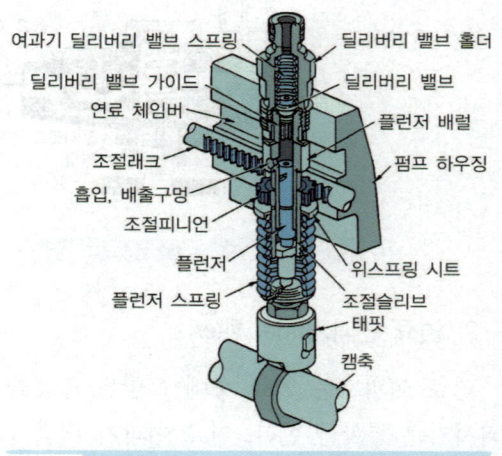

그림 1-114 / **분사펌프 캠축과 태핏**

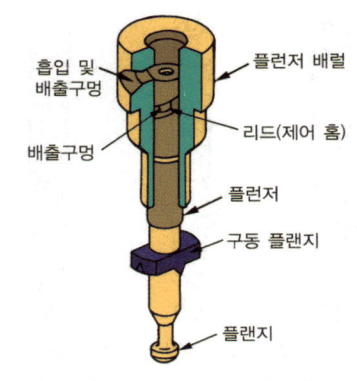

그림 1-115 / **플런저 배럴과 플런저**

㉠ 플런저의 예행정 : 플런저의 윗부분이 연료 공급구멍을 막을 때 까지 움직인 거리로, 이 거리의 길고 짧음에 따라 연료 분사시간이 결정된다.

㉡ 플런저의 유효행정 : 플런저 윗부분이 연료 공급구멍을 막은 다음부터 플런저의 바이패스 홈이 플런저 배럴의 연료 공급구멍과 만날 때까지 움직인 거리로, 이 유효행정을 크게 하면 연료 분사량이 증가한다.

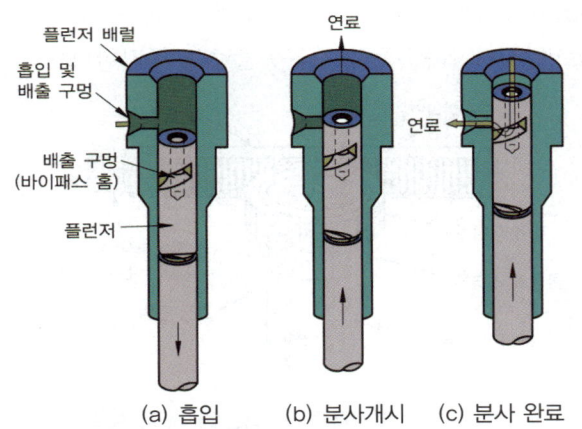

그림 1-116 / **연료의 압송 및 완료**

② 플런저 리드의 종류

　㉠ 정 리드형(normal lead type) : 분사개시 때의 분사시기가 일정하고, 분사 말기에는 분사시기가 변화하는 리드이다.

　㉡ 역 리드형(reverse lead type) : 리드가 플런저 헤드에도 파져 있으며, 분사개시 때의 분사시기가 변화하고 분사 말기의 분사시기가 일정한 리드이다.

　㉢ 양 리드형(combination lead type) : 위 아래로 리드를 파서 분사개시와 분사 말기의 분사시기가 모두 변화하는 리드이다.

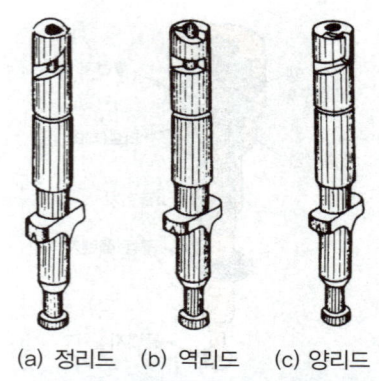

그림 1-117 / 플러저 리드의 형식

③ 제어 랙(rack) : 랙의 한 끝은 링크나 핀으로 조속기의 막이나 레버에 연결되어 있고 조속기는 가속 페달의 모든 조작을 랙에 전달한다.

④ 제어 피니언(pinion) : 제어 랙(rack)의 수평직선 운동을 회전(좌·우 제어 랙 이동량 : 21~25[mm]이다.) 운동으로 바꾸어 제어 슬리브를 회전시켜 피니언과 제어 랙의 상대 위치를 변화시킨다.

⑤ 제어 슬리브(sleeve) : 제어 피니언의 회전 운동을 펌프 엘리먼트의 플런저 구동 플랜지에 전달하여 플런저가 상하운동하면서 송출량을 증감한다.

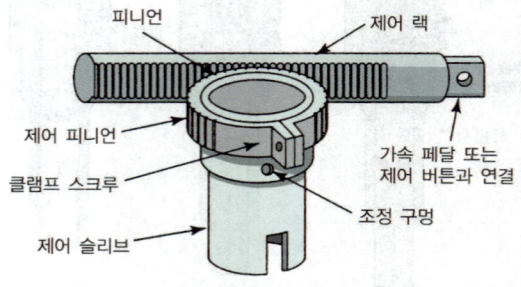

그림 1-118 / 제어 피니언과 제어 슬리브

⑥ 딜리버리 밸브(delivery valve) : 플런저의 상승 행정으로 배럴 내의 압력이 $10kg/cm^2$에 이르면 밸브가 열려 분사 파이프에 연료를 압송하며, 유효 행정이 종료되어 배럴 내의 압력이 낮아지면 스프링의 장력에 의해 급속히 닫혀 연료의 역류를 방지하고 노즐의 후적을 방지한다.

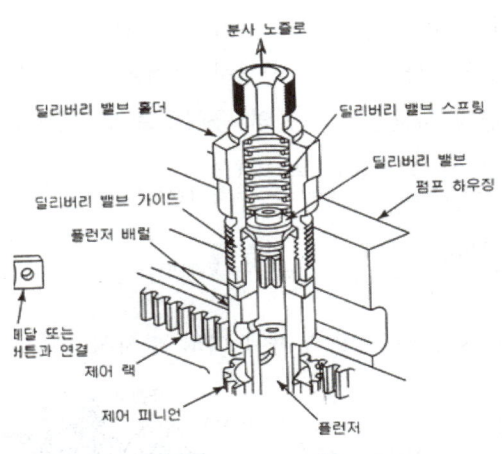

그림 1-119 / 딜리버리 밸브 어셈블리

⑦ **조속기(governor)** : 엔진의 회전속도나 부하변동에 따라 자동적으로 랙(rack)을 움직여 분사량을 조절하는 것으로서 최고 회전속도를 제어하고 동시에 저속 운전을 안정시키는 일을 한다. 조속기는 연료분사 펌프 캠축에 설치된 원심추의 원심력에 의해 작동하는 기계식과 흡기다기관의 진공부압에 의해 작동되는 공기식이 있다. 또한 기능적으로 최고·최저속도 조속기와 전속도 조속기로 분류하기도 한다.

㉠ 기계식 조속기 : R형, RQ형, RSVD형, RSV형
㉡ 공기식 조속기 : MZ형, MN형
㉢ 최고·최저속도 조속기 : R형, RQ형, RSVD형
㉣ 전속도 조속기 : MZ형, MN형, RSV형

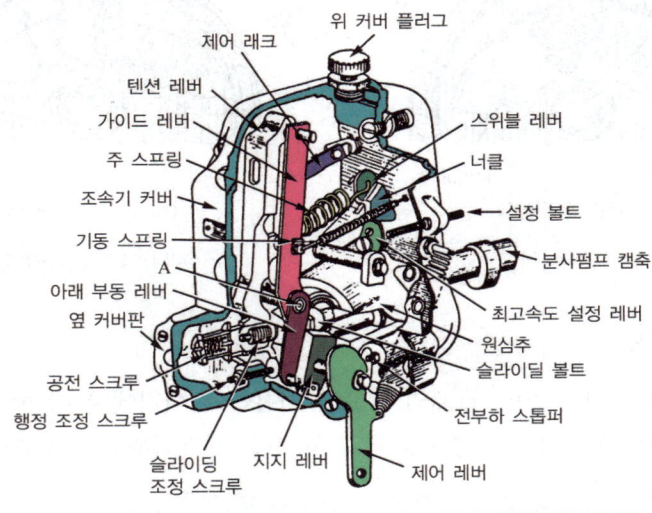

그림 1-120 / 기계식 조속기의 구조

제5장_디젤 기관 **123**

⑧ **분사량 불균율** : 각 실린더마다 분사량의 차이가 생기면 폭발 압력의 차이가 발생하여 진동을 일으킨다. 불균율 허용 범위는 전부하 운전에서는 ±3[%], 무부하 운전에서는 10~15[%]이다. 분사량의 불균율은 다음의 공식으로 산출한다.

$$(+)불균율 = \frac{최대 분사량 - 평균 분사량}{평균 분사량} \times 100[\%]$$

$$(-)불균율 = \frac{평균 분사량 - 최소 분사량}{평균 분사량} \times 100[\%]$$

⑨ **타이머(timer)** : 엔진의 회전속도 및 부하에 따라 분사시기를 조정하는 장치이다.

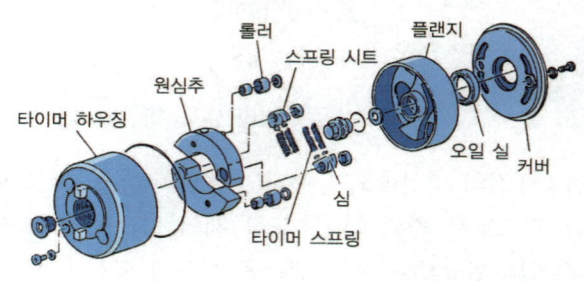

그림 1-121 / **타이머의 분해도**

엔진 회전속도가 상승하면 원심추에 작용하는 원심력이 커져 타이머 스프링이 압축하고, 이에 따라 펌프 캠축이 회전 반대방향으로 회전되어 분사시기를 빠르게 해 준다.

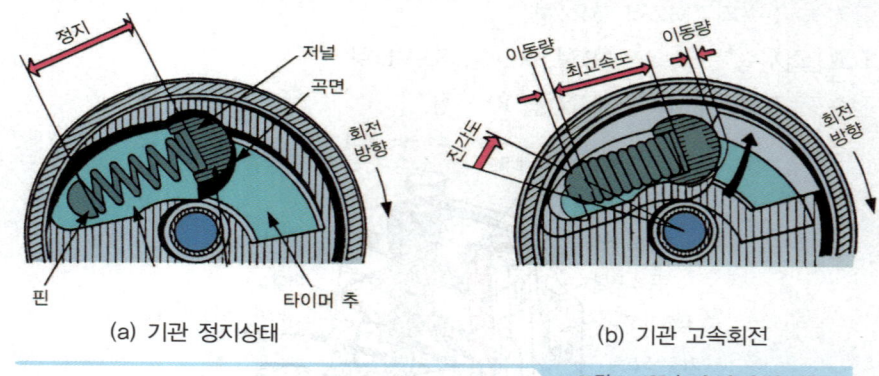

그림 1-122 / **타이머의 작동**

4) 분배식 분사펌프

엔진의 실린더 수에 관계없이 한 개의 펌프를 사용하며 여기에 분배 밸브를 조합하여 각 실린더에 고압의 연료를 분배하는 것으로서 소형 고속 디젤기관에 사용한다.

① **연료 탱크** : 연료 탱크의 연료는 연료 공급펌프(피드펌프)에 의해 끌어 올려져 물 분리기와 연료 필터를 거쳐 분사펌프로 공급된다.

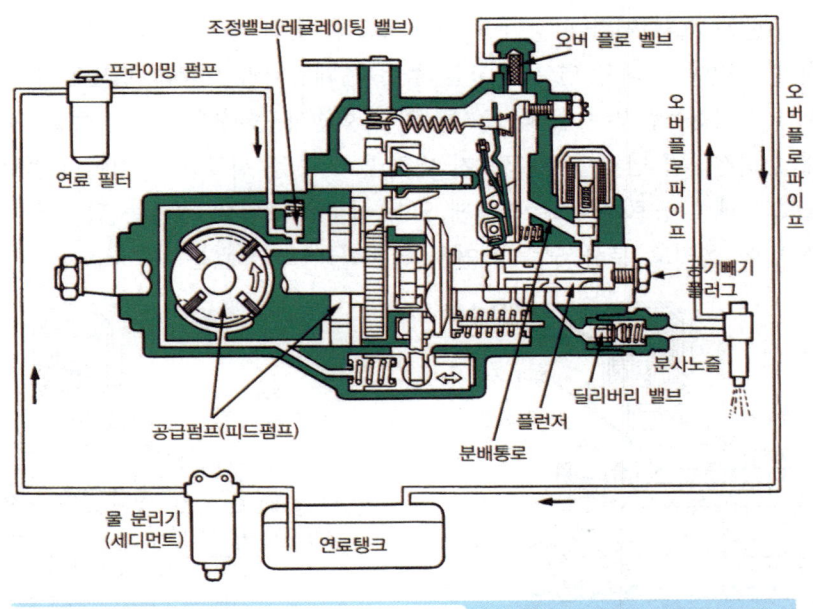

그림 1-123 / **연료 공급 경로**

② **공급펌프(feed pump)** : 펌프 하우징에 내장되어 있는 베인형 공급펌프로 연료를 탱크로부터 연료를 빨아올려 펌프실 내로 압송한다.

③ **플런저의 기능** : 연료의 압송은 플런저의 왕복 운동에 의해 실행되고, 분배는 각각의 분사 실린더에서 플런저 가운데 있는 분배기 슬릿(slit)에 의해 실행된다.

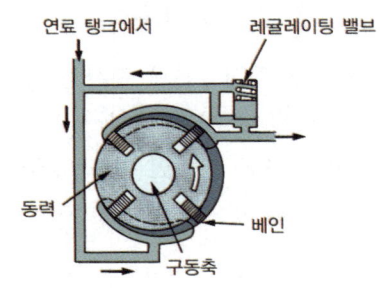

그림 1-124 / **연료 공급펌프의 작동**

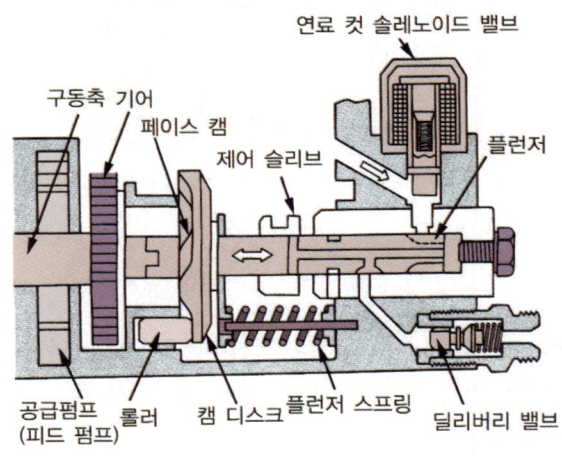

제5장_디젤 기관 **125**

㉠ 흡입 행정 : 플런저가 하강하면 흡입 포트와 흡입 슬릿이 겹쳐지는 부분에 공급펌프에서 압력이 가해진 연료가 고압 플런저 체임버와 내부로 흡입된다.

㉡ 분사 행정 : 플런저는 캠 디스크에 의해 회전과 동시에 왕복 운동을 한다. 플런저가 계속 회전하면 먼저 흡입 포트가 닫히며, 압축을 시작한다. 이어서 플런저의 분배기 슬릿과 배출 통로가 서로 겹치게 되어 압축된 고압의 연료는 딜리버리 밸브 스프링을 밀어 올리고 분사 노즐을 거쳐 엔진의 연소실에 분사된다.

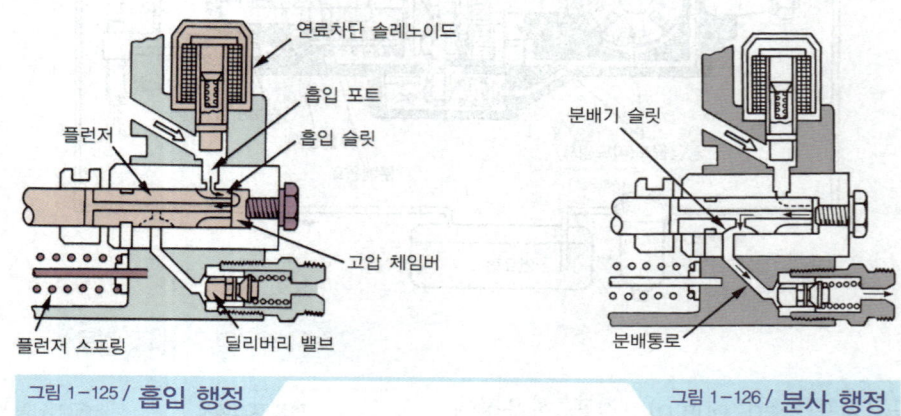

그림 1-125 / **흡입 행정**   그림 1-126 / **분사 행정**

④ 분사량 제어 : 연료 분사량의 증감은 제어 슬리브를 미끄럼 운동시켜 실행한다. 왼쪽으로 제어 슬리브를 이동시키면 유효 행정이 작아지고 분사량은 감소한다. 반대로 오른쪽으로 이동시키면 유효 행정이 커지며, 분사량은 증가한다.

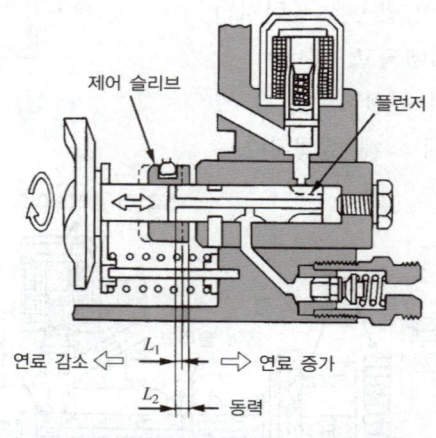

그림 1-127 / **플런저의 유효행정**

⑤ 조속기(governor, 거버너) : 조속기는 원심추를 이용한 원심력식 조속기(기계식 조속기)이며, VE형 분사 펌프의 조속기는 전속도 조속기이며 조속기 스프링 장력에 의해 제어 회전속도가 결정된다.

㉠ 엔진을 시동할 때 : 엔진이 정지하고 있을 때 시동 레버는 시동 스프링에 의해 조속기 슬리브를 밀고 있다. 이 조속기 레버 결합체의 공통 축인 M_2를 지지점으로 하여 제어 슬리브는 오른쪽 즉, 최대 분사량 쪽으로 밀려나므로 엔진을 시동할 때 연료 증가가 쉽게 얻어진다.

㉡ 엔진이 공전할 때 : 엔진이 시동되면 제어 레버가 공전 위치까지 되돌아오며, 원심추의 원심력과 시동 스프링 및 공전 스프링의 장력이 평형을 이루는 위치에서 원활한 공전이 이루어진다.

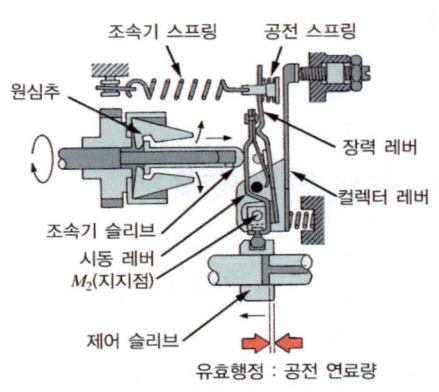
그림 1-128 / 엔진을 시동할 때 조속기의 작동

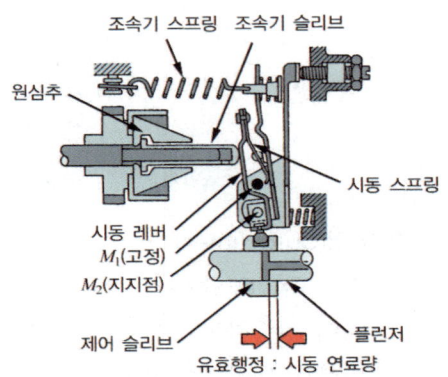
그림 1-129 / 엔진이 공전할 때 조속기의 작동

㉢ 전부하시 상태에서 최고 속도로 회전할 때 : 원심추의 원심력과 조속기 스프링의 장력이 균형을 이루는 위치까지 회전속도가 상승하여 전부하 최고 회전속도에 도달하며, 제어 슬리브를 오른쪽으로 이동시켜 연료를 증가시키는 결과가 된다.

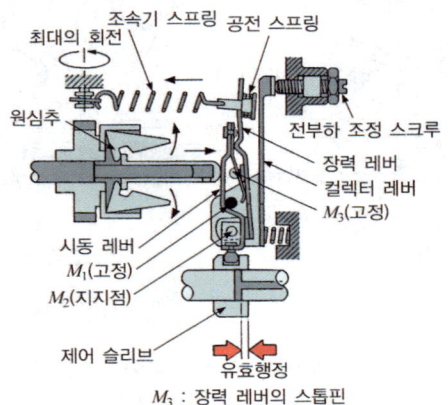
그림 1-130 / 전부하 최고 속도로 회전할 때 조속기의 작동

㉣ 무부하 상태에서 최고 속도로 회전할 때 : 엔진의 회전속도가 전부하 최고 회전속도보다 더욱 더 상승하면 원심추의 원심력도 증가하여 장력 레버를 잡아당기고 있는

조속기 스프링의 장력을 원심추가 이겨내고 장력 제어 슬리브를 왼쪽으로 이동시켜 분사량을 감소시키고 엔진의 회전속도 상승을 방지한다.

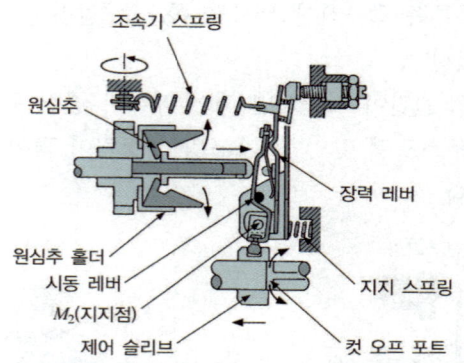

그림 1-131 / **무부하 최고 속도로 회전할 때 조속기의 작동**

⑥ 타이머(auto timer)

  ㉠ 속도 타이머(speed timer) : 분사 펌프의 회전속도가 상승하면 공급 펌프의 송유 압력이 상승하고, 타이머 피스톤이 타이머 스프링의 장력을 이기면서 구동축과 직각 방향으로 이동하며, 이 작동은 타이머 피스톤을 거쳐 원통형 롤러 홀더를 구동축의 회전 방향과 반대 방향으로 회전시켜 분사시기를 빠르게 한다.

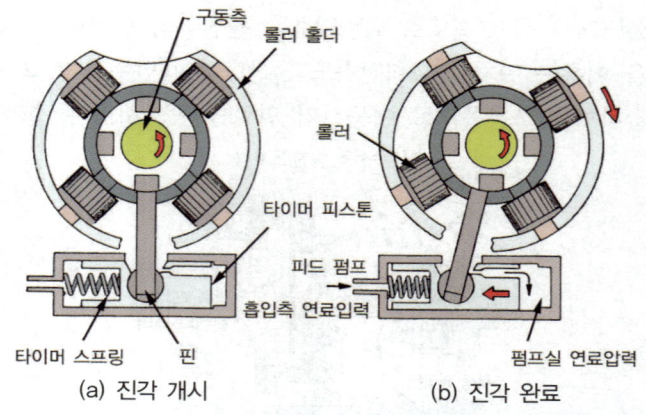

그림 1-132 / **자동 타이머의 작동**

  ㉡ 부하 타이머(road timer) : 엔진의 회전속도가 상승하면 조속기 슬리브가 오른쪽으로 이동하여 조속기 축의 포트와 조속기 슬리브 포트가 일치하여 캠 실내의 압력은 저압 쪽으로 유출되어 낮아진다. 이 작용에 의해 타이머 피스톤은 스프링 장력에 의해 피스톤은 제자리로 되돌아온다.

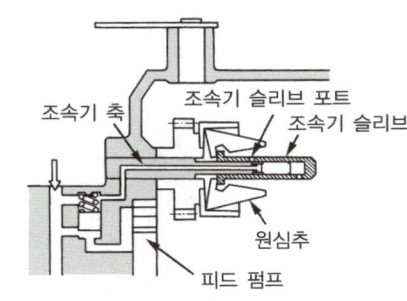

그림 1-133 / **부하 타이머의 작동**

⑦ **연료 공급 차단 장치** : 시동 스위치를 ON, OFF함에 따라 솔레노이드 밸브에 의해 흡입 포트로 통하는 연료 통로를 개방하거나 차단한다.

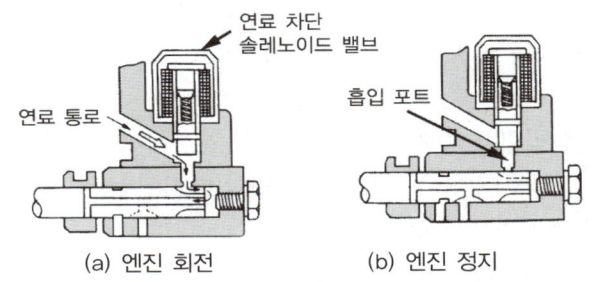

그림 1-134 / **연료 공급 차단 장치**

5) 분사 노즐

연료 펌프로부터 송출되어온 연료를 연소실에 분사하는 장치이다.

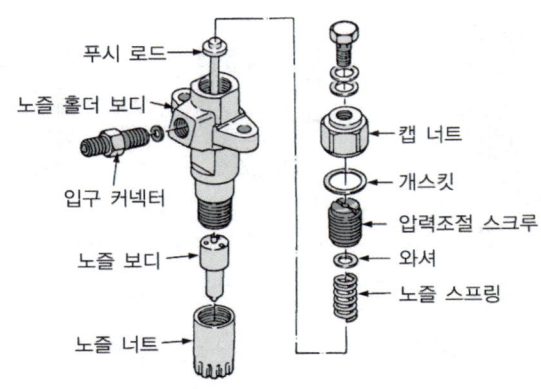

그림 1-135 / **분사노즐의 분해도**

제5장_디젤 기관 129

① 분사 노즐의 구비조건
  ㉠ 무화가 좋을 것.
  ㉡ 관통도가 있을 것.
  ㉢ 분포가 좋을 것.
  ㉣ 후적이 일어나지 않을 것(시동불능 원인).
② 분사 노즐의 종류
  ㉠ 개방형 노즐 : 노즐 끝에 밸브 없이 항상 열려있는 노즐로서 연료분사가 완료되었을 때 연료가 조금씩 흘러나와 엔진 회전수에 약간의 변동을 일으키는 결점이 있으므로, 현재는 거의 사용하지 않는다.
  ㉡ 밀폐형(폐지형) 노즐 : 노즐에 니들 밸브가 스프링으로 밀착되어 있고, 연료의 압력이 높아지면 니들 밸브의 면에 작용하는 압력으로 밸브가 자동적으로 열려 연료가 분사된다. 종류로는 구멍형 노즐, 핀틀형 노즐, 스로틀형 노즐 등이 있다.
③ 구멍형 노즐
  ㉠ 구멍형 노즐 : 단공형 노즐과 다공형 노즐로 분류하며 단공형은 분공이 1개, 다공형은 분공이 2~10개 이다. 분사압력은 150~300[kg$_f$/cm^2], 단공형의 분사각도는 4~5°, 다공형의 분사각도는 90~120° 이다.
  ㉡ 구멍형 노즐의 장·단점

장점	단점
분사공의 지름이 작고 분사 압력이 높아 무화가 양호하여 기관 시동이 쉽고 연료 소비량이 적다.	분사압력이 높으므로 각 연결부에서 연료가 새기 쉽고 수명이 짧으며 분공이 작기 때문에 막힐 염려가 있다.

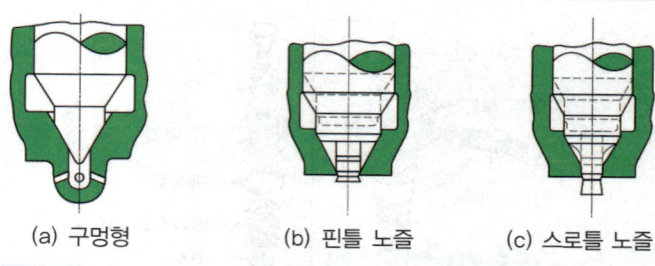

(a) 구멍형   (b) 핀틀 노즐   (c) 스로틀 노즐

그림 1-136 / 밀폐형 노즐의 종류

④ 핀틀형 노즐 : 니들 밸브의 끝이 니들 밸브 보디보다 약간 노출되어 있어서 밸브가 연료의 압력에 의하여 밀려 올라가서 열리면 그 틈새에서 연료가 분출된다. 따라서 분사 개시 압력이 낮아도 분무의 입자가 작아진다. 디젤기관의 예연소실식과 와류실식에서 사용하며, 분공의 지름이 1~2[mm] 정도, 분사각은 4~5°, 분사 개시압력은 100~120[kg$_f$/cm^2] 이다.

㉠ 핀틀형 노즐의 장·단점

장점	단점
분공의 지름이 비교적 크며 연료가 링 모양의 구멍으로부터 분사되므로 무화상태가 양호하다. 또한 분공이 작동중 니들 밸브의 앞끝의 핀에 의해 청소가 되기 때문에 막히는 일이 없으며 비교적 구조가 간단하고 고장도 적다.	다공식 노즐에 비해 분무상태가 나쁘며 연료소비량이 많다.

⑤ **스로틀형 노즐** : 핀틀형 노즐을 개량하여 노크 방지를 고려한 것이다. 핀틀형 노즐에 비하여 니들 밸브의 끝이 길고 2단으로 되어 있으며 끝이 나팔모양을 하고 있다. 분사 초기는 니들 밸브와 시트와의 틈새가 작고 분무가 교축되어 소량의 연료만이 분사 착화되므로 노크의 발생이 적고 착화후에는 다량의 연료가 분사된다. 분사각도는 45 ~ 60° 정도이며 분사개시 압력은 100 ~ 140[kgf/cm²] 이다.

3. 예열 장치

1) 예열플러그(pre-heater plug) 식

냉각상태의 디젤기관은 시동이 어렵게 된다. 그러므로 냉각상태의 디젤기관에서는 연소실 내의 공기를 추가적으로 가열하여 연료의 자기착화를 용이하게 하는 방법을 이용한다. 이와 같은 목적으로 설치된 장치를 예열 장치(pre-heater system)라 한다.

① **코일형 예열플러그** : 흡입공기 통로에 히트 코일이 노출되어 있기 때문에 예열 시간이 짧고, 코일 자체로 형상이 유지되어야 하므로 열선이 굵어 예열플러그 하나의 저항은 작게 되어 히트 코일은 직렬로 연결된다. 그래도 전제 저항이 작아 회로 내에 예열플러그 저항을 둔다.

② **실드형 예열플러그** : 히트 코일이 보호 금속 튜브 속에 있으며, 여러 개가 병렬로 연결되어 있어 어느 하나가 단선되어도 다른 것은 작용한다. 전류가 흐르면 튜브 전체가 적열되어 예열되며, 가느다란 열선으로 되어 자체 저항이 커서 예열플러그 저항이 필요없다.

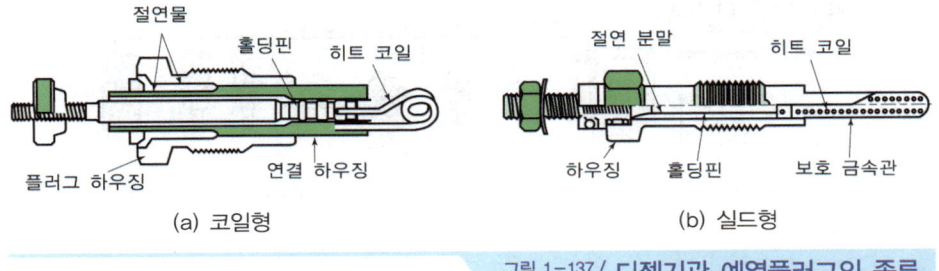

(a) 코일형 (b) 실드형

그림 1-137 / 디젤기관 예열플러그의 종류

2) 흡기가열식

공기가 실린더에 흡입될 때 흡기 통로에서 가열하는 방식이며, 흡기 히터와 히터 레인지 등이 있다. 직접분사실식은 예열플러그를 설치할 곳이 없기 때문에 흡기다기관에 히터를 설치한다.

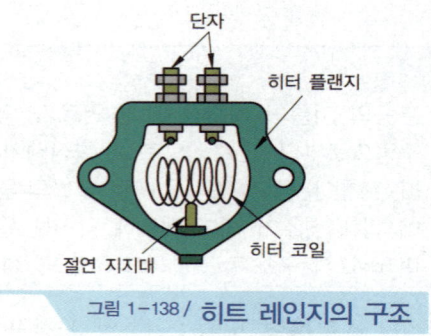

그림 1-138 / **히트 레인지의 구조**

제2절 / CRDI 디젤기관

1_ CRDI 연료 장치

커먼 레일식은 연료의 압력 발생이 커먼 레일 분사 시스템에서 분리되어 있으며, 연료의 분사 압력은 엔진의 회전속도와 분사되는 연료량에 독립적으로 생성된다. 연료의 분사량과 분사시기는 ECU에 의해 계산되어 분사 유닛을 경유하여 인젝터 솔레노이드 밸브를 통하여 각 실린더에 분사된다.

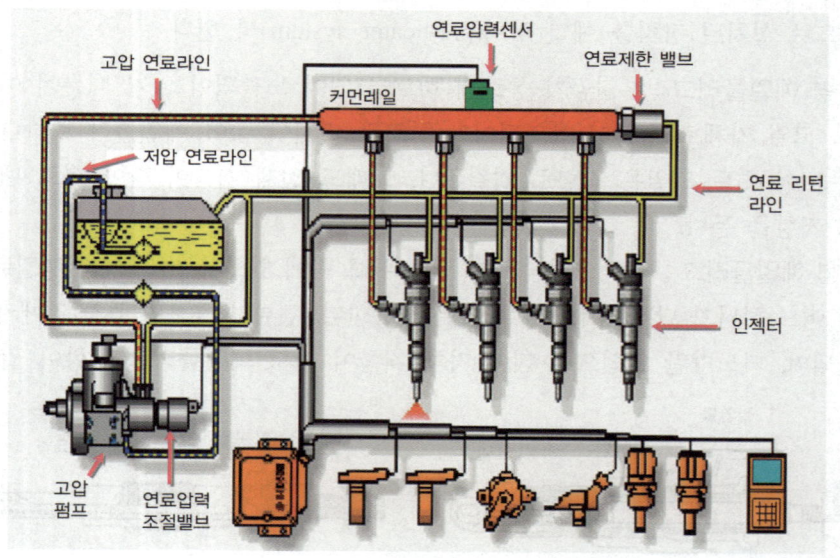

그림 1-139 / **CRDI 연료 라인 시스템**

1. 연료 시스템 구성요소

1) 저압 연료펌프

기계식 또는 전기식으로 고압펌프에 연료를 압송(6.5 ~ 8.5[bar])한다.

2) 연료필터

연료의 오염 물질을 여과한다.

3) 고압펌프

엔진의 캠축에 의해 구동되며, 저압펌프에서 공급된 연료를 고압으로 형성하여 커먼 레일(어큐뮬레이터)에 송출한다. 최고 압력은 1,420[bar]이고 설정 압력은 1,350[bar]이다.

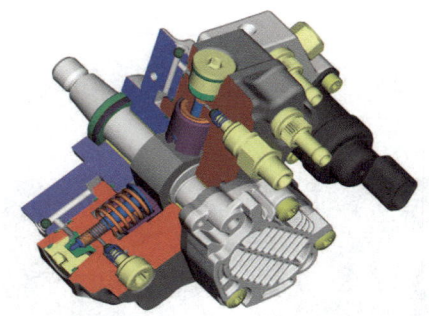

그림 1-140 / **고압펌프**

4) 커먼레일(어큐뮬레이터)

고압펌프에서 공급된 연료가 축압·저장된다.

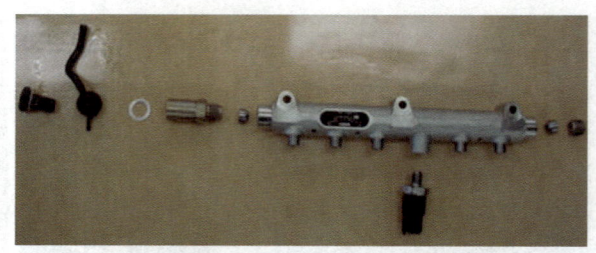

그림 1-141 / 커먼레일장치의 연료압력 제한밸브 분해도

5) 인젝터

엔진 ECU에 의해 제어되며, 고압의 연료를 연소실에 분사한다.

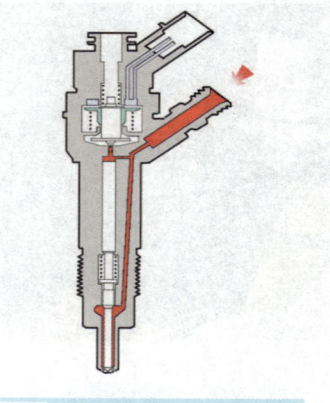

그림 1-142 / 인젝터

2. E.C.U 입력 요소

1) 레일 압력 센서(RPS)

피에조 압전 소자로 커먼 레일의 연료 압력을 측정하며, 연료량 및 분사시기를 조정하는 신호로 이용된다.

2) 에어플로 센서(AFS)

핫 필름방식으로 기능은 EGR 피드백 컨트롤 제어와 스모그 리밋 부스트(smog limit booster) 압력 컨트롤 제어용으로 사용된다.

3) 흡기온도 센서(ATS)

부특성 서미스터로 연료 분사량, 분사시기, 시동시 연료량 제어 등에 보정 신호로 사용된다.

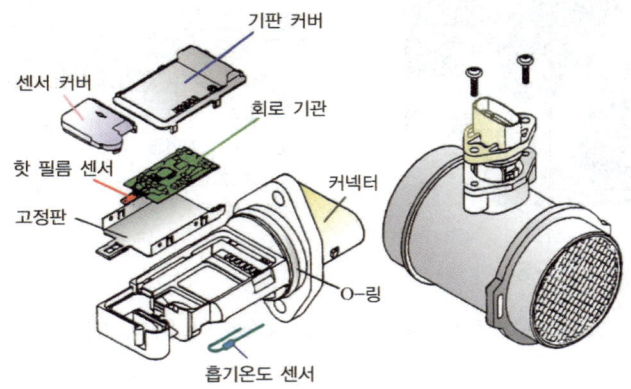

4) 액셀러레이터 포지션 센서(APS) 1, 2

센서 1은 주 센서로 연료 분사량과 분사시기를 결정하는 신호로 이용되며, 센서 2는 센서 1을 검사하는 센서로 차량의 급출발을 방지하기 위한 센서이다.

5) 연료 온도 센서(FTS)

부특성 서미스터로 연료 온도에 따른 연료 분사량의 보정 신호로 이용된다.

6) 냉각수온 센서(WTS)

냉각수온의 변화에 따라 연료량을 보정하는 신호로 이용되며, 열간시에는 냉각팬 제어 신호로 이용된다.

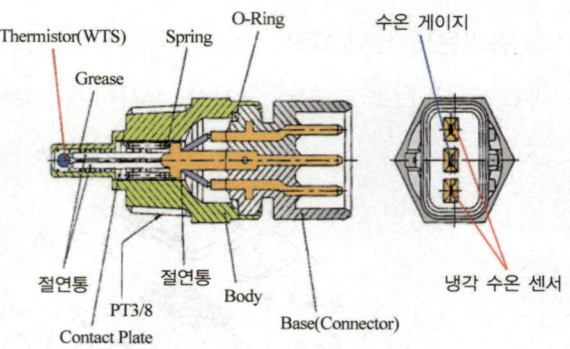

7) 크랭크 포지션 센서(CPS)

마그네틱 인덕티브 방식으로 크랭크축의 각도, 피스톤의 위치, 엔진 회전수 등을 검출하며, 피스톤의 위치는 연료 분사시기를 결정한다. 고장시 엔진을 정지시킨다.

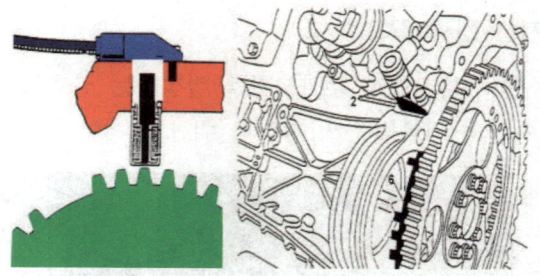

8) 캠 포지션 센서

홀 센서 방식으로 1번 실린더 압축 상사점을 검출하여 연료 분사순서를 결정한다. 고장시 엔진은 구동될 수 있다.

9) 차속 센서

타코미터 차속 표시용 신호, 공회전 보정 듀티 범위 제한, 냉각 팬 제어, 최대 차속 초과시 연료 분사 중지, 차량 울렁거림 제어, 트랙션 컨트롤 제어시에 이용된다.

10) 노크 센서

엔진의 이상 연소 유무를 파악하여 엔진의 진동을 감지한다. 아이들 안정성 제어 및 인젝터 손상 여부를 파악하여 경고등을 점등시키며, 센서 고장시 엔진회전수, 공기량, 냉각수온 등 MAP 값에 따라 점화시기를 보정한다.

11) 대기압 센서(BPS)

ECU 내에 설치되어 있으며, 대기압에 따라 분사시기 설정 및 연료 분사량을 보정하며, EGR 금지 등을 결정한다.

12) 기타 스위치

① **클러치 스위치 신호** : 접점식 스위치로 정속 해제시와 스모그 컨트롤시에 필요한 기어 단수의 인식에 사용되며, 충격 감소 보정용으로도 사용된다.

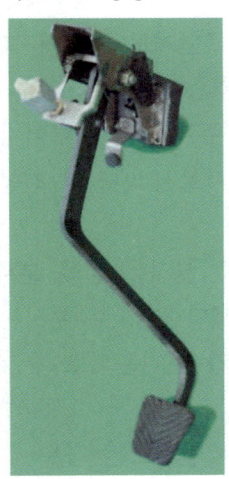

② **에어컨 스위치 신호** : 에어컨 작동시 엔진 회전수의 저하 방지를 위해 연료 분사량 보정 신호로 이용된다.

③ **블로워 모터 스위치** : 전기 부하에 따른 엔진 회전수의 저하를 방지하기 위해 연료 분사량을 보정하는 신호로 이용된다.

④ **에어컨 압력 스위치** : 로·하이 스위치 신호는 에어컨 라인에 냉매 유무 및 막힘 유무를 판단하여 에어컨 콤프레서를 작동시키는 신호로 이용되며, 미들 스위치 신호는 에어컨 라인에 $15[kg_f/cm^2]$ 이상의 압력이 발생되면 냉각팬을 구동시키는 신호로 이용된다.

⑤ 이중 브레이크 스위치 신호 : 액셀러레이터 포지션 센서의 고장 여부를 판단하는 신호로 이용된다.

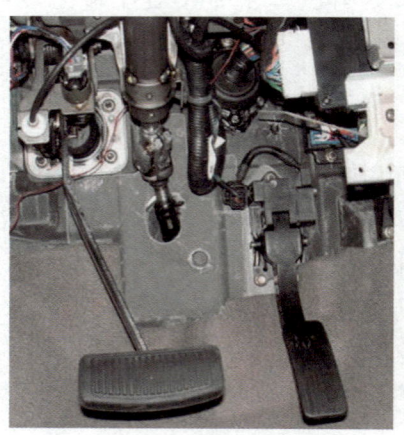

3. E.C.U 출력 요소

1) 인젝터

① **역할** : ECU의 신호를 받아 커먼 레일에서 공급되는 연료를 연소실에 분사시킨다. 연료 분사는 점화 분사와 주 분사의 2단계로 이루어지며, 연료의 압력과 연료의 온도에 따라 분사량과 분사시기가 보정된다.

  ㉠ 점화 분사(pilot injection) : 주 분사가 이루어지기 전에 연료를 분사하여 연소가 잘 이루어지도록 하기 위한 분사로서 엔진의 진동과 소음을 감소시키기 위한 목적을 두고 있다.

  ㉡ 주 분사(main injection) : 주 분사는 점화 분사가 실행되었는 지 고려하여 연료량을 계산하며, 엔진 출력에 해당한다. 주 분사는 엔진 토크량, 엔진 회전수, 냉각수온, 흡기온도, 대기압 등의 값을 기준으로 주 분사 연료량을 계산한다.

② **점화 분사가 중지되는 조건**

  ㉠ 점화 분사가 주 분사를 너무 앞지르는 경우
  ㉡ 엔진 회전수가 3200[rpm] 이상인 경우
  ㉢ 연료 분사량이 너무 적은 경우
  ㉣ 주 분사량이 충분하지 않은 경우
  ㉤ 연료 압력이 최소값(100[bar]) 이하인 경우
  ㉥ 엔진 중단에 오류가 발생한 경우

2) 커먼 레일 압력 조절밸브(DRV)

ECU의 제어 신호에 의해 엔진의 회전속도 및 부하에 따라 설정 압력에 맞게 연료 압력을 조절하며 솔레노이드 밸브를 작동시켜 듀티 제어한다. 연료 압력 조절 밸브 고장시 엔진을 비상 정지시킨다.

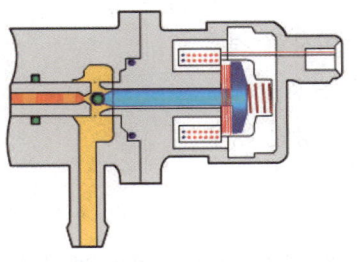

그림 1-143 / 압력 조절밸브 내부 구조

3) 유해 배출가스 재순환 장치

① EGR 밸브 : NOx의 배출을 저감시키기 위한 밸브이다.

② EGR 솔레노이드 밸브 : ECU에서 계산된 값을 PWM 방식으로 제어하며, EGR 작동 시간은 부하 감소를 위하여 엔진의 rpm을 제어한다.

③ EGR 작동 중지 조건
　㉠ 엔진 공회전시(1000[rpm] 이하 52초 이상)
　㉡ 에어플로 센서 고장시
　㉢ EGR 밸브 고장시
　㉣ 냉각수온이 15[℃] 이하 또는 100[℃] 이상인 경우
　㉤ 배터리 전압이 8.9[V] 이하인 경우
　㉥ 해발 1,000[m] 이상인 경우
　㉦ 흡입 공기온도 60[℃] 이상인 경우

4) 예열 장치

냉시동시 시동이 원활히 되도록 하기 위한 장치로 배기가스와 관계가 있으며, 예열장치는 냉각수온과 엔진 rpm에 의해 제어된다.

① PRE GLOW : 시동 준비 글로우 동작 시간으로, PRE GLOW 종료 시까지 시동을 하지 않는 경우 16초간 작동한다.
② START GLOW : 수온 60[℃] 이하인 경우 매번 실시하며, 시동모드 해제 시까지 15초 내로 작동한다.
③ POST GLOW : 냉각수온(70[℃] 이하)에 따라 POST GLOW 시간이 결정되며, 시동 후 2,500rpm 이하이고 연료량 75[cc] 이하인 경우 단 1회만 실시한다.

5) 프리 히터

프리 히터란 냉각수 라인내에 설치되어 외기온도가 낮을 경우 일정시간 동안 작동시켜 히터로 유입되는 냉각수의 온도를 높혀 히터의 난방 성능을 향상시키는 장치이다

① **가열플러그 방식** : 추운 날씨에 전류에 의한 발열로 냉각수를 가열하여 실내 히터 열교환기로 보내는 장치로, 냉각수 라인에 3개의 글로우 플러그가 직접 설치되며, 엔진 ECU는 냉각수온이 65[℃] 이상이 되면 자동으로 프리히터 전원을 OFF시킨다.

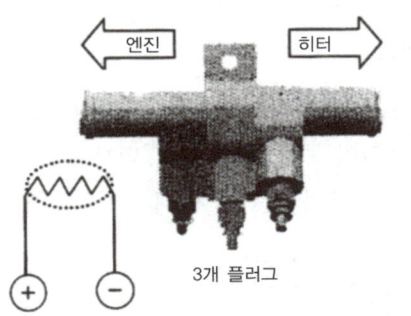

그림 1-144 / **글로 플러그**

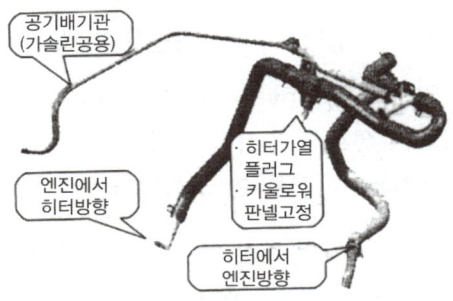

그림 1-145 / **글로 플러그 라인**

② **연소식 프리히터 방식** : 별도의 연소식 히터로 냉각수 라인에 버너를 설치하여 디젤 연료의 연소에 의한 난방장치이다. 플러그 형식보다 난방성능이 우수하며 실내가 넓은 차량에 주로 쓰인다.

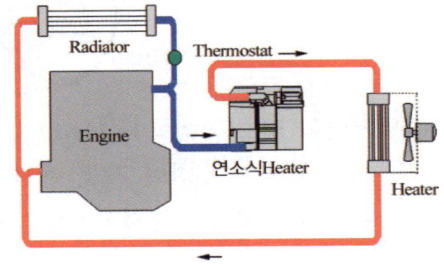

그림 1-146 / **온수 순환도**

2_ 과급기

자연 흡입방식은 기관에 필요한 공기를 배기행정 후 배기밸브가 닫힌 다음, 흡입행정의 피스톤 하강시 내부 부압에 의해 흡입되나 과급기는 공기를 기계적으로 가압하여 실린더에 밀어 넣음으로서 배기량이 동일한 기관에서 많은 양의 공기를 공급할 수 있기 때문에 연료 분사량을 증가시켜 출력을 증대하는 장치이다.

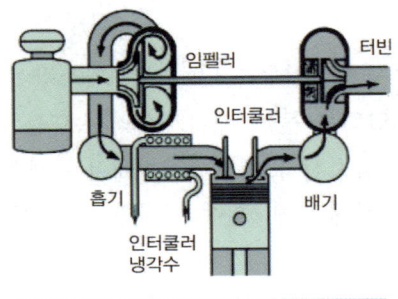

그림 1-147 / **터보 차저**

1. 터보 차저

1) 터보 차저의 종류

터보 차저는 배기가스가 유입되는 터빈 하우징 내부의 유로가 고정형인 일반 터보와 유로를 조절하는 방법에 따른 가변형 터보로 나눌 수 있다.

① **일반터보(conventional turbo)** : 연소실에서 나온 배기가스가 터보의 터빈 휠에 공급되는 통로가 고정된 하나의 통로로 구성된 기본적인 기능만을 가진 터보로, 저속영역에서는 불리하지만 고속영역에서는 효율이 좋고 구조가 간단하며 내구성이 좋다.

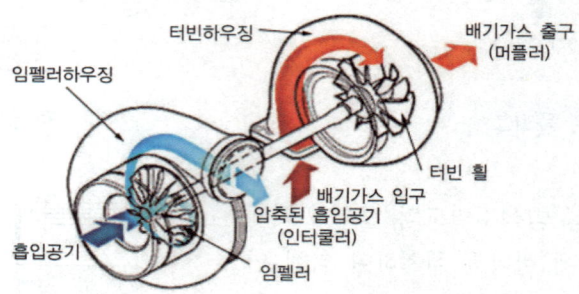

② **가변식 터보(Variable Geometry Turbo)** : 엔진이 회전하는 전 영역에서 최대의 터보 효과를 얻기 위하여 각종 센서와 액츄에이터를 이용하여 터빈 휠로 통하는 배기가스 유로의 단면적을 전자제어적으로 연속 제어하는 터보 시스템을 가변식 터보라고 한다.

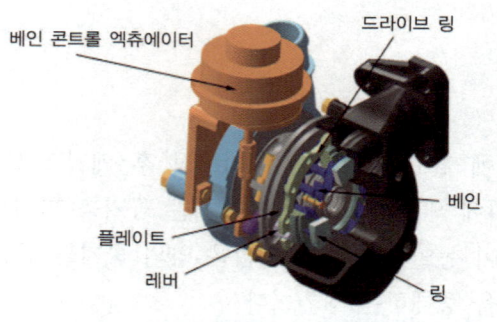

그림 1-148 / **가변식 터보**

㉠ 가변식 터보의 작동 : 엔진회전수가 낮아 배기가스량이 부족한 저속영역에서는 유로를 최대한 좁혀 배기압력을 높여 배기가스의 속도를 증가시켜 터보의 약점인 저속 토크부족과 터보랙을 감소시키고 고속영역에서는 엔진회전수가 증가할수록 유로를 넓혀 배기가스가 충분하게 터빈 휠에 도달할 수 있도록 한다.

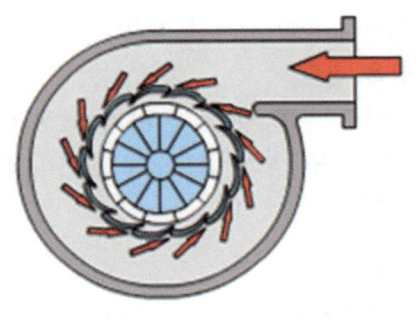
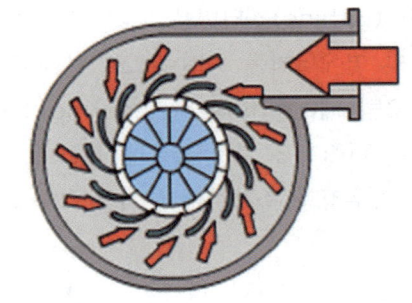

그림 1-149 / 저속 저부하시   그림 1-150 / 고속 고부하시

2) 터보 차저의 구성

터보차저는 배기가스의 압력에 의해서 고속으로 회전되어 공기에 압력을 가하는 임펠러(impeller), 배기가스의 열에너지를 회전력으로 변환시키는 터빈(turbine), 터빈축(tur bine shaft)을 지지하는 플로팅 베어링(floating bearing), 과급 압력이 규정 이상으로 상승되는 것을 방지하는 과급 압력조절기, 과급된 공기를 냉각시키는 인터쿨러(inter cooler) 등으로 구성되어 있다.

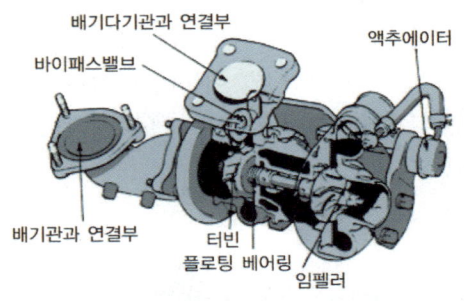

그림 1-151 / 터보차저의 구조

① **임펠러(impeller)** : 흡입 쪽에 설치된 날개이며, 공기에 압력을 가하여 실린더로 보내는 역할을 한다.

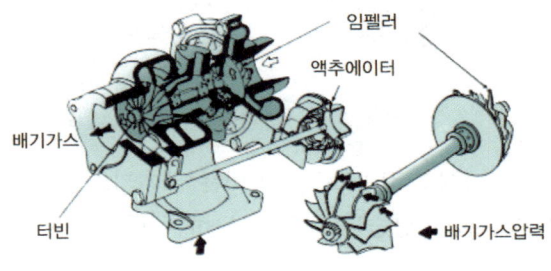

그림 1-152 / 과급기의 구조

② 터빈(turbine) : 터빈은 배기쪽에 설치된 날개이며, 배기가스의 압력에 의하여 배기가스의 열에너지를 회전력으로 변환시키는 역할을 한다.

③ 플로팅 베어링(floating bearing) : 플로팅 베어링은 10,000~15,000rpm 정도로 회전하는 터빈축을 지지하는 베어링으로 기관으로부터 공급되는 윤활유로 충분히 윤활되므로 하우징과 축사이에서 자유롭게 회전할 수 있다.

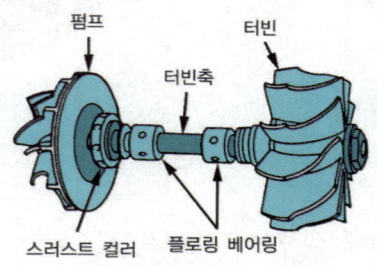

그림 1-153 / 플로팅 베어링

④ 과급 압력조절기(waste gate valve) : 과급 압력조절기는 과급압력이 규정값 이상으로 상승되는 것을 방지하는 역할을 한다. 고속 영역에서 터빈 휠의 회전수가 급격히 상승하면서 터빈실의 압력도 올라가고 배압이 증가하면서 펌핑 로스도 증가하여 터보 효율이 낮아지므로 높아진 터빈실의 압력을 낮추기 위하여 터빈 휠을 사이에 두고 터빈 휠 전 터빈실의 높은 압력을 터빈 휠 이후의 배기관 쪽으로 바이패스 시키는 압력 조절밸브를 사용하는데 이 압력 조절밸브를 웨스트게이트 밸브라고 한다.

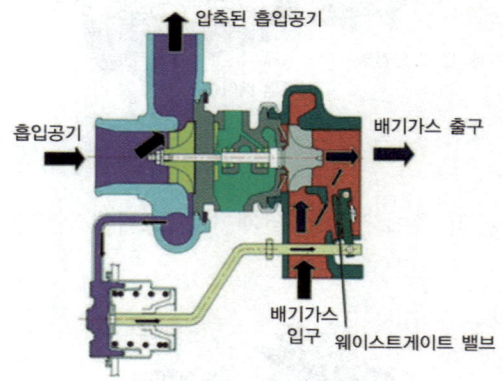

그림 1-154 / 웨이스트 게이트 밸브

㉠ 배기가스 바이패스 방식 : 터빈으로 유입되는 배기가스의 일부를 바이패스시켜 과급 압력이 규정값 이상으로 상승되지 않도록 하는 방식이다.

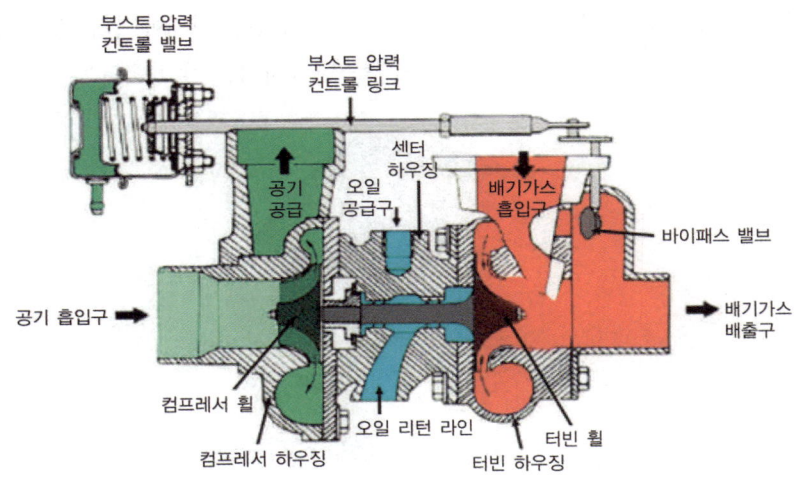

그림 1-155 / **터보차저의 단면도**

ⓒ 흡입되는 공기를 조절하는 방식 : 흡입쪽에 릴리프 밸브(relief valve)를 설치하여 임펠러에 의해서 과급된 흡입공기가 규정값 이상으로 상승하면 릴리프 밸브가 열려 과급 공기를 대기 중으로 배출시켜 과급 압력 자체를 조절하여 실린더로 공급하는 방식이다.

⑤ **인터쿨러(inter cooler)** : 인터쿨러는 임펠러와 흡기다기관 사이에 설치되어 과급된 공기를 냉각시키는 역할을 한다. 임펠러에 의해서 과급된 공기는 온도가 상승함과 동시에 공기밀도의 증대 비율이 감소하여 노크를 일으키거나 충전효율이 저하된다. 따라서 이러한 현상을 방지하기 위하여 라디에이터와 비슷한 구조로 설계하여 주행 중에 받는 공기로 냉각시키는 공냉식(air cooled type)과 냉각수를 이용하여 냉각시키는 수냉식(water cooled type)이 있다.

㉠ 공냉식 인터쿨러 : 공랭식 인터쿨러는 주행 중에 받는 공기로서 과급 공기를 냉각시키는 방식으로서 수랭식에 비하여 구조는 간단하지만 냉각효율이 떨어진다. 따라서 주행속도가 빠를수록 냉각효율이 높아진다.

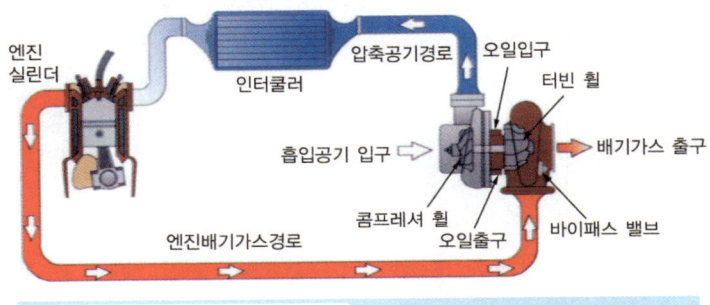

그림 1-156 / **공냉식 인터쿨러**

ⓛ 수냉식 인터쿨러 : 수랭식 인터쿨러는 기관의 냉각용 라디에이터 또는 전용의 라디에이터에 냉각수를 순환시켜 과급 공기를 냉각시키는 방식이다.

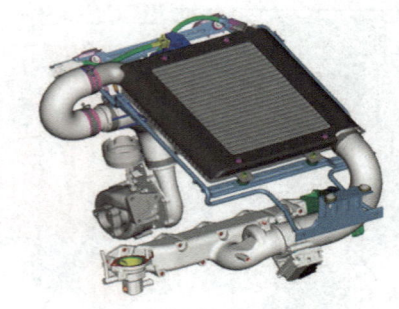

그림 1-157 / 수냉식 인터쿨러

2. 슈퍼 차저(super charger)

크랭크축과 벨트로 연결되어 있는 슈퍼 차저용 클러치를 거쳐 2개의 로터(rotor)를 회전시켜 과급하는 방식이며, 전자 클러치의 ON, OFF 작동으로 제어되며 엔진의 부하가 작을 때는 전자 클러치를 OFF시켜서 저·중속 범위에서 엔진의 토크를 증대시켜 준다.

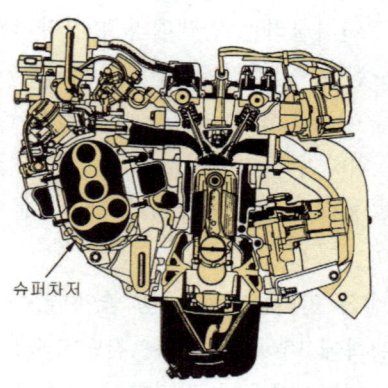

그림 1-158 / 슈퍼차저를 부착한 디젤기관

제5장 디젤 기관 출제예상문제

01 직접분사실식 디젤 기관에 비해 예연소실식 디젤 기관의 장점으로 맞는 것은?
[07년 4회]

① 사용 연료의 변화에 민감하지 않다.
② 시동시 예열이 필요 없다.
③ 출력이 큰 엔진에 적합하다.
④ 연료 소비율이 높다.

풀이 예연소실식의 장·단점
① 연료의 분사압력(100 ~ 120[kg_f/cm^2])이 낮아 연료장치의 고장이 적고, 수명이 길다.
② 사용 연료의 변화에 둔감하므로 연료의 선택이 편리하다.
③ 운전상태가 정숙하고 노크가 적다.
④ 연소실 표면적 대 체적비가 크므로 냉각손실이 크다.
⑤ 예열플러그가 필요하다.
⑥ 연소실의 구조가 복잡하다.
⑦ 연료소비율(200 ~ 250[g/ps-h])이 직접분사식에 비해 크다.

02 다음 중 디젤기관에서 분사노즐의 조건이 아닌 것은?
[08년 1회]

① 폭발력 ② 관통도
③ 무화   ④ 분산도

풀이 연료 분무의 3대 조건 : 무화, 분포, 관통력

03 디젤기관의 직접분사식 연소실 장점이 아닌 것은?
[08년 2회]

① 연소실 표면적이 작기 때문에 열손실이 적고 교축 손실과 와류 손실이 적다.
② 연소가 완만히 진행되므로 기관의 작동 상태가 부드럽다.
③ 실린더 헤드의 구조가 간단하므로 열 변형이 적다.
④ 연소실의 냉각손실이 작기 때문에 한냉지를 제외하고는 냉 시동에도 별도의 보조장치를 필요로 하지 않는다.

풀이 직접분사식 연소실의 장·단점
① 실린더 헤드의 구조가 간단하여 열 변형이 적고 열효율이 높다.
② 엔진의 시동이 쉽고, 연료 소비율이 적다.
③ 연소실 표면적이 작기 때문에 열손실이 적다.
④ 연소실의 냉각손실이 작기 때문에 한냉지를 제외하고는 냉 시동에도 별도의 보조장치를 필요로 하지 않는다.
⑤ 사용 연료에 매우 민감하여 노크 발생이 쉽다.
⑥ 분사압력이 높아 분사펌프와 노즐의 수명이 짧다.

04 다음 중 디젤 인젝션 펌프의 시험 항목이 아닌 것은?
[08년 1회]

① 누설 시험   ② 송출압력 시험
③ 공급압력 시험 ④ 충전량 시험

풀이 디젤 인젝션 펌프 시험항목 : 누설 시험, 송출압력 시험, 공급압력 시험

01 ① 02 ① 03 ② 04 ④

05 핀틀(pintle)형 노즐의 직경이 1[mm]이고, 니들 압력 스프링 장력이 0.8[kgf]이면 노즐의 압력은? [09년 4회]

① 약 72[kgf/cm²] ② 약 82[kgf/cm²]
③ 약 92[kgf/cm²] ④ 약 102[kgf/cm²]

[풀이] 압력 $P = \dfrac{W}{A}$

$\therefore P = \dfrac{0.8}{0.785 \times 0.1^2} = 102[\text{kgf/cm}^2]$

06 자동차용 디젤기관의 분사 펌프에서 분사 초기에는 분사시기를 변경시키고 분사 말기는 일정하게 하는 리드 형식은? [09년 1회]

① 역 리드   ② 양 리드
③ 정 리드   ④ 각 리드

[풀이] 플런저의 리드 방식
① 정 리드 : 분사 초기가 일정하고 분사 말기가 변화
② 역 리드 : 분사 초기가 변화하고 분사 말기가 일정
③ 양 리드 : 분사 초기와 분사 말기가 모두 변화

07 디젤 연료분사 중 파일럿 분사에 대한 설명으로 옳은 것은? [08년 2회]

① 출력은 향상되나 디젤 노크가 생기기 쉽다.
② 주분사 직후에 소량의 연료를 분사하는 것이다.
③ 주분사의 연소를 확실하게 이루어지게 한다.
④ 배기초기에 급격히 실린더 압력을 상승 하도록 한다.

[풀이] 파일럿 분사는 엔진소음 절감 및 주분사의 연소를 확실하게 이루어지게 한다.

08 디젤기관에서 연료 분사량이 부족한 원인의 예를 든 것이다. 적합하지 않은 것은? [07년 1회]

① 딜리버리 밸브의 접촉이 불량하다.
② 분사펌프 플런저가 마멸되어 있다.
③ 딜리버리 밸브 시트가 손상되어 있다.
④ 기관의 회전속도가 낮다.

[풀이] 기관의 회전속도가 낮다고 연료 분사량이 부족해지는 않는다.

09 디젤 엔진의 제어 래크가 동일한 위치에 있어도 일정 속도 범위에서 기관에 필요로 하는 공기와 연료의 비율을 균일하게 유지하는 장치는? [07년 2회]

① 프라이밍 장치
② 원심 장치
③ 앵글라이히 장치
④ 딜리버리 밸브 장치

[풀이] 앵글라이히(angleichen) 장치 : 디젤 분사펌프에서 제어 래크가 동일한 위치에 있어도 일정 속도 범위에서 기관에 필요로 하는 공기와 연료의 비율을 균일하게 유지하는 장치

10 디젤기관의 조속기에서 헌팅(hunting) 상태가 되면 어떠한 현상이 일어나는가? [08년 1회]

① 공전운전 불안정
② 공전속도 정상
③ 중속 불안정
④ 고속 불안정

[풀이] 헌팅(hunting)이란 필요로 하는 속도를 유지 못하고 오르락 내리락 변동되는 것을 말한다.

05 ④ 06 ① 07 ③ 08 ④ 09 ③ 10 ①

11 디젤기관에서 기관의 회전속도나 부하의 변동에 따라 자동으로 분사량을 조절해 주는 장치는? [08년 4회]

① 조속기 ② 딜리버리 밸브
③ 타이머 ④ 첵 밸브

풀이 **조속기**(governor, 거버너) : 기관의 회전속도나 부하 변동에 따라 자동으로 연료 분사량을 조절하여 엔진 속도를 제어하는 장치

12 디젤기관에 과급기를 설치했을 때 얻는 장점 중 잘못 설명한 것은? [08년 4회]

① 동일 배기량에서 출력이 증가한다.
② 연료소비율이 향상된다.
③ 잔류 배출가스를 완전히 배출시킬 수 있다.
④ 연소상태가 좋아지므로 착화지연이 길어진다.

풀이 연소상태가 좋아지므로 착화지연이 짧아진다. 착화지연이 길어지면 노크가 발생된다.

ANSWER 11 ① 12 ④

06 흡·배기장치

제1절 흡기 장치

1_ 자연 흡기 시스템

1. 개요

흡기장치(intake system)는 흡입하는 공기 속에 들어 있는 먼지 등을 제거하는 공기 청정기와 각 실린더에 혼합기를 분배하는 흡기 매니폴드로 구성되어 있다.

1) 구성

① 공기 청정기(air cleaner) : 공기 청정기(air cleaner)는 기관이 흡입하는 공기속에 들어 있는 먼지를 제거하고 흡기 계통에서 발생하는 흡기 소음을 없애는 역할을 한다.
　공기 청정기는 건식과 습식이 있으며 건식은 종이나 천으로 된 엘리먼트를 사용하며 공기가 엘리먼트를 통과할 때 먼지 등이 제거되어 흡입된다. 습식공기 청정기는 흡입 시 먼저 공기가 유면에 접촉되어 흐름 방향을 바꿀 때 입자가 큰 모래나 먼지가 와류에 의해 오일에 떨어지고 작은 불순물은 오일이 묻어있는 엘리먼트 사이를 빠져나갈 때 여과하도록하여 여과성능이 좋다.

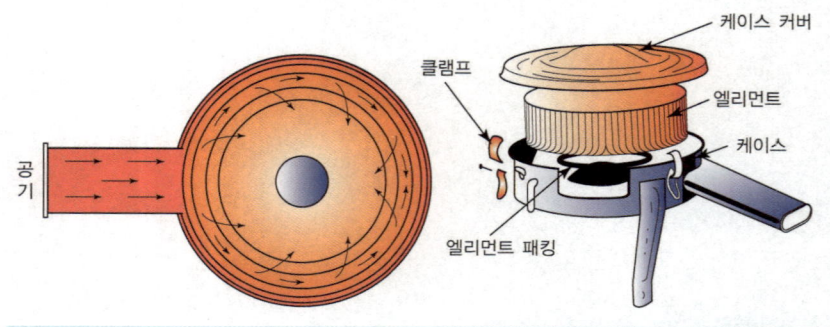

그림 1-159 / 건식 공기 청정기

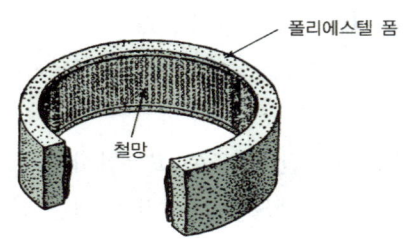
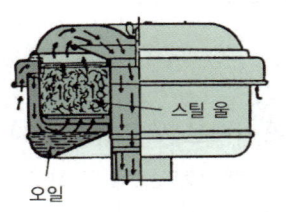

그림 1-160 / **습식용 엘리먼트** 그림 1-161 / **습식 공기 청정기**

② **흡기 매니폴드** : 흡기 매니폴드(intake manifold)는 혼합기의 흐름 저항을 적게하여 각각의 실린더로 균일한 혼합기를 분배하는 역할을 하며 혼합기에 와류를 형성시켜야 한다.

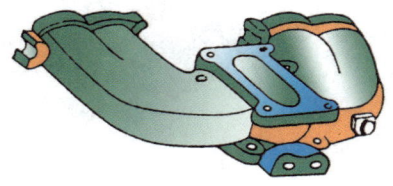

그림 1-162 / **흡입 다기관**

2_ 가변 흡기 제어 장치(VICS : Variable Intake Control System)

가변 흡기 장치를 다른 말로 VIS(Variable Intake System) 라고도 하며, 엔진 회전수와 부하에 따라 흡기다기관의 길이를 변화시켜 전 운전 영역에서 엔진 성능을 향상시키는 시스템이다.

저속에서는 와류를 일으키는 긴 통로를 통해서, 고속에서는 흡기 부압이 걸리지 않도록 짧은 흡입 통로를 통하여 흡입 공기가 유입하도록 한다. ECU는 VICS 솔레노이드 밸브의 진공 부압을 제어하고, VICS 밸브는 엔진의 부하 운전 영역에 따라 엔진 출력을 향상시킨다.

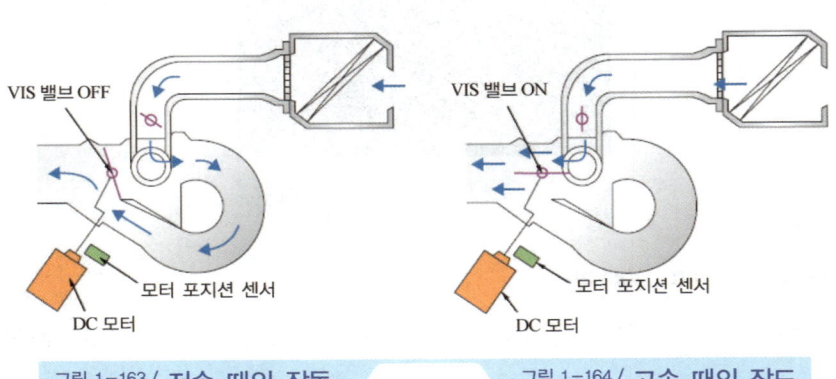

그림 1-163 / **저속 때의 작동** 그림 1-164 / **고속 때의 작도**

3_ CVVT(Continuously Variable Valve Timing) System

1. 개요

작동중인 흡기밸브는 공회전시 지각, 고속 저부하시 진각, 고속 고부하시 지각시켜야 유리하므로 엔진의 캠 샤프트에 장착되어 흡기 캠샤프트의 밸브 개폐시기를 엔진 회전수에 따라 최적화하여 엔진 성능을 향상시켜주는 장치이다.

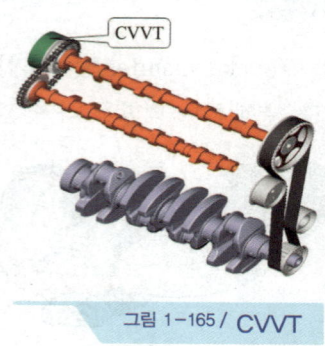

그림 1-165 / CVVT

2. 구성 부품

1) CVVT 플런저

OCV로 부터 유압을 받아 진각, 지각 방향으로 회전 작동한다.

그림 1-166 / CVVT 플런저

2) OCV(Oil-flow Control Valve)

ECU의 제어를 받아 CVVT로 공급되는 유체통로의 방향을 변경시켜주는 부품이다.

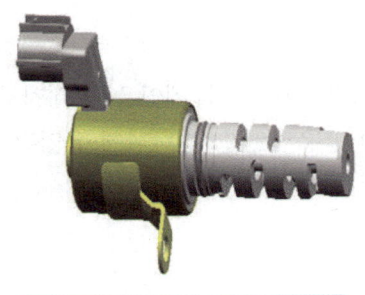

그림 1-167 / OCV

3) OTS(Oil Temperature Sensor)

CVVT의 작동유체는 엔진오일로 엔진오일의 온도에 따라 밀도의 변화가 생기는데 이러한 온도에 따른 변화량을 보상하기 위하여 OTS를 장착하여 OCV에 들어가기 전의 엔진오일의 온도를 측정하여 ECU에 보내면 ECU는 이 온도에 따라 OCV 구동을 보정한다.

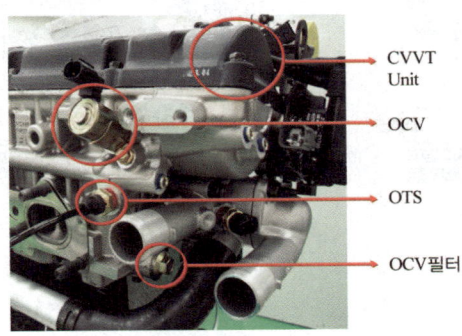

그림 1-168 / OTS 장착 위치

4) OCV 필터

OCV로 유입되는 이물질을 여과하여 오동작을 방지하며, 오염시 에어건 등으로 이물질을 제거하고, 에테르로 세척하여 오일 등을 깨끗이 제거한다.

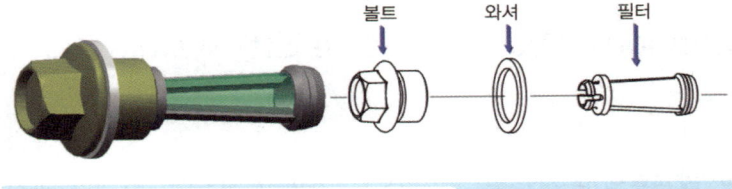

그림 1-169 / OCV 필터

3. CVVT 작동

시동 전 오일이 모두 빠져나간 상태이며 베인은 최대지각 상태로 있다가 시동을 걸면 CVVT 진각실과 지각실로 오일이 유입된다. 진각실에 유입된 오일 압력이 스톱퍼 핀을 이기면 베인이 움직이기 시작한다.

1) 진각시

CPU의 신호에 따라 OCV 스풀이 움직여 진각실로 오일이 유입되고 지각실로부터 오일이 빠져나가서 베인이 진각쪽으로 이동한다.

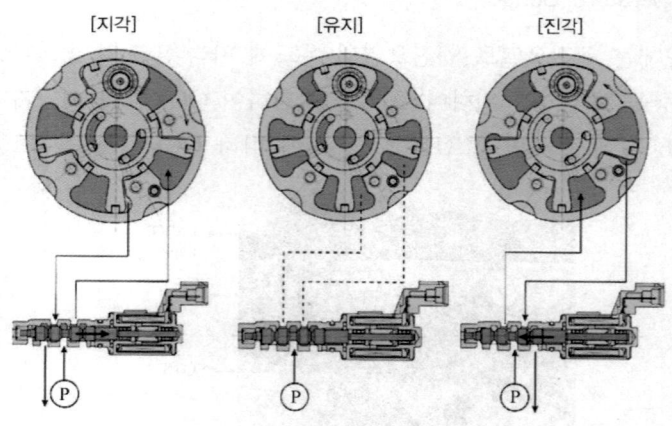

2) 지각시

지각실로 오일이 유입되고 진각실로 오일이 빠져나가서 베인이 지각쪽으로 이동한다.

3) 유지시

오일 누출량 만큼 오일을 보충하여 각도를 유지한다. 이때 OCV의 진각 유로를 조금씩 개구시키며 지각실은 거의 막은 상태가 된다.

4_CVVL(Continuously Variable Valve Lift) System

1. 개요

CVVL은 밸브 리프트의 움직임을 연속적으로 가변 제어하여 흡·배기 과정에서 발생하는 펌핑 손실을 줄여주고 엔진 전영역에서 성능을 향상시키는 가변밸브 리프트 장치이다. CVVT는 밸브의 개폐시기를 조절하지만 CVVL은 밸브의 열림 높이를 조절하여 엔진의 성능을 향상시킨다.

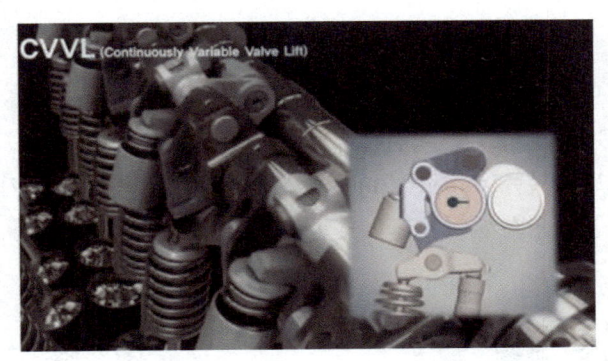

그림 1-170 / CVVL 장치

2. CVVL 효과

1) 엔진 출력 향상
엔진의 모든 운전 영역에서 최적의 밸브 타이밍이 되므로 엔진의 출력을 높일 수 있다

2) 유해 배기가스 저감
중속, 중부하 영역에서 밸브 오버랩을 크게 하면 약간의 배기가스가 흡기쪽으로 이동하여 (내부 EGR) 탄화수소(HC)와 질소산화물(NOx)을 저감할 수 있다.

3) 연비 향상 및 공회전 안정화
공회전에서 밸브 오버랩을 제로(O)로 하여 안정적인 연소로 더 낮은 회전수로 공회전을 유지할 수 있다. 즉, 엔진의 공전 rpm을 낮출 수 있어 연비를 향상시킬 수 있다.

3. 구성부품

① 모터 : DC 모터로 ECM 제어를 받아 좌, 우로 회전하여 웜 휠을 회전시킨다.
② 컨트롤 샤프트 : 모터의 구동에 의해 컨트롤 샤프트의 편심된 캠이 회전하여 CVVL 기구를 작동시킨다.
③ 위치 센서 : 컨트롤 샤프트의 현재 위치를 파악하여 ECM에 피드백 신호를 주어 제어 값이 정상인지 여부를 판단한다.
④ CVVL 기구 : 흡기 캠 샤프트와 링크된 구조로, 로커암의 윗부분을 누르고 있으며 컨트롤 샤프트의 편심 량에 따라 흡기밸브의 열림 량을 조절한다.

4. CVVL 작동

ECM에서 CVVL 모터를 구동하여 편심 캠이 장착된 컨트롤 샤프트를 회전시킨다. 컨트롤 샤프트가 회전하면 CVVL 링크를 회전시키고 CVVL 링크의 회전각에 의해 밸브 리프트가 결정된다. 밸브 리프트 량은 1mm~10.7mm 범위 내에서 연속적으로 가변하며, 저속에서는 리프트를 낮춰 흡입 공기량을 줄이고, 고속 고부하 영역에서는 리프트를 높여 흡입 공기량을 증가시킨다.

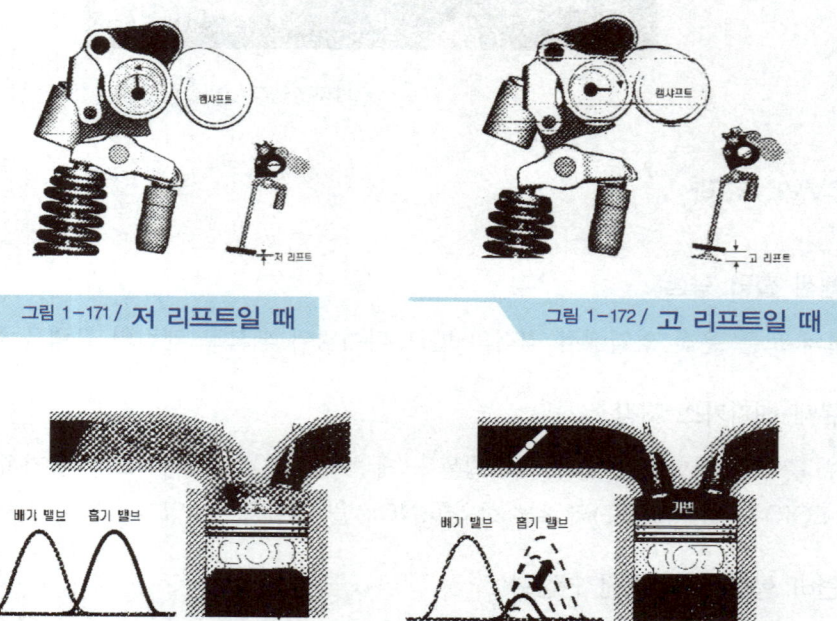

그림 1-171 / 저 리프트일 때

그림 1-172 / 고 리프트일 때

그림 1-173 / CVVL 작동 시 흡기밸브의 열림 량 변화

5_CVVD(Continuously Variable Valve Duration) System

1. 개요

예전의 밸브 작동은 밸브의 열리는 시기(Timing)를 앞뒤로 움직이거나 밸브의 열리는 높이(Lift)를 위아래로 조절할 수 있었으나 밸브가 열려있는 시간(Duration)은 조절할 수 없었다. 이에 반해 CVVD 시스템은 엔진의 상태에 따라 밸브가 열려있는 시간(Duration)을 엔진의 상태에 따라 최적으로 변화시켜 주는 최신 기술이다.

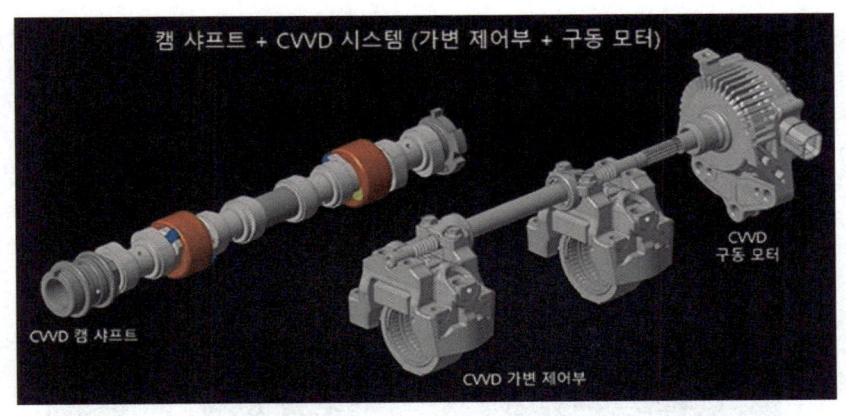

그림 1-174 / **CVVD 구성**

2. 작동 원리

엔진 컴퓨터(ECM)가 주행 상태에 따라 CVVD 구동모터를 최대 6,000rp으로 회전시켜 가변 제어부가 캠샤프트와 연결된 링크의 위치를 0.5초 만에 이동시켜 연결 링크의 중심이 변경(편심)됨으로써 캠 샤프트의 회전속도가 바뀌게 되는 것이다. 캠이 밸브를 누르는 속도가 바뀌면서 밸브의 열림 시간이 빨라졌다 느려졌다 하게 되는 것이다.

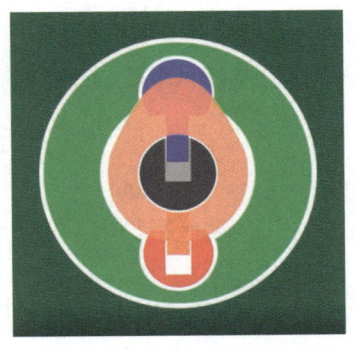

그림 1-175 / **CVVD 축과 캠**

회색으로 해놓은 축과 주황색 캠을 바로 연결시키는 것이 아니라, 어느 정도 위치를 움직여서 회전할 수 있는 연두색 브라켓을 따로 두고 회전과 슬라이딩이 가능한 파란색 슬라이더 핀으로 축과 브라켓을 연결시켜준다.

그리고 축에 걸려는 있지만 같이 돌지 않는 캠과 브라켓을 이어주는데, 빨간색 핀과 캠에 붙은 주황색 키를 이용한다. 그리고 녹색 하우징으로 브라켓의 위치를 제어한다. 그렇게 하면 구간에 따라 다른 각속도를 갖게 될 수 있다.

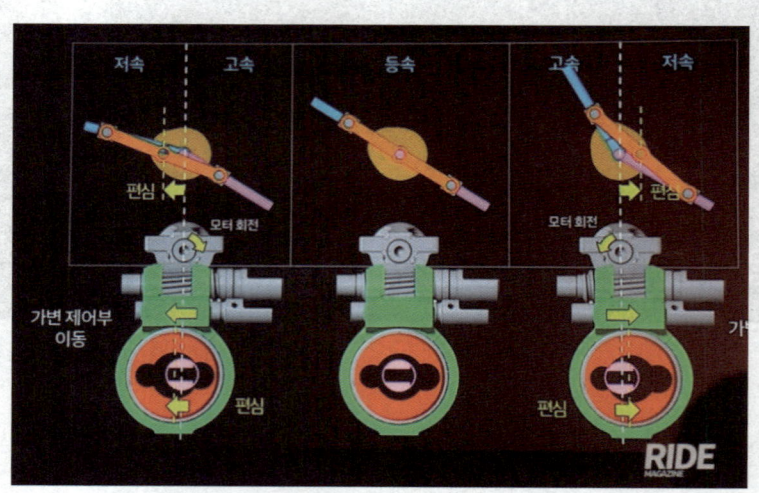

그림 1-176 / 편심을 이용한 캠의 회전속도 변경

따라서, 밸브를 먼저 열지만 늦게 닫히게 할 수 있고, 늦게 열지만 먼저 닫히게 할 수 있다. 이 방법을 CVVT 기술과 함께 사용하면, 같이 열리지만 늦게 닫히게 할 수도 있고 늦게 열리지만 같이 닫히게 하는 등 자유자재로 엔진 상황에 맞게 밸브 컨트롤이 가능하게 된다.

3. 밸브를 제어하는 3가지 요소(타이밍, 리프트, 듀레이션) 비교

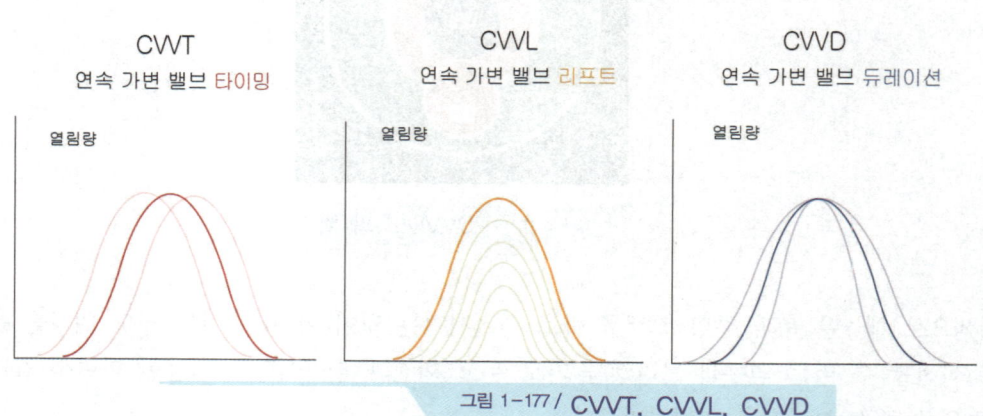

그림 1-177 / CVVT, CVVL, CVVD

제2절 배기 장치

배기장치(exhaust system)는 각 실린더의 연소가스를 모으는 배기 매니폴드와 연소가스가 외부로 나가는 배기 파이프 및 소음기 등으로 구성되어 있다.

1_ 배기 다기관

1. 개요

배기 연소가스 배출온도는 600[℃] ~ 700[℃] 정도이고, 가스압력은 3 ~ 5[kg/cm^2]이다.

1) 배기 다기관

배기 다기관은 고온고압 가스가 끊임없이 통과되므로 내열성이 높은 주철 등을 이용하며 실린더에서 배출되는 배기가스를 모으는 곳이다.

2. 소음기(muffler)

소음기는 기관에서 배출되는 배기가스의 온도와 압력을 낮추어 배기 소음을 감소하는 장치이다.

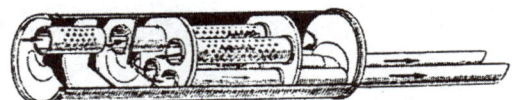

그림 1-178 / 소음기의 구조

제3절 배출가스 저감장치

자동차로부터 배출되는 유해 배출가스는 블로바이 가스, 연료증발 가스, 배기가스 등을 들 수 있다. 블로바이 가스는 실린더와 피스톤 간극에서 크랭크케이스로 빠져 나오는 가스로, 70~90[%]가 미연소 가스인 탄화수소(HC)로 구성되며, 전체 배출가스의 약 25[%] 정도이다. 연료증발 가스는 연료탱크나 연료 계통 등에서 증발해서 대기 중으로 방출되는 가스로, 주성분은 블로바이 가스와 같이 미연소 가스인 탄화수소(HC)이다. 전체 배출가스의 약 15[%] 정도를 차지한다. 배기가스의 주성분은 수증기(H_2O)와 이산화탄소(CO_2)이어야 하나, 불완전 연소로 인해 CO, HC, NOx 등 유해가스가 배출되며 전체 배출가스의 약 60[%] 정도를 차지한다.

1_ 배출가스 제어장치

1. 블로바이 가스 제어장치

피스톤과 실린더 사이에서 발생되어 크랭크축과 로커암으로 유입된 블로바이 가스는 경, 중부하 시 PCV 밸브의 열림 정도에 따라 서지탱크로 들어가며, 급가속, 고부하 시 다량 발생된 블로바이 가스는 흡기다기관의 진공이 감소하므로 브리더 호스(breather hose)를 통해 서지탱크로 들어간다.

1) PCV(Positive Crankcase Ventilation) 밸브

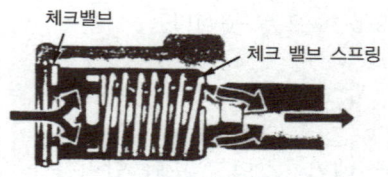

그림 1-179 / PVC 밸브

엔진 상태	정지	공회전, 감속	경·중부하	가속 및 고부하
흡기 다기관 진공도	없음	높음	중간	낮음
PCV 밸브 상태	닫힘	완전 열림	중간 열림	조금 열림
블로바이가스 유량	없음	많음	중간	적음
밸브 작동 상태				

2) 브리더(breather) 호스

엔진이 고속, 고부하로 작동 중 발생된 다량의 블로바이 가스는 흡기 다기관의 진공이 감소됨에 따라 PCV 밸브를 통해 제어되지 못하고, 브리더 호스를 통하여 직접 서지탱크로 유입된다.

2. 연료증발 가스 제어장치

1) 차콜 캐니스터(Charcoal Canister)

차콜 캐니스터는 연료 탱크 또는 기화기에서 발생한 증발가스를 대기 중으로 방출시키지 않고 활성탄을 이용하여 증발가스를 포집해 두었다가 가속 시나 등판 시와 같은 고부하 영역에서 퍼지 에어(purge air)와 함께 다시 증기상태로 되어 흡입 매니폴드에 공급해주는 장치이다.

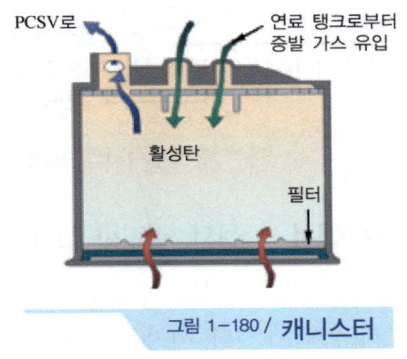

그림 1-180 / **캐니스터**

2) 퍼지 컨트롤 솔레노이드 밸브(Purge Control Solenoid Valve)

퍼지 컨트롤 솔레노이드 밸브는 ECU의 제어에 의해 기관의 온도가 낮거나 공전 시에는 PCSV가 닫혀 캐니스터에 포집된 연료증발 가스는 유입되지 않으며, 기관이 정상온도에 도달하면 PCSV가 열려 연료증발 가스를 서지탱크로 유입시킨다.

3. 배기가스 제어장치

배기가스에서 발생되는 3대 유해가스로는 CO, HC, NOx가 있으며 이론 공연비(14.7 : 1)을 중심으로 농후하면 CO, HC가 많이 발생하고, 정상 연소상태인 이론 공연비 부근 고온에서 NOx가 많이 발생된다.

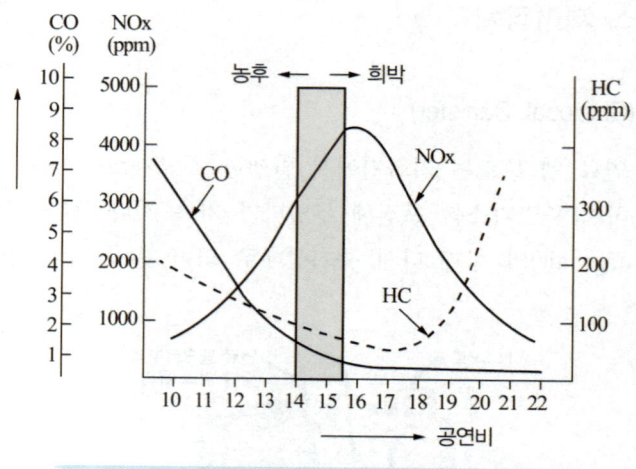

그림 1-181 / 배기가스 발생 곡선

1) 산소센서(oxygen sensor, O_2 센서, λ 센서, 공기비 센서)

촉매 컨버터가 효율적으로 작동하기 위해서는 이론 공연비에서 연소가 일어날 수 있도록 제어하여야 한다. 이를 공연비 제어 또는 람다 제어(λ-control)라 한다. 산소센서는 배기가스 중의 산소 농도에 따라 전압을 발생하며, 연소가 이론 공연비에서 이루어 졌는지를 점검하는 기능을 한다. 즉, 람다를 이론공기량과 실제 흡입한 공기량과의 비로 정의한다.

$$\lambda = \frac{실제\ 흡입\ 공기량}{이론\ 공기량}$$

혼합비가 희박하면 이론 공기량보다 흡입 공기량이 많으므로 $\lambda > 1$, 농후하면 흡입 공기량이 적으므로 $\lambda < 1$, 이론공연비에서 $\lambda = 1$이 된다.

배기가스 중에 산소농도가 높으면($\lambda > 1$) 대기와의 산소농도 차이가 적어 발생전압이 낮고(0.1V), 산소농도가 낮으면($\lambda < 1$) 대기와의 산소농도 차이가 커서 발생전압이 높아진다(0.9V). 또한 산소센서는 이론 공연비를 중심으로 전압변화가 급격하게 나타나므로 공연비 제어에 매우 유리하다. 산소센서는 소자의 재료에 따라 산화 지르코니아 산소센서와 산화 티타니아 산소센서 2종류로 나누어지며, 산화 지르코니아 산소센서는 산소 농도에 따른 기전력의 변화를 이용하고 산화 티타니아 산소센서는 저항 값이 변화하는 것을 측정한다.

2) 배기가스 재순환(Exhaust Gas Recirculation, EGR) 장치

EGR 장치는 배기가스의 일부를 다시 흡입계통으로 재순환시켜 연소 시 기관의 출력을 최소화하면서 최고 온도를 낮추어 고온일 때 발생하는 질소산화물(NOx)을 저감시키는 장치이다.

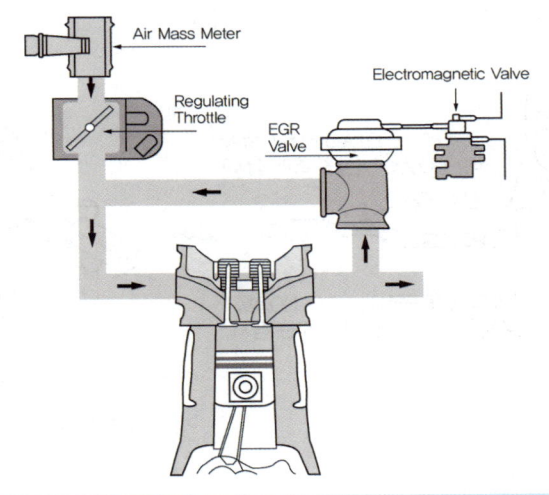

그림 1-182 / 배기가스 재순환 장치

EGR 시스템은 급 감속 시와 냉각수 온도가 낮을 때에는 작동하지 않으며 부분부하 영역, 냉각수 온도 65[℃] 이상, 1,450[rpm] 이상에서는 EGR 장치를 완전히 열어 NOx 발생을 저감 및 기관 출력에 영향을 받지 않도록 최소화가 가능하도록 한다.

① EGR 모듈레이터 밸브 : 배기가스의 압력과 흡입 매니폴드의 부압 신호에 의해 내부 다이어프램이 작동하여 EGR 컨트롤 밸브를 제어한다.

② EGR 솔레노이드 밸브 : 엔진과 라디에이터의 냉각수 온도와 rpm을 ECU가 입력 받아 전기적 신호로 EGR 밸브를 제어한다.

③ EGR율 $= \dfrac{\text{EGR가스량}}{\text{흡입공기량} + \text{EGR가스량}} \times 100 [\%]$

3) 삼원촉매장치(3 way catalytic converter)

연소실에서 이론적으로 완전 연소된 배기가스는 수증기(H_2O), 이산화탄소(CO_2), 질소(N_2) 등으로 구성되어 있지만 실제로는 완전연소가 되지 않기 때문에 유해가스인 일산화탄소(CO), 탄화수소(HC), 질소산화물(NOx)이 생성된다. 삼원촉매 장치는 백금(Pt), 팔라듐(Pd), 로듐(Rh) 3가지 촉매를 이용하여, 산소센서와 EGR 장치에서 정화되지 않는 나머지 CO, HC, NOx를 CO_2, H_2, O, N_2, O_2 등으로 산화 및 환원시키는 장치이다. 삼원촉매 장치를 사용하는 차량은 무연휘발유만을 사용하여야 한다.

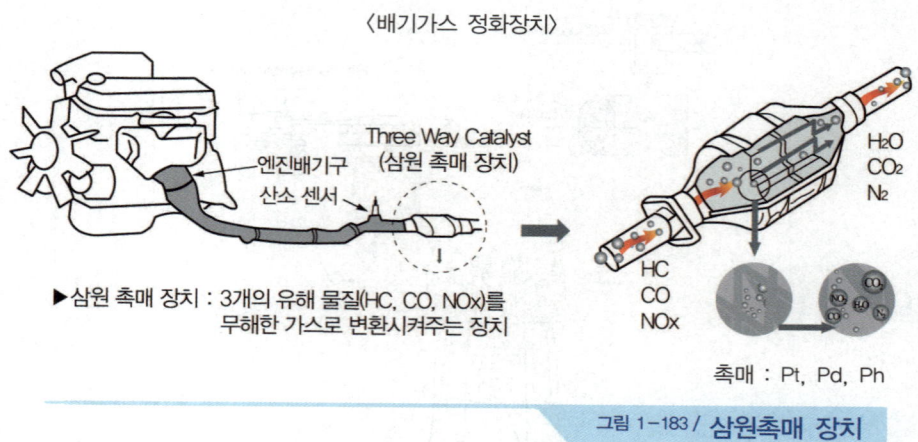

그림 1-183 / 삼원촉매 장치

삼원촉매 장치는 촉매의 온도가 250[℃] 이상이 되어야 활성화되어 유해 배출가스를 정화할 수 있으며, 엔진 시동 후 약 1분 정도가 소요된다. 또한 정화효율은 공연비가 14.7 : 1일 때 최대 효율을 발휘한다.

2_ 배기가스 후처리 장치

배기가스 규제가 강화됨에 따라 디젤 자동차 배기가스의 경우 저감 기술만으로는 강화된 규제를 만족할 수 없어 추가로 DPF, SCR 등 배기가스 후처리 기술이 적용되었다.

표 1-4 / EU Emission Standards for Passenger Cars

[단위 : g/km]

배기규제 기준	유로 1	유로 2	유로3	유로4	유로5	유로6
유럽 적용	1992.7	1996.1	2000.1	2005.1	2009.9	2014.9
국내 적용			2005	2008	2011	2015.9
CO	2.72	1.0	0.64	0.5	0.5	0.5
HC+NOx	0.97	0.9	0.56	0.3	0.23	0.17
NOx			0.5	0.25	0.18	0.08
PM	0.14	0.1	0.05	0.025	0.005	0.005
적용기술	전자제어 연료분사 기술 적용		CRDI	DOC DPF	LNT SCR	SDPF

1. DPF(Diesel Particulate Filter)

DPF(CPF)는 디젤엔진에서 배출되는 입자상 물질(PM)을 필터로 포집한 후 이것을 다시 태우고(재생) 다시 포집하는 것을 반복하는 기술로 PM을 약 70[%] 이상 저감할 수 있다. DPF 장치는 PM 포집(trapping)과 재생(regeneration)으로 구분되며, 구성에는 촉매필터 본체 와 배기가스 온도센서 및 차압센서가 있으며 필터에는 산화촉매 어셈블리가 포함되어 있다. 배기가스가 촉매 필터를 통과할 때 입자상 물질은 촉매 필터 내에 퇴적되며, 나머지 물질 (CO, HC 등)은 머플러를 통하여 대기 중으로 방출된다.

1) 촉매 필터

디젤 엔진에서 연소 중 발생하는 입자상 물질을 포집하는 역할을 한다. 입구로 유입된 배출 가스는 채널 출구가 막혀 있기 때문에 다공질 벽을 통과하여 옆 채널출구로 빠져나가게 된다.

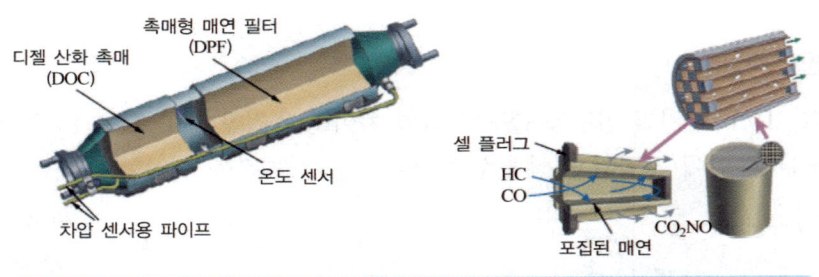

그림 1-184 / 촉매 필터의 구조 및 원리

2) 디젤 산화 촉매(DOC : Diesel Oxidation Catalyst)

디젤 산화 촉매는 백금(Pt), 팔라듐(Pd) 등의 촉매 효과로 배기 중의 산소를 이용하여 CO, HC를 산화시켜 제거하는 기능을 한다. 디젤 엔진에서 CO, HC의 배출은 그다지 문제가 되지 않지만, 산화 촉매에 의해 입자상 물질의 구성 성분인 HC를 감소시키면 입자상 물질을 10~20[%] 저감할 수 있다. 또, 배기가스 후처리 장치에서의 산화 촉매는 재생 모드에서 후분사를 실시하면 산화 작용에 의한 배기가스 온도를 상승시키는 역할을 하게 되며 배기가스 온도가 DPF 재생 목표 온도, 즉 입자상 물질의 발화 온도인 600~650[℃] 이상이 되면 DPF에 포집된 입자상 물질이 연소된다.

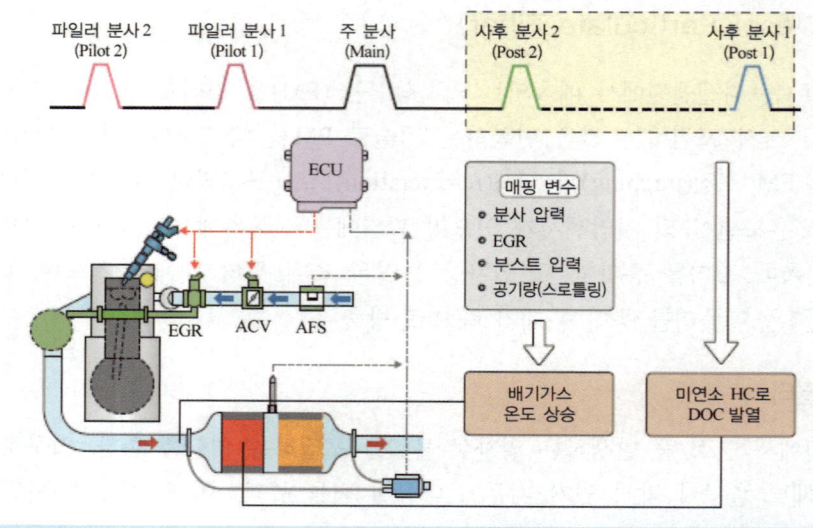

그림 1-185 / 디젤 산화 촉매의 역할

3) 차압 센서

차압 센서는 DPF 장치의 입구와 출구의 압력 차이를 측정한다. ECU는 이 센서의 측정값을 이용하여 DPF 안에 포집된 매연량을 측정하고 재생 여부를 결정한다.

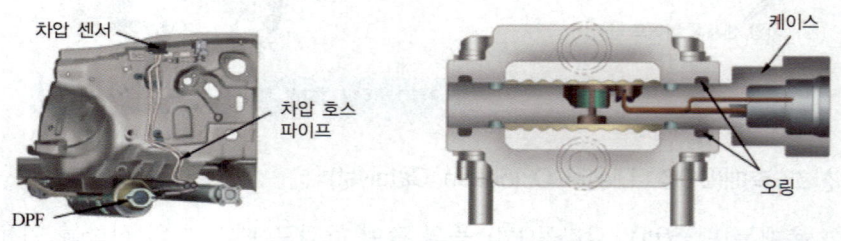

그림 1-186 / 차압센서의 장착 위치 및 구조

4) 배기가스 온도센서

배기가스 온도센서는 DPF의 산화 촉매와 촉매 필터 사이에 설치되어 배기가스의 온도를 검출하여 과도한 열에 의한 DPF 필터의 손상을 방지한다.

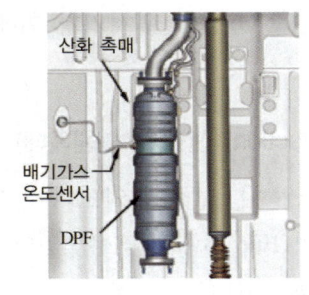

그림 1-187 / 배기가스 온도센서

5) 촉매 필터 재생

ECU는 차압 센서의 신호, 차량 주행 거리 등을 입력받아 촉매 필터의 재생이 필요한 경우, 촉매 필터 재생 절차를 수행한다. 재생할 때 ECU는 매연을 연소시키기 위해 배기 행정 때 연료를 2회에 걸쳐 추가 후 분사 하여 배기가스 온도를 매연 연소 온도, 즉 입자상 물질의 발화 온도인 약600 ~ 650[℃] 이상으로 상승시킨다. 이때 매연은 연소되며, 촉매 필터 내에는 재(ash)만 축적된다.

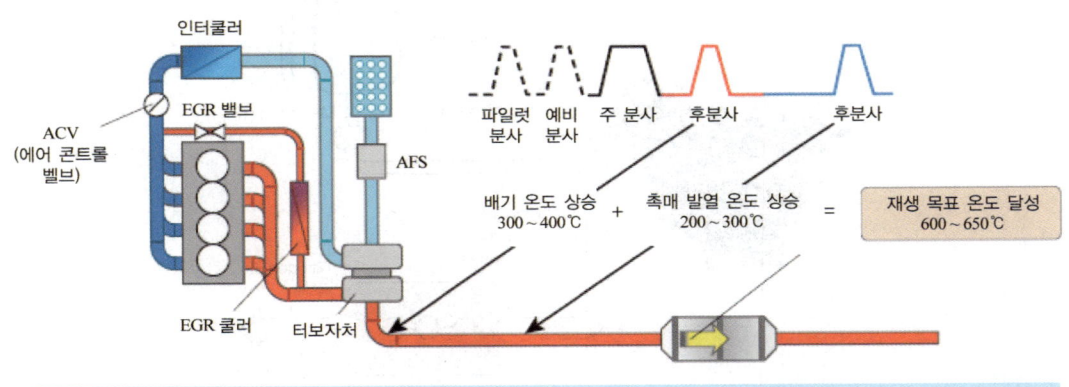

그림 1-188 / 디젤 후처리 장치 촉매 필터 재생온도 달성 방법

2. LNT, SCR, SDPF

1) LNT(Lean NOx Trap, 질소산화물 저장 트랩)

촉매 내에서 일시적으로 NOx를 저장한 후, 후 분사에 의한 Rich 연소 및 배기포트 및 파이프 내에 연료분사를 통해 탄산바륨($BaCO_3$)을 환원제로 사용하여 NOx를 제거하는 방법이다. 일반 주행($\lambda > 1$, Lean Mode) 시에 디젤 엔진은 대부분 희박연소로 진행되므로 CO, HC 보다 NOx가 많이 생성되며, 생성된 NOx는 촉매에 포집된다. NOx 정화($\lambda < 1$, Rich

Mode) 시에는 LNT 촉매에 흡장된 NOx를 환원시키기 위해 후 분사를 실시하여 농후한 연소 분위기에서 NOx를 다시 환원시킨다.

2) SCR(Selective Catalytic Reduction, 선택적 환원촉매)

촉매에서 NOx와 선택적으로 반응하는 환원제(암모니아, NH_3)를 사용하여 NOx를 질소로 환원시키는 방법으로, LNT와 같이 Euro-5에서 적용되었다.

연소반응 : $2NOx + 2NH_3 \rightarrow 2N_2 + 3H_2O$

3) SDPF(SCR+DPF)

디젤 입자상 물질(Soot)을 필터를 이용하여 포집한 후, 550[℃] 이상에서 연소시켜 제거함과 동시에 SCR 촉매(Cu-Zeolite SCR) 내에 요소수 수용액(요소 32.5[%] + 물 67.5[%])을 분사시켜 흡장시킨 뒤 NOx를 N_2와 H_2O로 환원시킨다. Euro-6부터 적용되었다.

연소반응 : $NH_2C(O)NH_2 + H_2O \rightarrow 2NH_3 + CO_2$

$2NH_3 + NO + NO_2 \rightarrow 2N_2 + 3H_2O$

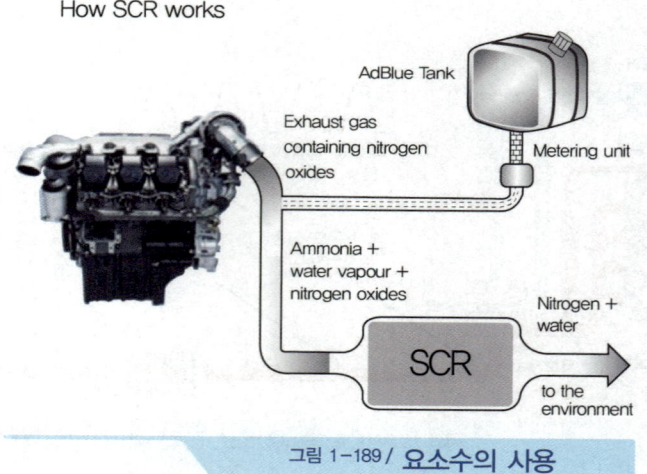

그림 1-189 / **요소수의 사용**

① 요소수(UREA)

SDPF 방식에 사용되는 요소수에는 AdBlue(유럽), DEF(미국) 등이 있으며, 요소수를 32.5[%] 첨가 시 어는점이 -11[℃]로 가장 낮게 되며, 엔진 가동 시 연료의 4~6[%] 정도가 사용된다. 또한, 요소수 1[L] 정도로 100[km] 정도 사용되며 대형 차량의 요소수 탱크 용량은 50~60[L]정도이다.

그림 1-190 / **경유 및 요소수의 주입구**

② 촉매제(요소수) 주입 시 주의사항
   ㉠ 촉매제는 촉매제 통에, 연료는 연료 통에 넣어야 한다.
      ⓐ 연료 통에 촉매제를 넣으면 연료에 물이 섞인 것과 같아 꿀렁거리거나 시동이 자주 꺼질 수 있다.
      ⓑ 촉매제 통에 경유를 넣은 채로 운행하게 되면 촉매제가 분사되는 고온의 배기 부분에, 경유가 함께 분사되어 차량 화재의 원인이 될 수 있으므로 잘못 주입하였을 경우, 즉시 주입된 경유와 촉매제를 제거하고 통을 청소한 후 새로 주입하여야 한다.
   ㉡ 촉매제의 보관 및 사용은 지정된 탱크와 주입기를 사용하여야 한다.
      촉매제는 금속(철, 알루미늄, 니켈 등)과 접촉 시 성분이 변질되어 촉매를 손상시키거나 질소산화물을 제대로 제거하지 못하게 된다.

제4절 친환경 제어시스템

1_ OBD-II 시스템

1. 주요 기능

1) 촉매 열화 감지

촉매는 배출가스의 영향이 매우 크므로 촉매의 앞, 뒤에 산소센서를 장착하여 촉매 정화 효율이 규제치의 1.75배를 넘으면 경고등(MIL)을 점등한다. 진단 원리는 촉매 앞쪽 센서에서 나오는 출력전압의 진폭은 배기가스가 정화되지 않았기 때문에 크고, 뒤쪽 센서의 진폭은 작으므로 그 진폭비를 비교하여 이상여부를 판정한다.

2) 실화 감지

연소실에서 실화가 발생하면 HC가 증가하고, 촉매도 손상을 입으므로 실화율이 일정 이상이 되면 경고등을 점등한다. 실화감지 방법에는 크랭크 각속도 센서 시그널, 연소실 압력 센서, 노크 센서 시그널을 이용하는 방법 등이 있으나 주로 크랭크 각속도를 측정하여 그 변화율을 실화 여부와 해당 기통을 판정하는 방법이 많이 적용되고 있다. 크랭크 각속도를 이용하는 방법은 실화가 발생하는 경우 피스톤의 속도가 다른 기통에 비해 늦어지게 되므로 크랭크 앵글 센서의 투스(tooth) 간격이 다른 곳에 비해 넓어지는 것을 이용하여 실화를 감지하게 된다. 또한 기통별로 실화가 발생하는 경우 투스 간격이 넓어지는 위치가 다르게 되기 때문에 투스 간격이 넓어지는 위치를 판단하여 실화가 발생하는 기통도 판별이 가능하게 된다.

3) 증발가스 누설 감지

차량에서 나오는 연료 가스량을 규제할 목적으로 연료 탱크에서부터 엔진에 이르기까지 연료 증발가스가 누설되면 점등한다. 증발가스의 누설을 감지하는 방법으로는 가압식과 부압식이 있으며, 가압식은 증발가스 계통을 막고 압력을 가하여 압력 변화를 측정하여 새는 것을 확인한다. 부압식은 증발가스 계통을 막고 서지탱크 내의 부압을 통하여 증발가스를 엔진에 공급하게 되면 증발가스 라인에 부압이 형성된다. 그 때 증발가스 라인에 압력(부압)센서를 설치하여 압력 시그널의 변화를 감지하여 증발가스의 누설을 확인한다. 부압이 어느 이하로 유지되지 않으면 누설로 감지된다.

4) 연료계통 감지

연료계통이란 공연비에 영향을 주는 모든 연료 공급 계통의 기계적인 부품과 입출력 센서나 액추에이터 장치의 이상으로 배출가스가 규제치 이상으로 나오면 경고등을 점등하게 된다. 이러한 연료계통의 이상은 결국 산소센서의 피드백에 의해 나타나므로 산소센서의 공연비 피드백 작용이 불량하면 촉매 정화효율이 떨어지게 되어 이를 감지하게 된다.

5) 산소(O_2)센서 감지

산소센서는 엔진에 공급되는 혼합기에 아주 큰 역할을 하므로 배출가스 발생에 큰 영향을 미치게 된다. 산소센서 감지는 촉매 전, 후에 설치되는 2개의 산소센서의 기능 이상을 출력 전압의 크기를 비교하여 판정한다. 촉매 전 산소센서(업스트림 산소센서)의 이상은 농후·희박을 알려주는 주기와, 농후·희박이 스위칭 할 때의 반응시간, 산소센서 시그널의 전압 높이를 통해 배출가스를 과다하게 배출시킬 수 있는 현상을 감지하고, 촉매 후 산소센서(다운스트림 산소센서)의 고장 감지는 단순히 반응이 늦은 경우를 고장으로 감지를 한다.

6) EGR가스 제어장치 감지

EGR 밸브가 오작동하면 배출가스가 증가하는 것을 방지하기 위한 것으로 EGR 밸브의 고장은 물론 비정상적으로 열리거나 닫히는 것도 진단하도록 한다. 오작동 감지는 EGR 라인에 온도센서를 이용하거나 서지탱크 내의 MAP 센서를 이용한다. 온도센서 방식은 EGR 가스가 통과하는 라인에 온도센서를 부착하여 EGR 밸브의 작동상태에 따라 온도 변화를 보고 밸브 작동상태를 인식한다. MAP 센서 방식은 EGR 밸브를 감속 중에 작동시켜 서지탱크 내에 EGR 가스를 공급하여 서지탱크 내의 압력변화를 감지하여 작동상태를 감지한다. 이 경우 서지탱크에 부착된 대기압 센서를 주로 이용하므로 추가의 부품이 필요하지 않아 많이 적용되고 있다.

1	TCU	9	
2	J1850 Bus(+)	10	J1850 Bus(-)
3	ECS	11	에어컨
4	Chassis Ground	12	에어백
5	Signal Ground	13	EPS
6	CAN Hi	14	CAN Low
7	ISO "K" Line 9141-2	15	ISO "Low" Line 9141-2
8	ABS	16	Battery Power (+)

그림 1-191 / OBD-II 커넥터 단자 번호

제6장 흡·배기장치 출제예상문제

01 혼합비가 희박할 때 발생되는 현상으로 맞는 것은? [07년 1회]
① 점화 2차 스파크 라인의 불꽃 지속시간이 짧아진다.
② 산소 센서(+) 듀티 값이 커진다.
③ 점화 2차 전압의 높이가 낮아진다.
④ 배기가스의 CO 값이 증가한다.

풀이 혼합기가 희박하면 산소센서(+) 듀티값이 작아지며, CO의 배출량은 줄어들고, 점화 2차 전압이 높아진다.

02 배출가스 저감 및 정화를 위한 장치에 속하지 않는 것은? [08년 4회, 09년 1회]
① EGR 밸브   ② 캐니스터
③ 삼원촉매   ④ 대기압 센서

풀이 배출가스 제어장치의 종류
① 블로바이가스 제어장치 : PCV 밸브, 브리더 호스
② 연료증발가스 제어장치 : PCSV, 차콜 캐니스터
③ 배기가스 제어장치 : O_2 센서, EGR 밸브, 삼원촉매

03 엔진에서 발생되는 유해가스 중 블로바이가스의 성분은 주로 무엇인가? [07년 2회]
① CO   ② HC
③ NO   ④ SO_x

풀이 블로바이(blow by) 가스는 미연 탄화수소이므로 주성분은 HC 이다.

04 자동차 배출가스 중 유해가스 저감을 위해 사용되는 부품이 아닌 것은? [08년 4회, 09년 1회]
① EGR장치   ② 차콜 캐니스터
③ 삼원촉매 장치   ④ 토크컨버터

풀이 배출가스 제어장치의 종류
① 블로바이가스 제어장치 : PCV 밸브, 브리더 호스
② 연료증발가스 제어장치 : PCSV, 차콜 캐니스터
③ 배기가스 제어장치 : O_2 센서, EGR 밸브, 삼원촉매

05 가솔린기관의 배출가스 중 CO의 배출량이 규정보다 많은 경우 가장 적합한 조치방법은? [09년 1회]
① 이론공연비와 근접하게 맞춘다.
② 공연비를 농후하게 한다.
③ 이론공연비(λ) 값을 1 이하로 한다.
④ 배기관을 청소한다.

풀이 혼합비가 농후하다는 의미이므로 이론공연비로 맞추면 CO의 배출량이 줄어든다.

06 삼원 촉매의 정화율은 약 몇 [℃] 이상의 온도부터 정상적으로 나타나기 시작하는가? [09년 4회]
① 20[℃]   ② 95[℃]
③ 320[℃]   ④ 900[℃]

풀이 촉매 컨버터는 배기가스 온도 약 320[℃] 이상일 때 높은 정화율을 나타낸다.

ANSWER 01 ① 02 ④ 03 ② 04 ④ 05 ① 06 ③

07 연료 증기를 활성탄에 흡착 저장 후 증발가스와 함께 흡기 매니폴드에 흡입시키는 부품은?　　　　　　　　　　　　[07년 2회]

① 차콜 캐니스터　　② 플로트 챔버
③ PCV 장치　　　　④ 삼원촉매장치

　풀이　차콜 캐니스터(charcoal canister)는 연료 증기를 활성탄에 흡착 저장 후 PCSV를 통해 서지탱크로 유입시킨다.

08 배기가스 재순환(EGR) 밸브가 열려 있다. 이 경우 발생하는 현상으로 올바른 것은?
　　　　　　　　　　　[07년 1회, 09년 4회]

① 질소산화물(NOx)의 배출량이 증가한다.
② 기관의 출력이 감소한다.
③ 연소실의 온도가 상승한다.
④ 공기 흡입량이 증가한다.

　풀이　EGR 밸브가 열려있으면 배기가스 재순환량이 많아져 기관의 출력이 감소한다.

09 질코니아 소자의 O_2(산소) 센서 기능 설명 중 틀린 것은?　　　　　　　　　　[07년 2회]

① 연료 혼합비(A/F)가 희박할 때는 약 0.1[V]의 전압이 나온다.
② 산소의 농도차이에 따라 출력전압이 변화한다.
③ 연료 혼합비(A/F)가 농후할 때는 약 0.9[V] 정도가 된다.
④ 연료 혼합의 피드백(Feed Back Control) 보정은 할 수 없다.

　풀이　산소센서는 배기관에 장착되어 있으며 배기가스 중의 산소 농도차에 따라 전압이 발생되면 이를 피드백하여 이론 공연비로 제어하기 위한 센서이다. 센서의 온도가 300[℃] 이상에서 안정되게 작동하며 이론공연비 14.7 : 1을 기준으로 공연비가 희박하면 100[mV], 농후하면 900[mV]를 나타낸다.

10 O_2 센서의 사용상 주의 사항을 설명한 것으로 틀린 것은?　　　　　　　　　[07년 4회]

① 무연 가솔린을 사용할 것
② O_2 센서의 내부 저항을 자주 측정하여 이상 유무를 확인할 것
③ 전압을 측정할 경우에는 디지털 멀티미터를 사용할 것
④ 출력 전압을 쇼트시키지 말 것

　풀이　산소센서는 기전력을 발생하므로 내부저항을 측정하지 않는다.

11 배기가스 중에 산소량이 많이 함유되어 있을 때 산소 센서의 상태는 어떻게 나타나는가?　　　　　　　　　　　[07년 4회]

① 희박하다.
② 농후하다.
③ 농후하기도 하고 희박하기도 하다.
④ 아무런 변화도 일어나지 않는다.

　풀이　산소가 많으므로 당연히 희박하다.

12 산소센서 출력 전압에 영향을 주는 요소로 틀린 것은?　　　　　　　　　　[08년 4회]

① 연료 온도
② 혼합비
③ 산소 센서의 온도
④ 배출가스 중의 산소농도

　풀이　연료의 혼합비에 따라 배출가스 중의 산소농도가 변화하여 산소센서의 출력값이 변화하고, 산소센서의 온도가 300[℃] 이상되어야 제 기능을 발휘할 수 있다.

07 ①　08 ②　09 ④　10 ②　11 ①　12 ①

13. 지르코니아 O₂ 센서의 출력전압이 1V에 가깝게 나타나면 공연비가 어떤 상태인가? [09년 4회]
① 희박하다.
② 농후하다.
③ 14.7 : 1(공기 : 연료)을 나타낸다.
④ 농후하다가 희박한 상태로 되는 경우이다.

풀이) 산소센서는 이론공연비 14.7 : 1을 기준으로 공연비가 희박하면 100[mV], 농후하면 900[mV]를 나타낸다. 따라서, 혼합비가 농후한 상태이다.

14. 전자제어 엔진에서 혼합비의 농후가 주 원인일 때 지르코니아 센서 방식의 O₂센서 파형으로 가장 적절한 것은? [09년 1회]

① 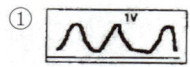   ②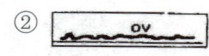
③ 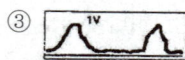   ④

풀이) 산소센서 파형에서 혼합비가 농후하면 1V 부근이 길어지고, 희박하면 0[V] 부근이 길어진다.

15. 다음 배출가스 중 삼원촉매 장치에서 저감되는 요소가 아닌 것은? [08년 1회]
① 질소(N₂)
② 일산화탄소(CO)
③ 탄화수소(HC)
④ 질소산화물(NOx)

풀이) 삼원촉매 장치는 3가지 촉매인 백금(Pt), 팔라듐(Pd), 로듐(Rh)을 이용하여 CO, HC, NOx를 저감시킨다.

16. 삼원촉매의 정화율을 나타낸 것이다. 각 선의 (1), (2), (3)을 바르게 표현한 것은? [07년 2회]

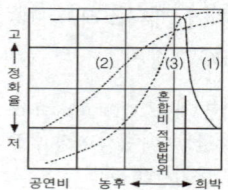

① NOx, CO, HC   ② NOx, HC, CO
③ CO, NOx, HC   ④ HC, CO, NOx

풀이) 정화율 곡선은 유해가스 배출량 곡선과 반대이므로 왼쪽 위에서부터 NOx, HC, CO 이다.

17. 흡기 다기관의 진공 시험으로 그 결함을 알아내기 어려운 것은? [07년 2회]
① 점화시기 틀림
② 밸브 스프링의 장력
③ 실린더 마모
④ 흡기계통의 가스켓 누설

풀이) 진공도 시험에 의한 기관 분석
① 압축압력 누설(실린더 마모)
② 실린더 헤드 개스켓의 불량
③ 밸브 면과 시트와의 밀착 불량
④ 점화시기의 불량
⑤ 점화 플러그의 실화 상태

18. 자동차에서 배기가스가 검게 나오며, 연비가 떨어지고 엔진 부조 현상과 함께 시동성이 떨어진다면 예상되는 고장부위의 부품은? [08년 2회]
① 공기량 센서   ② 인히비터 스위치
③ 에어컨 압력센서   ④ 점화스위치

풀이) 혼합비가 불량하다는 의미이므로 공기량 센서를 검검할 필요가 있다.

13 ② 14 ④ 15 ① 16 ② 17 ② 18 ①

19 가솔린 배기가스 분석기로 점검 할 수 없는 것은? [09년 2회]
① CO 가스
② HC 가스
③ NOx 가스
④ P.M(입자상물질)

풀이 PM은 입자상 물질로 디젤기관 연소시 배출된다.

19 ④

PART 2

자동차새시

제1장 동력전달장치
제2장 현가 및 조향장치
제3장 제동장치
제4장 주행 및 구동장치
제5장 자동차 검사 및 법규

01 동력전달장치

동력전달장치는 기관에서 발생한 동력을 구동륜(driving wheel)에 전달하는 장치로서 앞기관-후륜구동방식(Front engine-Rear drive : FR), 앞기관-전륜구동방식(Front engine-Front drive : FF), 후기관-후륜구동방식(Rear engine-Rear drive : RR), 4WD(4륜 구동식) 등이 있다.

제1절 / 클러치(clutch)

클러치는 엔진과 변속기 사이에 설치되어 엔진의 출력을 변속기에 전달하거나 차단하는 장치이다.

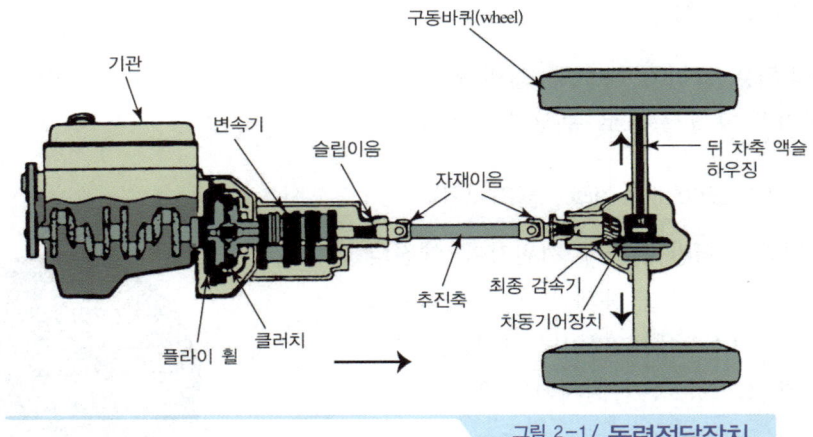

그림 2-1 / 동력전달장치

1_ 클러치 일반

1. 클러치의 개요

1) 클러치의 기능

① 기관의 회전력을 변속기에 전달하거나 차단한다.
② 자동차의 관성운전 또는 엔진기동시 기관과 변속기 사이의 동력흐름을 일시 차단한다.

제1장_동력전달장치 **179**

③ 기관과 동력전달장치를 과부하로부터 보호한다.
④ 플라이 휠(fly wheel)과 함께 기관의 회전 진동을 감소시킨다.

2) 클러치의 필요성

① 기관을 무부하 상태로 하기 위해
② 변속기의 기어변속을 위해
③ 자동차의 관성 주행을 위해

3) 클러치의 종류

```
                   ┌ 단판 클러치 → 건식(dry type) → ┌ 코일 스프링식
                   │                                 └ 다이어프램식
마찰 클러치의 종류 ┤ 다판 클러치 → ┌ 건식(dry type)
                   │                └ 습식(wet type)
                   └ 전자 클러치
```

2. 클러치의 구성

마찰 클러치는 클러치 디스크, 압력판, 클러치 스프링, 릴리스 레버, 클러치 커버, 릴리스 베어링, 릴리스 포크 등으로 구성되어 있다.

1) 클러치 디스크(clutch disc, 클러치판)

플라이 휠과 압력판 사이에 끼워지며, 엔진의 동력을 디스크의 허브를 통해 변속기 입력축으로 전달한다. 디스크에는 라이닝, 비틀림 코일 스프링, 쿠션 스프링 등이 설치되어 있다.

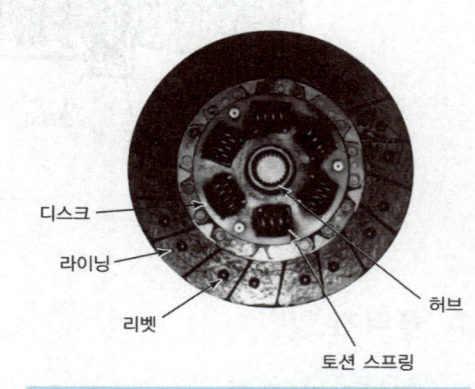

그림 2-2 / 마찰 클러치 디스크

① 라이닝 : 플라이 휠과 클러치가 직접닿는 곳으로서 리벳 이음으로 설치되어 있다. 라이닝은 마찰계수가 높고 온도 변화에 대하여 마찰계수의 변화가 없어야 하며 내마멸성이 우수하여야 한다.

② 토션 스프링(torsional coil spring) : 댐퍼 스프링(비틀림 코일 스프링) 클러치가 플라이 휠과 접속될 때 회전방향의 충격을 흡수한다.

③ 쿠션 스프링(cushion spring) : 클러치를 급격히 접속시켰을 때 스프링이 충격을 흡수하여 동력의 전달을 원활히 하며 클러치판의 변형, 편마멸, 파손 등을 방지한다.

2) 압력판(pressure plate)

클러치 커버에 설치되어 있으며 클러치 페달을 놓으면 클러치 스프링의 장력에 의해 클러치판을 플라이 휠에 밀어붙이게 하여 함께 회전하며 클러치를 접촉할 때 클러치판과 미끄럼이 생기기 때문에 내마멸성, 내열성, 열전도성이 좋은 특수 주철로 만들고 마찰면은 평면으로 가공되어 있다.

3) 클러치 스프링(clutch spring)

클러치 커버와 압력판 사이에 설치되어 클러치판에 압력을 가하는 스프링으로서 스프링강으로 되어 있다. 종류로는 코일 스프링 형식, 다이어프램 스프링 형식, 크라운 프레셔 스프링 형식 등이 있다.

① 코일 스프링 형식 : 이 형식은 몇 개의 코일 스프링을 클러치 압력판과 클러치 커버 사이에 설치한 것으로 클러치 용량에 따라 스프링의 수가 설정되어 있다.

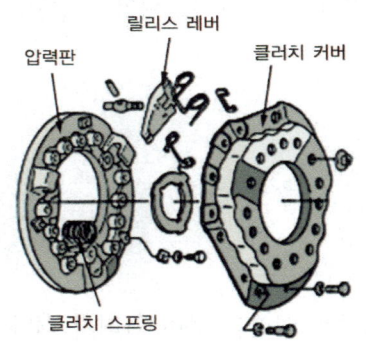

그림 2-3 / **코일 스프링 형식**

② **다이어프램 스프링 형식** : 이 형식은 코일 스프링 형식에서의 릴리스 레버와 코일 스프링의 역할을 접시 모양의 다이어프램이 동시에 수행하는 형식을 말한다. 다이어프램 스프링의 특징은 다음과 같다.
  ㉠ 구조가 간단하다.
  ㉡ 압력판에 작용하는 힘이 일정하다.
  ㉢ 원판형으로 되어 있어 평형이 좋다.
  ㉣ 클러치 페달 조작력이 작아도 된다.
  ㉤ 라이닝이 어느 정도 마멸되어도 압력판에 가해지는 압력의 변화가 적다.
  ㉥ 고속 운전에서도 원심력을 받지 않으므로 스프링 장력이 감소하지 않는다.

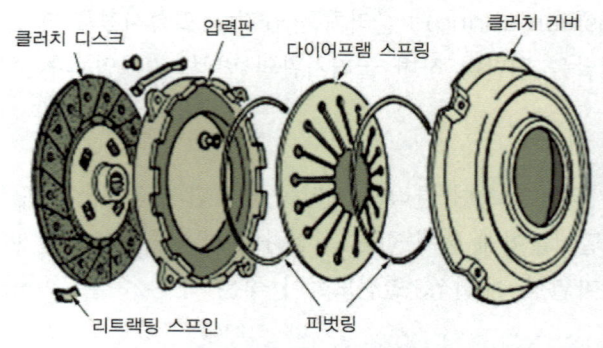

그림 2-4 / 다이어프램 스프링 형식

4) 릴리스 레버(release lever)

압력판을 클러치 디스크로부터 분리하는 장치이며 굽히는 힘이 반복적으로 작용하는 장치이다.

5) 릴리스 베어링(release bearing)

운전자가 클러치 페달을 밟았을 때 릴리스 포크에 의해 클러치의 축방향으로 움직여 회전하는 릴리스 레버를 눌러서 클러치를 개방하는 역할을 한다.

① 릴리스 베어링 종류
- ㉠ 앵귤러접촉 형
- ㉡ 볼베어링 형
- ㉢ 카본 형

6) 릴리스 포크(release fork)

릴리스 베어링에 압력을 전달하는 역할을 하며 클러치 페달을 놓으면 클러치 스프링에 의하여 신속하게 원래의 위치로 돌아온다.

2_ 클러치 작동 및 조작기구

1. 클러치의 작동

1) 동력을 전달할 때

운전자가 클러치 페달에서 발을 떼면 릴리스 베어링이 릴리스 레버를 누르는 힘이 해제되어 압력판이 플라이휠 쪽으로(엔진 방향) 전진하게 되어 클러치 디스크를 압착하므로 엔진의 플라이휠, 클러치 디스크, 압력판(클러치 커버)이 일체가 되어 회전하게 된다. 따라서 동력은 클러치 허브에 꼽혀있는 입력축을 통해 변속기로 전달된다.

2) 동력을 차단할 때

운전자가 클러치 페달을 밟으면 릴리스 베어링이 릴리스 레버를 누르게 되어 압력판은 클러치 커버 안쪽으로 들어오게 되므로 클러치 디스크를 압착하는 힘이 해제되어 엔진의 플라이휠, 클러치 커버, 릴리스 레버는 회전하고 입력축이 꼽혀있는 클러치 디스크가 회전하지 않으므로 동력은 변속기로 전달되지 않게 된다.

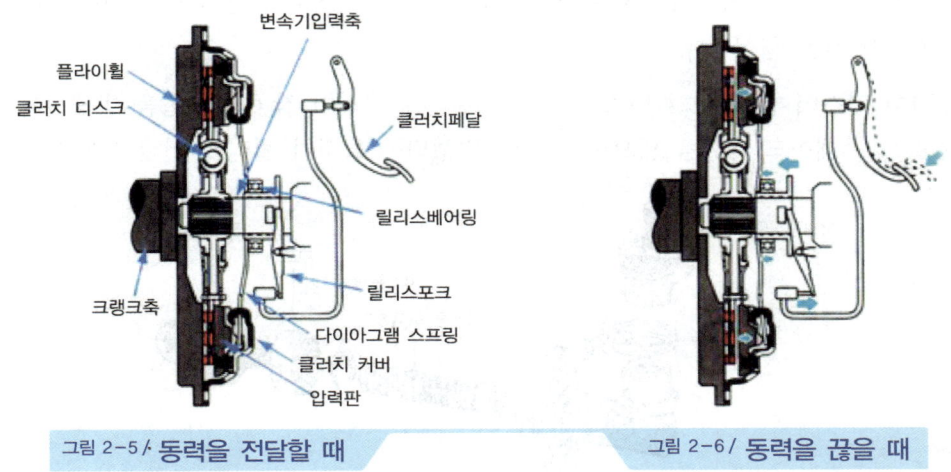

그림 2-5 / 동력을 전달할 때   그림 2-6 / 동력을 끊을 때

2. 클러치 조작기구

클러치 페달의 조작력을 전달하는 방식에는 기계식과 유압식이 있다.

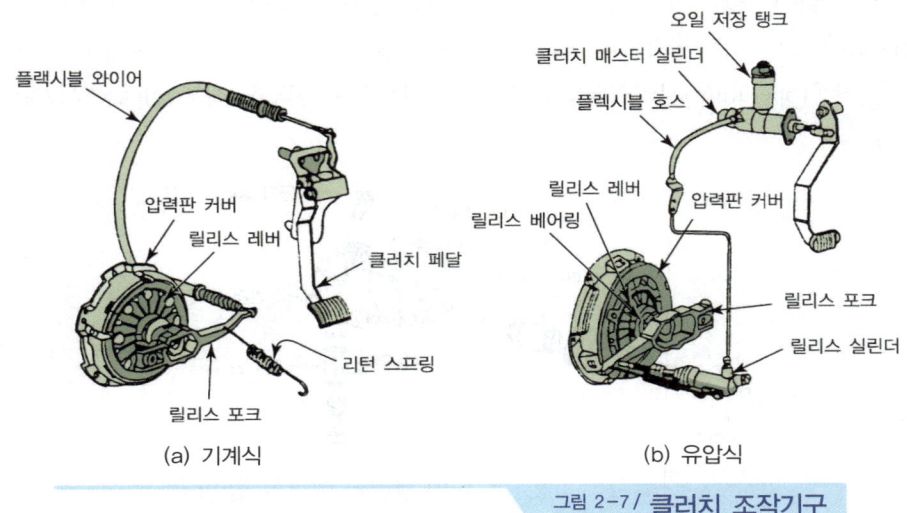

(a) 기계식   (b) 유압식

그림 2-7 / 클러치 조작기구

1) 기계식

페달과 릴리스 포크를 와이어로 연결하여 작동되는 방식으로 구조가 간단하고 작동이 확실하다.

2) 유압식

페달을 밟으면 푸시로드가 움직이면서 마스터 실린더 내에서 유압이 발생하여 릴리스 포크를 작동하게 하는 형식이다.

① 클러치 마스터 실린더 : 클러치 마스터 실린더는 클러치 작동시 유압을 발생시키는 부분으로, 브레이크 페달을 밟으면 유압이 발생되어 클러치 릴리스 실린더로 전달된다.

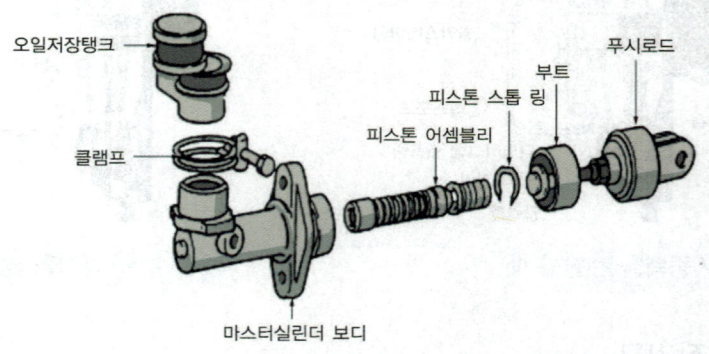

그림 2-8 / 클러치 마스터 실린더

② 릴리스 실린더(슬레이브 실린더, 오퍼레이팅 실린더) : 클러치 릴리스 실린더는 긴 원통(slave) 모양으로 생겼으며, 클러치 마스터 실린더에서의 유압을 이용하여 릴리스 포크를 작동(operating)시켜 클러치 디스크를 누르는 압력을 해제(release)시키는 실린더이다.

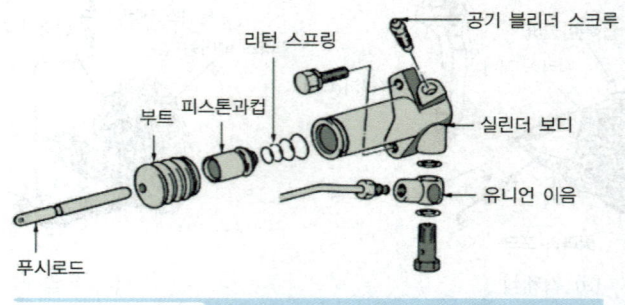

그림 2-9 / 클러치 릴리스 실린더

3_ 클러치 성능 및 이상 현상

1. 클러치의 성능

1) 클러치 자유 간극(자유 유격)

자유간극이란 릴리스 베어링이 레버에 닿을 때까지 페달이 움직인 거리로, 기계식은 20~30mm, 유압식은 6~13mm 정도이다. 자유 간극이 크면 클러치의 차단불량 현상으로 인해 기어의 변속불량 현상이, 간극이 작으면 클러치 디스크가 많이 마멸되어 미끄러짐 현상이 발생하고, 클러치 페달에서 발을 다 떼어야 출발하는 작동 늦음 현상이 발생된다.

2) 클러치 용량

클러치는 엔진의 회전력을 단속하는 장치이므로, 클러치가 전달할 수 있는 회전력을 클러치 용량이라 한다. 클러치 용량은 기관 최대 토크의 1.5~2.5배 정도를 두며 용량이 너무 크면 조작이 어렵고, 접속 충격이 커서 기관이 정지할 우려가 있으며 용량이 너무 작으면 접속은 부드러우나 미끄러짐이 커서 발열량이 크고, 페이싱의 마모가 빠르다.

3) 클러치 관련공식

① 클러치의 전달 토크

$$T = \mu \times F \times r \times N$$

μ : 마찰계수
F : 전달 마찰면의 힘
r : 평균 유효 반지름
N : 클러치의 유효 반지름[m]

② 클러치가 미끄러지지 않을 조건

$$Tfr \geq C$$

③ 클러치의 전달효율

T : 클러치 스프링 장력
f : 클러치 디스크의 평균 반지름
r : 클러치 판과 압력 사이의 마찰 계수
C : 엔진의 회전력

$$2\text{전달효율}(\eta_c) = \frac{\text{클러치로 부터 얻은 출력}}{\text{클러치에 주어진 동력(엔진출력)}} \times 100[\%]$$

$$= \frac{T_2 \times N_2}{T_1 \times N_1} \times 100[\%]$$

T_1 : 엔진 마력
T_2 : 클러치 출력 회전력
N_1 : 기관 회전수
N_2 : 클러치 출력 회전수

2. 클러치의 이상 현상

1) 클러치가 미끄러지는 원인

① 페달의 유격이 작다.
② 스프링 장력이 작다.
③ 클러치판에 오일이 묻었다.
④ 압력판의 마멸스프링이 자유로 감소

2) 클러치 차단이 불량한 이유

① 클러치 유격이 크다.
② 릴리스 포크가 마모되었다.
③ 유압장치에 공기가 유입(vapor lock)되었다.
④ 릴리스 실린더 컵이 손상되었다.

3) 클러치 이상시 나타나는 증상

① 등판능력이 저하된다.
② 가속력이 저하된다.
③ 연료 소비가 증대된다.
④ 등판시 클러치 디스크 손상으로 비누타는 냄새가 난다.
⑤ 엔진이 과열된다.

제2절 변속기

수동식 변속기는 엔진과 추진축 사이 또는 엔진과 차동 기어 사이에 설치되어 엔진의 동력을 자동차의 주행상태에 따라 회전력과 속도로 바꾸어 구동바퀴에 전달하는 장치이며 슬라이딩 기어식, 상시물림식, 동기물림식이 있다.

1_ 변속기 일반

1. 변속기의 개요

1) 변속기의 필요성

① 회전력 증대
② 시동시 무부하로 하기 위해
③ 자동차를 후진하기 위해

2) 변속기의 구비조건

① 전달 효율이 좋을 것
② 단계없이 연속적으로 변속될 것

③ 조작하기 쉽고 신속·확실·정숙하게 변속될 것
④ 소형 경량이고 고장이 없으며 정비하기 쉬울 것

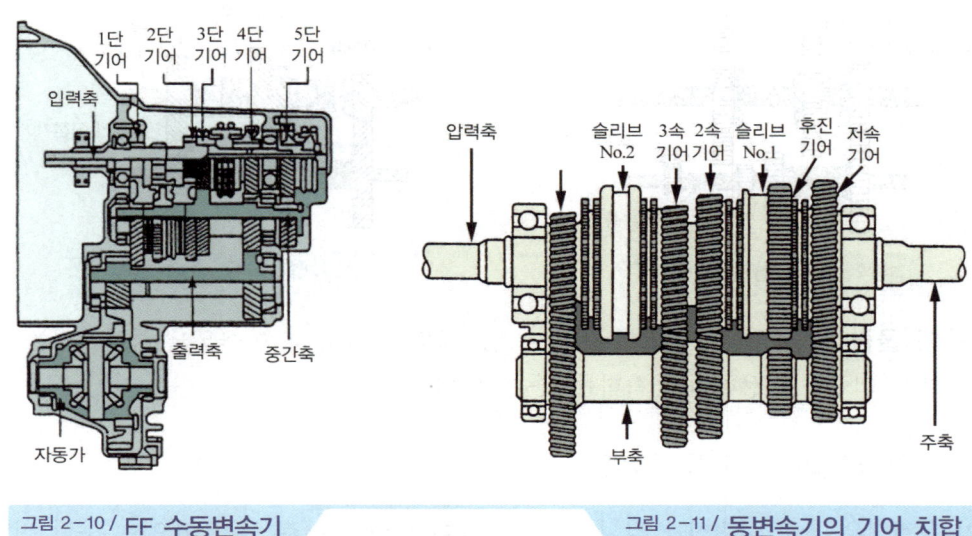

그림 2-10 / **FF 수동변속기**   그림 2-11 / **동변속기의 기어 치합**

2. 수동변속기의 종류

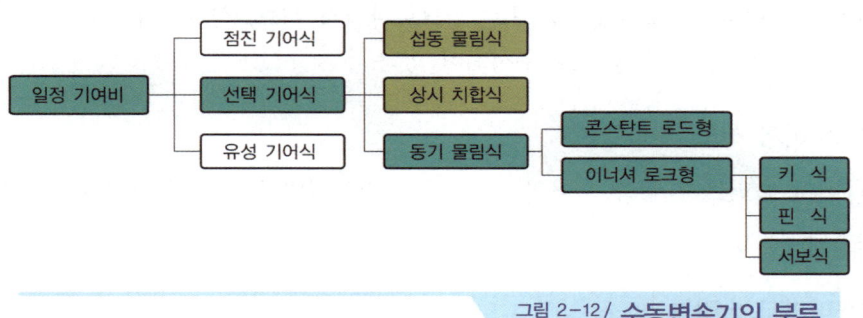

그림 2-12 / **수동변속기의 분류**

1) 점진 기어식

1, 2, 3 각 변속 단을 순서대로 변속하는 변속기로서 2단에서 4단으로 3단을 거치지 않고 변속이 불가능한 변속기이다.

2) 선택 기어식

운전자가 각 단을 자유롭게 선택하여 변속이 가능한 변속기이다

① **활동 기어식** : 주축에 설치된 각단의 기어가 스플라인에 의해 축방향으로 움직여 변속한다.

제1장_동력전달장치 **187**

② 상시 물림식 : 각 단의 기어가 항상 서로 물려 있으며, 동력 전달은 도그 클러치의 결합에 의해서 이루어진다.

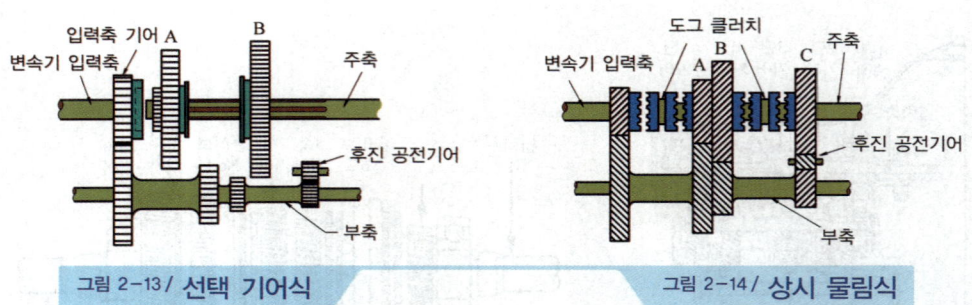

그림 2-13 / **선택 기어식** 　　　그림 2-14 / **상시 물림식**

③ 동기 물림식 : 자동차에 주로 사용하며 입, 출력 기어의 회전 속도를 동기시키는 싱크로메시 기구를 이용하여 변속하는 변속기이다.

3. 동기물림식의 구조 및 작동

동기 물림식은 상시 물림식과 같이 각 단의 기어가 항상 서로 물려 있으며, 동력 전달은 싱크로메시 기구를 이용하여 변속이 이루어진다. 싱크로메시 기구는 기어 변속시 싱크로나이저 링의 원뿔 부분에서 마찰력이 작용하여 주축과 부축의 속도를 동기시켜 변속이 원활하게 이루어지도록 한다. 싱크로메시 기구는 싱크로나이저 허브, 싱크로나이저 슬리브, 싱크로나이저 링, 싱크로나이저 키 등으로 구성되어 있다.

1) 싱크로나이저 허브

싱크로나이저 슬리브가 주축 기어의 콘 기어와 결합되면 주축은 싱크로나이저 허브에 의해서 회전된다.

2) 싱크로나이저 슬리브

시프트 레버의 조작에 의해서 전후 방향으로 섭동하여 기어 클러치의 역할을 한다.

3) 싱크로나이저 링

기어의 콘에 설치되어 기어가 물릴 때 싱크로나이저 키에 의해서 접촉되는 순간 마찰력에 의해서 동기되어 싱크로나이저 슬리브가 각 기어에 설치된 콘 기어와 물리도록 하는 클러치 작용을 한다.

4) 싱크로나이저 키

싱크로나이저 허브 외주의 3개 홈에 설치되어 있으며, 배면에 돌기가 설치되어 싱크로나이저 슬리브의 안쪽 면에 설치된 싱크로나이저 키 스프링의 장력에 의해서 밀착되어 있다.

5) 싱크로나이저 키 스프링

싱크로나이저 슬리브를 고정하여 기어의 물림이 빠지지 않게 하는 역할을 한다.

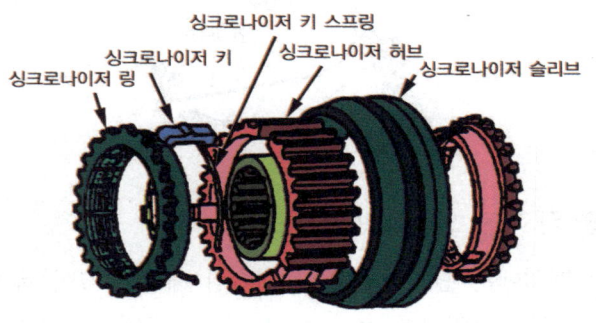

그림 2-15 / 싱크로메시 기구

4. 변속기 조작기구

변속기 조작 방법에는 변속 레버가 변속기 위에서 직접 작용하는 직접 조작방식과 조향 핸들에 변속 레버를 설치하고 링크나 와이어로 연결하여 조작하는 원격 조작방식이 있다.

1) 변속 조작 기구

① **직접 조작 방식** : 변속선택 레버를 변속기에 직접 설치한 형식으로 주로 후륜구동 변속기에 사용한다.

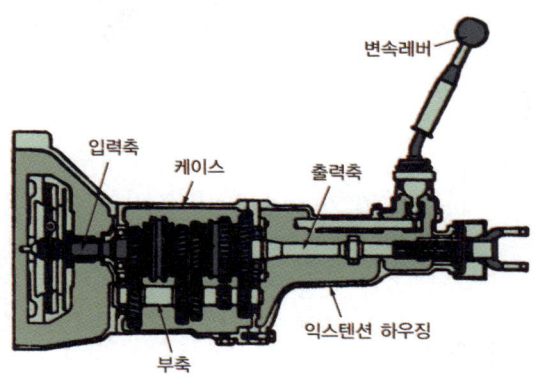

② **원격 조작 방식** : 변속 레버와 변속기 사이를 링크나 와이어 등으로 조작하는 방식으로 주로 전륜구동 방식에서 사용한다.

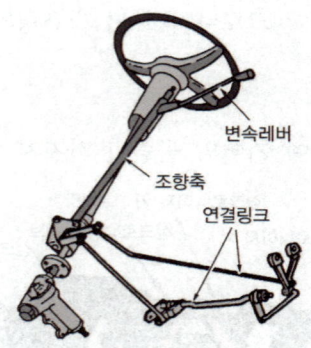

2) 인터록과 로킹볼 및 후진 오동작 방지기구

변속기를 변속하는 레일에는 변속시 인접한 변속기 레일이 같이 움직여 변속기 기어가 2중으로 물리는 것을 방지하는 인터록(inter lock) 장치가 있으며, 변속후에는 기어가 빠지는 것을 방지하기 위해 둔 로킹볼(locking ball) 장치가 있다. 그리고 후진 변속시 기어의 파손을 방지하기 위하여 변속 레버를 누르거나 들어 올려야 하는 후진 오동작 방지 기구가 있다.

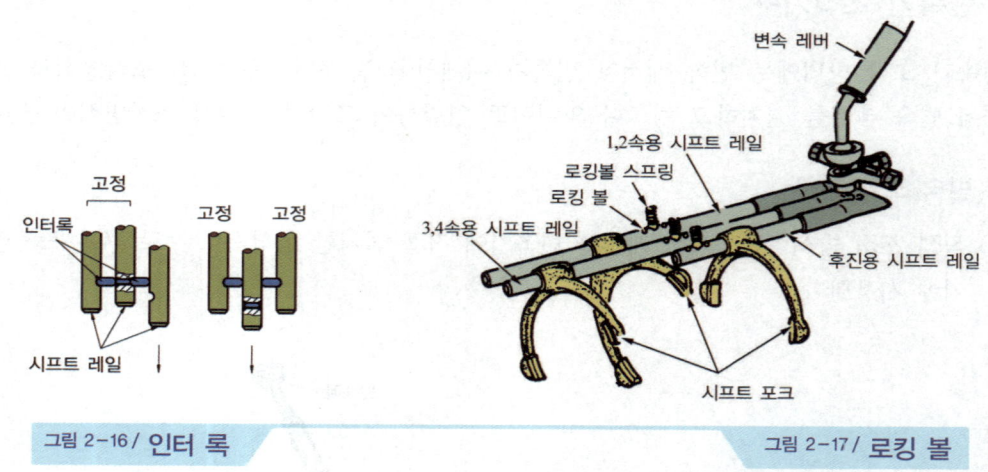

그림 2-16 / 인터 록   그림 2-17 / 로킹 볼

2_ 변속기 성능

1. 변속비

1) 변속비(gear ratio, 감속비)

변속비란 변속기에서 이루어지는 감속비로서 구동기어와 피동기어와의 잇수비를 의미한다. 자동차의 경우 기관의 회전수와 추진축 회전수와의 비를 말한다.

$$변속비 = \frac{엔진의\ 회전수}{추진축의\ 회전수} = \frac{피동기어\ 잇수}{구동기어\ 잇수} \times \frac{피동기어\ 잇수}{구동기어\ 잇수}$$

$$= \frac{부축\ 기어\ 잇수 \times 출력축\ 주축\ 기어\ 잇수}{입력축\ 주축\ 기어\ 잇수 \times 부축\ 기어\ 잇수}$$

2) 종감속비와 총감속비

종감속비란 종감속 기어에서 이루어지는 최종 감속비로 종감속기어의 구동 피니언 기어와 링기어와의 잇수비(감속비)이다. 총 감속비란 변속기와 종감속기에서 이루어지는 감속비로 총감속비 = 변속비×종감속비로 나타낼 수 있다.

3) 차속

① $V = \dfrac{\pi DN}{r_t \times r_f} \times \dfrac{60}{1000}$

② $V = \dfrac{\pi DN_w}{60} \times 3.6$

D : 바퀴의 직경[m]
N : 엔진회전수[rpm]
N_w : 바퀴회전수[mm]
r_t : 변속비
r_f : 종감속비

2. 변속기의 이상 현상

1) 변속기에서 소음발생 원인

① 기어오일 부족이나 변질
② 기어나 베어링 마모
③ 주축의 스플라인이나 부싱의 마모

2) 기어의 변속이 잘 안되는 원인

① 클러치의 차단 불량
② 기어가 마모
③ 싱크로나이저 마모
④ 기어 오일 응고

3) 기어가 잘 빠지는 경우

① 싱크로나이저 허브가 마모
② 록킹 볼 스프링의 장력이 작다.
③ 주축의 베어링 마모

3_ 자동 변속기

자동 변속기는 유성 기어를 이용하여 기어가 연속적으로 변속되고 조작하기 쉬우며, 신속, 확실, 정숙하게 동력을 전달하는 변속기를 말한다.

1. 자동변속기 일반

1) 자동변속기의 특징

① 기어의 변속조작을 하지 않아도 되므로 운전자의 피로가 줄고 안전운전을 할 수 있다.
② 유체 클러치를 사용하기 때문에 발진, 가속, 감속이 원활하여 승차감이 좋다.
③ 유체를 사용하여 작동하기 때문에 충격을 흡수하는 작용을 한다.
④ 구조가 복잡하여 정비가 난해하다.
⑤ 연료 소비율이 수동변속기에 비해 약 10[%] 정도 많다.
⑥ 차를 밀거나 끌어서 시동할 수 없다.
⑦ 주기적인 변속기 오일 교환과 오일 필터 교환으로 유지비가 많이 든다.

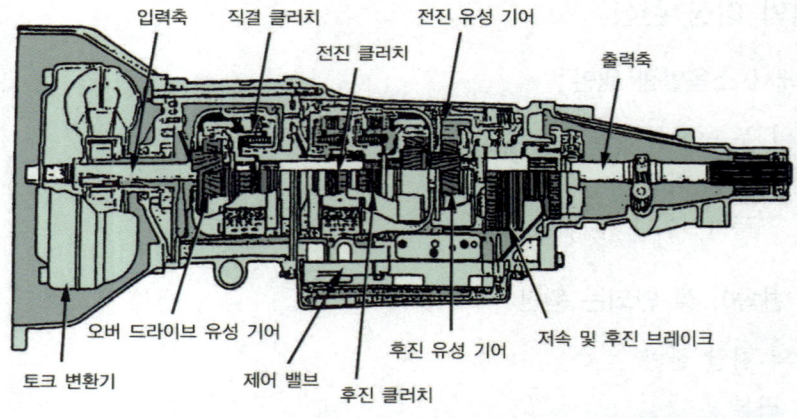

그림 2-18 / **자동변속기 구조**

2) 유체클러치와 토크 컨버터

① 유체 클러치(fluid clutch) : 기관의 회전력을 유체의 운동에너지로 바꾸면 이 에너지를 다시 동력으로 바꾸어서 변속기에 전달하는 클러치로서, 구조가 간단하고 마멸되는 부분이 적으며 자동차가 받는 진동이나 충격 등을 엔진에 직접 전달하지 않고 구동륜에 큰 부하가 걸려도 미끄럼이 증가하여 엔진에 무리를 주지 않는다.

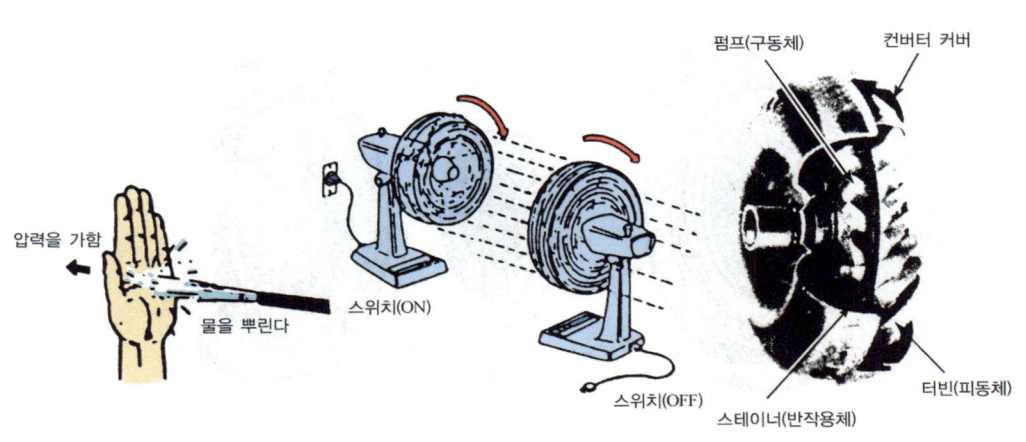

그림 2-19 / **유체 클러치의 원리**

㉠ 유체 클러치의 작동원리 : 2대의 선풍기를 마주하게 놓고 한쪽 선풍기에만 스위치를 넣어 회전시키면 공기의 흐름에 의해 스위치를 넣지 않은 선풍기도 같이 회전한다. 이러한 원리를 이용한 것이 유체 클러치이다. 2개의 날개바퀴에 양간의 틈새를 두고 서로 마주하게 해서 1개의 케이스 안에 넣고 그속에 효율이 좋은 유체를 가득히 채운다. 이러한 상태에서 한 쪽의 날개바퀴를 회전시키면 액체의 흐름에 의해 날개바퀴가 회전하여 동력이 전달된다.

㉡ 유체 클러치의 구조
ⓐ 펌프 임펠러 : 크랭크축에 연결되어 있는 플라이 휠에 설치되어있다.
ⓑ 터빈 런너 : 변속기 입력축 스플라인에 연결되어 동력을 전달한다.
ⓒ 가이드링 : 오일의 와류를 방지하여 전달효율을 증가시킨다.

㉢ 유체 클러치의 특성 : 유체 클러치는 펌프와 터빈 사이의 미끄럼 때문에 전달효율은 최대 97~98[%] 정도이다. 2~3[%]는 유체에 의한 미끄럼 때문에 발생되고, 이런 이유로 자동변속기가 수동변속기보다 연료 소비가 약간 증가하는 원인이 된다.

㉣ 오일의 구비조건
ⓐ 점도가 낮고 비중이 클 것
ⓑ 착화점, 비등점이 높고 응고점이 낮을 것
ⓒ 윤활성이 좋을 것
ⓓ 유성이 좋을 것
ⓔ 내산성이 클 것

② 토크 컨버터(torque converter) : 자동변속기에서 기관의 출력을 받아서 유체를 이용하여 엔진의 동력을 자동변속기에 전달하는 클러치로 유체클러치에 비해 회전력을 증대시키는 기능이 있다.

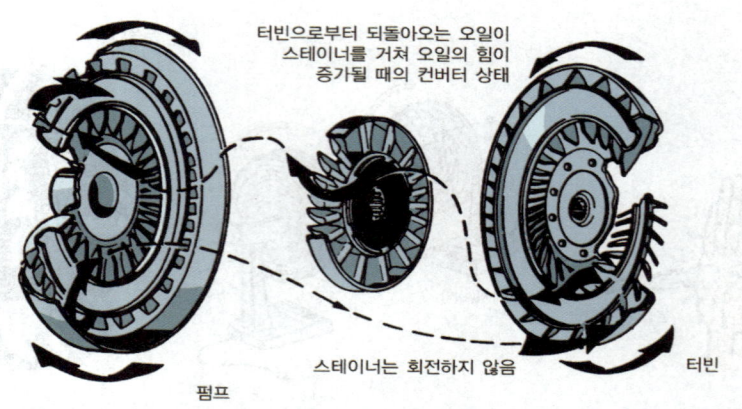

그림 2-20 / 토크 컨버터의 오일 흐름

㉠ 구조
　ⓐ 펌프 임펠러 : 크랭크축에 연결되어 있는 플라이 휠에 설치되었다.
　ⓑ 터빈 런너 : 변속기 입력축 스플라인에 연결되어 동력을 전달한다.
　ⓒ 스테이터 : 오일의 흐름 방향을 바꾸어 회전력 증대
　ⓓ 가이드링 : 와류에 대한 클러치 효율 저하 방지

㉡ 토크 컨버터의 성능 곡선 : 속도비 n = 0 일 때 펌프는 회전하고 터빈은 정지되어 있는 상태이다. 이 점을 스톨 포인트(stall point), 이 때의 토크를 스톨 토크(stall torque)라 하며, 이 때 최대 토크가 발생한다.

속도비가 점점 n = 1에 가까워 C 점에 이르면 스테이터는 공전을 시작하고 이 때 C 점을 클러치점(clutch point)이라 한다. 이 때, 토크비는 1이 되어 이 이상의 속도비에서는 토크컨버터는 유체클러치처럼 작동한다. 즉, 토크비 = 1로 하여 효율이 저하하는 것을 방지한다.

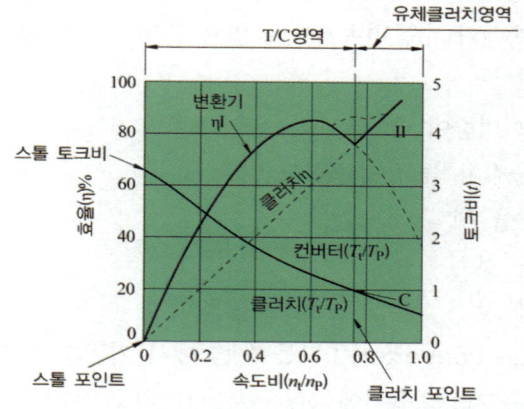

그림 2-21 / 토크컨버터 성능 곡선

ⓒ 토크 컨버터의 전달효율

ⓐ 속도비 : 펌프의 회전속도와 터빈의 회전속도와의 비

즉, 속도비$(n) = \dfrac{터빈 회전수(N_t)}{펌프 회전수(N_p)}$

ⓑ 토크비 : 펌프의 회전력과 터빈의 회전력과의 비

즉, 토크비$(t) = \dfrac{터빈 회전력(T_t)}{펌프 회전력(T_p)}$

ⓒ 전달효율 : 펌프에서 발생한 동력과 터빈에 전달된 동력과의 비
동력은 회전력×회전수 이므로,

전달효율$(\eta) = t \times n = \dfrac{터빈 회전력(T_t)}{펌프 회전력(T_p)} \times \dfrac{터빈 회전수(N_t)}{펌프 회전수(N_p)}$

2. 자동변속기 구성

1) 유성기어의 원리

① 유성기어 장치 : 유성기어 장치는 선기어, 링기어, 유성기어, 유성기어 캐리어로 구성되어 있으며, 선기어, 링기어, 유성기어 캐리어 세가지 요소를 고정 및 해제시켜 자동으로 변속한다.

㉠ 선 기어 : 변속기 출력축에 베어링을 두고 설치되어 있으며 보통때는 공회전을 한다.

㉡ 유성 기어 캐리어 : 변속기 출력축의 스플라인에 설치되어 있으며, 선 기어와 물리는 3개의 유성 기어를 지지하고 변속기 주축과 같이 회전한다.

㉢ 링 기어 : 링 기어는 내부에 유성 기어와 물려있고 뒤쪽은 추진축과 연결되어 있다.

그림 2-22 / 유성기어의 구조

② 유성 기어의 작동과 출력

(↑ : 증속, ↓ : 감속)

고정부분	회전부분	출력	변속비
선 기어	유성 기어 캐리어	링 기어(↑)	$\dfrac{A}{A+D}$
	링 기어	유성 기어 캐리어(↓)	$\dfrac{A+D}{D}$
유성 기어 캐리어	선 기어	링 기어 역전(↓)	$-\dfrac{D}{A}$
	링 기어	유성 기어 캐리어 역전(↑)	$-\dfrac{A}{D}$
링 기어	선 기어	유성 기어 캐리어(↓)	$\dfrac{A+D}{A}$
	유성 기어 캐리어	선 기어(↑)	$\dfrac{A}{A+D}$

A : 선 기어 잇수
C : 유성 기어 캐리어 잇수
D : 링 기어 잇수

선 기어, 유성 기어 캐리어, 링 기어의 3요소 중 2개요소를 고정하면 엔진의 회전수와 같다.(즉 등속이다.)

㉠ 증속의 경우 : 유성 기어 캐리어를 입력, 링 기어를 출력의 조건으로 하였을 경우로 선 기어를 고정하고 유성 기어 캐리어를 회전시키면 링 기어는 증속된다. 그림은 선 기어를 고정하고 유성 기어 캐리어를 회전시키는 경우를 나타낸 것으로 링 기어의 회전은 유성기어 캐리어의 회전에 선 기어의 잇수가 더해져 증속이 이루어진다.

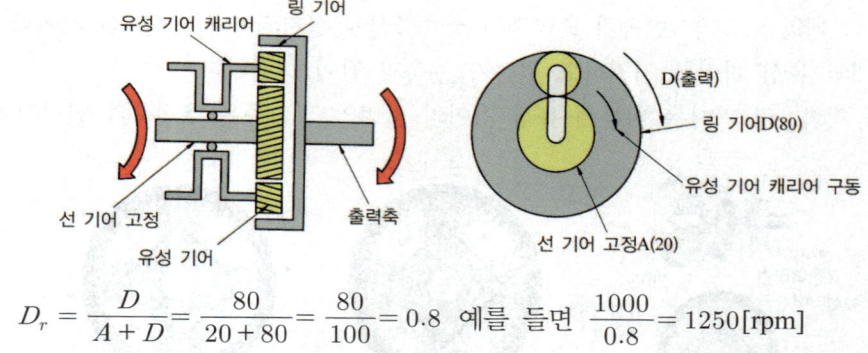

$D_r = \dfrac{D}{A+D} = \dfrac{80}{20+80} = \dfrac{80}{100} = 0.8$ 예를 들면 $\dfrac{1000}{0.8} = 1250[\text{rpm}]$

㉡ 감속의 경우 : 링 기어를 입력, 유성 기어 캐리어를 출력의 조건으로 하였을 경우로 선 기어를 고정하고 링 기어를 회전시키면 유성기어 캐리어는 감속된다. 선 기어를 고정하고 링 기어를 회전시키는 경우 유성기어 캐리어의 회전은 링 기어 잇수대 선 기어의 잇수에 의해서 감속 회전을 한다.

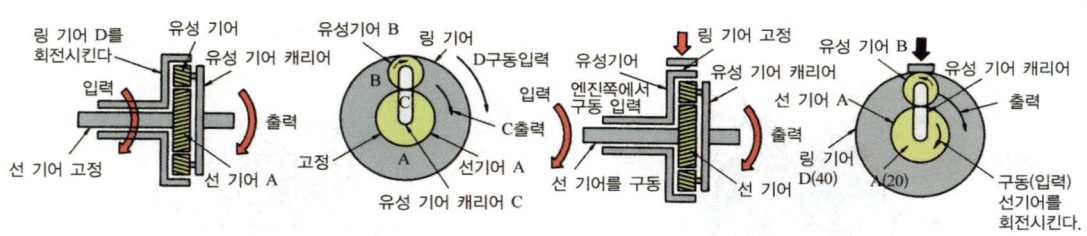

$$C_r = \frac{A+D}{D} = \frac{20+40}{40} = 1.5$$

(a) 선 기어 고정 후 감속할 경우

$$C_r = \frac{A+D}{A} = \frac{20+40}{20} = \frac{60}{20} = 3$$

(b) 링 기어 고정 후 감속할 경우

ⓒ 역전의 경우 : 역회전은 선 기어를 입력, 링 기어를 출력의 조건으로 하였을 경우로 유성기어 캐리어를 고정하고 선 기어를 회전시키면 링 기어는 역전 감속이 된다. 유성기어 캐리어를 고정하고 선 기어를 회전시키는 경우 링 기어의 회전은 선 기어에 대하여 역방향으로 회전하며, 선기어의 잇수대 링 기어의 잇수에 의해서 감속이 이루어진다.

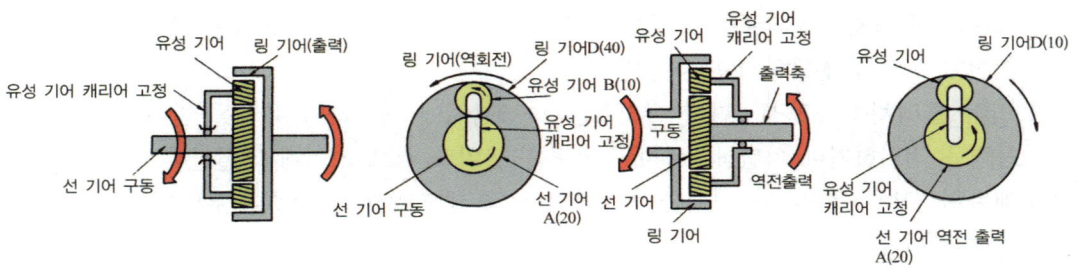

$$\frac{링기어(D)}{선기어(A)}(역전)\frac{40}{20} = -2$$

(a) 역전 감속시

$$변속비 = \frac{A}{D} = \frac{20}{40} = -0.5$$

(b) 역전 증속시

③ 유성기어의 종류

㉠ 단순 유성기어 : 싱글 피니언식, 더블 피니언식

그림 2-23 / 싱글 피니언식   그림 2-24 / 더블 피니언식

  © 복합 유성기어 : 심프슨(simpson) 형식, 라비뇨(ravineau) 형식

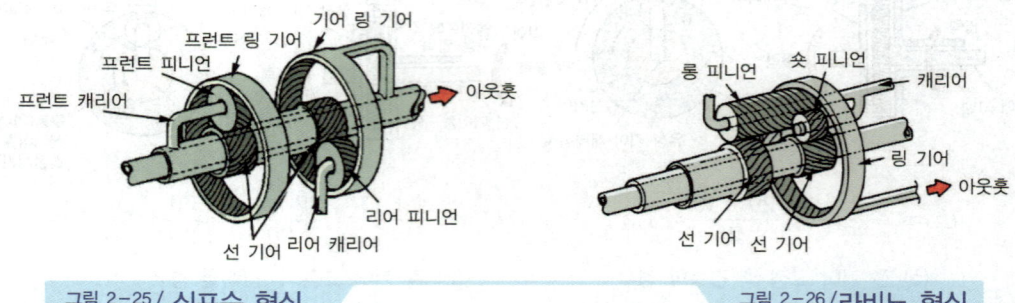

그림 2-25 / **심프슨 형식**   그림 2-26 / **라비뇨 형식**

2) 자동변속기 구성부품

① **오일 펌프** : 오일 펌프는 내접 기어를 사용하며 토크 컨버터 하부에 연결되어 유압을 발생하고 자동변속기가 필요로 하는 오일을 변속기 각부와 토크컨버터에 보내주어 각부의 윤활 및 유압제어 작동유압 등을 발생한다.

② **프론트 클러치(3 ~ 후진)** : 프론트 클러치는 3속 및 후진시 작동하며 유압을 받아 링 기어에 동력을 전달하거나 차단한다.

③ **리어 클러치(1 ~ 3단)** : 리어 클러치는 1 ~ 3속시에 작동하며 유압을 받아 선 기어에 동력을 전달하거나 차단함으로서 구동력을 포워드 서브 기어에 전달한다.

④ **매뉴얼 밸브** : 운전자가 선택한 변속기의 선택 레버 위치에 맞추어 유압회로를 제어하는 밸브이다.

  ⓘ 시프트 밸브 : 자동차의 주행속도나 엔진의 부하에 따라 오일의 회로 압력을 이용하여 유성 기어 장치를 제어하여 자동변속을 할 수 있게 하는 밸브이다.

  ⓙ 거버너 밸브 : 변속기에 알맞은 유압을 얻기 위해 밸브의 오일 배출구가 열리는 정도를 제어하는 밸브이다.

⑤ **스로틀 밸브(기계식 자동변속기에만 장착)** : 엔진의 TPS(액셀러레이터의 밟는량)와 출력에 비례하여 적당한 유압을 발생하게 하는 밸브이다.

⑥ **각종 밸브 기구**

  ⓘ 체크 밸브 : 한쪽방향으로만 흐르는 밸브로서 유압의 역류를 방지한다.

  ⓙ 압력조절(릴리프) 밸브 : 회로 내의 오일 압력이 규정값 이상이 되는 것을 막고 엔진 정지시 토크 컨버터로부터 오일의 역류를 방지하며 변속시 충격을 방지하는 역할을 한다.

  ⓚ 레귤레이터 밸브 : 오일 펌프에서 발생하는 유압을 일정한 회로압으로 유지될 수 있도록 어저스팅 스크루 스프링 힘으로 모든 운전조건에 적응하도록 조정하는 역할을 한다.

⑦ 펄스 제너레이터A : 고속주행시 변속 레버 위치를 D위치에 선택하고 주행의 킥다운 드럼의 회전수를 검출하여 TCU 또는 ECU에 보내준다.
⑧ 펄스 제너레이터B : 자동변속기 선택 레버 위치에 따라서 자동차의 주행속도를 파악하기 위해 드라이브 기어의 출력축 회전수를 검출하여 TCU 입력시키는 것이다.
⑨ 인히비터 스위치 : N 또는 P 위치에서만 시동이 되게 하는 새프티(safety) 기능과 컨트롤 레버의 위치검출, R위치에서 후진등의 점등 역할을 한다.
⑩ 킥다운 서보 스위치 : 운전자가 액셀레이터를 급격히 많이 밟았을 때 킥다운 밴드의 작동시점을 검출하는 스위치이다.

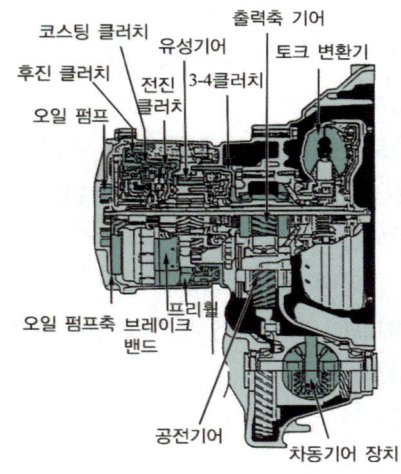

그림 2-27 / FF 차량의 자동 트랜스 액슬

3) 자동변속기 오일(ATF) 및 각종 점검

① 역할
  ㉠ 토크 컨버터 내의 작동 유체로서 동력을 전달하는 작용을 한다.
  ㉡ 기어 또는 베어링 등의 회전 부분에 공급되어 윤활 작용을 한다.
  ㉢ 밸브, 클러치, 브레이크 등을 작동시키는 작동을 한다.
  ㉣ 마찰 부분에 공급되어 냉각 작용을 한다.
  ㉤ 변속기에 충격을 흡수하는 완충 작용을 한다.

② 구비 조건
  ㉠ 점도가 낮을 것
  ㉡ 비중이 클 것
  ㉢ 착화점이 높을 것
  ㉣ 내산성이 클 것

ⓜ 유성이 좋을 것

ⓑ 비점이 높을 것

③ 자동변속기 오일(ATF)의 점검

　㉠ 유온이 60~70[℃](냉각수 온도 85~95[℃])에 이를 때까지 주행하거나 시프트 레버를 N레인에 위치시킨 상태에서 엔진을 공회전시켜 유온이 60~70[℃]가 되도록 한다.

　㉡ 엔진을 공회전 상태로 자동차를 평탄한 장소에 정차시킨다.

　㉢ 시프트 레버를 각 레인지에 2~3회 작동시켜 각 유로 및 토크 컨버터에 오일을 충만시킨 후 N레인지에 위치시키고 주차 브레이크를 작동시킨다.

　㉣ 오일 레벨 게이지를 뽑아 오일의 색을 점검한다.

　　ⓐ 투명한 붉은색 : 정상

　　ⓑ 갈색 : 가혹한 상태로 사용하여 오일이 열화된 경우이다.

　　ⓒ 검정색 : 클러치, 브레이크, 부싱, 기어 등의 마멸에 의해 오염된 경우이다.

　　ⓓ 황색 : 오일이 파열되는 경우이다.

　　ⓔ 우유색 : 냉각수가 혼입된 경우이다.

　㉤ 오일 레벨 게이지의 "HOT" 범위에 있는가 확인하고 부족시에는 "HOT" 범위가 되도록 ATF을 보충한다.

　㉥ 이물질이 유입되지 않도록 주의하면서 오일 레벨 게이지를 확실하게 끼운다.

4) 자동변속기 성능 시험

자동변속기 성능 시험으로는 스톨 테스트, 유압 테스트, 타임래그 테스트 시험이 있다.

① **스톨 테스트(stall test)** : 스톨 테스트는 선택 레버를 D 또는 R에 위치시키고 스로틀을 완전히 개방시켰을 때 최대 엔진 속도를 측정하여 엔진 성능, 트랜스미션의 성능을 시험하기 위한 것으로 엔진의 구동력, 토크 컨버터의 동력전달 기능, 클러치의 미끄러짐, 브레이크 밴드의 미끄러짐 등을 점검한다.

　㉠ 시험방법

　　ⓐ 엔진을 워밍업시킨다.

　　ⓑ 뒷바퀴 양쪽에 고임목을 받친다.

　　ⓒ 엔진 타코미터를 연결한다.

　　ⓓ 주차 브레이크를 당기고, 브레이크 페달을 완전히 밟는다.

　　ⓔ 선택 레버를 "D"에 위치시킨 다음 액셀레이터 페달을 완전히 밟고 엔진 rpm을 측정한다.(이 때, 주의할 사항은 이 테스트를 5초 이상하지 않는다.)

　　ⓕ D레인지에서의 테스트를 R에서도 동일하게 실시한다.

ⓖ 규정값 : 2,000 ~ 2,400[rpm]
ⓒ 판정
　ⓐ "D" 레인지에서 규정값 이상일 때 : 뒤 클러치나 오버 런닝 클러치의 슬립
　ⓑ "R" 레인지에서 규정값 이상일 때 : 앞 클러치나 로우 브레이크의 슬립
　ⓒ "D"와 "R"에서 규정값 이하일 때 : 엔진 출력 저하 및 토크 컨버터 고장

② 유압 테스트(라인 압력 시험)
ⓐ 자동변속기 유온이 정상작동온도(80 ~ 90[℃])가 되도록 충분히 워밍업시킨다.
ⓑ 잭으로 앞바퀴를 들어 올려 차량 고정용 스탠드를 설치한다.
ⓒ 진단 장비(scan tool)를 설치하여 엔진 회전수를 선택한다.
ⓓ 자동변속기 케이스에서 오일 압력 테스트 플러그를 탈거하고 오일 압력 게이지 30[kg$_f$/cm^2]를 설치한다.
ⓔ 엔진을 시동하여 엔진 공회전속도를 점검한다.
ⓕ 다양한 위치(N, D, R)와 조건에서 오일 압력을 점검하여 측정값이 규정범위 내에 있는가를 확인한다. 규정값을 벗어날 경우 유압 조정방법을 참고하여 수리한다.

③ 타임 래그 테스트(time lag test, 시간 지연 시험)
ⓐ 공전 rpm에서 N→D, N→R로 변속한 순간부터 동력이 전달될 때 까지의 시간 (1.2초)을 측정하여 변속기의 유압 상태를 판정한다.
ⓑ 지연시간이 길면 라인 압력이 너무 낮은 것을 의미하고, 지연시간이 짧으면 라인압력이 너무 높거나, 브레이크 밴드의 조임 토크가 크거나, 클러치 디스크 틈새가 너무 좁은 지를 점검한다.

5) 오버 드라이브(over drive) 장치

오버 드라이브란 평탄한 도로를 주행시 엔진의 여유출력을 이용하여 추진축의 회전속도를 엔진의 회전속도보다 더 빠르게 구동하는 장치이다.

① 오버 드라이브 장치의 장점
ⓐ 속도가 30[%] 정도 증가한다.
ⓑ 연료가 10 ~ 20[%]절감 된다.
ⓒ 엔진의 수명이 연장 된다.
ⓓ 주행 소음이 감소된다.

② 오버 드라이브의 종류
ⓐ 기계식 : 변속기 내부에 증속 기어를 두고 변속 레버로 작동하는 형식이다.
ⓑ 자동식 : 변속기 내부에 유성 기어 장치를 설치하여 자동차가 40[km/h] 이상이 되면 자동적으로 작동하는 형식이다.

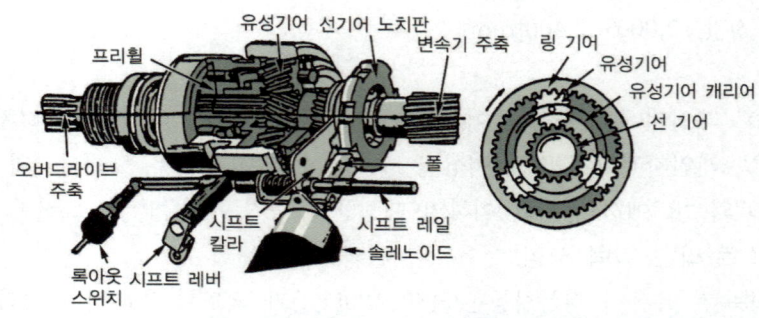

그림 2-28 / 자동변속기 오버 드라이브 장치의 구성

4_ 무단변속기(CVT)

1. 무단변속기 일반

1) 무단 변속기 개요

무단 변속기(CVT : Continuously Variable Transmission)는 주행 중 변속을 연속적으로 가변 시키는 변속기로서 무단으로 변속을 실행하므로 변속기에서 발생할 수 있는 변속 충격 방지 및 연료 소비율 향상과 가속 성능이 우수하다.

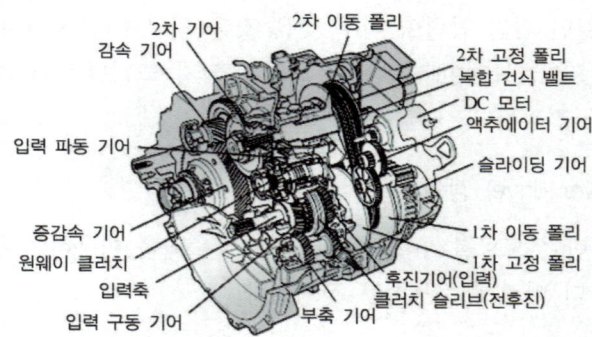

① 무단 변속기의 장점
  ㉠ 가속 성능의 향상 : CVT는 변속비가 무단계로 연속적으로 이루어지므로 엔진 회전 속도를 일정 한 구간으로 유지하여 변속할 수 있기 때문에 운전자의 성향에 따라 필요한 구동력의 영역으로 운전을 할 수 있어 가속성이 향상된다.
  ㉡ 연비 향상 : 무단 변속기는 중간에 동력이 차단되는 변속이 없으므로 댐퍼 클러치 영역을 기존 자동변속기보다 크게 할 수 있다. 또 최소 연비곡선을 따라 운전할 수 있기 때문에 연비가 향상된다.
  ㉢ 변속시 충격 감소 : 무단계로 변속되기 때문에 출력축 회전력의 변동에 의한 차이가

없어 변속시 충격이 없다.
ㄹ 무게 감소 : 기존의 자동변속기보다 무단변속기의 부품 수가 적어 중량이 가볍다.

2) 무단 변속기의 종류

① 동력 전달방식에 의한 분류

ㄱ 토크 컨버터 방식 : 기존의 자동변속기에서 사용하는 토크 컨버터와 동일한 방식을 사용하며 무단 변속기 특성상 댐퍼 클러치 제어 영역을 자동변속기에 비해 작동 영역을 크게 할 수 있어 연료 소비율이 향상 된다.

ㄴ 전자 분말 방식 : 전자 분말을 밀폐된 공간에 넣고 바깥쪽 구동축에 전자석을 설치하고 안쪽에는 변속기 입력축을 설치하여 코일에 전원을 가하면 전자 분말이 자화하여 입력축과 출력축이 연결된다.

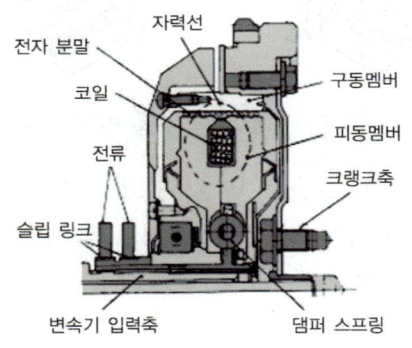

그림 2-29 / 전자 분말 방식

② 변속벨트 방식에 의한 분류

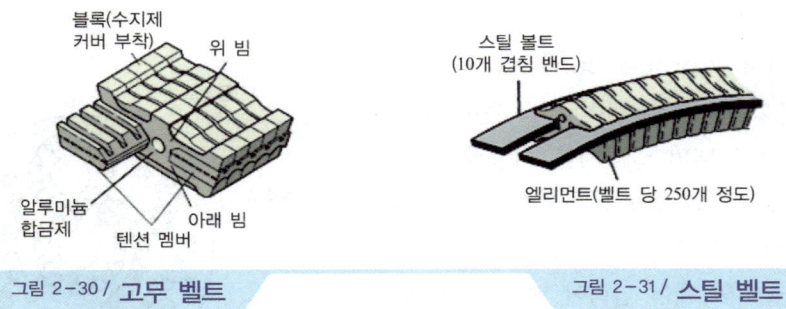

그림 2-30 / 고무 벨트   그림 2-31 / 스틸 벨트

ㄱ 고무 벨트(rubber belt) 방식 : 알루미늄 합금 블록의 측면을 내열 수지로 성형한 고무 벨트는 높은 마찰 계수를 유지하는 효과를 얻을 수 있고, 벨트를 누르는 힘인 추력을 작게 할 수 있다.

ㄴ 스틸 벨트(steel belt) 방식 : 특수합금으로 정밀하게 가공된 두께 0.2mm의 금속 밴

드를 12장씩 겹친 밴드 사이에 끼워 넣은 상태로 되어 있으며, 고무 벨트 방식은 인장력으로 동력을 전달하지만 금속 벨트 방식은 금속 블록 사이의 압축력에 의해서 동력을 전달한다.

③ 트랙션 구동(traction drive 또는 트로이달, 익스트로이드) 방식 : 탄성의 오일 막을 이용하여 금속의 전동체로 사용하여 입력축과 출력축 원판에 하중 P를 작용시키고, 롤러(roller)가 A점을 중심으로 회전함에 따라 유효 접촉 반지름인 Ri 와 Ro가 변화한다. 마찰 바퀴는 토로이드(toroid)라 하며, 레이스(race)와 롤러는 직접 접촉하지 않고 그 사이에 존재하는 유막의 전단력에 의해 동력이 전달된다.

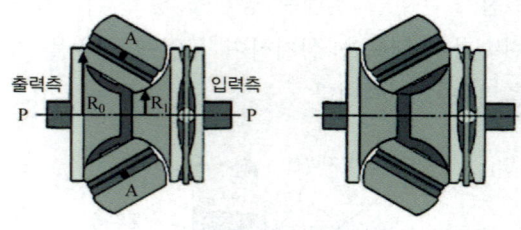

그림 2-32 / **트랙션 구동 방식의 특징**

㉠ 변속 범위가 넓으며, 높은 효율을 낼 수 있고, 작동 상태가 정숙하다.
㉡ 큰 추진력 및 회전면의 높은 정밀도와 강성이 필요하다.
㉢ 무게가 무겁고, 전용의 오일을 사용하여야 한다.
㉣ 마멸에 따른 출력 부족 가능성이 크다.

2. 무단변속기 작동 및 제어

1) 무단 변속기의 구성 요소와 작동

① 토크 컨버터(torque convertor) : 기존의 자동변속기의 토크 컨버터의 주요 부품을 공용화 하고 댐퍼 클러치를 내장하고 있다.
② 오일 펌프(oil pump) : 풀리에서 금속 벨트의 미끄럼이 일어날 경우 내구 성능에 치명적이므로 풀리의 제어 압력이 기존의 자동변속기 제어 압력보다 더욱 큰 압력이 요구된다.
③ 전후진 장치
  ㉠ P & N 레인지일 때 : P와 N 레인지에서는 전진 클러치와 후진 브레이크는 작동

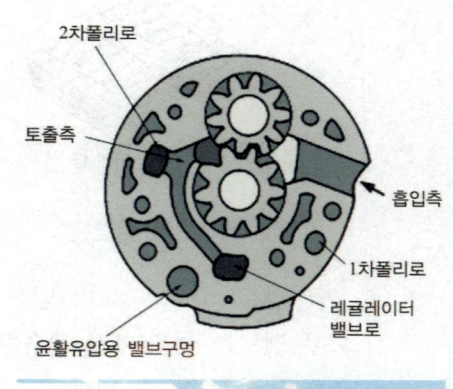

그림 2-33 / **오일펌프**

하지 않고, 입력축에서의 구동력은 1차 풀리로 전달되지 않는다.
ⓛ 전진에서의 작동 : 엔진 → 토크 컨버터 → 입력축 → 전진 클러치 → 유성 캐리어 → 출력(1차 풀리)이다.
ⓒ 후진에서의 작동 : 엔진 → 토크 컨버터 → 입력축 → 선 기어 → 피니언 → 피니언 → 유성 캐리어 → 출력(1차 풀리)이다.

④ 가변 풀리(variation pulley) : 지름이 다른 풀리 2개가 벨트를 통하여 연결되어 있으며, 각 풀리는 벨트가 설치되어 지름을 변경할 수 있도록 되어 있다.

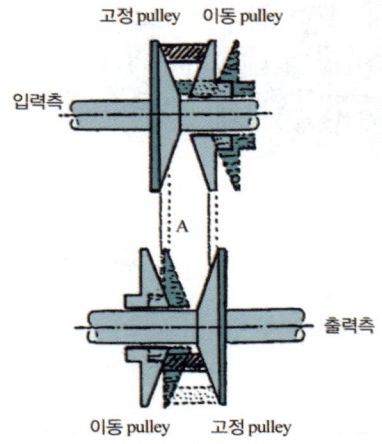

㉠ 저속에서의 작동
  ⓐ 1차 풀리 : 최대한 벌어져 금속 벨트가 제일 안쪽으로 들어가게 되어 1차 풀리 축의 중심에서 반지름이 가장 작아진다.
  ⓑ 2차 풀리 : 최대한 좁혀져 금속 벨트가 가장 바깥쪽으로 가게 되어 2차 풀리 중심에서 반지름이 가장 커진다. 따라서 구동력이 최대가 된다.

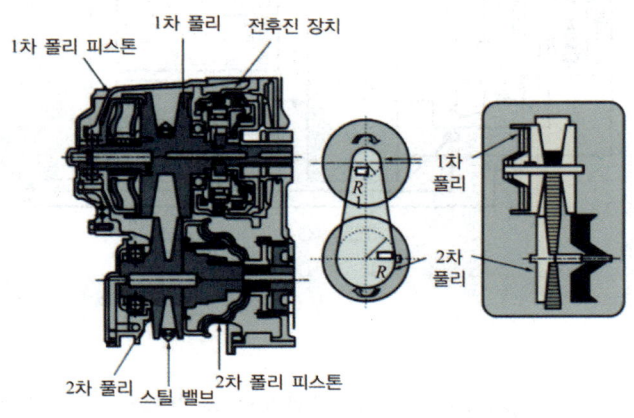

그림 2-34 / 저속에서 풀리의 작동

ⓒ 고속에서의 작동 : 저속에서의 작동과는 완전히 반대로 1차 풀리는 최대한 좁혀져 반지름이 가장 커지며, 2차 풀리는 최대한 벌어져 1차 풀리 축의 중심에서 반지름이 가장 작아지게 되어 속도가 고속이 된다.

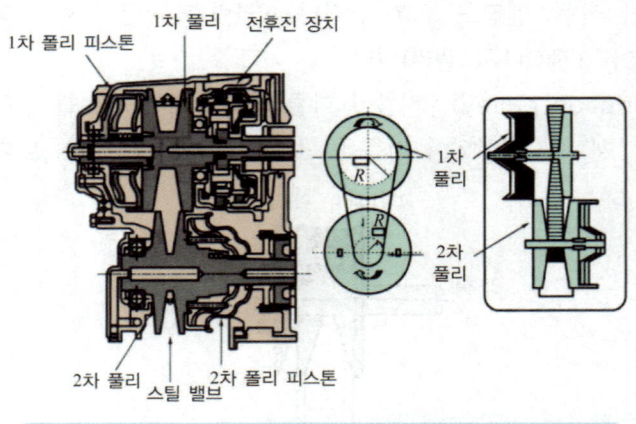

그림 2-35 / 고속에서 풀리의 작동

2) 무단 변속기의 전자 제어

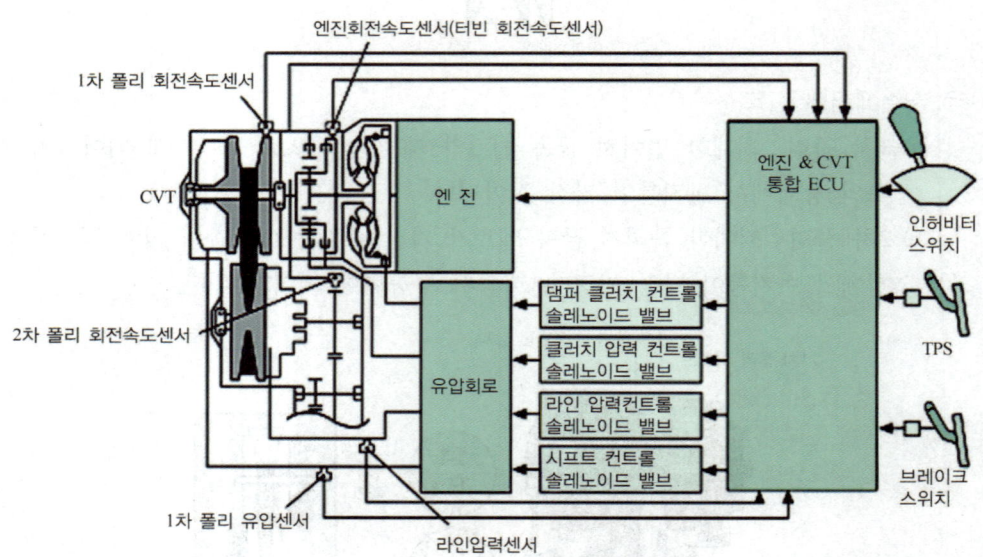

그림 2-36 / 센서의 구성 및 작동 원리

① 구성 요소
  ㉠ 솔레노이드 밸브(solenoid valve) : 솔레노이드 밸브의 기준 유압을 낮추어 기존의 자동변속기용에 비해 작게 제작 할 수 있어 비용 절감과 소음을 감소한다.

ⓒ 오일 온도 센서(oil temperature sensor) : 변속기 오일의 온도를 서미스터로 검출하여 댐퍼 클러치 작동 및 미작동 영역을 검출하고 변속할 때 유압 제어 정보 등으로 사용

ⓒ 유압 센서(oil pressure sensor) : 라인 압력 또는 1차 풀리쪽의 압력 검출용과 2차 풀리쪽의 압력 검출용 2개가 설치되며 검출 압력의 범위는 0~80[kg$_f$/cm^2], 입력 범위는 0.5~4.5[V]이다.

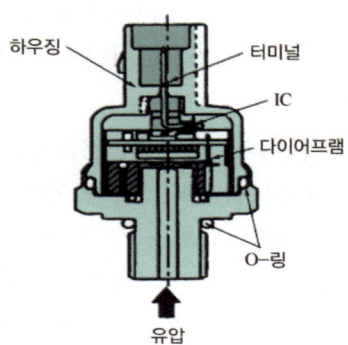

ⓔ 회전속도 센서 : 터빈 회전속도 센서, 1차 풀리 회전속도 센서, 2차 풀리 회전속도 센서로 구성되며 1, 2차 풀리의 회전속도 센서는 공용화가 가능한 홀 센서 형식을 사용한다.

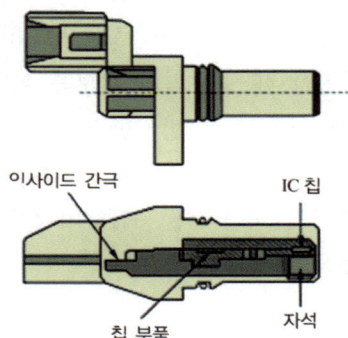

② 유압 제어 계통
  ㉠ 라인 압력 제어 : 20~30bar 정도로서 항상 높은 라인 압력을 유지하기 위해서는 오일 펌프의 구동력이 커지므로 효율을 높이기 위해서는 전달되는 회전력의 크기에 비례하여 적절한 라인 압력을 제어한다.
  ㉡ 제어 밸브의 기능
    ⓐ 레귤레이터 밸브 : 라인 압력을 주행 조건에 따라 적절한 압력으로 조정한다.
    ⓑ 변속 제어 밸브 : 1차 풀리의 유압을 조정한다.

ⓒ 클러치 압력 제어 밸브 : 전진 클러치 및 후진 브레이크의 작동을 조정한다.

ⓓ 댐퍼 클러치 제어 밸브 : 댐퍼 클러치의 작동을 조정한다.

③ 엔진 변속기 총합 제어(Ⅰ) : 엔진 회전력(입력 회전력)에 대응하여 풀리에 작동하는 유압을 조정한다.

㉠ 정확한 엔진 회전력 연산 : 엔진은 정밀한 회전력 제어가 가능, 이정보를 이용하여 벨트를 잡아주는 힘을 최소로 억제하고 유압을 필요 최소량으로 한다.

㉡ 높은 응답 제어 : 대용량의 컴퓨터로 제어하므로 엔진 제어와 무단 변속기 제어 사이의 통신 지연을 배제하고 높은 점도에서 응답성이 우수한 유압 센서를 부착하여 응답 지연을 최소화한다.

㉢ 엔진의 운전 영역 : 엔진의 저속회전 영역에서 개선 효과가 크며 변속비를 단계가 없이 제어하는 무단 변속기와 엔진의 조합에 의해 연료 소비량이 저속회전 영역에서도 운전 속도를 높이며 낮은 연료 소비율을 실현한다.

④ 엔진 변속기 총합 제어(Ⅱ) : 기존의 자동변속기용 인벡스(INVECS : Intelligence Vehicle Control System) Ⅱ를 기본으로 하여 무단 변속기의 무단 변속 특성에 따라 인벡스-Ⅱ보다 진화된 인벡스-Ⅲ를 사용하고 있다.

㉠ 내리막길 제어 : 여러 가지 주행 조건에 의한 엔진 브레이크를 얻을 수 있도록 변속비를 제어하며 가속 페달 또는 브레이크 페달 조작량에 의해서 엔진 브레이크의 과부족을 판정하고 학습 보정 제어를 실시한다.

㉡ 오르막길 제어 : 오르막길을 주행할 때 리프트 풋(lift foot)에 따른 불필요한 업 시프트를 방지하고 다시 가속할 때 구동력의 확보를 위해 1차 풀리 회전속도를 증대하여 엔진 회전속도가 저하되는 것을 방지한다.

⑤ 댐퍼 클러치 제어

㉠ 작동 시점의 저속화 : 엔진의 회전력에 응답하여 세밀하게 직결 작동 압력을 제어하여 저속에서도 충격 없이 직결한다.

㉡ 댐퍼 클러치 작동 영역

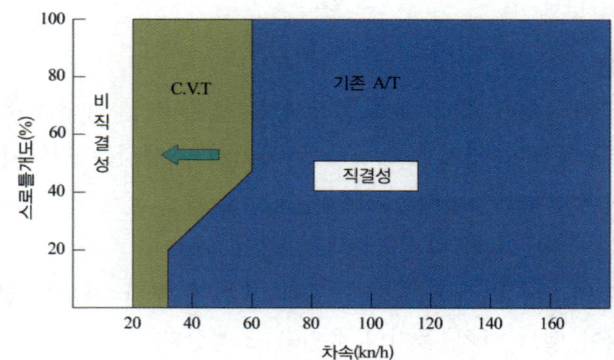

ⓒ 6속 스포츠 모드 제어 : 인벡스-Ⅲ 제어에 의해 운전의 편리성을 실현한 D, Ds 모드에 추가로 스포츠 모드가 있다.
  ㉠ 스포츠 모드의 특성
    ⓐ 변속 레버를 앞뒤로 이동시키는 것만으로 업, 다운 시프트가 가능
    ⓑ 가속 페달을 밟은 상태에서 기어 변속이 가능하다. 이 때문에 출력의 감소없이 운전을 즐길 수 있다.
    ⓒ 굴곡 도로 및 산악 도로에서도 양호한 변속의 패턴을 스스로 선택할 수 있어 곡선 도로 진입 직전이나 경사로 주행 직후의 경쾌한 다운 시프트가 가능하다.
    ⓓ 현재의 변속 패턴을 시프트 표시등으로 점등 표시하여 스포츠 모드에서 변속 레버 조작을 도와준다. 또한 D 레인지의 주행 중에도 변속 패턴을 표시하여 스포츠 모드를 선택할 때의 의지 결정을 도와준다.
    ⓔ 스킵 변속(skip shift)이 가능하다.

5_ 드라이브 라인 및 종감속 장치

드라이브 라인은 후륜구동 차량에서 엔진의 출력을 변속기를 통해 종감속 기어로 전달하는 부분으로 추진축(propeller shaft), 자재이음(universal joint), 슬립 조인트(slip joint) 등으로 구성되어 있다. 종감속 장치는 최종 감속장치로 하이포이드 기어를 주로 사용하고 있으며 종감속 장치 내부에는 차동기어가 같이 조립되어 있다.

1. 드라이브 라인

1) 추진축(propeller shaft)

추진축은 강한 비틀림을 받으면서 고속으로 회전하기 때문에 이에 견디도록 속이 빈 강관으로 되어 있으며, 회전할 때 평형을 유지하기 위한 평형추와 길이 변화에 대응하기 위한 슬립 조인트가 설치되어 있다. 추진축의 재료는 탄소강, 니켈강, 니켈-크롬강 등을 사용한다.

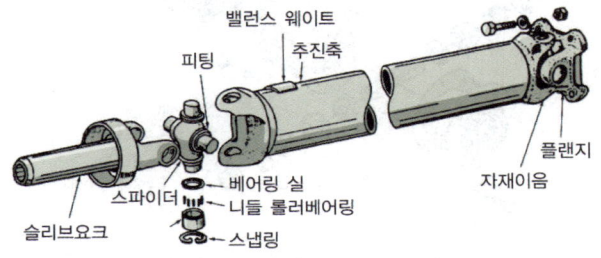

그림 2-37 / 추진축의 구조

① 추진축의 위험 회전수(N)

$$N = 0.121 \times 10^9 \cdot \frac{\sqrt{D_1^2 + D_2^2}}{l^2}$$

D_1 : 추진축의 바깥지름[mm]
D_2 : 추진축의 안지름[mm]
l : 추진축의 길이[mm]

2) 자재이음(universal joint)

자재이음은 각도를 가진 2개의 축사이에 동력을 전달할 때 사용하며 십자형 자재이음, 트러리언 자재이음, 플렉시블 이음, 등속도 자재이음 등이 있다.

① 십자형 자재이음(cross and roller universal joint) : 중심부의 십자축과 두 개의 요크로 되어 있으며 십자축과 요크는 롤러 베어링을 사이에 두고 설치되어 있고 엔진의 회전력이 추진축이 1회전마다 2회의 가속과 감속을 반복하며 구동바퀴에 전달되기 때문에 동력 전달장치 전체에 진동이 발생한다.

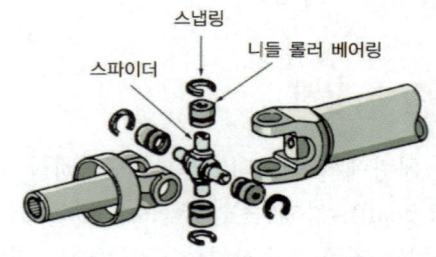

그림 2-38 / 십자형 자재이음의 구조

② 볼 앤드 트러니언 자재이음(trunion universal joint) : 자재이음과 슬립이음의 역할을 동시에 하는 형식으로 십자형 자재이음에 비하여 마찰이 크고 또한 전동 효율이 낮은 결점이 있어 현재는 별로 사용되지 않는다.

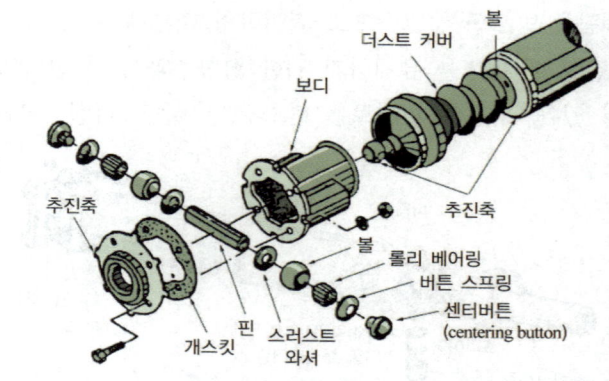

그림 2-39 / 볼 앤 트러니언 자재이음의 구조

③ 플렉시블 이음(flexible joint) : 세갈래로 된 2개의 요크 사이에 웜이나 원심력에 충분히 견딜 수 있는 강한 마직물 또는 가죽을 합쳐서 만든 것 또는 경질 고무로 만든 커플링을 끼우고 볼트로 조인 것인데 마찰부분이 없고 따라서 급유할 필요가 없으며 회전도 조용하나 양축의 경사각은 3~5° 이상으로 되면 회전이 불안전하여 전달효율이 낮고 양쪽의 중심이 잘 맞지 않아 진동을 일으키는 결점이 있다.

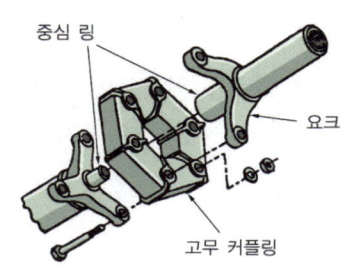

그림 2-40 / 플렉시블 이음

④ 등속도 자재 이음(CV, constant velocity ratio universal joint) : 일반 자재이음은 그 각도 때문에 피동축의 회전 각도가 일정하지 않아 진동을 수반한다. 이것을 방지하기 위하여 만들어진 것이 등속도 자재이음이며 추진축은 경사각이 작을수록 좋으나 앞엔진 앞바퀴 구동, 뒤엔진 뒤바퀴 구동 등에서는 그 구조상 설치각이 커지므로 등속도 자재이음을 사용하며 설치각은 29~45°이다.

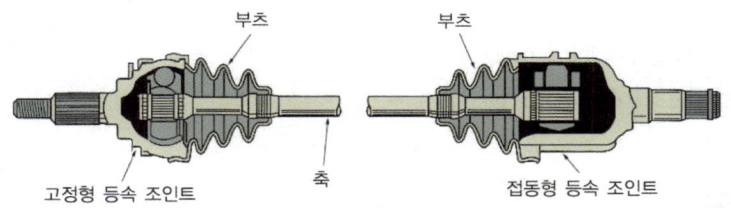

그림 2-41 / 등속 자재이음

3) 슬립 이음(slip joint)

축의 길이 변화를 가능하게 하여, 스플라인을 통해 연결한다. 즉 뒤차축의 상하운동에 의한 길이 변화를 가능하게 해준다.

4) 추진축의 이상 현상

① 추진축 회전시에 소음이 발생되는 원인
    ㉠ 추진축이 휘었다.
    ㉡ 십자축 베어링의 마모이다.
    ㉢ 중간 베어링 마모다.

② 추진축의 진동원인
  ㉠ 밸런스 웨이트가 떨어졌다.
  ㉡ 중간 베어링이 마모되었다.
  ㉢ 요크의 방향이 다르게 조립되었다.

2. 종감속 장치(find reduction gear)

자동차의 뒤차축에 설치되어 차량 중량을 지지하면서 엔진의 회전력을 구동 바퀴에 전달하는 역할을 하는 것으로서 종감속 기어, 차동 기어장치 등으로 구성되어 있다.

1) 종감속 기어(find reduction gear)

추진축에서 받는 동력을 직각이나 또는 직각에 가까운 각도를 바꾸어 뒤차축에 전달함과 동시에, 자동차의 용도에 따른 회전력의 증대를 위하여 최종적인 감속을 하기 때문에 종감속 장치라 하며 그 감속비를 종감속비라 한다.

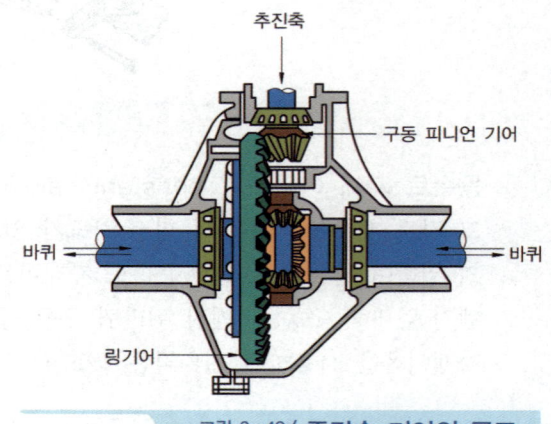

그림 2-42 / 종감속 기어의 구조

① 종감속 기어의 종류
  ㉠ 웜기어(worm gear)
  ㉡ 스파이럴 베벨기어(spiral bevel gear)
  ㉢ 하이포이드 기어(hypoid gear)

그림 2-43 / 웜기어   그림 2-44 / 스파이럴 베벨기어   그림 2-45 / 하이포이드 기어

② 종감속 기어의 특징
  ㉠ 웜 기어 : 감속비를 크게 할 수 있고 차고를 낮게할 수 있는 장점이 있으나 전달효율이 낮고, 역전이 어려우며, 발열되기 쉬워 현재는 사용하지 않는다.
  ㉡ 스파이럴 베벨기어 : 구동 피니언 기어와 링기어의 중심을 일치시킨 것이다. 스퍼 베벨기어보다 기어의 물림률이 크고, 회전이 원활하며 전달효율이 좋은 장점이 있다.

그러나 회전시 축방향으로 추력이 생기므로 테이퍼 롤러 베어링을 사용하여야 한다.
ⓒ 하이포이드 기어 : 현재 많이 사용되고 있는 형식으로 구동 피니언 기어의 축이 링 기어의 중심보다 약 10~20[%] 낮게 옵셋(off set)된 것으로, 옵셋에 의해 추진축의 높이를 낮게 할 수 있어 차고가 낮아져 안정성이 증대되며 스파이럴 베벨기어와 비교하여 감속비와 링 기어의 크기가 같은 경우 구동 피니언을 크게 할 수 있으므로 강도가 커진다. 또한 기어의 물림률이 커 회전이 정숙하나 기어가 축과 직각 방향으로 접촉하여 압력이 크기 때문에 특별한 윤활유를 사용해야 하고 제작이 어려운 단점이 있다.

③ **종감속비** : 종감속비는 링기어의 잇수와 구동 피니어 기어의 잇수비로 나타내며, 종감속비는 특정한 기어끼리 항상 맞물리는 것을 방지하여 일정하게 마멸되게 하기 위하여 나누어 떨어지지 않는 수로 한다. 또한 종감속비는 엔진의 출력, 가속성능, 등판성능 등에 중대한 영향을 미치므로 일반적인 종감속비는 승용차의 경우 4~6, 대형차의 경우 5~8 정도이다.

$$종감속비 = \frac{링기어의 잇수}{구동 피니언의 잇수}$$

④ **종감속 기어 접촉의 종류**
  ㉠ 힐(heel) 접촉 : 이의 바깥쪽 접촉
  ㉡ 토우(toe) 접촉 : 이의 안쪽 접촉
  ㉢ 페이스(face) 접촉 : 이의 위쪽 접촉
  ㉣ 플랭크(flank) 접촉 : 이의 아래쪽 접촉

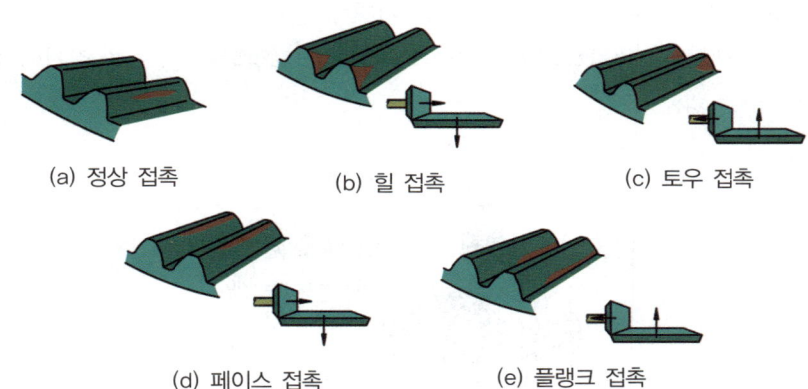

(a) 정상 접촉   (b) 힐 접촉   (c) 토우 접촉
(d) 페이스 접촉   (e) 플랭크 접촉

2) 차동장치(differential gear)

차량 회전 주행시 양쪽 바퀴가 미끄러지지 않고 원활히 회전되도록 바깥 바퀴를 안쪽 바퀴보다 더 많이 회전시키며, 요철 길을 통과할 때 양 바퀴의 회전수를 다르게 하여 원활한 회전을 가능하게 하는 장치이다.

① **차동장치의 원리** : 차동장치는 래크와 피니언의 원리를 이용한 것으로, 양 쪽의 무게가 동일할 때 잡아당기면 래크는 하중이 같으므로 어느 쪽으로도 회전하지 못하고 당긴 만큼 올라간다. 한 쪽을 고정시켜 놓고 당기면 가운데 피니언 기어가 회전하면서 다른 쪽 기어는 피니언의 자전만큼(A가 올라갈 거리만큼) 더 많이 올라가게 된다. 이 원리를 이용한 것이 차동기어이다.

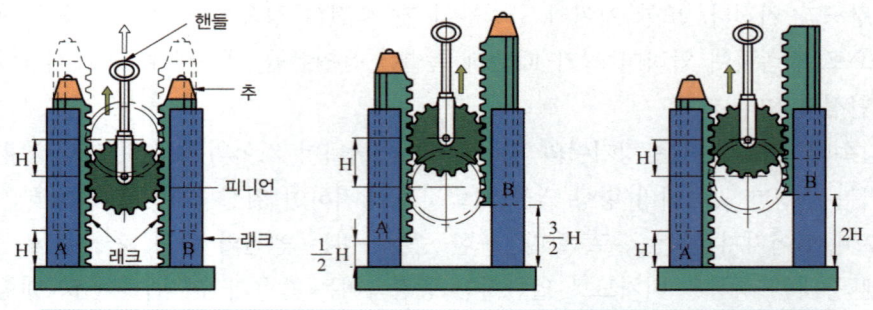

그림 2-46 / **차동장치의 원리**

② **차동기어의 구성**
㉠ 차동 사이드 기어 : 차동 사이드 기어 허브는 스플라인으로 되어 있고, 양쪽에 액슬축이 꼽혀 있다. 따라서 주행시 바퀴의 하중에 의해 차동 피니언 기어가 회전하면서 회전수 차이가 생기게 된다.
㉡ 차동 피니언 기어 : 차동 사이드 기어 사이에 피니언 축을 중심으로 물려있으며 차동 사이드 기어의 회전을 변화시켜 준다.
㉢ 차동 피니언 축 : 차동 피니언 기어를 지지해 준다.
㉣ 차동기어 케이스 : 종감속기어 링기어와 볼트로 고정되어 있으며 링기어가 회전하면 같이 회전한다.

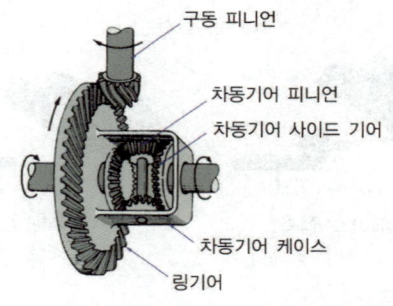

그림 2-47 / **차동기어의 구조**

③ 차동장치 동력전달 및 회전수
  ㉠ 동력 전달순서 : 구동 피니언축→구동 피니언→링 기어→차동 기어 케이스→(차동 피니언→사이드 기어)→차축 순이다.
  ㉡ 바퀴의 회전수 $= \dfrac{\text{기관 회전수}}{\text{총 감속비}} \times 2 - (\text{상대 바퀴의 회전수})$

  $= \dfrac{\text{추진축 회전수}}{\text{종 감속비}} \times 2 - (\text{상대 바퀴의 회전수})$

3) 차동제한장치(LSD : Limited Slip Differential)

차동장치는 회전시 좌·우 바퀴의 회전수를 다르게 함으로써 회전을 가능하게 하지만, 눈길, 빗길 등 노면 상태가 나쁠 때에는 미끄러운 부분에만 회전력을 전달하기 때문에 미끄럼의 원인이 되기도 한다. 차동 제한 장치(LSD)는 이러한 현상을 방지하기 위해서 차동장치 내부에 마찰저항이 발생되는 기구를 설치하여 회전력의 전달을 회복 시킴으로서 바퀴의 공회전을 방지할 뿐만 아니라 반대쪽 바퀴의 구동력을 증대시켜 차량의 구동력을 최대화시켜 주는 장치이다.

① LSD(차동제한 차동장치)의 특징
  ㉠ 눈길 및 빗길 등에서 미끄러지지 않으며, 구동력이 증대된다.
  ㉡ 코너링 및 험로 주행 시에도 Wheel Spin을 방지하여 주행 안전성을 유지한다.
  ㉢ 진흙길이나 웅덩이에 빠졌을 때 탈출이 용이하다.
  ㉣ 경사로에서의 주·정차가 쉽다.
  ㉤ 급가속, 급발진 시에도 차량 안전성이 유지된다.
  ㉥ 어떠한 상황에서도 정확한 핸들 조작이 가능하다.

② 작동 메카니즘에 따른 분류 : 차동제한장치에서 토크를 발생시켜 저속 회전측의 전달 토크를 증대 시키는 것으로서, 다음과 같은 종류가 있다.
  ㉠ 토크 감응식 : 피니언 샤프트부의 캠기구에 의한 트러스트 힘으로 마찰 클러치를 밀어 압착하거나, 웜 기어가 물릴 때의 잇면 마찰력을 이용한다.
  ㉡ 마찰 클러치식 : 클러치 마찰 특성은 마찰 클러치의 압력판 사이에는 선회시나 전·후륜의 슬립 등에 의해 상대 슬립이 생기기 때문에 마찰 특성이 불안정하면, 고착 슬립이나 이음 발생의 원인이 되기 때문에 마찰 특성은 경 변화가 적은 안정된 특성이 얻어지도록 캠홈의 제작 정밀도 향상, 마찰판 표면의 윤활류 홈 형상이나 표면처리의 적정화, 윤활류에 마찰 계수 조정제를 첨가하는 것 등의 방법이 이용되기도 한다.
  ㉢ 웜 기어식 : 토션 디퍼런셜은 구성기어의 맞물림 잇면과 각 회전 접동부에 발생하는

마찰력을 이용하여 차동 제한 토크를 발생 시키는 것이며 기어 제원인 비틀림각, 압력각 등이나 접동부의 구성 부재를 선정하는 것으로 차동 제한 토크가 결정된다.
ㄹ) 회전 속도차 감응식 : 좌·우 또는 전·후륜 사이에 회전차가 생기면 차동 제한 토크가 회전차에 따라서 증감되는 형식으로 비스커스 커플링이나 유압식 커플링 등이 이용되고 있다.

제3절 / 친환경 동력전달장치

1_ 친환경 변속기

1. 듀얼 클러치 트랜스 밋션

① 개요 : 클러치를 2개를 이중으로 설치하여 수동 변속기를 자동 변속기처럼 작동시키는 변속기이다.
② 작동 원리

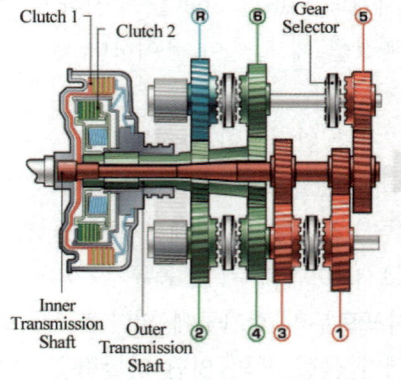

그림 2-48 / 듀얼 클러치 구성도

㉠ 정지시 : 클러치 1, 2 해제된 상태에서 클러치 1의 1단 기어와 클러치 2의 2단 기어 물려있고 대기 상태이다.
㉡ 1단 출발시 : 클러치 1 접속 되면서 1단 출발한다,
㉢ 2단 변속시 : 클러치 1 해제와 동시에 클러치 2를 접속 2단 변속하면서 클러치 1에 연결된 3단 기어를 미리 연결 한다.
㉣ 3단 변속시 : 클러치 2 해제와 동시에 클러치 1을 접속 3단 변속하면서 클러치 2에

연결된 4단 기어를 미리 연결 한다.
- ⓜ 후진 변속시 : 클러치 1, 2 해제된 상태에서 클러치 2의 후진 기어를 연결 후 클러치 2를 연결하여 후진한다.
- ⓑ 위와 같은 방법으로 변속이 매끄러우며 신속하게 변경되는 방식이다.

③ **작동 기구**
- ㉠ 건식 클러치 : 대기에 노출된 단판 클러치를 사용하며 전기모터를 사용하여 클러치와 시프트 포크를 제어하는 방식이다.
- ㉡ 습식 다판 클러치 : 자동 변속기와 같이 습식 다판 클러치를 사용하며 클러치와 시프트 포크를 유압으로 제어하는 방식이다.

제1장 동력전달장치 출제예상문제

01 FR형식 차량의 동력전달 경로로 맞는 것은? [09년 1회]

① 변속기 → 추진축 → 종감속장치 → 바퀴
② 변속기 → 액슬축 → 종감속장치 → 바퀴
③ 클러치 → 추진축 → 변속기 → 바퀴
④ 클러치 → 차동장치 → 변속기 → 바퀴

풀이 FR(후륜 구동)형식 차량의 동력전달 경로
엔진 → 클러치 → 변속기 → 추진축 → 종감속장치 → 바퀴

02 일반적으로 클러치 판의 런 아웃 한계는 얼마인가? [07년 4회]

① 0.5[mm]   ② 1[mm]
③ 1.5[mm]   ④ 2[mm]

풀이 클러치판의 런아웃 한계값 : 0.5[mm]

03 수동변속기에서 클러치의 필요성이 아닌 것은? [09년 1회]

① 기관을 무부하 상태로 하기 위해서
② 변속기의 기어바꿈을 원활하게 하기 위해서
③ 관성 운전을 하기 위해서
④ 회전 토크를 증가시키기 위해서

풀이 클러치의 필요성
① 엔진을 무부하 상태로 있게 하기 위하여
② 변속기의 기어 바꿈을 원활하게 하기 위해서
③ 관성 운전을 하기 위해서

04 클러치 유격을 바르게 설명한 것은? [07년 1회]

① 클러치 페달을 밟지 않은 상태에서 릴리스 베어링과 릴리스 레버 접촉면 사이의 간극을 말한다.
② 클러치 페달을 밟지 않은 상태에서 릴리스 베어링이 왕복한 거리를 말한다.
③ 클러치 페달을 밟지 않은 상태에서 페달이 올라온 거리를 말한다.
④ 클러치 페달을 밟은 상태에서 릴리스 베어링의 축방향 움직인 거리를 말한다.

풀이 유격(자유간극)이란 클러치를 밟지 않았을 때, 릴리스 베어링이 릴리스 레버에 닿을 때 까지 움직인 거리

05 기관의 회전력이 14.32[kgf-m]이고 2,500[rpm]으로 회전하고 있다. 이때 클러치에 의해 전달되는 마력은? (단, 클러치의 미끄럼은 없다.) [08년 1회]

① 40[PS]   ② 50[PS]
③ 60[PS]   ④ 70[PS]

풀이 전달마력 $H_{ps} = \dfrac{2\pi Tn}{75 \times 60} = \dfrac{T \cdot n}{716}$

$\therefore H_{ps} = \dfrac{T \cdot n}{716} = \dfrac{14.32 \times 2,500}{716} = 50[PS]$

01 ① 02 ① 03 ④ 04 ① 05 ②

06 엔진의 회전수 2,500[rpm]에서 회전력이 40[kgf·m]이다. 이때 클러치의 출력 회전수가 2,100[rpm]이고 출력 회전력이 35[kgf·m]라면 클러치의 전달 효율[%]은? [08년 4회]

① 52.2 ② 73.5
③ 87.5 ④ 96.0

풀이 전달효율$(\eta) = \dfrac{출력축 동력}{입력축 동력} \times 100[\%]$

동력 = 회전력×회전수 이므로

∴ 전달효율$(\eta) = \dfrac{2,100 \times 35}{2,500 \times 40} \times 100 = 73.5[\%]$

07 클러치 페달을 밟았을 때 페달이 심하게 떨리는 이유가 아닌 것은? [09년 2회]

① 클러치 조정불량이 원인이다.
② 클러치 디스크 페이싱의 두께차가 있다.
③ 플라이 휠이 변형되었다.
④ 플라이 휠의 링기어가 마모되었다.

풀이 클러치 페달을 밟았을 때 페달이 심하게 떨린다는 것은 클러치 작동시 현상이다. 플라이 휠 링기어는 시동시에 관련된다.

08 수동변속기에서 클러치 작동 중 동력을 차단하였을 경우 플라이 휠과 같이 회전하는 부품은? [07년 4회]

① 클러치 판 ② 압력판
③ 변속기 입력축 ④ 릴리스 포크

풀이 압력판은 플라이휠에 볼트로 체결되어 있으므로, 플라이휠이 회전하면 항상 같이 회전한다.

09 수동변속기에서 변속기가 서로 다른 기어 속도를 동기화 시켜 치합이 부드럽게 이루어지도록 하는 것은? [08년 2회]

① 록킹볼 장치 ② 이퀄라이저
③ 앤티롤 장치 ④ 싱크로메시 기구

풀이 싱크로 메시(synchromesh) 기구는 변속시 서로 다른 속도로 회전하는 기어의 속도를 동기화시켜 치합이 부드럽게 이루어지도록 하는 장치이다.

10 그림과 같은 기어 변속기에서 감속비는? [07년 4회]

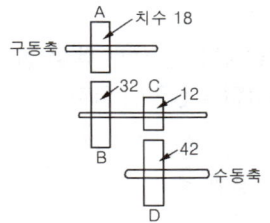

① 6.22 ② 1.78
③ 3.50 ④ 2.33

풀이 변속비 = $\dfrac{피동기어 잇수}{구동기어 잇수} \times \dfrac{피동기어 잇수}{구동기어 잇수}$

∴ 변속비 = $\dfrac{32}{18} \times \dfrac{42}{12} = 6.22$

11 수동변속기 자동차에서 기어 변속이 잘 안 되는 원인과 관련이 없는 것은? [07년 4회]

① 클러치 차단이 불량하다.
② 기어 오일이 응고 되어 있다.
③ 기어 변속 링키지의 조정이 불량하다.
④ 클러치가 미끄러진다.

풀이 클러치가 미끄러지는 것은 기어 변속이 된 후의 현상이다.

ANSWER 06 ② 07 ④ 08 ② 09 ④ 10 ① 11 ④

12. 변속기 입력 축과 물리는 카운터 기어의 잇수가 45개, 출력축 2단기어 잇수가 29개, 입력축 기어 잇수가 32개, 출력축과 물리는 카운터기어의 잇수가 25개이다. 이 변속기의 변속비는? [09년 2회]

① 1.63 : 1 ② 1.99 : 1
③ 2.77 : 1 ④ 3.05 : 1

 변속비 $i = \dfrac{부축}{주축} \times \dfrac{주축}{부축}$

입력축과 출력축은 주축, 카운터 기어는 부축이므로

$\therefore i = \dfrac{45}{32} \times \dfrac{29}{25} = 1.63$

13. 복합 유성기어장치에서 링 기어를 하나만 사용한 유성기어 장치는? [08년 4회]

① 2중 유성기어 장치
② 평행 축 기어 방식
③ 라비뇨(ravigneaux) 기어 장치
④ 심프슨(simpson) 기어 장치

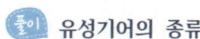 유성기어의 종류
① 단순 유성기어 : 싱글 피니언 식, 더블 피니언 식
② 복합 유성기어 : 심프슨(simpson) 형식, 라비뇨(ravineau) 형식

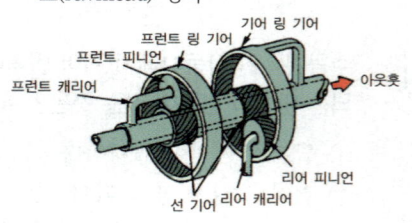

[심프슨 형]

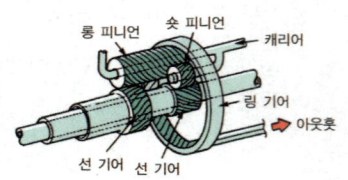

[라비뇨 형]

14. 수동 변속기 차량에서 주행 중 급가속 하였을 때, 엔진의 회전이 상승해도 차속이 증속되지 않는다. 그 원인은? [09년 4회]

① 릴리스 포크가 마모되었다.
② 파일럿 베어링이 파손되었다.
③ 클러치 릴리스 베어링이 마모되었다.
④ 클러치 압력판 스프링의 장력이 감소되었다.

수동 변속기 차량에서 엔진의 회전이 상승해도 차속이 증속되지 않는 이유는 클러치가 미끄러지고 있기 때문이다.
미끄러지는 것은 클러치 디스크의 마모로 인한 스프링 장력의 약화가 주원인이다.

15. 유성기어에서 링기어 잇수가 50, 선기어 잇수가 20, 유성기어 잇수가 10 이다. 링기어를 고정하고 선기어를 구동하면 감속비는 얼마인가? [08년 4회]

① 0.14 ② 1.4
③ 2.5   ④ 3.5

캐리어 잇수 = 선기어 잇수 + 링기어 잇수 구동기어 잇수(Z_1)×구동기어 회전수(N_1) = 피동기어 잇수(Z_2)×피동기어 회전수(N_2)

$\therefore N_2 = \dfrac{Z_1}{Z_2} \times N_1 = \dfrac{20}{70} = 0.2857$

변속비(감속비) = 회전비의 역수(1/회전비)이므로,

변속비 = $\dfrac{1}{0.2857} = 3.5$

16 유체 클러치와 토크 변환기의 설명 중 틀린 것은? [08년 4회]

① 유체 클러치의 효율은 속도비 증가에 따라 직선적으로 변화되나 토크 변환기는 곡선으로 표시된다.
② 토크 변환기는 스테이터가 있고 유체 클러치는 스테이터가 없다.
③ 토크 변환기는 자동변속기에 사용된다.
④ 유체 클러치에는 원웨이 클러치 및 록업 클러치가 있다.

풀이 유체클러치는 펌프, 터빈, 가이드 링으로 구성된다.

17 토크변환기의 펌프가 2,800[rpm]이고 속도비가 0.6, 토크비가 4.0 인 토크 변환기의 효율은? [08년 2회]

① 0.24
② 2.4
③ 24
④ 0.4

풀이 **토크 컨버터의 전달효율**

① 토크비(t) = $\dfrac{터빈 회전력(T_t)}{펌프 회전력(T_p)}$,

② 속도비(n) = $\dfrac{터빈 회전수(N_t)}{펌프 회전수(N_p)}$

③ 전달효율 $\eta = t \times n$,
∴ 전달효율 $\eta = 4.0 \times 0.6 = 2.4$

18 전자식 자동변속기 차량에서 변속시기와 가장 관련이 있는 신호는? [07년 1회]

① 엔진 온도 신호
② 스로틀 개도 신호
③ 엔진 토크 신호
④ 에어컨 작동 신호

풀이 자동변속기의 변속은 스로틀 포지션 센서의 열림량과 차속에 의해서 결정된다.

19 자동변속기에 관한 설명으로 옳은 것은? [09년 1회]

① 매뉴얼 밸브가 전진 레인지에 있을 때 전진 클러치는 항상 정지된다.
② 토크 변환기에서 유체의 충돌손실 속도비가 0.6 ~ 0.7일 때 토크가 가장 적다.
③ 유압제어 회로에 작용되는 유압은 엔진의 오일펌프에서 발생된다.
④ 토크 변환기의 토크 변환비는 날개가 작을수록 커진다.

풀이 매뉴얼 밸브가 전진 레인지에 있으면 전진 클러치가 항상 작동하고 있으며, 자동변속기 유압은 자동변속기 오일펌프에서 발생하며 토크 변환비는 날개가 클수록 커진다.

20 자동변속기의 자동변속 시점을 결정하는 가장 중요한 요소는? [08년 2회, 09년 4회]

① 엔진 스로틀 개도와 차속
② 엔진 스로틀 개도와 변속시간
③ 매뉴얼 밸브와 차속
④ 변속 모드 스위치와 변속시간

풀이 **A/T 변속선도**

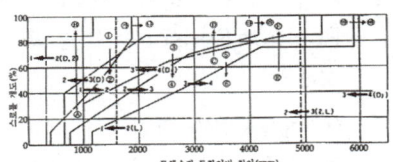

가로축은 트랜스퍼 드라이브 기어(차속 또는 엔진 회전수), 세로축은 엔진 스로틀 개도(부하)로 변속 시점을 결정한다.

ANSWER 16 ④ 17 ② 18 ② 19 ② 20 ①

21 전자제어 자동변속기에서 변속점의 결정은 무엇을 기준으로 하는가? [08년 4회]

① 스로틀 밸브의 위치와 차속
② 스로틀 밸브의 위치와 연료량
③ 차속과 유압
④ 차속과 점화시기

풀이 자동변속기의 변속은 운전자의 의지(변속레버 위치), 엔진부하(스로틀 개도), 자동차 속도에 의해 이루어진다.

22 자동변속기에서 시프트 업 또는 시프트 다운이 일어나는 변속 점은 무엇에 의해 결정되는가? [07년 4회]

① 매뉴얼 밸브와 감압 밸브
② 스로틀 밸브 개도와 차속
③ 스로틀 밸브와 감압 밸브
④ 변속 레버와 차속

풀이 자동변속기의 변속은 운전자의 의지(변속레버 위치), 엔진부하(스로틀 개도), 자동차 속도에 의해 이루어 진다.

23 자동변속기 자동차에서 TPS(Throttle Position Sensor)에 대한 설명으로 옳은 것은? [08년 1회]

① 변속시점과 관련 있다.
② 주행 중 선회시 충격 흡수와 관련 있다.
③ 킥 다운(kick down)과는 관련 없다.
④ 엔진 출력이 달라져도 킥 다운과 관계 없다.

풀이 자동 변속기 TPS는 변속시점, 킥 다운과 관계 있으며 선회시 충격 흡수는 현가장치가 수행한다.

24 자동변속기의 전자제어 장치 중 T.C.U에 입력되는 신호가 아닌 것은? [09년 2회]

① 스로틀 센서 신호
② 엔진 회전 신호
③ 엑셀레이터 신호
④ 흡입공기 온도의 신호

풀이 자동변속기 TCU 입출력 신호

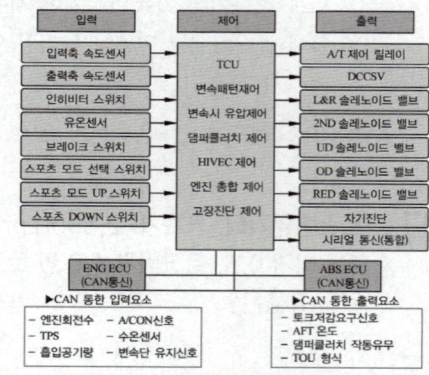

* 흡입공기 온도센서는 ECU에 입력된다.

25 자동변속기의 스톨 테스트에 대한 설명으로 틀린 것은? [08년 2회]

① 스톨 테스트를 연속적으로 행할 경우 일정시간 냉각 후 실시한다.
② 스톨 회전수는 공전속도와 일치하면 정상이다.
③ 스톨 테스트로 디스크나 밴드의 마모 여부를 추정할 수 있다.
④ 규정 스톨 회전수보다 높을 경우 라인압을 재확인할 필요가 있다.

풀이 스톨시험(stall test)이란 자동변속기의 "D" 또는 "R" 레인지에서 엔진의 최대속도를 측정하여 엔진의 종합적인 상태를 측정하는 시험으로 엔진의 출력, 토크 컨버터의 동력전달 상태, 토크 컨버터의 미끄러짐 등을 알 수 있다.
따라서, 당연히 공전속도와 일치하지 않는다.

21 ① 22 ② 23 ① 24 ④ 25 ②

26 자동변속기 전자제어 장치에서 컴퓨터 (TCU)의 입력신호에 해당되지 않는 것은?
[07년 1회]

① 수온 센서 신호
② 스로틀 센서(TPS)
③ 인히비터 스위치 신호
④ 흡기온 센서 신호

풀이) TCU 입력신호 : TPS, WTS, 유온센서, 인히비터 S/W, 차속센서, PG-A, PG-B, O/D S/W 등

27 전자제어식 자동변속기에서 컴퓨터로 입력되는 요소가 아닌 것은?
[08년 4회]

① 차속 센서
② 스로틀 포지션 센서
③ 유온 센서
④ 압력조절 솔레노이드 밸브

풀이) 일반적으로 센서, 스위치는 입력요소이고, 액추에이터인 솔레노이드 밸브는 출력 요소이다.

28 전자제어 자동변속기에서 각 시프트 포지션별 TCU로 출력하는 기능을 가진 구성품은?
[07년 2회]

① 액셀 스위치
② 인히비터 스위치
③ 킥다운 서보 스위치
④ 오버 드라이브 스위치

풀이) 인히비터(inhibitor, 금지) 스위치는 변속레버의 위치를 TCU로 입력하며, P와 N 레인지에서는 시동을 금지시키는 스위치이다.

29 자동변속기를 주행상태에서 시험할 때 점검해야 할 사항에 해당되지 않는 것은?
[07년 4회]

① 오일의 양과 상태
② 킥 다운 작동여부
③ 엔진 브레이크 효과
④ 쇼크 및 슬립 여부

풀이) 오일의 양과 상태는 자동차를 세워놓고 점검한다.

30 자동변속기의 스톨 시험 결과 규정 스톨 회전수보다 낮을 때의 원인은?
[08년 4회]

① 엔진이 규정 출력을 발휘하지 못한다.
② 라인 압력이 낮다.
③ 리어 클러치나 엔드 클러치가 슬립한다.
④ 프런트 클러치가 슬립한다.

풀이) 스톨 테스트(stall test, 정지 회전력 시험)
① "D" 레인지에서 높으면 1단 작동요소 불량
② "R" 레인지에서 높으면 후진 작동요소 불량
③ "D"나 "R" 레인지에서 모두 높으면 라인압력 불량
④ "D"나 "R" 레인지에서 모두 낮으면 엔진출력 부족 및 원웨이 클러치 불량

31 무단변속기의 장점과 가장 거리가 먼 것은?
[09년 2회]

① 내구성이 향상된다.
② 동력성능이 향상된다.
③ 변속패턴에 따라 운전하여 연비가 향상된다.
④ 파워트레인 통합제어의 기초가 된다.

풀이) 무단변속기를 사용한다고 내구성이 증가하지 않는다.

26 ④ 27 ④ 28 ② 29 ① 30 ① 31 ①

32 자동차 동력전달장치에서 오버드라이브는 어느 것을 이용하는 것인가? [09년 4회]

① 기관의 회전속도
② 기관의 여유출력
③ 차의 주행저항
④ 구동바퀴의 구동력

풀이 오버 드라이브는 기관의 여유출력을 이용하여 엔진 회전속도보다 추진축의 회전속도를 빠르게 하는 장치이다.

33 동력전달장치에서 등속 자재이음의 등속 원리에 대한 내용으로 바르게 설명한 것은? [07년 1회]

① 구동축과 피동축은 접촉점이 축과 만나는 각의 2등분 선상에 있다.
② 횡축과 종축의 접촉점이 축과 만나는 각의 2등분 선상에 있다.
③ 구동축과 피동축의 접촉점이 구동축 선위에 있다.
④ 횡축과 종축의 접촉점이 종축의 선위에 있다.

풀이 등속 자재이음의 원리는 구동축과 피동축의 접촉점이 축과 만나는 각의 2등분선상에 있게 하면 된다.

34 추진축의 토션 댐퍼가 하는 일은? [08년 2회]

① 완충작용   ② torque 전달
③ 회전력 상승   ④ 전단력 감소

풀이 토션 댐퍼(torsion damper)는 추진축의 비틀림 진동 방지기로 추진축이 회전력을 전달할 때 회전 충격을 흡수하는 역할을 한다.

35 앞바퀴 구동 승용차에서 드라이브 샤프트가 변속기측과 차륜측에 2개의 조인트로 구성되어 있다. 변속기측에 있는 조인트는? [07년 2회]

① 더블 오프셋 조인트(double offset joint)
② 버필드 조인트(birfield joint)
③ 유니버설 조인트(universal joint)
④ 플렉시블 조인트(flexible joint)

풀이 독립현가 장치에서는 슬립이음이 필요하므로 변속기 측에 더블 옵셋 조인트를, 바퀴측에 버필드 조인트를 사용한다.

36 자동차 종감속장치에 주로 사용되는 기어 형식은? [08년 2회]

① 하이포이드 기어
② 더블 헬리컬 기어
③ 스크루 기어
④ 스퍼 기어

풀이 하이포이드 기어의 특징
① 구동 피니언 중심과 링기어 중심이 10~20[%] 낮게(off-set) 설치되어 있다.
② 추진축의 높이를 낮게 할 수 있어 무게중심이 낮아지고 거주성이 향상된다.
③ 기어 이의 물림률이 크기 때문에 회전이 정숙하다.
④ 구동 피니언을 크게 할 수 있어 강도가 증가한다.

37 변속기에 제3속의 감속비가 1.5이고 종감속장치의 구동 피니언의 잇수가 7, 링 기어의 잇수가 35일 때 제 3속의 총감속비는? [07년 1회]

① 1.5   ② 5.0
③ 7.5   ④ 16.3

풀이 총감속비 = 변속비 × 종감속비

$$\therefore 1.5 \times \frac{35}{7} = 7.5$$

32 ② 33 ① 34 ① 35 ① 36 ① 37 ③

38 차동제한장치(differential lock system)에 대한 설명으로 적합하지 않은 것은?

[08년 1회]

① 수렁을 지날 때 양쪽 바퀴에 구동력을 전달한다.
② 선회시 바깥쪽의 바퀴가 안쪽의 바퀴보다 더 많이 회전하게 한다.
③ 논 슬립(non-slip)장치 또는 논 스핀(non-spin)장치가 있다.
④ 미끄러운 노면에서 출발이 용이하다.

풀이 차동 제한장치는 안쪽 바퀴와 바깥쪽 바퀴와의 회전차가 많이 나는 것을 제한하는 장치이다.

39 자동 차동제한장치(LSD)의 특징 설명으로 틀린 것은?

[08년 2회]

① 미끄러지기 쉬운 모래 길이나 습지 등과 같은 노면에서 출발이 용이
② 타이어의 수명을 연장
③ 직진 주행시에는 좌우 바퀴의 구동력 오차로 인하여 안정된 주행
④ 요철 노면 주행시 후부의 흔들림을 방지

풀이 직진 주행시에는 좌우 바퀴의 구동력 오차가 발생되지 않아 차동 제한장치가 작동하지 않는다.

ANSWER 38 ② 39 ③

02 현가 및 조향장치

제1절 현가장치

현가장치는 차축과 프레임을 연결하고 주행중 노면에서 받는 진동이나 충격을 흡수하여 승차감과 안전성을 향상시키는 장치이다.

1_ 현가장치 일반

1. 현가장치의 종류

① 섀시 스프링(chassis spring) : 에너지를 흡수하고, 차체를 지지한다.
② 쇽 업소버(shock absorber) : 스프링의 자유진동을 억제하여 승차감을 향상시킨다.
③ 스태빌라이저(stabilizer) : 선회시 자동차의 기울어짐 및 자유진동을 억제한다.

2. 현가방식의 구분

1) 일체차축 현가장치

양쪽 바퀴를 하나의 차축에 고정하고 차체를 스프링으로 연결하여 움직임을 일체화한 형식이다.

① 특징
  ㉠ 구조가 간단하고 강도가 크다.
  ㉡ 선회 시 기울어짐은 적으나 시미(shimmy)가 일어나기 쉽다.
  ㉢ 주로 대형차에 많이 사용

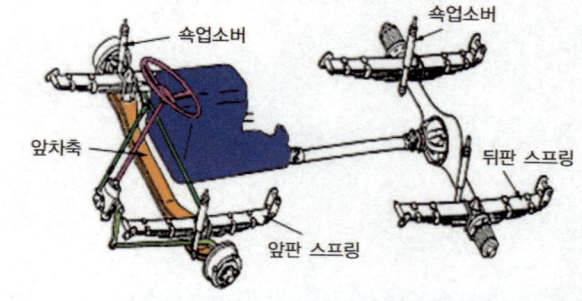

그림 2-49 / 일체차축 현가장치의 구조

2) 독립 현가장치

차축을 분할하여 양바퀴의 움직임이 따로 독립적으로 작동하는 형식이다.

① 특징
  ㉠ 스프링 아래 중량이 적어 승차감이 좋다.
  ㉡ 타이어와 노면과의 접지성(road holding)이 좋다.
  ㉢ 연결부분이 많아 구조가 복잡하고, 앞바퀴 얼라이먼트가 변하기 쉽다.
② 독립현가의 종류
  ㉠ 위시본 형식(wishbone type) : 위·아래 컨트롤 암으로 구성되어 있다.
    ⓐ 평행사변형 형식 : 위·아래 컨트롤 암 길이가 같은 형식으로 상하운동을 할 때 윤거가 변하므로 타이어의 마모가 심하다.
    ⓑ S.L.A 형식 : 위 컨트롤 암이 짧고 아래 컨트롤 암이 긴 것으로 바퀴의 상하운동 시 윤거는 변하지 않고 캠버가 변화한다.

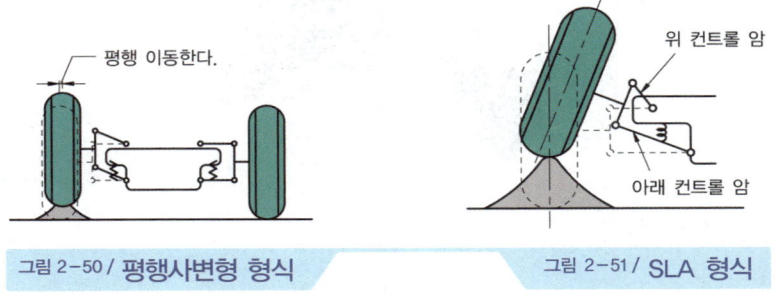

그림 2-50 / 평행사변형 형식   그림 2-51 / SLA 형식

  ㉡ 맥퍼슨 스트러트 형식(Macperson strut type) : 현가 장치와 조향 너클이 일체로 되어 있는 형식이며 스프링 및 질량이 작아 로드 홀딩이 우수하다.

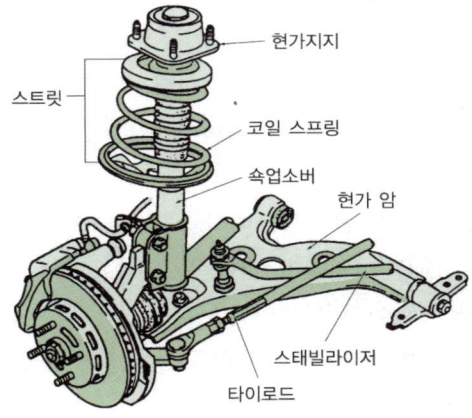

  ㉢ 트레일링 링크 형식(trailing link type) : 자동차 차축의 뒤쪽으로 향한 1개 또는 2개의 암에 의해 바퀴를 지지하는 형식으로 타이어 마멸이 적은 특징이 있다.
    ⓐ Full trailing link : pivot의 회전축이 차체 중심선에 대해 직각인 것
    ⓑ Semi-trailing link : pivot의 회전축이 차체 중심선에 대해 비슷한 것

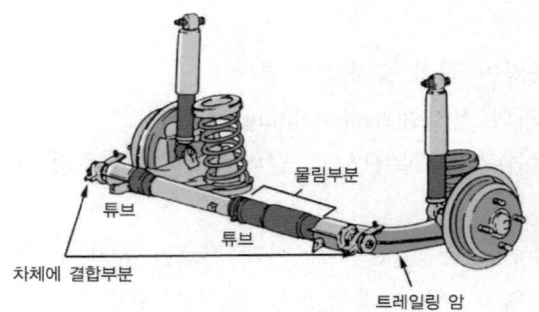

ⓔ 스윙차축 형식(swing axle type) : 일체차축 형식을 양쪽을 분할하여 자재이음을 사용한 형식으로 타이어 마멸이 가장 크다.

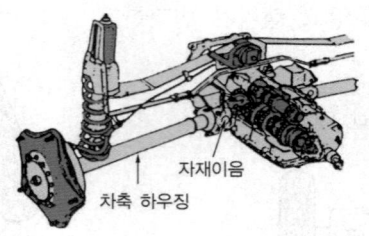

3. 현가 스프링의 종류

1) 판 스프링

판 스프링을 여러 장 겹쳐 놓으면 접합면 마찰에 의해 진동을 흡수한다. 이것을 판간마찰이라 하며 판 스프링의 중요한 특징이다.

① 판 스프링의 용어
- ㉠ 스팬 : 스프링의 아이와 아이의 중심거리이다.
- ㉡ 아이 : 스프링의 양 끝 설치 구멍을 말한다.
- ㉢ 캠버 : 스프링의 휨 양을 말한다.
- ㉣ 중심 볼트 : 스프링을 고정하는 볼트이다.
- ㉤ U 볼트 : 차축 하우징을 설치하기 위한 볼트이다.
- ㉥ 닙 : 스프링의 양끝이 휘어진 부분이다.
- ㉦ 섀클 : 스팬의 길이를 변화시키며, 차체에 설치한다.
- ㉧ 섀클 핀 : 아이가 지지되는 부분이다.

② 판 스프링의 특징
- ㉠ 스프링 자체의 강성에 의해 차체를 지지할 수 있고 구조가 간단하다.
- ㉡ 판간마찰에 의한 진동 감쇠작용이 있다.
- ㉢ 판간마찰이 있어 작은 진동의 흡수가 곤란하므로 승차감이 나쁘다.

2) 코일 스프링

코일 스프링은 스프링 강을 코일 모양으로 성형한 것으로, 독립현가 장치에 많이 사용된다.

① 코일 스프링의 특징
  ㉠ 판 스프링에 비해 작은 진동 흡수율이 크다.
  ㉡ 승차감이 우수하다.
  ㉢ 판간마찰이 없어 진동 감쇠작용이 없다.
  ㉣ 횡 방향에서 받는 힘에 대한 저항력이 없어 쇽업소버를 병용해야 한다.
  ㉤ 구조가 복잡하다.

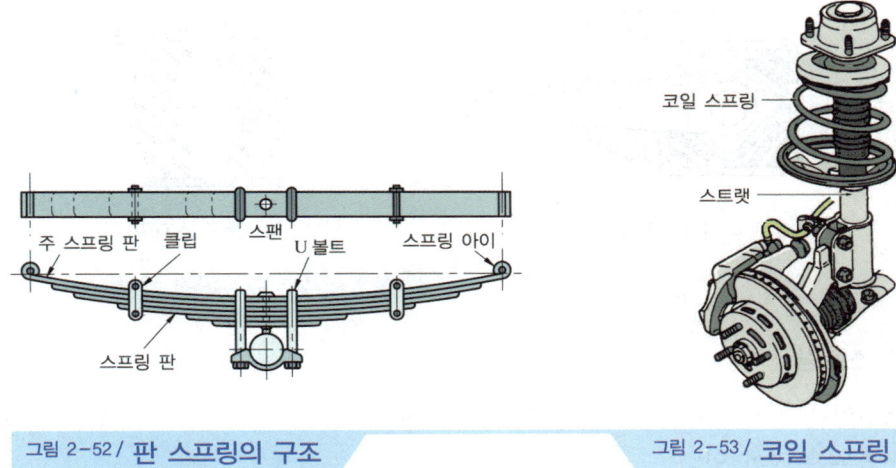

그림 2-52 / 판 스프링의 구조   그림 2-53 / 코일 스프링

3) 토션 바 스프링

막대가 지지하는 비틀림 탄성을 이용하여 완충 작용을 한다.

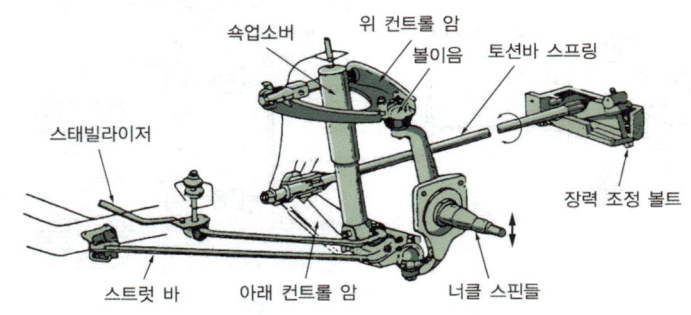

그림 2-54 / 토션 바 스프링의 구조

① 토션바 스프링의 특징
  ㉠ 스프링 장력은 막대의 길이와 단면적에 의해 정해진다.

ⓒ 구조가 간단하고 단위 중량당 에너지 흡수율이 크다.
ⓒ 좌·우의 것이 구분되어 있으며, 쇽업소버와 병용하여 사용하여야 한다.
ⓒ 현가 높이를 조절할 수 있다.

4) 고무 스프링

고무의 탄성을 이용한 스프링으로 여러가지 형태로 제작이 가능하며 내부 마찰에 의한 진동의 감쇠 능력이 있고 급유가 필요 없는 특징이 있다. 그러나 노화에 의해 내구성이 약해지고 큰 하중에는 파손 염려가 커 부적합하다.

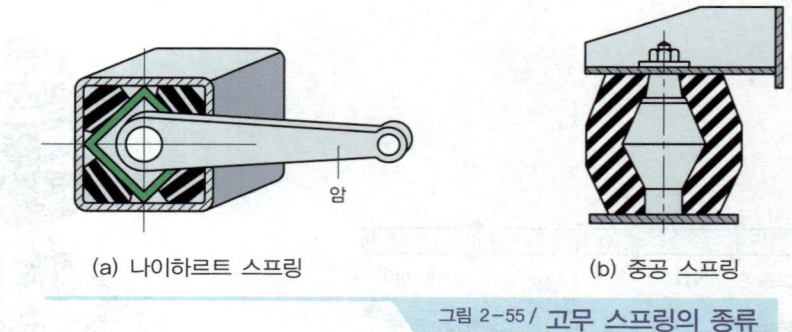

그림 2-55 / 고무 스프링의 종류

5) 공기 스프링

공기 스프링은 공기의 압축 탄성을 이용한 것으로 하중에 따라 스프링 상수가 변화하므로 승차감이 좋은 특징이 있다.

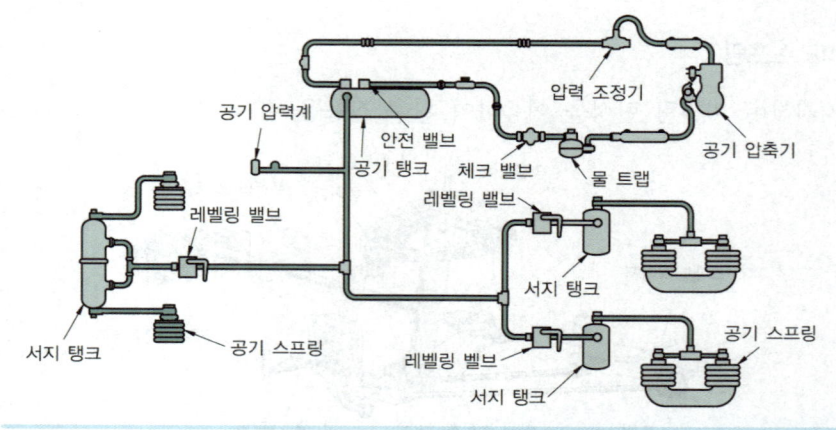

그림 2-56 / 공기 스프링의 구성

① 공기 스프링의 장점
  ㉠ 고유 진동을 낮게 할 수 있어 유연하다.
  ㉡ 자체에 감쇠성이 있기 때문에 작은 진동을 흡수한다.

		ⓒ 차체의 높이를 일정하게 유지한다.
		ⓓ 스프링의 세기가 하중에 비례한다.
	② 공기 스프링의 단점
		㉠ 구조가 복잡하다.
		㉡ 제작비가 비싸다.
	③ 공기 스프링의 종류
		㉠ 벨로즈 형
		㉡ 다이어프램 형
		㉢ 조합형

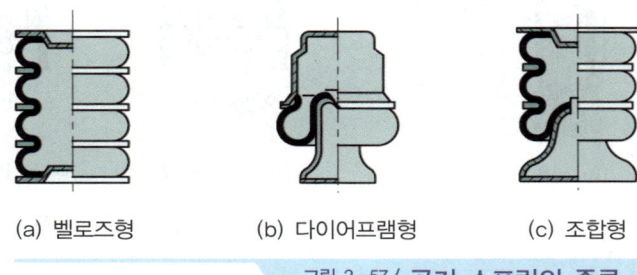

(a) 벨로즈형　　(b) 다이어프램형　　(c) 조합형

그림 2-57 / **공기 스프링의 종류**

2_ 쇽 업소버와 스태빌라이저

1. 쇽 업소버(shock absorber)

1) 쇽 업소버 개요

자동차가 주행시 노면에서 받는 충격을 흡수하여 진동을 부드럽게 빨리 감쇠시키는 작용을 하며 이것을 감쇠력(댐핑력, damping force)이라 한다. 쇽 업소버는 상하 운동 에너지를 열에너지로 변환시키는 것으로, 작용 방향에 따라 스프링이 늘어날 때만 작용하는 단동식과 내려갈 때와 올라갈 때 모두 작용하는 복동식이 있다.

① 쇽 업소버의 특징
	㉠ 차체의 진동을 흡수하는 역할을 한다.
	㉡ 스프링의 피로를 적게 한다.
	㉢ 승차감을 향상시킨다.
	㉣ 로드 홀딩을 향상시킨다.
② 쇽 업소버의 종류
	㉠ 단동식 : 늘어날 때만 감쇠력 발생

ⓒ 부동식 : 늘어날 때 줄어들 때 모두 감쇠력 발생

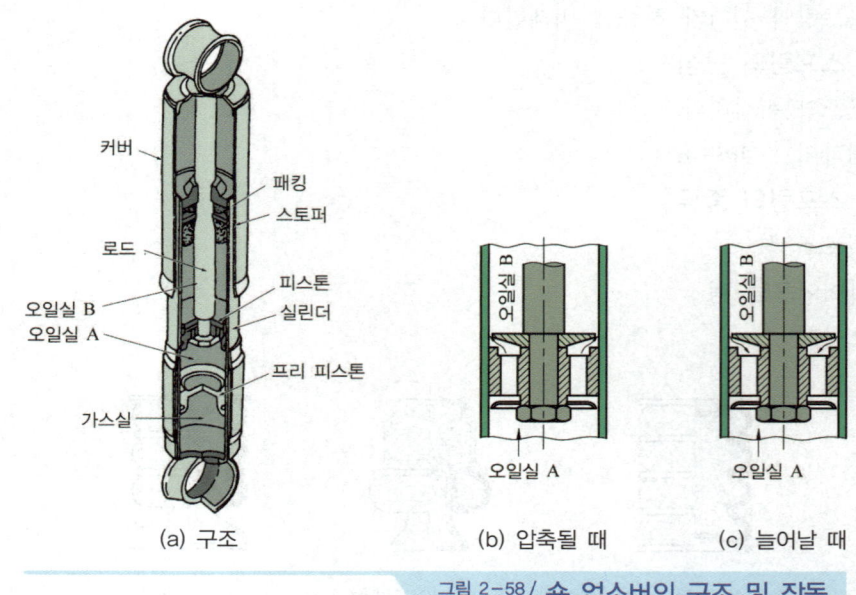

(a) 구조 (b) 압축될 때 (c) 늘어날 때

그림 2-58 / 쇽 업소버의 구조 및 작동

2) 가스 봉입식 쇽 업소버(드가르봉식)

가스 봉입식 쇽 업소버는 유압식으로 단통으로 되어 있고 내부에 질소가스가 봉입되어 승차감을 향상시킨 방식으로 프랑스 드 가르봉 사의 제품명을 이용하여 드가르봉식 쇽 업소버라고도 한다.

① 가스 봉입식 쇽 업소버의 특징
  ㉠ 단통으로 되어있어 구조가 간단하고 냉각효과가 좋다.
  ㉡ 가스를 압축하므로 승차감이 좋다.
  ㉢ 내부에 고압(20~30[kg_f/cm^2])이 걸려 있어 분해하는 것은 위험하다.

② 가스 봉입식 쇽 업소버의 작동 : 쇽 업소버가 압축시 피스톤이 압축되므로 오일실 A의 오일이 압축되며 밸브를 통해 오일실 B로 올라가고 압축된 오일이 프리 피스톤을 눌러 가스를 압축하므로 오일이 압축될 때의 충격을 흡수한다. 반대로 쇽 업소버가 늘어날 때는 피스톤의 압축이 없어지므로 압축된 가스가 팽창하여 프리 피스톤을 밀어올리고 피스톤도 올라가면서 오일실 B의 오일이 오일실 A로 들어오면서 쇽 업소버는 원상태로 돌아오게 된다.

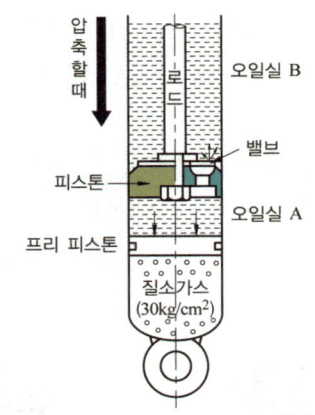

그림 2-59 / 가스 봉입식 쇽 업소버의 작동

2. 스태빌라이저(stabilizer)

토션바 스프링의 일종으로 독립현가장치에서 조향 조작시 차체의 기울기를 방지하는 장치로서 차의 좌·우 평형을 유지하고 롤링 방지의 역할을 한다.

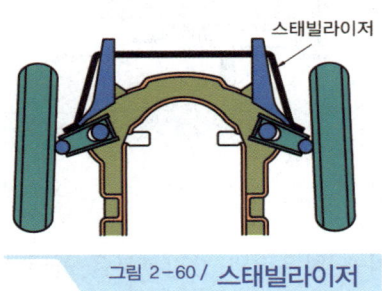

그림 2-60 / 스태빌라이저

3_ 뒤차축

1. 차축과 차축 하우징

종감속 기어에서 직각방향으로 전달된 동력을 뒷바퀴로 전달하며, 자동차의 중량과 노면으로부터 힘을 받는 바퀴를 지지하는 역할을 한다. 차축의 한 쪽은 스플라인으로 되어 차동 사이드 기어에 끼워지고 바깥쪽에는 구동바퀴가 설치된다.

1) 뒤차축의 종류

① 반 부동식(半 浮動式) : 허브 베어링을 사이에 두고 구동바퀴와 차축 하우징이 중량을 지지하는 방식이다. 구동 차축은 동력도 전달하고, 중량도 1/2 정도 지지하며 구동 차축에 하중이 적게 걸리는 승용차에 많이 사용한다.

② 3/4 부동식 : 구동 차축의 바깥 끝에 바퀴 휠 허브를 설치하고, 구동 차축 하우징에 한 개의 베어링을 사이에 두고 허브를 지지하는 방식으로 반부동식과 전부동식의 중간 구조이다.

③ 전 부동식(全 浮動式) : 구동 차축 하우징의 끝 부분에 휠 전체가 베어링을 사이에 두고 설치되어 모든 하중은 구동 차축 하우징이 받고 구동 차축은 동력만 전달한다. 따라서, 차축은 하중을 받지 않으므로 바퀴를 빼지 않고도 차축을 뗄 수 있다.

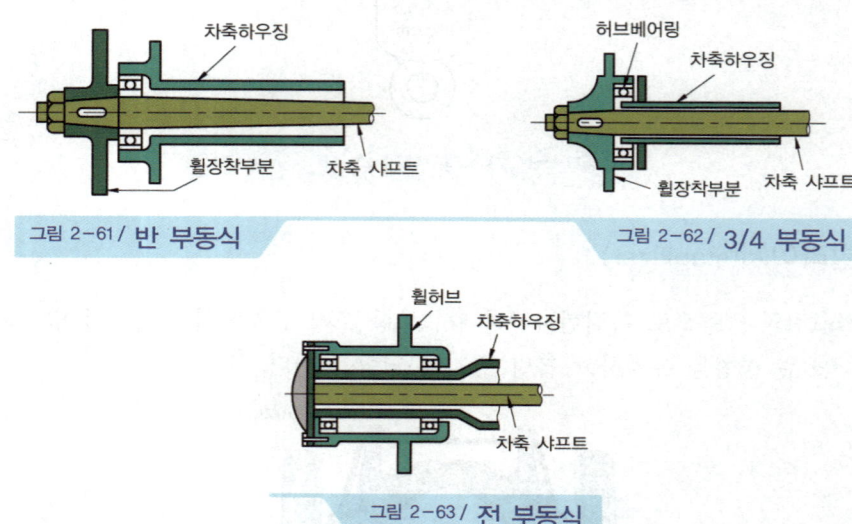

그림 2-61 / 반 부동식

그림 2-62 / 3/4 부동식

그림 2-63 / 전 부동식

2) 차축 하우징의 종류

① 밴조 형(banjo type) : 차축 하우징의 중간부분을 둥글게 만들고, 따로 결합된 차동장치를 설치하는 방식

② 스플릿 형(split type, 분할 형) : 차축 하우징을 구동축의 직각방향으로 2 또는 3으로 자르고, 그 속에 직접 차동장치를 결합하여 넣는 방식

③ 빌드업 형(build-up type) : 차축 하우징 중간부분에 차동장치를 설치한 하우징이 있고, 양 끝에 액슬축을 끼우는 형식

그림 2-64 / 밴조 형

그림 2-65 / 스플릿 형

그림 2-66 / 빌드업 형

2. 뒤차축 구동 방식

1) 호치키스 구동

① 판스프링을 사용할 때 이용되는 형식
② 리어 앤드 토크는 스프링이 흡수

2) 토크 튜브 구동

① 바퀴의 추진력은 토크 튜브가 전달한다.
② 리어 앤드 토크는 토크 튜브가 흡수한다.

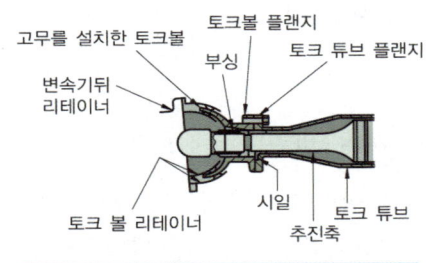

그림 2-67 / **토크 튜브 구동**

3) 레이디어스 암 구동

① 코일 스프링을 사용하는 경우에 사용하는 형식이다.
② 바퀴의 추진력은 구동축과 차체 또는 프레임에 연결된 레이디어스 암으로 전달한다.
③ 리어 앤드 토크는 레이디어스 암이 흡수한다.

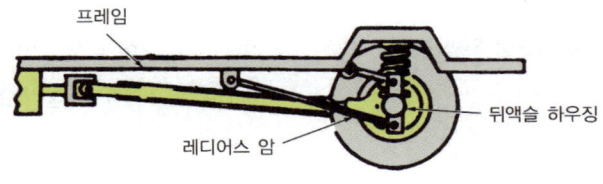

그림 2-68 / **레이디어스 암 구동**

4_ 자동차의 진동 및 승차감

1. 스프링 진동

1) 스프링 위 진동

스프링 윗질량 운동이라고도 하며, 차체의 진동으로 승차자에게 가장 영향을 주는 진동이다.

① 바운싱(bouncing) : Z축 방향으로 움직이는 상·하 진동
② 피칭(pitching) : Y축을 중심으로 회전하는 앞·뒤 진동
③ 롤링(rolling) : X축을 중심으로 회전하는 좌·우 진동
④ 요잉(yowing) : Z축을 중심으로 회전하는 수평 진동

2) 스프링 아래 진동

스프링 밑질량 운동이라고도 하며, 바퀴를 중심으로 한 진동을 말한다.

① 휠 홉(wheel hop) : Z축을 방향으로 움직이는 상·하 진동
② 휠 트램프(wheel tramp) : X축을 중심으로 회전하는 좌·우 진동
③ 와인드 업(wind up) : Y축을 중심으로 회전하는 앞·뒤 진동

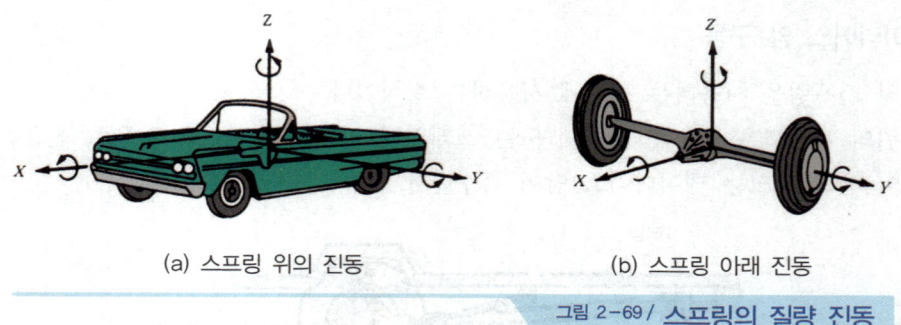

(a) 스프링 위의 진동   (b) 스프링 아래 진동

그림 2-69 / 스프링의 질량 진동

3) 시미(shimmy)

시미란 자동차 앞바퀴가 좌우로 흔들리는 현상으로 저속시미와 고속시미로 나눌 수 있다.

① 저속시미 : 주로 20 ~ 30[km/h] 정도의 저속에서 발생하는 현상으로 허브 베어링의 마멸 등 자동차의 부품의 근본적 고장에서 기인한다. 해당 부품을 교환해 주어야 저속시미 현상을 막을 수 있다.
② 고속시미 : 주로 50 ~ 60[km/h] 정도의 고속에서 발생하는 현상으로 자동차 부품은 정상이나 휠 밸런스 등의 불평형에서 기인한다.

2. 승차감

1) 스프링 정수

스프링의 세기를 나타내는 수치로, 후크의 법칙에 따라 가해지는 외력과 변형은 비례한다. 즉, 스프링 정수 $k = \dfrac{W}{a}$로 나타낼 수 있다. 스프링 정수가 크면 강한 스프링이고, 작으면 연한 스프링이라 할 수 있다. 승용차의 경우 3~5[kg$_f$/mm], 트럭의 경우 20~30[kg$_f$/mm] 정도이다.

2) 승차감

현가장치의 목적인 승차감을 좋게 하기 위해서는 차체의 상하진동이 인체에 가장 민감한 60~120[cycle/min] 범위에 있으면 좋다. 이보다 크면 딱딱하게 느껴지고, 작으면 멀미를 느끼게 된다.

제2절 전자제어 현가장치(ECS : Electronic Control Suspension)

1_ ECS 일반

1. ECS의 개요

자동차의 전자제어 현가장치는 각종 센서, ECU 액추에이터 등을 통해 노면의 상태, 주행조건, 운전자의 선택기능에 따라 쇽 업소버 스프링의 감쇠력과 차고 조절을 전자제어 하는 시스템이다. 전자제어 현가장치의 특징은 다음과 같다.

① 고속주행시 차체 높이를 낮추어 공기저항을 적게하고 승차감을 향상시킨다.
② 하중이 변해도 차는 수평을 전자제어 유지한다.
③ 험한 도로 주행시 스프링을 강하게 하여 쇽 업소버 및 원심력에 대한 롤링을 없앤다.
④ 안정된 조향성능과 적재물량에 따른 안정된 차체의 균형을 유지시킨다.
⑤ 급제동시 노스다운을 방지해 준다.
⑥ 불규칙 노면주행할 때 감쇠력을 조절하여 자동차 피칭을 방지해 준다.
⑦ 도로의 조건에 따라서 바운싱을 방지해 준다.

2. ECS의 종류

1) 감쇠력 가변식

차량의 자세 변환에 따라 감쇠력의 강약을 변환시켜 승차감과 조정 안정성을 선택하는 방식으로, 감쇠력을 Soft, Medium, Hard의 3단계로 제어한다.

2) 복합식

주행 조건과 노면 상태에 따라 감쇠력 변환과 차고 조정의 기능을 모두 수행한다. 감쇠력을 Soft와 Hard의 2단계로, 차고는 Low, Normal, High의 3단계로 제어한다.

3) Semi-Active ECS

감쇠력 가변식의 경제성과 Active ECS의 성능을 보유한 우수한 현가 시스템이다. 감쇠력 가변 솔레노이드 밸브에 의해 연속적인 감쇠력 가변이 가능한 것이 특징이다.

4) Active ECS

감쇠력과 차고 조절기능은 물론 차량의 자세변화에 능동적으로 대처하는 첨단 방식이다.

2_ ECS의 구성 및 작동

1. ECS 주요 구성품

① **차속 센서** : 스프링 정수 및 감쇠력 제어에 이용하기 위해 주행속도를 검출한다.
② **차고 센서** : 차량의 높이를 조정하기 위하여 차체와 차축의 위치를 검출한다.(자동차 앞·뒤 설치)

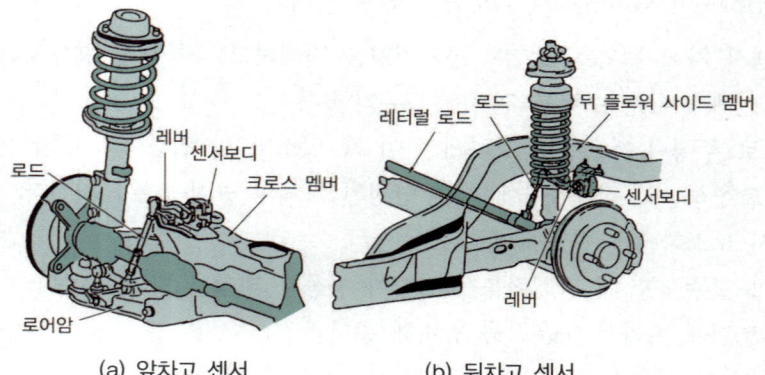

(a) 앞차고 센서   (b) 뒤차고 센서

③ **조향 휠 가속도 센서** : 차체의 기울기를 방지하기 위해 조향 휠의 작동속도를 검출한다.

④ 스로틀 위치 센서 : 스프링의 정수와 감쇠력 제어를 위해 급 가감속의 상태를 검출한다.
⑤ 중력 센서(G 센서) : 감쇠력 제어를 위해 차체의 바운싱을 검출한다.
⑥ 헤드라이트 릴레이 : 차고 조절을 위해 엔진의 시동 여부를 검출한다.
⑦ 발전기 L단자 : 차고 조절을 위해 엔진의 시동 여부를 검출한다.
⑧ 제동등 스위치 : 차고 조절을 위해 제동 여부를 검출한다.
⑨ 도어 스위치 : 차고 조절을 위해 도어의 열림 상태를 검출한다.
⑩ 액츄에이터 : 공기 스프링 상수와 쇽 업소버의 감쇠력을 조절한다.
⑪ 공기 압축기 및 릴레이

2. E.C.S의 기능

① 쇽 업소버의 감쇠력(damping force) 특성은 주행조건과 노면 상태에 따라 소프트(soft), 미디엄(medium), 하드(hard) 3단계로 제어된다.

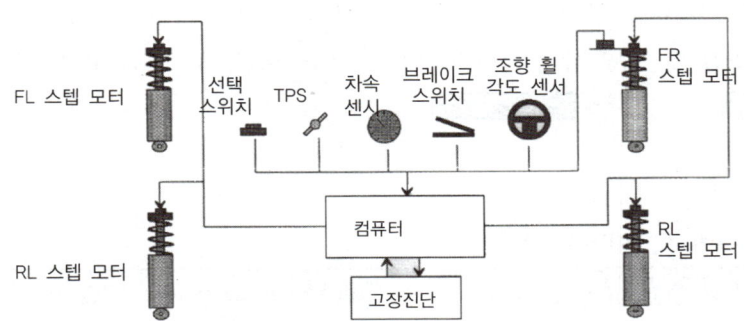

그림 2-70 / **시스템 구성도**

② 감쇠력은 제어 모드에 따라 자동적으로 마이크로 컴퓨터가 쇽 업소버 상단에 설치된 스텝 모터를 구동하고, 스텝 모터는 쇽 업소버 내부를 관통하는 컨트롤 로드를 회전시켜 컨트롤 로드와 일체로 되어 있는 로터리 밸브가 회전하면서 유로를 대·중·소로 개폐시킨다.
이때 유로의 크기에 따라 쇽 업소버 내부의 오일 흐름 저항이 달라지므로 감쇠력이 변하게 된다.
③ 제어 모드는 오토(auto) 모드와 스포츠(sport) 모드 2가지가 있다. 운전자가 sport 모드를 선택하게 되면 컴퓨터는 계기판에 'sport' 램프를 점등시켜 운전자에게 알려 준다.

3. E.C.S 제어

1) 선택 모드별 감쇠력 조절 기능

① 오토(auto) 모드 : 주행 조건 및 노면 상태에 따라 자동적으로 감쇠력을 3단계(소프트 ↔ 미디엄, 소프트 ↔ 하드, 미디엄 ↔ 하드)로 조절한다.

통상 주행 때는 승차감을 향상시키기 위해 가장 부드러운 소프트(soft) 상태로 유지한다. 또한 주행조건 및 노면 상태에 따라 자동적으로 소프트, 미디엄, 하드로 컴퓨터는 자동적으로 선택 변환한다.

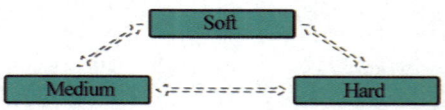

② 스포츠(sport) 모드 : 주행 조건 및 노면 상태에 따라 감쇠력을 2단계(미디엄↔하드)로만 조절한다.(소프트로는 변환되지 않는다.) 스포츠 한 운전을 즐길 때 사용하며 통상 주행 때 속 업소버의 감쇠력이 소프트(soft)가 아닌 미디엄(medium) 상태로 유지된다. 또한 주행조건 및 노면 상태에 따라 미디엄(medium)과 하드(hard)로만 선택 변환한다.

2) 자세제어 기능

① 앤티 스쿼트(anti-squat) 제어

기준 신호	감쇠력(damping force) 변환
차속 센서, 스로틀 위치 센서	소프트 → 미디엄(auto 모드)
	차가 정지 상태이거나 규정속도 이하에서 운전자가 액셀러레이터 페달을 급격히 밟게되면 차의 앞쪽은 업(up)되고 뒤쪽은 다운(down)되게 된다. 컴퓨터는 차속 센서 신호와 스로틀 위치 센서 신호를 이용해 급출발이나 급가속이라고 판단하게 되면 속 업소버의 감쇠력을 소프트(soft)에서 미디엄(medium) 또는 하드(hard)로 변환시켜 차의 자세변화를 최소화한다.

② 앤티 다이브(anti-dive) 제어

기준 신호	감쇠력(damping force) 변환
브레이크 스위치, 차속 센서	소프트 → 하드
	주행 중 브레이크 페달을 밟게 되면 차의 무게 중심이 앞으로 이동하면서 차체의 앞쪽은 다운(down)되고, 뒤쪽은 업(up)되는 현상이 발생한다. 컴퓨터는 일정한 차속 이상에서 브레이크 페달을 밟아 브레이크 스위치가 ON되면 차속 센서로 감속도를 계산해 앤티 다이브를 실행한다. 앤티 다이브 실행은 속 업소버의 감쇠력을 소프트에서 하드로 변환시켜 차의 자세변화를 최소화한다.

③ 앤티 롤(anti-roll) 제어

기준 신호	감쇠력(damping force) 변환
조향 휠 각도 센서, 차속 센서	소프트 → 하드

주행 중 핸들을 조작해 선회하게 되면 차의 내륜측은 차체가 업(up)되고 외륜측은 차체가 다운(down)된다. 컴퓨터는 규정속도 이상에서 핸들을 조작하게 되면 조향 휠 각도 센서의 신호를 입력받아 조향 휠 조작 속도와 조향 각을 연산 앤티 롤 제어 조건이라 판단되면 실행한다. 쇽 업소버의 감쇠력은 소프트에서 하드로 변환시켜 차의 자세변화를 억제한다.

④ 앤티 바운스(anti-bounce) 제어

기준 신호	감쇠력(damping force) 변환
G센서	소프트 → 미디엄

요철을 통과하거나 울퉁불퉁한 험로를 주행하게 되면 차체에 상하 진동이 발생하게 된다.
컴퓨터는 G센서 신호로 차체의 상하 움직임을 판단해 앤티 바운스 제어를 실행한다.
쇽 업소버의 감쇠력은 소프트에서 미디엄으로 변환한다.

⑤ 앤티 쉐이크(anti-shake) 제어

기준 신호	감쇠력(damping force) 변환
차속 센서	소프트 → 하드

승객 승하차 때 차의 움직임을 최소화 하기 위해 차의 속도가 규정속도 이하로 감속되거나 정지하게 되면 컴퓨터는 앤티 쉐이크 제어를 실행한다.
쇽 업소버의 감쇠력은 소프트에서 하드로 변환시키며, 차가 출발해 규정속도 이상이 되면 다시 소프트로 복귀된다.

⑥ 고속 안정성 제어

기준 신호	감쇠력(damping force) 변환
차속 센서	소프트 → 미디엄

차가 고속으로 주행하게 되면 주행 안정성을 높이기 위해 고속 안정성 제어를 실행한다.
쇽 업소버의 감쇠력은 소프트에서 미디엄으로 변환시키며, 차속이 일정속도 이하로 감속되면 해제된다.

제3절 조향장치

1. 조향장치 일반

1. 조향 이론

애커먼 장토식의 원리를 이용한 것으로, 앞차축의 킹핀과 타이로드 엔드의 중심을 잇는 연장선이 뒤차축 상의 어느 한 점에서 만나도록 한 방식이다. 조향 핸들을 조향하였을 때 뒤차축 연장선의 한 점을 중심으로 모든 바퀴가 동심원을 그리며 선회를 하게 된다.

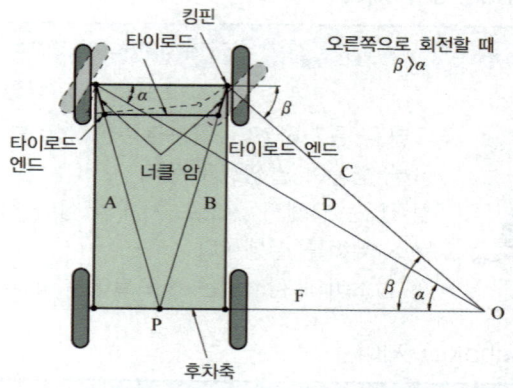

그림 2-71 / 애커먼 장토식 조향 원리

1) 앞차축 링크 형식

① 엘리옷 형
② 역 엘리옷 형
③ 마몬 형
④ 르모앙 형

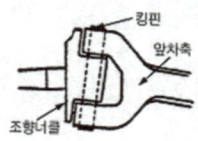
그림 2-72 / 엘리옷 형

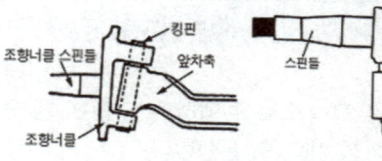
그림 2-73 / 역 엘리옷 형   그림 2-74 / 마몬 형

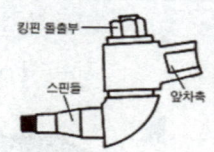
그림 2-75 / 르모앙 형

2) 최소회전 반지름

최대로 조향하여 회전시 앞바퀴의 바깥쪽 바퀴가 그리는 원의 반지름을 말한다.

$$R = \frac{L(m)}{\sin \alpha} + r$$

R : 최소회전반지름
L : 축거[m]
α : 바깥쪽 바퀴의 조향각
r : 바깥쪽 바퀴의 접지면 중심과 킹핀과의 거리

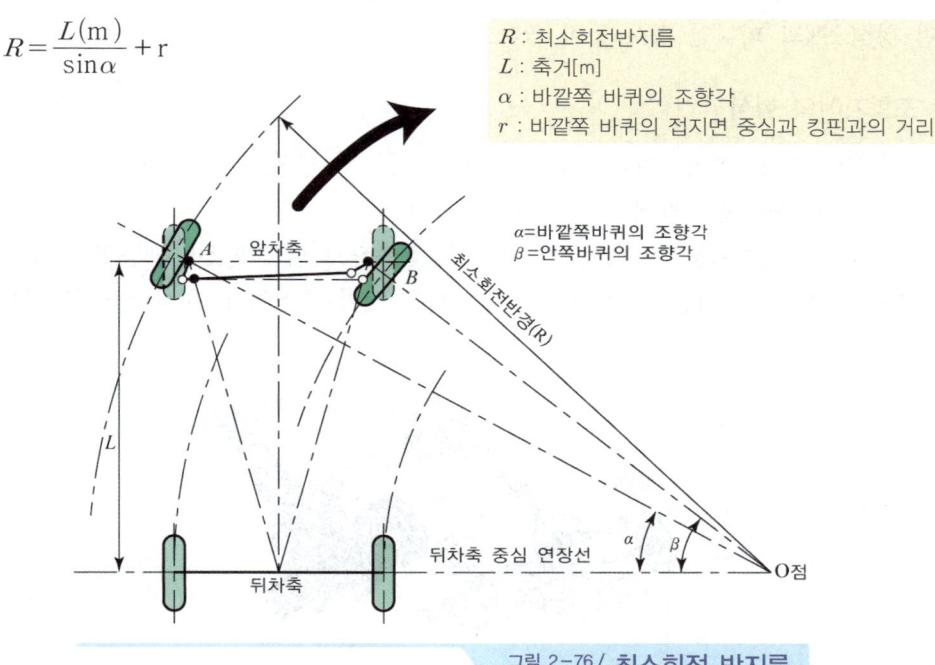

그림 2-76 / 최소회전 반지름

3) 조향 기어비

조향핸들이 회전한 각도와 피트먼 암이 회전한 각도와의 비를 말한다.

조향기어비가 작으면 핸들 조작이 빠르지만 큰 회전력이 필요하고, 조향 기어비가 크면 핸들 조작은 가벼우나 조향 조작이 너무 느려 위급시 대응이 늦게 된다.

$$조향\ 기어비 = \frac{조행핸들이\ 회전한\ 각도}{피트먼\ 암이\ 회전한\ 각도}$$

4) 조향 기어의 조건

① **가역식** : 앞바퀴로 핸들을 움직일 수 있는 방식으로 바퀴의 충격이 핸들에 전달되어 주행중 핸들을 놓치기 쉬우나 조향기어 각부의 마멸이 적고 복원성을 이용할 수 있는 장점이 있다.
② **반가역식** : 가역식과 비가역식의 중간 성질로 바퀴의 운동을 일부만 전달한다.
③ **비가역식** : 조향핸들의 움직임을 바퀴에 전달할 수는 있으나 바퀴의 운동을 핸들에 전달할 수 없는 방식으로 바퀴의 충격을 핸들에 전달하지 않으나 조향기어 각부의 마멸이 쉽고 복원성을 이용할 수 없는 단점이 있다.

2. 조향 기어의 종류

조향기어의 종류로는 웜 섹터 형식, 웜 섹터 롤러식, 볼 너트 형식, 웜 핀 형식, 볼 너트 웜 핀 형식, 랙과 피니언 형식 등이 있다.

1) 조향기어의 형식

① 랙과 피니언 형식 : 피니언의 회진운동을 랙의 직선운동으로 변환하는 방식으로 구조가 간단하여 승용차에 주로 사용한다.
② 볼 너트 형식 : 조향축의 회전을 볼의 구름접촉으로 너트에 전달하는 방식으로 핸들 조작이 가볍고 큰 하중에 견디며 마모도 적은 것이 특징이다. 주로 중형차 이상에서 많이 사용된다.

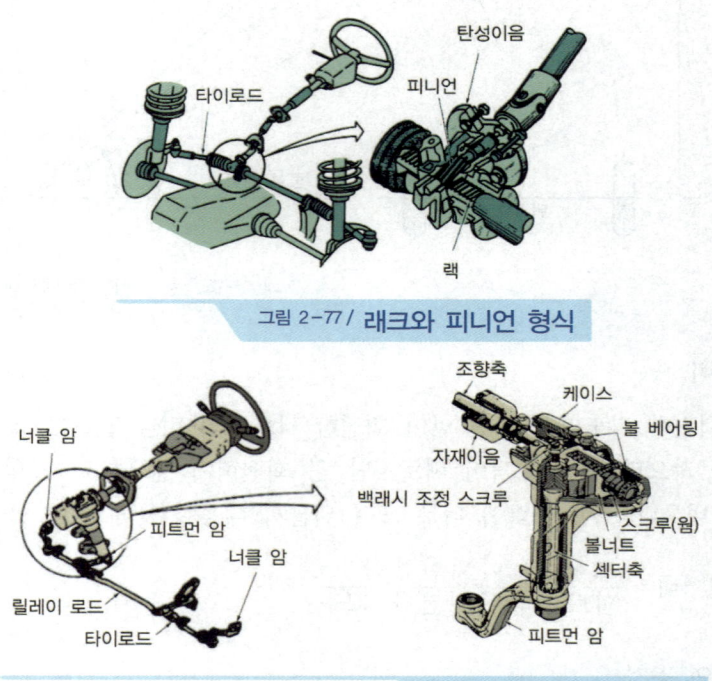

그림 2-77 / **랙과 피니언 형식**

그림 2-78 / **볼 너트 형식**

2) 조향 기구의 명칭

① 피트먼 암 : 조향 기어와 조향 링크와의 연결 암(arm)이다.
② 드래그 링크 : 일체차축 조향장치에서 사용되며 피트먼 암과 너클을 연결하는 로드이다.
③ 타이로드 : 좌우의 너클과 연결되며, 타이로드 앤드는 토인을 조정하는 로드이다.

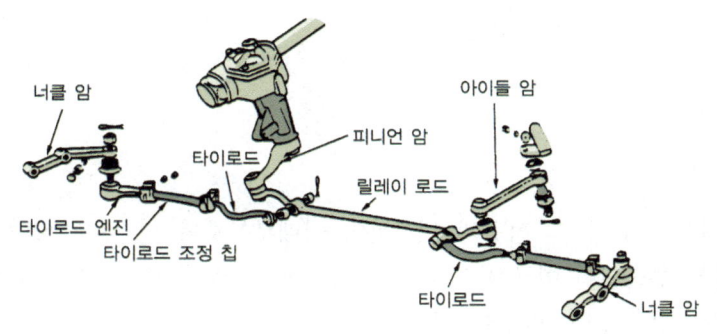

그림 2-79 / 독립 현가식 조향 기구

3. 조향장치의 이상 현상

1) 조향 핸들이 한쪽으로 쏠리는 원인

① 타이어의 압력이 불균일하다.
② 앞차축 한쪽의 스프링이 절손되었다.
③ 브레이크 간극이 불균일하다.
④ 앞바퀴 정렬이 불량하다.
⑤ 한쪽의 허브 베어링이 마모되었다.
⑥ 한쪽 쇽 업소버의 작동이 불량하다.

2) 조향 핸들이 무거워지는 원인

① 타이어 공기압이 낮다.
② 타이어의 규격이 크다.
③ 윤활유의 부족 또는 불충분하다.
④ 조향 기어의 조정이 불량하다.
⑤ 현가 암이 휘었다.
⑥ 조향 너클이 휘었다.
⑦ 프레임이 휘었다.
⑧ 정의 캐스터가 과도하다.

2_ 휠 얼라이먼트(앞바퀴 정렬)

1. 캠버(camber)

1) 캠버의 정의

바퀴를 정면에서 보았을 때 바퀴의 윗부분이 아래부분보다 더 넓은 상태로, 바퀴의 중심선과 노면에 대한 수직선이 이루는 각도를 캠버라 하고 일반적으로 0.5~1.5° 정도이다. 윗부분이 넓은 것을 정 (+)의 캠버, 아래부분이 넓은 것을 부 (-)의 캠버, 수직선과 같은 것을 영(0)의 캠버라 한다. 또한 타이어의 중심선과 킹핀 중심선이 노면에서 만나 이루는 거리를 캠버 옵셋(camber offset) 또는 스크러브 레이디어스(scrub radius)라 하며 이 거리가 작을수록 조향 조작이 가볍게 된다.

2) 캠버의 효과

① 수직 방향 하중에 의한 앞차축의 휨을 방지
② 조향축 경사각과 함께 조향핸들의 조작을 가볍게 한다.
③ 크라운 도로에서 수직으로 향하는 효과가 있다.

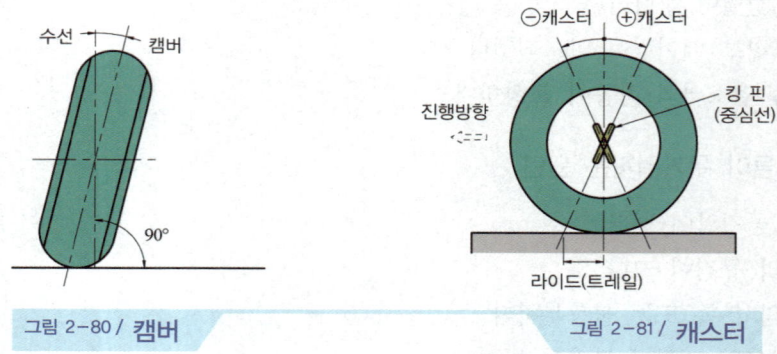

그림 2-80 / 캠버   그림 2-81 / 캐스터

2. 캐스터(caster)

1) 캐스터의 정의

앞바퀴를 옆에서 볼 때 앞바퀴를 차축에 설치하는 킹핀이 수선과 어떤 각도를 이룬 상태를 말하며, 이 각도는 일반적으로 1/2~3° 정도이다. 수직선과 킹핀 중심선의 연장선이 노면에서 만나 이루는 거리를 리드(lead) 또는 트레일(trail)이라 하며, 킹핀 중심선의 윗부분이 뒤쪽으로 기울어진 것을 정 (+)의 캐스터, 앞쪽으로 기울어진 것을 부 (-)의 캐스터, 수직선과 같은 것은 영(0)의 캐스터라 한다. 일반적으로 자동차에서는 정의 캐스터를 준다.

2) 캐스터의 효과

① 주행중 조향 바퀴에 방향성(가속성)을 준다.
② 조향시 직진 방향으로 돌아오는 복원성을 준다.
③ 부의 캐스터는 조향력을 증대시켜 준다.

3. 토 인(Toe-in)

1) 토 인의 정의

앞바퀴를 위에서 내려다 보았을 때 양쪽 바퀴의 중심선 거리가 앞쪽이 뒤쪽보다 작게 되어 있는 상태를 말하며, 일반적으로 뒤와 앞의 차이가 2~6[mm] 정도이다.

2) 토 인의 효과

① 앞바퀴를 평행하게 회전시킨다.
② 바퀴의 사이드 슬립과 타이어의 마멸을 방지한다.
③ 조향 링키지 마멸에 의해 토 아웃 되는 것을 방지한다.

4. 킹핀 각(king-pin angle, 조향축 경사각)

1) 킹핀 경사각의 정의

바퀴를 앞에서 보면 킹핀이 수선에 대해 안 쪽으로 어떤 각도를 두고 설치되어 있는 상태를 말하며 조향축 경사각이라고도 한다. 킹핀 경사각은 일반적으로 7~9° 정도를 준다.

2) 킹핀 경사각의 효과

① 앞바퀴에 복원성을 준다.
② 캠버와 함께 핸들의 조작력을 작게 한다.
③ 앞바퀴의 시미 현상을 방지한다.

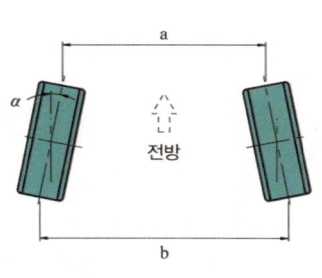

그림 2-82 / **토 인**

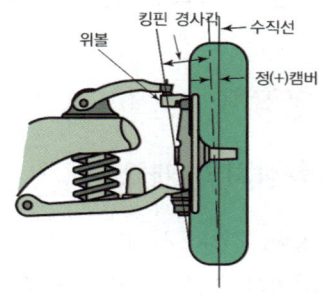

그림 2-83 / **킹핀 경사각**

3_ 셋백과 스러스트 각

1. 셋 백(set back)

왼쪽 축간거리와 오른쪽 축간거리와의 차이를 말하며, 제조상의 제조공차 또는 충돌로 인한 손상으로 발생된다. 휠 베이스가 짧은 쪽으로 차량이 쏠리는 경향이 나타난다.

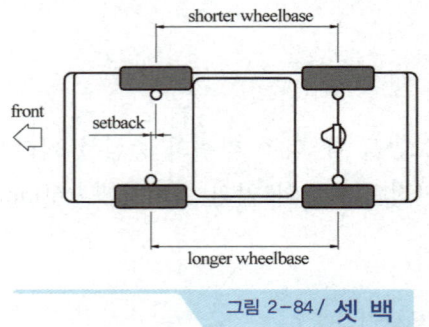

그림 2-84 / 셋 백

2. 스러스트 각(thrust angle, geometrical drive axis)

자동차의 진행방향과 자동차의 기하학적 중심선과의 각도의 차이를 말한다.

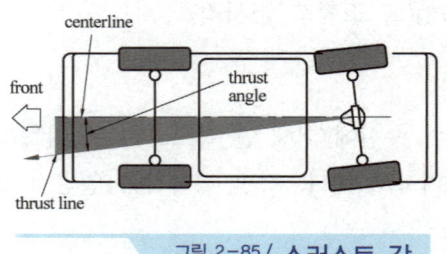

그림 2-85 / 스러스트 각

제4절 / 동력 조향장치(power steering system)

1_ 동력조향장치

1. 동력조향장치의 개요

차량의 대형화, 전륜 구동화, 타이어의 편평화 등에 의한 전륜 접지저항의 증가로 핸들 조작력이 증가되었다. 또한 여성 운전자의 증가 및 이지 드라이브 추세에 따라 조향핸들의 조작력을 경감시킬 필요가 대두되었다. 이를 위해 조향 조작을 가볍게 하기 위하여 조향 기어

비를 크게 하면 가벼워지나 핸들을 여러 번 회전시켜야 한다. 따라서 조향 핸들에 배력장치를 두어 핸들의 조작력을 보조하여 조작력을 감소시키는 동력조향장치를 사용하게 되었다.

1) 동력 조향장치의 특징

① 작은 조작력으로 조향이 가능
② 조향기어비를 자유로이 선정
③ 노면에서의 충격을 흡수하여 킥백(kick back)을 방지
④ 스티어링계의 이음, 진동의 흡수
⑤ 조향에 따른 적절한 반력을 피드백

2. 동력 조향장치의 분류

동력 조향장치는 스티어링 기어를 기어박스 내부에 설치한 인티그럴(integral) 형과 동력실린더와 제어밸브의 분리 여부에 따라 링키지(linkage) 일체형과 링키지 조합형으로 나눈다.

① 인티그럴 형 : 스티어링 기어를 기어박스를 기어 내부에 설치

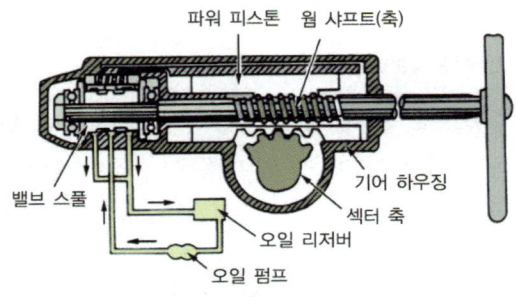

그림 2-86 / **인티그럴 형**

② 링키지 형 : 동력 실린더가 조향핸들과 분리된 형식
㉠ 일체형 : 동력 실린더와 제어밸브가 일체
㉡ 분리형 : 동력 실린더와 제어밸브가 분리

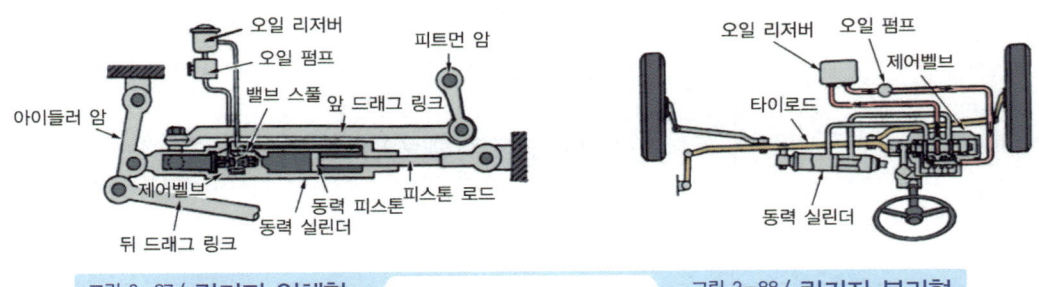

그림 2-87 / **링키지 일체형**   그림 2-88 / **링키지 분리형**

3. 동력 조향장치의 구조

1) 동력조향장치 주요부

① 동력부 : 오일펌프에 해당하며, 벨트로 구동되며 유압을 발생한다.
② 작동부 : 동력 실린더에 해당하며, 보조력(assist력)을 발생하는 부분이다.
③ 제어부 : 컨트롤(제어) 밸브에 해당하며, 동력부와 작동부 사이의 오일통로를 제어한다.

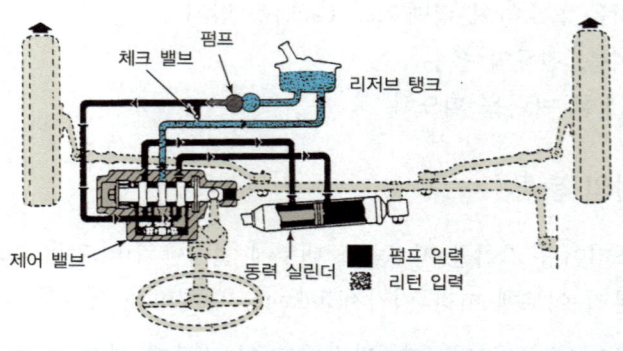

그림 2-89 / **링키지 분리형 동력실린더의 구조**

2) 안전 첵 밸브(safety check valve)

파워 스티어링 고장시 수동으로 핸들조작이 가능하게 해주는 밸브로, 핸들을 조작하면 동력 실린더가 작용하여 한쪽에 압력을 가하면 반대쪽은 진공이 되어 첵 밸브가 열리게 되므로 수동조작이 가능하게 된다.

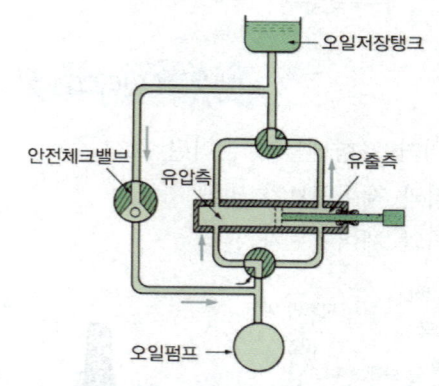

그림 2-90 / **안전 첵 밸브의 역할**

2_ 전자제어 조향장치(EPS : Electric Power Steering)

1. 전자제어 조향장치의 개요

자동차 성능의 향상과 도로의 고속화로 자동차의 조향 안정성은 더욱 중요시 되었다. 동력 조향장치는 보조력을 이용하여 조향장치의 조작력을 경감시키는 장치로 고속 주행시에는 바퀴의 접지저항의 감소 및 양력에 의한 하중의 감소 등으로 더욱 가벼워 지므로 조향력을 속도에 따라 가변시킬 필요가 있다. 따라서 주행속도에 따라 조향력을 전자제어화 한 것이 전자제어 동력조향장치(EPS : Electric Power Steering)이다.

2. 전자제어 조향장치의 종류

① 회전수 감응식 : 자동차 엔진의 회전수에 따라 조향력을 변화시키는 형식이다.
② 차속 감응식 : 자동차 차속에 따라 조향력을 변화시키는 형식이다.
③ 유량 제어식 : 유량을 제어 또는 바이패스에 의해 동력 실린더에 가해지는 유압을 변화시키는 형식이다.
④ 반력 제어식 : 제어 밸브의 열림을 직접 조절하여 동력 실린더에 가해지는 유압을 변화시키는 형식이다.

3. 전자제어 조향장치의 작동

1) 차속 감응식

주행속도나 기타 조향력에 필요한 정보에 의해 솔레노이드 밸브나 전동기를 이용하여 필요한 유량을 제어하는 방식이다.

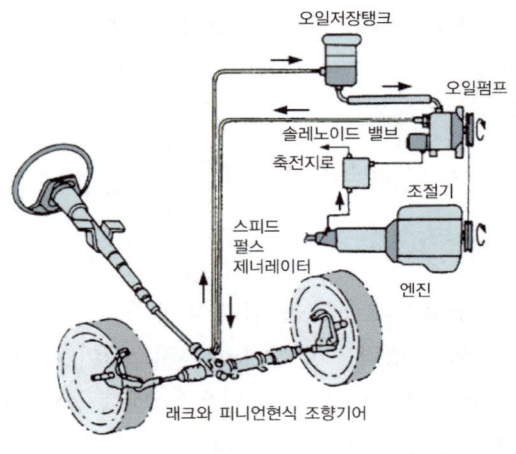

그림 2-91 / 속도감응식 EPS

2) 유량 제어식(실린더 바이패스 방식)

솔레노이드 밸브가 열리면 작동압이 걸린 고압쪽이 드레인에 연결되어 있는 저압쪽과 통하여 작동압이 저하하여 배력작용이 감소하여 조향력이 커진다.

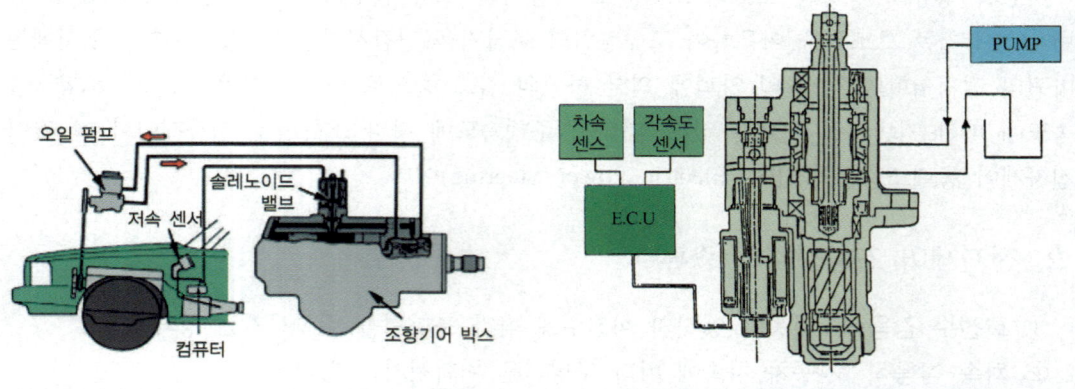

그림 2-92 / 유량제어식 EPS   그림 2-93 / 유량 제어식 EPS 시스템 구성도

4. 전자제어 조향장치의 특징

① 기관의 회전속도 감응형 파워 스티어링 시스템이다.
② 공전과 저속에서 핸들의 조작력이 작다.
③ 고속 주행시에는 핸들의 조작력이 무거워진다.
④ 중속 이상에는 차량의 속도에 감응하여 조작력을 변화시킨다.
⑤ 차속 센서는 홀 소자를 이용한 것으로 변속기에 장착되어 있으며, 디지털 펄스 신호로 출력된다.
⑥ ECU에 의해 제어되며, 솔레노이드 밸브로 스로틀 면적을 변화시켜 오일 탱크로 복귀되는 오일량을 제어한다.

3_ MDPS(Motor Driven Power Steering)

1. MDPS의 개요

MDPS 시스템은 ECU가 각종센서의 신호를 입력 받아 모터 전류를 제어함으로써 운전자의 조타력을 보조해서 운전자의 조향력을 향상시키는 시스템이다. 또한 조향시에만 에너지를 소모시켜 연비향상과 동시에 오일 및 펌프, 유압호스, 벨트 등을 삭제시킨 친환경적인 시스템이다. 종류로는 칼럼 구동식, 피니언 구동식, 랙 구동식 등이 있다.

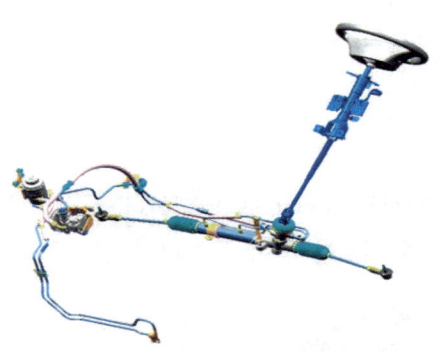

유압식 : 파워펌프 → 유압발생 → 조타력 발생

MDPS : 전기모터 → 토크발생 → 조타력 발생

그림 2-94 / **유압식**   그림 2-95 / **MDPS**

1) MDPS의 특징

① 조향 편의성 증대
② 오일을 사용하지 않아 오일 누유가 없으므로 친환경적이다.
③ 작동력이 속도와 연동되어 정지 및 저속은 가볍고 고속에서는 적절히 무겁다.
④ 엔진 부하가 감소하여 연비가 3[%] 정도 향상되고, CO_2 배출이 감소한다.
⑤ 기존 유압식에 비해 가볍다.
⑥ 조립 부품수가 감소되어 조립 시간이 단축되어 조립성이 향상되었다.

2) MDPS의 종류

분류	컬럼 구동식	피니언 구동식	랙 구동식
구조			
특징	컬럼에 모터를 설치 모터 소음이 불리 탑재 자유도 제한	피니언에 모터 설치 열에 대한 대책이 요구 탑재 자유도 제한	랙에 모터 설치 고출력 기어 직경 증대
모터	25 ~ 60[A]	30 ~ 60[A]	60 ~ 90[A]
출력	600[kgf]	700[kgf]	700 ~ 1,000[kgf]

2. MDPS 구성 부품

1) 주요 구성 부품

① 모터 : 감속기가 내장된 직류 전동기 이다.
② 조향각 & 토크센서 : 핸들의 회전 토크를 측정하여 ECU에 입력한다.
③ ECU : 토크센서, 차속센서, 엔진 회전수 등의 신호를 받아서 모터의 전류를 제어한다.

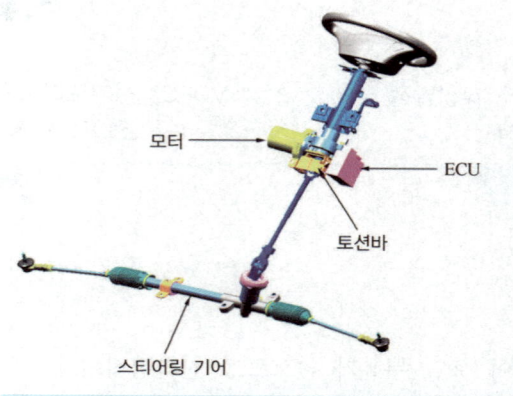

그림 2-96 / MDPS의 구성부품

2) MDPS 작동 순서

① 운전자가 조향
② 토션바 비틀림 발생
③ 조향각과 토크센서 출력으로 ECU는 조향 토크 및 조향각을 연산한다.
④ 모터 및 웜기어 회전
⑤ 웜 과 웜 휠 기구에 의해 모터의 회전을 20.5 : 1로 감속시킨다.
⑥ 출력축 회전
⑦ 유니버설 조인트 회전
⑧ 조향기어 박스의 피니언 축에 전달
⑨ 휠 회전

3. MDPS 입·출력요소

1) MDPS ECU 입력요소

① 상시전원 : 엔진룸 릴레이박스 50A에서 공급된다.
② IG전원 : 실내 정션박스에서 IG전원이 입력된다.

③ 엔진 회전수 : 디지털 펄스가 입력된다.
④ 차속신호 : 디지털 펄스가 입력된다.
⑤ 토오크 센서 : 메인과 서브 각각 2.5V가 체크되면 정상이며 핸들을 회전하면 2.5V를 기준으로 전압이 변한다.

2) MDPS ECU 출력요소

① 전동모터 : 최대 45A까지 가능하며 최저는 8A까지 제어한다.
② 아이들 업 신호 : 소비전류가 25A이상 소비되면 신호를 출력한다.
③ MDPS경고등 : KEY ON시 점등하며 시동후 소등된다.
④ 자기진단 K단자 : 고장코드를 출력한다.

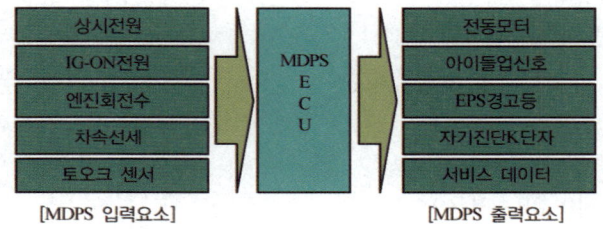

[MDPS 입력요소]   [MDPS 출력요소]

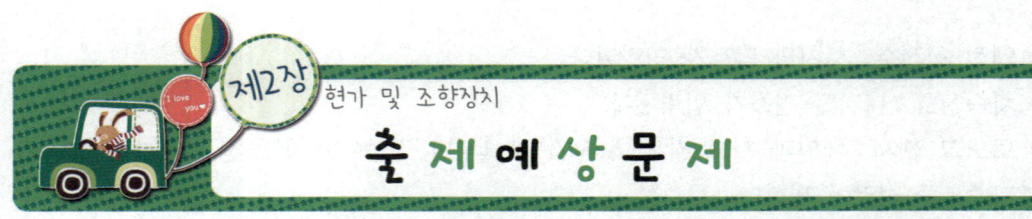

제2장 현가 및 조향장치 출제예상문제

01 독립 현가장치에서 기관실의 유효면적을 가장 넓게 할 수 있는 형식은? [08년 4회]

① 맥퍼슨 형식
② 위시본 형식
③ 트레일링 암 형식
④ 평행판 스프링 형식

풀이) 맥퍼슨 형식은 위 컨트롤 암이 없으므로 기관실의 유효 면적을 가장 넓게 할 수 있다.

02 공기 스프링의 특징이 아닌 것은? [07년 1회]

① 유연성을 비교적 쉽게 얻을 수 있다.
② 약간의 공기 누출이 있어도 작동이 간단하며, 구조가 간단하다.
③ 하중이 변해도 자동차 높이를 일정하게 유지할 수 있다.
④ 자동차에 짐을 실을 때나 빈차일 때의 승차감은 별로 달라지지 않는다.

풀이) 공기 스프링의 특징
① 하중에 관계없이 자동차 높이를 일정하게 유지할 수 있다.
② 짐을 실을 때나 빈차일 때 승차감의 차이가 없다.
③ 하중에 따라 스프링 상수가 자동적으로 변한다.
④ 승차감이 좋고 진동을 완화하므로 수명이 길어진다.

03 진동을 흡수하고 진동시간을 단축시키며 스프링의 부담을 감소시키기 위한 장치는? [09년 2회]

① 스태빌라이저
② 공기 스프링
③ 쇽 업쇼버
④ 비틀림 막대 스프링

풀이) 쇽 업소버(shock absorber)는 주행 시 스프링이 받는 충격에 의한 고유 진동을 흡수하고 진동시간을 단축시키며 스프링의 부담을 감소시켜 승차감을 좋게 하기위한 장치이다.

04 일반적으로 가장 좋은 승차감을 얻을 수 있는 진동수는? [09년 1회]

① 10[cycle/min] 이하
② 10 ~ 60[cycle/min]
③ 60 ~ 120[cycle/min]
④ 120 ~ 200[cycle/min]

풀이) 가장 좋은 승차감을 얻을 수 있는 진동수는 60 ~ 120[cycle/min] 이다.

01 ① 02 ② 03 ③ 04 ③

05 위시본식 독립 현가장치의 구조 및 작동에 관한 설명으로 틀린 것은? [09년 1회]

① 코일 스프링과 쇽업쇼버를 조합시킨 형식이다.
② 스프링 아래 부분의 중량이 크기 때문에 승차감이 좋다.
③ 로어와 어퍼 컨트롤 암의 길이가 같은 것이 평행 사변형식 이다.
④ SLA형식(short/long arm type)은 장애물에 의해 바퀴가 들어 올려지면 캠버가 변한다.

풀이 **위시본식 독립 현가장치의 구조 및 특징**
① 코일 스프링과 쇽업쇼버를 조합시킨 형식이다.
② 로어와 어퍼 컨트롤암의 길이가 같은 것을 평행 사변형식, 위가 짧고 아래가 긴 것을 SLA형식 이라 한다.
③ SLA형식은 장애물에 의해 바퀴가 들어 올려지면 윤거는 변하지 않으나 캠버가 변한다.(윤불 캠변)
④ 스프링 아랫부분의 중량이 작아 승차감이 좋다.
⑤ 승용차용 전륜 현가장치로 많이 사용된다.

06 하중의 변화에 따라 스프링 정수를 자동적으로 조정하여 고유 진동수를 일정하게 유지할 수 있는 현가장치의 구성품은? [08년 2회]

① 코일 스프링 ② 판 스프링
③ 공기 스프링 ④ 스태빌라이저

풀이 **공기 스프링의 특징**
① 하중에 관계없이 차체의 높이를 일정하게 유지한다.
② 자체에 감쇄성이 있기 때문에 작은 진동을 흡수한다.
③ 고유 진동을 낮게 할 수 있어 유연하다.
④ 공기압축기 등 부품수가 많아져 가격이 비싸지고, 설치할 공간이 필요하다.

07 전자제어 현가장치(ECS)에 대한 설명 중 틀린 것은? [07년 1회]

① 안정된 조향성을 준다.
② 차의 승차인원(하중)이 변해도 차는 수평을 유지한다.
③ 차량정지시 감쇄력을 적게 한다.
④ 고속 주행시 차체의 높이를 낮추어 공기 저항을 적게 하고 승차감을 향상시킨다.

풀이 차량 정지시에는 감쇄력을 크게 하여 노스다운을 억제한다.

08 전자제어 현가장치(ECS)의 기능이 아닌 것은? [07년 2회]

① 차량의 급커브시 원심력에 의한 차량 기울어짐 방지
② 급제동시 노즈 다운 방지
③ 비포장 도로 운행시 차체의 높이 조정
④ 차량 주행시 일정한 속도로 주행

풀이 **전자제어 현가장치(E.C.S)의 기능**
① 급제동시 노즈 다운(nose down)을 방지
② 노면으로부터 차의 높이를 조정
③ 급선회시 원심력에 의한 차량의 기울어짐 방지
④ 노면으로부터 차의 높이를 조정
⑤ 굴곡이 심한 노면을 주행할 때에 흔들림이 작은 평행한 승차감 실현
* 차량 주행시 일정한 속도로 주행은 정속 주행장치(auto cruise control) 기능이다.

09 조향장치와 관계 없는 것은? [07년 1회]

① 스티어링 기어 ② 피트먼 암
③ 타이로드   ④ 쇽 업소버

풀이 쇽 업소버는 현가장치 부품이다.

05 ②　06 ③　07 ③　08 ④　09 ④

10. ECS(electronic control suspension)의 역할이 아닌 것은? [08년 4회]
① 도로 노면상태에 따라 승차감을 조절한다.
② 차량의 급제동시 노스 다운(Nose Down)을 방지한다.
③ 급커브시 원심력에 의한 차량의 기울어짐을 방지한다.
④ 조향휠의 복원성을 향상시키고 타이어의 마멸을 방지한다.

풀이 ECS의 특징
① 노면 상태에 따라 승차감을 조절
② 노면으로부터 차량높이 조절
③ 급제동시 노스다운(nose down)을 방지
④ 급선회시 차체의 기울어짐 방지

11. 전자제어 현가장치의 기능과 가장 거리가 먼 것은? [07년 4회]
① 킥 다운 제어
② 차고 조정
③ 스프링 상수와 댐핑력 제어
④ 주행조건 및 노면상태 대응에 따른 제어

풀이 킥 다운(kick down)이란 주행 중 드로틀 밸브의 개도를 갑자기 증가시키면(85[%] 이상) down shift 되어 큰 구동력을 얻을 수 있는 자동변속기 기능이다.

12. 조향기어의 종류에 속하지 않는 것은? [08년 1회]
① 토르센형 ② 볼 너트형
③ 웜 섹터 롤러형 ④ 랙 피니언형

풀이 조향기어의 종류
① 래크-피니언(rack and pinion) 형식
② 웜-섹터 롤러(worm and sector roller) 형식
③ 볼-너트(ball and nut) 형식

13. 전자제어 현가장치(ECS)에 관계되는 구성 부품이 아닌 것은? [09년 4회]
① 차고센서
② 중력센서
③ 조향휠 각속도센서
④ 수온 센서

풀이 ECS 센서의 기능
① 차속 센서 : 자동차의 속도를 검출
② 조향각 센서 : 조향 휠의 회전방향을 검출
③ G(중력) 센서 : 자동차의 가감속을 검출
④ 차고 센서 : 자동차의 차고를 검출

14. 전자제어 현가장치 자동차의 컨트롤 유닛(ECU)에 입력되는 신호가 아닌 것은? [07년 2회]
① 홀드 스위치 신호
② 조향핸들 조향각도 신호
③ 스로틀 포지션 센서 신호
④ 브레이크 압력 스위치 신호

풀이 ECS 입력신호
① 차속 센서 : 자동차의 속도를 검출
② 조향각 센서 : 조향 휠의 회전방향을 검출
③ G 센서 : 자동차의 가감속을 검출
④ 차고 센서 : 자동차의 차고를 검출
⑤ 스로틀 포지션 센서 : 급 가·감속 상태를 검출
⑥ 브레이크 압력 스위치 신호 : 차고조절을 위해 제동 여부를 검출
* 홀드 스위치 신호는 자동변속기에서 3속 고정에 사용된다.

10 ④ 11 ① 12 ① 13 ④ 14 ①

15. 주행 중에 급제동을 하면 차체의 앞쪽이 낮아지고, 뒤쪽이 높아지는 노스다운 현상이 발생 하는데, 이것을 제어하는 것은?

[09년 2회]

① 앤티 다이브 제어
② 앤티 스쿼트 제어
③ 앤티 피칭 제어
④ 앤티 롤링 제어

풀이 다이브(dive)란 앞쪽이 낮아지는 nose down 현상으로 이를 방지하는 기능을 anti-dive라 한다.

16. 전자제어 현가장치(ECS)에서 목표 차고(車高)와 실제 차고(車高)가 다르더라도 차고(車高) 조정이 이루어지지 않는 경우는?

[08년 1회]

① 엔진시동 직후
② 주행 중 엔진 정지시
③ 직진 경사로를 주행할 시
④ 커브길 급회전시

풀이 차고제어 보류조건 : 자세제어 중에는 차고제어를 보류한다.

17. 조향 핸들을 2바퀴 돌렸을 때 피트먼 암이 90° 움직였다. 조향 기어비는?

[09년 1회 / 2회]

① 6 : 1
② 7 : 1
③ 8 : 1
④ 9 : 1

풀이 조향기어비 = $\dfrac{핸들 회전각도}{피트먼암 회전각도}$

∴ $\dfrac{720}{90} = 8$

18. 조향기어의 운동전달 방식이 아닌 것은?

[08년 2회]

① 가역식
② 비가역식
③ 전부동식
④ 반가역식

풀이 조향기어의 운동전달 방식 : 가역식, 비가역식, 반가역식

19. 자동차의 축거가 2.2[m], 전륜 외측 조향각이 36°, 전륜 내측 조향각이 39° 이고 킹핀과 타이어 중심 거리가 30[cm] 일 때 자동차의 최소회전반경은?

[07년 2회]

① 3.79[m]
② 1.68[m]
③ 4.04[m]
④ 3.02[m]

풀이 최소회전반경 $R = \dfrac{L}{\sin\alpha} + r$

α : 외측바퀴 회전각도[°]
L : 축거[m]
r : 타이어 중심과 킹핀과의 거리[m]

∴ 최소회전반경 $R = \dfrac{2.2}{\sin 36°} + 0.3 = 4.04[m]$

20. 조향 휠의 조작을 가볍게 하는 방법이 아닌 것은?

[08년 1회]

① 조향 기어비를 크게 한다.
② 타이어 공기압을 높인다.
③ 동력 조향장치를 설치한다.
④ 토인을 규정보다 크게 한다.

풀이 조향핸들 조작을 가볍게 하는 방법
① 조향기어비를 크게 한다.
② 타이어 공기압을 높인다.
③ 자동차의 중량을 줄인다.
④ 동력조향장치를 설치한다.
⑤ 고속으로 주행한다.

15 ① 16 ④ 17 ③ 18 ③ 19 ③ 20 ④

21 주행 중 조향 휠이 한쪽으로 치우칠 경우 예상되는 원인이 아닌 것은? [08년 4회]
① 타이어 편마모
② 휠 얼라이먼트에 오일 부착
③ 안쪽 앞 코일스프링 약화
④ 휠 얼라이먼트 조정 불량

풀이 조향 휠이 한쪽으로 쏠리는 원인
① 타이어 공기압이 불균일하다.
② 좌·우 축거가 다르다.
③ 좌·우 브레이크 라이닝의 간극이 다르다.
④ 앞차축 한쪽의 현가 스프링이 절손되었다.
⑤ 쇽 업소버 작동이 불량하다.
⑥ 휠 얼라이먼트가 불량하다.
⑦ 뒤차축이 차의 중심선에 대하여 직각이 아니다.

22 자동차 주행 중 핸들이 한쪽으로 쏠리는 이유로 적합하지 않은 것은? [07년 2회]
① 좌·우 타이어 공기압 불평형
② 쇽 업소버의 불량
③ 좌·우 스프링 상수가 같을 때
④ 뒤 차축이 차의 중심선에 대하여 직각이 아닐 때

풀이 좌·우 스프링 상수가 같으면 정상이다.

23 전자제어 동력 조향장치의 오일펌프에서 공급된 오일을 로터리 밸브와 솔레노이드 밸브로 나누어 공급하는 것은? [08년 4회]
① 오리피스   ② 토션 밸브
③ 동력 피스톤 ④ 분류 밸브

풀이 전자제어 동력 조향장치의 오일펌프에서 공급된 오일을 로터리 밸브와 솔레노이드 밸브로 나누어 공급하는 밸브를 분류밸브라 한다.

24 전자제어 파워 스티어링 중 차속 감응형에 대한 설명으로 틀린 것은? [07년 2회]
① 자동차의 속도에 따라 핸들의 무게를 제어한다.
② 저속에서는 가볍고, 중고속에서는 좀더 무거워진다.
③ 차속이 증가할수록 파워 피스톤의 압력을 저하 시킨다.
④ 스로틀 포지션 센서(TPS)로 차속을 감지한다.

풀이 차속 감응형 동력 조향장치는 차속에 따라 유량을 제어하여 저속에서는 가볍게, 고속에서는 적절히 무거운 조향이 되도록 하며, 차속센서를 감지한다.

25 자동차 동력 조향장치의 유압회로 내 유압 유의 점도가 높을 때 일어나는 현상이 아닌 것은? [09년 4회]
① 회로 내 잔압이 낮아진다.
② 유압 라인의 열 발생 원인이 된다.
③ 동력 손실이 커진다.
④ 관내 마찰손실이 커진다.

풀이 점도가 높으면 회로 내 잔압은 높아진다.

26 전자제어 동력조향장치(electronic power steering system)의 특성에 대한 설명으로 틀린 것은? [09년 1회]
① 정지 및 저속시 조작력 경감
② 급 코너 조향시 추종성 향상
③ 노면, 요철 등에 의한 충격 흡수 능력의 향상
④ 중·고속 시 향상된 조향력 확보

풀이 ③항은 전자제어 현가장치(ECS)의 기능이다.

21 ② 22 ③ 23 ④ 24 ④ 25 ① 26 ③

27 동력 조향 휠의 복원성이 불량한 원인이 아닌 것은? [09년 1회]

① 제어밸브가 손상되었다.
② 부의 캐스터로 되어있다.
③ 동력 피스톤 로드가 과대하게 휘었다.
④ 조향 휠이 마멸되었다.

> **동력 조향 휠의 복원성이 불량한 원인**
> ① 제어 밸브가 손상되었다.
> ② 부의 캐스터로 되어있다.
> ③ 동력 피스톤 로드가 과대하게 휘었다.
> * 조향 휠이 마멸되면 조향 핸들의 유격이 커진다.

28 차속 감응형 4륜 조향장치(4WS)의 조종 안정 성능에 맞지 않는 것은? [09년 4회]

① 고속 직진 안정성
② 차선변경 용이성
③ 저속 시 회전 용이
④ 코너링 언밸런스

> **4륜 조향장치의 특징**
> ① 저속 주행시 선회반경을 적게
> ② 중고속 주행시 차선변경이 용이
> ③ 고속 주행시 직진 안정성을 향상
> ④ 선회시 조향 안정성을 향상

29 자동차를 옆에서 보았을 때 킹핀의 중심선이 노면에 수직인 직선에 대하여 어느 한쪽으로 기울어져 있는 상태는? [07년 2회]

① 캐스터   ② 캠버
③ 셋백   ④ 토인

> 자동차를 옆에서 보았을 때 킹핀의 중심선이 노면에 수직인 직선에 대하여 뒤로 기울어져 있으면 정(+)의 캐스터, 앞으로 기울어져 있으면 부(-)의 캐스터라 한다.

30 자동차의 바퀴에 캠버를 두는 이유로 가장 타당한 것은? [09년 1회]

① 회전했을 때 직진방향의 직진성을 주기 위해
② 자동차의 하중으로 인한 앞차축의 휨을 방지하기 위해
③ 조향 바퀴에 방향성을 주기 위해
④ 앞바퀴를 평행하게 회전시키기 위해

> **캠버의 효과**
> ① 킹핀 경사각과 함께 조향핸들의 조작을 가볍게 한다.
> ② 수직방향의 하중에 의한 앞차축의 휨을 방지한다.
> ③ 볼록노면 도로에 대해 수직인 효과가 있다.
> ④ 하중을 받았을 때 앞바퀴의 아래쪽이 벌어지는 것을 방지한다.

31 자동차 앞바퀴 정렬의 요소에 대한 설명 중 틀린 것은? [07년 4회]

① 캐스터는 앞바퀴를 평행하게 회전시킨다.
② 캠버는 조향 휠의 조작을 가볍게 한다.
③ 킹핀 경사각은 조향 휠의 복원력을 준다.
④ 토인은 캠버에 의해 토아웃이 되는 것을 방지한다.

> 캐스터는 앞바퀴에 직진성을 부여하고, 앞바퀴를 평행하게 회전시키는 것은 토인의 역할이다.

32 전조등 시험기 측정시 관련사항으로 틀린 것은? [08년 4회]

① 공차 상태에서 서서히 진입하면서 측정한다.
② 타이어 공기압을 표준공기압으로 한다.
③ 4등식 전조등의 경우 측정하지 않는 등화는 발산하는 빛을 차단한 상태로 한다.
④ 엔진은 공회전 상태로 한다.

> 공차상태에서 정지시켜 놓고 측정한다.

27 ④ 28 ④ 29 ① 30 ② 31 ① 32 ①

33 휠 얼라이먼트 시험기의 측정 항목이 아닌 것은? [07년 1회]

① 토인
② 캐스터
③ 킹핀 경사각
④ 휠 밸런스

풀이 휠 밸런스는 타이어의 평형을 측정하는 기기이다.

34 앞바퀴 얼라이먼트 검사를 할 때 예비점검 사항과 가장 거리가 먼 것은? [08년 2회]

① 타이어의 공기압, 마모상태, 흔들림 상태
② 킹핀 마모 상태
③ 휠 베어링의 헐거움, 볼 이음의 마모 상태
④ 조향 핸들 유격 및 차축 또는 프레임의 휨 상태

풀이 앞바퀴 정렬 측정 전 준비사항
① 타이어 공기압을 규정으로 맞춘다.
② 조향 링키지 체결상태를 확인한다.
③ 타이로드 엔드의 헐거움을 점검한다.
④ 조향핸들과 허브 베어링의 유격을 점검한다.
⑤ 현가 스프링의 피로를 점검한다.
⑥ 차량은 공차상태에서 측정한다.

35 사이드슬립 시험기로 미끄럼 량을 측정한 결과 왼쪽 바퀴가 in-8, 오른쪽 바퀴가 out-2를 표시했다. 슬립 량은? [07년 2회]

① 2(out)
② 3(in)
③ 5(in)
④ 6(in)

풀이 사이드슬립 테스터 슬립량 계산법
① 사이드 슬립은 좌, 우 바퀴의 합성력이므로 좌, 우 바퀴의 슬립량을 더해서 둘로 나눈다.
② IN과 OUT은 부호를 반대로 한다.
즉, IN 8[mm] − OUT 2[mm] = IN 6[mm]
∴ IN 6[mm] ÷ 2 = IN 3[mm]

33 ④ 34 ② 35 ②

03 제동장치

제 1 절 일반 제동장치

1_ 제동장치의 개요

제동장치는 자동차의 주행속도를 감속 또는 정지시키며 정차중인 자동차가 움직이지 않도록 하기 위한 안전장치이다. 그러므로 자동차의 최고속도와 중량에 따른 충분한 제동작용과 신뢰성, 내구성이 확실하며, 운전자의 피로경감과 브레이크 계통의 고장발생이 없도록 해주어야 할 것이다.

1) 제동장치의 구비조건
① 작동이 확실하고, 제동효과가 클 것
② 신뢰성과 내구성이 있을 것
③ 점검 및 정비가 쉬울 것

2) 제동장치의 분류
① 사용 용도(조작 방식)에 의한 분류
  ㉠ 주 브레이크(foot brake) : 주로 유압식 브레이크와 디스크식 브레이크를 사용하며, 대형차의 경우 공기식 브레이크를 주 브레이크로 사용한다.
  ㉡ 핸드 브레이크(hand brake) : 주차 브레이크라 하며 자동차 주차시 사용하는 뒷바퀴를 일시에 제동시켜 주는 장치이다.
  ㉢ 감속브레이크 : 보조 브레이크라고도 하며, 엔진 브레이크(engine brake), 배기 브레이크(exhaust brake), 와전류 리타더(eddy current retarder) 등이 이용된다.
② 설치 위치에 의한 분류
  ㉠ 휠 브레이크 : 대부분 브레이크에서 사용하는 방식이다.
  ㉡ 센터 브레이크 : 변속기 출력축이나 추진축에 설치하며, 대형차의 주차 브레이크로 사용한다.
    레버를 당기면 홀딩 캠이 브레이크 밴드를 당겨 드럼을 압착하여 제동하는 방식이다.

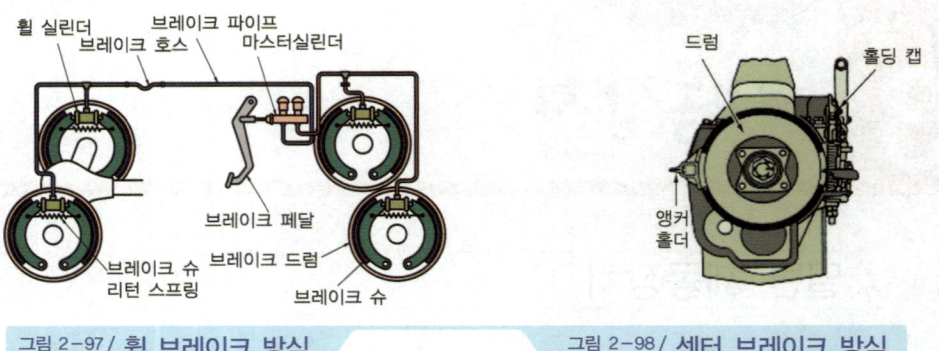

그림 2-97 / 휠 브레이크 방식　　　그림 2-98 / 센터 브레이크 방식

③ 작동 형태에 의한 분류
　㉠ 내부 확장식 : 마스터 실린더에서 발생된 유압에 의해 브레이크 슈가 드럼을 향하여 밖으로 벌어지면서 제동하는 방식
　㉡ 외부 수축식 : 브레이크 레버를 당길 때 밴드가 드럼을 압착하여 제동하는 방식
　㉢ 디스크식 : 승용차에 주로 사용되며, 마스터 실린더에서 발생된 유압이 캘리퍼 내의 패드를 양쪽에서 압착하여 제동하는 방식

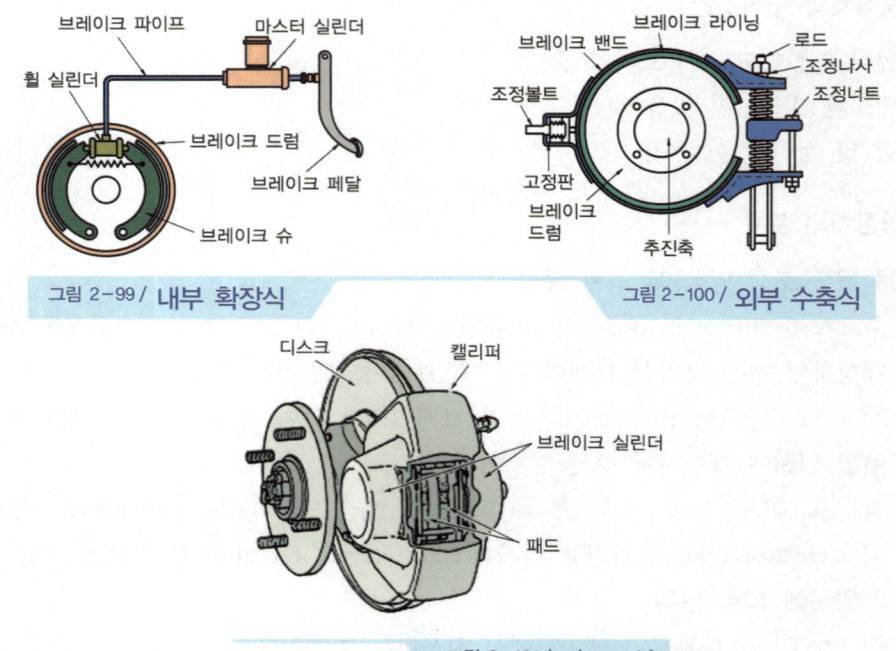

그림 2-99 / 내부 확장식　　　그림 2-100 / 외부 수축식

그림 2-101 / 디스크식

④ 작동 기구에 의한 분류
　㉠ 기계식 : 가장 간단하며, 조작력을 케이블 또는 로드를 이용하여 제동하는 것으로 현재는 핸드 브레이크에만 사용한다.

ⓒ 유압식 : 파스칼의 원리를 이용한 방식으로 유압이 모든 바퀴에 동일하게 전달되어 제동력이 균일하다.
ⓒ 진공 배력식 : 유압식 브레이크에 제동력을 증대시키기 위한 장치로 흡기다기관의 진공과 대기압의 압력차를 이용하는 배력방식이다.
② 공기 배력식 : 공기 압축기의 압력과 대기압의 압력차를 이용하여 제동력을 증대시키는 배력방식이다.
⑩ 공기식 : 압축공기 압력을 이용하며, 컴프레셔의 용량에 의해 압력을 증가시킬 수 있는 방식으로, 브레이크 페달에 의해 브레이크 밸브를 개폐시켜 제동력을 발생한다.

3) 파스칼의 원리

① 유체의 특징
㉠ 액체는 압축할 수 없다.

㉡ 액체는 운동을 전달할 수 있다.

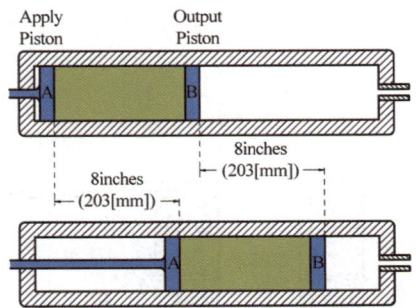

㉢ 액체는 힘을 증대시키거나 감소시킬 수 있다.

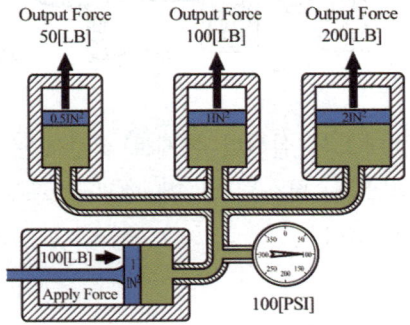

1. 유압식 브레이크

유압식 브레이크는 파스칼의 원리를 이용한 것으로, 유압을 발생시키는 마스터 실린더 (master cylinder)와 유압을 받아 작동하는 휠 실린더(wheel cylinder)로 구성되어 있다.

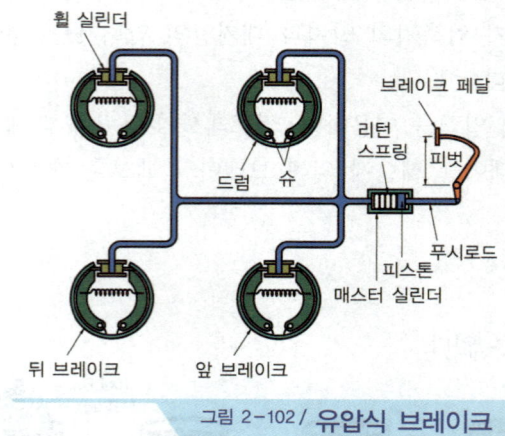

그림 2-102 / 유압식 브레이크

1) 유압식 제동장치의 구성

① 마스터 실린더(master cylinder) : 마스터 실린더는 페달의 힘을 받아 유압을 발생하는 실린더로, 안전을 위하여 브레이크 회로를 2계통으로 하는 탠덤(tandem) 마스터 실린더가 사용되고 있다.

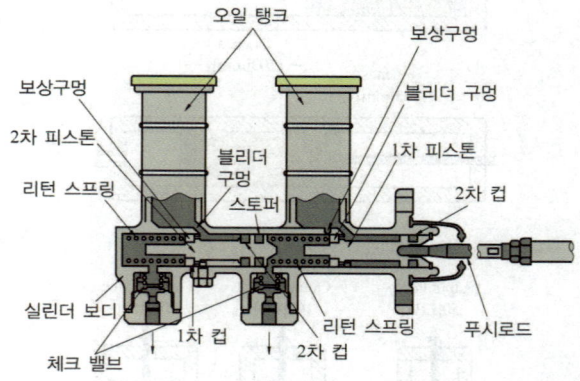

㉠ 마스터 실린더 보디 : 마스터 실린더 본체로 상부에는 오링 탱크가 설치되어 있고, 내부에는 푸시로드, 피스톤, 피스톤 컵, 첵 밸브, 스프링 등이 있으며 재질은 주철이나 알루미늄으로 되어 있다.

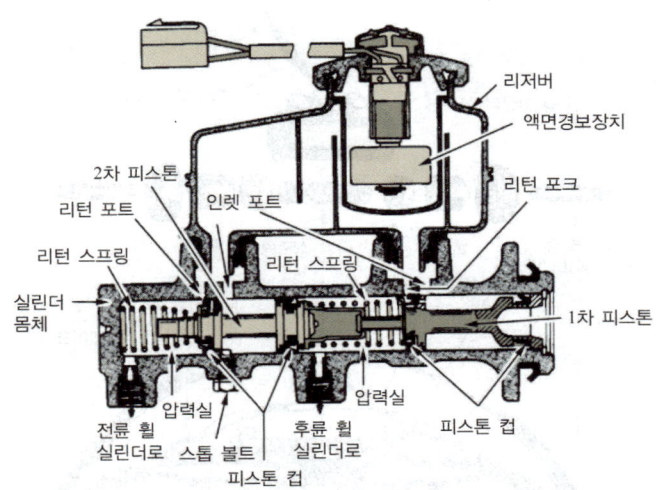

ⓒ 피스톤 : 피스톤은 푸시로드에 의해 유압을 발생시키는 부분으로, 앞 뒤로 피스톤 컵이 설치되어 있다.

ⓒ 피스톤 컵 : 피스톤 컵은 1차컵과 2차컵이 있으며, 1차컵은 피스톤의 작동에 의해 기밀을 유지시키면서 유압을 발생하고, 2차컵은 마스터 실린더 내의 오일이 누출되는 것을 방지하는 역할을 한다.

ⓔ 첵 밸브(check valve) : 첵 밸브는 마스터 실린더 끝에 스프링에 의해 시트에 밀착되어 있으며 브레이크 작동시는 열리고 페달을 놓으면 휠 실린더의 피스톤 리턴 스프링의 장력과 평형이 되는 점에서 닫아 회로 내에 잔압을 형성하게 한다. 브레이크 회로의 잔압은 $0.6 \sim 0.8[kg_f/cm^2]$ 정도로 잔압을 두는 목적은 다음과 같다.

ⓐ 브레이크의 작동을 신속하게 한다.
ⓑ 베이퍼 로크를 방지한다.
ⓒ 회로 내의 오일이 누출되는 것을 방지한다.

ⓔ 리턴 스프링 : 피스톤 리턴 스프링은 실린더 보디 내에 있으며, 페달을 놓았을 때 피스톤이 복귀하는 것을 도와준다.

② 휠 실린더(wheel cylinder) : 휠 실린더는 마스터 실린더에서 발생된 유압을 이용하여 브레이크 슈를 확장하여 드럼을 제동하는 역할을 한다. 휠 실린더에는 피스톤 컵 확장용 스프링이 있어 잔압과 함께 항상 피스톤 컵이 벌어져 있게 하며, 회로내의 공기를 빼기 위한 공기빼기(블리더) 스크루도 설치되어 있다.

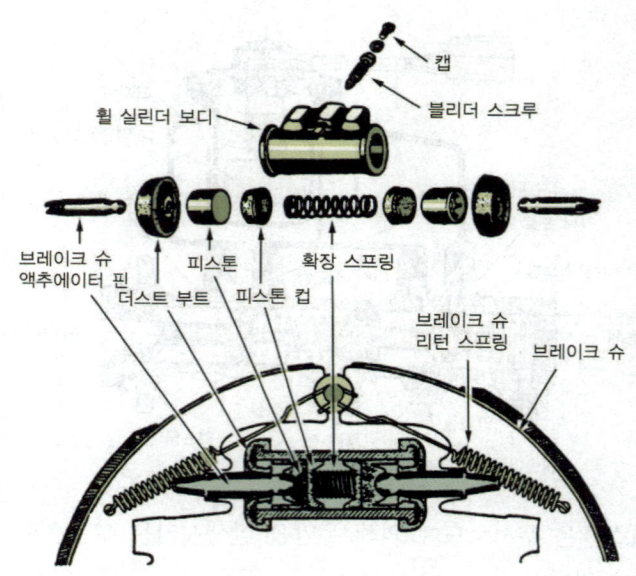

③ 브레이크 슈 : 브레이크 슈에는 라이닝이 설치되어 있으며 드럼과 직접 접촉하여 제동력을 발생한다. 브레이크 슈 리턴 스프링은 브레이크 슈가 제자리로 돌아오도록 하며 라이닝은 마찰열에 의해 경화되어 제동력이 약화되므로 마찰계수가 높고, 내열성, 내마멸성이 커야 한다.

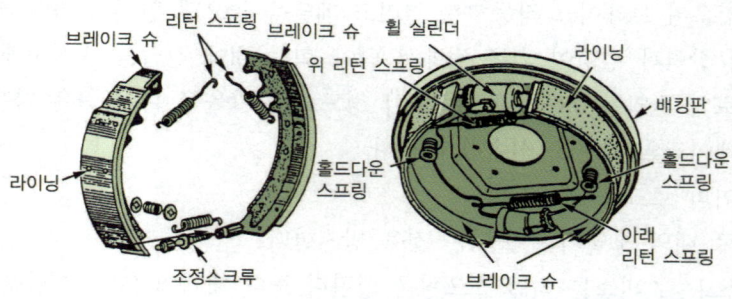

그림 2-103 / 브레이크 슈의 구조

④ 브레이크 드럼 : 브레이크 드럼은 바퀴와 함께 설치되어 고속으로 회전하며 슈와의 마찰로 제동력을 발생하는 부분이다. 열에 의한 드럼의 변형은 브레이크 페달의 행정 및 답력에 영향을 미치므로 드럼은 다음의 성능을 갖추어야 한다.
㉠ 가볍고 충분한 강성이 있어야 한다.
㉡ 방열이 잘되어 냉각효과가 좋아야 한다.
㉢ 고속 회전하므로 정적·동적 평형이 좋아야 한다.

2) 브레이크 오일

브레이크 오일은 마찰열에 의해 노출되어 있으므로 비점이 높고 온도변화에 따른 점도 변화가 적어야 하며 고무나 각종 금속을 부식시키지 않아야 한다. 종래에는 피마자유에 알코올을 첨가한 것을 사용하였으나 최근에는 폴리 글리콜을 주로 사용한다. 브레이크 오일의 구비조건은 다음과 같다.

① 화학적으로 안정되고 침전물이 생기지 않을 것
② 온도에 대한 점도 변화가 작을 것
③ 비점이 높고, 윤활성이 있으며 베이퍼록을 일으키지 말 것
④ 빙점이 낮고, 인화점이 높을 것
⑤ 부품의 산화부식을 일으키지 말 것

3) 브레이크 이상 현상

① 페이드(fade) : 브레이크 조작을 반복하여 드럼과 라이닝 사이에 마찰열이 축적되어 라이닝의 마찰계수가 저하하는 현상으로, 방지하기 위한 방법은 다음과 같다.
  ㉠ 드럼의 냉각성능을 향상시킨다.
  ㉡ 마찰계수가 변화가 적은 라이닝을 사용한다.
  ㉢ 심하면 자동차를 세워서 열을 식힌다.

② 베이퍼 로크(vapor lock) : 브레이크 회로 내의 오일이 비등하여 회로내에 기포가 발생하는 현상으로, 브레이크 작동시 압력 전달을 방해하므로 대단히 위험한 현상이다. 베이퍼 로크의 원인은 다음과 같다.
  ㉠ 긴 내리막 길에서 과도한 브레이크 사용
  ㉡ 드럼과 라이닝의 끌림에 의한 과열
  ㉢ 오일의 변질로 인한 비점 저하 및 불량 오일 사용
  ㉣ 브레이크 슈 리턴 스프링의 소손에 의한 잔압 저하

2. 드럼 브레이크

1) 자기작동(self energizing)

전진 주행시 회전중인 드럼에 제동을 걸면 앞쪽의 슈는 드럼과의 마찰력에 의해 드럼과 함께 회전하려는 경향이 생겨 더욱 밀착하여 제동력이 커지는 현상을 자기작동 작용이라 한다. 이 때 반대편 슈는 드럼의 회전방향에 밀려 들어가므로 확장력이 작아져 제동력이 약해진다. 자기작동하는 슈를 리딩슈(leading shoe) 또는 전진 슈라 하며, 반대쪽 슈는 트레일링 슈(trailing shoe)라 하며 후진시에는 자기작동을 하므로 후진 슈라고도 한다.

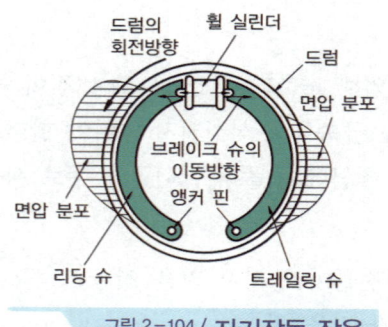

그림 2-104 / 자기작동 작용

2) 드럼 브레이크의 종류

① **넌서보 브레이크** : 가장 일반적인 드럼 브레이크 형식으로, 브레이크 작동시 해당 슈만 자기작동 작용을 하는 것을 넌서보 브레이크라 한다.

　㉠ 리딩 트레일링 슈 : 브레이크 작동시 해당 슈만 자기작동하는 리딩슈와 트레일링 슈 (또는 전진 슈 및 후진 슈)로 이루어진 브레이크를 말한다.

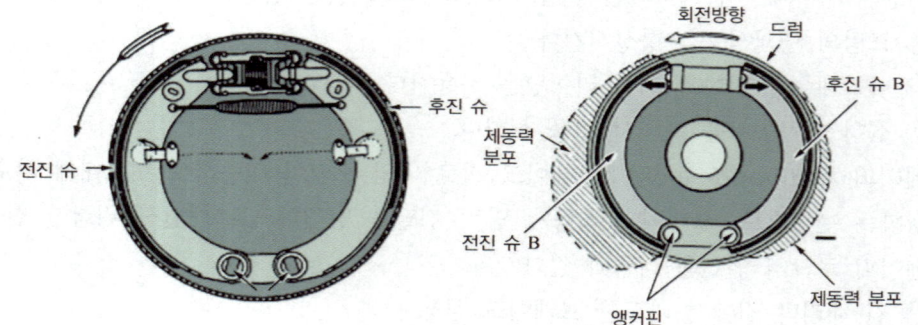

② **서보 브레이크** : 서보 브레이크란 브레이크 작동시 전진 또는 후진에서 모든 슈에 자기 작동 작용이 일어나는 브레이크를 말한다.

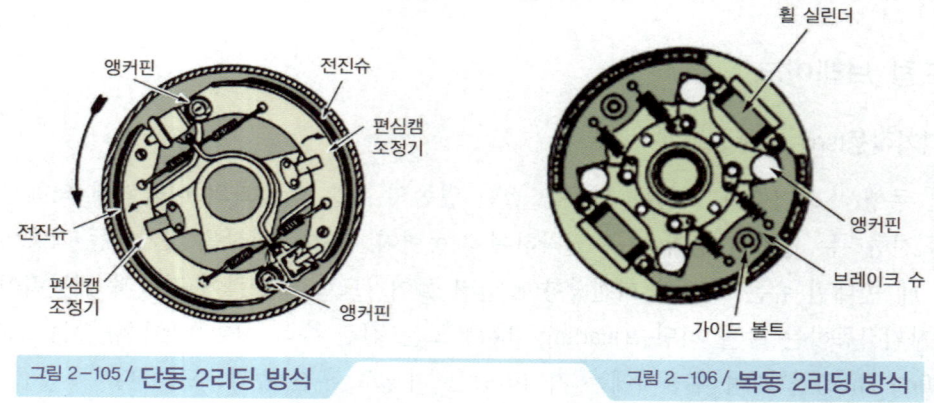

그림 2-105 / 단동 2리딩 방식　　　　　그림 2-106 / 복동 2리딩 방식

㉠ 단동 2리딩 슈 : 브레이크 작동시 전진에서만 2개 브레이크 슈 모두 자기작동을 하며, 후진에서는 모두 트레일링 슈가 되는 드럼 브레이크이다. 유니 서보(uni-servo) 브레이크라고도 한다.

㉡ 복동 2리딩 슈 : 브레이크 작동시 전진 및 후진 모두에서 자기작동을 하므로 강력한 제동력을 얻을 수 있다. 듀오 서보(duo-servo) 브레이크라 한다.

㉢ 앵커 링크 형식 : 1개의 휠 실린더로 구성되어 있고 밑에는 링크로 연결되어 있다. 제동을 하면 휠 실린더에서 좌우로 슈를 밀지만 앞쪽 슈는 자기작동을 하고 뒤쪽 슈는 트레일링이 되나, 앞쪽 슈가 자기작동을 하면서 링크로 연결된 뒤쪽 슈의 하부를 밀게 되어 뒤쪽 슈도 자기작동을 하게 된다. 자기작동이 먼저 일어나는 앞쪽 슈를 1차 슈라 하며, 1차 슈에 의해 나중에 자기작동 하는 슈를 2차 슈라 한다. 전진 및 후진에서 모두 자기작동하므로 듀어 서보인 2리딩 방식이다.

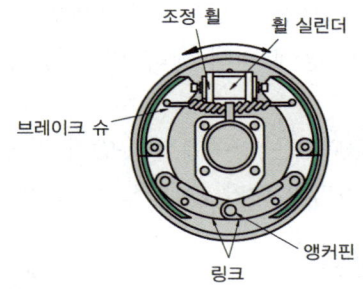

3. 디스크 브레이크

1) 디스크 브레이크의 개요

바퀴와 함께 회전하는 원판(disc)을 유압으로 작동하는 패드로 압착하여 제동하는 방식으로, 디스크가 대기중에 노출되어 열방출이 좋으므로 페이드 현상이 적다. 디스크 브레이크는 다음과 같은 장·단점이 있다.

① 디스크가 대기에 노출되어 방열성이 좋다.
② 페이드 현상이 발생하지 않는다.
③ 고속에서 반복적으로 사용하여도 제동력의 변화가 없다.
④ 부품의 평형이 좋고, 편제동 되는 경우가 거의 없다.
⑤ 온도에 의한 변형이 없어 페달 행정이 일정하다.
⑥ 자기배력 작용이 없어 제동력의 변화가 적다.
⑦ 배력 작용이 없어 조작력이 커진다.
⑧ 마찰 패드의 면적도 적어 유압이 커야 한다.
⑨ 유압은 높고, 면적은 작아 라이닝의 강도가 커야 한다.

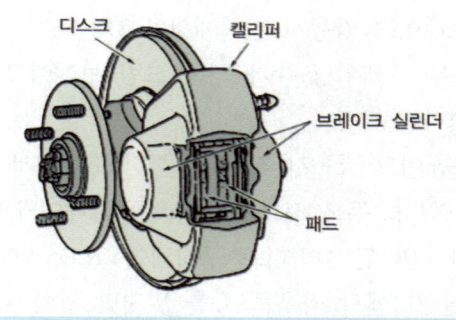

그림 2-107 / 디스크 브레이크의 구조

2) 디스크 브레이크의 종류

디스크 브레이크는 작동방법에 따라 부동 캘리퍼형과 대향 실린더형이 있다.

① **부동 캘리퍼형** : 부동 캘리퍼형은 실린더가 한쪽에만 있는 방식으로, 유압이 작용하여 한 쪽 패드가 압착하면 반작용에 의해 캘리퍼가 이동하여 반대쪽 패드도 같이 압착하여 제동하는 방식이다.

② **대향 실린더형** : 대향 실린더형은 양쪽에서 유압이 작동하여 제동하는 방식으로, 브레이크 성능이 우수하나 실린더의 수가 2배이므로 가격이 비싼 단점이 있다.

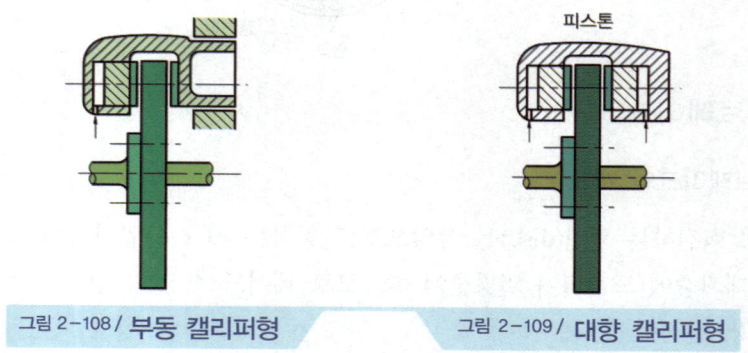

그림 2-108 / 부동 캘리퍼형   그림 2-109 / 대향 캘리퍼형

4. 배력식 브레이크

유압식 브레이크에서의 제동력은 페달의 레버비와 답력에 의해 결정된다. 그러나 페달 밟는 힘에 한계가 있으므로 배력장치를 병용하여 제동력을 보조하고 있다. 배력장치에는 흡기 다기관의 진공을 이용한 진공 배력장치와 압축공기를 이용한 공기 배력장치가 있다.

1) 진공 배력장치

① **진공 배력장치의 원리** : 엔진 흡기다기관의 부압은 약 450~500[mm-Hg]로 압력으로 환산하면 약 0.7[kg_f/cm^2]의 압력에 해당한다. 진공 배력장치인 브레이크 부스터의 직

경이 10인치인 경우 면적은 0.785×25.4² = 507.25[cm²]이므로 507.25[cm²]×0.7 ≒ 355[kg]의 중량을 지지할 수 있다.

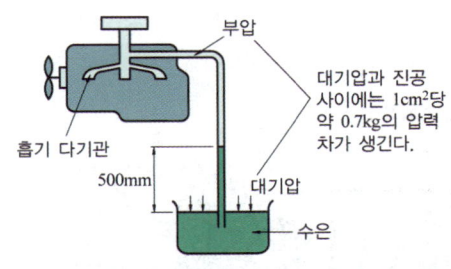

그림 2-110 / **배력식 브레이크의 원리**

② **진공 배력장치의 종류 및 작동** : 진공 배력장치는 대기압과 흡기다기관 진공과의 압력차를 이용한 것으로, 설치 위치에 따라 일체형과 분리형이 있다.

㉠ 일체형(직접 조작식) : 배력장치가 브레이크 페달과 마스터실린더 사이에 설치되며, 브레이크 부스터 또는 마스터 백(master vac)이라 한다. 일체형의 작동은 다이어프램을 사이에 두고 양쪽(A, B)에는 모두 진공이 작용한다. 이 상태에서 페달을 밟으면 포핏 밸브에 의해 진공밸브는 닫히고, 공기밸브는 열리게 되어 A에는 흡기다기관의 진공이, B에는 대기압이 작용하여 배력작용을 하게 된다.

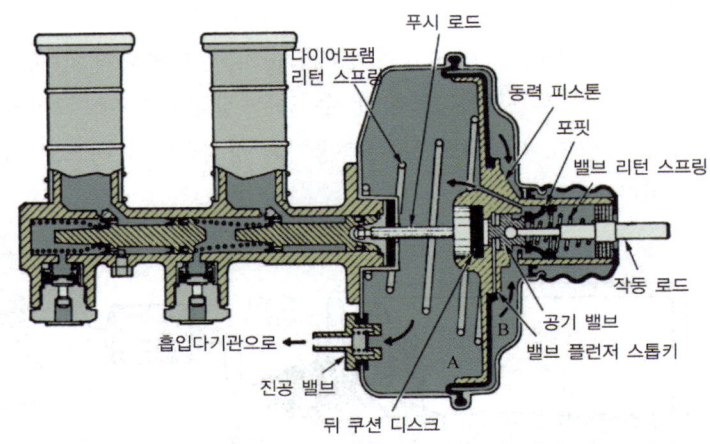

그림 2-111 / **일체형 배력장치**

㉡ 분리형(원격 조작식) : 마스터 실린더와 배력 장치가 분리된 형식을 말하며, 하이드로 백(hydro vac) 또는 하이드로 마스터(hydro master)라 한다. 작동은 일체형과 같이 다이어프램을 사이에 두고 양쪽(A, B)에는 모두 진공이 작용한다. 이 상태에서 페달을 밟으면 마스터 실린더에서 발생된 유압이 하이드롤릭 피스톤에 작용하여 휠

실린더로 유압이 작용하며, 또한 릴레이 밸브에도 작용하므로 릴레이 밸브의 진공 밸브는 닫히고 공기밸브는 열리게 되어 A에는 대기압이, B에는 흡기다기관의 진공이 작용하여 배력작용을 하게 된다. 어느 방식이나 진공 배력식은 브레이크 작동시 진공밸브는 닫히고 공기밸브는 열린다.

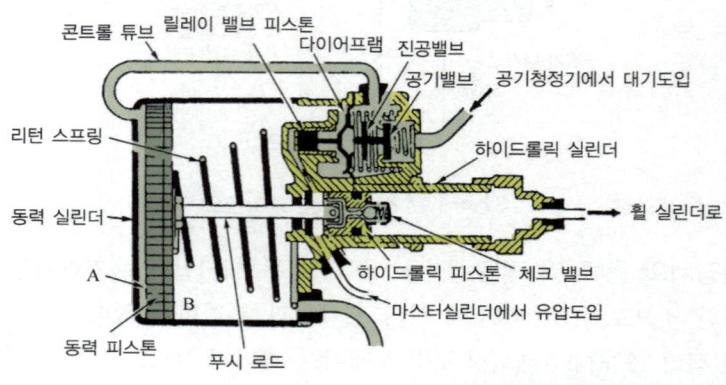

그림 2-112 / **분리형 배력장치**

2) 공기 배력장치

공기 배력장치는 압축공기와 대기압의 압력차를 이용한 것으로, 에어 마스터(air master) 또는 하이드로 에어 팩(hydro air pack)이라 한다. 진공 배력장치는 흡기다기관 부압과의 압력차만 이용할 수 있으나 공기 배력장치는 공기압축기를 이용하여 압축공기 압력을 5~8[kg_f/cm^2] 까지 할 수 있어 제동력을 크게 할 수 있는 장점이 있다. 고장시 유압으로 작동이 가능하며 공기압축기, 공기 저장탱크 등 부속장치를 장착하여야 하므로 공간이 큰 대형에 주로 사용하는 방식이다.

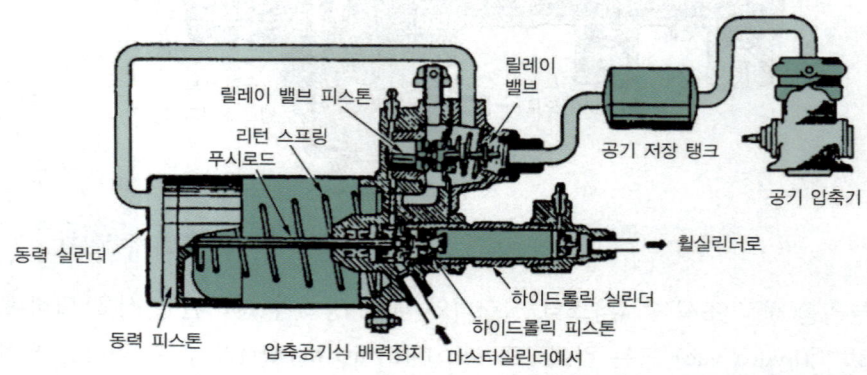

그림 2-113 / **공기 배력장치**

5. 브레이크 장치의 고장원인

1) 브레이크가 한쪽만 듣는다
① 브레이크 간극의 조정 불량
② 전차륜 정렬 불량
③ 라이닝에 오일 묻음
④ 타이어 공기압 불균형

2) 브레이크가 풀리지 않는다
① 브레이크 자유간극이 작다.
② 브레이크 리턴 스프링이 불량
③ 마스터 실린더 리턴 포트가 막혔다.
④ 마스터 실린더 및 휠 실린더 피스톤 컵 불량

3) 브레이크가 잘 듣지 않는다
① 브레이크 오일 부족 및 라이닝 마모
② 브레이크 드럼과 라이닝 간극이 클 때
③ 마스터 실린더 오일 누출
④ 휠 실린더 오일 누출
⑤ 라이닝에 오일 묻음

2_ 공기 브레이크

공기 브레이크(air brake)는 유압식이 있는 공기식 배력장치와는 달리 오직 공기만으로 브레이크를 작동하는 방식을 말한다. 공기 압축기의 용량을 크게 할수록 제동력을 크게 할 수 있어 주로 대형차량에 많이 사용한다. 제동력은 페달을 밟는 답력이 아닌 페달을 밟는 양에 따라 제동력이 조절된다.

1. 공기 브레이크의 개요

1) 공기 브레이크의 구조

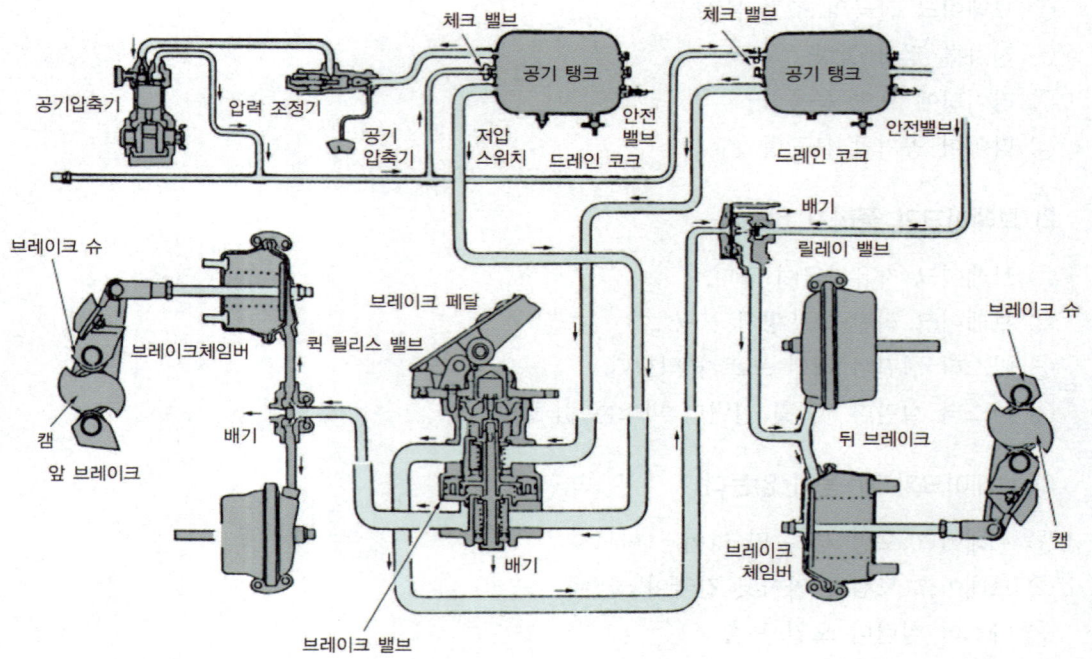

그림 2-114 / 공기 브레이크의 구조

2) 공기 브레이크의 장·단점

① 공기 압축기 용량을 크게 하면 제동력을 크게할 수 있다.
② 공기가 조금 누출되어도 브레이크 성능에 영향이 적다.
③ 오일이 없으므로 베이퍼 로크가 발생하지 않는다.
④ 페달이 통로만 개폐하므로 세게 밟지 않아도 된다.
⑤ 공기 압축기 구동에 엔진 출력이 소비된다.
⑥ 구조가 복잡해지고 공간이 필요하며 가격이 비싸진다.
⑦ 공기 저장탱크에 응축된 물을 반드시 빼 주어야 한다.

2. 공기 브레이크의 주요 부품

1) 공기 압축기

엔진에 의해 구동되며, 피스톤의 압축에 의해 공기압력을 발생하는 장치이다.

2) 언로우더(unloader) 밸브

공기압축기의 공기압력을 제어하는 밸브로, 공기 탱크 내의 압력이 규정압력(5~7[kgf/cm^2])이상이 되면 언로더 밸브를 내려 밀어 흡입 밸브가 열리도록 하여 압축 발생이 되지 않으므로 공기 압축기 작동이 정지된다.

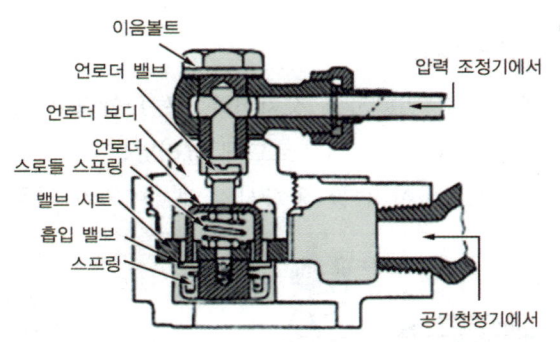

그림 2-115 / **언로우더 밸브**

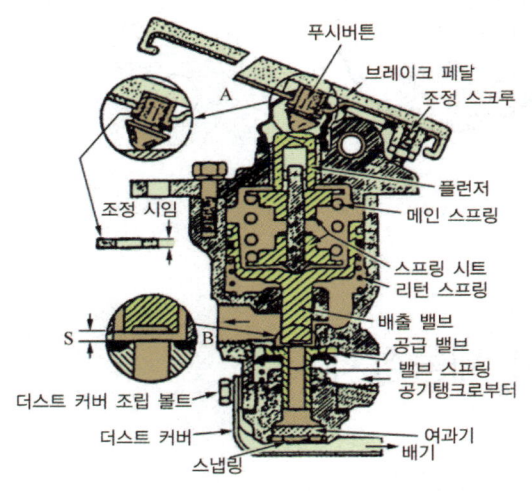

그림 2-116 / **브레이크 밸브**

3) 브레이크 밸브

운전자의 조작에 의해 작동하며, 공기 통로를 개폐하여 제동력을 발생한다.

4) 퀵 릴리스 밸브

브레이크 밸브와 브레이크 챔버 사이에 설치되어 브레이크가 빠르고 확실하게 풀리도록 한다.

5) 릴레이 밸브

브레이크 밸브의 작동에 의해 전달되는 공기압력으로 작동하며, 브레이크 챔버로 통하는 공기 통로를 개폐하여 브레이크 작동을 신속하게 한다. 퀵 릴리스 밸브는 페달의 작동이 직접 통로를 개폐하지만 릴레이 밸브는 공기 통로를 개폐하는 점이 다르다.

6) 브레이크 챔버(brake chamber)

공기의 압력을 기계적 운동으로 변환하는 장치이다. 공기 압력이 챔버로 들어오면 다이어프램이 스프링 힘을 누르고 푸시로드를 밀고, 로드에 달려있는 슬랙 어저스터(slack adjuster)가 회전함에 따라 S자 캠이 회전하여 슈를 확장시켜 브레이크가 작동하게 된다.

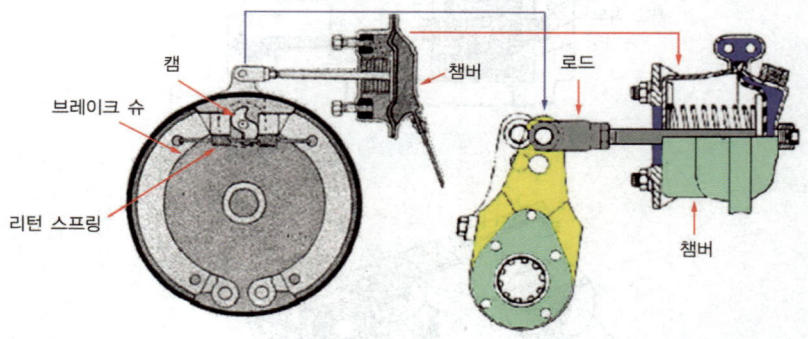

그림 2-117 / 브레이크 챔버

제2절 전자제어 제동장치

1. ABS(Anti lock Brake System)

자동차가 주행 중 제동할 경우 조향력 확보와 방향 안정성 및 제동거리 확보가 자동차에 있어서 매우 중요한 요소이다. ABS란 anti lock brake system의 약자로 제동시 타이어의 로크(lock)를 방지하여 차량 안정성 확보와 사고 위험성을 감소시키는 예방 안전장치이다.

1. ABS의 개요

1) ABS의 목적

① 방향 안전성 확보(stability) → Spin 방지

② 조정성 확보(steerability)
③ 제동거리 단축(stopping distance)
④ 타이어 편마모 방지 및 제동이음 방지

2) ABS의 효과

주행 조건 및 노면 상태에 따라 차이가 크며, 노면 마찰계수 이상의 제동성능은 불가하다.

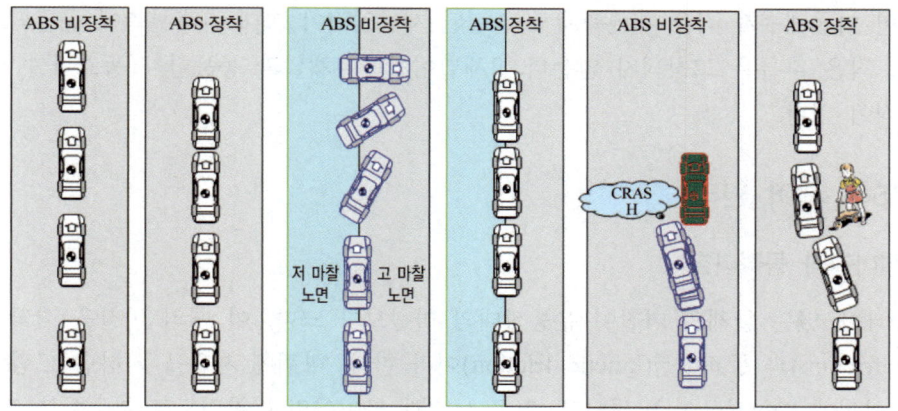

① 제동 거리 단축   ② 비균일(Split)노면 직진 제동   ③ 제동하면서 장애물 회피

2. ABS의 종류

ABS 종류는 센서의 개수와 제어계통(채널) 또는 솔레노이드 밸브 개수의 관점에서 분류하면 다음과 같다.

1) 4센서 3채널 방식

브레이크 배관이 전·후륜 분할방식을 채택하는 후륜구동 승용차에 주로 사용하며, 전륜은 독립적으로, 후륜은 셀렉트 로 원리에 의해 제어한다. 셀렉트 로(select low)란 브레이크 제동시 좌·우 차륜의 감속도를 비교하여 먼저 슬립하는 바퀴에 맞춰 좌·우 차륜의 유압을 동시에 제어하는 방법을 말한다.

2) 4센서 4채널 방식

대각선 분할방식(X자 배관)을 사용하는 전륜구동 승용차에 주로 사용하며, 전륜은 독립적으로, 후륜은 셀렉트로 원리에 의해 제어한다. 후륜을 독립제어 하면 좌우 노면의 마찰계수가 다를 경우 좌우 제동력의 차가 너무 커서 스핀 모멘트가 크게 되어 오히려 제동시 불안정하게 된다.

3) 4센서 대각 2채널 방식

4센서 4채널 방식에서 솔레노이드 밸브 2개를 절약한 것으로 원가 절감과 탑재성 향상이 장점이다. 전륜은 독립제어, 후륜은 프로포셔닝 밸브에 의해 제어한다.

4) 4센서 대각 2채널 셀렉트 로 방식

4센서 2채널 방식에 셀렉트 로 밸브를 추가하여 제동성능을 향상시킨다. 셀렉트 로 밸브가 있으면 마찰계수가 적은 전륜측에서 결정된 제동압력이 그대로 후륜측에 공급되므로 마찰계수가 작은 후륜은 고착되지 않는다. 2채널이지만 4채널과 동등한 제동효과를 얻을 수 있는 이점이 있다.

3. ABS의 제어 원리

1) 정적마찰과 동적마찰

정지상태에 있는 물체의 마찰이 운동상태의 마찰보다 크다. 이 때의 마찰을 각각 정적마찰(static friction)과 동적마찰(kinetic friction)이라 한다. 바퀴에 제동을 가하면 드럼(디스크)과 슈우 사이에 마찰작용이 발생되고, 결국 노면과 타이어의 마찰력으로 자동차는 정지한다. 제동시 휠실린더의 압력이 일정 이상이 되면, 바퀴는 고착되고 미끄러짐 현상이 발생(동적마찰)하므로 바퀴에 적절한 제동력을 가하여 바퀴가 계속 회전하는 상태에서의 제동을 부여하면 즉, 타이어와 노면사이의 마찰을 정적마찰 상태로 하면 타이어와 노면사이의 마찰력이 최대가 되어 미끄러짐이 일어나지 않으므로 바람직한 제동효과를 얻을 수 있다

그림 2-118 / 정적마찰과 동적마찰

2) 슬립비(slip ratio, 미끄럼비)

제동시 차량속도와 타이어 속도와의 비율로 타이어와 노면사이의 마찰력은 슬립율에 따라서 변화한다. 타이어가 고정되어 타이어의 원주속도가 "0"인 상태가 슬립율 100[%]인 동적마찰 상태이고, 브레이크 페달을 밟지않고 주행하고 있는 상태가 슬립율 0[%]인 정적마찰 상태이다. 슬립율은 다음과 같다.

$$슬립비\ S = \frac{V - V_w}{V} \times 100\,[\%]$$

s : 미끄럼비
V : 차량속도
V_w : 바퀴의 속도

3) 휠 슬립 곡선도(ABS 통제 범위)

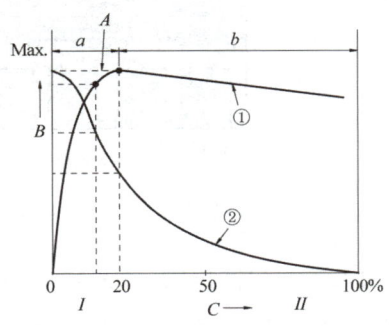

① : 제동효과(제동력)
② : 횡력계수
A : ABS 조정범위
B : 제동압력 계수
C : 슬립비
a : 안전 슬립범위
b : 불안전 슬립범위
I : 구르는 바퀴
II : 잠김 바퀴

4. ABS의 주요 구성부품

1) 휠 스피드 센서(wheel speed sensor)

휠 스피드 센서는 영구자석과 코일로 구성되어 있으며, 전자유도 작용을 이용하여 코일에 교류전압이 발생시켜 회전속도를 검출한다.

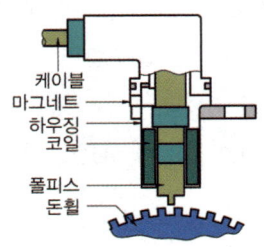

그림 2-119 / 휠 스피드센서의 구조

2) ECU

휠 스피드 센서의 신호를 연산하여 바퀴의 회전상황을 파악하고, 고장시 페일 세이프 기능 및 ABS 경고등 점등시킨다.

3) 하이드롤릭 유닛(hydraulic unit, HU, 모듈레이터)

하이드롤릭 유닛은 동력 공급원과 모듈레이터 밸브 블록으로 구성되어 있다. 동력은 전기모터로 작동되고, 스피드 센서에 의해 감지되고 있는 제어펌프에 의해 공급된다. 밸브 블록에는 각 제어 채널에 대한 한쌍의 솔레노이드 밸브가 내장되어 ABS 작동시 모터를 작동시켜 휠 실린더에 가해지는 유압을 증압, 유지, 감압 등으로 제어한다.

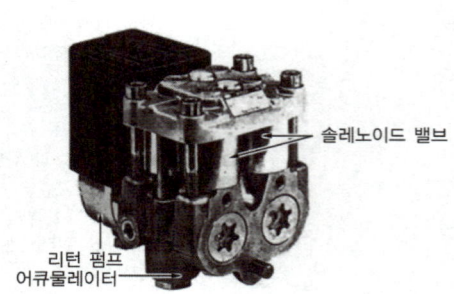
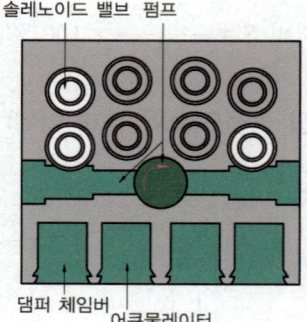

그림 2-120 / 하이드롤릭 유닛   그림 2-121 / 하이드롤릭 유닛 구조

① 솔레노이드 밸브(solenoid valve) : ABS 작동시 ECU 신호에 의해 "ON" 또는 "OFF" 되어 휠 실린더로의 유압을 증압, 유지, 감압시키는 기능을 한다.
② 리턴 펌프(return pump) : 하이드롤릭 모듈레이터 중앙에 설치되며, 전동기가 편심으로된 풀리를 회전시켜 증압시 추가로 유압을 공급하는 기능 및 감압시 휠 실린더로 유압을 리턴시켜 어큐물레이터 및 댐퍼 챔버로 보내어 저장하는 기능을 한다.
③ 어큐물레이터(accumulator) : 어큐물레이터 및 댐퍼 챔버는 하이드롤릭 모듈레이터 아래에 설치되어 있으며, 감압시 휠 실린더로 부터 리턴된 오일을 일시적으로 보관하여 증압시 신속한 오일 공급으로 ABS가 신속하게 작동하게 한다. 이 과정에서 발생되는 브레이크 오일의 파동이나 진동을 흡수한다.

2_ EBD(Electronic Brake-force Distribution)

1. EBD의 개요

1) 필요성

주행 중 급제동시 차량 중량의 이동으로 인하여 후륜이 전륜보다 먼저 잠겨 스핀 발생으로 인한 사고를 야기시킬 수 있다. 이에 대한 대응책으로 프로포셔닝 밸브 또는 LCRV(Load Conscious Reducing Valve), LSPV(Load Sensing Proportioning Valve)를 장착하여 후륜의 브레이크 압력을 전륜에 비해 감소시켜 후륜의 선행 록을 방지하였다.

하지만 기계적인 프로포셔닝 밸브나 LCRV 또는 LSPV만 가지고는 일정한 액압배분 곡선만 유지되어 이상적인 제동을 수행할 수 없었다. 프로포셔닝 밸브, LCRV, LSPV 등의 고장은 운전자가 알 수 없으며 이때에는 급제동시 차체의 스핀이 발생될 수 있다.

상기 사항들의 문제점 해소를 위하여 후륜이 전륜과 동일하거나 또는 늦게 록(lock)되도록 ABS ECU가 제어하게 되는 이를 EBD(Electronic Brake-force Distribution) 제어라 한다.

2) 제동력 배분

① **프로포셔닝 밸브(Proportioning valve, P밸브)** : 자동차가 주행 중 제동을 하면, 전륜의 하중은 증가하고 후륜은 감소한다. 제동시 후륜이 잠기면(lock), 미끄러지면서(skid) 돌아가고(spin) 전륜이 잠기면 조향력을 상실하게 된다. 따라서 제동시 하중이 이동된 만큼 후륜의 유압을 감소시켜야 한다. 프로포셔닝 밸브는 뒷바퀴가 앞바퀴보다 먼저 고착되는 것을 방지하여 자동차가 방향성을 상실하는 것을 방지하는 역할을 한다.

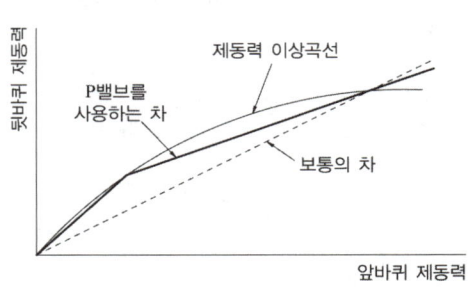

② **로드센싱 프로포셔닝 밸브(Load Sensing Proportioning Valve, LSPV)** : 적재 화물의 변동에 따라 뒷바퀴의 유압 개시점도 변해야 하므로, 중량 변화에 따른 차체의 높이 변화를 감지하여 자동으로 후륜 측의 유압제어 개시점을 변화시키는 밸브이다. 밸브는 프레임에, 센서 스프링 끝은 뒤차축에 장착되어 있으며 공차시에는 스프링이 약하게 눌러 유압제어 개시점이 낮아지고 적재량이 증가할수록 세게 누르므로 유압제어 개시점이 높아지게 한다.

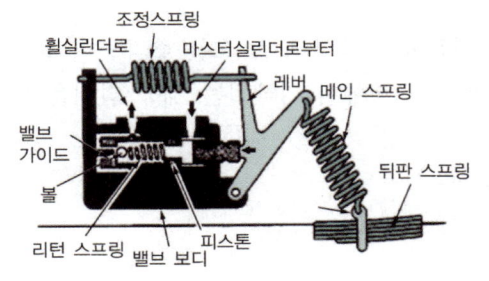

그림 2-122 / **LSPV 밸브하중**   그림 2-123 / **변동에 따른 유압 개시점**

③ **EBD** : 프로포셔닝 밸브나 로드센싱 프로포셔닝 밸브는 모두 기계적인 배분장치로 이상적인 제동력 배분곡선을 실현할 수 없다. 또한 브레이크 라이닝 및 패드에서도 제동력의 차이가 발생되므로 ABS 컴퓨터를 이용하여 이상적인 제동력 배분곡선에 맞도록 제어하는 것을 EBD라 한다.

2. EBD의 제어 원리

프로포셔닝 밸브 장착시 이상 제동 배분선 보다 낮은 낮은 압력에서 감압을 수행하므로 리어측 제동력이 손실된다. 따라서 ABS ECU에 로직을 추가하여 후륜의 제동력을 이상제동 배분곡선에 가깝게 근접 제어하는 원리이다. 제동시 각각의 휠 스피드 센서로부터 슬립율을 연산하여 후륜 슬립율을 전륜보다 항상 작거나 동일하게 후륜 액압을 제어하여 후륜의 록은 전륜보다 선행되지 않는다. 결과적으로 프로포셔닝 밸브 장착시 보다 EBD 제어시 후륜에 대해 제동력 향상의 효과가 있다.

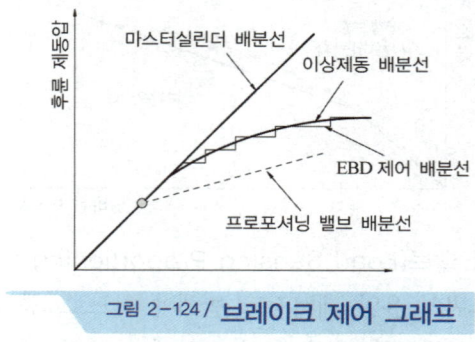

그림 2-124 / 브레이크 제어 그래프

1) EBD 유압제어

① 후륜이 전륜 대비 선행 록되기 직전 ABS ECU는 록 되려는 휠측의 노말 오픈 솔레노이드 밸브를 ON하여(솔레노이드 밸브를 닫임) 록 되려는 휠의 제동 유압을 유지시켜 록을 방지한다.(유지 모드)

② 전륜 대비 후륜의 제동력이 감소하여 휠이 회전하면 다시 노말 오픈 솔레노이드 밸브를 OFF하여(솔레노이드 밸브를 열음) 마스터 실린더에서 가해지는 제동 압력을 다시 캘리퍼에 전달한다.(증압 모드)

③ EBD 제어시에는 모터 펌프는 작동하지 않는다.

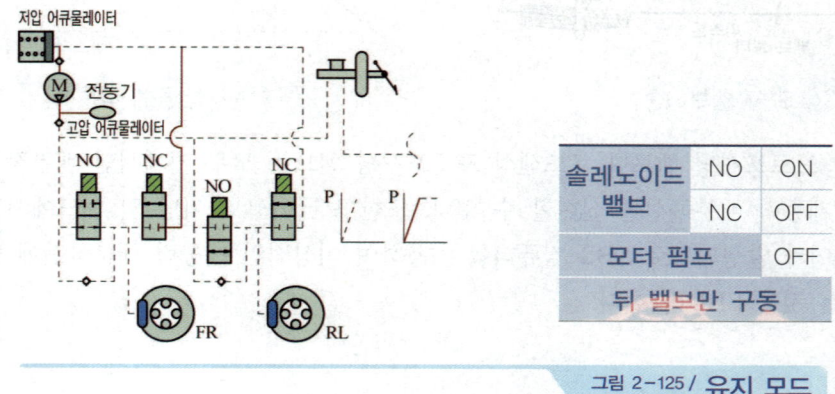

그림 2-125 / 유지 모드

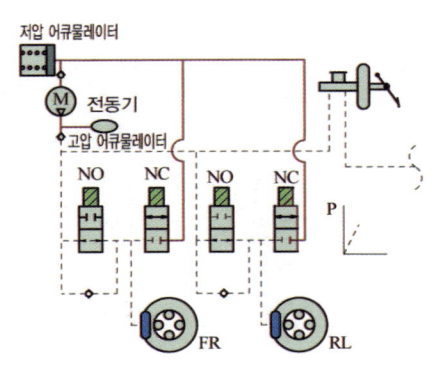

그림 2-126 / **증압 모드**

2) EBD 제어의 효과

① 기존 프로포셔닝 밸브에 대비해 후륜의 제동력을 향상시키므로 제동거리가 단축된다.
② 후륜의 액압을 좌우 각각 독립적으로 제어를 가능하도록 하여 선회 제동시 안전성이 확보된다.
③ 브레이크 페달의 답력이 감소된다.
④ 제동시 후륜의 제동효과가 커지므로 전륜 브레이크 패드의 마모 및 온도상승 등이 감소되어 안정된 제동 효과를 얻을 수 있다.
⑤ 프로포셔닝 밸브가 삭제되었다.
⑥ 기존의 브레이크 장치에 대비 제동거리가 짧아진다.
⑦ 고장시 운전자에게 상기함으로 운전상 안정성이 많이 확보되었다.

3) EBD의 안전성

① ABS 고장의 원인 중 다음과 같은 사항에서도 EBD는 계속 제어되므로 ABS 고장율이 감소된다.
　㉠ 휠 스피드 센서 1개의 고장
　㉡ 모터 펌프의 고장
　㉢ 저 전압으로 인한 고장
② 프로포셔닝 밸브의 고장시 운전자가 알 수 있는 경고장치가 없어 운전자가 고장 여부를 알 수 없다. 만약 고장난 상태로 급제동시 차체의 스핀이 발생될 수 있으나 EBD 고장시에는 기존의 주차 브레이크 경고등을 점등하여 운전자에게 EBD 고장을 경고하여 운전자로 하여금 수리를 할 수 있도록 한다.

③ EBD 고장

구분	시스템		경고등	
	ABS	EBD	ABS	EBD
정상시	작동	작동	OFF	OFF
1개 휠 스프드 센서 고장	비작동	작동	ON	OFF
펌프 고장	비작동	작동	ON	OFF
저 전압시	비작동	작동	ON	OFF
2개 이상의 휠 스피드 센서 고장 밸브 고장 ECU 고장 기타 고장	비작동	비작동	ON	ON

④ 고장시 조치

구분	EBD 장착 차량
일반적인 성능 비교	차량무게가 크고(5인탑승) 고속인 상태에서 급제동시 30[bar]보다 훨씬 큰 압력의 제어가 가능함으로 이상적인 리어 브레이크 압력 배분이 가능하다.
고장시	일반적인 브레이크로 전환되는 프로포셔닝 밸브가 없으므로 스핀발생이 우려된다. 저속 운행과 급제동을 삼가며 신속히 정비 조치한다.

3_ TCS(Traction Control System)

1. TCS의 개요

TCS란 Easy Drive를 실현하기 위한 운전조작 경감장치의 일종으로 구동력, 회전력 조절장치를 말한다. 운전자는 눈길, 빙판 길 등의 마찰계수가 낮은 도로에서는 바퀴를 공전시키지 않도록 하기 위해 정밀한 가속 페달의 조작이 필요하나 TCS가 장착되면 바퀴의 공회전을 감지하여 엔진의 출력이 감소하고 공전하는 바퀴의 유압을 증압하여 구동력을 노면에 효율적으로 전달할 수 있다.

1) TCS의 분류

① FTCS(Full Traction Control System) : ABS ECU가 TCS 제어를 함께 수행하며 바퀴의 휠 스피드 센서의 신호에 의해 구동 바퀴의 미끄럼을 검출하면 브레이크 제어와 엔진 ECU와 통신하여 엔진 회전력을 감소하여 바퀴의 슬립을 방지한다.

② BTCS(Brake Traction Control System) : TCS를 제어시 엔진토크는 제어하지 않고 브레이크 제어만을 수행하는 방식이다.

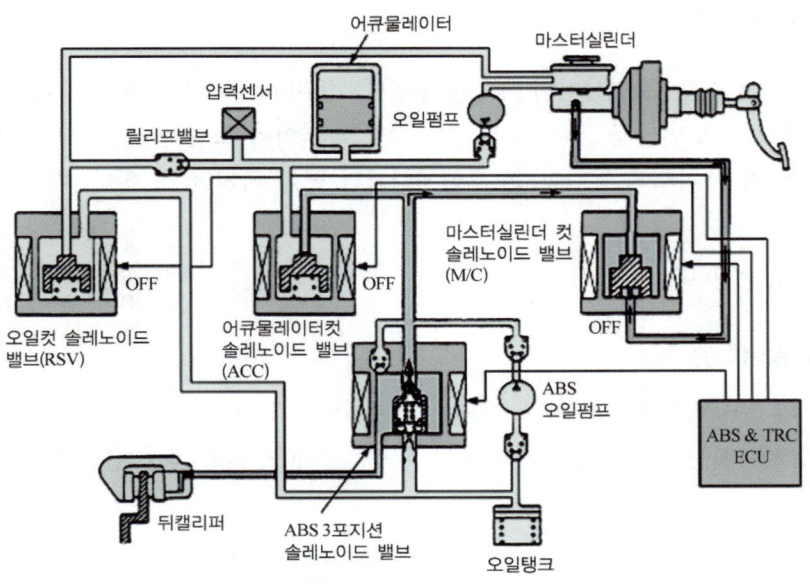

그림 2-127 / BTCS 구성도

2) TCS의 기능

① 눈길, 얼음길 등의 저마찰로 주행시 : 노면 또는 tire 마찰계수가 극히 적고 아주 미끄러지기 쉬운 노면에서는 타이어가 공전 않도록 신중한 액셀 조작이 필요하므로 공전시 운전자가 미세조작을 하지 않아도 자동적으로 엔진출력이 낮아지고 공전을 가능한 한 억제하여 구동력을 노면에 효율적으로 전달한다.

② 일반도로 가속 선회시, 빠른 속도로 코너링시 : 차의 후미가 밀려나가는 tail-out 현상 발생될 수 있으므로 엑셀 페달을 전개해도 이와 관계없이 엔진 출력을 제어하여 운전자의 의지대로 안전하게 선회가 가능하게 한다.

2. 바퀴의 역할

1) 타이어와 TCS의 관계

자동차가 주행하면 타이어에는 가속하기 위한 구동력과 회전하기 위한 횡력이 발생하는데 이 2개의 힘을 합쳐 총 합력이라 한다. 그리고 노면과 타이어 트레드 간의 마찰력에는 한계가 있고, 그 힘의 크기는 노면이 미끄러우면 작게 된다. 이 한도를 넘는 힘이 타이어에 가해지면, 타이어는 공전하여 구동력이 전달되지 않고 차량의 조종안정성에 영향을 미친다. 가속시 여분의 엔진 출력을 억제하여 구동 바퀴의 공전을 방지하고, 마찰력을 항상 발생한도 내에 있도록 자동적으로 제어하는 것이 TCS의 주역할이다. 즉, 타이어에 작용하는 힘을 제어하여 엔진 토크를 항상 Tire 슬립 한계 내에 두도록 하는 것이다.

2) 마찰계수와 점착력

마찰계수란 타이어와 노면사이의 그립(grip)력을 의미하며 마찰계수는 타이어의 종류, 트레드 패턴, 공기압, 노면상태 등에 따라 변화한다. 타이어와 노면사이의 마찰력 사이에는 자동차가 주행을 하기 위해 구동력이 전 주행저항보다 커야 하지만 또 하나, 다음 조건도 만족되어야 한다.

$$A = \mu r \cdot W > F$$

A : 점착력[kgf]
μr : 노면과의 마찰계수
W : 차량중량[kgf]
F : 구동력[kgf]

3) 바퀴에 발생하는 힘

① 자동차의 운동력은 타이어와 노면사이의 마찰력에 좌우한다.
② 마찰력에는 자동차의 진행상태에 따라 횡력, 항력(구동력, 제동력), 코너링 포스, 선회저항 등이 있다.

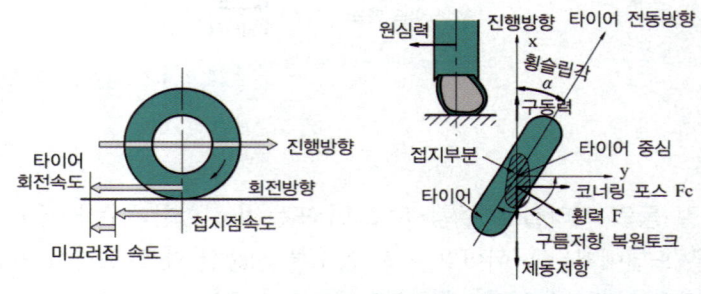

그림 2-128 / **타이어에 발생하는 힘**

4) 바퀴의 미끄럼과 구동력

가속 중에 자동차에는 바퀴와 노면사이에 미세한 미끄럼이 발생하여 구동력이 감소하며, 접지점에서는 바퀴의 회전속도와 차체 속도에는 차이가 발생한다. 바퀴의 회전속도와 차체와의 속도비를 미끄럼비(슬립비)라 하며, ABS의 미끄럼비와는 반대의 개념으로 차이가 있다.

$$\text{TCS 미끄럼비 } S = \frac{V_w - V}{V_w} \times 100 [\%]$$

$$\text{ABS 미끄럼비 } S = \frac{V - V_w}{V} \times 100 [\%]$$

s : 미끄럼비
V_w : 바퀴의 속도
V : 차체속도

5) TCS 제어의 종류

① 엔진토크 제어 : 연료 분사량 저감 또는 cut, 점화시기 지연, 스로틀 밸브의 개폐에 의해 엔진토크를 조정
② 브레이크 제어 : 구동 타이어를 직접 제어하므로 split 노면에서 가속성이 좋고 한쪽 타

이어가 빠졌을 경우 탈출이 용이하다.
③ **구동계 제어** : 클러치 제어, 2WD-4WD 제어, 차동장치 제어
④ **미끄럼 제어(slip control)** : 뒷바퀴와 구동바퀴와의 비교에 의해 미끄럼 비율이 적절하도록 제어
⑤ **추적 제어(trace control)** : 급회전시 횡가속도의 증가로 주행 성능이 떨어지므로 구동력을 제어하여 안정된 선회가 가능하도록 한다.

4_ 친환경 제동장치
(전동식 주차브레이크 시스템, EPB : Electric Parking Brake system)

1. 전동식 주차브레이크 시스템(EPB)의 개요

EPB 시스템은 스위치 조작으로 주차 브레이크를 작동 및 해제할 수 있는 전동식 주차브레이크 시스템으로 기존 주차 브레이크에 비해 편의성과 실내 공간 활용도가 향상되었다. 출발시 기어를 변속하면 주차 브레이크가 자동으로 해제되며, 정차시 오토 홀드 기능으로 차량 밀림이 방지되고 재출발시 자동 해제되는 시스템이다.

1) 전동식 주차브레이크 시스템(EPB)의 특징

① 스위치 조작으로 최대 제동력을 얻을 수 있어 노약자 및 여성 운전자에게 편리하다.
② 실내에 공간을 차지하지 않아 공간이 확대되었다.
③ 언덕 주차시 차량 밀림이 방지되므로 운전 및 안전이 우수하다.

2) 전동식 주차브레이크의 종류

전동식 주차브레이크 시스템은 작동방식에 따라 케이블 타입과 캘리퍼 타입으로 나눠진다.

표 2-1 / **전동식 주차브레이크 시스템의 비교**

구 분	케이블 타입	캘리퍼 타입
디자인		
작 동	주차 케이블을 전기 모터가 당겨 작동	캘리퍼에 일체로 장착된 전기 모터가 캘리퍼 피스톤을 밀어서 작동
장 점	시스템 고가, 작동음 작음	가격 및 장착성 유리

3) EPB 시스템의 구성

케이블 타잎의 전동식 주차브레이크 시스템은 운전자의 의지를 전달하는 EPB / AVH 스위치, 각종 데이터를 받아 제어하는 EPB ECU, 주차 브레이크 체결 및 해제를 위한 케이블 및 모터, 작동상태 및 고장상태를 알려주는 계기판 등으로 구성되어 있다. 또한 액추에이터는 일체형으로 내부에는 EPB ECU, 케이블을 작동시키는 모터, 케이블의 당김 정도를 측정하는 하중 센서 등으로 구성되어 있다.

* AVH : Automatic Vehicle Hold

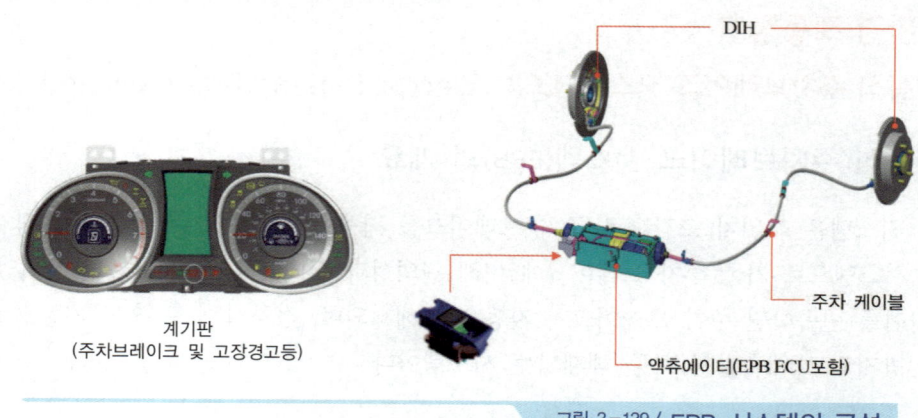

그림 2-129 / EPB 시스템의 구성

2. EPB 전자제어 시스템

1) 전자제어 입출력 요소

EPB 시스템은 주차 브레이크 페달 또는 핸드 레버로 케이블을 당겨 주차 브레이크를 작동 및 해제시키는 기존의 시스템과 달리 운전자가 EPB 스위치를 조작하면, ECU가 전기모터를 구동시켜 주차케이블을 작동하여 주차 브레이크를 작동 및 해제하는 시스템이다. ECU는 EPB 시스템의 각종 신호를 감지하고 자기진단을 실시하며, EPB 제어 로직에 따라서 EPB를 수행하는 역할을 한다.

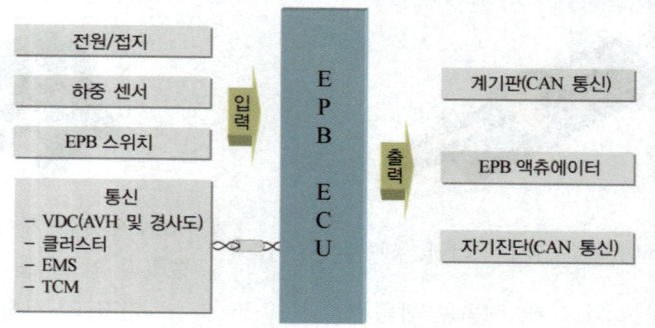

2) 구조 및 작동원리

① **액추에이터** : 액추에이터는 EPB ECU, DC 모터와 기어박스 일체로 구성되어 있으며, EPB 스위치 신호에 의해 DC 모터가 구동되면 기어의 회전에 의해 볼트 스크류가 회전하고 이에 연결된 너트 스크류가 회전하며 주차 케이블을 작동 또는 해제하여 DIH(Drum In Hat) 내부의 주차 브레이크를 작동한다.

* DIH(Drum In Hat) : 주 제동은 디스크 브레이크로, 주차 제동은 디스크 내부의 드럼에서 라이닝으로 작동하는 방식

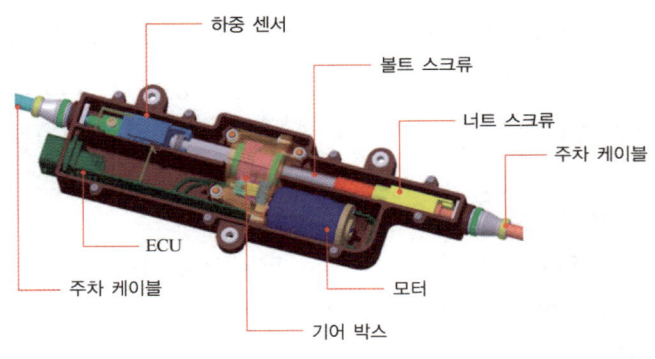

그림 2-130 / 액추에이터 구조

② **하중 센서** : 주차 케이블 작동시 하중 센서는 케이블의 작동력을 확인하여 일정값에 도달하면 모터의 작동을 멈추도록 하고 있다. 하중센서는 모터의 작동에 의해 케이블의 위치가 변하면 마그네틱의 위치가 변하고, 그 변화 위치를 홀 IC가 감지하여 케이블의 작동력을 판단한다.

③ **EPB 스위치** : 스위치의 간단한 조작만으로 액추에이터를 제어하여 주차 제동을 할 수 있다. 시스템의 안전성을 위하여 2중 구조로 되어 있으며, 2개의 접점이 정상적으로 입력되어야만 액추에이터가 작동하도록 되어 있다. EPB의 해제는 안전을 위하여 IG Key ON 및 브레이크 ON에서만 가능하다.

표 2-2 / EPB 스위치

구 분	스위치 작동
당김	EPB 작동
누름	EPB 해제

④ **AVH 스위치** : AVH 스위치는 신호대기 등의 정차시 자동으로 브레이크를 작동 유지시켜 브레이크 페달을 밟지 않더라도 차량의 정지 상태를 유지할 수 있도록 AVH 작동 및 해제에 사용되는 스위치로 셀프 리턴 방식이다.

⑤ EPB 경고등 및 지시등 : EPB 경고등(황색)은 시스템 고장 발생시 점등되며, 주차 브레이크(적색)는 EPB 작동(주차 브레이크 작동)시 기존에 보아왔던 주차 브레이크등이 점등된다.
⑥ AVH 지시 및 경고등 : AVH 램프는 1개의 램프가 흰색, 녹색, 황색으로 각 조건에 따라 변경된다. AVH 작동 대기시 흰색, 작동 중에는 녹색, 시스템 고장시 황색 램프가 점등된다.

3) EPB 주요 기능

EPB 주요 기능으로는 차량 정지 상태에서 스위치 조작으로 주차 브레이크를 작동 및 해제하는 정차기능, 유압 브레이크 고장 등으로 인한 위급 상황에서 EPB로 제동을 하는 비상 제동기능, 차량 정지시 IG OFF되면 자동으로 주차 브레이크가 체결되는 자동 주차기능 등 많은 기능이 있다.

① 스위치 체결 기능
  ㉠ 정차 상태에서 EPB 스위치를 수동으로 작동(당김)하여 주차 제동력을 발생
  ㉡ Key Off 후에도 60초 까지 가능 → 항상 작동
② 스위치 해제 기능
  ㉠ 정차 상태에서 EPB 스위치를 수동으로 작동(누름)하여 주차 제동력을 해제
  ㉡ 차량의 안정성을 확보하기 위해 해제는 Key ON, 브레이크 ON에서만 작동
③ 평지 감소력 체결
  ㉠ 도로 구배에 따라 3단계로 주차 제동력을 제어
  ㉡ 구배 8[%]이하 : 60[kg·f] / 구배 9~20[%] : 90[kg·f] / 구배 20[%] 이상 : 120[kg·f]로 제어
  ㉢ 스위치를 3초 이상 작동시키면 고장력(高張力)의 힘(90[kg·f])으로 EPB 체결
④ 전자제어 감속 기능 : 사용 예) 브레이크 페달 고장시
  ㉠ 주행 중 EPB 스위치를 작동(당김)하는 동안만 VDC로 제동(유압 제동)
  ㉡ 작동 중 경고음 연속 출력
⑤ 후륜 잠김 방지 감속 기능 : 사용 예) 브레이크 유압 라인 파손시
  ㉠ 주행 중 EPB 스위치를 작동(당김)할 때 VDC는 정상적으로 작동하지 못하고 WSS 신호는 입력 가능할 경우 스위치 신호가 입력되는 동안만 EPB 모터의 단독 작용으로 차량을 안전하게 유지하며 제동
  ㉡ 작동 중 경고음 연속 출력
⑥ 차량 주행 여부 감지
  ㉠ 주행 중 EPB 스위치를 작동(당김)할 때, WSS 신호 입력이 불가능할 경우 스위치

신호가 입력될 동안 EPB 모터의 주차 제동력을 천천히 상승시켜 차량을 안전하게 유지하며 제동
　　ⓒ 작동 중 경고음 연속 출력
⑦ 주차 제동력 자동 체결
　　㉠ AVH ON 상태에서 차량이 정차되고, 시동 OFF시 EPB 자동 작동
　　ⓒ 자동 체결 전 EPB 스위치를 누르면 자동 체결 기능 미작동
⑧ 주차 제동력 자동 해제(DAR, Drive Away Release)
　　㉠ EPB 체결 상태 및 변속레버 D, R, 또는 스포츠 모드에서 가속 페달을 밟을 때 EPB 자동 해제
　　ⓒ 자동 해제 조건 : 시동 ON, 운전석 안전 벨트 체결, 운전석 도어 닫힘, 후진시 트렁크 닫힘, 전진시 후드 닫힘 등 모두 만족시
　　ⓒ 경사로에서 차량 밀림을 방지하기 위하여 경사 상태에 따른 구동 토크 이상이 확보되었을 때만 작동
⑨ 차량 밀림시 주차 제동력 재 체결
　　㉠ EPB 체결 상태에서 차량 밀림(휠 스피드 신호 및 G 센서 신호)이 감지될 경우 EPB 추가 작동
　　ⓒ 시동 OFF 후 3분 동안만 작동
⑩ 변속시 EPB 자동 해제(P to X / N to X)
　　㉠ 변속레버 P 또는 N에서 주행 가능단(D 또는 R)로 변속시 주차 제동력 자동 해제
　　ⓒ 자동 해제시 안정성을 확보하기 위해 시동 ON, 브레이크 페달을 밟은 상태에서만 가능
⑪ 협조 제어 체결
　　㉠ VDC 명령으로 AVH에서 EPB로 자동 전환

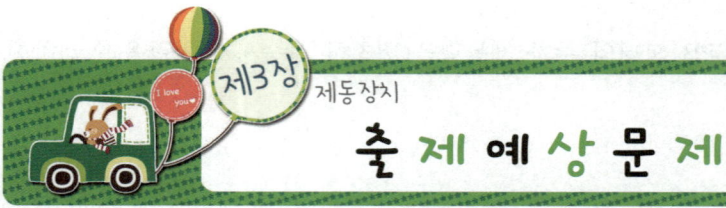

제3장 제동장치 출제예상문제

01 브레이크 장치의 파이프는 일반적으로 무엇으로 만들어졌는가? [07년 4회]

① 강 ② 구리
③ 주철 ④ 플라스틱

> 풀이 브레이크 파이프의 재질은 강이다.

02 브레이크 시스템에서 작동 기구에 의한 분류에 속하지 않는 것은? [09년 4회]

① 진공 배력식 ② 공기 배력식
③ 자기 배력식 ④ 공기식

> 풀이 배력식 브레이크의 종류
> 1) 진공식 배력장치 : 대기압과 흡기다기관의 압력차
>   ① 일체형 : 브레이크 부스터 또는 마스터 백(vac)
>   ② 분리형 : 하이드로 백(hydro-vac) 또는 하이드로 마스터(hydro-master)라 한다.
> 2) 압축공기식 배력장치 : 압축공기와 대기압의 압력차
>   - 에어 마스터(air master) 또는 하이드로 에어 팩(hydro air pack)이라 한다.

03 기관 정지 중에도 정상 작동이 가능한 제동장치는? [08년 1회]

① 기계식 주차 브레이크
② 와전류 리타더 브레이크
③ 배력식 주 브레이크
④ 공기식 주 브레이크

> 풀이 기계식은 케이블로 주차하므로 기관 정지 중에도 작동이 가능하다.

04 브레이크 액이 갖추어야 할 특징이 아닌 것은? [08년 4회]

① 화학적으로 안정되고 침전물이 생기지 않을 것
② 온도에 대한 점도 변화가 작을 것
③ 비점이 낮아 베이퍼록을 일으키지 않을 것
④ 빙점이 낮고 인화점은 높을 것

> 풀이 브레이크 액이 갖추어야 할 특징
> ① 화학적으로 안정되고 침전물이 생기지 않을 것
> ② 빙점은 낮고 비점은 높을 것
> ③ 온도에 대한 점도 변화가 작을 것
> ④ 윤활성능이 있을 것
> ⑤ 고무 또는 금속 제품을 연화, 팽창, 부식시키지 않을 것

05 현재 대부분의 자동차에서 2회로 유압 브레이크를 사용하는 주된 이유는? [08년 1회]

① 더블 브레이크 효과를 얻을 수 있기 때문에
② 리턴 회로를 통해 브레이크가 빠르게 풀리게 할 수 있기 때문에
③ 안전상의 이유 때문에
④ 드럼브레이크와 디스크 브레이크를 함께 사용할 수 있기 때문에

> 풀이 2회로 유압 브레이크를 사용하는 이유는 안전상의 이유이며, 이를 탠덤(tandem) 마스터 실린더라 한다.

01 ① 02 ③ 03 ① 04 ③ 05 ③

06 자동차 제동장치에서 드럼 브레이크의 드럼이 갖추어야 할 조건을 잘못 설명한 것은? [09년 4회]

① 방열성이 좋아야 한다.
② 마찰계수가 낮아야 한다.
③ 고온에서 내마모성이 있어야 한다.
④ 변형에 대응할 충분한 강성이 있어야 한다.

풀이 브레이크 드럼이 갖추어야 할 조건
① 방열이 잘 될 것
② 충분한 강성과 내마멸성이 있을 것
③ 정적, 동적 평형이 잡혀 있을 것
④ 가벼울 것

07 드럼 브레이크와 비교한 디스크 브레이크의 특성에 대한 설명으로 틀린 것은? [08년 2회]

① 고속에서 반복적으로 사용하여도 제동력의 변화가 적다.
② 부품의 평형이 좋고 편제동 되는 경우가 거의 없다.
③ 디스크에 물이 묻어도 제동력의 회복이 빠르다.
④ 디스크가 대기 중에 노출되어 방열성은 좋으나 제동 안정성이 떨어진다.

풀이 디스크 브레이크의 특징
① 구조가 간단하다.
② 디스크가 대기 중에 노출되어 냉각 효과가 크다.
③ 방열이 잘 되어 페이드 현상이 적고, 디스크에 물이 묻어도 제동력의 회복이 빠르다.
④ 부품의 평형이 좋고 한쪽만 제동되는 일이 적다.
⑤ 자기작동이 없으므로 페달 조작력이 커야 한다.
⑥ 마찰면적이 적어 패드의 강도가 커야하고, 패드의 마멸이 크다.

08 드럼식 유압 브레이크 내의 휠 실린더 역할은? [09년 1회]

① 브레이크 드럼 축소
② 마스터 실린더 브레이크액 보충
③ 브레이크 슈의 확장
④ 바퀴 회전

풀이 휠 실린더는 마스터 실린더에서 유압을 받아 브레이크 슈를 확장하여 드럼을 제동한다.

09 드럼 브레이크와 비교하여 디스크 브레이크의 단점이 아닌 것은? [07년 2회]

① 패드를 강도가 큰 재료로 제작해야 한다.
② 한쪽만 브레이크 되는 경우가 많다.
③ 마찰면적이 적어 압착력이 커야 한다.
④ 자기작동 작용이 없어 제동력이 커야한다.

풀이 디스크 브레이크의 특징
① 구조가 간단하다.
② 디스크가 대기 중에 노출되어 냉각 효과가 크다.
③ 방열이 잘 되어 페이드 현상이 적고, 디스크에 물이 묻어도 제동력의 회복이 빠르다.
④ 부품의 평형이 좋고 한쪽만 제동되는 일이 적다.
⑤ 자기작동이 없으므로 페달 조작력이 커야 한다.
⑥ 마찰면적이 적어 패드의 강도가 커야하고, 패드의 마멸이 크다.

10 제동장치 회로에 잔압을 두는 이유 중 적합하지 않은 것은? [09년 4회]

① 브레이크 작동 지연을 방지한다.
② 베이퍼록을 방지한다.
③ 휠 실린더의 인터록을 방지한다.
④ 유압회로 내 공기유입을 방지한다.

풀이 잔압을 두는 목적 : 작동 신속, 베이퍼 록 방지, 오일 누출 방지(공기 유입 방지) 등이다.

ANSWER 06 ② 07 ④ 08 ③ 09 ② 10 ③

11 대기압 1,035[hPa]일 때, 진공 배력장치에서 진공 부스터의 유효 압력차는 2.85 [N/cm²], 다이어프램의 유효 면적이 600 [cm²]이면 진공배력은? [09년 1회]

① 4,500[N]　② 1,710[N]
③ 9,000[N]　④ 2,250[N]

풀이 진공배력 = 면적×압력
∴ 진공배력 = 600×2.85 = 1,710[N]

12 제동장치의 하이드로마스터(hydro master)에 대한 설명에서 ( )안에 들어갈 내용으로 맞는 것은? [08년 4회]

> 파워실린더의 내압은 항상 (A)을 유지하고 작동시에 (B)를 보내어 (C)을 미는 형식이며, 파워피스톤 대신 (D)을 사용하는 형식도 있다.

① A : 진공　B : 공기
　C : 파워피스톤　D : 막판(diaphragm)
② A : 공기　B : 진공
　C : 파워피스톤　D : 막판(diaphragm)
③ A : 파워피스톤　B : 공기
　C : 진공　D : 막판(diaphragm)
④ A : 파워피스톤　B : 공기
　C : 막판(diaphragm)　D : 진공

풀이 진공밸브와 공기밸브의 작동 : 반드시 외울 것!!
브레이크를 밟았을 때 진공밸브는 닫히고 공기밸브는 열린다. (VCAO : Vacuum valve Close, Air valve Open)

13 브레이크 라이닝의 표면이 과열되어 마찰계수가 저하되고 브레이크 효과가 나빠지는 현상은? [07년 2회]

① 브레이크 페이드 현상
② 베이퍼록 현상
③ 하이드로 플레이닝 현상
④ 잔압 저하 현상

풀이 용어 설명
① 페이드(fade) : 브레이크 라이닝의 표면이 과열되어 마찰계수가 저하되고 브레이크 효과가 나빠지는 현상
② 베이퍼 록(vapor lock) : 브레이크의 빈번한 사용이나 끌림 등에 의한 마찰열이 브레이크 회로에 전달되어, 브레이크 회로 내에 기포가 발생되어 압력전달이 불가능하게 되는 현상
③ 하이드로 플레이닝(hydro planning, 수막현상) : 고속 주행시 노면과 타이어 사이에 물이 빠지지 못하여 마찰력이 작아지는 현상

14 브레이크 파이프에 베이퍼록이 생기는 원인으로 가장 적합한 것은? [07년 2회]

① 페달의 유격이 크다.
② 라이닝과 드럼의 틈새가 크다.
③ 브레이크의 과다한 사용 및 품질이 불량하다.
④ 오일 점도가 높다.

풀이 베이퍼록의 원인
① 긴 내리막길에서 빈번한 브레이크의 사용
② 드럼과 라이닝의 끌림에 의한 과열
③ 브레이크 슈 리턴 스프링의 쇠손에 의한 잔압 저하
④ 브레이크 슈 라이닝 간극이 너무 적을 때
⑤ 오일이 변질되어 비등점이 낮아졌을 때
⑥ 불량 오일을 사용하거나 다른 오일을 혼용하였을 때

11 ②　12 ①　13 ①　14 ③

15 브레이크 오일이 비등하여 제동압력의 전달 작용이 불가능하게 되는 현상은?
[09년 2회]

① 페이드 현상 ② 싸이클링 현상
③ 베이퍼록 현상 ④ 브레이크록 현상

> 풀이) 베이퍼 록(vapor lock) 현상
> 브레이크의 빈번한 사용이나 끌림 등에 의한 마찰열이 브레이크 회로에 전달되어, 브레이크 회로 내에 기포가 발생되어 압력전달이 불가능하게 되는 현상

16 브레이크 페달을 강하게 밟을 때 후륜이 먼저 로크되지 않도록 하기 위하여 유압이 어떤 일정 압력이상 상승하면 그 이상 후륜 측에 유압이 상승하지 않도록 제한하는 장치는?
[08년 1회]

① 리미팅 밸브(Limiting Valve)
② 프로포셔닝 밸브(Proportioning Valve)
③ 이너셔 밸브(Inertia valve)
④ EGR 밸브

> 풀이) 명칭대로 리미팅 밸브는 후륜이 먼저 로크되지 않도록 하기 위하여 유압이 어떤 일정 압력이상 상승하면 그 이상 후륜 측에 유압이 상승하지 않도록 제한하는 장치이다.

17 브레이크 페달을 밟았을 때 소음이 나거나 떨리는 현상의 원인이 아닌 것은?
[07년 1회]

① 디스크의 불균일한 마모 및 균열
② 패드나 라이닝의 경화
③ 백킹 플레이트나 캘리퍼의 설치 볼트 이완
④ 프로포셔닝 밸브의 작동 불량

> 풀이) 프로포셔닝 밸브가 작동 불량이면 제동력 분배가 안될 뿐 소음이 나거나 떨리지는 않는다.

18 제동시 핸들을 빼앗길 정도로 브레이크가 한쪽만 듣는다. 원인으로 틀린 것은?
[09년 2회]

① 양쪽 바퀴의 공기압이 다름
② 허브베어링의 풀림
③ 백플레이트의 풀림
④ 마스터 실린더의 리턴 포트가 막힘

> 풀이) 마스터 실린더의 리턴 포트가 막히면 양쪽이 모두 풀리지 않는다.

19 브레이크에서 배력장치의 기밀유지가 불량할 때 점검해야 할 부분은?
[08년 2회]

① 패드 및 라이닝 마모상태
② 페달의 자유 간격
③ 라이닝 리턴 스프링 장력
④ 첵 밸브 및 진공호스

> 풀이) 배력장치의 기밀유지가 불량하면 진공과 관계되는 부품, 첵 밸브, 진공호스 등을 점검하여야 한다.

20 가솔린 승용차에서 내리막길 주행 중 시동이 꺼질 때 제동력이 저하되는 이유는?
[07년 2회]

① 진공 배력장치 작동불량
② 베이퍼록 현상
③ 엔진 출력 부족
④ 페이드 현상

> 풀이) 시동이 꺼지면 진공 배력장치가 작동하지 않으므로 제동력이 저하되어 페달 답력을 증가시켜야 한다.

15 ③ 16 ① 17 ④ 18 ④ 19 ④ 20 ①

21 그림에서 브레이크 페달의 유격조정 부위로 가장 적합한 곳은? [09년 1회]

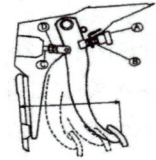

① A와 B ② C와 D
③ B와 D ④ B와 C

> A는 브레이크 스위치이다. 따라서 브레이크 페달의 유격조정은 C와 D에서 한다.

22 ABS에 대한 설명으로 가장 적절한 것은? [09년 4회]

① 바퀴의 조기 고착을 방지하여 제동시 조향력을 확보하는 장치이다.
② 4개의 바퀴를 동시에 제동시켜 제동거리를 짧게 하는 장치이다.
③ 눈길에서만 작동되어 제동 안전성을 높여준다.
④ 앞 바퀴 2개를 먼저 제동시켜 제동시 차체 자세제어를 한다.

> 차륜이 고착되지 않도록 각 차륜에 작용하는 브레이크 압력을 제어한다.

23 ABS 구성품이 아닌 것은? [07년 2회]

① 휠 스피드 센서 ② 컨트롤 유닛
③ 하이드롤릭 유닛 ④ 조향각 센서

> ABS의 구성부품
> ① 휠 스피드 센서 : 차륜의 회전상태를 검출
> ② 전자제어 컨트롤 유닛(E.C.U) : 휠 스피드 센서의 신호를 받아 ABS를 제어
> ③ 하이드롤릭 유닛 : E.C.U의 신호에 따라 휠 실린더에 공급되는 유압을 제어
> * 조향각 센서는 전자제어 현가장치 부품이다.

24 ABS(Anti-lock Brake System)의 장점으로 가장 거리가 먼 것은? [07년 1회]

① 브레이크 라이닝의 마모를 감소시킨다.
② 제동시 방향 안전성을 유지할 수 있다.
③ 제동시 조향성을 확보해 준다.
④ 노면의 마찰계수가 최대의 상태에서 제동거리 단축의 효과가 있다.

> ABS의 장점
> ① 제동거리의 단축
> ② 제동시 방향 안정성을 유지
> ③ 제동시 조향성을 확보
> ④ 앞바퀴의 잠김으로 인한 조향능력 상실을 방지한다.
> ⑤ 뒷바퀴의 잠김으로 인한 차체 스핀에 의한 전복을 방지한다.

25 제동장치에서 ABS의 설치목적을 설명한 것으로 틀린 것은? [08년 4회]

① 최대 공주거리 확보를 위한 안전장치이다.
② 제동시 전륜 고착으로 인한 조향 능력이 상실되는 것을 방지하기 위한 것이다.
③ 제동시 후륜 고착으로 인한 차체의 전복을 방지하기 위한 장치이다.
④ 제동시 차량의 차체 안정성을 유지하기 위한 장치이다.

> 최대 공주거리가 길어지면 제동거리가 길어진다.

26 ABS 장착 차량에서 휠 스피드 센서의 설명이다. 틀린 것은? [08년 1회]

① 출력 신호는 AC 전압이다.
② 일종의 자기유도센서 타입이다.
③ 고장시 ABS 경고등이 점등하게 된다.
④ 앞바퀴는 조향 휠이므로 뒷바퀴에만 장착되어 있다.

> 휠 스피드 센서는 4바퀴 모두 장착되어 있다.

21 ② 22 ① 23 ④ 24 ① 25 ① 26 ④

27 전자제어 브레이크 장치의 구성부품 중 휠 스피드 센서의 기능으로 가장 적절한 것은?

[07년 4회]

① 휠의 회전속도를 감지하여 컨트롤 유닛으로 보낸다.
② 하이드로릭 유닛을 제어한다.
③ 휠 실린더의 유압을 제어한다.
④ 페일 세이프 기능을 발휘한다.

풀이 휠 스피드 센서 : 톤 휠의 회전에 의해 발생된 신호로 바퀴의 회전속도를 검출하여 ABS ECU로 보낸다.

28 전자제어 브레이크 장치의 컨트롤 유닛에 대한 설명 중 틀린 것은?

[07년 4회]

① 컨트롤 유닛은 감속·가속을 계산한다.
② 컨트롤 유닛은 각 바퀴의 속도를 비교·분석한다.
③ 컨트롤 유닛이 작동하지 않으면 브레이크가 작동되지 않는다.
④ 컨트롤 유닛은 미끄럼 비를 계산하여 ABS 작동 여부를 결정한다.

풀이 ABS 컨트롤 유닛이 고장나도 일반 풋 브레이크로 제동이 가능하다.

29 ABS의 작동조건으로 틀린 것은?

[09년 2회]

① 빗길에서 급제동할 때
② 빙판에서 급제동할 때
③ 주행 중 급선회할 때
④ 제동시 좌·우측 회전수가 다를 때

풀이 ABS 작동조건
① 급 제동시
② 제동시 좌·우측 회전수가 다를 때
③ 제동시 전·후측 회전수가 다를 때

30 4 센서 4 채널 ABS(anti-lock brake system)에서 하나의 휠 스피드 센서(wheel speed sensor)가 고장일 경우의 현상 설명으로 옳은 것은? [08년 2회]

① 고장 나지 않은 나머지 3 바퀴인 ABS가 작동한다.
② 고장 나지 않은 바퀴 중 대각선 위치에 있는 2 바퀴만 ABS가 작동한다.
③ 4 바퀴 모두 ABS가 작동하지 않는다.
④ 4 바퀴 모두 정상적으로 ABS가 작동한다.

풀이 휠 스피드 센서의 신호를 받아 슬립율을 연산하므로 하나의 센서라도 고장나면 ABS가 작동하지 않는다.

31 ABS 장착차량에서 주행을 시작하여 차량속도가 증가하는 도중에 펌프모터 작동소리가 들렸다면 이 차의 상태는? [09년 1회]

① 오작동이므로 불량이다.
② 체크를 위한 작동으로 정상이다.
③ 모터의 고장을 알리는 신호이다.
④ 모듈레이터 커넥터의 접촉 불량이다.

풀이 ABS ECU는 IG ON후 최초로 15km/h에 도달할 때 모터 릴레이를 순간적으로 ON하여 펌프모터 테스트를 실시하므로 정상이다.

27 ① 28 ③ 29 ③ 30 ③ 31 ②

04 주행 및 구동장치

제1절 휠 및 타이어

자동차의 바퀴는 휠과 타이어로 이루어져 있으며, 바퀴는 자동차에서 지면으로 부터의 충격과 진동을 원활히 조절하여 섀시부품의 손상 방지 및 운전자의 피로감을 줄여서 쾌적한 운행을 하는데 그 목적이 있다.

1_ 휠

휠은 타이어를 지지하는 림(rim)과 허브를 지지하는 디스크(disc)로 구성되어 있다.

1. 휠의 종류

1) 디스크 휠

강판을 성형하여 허브에 구멍을 뚫어놓은 것으로 구조가 간단하여 승용차나 경트럭에 주로 사용된다.

2) 스포크 휠

림과 허브를 스포크로 연결한 것으로 가볍고 냉각효과가 좋으나 가격이 비싸고 실용성이 나빠 스포츠용 자동차나 2륜차에 주로 사용된다.

3) 스파이더 휠

림과 허브를 방사상으로 연결한 것으로 브레이크 효과가 좋아 대형차량에 주로 사용된다.

4) 경합금제 휠

알루미늄 휠, 마그네슘 휠 등이 있다.

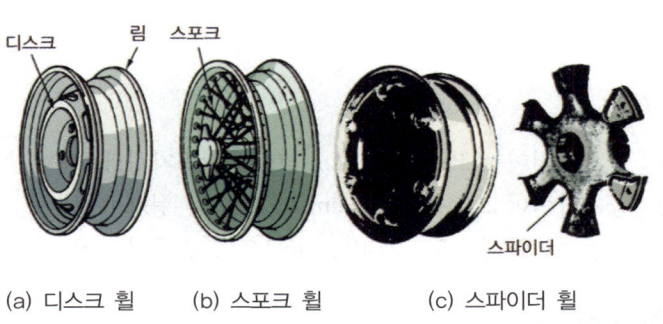

그림 2-131 / 휠의 종류

2. 림의 종류

1) 2분할 림

림과 디스크를 일체로 프레스 가공하여 볼트로 결합한 구조로 타이어 직경이 작은 경차에 많이 사용한다.

2) 드롭센터 림

타이어 탈착을 쉽게 하기 위하여 중앙부분을 깊게 제작한 것으로, 승용차 및 소형 트럭에 사용한다.

3) 광폭 드롭센터 림

림 폭을 넓게 하여 완충작용을 좋게 한 초저압 타이어용이다.

4) 인터 림

림 폭을 넓게 하고 타이어를 정확히 체결되도록 한 것으로, 트럭이나 버스에 사용한다.

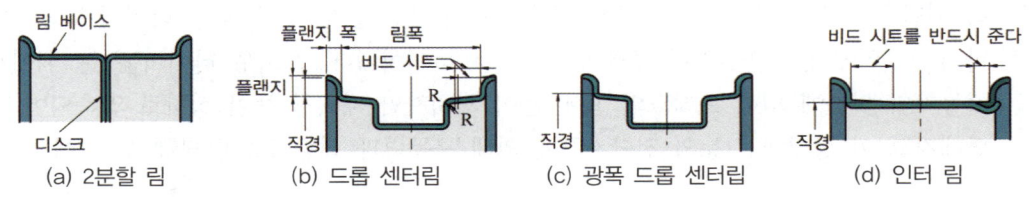

2 타이어(tire)

타이어는 휠에 끼워져 일체로 회전하며 노면으로부터의 충격을 흡수하고 자동차의 구동과 제동을 가능하게 한다. 타이어는 레이온과 나일론 등의 섬유에 양질의 고무를 입힌 코드(cord)를 여러층 겹쳐 틀 속에서 성형한 것이다.

1. 타이어의 분류

1) 사용 압력에 따라

① 고압 타이어 : 공기압력이 4.2~6.3[kg_f/cm^2]으로 대형차량에 사용
② 저압 타이어 : 공기압력이 2.0~2.5[kg_f/cm^2]으로 기본형으로 사용
③ 초저압 타이어 : 공기압력이 1.7~2.0[kg_f/cm^2]으로 승용차량에 사용

2) 튜브의 유무에 따라

① 튜브 타이어 : 튜브에 공기를 주입하는 방식이다.
② 튜브리스(tubeless) 타이어 : 튜브가 없이 타이어와 림과의 밀착으로 기밀이 유지되는 형식이로 최근에 많이 사용하는 방식이다.

3) 내부 구조 및 형상에 따라

① 바이어스 타이어 : 카커스 코드를 경사지게(bias) 서로 포갠 구조
② 레이디얼 타이어 : 카커스 코드를 원 둘레에 대해 휠의 반지름(radial) 방향으로 설치한 타이어이다.

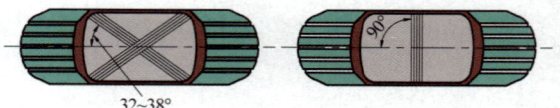

그림 2-132 / 카커스의 각도

③ 편평 타이어 : 광폭 타이어라고도 하며 타이어의 높이에 비해 폭이 넓어진 타이어를 말한다. 편평비는 $\dfrac{높이}{폭(너비)} \times 100(\%)$ 로 나타내며, 숫자가 작을수록 광폭을 의미한다.
④ 스노우 타이어 : 스노우 타이어는 보통 타이어와는 달리 트레드 패턴은 리브 패턴과 블록 패턴을 적절히 배치하고 트레드 폭을 10~20[%] 넓게, 홈은 보통 타이어보다 깊게 파서 눈 위에서도 슬립없이 주행할 수 있는 타이어이다. 스노우 타이어는 눈 위에서 자동차의 하중에 의해 트레드의 홈에 눈이 채워지면 채워진 눈이 상하로 압축되어 단단해지고 이 상태에서 눈의 전단저항에 의해 구동력과 제동력을 발휘할 수 있게 된다.

2. 타이어의 특징

1) 튜브리스 타이어의 특징

① 못 등에 찔려도 공기가 급격히 빠지지 않는다.
② 튜브가 없어 간단하며, 고속 주행에도 방열이 잘된다.
③ 펑크 수리가 쉽다.

④ 림이 변형되면 공기가 새기 쉽다.
⑤ 유리 조각 등으로 넓게 파손되면 수리가 어렵다.

2) 레이디얼 타이어의 특징

① 편평비를 크게할 수 있어 접지성을 향상시킬 수 있다.
② 횡방향에 대한 강성이 우수하여 조종성과 방향성이 좋다.
③ 브레이커가 튼튼하여 하중에 의한 변형이 적다.
④ 로드 홀딩이 좋고 스탠딩 웨이브가 잘 발생하지 않는다.
⑤ 충격 흡수가 나빠 승차감이 나쁘다.
⑥ 편평비가 커서 접지면적이 넓어지므로 핸들이 다소 무겁다.

3) 편평 타이어의 특징

① 접지면적이 넓어 옆방향 강도가 증가하며 코너링 포스가 향상된다.
② 구동력과 제동력이 좋다.
③ 타이어 폭이 넓어 타이어 수명이 길다.

4) 스노우 타이어 사용시 주의할 점

① 구동바퀴의 하중을 크게 할 것
② 미끄러지면 안되므로 출발을 천천히 할 것
③ 바퀴가 록(lock)되면 제동거리가 길어지므로 급제동을 하지 말 것
④ 트레드 부가 50[%] 이상 마모되면 효과가 없어지므로 체인을 병용할 것

3. 타이어의 구조

타이어의 외부는 트레드(tread) 부, 숄더(shoulder) 부, 사이드월(side wall) 부, 비드(bead) 부의 4부분으로 되어 있으며, 내부에는 카커스 및 브레이커로 구성되어 있다. 각 부의 역할은 다음과 같다.

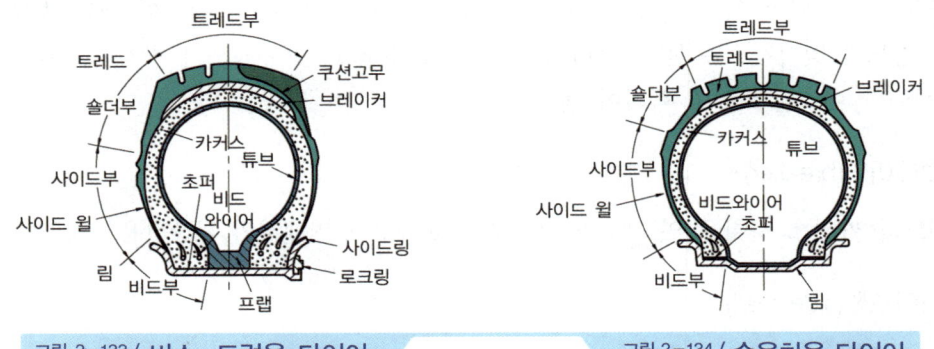

그림 2-133 / **버스, 트럭용 타이어**   그림 2-134 / **승용차용 타이어**

1) 트레드(tread)

트레드는 노면과 직접 접촉하는 부분으로 노면과의 마찰에 대한 저항이 크고 견인력과 열 발산 능력, 배수 능력이 좋아야 한다. 사용 용도에 따라 다음과 같은 종류가 있다.

① 리브(rib 또는 highway) 패턴 : 타이어의 원 둘레 방향으로 여러개의 홈을 파 놓은 것으로 옆방향 미끄럼에 대해 저항력이 커서 조향성이 양호하여 포장된 도로를 고속주행 하는데 적합하다. 승용차에 주로 사용한다.

② 러그(lug) 패턴 : 타이어 원 둘레 방향에 대하여 직각방향으로 홈을 파 놓은 것으로, 견인력 및 방열성이 좋아 트럭 및 버스에서 사용한다.

③ 리브러그 패턴 : 중앙 부분은 리브 패턴을 바깥부분은 러그 패턴을 두어 험한 도로 및 일반 포장도로에서 겸용할 수 있는 타이어이다.

④ 블록(block) 패턴 : 노면과의 접촉부분이 하나씩 독립된 블록 모양으로 이루어 진 것으로, 눈이나 모래길 같은 연한 노면을 다지면서 주행할 수 있어 견인성능 및 제동성능이 매우 크다.

그림 2-135 / 리브 패턴   그림 2-136 / 러그 패턴   그림 2-137 / 리브러그 패턴   그림 2-138 / 블록 패턴

2) 카커스(carcass)

카커스는 타이어의 형상을 유지하는 뼈대가 되는 중요한 부분으로 플라이(ply)라 부르는 섬유층으로 구성되어 있다. 이 섬유층을 교대로 교차시켜 고무로 접착하여 어느 방향으로도 충분한 강도가 얻어지도록 한다. 플라이 수가 많을 수록 타이어 강도가 커지며 승용차는 4~6, 트럭이나 버스는 8~16 플라이 정도이다.

3) 브레이커(breaker)

트레드와 카커스 사이에 있으며, 카커스를 보호하고 노면에서의 완충작용도 한다.

4) 사이드월(side wall)

타이어의 측면으로 타이어의 모든 정보가 적혀있는 부분이다.

5) 비드(bead)

타이어가 림과 접촉하는 부분으로, 내부에 몇 줄의 비드 와이어(bead wire)가 원둘레 방향으로 감겨 있어 비드부가 늘어나는 것과 타이어가 림에서 빠지는 것을 방지한다.

4. 타이어 호칭 치수

1) 일반타이어

① 저압 타이어 : 타이어 폭 - 타이어 안지름 - 플라이 수
② 고압 타이어 : 타이어 바깥지름 - 타이어 폭 - 플라이 수

2) 레이디얼 타이어 표시방법

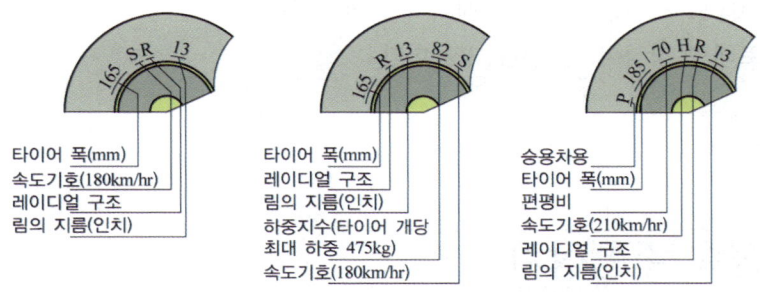

그림 2-139 / 레이디얼 타이어 표시방법

5. 타이어 평형 및 현상

1) 바퀴의 평형(wheel balance)

① 정적 밸런스 : 상하의 무게가 적합(불평형시 : 휠 트램핑 발생)
② 동적 밸런스 : 좌우 대각선 무게가 적합(불평형시 : 시미 현상 발생)

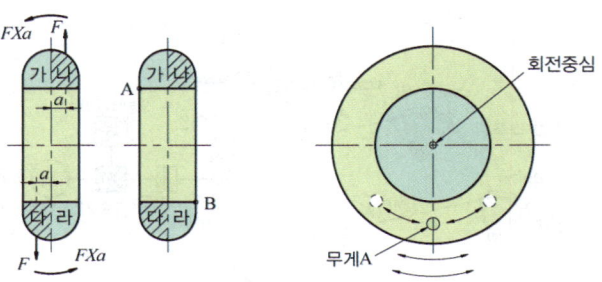

2) 스탠딩 웨이브 현상

고속 주행시 공기가 적을 때 트레드가 받는 원심력과 공기 압력에 의해 트레드가 노면에

서 떨어진 직후에 찌그러짐이 발생하는 현상으로 스탠딩 웨이브 방지방법은 다음과 같다.

① 타이어 공기압을 표준 공기압보다 10~15[%] 높여 준다.
② 타이어 접지폭이 큰 광폭 타이어를 사용한다.
③ 타이어 트레드 강성이 높은 것을 사용한다.

3) 하이드로 플레이닝 현상(hydro planing, 수막현상)

자동차의 바퀴가 물위를 고속주행 할 때 타이어 트레드가 노면의 물을 완전히 배출하지 못하여 타이어가 수막에 의해 노면에서 약간 떠서 주행하여 제동력 조향력을 상실하는 현상으로 하이드로 플레이닝 방지 방법은 다음과 같다.

① 타이어 공기압을 10~20[%] 더 높여준다.
② 타이어 트레드 홈 깊이가 깊은 레이디얼 타이어를 사용한다.
③ 타이어 트레드 강성이 큰 것을 사용한다.

제2절 / 정속 주행장치

1. 오토 크루즈 컨트롤(Auto Cruise Control)

고속도로 등 장거리 주행시 운전자의 피로를 저감하는 목적으로 가속페달을 밟지 않아도 차속을 일정하게 유지하는 장치를 오토 크루즈 컨트롤 시스템이라 하며, 스로틀 암을 하나 더 설치하여 ECU가 운전자의 입력신호에 의해 자동으로 스로틀 밸브를 개폐하는 장치이다.

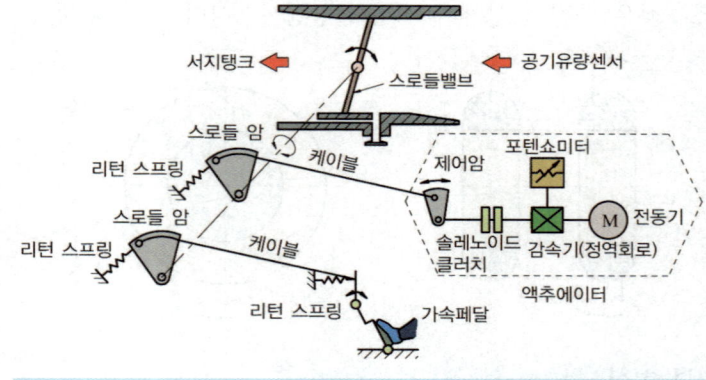

그림 2-140 / 정속 주행장치 개략도

1. ACC의 개요

1) 정속 주행장치의 장점

① 장시간 운전시 운전자의 피로 경감
② 정속 주행으로 인한 10[%] 정도의 연료 절감
③ 승차감 향상 및 쾌적한 운행

2) 종류

① 진공식 : 진공 액추에이터를 이용한 방식
② 전기식 : 컴퓨터에 의해 스로틀 모터를 제어하는 방식
③ 전자식 : ECU에 의해 ETS와 연계하여 제어하는 방식

2. ACC의 구성 부품

1) 컴퓨터

센서와 제어 스위치 신호를 받아 정속주행에 필요한 신호를 액추에이터로 보내주는 장치로, 세트(set), 코스트(coast), 리줌(resume) 등의 기능을 수행한다.

2) 스로틀 케이블

스로틀 밸브를 개폐시키는 케이블이 가속페달과 오토 크루즈 용 각각 2개가 있다.

3) 액추에이터

전동기, 웜 기어, 웜 휠, 유성기어, 솔레노이드 클러치, 리미트 스위치 등으로 구성되어 있다. 리미트 스위치는 스로틀 밸브 완전 개폐시 과부하가 걸리는 것을 방지하기 위해 전동기에 전류의 공급을 차단하는 기능을 한다.

4) 제어 스위치

메인 스위치는 점화 스위치가 ON일 때 컴퓨터 스위치를 ON, OFF하는 역할을 하며, 세트/코스트, 리줌/엑셀러레이터는 운전자가 정속 주행을 실행시키는 명령 스위치이다.

5) 해제 스위치

정속 주행 중 브레이크 페달을 작동시키면 제동등 스위치가 ON되어 액추에이터의 공급 전원을 차단하고, 고정 주행 중 변속레버를 P나 N 레인지로 하면 해제 신호를 컴퓨터로 입력시켜 즉시 정속 주행을 해제시킨다.

3. ACC의 제어

1) 세트 제어(set control, 고정 주행)

희망 차속으로 주행하면서 세트 스위치를 조작하면 조작 시 차속으로 고정된다. 규정 차속(40[km/h]) 이하에서는 작동하지 않는다.

2) 리줌 제어(resume control, 회복 주행)

정속 주행 중 일시 해제가 되었을 때 리줌(액셀러레이터) 스위치를 ON하면 주행속도를 해제하기 전의 속도로 회복된다.

3) 코스트 제어(coast control, 감속 주행)

정속 주행 중 코스트 스위치를 ON하면 액추에이터의 부압을 개방하여 세트 스위치를 ON 할 때까지 감속한 후 정속 주행한다.

4) 액셀러레이터 제어(accelerator control, 가속 주행)

정속 주행 중 액셀러레이터 스위치를 ON하면 OFF(세트)할 때까지 가속한다.

4. ACC 해제조건

① 브레이크(또는 클러치) 페달을 밟았을 때
② 자동변속기 레버를 P 또는 N 레인지로 선택
③ 주행속도가 최저 한계속도(40km/h) 이하일 때
④ 주행속도가 처음 고정속도보다 20km/h 이상 감소되었을 때
⑤ 세트와 리줌 스위치를 동시에 ON 하였을 때

2 스마트 크루즈 컨트롤 (SCC : Smart Cruise Control)

SCC 시스템은 기존의 ACC(Auto Cruise Control) 시스템이 정속 주행장치라면, SCC는 차량 전방에 장착된 전파 레이더를 이용하여 선행차량과의 거리 및 속도를 측정하여 선행차량과 적절한 거리를 자동으로 유지하는 시스템이다.

1. SCC의 개요

1) SCC 효과

① 운전 편의성 향상
② 연비 향상

2) 작동 원리

① 안테나에서 77[GHz]의 전파를 송신한다.
② 전방에 위치한 차량에 반사되어 다시 안테나로 수신된다.
③ 최고 64개 Target을 검출(검출은 하나, 목표 차량도 한개)하고, 검출거리는 1 ~ 174[m] 이다.

2. SCC의 작동 및 제어

1) SCC 작동

① 30 ~ 180[km/h]에서는 속도/거리 제어를 모두 수행하고, 30[km/h] 미만에서는 속도제어는 불가하다.
② 선행 차량이 정차하면 일정거리 뒤에 정차하고 3초 이내 출발시 자동 출발하며 3초가 넘어가면 resume 스위치 또는 액셀 페달 작동으로 출발한다. 5분이상 정차 유지시 EPB 작동하여 SCC 제어가 해제된다.

2) 시스템 제어

① 운전자가 스위치를 조작한다.(목표 속도 조작, 목표 차간 거리)
② SCC 센서 & 모듈에서 선행차량 인식, 목표 속도, 목표 차간 거리, 목표 가/감속도를 연산한 후 VDC ECU에 가/감속도 제어를 요청한다.
③ 클러스터에 제어 상황을 표시한다.
④ VDC 모듈은 ECM에 필요한 토크를 요청하고, 감속도 제어시 브레이크 토크가 필요하면 토크를 압력으로 변환하여 브레이크 압력을 제어한다. 참고로 클러스터, SCC, VDC, ECM, TCU는 CAN 통신을 하며 서로의 정보를 주고 받는다.

3. 센서 얼라이먼트

전방에 위치한 차량들을 정상적으로 감지하기 위해 센서면이 차량 진행 방향과 일치해야 한다. 이것을 차량 진행 방향과 일치하게 하는 것을 SCC 센서 얼라이먼트(정렬)라고 한다. 센서 얼라이먼트 미 수행시 차량의 감지성능 저하로 인하여 시스템이 정상 동작을 하지 않아 사고의 원인이 될 수 도 있다. 센서 얼라이먼트는 In line 설비가 갖춰진 정비공장이나 장비가 갖춰진 일반 A/S 센터에서 할 수 있다.

제3절 자동차의 성능

자동차의 주행성능에는 동력 전달기구에 좌우하는 성능(동력성능)과 이들에 전혀 지배되지 않는 성능이 있다. 동력성능으로는 등판성능, 가속성능, 최고속도, 연료 소비율 그리고 기타성능으로는 제동성능, 타행성능, 안전성능, 조종성능, 진동, 승차감 등을 들 수 있다.

1_ 주행성능

1. 자동차 주행저항의 종류

자동차의 주행저항이란 자동차의 진행방향과는 역방향으로 작용하는 모든 힘으로, 발생원인별로 분류하면 구름저항, 공기저항, 등판저항, 가속저항 등이 있다.

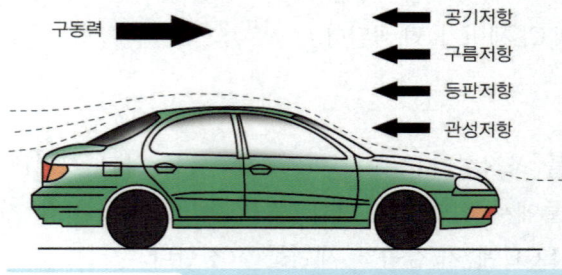

그림 2-141 / 자동차의 주행저항

자동차가 수평노면을 정속 주행 중이면 구름저항과 공기저항이, 오르막을 주행 중이면 등판저항이 더해지고, 오르막을 가속주행하면 구름저항, 공기저항, 등판저항, 가속저항 등 전주행저항이 모두 작용한다.

1) 구름저항

차륜이 수평노면을 구를 때 일어나는 저항으로 노면에서 휠(wheel)의 걸리는 하중과 노면상태, 주행속도에 따라서 다음과 같은 등식이 성립한다.

$$R_r = \mu_r \cdot W$$

R_r : 구름저항[kg]
μ_r : 구름저항계수
W : 차량 총 중량[kg]

표 2-3 / **노면상태에 따른 구름저항 계수**

노면상황	구름저항계수
양호한 아스팔트 포장로	약 0.010
양호한 콘크리트 포장로	약 0.015
양호한 미포장로	약 0.04
돌이 많이 있는 도로	약 0.08
새 자갈을 깐 도로	약 0.12
점토질 도로	약 0.2 ~ 0.3

이 값은 대강의 값으로 노면상황, 속도, 타이어 내압, 타이어 하중, 타이어 구조 등에 따라 변화한다. 구름저항이 증가하는 요인으로는

① 타이어의 변형
② 노면의 변형, 요철에 의한 충격저항
③ 타이어와 노면간의 국부적인 미끄러짐과 마찰로 인한 것
④ 공기속에서의 바퀴 회전으로 인한 공기저항
⑤ 차륜 베어링의 마찰저항이 있다.

또한, 구름저항계수는 타이어 공기압과 차속에 의해 변화한다. 차속이 140 km/h 이상이 되면 구름저항계수는 급격히 증대하며 그 원인은 정지파(Standing wave)의 발생 때문에 저항이 커지기 때문이며, Standing wave가 생기면 저항은 거의 속도의 제곱에 비례한다.

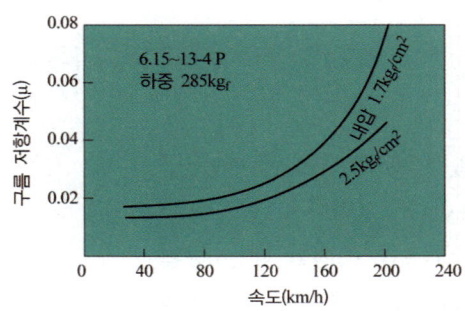

그림 2-142 / **속도에 따른 구름저항 계수의 변화**

2) 공기저항(空氣抵抗)

자동차가 주행할 때 진행방향에 반대하는 공기력으로, 자동차의 공기저항은 일반적으로 20[km/h] 까지는 무시되며 주행속도에 따른 공기저항은 다음과 같다.

$$R_a = \mu_a \cdot A \cdot v^2 [\text{kg}_f]$$

μ_a : 공기저항 계수
A : 자동차 전면 투영면적[m²]
v : 차의 주행속도[m/s]

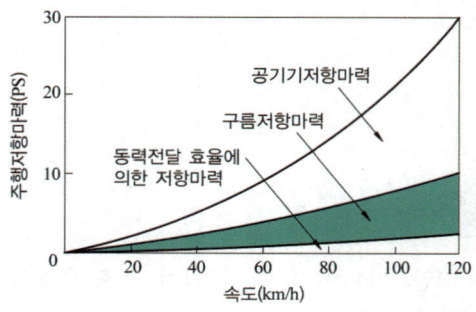

그림 2-143 / 공기저항과 구름저항과의 비교

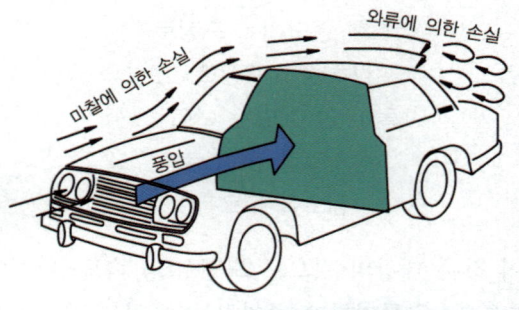

그림 2-144 / 공기저항

자동차가 직진 주행하고 있는 경우(편요각이 0) 차체에는 뒷방향으로 작용하는 항력, 윗방향으로 작용하는 양력, 차체가 상하로 움직이는 피칭모멘트가 작용하며 최고속도나 연료소비율, 차체의 부상(浮上)으로 안정성에 영향을 준다.

자동차가 선회하거나 옆방향으로 바람이 불어오면(편요각이 0이 아닌 경우) 차체에 대하여 편요각을 갖기 때문에 옆방향에 작용하는 횡력, 그로 인해 차체가 좌우로 흔들리는 롤링모멘트, 자동차의 앞, 뒤에 작용하여 지그재그로 움직이게 하는 요잉모멘트가 작용하여 진로유지의 안정성, 옆바람에 의한 안정성 등에 영향이 있다. 여기서, 3력(항력, 양력, 횡력)은 공기가 흐를 때 표면에 일어나는 압력에 의해, 3모멘트(피칭, 요잉, 롤링)는 압력의 분포에 의해서 결정된다.

3) 등판저항(登板抵抗)

자동차가 수평 노면을 일정속도로 주행할 때는 구름저항과 공기저항만 작용한다. 그러나 그림 2-145과 같이 각 θ 만큼 경사진 도로를 주행할 때는 중력이 경사면에 평행한 분력 W 가 작용하여 자동차의 전진을 방해한다. 이것을 등판저항 또는 구배저항이라 한다. 경사길을 내려갈 때는 반대로 자동차를 추진하는 힘이 작용하여 마이너스 저항이 작용한다.

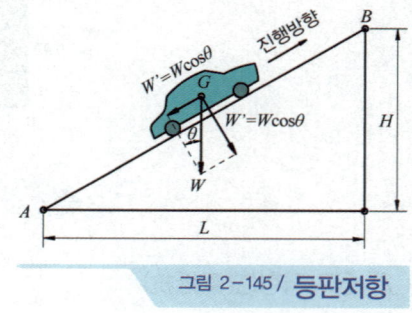

그림 2-145 / 등판저항

등판저항은 다음 식으로 나타낸다.

$$R_g = W \sin\theta [\text{kg}]$$

위의 식은 15[%] 이상의 도로는 없다는 가정에 의한 등식이다.

일반적으로 노면의 기울기는 $\tan\theta$의 백분율로 나타내며, 또 θ의 값이 그다지 크지 않을 경우에는 $\sin\theta ≒ \tan\theta$이므로 등판저항값은 근사적으로 다음 식과 같이 나타낸다.

$$R_g = W\tan\theta = W \cdot \frac{G}{100} [\text{kg}]$$

여기서, G는 구배 [%](H/L×100)이다.

4) 가속저항(加速抵抗)

자동차의 속도를 변화시키는데 필요한 힘을 가속저항이라 한다. 일반적으로 물체를 가속하려고 할 때는 그 물체의 관성을 극복하는 힘이 필요하고, 그 힘이 가속력, 결국 가속저항이 되므로 가속저항은 관성저항이라고도 할 수 있다.

$$R = (W + \Delta W)\frac{\alpha}{g}[\text{kg}]$$

R : 가속저항
W : 차량 총중량[kg]
ΔW : 회전부분 상당중량[kg]
α : 가속도[m/s²]
g : 중력가속도[m/s²]

표 2-4 / 회전부분 상당중량

자동차의 종류		승용차	
변속 단수	3단	4단	
$\frac{\Delta W}{W}$	제 1 단	0.88	0.70
	제 2 단	0.28	0.54
	제 3 단	0.11	0.20
	제 4 단		0.10

$\frac{\Delta W}{W_1} = 0.1$: 트럭
$\frac{\Delta W}{W_1} = 0.08$: 승용차
$\frac{\Delta W}{W_1} = 0.25$: 이륜차
단, W_1은 공차중량

2. 자동차 전 주행저항

자동차가 주행중 받는 저항은 앞에서 설명한 구름저항, 공기저항, 등판저항 그리고 가속저항이 있으며 주행상태에 따른 전 주행저항은 다음과 같다.

① **평탄로를 일정 속도로 주행할 경우의 전 주행저항** : 구름저항+공기저항
② **등판로를 일정 속도로 주행할 경우의 전 주행저항** : 구름저항+공기저항+등판저항
③ **평탄로를 일정 가속도로 가속할 경우의 전 주행저항** : 구름저항+공기저항+가속저항

또 오르막길을 가속하면서 주행할 경우에는 ③에 등판저항을 더하면 전 주행저항이 된다. 등판저항은 내리막길을 주행하면 마이너스가 되고 자동차가 감속할 경우에는 가속저항도 마이너스가 된다. 따라서 필요로 하는 감속도(마이너스 가속도)를 얻기 위해서는 그 에너지를 흡수하는 장치(브레이크 장치)의 성능이 중요하다.

2_ 선회성능

1. 타이어에 발생하는 힘과 모멘트

하중을 지탱하여 구르는 타이어에는 접지면에 있어서 노면으로부터 타이어에 대하여 진행을 저해하도록 뒷방향으로 구름저항이 작용한다. 또 타이어에 제동을 걸면 역시 뒷방향으로 제동력이 발생한다. 타이어가 노면에 대하여 경사져 있을 때, 접지면에서 노면으로부터 타이어에 대해 캠버 스러스트가 작용한다. 자동차가 선회시 타이어는 진행방향과 일치하지 않고 어느 각도만큼 미끄러지며 구르게 되므로 이를 사이드 슬립각(side slip angle, 횡슬립각)이라 한다. 사이드 슬립에 의해 노면으로부터 타이어에 대해서 회전면에 직각인 힘 사이드 포스가 발생하며, 이 힘을 진행방향과 직각방향으로 나누면 직각방향으로 코너링 포스가 발생한다. 아래 그림에서처럼 탄성변형의 합력이 타이어의 중심보다 뒤쪽(pneumatic trail)에 오게 되므로 코너링 포스에 의해서 회전모멘트가 발생되는데 이를 자동중심 조정 토크(복원토크, Self Aligning Torque)라 한다.

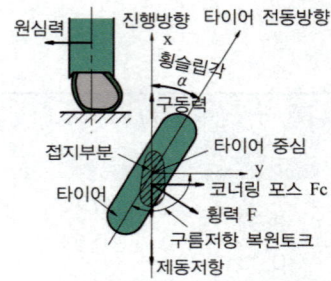

그림 2-146 / 타이어에 발생하는 힘과 모멘트

2. 코너링시 힘의 균형

자동차가 코너링 시 4개의 타이어에 작용하는 코너링 포스(구심력)는 자동차에 발생되는 원심력과 평형을 이루기 때문에 원만한 선회가 이루어진다. 타이어가 직진 방향으로 진행할 때는 코너링 포스는 발생하지 않으나 타이어가 진행 방향과 약간 벗어난 방향으로 진행시 코너링 포스는 발생된다. 즉, 사이드 슬립각이 있을 때 타이어와 노면과의 마찰력에 의해 코너링 포스는 발생된다.

또한, 원심력은 곡률반경에 반비례하고 속도의 제곱에 비례한다.($a = \dfrac{v^2}{r}$)

따라서, 원심력[kg] = m · a = $\dfrac{W}{g} \cdot \dfrac{v^2}{r}$ 으로 나타낼 수 있다.

위식에서, 코너 선회시 반지름이 200에서 100으로 작아지면, 코너링 포스는 2배가 필요하게 되고 속도가 50k[m/h]에서 100[km/h]로 2배 증가하면, 코너링 포스는 4배가 필요하게 된다.

3. 선회 가속도(횡가속도)

자동차가 선회반경 30[m]의 원을 45[km/h]로 주행시 선회 가속도 $a = \dfrac{v^2}{r} = \dfrac{\left(\dfrac{45}{3.6}\right)^2}{30}$
$= 5.2 [\text{m/s}^2]$ 이다.

중력 가속도 $9.8[\text{m/s}^2] = 1[G]$ 이므로, $\dfrac{5.2}{9.8} = 0.53[G]$에 해당한다.

선회 가속도는 일반도로 주행시 0.2~0.3[G] 정도이며, 그 이상이 되면 불쾌감 또는 공포심을 유발하게 된다.

4. 선회 특성

① 언더 스티어(under steer) : 자동차의 속도가 증가하면 선회반지름이나 핸들각이 커지는 현상

② 오버 스티어(over steer) : 자동차의 속도가 증가하면 선회반지름이나 핸들각이 감소하는 현상

③ 뉴트럴 스티어(neutral steer) : 자동차의 속도가 증가하여도 선회반지름이나 핸들각이 일정한 정상 원선회

④ 리버스 스티어(reverse steer) : 속도가 낮은 초기에는 조향각도가 증가하는 언더 스티어가, 속도가 증가함에 따라 오버 스티어가 되는 현상

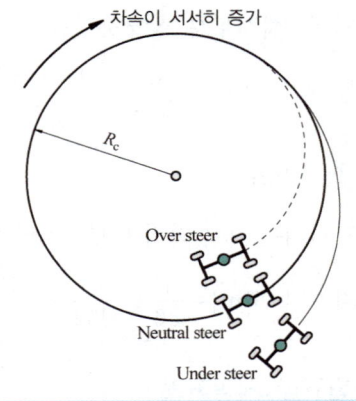

그림 2-147/ 코너링시 선회특성

3_ 제동성능

1. 제동거리 종류

1) 공주거리

거리는 속도×시간이므로, 공주거리 $= \dfrac{V}{3.6} \times$ 공주시간, 공주시간을 1/10초라 하면

$\therefore$ 공주거리 $S[\text{m}] = \dfrac{V}{36}$

V : 자동차 속도[km/h]
S : 공주거리[m]

공주시간을 분류하면 반응시간, 옮기는 시간, 밟는 시간으로 분류할 수 있으며 반응시간은 운전자의 특성에 따라, 옮기는 시간과 밟는 시간은 페달 높이와 페달 행정에 따라 변할 수 있다.

2) 제동거리

자동차가 V[km/h]의 속도로 주행할 대 F[kg]의 제동력을 발생시켜 S[m]의 거리에서 정지하였다면 그 때의 일 $W = F \cdot S$

또한 질량 m인 자동차가 v[m/s]의 속도로 운동하고 있을 때 운동 에너지 $E = \frac{1}{2} m \cdot v^2$ 이다.

자동차가 한 일과 운동 에너지는 같으므로 $F \cdot S = \frac{1}{2} m \cdot v^2 = \frac{1}{2} \cdot \frac{W}{g} \cdot v^2$

여기에, 회전부분 상당중량을 더하여 정리하면,

제동거리 $S[m] = \frac{V^2}{254} \times \frac{W + \Delta W}{F}$

3) 정지거리

정지거리는 공주거리 + 제동거리이므로,

정지거리 $S[m] = \frac{V}{36} + \frac{V^2}{254} \times \frac{W + \Delta W}{F}$ 가 된다.

4) 법규상 제동거리

법규상 제동거리는 제동초속도가 50km/h일 때 제동거리를 법규화 한 것으로, 그 식은 $S[m] = \frac{V^2}{100} \times 0.88$ 이다.

5) 마찰계수에 의한 제동거리

차량 중량이 W[kg], 타이어와 노면과의 마찰계수가 μ인 도로에서 제동하여 S[m]에서 정지하였다면,

$$\therefore \mu \cdot W \cdot S = \frac{1}{2} m \cdot v^2 = \frac{1}{2} \cdot \frac{W}{g} \cdot v^2 \text{ 이다.}$$

이를 정리하면, 마찰계수에 의한 제동거리 $S[m] = \frac{v^2}{2 \cdot \mu \cdot g}$ 이 된다.

제4장 주행 및 구동장치 출제예상문제

01 자동차가 300[m]를 통과하는데 20[s] 걸렸다면 이 자동차의 속도는? [09년 2회]

① 4.1[km/h] ② 15[km/h]
③ 54[km/h] ④ 108[km/h]

풀이 자동차 속도 $v = \dfrac{거리[m]}{시간[s]}$

∴ 시속 $V = \dfrac{300}{20} \times 3.6 = 54[km/h]$

02 80[km/h]로 주행하던 자동차가 브레이크를 작동하기 시작해서 10초 후에 정지 했다면 감속도는? [09년 1회]

① 3.6[m/s²] ② 4.8[m/s²]
③ 2.2[m/s²] ④ 6.4[m/s²]

풀이 가(감)속도 = $\dfrac{나중속도 - 처음속도}{걸린시간}$

∴ 감속도 = $\dfrac{0 - \dfrac{80}{3.6}}{10} = -2.22[m/s]$

(부호 "-"는 감속도를 의미)

03 종감속비를 결정하는 요소가 아닌 것은? [07년 2회]

① 엔진의 출력 ② 차량 중량
③ 가속 성능 ④ 제동 성능

풀이 종감속비는 엔진의 출력에 해당하는 성능으로, 제동성능과는 관련이 없다.

04 자동차의 변속기에 있어서 3속의 변속비 1.25 : 1 이고 종감속비가 4 : 1 인 자동차의 엔진 [rpm]이 2700일 때, 구동륜의 동하중 반경 30[cm]인 이 차의 차속은? [07년 2회]

① 53[km/h] ② 58[km/h]
③ 61[km/h] ④ 65[km/h]

풀이 시속 = $\dfrac{\pi DN}{R_t \times R_f} \times \dfrac{60}{1,000}$

D : 타이어 직경[m]
N : 엔진회전수[rpm]
R_t : 변속비
R_f : 종감속비

∴ 시속 = $\dfrac{3.14 \times 0.6 \times 2,700}{1.25 \times 4} \times \dfrac{60}{1,000}$
= 61[km/h]

05 바퀴의 지름이 70[cm], 엔진의 회전수 3,800[rpm], 총감속비가 5.2일 때 자동차의 주행속도는? [08년 1회]

① 약 76[km/h] ② 약 86[km/h]
③ 약 96[km/h] ④ 약 106[km/h]

풀이 차속 $V = \dfrac{\pi \cdot D \cdot n}{r_t \times r_f} \times \dfrac{60}{1,000}[m/h]$

∴ $V = \dfrac{3.14 \times 0.7 \times 3,800}{5.2} \times \dfrac{60}{1,000}$
= 96.37[km/h]

ANSWER 01 ③ 02 ③ 03 ④ 04 ③ 05 ③

06 자동차 변속기에서 3속의 변속비가 1.25 : 1이고, 종감속비가 4 : 1, 엔진 [rpm]이 2,700일 때 구동륜의 동하중 반경 30[cm]인 이 차의 차속은? [09년 1회]

① 53[km/h] ② 58[km/h]
③ 61[km/h] ④ 65[km/h]

풀이 차속 $V = \frac{\pi \cdot D \cdot n}{r_t \times r_f} \times \frac{60}{1,000}$ [km/h]

$\therefore V = \frac{3.14 \times 0.6 \times 2,700}{1.25 \times 4} \times \frac{60}{1,000} = 61$ [km/h]

07 120[km/h]의 속도로 주행 중인 자동차에서 총 감속비는 4.83, 구동륜 회전속도는 1,031[rpm], 타이어의 동하중 원주는 1,940[mm]일 때 엔진의 회전속도는? (단, 슬립은 없는 것으로 본다.) [09년 1회]

① 약 1,237[rpm] ② 약 1,959[rpm]
③ 약 4,980[rpm] ④ 약 2,620[rpm]

풀이 액슬축 회전수 = $\frac{엔진 회전수}{총 감속비}$

∴ 엔진 회전수 = 액슬축 회전수 × 총 감속비
= 1,031 × 4.83
= 4,979.7[rpm]

08 엔진 회전속도 3,600[rpm], 변속(감속)비 2 : 1, 타이어 유효반경이 40[cm]인 자동차의 시속이 90[km/h] 이다. 이 자동차의 종감속비는? [08년 4회]

① 1.5 : 1 ② 2 : 1
③ 3 : 1   ④ 4 : 1

풀이 차속 $V = \frac{\pi \cdot D \cdot n}{r_t \times r_f} \times \frac{60}{1,000}$ [km/h]

∴ 종감속비
$r_f = \frac{\pi \cdot D \cdot n}{r_t \times V} \times \frac{60}{1,000}$
$= \frac{3.14 \times 0.8 \times 3,600}{2 \times 90} \times \frac{60}{1,000} = 3$

09 자동차 중량 3,260[kgf]의 자동차가 10°의 경사진 도로를 주행할 때의 전체 주행저항은 약 얼마인가? (단, 구름저항 계수는 0.023 이다.) [08년 1회]

① 586[kgf] ② 641[kgf]
③ 712[kgf] ④ 826[kgf]

풀이 자동차의 전주행저항
$R = \mu_r \cdot W + \mu_a \cdot A \cdot v^2 + W \cdot \sin\theta + \frac{W + \Delta W}{g} \cdot \alpha$

구름저항과 등판저항만 있으므로
$\therefore R = \mu_r \cdot W + W \cdot \sin\theta$
$= 0.023 \times 3,260 + 3,260 \times \sin 10° = 641$ [kgf]

10 도로 구배 30[%] 인 경사로를 중량 1,000[kgf] 인 자동차가 시속 72km/h의 속도로 내려오고 있다. 이 자동차의 공기저항은 얼마인가? (단, 이 자동차의 전면 투영면적은 1.8[m²], 공기저항계수 0.025[kgf·s/m⁴]이다.) [08년 1회]

① 0.9[kgf] ② 90[kgf]
③ 18[kgf]   ④ 180[kgf]

풀이 공기저항 $R_a = \mu_a \cdot A \cdot v^2$

$\therefore R_a = 0.025 \times 1.8 \times \left(\frac{72}{3.6}\right)^2 = 18$ [kgf]

11 브레이크 드럼의 직경이 30[cm], 드럼에 작용하는 힘이 200[kgf] 일 때 토크(torque)는? (단, 마찰계수는 0.2 이다.) [08년 2회]

① 2[kgf·m] ② 4[kgf·m]
③ 6[kgf·m] ④ 8[kgf·m]

풀이 브레이크 토크 T = $\mu \cdot F \cdot r$
∴ T = 0.2 × 200 × 0.15 = 6[m-kgf]

06 ③ 07 ③ 08 ③ 09 ② 10 ③ 11 ③

12 어떤 기관의 축 출력은 5,000[min⁻¹]에서 75[kW]이고, 구동륜에서 측정한 출력이 64[kW]이면 동력전달장치의 총 효율은?

[07년 4회]

① 약 0.853[%]　② 약 85.3[%]
③ 약 15[%]　　　④ 약 58.9[%]

 효율 = $\dfrac{구동륜\ 출력}{축\ 출력} \times 100[\%]$

∴ $\dfrac{64}{75} \times 100 = 85.3[\%]$

13 유압식 브레이크에서 15[kgf]의 힘을 마스터 실린더의 피스톤에 작용 했을 때 휠 실린더의 피스톤에 가해지는 힘은? (단, 마스터 실린더의 피스톤 단면적은 10[cm²], 휠 실린더의 피스톤 단면적은 20[cm²]이다.)

[09년 2회]

① 7.5[kgf]　② 20[kgf]
③ 25[kgf]　 ④ 30[kgf]

 압력 = $\dfrac{하중}{단면적}$

∴ 마스터 실린더 압력 = $\dfrac{15}{10} = 1.5[kg_f/cm^2]$

∴ 휠 실린더에 작용하는 힘 = $1.5 \times 20 = 30[kg_f]$

14 주행속도가 120[km/h]인 자동차에 브레이크를 작용시켰을 때 제동거리는? (단, 바퀴와 도로면의 마찰계수는 0.25이다.)

[09년 2회]

① 22.67[m]　② 226.7[m]
③ 33.67[m]　④ 336.7[m]

 제동거리 $S = \dfrac{v^2}{2 \cdot \mu \cdot g}$

∴ $S = \dfrac{\left(\dfrac{120}{3.6}\right)^2}{2 \times 0.25 \times 9.8} = 226.7[m]$

15 총중량 1톤인 자동차가 72[km/h]로 주행 중 급제동 하였을 때 운동에너지가 모두 브레이크 드럼에 흡수되어 열로 되었다면, 그 열량은? (단, 노면의 마찰계수는 1 이다.)

[09년 1회]

① 47.79[kcal]　② 52.30[kcal]
③ 54.68[kcal]　④ 60.25[kcal]

 운동에너지 $E = \dfrac{1}{2}mv^2$

∴ $E = \dfrac{1}{2} \times \dfrac{1,000}{9.8} \times \left(\dfrac{72}{3.6}\right)^2 = 20,408[kg_f - m]$

1[kcal] = 427[kgf-m] 이므로,

$\dfrac{20,408}{427} = 47.79[kcal]$

16 내부에는 고탄소강의 강선(피아노선)을 묶음으로 넣고 고무로 피복한 링 상태의 보강 부위로 타이어를 림에 견고하게 고정시키는 역할을 하는 부분은?

[08년 1회]

① 카커스(carcass)부
② 트레드(tread)부
③ 숄더(should)부
④ 비드(bead)부

타이어의 구조
① 트레드(tread) : 노면과 직접 접촉하는 부분으로 제동력, 구동력, 옆방향 미끄럼 방지, 승차감 향상 등의 역할을 한다.
② 브레이커(breaker) : 트레드와 카커스 사이에 있으며, 분리를 방지하고 노면에서의 완충작용을 한다.
③ 카커스(carcass) : 타이어의 골격을 이루는 부분으로 여러겹의 코드층으로 되어 공기압력을 견디고 완충작용을 한다.
④ 비드(bead) : 타이어가 림에 접촉하는 부분으로 타이어가 늘어나고 빠지는 것을 방지하기 위해 몇 줄의 피아노 선이 들어있다.

 12 ②　13 ④　14 ②　15 ①　16 ④

17 노면과 직접 접촉은 하지 않으며, 주행 중 가장 많은 완충작용을 하는 부분으로서 타이어 규격과 기타 정보가 표시된 부분은?
[07년 1회]

① 카커스(carcass)부
② 트레드(tread)부
③ 사이드월(side wall)부
④ 비드(bead)부

풀이 사이드 월 부에는 타이어 규격과 기타 정보가 표시되어 있다.

18 형식이 185/65 R14 85H 인 타이어를 사용하는 승용 자동차가 있다. 이 타이어의 높이와 내경은 각각 얼마인가?
[07년 4회]

① 65[mm], 14[cm]
② 185[mm], 14[´]
③ 85[mm], 65[mm]
④ 120[mm], 14[´]

풀이 편평비 = $\dfrac{높이}{폭(너비)}$,
∴ 높이 = 폭 × 편평비 = 185 × 0.65 = 120[mm]
R14 이므로 내경은 14[´]

19 타이어 트래드 한 쪽면만 편마멸되는 원인에 해당되지 않는 것은?
[09년 2회]

① 각 바퀴에 균일한 타이어 최고압력을 주입했을 때
② 휠이 런 아웃 되었을 때
③ 허브의 너클이 런 아웃 되었을 때
④ 베어링이 마멸되었거나 킹핀의 유격이 큰 경우

풀이 타이어 압력이 높으면 가운데가 볼록하게 되어, 타이어 중앙부분이 많이 닳는다.

20 타이어 트레드 패턴(Tread Pattern)의 필요성이 아닌 것은?
[09년 2회]

① 타이어의 열을 흡수
② 트레드에 생긴 절상 등의 확대를 방지
③ 구동력이나 견인력의 향상
④ 타이어의 옆 방향에 대한 저항이 크고 조향성 향상

풀이 타이어 트레드 패턴의 필요성
① 타이어 내부에서 발생한 열을 방산한다.
② 사이드슬립(side slip)이나 전진방향의 미끄럼을 방지한다.
③ 트레드에 발생한 파손이나 손상 등의 확산을 방지한다.
④ 구동력이나 선회성능을 향상시킨다.

21 자동차의 바퀴가 정적 불평형일 때 일어나는 현상은?
[07년 4회]

① tramping(트램핑)
② shimmy(시미)
③ hopping(호핑)
④ standing wave(스탠딩 웨이브)

풀이 정적 불평형일 때 트램핑, 동적 불평형일 때 시미

22 고속 주행시 타이어 공기압을 표준 공기압 보다 다소 높여 주는 이유는?
[07년 4회]

① 승차감을 좋게 하기 위해서
② 타이어 마모를 방지하기 위해서
③ 제동력을 좋게 하기 위해서
④ 스탠딩 웨이브 현상을 방지하기 위해서

풀이 스탠딩 웨이브(standing wave) 현상 : 고속 주행시 타이어가 노면과의 충격에 의해 뒷면이 찌그러져 마치 물결모양으로 정지한 것처럼 보이는 현상으로, 표준공기압보다 10 ~ 15[%] 높여서 이를 방지한다.

23 수막현상에 대하여 잘못 설명한 것은?
[07년 1회]

① 빗길을 고속 주행할 때 발생한다.
② 타이어 폭이 좁을수록 잘 발생한다.
③ ABS를 장착하면 수막현상에도 위험을 줄일 수 있다.
④ 타이어 홈의 깊이가 적을수록 잘 발생한다.

풀이 수막현상(hydro planning) : 타이어에 물이 배출되지 못하여 생기는 현상으로, 타이어 폭이 넓을수록 잘 발생한다.

24 트랙션 컨트롤 장치(Traction Control System)의 제어 방법이 아닌 것은?
[08년 4회]

① 엔진토크 제어   ② 공회전수 제어
③ 제동 제어   ④ 트레이스 제어

풀이 TCS 제어의 종류
① 엔진토크 제어 : 연료 분사량 저감 또는 cut, 점화시기 지연, 스로틀 밸브의 개폐에 의해 엔진토크를 조정
② 브레이크 제어 : 구동 타이어를 직접 제어하므로 split 노면에서 가속성이 좋고 한쪽 타이어가 빠졌을 경우 탈출이 용이하다.
③ 구동계 제어 : 클러치 제어, 2WD-4WD 제어, 차동장치 제어
④ 미끄럼 제어(slip control) : 뒷바퀴와 구동바퀴와의 비교에 의해 미끄럼 비율이 적절하도록 제어
⑤ 추적 제어(trace control) : 급회전시 횡가속도의 증가로gudw행 성능이 떨어지므로 구동력을 제어하여 안정된 선회가 가능하도록 한다.

25 TCS(Traction Control System)의 특징과 가장 거리가 먼 것은?
[08년 2회]

① 슬립(slip) 제어
② 라인압 제어
③ 트레이스(trace) 제어
④ 선회 안정성 향상

풀이 TCS란 슬립 제어와 트레이스 제어를 통하여 선회 안정성을 향상시킨다.
 * 라인압 제어는 자동변속기의 유압제어이다.

23 ②   24 ②   25 ②

PART 3

자동차전기

제1장 전기전자
제2장 시동, 점화 및 충전장치
제3장 계기, 등화 및 편의장치
제4장 냉·난방장치

01 전기전자

제1절 기초전기

1_ 전기의 개요

1. 개요

물질이 성질을 갖고 있는 가장 기본 단위는 분자이며, 분자를 더 쪼개보면 원자, 원자는 핵과 전자로 구성되어 있다. 여기서 전자는 전기의 본질이며 그 중에서도 가장 바깥에 위치한 전자를 자유전자라 한다. 이 자유전자가 이동하여 전기가 흐르는 현상이 발생된다. 고대부터 전류는 (+)에서 (-)로 흐른다고 알려져 왔는데, 실제는 자유전자인 (-)가 (+)쪽으로 이동하여 발생하는 현상이 전류의 흐름이다. 그리하여 전류가 흐른다는 것은 실제로는 (-)인 전자가 (+)쪽으로 이동하여 나타나는 현상이지만 현재에도 전기(전류)는 (+)에서 (-)로 흐른다고 말한다.

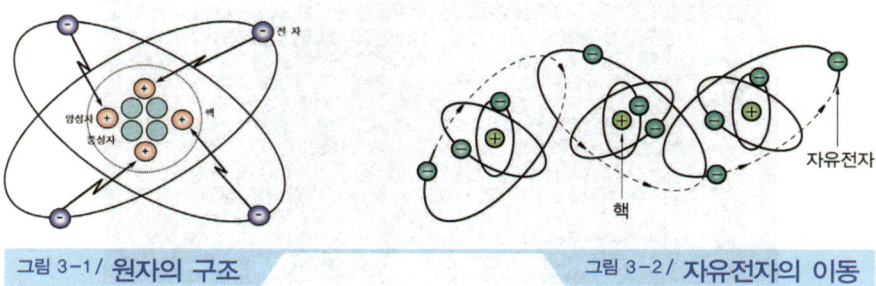

그림 3-1/ 원자의 구조   그림 3-2/ 자유전자의 이동

1) 축전기(condenser, 콘덴서)

축전기란 전기 입자를 모으는 장치로, 절연체를 사이에 두고 두 장의 금속판 A, B를 가까운 거리에서 마주보게 한 다음, 전압을 가하면 두 장의 금속판으로 (+), (-) 전하가 이동하여 전기를 저장할 수 있다. 이 때 금속판에 저장할 수 있는 전기의 양은 가해지는 전압, 금속판의 면적, 절연체의 절연도에 비례하고, 금속판 사이의 거리에 반비례한다.

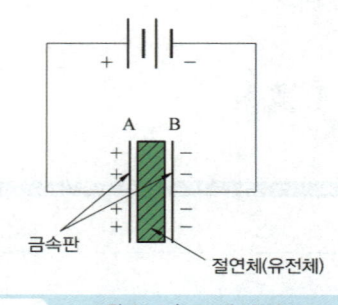

그림 3-3 / 콘덴서의 구조

① 축전기의 연결법

㉠ 직렬접속 $C = \dfrac{1}{\dfrac{1}{C_1} + \dfrac{1}{C_2} + \cdots + \dfrac{1}{C_n}}$

㉡ 병렬접속 $C = C_1 + C_2 + \cdots + C_n$

② 축전기의 정전용량

$Q = C \cdot E$

Q : 전하량[C, coulomb]
C : 정전용량[F, farad]
E : 전압[V, volt]

③ 축전기의 시정수(時定數, time constant, τ) : 콘덴서의 시정수란 콘덴서의 충·방전 소요시간을 나타내기 위한 것으로, 인가전압의 약 63.2[%] 충전될 때까지의 시간 또는 완전 충전된 콘덴서가 인가전압의 36.8[%] 까지 방전되는 시간으로 정의한다.

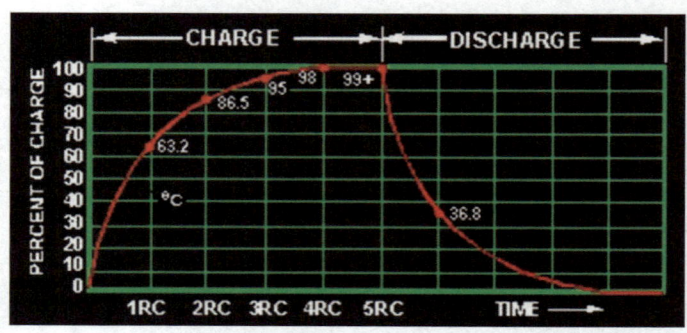

그림 3-4 / 콘덴서의 충·방전 곡선(RC 직렬회로)

시정수 1τ가 경과하면 콘덴서는 인가전압의 63.2[%]까지 충전되고, 2τ가 경과하면 남은 전압의 63.2[%]가 충전된다. 따라서, 어떤 콘덴서가 완전 충전하는데 걸리는 시간은 이론상 무한대이다. 하지만 충전 개시 후 5τ가 경과하면 인가전압의 99.3[%]까지 충전 되므로 완전 충전된 것으로 간주한다. 방전의 경우도 같다.

2. 전류, 전압, 저항

1) 전류

① **전기의 흐름** : 자유전자의 흐름을 전류가 흐른다고 하며, 전자는 (-)에서 (+)로 전류는 (+)에서 (-)로 흐른다. 도체내의 임의의 한 점을 매초 1 쿨롱의 전하가 이동하는 것을 1 암페어(A)라 하며 기호는 I로 표시한다.

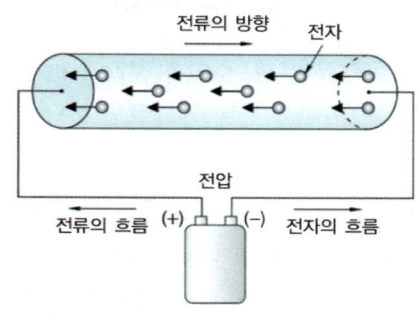

그림 3-5 / **전류와 전자의 흐름**

② **전류의 작용**
  ㉠ 발열작용 : 도체 내에는 전기의 흐름을 방해하는 저항이 있어 전류가 흐르면 열이 발생한다. 따라서, 열의 발생은 전류가 많이 흐르거나 저항이 크면 커진다. 자동차에 발열작용을 이용한 것으로는 시거 라이터, 뒷유리 열선 등이 있다.
  ㉡ 화학작용 : 전류가 흐르는 현상에 의해 전기분해나 화학반응이 일어나는 작용이다. 화학작용의 대표적인 부품이 축전지이다.
  ㉢ 자기작용 : 도체에 전류가 흐르면 오른나사의 법칙에 의해 도체 주위에 자기 현상이 발생되고, 이 전기 에너지를 기계적인 힘으로 바꾸어 응용한 것이 자동차의 기동 전동기, 발전기, 릴레이(솔레노이드) 등이다.

2) 전압

전압이란 전기적인 압력에 의해 전류가 흐르는 것으로 전위차(potential difference)라고도 한다.

전압은 물의 흐름과 비유하면 쉽게 이해할 수 있다. 물의 높이 차에 해당하는 것을 수위차(수압)라 하듯이 전지의 (+)와 (-)의 높이 차이를 전위차(전압)라 한다. 물이 흐르면 수위차가 낮아지므로 펌프를 이용하여 수위를 일정하게 하듯이 전압도 흐르면 전위차가 낮아지므로 전압을 일정하게 하기 위해 전압을 만들어 내는 것을 기전력이라 한다. 전압의 단위는 볼트(V), 기호는 E로 표시한다.

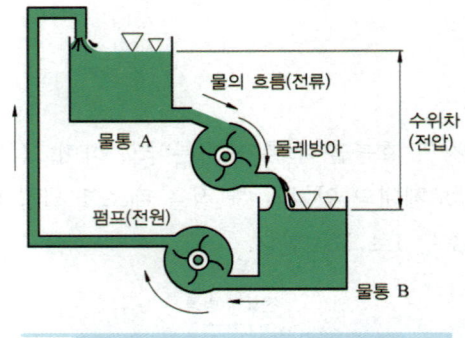

그림 3-6 / **수압과 전압의 비교**

3) 저항

저항이란 물질에 전류가 흐르기 쉬운가, 어려운가를 나타낸 것으로 전선의 재질, 전선의 굵기, 전선의 길이에 따라 달라진다. 저항이 너무 크면 흐르는 전류가 작아 회로에서 일을 할 수 없고 너무 작으면 흐르는 전류가 너무 많아(과전류) 열이 발생하여 화재의 원인이 되기도 한다. 따라서 저항은 회로에서 전류가 할 수 있는 일을 적절하게 제어하는 기능을 하는 것이다. 저항의 단위로는 오옴(Ω), 기호는 R로 표시한다.

① **도체의 고유저항(비저항)** : 물체 자체가 지니고 있는 고유한 전기저항으로, 물질의 저항은 재질, 단면적, 온도에 따라서 변화하므로 길이 1[m], 단면적 1[m²] 인 도체의 두 면간의 저항값을 비교하여 도체가 가지는 저항값을 고유저항 또는 저항률 ρ(rho)라고 한다. 물체의 저항값은 길이 ℓ[m]에 비례하고, 단면적 A[m²]에 반비례한다.

$$R = \rho \times \frac{\ell}{A}$$

도체의 고유 저항값은 다음과 같다.

도체명칭	고유저항 ($\mu\Omega$ cm/20[℃])	도체명칭	고유저항 ($\mu\Omega$ cm/20[℃])
은	1.62	황	5.7
구리	1.69	니켈	6.9
금	2.40	철	10.0
알루미늄	2.62		

② **온도와 저항** : 일반적으로 도체는 온도가 상승하면 저항이 증가한다. 온도가 1[℃] 상승하였을 때 저항값이 어느 정도 크게 되었는가의 비율을 저항의 온도계수라 한다.
이를 식으로 표현하면, $\Delta R = R_2 - R_1 = R_1 \cdot \alpha \cdot (t_2 - t_1)$ 이다.
그러므로, $R_2 = R_1 + R_1 \cdot \alpha \cdot (t_2 - t_1) = R_1 \times [1 + \alpha \cdot (t_2 - t_1)]$ 이다.

R_2 : t_2[℃] 일 때의 저항값
R_1 : t_1[℃] 일 때의 저항값
α : t_1[℃]의 온도계수

예를 들어, 저항의 온도계수가 0.004일 때 1[Ω]에서 1[℃] 상승하면 $R_2 = R_1 \times [1 + \alpha \cdot (t_2 - t_1)] = 1.004$[Ω]이 되고, 20[℃] 상승하면 $R_2 = R_1 \times [1 + \alpha \cdot (t_2 - t_1)] = 1 \times [1+0.004 \times 20] = 1.08$[Ω]이 된다.

③ **저항의 연결법**

  ㉠ 직렬연결 : 몇 개의 저항을 직렬로 연결한 방식으로, 각각의 저항을 더하므로 합성저항은 가장 큰 저항보다도 더 크다. 또한 저항이 직렬로 있으므로 각 저항에는 같은 전류가 흐른다.

  합성저항 $R = R_1 + R_2 + \cdots + R_n$

  ㉡ 병렬연결 : 각 저항을 병렬로 연결한 것으로, 병렬접속의 합성저항은 병렬회로에서 가장 작은 저항보다도 작게 된다. 하지만 각 저항에는 같은 전압이 걸린다. 자동차의 부품에는 대부분 병렬로 연결되어 같은 12[V](승용차 기준)가 걸리게 된다.

  합성저항 $R = \dfrac{1}{\dfrac{1}{R_1} + \dfrac{1}{R_2} + \cdots + \dfrac{1}{R_n}}$

  ㉢ 직·병렬연결 : 직렬접속과 병렬접속이 한 회로에 있는 것으로, 합성저항은 병렬접속의 합성저항을 구한 후 직렬회로의 저항과 더하면 된다.

④ **전압강하** : 전기회로에서 쓰고 있는 전선의 저항이나 회로 접속부의 접속저항 등에 소비되는 전압으로, 접촉이 불량하면 접촉저항이 크게 되어 전압강하는 크게 된다. 접촉저항을 감소시키기 위한 방법은 다음과 같다.

  ㉠ 접촉 면적을 넓게 한다.   ㉡ 접촉 압력을 세게 한다.
  ㉢ 길이를 짧게 한다.   ㉣ 굵기를 굵게 한다.
  ㉤ 공기의 침입을 막는다.

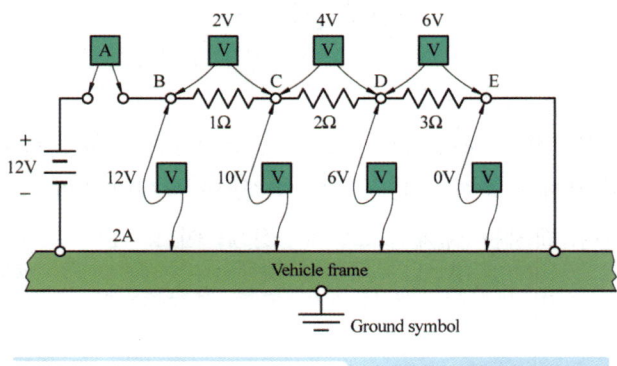

그림 3-7 / **전압강하**

⑤ 저항 색띠 읽기

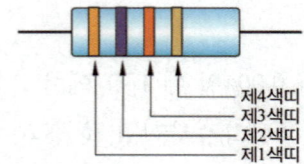

저항에는 4~5개의 색띠를 둘러서 저항값을 표시하며, 색의 앞뒤 구분은 색띠가 쏠려 있는 쪽이 앞이고, 구분하기 어려우면 금색이나 은색이 뒤쪽이다. 저항 읽는 법은 다음과 같다.

색깔	제1색띠 첫째자리	제2색띠 둘째자리	제3색띠 10의 제곱	제4색띠 오차([%])
검정	0	0	10^0	
갈색	1	1	10^1	
빨강	2	2	10^2	
주황	3	3	10^3	
노랑	4	4	10^4	
녹색	5	5	10^5	
파랑	6	6	10^6	
보라	7	7	10^7	
회색	8	8	10^8	
흰색	9	9	10^9	
금색				±5
은색				±10

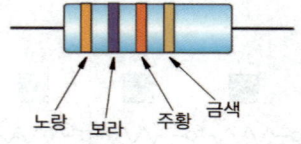

예를 들어, 앞쪽에서부터 노랑, 보라, 주황, 금색이라면 첫째 노랑이 4, 둘째 보라가 7이므로 47, 다음 셋째는 주황색이므로 10^3 이다. 앞 두색의 수에 셋째를 곱하면, 47×10^3 = 47[kΩ]이 된다. 오차는 금색이므로 약 ±5[%] 이다.

3. 오옴의 법칙

1) 오옴의 법칙(ohm's law)

전기 회로에 흐르는 전류 I[A]는 전압 E[V]에 비례하고 저항 R[Ω]에 반비례 한다. 이것을 오옴의 법칙이라 한다.

즉, $I = \dfrac{E}{R}$[A], $R = \dfrac{E}{I}$[Ω], $E = I \cdot R$[V]

2) 키르히호프의 법칙

① 키르히호프의 제1법칙 : 임의의 회로에서 "어떤 한 점에 유입한 전류의 총합과 유출한 전류의 총합은 같다"는 전류에 대한 법칙이다.

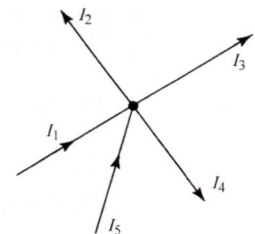

그림 3-8 / 키르히호프의 제1법칙

② 키르히호프의 제2법칙 : 임의의 폐회로에 있어서 "발생한 기전력의 총합과 각 저항에서의 전압강하의 총합과 같다"는 전압에 대한 법칙이다.

2_ 전력과 전기기호

1. 전력과 전력량

1) 전력(electric power)

전구, 전열기, 전동기 등에 전압을 가하여 전류를 흐르게 하면 전류는 빛, 열, 기계적 일 등 여러 가지 에너지로 변환된다. 이와 같이 전력이란 단위 시간당 전기가 하는 일의 크기로, 전력 = 전압×전류로 나타내며, 단위는 와트(W), 기호는 P로 표시한다.

즉, 전력 $P = E \times I = I^2 \times R = \dfrac{E^2}{R}$ 로 나타낼 수 있다.

2) 전력량(electric energy)

전력량이란 전력이 어떤 시간 동안에 한 일의 총량으로, 전력량=전력×시간으로 표시한다. 전력량의 단위는 W·t(=Joule) 또는 kW·h, 기호는 W로 표시한다. 전력 $P = E \times I$ 이므로, 전력량 $W = P \cdot t = E \cdot I \cdot t = I^2 \cdot R \cdot t = \dfrac{E^2}{R} \cdot t$ 로 나타낼 수 있다.

3) 주울의 법칙(joule's law)

도체에 전류가 흘러 모두 열로 바뀌었을 때, 발생하는 열량은 전류의 제곱과 저항의 곱에 비례한다는 법칙이다. 이 때의 열을 주울 열이라 하며 $H = 0.24 I^2 \cdot R \cdot t$[cal]로 표시한다.

2. 전기기호

기호	명칭	기호 관계 설명
—⊢⊢—	배터리 (battery)	전원·배터리를 의미하며 긴쪽이 ⊕, 짧은쪽이 ⊖ 이다.
—⊢⊢—	콘덴서 (condenser)	전기를 일시적으로 저장하였다가 방출한다.(교류에는 전도성이 있으며 직류는 전류를 전달하지 못한다.)
—∿∿∿—	저항 (resistor)	고유저항, 니크롬선 등
—∿∿∿—	가변 저항 (variable resistor)	저항값이 변하는 저항(인위적 또는 여건에 따라)
—⊗—	전구 (bulb)	램프를 의미 • 헤드라이트 : 55~60[W] • 램프 전구 : 5~10[W]
—⊗—	더블 전구 (double bulb)	이중 필라멘트를 가진 램프 테일라이트, 헤드라이트 등
—〰〰—	코일 (coil)	전류를 통하면 전자석이 된다.(자장의 발생)
—▯—	더블 마그네틱 (double magnetic)	두 개의 코일이 감긴 전자석 또는 마그넷, 스타팅 모터의 마그넷 스위치
—〰〰〰—	변압기 (transtormer)	변압기로서 이그니션 코일 같은 경우
—/—	스위치 (S.W.)	일반적인 스위치를 표시한다.
▭	릴레이 (relay)	S_1과 S_2에 전류를 통하면 코일이 전자석이 되어 스위치 (S.W)를 붙여 준다.

기호	명칭	기호 관계 설명
	스위치 (S.W.)	2 단계 스위치로서 평상시 붙어 있는 접점은 흑색으로 표시한다.
	지연 릴레이 (delay relay)	지연 릴레이로서 일종의 timer 역할을 의미한다. 그림은 off 지연 릴레이이다.
	스위치 (N.O.)normal open	평상시 접촉이 이루어지지 않다가 누를 때만 접속된다. 혼 스위치, 각종 스위치 등
	스위치 (normal close)	평상시에는 접촉이 이루어지나 누를 때만 접촉 안 된다. 주차 브레이크 스위치, 림 스위치, 브레이크 스위치 등에 쓰인다.
	서미스터 (thermistor)	외부 온도에 따라 저항값이 변한다. 온도가 올라가면 저항값이 낮아지는 부특성과 그 반대로 저항값이 올라가는 정특성 서미스터가 있다.
	다이오드 (diode)	한 방향으로만 전류를 통할 수 있다.(화살표 방향) 화살표 반대 방향으로는 흐르지 못한다.
	제너 다이오드 (zener diode)	제너 다이오드는 역방향으로 한계 이상의 전압이 걸리면 순간적으로 도통 한계 전압을 유지한다.
	포토 다이오드 (photo diode)	빛을 받으면 전기를 흐를 수 있게 한다. 일반적으로 스위칭 회로에 쓰인다.
	발광 다이오드 (LED)	전류가 흐르면 빛을 발하는 파일럿 램프(pilot lamp) 등에 쓰인다.
	트랜지스터 (TR)	그림의 왼쪽은 PNP 형, 오른쪽은 NPN 형으로서 스위칭, 증폭, 발진작용을 한다.(자동차에서는 NPN 형이 쓰인다.)
	포토 트랜지스터 (photo-transistor)	외부로부터 빛을 받으면 전류를 흐를 수 있게 하는 감광소자이다. CDS 라고도 한다.
	사이리스터 (SCR)thyristor	다이오드와 비슷하나 캐소드에 전류를 통하면 그때서야 도통되는 릴레이와 같은 역할을 한다.
	압전소자 (piezo-electric element)	힘을 받으면 전기가 발생하며 응력 게이지 등에 주로 사용한다. 전자 라이터나 수정 진동자를 의미하기도 한다.
	논리 합 (logic OR)	논리회로로서 입력부 A, B 중에 어느 하나라도 1이면 출력 C도 1이다. ※ 1이란 전원이 인가된 상태, 0은 전원이 인가되지 않은 상태
	논리적 (logic AND)	입력 A, B가 동시에 1이 되어야 출력 C도 1이며 하나라도 0이면 출력 C는 0이 된다.
	논리 부정 (logic AND)	A가 1이면 출력 C는 0이고 입력 A가 0일 때 출력 C는 1이 되는 회로

기호	명칭	기호 관계 설명
	논리 비교기 (logic compare)	B에 기준전압 1을 가해주고 입력단자 A로부터 B보다 큰 1을 주면 동력입력 D에서 C로 1 신호가 나가고 B 전압보다 작은 입력이 오면 0 신호가 나간다.(비교회로)
	논리합 부정 (logic NOR)	OR 회로의 반대 출력이 나온다. 즉, 둘 중 하나가 1이면 출력 C는 0이 되고 둘 다 0이면 출력 C는 1이 된다.
	논리적 부정 (logic NAND)	AND 회로의 반대 출력이 나온다. A, B 모두 1이면 출력 C는 0이며 모두 0이거나 하나만 0이어도 출력 C는 1이 된다.
	사이리스터	PNPN 또는 PNPN의 4층 구조로 제어 정류기로써 애노드(A) 캐소드(K), 게이트(G)의 3단자로 구성되어있으며 순방향 전압은 애노드에 +를 게이트에 +를 캐소드에 -를 접속하면 전류는 애노드에서 캐소드로 흐른다.
	고밀도 반도체 소자 (integrated circuit)	IC를 의미하며 $A \cdot B$는 입력을, $C \cdot D$는 출력을 나타낸다.
	모터 (motor)	모터(내장식과 외장식)
	비접속 (disconnection)	배선이 접속되지 않은 상태
	접속 (connection)	배선이 서로 접속되어 있는 상태
	어스 (earth)	어스 ⊖ 쪽에 접지시킨 것을 의미한다.
	소켓 (soket)	소켓 암컷을 의미, 모든 회로도에서는 주로 암컷 소켓의 배선 색깔을 표시

제2절 기초전자

1_ 반도체(semiconductors)

1. 반도체의 개요

반도체란 실리콘(Si), 게르마늄(Ge), 셀렌(Se)과 같이 도체와 부도체의 중간 성질을 갖는 소자를 말한다.

1) 반도체의 종류

반도체 소자인 실리콘이나 게르마늄 등 4가로만 이루어진 반도체를 진성 반도체라 하고, 이는 반도체 특성을 띠지 않으므로 반도체로 사용하지 않는다. 실리콘이나 게르마늄 등 4가의 원소에 인(P), 비소(As), 안티몬(Sb) 등 5가의 원소가 첨가되어 있는 것을 N형 반도체, 4가의 원소에 붕소(b), 알루미늄(Al), 인듐(In) 등 3가의 불순물이 첨가되어 있는 것을 P형 반도체라 한다.

① N(Negative)형 반도체 : 게르마늄(Ge)에 소량의 불순물을 혼합하여 1개의 전자가 남게 하여 전류를 이동시킬 수 있게 하는 반도체로서 ⊖ 전자가 이동하므로 N형 반도체라 한다. 이 경우 과잉전자가 전류를 흐르게 하였으므로 전류의 캐리어(carrier, 운반자)가 과잉전자라 하고, 전자를 주는 것을 도너(donor)라 한다.

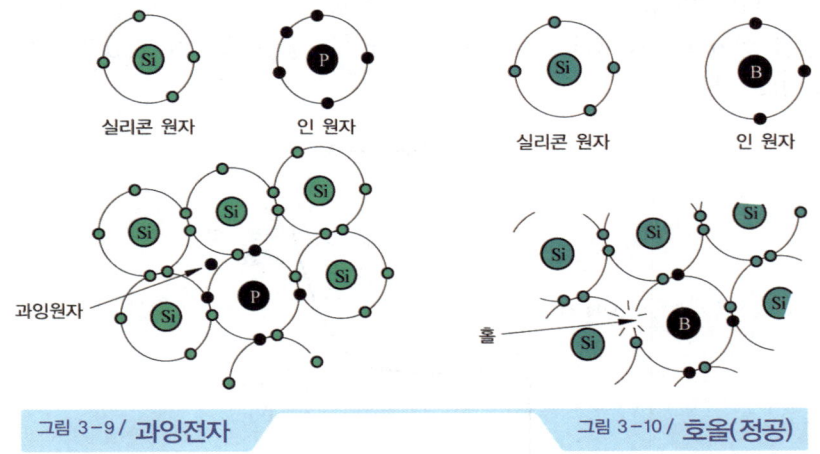

그림 3-9 / 과잉전자   그림 3-10 / 호올(정공)

② P(Positive)형 반도체 : 게르마늄(Ge)이나 실리콘(Si)과 같은 4가의 소자에 소량의 불순물을 혼합하면 게르마늄과 혼합시 1개의 전자가 부족하여 정공이 생성되게 하여 정공을 이용해서 전류가 흐르게 한 반도체이다. 이 경우 호올(정공)이 전류를 흐르게 하였으므로 전류의 캐리어(carrier, 운반자)를 호올(hole)이라 하고, 전자를 받는 것을 억셉터(acceptor)라 한다.

2) 실리콘 다이오드(silicon diode)

P형 반도체와 N형 반도체를 마주 대고 접합한 겹쳐 놓은 다이오드로써 순방향으로는 전류가 흐르고 역방향으로는 전류가 흐르지 않는다.

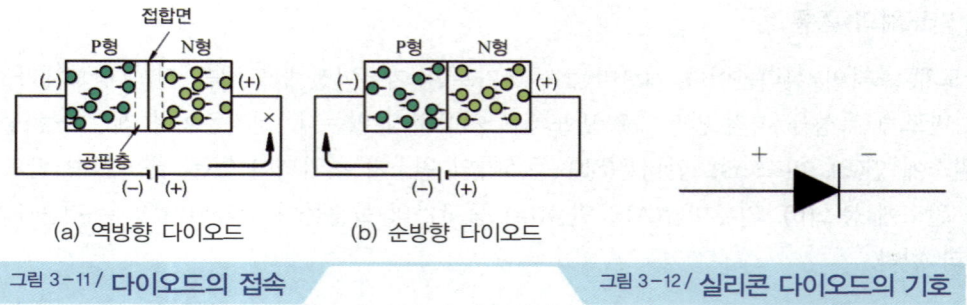

그림 3-11 / **다이오드의 접속**   그림 3-12 / **실리콘 다이오드의 기호**

① 다이오드의 종류
  ㉠ 제너 다이오드(zener diode) : 다이오드는 순방향으로는 전류가 흐르고 역방향으로는 전류가 흐르지 않으나 제너 다이오드는 역방향 전압을 증가시켜 일정한 값에 이르게 되면 역방향으로도 전류가 흐를 수 있는 다이오드이다. 이 때의 전압을 제너 전압(브레이크 다운 전압)이라 하며, 자동차용 교류 발전기의 전압 조정기에 사용하고 있다.

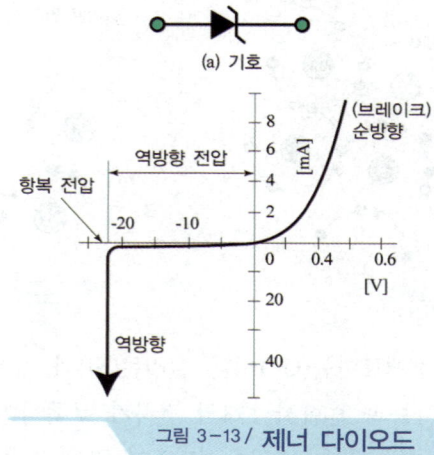

그림 3-13 / **제너 다이오드**

  ㉡ 발광 다이오드(LED) : 순방향으로 전류를 흐르게 하였을 때 빛이 발생되는 다이오드로서 가시광선으로부터 적외선까지 여러 가지 빛을 발생한다. 즉, PN형 접합면에 순방향 전압을 가하여 전류를 흐르게 하면 캐리어가 가지고 있는 에너지 일부가 빛으로 되어 외부로 방사한다.
  전자장치의 파일럿 램프, 크랭크각 센서 및 각종 센서 등에서 사용한다.
  ㉢ 포토 다이오드(photo diode) : 입사광선이 접합부에 쪼이면 빛에 의해 전자가 궤도를 이탈하여 자유전자가 되어 역방향으로도 전류가 흐르게 되며, 입사광선이 강할수록 자유 전자수도 증가되어 더욱 많은 전류가 흐르게 된다. 이러한 원리를 이용하여 배전기 내의 크랭크각 센서 및 TDC 센서, 차고 센서 등에서 사용하고 있다.

그림 3-14 / **발광 다이오드(LED)**   그림 3-15 / **포토 다이오드**

3) 트랜지스터(transistor)

N형 반도체를 중심으로 양쪽에 P형 반도체를 접합한 PNP형 트랜지스터와 P형 반도체를 중심으로 양쪽에 N형 반도체를 접합한 NPN형 트랜지스터가 있다. 트랜지스터에는 3개의 단자가 있는데 이들을 이미터(Emitter=E), 베이스(Base=B), 컬렉터(Collector=C)라 한다. 트랜지스터는 베이스(b) 전류를 ON. OFF 제어로 인하여 이미터(E)와 컬렉터(c)의 사이를 ON. OFF 제어할 수 있는 스위치 작용과 베이스의 전류 크기를 조절하여 이미터와 컬렉터 사이의 전류를 증폭시키는 증폭작용을 한다.

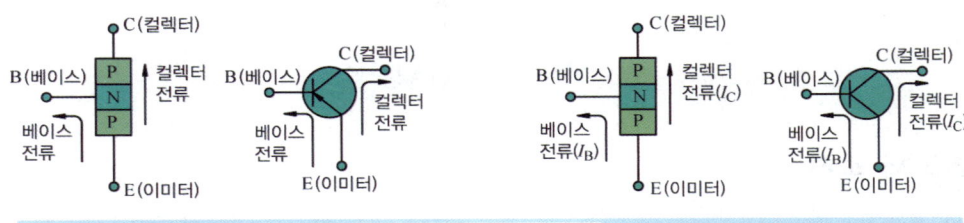

그림 3-16 / **PNP형 트랜지스터**   그림 3-17 / **NPN형 트랜지스터**

① 트랜지스터의 작동(NPN TR의 경우) : 트랜지스터의 컬렉터에 (+)를, 이미터에 (-)를 연결하면, 컬렉터 쪽 N형 반도체의 전자가 컬렉터 단자쪽으로 모이게 되고 얇은 P형 반도체의 (+)는 (-) 단자 쪽으로 모이게 되어 얇은 P형 반도체와 컬렉터쪽 N형 반도체 사이에 공핍층이 형성되어 전류는 흐르지 못하게 된다. 이 때 베이스에 (+)전류를 흐르게 하면 가운데 얇은 P형 반도체 (+)는 이미터의 전자와 만나 흐르게 되므로 베이스와 이미터가 연결되고, 양쪽 N형 반도체의 전자는 모두 일체가 되어 컬렉터 쪽으로 흐르게 된다.(전류는 컬렉터에서 이미터로 흐른다.)

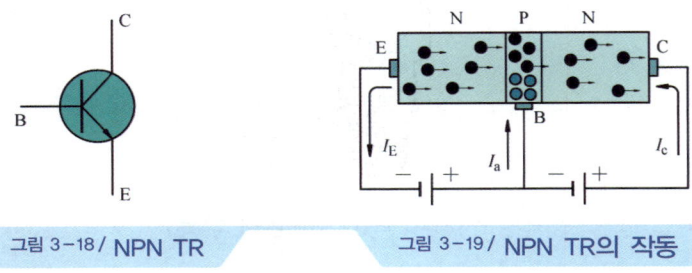

그림 3-18 / **NPN TR**   그림 3-19 / **NPN TR의 작동**

② **포토 트랜지스터(photo transistor)** : 트랜지스터의 일종으로 NPN, PNP 접합이 있다. 베이스가 없이(있어도 사용하지 않는다) 빛을 받아 컬렉터 전류가 제어된다. 이미터와 컬렉터 사이에 역방향 전압을 걸고 베이스에 빛을 쪼이면, 빛에 의해 전자가 궤도를 이탈하여 자유전자가 되어 역방향으로 전류가 흐르게 되며, 빛이 강할수록 자유전자 수도 증가되어 더욱 많은 전류가 흐른다.

③ **다링톤 쌍(darlington pair)** : 높은 전류 증폭을 얻기 위해 두 개의 트랜지스터를 하나의 쌍으로 접합하여 소자로 만든 것으로, 1개의 트랜지스터로 2개 분의 증폭효과를 발휘하며 아주 적은 베이스로 큰 전류를 조절할 수 있는 특징이 있다.

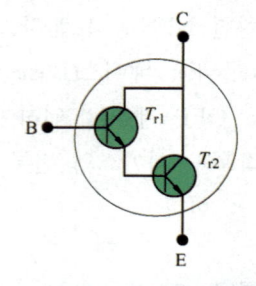

그림 3-20 / **다링톤 쌍**

2. 반도체 소자

1) 서미스터(thermistor)

서미스터란 온도에 따라 저항값이 변화하는 반도체 소자로, 온도가 올라가면 저항값이 커지는 정특성 서미스터(PTC : Positive Temperature Coefficient)와 온도가 올라가면 저항값이 낮아지는 부특성 서미스터(NTC : Negaitive Temperature Coefficient)가 있다. 일반적으로 서미스터는 부특성 소자를 이용하며 냉각수온 센서, 오일 온도센서, 연료잔량 표시 램프, 흡입공기 온도센서 등에 사용된다.

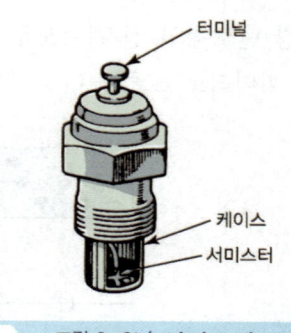

그림 3-21 / **서미스터 구성**

2) 사이리스터(thyrister, SCR)

사이리스터는 SCR(Silicon Control Rectifier)이라고도 하며, PNPN 또는 NPNP의 4층 구조로 되어 있다. 단자는 애노드(anode, +), 캐소드(cathode, -) 및 제어단자인 게이트(gate)로 구성되어 있으며 단지 스위칭 작용만 한다. 자동차에서는 축전기 방전식 점화장치, 와이퍼회로 등에서 사용한다.

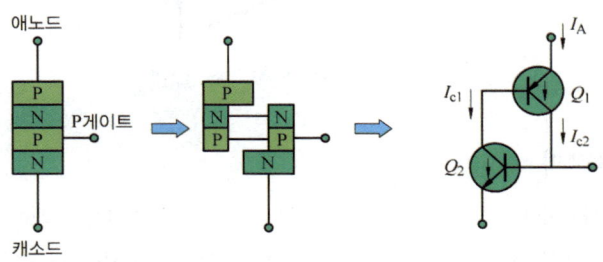

3) 광도전 소자(광도전 셀)

광도전 셀은 빛의 조사량에 따라 저항값이 변하는 반도체 소자이다. 종류로는 유화카드뮴(CdS)을 소재로 한 CdS 소자와 유화납(PbS)을 소재로 한 PbS 소자가 있으며, CdS 소자는 가시광선에 대해 감도가 높아 조사량이 증가하면 저항이 감소하고, 조사량이 감소하면 저항은 증가한다. 광도전 셀은 주로 가로등의 자동점멸, 카메라의 노출계 등에 사용한다.

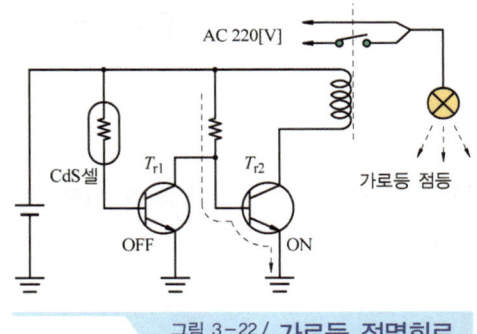

그림 3-22 / 가로등 점멸회로

4) 홀 소자

홀 소자는 작고 얇게 편평한 판으로 만든 것이며, 전류가 외부 회로를 통하여 이 판에 흐를 때 플레밍의 왼손법칙에 의해 전압이 자속과 전류 방향의 직각 부분으로 판 사이에서 발행한다. 이 전압은 판 사이를 흐르는 전류 밀도와 자속 밀도에 비례하며, 이 자장에 따라 전압이 발생하는 효과를 홀 효과(Hall Effect)라 한다.

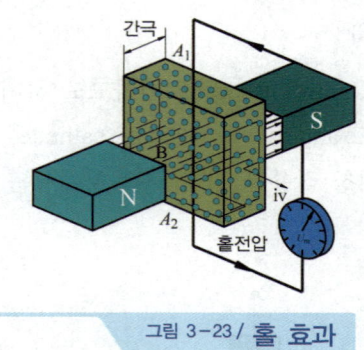

그림 3-23 / 홀 효과

5) IC(Integrated Circuit)

IC는 여러개의 트랜지스터와 저항 등을 하나의 기판에 설치한 회로이다. IC는 반도체의 급속한 발전에 따라 초소형이며 신뢰성, 내진성, 내구성, 경제성이 우수하나 회로의 선택 및 설계의 자유가 제한된다. IC에는 모놀리식 IC, 후막 IC, 멀티칩 IC, 박막 IC 등이 있다.

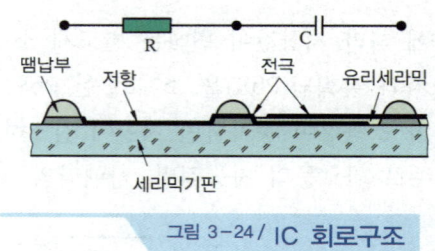

그림 3-24 / IC 회로구조

2_ 논리 회로

컴퓨터의 논리 회로는 컴퓨터가 정보를 처리하기 위한 기본적인 전기 회로로, AND, OR, NOT, NAND, NOR 회로 등이 있다.

1. 논리 기본회로

1) 논리곱 회로(AND)

논리곱 회로는 A, B 스위치 2개를 직렬로 접속한 회로로, 그림에서 램프가 점등되도록 하려면 스위치 A 또는 스위치 B를 모두 ON 시키면 점등된다. 이 때 스위치가 ON일 때를 입력 1이라 하고, 스위치가 OFF일 때를 입력 0이라 하며, 출력이 있을 때를 1, 출력이 없을 때를 0이라 한다면 진리표는 다음과 같다.

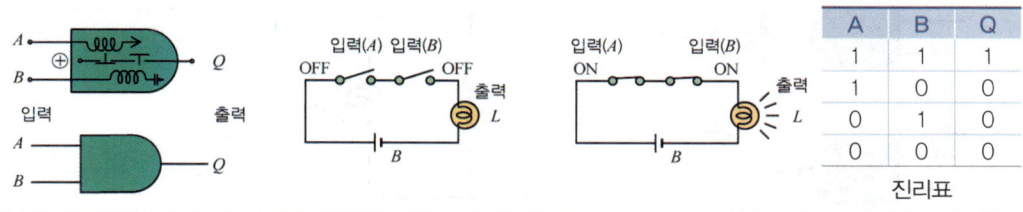

그림 3-25 / AND 회로의 원리

2) 논리합 회로(OR)

논리합 회로는 A, B 스위치 2개를 병렬로 접속한 회로로 그림에서 램프가 점등되도록 하려면 스위치 A 또는 스위치 B를 모두 ON 시키거나 스위치 1개를 ON 시키면 점등된다. 이 때, 진리표는 다음과 같다.

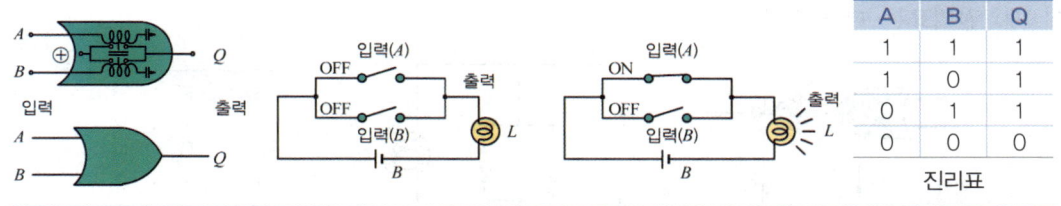

그림 3-26 / OR 회로의 원리

3) 부정 회로(NOT)

부정 회로는 그림과 같이 입력 스위치 A와 출력의 램프가 병렬로 접속된 회로로 입력 스위치 A가 OFF일 때는 출력의 램프가 점등되고, 입력 스위치 A를 ON 시키면 출력의 램프는 소등된다. 이 때, 진리표는 다음과 같다.

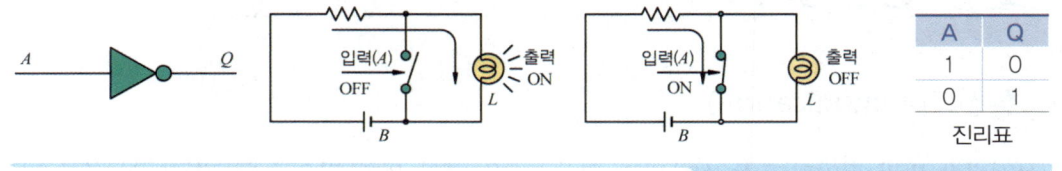

그림 3-27 / NOT 회로의 원리

4) 부정 논리곱 회로(NAND)

부정 논리곱 회로는 논리곱 회로 뒤에 부정 회로를 접속한 것으로, 입력 스위치 A와 입력 스위치 B가 모두 ON되면 출력은 없다. 또한 입력 스위치 A 또는 입력 스위치 B 중에서 1개가 OFF 되거나 입력 스위치 A와 입력 스위치 B가 모두 OFF 되면 출력이 된다. 이 때 스위치가 ON일 때를 입력 1이라 하고, 스위치가 OFF일 때를 입력 0이라 하며, 출력이 있을 때를 1, 출력이 없을 때를 0이라 한다면 진리표는 다음과 같다.

제1장_전기전자 **341**

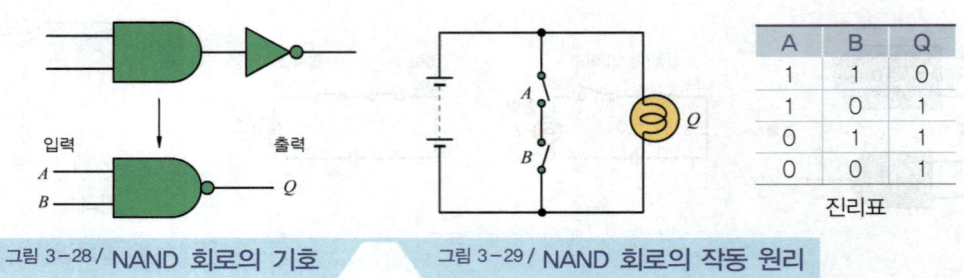

그림 3-28 / NAND 회로의 기호   그림 3-29 / NAND 회로의 작동 원리

5) 부정 논리합 회로(NOR)

부정 논리합 회로는 논리합 회로 뒤에 부정 회로를 접속한 것으로, 입력 스위치 A와 입력 스위치 B가 모두 OFF되어야 출력이 된다. 또한 입력 스위치 A 또는 입력 스위치 B 중에서 1개가 ON이 되거나 입력 스위치 A와 입력 스위치 B가 모두 ON이 되면 출력은 없다. 이 때, 진리표는 다음과 같다.

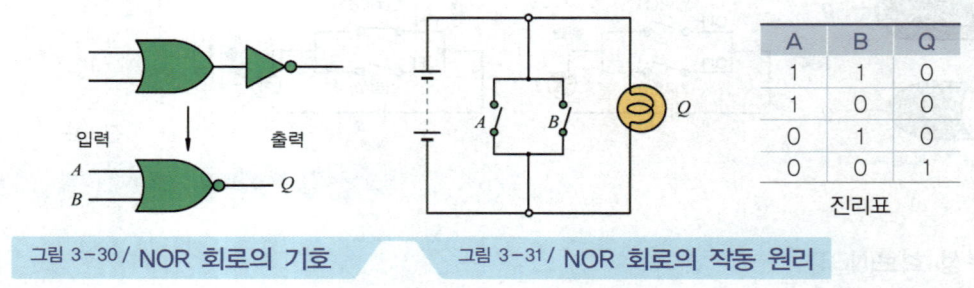

그림 3-30 / NOR 회로의 기호   그림 3-31 / NOR 회로의 작동 원리

제3절 통신장치

1_ 통신(Communication)

통신이란 멀리 떨어져 있는 상대방과 의사소통을 하기 위한 것으로 한 지점에서 다른 지점까지 의미 있는 정보를 보다 빠르게 상대방이 이해가 될 수 있도록 전송하는 것을 말한다.

1. 통신의 개요

1) 통신의 역사

① 기원전 : 벽면에 나뭇가지를 붙여 의사를 전달
② 우리나라 : 솟대, 북, 파발, 횃불(봉수제도), 신호 연 등을 이용

③ 제주도의 정낭 : 집의 대문에 해당하는 출입구에 정낭을 설치하여, 집안의 인적 정보를 외부인에게 알리는 통신 방법

2) 제주도 정낭

① 정낭 3개 open : 집에 사람이 있음

② 정낭 1개 close : 잠시외출 중

③ 정낭 2개 close : 이웃마을에 출타 중

④ 정낭 3개 close : 집에서 멀리 출타 중

3) 전기통신의 종류

① 전신 : 유선으로 연결된 두 지점 사이에 전기적인 펄스 형태로 전송
　예 모스(morse) 전신기 : K5 광고(— — — — — — — —)
② 유선 전화 : 사람의 목소리를 신호로 변환하여 멀리까지 전달
　예 전화(telephone) = tele(멀리) + phone(음)
③ 무선 통신 : 고주파 전류에 의해 발생되는 전파를 이용하여 공간으로 파동형태로 정보를 전달하는 것
④ 정보 통신 : 데이터 통신 시스템을 의미하며, 컴퓨터의 발달로 컴퓨터 통신 네트워크를 의미

4) 통신의 분류

① 정보 신호에 따라 : ㉠ 아날로그 통신(전화)
　　　　　　　　　　㉡ 디지털 통신(데이터 통신)

② 전송 매체에 따라 : ㉠ 유선 통신(2 꼬임선, 동축 케이블, 광섬유 케이블)
㉡ 무선 통신(전자기파, 광 및 초음파)
③ 정보신호의 변조 유무에 따라 : ① 기저 대역 통신
② 통과 대역 통신

5) 유선 통신 선로의 특성

종류	꼬임 2선로	동축케이블	광섬유 케이블
적용속도	늦다	저속	고속
비용	양호	보통	고가
거리	단거리	중거리	장거리

6) 통신 네트워크(Communication Network)

① 네트워크(Network) 란? : "Computer Networking(통신망, 通信網)"을 의미하며, 컴퓨터들이 어떤 연결을 통해 컴퓨터의 정보들을 공유하는 것을 말한다. 이러한 네트워크 통신을 위해 ECM 상호간에 정해둔 규칙을 "프로토콜(protocol)"이라 한다

② 통신 프로토콜(Network Protocol) : 통신 네트워크를 구성하고 있는 모듈들이 정보를 주고받는 방법에 대한 공통된 규칙과 약속을 통신 프로토콜이라 하며, 한국어와 영어로 서로 말하면 알아듣지 못하므로, 이것이 통신 오류이고 자동차 전기통신 시스템에서 이야기하는 "통신 불량"이다.

7) 데이터 통신

데이터 통신이란 통신 네트워크를 구성하고 있는 정보기계 사이에 디지털 2진 형태로 표현된 정보를 송신 또는 수신하는 행위 즉, 통신 선로에 연결된 하나 또는 그 이상의 단말기 및 컴퓨터에 의한 정보의 전달을 의미한다.

① 데이터 통신망의 종류
  ㉠ 근거리 통신망(Local Area Network, LAN)
  ㉡ 도시권 통신망(Metropolitan Area Network, MAN)
  ㉢ 원거리 통신망(광역망, Wide Area Network, WAN)

② 통신망의 특성

분류	LAN	MAN	WAN
범위	건물이나 캠퍼스	도시지역	전국적
속도	매우 높음	높음	낮음

에러율	낮음	중간	높음
흐름 제어	간단	중간	복잡
소유권	개인	개인 또는 공공	공공

③ **데이터 통신 시스템** : 데이터 통신 시스템은 데이터 전송 시스템과 데이터 처리 시스템으로 구성되어 있다.

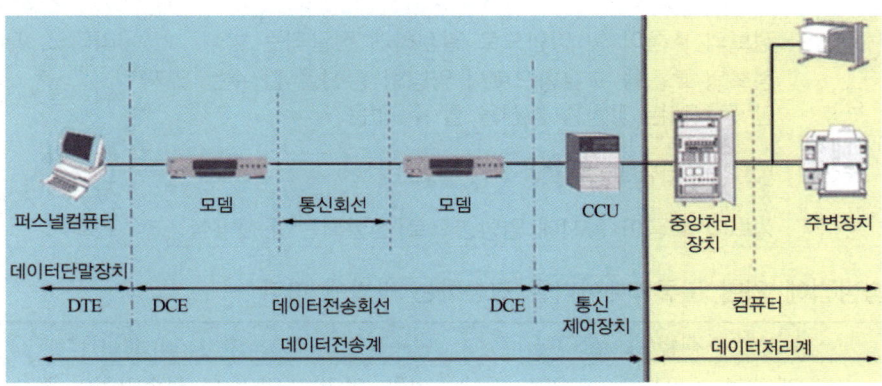

* DTE : Data Terminal Equipment(데이터 단말장치)
  DCE : Data Circuit terminating Equipment(데이터 회선 종단장치)

④ **데이터 통신 시스템의 주요 장치**

　㉠ 데이터 단말장치(Data Terminal Equipment, DTE) : 데이터 단말장치는 데이터 통신 시스템과 사용자와의 접점에 위치하며 데이터를 데이터 통신 시스템에 보내거나 시스템에서 처리 가공된 데이터를 여러 사용자에게 보내주는 창구이다.

　　단말장치가 전화기인 경우, 음성을 전기신호로, 전기를 음성신호로 변환하고, PC인 경우, 전송하여야 할 문자, 화상, 음성 등을 전기신호로 변환시키거나 수신된 전기신호를 원래의 정보형태로 복원시키는 역할을 한다.

　㉡ 데이터 회선 종단장치(Data Circuit terminating Equipment, DCE) : 아날로그 회선인 경우 모뎀(Modem)이, 디지털 회선인 경우 디지털 서비스 장치(Digital Service Unit, DSU)가 이용되며 통신회선은 전송매체로 유선인 경우 꼬임 2선로, 동축 케이블, 광섬유를, 무선인 경우 마이크로파, 위성 마이크로파, 이동 마이크로파 등을 통해 전송한다.

　㉢ 통신 제어장치(Communication Control service Unit, CCU) : 데이터의 가공 및 처리를 담당한다.

⑤ **데이터의 전송** : 데이터의 전송은 신호에 관계없이 전송 매체에 맞게 변환시켜야 한다.

　㉠ 아날로그 데이터(modem) : 아날로그 신호로 변환시키는 것을 변조(modulation), 원래의 신호로 추출하는 것을 복조(demodulation)라 한다.

ⓒ 디지털 데이터(codec) : 디지털 신호로 변환시키는 것을 부호화(encoding), 원래의 신호로 추출하는 것을 복호화(decoding)라 한다.

8) 데이터 전송기술 및 방식

① 전송기술에 의한 분류 : 데이터의 전송 방향에 따라

분류	내용	사용 예
단방향 통신	정보의 흐름이 한 방향으로 일정하게 전달되는 방식	라디오, TV
반이중 통신	정보의 흐름을 교환함으로써 양방향 통신을 할 수는 있지만 동시에는 양방향 통신을 할 수 없음	워키토키(무전기)
시리얼 통신	1선으로 단방향, 양방향 모두 통신 가능	자동차 자기진단 단자
양방향 통신	정보의 흐름이 동시에 양방향으로 전달되는 통신방식	전화기

② 전송방법에 의한 분류 : 데이터를 전송하는 방법에 따라

구분	직렬(serial)통신	병렬(parallel)통신
기능	한 개의 data 전송용 라인이 존재, 한번에 한 bit씩 순차적으로 전송되는 방식	여러 개의 data 전송라인이 존재, 다수의 bit가 한번에 전송되는 방식
장점	구현하기 쉽고, 원거리 전송의 경우 통신 회선이 1개만 필요하므로 경제적이며 장거리 전송이 가능	전송속도가 직렬통신에 비해 빠르며 컴퓨터와 주변장치 사이의 data 전송에 효과적
단점	전송속도가 느리다. 직/병렬 변환 로직이 있어야 하므로 복잡하다.	거리가 멀어지면 전송선로의 비용이 증가하고, 전기적인 간섭현상으로 병렬은 단거리에 사용

㉠ 직렬(serial) 통신 : 하나의 선을 이용하여 다수의 데이터를 일렬(직렬)로 전송하는 것으로 여러가지 작동 데이터가 동시에 출력되지 못하고 순차적으로 데이터를 송, 수신한다는 의미이다. 즉, 동시에 2개의 신호가 검출될 경우 우선순위인 데이터만 인정하고 나머지 데이터는 무시한다. 일반적으로 데이터를 주고받는 통신은 직렬통신이 많이 사용된다.

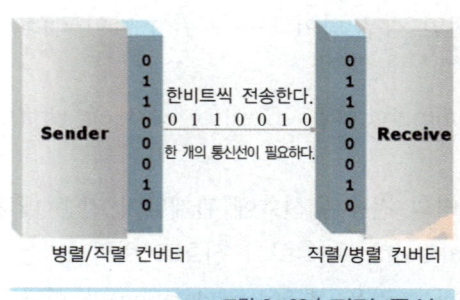

그림 3-32 / 직렬 통신

ⓒ 병렬(parallel) 통신 : 보내고자 하는 신호(또는 문자)를 몇 개의 회로로 나누어서 동시에 전송하게 되므로 전송이 신속하나, 회선 및 단말기 설치 비용이 직렬통신에 비해 많이 소요 됨

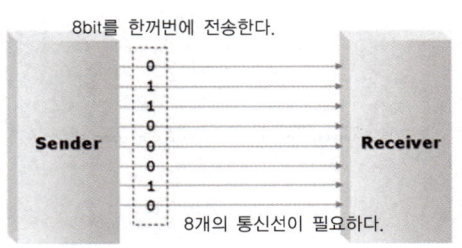

그림 3-33 / 병렬 통신

③ 전송 시작방법에 의한 분류(기준 클록을 맞추는 방법)
ⓐ 비동기 통신(start-stop 전송) : 비동기 통신은 데이터를 보낼 때 한번에 한문자씩 전송되는 방식 즉, 매 문자마다 start bit, stop bit를 부여하여 정확한 데이터를 전송하는 방식으로, 수신부는 다음 데이터가 언제부터 시작되는지 알 수 없다. 차량에 적용된 비동기 통신(CAN)은 통신선의 단선이나 단락에 의한 고장이 발생하여 시스템이 작동되지 않는 것을 방지하기 위하여 2선(CAN-Hi, CAN-Low)으로 되어 있다. 즉, 1선에 고장이 발생되어도 또 다른 선에 의해 정상적인 통신이 가능하도록 되어 있다. 또한 비동기 방식은 전압의 저하, Noise 유입이나 그 밖의 문제들로 인해 전송 도중에 방해를 받아 bit의 추가나 손실이 될 수 있다.(예 : CAN 통신, LIN 통신)

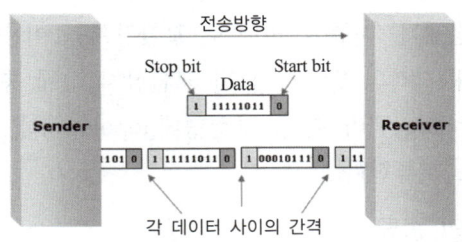

그림 3-34 / 비동기 통신

ⓑ 동기 통신 : 동기 통신은 송신쪽과 수신쪽이 사용하는 클록 신호의 타이밍이 일치하도록 전송하는 방식으로 문자나 bit 들이 시작과 정지코드 없이 전송이 되며, 각 bit의 정확한 출발과 도착시간에 대한 예측이 가능하다. 그러나 Data를 주는 ECM과 받는 ECM의 시간적 차이를 막기 위해 별도의 SCK(clock 회선)을 반드시 설치하거나, Data 신호 내에 clock 정보를 포함시켜야 한다.(예 : 3선 동기 통신) 비동기 방식과 달리 start bit, stop bit를 사용하지 않으므로 흔히 프레임이라 부르는 데이

터 블록을 만들어서 블록단위로 전송하며, 수신기가 각 데이터 블록의 시작과 끝을 정확히 인식할 수 있는 데이터 블록 동기 또는 프레임 동기가 필요하다.

* SCK : Serial Clock

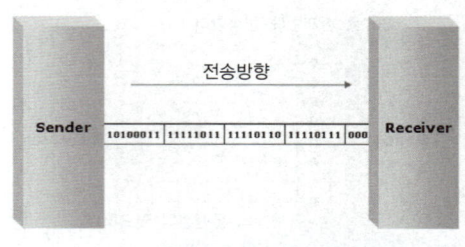

그림 3-35 / **동기 통신**

④ 배선 유무에 따른 분류
  ㉠ 유선 통신 : 유선통신이란 송, 수신 양자가 전선을 사용하여 정보를 전달하며 1 : 1 통신이 원칙이다. 우리가 사용하는 대부분이 유선 통신방식이며, 전신, 전화, 자동차 전기통신 등이 여기에 해당한다.
  ㉡ 무선 통신 : 무선통신은 통신선이 없이 무선 주파수를 이용하여 정보를 전달하는 방식으로, 무전기, 휴대폰, 자동차 리모컨, 이모빌라이저 안테나 코일, 스마트 키 LF 안테나 등에 이용된다.

9) LAN 통신망 구조의 분류

통신을 사용하는 목적은 서로가 원하는 상대방과 정보를 주고 받는 것이다. 정보를 주고 받기 위해 직접연결은 비경제적, 비현실적이므로 교환장치를 이용하거나 통신망을 구성하는데 통신망을 구성하기 위해 각각의 단말장치 및 교환장치 간에 통신로를 구성하는 것을 "통신망 구성형태(network topology)"라 한다. 구성형태(topology)에 따라 스타형, 링형, 버스형 혹은 나뭇가지(트리)형으로 분류한다.

① 구성형태(topology)의 종류

구분	스타(star)형	링(ring)형	버스(bus)형
구조	(교환기 중심 방사형)	(원형 연결)	(직선 버스 연결)
방식	각 노드별전송로 설치	정보를 순차적으로 전달	전송로의 버스상에서 전송
전송로 길이	길다	짧다	짧다

접속방식	CSMA/CD	토큰통과	CSMA/CD, 토큰통과
전송매체	동축선로, twisted pair	동축선로, 광 선로	동축선로

② 통신망의 특징
  ㉠ 스타형 : 중앙에 접속 스위치를 이용하여 구성된 망의 모든 요소와 접속
  ㉡ 링형 : 원형으로 구성된 링크를 제공하며, 각각의 노드는 순차적으로 연결한다. 따라서, 데이터 전송은 노드대 노드 간의 점(포인트)대 점인 전송 방식이다.
  ㉢ 버스형 : 버스형 또는 나뭇가지형은 모든 장치들이 하나의 통신매체를 통하여 공유하므로 한 쌍의 노드에 있는 장치만이 동시에 통신할 수 있다.

2. 자동차 통신의 목적

1) 자동차 통신 네트워크의 필요성

자동차 기술의 발달로 많은 ECM과 편의장치가 적용되어 전장품의 수가 많아지고, 따라서 배선도 증가하여 고장도 많이 발생할 뿐 아니라 고장진단 또한 매우 복잡하게 되었다. 이러한 문제를 줄이기 위해 자동차의 바디전장에 통신 네트워크를 적용하여 제어 아키텍처(architecture)를 집중 제어방식에서 분산 제어방식으로 즉, 1개의 ECM 제어방식에서 master-slave, multi-master 방식으로 통신 네트워크가 발전되었다. 통신 네트워크의 필요성은 다음과 같다.

① 기술의 발전 : 반도체, optical fiber, 소프트웨어 기술의 발전과 가격저하
② 소비자 성향의 안정화 : 안전하고 다양한 편의 사양을 갖춘 스마트한 차량의 요구
③ 차량의 변화
  ㉠ 전장품 증가에 의한 와이어링의 증가 및 복잡함(중량 증가, 고장요소 증가)
  ㉡ 차량 전자장치 및 멀티미디어의 증가 : CD, DVD, AV, 내비게이션 등
  ㉢ 차량의 움직이는 사무실화 : 텔레매틱스(MOZEN), PDA 등
  ㉣ 지능형 차량 개발
  ㉤ 전자기술 변화에 대응 : plug & play
  ㉥ 간편한 업그레이드

2) 자동차 통신 네트워크 적용의 장점

① 배선의 경량화 : 제어를 하는 ECM들 간의 통신으로 배선이 줄어든다.
② 전기장치 설치장소 확보가 용이 : 가장 가까운 곳에 설치된 ECM에서 전장품 작동을 제어한다.

③ 시스템 신뢰성 향상 : 배선이 줄어들면서 그만큼 사용하는 커넥터 수의 감소 및 접속점이 감소하여 고장률이 낮고 정확한 정보를 송수신 할 수 있다.
④ 진단장비를 이용한 자동차 정비 : 통신단자를 이용하여 각 ECM의 자기진단 및 센서 출력값을 점검할 수 있어 정비성이 향상된다.

3. 다중전송(MUX) 시스템

1) 다중전송(MUX) 통신의 개요

자동차의 각종 편의장치는 센서나 스위치를 통해 모터, 액추에이터, 전구 등을 구동하는 회로로 되어 있어 많은 배선이 필요하여 중량, 가격 및 정비하기 어려움 문제점이 있다. MUX 통신은 이러한 문제점을 해결하기 위하여 1 라인의 전선구조로 다수의 신호를 전송, 통신하는 통신 방식이다. ETACS는 다중전송 방식으로 ETACS와 운전석 모듈 사이에는 쌍방향 통신을, 조수석 모듈 사이는 단방향 통신을 하는 3개의 SUB 컴퓨터로 구성되어 있다.(XG는 IMS 장착으로 4개의 SUB 컴퓨터로 구성) 다중통신을 MUX 또는 SWS(Simplified Wiring System) 라 한다.

① MUX 통신의 구성

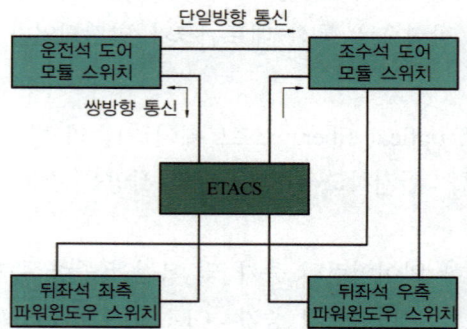

② MUX 통신방법 : 한 개의 DATA 라인을 이용하여 여러가지 전장품을 작동시킬 수 있고 또한, 따로따로 제어도 가능하다. 각기 다른 신호들을 각각 다른 시간에 보내주고 TDM(Time Division Multiplex)을 사용하여 한 개의 DATA 라인을 통해 복수의 신호를 전송하는 통신방법이다. 송신측에서 정해진 순서대로 "0" 또는 "1" 신호를 보내면 수신측은 이 순서대로 수신한다.

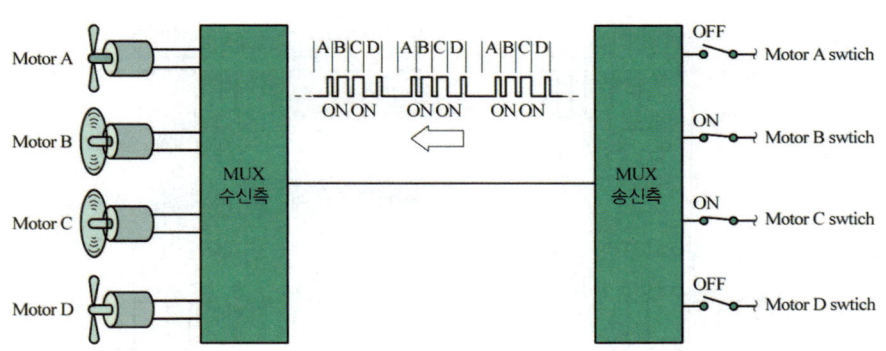

③ MUX 통신에 의한 송신측과 수신측의 타임 차트 : 아래 그림은 다중 통신을 이용하여 모터가 구동되는 예로, 스위치 ON/OFF 데이터는 송신측에서 고정된 주파수로 수신측에 보내지게 되고 수신측에서는 데이터의 지시에 따라 모터를 작동하게 된다.

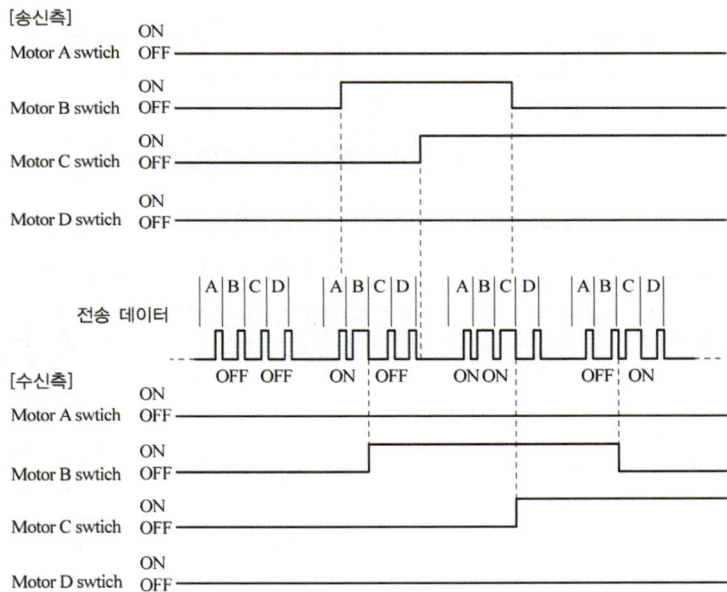

2) 데이터 프레임(data frame) 구조

MUX 전송 데이터 프레임은 16비트로 구성되고, 초기 H 레벨에서 L로 떨어져 200μs가 경과할 때까지를 스타트 비트, 데이터 비트 출력 후, 다시 L→H 레벨이 300μs가 되면 스톱 비트로 인식한다.

① 데이터 프레임 구성 : 프레임(frame)이란 주소와 프로토콜 제어정보가 포함된 완전한 하나의 단위를 의미한다.

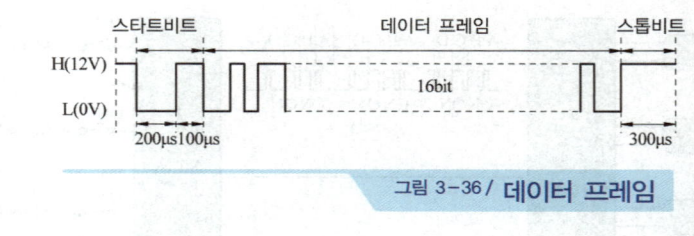

그림 3-36 / 데이터 프레임

㉠ 데이터 "0"과 "1"

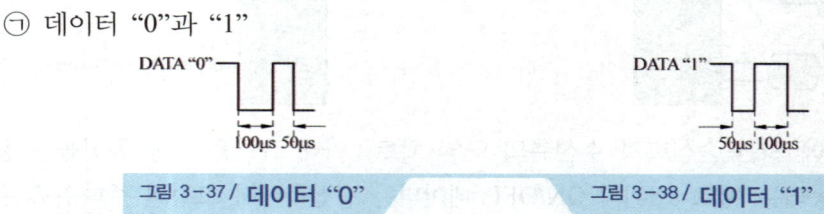

그림 3-37 / 데이터 "0"   그림 3-38 / 데이터 "1"

㉡ 데이터 프레임의 세부구조

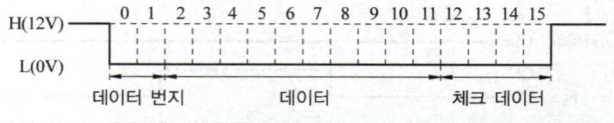

그림 3-39 / 데이터 프레임의 세부구조

② 데이터 번지 : 데이터 번지는 2 bit 데이터 조합에 의해 3가지 타입이 정해진다. 데이터 1과 2는 운전석 도어모듈로 부터의 출력이고, 데이터 3은 ETACS에서 나오는 출력이다.

데이터	Bit No.	0	1	데이터 파형
DATA 1		0	0	
DATA 2		0	1	
DATA 3		1	0	

③ 데이터 구조 : 보통 1개의 데이터 프레임은 약 10가지 타입의 데이터가 전송되며, 데이터 번지 3가지 타입에 의해 약 30가지 데이터로 이루어져 있다.

Bit No / Data Name	2	3	4	5	6	7	8	9	10	11
DATA 1	★	★	FR P/W UP SW ON 신호	RR P/W UP SW ON 신호	RL P/W UP SW ON 신호	리모컨 미러 UP SW ON 신호	리모컨 미러 Left SW ON 신호	★	P/W Lock SW ON 신호	0

DATA 2	★	★	FR P/W Down SW ON 신호	RR P/W Down SW ON 신호	RL P/W Down SW ON 신호	리모컨 미러 UP SW down 신호	리모컨 미러 Right SW ON 신호	★	리모컨 RH 미러 선택 신호	펄스 체크 입력 SW 신호
DATA 3	0	0	★	★	★	키라마인더 기능 작동신호	★	★	0	0

★ 표는 자동차 상태에 따라 1 또는 0 이 된다.

④ 데이터 전송의 예 : 운전석 도어 모듈에 의해 조수석 파워 윈도우 down시(FR P/W down)

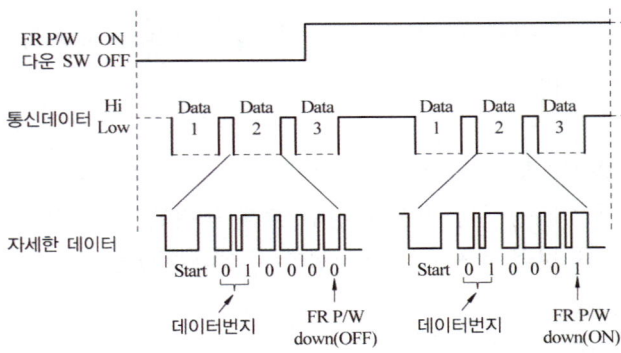

2_ CAN 통신과 LIN 통신

1. CAN(Controller Area Network) 통신

1) 개요

자동차의 내의 서로 다른 전자장치(ECU) 간의 통신을 위한 통신장치로 초기에는 LAN 통신을 사용하였으나 LAN 통신은 제조사마다 통신방법이 달라 호환성이 결여되면서 1986년 Bosch가 개발한 자동차 전용 프로토콜인 CAN 통신방식을 표준으로 사용하게 되었다. CAN 통신은 시리얼 네트워크 통신 방식의 일종으로 여러 가지 ECU들을 병렬로 연결하여 각각의 ECU들과 서로 정보교환이 이루어져 우선순위대로 처리하는 방식이다. CAN 통신, LIN (Local Interconnect Network) 통신 모두 LAN(근거리 통신)의 일종이다.

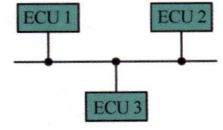

그림 3-40 / CAN 통신의 Multi master 방식

2) CAN 통신의 장점

각각의 ECU들 간에 정보교환이 이루어지는 장점과 여러 가지 장치를 단지 2개의 선 (Twisted pair wires)으로 컨트롤 할 수 있다는 장점이 있다. 통신이 되는 라인을 BUS-A (CAN-H), BUS-B(CAN-L)라 하고 BUS란 DATA 전송라인을 의미한다. ETACS, I/P PANEL ECM, 운전석 도어모듈, 조수석 도어모듈이 2개의 BUS라인을 통해 같이 통신을 하여 정보를 공유, 교환하며 자신에게 필요한 데이터만 사용하게 되는 것이다.

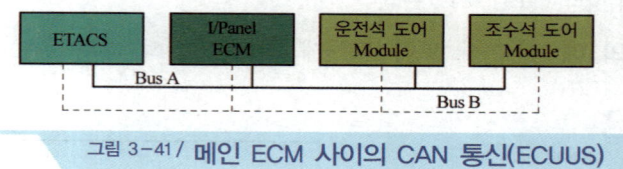

그림 3-41 / 메인 ECM 사이의 CAN 통신(ECUUS)

3) CAN의 특징

① Multi Master 방식 : 모든 CAN 구성 모듈은 정보 메시지 전송에 자유 권한이 있음
② 통신 중재 : 메시지가 동시에 전송될 경우 중재 규칙에 의해 순서가 정해짐
③ 듀얼(Dual) 와이어 접속 방식으로 통신선로 구성이 간편함
④ 고속 통신이 가능함
⑤ 신뢰성/안전성 : 에러 검출 및 처리성능 우수
⑥ 통신방식 : 비동기식 직렬통신
⑦ Low speed CAN : 125 Kbps 이하, 바디전장 계통의 데이터 통신에 응용
⑧ High speed CAN : 125 Kbps 이상, 실시간(real time) 제어에 응용

4) CAN 프로토콜 통신 : 4가지 frame type을 지원

① Data frame : 전송 node로부터 수신 node로 data를 실어 나름
② Remote frame : 같은 식별자를 사용하는 data frame의 전송 요청을 위해 하나의 node에 의해 전송
③ Error frame : bus error가 발견된 어떤 node 에 의해 전송
④ Overload frame : 바로 앞과 다음 data frame 사이 또는 remote frame에 여분의 delay를 제공

5) CAN의 시스템 구성

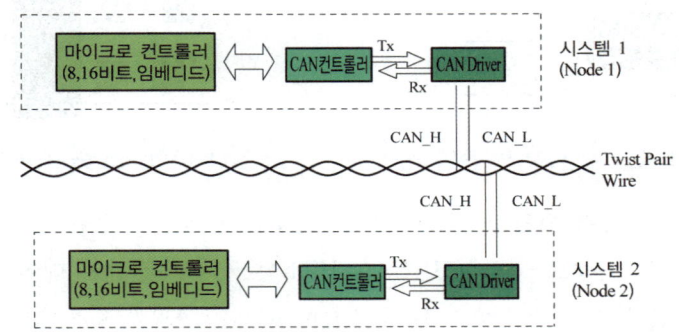

그림 3-42 / **CAN의 기본적인 시스템 구성**

6) CAN 통신 Class 구분 : SAE 정의 기준

항목	특징	적용 사례
Class A	1. 통신속도 : 10Kbps 이하 2. 접지를 기준으로 1개의 와이어링으로 통신선 구성 가능 3. 응용분야 : 진단 통신, 바디전장(도어, 시트, 파워윈도우)등의 구동신호&스위치 등의 입력신호	1. K-라인 통신 2. LIN통신
Class B	1. 통신속도 : 40Kbps 내외 2. Class A 보다 많은 정보의 전송이 필요한 경우에 사용 3. 응용분야 : 바디전장 모듈간의 정보 교환, 클러스터 등	1. J1850 2. 저속 CAN 통신
Class C	1. 통신속도 : 최대 1Mbps 2. 실시간으로 중대한 정보 교환이 필요한 경우로서 1~10[ms] 간격으로 데이터 전송 주기가 필요한 경우 사용 3. 응용분야 : 엔진, A/T, 섀시 계통 간의 정보 교환	고속 CAN 통신
Class D	1. 통신속도 : 수십 Mbps 2. 수백~수천 bite의 블록 단위 데이터 전송이 필요한 경우 3. 응용분야 : AV, CD, DVD 신호 등의 멀티미디어 통신	1. MOST 2. IDB 1394

7) CAN BUS의 전압 레벨

CAN 통신은 Low와 High 전압 레벨의 변화로 데이터를 송신하며, High Speed CAN(고속 캔)과 Low Speed CAN(저속 캔)의 두 종류가 있다.

① High Speed CAN의 전압 레벨과 통신 : High Speed CAN은 CAN-H와 CAN-L가 2.5V 전압을 기준으로 상승 또는 하강하는 통신방법으로 데이터 전송속도가 매우 빠르나, 노이즈 발생으로 A/V 및 오디오에 영향이 있다.

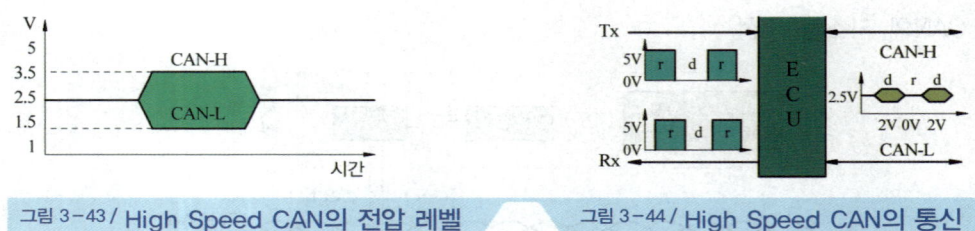

그림 3-43 / High Speed CAN의 전압 레벨   그림 3-44 / High Speed CAN의 통신

② Low Speed CAN의 전압 레벨과 통신 : CAN Low는 5V 전압이 걸려 있다가 데이터가 출력되면 약 1.4V로 하강하고, CAN High는 약 0V 전압이 데이터가 출력되면 약 3.5V로 상승한다. Low Speed CAN도 High Speed CAN과 같은 방식으로, 속도와 데이터 처리가 느리지만 잡음 발생이 적어 자동차 컴퓨터들 간의 통신방법에 사용된다.

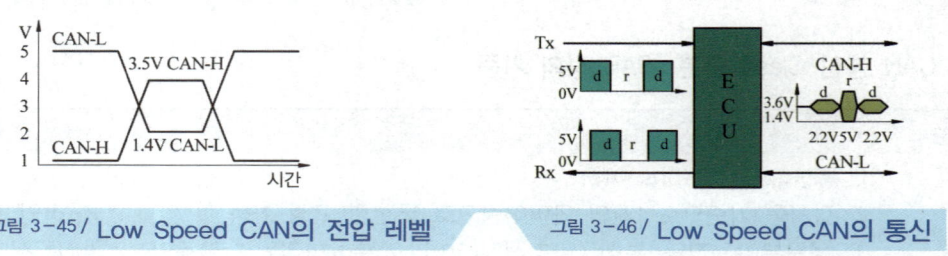

그림 3-45 / Low Speed CAN의 전압 레벨   그림 3-46 / Low Speed CAN의 통신

8) CAN 통신 파형

BUS-A 파형은 CAN-H 파형으로 데이터 출력시 0V의 전압이 상승하고, 반대로 BUS-B 파형은 CAN-L 파형으로 데이터 출력시 5V에서 하강한다. CAN 통신파형은 통신속도가 빠르기 때문에 파형분석은 무의미하며, 아래와 같은 파형이 출력되면 통신라인 및 CAN IC는 정상으로 판정한다.

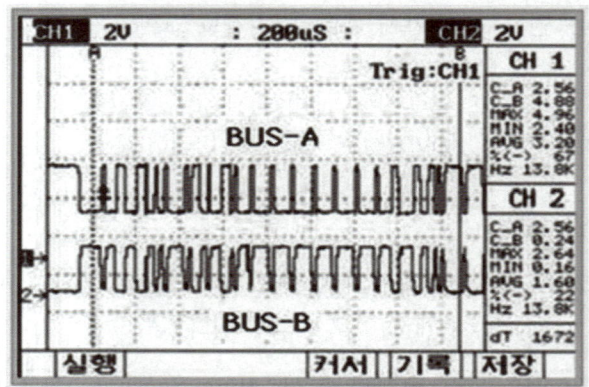

9) CAN 저항의 설치

통신은 전압에 대해 민감하므로, CAN 통신을 하는 ECM 내부에는 일정하게 전압을 유지

하기 위해 통신라인에 약 120Ω의 저항을 설치하는데 이를 터미네이션 저항(종단저항)이라 하며, 이 저항에 의해 일정 전압레벨이 이루어져 정상적인 데이터 통신이 이루어 진다.

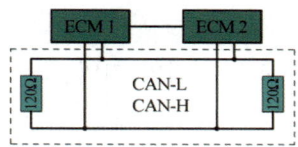

2. CAN 통신과 LIN 통신

구분	CAN	LIN
사용범위	파워트레인, 섀시제어기, 바디전장 사이의 통신	각종 편의사양 및 센서 간의 통신
사용목적	Real time(실시간) 제어	단순 ON/OFF 장치에 사용
배선구성	Twisted Pair Wire(5V) CAN-Hi, CAN-Low	Single Wire(12V)
제어방식	Multi Master	Single Master Multi Slave
통신속도	최대 125Kbps : Low speed 최대 1Mbps : High speed	최대 20Kbps
개발회사	Bosch	BMW, Volvo, 크라이슬러, 모토로라

1) LIN 통신(LIN Bus)의 특징

LIN 통신은 차량에서 분산된 전자 시스템을 위한 직렬통신 시스템으로서 CAN 통신에서 제공하는 대역폭과 다기능을 필요로 하지 않고 액추에이터와 스마트 센서를 위한 저비용 통신을 가능하게 하여 매우 경쟁력 있는 가격으로 복잡한 계층적 다중 시스템을 생성, 실행, 처리 할 수 있다

2) LIN 통신 특성

① 저비용의 한가닥 배선 사용
② 최대속도 20kbps/s(EMI 이유로 제한)
③ 싱글 마스터(single master) / 멀티플 슬레이브(multiple slave) 개념
④ 보편적인 UART 통신을 바탕으로 하는 저비용 실리콘 구현
⑤ 다른 슬레이브 노드(node)에서 하드웨어나 소프트웨어를 변경하지 않고도 LIN 네트워크에 노드 추가 가능

3) 자동차 도어 미러에 LIN을 사용하는 이유

① 전방 미러에서 도어 미러로 변경
② 도어 미러 기능의 다양화
　㉠ 미러의 X-Y 방향조정 및 조정 위치의 기억
　㉡ 미러의 수납
　㉢ 흐림 방지용 히터 부가
　㉣ 방향지시등
　㉤ 눈부심 방지
　㉥ CCD 카메라(Charge Coupled Device camera)

4) X-by-wire 시스템(전자화 기능)

① throttle-by-wire(excel-by-wire, drive-by-wire, 전자 스로틀)
② steer-by-wire
③ brake-by-wire
④ suspension-by-wire

3_ 제작사 통신 시스템

1. 현대자동차 통신시스템

1) 통신 시스템 전체 구성도(TG 그랜저)

　CAN 통신(main 통신)과 LIN 통신(sub 통신), 크게 2가지 통신 시스템을 이용하여 전기장치의 작동이 제어된다.

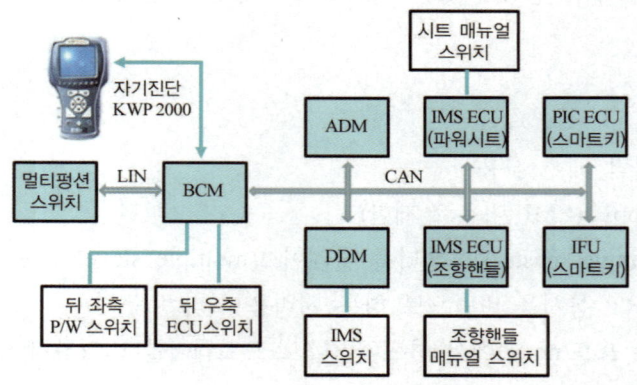

① 메인 통신 구성(CAN) : 그랜저 TG 차량의 메인 통신 네트워크로 CAN 방식을 사용하

며, 메인 모듈인 BCM과 DDM, ADM을 기본 구성모듈로 가진다. 3가지 기본 모듈 외에 옵션에 따라 IMS 파워시트 ECU, IMS 텔레스코픽 ECU, 스마트키 ECU(PIC ECU) 및 인터페이스 유닛(IFU)이 추가로 장착되어 최대 7개 모듈이 CAN 통신선을 이용하여 정보를 주고 받는다. BCM은 CAN 통신 구성 모듈 중 최상위 메인 모듈이며, 진단장비와 K-라인 통신을 통해 자기진단, 센서출력, 액추에이터 검사 기능 등을 지원한다.

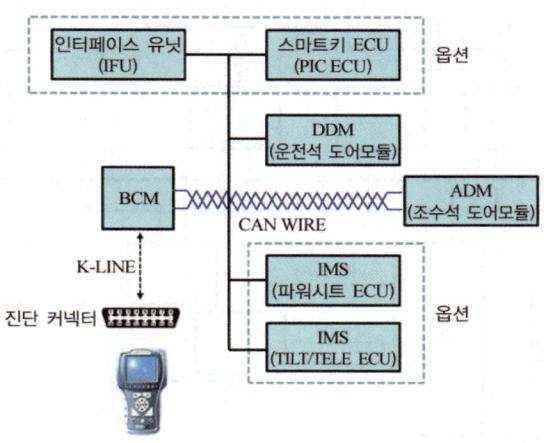

그림 3-47 / 메인 통신 구성(CAN)

② **서브 통신 구성(LIN)** : 그랜저 TG 차량의 서브 통신 네트워크로 LIN 방식을 사용하며, BCM이 Master ECU가 되고, 멀티펑션 스위치가 Slave ECU로 연결되어 양방향으로 정보를 주고 받는다. 멀티펑션 스위치는 와이퍼&와셔, 미등, 헤드램프 등 멀티펑션의 모든 스위치 신호들을 LIN 통신 라인을 통해 BCM으로 전송하고, BCM은 통신 Sleep/Wake up 신호 등을 멀티펑션 ECU 측으로 전송하여 LIN 통신 개시와 종료 명령을 내린다. LIN 통신선 단선시 안전을 위해 Back-up 라인을 보유한다

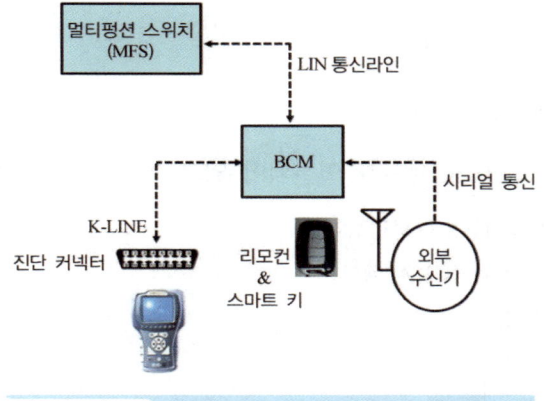

그림 3-48 / 서브 통신 구성(LIN)

2) 통신 시스템 전체 구성도(BH 제네시스, VI 에쿠스)

메인 통신인 CAN 통신과 각 서브 모듈간의 LIN 통신, 또는 시리얼 통신을 이용하여 대부분의 전기장치 작동이 이루어진다.

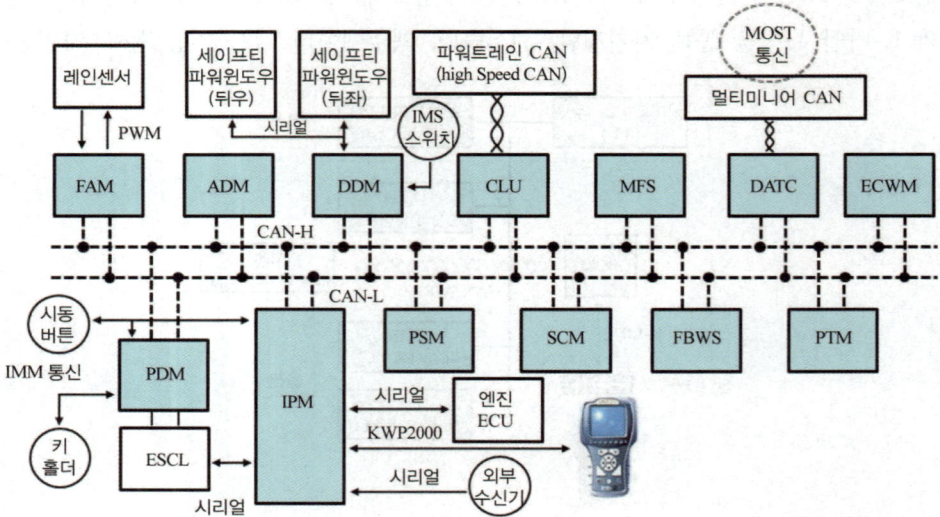

① 메인 통신 구성 : 제네시스 차량의 바디전장 시스템은 메인 통신으로 CAN 통신을 사용하며, 메인 모듈인 IPM과 FAM, DDM, ADM, CLU, MFS, ECWM으로 구성된다. 기본 모듈 외에 옵션에 따라 DATC, PDM, PSM, SCM, FBWS, PTM이 추가로 장착되어 최대 13개 모듈이 정보를 주고 받는다. IPM은 바디 CAN 통신 구성 중 최상위 메인 모듈이며, 진단장비와 K-라인 통신을 통해 자기진단, 센서출력, 액추에이터 검사 기능 등을 지원한다. 클러스터 모듈은 파워트레인 CAN과 바디전장 CAN과의 Gate 역할을, DATC 모듈은 멀티미디어 CAN과 바디전장 CAN과의 Gate 역할을 담당한다.

2. GM 대우 통신 네트워크

1) 전체 통신 네트워크(WINSTOM)

총 17개의 전자제어 모듈 및 센서가 연결되어 있고, 5가지의 통신방식을 사용한다.

① High Speed GMLAN(HS-GMLAN)
② Low Speed GMLAN(LS-GMLAN)
③ High Speed CAN(HS-CAN)
④ Low Speed CAN(LS-CAN)
⑤ K-Line(UART)

HS-LAN과 LS-LAN 통신은 BCM을 거쳐 서로 데이터를 교환하지만, 이 외의 통신은 데이터 교환없이 서로 독립적으로 작동하며, 스티어링 앵글 센서와 요레이트 센서는 실시간 빠른 ESP 연산을 위해 EBCM과 HS-CAN 통신을 한다.

2) 전체 네트워크 구성도

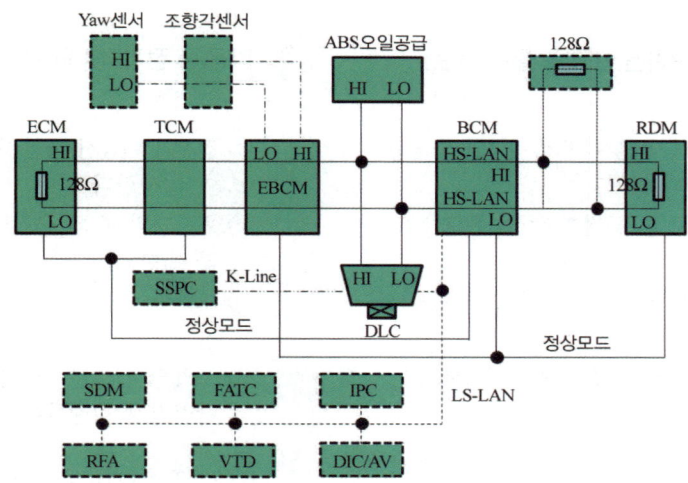

3) 전체 통신 네트워크(Vs300, ALPHEON)

총 40개의 전자제어 모듈 및 센서가 네트워트 통신으로 연결되며, GM Global Electrical Architecture(Global A) 라는 표준에 기반하여 6가지 통신방식 사용한다.

① HS-GMLAN(지엠랜 하이스피드 통신 : 꼬인 2선-고속) : 파워트레인 제어
② MS-GMLAN(지엠랜 미들스피드 통신 : 꼬인 2선-중속) : 핸즈프리 제어
③ LS-GMLAN(지엠랜 로우스피드 통신 : 1선-저속) : 전장 제어
④ LIN Bus(린 통신 : 1선-저속) : 파워 윈도우/ 선루프/ 이모빌라이저
⑤ Chassis Expansion Bus(샤시 통신 : 꼬인 2선-고속) : ESC 제어
⑥ COMM Bus(기타 통신) : RFA - BCM

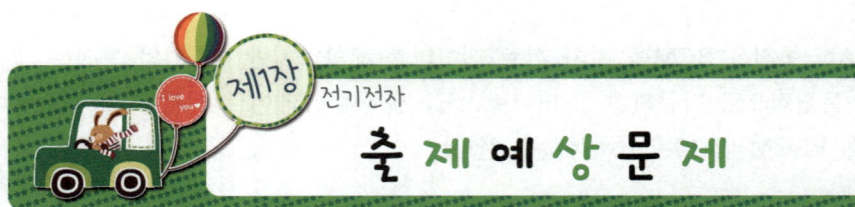

01 전기 저항과 관련된 설명 중 틀린 것은?
[07년 4회]

① 전자가 이동시 물질 내의 원자와 충돌하여 발생한다.
② 원자핵의 구조, 물질의 형상, 온도에 따라 변한다.
③ 크기를 나타내는 단위는 옴(Ohm)을 사용한다.
④ 도체의 저항은 그 길이에 반비례하고 단면적에 비례한다.

[풀이] 도체의 저항은 길이에 비례하고 단면적에 반비례한다.

02 물체의 전기저항 특성에 대한 설명 중 틀린 것은?
[07년 4회]

① 단면적이 증가하면 저항은 감소한다.
② 온도가 상승하면 전기저항이 감소하는 효과를 NTC라 한다.
③ 도체의 저항은 온도에 따라서 변한다.
④ 보통의 금속은 온도 상승에 따라 저항이 감소된다.

[풀이] 보통의 금속은 온도상승에 따라 분자의 운동이 활발해 지므로 저항이 증가하는 정온도 특성을 갖는다.

03 다음 중 전기저항의 설명으로 틀린 것은?
[09년 2회]

① 전자가 이동시 물질 내의 원자와 충돌하여 발생한다.
② 원자핵의 구조, 물질의 형상, 온도에 따라 변한다.
③ 크기를 나타내는 단위는 옴(Ω)을 사용한다.
④ 도체의 저항은 그 길이에 반비례하고, 단면적에 비례한다.

[풀이] 도체의 전체저항 $R = \rho \times \dfrac{\ell}{A}$

∴ 도체의 저항은 길이에 비례하고, 단면적에 반비례한다.

04 오실로스코프에서 듀티 시간을 점검한 결과 아래와 같은 파형이 나왔다면 주파수는?
[08년 2회]

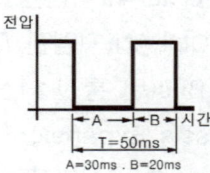

① 20[Hz]   ② 25[Hz]
③ 30[Hz]   ④ 50[Hz]

[풀이] 주파수 $f = \dfrac{1}{T}$[Hz]

여기서, f : 주파수(Hz), T : 주기(S)

∴ $f = \dfrac{1}{T} = \dfrac{1,000 \text{ms}}{50 \text{ms}} = 20$[Hz]

(∵ 1S = 1,000ms)

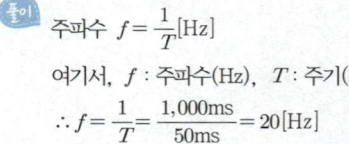

01 ④   02 ④   03 ④   04 ①

05 12[V]-0.3[μF], 12[V]-0.6[μF] 의 축전기를 병렬로 접속하였다. 두 개의 축전기에는 얼마의 전기량이 축전되는가?
[08년 1회]

① 0.9[μC]　　② 10.8[μC]
③ 13.3[μC]　　④ 60[μC]

풀이 축전되는 전기량 Q = C·E, 병렬이므로 각각 더한다.
∴ Q = 0.3×12+0.6×12 = 10.8[μC]

06 전류의 자기작용을 응용한 예를 설명한 것으로 틀린 것은?
[07년 4회]

① 스타터 모터의 작용
② 릴레이의 작동
③ 시거라이터의 작동
④ 솔레노이드의 작동

풀이 시거라이터는 전류의 발열작용을 이용한 것이다.

07 자화된 철편에서 외부 자력을 제거한 후에도 자기가 잔류하는 현상은?
[08년 2회]

① 자기 포화 현상
② 자기 히스테리시스 현상
③ 자기 유도 현상
④ 전자 유도 현상

풀이 용어 설명
① 자기 포화 현상 : 강자성체를 자화할 때 자화력을 증가시키면 자속밀도가 증가하나 어느 정도 지나면 자속밀도가 증가하지 않는 현상
② 자기 히스테리시스(hysteresis) 현상 : 자화된 철편에서 외부 자력을 제거한 후에도 자기가 잔류하는 현상
③ 자기 유도 : 자성체를 자기장 속에 두면 자화되는 현상
④ 전자유도 현상 : 코일 중을 통과하는 자력선이 변화하면 코일 내에 유도 기전력이 발생하는 현상

08 다음중 분자 자석설에 대한 설명은?
[09년 2회]

① 자석은 동종반발, 이종흡입의 성질이 있다.
② 자속은 자극 가까운 곳의 밀도는 크고, 방향은 모두 극 쪽으로 향한다.
③ 자력은 자속이 투과하는 매질의 투과율 및 자계강도에 비례한다.
④ 강자성체는 자화되어 있지 않은 경우에도 매우 작은 분자자석으로 되어 있다.

풀이 영구자석은 N극과 S극이 같은 방향으로 나란히 정렬되어 있는 분자자석의 집합이라는 학설. 즉, 매우 작은 분자자석으로 되어 있다.

09 전자력에 대한 설명으로 틀린 것은?
[09년 2회]

① 전자력은 자계의 세기에 비례한다.
② 전자력은 자력에 의해 도체가 움직이는 힘이다.
③ 전자력은 도체의 길이, 전류의 크기에 비례한다.
④ 전자력은 자계방향과 전류의 방향이 평행일 때 가장 크다.

풀이 전자력은 자계방향과 전류의 방향이 직각일 때 가장 크다.

10 전압 12[V], 출력전류 50[A] 인 자동차용 발전기의 출력 (용량)은?
[09년 4회]

① 144[W]　　② 288[W]
③ 450[W]　　④ 600[W]

풀이 전력 $P(W) = E \cdot I$
∴ $P = 12 \times 50 = 600[W]$

05 ②　06 ③　07 ②　08 ④　09 ④　10 ④

11 ECU내에서 아날로그 신호를 디지털 신호로 변화시키는 것은? [09년 2회]

① A/D 컨버터
② CPU
③ ECM
④ I/O 인터페이스

풀이 용어설명
① A/D 컨버터 : 아날로그 신호를 디지털 신호로 변환시키는 장치
② CPU(Central Process Unit) : RAM과 ROM 에 의해 저장되어진 데이터를 중앙처리장치라 는 CPU에서 최종 판단을 한다.
③ ECM(Electronic Control Module) : 엔진, 자동변속기, ABS 등 전자부품을 컴퓨터로 제어하는 전자제어 장치
④ I/O(Input/Output) interface : 입력과 출력에 실제로 작동하는 센서나 액추에이터, 스위치 등을 CPU나 그 주변의 IC 들과 연결하는 역할

12 12[V]용 24[W] 방향지시등 전구의 저항을 단품 측정하였더니 약 0.5 ~ 1[Ω] 정도가 측정되었을 경우, 전구의 상태 판단으로 가장 적합한 것은? [09년 4회]

① 일반적으로는 정상이라고 판단할 수 있다.
② 전구 내부에서 단락된 것이다.
③ 전구의 저항이 커진 것이다.
④ 전구의 필라멘트가 단선 되었다.

풀이 저항값이 작으므로 정상이라 판단할 수 있다.

13 그림에서 24[V]의 축전지에 저항 $R_1 = 2[\Omega]$, $R_2 = 4[\Omega]$, $R_3 = 6[\Omega]$을 직렬로 접속하였을 때 흐르는 A의 전류는? [07년 2회]

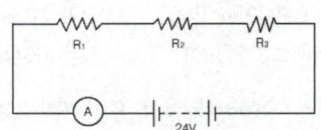

① 2[A]   ② 4[A]
③ 6[A]   ④ 8[A]

풀이 합성저항 $R = R_1 + R_2 + \dots + R_n$,
∴ 합성저항 $R = 2 + 4 + 6 = 12[\Omega]$
오옴의 법칙 $I = \dfrac{E}{R}$, $I = \dfrac{24}{12} = 2[A]$

14 아날로그 회로 시험기를 이용하여 NPN형 트랜지스터를 점검하는 방법으로 옳은 것은? [09년 1회]

① 베이스단자에 흑색 리드선을 이미터단자에 적색 리드선을 연결했을 때 도통이어야 한다.
② 베이스단자에 흑색 리드선을 TR의 바디(body)에 적색 리드선을 연결했을 때 도통이어야 한다.
③ 베이스단자에 적색 리드선을 이미터단자에 흑색 리드선을 연결했을 때 도통이어야 한다.
④ 베이스단자에 적색 리드선을 컬렉터에 흑색 리드선을 연결했을 때 도통이어야 한다.

풀이 아날로그 시험기는 흑색 리드선이 +를, 적색 리드선이 −를 나타낸다.

11 ① 12 ① 13 ① 14 ①

15. 기전력 2.8[V], 내부저항이 0.15[Ω]인 전지 33개를 직렬로 접속할 때 1[Ω]의 저항에 흐르는 전류는 얼마인가? [08년 4회]

① 12.1[A]　② 13.2[A]
③ 15.5[A]　④ 16.2[A]

풀이 오옴의 법칙 $I = \dfrac{E}{R}$

$\therefore I = \dfrac{2.8 \times 33}{0.15 \times (33+1)} = \dfrac{92.4}{5.95} = 15.53[A]$

16. 전기회로 정비 작업시의 설명으로 틀린 것은? [07년 4회]

① 전기회로 배선 작업시 진동, 간섭 등에 주의하여 배선을 정리한다.
② 차량에 있는 전기장치를 장착할 때는 전원부에 반드시 퓨즈를 설치한다.
③ 배선 연결 회로에서 접촉이 불량하면 열이 발생한다.
④ 연결 접촉부가 있는 회로에서 선간 전압이 5[V] 이하 시에는 문제가 되지 않는다.

풀이 연결 접촉부가 있는 회로에서 전압강하가 발생되어서는 안된다.

17. 어떤 전압에 달하면 역방향으로 전류가 흐를 수 있도록 하는 다이오드의 명칭은? [07년 2회]

① 제너 다이오드　② 발광 다이오드
③ 포토 다이오드　④ 트랜지스터

풀이 제너 다이오드는 어떤 기준 전압(브레이크 다운 전압) 이상이 되면 역방향으로 큰 전류가 흐르는 반도체

18. 그림과 같은 회로에서 가장 적합한 퓨즈의 용량은? [08년 2회]

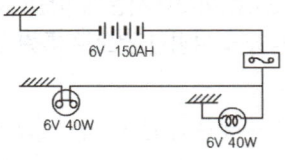

① 10[A]　② 15[A]
③ 25[A]　④ 30[A]

풀이 전력 $P(W) = E \cdot I$

$\therefore I = \dfrac{P}{E} = \dfrac{80}{6} = 13.3[A]$, 안전을 위해 15[A]를 선택한다.

19. 순방향으로 전류를 흐르게 하면 전류를 가시광선으로 변형시켜 빛을 발생하는 다이오드로 N형 반도체의 과잉 전자와 P형 반도체의 정공이 결합되어 있는 소자는? [07년 1회]

① 제너 다이오드　② 포토 다이오드
③ 발광 다이오드　④ 실리콘 다이오드

풀이 발광 다이오드는 PN 접합면에 순방향 전압을 걸면 에너지의 일부가 빛으로 되어 외부에 발산한다.

20. 트랜지스터의 일종으로 베이스가 없이 빛을 받아서 출력 전류가 제어되고 광량 측정, 광 스위치, 각종 sensor에 사용되는 반도체는? [08년 1회]

① 사이리스터　② 서미스터
③ 다링톤 TR　④ 포토 TR

풀이 포토 트랜지스터는 베이스가 없이(있어도 사용하지 않음) 빛을 받아서 컬렉터 전류가 제어되는 반도체로 광량측정, 조향휠 각속도 센서, 차고센서 등에 사용된다.

15 ③　16 ④　17 ①　18 ②　19 ③　20 ④

21 단방향 3단자 사이리스터(thyristor : SCR)는 애노드(A), 캐소드(K), 게이트(G)로 이루어지는데 다음 중 전류의 흐름 방향을 설명한 것으로 틀린 것은?

[07년 1회]

① A에서 K로 흐르는 전류가 순방향이다.
② 순방향은 언제나 전류가 흐른다.
③ A와 K 간에 순방향 전압이 공급된 상태에서 G에 순방향 전압이 인가되면 도통한다.
④ A와 K 사이가 도통된 것은 G 전류를 제거해도 계속 도통이 유지되며, A 전위가 "0"이 되면 해제된다.

풀이 순방향이라도 게이트에 순방향 전압이 인가되어야 애노드에서 캐소드로 전류가 흐른다.

22 반도체의 접합이 이중 접합인 것은?

[08년 1회]

① 광도전 셀   ② 서미스터
③ 제너 다이오드   ④ 발광 다이오드

풀이 반도체 소자의 접합방식의 분류
① 무접합 : 접합면이 없는 것, 서미스터, CdS 등
② 단접합 : 접합면이 1개, 다이오드
③ 이중접합 : 접합면이 2개, PNP, NPN형 트랜지스터
④ 다중접합 : 접합면이 3개 이상, 사이리스터

21 ②   22 ④

02 시동, 점화 및 충전장치

제1절 축전지

1_ 축전지의 개요

축전지는 물질의 화학적 특성을 이용하여 화학적 에너지를 전기적 에너지로 저장하였다가(충전), 필요시 전기적 에너지로 꺼내 쓸 수 있게(방전) 만든 장치이다. 축전지는 방전시킨 후 충전하여도 본래 작용물질로 돌아가지 못하는 1차 전지와 자동차 축전지와 같이 충전하면 본래의 작용물질로 되돌아가 다시 사용할 수 있는 2차 전지로 분류한다.

1. 축전지 일반

1) 축전지의 기능

① 시동시에 축전지가 전원이 되어 전기 부하를 공급한다.
② 주행 상태에 따른 발전기 출력과 부하와의 언밸런스를 보상한다.
③ 발전기 고장시 최소한의 주행을 확보하기 위한 전원으로 작동한다.

2) 축전지 용어

① 셀(cell, 단전지) : 축전지의 기본 단위로, 알카리 축전지 셀 전압은 1.2[V], 납산 축전지는 2.1[V], 현재 실용화 된 단전지 중 셀 전압이 가장 큰 휴대폰은 3.75[V] 이다.
② 공칭전압(nominal voltage) : 근사전압이란 의미로 필요한 전압을 얻기 위해 단전지를 여러개 연결하여 축전지로 사용한다. 자동차용 납산 축전지는 단전지 6개를 직렬 연결하여 공칭전압인 12[V]로 사용한다.
③ 비에너지(specific energy) : 축전지 1[kg]에 저장된 에너지의 양을 나타내며, 단위는 [Wh/kg] 이다.
④ 에너지 밀도 : 축전지 체적 1[m^3] 당 저장된 전기 에너지의 양을 나타내며, 단위는 [Wh/m^3] 이다.
⑤ 비전력(specific power) : 축전지 1[kg] 당 얻을 수 있는 전력의 양으로, 단위는 [W/kg] 이다. 보통 비전력이 크면 비에너지는 작아지는데, 이는 축전지로부터 많은 전력을

빠르게 방출시키면 사용할 수 있는 에너지가 줄어들기 때문이다.

3) 축전지의 종류

① 납산 축전지 : 극판으로 납을, 전해액으로 황산을 사용하여 납산 축전지 또는 납축전지라 부르며, 내구성은 약하지만 내부저항이 극히 작고 비전력의 범위가 크고 가격이 매우 싸서 자동차에 많이 사용하는 축전지이다.

② 알카리 축전지(니켈 카드뮴 배터리) : 극판으로 니켈과 카드뮴을, 전해액으로 알카리 용액을 사용하는 알카리 축전지는 납산 축전지에 비해 가격이 비싸지만 비에너지가 납산 축전지의 거의 2배이므로 가혹한 사용조건에서도 내구성이 있고 자기방전도 적으며, 수명이 길고 저장성능이 우수한 장점이 있다. 셀당 기전력이 1.2[V]이므로 축전지로 사용하려면 10개의 셀이 필요하게 된다.

③ MF 축전지(Maintenance Free battery : 무보수 축전지) : MF 축전지는 납산 축전지가 충·방전을 반복함에 따라 전해액이 감소하므로 증류수를 보충하여야 하는 불편함을 없애기 위하여 축전지의 마개에 촉매를 두어 증발가스를 다시 증류수로 환원시킴으로서 유지보수가 필요 없는 배터리이다. MF 축전지의 특징은 다음과 같다.

　㉠ 자기 방전률이 낮다.
　㉡ 증류수를 보충하지 않아도 된다.
　㉢ 장시간 보관할 수 있다.

4) 축전지의 구조

① 단전지(극판군, 셀, cell) : 단전지는 축전지의 가장 기본 구조로 셀 또는 극판군이라고도 하며, 내부에는 양극판과 음극판 및 유리 매트, 전해액 등이 들어 있다. 극판의 수는 양극판을 기준으로 보통 3-5장 이며, 음극판이 양극판보다 1장 더 많다. 그 이유는 음극판이 충격에 더 강하므로 바깥쪽에 위치하게 하며(양극판 탈락방지), 음극판보다 양극판이 더 활성적이어서 양쪽 극판의 활성을 맞추기 위해 음극판을 1장 더 둔다. 단전지 1개(1셀) 당 기전력은 약 2.1~2.3[V]로 이것을 6개 직렬 연결하여 12.6~13.8[V] 로 하여 사용한다. cell 의 수를 증가시키면 전압이 커지지만, 단전지 내부의 극판의 수를 증가시키면 용량이 커진다.

② 극판 : 극판은 납과 안티몬으로 구성된 격자에 활물질인 과산화납과 해면 모양의 다공성 납(海綿狀鉛)을 부착하여 양극판과 음극판으로 한다. 양극판은 암갈색, 음극판은 회색을 띠며 축전지를 오래 사용하면 양극판은 결합력이 약해 탈락하고 음극판은 다공성을 상실하는 고장이 발생되어 수명이 줄어들게 된다.

③ 격리판(separator) : 격리판은 양극판과 음극판 사이에 끼워져 단락을 방지하고, 격리

판의 홈이 있는 면을 양극판 쪽으로 가게 하여, 과산화납에 의한 산화부식을 방지한다. 격리판은 비 전도성으로 다공성이 풍부하고 전기저항이 적고, 내열, 내산성이 우수한 것이 요구된다.

④ 유리 매트(glass mat) : 결합력이 약한 양극판의 보강재로서 양극판에 압착되어 작용 물질이 떨어지는 것을 방지하여 축전지의 수명을 연장시킨다.

⑤ 케이스 및 벤트 플러그(vent plug) : 축전지 케이스는 플라스틱 재료인 합성수지 또는 에보나이트로 제작하며 알칼리성 용액으로 세척한다. 또한 축전지 내부에서 발생하는 가스와 황산을 분리하고, 가스를 배기구멍 밖으로 방출시키기 위하여 각 단전지 뚜껑에는 벤트 플러그를 두고 있다.

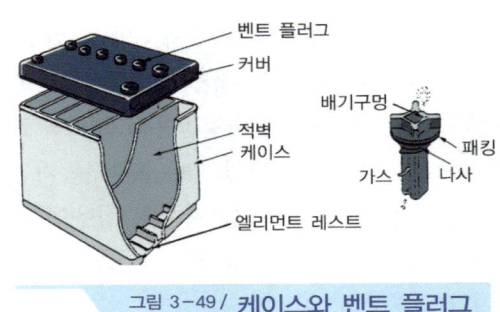

그림 3-49 / 케이스와 벤트 플러그

2. 축전지의 화학작용

축전지 단자에 부하(load)를 연결하여 전류를 흐르게 하는 것을 방전이라 하고, 반대로 발전기나 충전기 등을 이용하여 전압을 가해 축전지에 전류가 흘러 들어가는 것을 충전이라 한다.

1) 축전지의 충·방전 화학식

축전지가 방전하면 양극판과 음극판은 모두 황산납으로 변하고 전해액인 묽은 황산은 물로 변한다. 방전은 (+)와 (-)에 부하를 연결하면 물이 높은 곳에서 낮은 곳으로 흐르듯 전류가 흐르게 되나, 충전의 경우는 낮은 곳에서 높은 곳으로 전류를 흐르게 하여야 하므로 발전기나 충전기 등을 이용하여 전압을 가해 전류가 흐르도록 해야 한다. 이 과정에서 물이 분해되어 산소가 양극판으로 수소가 음극판으로, 양극판과 음극판의 황산납이 분해되어 전해액인 묽은 황산으로 돌아가게 되는 것을 충전이라 한다.

$$PbO_2 + 2H_2SO_4 + Pb \underset{\text{충전}}{\overset{\text{방전}}{\rightleftarrows}} PbSO_4 + 2H_2O + PbSO_4$$

과산화납	묽은황산	해면상납	황산납	물	황산납
암갈색		회색			
결합력이 약함		다공성 상실			

그림 3-50 / 축전지의 충·방전 화학식

2) 전해액과 비중

① 전해액(electrolyte, 2H2SO4) : 전해액은 증류수에 황산을 혼합하여 희석시킨 무색, 투명의 묽은 황산으로, 전해액의 비중은 완전 충전상태일 때 20[℃]를 기준으로 하며, 열대지방은 1.240, 온대지방은 1.260, 한대지방은 1.280을 표준비율로 사용한다.

② 비중 : 비중이란 어떤 물질의 질량과 이것과 같은 부피를 가진 표준물질의 질량과의 비율로, 고체 및 액체는 1[atm], 4[℃]의 물을, 기체의 경우에는 0[℃], 1[atm]하에서의 공기를 표준물질로 한다. 전해액의 경우 황산 35[%], 물 65[%]의 혼합액으로 물에 대한 황산의 비중은 1.8 이다.

③ 온도에 의한 비중 변화 : 전해액의 비중은 온도가 높아지면 비중은 낮아지고, 온도가 낮아지면 비중은 높아진다. 그 이유는 묽은 황산의 체적이 온도에 따라 팽창, 수축하여 단위체적 당 중량이 변화하기 때문이며, 그 변화량은 1[℃] 마다 0.0007씩 변화한다. 이를 식으로 표현하면,

$$S_{20} = S_t + 0.0007(t - 20)$$

S_{20} : 표준온도에서의 비중
S_t : 측정온도에서의 비중
t : 측정시 온도[℃]

④ 비중에 의한 충전 상태 측정 : 축전지의 비중을 측정하여 남아있는 전기량을 판단하고, 이를 이용하여 축전지의 방전량을 환산할 수 있다.

표 4-1 / 비중에 의한 충전 상태

전해액의 비중	남아있는 전기량[%]
1.260	100
1.210	75
1.150	50
1.100	25
1.050	0

㉠ 방전량 = $\dfrac{완전 충전시 비중 - 측정시 비중}{완전 충전시 비중 - 완전 방전시 비중} \times 용량[AH]$

㉡ 방전시간 = $\dfrac{방전량[AH]}{방전전류[A]}$

3) 축전지의 용량과 방전율

① **축전지의 용량(AH)** : 완전 충전된 축전지를 일정한 전류로 계속 방전 시켰을 때 단자 전압이 방전 종지 전압에 도달할 때 까지 사용할 수 있는 총 전기량을 용량이라 한다. 축전지 용량은 동일한 축전지라도 방전전류의 크기에 따라 변화한다. 즉, 방전전류가 크면 용량은 적어지고, 적으면 용량은 커진다. 따라서, 용량을 표기할 때에는 방전전류의 크기와 방전율을 함께 명시해야 한다. 또한 축전지 용량은 온도가 낮으면 전해액의 저항이 증대하여 용량이 적어지고, 온도가 높아지면 용량이 커지는 현상이 나타난다. 추운 겨울철에 축전지의 시동능력이 떨어지는 원인도 이 때문이다. 축전지의 용량은 아래의 식으로 나타낸다.

　　축전지 용량[AH] = 방전전류[A]×방전시간[H]

② **방전 종지 전압** : 방전 중의 단자전압은 방전이 진행됨에 따라 점차로 저하하다가 어느 한도에 이르면 급격한 전압강하를 나타내며 그 이후에는 다시 충전하여도 원래 상태로 회복되기 어렵다. 이 한계전압을 방전 종지 전압이라 하며 한 셀(cell)당 1.75[V], 배터리 전압으로는 1.75×6 = 10.5[V] 이다.

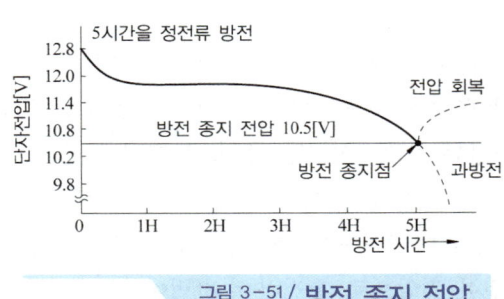

그림 3-51 / 방전 종지 전압

③ **자기방전** : 축전지는 사용을 하지 않아도 용량이 스스로 감소하는데 이것을 자기방전(내부방전)이라 한다. 자기방전의 원인은 축전지 내부의 화학작용과 불순물에 의한 방전 그리고 단락에 의한 방전 등이 있으며 전해액의 비중이 높을수록 습도가 높을수록 방전량이 많다. 자기방전량은 축전지 실용량에 대한 백분율로 나타내며 1일동안 용량의 0.3 ~ 1.5[%] 정도이다.

1[AH]의 방전량에 대해 전해액 중의 황산은 3.660[g]이 소비되며, 0.67[g]의 물이 생성된다.

$$방전율[\%] = \frac{완전충전시\ 비중 - 측정시\ 비중}{완전충전시\ 비중 - 완전방전시\ 비중} \times 100[\%]$$

④ 방전율(축전지 용량 표시방법)

　㉠ 20시간율(ampere hour capacity) : 일정한 방전 전류로 20시간 방전하였을 경우 방전 종지 전압(1.75[V])으로 강하될 때까지 방전할 수 있는 전류의 총량을 말한다.(축전지 용량=20시간×방전전류)

　㉡ 25[A]율(reserve capacity) : 80[°F]에서 25[A]로 연속 방전하여 셀당 전압이 1.75[V]에 이를 때까지 방전하는 것을 말한다.(보통 25[A]로 2시간 정도 방전할 수 있을 것)

　㉢ 냉간 시동율(cold cranking ampere) : 0[°F]에서 300[A]로 방전하여 셀당 전압이 1[V] 강하하기까지 몇 분 소요되는 가로 표시하는 방법을 말한다.

2_ 축전지 충전법 및 이상 현상

1. 축전지의 충전 방법

1) 축전지 충전의 종류

① **초충전(활성충전)** : 초충전은 축전지 제조 후 전해액을 주입하고 극판의 활성화를 위하여 최초로 충전하는 방법이다. 축전지의 수명연장을 위하여 용량의 1/10 ~ 1/20로 60 ~ 70시간 연속충전한다.

② **보충전** : 자기방전이나 사용중의 방전에 의해서 용량이 부족할 때 실시하는 충전 방법이다. 해당 축전지 용량의 1/10 ~ 1/20로 2 ~ 3시간 정도로 정전류 충전법을 많이 사용한다. 보충전에는 정전류 충전, 정전압 충전, 단별전류 충전, 급속 충전이 있다.

　㉠ 정전류 충전 : 일정한 전류로 계속 충전하는 방법으로 가장 이상적인 충전방법이며, 충전전류는 용량의 1/10이며 최소 5[%]에서 최대 20[%] 까지 충전한다.

　㉡ 정전압 충전 : 일정한 전압으로 충전하는 방법이며, 전류를 초기에는 많게 하고 점차 충전량에 따라 낮추어서 충전말기에는 거의 전류가 흐르지 않으며 수소가스 발생이 거의 없으므로 충전성능이 우수하다.

　㉢ 단별 전류 충전 : 전류를 단계적으로 낮춰가며 충전하는 방법으로 충전효율을 높이고 온도상승을 완만히 하기 위해서 실시하는 방법이다.

　㉣ 급속 충전 : 급속 충전기를 이용하여 짧은 시간에 충전하는 방법으로 충전 전류는 용량의 1/2 정도로 충전하며 전해액의 온도가 45[℃] 이하에서 실시한다.

③ **회복 충전** : 방전 상태가 계속되어 극판표면에 약간의 황산화(설페이션 : sulfation)현상

이 일어났을 때 원상태로 회복하기 위한 충전방법이며 충전방법은 정전류 충전법으로 하며, 약한 전류로 40~50시간 충전했다가 방전시키는 작업을 여러번 되풀이 한다.

2) 충전시 주의사항

① 통풍이 잘된 곳에서 충전시간을 짧게 할 것(수명연장)
② 전해액의 온도가 45[℃]가 넘지 않도록 할 것(폭발위험)
③ 보충전은 용량의 1/10의 전류로 하며 15일마다 보충할 것(수명연장)
④ 급속충전전류는 축전지 용량의 1/2로 할 것(수명연장)

2. 축전지의 이상 현상

1) 황산화(설페이션) 현상

축전지의 황산화 현상이란 극판에 백색 결정성 황산납($PbSO_4$)이 생성되는 현상으로, 원인은 다음과 같다.

① 배터리 극판이 공기중에 노출 되었을 때
② 축전지를 과방전 시켰을 때
③ 불충분한 충전을 반복했을 때
④ 전해액 비중이 너무 높거나, 낮을 때
⑤ 전해액 이물질 유입 및 장시간 방전시켰을 때

2) 배터리 충전이 불량한 원인

① 발전기 구동벨트가 헐겁거나 슬립이 있다.
② 발전기 조정전압이 낮다.
③ 발전기가 고장났다.
④ 발전기 브러시가 마모되어 슬립링에 접촉이 불량하다.
⑤ 배터리 극판이 황산화 되었다.
⑥ 자동차 전기 사용량이 과다하다.

3) 배터리 과충전 시 나타나는 현상

① 가스의 발생이 많아진다.
② 배터리 전해액이 부족해진다.
③ 전해액의 온도가 증가한다.
④ 전해액의 비중이 증가한다.

⑤ 전해액이 갈색으로 나타난다.
⑥ 양극판의 격자가 산화하고, 양극 커넥터가 부풀어 오른다.

제2절 시동장치

1. 시동장치의 개요

기관(engine)은 스스로의 힘으로 시동할 수 없으므로 실린더 안에서 최초로 폭발 연소를 일으켜 기관을 회전시키려면, 축전지 전류의 힘으로 크랭크축을 돌려주어야(크랭킹) 하며 이 일을 하는 것이 시동장치(starting system)이다.

1. 시동장치 일반

시동장치는 축전지, 점화 스위치, 기동 전동기 등으로 구성되어 있다.

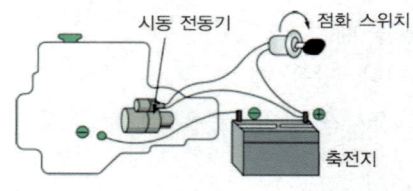

그림 3-52 / **시동장치의 구성**

1) 시동 소요 회전력

기동 전동기의 회전력은 약 1[m-kg$_f$] 정도로 엔진 회전저항이 1,500[cc] 엔진이 대략 6[m-kg$_f$]라 한다면 기동 전동기는 회전저항이 큰 엔진을 돌릴 수 없다. 따라서 기어의 잇수비를 이용하여 기동 전동기의 회전력을 증대시킨다. 이 때 필요한 회전력을 다음과 같이 구할 수 있다.

$$필요\ 회전력(F) = 회전저항(R_s) \times \frac{피니언\ 잇수(Z_P)}{링기어\ 잇수(Z_r)}$$

2) 기동 전동기의 종류

기동 전동기는 자동차 전원이 직류이므로 직류 전동기를 사용하며, 계자코일과 전기자 코일의 결선방법에 따라 직권 전동기, 분권 전동기, 복권 전동기로 분류한다.

① **직권 전동기** : 직권 전동기는 전기자 코일과 계자 코일이 직렬 접속되어 있고 짧은 시간에 큰 회전력을 필요로 하는 장치에 알맞으며 부하가 적어지면 회전력은 감소하고 회전수는 커진다. 반대로 부하가 커졌을 때에는 회전속도는 감소하나 전기자 전류가 많이 흐르게 되어 큰 회전력을 낼 수 있다. 전기자 전류는 전동기에 발생하는 역기전력에 반비례하고 역기전력은 속도에 비례한다. 자동차용 시동 전동기로 사용한다.

② **분권 전동기** : 분권 전동기는 전기자 코일과 계자 코일이 병렬로 접속되어 있는 것이며 회전속도가 거의 일정하며 전동기의 회전속도는 가하는 전압에 비례하고 계자의 세기에 비례한다. 사용 용도는 일반 가전제품의 모터, 자동차의 전동 팬 모터, 히터 팬 모터 등에 사용한다.

③ **복권 전동기** : 복권식 전동기는 2개의 계자 코일을 하나는 전기자 코일과 직렬로 접속하고, 다른 하나는 병렬과 접속되어 있다. 즉, 직권과 분권의 두 계자 코일을 가진 것이며, 기동할 때 회전력이 크고 기동 후에 회전속도가 일정하며 자동차의 윈드 실드 와이퍼 모터에 사용된다.

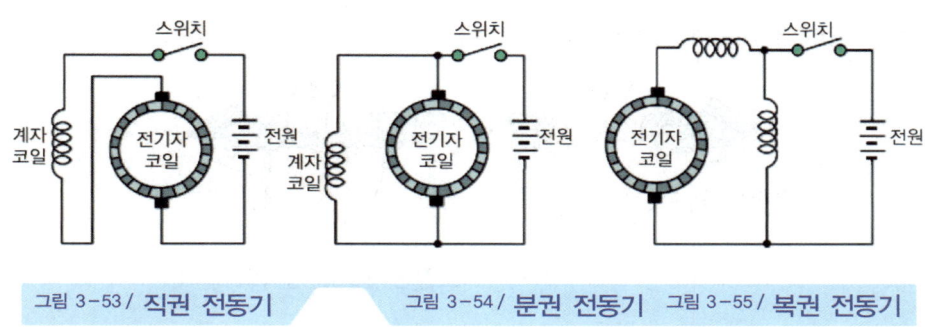

그림 3-53 / **직권 전동기**   그림 3-54 / **분권 전동기**   그림 3-55 / **복권 전동기**

3) 직류직권 전동기의 특징

전자력(F)의 크기는 자석의 세기(B), 도선의 길이(ℓ), 도선에 흐르는 전류의 세기(I)에 비례한다.

즉, 전자력 $F = B \times \ell \times I$ 이다. 직권 전동기는 자계를 만드는 철심부분인 계자코일과 회전부인 전기자 코일이 직렬로 연결되어 있고, 기동 전동기에서 도선의 길이는 고정이므로 직권 전동기의 회전력은 자석의 세기(계자)와 전기자 전류의 곱에 비례한다. 즉, 전기자 전류가 많으면 회전력이 크다. 엔진이 정지하고 있을 때(부하가 클 때) 전류는 저항 없이 많이 흘러 회전력은 크지만 회전수는 느려진다. 점점 크랭킹이 되어 엔진이 회전하면(부하가 적을 때) 회전수는 빨라지나 회전력은 작아지게 된다. 이러한 특성을 이용하여 자동차용 시동 전동기로 직류직권 전동기를 사용한다.

2. 기동전동기의 원리

1) 오른나사의 법칙

도선에 전류가 흐를 때 도선에는 오른나사가 진행하는 방향으로 자력선이 발생한다. 그림에서 ⊗는 책속으로 전류가 들어가는 표시를, ⊙는 나오는 표시 기호로 한다.

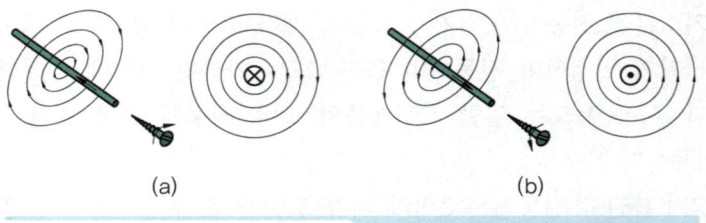

그림 3-56 / 오른나사의 법칙

2) 오른손 엄지손가락의 법칙

도선을 코일로 감으면 오른나사의 법칙 작용이 어려우므로 오른손을 전류가 흐르는 방향으로 코일을 감아쥐었을 때 오른손 엄지손가락이 가리키는 방향이 자석의 N극이 된다.

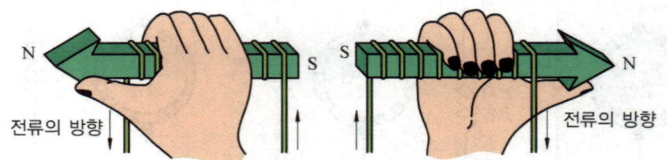

그림 3-57 / 오른손 엄지손가락의 법칙

3) 플레밍의 왼손법칙

기동 전동기의 회전력 방향을 알기 위한 법칙으로, 그림과 같이 왼손을 서로 직각이 되도록 펴고 제일 먼저 인지를 자력선 방향에 맞추고 가운데 손가락을 전류의 방향에 맞추어 놓았을 때 엄지손가락이 가리키는 방향으로 전자력이 작용한다는 법칙이다.

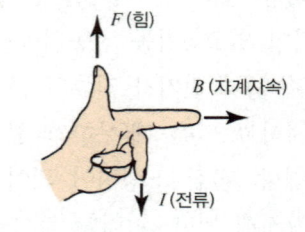

그림 3-58 / 플레밍의 왼손법칙

4) 기동전동기의 작동원리

축전지 전류가 계자코일을 통해 흐르면 전기자 코일을 향해 한쪽은 N극으로 한쪽은 S극으로 자화되며 그 전류는 브러시를 통해 전기자 코일로 흘러 축전지로 되돌아온다. 이 때, 플레밍의 왼손법칙에 의해 기동 전동기 전기자는 그림과 같이 시계방향으로 회전하게 된다.

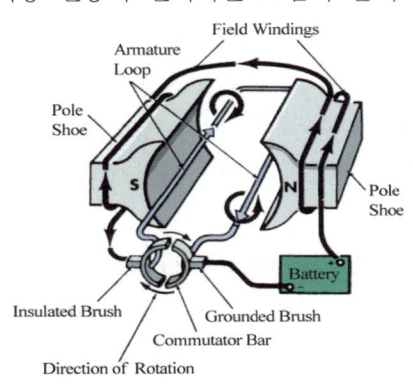

그림 3-59 / **기동 전동기의 작동 원리**

2_ 기동전동기 작동 및 시험

1. 기동 전동기의 구조와 작동

기동 전동기는 구조상 전동기 부, 동력 전달 부, 마그네틱 스위치 부로 구분할 수 있다.

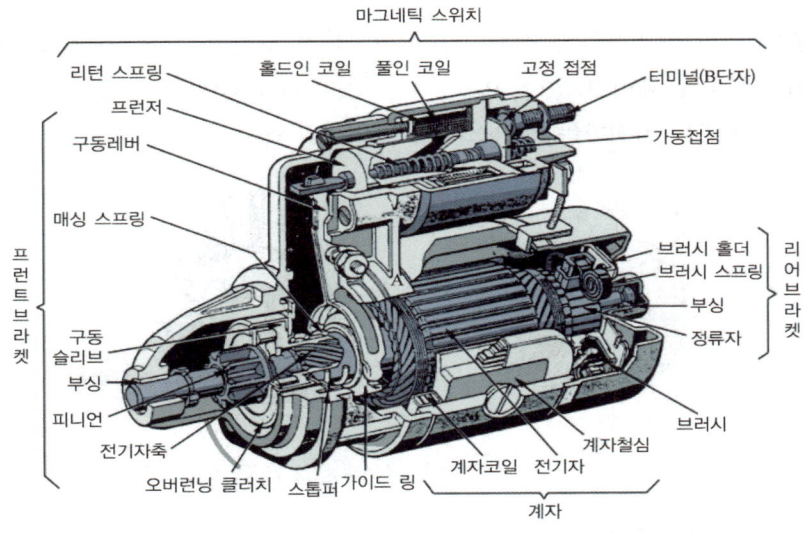

그림 3-60 / **기동 전동기의 구조**

1) 전동기 부분

① **전기자**(armature) : 전기자는 기동 전동기의 회전력을 발생하는 회전 부분으로 전기자 축, 전기자 철심, 전기자 코일, 정류자 등으로 구성되어있다.

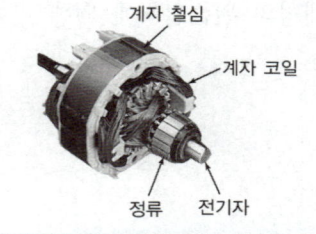

그림 3-61 / **전기자 구성**

㉠ 전기자축 : 전기자축(armature shaft)의 양쪽은 베어링으로 지지되며, 작동시 큰 힘을 받으므로 부러지거나 휘지 않도록 특수강을 사용하고 피니언이 접동하는 부분은 마모하지 않도록 열처리가 되어 있으며 스플라인이 패어져 있다.

㉡ 전기자 철심 : 전기자 철심(armature core)은 자력선을 잘 통과시킴과 동시에 맴돌이 전류(eddy current)로 인한 자장의 손실을 적게하기 위해 얇은 철판을 각각 절연하여 겹친 것이며 바깥둘레에는 전기자 코일이 들어갈 홈이 파져 있다.

㉢ 전기자 코일 : 전기자 코일은 큰 전류가 흐르기 때문에 단면적이 큰 평각 구리선(동선)을 사용 코일의 한쪽은 N극 쪽에, 다른 한쪽은 S극 쪽에 오도록 철심의 홈에 절연되어 끼워져 있고 또 코일의 양쪽끝은 정류자에 각각 납땜되어 있다. 전기자는 일반적으로 1,5000 ~ 20,000[rpm]의 고속회전에 견디도록 되어 있다.

㉣ 정류자 : 정류자(commutator)는 경동으로 된 정류자편(commutator segment or bar)을 각각 절연하여 원형으로 결합한 것이며, 브러시에서의 전류를 일정방향으로만 흐르게 한다. 정류자편 사이에는 1[mm] 정도 두께의 운모판이 끼어 있으며 운모의 돌출로 인한 브러시와의 접촉불량을 방지하기 위하여 정류자편의 표면보다 0.5 ~ 0.8[mm] 낮게 패어져 있다. 이것을 언더컷(undercut)이라 한다.

② **계철** : 계자철심을 지지하는 케이스이며, 자력선의 통로 역할을 한다.

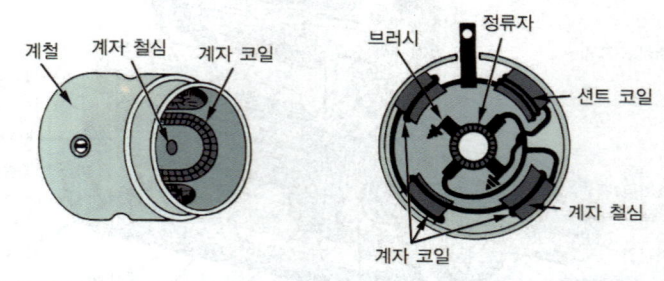

그림 3-62 / **계철의 계자 코일 구성도**

③ **계자 철심** : 계자 코일에 전류가 흐르면 계자 철심은 전자석이 되어 내부에 자계를 형성하며 계자철심의 수와 극의 수는 같다.

④ **계자 코일** : 계자 코일(field coil)은 전동기의 고정부분으로 계자 철심에 감겨져 자력을 일으키는 코일이다. 결선방법은 직권식과 복권식이 있으며 일반적으로 기관의 시동에 적합한 직렬연결의 직류직권식을 쓴다. 직권식 계자 코일에는 전기자 코일과 같은 큰 전류가 흐르기 때문에 단면적이 큰 평각 구리선을 사용한다.

⑤ **브러시(brush)** : 정류자에 접촉되어 전류를 공급하는 탄소막대이다. 계자 철심의 수와 브러시 수는 일반적으로 같다. 브러시는 1/3 이상 마모되거나 마모한계선까지 마모되면 교환한다.

2) 동력전달장치 부분

동력전달장치는 전동기에서 발생한 토크를 기관의 플라이휠에 전달하여 기관을 회전시키는 기구이다. 전자 스위치의 작동으로 피니언과 링 기어가 물리면서 전동기가 회전하여 피니언이 링 기어를 구동하여 기관이 회전하게 된다. 피니언과 링 기어의 기어 비는 기동 전동기의 구동 토크를 크게 하기 위해 10~15 : 1로 되어 있으며 동력전달 방식에는 벤딕스식, 피니언 섭동식, 전기자 섭동식이 있고 동력 전달 후 기동 전동기의 전기자가 피니언과 같이 돌지 못하도록 하는 안전장치인 오버런닝 클러치가 있다.

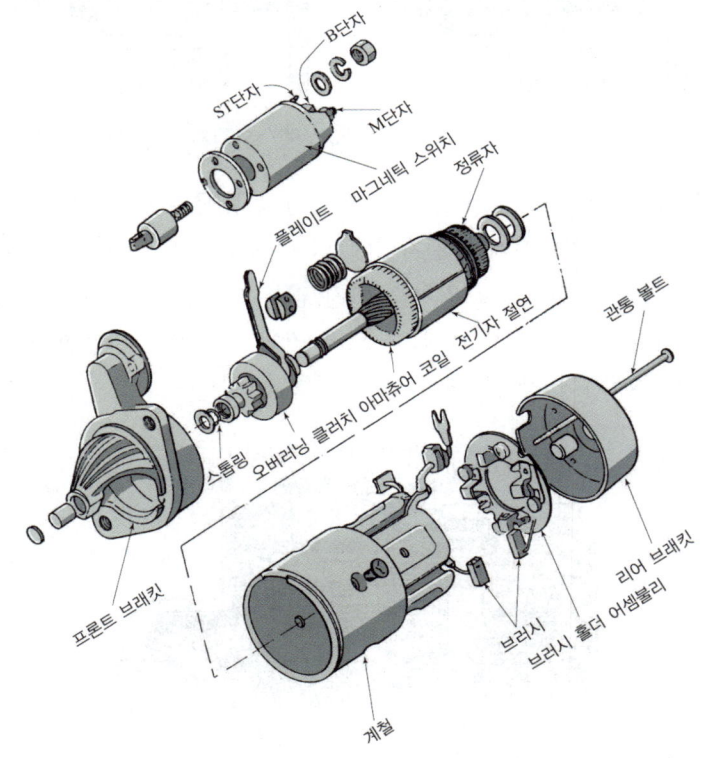

그림 3-63 / **기동전동기 분해도**

① 벤딕스식(bendix starter type) : 벤딕스식은 회전 너트의 원리를 이용한 것으로 피니언의 관성과 전동기가 무부하 상태에서 고속 회전하는 성질을 이용하여 동력을 전달한다. 구조가 비교적 간단하고 오버런닝 클러치가 필요 없는 장점이 있으나 큰 회전력을 필요로 하는 엔진에서는 내구성이 낮아 사용되지 않고 있다.

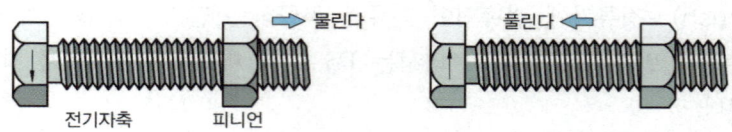

그림 3-64 / 회전 너트의 원리

② 전기자 섭동식(armature shaft type) : 전기자 섭동식은 자력선이 통과하는 경로를 가장 짧게 하려는 성질을 이용한 것으로 피니언과 전기자가 일체로 섭동하여 링기어와 물린다. 전기자 섭동식은 피니언과 전기자가 일체로 되어 움직이기 때문에 링기어에 가해지는 충격이 커서 파손되기 쉬운 단점이 있다.

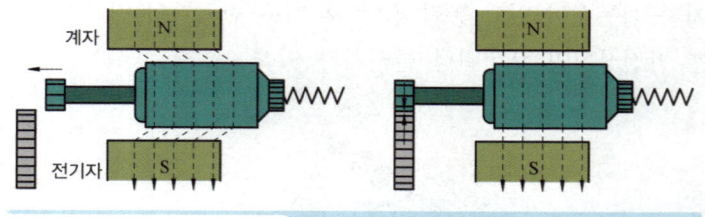

그림 3-65 / 전기자 섭동식의 원리

③ 피니언 섭동식(pinion sliding type) : 피니언 섭동식은 피니언의 이동과 기동 전동기 스위치(F단자와 B단자) 개폐를 전자력에 의해 작동되며, 현재 가장 많이 사용된다. 하지만 기관이 가동된 후에도 스위치를 끄지 않는 한 계속해서 피니언과 링기어가 물려 있으므로 전기자의 파손을 막기 위해 오버 러닝 클러치를 사용한다. 종류로는 직결식, 감속 기어식, 유성기어 감속기어식 등이 있다.

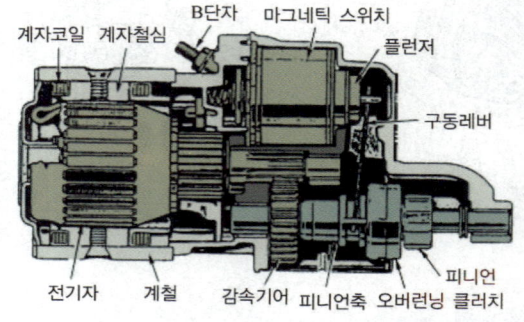

그림 3-66 / 감속 기어식

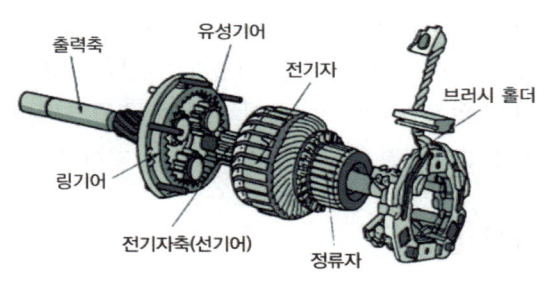

그림 3-67 / 유성기어 감속기어식

④ 오버러닝 클러치(over-running clutch) : 피니언 섭동식에서는 기관이 시동되어도 기동 스위치를 끄지 않는 한 피니언은 물린 상태로 있기 때문에 기관이 회전하면 반대로 링 기어가 피니언을 구동하게 되어 기관 회전수의 10~15배의 속도로 전기자를 회전시켜 이로 인해 전기자와 베어링이 파손될 염려가 있다. 이것을 방지하기 위해 기관이 시동되면 피니언이 물려 있어도 기관의 회전력이 기동전동기에 전달되지 않도록 클러치가 장치되어 있으며 이것을 오버러닝 클러치(overrunning clutch)라 한다.

오버러닝 클러치 종류에는 롤러식(roller type), 다판식(multiple-disc type), 스프래그식(sprag type) 등이 있다.

3) 마그네틱 스위치 부분

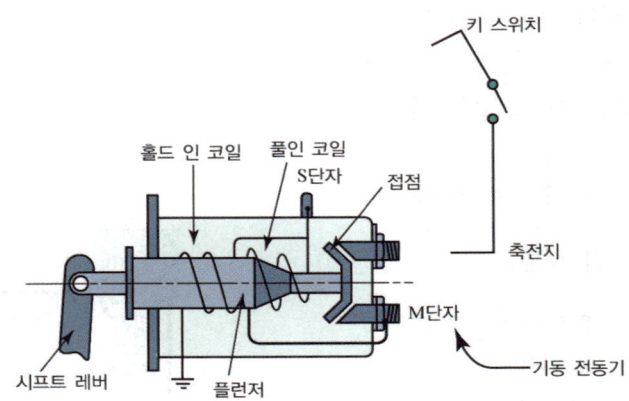

그림 3-68 / 마그네틱 스위치

마그네틱 스위치는 축전지에서 기동 전동기로 흐르는 큰 전류를 단속하는 작용과 피니언과 링 기어가 물리게 하는 작용을 한다. 마그네틱 스위치의 구조 및 작동은 다음과 같다.

마그네틱 스위치는 풀인 코일과 홀딩 코일로 구성되어 있으며 같은 방향으로 감겨져 있다. 운전자가 키 스위치를 닫으면 풀인 코일과 홀딩 코일에 전류가 흘러 내부 코일에 자력이 발생하여 플런저(plunger)를 잡아당기고 플런저가 이동하면 접점 스위치(contact switch)를 작동시킴과 동시에 시프트 레버를 움직여 피니언을 밀어낸다. 접점이 붙음과 동시에 풀인 코일은 등전위가 되어 전류가 흐르지 못하고 홀딩 코일에만 전류가 흘러 당김 상태를 유지하게 된다. 기관이 시동되어 키 스위치를 off하면 풀인 코일과 홀딩 코일에는 자력이 없어지고 리턴 스프링에 의해 플런저가 되돌아오면서 피니언 기어는 링기어와 풀리게 된다.

2. 기동 전동기의 이상 현상

1) 기동전동기는 회전하는데 링기어가 물리지 않는 경우

① 마그네틱(솔레노이드) 스위치 작동 불량
② 피니언 기어의 과도한 마모
③ 플라이 휠 링기어의 과도한 마모
④ 오버런닝 클러치 작동 불량
⑤ 시프트 레버 고정핀의 마모

2) 기동전동기 회전이 느린 원인

① 축전지 전압강하 및 비중이 저하
② 축전지 케이블 접촉불량
③ 정류자와 브러시 접촉불량
④ 정류자와 브러시의 과도한 마모
⑤ 브러시 스프링 장력이 감소
⑥ 전기자 코일 또는 계자코일의 단락

3. 기동 전동기의 측정 및 시험

1) 기동전동기 무부하 시험

① 무부하 시험 시 필요장비
　㉠ 축전지 : 전원 공급용
　㉡ 전류계 : 전류소모 측정용
　㉢ 전압계 : 전압강하 측정용
　㉣ 회전계 : 무부하 회전수 측정용
　㉤ 스위치 : 기동모터 작동용
② 판정
　㉠ 전압 : 축전지 전압의 90[%] 이상(12[V]×0.9 = 10.8[V] 이상)
　㉡ 전류 : 모터 기재된 출력의 90[%] 이하

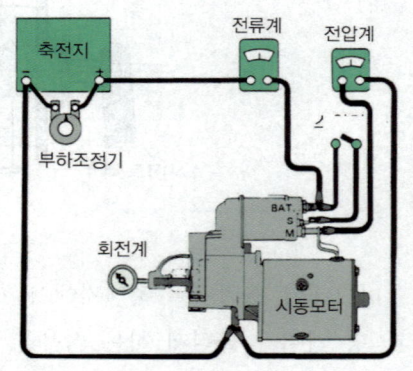

$$(0.9[\text{kW}] \text{ 경우}, \ I = \frac{P}{E}, \ \therefore \ I = \frac{900}{12} \times 0.9 = 67.5A \text{ 이하})$$

2) 기동전동기 부하 시험(크랭킹 시험)

① 시험방법
  ㉠ 시동이 걸리지 않도록 점화 1차 회로를 차단한다.
  ㉡ 전압과 전류를 측정할 수 있도록 전압계 및 전류계를 장착한다.
  ㉢ 엔진을 크랭킹하여 측정값을 읽는다.(5초 이내로 시행)
② 판정
  ㉠ 전압강하는 배터리 전압의 20[%] 이상일 것(12[V]×0.8 = 9.6V 이상)
  ㉡ 전류는 축전지 용량의 3배 이하일 것(60[AH]×3 = 180[A] 이하)

제3절 점화장치

1_ 점화장치 일반

1. 점화장치의 개요

점화장치는 연소실 내의 압축된 혼합기에 고압의 전기불꽃을 발생시켜 연소를 일으키는 장치로 자동차의 출력 및 연비, 배기가스, 노킹 현상 등 엔진 성능에 지대한 영향을 미친다. 점화장치는 축전지, 점화 코일(ignition coil), 배전기(distributor), 고압 케이블(high tension cable), 및 점화 플러그(spark plug) 등으로 구성되어 있으며, 트랜지스터 방식에서는 ECU 및 파워 TR이 첨가되며 DLI(Distributor Less Ignition) 방식에서는 배전기가 없이 배전한다.

1) 점화장치의 종류

점화장치는 예전에는 기계식 접점을 이용하였으나 반도체의 발달로 트랜지스터를 사용한 트랜지스터 방식과 무배전기(DLI) 방식으로 발전되어 현재에 이른다.

① 접점식 점화장치 : 배전기에 있는 기계식 접점을 이용하여 1차전류를 개폐하는 방식으로, 신뢰성이 낮아 현재에는 사용하지 않는 방식이다.
② 트랜지스터 점화장치 : 트랜지스터의 발달로 현재 대부분 사용하는 방식으로, 이그나이터 방식, 광학회로 방식, 홀 센서 방식 등이 있다.
③ DLI 점화장치(Condenser Discharge Ignition) : 전자제어 점화장치에서 배전 손실이 있는 배전기를 제거하고 점화코일에서 직접 배전하는 방식이다.

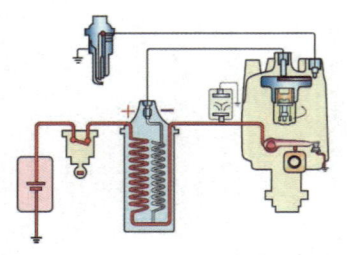
그림 3-69 / 기계식 점화장치

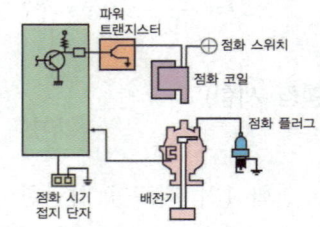
그림 3-70 / 트랜지스터식 점화장치

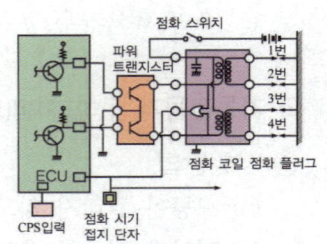
그림 3-71 / DLI 방식 점화장치

2. 축전지식 점화장치

1) 점화장치의 구성

① **점화 스위치** : 키 스위치를 의미하며, 축전지에서의 1차전류를 개폐하기 위한 것이다.
② **점화코일** : 운전자가 점화 스위치를 ON에 놓으면 축전지의 (+)전류가 점화 코일의 1차 코일에 흐르면 1차 코일의 자기유도 작용과 2차 코일의 상호유도 작용에 의하여 실린더 내의 압축된 혼합기를 연소할 수 있는 고전압(25,000 ~ 35,000[V])을 발생하는 장치이다. 개자로형과 폐자로형이 있다.

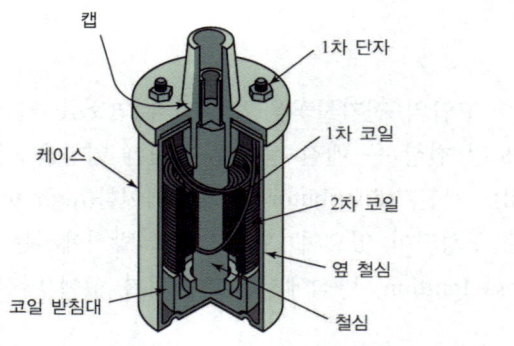

그림 3-72 / 개자로형 점화코일   그림 3-73 / 폐자로형 점화코일

㉠ 자기유도 작용 : 하나의(1차) 코일에 흐르는 전류를 변화시키면 자속의 변화에 의해 자기유도 전압(역기전력)이 발생되는 작용을 말한다.
㉡ 상호유도 작용 : 하나의(1차) 코일에 자속 변화가 인접한(2차) 코일에도 영향을 주어 인접한(2차) 코일에 상호유도 전압(역기전력)이 발생되는 작용을 말한다.

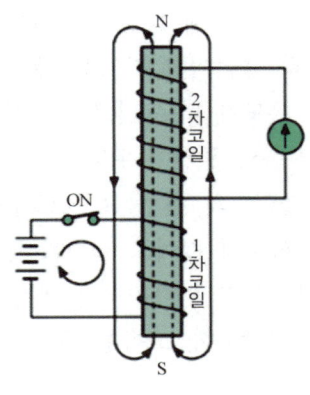
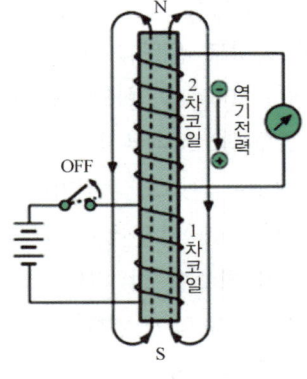

(a) 스위치 ON할 때　　　　(b) 스위치 OFF할 때

　ⓒ 2차코일 유도전압

$$E_2 = \frac{N_2}{N_1} E_1$$

E_2 : 2차 전압
E_1 : 1차 전압
N_1 : 1차 코일 권수
N_2 : 2차 코일 권수

③ **배전기** : 엔진의 캠축에 의해 구동되며 크랭크축 회전수의 1/2로 회전한다. 배전기의 기능은 다음과 같다.

　㉠ 점화 1차전류를 단속하여 2차 코일에 고압을 유도
　㉡ 2차 코일의 고압을 점화순서에 따라 점화플러그로 분배
　㉢ 엔진의 회전속도에 따라 점화시기를 조정

④ **드웰각(dwell angle, cam angle, 캠각)** : 드웰각이란 예전 접점식의 캠각을 의미하며, 1차코일에 전류가 흐르는 통전시간(접점이 닫혀있는 동안 캠이 회전한 각도)으로 정의한다. 접점식에서는 접점의 간극을 통해 드웰각을 조정하였으나 트랜지스터식 점화장치에서는 각종 센서의 신호를 ECU가 연산하여 드웰각을 결정한다.

⑤ **고압 케이블(점화 케이블)** : 고압 케이블(high tension cable)은 점화코일 중심단자와 배전기 캡의 중심단자, 각 점화플러그를 연결하는 고압의 절연 케이블이다. 고압 케이블은 고압 송전시 점화손실이 없어야 하므로 고무로 절연 및 비닐 등으로 보호하며, 중심에는 고주파 발생에 따른 잡음을 방지하기 위해 10,000Ω 정도의 저항을 둔 TVRS 케이블을 사용한다.

⑥ **점화플러그(spark plug)** : 점화플러그는 전극(electrode), 절연체(insulator), 셸(shell)로 구성되어 있으며 전극은 중심전극과 접지전극으로 구성되고, 간극은 1.1 ~ 1.3[mm] 정도이다. 절연체는 내열성, 절연성이 좋은 세라믹으로, 윗부분은 고압전류의 플래시 오버(flash over)를 방지하기 위한 리브(rib)가 설치되어 있다. 셸은 렌치를 사용하기 위해 강으로 되어 있으며 밑부분에는 연소실에 끼우도록 나사부가 설치되어 있다.

㉠ 자기청정온도 : 점화플러그는 불완전 연소에 의해 발생하는 카본을 태우기 위해 전극부가 어느 정도 온도를 유지하여야 하는데 이를 자기청정온도라 한다. 자기청정온도는 500~800[℃] 정도이며 전극부 온도가 너무 낮으면 카본이 많이 끼어 점화플러그가 오손되고, 너무 높으면 조기점화의 원인이 된다.

㉡ 열가(열값, heat range) : 열가란 점화플러그의 열 방출 정도(능력)를 나타내는 것으로, 절연체 아래 부분에서 아래 시일까지의 길이로 열가를 정의한다. 이 길이가 짧은 것은 열 방출이 잘 되므로 점화플러그가 차가워져서 냉형이라 하며, 긴 것은 열을 잘 방출하지 않아 열형이라 한다. 고압축비, 고속형 엔진에서는 냉형을, 그 반대에서는 열형을 사용한다.

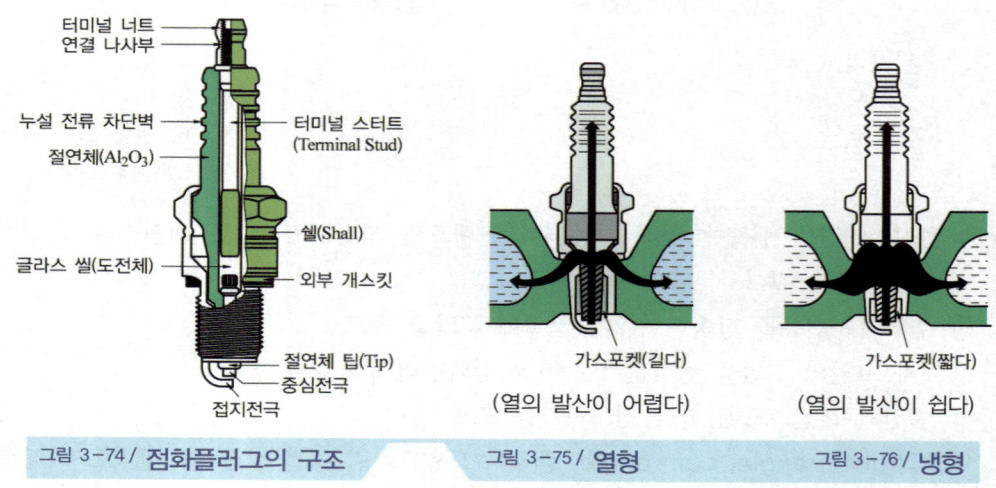

그림 3-74 / **점화플러그의 구조**   그림 3-75 / **열형**   그림 3-76 / **냉형**

㉢ 점화플러그 품번의 예시

B	P	6	E	S 또는 R	11
나사부 지름	P : 자기 돌출형 (projected core nose plug) R : 저항 삽입형	열가	나사부 길이	구조	전극부 간극
A = 18[mm] B = 14[mm] C = 10[mm] D = 12[mm]		크면 : 냉형 적으면 : 열형	E : 19[mm] H : 12.7[mm]	S : 구리심이 든 중심전극 R : 실드형 저항삽입	11 : 1.1[mm] 13 : 1.3[mm]

㉣ 점화플러그의 소염작용 : 고전압이 점화플러그에 인가되면 작은 화염핵이 발생하고 이 화염핵이 화염전파를 일으켜 폭발을 일으키나, 열가가 너무 크면 연소로 진행하는 중에 냉각작용으로 인하여 화염핵이 열을 빼앗겨 성장을 방해 받아 연소가 이루어지 않게 된다. 이것을 소염작용이라 하고, 소염작용이 크면 점화플러그의 착화성은 떨어진다.

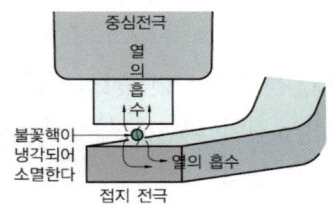

그림 3-77 / 점화플러그의 소염작용

점화플러그의 착화성을 향상시키는 방법은 다음과 같다.
ⓐ 플러그의 간극을 넓게 한다.
ⓑ 중심전극을 가늘게 한다.
ⓒ 접지전극에 U자 홈을 설치한다.

2_ 트랜지스터 점화장치

기존 접점식 점화장치의 접점 손상에 의한 점화시기 변화 및 기관의 실화에 의한 출력저하, 배출가스 증가 등의 단점을 보완하기 위하여 1차 전류를 신뢰성이 좋은 트랜지스터로 단속하여 점화장치 성능의 향상을 꾀하였다.

1. 트랜지스터 점화장치의 개요

1) 트랜지스터 점화장치의 장점

① 저속 및 고속성능이 향상
② 불꽃에너지가 커져 점화가 용이
③ 점화장치의 신뢰성이 향상

2) 파워 트랜지스터(power transistor)

파워 트랜지스터는 엔진 ECU의 신호를 받아 점화 1차전류를 단속하는 작용을 한다. 주로 NPN 트랜지스터를 사용하며, 컬렉터는 점화코일 (-) 단자에, 즉 파워 트랜지스터의 (+)이며, 이미터는 접지 (-)에, 그리고 베이스는 ECU가 제어하여 파워 트랜지스터를 작동시킨다.

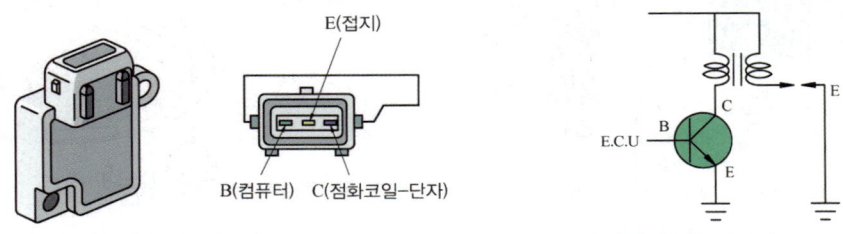

그림 3-78 / 파워 트랜지스터   그림 3-79 / 파워 트랜지스터 회로도

3) 점화신호 발생장치

① 유도센서(시그널 제너레이터, 전자파 차단) 방식 : 점화 1차코일의 단속을 접점대신 유도센서를 이용하는 방식으로 엔진이 회전하면 픽업코일에 유도 기전력이 발생되고 이 신호로 파워 TR이 1차 코일을 단속한다.

㉠ 시그널 제너레이터는 타이밍 로터(timing rotor, 시그널 로터), 픽업 코일(pick coil), 자석(magnet)으로 구성되어 있다. 동작은 다음과 같다. 키 ON하면 파워 TR 베이스로 전류가 흘러 파워 TR이 ON 되고, 로터가 회전하여 픽업코일에 발생되는 기전력이 파워TR 베이스 전위보다 높은 경우에도 파워 TR이 ON된다. 따라서 1차코일에 전류 흐른다. 크랭킹하여 기전력이 낮아지면 파워 TR 베이스가 차단되어 1차전류가 차단되므로 상호유도 작용에 의해 2차코일에서 고압이 발생한다.

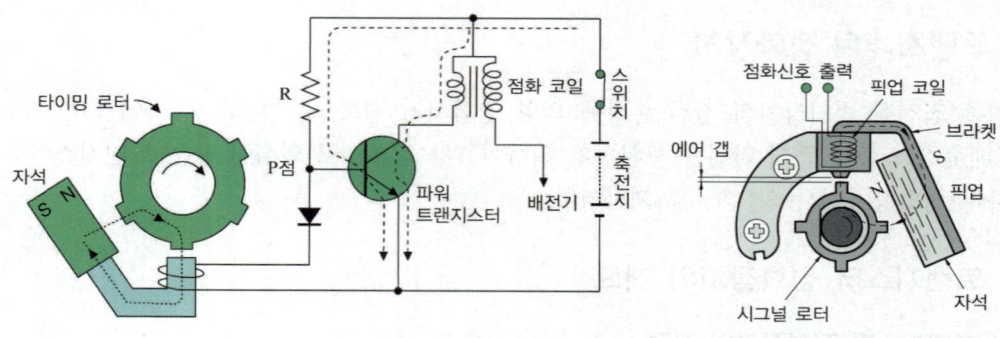

그림 3-80 / 타이밍 로터   그림 3-81 / 유도센서 방식 회로도

② 광학회로 방식(HEI : High Energy Ignition) : 광학회로 방식의 배전기에는 크랭크각 센서와 1번 실린더 상사점 센서용 다이오드와 디스크로 구성되어 있으며, 작동은 각 센서로부터 입력된 엔진의 상태에 따라 최적의 점화시기를 ECU에서 연산하여 점화 1차전류를 단속하는 파워 TR에 신호를 보내어 점화코일에서 고압을 발생시킨다.

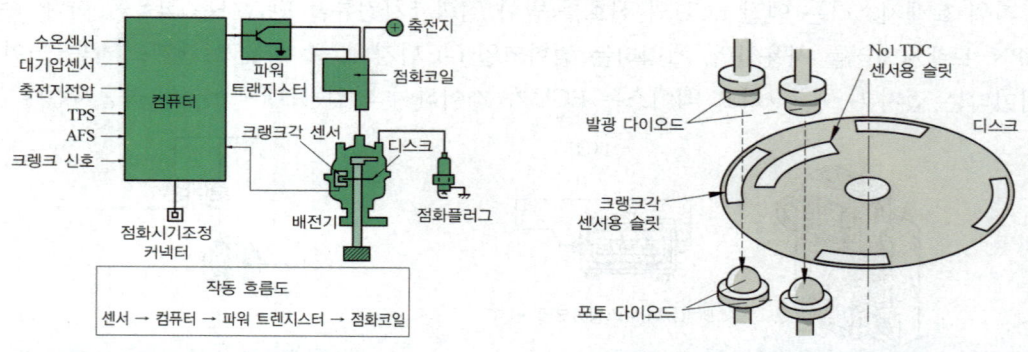

그림 3-82 / 광학회로 방식 흐름도   그림 3-83 / 광학회로 방식 배전기 내부

③ 홀 센서(hall sensor) 방식 : 홀 센서 방식은 홀 센서를 배전기에 설치하고, 홀 센서에 의해 발생된 전압 변동이 컴퓨터로 입력되고 컴퓨터는 이 펄스를 A/D 변환기에 의해 디지털 파형으로 변화시켜 크랭크 각을 검출한다. 홀 효과란 자력선 사이에 홀 효과를 발생하는 반도체를 설치하고 전류를 흘리면 홀소자에는 플레밍의 왼손법칙에 의해 한쪽은 전자가 과잉되고 한쪽은 부족하게 된다. 즉, 홀전압이 발생하는 것을 말한다.(과잉에서 부족으로 전자 흐른다.)

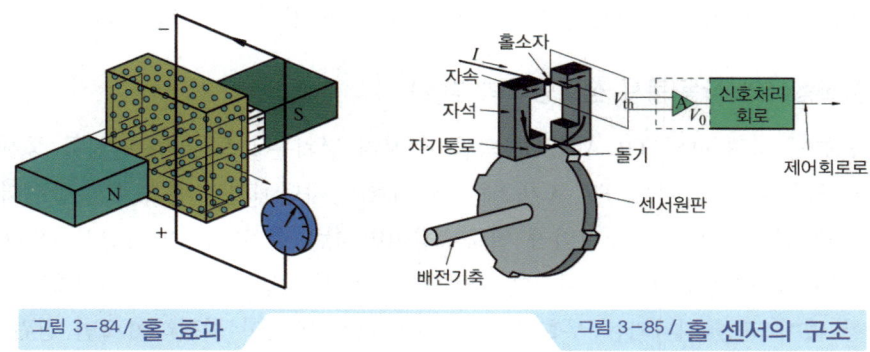

그림 3-84 / 홀 효과

그림 3-85 / 홀 센서의 구조

2. DLI 점화장치(Distributor Less Ignition, 전자배전 점화방식)

접점 점화방식은 1차전류의 단속에서 불꽃(arc) 발생으로 인한 접점의 소손 및 2차 전압의 저하가 발생되고, 트랜지스터 방식은 배전기와 점화플러그를 통한 전압강하와 누전 또는 로터와 캡 사이의 공기절연을 극복할 에너지 손실, 전파잡음이 발생한다. DLI 방식은 배전기를 제거한 점화장치로 ECU를 이용한 첨단 전자배전 방식이다.

1) DLI 점화장치의 종류와 특징

DLI 점화장치는 제어 방식에 따라 점화코일 분배 방식과 다이오드 분배 방식이 있으며, 1개의 코일로 2개의 실린더를 동시에 점화하는 동시 점화방식과 1개의 코일과 점화플러그가 일체가 되어 1개의 실린더를 각각 점화하는 독립 점화방식이 있다.

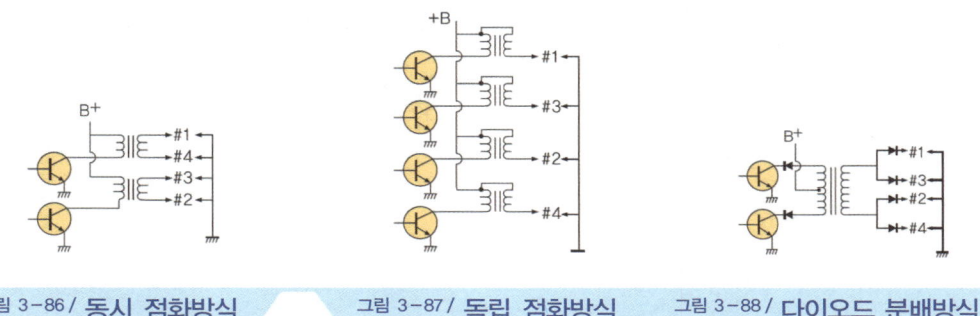

그림 3-86 / 동시 점화방식

그림 3-87 / 독립 점화방식

그림 3-88 / 다이오드 분배방식

① DLI 점화방식의 특징
  ㉠ 배전기에서 누전이 없다.
  ㉡ 로터와 배전기 캡 사이의 고전압 에너지 손실이 없다.
  ㉢ 배전기 캡에서 발생하는 전파 잡음이 없다.
  ㉣ 점화진각 폭의 제한이 없다.
  ㉤ 고전압 출력을 감소시켜도 방전 유효에너지 감소가 없다.
  ㉥ 내구성이 크고, 전파방해가 없어 다른 전자제어 장치에도 유리하다.

2) DLI 점화방식의 작동(동시 점화방식의 경우)

컴퓨터 신호에 의해 파워 TR A가 ON되면, 축전지 전기는 ④번, ③번 단자를 통해 점화 1차코일에 전류가 흐른다. 파워 TR A가 베이스 신호가 차단되면, 1번과 4번 실린더에는 고전압이 동시에 인가되고 1번 실린더가 압축행정이면 4번 실린더는 배기행정이므로 인가된 고전압은 모두 압축행정인 1번 실린더에 가해진다. 이 때 4번 실린더는 배기행정이므로 고전압이 저항 없이 그냥 지나가는 무효방전이 된다. 다시 엔진이 회전하여 2번 실린더와 3번 실린더가 상사점으로 올라오면 같은 방법으로 점화순서에 의해 고전압이 동시에 점화된다.

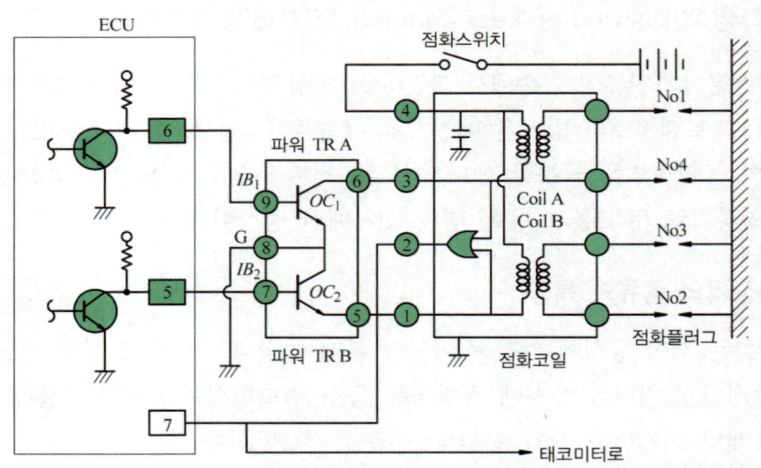

그림 3-89 / 동시 점화방식의 점화 회로도

제4절 충전장치

1_ 충전장치 개요

자동차에는 기관의 기동장치, 점화장치, 램프류, 에어컨 장치 등 많은 전기장치가 있으며, 이러한 전기장치에 일련의 전력을 공급한다. 발전기는 벨트로 기관과 연결되어 구동되며, 그 발전량은 기관의 회전수에 따라 다르고 발전량이 부하량보다 적은 경우에는 축전지가 전원이 되어 일시 방전한다. 그리고 발전량이 부하량보다 많은 경우에는 발전기만으로 모든 전기장치에 전력을 공급하고, 축전지도 발전기에 의해 충전된다. 충전장치는 발전기(alternator)와 발전기 조정기(regulator)로 구분할 수 있다.

1. 충전장치 일반

1) 충전장치의 구비조건

① 소형, 경량이고 출력이 클 것
② 속도범위가 넓고, 저속 주행에서도 충전이 가능할 것
③ 출력전압이 안정되고, 다른 전기회로에 영향이 없을 것
④ 불꽃 발생으로 전파방해와 전압의 맥동이 없을 것
⑤ 수리 및 정비가 용이하고, 내구성이 클 것

2) 발전기의 종류

① 직류 발전기(D.C : Direct Current)
② 교류 발전기(A.C : Alternate Current)

2. 발전기의 원리

1) 직류 발전기

① 플레밍의 오른손법칙 : 오른손을 서로 직각이 되도록 펴고 제일 먼저 인지를 자력선 방향에 맞추고 엄지 손가락을 도체의 운동방향에 맞추어 놓았을 때 가운데 손가락이 가리키는 방향으로 기전력이 발생한다는 법칙이다. 즉, 도체와 자력과의 상대운동에 의해 기전력이 발생한다.

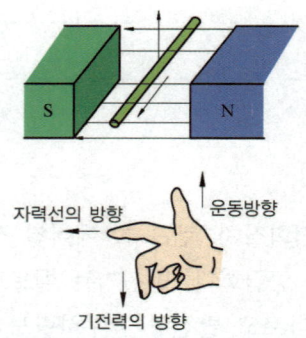

그림 3-90 / 플레밍의 오른손 법칙

② **직류 발전기의 유도 기전력 크기와 방향** : 그림과 같이 자계 내에서 도체를 회전시키면, 전자유도 작용에 의하여 도체 내에는 기전력이 발생된다. 그 중 3번, 9번과 같이 도체의 운동방향이 자속과 직각으로 교차할 때 유도 기전력이 가장 크며, 도체의 운동 방향이 바뀔 때 정류자와 브러시도 상대운동에 의해 위치가 바뀌므로 정류자와 브러시의 상대 운동에 의해 교류가 직류로 정류되어 브러시를 통해 직류로 나오게 된다.

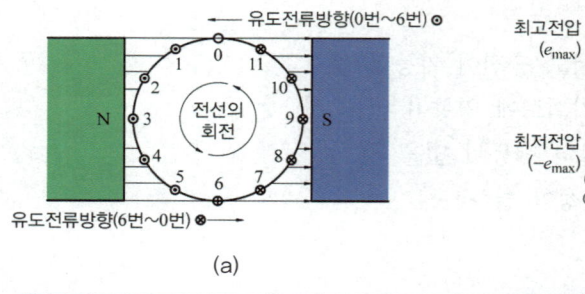
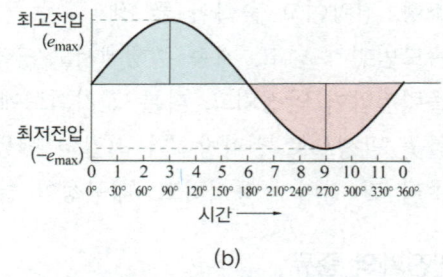

그림 3-91 / 유도 기전력 크기와 방향

③ **직류 발전기의 단점**
 ㉠ 전기자의 허용 회전속도범위가 낮다.
 ㉡ 기관 공전 시 발전이 어렵다.
 ㉢ 정비 및 보수를 자주하여야 한다.

④ **컷아웃 릴레이** : 직류발전기에서 발전기의 발생전압이 축전지 전압보다 낮을 때 축전지에서 발전기 쪽으로 전류가 흐르는 것을 방지한다.

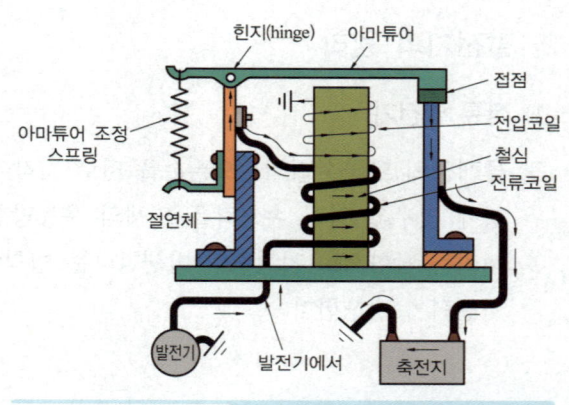

그림 3-92 / 컷아웃 릴레이

⑤ **전류 조정기** : 발전기의 발생전류를 제어하여 발전기에서 규정출력 이상의 전기적 부하가 걸리지 않게 하는 장치이다. 규정 이상 시 필드코일 접점이 분리되어 전류가 제한된다.

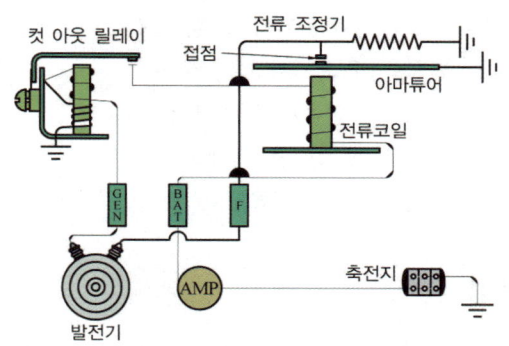

그림 3-93 / **전류 조정기**

2) 교류 발전기(Alternator)

① **렌쯔의 법칙** : 코일에 자석의 N극을 가까이 하면 코일에는 자석과 가까운 쪽에 N극이 먼 쪽에 S극이 발생하여 자석의 운동을 방해한다. 이 때 코일에는 오른손 엄지손가락에 맞는 방향으로 유도 기전력이 발생한다. 멀리하면 반대로 바뀌어 위쪽에는 S극이 반대편에는 N극이 발생한다. 이와같이 유도 기전력은 코일내의 자속의 변화를 방해하는 방향으로 발생한다는 렌쯔의 법칙을 이용한 것이 교류 발전기이다.

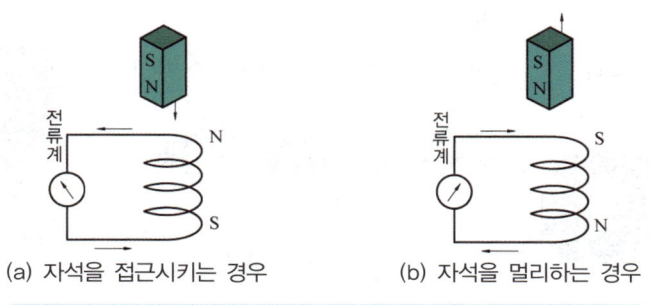

(a) 자석을 접근시키는 경우 (b) 자석을 멀리하는 경우

그림 3-94 / **렌쯔의 법칙**

② 교류 발전기의 장점
  ㉠ 크기가 작고 가볍다.
  ㉡ 내구성이 있고 공회전이나 저속시에 충전이 가능하다.
  ㉢ 출력전류의 제어작용을 하고 조정기의 구조가 간단하다.
  ㉣ 브러시의 수명이 길고 불꽃 발생이 적다.
  ㉤ 정류자 소손에 의한 고장이 없다.
  ㉥ 실리콘 다이오드를 사용하기 때문에 정류작용이 좋다.

③ 직류 발전기와 교류 발전기의 비교

항목	직류 발전기	교류 발전기
유도전기 발생	전기자(전기자 코일, 철심)	스테이터(스테이터 코일, 철심)
계자형성	계자(계자코일, 철심)	로터(로터코일, 코어)
정류	정류자와 브러시	다이오드
역류방지	컷아웃 릴레이	다이오드
브러시 접촉	정류자	슬립링

3. 교류 발전기의 구성

 교류 발전기는 크랭크축 풀리와 발전기 풀리가 V벨트로 연결되어 엔진과 함께 회전하며 풀리는 로터와 함께 회전하면서 브러시와 슬립링으로부터 받은 여자 전류를 이용하여 스테이터 코일에 3상 교류를 발생시키면 실리콘 다이오드가 3상 교류를 정류하여 축전지의 충전 및 각종 전기장치에 전원을 공급한다.

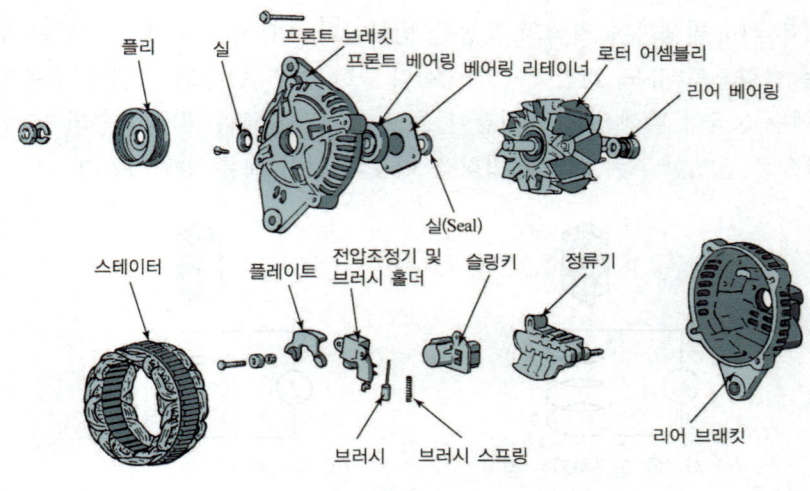

그림 3-95 / 발전기 구성

1) 로터(rotor)

 로터(rotor)는 로터 철심(core), 로터 코일(계자 코일), 슬립 링, 로터축으로 구성되며, 로터를 회전시켜 전류를 발생한다. 로터축 끝에 풀리와 크랭크축 풀리가 V벨트로 연결되어 함께 회전한다.
 로터 코일은 브러시와 슬립 링을 통해 들어온 여자 전류로 자장을 발생하는 부분이며, 슬립 링에 각각 연결되어 있고 슬립 링은 브러시와 연결되어 있다. 슬립 링은 직류 발전기의 정류자와 같은 요철이 없고, 전류도 작아 불꽃 발생에 의한 소손이 거의 없다.

또한, 로터의 폴 코어는 N극→S극→N극→S극으로 교번하여 자화되어 있으므로 로터의 회전 속도가 빠르면 유도 기전력은 많이 발생하게 되어 기전력 제어는 로터 코일로 흐르는 전류를 제어하여 조정한다.

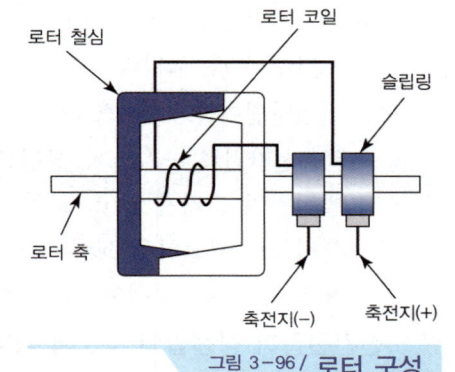

그림 3-96 / 로터 구성

2) 스테이터(stator)

스테이터는 스테이터 철심과 스테이터 코일로 구성되어 있으며, 3상 교류가 발생하는 곳이다. 스테이터 코일은 120° 각도로 3상 결선되어 있으며 결선 방법에 따라 Y 결선과 △ 결선이 있다.

① 스테이터 코일의 결선방법

　㉠ Y 결선(성형 결선, 스타 결선) : AC 발전기 적용

　　A, B, C 각 코일의 한 끝을 한 점(중성점)에 모아 연결시킨 결선 방법으로, A, B, C 각 코일에 발생하는 선간 전압은 상전압 보다 $\sqrt{3}$ 배가 더 높다.

　　즉, 선간전압 = $\sqrt{3}$ × 상전압

　　A, B, C의 각 코일에 발생하는 전압을 상전압이라 하고, 전류를 상전류라 한다. 그리고, 외부 단자 사이의 전압을 선간전압이라 하고, 외부단자에 흐르는 전류를 선전류라 한다.

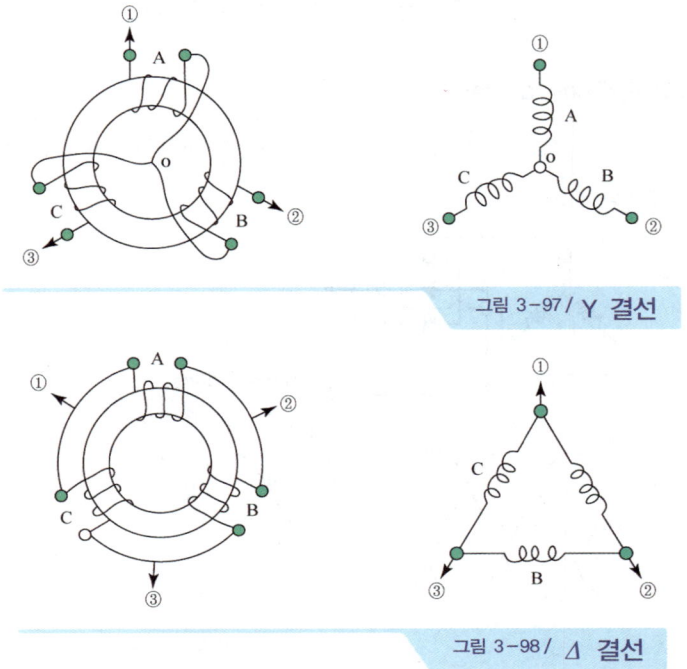

그림 3-97 / Y 결선

그림 3-98 / △ 결선

ⓒ △ 결선(삼각 결선, 델타 결선) : DC 발전기 적용

A, B, C 각 코일의 시작과 끝을 서로 연결하고 각 접속점에서 외부단자로 연결한 결선방법이다. ①, ②, ③의 각 선간 전류는 각 상전류보다 $\sqrt{3}$ 배가 더 높다.

즉, 선간전류= $\sqrt{3}$ × 상전류

발전기의 크기가 같고, 코일의 감긴 수가 같을 때 성형결선 방식이 높은 전압을 발생하므로 자동차용 교류발전기는 저속회전시 높은 전압 발생과 중성점의 전압을 이용할 수 있는 장점이 있는 성형결선을 많이 사용하고 있다.

② 선간전압이 상전압의 $\sqrt{3}$ 배 증명 : 각 스테이터 코일에서 발생되는 전압은 120° 위상차로 발생된다.

그러므로, $V = O_b = O_a \times 2 = E_A \cos 30° \times 2 = E_A \times 0.866 \times 2 = E_A \times 1.732 = \sqrt{3} E_A$ 이다.

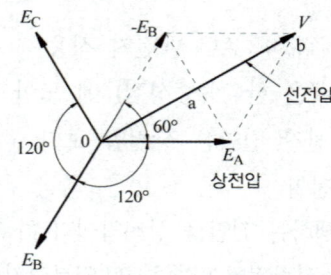

그림 3-99 / Y 결선의 3상 벡터도

3) 실리콘 다이오드(silicon diode)

실리콘 다이오드는 (+)다이오드 3개, (-)다이오드 3개가 스테이터에서 발생한 3상 교류를 직류로 정류하는 작용을 한다.

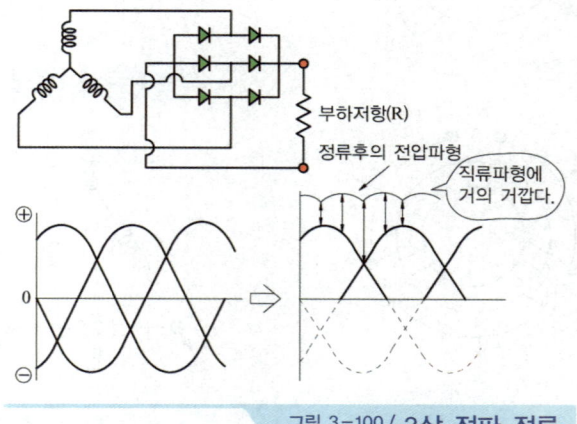

그림 3-100 / 3상 전파 정류

2_ 전압조정기(regulator)

발전기는 엔진의 회전속도와 출력 전압이 비례하므로 엔진의 고속 회전시 발전기의 전압을 조정하여 축전지 및 각종 전기 장치를 보호하기 위하여 설치한 장치이다.

1. 전압조정기 개요

1) 전압 조정의 원리

유도 기전력 $e = B×\ell×v(V) = k×\phi×n(V)$ 이다. 즉, 발전전압은 계자자속(ϕ) 및 로터의 회전수(n)에 비례한다. 따라서 유도 기전력을 일정하게 하기 위해서는 로터의 회전수(엔진 회전수)를 조절할 수 없으므로 계자전류를 감소시켜 조절하여야 한다. 레귤레이터는 메이커마다 차이가 있지만 로터코일의 F단자를 "ON, OFF"로 제어하는 기본 원리는 동일하다.

2) 전압조정기 종류

① 접점식 조정기 : 전압 조정기, 충전 경고 릴레이로 구성되어 있다.
② 트랜지스터식 조정기 : 트랜지스터의 ON, OFF 스위치 작용을 이용하여 로터 코일의 전류를 단속하여 출력 전압을 조정한다.
③ IC식 조정기 : 작동이 안정되고 내구성이 우수하고 소형이기 때문에 발전기에 내장하여 사용할 수 있으며 신뢰성이 높다.

2. IC식 전압조정기

1) IC식 전압조정기 작동

① Key "ON" 시
  ㉠ BAT 전류→L 단자→R_F→Tr_2 ON 되므로, 로터 코일 자화된다. 즉, 타려자식이다.
  ㉡ BAT 전류→충전 경고등→어스되므로, 충전 경고등 켜진다.
② 저속 회전 시(전류 발생)
  ㉠ 발전기 B + 전류→L 단자→R_F→Tr_2 ON 되므로, 로터 코일 자화 및 BAT 충전을 시작한다.
  ㉡ 충전 경고등 좌우가 등전위가 되어 충전 경고등이 꺼진다.
③ 고속 회전 시(발생전압이 규정전압 이상 되었을 때)
  ㉠ 발전기 B + 전류→제너 다이오드→Tr_1 ON 되면, Tr_2 OFF 되어 여자전류 차단되므로 로터코일의 자석이 약해진다.
  ㉡ 전압 낮아져 Tr_1 OFF 되고 Tr_2 ON 되므로, 다시 로터가 자화되어 충전이 회복된다. 이 과정을 반복하므로 전압이 조정된다.

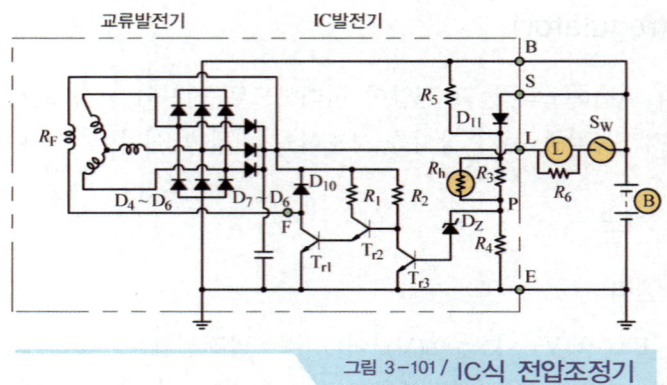

그림 3-101 / IC식 전압조정기

3. 발전전류 제어 시스템

기존의 발전기는 공전시 헤드램프, 열선 등 전기부하 발생시 순간적으로 rpm이 저하했다 상승하는 현상이 발생되었다. 이는 급격한 발전부하 때문으로 rpm 변동에 따른 진동 발생 및 승차감 저하와 유해 배출가스 발생의 원인이 되었다. 이를 방지하기 위하여 ECU에서 G 단자를 제어하여 충전 전류를 서서히 증가시키는 방식을 LRC(Load Response Control) 타 잎이라 한다.

1) 발전전류 작동 원리

ECU에서 G 단자를 접지하지 않으면, 즉 G단자 Off(5V) 이면 TR_1이 ON되어, TR_2의 베이스에 가해지는 전기는 제너 다이오드를 통과하지 못하므로 TR_2는 OFF된다. 그러므로 TR_3는 ON 되어 발전을 하게 된다. G 단자가 접지되면, 즉 G단자 ON(0V)이면 TR_1은 OFF되고, TR_1이 OFF되면 TR_2가 ON되므로 TR_3는 OFF 되어 발전을 하지 않게 된다. ECU는 FR 단자의 On 시간과 CPS 신호(rpm)를 이용하여 목표 발전량을 결정하고, G단자를 듀티 제어하여 최적의 발전량을 실현한다. G단자의 듀티는 ECU가 결정한 목표 발전량에 따라 변화하며 CPS 1주기당 FR단자의 ON시간을 적산 계산한 값과 엔진 회전수가 증가하면 G단자의 듀티량도 증가되어 발전전류가 증가한다.

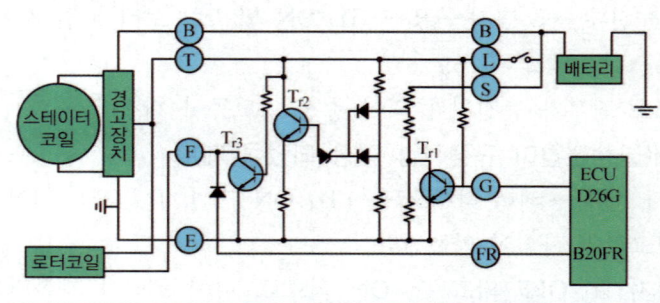

그림 3-102 / 발전전류 제어 시스템

제2장 시동, 점화 및 충전장치
출제예상문제

01 납산 축전지에 대한 설명으로 옳은 것은?
[08년 2회]

① 12[V] 배터리는 12개의 셀이 직렬로 연결되어 있다.
② 배터리 용량은 "전압×방전시간"으로 표시되어 있다.
③ 같은 전압, 같은 용량의 배터리를 직렬로 연결하면 용량이 배가 된다.
④ 극판의 개수가 많을수록 축전지 용량이 커진다.

🔵 **축전지(battery)의 구성 및 특징**
① 12[V] 배터리는 6개의 셀로 구성되어 있다.
② 배터리 1셀 당 전압은 2.1~2.3[V] 정도이다.
③ 1셀은 양극판과 음극판 및 격리판으로 구성되어 있다.
④ 음극판이 양극판의 수보다 1장 더 많다.
⑤ 극판수가 많으면 배터리 용량이 증가한다.
⑥ 같은 전압, 같은 용량의 배터리를 병렬로 연결하면 용량이 배가 된다.
⑦ 배터리 전해액은 비중이 1.260~1.280인 묽은 황산이다.
⑧ 비중은 온도에 따라 변화하며, 전해액 온도가 올라가면 비중은 낮아진다.
⑨ 온도가 높으면 자기방전량이 많아진다.
⑩ 배터리 용량은 "전류×방전시간"으로 표시되어 있다.

02 축전지의 자기 방전에 대한 설명으로 틀린 것은?
[07년 4회]

① 자기 방전량은 전해액의 온도가 높을수록 커진다.
② 자기 방전량은 전해액의 비중이 낮을수록 커진다.
③ 자기 방전량은 전해액 속의 불순물이 많을수록 커진다.
④ 자기 방전은 전해액 속의 불순물과 내부 단락에 의해 발생한다.

🔵 축전지의 자기 방전량은 전해액의 비중이 높을수록, 온도가 높을수록, 불순물이 많을수록 커진다.

03 25[℃]에서 양호한 상태인 100[AH] 축전지는 300[A]의 전류를 얼마 동안 발생시킬 수 있는가?
[08년 1회]

① 5분   ② 10분
③ 15분   ④ 20분

🔵 축전지 용량 = 방전전류×방전시간

∴ 방전시간 = $\dfrac{축전지\ 용량}{방전전류} = \dfrac{100[AH]}{300[A]}$

$= \dfrac{1}{3}[H](20분)$

01 ④ 02 ② 03 ④

04 완전 충전된 축전지를 방전 종지 전압까지 방전하는데 20[A]로 5시간 걸렸고, 이것을 다시 완전 충전하는데 10[A]로 12시간 걸렸다면 이 축전지의 [AH] 효율은 약 몇 [%]인가? [07년 1회, 09년 4회]

① 90[%]   ② 83[%]
③ 80[%]   ④ 70[%]

풀이 AH 효율 = $\dfrac{\text{방전시 용량}}{\text{충전시 용량}} \times 100[\%]$

∴ $\dfrac{20 \times 5}{10 \times 12} \times 100 = 83.3[\%]$

05 완전 충전된 축전지를 방전 종지 전압까지 방전하는데 20[A]로 5시간 걸렸고, 이것을 다시 완전 충전하는데 10[A]로 12시간 걸렸다면 이 축전지의 효율은? [07년 1회, 09년 4회]

① 약 63[%]   ② 약 73[%]
③ 약 83[%]   ④ 약 93[%]

풀이 AH 효율 = $\dfrac{\text{방전시 용량}}{\text{충전시 용량}} \times 100[\%]$

∴ $\dfrac{20 \times 5}{10 \times 12} \times 100 = 83.3[\%]$

06 가솔린 엔진에서 기동전동기의 전류 소모 시험을 하였더니 90[A]였다. 이 때 축전지 전압이 12[V]일 때, 이 엔진에 사용하는 기동전동기의 마력은? [07년 1회, 09년 4회]

① 0.75[PS]   ② 1.26[PS]
③ 1.47[PS]   ④ 1.78[PS]

풀이 전력 $P(W) = E \cdot I$
∴ $P = 12 \times 90 = 1{,}080[W] = 1.08[kW]$
1[kW] = 1.36[PS]이므로,
$1.08 \times 1.36 = 1.4688[PS]$

07 자동차용 기동전동기의 특징을 열거한 것으로 틀린 것은? [07년 2회]

① 일반적으로 직권 전동기를 사용한다.
② 부하가 커지면 회전력은 작아진다.
③ 상시 작동보다는 순간적으로 큰 힘을 내는 장치에 적합하다.
④ 부하를 크게 하면 회전속도가 작아진다.

풀이 직류 직권식 기동전동기는 부하가 커지면 속도는 느리나 회전력이 커지고, 부하가 적어지면 회전력은 작아지고 속도가 빨라진다.

08 직권 전동기의 전기자 코일과 계자 코일의 연결은? [07년 1회]

① 전기자 코일은 병렬, 계자 코일은 직렬
② 병렬
③ 전기자 코일은 직렬, 계자 코일은 병렬
④ 직렬

풀이 전동기의 종류
① 직권 전동기 : 계자코일과 전기자코일이 직렬로 연결
② 분권 전동기 : 계자코일과 전기자코일이 병렬로 연결
③ 복권 전동기 : 계자코일과 전기자코일이 직병렬로 연결

09 차량 시동시 시동 전동기는 작동되어도 크랭킹 속도가 느려 시동이 되지 않는 경우에 대한 이유로 가장 적합한 것은? [07년 4회]

① 피니언 기어가 링 기어에 잘 물리지 않았을 때
② 솔레노이드 스위치의 작동 불량
③ 링 기어나 피니언 기어의 불량
④ 축전지 케이블 접속 불량

풀이 축전지 케이블 접속이 불량하면 전압강하가 커져서 전류가 적게 흐르므로 크랭킹 속도가 느리다.

04 ② 05 ③ 06 ③ 07 ② 08 ④ 09 ④

10 기동전동기에 흐르는 전류는 120[A]이고, 전압은 12[V]라면 이 기동전동기의 출력은 몇 [PS]인가? [07년 1회, 09년 4회]

① 0.56[PS] ② 1.22[PS]
③ 1.96[PS] ④ 18.2[PS]

풀이 전력 $P(W) = E \cdot I$
∴ $P = 12 \times 120 = 1,440[W] = 1.44[kW]$
$1[kW] = 1.36[PS]$이므로
$1.44 \times 1.36 = 1.958[PS]$

11 기관 크랭킹시 축전지(-) 단자와 기동전동기 하우징 사이에 전압 강하량이 0.2[V] 이상일 때의 현상은? [08년 4회]

① 기동전동기 회전력이 커진다.
② 기동전동기 회전저항이 적어진다.
③ 기동전동기 회전 속도가 느려진다.
④ 기동전동기 회전 속도가 빨라진다.

풀이 접촉저항이 커서 전압 강하량이 많으므로 회전속도가 느려진다.

12 기계식 점화장치에서 드웰각(캠각)이란? [08년 1회]

① 캠이 열릴 때의 각도
② 캠이 닫힐 때의 각도
③ 단속기 접점이 열려 있는 동안 캠이 회전한 각도
④ 단속기 접점이 닫혀 있는 동안 캠이 회전한 각도

풀이 **드웰각(캠각)** : 단속기 접점이 닫혀있는 동안 캠이 회전한 각도로, 전자식에서는 "1차코일의 통전시간"이다.

13 착화지연기간에 대한 설명으로 맞는 것은? [08년 4회]

① 연료가 연소실에 분사되기 전부터 자기 착화 되기까지 일정한 시간이 소요되는 것을 말한다.
② 연료가 연소실 내로 분사된 후부터 자기 착화 되기까지 일정한 시간이 소요되는 것을 말한다.
③ 연료가 연소실에 분사되기 전부터 후연소기간까지 일정한 시간이 소요되는 것을 말한다.
④ 연료가 연소실 내로 분사된 후부터 후기 연소기간까지 일정한 시간이 소요되는 것을 말한다.

풀이 착화지연기간이란 연료가 연소실 내로 분사된 후부터 자기착화 되기까지 일정한 시간이 소요되는 것을 말한다.

14 고에너지 점화방식(HEI)에서 점화계통의 작동순서로 옳은 것은? [07년 4회]

① 각종 센서 → ECU → 파워 트랜지스터 → 점화코일
② ECU → 각종 센서 → 파워 트랜지스터 → 점화코일
③ 파워 트랜지스터 → 각종 센서 → ECU → 점화코일
④ 각종 센서 → 파워 트랜지스터 → ECU → 점화코일

풀이 각종 센서의 신호를 ECU로 입력하면 ECU는 최적의 점화시기를 연산한 후, 파워 트랜지스터를 ON, OFF 하여 점화코일에서 고압을 발생시킨다.

ANSWER 10 ③ 11 ③ 12 ④ 13 ② 14 ①

15. 디젤기관의 회전속도가 1,800[rpm] 일 때 20°의 착화지연 시간은 얼마인가? [08년 4회]
   ① 2.77[ms]   ② 0.10[ms]
   ③ 66.66[ms] ④ 1.85[ms]

   풀이) 크랭크축 회전각도(α) = $6 \cdot N \cdot t$
   $\therefore t = \dfrac{20}{6 \times 1,800} = 1.85 \times 10^{-3} = 1.85[ms]$

16. 기관의 회전수가 2,400[rpm]일 때 화염전파에 소요되는 시간이 1/1,000초라면 TDC 전 몇 도에서 점화하면 되는가? (단, TDC에서 최고 압력이 나타나는 것으로 한다.) [09년 4회]
   ① 12.4°   ② 13.4°
   ③ 14.4°   ④ 15.4°

   풀이) 크랭크축 회전각도(α) = $6 \cdot N \cdot t$
   $\therefore \alpha = 6 \times 2,400 \times \dfrac{1}{1,000} = 14.4°$

17. 점화장치에서 파워트랜지스터의 B(베이스) 단자와 연결된 것은? [08년 2회]
   ① 점화코일 (-)단자
   ② 점화코일 (+)단자
   ③ 접지
   ④ ECU

   풀이) ECU에서 파워 트랜지스터의 베이스 전류가 흐르면 점화코일 1차 전류가 컬렉터에서 이미터로 흐른다.

   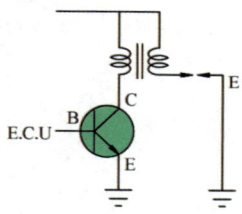

18. 전자제어 엔진에서 점화 코일의 1차 전류를 단속하는 기능을 갖는 부품은? [07년 2회]
   ① 발광 다이오드   ② 포토 다이오드
   ③ 파워 트랜지스터 ④ 크랭크각 센서

   풀이) 파워 트랜지스터(파워 TR)는 컴퓨터에서 신호를 받아 점화코일의 1차 전류를 단속하는 기능을 한다.

19. 현재 운행되는 자동차에서 점화코일 1차 전류 단속을 파워트랜지스터로 하는 이유는? [08년 2회]
   ① 포인트 방식에 비해 확실하고 고속제어가 가능하기 때문에
   ② 고 전류에서 저 전류로 출력할 수 있기 때문에
   ③ 극성을 바꾸어 연결하여도 무방하기 때문에
   ④ 점화 진각 속도가 포인트 방식에 비하여 높기 때문에

   풀이) 점화 1차전류 단속을 파워 TR로 하는 이유는 포인트 방식에 비해 확실하고 고속 제어가 가능하기 때문이다.

20. 저항 플러그가 보통 점화플러그와 다른 점은? [09년 2회]
   ① 불꽃이 강하다.
   ② 플러그의 열 방출이 우수하다.
   ③ 라디오의 잡음을 방지한다.
   ④ 고속 엔진에 적합하다.

   풀이) 저항 플러그란 중심전극 실일부에 5~10[kΩ] 정도의 저항체를 내장하여 방전시 용량방전 전류가 제한되어 전파 장해 및 각종 노이즈를 감소시킨다.

15 ④ 16 ③ 17 ④ 18 ③ 19 ① 20 ③

21 전자배전 점화장치(DLI)의 특징이 아닌 것은? [07년 4회]

① 로터와 접지전극 사이의 고전압 에너지 손실이 없다.
② 배전기에 의한 배전상의 누전이 없다.
③ 고전압 출력을 작게 하면 방전 유효에너지는 감소한다.
④ 배전기를 거치지 않고 직접 고압 케이블을 거쳐 점화 플러그로 전달하는 방식이다.

풀이 DLI 방식의 특징
① 배전기에 의한 누전이 없다.
② 배전기가 없어 로터와 접지간극 사이의 고압 에너지 손실이 적다.
③ 배전기 캡에서 발생하는 전파 잡음이 없다.
④ 점화진각 폭에 제한이 없다.
⑤ 점화 에너지를 크게 할 수 있다.
⑥ 내구성이 크므로 신뢰성이 향상된다.

22 기관 시험 장비를 사용하여 점화코일의 1차 코일 파형을 점검한 결과 그림과 같다면 파워 TR의 ON 구간으로 맞는 것은? [07년 2회]

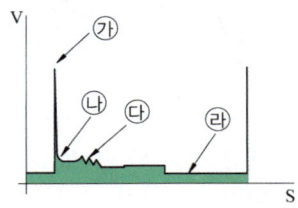

① ㉮   ② ㉯
③ ㉰   ④ ㉱

풀이 점화 1차 파형
㉮ : 서지 전압(역기전력)
㉯ : 용량 방전
㉰ : 진동 감쇠구간
㉱ : 드웰 구간(파워 TR ON구간)

23 다음에서 플레밍의 오른손 법칙을 이용한 것은? [07년 2회]

① 축전기   ② 발전기
③ 트랜지스터   ④ 전동기

풀이 플레밍의 오른손 법칙 : 발전기
플레밍의 왼손법칙 : 전동기

24 직류 발전기보다 교류 발전기를 많이 사용하는 이유가 아닌 것은? [07년 1회]

① 크기가 작고 가볍다.
② 내구성이 있고 공회전이나 저속에도 충전이 가능하다.
③ 출력 전류의 제어 작용을 하고 조정기의 구조가 간단하다.
④ 정류자에서 불꽃 발생이 크다.

풀이 교류발전기는 정류자가 없다.

25 Y 결선과 △ 결선에 대한 설명으로 틀린 것은? [08년 2회]

① Y 결선의 선간 전압은 상전압의 $\sqrt{3}$ 배이다.
② △ 결선의 선간 전류는 상전류의 $\sqrt{3}$ 배이다.
③ 자동차용 교류 발전기는 중성점의 전압을 이용할 수 있는 Y 결선 방식을 많이 사용한다.
④ 발전기의 코일 권선수가 같으면 △ 결선 방식이 Y 결선 방식보다 높은 기전력을 얻을 수 있다.

풀이 발전기의 코일 권선수가 같으면 Y 결선의 선간 전압은 상전압의 $\sqrt{3}$ 배이므로 Y 결선 방식이 △ 결선 방식보다 높은 기전력을 얻을 수 있다.

21 ③ 22 ④ 23 ② 24 ④ 25 ④

26 어떤 직류 발전기의 전기자 총 도체수가 48, 자극수가 2, 전기자 병렬회로 수가 2, 각 극의 자속이 0.018[Wb] 이다. 회전수가 1,800[rpm] 일 때 유기되는 전압은? (단, 전기자 저항은 무시한다.) [08년 2회]

① 약 21[V]   ② 약 23.5[V]
③ 약 25.9[V]   ④ 약 28[V]

풀이 유도전압 $E(V) = \dfrac{p \cdot z \cdot \phi \cdot n}{60 \cdot a}$

여기서, P : 자극수, z : 총 도체수
ϕ : 자속, n : 회전수(rpm)
a : 전기자 병렬회로 수

$\therefore E = \dfrac{2 \times 48 \times 0.018 \times 1,800}{60 \times 2} = 25.9[V]$

27 교류발전기 로터(rotor)코일의 저항 값을 측정하였더니 200[Ω]이었다. 이 경우의 설명으로 옳은 것은? [09년 1회]

① 로터 회로가 접지되었다.
② 정상이다.
③ 저항 과대로 불량 코일이다.
④ 전기자회로의 접지불량이다.

풀이 차종에 따라 약간의 차이는 있지만 2～5[Ω] 정도이다. 따라서, 저항이 너무 크므로 불량코일이다.

28 발전기 트랜지스터식 전압조정기(Regulator)의 제너 다이오드에 전류가 흐르는 때는? [09년 2회]

① 낮은 온도에서
② 브레이크 작동 상태에서
③ 낮은 전압에서
④ 브레이크 다운 전압에서

풀이 제너 다이오드는 브레이크 다운 전압에서 다이오드가 도통되면, 로터코일로 흐르는 전류를 제한하여 전압을 조정한다.

29 교류 발전기에서 정류 작용이 이루어지는 곳은? [09년 1회]

① 아마츄어   ② 계자코일
③ 실리콘 다이오드   ④ 트랜지스터

풀이 AC 발전기의 실리콘 다이오드는 교류를 정류하고, 역류를 방지한다.

30 발전기에서 소음이 발생되는 원인으로 가장 적합한 것은? [07년 2회]

① 다이오드와 스테이터 코일 단선에 의한 접촉
② 퓨즈 또는 퓨즈블 링크 단선
③ 조정 전압의 낮음
④ 전압 조정기 전압 설정 부적합

풀이 코일 단선에 의해 냉각팬에 닿아서 소음이 발생된다.

31 자동차 발전기의 출력 신호를 측정한 결과이다. 이 발전기는 어떤 상태인가? [08년 1회]

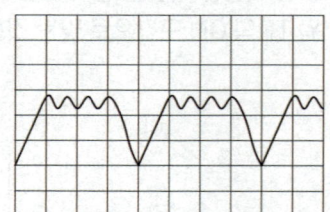

① 정상 다이오드 파형
② 다이오드 단선 파형
③ 스테이터 코일 단선 파형
④ 로터코일 단선 파형

풀이 다이오드가 단선되어 일부분 정류를 못해 나타나는 파형이다.

26 ③　27 ③　28 ④　29 ③　30 ①　31 ②

32 다음 그림과 같은 오실로스코프를 이용한 발전기 다이오드를 점검한 파형의 설명으로 옳은 것은? [09년 2회]

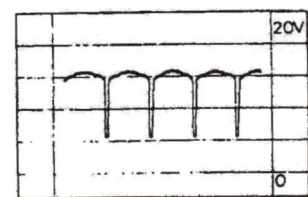

① 여자다이오드 단선 파형이다.
② 여자다이오드 단락 파형이다.
③ 마이너스 다이오드 단선 파형이다.
④ 마이너스 다이오드 단락 파형이다.

풀이 마이너스 다이오드가 단선되어 일부분 정류를 못해 나타나는 파형이다.

33 스코프를 통하여 발전기의 출력파형 시험을 하였다. 다이오드 2개(같은 상)가 단락된 경우는? [07년 1회]

① 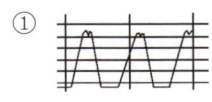 ②

③ 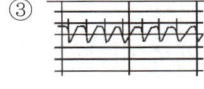 ④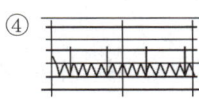

풀이 다이오드가 2개가 단락되면 3상 코일 중 1개만 정류하므로, 위쪽이 하나만 나타난다.

ANSWER 32 ③ 33 ②

03 계기, 등화 및 편의장치

제1절 계기 및 등화장치

자동차의 운전 상황을 쉽게 판단하여 교통의 안전을 도모하고 쾌적한 운전을 할 수 있도록 각종의 계기류가 운전석의 계기판에 설치되어 있다. 그 주된 것은 속도계, 수온계, 유압계 등으로 일반적인 측정기와 달리 좋지 않은 조건에서 사용되기 때문에 다음과 같은 조건이 만족되어야 한다.

① 소형이고 가벼우며, 내진성이 있을 것
② 구조는 간단하고 판독하기 쉬울 것
③ 가격이 저렴하고 내구성일 것
④ 지시가 안정되어 있고 확실할 것

1_ 계기

1. 속도계(speed meter)

속도계는 자동차의 속도를 1시간당으로 주행 거리로 나타내는 지시계로 아날로그의 자석식과 디지털식으로 분류된다. 또한 속도계는 일반적으로 총 주행 거리를 나타내는 적산계 및 수시로 적산수를 0으로 세팅시켜 주행하는 거리를 측정할 수 있는 구간 거리계가 조합되어 있다.

1) 자석식 속도계

그림 3-103은 자석식 속도계를 나타낸 것으로 차속의 지시는 그림에 나타낸 것과 같이 변속기 출력축의 회전이 케이블에 의해서 속도계에 전달되어 나타낸다. 속도계의 구동부와 일체로 되어 있는 자석이 회전하면 회전자는 큰 전류가 발생하기 때문에 자석의 회전속도에 비례하는 회전력이 발생된다.

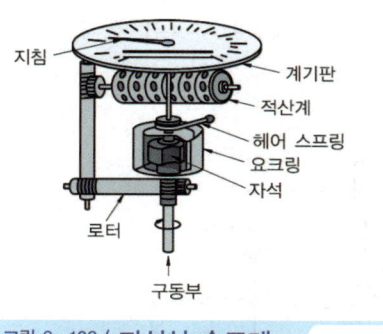
그림 3-103 / **자석식 속도계**

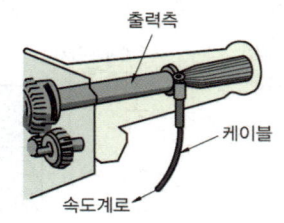
그림 3-104 / **속도계 케이블의 접속**

2) 디지털식 속도계

그림 3-105은 디지털식 속도계를 나타낸 것으로 차속을 검출하는 차속 센서와 속도계 유닛으로 구성되어 있으며, 변속기 출력축에 설치되어 회전하는 케이블의 회전속도가 차속 센서에 의해서 전기 신호로 변환된다. 이 전기 신호를 속도계 유닛 내의 컴퓨터가 계산하여 차속을 숫자 또는 그래프적인 디지털로 표시된다. 속도 표시부는 형광 표시관이나 액정 표시에 의해서 나타낸다.

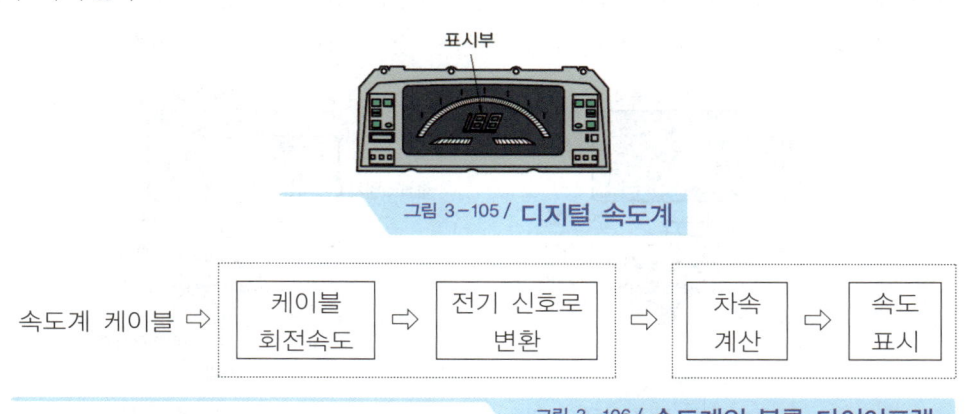

그림 3-105 / **디지털 속도계**

그림 3-106 / **속도계의 블록 다이어프램**

2. 유압계(oil pressure gauge)

유압계는 오일의 압력을 나타내는 게이지로 저항의 변화를 이용하여 유압을 나타내는 밸런싱 코일식과 열팽창을 이용하여 유압을 나타내는 바이메탈식 및 전구의 점등으로 나타내는 인디케이터 전구식으로 분류된다.

1) 밸런싱 코일식(balancing coil type)

밸런싱 코일식은 그림 3-107에 나타낸 것과 같이 회로에 스위치를 통하여 2개의 코일 L1과

코일 L2에 전류가 흐르면 코일에서 형성되는 자력에 의해서 지침의 축에 설치되어 있는 가동 철편을 서로 당기는 힘이 발생된다.

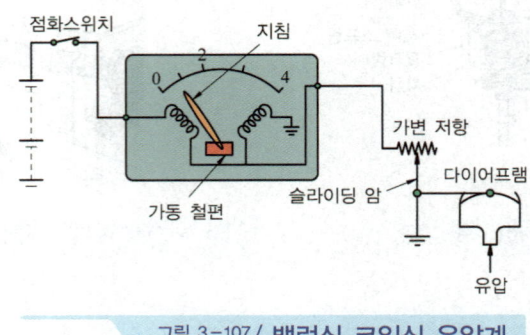

그림 3-107 / 밸런싱 코일식 유압계

2) 바이메탈식(bimetal type)

바이메탈식은 바이메탈의 성질을 이용하여 유압을 나타내는 게이지로 유압을 나타내는 게이지 유닛과 유압을 감지하는 샌더 유닛으로 구성되어 있다. 그림 3-108에 나타낸 것과 같이 샌더 유닛과 게이지 유닛의 바이메탈에 감은 열선이 직렬로 결선되어 있기 때문에 축전지 전류는 게이지 유닛의 열선을 통하여 샌더 유닛의 열선 및 접점을 경유하여 접지로 흐른다.

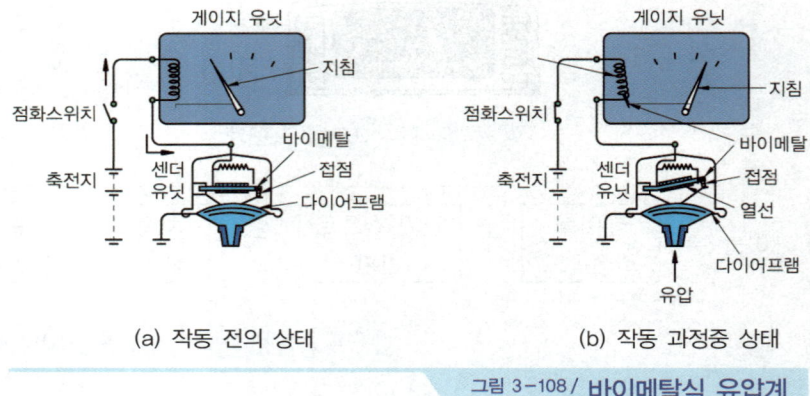

(a) 작동 전의 상태   (b) 작동 과정중 상태

그림 3-108 / 바이메탈식 유압계

3) 인디케이터 전구식(indicator lamp type)

인디케이터 전구식은 유압이 규정값에 도달하게 되면 그림 3-109에 나타낸 것과 같이 유압 스위치를 이용하여 인디케이터 전구를 점등 또는 소등시켜 나타내는 것으로 유압이 규정값보다 낮은 경우에는 다이어프램이 수축되므로 유압 스위치의 접점은 스프링의 장력에 의해서 닫히기 때문에 인디케이터 전구는 점등된다.

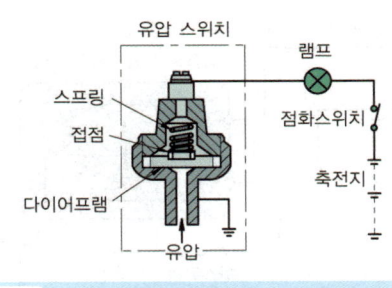

그림 3-109 / 인디케이터 전구식

3. 수온계(water temperature gauge)

1) 바이메탈식(bimetal type)

샌더 유닛으로 사용되고 있는 서미스터는 온도가 낮아지면 저항값이 크고 온도가 상승함에 따라서 급격히 저항값이 감소되는 성질의 특성이 있다. 냉각수 통로에 설치되어 있는 서미스터는 게이지 유닛의 열선과 직렬로 접속되어 있으므로 수온이 낮은 시간 동안은 서미스터의 저항은 증가되어 회로에 흐르는 전류가 감소되므로 열선의 발열에 의한 바이메탈의 변형이 없기 때문에 지침은 저온 C쪽으로 표시하게 된다. 또한 수온이 상승하면 서미스터의 저항은 감소하여 회로에 흐르는 전류가 많아지므로 열선은 발열의 온도가 높아지기 때문에 그림 3-110에 나타낸 것과 같이 바이메탈은 크게 변형되어 지침은 고온 H쪽으로 표시하게 된다.

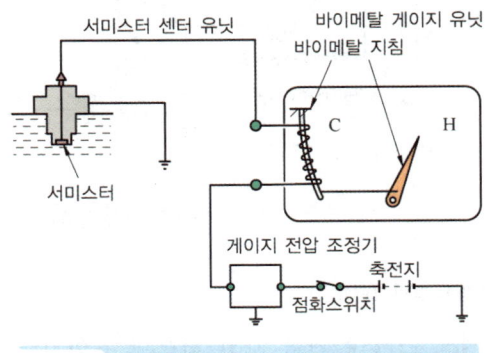

그림 3-110 / 바이메탈식 수온계

2) 밸런싱 코일식(balancing coil type)

밸런싱 코일식은 그림 3-111에 나타낸 것과 같이 회로에 스위치를 통하여 2개의 코일 L1과 L2에 전류가 흐르면 코일에서 형성되는 자력에 의해서 지침의 축에 설치되어 있는 가동 철편을 서로 당기는 힘이 발생된다.

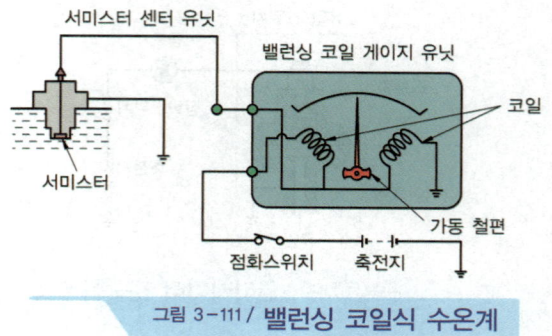

그림 3-111 / 밸런싱 코일식 수온계

4. 연료계(fuel gauge)

1) 바이메탈식(bimetal type)

바이메탈식은 그림 3-112에 나타낸 것과 같이 샌더 유닛과 게이지 유닛이 직렬로 접속되어 연료의 양을 나타내는 게이지로 연료 탱크에 연료가 만재되어 있는 경우에는 플로트가 상승하여 가변 저항의 섭동 접점은 저항값이 감소하는 방향으로 이동하여 회로에 흐르는 전류가 많아지기 때문에 게이지 유닛의 바이메탈이 크게 변형되므로 지침은 F쪽을 표시한다.

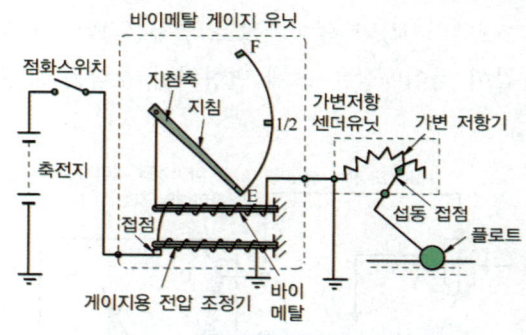

그림 3-112 / 바이메탈식 연료계

2) 밸런싱 코일식(balancing coil type)

밸런싱 코일식은 그림 3-113에 나타낸 것과 같이 회로에 스위치를 통하여 2개의 코일 L1과 코일 L2에 전류가 흐르면 코일에서 형성되는 자력에 의해서 지침의 축에 설치되어 있는 가동 철편을 서로 당기는 힘이 발생된다.

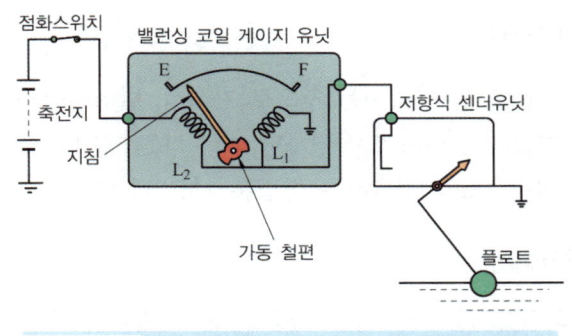

그림 3-113 / **밸런싱 코일식 연료계**

5. 전류계(ampere meter)

전류계는 축전지에 충전 및 방전되는 전류를 나타내는 미터로 그림 3-114에 나타낸 것과 같이 영구자석과 가동철편 및 코일로 구성되어 있다. 전류계는 그림 3-115에 나타낸 것과 같이 영구자석에서 형성되는 자계와 전류 코일에 흐르는 전류에 의해서 형성되는 자계의 합성 자계로 가동철편이 작동하므로 충전 전류가 흐르는 경우에는 지침은 충전 쪽으로 이동한다.

반대로 축전지가 방전되는 경우에는 전류 코일에 흐르는 전류의 방향이 충전의 경우와 반대가 되므로 가동철편에 형성되는 자력선의 방향도 반대가 되지만 영구자석에는 형성되는 자력선은 변화가 없기 때문에 지침은 방전쪽으로 이동한다.

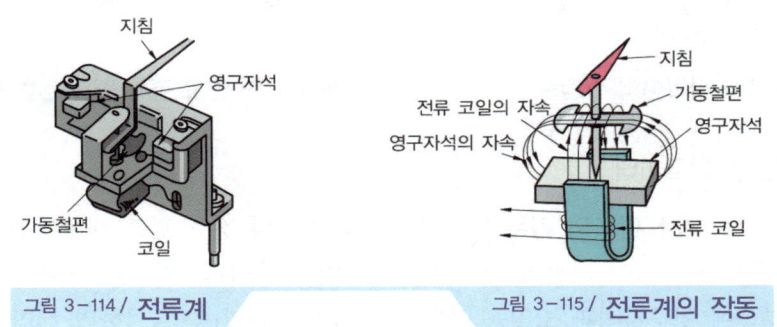

그림 3-114 / **전류계**   그림 3-115 / **전류계의 작동**

6. 전압계(volt meter)

전압계는 회로의 전압을 나타내는데 이용되는 미터로 그림 3-116에 나타낸 것과 같이 영구자석과 코일을 조합시킨 가동 자석형이 많이 사용되고 있다.

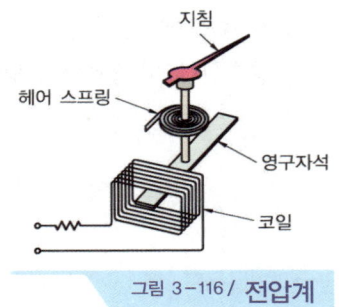

그림 3-116 / **전압계**

7. 타코미터(tachometer)

타코미터는 기관의 회전속도를 나타내는 것으로 자석식, 발전기식, 펄스식으로 분류되는데 최근에 많이 사용되는 펄스식에 대하여 설명하면 그림 3-117과 같다. 펄스식의 경우에는 가솔린 기관과 디젤기관의 회전속도를 검출하는 방법은 서로 다르다.

1) 가솔린 기관용 타코미터

타코미터는 기관의 회전속도를 나타내는 가동 선륜형 미터와 점화 코일의 1차 회로에서 점화 신호를 검출하는 전자회로로 구성되어 있다.

펄스식은 그림에 나타낸 것과 같이 점화 코일의 ⊖ 단자에서 발생하는 전압을 전자 회로에서 검출하여 전류로 변환시켜 외부로 출력된다. 이 전류가 가동 선륜형 미터에 공급되면 미터는 전류에 따르는 값을 미터에 나타내며, 전자 회로의 출력 전류는 기관의 회전속도와 비례하여 변환되기 때문에 미터가 흔들리는 상태로 기관의 회전속도를 나타나게 된다.

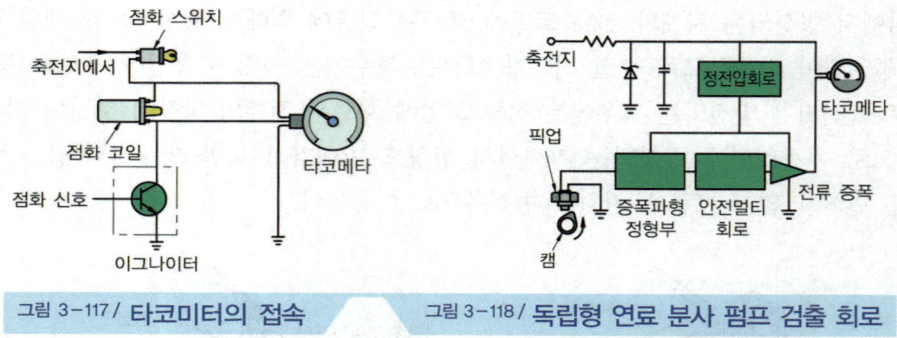

그림 3-117 / 타코미터의 접속   그림 3-118 / 독립형 연료 분사 펌프 검출 회로

2) 디젤 기관용 타코미터

① 독립형 연료 분사 펌프의 경우 : 독립형 분사 펌프의 경우 펌프 내부에는 플런저를 상하로 작동시키는 캠이 기관의 실린더수와 동일하게 설치되어 있으므로 이 중에서 1개의 캠 부근에 영구자석과 코일을 조합시킨 픽업(검출기)을 설치하면 캠이 픽업에 가까워지거나 멀어지므로 펄스(교류 전압)가 발생된다. 이 때 펄스가 그림 3-118에 나타낸 전자 회로에 입력되므로 미터를 작동시키는 신호로 변환된다. 또한, 기관의 회전속도가 상승함에 따라서 시간당의 펄스의 수도 증가되기 때문에 미터의 이동량이 커지게 된다.

2_ 등화장치

1. 전조등(head light)

야간운행을 안전하게 하기 위한 조명등으로서 하이 빔(high beam)과 로우 빔(low beam)이 병렬로 연결되어 있다. 전조등은 렌즈, 반사경, 필라멘트로 구성되어 있다.

1) 전조등의 종류

㉠ 실드 빔형(sealed beam type) : 렌즈, 반사경, 필라멘트를 일체로 만든 것으로써 수명이 길고 광도의 변화가 적으나, 가격이 비싸며 전조등의 3요소 중 1개만 이상이 있어도 전체를 교환해야 하는 단점이 있다.

㉡ 세미 실드 빔형(semi-sealed beam type) : 렌즈와 반사경은 일체형이며 전구가 따로 분리되는 구조로써 전구 불량시 전구만 교환할 수 있는 장점이 있지만, 공기와 습기, 먼지 등이 들어갈 수 있으므로 반사경과 렌즈가 더러워져 광도의 변화를 가져올 수 있다.

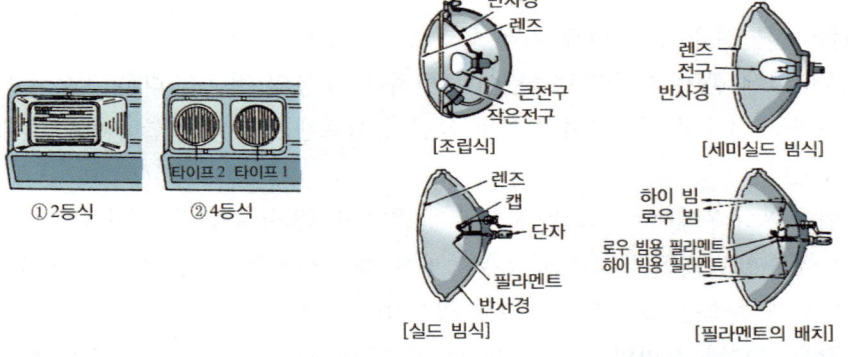

그림 3-119 / 전조등의 종류

2) 전조등의 구성품

① 전구(bull) : 전구는 그림 3-120와 같은 구조로 되어 있으며, 광원인 필라멘트의 재료는 일반적으로 텅스텐이 사용되며, 이것을 일정한 굵기와 피치(pitch)로 코일 모양으로 감아 전류가 흐르게 한 도입선에 용접하여 부착되어 있다. 필라멘트 코일이 2개일 때는 같은 방법으로 일정한 위치에 정확하게 부착해야 한다.

텅스텐 필라멘트가 효율적으로 빛을 내게 하기 위해 유리 구(球) 안에 불활성 가스(inert gas)를 봉입했다.

이 불활성 가스는 질소, 아르곤(argon), 크립톤(krypton) 등의 혼합가스를 사용한다. 실드 빔도 일종의 큰 전구라 할 수 있으며, 이 전구에 전류가 흐르면 필라멘트가 적열되어 발광현상이 일어난다.

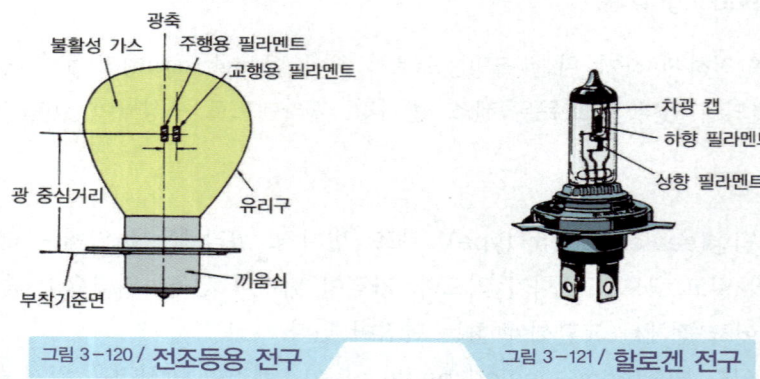

그림 3-120 / **전조등용 전구**   그림 3-121 / **할로겐 전구**

최근에는 효율이 높은 할로겐 전구가 개발되어 사용하고 있으며, 그 원리와 특징을 간단히 설명한다.

할로겐 전구와 구조는 그림 3-121와 같다. 보통의 전구는 불을 켰을 때 텅스텐이 증발하여 유리의 안면에 흑화 현상이 발생하는데, 이것을 방지하기 위해 전구 안에 할로겐 화합물을 불활성 가스와 함께 높은 압력으로 봉입한 것이다.

할로겐 전구에 불이 켜지면 텅스텐이 증발하나, 보통의 전구와 다른 점은 증발한 텅스텐이 유리구 안에서 이동하여 유리벽 부근의 할로겐 원소와 결합하여 할로겐화텅스텐 원소가 된다.

이 화합물은 고온에서는 텅스텐과 할로겐 원소로 해리(解離)하는 성질이 있기 때문에 온도가 높은 필라멘트 근처로 이동했을 때는 해리되어 텅스텐은 다시 필라멘트에 부착하고 할로겐 원소는 유리벽으로 향해 확산한다.

이와 같은 결합과 해리의 반복을 재생순환반응(halogen cycle)이라 하며, 이것이 할로겐 전구의 특징이고 용량은 60[W] 55[W]이다.

② **반사경(reflector)** : 반사경의 재료는 금속이나 유리를 사용하며 전구에서 나오는 광에너지를 될 수 있는 대로 많이 모아서 필요한 방향으로 강하게 투사하는 것이 목적이므로 일반적으로 깊게 된 것을 사용한다. 그리고 반사경에 의한 빛의 손실이 적어야 하므로 반사면이 매끈하고 반사율이 높은 재료를 표면에 도금하며, 일반적으로 순도가 높은 알루미늄을 진공 증착법(蒸着法)으로 부착시킨다. 반사율은 알루미늄이 90[%]이고, 은이 92[%]로 높으나 내구성이 약하고, 크롬은 내구성은 좋으나 반사율이 65[%]로 낮다.

③ **렌즈(lenz)** : 렌즈는 투과율이 좋은 투명한 유리를 성형하여 만들었으며, 구조는 그림과 같다. 렌즈 소자에는 좌우방향으로 빛을 확산하는 것과 상하방향으로 굴절시키는 것이 있으며, 그 정도는 소자의 곡률 반지름의 크기에 따라 결정된다.

3) HID(High Intensity Discharge) 램프

제논(Xenon) 가스가 유입된 고휘도 방전램프로서 금속염제와 불활성 기체가 채워진 관에 들어있는 두 개의 전극 사이에 고압의 전원(20,000[V])을 인가하여 방전을 일으켜 필라멘트 없이 빛을 발생한다.

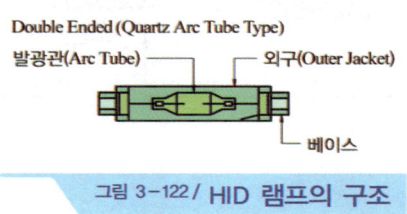

그림 3-122 / HID 램프의 구조

2. 방향지시등

방향지시등은 차량의 안전운행에 중요한 신호등으로, 방향지시등의 점멸 횟수는 1분에 60~120회의 일정한 속도로 점멸하여야 한다. 방향지시등은 플래셔 유닛의 작동원리에 따라 콘덴서식, 전자열선식, 수은식, 바이메탈식, 트랜지스터식(전자식)이 있으며 현재는 트랜지스터식을 사용한다.

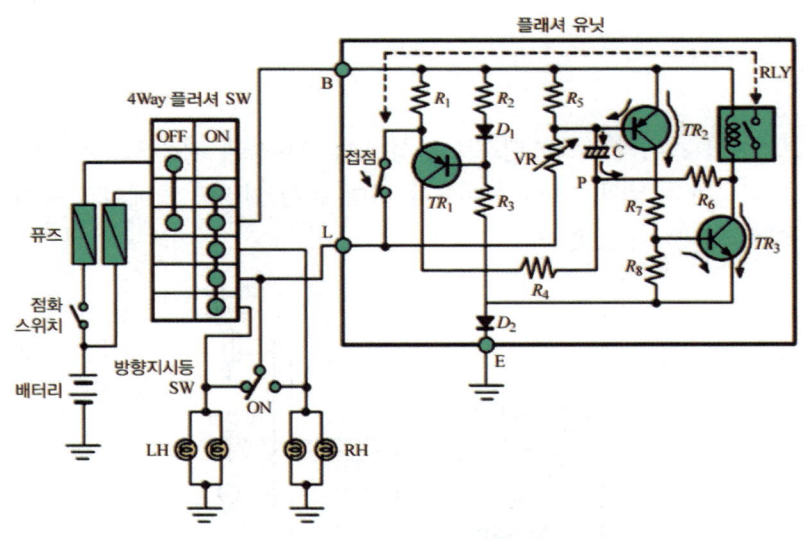

그림 3-123 / 전자식 방향지시등 회로

3. 미등

후미등과 같은 의미로, 미등회로는 차폭등, 번호판 등, 계기판 조명등 까지 병렬로 연결되어 있다.

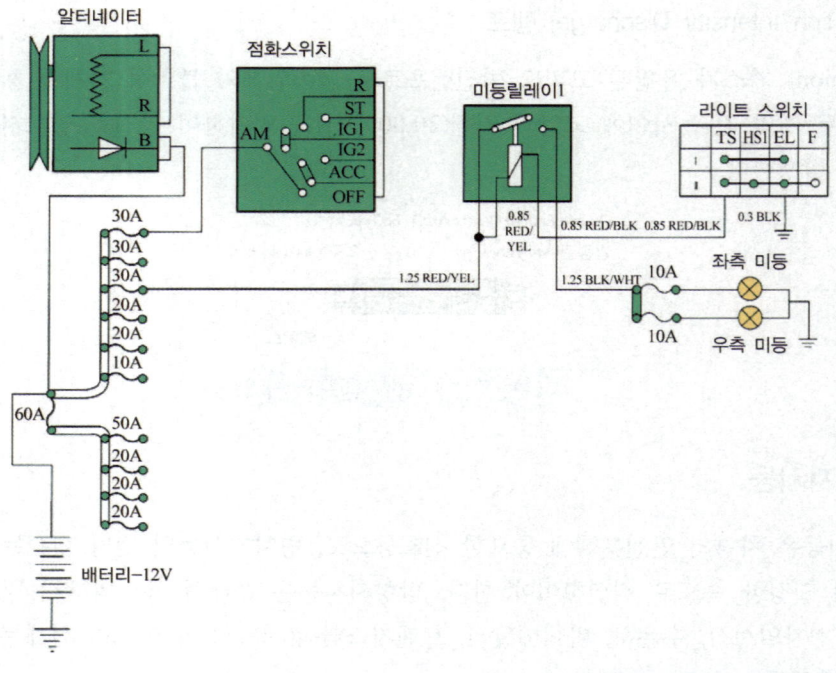

그림 3-124 / **미등 회로**

4. 제동등

제동등은 브레이크 스위치와 스톱램프로 구성되며, 후미등과 겸용으로 사용된다. 제동등의 밝기는 안전을 위하여 미등의 3배 이상이어야 하며 운행 안전상 브레이크 등이 중요하므로 전구 단선시 알려주는 기능도 있다.

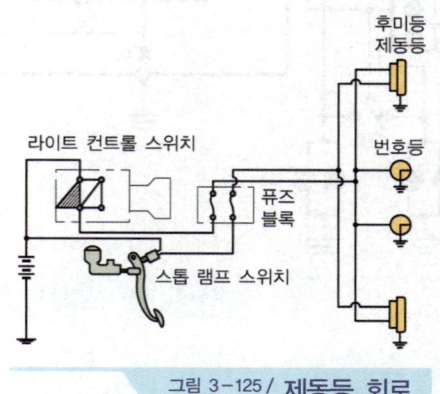

그림 3-125 / **제동등 회로**

3_ 전기회로

1. 배선

1) 용어 설명

① 커넥터(커플러, connector or coupler) : 배선을 서로 연결하기 위한 장치
② 와이어링(wiring) : 단일 기능을 가진 배선
③ 하니스(harness) : 복합 기능(여러 묶음)이 있는 배선
④ 와이어 하니스(wire harness) : 2개 또는 그 이상의 전선이 뭉쳐 있는 것

2) 배선 방식

① 단선식 : 배터리 (+) 전원 한선 만을 이용하고, (-) 전원은 차체나 프레임에 접지를 이용한 배선방식이다. 큰 전류가 흐르면 전압강하가 크게 되므로 주로 적은 전류가 흐르는 곳에 사용한다.
② 복선식 : 밧데리 (+), (-) 전원 두 선을 이용한 배선방식으로, 전조등과 같은 전류의 소모가 많은 곳에 사용한다. 접지 측에도 전선을 사용함으로써 접촉불량을 일으키지 않도록 하기 위함이다.

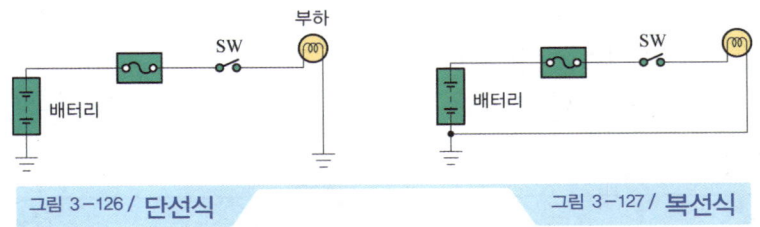

그림 3-126 / **단선식**   그림 3-127 / **복선식**

3) 커넥터 단자번호

암 커넥터(하니스측)	수커넥터(부품측)	비고
록킹 포인트 하우징 단자 | 3	2	1
6	5	4 | ←	3	2	1 | 	6	5	4		록킹 포인트 단자 하우징 | 1	2	3
4	5	6
1	2	3
4	5	6	→	• 암수 커넥터 구별은 하우징 형상이 아닌 단자 형상에 따름 • 암 커넥터는 회로의 전원 공급쪽에, 수 커넥터는 부하쪽에 위치한다. 수커넥터가 빠질 경우 단락(합선)을 방지하기 위해 • 암커넥터는 오른쪽에서 왼쪽으로 번호를 부여 (여성의 S라인을 의미)

4) 배선 색상 표시법

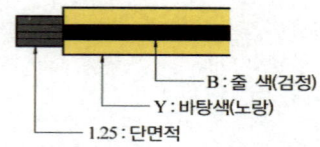

배선의 색은 1.25 Y / B 와 같은 방법으로 표시한다. 이는 노란색 바탕에 검정색 줄무늬가 있다는 의미이다. 즉, Y는 바탕색을, B는 줄무늬색을 의미한다. 숫자 1.25는 전선의 단면적($1.25[mm^2]$)을 나타낸다.

5) 배선 색상 약어

① 현대자동차

약어	배선 색상	약어	배선 색상
B	검정색(Black)	O	오렌지색(Orange)
Br	갈 색(Brown)	P	분홍색(Pink)
G	초록색(Green)	R	빨강색(Red)
Gr	회 색(Gray)	W	흰 색(White)
L	파랑색(bLue)	Y	노랑색(Yellow)
Lg	연두색(Light Green)	Pp	자주색(Purple)
T	황갈색(Tawny)	Ll	하늘색(Light Blue)

② 대우자동차

약어	색상	약어	색상
흑	흑색(검정)	연청	연청(하늘)색
갈	갈색	청	청색(파랑)
적	적색(빨강)	보	보라색
오	오렌지색(주황)	회	회색
황	노랑(황색)	백	백색(흰색)
녹	녹색	분	분홍(핑크)색
연녹	연녹색		

2. 회로도 분석 방법

아래 그림은 스위치를 작동시키면 릴레이 코일에 전류가 흘러 릴레이 접점이 붙어 모터(부하)가 작동하는 회로도 분석의 기본 모형이다. 이 때 고장이 예상되는 부분을 나열해 보면 아래와 같이 무수히 많다.

① 배터리 어스부위 접촉 불량
② 배터리 자체 불량
③ 각 회로사이의 배선 불량
④ 휴즈 불량
⑤ 스위치 불량
⑥ 릴레이 불량
⑦ 모터 불량
⑧ 회로상의 배선 단선, 단락, 접촉 불량 등등

회로 점검시 주로 테스트 램프를 사용하나, ECM과 같은 반도체가 포함된 모듈에는 10[MΩ]이나 그 이상의 임피던스를 갖는 디지털 볼트미터로 테스트 하여야 한다. 테스트 램프 사용시 내부 회로가 손상될 수 있으므로 테스트 램프를 절대 사용하지 말아야 한다.

위 그림에서 보면 모든 입, 출력이 릴레이에 몰리므로 릴레이 입구를 점검하면 장소를 옮기지 않아도 되고 4번만 점검하면 끝난다. 만약 모든 입, 출력이 정상 임에도 불구하고 작동이 안된다면 원인은 릴레이 자체 문제 밖에 없다.

1) 점검 방법

① **전원회로 통합 점검** : 테스트 램프를 전원 단자에 대었을 때 켜지는 지를 확인한다. 밝게 점등되면 정상이고 점등이 안되었다면 해당 부품 및 배선을 점검한다. 이 때, 테스트 램프의 전구 용량은 최대한 밝은 것을 사용한다.(12[V]-23[W] 이상) 어두운 전구를 사용하면 회로의 접촉불량이나 단락시 흐르는 전류량에 관계없이 밝게 점등되어 판단할 수 없게 된다.

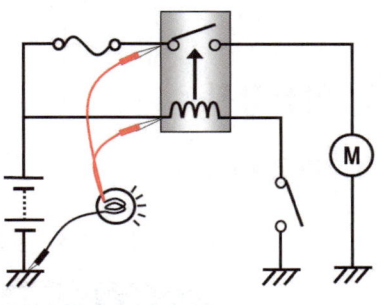

② **다음단계로 어스상태 및 출력라인을 점검** : 테스트 램프의 "+"를 배터리 본선("+")에 대고 테스트 램프 "-"를 각각의 어스선을 찍어서 점검한다. 이 때, 작동부(모터, 램프 등)의 어스라인 점검 시 램프가 밝게 점등되었다면 작동부의 어스상태도 정상이다.
스위치를 작동시켰을 때 램프가 정상적으로 들어왔다면 스위치 라인 어스도 정상이다.

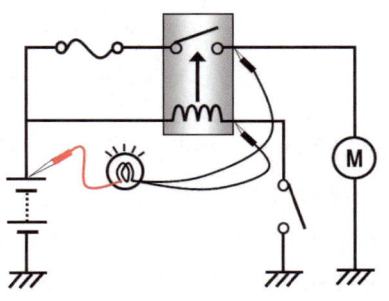

③ **최종으로 본선과 직선 연결** : 앞의 점검결과 이상이 없다면 30번 단자와 87번 단자를 직선 연결하여 모터(램프)가 회전(점등)하는지 확인한다. 입, 출력 배선을 모두 점검한 결과, 작동이 불량하면 결국, 고장원인은 "릴레이"에 있는 것이 된다.

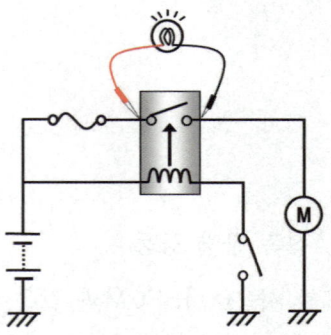

제2절 / 안전 및 편의장치

안전 및 편의장치는 자동차의 안전 운행을 위하여 필요한 장치로 경음기, 윈드 실드 와이퍼, 레인센서 시스템, 타이어 공기압 경고 시스템(TPMS) 등이 있다.

1_ 안전장치

1. 경음기(horn)

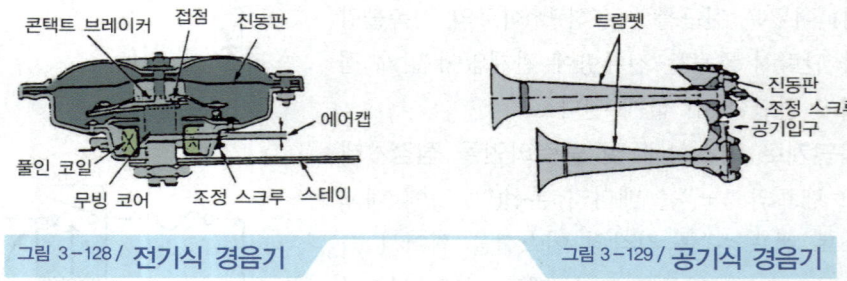

그림 3-128 / **전기식 경음기**   그림 3-129 / **공기식 경음기**

경음기는 진동판을 진동시킬 때 공기의 진동에 의해서 음을 발생시킨다. 경음기는 진동판을 진동시키는 방법에 따라서 그림 3-128과 그림 3-129에 나타낸 것과 같이 전자석을 이용하는 방법의 전기식 경음기와 압축공기를 이용하는 방법의 공기식 경음기로 분류된다. 일반적으로 공기식 경음기는 대형차에 이용되고 전기식 경음기는 대형차 이외의 차량에 이용된다.

2. 윈드실드 와이퍼(windshield wiper)

윈드실드 와이퍼는 비나 눈에 의한 악천후에서 운전자의 시계를 확보하기 위하여 앞 유리를 닦는 역할을 하는 것으로 그림 3-130에 나타낸 것과 같이 와이퍼 전동기, 링크 로드와 피벗용 링크 기구, 와이퍼 암 및 와이퍼 블레이드로 구성되어 있다.

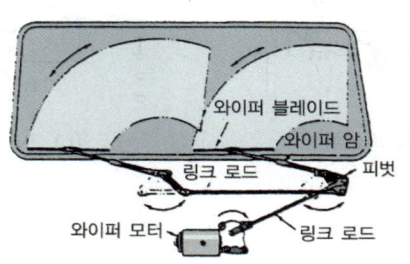

그림 3-130 / 윈드실드 와이퍼의 구성

1) 와이퍼 전동기(wiper motor)

와이퍼 전동기는 전동기의 회전을 감속하는 기어 및 와이퍼 스위치를 OFF시키면 항상 정위치로 정지시키기 위한 자동 정위치 정지 장치로 구성되어 있다.

① 페라이트 자석식 전동기(ferrite magnet type motor) : 페라이트 자석식 전동기는 자속을 형성하는 계자 철심을 영구 자석으로 이용하고 전기자는 일시적인 전자석이 되도록 코일을 감아 작동되는 전동기로 자속은 항상 일정하기 때문에 브러시를 3개 설치하여 전기자의 유효 직렬 코일의 권수를 변화시켜 전기자 코일에 흐르는 전류를 변화시킴으로서 저속 및 고속으로 회전속도가 변화된다.

② 복권식 전동기(compound motor) : 복권식 와이퍼 전동기는 자속을 형성하는 직렬 계자 코일과 병렬 계자 코일이 설치되어 있으며, 회전력이 크고 회전속도가 거의 일정한 전동기로 작동 원리는 다음과 같다.

㉠ 저속 회전시 : 와이퍼 스위치를 저속으로 위치시키면 축전지의 전류는 직렬 코일의 L_1에서는 전기자 코일을 경유하여 접지로 흐르고 병렬 코일의 L_2에서는 전기자 코일을 경유하지 않고 직접 접지로 흐르기 때문에 복권 전동기로 작동된다. 따라서 전동기는 회전력이 크고 회전속도가 거의 일정한 저속으로 회전하게 된다.

㉡ 고속 회전시 : 와이퍼 스위치를 고속으로 위치시키면 축전지의 전류는 직렬 코일 L_1에서 전기자 코일을 경유하여 접지로 흐르기 때문에 직권 전동기로 작동된다. 따라서 전동기는 병렬 코일 L_2에서 형성되는 자속이 감소되므로 회전속도가 빨라져 고속으로 회전하게 된다.

ⓒ 정지시 : 전기자축에 설치되어 있는 회전하는 캠은 러빙 블록을 작동시켜 접점을 개폐시키기 때문에 러빙 블록이 캠에 설치되어 있는 홈과 일치되지 않으면 접점은 닫혀 있다.

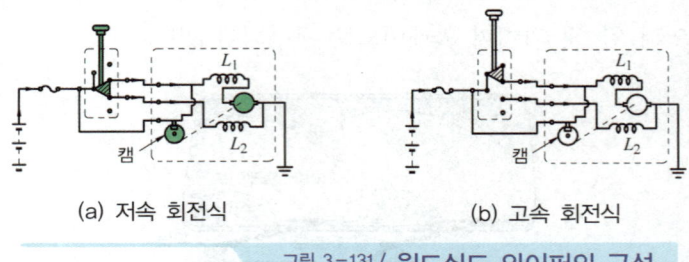

(a) 저속 회전식   (b) 고속 회전식

그림 3-131 / 윈드실드 와이퍼의 구성

2) 링크 기구(link mechanism)

링크 기구는 그림 3-132에 나타낸 것과 같이 평행 운동을 하는 기구가 이용된다. 따라서 링크 기구에 의해 와이퍼 전동기의 회전운동이 왕복운동으로 변화되어 와이퍼 블레이드의 운동이 이루어진다.

그림 3-132 / 평행 운동형 링크 기구   그림 3-133 / 링크 기구 내장형 와이퍼 전동기

3) 와이퍼 암 및 와이퍼 블레이드

① 와이퍼 암(wiper arm) : 와이퍼 암은 와이퍼 블레이드를 지지하는 역할을 하며, 블레이드 암에 내장되어 있는 스프링의 장력에 의해서 와이퍼 블레이드가 윈드실드 글라스에 적당한 압력으로 접촉되도록 한다.

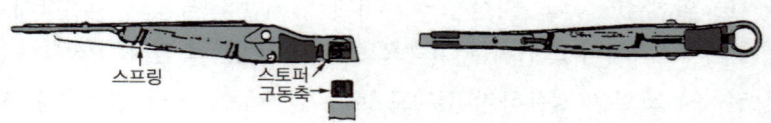

그림 3-134 / 세레이션식 와이퍼 암

② 와이퍼 블레이드(wiper blade) : 와이퍼 블레이드는 그림 3-135에 나타낸 것과 같이 블레이드 고무를 자유롭게 변형되도록 몇 개의 금속에 의해서 지지되어 있기 때문에 글라스의 곡면을 따라서 밀착되어 있다. 또한, 와이퍼 블레이드 고무의 단면 형상은 그림 3-136에 나타낸 것과 같이 되어 있다.

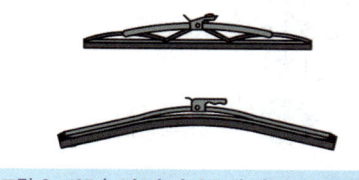

그림 3-135 / 와이퍼 블레이드의 종류

그림 3-136 / 와이퍼 블레이드 암의 현상

3) 윈드실드 와셔(windshield washer)

윈드실드 와셔는 세정액을 분사시키는 역할을 하며, 원심식 펌프가 전동기에 의해서 구동되면 노즐을 통하여 세정액을 분사시키는 전동식이 일반적으로 많이 사용된다.

와셔 펌프의 회로에서 윈드실드 와셔 스위치를 ON시키면 전동기는 고속으로 회전하기 때문에 펌프의 중앙으로 유입된 세정액은 원심력에 의해서 회전하여 출구를 통하여 노즐에 압송되어 분사된다.

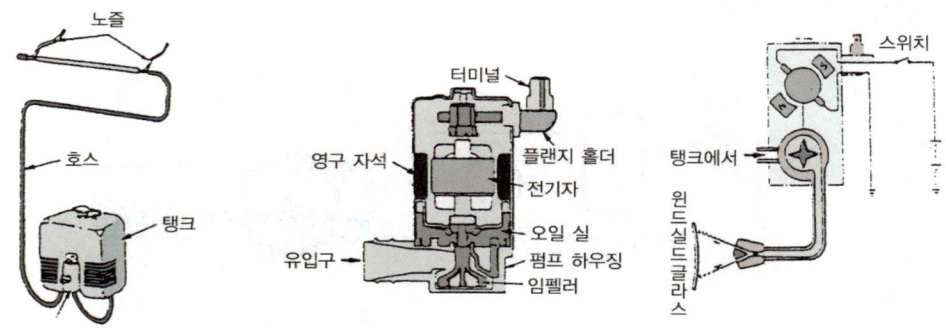

그림 3-137 / 전동식 윈드실드 와셔   그림 3-138 / 와셔 펌프   그림 3-139 / 와셔 펌프의 회로

2_ 편의장치

1. 파워 윈도우(power window)

원 터치(one touch)만으로 창문을 열고 닫을 수 있는 장치로, 간단히 모터의 극성을 바꿔서 작동한다. 아래와 같은 부품으로 구성된다.

① 파워 윈도우 모터 : 창문을 열고 닫는 동력원

② 파워 윈도우 레귤레이터 : 모터 회전 운동을 직선운동으로 바꾸는 기구
③ 파워 윈도우 유닛 : 창문을 여닫을 때 부하를 감지
④ 파워 윈도우 스위치 : 모터의 회전방향을 절환하는 스위치

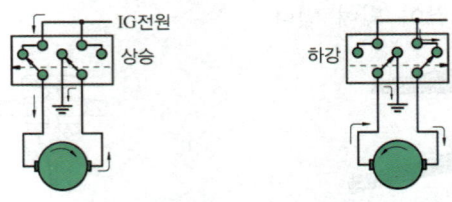

그림 3-140 / 파워 윈도우 회로

2. 레인센서(rain sensor, 우적감지) 시스템

기존 와이퍼 모터 제어는 강우량에 따라 운전자가 다기능 스위치를 조정하면 ETACS가 와이퍼를 제어하였다. 레인센서 시스템은 와이퍼 모터 제어를 ETACS 대신, 앞 창유리 상단에 설치된 레인센서 & 유닛에서 강우량을 감지하여 운전자가 스위치를 조작하지 않고도 와이퍼 작동시간 및 Low/High 속도를 자동으로 제어하는 시스템이다.

1) 레인센서의 구성도 및 내부 구조

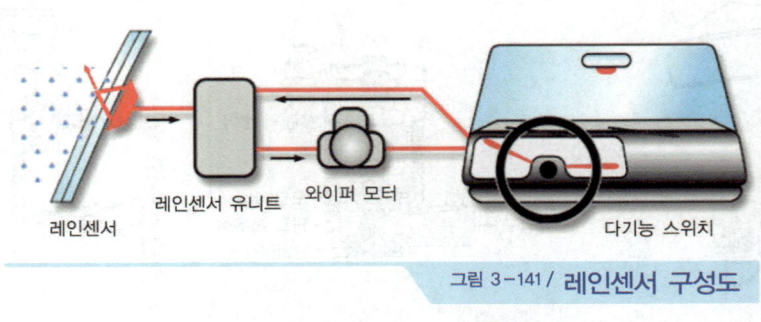

그림 3-141 / 레인센서 구성도

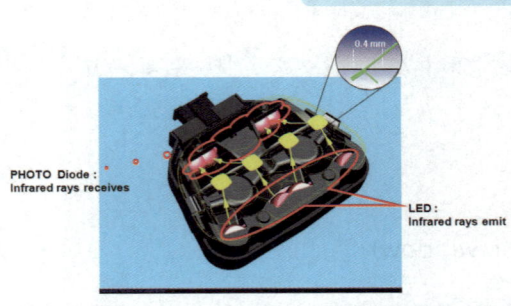

그림 3-142 / 레인센서 내부 구조

2) 레인센서 작동 원리

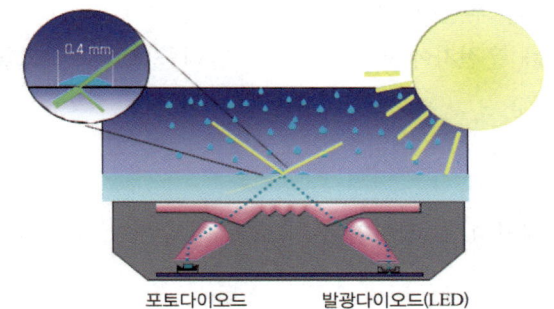

포토다이오드   발광다이오드(LED)

① 레인센서는 LED와 포토센서에 의해 비의 양을 감지한다.
② 앞 창에 빗물이 없을 경우, LED에서 발산되는 빔(beam)은 유리 외부표면에서 전반사되어 포토 다이오드로 되돌아 온다.
③ 빗물이 있으면, 빔은 빛의 굴절에 의해 일부만이 포토 다이오드로 되돌아 오므로 빛의 굴절에 의해 손실된 빛의 강도가 비의 양으로 와이퍼 속도가 자동으로 조절된다.
④ 레인센서는 앞 창유리의 투과율에 상관없이 일정하게 빗물을 감지한다.

3) 레인센서 작동 모드

① OFF mode : 레인센서 & 유니트는 OFF 모드 동안에 앞 창유리의 상태를 감시해서 와이퍼 스위치가 어느 단계의 감지로 설정되어야 할 지를 알 수 있도록 한다. 이로써 OFF 모드에서 AUTO 모드로 전환시 센서의 성능이 최적화 된다.
② AUTO mode(Auto INT, Auto Low, Auto High) : OFF에서 AUTO 모드로 전환하면 즉각 와이퍼를 1회 작동하여 운전자에게 와이퍼 시스템이 시작되었음을 알리고, 와이퍼가 시작 1회 작동하고 나면 유리에 떨어지는 비의 양에 적합한지가 결정될 때까지 와이퍼는 정위치에서 머문다. 단, 이 동작은 운전자가 설정한 볼륨에 따라 달라진다.
③ WASH mode : 레인센서 & 유니트는 와셔스위치 신호를 입력받아 스위치 작동시 와이퍼 모터를 저속으로 구동하여 유리를 세척한다.(와셔연동 와이퍼 제어)
④ Low/High mode : 운전자의 스위치 조작에 따라 와이퍼 모터를 Low/High 속도로 작동시킨다. 이 때의 와이퍼 작동은 레인센서 & 유니트에 의해서 제어되는 것이 아니고 다기능 스위치에서 직접 제어한다. 레인센서 & 유니트 고장시 와이퍼 Low/High는 정상으로 작동한다.

3. 후진 경보장치(BWS : Back Warning System)

자동차 후진시에는 장애물의 존재 여부나 거리 판별이 쉽지 않고 또한 전진시보다 운전자가 확인할 수 없는 사각지대가 많다. 그리하여 후진시 편의성 및 안전성을 확보하기 위하여 운전자가 기어 선택 레버를 후진에 넣으면 후진 경보장치가 작동하여 장애물의 존재여부나 장애물과 차량과의 거리를 운전자에게 경보음으로 알려줌으로써 사고를 미연에 방지하는 시스템이다.

1) 시스템의 구성

컨트롤 유닛, 초음파 센서 4개, 경보기(부저)로 구성되어 있다.

2) 작동원리

리어 범퍼에 장착되어 있는 초음파 센서에서 음파의 속도를 알고 있는 초음파 센서를 발산하고, 물체에 부딪쳐 되돌아 오는 시간 T[ms]를 측정하는 것으로 물체까지의 거리 D[m]를 알 수 있다.

즉, 물체까지의 거리 $D[m] = \dfrac{T \times V}{2}$

T : 초음파의 이동시간[ms]
V : 초음파의 전송속도[m/s]

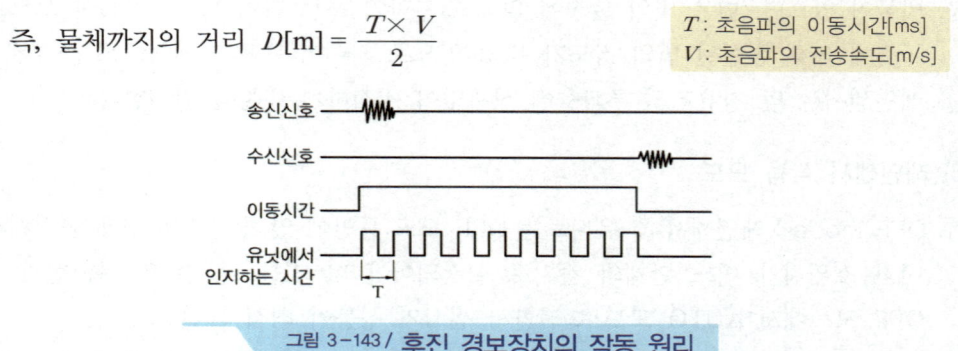

그림 3-143 / 후진 경보장치의 작동 원리

3) 후진 경보장치의 작동

① **동작신호 및 자기진단 기능** : 차량 후진시 기어 선택 레버를 후진에 넣으면 작동한다. 이 때 자기진단 기능에 의해 컨트롤 유닛에서 각 센서까지의 하네스 및 센서의 이상을 검출하고 정상의 경우 0.3초간 부저음을 발생시킨다. 이 때 부저음이 발생되지 않거나 일정 시간 후 일정 간격으로 부저음이 발생되면 시스템 고장이다.

② **경보방법**
  ㉠ 1차 경보 : 후방 장애물과의 거리가 120[cm] 이하일 때, 부저는 340[ms] 간격으로 작동
  ㉡ 2차 경보 : 후방 장애물과의 거리가 80[cm] 이하일 때, 부저는 170[ms] 간격으로 작동
  ㉢ 3차 경보 : 후방 장애물과의 거리가 40[cm] 이하일 때, 부저는 연속으로 작동

4. 타이어 압력 경고 시스템(TPMS : Tire Pressure Mornitoring System)

1) TPMS의 개요

타이어 압력 경고장치는 ABS용 휠 스피드 센서를 이용하여 특정 바퀴의 공기압이 저하되면 동반경이 줄어들어 차륜의 속도가 빨라지는 것을 이용하여 타이어 공기압 저하 유무를 판정, 공기압 저하시 운전자에게 경고하여 주행안전성과 타이어 수명을 연장하는 장치이다.

① TPMS의 분류
  ㉠ 간접 방식 : 휠 스피드 센서의 신호를 받아 그 변화를 논리적으로 계산하여 타이어의 압력상태를 간접적으로 유추하는 방법
  ㉡ 직접 방식 : 타이어에 장착된 압력센서에서 직접 압력을 계측하여, 이를 바탕으로 운전자에게 경고하는 방식으로, 직접 방식은 간접 방식에 비하여 고가이나, 계측값이 정확하고 안정적이어서 대부분이 채택하고 있는 방식이다.

② 하이 라인(High Line)과 로우 라인(Low Line) : 하이(High)와 로우(Low)는 제품의 등급을 나타내는 개념으로, 물리학적으로 높고 낮음을 의미하지 않는다. 또한, 하이 라인은 이니시에이터와 타이어 위치 경고등을 이용하여, 어느 타이어가 압력이 낮은 지를 알 수 있다.
  ㉠ 로우 라인 구성품 : TPMS 리시버, 타이어 압력센서, 경고등(저압 및 고장 경고등)
  ㉡ 하이 라인 구성품 : TPMS 리시버, 타이어 압력센서, 경고등(저압 및 고장 경고등, 타이어 위치 경고등), 이니시에이터

2) 시스템 구성

① 리시버(receiver, TPMS ECU) : 이니시에이터와 시리얼 통신을 하는, TPMS 시스템의 주요 구성품

② 이니시에이터(initiator) : 리시버로부터 신호를 받아 타이어 압력센서를 제어하는 기능을 하며 LF(Low Frequency) 신호를 받아 RF(Radio Frequency)로 응답한다.

③ 타이어 압력센서 : 타이어 안쪽에 설치되어 타이어 압력과 온도를 측정하고, 리시버 모듈에 데이터를 전송시키는 역할을 한다.

3) 시스템 구성품의 역할

① 타이어 압력센서(tire pressure sensor) : 무게 약 40[g] 정도의 센서로, 휠의 림(rim)에 장착된다.(4개) 바깥으로 돌출된 알루미늄 바디 부분이 안테나 역할을 겸하며, 내장된 배터리의 보증 수명은 약 10년이다.

타이어 위치 감지를 위해 이니시에이터로부터 LF 신호를 수신하며, 타이어 압력 및 내

부 온도를 측정하여 TPMS 리시버로 RF 전송을 한다. 압력, 온도는 4초마다 측정하고, 송신 주기는 1분이다. 측정주기와 송신주기가 다른 것은 배터리 수명을 연장하기 위하여이며 단, 공기의 급격한 방출(rapid deflation)을 감지하면 4초마다 송신을 한다.

그림 3-144 / 타이어 압력센서

② 이니시에이터(initiator) : 하이 라인에만 장착되며, 타이어 압력센서를 wake up 시키는 기능과 타이어 위치를 판별하기 위한 도구로 사용한다. TPMS 리시버와 유선(wire, 3선)으로 연결되며, TPMS 리시버와 타이어 압력센서를 연결하는 중계기 역할을 한다. 압력센서와 통신시, 저주파수(125[kHz])를 사용하므로 LF initiator(LFI)라 한다.

㉠ FRONT initiator : IG ON시, 리시버로부터 전원을 공급받은 FRONT initiator는 먼저, 가까운 쪽 압력센서를 wake up 시키고, 수신된 압력센서의 ID를 리시버에 저장하고, 다음, initiator가 장착되지 않은 쪽에서 수신된 압력센서 ID 역시 저장한다.

㉡ REAR initiator : REAR initiator도 동일한 방법으로, RR측 압력센서를 wake up 시킴으로서 RR측 압력센서를 동작시킨다.

③ 리시버(receiver) = TPMS ECU

㉠ 리시버의 기능
  ⓐ 타이어 압력센서로부터 RF data(온도, 압력, 센서 배터리 전압)를 수신
  ⓑ 수신된 데이터를 분석하여 경고등을 제어
  ⓒ LF initiator를 제어하여, 센서를 sleep 또는 wake up 시킴
  ⓓ IG "ON" 되면, LF initiator를 통해 압력센서들을 wake up 시킴
  ⓔ 차속 20km/h 이상으로 연속 주행 시, 센서를 자동으로 학습한다.
  ⓕ 차속 20km/h 이상이 되면, 매 시동시마다 LF initiator를 통해 자동 위치 확인 (auto locating)과 자동학습(auto learning)을 수행한다.
  ⓖ 자기진단 기능 및 K-라인으로 통신하지만, 다른 ECU와 통신하지 않는다.

㉡ 리시버의 모드
  ⓐ 초기 모드(virgin mode) : A/S 부품으로 입고될 때의 모드로, 이 상태에서는 압력센서로부터 RF 신호를 받아도 저장 할 수도 경고등 제어도 할 수 없다. 진단장비나 TPMS 익사이터(exciter)를 이용하여 활성화시킨다.

ⓑ 정상 모드(normal mode) : 차량이 출고될 때의 모드로, 모든 기능이 정상적으로 작동한다.

ⓒ TPMS 리시버 입력 방법 : 차종코드, VIN NO, 센서 ID 모두 입력 한 후, 10초 이상 IG OFF 후, IG ON 시키면 모드 변경이 완료된다.

ⓓ 모드 구분하는 방법

  ⓐ 초기 모드(virgin mode) : IG ON시 3초간 점등 후, 0.5초 간격으로 점멸
  ⓑ 정상 모드(normal mode) : IG ON시 3초간 점등 후, 소등

④ 경고등

  ㉠ 저압 경고등(tread lamp) : 트레드 램프라고도 하며, 타이어 압력이 규정값(26 ~ 27[psi]) 이하이면 점등하고, 30 ~ 31[psi] 이상일 때 소등한다.(히스테리시스 방지) 리시버가 정상 모드일 경우, IG ON시 3초간 점등 후, 소등된다.

 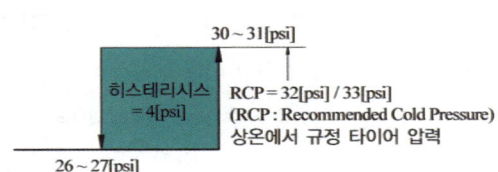

  ㉡ TPMS 램프 : TPMS 시스템에 고장이 기억된 경우 점등되며, 시스템(자기진단) 경고등 이라고도 한다.
  하이 라인, 로우 라인 모두 장착되어 있다.

  ㉢ 저압타이어 위치 경고등 : 하이 라인에만 적용되며 저압 경고등과 함께 점등된다. 어느 타이어의 압력이 규정치 이하인지를 운전자에게 알려준다.

5. IMS(Integrated Memory System)

마이크로 컴퓨터를 이용하여 운전자 신체조건에 맞게 미리 기억시킨 후 자동으로 재생할 수 있는 편의장치이다. 좌석의 위치를 구동하는 4개의 모터와 모터의 위치를 감지하는 센서, 리미트 스위치, 변속레버 "P" 스위치로 구성된다.

1) 모터

① 슬라이딩 컨트롤 모터 : 좌석을 앞, 뒤로 조절
② 리클라이닝 컨트롤 모터 : 등받이의 기울기를 조절
③ 프론트 하이트 컨트롤 모터 : 좌석의 앞쪽 높이를 조절
④ 리어 하이트 컨트롤 모터 : 좌석의 뒤쪽 높이를 조절

2) 센서

① 슬라이드 센서 : 좌석이 전후로 작동하는 것을 감지
② 리클라이닝 센서 : 등받이의 기울기를 감지
③ 프론트 하이트 포지션 센서 : 좌석 앞의 높낮이를 감지
④ 리어 하이트 포지션 센서 : 좌석 뒤의 높낮이를 감지

3) 리미트 스위치

슬라이딩과 리클라인의 구속을 방지하기 위하여 앞, 뒤 끝단부에 스위치를 장착하여 시트 이동시 이동 한계 구간을 알 수 있다. 일반 작동 구간에는 스위치가 ON되어 있으며 한계점에 도달하면 접점이 떨어진다.

4) 변속레버 "P" 스위치

변속레버를 감지하는 스위치로 입력된 신호를 DDM으로 전송한다. "P" 위치 이외에서는 자동조정 금지 신호로 사용된다.

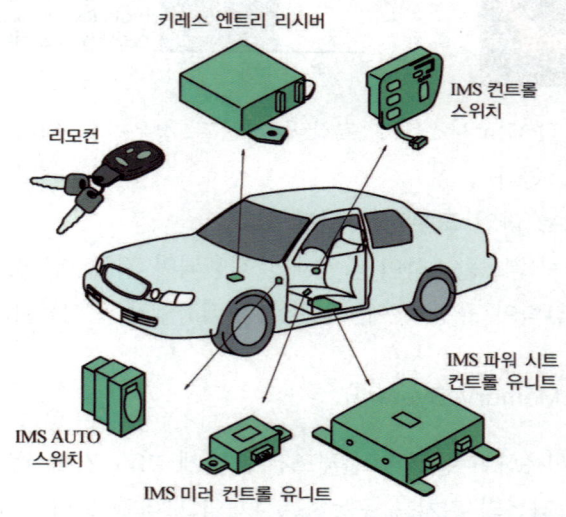

그림 3-145 / IMS 구성품

6. 에탁스(ETACS : Electronic Time Alarm Control System)

에탁스란 Electronic Time Alarm Control System의 약자로 중앙 집중제어 장치라고도 하며, 경보장치에 관련된 요소가 한 개의 컴퓨터인 에탁스 유닛에 의해 각각의 릴레이나 엑츄에이터, 모터 등을 제어하는 장치이다. 메이커에 따라 ETACS, ETWIS, ISU 등으로 명칭한다.

1) 에탁스 내부 구성

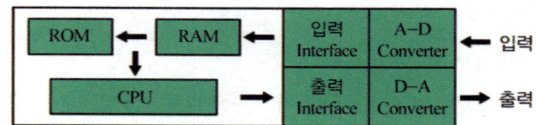

① A-D Converter : 아날로그 신호를 디지털 신호로 변환시키는 장치
② Interface : 실제로 작동하는 센서나 액츄에이터, 스위치 등을 CPU나 그 주변의 IC 들과연결하는 역할
③ RAM(Random Access Memory) : 일시 기억장치로 녹음과 재생이 가능한 것 BAT 전원을 끄면 기억이 지워질 수 있는 IC 메모리
④ ROM(Read Only Memory) : 영구 기억장치라 하며 레코드판이나 CD 와 같이 재생만 가능하며 BAT 전원을 꺼도 기억이 지워지지 않는 부분
⑤ CPU(Central Process Unit) : RAM과 ROM에 의해 저장되어진 데이터를 중앙처리 장치 라는 CPU에서 최종판단을 한다.

2) 에탁스 입·출력 계통도

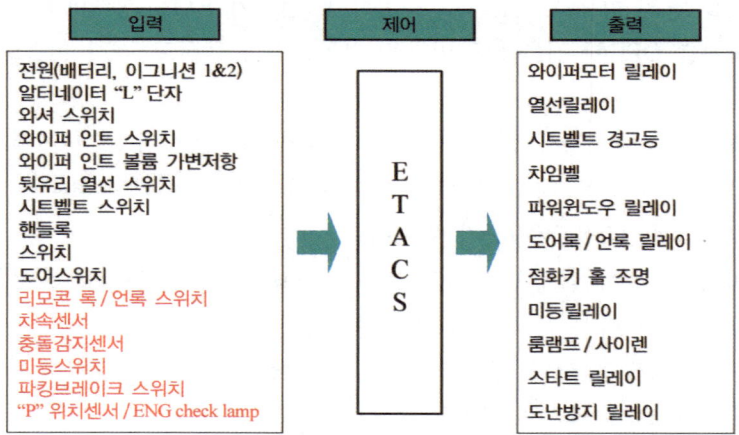

3) 에탁스 제어기능

① 와셔 연동 와이퍼 : 점화키 ON시 와셔 S/W를 작동시키면 T1(0.6초) 후에 와이퍼 출력을 ON 하고, 와셔S/W OFF 후 T2(2.5~3.8초) 후에 와이퍼 출력을 멈출 것
② 간헐(INT) 와이퍼 : 점화키 ON시 INT S/W 작동시키면 0.3초 후에 와이퍼 출력을 ON 한다.
  INT와이퍼 작동중 와이퍼 재작동 주기는 INT 설정에 따라 T2 시간만큼 변화한다.
③ 뒷유리 열선 타이머 : 발전기 "L"단자에서 12V 출력시 열선SW 누르면 열선을 15분간

출력한다. 열선 출력중 다시 열선SW 누르면 출력을 멈추고, 열선 출력중 발전기"L"단자 출력이 없을 경우에도 열선SW 출력을 멈춘다. 사이드미러 열선은 뒷유리 열선과 병렬로 연결되어 작동된다.

④ 안전벨트 경고등 타이머 : 점화키 ON시 안전벨트 경고등은 주기 0.6초, 차임벨은 0.9초, 듀티 50[%]로 점멸한다.

⑤ 감광식 룸램프 : 도어 열림시 실내등을 점등하고, 도어 닫힘시 즉시 75[%] 감광후 서서히 감광하여 5~6초 후에 소등한다. 감광 동작 중 점화키 ON시 즉시 감광동작을 멈추고 룸램프 제어시 입력되는 도어SW는 전도어 스위치이다.

⑥ 이그니션 키 홀 조명 : 점화키 OFF 상태에서 운전석 도어를 열었을 때 키홀 조명을 점등시키고 키 홀 조명이 점등된 상태에서 운전석 도어를 닫았을 경우 10초간 키 홀 조명을 ON 상태로 지연 후 소등시킨다. 위 제어 중 점화키 ON 신호를 입력 받으면 키홀 조명을 즉각 OFF 시킨다.

⑦ 파워윈도우 타이머 : 점화키 ON시 파워윈도우 출력을 ON하고, 점화키 OFF후 30초간 출력을 유지한 후 OFF한다.

⑧ 밧데리 세이버 : 점화키 ON후 미등 SW를 ON한 경우에 점화키를 OFF하고 운전석도어를 열었을 경우 미등을 자동으로 소등한다. 점화키가 ON 상태에서 운전석도어를 연 후에 점화키를 OFF한 경우에도 미등을 자동으로 소등하고 다시 미등SW를 ON한 경우 미등을 점등시킨다.

⑨ 점화키 회수 : 키 박스에서 점화키를 삽입한 상태에서 운전석 도어를 열고 도어록 노브를 눌러 도어록 하였을 때 0.5초후 언록 출력을 내어 도어록이 불가능하게 한다.(차에 키를 꼽고 내리는 것을 방지하기 위하여)

⑩ 오토 도어록 : 차속이 일정속도 이상시(속도 셋팅 가능) 전도어록 동작이 일어난다. 제어후 도어 언록시 다시 록 동작을 수행한다.

⑪ 중앙집중식 도어잠금 장치 : 운전석이나 조수석에서 노브를 사용하여 LOCK시 전도어가 록되고 UNLOCK시 전도어가 언록된다.

⑫ 스타팅 재작동 금지 : 도난경보기가 있는 경우 시동이 걸리면(발전기"L"단자) 도난경보 릴레이를 작동시켜 시동릴레이가 운전자에 의해 오작동 되는 것을 방지한다.

⑬ 점화키 OFF후 전도어 언록 제어 : 주행중 도어 록시 IG OFF할 경우 전도어를 언록시킨다.

⑭ 충돌감지 언록 제어 : 차량 충돌시 에어백 ECU로 부터 에어백 전개 신호를 입력 받아 즉시 전도어를 언록 시킨다.

7. 위성항법 시스템(GPS : Global Positioning System)

인공위성으로부터 발사된 전파의 도달시간을 계측하여 위성과의 거리를 계산함으로써 자동차의 위치를 알 수 있는 시스템이다. 편리성과 정확성으로 자동차 항법장치인 내비게이션(Navigation)으로 사용된다.

1) GPS 측위 원리

고도 약 20,000m 상공의 6개 궤도를 돌고 있는 24개 위성에서 1.5GHz 주파수로 송신하는 전파 중, 3~4개를 수신해 위치를 계산한다. 3개를 수신하면 위도 및 경도는 알지만 고도는 측정이 불가하므로 현재는 4개를 수신하여 위치를 계산한다.

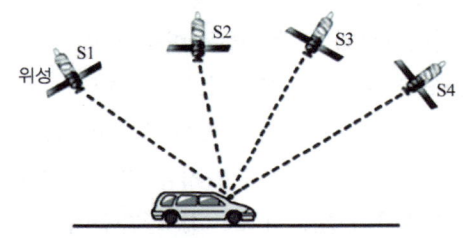

그림 3-146 / 카 내비게이션의 방위 측위

측량은 3점 측량 방법으로, 위성시계(원자시계)의 시간과 GPS에 내장된 시계의 시간을 일치하여야 한다. 자동차 내비게이션은 비용 문제로 위성 시계와 일치시키지 않고 위성을 1개 늘려서 수신한다. 2개의 위성은 경도와 위도를 수신, 1개는 시차 수정용으로 사용한다. 위성으로부터 도달한 전파의 도달 시간의 차로 현재의 거리를 계산하며, 거리 = 도달 시간 차×광속이다.

2) 현재위치 계산 원리 - 삼각 측량법

GPS 위성이 공전하면서 위치를 계산할 수 있는 신호를 주기적(1초)으로 모든 위성에서 송출하면 지상의 GPS 수신기는 삼각 측량법에 의해 현재 위치(경위도)를 계산한다.

가운데 있는 GPS 수신기가 수신이 가능한 GPS 위성까지의 거리를 계산하며, 이를 삼각 측량법을 이용하여 WGS84 좌표계의 경위도 값으로 산출한다. GPS의 구조적인 한계로, 실제 위치와 20~30m의 오차가 발생한다. 단, GPS에서 송출된 신호가 아무런 공간상 제약없이 도달한다는 조건에서이다.

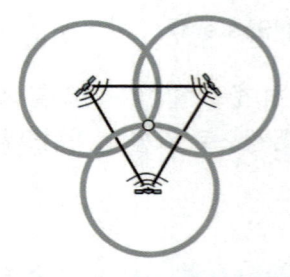 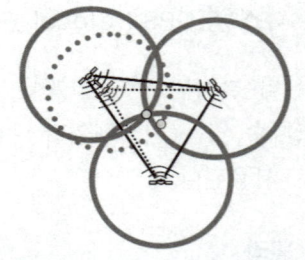

그림 3-147 / 정상적인 수신   그림 3-148 / 비정상적인 수신

3) 수신율 저하의 원인

① **고층건물 사이** : 위성의 신호가 차량에 장착된 GPS 수신기에 가장 짧은 거리로 도달하지 못하기 때문이다. 테헤란로와 같은 고층 빌딩 사이가 수신율이 저하한다.

② **터널 안** : 일반적으로, GPS 수신이 되지 않으므로 현재 위치 계산이 불가능하다. 터널 통과 후 발생할 수 있는 교차로나 안전운행 데이터 안내를 위하여 가상 주행으로 안내하며, GPS 수신기가 터널 통과 후 현재 위치를 다시 계산하는 데는, 수신기의 종류나 환경에 따라 짧게는 2초에서 길게는 10초 정도 수신이 지연된다.

③ **고가도로 밑** : 고가도로 밑은 GPS 수신이 이루어지기 힘든 굉장히 불안정한 환경이다. GPS 수신율이 가장 나빠서 수신기에서 현위치를 잘못 계산하는 경우가 많아 실제 도로가 아닌 이면도로에 현재 위치가 매칭되면서 지속적으로 경로를 재탐색하거나, 고가도로 위에 있다고 인식되는 경우가 간혹 발생된다.

④ **지하 차도** : 지하 차도 역시, 터널과 동일한 이유로 GPS 수신이 되지 않는 지역이다. 터널은 가상주행이 가능하나, 지하차도는 가상주행이 되지 않는다. 지하차도는 터널처럼 완전히 GPS가 차단되지 않고 주변 건물 등에 반사되어 간헐적으로 들어오므로 현재 차량이 지하차도에 있다고 판단하기 어렵기 때문이다.

⑤ **기타 요인** : 이 밖에도 전리층의 전파 굴절, 태양의 흑점 활동 등이 수신율에 장애가 된다.

또한, GPS 수신에 장애가 되는 환경에서는, GPS 초기 수신기간 역시 저하하므로 아파트 지하 주차장에 차량을 세워두었다면, 지상으로 나와 어느 정도 벗어나 내비게이션을 동작시키면 초기 수신시간 단축에 도움이 된다. 사람도 어두운 곳에 있다가 갑자기 밝은 곳으로 이동하면 적응이 어렵듯, GPS 수신기도 음영 지역에서 계산하다가, 수신이 양호한 지역으로 들어서면 현위치를 계산하는데 시간이 걸리기 때문이다.

8. 에어백(air bag)

1) 정의

에어백은 충격 센서와 에어백 제어 모듈을 통해 운전자와 탑승자를 보호하기 위한 충격완화장치다. 특히 자동차 사고 때 일어나는 충격에 의해 운전자나 탑승자가 심한 부상을 입거나 심지어 목숨까지 잃는 사고가 빈번히 일어나자 이 충격을 조금이나마 완충할 수 있는 안전 벨트 보조장치(SRS)를 고안한 것이다.

2) 에어백의 기능

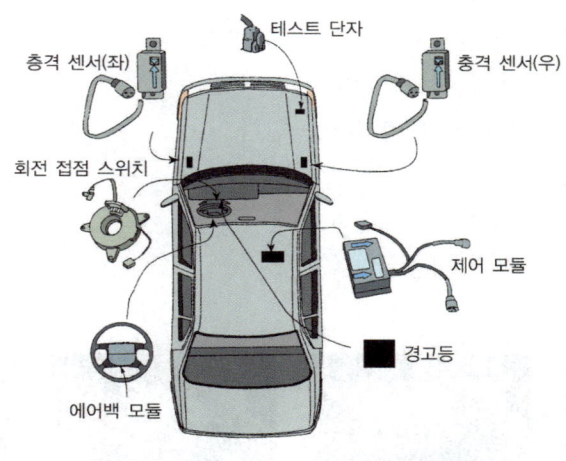

그림 3-149 / 에어백 시스템

3) 에어백의 작동 과정

에어백의 작동은 기계적인 것과 전자 제어에 의한 것으로 이루워진다. 자동차가 사고가 나면 차에 달려있는 충격 센서가 작동한다. 충격 센서는 세팅되어 있는 기계에 의해 이루어진다. 충격 센서가 작동하면 즉시 에어백 모듈에 전달되어 순식간에 에어백이 작동하게 되어 있다. 이 모든 과정이 불과 1초의 사이를 두고 일어난다. 특히 운전자나 탑승자가 에어백의 도움을 받는 시간은 사고가 일어난 후 0.4~0.8초 안에 이루어진다. 에어백의 시간별 작동과정은 다음과 같다.

① 충돌 후 0.15초 후
  ㉠ 자동차 가감속이 매우 크다.
  ㉡ 감속도가 에어백 모듈에 지정한 값에 이르면 에어백 가스발생기가 작동하기 시작한다.
  ㉢ 현재 운전자는 정상 자세이며 무게중심이 앞으로 쏠려 있다.

② 충돌 후 0.2초 경과
    ㉠ 에어백 커버가 찢어지면서 에어백 팽창이 시작된다.
    ㉡ 운전자의 몸도 핸들로 다가간다.
    ㉢ 차체의 손상이 시작된다.
③ 충돌 후 0.35~0.4초 경과
    ㉠ 에어백은 완전히 팽창된다.
    ㉡ 안전 벨트가 작동해 운전자를 시트 등받이 쪽으로 당겨준다.
    ㉢ 충돌에 의한 힘이 부분적으로 흡수된다.
④ 충돌 후 0.4~0.8초 경과
    ㉠ 차체의 이동은 정지되며 최대의 손상을 가져온다.
    ㉡ 운전자가 에어백에 충돌하게 된다.
    ㉢ 에어백에서 가스가 빠져 완충작용을 한다.
⑤ 충돌 후 1~1.2초 경과
    ㉠ 운전자는 원래의 위치로 정지된다.
    ㉡ 에어백 가스는 완전히 방출된다.
    ㉢ 운전자의 정상 시야가 확보된다.

그림 3-150 / 에어백의 작동 과정

4) 에어백의 구성 부품과 기능

① 에어백 모듈 : 에어백 모듈은 가스발생기, 에어백, 패트 커버(pat cover)로 구성된다. 대부분이 에어백 모듈은 분해할 수 없으며 에어백이 한 번이라도 작동되면 새것으로 바꿔야 한다.

② 가스 발생기(inflator) : 가스 발생기는 화약, 점화제, 가스 발생제, 디퓨저 스크린(diffuser screen) 등을 알루미늄으로 만든 용기에 넣은 것으로 그림과 같은 구조를 가진다.
또한 에어백 모듈 하우징의 안쪽에 조립되어 에어백 작동시간을 단축시켜 준다.
작동 원리는 일단 가스 발생기 안에 들어있는 화약에 점화전류가 흐르면 화약이 점화되고 점화제가 연소되어 이 연소되는 열에 의해 가스 발생제가 연소하게 되는 것이다.

가스 발생기가 연소하면 질소가스가 급속히 발생해 디퓨저 스크린을 통해 에어백에 공급하게 된다. 이 모든 것이 가스 발생기의 동작 순서이며, 원리다. 특히 디퓨저 스크린은 연소된 가스의 여과 작용과 가스의 냉각 작용을 하며 가스발생에 의한 소음도 억제해 준다.

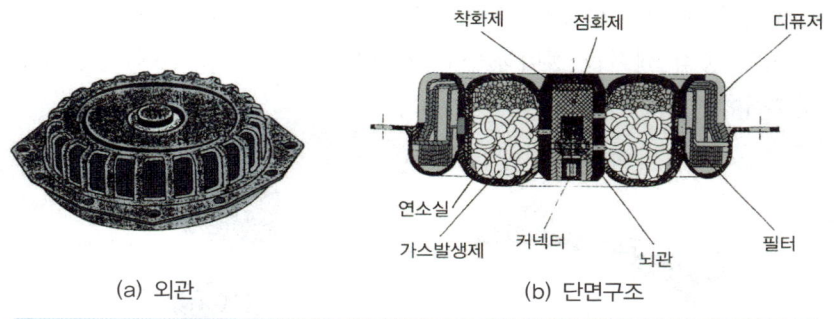

(a) 외관   (b) 단면구조

그림 3-151 / 가스 발생기

③ 에어백 : 에어백은 고부가 코팅된 나이론 섬유제의 원판형 주머니로서 용량은 약 50 ~ 60[ℓ] 정도다. 에어백은 가스 발생기 바로 위에 위치하며 에어백을 부풀리는 가스로는 질소가 쓰인다. 질소는 급속으로 팽창한다는 장점이 있으며 가스 자체의 내부 온도변화가 거의 없어 운전자나 탑승자를 더욱 안전하게 해준다. 또한 에어백에 입력된 가스는 빨리 배출해야 하므로 대부분 지름이 2.5[mm]의 배출 구멍을 2개까지 적용하고 있다.

④ 패트 커버 : 우레탄 커버로 에어백 작동 때 에어백에 의해 입구가 갈라져 힌지(hinge)를 중심으로 전개된다. 그러면 에어백은 밖으로 작동되면서 팽창하게 된다. 일반적으로 패트 커버에 그물을 성형시켜 에어백 전개 때 파편이 튀는 것을 방지하는 구조로 되어 있다.

⑤ 회전 접점 스위치 : 회전 접점 스위치는 에어백 모듈과 스티어링 컬럼 사이에 달린다. 이 스위치는 대시보드와 에어백 모듈 그리고 제어 모듈 등을 연결하는 전기선을 에어백 시스템에 맞도록 고안한 것이며 따로 보관할 때 주의해야 한다. 특히 조향 핸들에 직접 달려 배선이 움직일 수 있으므로 이곳에 적용되는 스프링은 일반 코일 스프링이 아니라 클록이라 불리는 스프링을 적용한다. 또한 이 부분을 분해 조립하면 반드시 중립 표시점을 확인해 정위치에 달아야 한다.

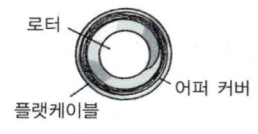      

(a) 스티어링 휠을 좌측으로 회전 때   (b) 중립 때   (c) 스티어링 휠을 우측으로 회전 때

그림 3-152 / 클록 스프링 작동 상태

⑥ **충격 센서** : 충격 센서는 대부분 차체의 앞부분에 달리지만 우리나라 자동차인 경우 암레스트 콘솔박스 밑에 설치되기도 한다. 충격 센서는 극히 기계적으로 작동되나 기계적인 부분을 전자 시스템과 접목이 이루어지지 않으면 자동차에 충격을 알려줄 수 없다. 예를 들어 자동차가 사고로 인해 주행속도가 중력 가속도의 규정값에 이르면 충격 센서의 롤러가 움직여 접점을 닫게 한다. 이 접점이 닫히는 순간 에어백은 작동하는 것이다. 만약 충격 센서를 정비하거나 교체할 경우 센서 표면에 적혀 있는 방향을 반드시 맞추어야 한다.

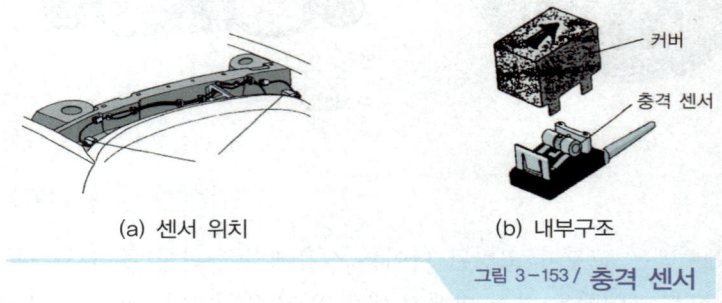

(a) 센서 위치　　　　　　　　(b) 내부구조

그림 3-153 / **충격 센서**

5) 에어백의 제어 모듈 기능

에어백의 제어 모듈은 시스템을 트리거링시키는데 충분한 에너지를 저장하고 자기진단 기능을 수행해 사고와 관련된 자료로 기록한다. 특히 제어 모듈을 통해 자동차가 에어백을 작동시키기 위한 적절한 상태가 되지 않더라도 이 모듈을 통해 에어백의 기능이 완벽히 이루어질 수 있게 한다.

① **제어 모듈의 주요 기능**
　㉠ 에어백 작동 때 배터리 고장에 대비한 비상 전원 기능을 보유하기 위한 자체 충전 콘덴서가 있다.
　㉡ 축전지 전압저하에 대비한 전압상승의 기능을 한다. 이것은 일종의 컨버터와 트랜지스터 기능으로 전압이 떨어지더라도 충분한 기존 전압을 발생토록 한다.
　㉢ 안전성과 안정성을 위한 자기진단 기능이 있어 수시로 운전자에게 알려주도록 한다.

위와 같이 에어백에는 제어모듈은 실제 자동차의 기능이 노화되거나 미비하더라도 에어백 작동에 방해받지 않도록 설계되어 있어 운전자나 탑승자의 안전을 도와준다. 만약 제어 모듈이 없다면 사고가 발생해도 에어백이 작동하지 않을 수 있어 매우 위험하다. 또한 이 모듈은 기억할 수 있는 기능이 있어 에어백의 고장 기록도 판독할 수 있어 자동차가 충돌했을 때 충돌 전의 에어백 상태를 알 수 있으며 그동안 충돌 횟수와 경고등 점등 상태 등을 알 수 있다.

② **시스템 회로도와 시스템 동작 과정** : 에어백의 동작은 앞에서 설명한 것과 같이 기계적인 센서 동작 후에 전자 제어에 의해 이루어진다. 따라서 시스템의 기본적인 회로도를 분석해 정확한 동작원리를 알아보며 그 과정도 알아보자.

시스템의 기본적인 회로 중 스위치 기능은 병렬로 연결된 2개의 충격 센서와 제어 모듈이 내장된 안전 스위치에 의해 이루어진다. 따라서 1차 충격 후 동작 규정값에 이르면 제어 모듈에 있는 안전 스위치가 작동한다. 또한 배터리가 파손되면 제어 모듈의 비상용 전원장치가 대신한다.

반대로 안전 스위치가 동작된 상태라도 2개의 충격 센서에서 신호가 들어오지 않으면 가스 발생기는 작동하지 않는다. 위와 같이 에어백의 시스템은 각 센서와 스위치들이 교류하는 상태에서 어느 쪽이라도 데이터 값에 이르지 않으면 작동하지 않게 된다. 그러나 각종 실험을 통해 얻어낸 측정값에 의해 운전자와 탑승자를 안전하게 지킬 수 있도록 설계되어 있으므로 에어백 작동을 의심하지 않아도 된다.

9. 시트벨트 프리텐셔너(Seat Belt Pre-tensioner)

차량 앞 방향으로부터의 충돌이 감지되면 시트벨트를 순간적으로 되감아 주어 승객이 앞 방향으로 이동되는 량을 작게하여 시트벨트의 효과를 향상시키는 장치이다.

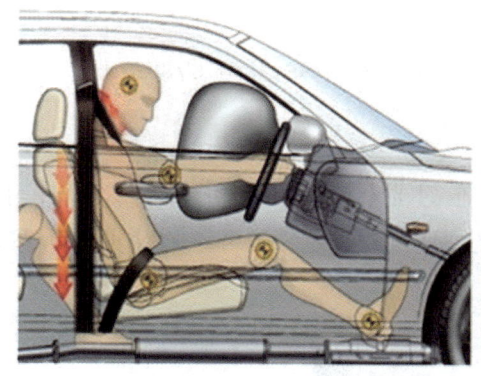 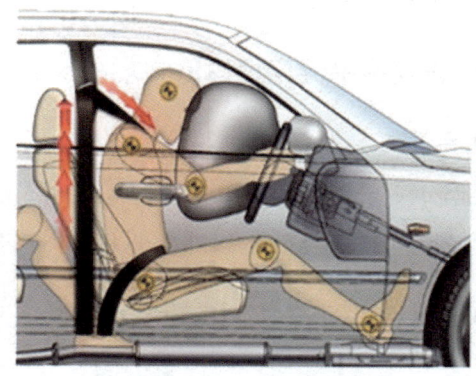

그림 3-154 / **시트벨트 프리 텐셔너의 작동**

1) 개요

차량 충돌시 에어백이 작동하기 전에 작동하며, 발생한 충돌이 크지 않으면 에어백은 미전개되고 프리텐셔너만 전개된다. 작동된 프리텐셔너는 반드시 교환되어야 하고, 에어백 ECU는 6번까지 프리텐셔너를 점화시킬 수 있으므로 재사용이 가능하다. 프리텐셔너 6회 점화까지는 동일한 ECU 사용이 가능하나, 6회 폭발 이후에는 신품의 ECU로 교환하여야 한다.

2) 구성부품의 기능

센서, 액추에이터, 클러치로 구성되어 있으며, 프리텐셔너의 오작동을 방지하기 위한 안전 버튼과 시트벨트 착용감지기가 있다.

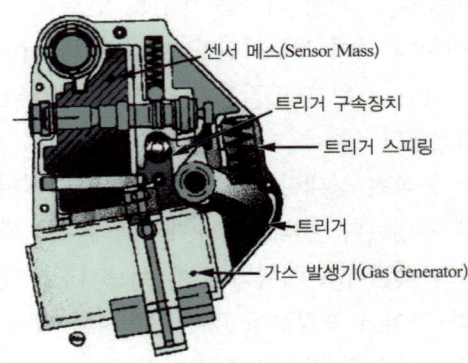

그림 3-155 / **구성품**

① **액추에이터** : 가스 발생기에서 발생된 가스압력이 실린더 내의 피스톤을 밀어올린다. 이 때 피스톤에 연결되어 있는 와이어가 당겨지면서 클러치가 작동한다.
② **클러치** : 액츄에이터가 작동할 때 와이어가 당겨지면서 클러치가 고정되고 시트벨트를 되감아 준다.

10. 승객유무 감지장치(PPD, Passenger Presence Detection system)

1) 역할

조수석에 탑승한 승객을 감지하여, 탑승하였으면 전개시키고 존재하지 않는다면 조수석 및 측면 에어백을 전개하지 않아 불필요한 에어백 전개를 방지하여 수리비를 절감하는 장치이다.

2) 장착위치 : 조수석 시트커버 하단부

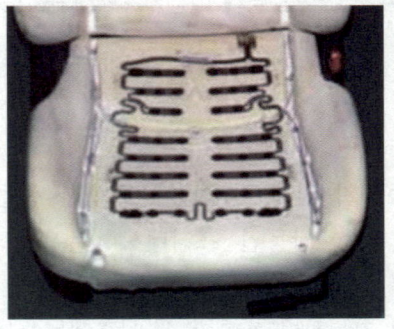

그림 3-156 / **PPD 센서**

3) 작동 원리

하중에 따라 저항값이 변하는 압전소자를 이용하여 승객의 존재유무를 판단하며, 기준중량은 15[kg_f] 이다.

표 4-2 / 승객 감지조건

승객 탑승유무	저항 값	승객의 중량
승객 있음	50[kΩ] 이하	15[kg_f] 이상
승객 없음	50[kΩ] 이상	15[kg_f] 이하

3_ 사고 회피 기술

1. 지능형 자동차 기술

지능형 자동차란 여러가지 기술의 융합을 통하여 아전성 및 편의성을 획기적으로 향상시킨 자동차로 다음과 같은 기술들이 있다.

① **예방안전기술** : 사고가 나지 않도록 사전에 예방하는 기술로써 수동안전(ABS, VDC 등)과 능동안전(충돌예방 시스템 등) 시스템이 있다.
② **사고회피기술** : 사고가 나더라도 피해를 최소화 하기위해 자동으로 차량을 제어하는 능동안전 시스템으로 비상제동을 포함하는 운전자 지원 시스템이 대표적이다.
③ **자율주행기술** : 운전자의 지시만으로 원하는 목적지까지 주행하는 기술로써 기술적으로도 어려운 점이 많고 사회적 합의도 필요한 선행기술이다.
④ **충돌안전기술** : 충돌 시 피해 최소화를 위한 능동, 수동 안전 시스템으로써 액티브 헤드레스트 등이 대표적인 기술이다.
⑤ **편의성 향상 기술** : 자동 주차, 내비게이션 시스템 등 운전자의 편의성을 지원하는 시스템이지만 단순 편의성보다는 안전과 밀접한 연관이 있다.
⑥ **차량 정보화 기술** : 차량 자체의 네트워크(In-Vehicle Network)와 외부 통신을 기반으로 운전자에게 필요한 정보를 실시간으로 전달하는 기본 기능과 IT 산업과 연계한 확장 기능이 있다.

2. 예방 안전 기술(Preventive Safety)

사고 위험성을 미리 감지하여 운전자에게 정보를 제공하거나 경고하는 기술이다.

① **UWS(Ultrasonic Warning System)** : 초음파 센서를 이용하여차량 모든 주변의근거리 내에 있는 물체를 검지하고 경고하는 시스템

② SOWS(Side Obstacle Warning System) : 차선 변경시 후측방 접근 차량의 유무를 검지하여 경고하는 시스템
③ LDWS(Lane Departure Warning System) : 전방 영상처리를 통하여 차선 이탈여부를 판단하고 이를 운전자에게 경고하는 시스템

3. 사고 회피 기술(Accident Avoidance)

사고와 연결될 수 있는 상황에서 능동적으로 사고를 회피하도록 제어하는 기술이다.

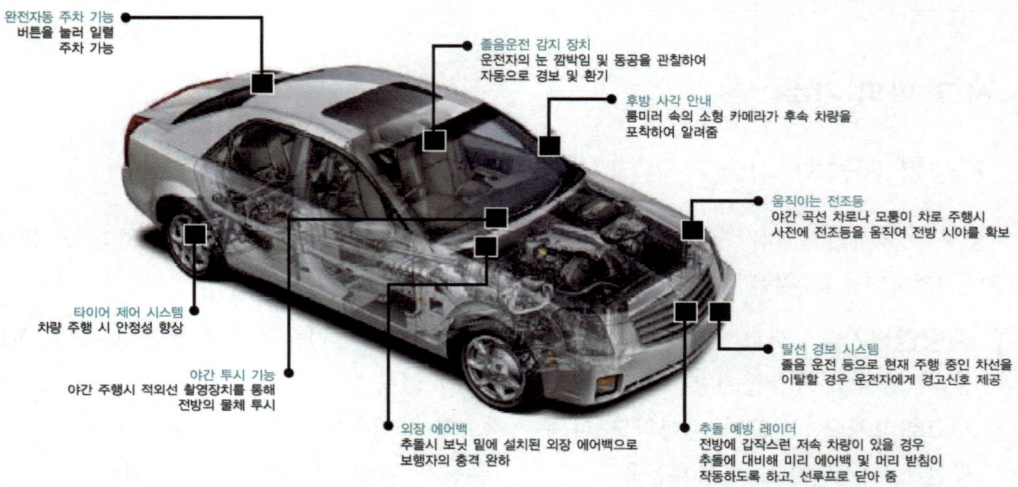

그림 3-157 / 사고 회피 기술 시스템

① PCS(Pre-Crash Safety) : 레이더, 카메라 융합을 통해 전후방 교통 상황을 판단하여 충돌 사고 가능성이 있을 경우 운전자에게 경고하고 전동 안전벨트 및 Headrest 등을 제어하는 시스템이다.

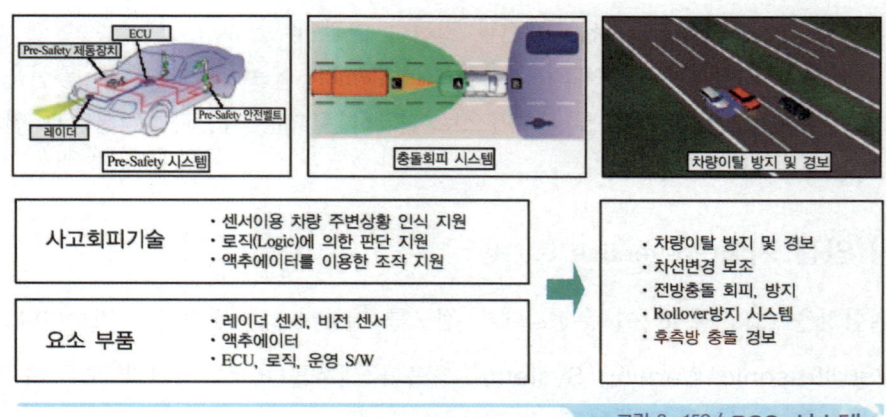

그림 3-158 / PCS 시스템

② LKS(Lane Keeping Support) : 차선 이탈 시 Steer-by-Wire 시스템을 이용하여 주행 차선을 유지하는 시스템이다.

③ CAS(Collision Avoidance System) : 레이더, 카메라 융합을 통해 전후측방 교통 상황 및 주변 차량의 상대 속도 등을 검지하여 사고 가능성이 있을 경우 Brake-by-Wire, Throttle-by-Wire 시스템 등과 연동하여 사고를 미리 예방하는 시스템이다.

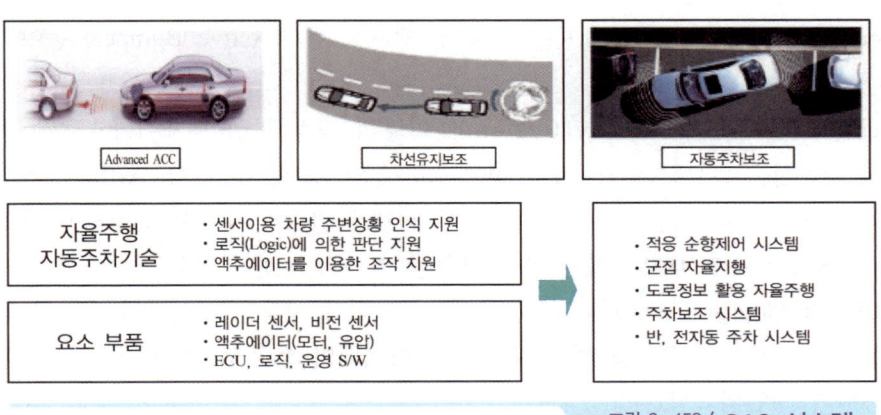

그림 3-159 / CAS 시스템

④ ACC(Advanced Cruise Control) : 전방 레이더를 이용하여 일정 속도를 유지하고 긴급 상황에서는 비상 제동을 수행하는 시스템이다.

4. 편의성 향상 기술

편의성 향상 기술은 차량 안전 시스템과 구분이 어려우나 다음과 같은 기술이 있다.

① FRMS(Front Rear MonitoringSystem) : 카메라를 이용하여 전후측방의 사각 지역 영상을 운전자에게 제공함으로써 좁은 길에서의 저속 주행이나 주차시 운전자의 시각을 보조하는 시스템이다.

② HUD(Head Up Display) : 주행 중 운전자의 시야를 하향하면서 초점을 바꾸어야 하는 지금의 클러스터를 대체하기 위하여 개발되고 있는 디스플레이 장치이다.

③ FWD(Full Windshield Display) : HUD와 달리 내비게이션 정보나 기타 필요한 정보를 필요한 시기에 잠깐 보여주는 시스템이다.

④ PAS(Parking Assist System) : 카메라, 근거리 센서 등을 융합하여 주차시 주변 공간과 주변 차량 등을 검지하고 이 정보를 바탕으로 운전자의 주차를 보조하는 시스템이다.

⑤ 스마트 에어 컨디셔닝 시스템 : 운전자 및 탑승자의 체온을 직접 검지하여 각각의 사람들에게 최적의 온도 환경을 만들어 주는 시스템

⑥ Comfort Seat : 운전자 및 탑승자의 체형에 맞추어 시트를 자동제어하는 시스템

5. 기타 안전 기술

① 스마트 에어백(Smart Airbag) : 운전자 및 탑승자를 인식하여 에어백 전개 압력, 전개 위치 등을 조절하는 시스템으로써 어린 아이, 여자, 노약자 등을 대상으로 에어백으로 인한 2차 상해를 방지하기 위해 개발되고 있다.

② 보행자 보호 시스템 : 사고 시 보행자를 보호하기 위한 제반 시스템으로 후드 리프팅(Hood Lifting) 시스템, 보행자용 에어백, 액티브 범퍼(Active Bumper) 등이 검토되고 있다.

③ 스태빌리티 시스템(Stability System) : 차량의 동적 특성을 제어함으로써 주행 안정성과 안전성을 확보하는 기술로 ABS가 그 시초라고 할 수 있다. ABS, TCS, VDC 등이 통합되어 동작하는 것이 특징이다. 현재 가장 활발히 개발이 진행되고 있으며 지금의 ABS처럼 향후 대부분의 차량에 장착될 것으로 보인다.

④ 나이트 비전(Night Vision) : 야간 주행 시 운전자 시각을 대신하여 전방의 영상을 보여주는 시스템이다. 기술적인 이유보다는 가격대비 효용성 등 다른 요인들로 인하여 상용화가 지연되고 있다.

제3장 계기, 등화 및 편의장치 출제예상문제

01 자동차의 회로 부품 중에서 일반적으로 "ACC 회로"에 포함된 것은? [07년 1회]

① 카-스테레오   ② 히터
③ 와이퍼 모터   ④ 전조등

풀이) 카 스테레오는 ACC 회로에 연결되어 있다.

02 다음 계기장치 중 밸런싱 코일식을 사용하지 않는 계기 장치는? [08년 1회]

① 전류계   ② 온도계
③ 속도계   ④ 연료계

풀이) 계기장치의 작동 형식
① 가동코일형(자석식) : 회전계, 속도계
② 밸런싱 코일식 : 연료계, 수온계, 유압계, 전류계

03 방향지시등이 깜박거리지 않고 점등된 채로 있다면 예상되는 고장 원인은? [08년 1회]

① 전구의 용량이 불량
② 퓨즈 또는 배선의 접촉 불량
③ 플래셔 유닛의 접지 불량
④ 전구의 접지 불량

풀이) 전구의 용량이 불량하면 빨라지거나 느려지고, 퓨즈 또는 배선의 접촉불량, 전구의 접지불량이면 흐리거나 켜지지 않는다

04 비상등은 정상 작동되나 좌측 방향 지시등이 작동하지 않을 때 관련 없는 부품은? [07년 2회]

① 시그널 릴레이   ② 비상등 스위치
③ 시그널 스위치   ④ 시그널 전구

풀이) 비상등을 켜면 작동하므로 비상등 스위치, 릴레이, 전구 모두 정상이고, 당연히 시그널 스위치 불량이다.

05 자동차의 자동 전조등이 갖추어야 할 조건 설명으로 틀린 것은? [08년 2회]

① 야간에 전방 100[m] 떨어져 있는 장애물을 확인할 수 있는 밝기를 가져야 한다.
② 승차인원이나 적재 하중에 따라 광축의 변함이 없어야 한다.
③ 어느 정도 빛이 확산하여 주위의 상태를 파악할 수 있어야 한다.
④ 교행할 때 맞은 편에서 오는 차를 눈부시게 하여 운전의 방해가 되어서는 안된다.

풀이) 승차인원이나 적재 하중에 따라 차체가 내려가므로 광축의 변화가 발생될 수 있다.

06 전조등 4핀 릴레이를 단품 점검하고자 할 때 적합한 시험기는? [09년 1회]

① 암페어시험기   ② 축전기시험기
③ 회로시험기   ④ 전조등시험기

풀이) 릴레이 단선여부 시험이므로 회로시험기로 한다.

01 ① 02 ③ 03 ③ 04 ③ 05 ② 06 ③

07 15,000[cd]의 광원에서 10[m] 떨어진 위치의 조도는? [07년 2회]

① 1,500[Lux]　② 1,000[Lux]
③ 500[Lux]　　④ 150[Lux]

풀이 조도 = $\frac{광도[cd]}{r^2}$, 여기서 r : 거리[m]

∴ 조도 = $\frac{15,000}{10^2}$ = 150[Lux]

08 전조등의 광도가 35,000[cd]일 경우 전방 100[m] 지점에서의 조도는? [09년 2회]

① 2.5[Lx]　② 3.5[Lx]
③ 35[Lx]　　④ 350[Lx]

풀이 조도 Lx = $\frac{cd}{r^2}$

∴ 조도 = $\frac{35,000}{100^2}$ = 3.5[Lx]

09 에어 백(air bag) 작업시 주의사항으로 잘못된 것은? [08년 2회]

① 스티어링 휠 장착시 클럭 스프링의 중립을 확인할 것
② 에어백 관련 정비시 배터리 (−)단자를 떼어 놓을 것
③ 보디 도장시 열처리를 요할 때는 인플레이터를 탈거할 것
④ 인플레이터의 저항을 멀티 테스터로 측정할 것

풀이 에어백 인플레이터는 점화의 우려가 있으므로 분해 및 저항 측정을 해서는 안된다.

10 일반적으로 종합제어장치(에탁스)에 포함된 기능이 아닌 것은? [09년 2회]

① 에어백 제어기능
② 파워윈도우 제어기능
③ 안전띠 미착용 경보기능
④ 뒷유리 열선 제어기능

풀이 에탁스(ETACS) 제어기능
① 와셔연동 와이퍼 제어
② 간헐와이퍼 제어
③ 뒷유리 열선타이머 제어
④ 안전벨트 경고등 타이머 제어
⑤ 감광식 룸램프 제어
⑥ 이그니션 키 홀 조명 제어
⑦ 파워윈도우 타이머 제어
⑧ 배터리 세이버 제어
⑨ 점화키 회수 제어
⑩ 오토 도어록 제어
⑪ 중앙집중식 도어잠금장치 제어
⑫ 스타팅 재작동 금지
⑬ 점화키 OFF후 전도어 언록 제어
⑭ 충돌감지 언록 제어
⑮ 도어열림 경고 제어

11 차량의 정면에 설치된 에어백에 관한 내용으로서 틀린 것은? [08년 4회]

① 차량 전면에서 강한 충격력을 받으면 부풀어 오른다.
② 부풀어 오른 에어백의 팽창은 즉시 수축되면 안된다.
③ 차량의 측면, 후면 충돌시에는 작동하지 않을 수 있다.
④ 운전자의 안면부 충격을 완화시킨다.

풀이 부풀어 오른 에어백의 팽창은 호흡을 방해하므로 충격을 흡수 후 즉시 수축되어야 한다.

07 ④　08 ②　09 ④　10 ①　11 ②

12 도난방지 차량에서 경계 상태가 되기 위한 입력요소가 아닌 것은? [07년 2회]
① 후드 스위치 ② 트렁크 스위치
③ 도어 스위치 ④ 차속 스위치

풀이 도난방지 차량 경계상태 입력요소 : 도어 키 스위치, 도어 스위치, 후드 스위치, 트렁크 스위치

ANSWER
12 ④

04 냉·난방장치

제1절 냉방장치

1_ 에어컨(air-con)

알콜을 피부에 바르면 차게 느껴지고 여름철 마당에 물을 뿌리면 시원하게 느껴진다. 이러한 현상은 알콜이나 물이 증발할 때 주위로부터 열을 빼앗기 때문이다. 에어컨은 액체에서 기체로 기화할 때, 주위에서 열을 빼앗는 원리를 이용하여 자동차의 실내를 쾌적하게 하는 장치이다.

1. 에어컨 일반

1) 냉매

냉매란 냉동효과를 얻기 위해 사용되는 물질로 예전에는 R-12인 구냉매를 사용하였으나, 오존층을 파괴하여 지금은 신냉매인 R-134a를 사용한다.

① 냉매의 구비조건
  ㉠ 증발잠열이 클 것
  ㉡ 응축압력이 낮을 것
  ㉢ 임계온도가 높을 것
  ㉣ 화학적으로 안정되고 부식성이 없을 것
  ㉤ 인화성과 폭발성이 없을 것
  ㉥ 인체에 무해할 것

2) 냉방부하

냉방부하란 자동차 실내의 온도가 오르는 원인을 의미하는 것으로, 승차인원에 따른 승원부하, 태양으로부터의 복사부하, 자동차 부근의 대류에 의한 대류부하, 주행중 외부에서 들어오는 환기부하 등이 있다.

3) 냉방 사이클의 종류

① 팽창밸브 시스템(Thermo eXpansion Valve, TXV형)
② 오리피스 튜브 시스템(Clutch Cycling Orifice Tube, CCOT형)

4) 냉매의 순환과정

① 팽창밸브 시스템 : 압축기 → 응축기 → 건조기 → 팽창밸브 → 증발기
　　　　　　　　　　[compressor → condenser → drier → expansion valve → evaporator]
② 오리피스 튜브 시스템 : 압축기 → 응축기 → 오리피스 튜브 → 증발기 → 어큐물레이터(축압기)
　　　　　　　　　　　　　　　　　　　　　[orifice tube]　　　　　　　　　[accumulator]

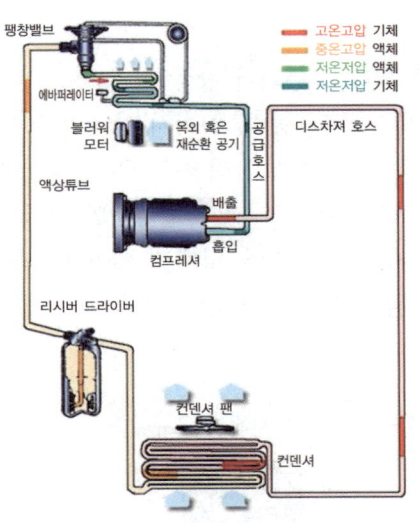
그림 3-160 / 팽창밸브 시스템

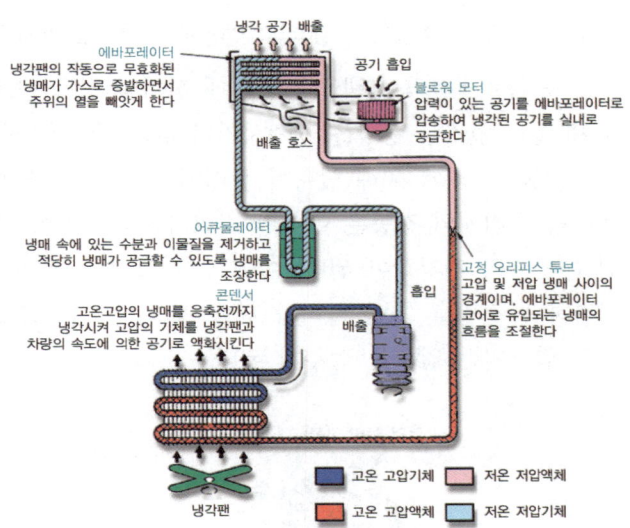
그림 3-161 / 오리피스 튜브 시스템

2. 에어컨의 구성부품

1) 압축기

압축기는 마그네틱 클러치에 의해 작동하며, 증발기에서 저압 기체로 된 냉매를 고압으로 압축하여(14~15[kg_f/cm^2]) 응축기로 보내는 작용을 한다. 이 압축기 작용에 의해 냉매는 사이클 내를 순환하게 된다. 압축기 흡입구로 흡입될 때 냉매의 온도는 약 0[℃], 압력은 1.5[kg_f/cm^2] 이고, 토출될 때의 온도는 약 70~80[℃], 압력은 15[kg_f/cm^2] 이다.

① 압축기의 종류
　㉠ 왕복식 : 크랭크식, 사판식, 와플(wabble plate)식, 스코크 요크식
　㉡ 회전식 : 베인 로터리식(편심 및 동심), 롤링 피스톤식

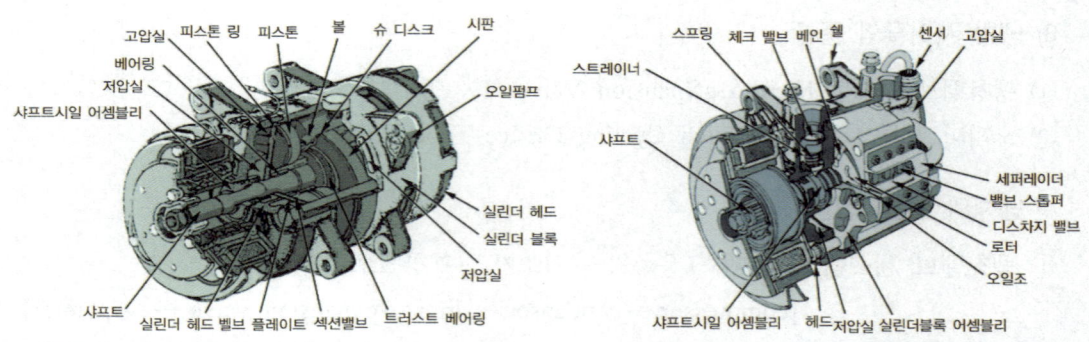

그림 3-162 / **사판식 압축기**   그림 3-163 / **로터리식 압축기**

2) 마그네틱 클러치(magnetic clutch, 전자 클러치)

압축기는 엔진의 크랭크축 풀리에 설치된 구동 벨트에 의해 구동되어 항상 회전하므로 냉방이 필요 없거나 냉방을 정지시키기 위해 엔진을 정지시킬 수는 없다. 따라서 압축기를 회전 및 정지시키기 위해 압축기 풀리에 마그네틱 클러치를 두어 압축기 작용을 제어한다. 마그네틱 클러치의 작동은 에어컨 스위치를 ON하면, 로터 풀리 내부의 전자 클러치의 코일에 전류가 흘러 전자석이 된다. 이에 따라 압축기 축과 클러치 판이 붙어 일체로 되어 압축을 시작하고 전원을 끄면 클러치 판을 흡인하지 않으므로 풀리만 엔진과 같이 계속 회전하게 되고 압축기는 압축을 멈추게 된다.

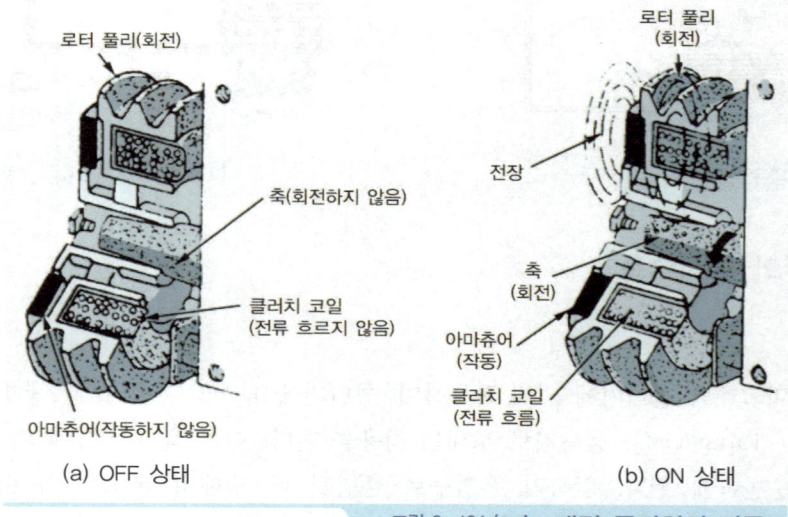

(a) OFF 상태   (b) ON 상태

그림 3-164 / **마그네틱 클러치의 작동**

3) 응축기(콘덴서 : condenser)

① 응축기의 역할 : 응축기는 라디에이터 앞쪽에 설치되며, 압축기로부터 유입되는 고온,

고압의 냉매가스를 냉각용 팬(cooling fan)을 작동시켜 강제 냉각시켜 액화시키는 기능을 한다.

응축기의 방열량은 압축기의 방열량과 증발기의 증발량에 의하여 결정되며, 응축상태가 불량하면 냉동 사이클의 압력이 과다 상승하게 되어 냉방성능을 저하시키므로 용량 결정 및 관리에 유의하여야 한다.

② 응축기의 종류

　㉠ 핀 튜브형(fin & tube)
　㉡ 서펜틴형(콜게이트 핀 형, serpentine, corrugate)
　㉢ 패러렐 플로우형(parallel flow)

표 4-3 / **응축기의 종류**

핀 튜브형	서펜틴형	패러렐 플로우형

4) 건조기(리시버 드라이어 : receiver drier)

① 건조기의 구조 : 건조기는 용기, 여과기, 튜브, 건조제, 사이트 글래스 등으로 구성되어 있다. 건조제는 용기 내부에 내장되어 있고, 이물질이 장치 내로 유입되는 것을 방지하기 위해 여과기가 설치되어 있다. 응축기에서 건조기로 유입되는 액체가 기체보다 무거우므로 건조제로 떨어져 건조제와 여과기를 통하여 냉매 출구로 흘러간다.

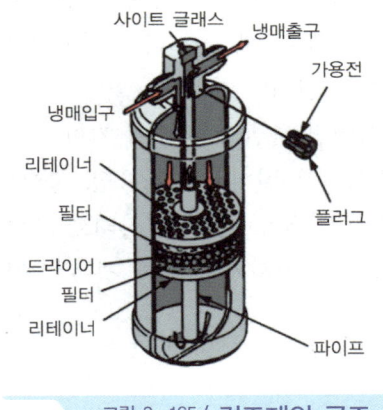

그림 3-165 / **건조제의 구조**

② 건조기의 역할
  ㉠ 저장기능 : 냉동사이클의 부하변동에 대응하여 적절한 양의 냉매를 저장한다.
  ㉡ 기포분리 : 응축기에서 토출된 액냉매가 기포를 포함하고 있는 경우, 냉방성능이 저하되므로 기포와 액체를 분리하여 액체냉매만 팽창밸브로 보낸다.
  ㉢ 수분흡수 : 건조제와 필터를 사용하여 냉매 중의 수분 및 이물질을 제거한다.
  ㉣ 냉매량 관찰 : 사이트 글래스를 통하여 냉매량의 적정여부를 확인할 수 있다.

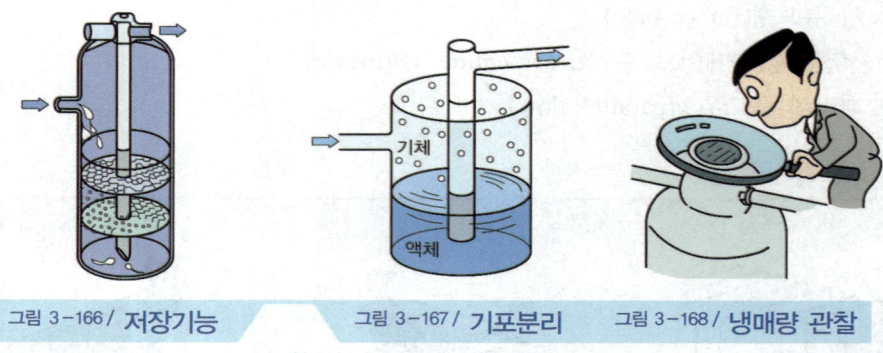

그림 3-166 / 저장기능   그림 3-167 / 기포분리   그림 3-168 / 냉매량 관찰

5) 팽창밸브(expansion valve)

① 팽창밸브의 역할 : 리시버 드라이어로부터 유입된 중온 고압의 액체 냉매는 팽창밸브로 유입되어 저온 저압의 습포화 증기상태로 변화된다. 이 때 기체의 온도는 액체 상태일 때 보다 상승하게 되고, 팽창밸브를 지나는 냉매 양은 온도 감지 밸브와 증발기 내부의 냉매 압력에 의해 제어된다.

응축기에서 냉매액을 제한없이 보내면 증발기 안은 곧바로 가득차서 기화할 수 없으므로 필요에 따라 적당한 양의 냉매를 서서히 보내도록 제어하는 것이 팽창밸브의 역할이다.

냉매의 양이 일정량이고 열부하가 클 때, 냉매는 증발기 출구에 도달하기 전에 완전히 증발하며, 증발 후에도 큰 열부하 때문에 더 가열되어 냉매증기 온도는 증발온도보다 높아진다.(과열도 약 5[℃]로 설계)

만약, 과열도가 5[℃] 이상이면 증발기 도중에 기화가 완료되고, 그 다음은 냉매 가스가 과열되기 때문에 냉방효과가 떨어지고 작으면, 증발기 내부 만으로 냉매가 기화할 수 없어 출구에서도 일부 액체를 함유한 상태로 압축기에 흡입되기 때문에(liquid back) 압축기 밸브와 O링을 손상시키며 심한 경우는 액체를 압축하여 압축기도 손상될 수 있다.

② 팽창밸브의 구조

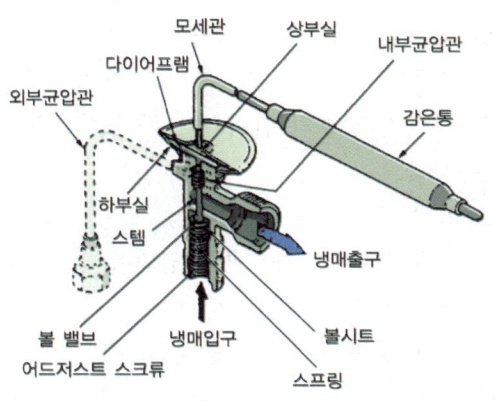

그림 3-169 / **팽창밸브의 구조**

③ 냉방부하에 따른 팽창밸브의 유량제어 기능

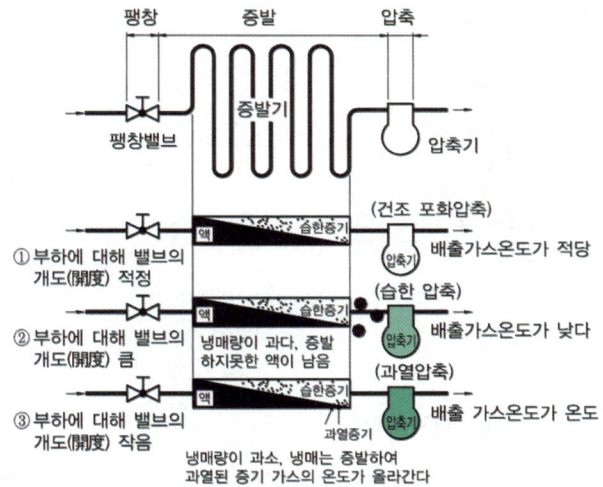

④ 팽창밸브의 종류

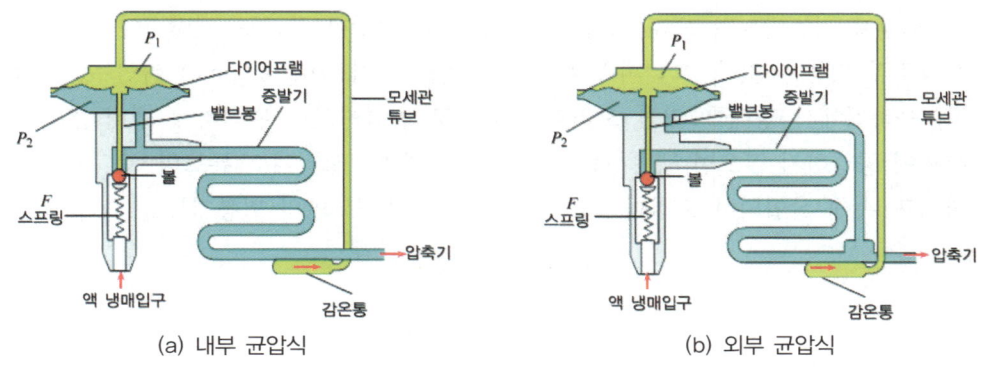

(a) 내부 균압식   (b) 외부 균압식

㉠ 내부 균압식 : 밸브의 교축팽창 직후의 냉매압력을 감지하는 형으로, 주로 증발기 전후의 압력차가 적은 것에 적용되며 경승용차 등에 사용한다.
㉡ 외부 균압식 : 밸브 출구의 압력 및 온도를 감지하는 형으로, 증발기 전후의 압력차를 보상할 수 있어 증발기 전후의 압력차가 큰 것에 적용되며 일반 승용차용 냉동시스템에 널리 사용한다.

⑤ 내부 균압식 팽창밸브의 작동
㉠ 안정된 제어 : 감온통 속에는 냉매가스가 봉입되어 있기 때문에 과열도 만큼 온도가 상승하여 감온통 내의 압력을 다이어프램 상부에 전달되어 평형을 유지한다.
㉡ 부하가 증가된 경우 : 차 실내 온도가 상승하면 증발기에 가해지는 열부하가 커지게 되고, 증발기 출구 온도가 상승하므로 감온통내 압력이 상승하여 냉매 유량을 증가시켜 과열도의 상승을 방지한다.
㉢ 부하가 작아지면 : 열부하 감소, 증발기 출구온도 저하, 밸브 닫히고, 냉매유량 감소하여 과열도를 적정치로 유지한다.

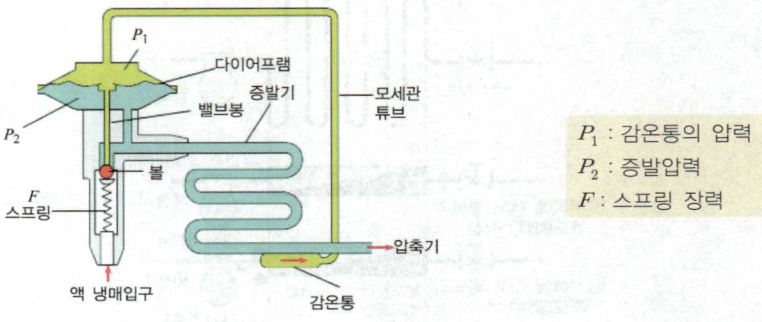

6) 오리피스 튜브(orifice tube, 팽창튜브)

① 기능 : 오리피스 튜브가 중온 고압의 액체 냉매를 저온 저압의 무화된 냉매로 분사하여 증발기(evaporator)로 보내는 기능은 팽창밸브와 동일하나, 팽창밸브는 가변밸브로 유량 조절이 가능하지만 오리피스는 튜브는 항상 일정한 통로로 개방되어 있어 냉매의 유량조절 기능은 없다. 오리피스 튜브는 리퀴드 파이프(liquid pipe) 라인 속에 삽입되고, 응축기에서 냉매를 직접 오리피스 튜브로 공급하므로 완벽하게 냉매를 액화시켜 튜브에 공급하지 않으면 냉방성능이 저하될 수 있다. 오리피스 튜브의 "O"링은 리퀴드 파이프 속에 삽입되어 오리피스 튜브와 파이프 내경부와의 밀봉기능을 한다.

② 오리피스 튜브의 구조

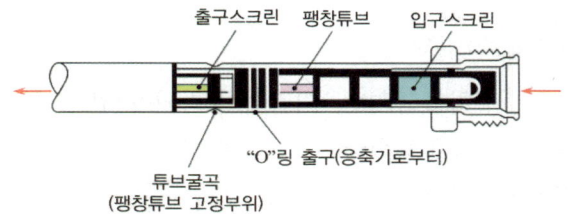

7) 증발기(evaporator)

① 기능 : 팽창밸브를 통과한 냉매가 증발하기 쉬운 저온 저압의 안개상태로 증발기 튜브를 통과할 때 고온의 실내공기에서 열을 빼앗아 기체(과열증기)로 된다. 열을 빼앗긴 공기는 송풍기(blower)에 의해 차량의 실내로 토출되어 공기가 시원하게 되고, 차실 내의 환경을 쾌적하게 유지한다.

냉매와 공기 사이의 열교환은 튜브 및 핀을 사용하므로 공기의 접촉면에 물이나 먼지가 닿지 않아야 한다. 또한, 냉각작용에 의해 수분이 발생되면, 핀 부분에 결빙이나 서리 현상이 발생되어 풍량 감소 및 냉방성능이 현저히 저하하므로 동결을 방지하기 위하여 온도 제어 스위치나 가변식 토출 압축기를 사용한다.

② 증발기의 종류
  ㉠ 핀 튜브(fin tube) 방식
  ㉡ 서펜틴(serpentine) 방식
  ㉢ 라미네이트(laminate) 방식

표 4-4 / 증발기의 종류

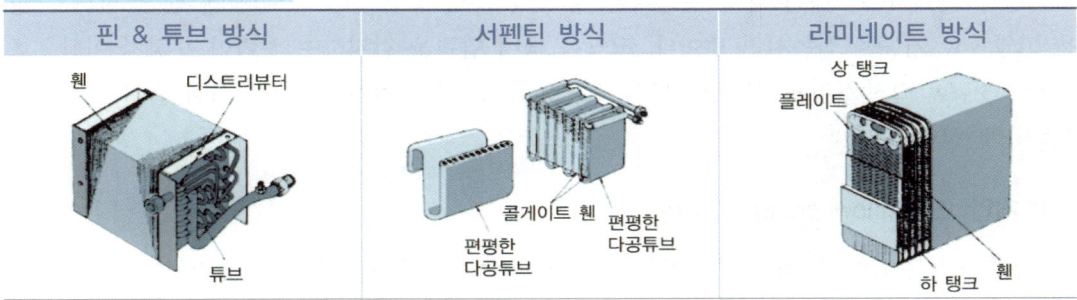

8) 송풍기(blower)

저온 저습화된 증발기에 대기 중의 공기 또는 실내의 공기를 전동기 팬으로 증발기 주위로 공기를 통과시킨다. 이 때, 고온 다습한 공기가 저온 제습된 공기로 되어 실내로 유입되어 쾌적한 환경을 유지하게 된다.

3. 기타 부속장치

1) 핀서모 스위치(fin thermo s/w)

핀서모 스위치는 온도 스위치로 증발기 커버에 장착되어 있다. 증발기 온도가 낮으면 냉방효과가 저하하므로 온도 스위치를 OFF하고, 실내 공기가 더워지기 전에 적당한 온도에서 다시 스위치를 ON 시키는 역할을 한다.

2) 듀얼 압력 스위치(dual pressure s/w)

고압측 리시버 드라이어(건조기) 위에 설치되며, 냉매의 압력에 의해 작동한다. 시스템 내에 냉매가 없으면, 에어컨 작동시 증발기는 냉각되지 않으므로 핀 서모 스위치는 작동하지 않아, 컴프레셔는 계속 작동하게 되어 파손의 위험이 있으므로 스위치를 OFF 시킨다. 반대로 냉매가 과다 충전되거나 시스템이 막히면, 냉매 압력이 급격히 상승하여 컴프레셔 및 시스템이 파손되므로 역시 스위치를 OFF 시켜 회로를 보호한다.

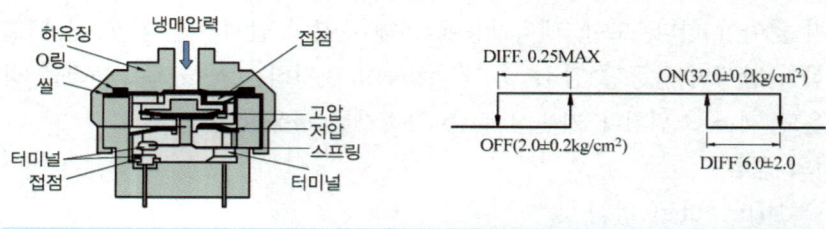

그림 3-170 / 듀얼 압력 스위치의 구조

3) 트리플 스위치(triple s/w)

트리플 스위치는 3개의 압력 설정치를 갖고 있으며, 듀얼 압력 스위치에 팬 스피드 조정용 고압 s/w 기능을 접목시킨 것이다. 고압측 냉매 압력을 감지하여 압력이 규정치 이상으로 올라가면 s/w 접점을 "close" 시켜 냉각팬을 high speed용 릴레이로 전환시켜 팬이 고속으로 작동하게 한다.

4) 저압 스위치(low pressure s/w)

저압스위치는 CCOT 타입에 사용되는 것으로, 어큐뮬레이터 상부에 설치되어 있으며 압력에 따라 컴프레셔를 제어하는 기능을 한다. 실내가 냉각되어 냉매가 완전히 증발하지 못하고 액체상태로 어큐뮬레이터를 거쳐 컴프레셔로 흡입되면 컴프레셔는 파손되고 증발기는 빙결되어 냉방효과는 떨어지므로, 냉매의 압력이 규정보다 낮아지면 에어컨 릴레이로 가는 전원을 OFF시키고, 실내온도가 높아져 압력이 상승하면 스위치는 ON되어 에어컨에 전원을 공급한다.

5) AQS(Air Quality Sensor) 센서

배기가스를 비롯하여 대기 중에 함유되어 있는 유해 및 악취가스를 감지하여 이들 가스의 실내 유입을 차단하는 시스템이다. AQS 작동시 출력전압은 Normal시 5[V], Gas 감지시 0V를 나타낸다.

6) 외기온도(AMBIENT) 센서

차량 앞쪽에 부착되어 있으며, 외기온도를 감지하여 컨트롤에 신호를 보내 토출온도와 풍량이 운전자가 선택한 온도에 근접할 수 있도록 하는 센서이다.

2_ 전자동 에어컨(FATC : Full Automatic Temperature Control)

1. 전자동 에어컨의 개요

1) 개요

전자동 에어컨이란 운전자가 희망하는 온도를 한번 에어컨에 지시하면 외부 조건의 변화에 관계없이 시스템 자신이 자동으로 냉방능력을 조절하여 항상 지시된 온도로 실내온도를 유지하는 시스템으로, 컨트롤 시스템으로는 마이크로 컴퓨터를 사용하며 Full Automatic Temperature Control의 약자로 FATC 컴퓨터라 한다.

2) 시스템 구성도

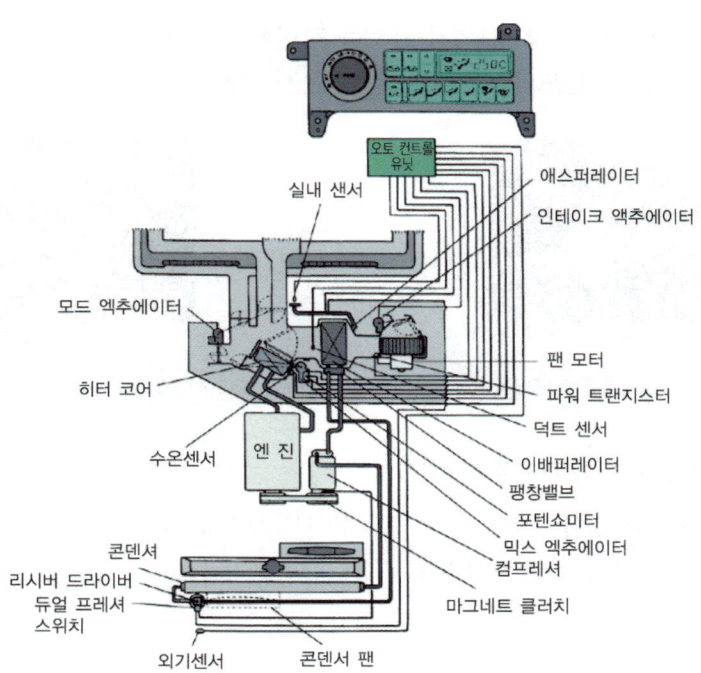

3) 전자동 에어컨의 입력 및 출력

입력부분	제어부분	출력부분
• 실내 온도 센서 • 외기 온도 센서 • 일사량 센서 • 핀 서모 센서 • 수온 센서 • 온도 제어 액추에이터 • 위치 센서 • AQS 센서 • 스위치 입력 • 전원 공급	FATC 컴퓨터	• 온도 제어 액츄에이터 • 풍량 제어 액츄에이터 • 내외기 제어 액츄에이터 • 파워 트랜지스터 • HT 송풍기 릴레이 • 에어컨 출력 • 제어 패널 회면 DISPLAY • 센서 전원 • 자기 진단 출력

2. FATC 구성요소

1) 실내 온도센서(in car sensor)

NTC 서미스터 방식으로, 차량의 실내 공기 온도를 감지하여 FATC ECU에 입력시키는 역할을 한다.

2) 외기 온도센서(ambient sensor)

콘덴서 앞쪽에 설치되어 있으며, 외기 온도를 감지하여 FATC ECU에 입력시키는 역할을 한다. FATC ECU는 실내온도와 외기온도를 기준으로 냉·난방 제어를 한다.

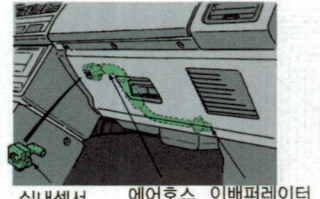

그림 3-171 / 실내 온도센서 장착 위치

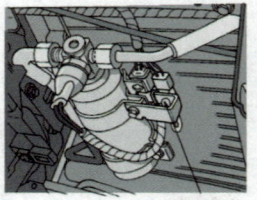

그림 3-172 / 외기 온도센서 장착 위치

3) 일사량 센서(일사센서, photo sensor)

실내로 내리쬐는 일사량을 감지하여 FATC ECU 보내며, 차내 온도상승을 방지하기 위해 AUTO에 위치 시 팬 속도를 증가시킨다.

4) 핀 서모 센서(fin thermo sensor)

핀 서모 센서는 과냉으로 인한 증발기의 빙결을 방지하기 위하여 증발기 코어 핀의 온도를 감지하여 FATC ECU에 입력시키는 역할을 한다. NTC 서미스터 방식으로, 증발기 코어의 온도가 0.5[℃] 이하이면 FATC ECU가 압축기를 강제로 OFF시킨다.

5) 수온 센서(water temperature sensor)

히터 코어를 순환하는 냉각수 온도를 감지하여 FATC ECU에 보내면 FATC ECU는 설정온도와 실내온도, 외기온도와의 차이를 비교하여 난방기동 제어를 실행한다.

6) 습도 센서(humidity sensor)

차량의 실내 습도를 검출하여 FATC ECU에 입력시켜 차내 습도 제어에 이용한다.

7) 파워 트랜지스터(power transistor)

파워 트랜지스터는 송풍기용 전동기의 전류량을 가변시켜 배출 풍량을 제어하는 역할을 한다.

8) 고속 송풍기 릴레이(high speed blower relay)

고속 송풍기 릴레이는 송풍기를 최대로 선택하였을 때 송풍기용 작동전류를 제어하는 역할을 한다.

9) 압축기 구동신호 출력

FATC ECU는 각종 입력 센서들의 정보를 기초로 압축기 작동여부를 판단한다. 작동조건이라 판단되면 FATC ECU는 12V 전원을 출력한다.

3. FATC 제어

전자동 에어컨의 제어에는 배출온도 제어, 배출모드 제어, 배출풍량 제어, 압축기 작동 제어의 4가지 기본제어 외 여러가지 제어가 있다.

1) 배출온도 제어

배출온도 제어는 FATC ECU가 히터코어 유닛에 설치된 온도제어 액추에이터를 열고 닫음으로서 제어한다.

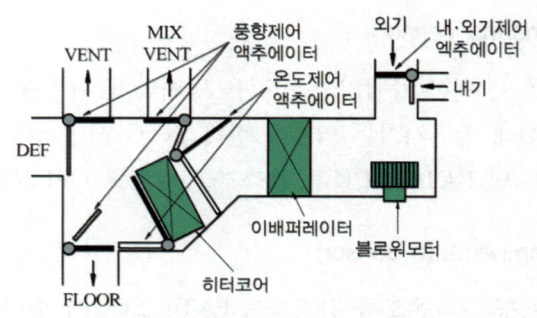

그림 3-173 / 온도, 풍향 및 내·외기 제어 액추에이터

2) 배출모드 제어

배출모드 제어는 운전자의 선택 스위치에 의해 FATC ECU가 풍향제어 액추에이터를 작동시켜 제어한다. 운전자가 모드를 선택하면 벤트(VENT) → 바이 레벨(BI LEVEL) → 플로어(FLOOR) → 믹스(MIX) → 디프로스트(DEFROST) 순으로 제어한다.

표 4-5 / 모드 스위치 및 흡기 스위치

	모드 스위치					흡기 스위치	
OFF	VENT	VENT FLOOR	FLOOR	DEF FLOOR	DEF	RECIRC	FRESH

3) 배출풍량 제어

배출풍량 제어는 FATC ECU가 파워 트랜지스터 베이스 전류를 단계적으로 가변시켜 블로워 모터에 작용하는 전류를 자동으로 제어하여 전압을 조정함으로써 모터의 회전수를 바꾸어 배출풍량을 제어한다.

4) 압축기 작동 제어

에어컨의 운전 조건상 압축기 작동이 필요 없거나 정지시킬 필요가 있을 때 자동으로 압축기 작동을 정지하는 기능이다. FATC ECU는 각종 센서의 입력정보를 연산하여 압축기 구동 신호를 ON, OFF 한다.

5) 난방 기동 제어

난방 기동 제어는 자동모드로 작동 중 냉각수 온도가 낮은 상태에서 난방모드를 선택하면 차가운 바람이 운전자 쪽으로 강하게 배출되는 현상을 최소화 시켜주기 위한 제어 기능이다.

6) 냉방 기동 제어

냉방 기동 제어는 증발기 온도가 높은 상태에서 냉방모드를 선택하면 미처 냉각되지 않은 뜨거운 바람이 운전자 쪽으로 강하게 배출되는 현상을 최소화 시켜주기 위한 제어 기능이다.

7) 자기진단 출력 기능

FATC ECU는 입·출력되는 센서 및 액추에이터들의 전기적, 기계적 결함이 발생되었을 때 고장 내용을 전기적인 신호로 출력시키는 기능이다. 과거 고장기억이 아닌 현재 고장이 발생되어 있는 항목만을 표시한다.

4. 에어컨 점검정비 및 충전

1) 냉매 취급 방법

① 냉매 용기는 직사광선이 비치는 곳에 방치하지 않는다.
② 냉매 용기를 50[℃] 이상 가열하지 않는다.
③ 냉매 용기의 보토 캡을 항상 씌워 둔다.
④ 용접 또는 증기 세차시 에어컨 시스템으로부터 충분한 거리를 유지한다.
⑤ 냉매가 피부에 접촉되지 않도록 한다.
⑥ 액체 상태의 냉매가 눈에 들어가지 않도록 한다.
⑦ 냉매 충전시에는 냉매 용기에 완전히 채우지 않도록 한다.

그림 3-174 / 냉매 취급시 주의사항

2) 각 구성품의 점검

① 성능 점검을 한다.
　㉠ 직사광선이 비치지 않는 곳에 차량을 위치시킨다.

ⓒ 모든 도어 및 창을 닫는다.
ⓓ 보닛을 열어 놓는다.
ⓔ 매니폴드 게이지를 컴프레서의 고압과 저압측에 연결시킨다.
ⓕ 엔진 회전수를 1500[rpm]으로 유지시킨다.
ⓖ 에어컨 스위치를 켜고 송풍기를 최대로 작동시켜 10분 후 각 부위별 온도 및 압력을 측정한다.

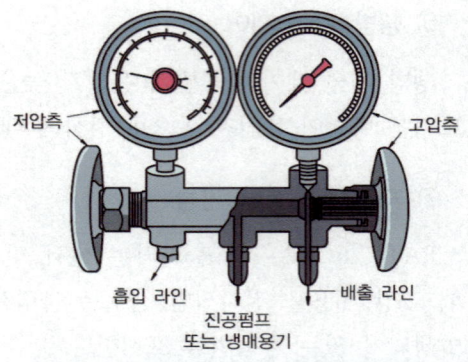

그림 3-175 / **매니폴드 게이지**

② 냉매 가스 누출을 점검한다.
ⓐ 가스 검출기를 사용하여 연결 부위, 유니온, 압축기, 서비스 피팅, 주입구, 증발기, 리시버 드라이어 등에서의 누출여부를 점검한다.
ⓑ 냉매 가스는 공기보다 무겁기 때문에 누출 점검은 누출 예상 개소에서 가능한 한 낮은 위치에서 행한다.
ⓒ 가스가 누설되는 것이 발견되면 연결부를 재조임하거나 O링을 교환한다.
ⓓ 점검 개소 부근의 담배 연기 또는 다른 기체들로 인해 검출기가 오동작될 수도 있다.
ⓔ 본 점검은 엔진을 가동하지 않고 한다.

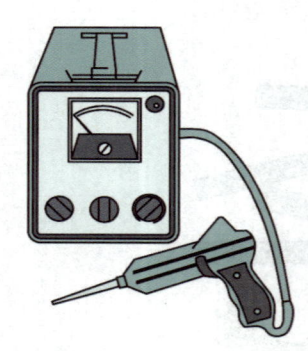
그림 3-176 / **가스 검출기**

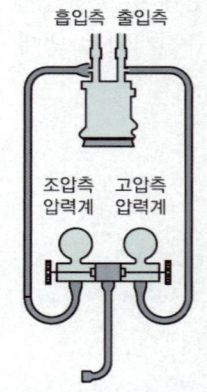
그림 3-177 / **매니폴드 게이지 연결**

3) 에어컨 컴프레서 분해 및 정비

① 특수 공구를 사용하여 구동판이 회전하지 않도록 하고, 너트와 스프링 와셔를 탈거한다.
② 특수 공구를 사용하여 구동판을 탈거 컴프레서 구동축 또는 구동판으로 부터 심을 탈거한다.
③ 록 너트(lock nut)의 혹(rock)에서 고리 부위를 밑으로 구부린다.

④ 록 너트(lock nut)와 와셔를 탈거한다.
⑤ 풀리를 탈거한 다음 드라이버를 사용하여 코일 배선 고정 클립을 탈거한다.
⑥ 코일을 컴프레서에 부착하는 스크루를 풀어 탈거한 후 구동축에 키 홈으로 부터 키를 탈거한다.
⑦ 마찰 표면이 열에 의해 손상된 흔적이 있으면, 구동판과 풀리는 교환해야 한다.

그림 3-178 / 컴프레서 오일 주입   그림 3-179 / 구동판 탈거

⑧ 앞 커버 턱부위 네군데를 플라스틱 해머로 쳐서 앞 커버, 앞 밸브판, 앞 흡입 밸브를 탈거한 후에 흡입 밸브판을 탈거한다.
⑨ 플라스틱 해머로 부착 볼트를 두드려서 뒤쪽 커버와 밸브판 및 흡입 밸브를 탈거한다.
⑩ 뒤 커버와 밸브판으로부터 모든 가스킷을 제거한다.
⑪ 검사는 커버에 대하여 긁힘, 변경, 기타 손상된 부품이 있나 점검한다.
밸브판에 있는 모든 통로가 막혔는가를 확인한다. 만약 커버나 밸브판에 금이 갔으면 교환한다.
⑫ 조립은 분해의 역순으로 하며 조립시 컴프레서 오일을 도포한 후에 조립한다.
⑬ 조립이 끝나면 클러치 간극이 0.3 ~ 0.6[mm] 이내가 되도록 하고 필요하면 조정심을 사용하여 조정한다.

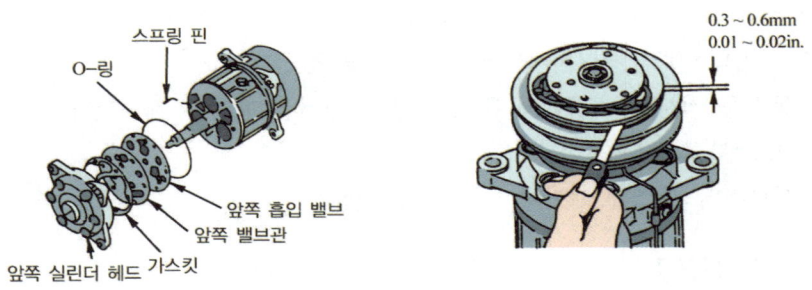

그림 3-180 / 앞부분 분해도   그림 3-181 / 클러치 간극측정

제4장_냉·난방장치

4) 자동차 에어컨 냉매 충진 작업

① 공기빼기 작업은 컴프레서의 흡입 밸브측에 저압 게이지를 연결하고, 배출 밸브측에 고압 게이지를 연결한다.
② 압력 게이지 중앙에 있는 조인트에는 진공 펌프에 연결한다.
③ 압력 게이지의 저압, 고압측 밸브를 연 다음 진공 펌프를 작동시킨다.
④ 저압측 압력 게이지가 740[mmHg]가 되도록 진공 펌프를 작동시키고 추가하여 5분 정도 더 한다. 만약 진공이 규정값까지 내려가지 않으면 파이프 연결 부위에 새는 곳이 있는지 여부를 점검한다.
⑤ 고압, 저압측 게이지를 잠근다.
⑥ 진공 펌프 작동을 중단시키고 가운데 호스를 떼어낸다.
⑦ 약 10분 동안 기다린 후 진공 게이지의 지침이 변하지 않고 있는가를 점검한다.

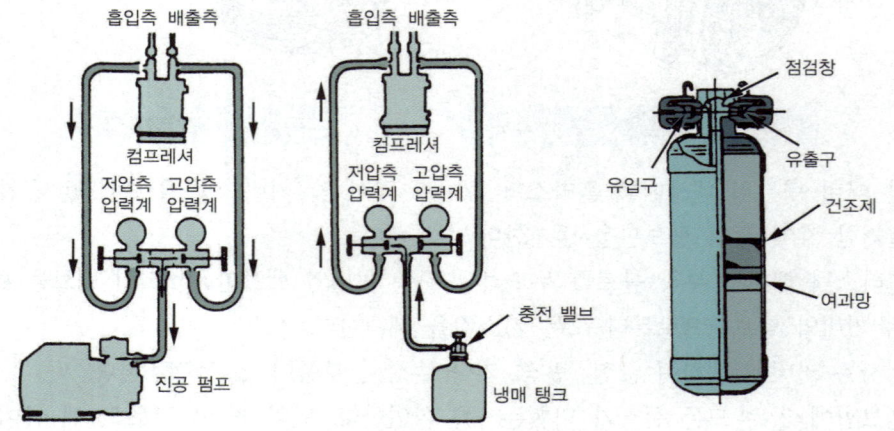

그림 3-182 / 공기빼기 작업   그림 3-183 / 냉매 충진 작업   그림 3-184 / 건조기 구조

⑧ 진공 펌프에서 빼낸 호스 끝쪽을 가스 탱크에 연결한다.
⑨ 저압 게이지측 밸브를 열어 냉매가 흘러 들어가도록 한다.
⑩ 충진이 끝난 다음 시동을 걸어 약 1000[rpm]이 되도록 한다.
⑪ 저압측이 거의 "0"을 지시하면 저압측 밸브를 잠근다.
⑫ 2번의 동작을 검사 유리창에서 흰색 거품이 없어질 때까지 계속한다.
⑬ 저압측 밸브를 잠근다.
⑭ 컴프레서로부터 호스를 떼어내고 캡을 부착한다.

5) 에어컨 고장 진단표

• 에어컨 가스점검은 날씨가 화창하며, 기온이 높은 경우에 에어컨 냉매가스 주입이 잘된다.

- 가스통 보관시 화기엄금 및 환풍이 잘되는 응달에 보관할 것
- 신냉매 R134a, 구냉매 R12

① 정상의 경우

압력	저압 : 1.5 ~ 2.0[kg$_f$/cm²] 고압 : 14.5 ~ 15.0[kg$_f$/cm²]
판단	냉매 가스 상태 양호 냉방 상태 양호 정상적인 에어컨 시스템 상태

저압
2.0[kg/cm²] 15.0[kg/cm²]

※ 1[kg$_f$/cm²] = 14.2[PSI]

② 냉매가스가 순환하지 않을 경우

압력	저압 : 무압(아주낮다), 고압 : 6[kg/cm²] 낮다.
상황	냉방 상태가 부족하다.(차갑지 않다.), 가끔 차가울 때가 있다.
원인	팽창 밸브의 구멍이 막혔습니다.(동결, 먼지, 이물질로 막힘) 팽창 밸브의 검은통 가스 누설합니다.
진단	팽창 밸브의 구멍이 막혔습니다.
대책	수분제거 : 재진공 작업하여 냉매가스를 충전하십시요. 먼지제거 : 팽창 밸브를 분해하여 에어컨 청소 및 교환하십시오, 리시버 드라이어를 교환하십시오. 팽창 밸브 검은통 가스누설 : 교환하십시오.

저압
0.0[kg/cm²] 6.0[kg/cm²]

③ 콤프레서 압축 불량의 경우

압력	저압 : 4 ~ 6[kg/cm²], 고압 : 7 ~ 10[kg/cm²]
상황	냉방 상태가 부족하다.(차갑지 않다.)
원인	콤프레서 내부 누설입니다.
진단	콤프레서 압축 불량입니다.(밸브 누설 및 파손)
대책	콤프레서 수리 및 교환하십시오.

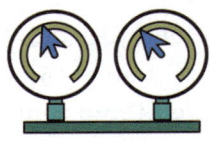

저압
4 ~ 6[kg/cm²] 7 ~ 10[kg/cm²]

④ 냉매가스가 부족한 경우

압력	저압 : 0.8[kg/cm²](낮다), 고압 : 8 ~ 9[kg/cm²](낮다)
상황	냉방 상태가 부족하다.(통풍구 출구가 거의 차갑지 않다.) 사이트그라스 기포가 많이 발생합니다.
원인	팽창 밸브의 구멍이 막혔습니다. 에어컨 시스템 내의 냉매가스 누설입니다. 리시버 드라이어가 막혔습니다.
진단	에어컨 시스템 내의 냉매 부족 및 누설입니다.
대책	냉매가스 누설부분 수리 및 냉매가스를 보충합니다. 팽창 밸브 및 리시버 드라이어 수리 및 교환하십시오.

저압
0.8[kg/cm²] 8 ~ 9[kg/cm²]

⑤ 냉매가스가 많을 경우

압력	저압 : 2.5[kg/cm²](높다), 고압 : 20[kg/cm²](높다)
상황	냉방 상태가 별로 좋지 않습니다. 사이트그라스 기포가 전혀 보이지 않습니다.
원인	냉매가스가 많습니다. 콘덴서 냉각 불량입니다.
진단	에어컨 시스템 내의 냉매가 과충전 상태입니다. 콘덴서 냉각 불량 : 콘덴서 핀 불량 및 쿨링 팬 불량입니다.
대책	냉매가스를 분출하십시오. 콘덴서 세척 및 쿨링 팬 벨트를 점검하십시오.

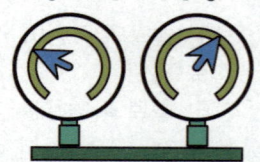

저압
2.5[kg/cm²] 20.0[kg/cm²]

⑥ 에어컨 장치에 공기가 유입되었을 때의 경우

압력	저압 : 2.5[kg/cm²](높다) 고압 : 23[kg/cm²](높다)
상황	냉방 상태가 부족합니다. 저압 파이프를 손으로 만졌을 때 차갑지 않습니다.
원인	에어컨 시스템 내에 공기가 혼합되었습니다.
진단	에어컨 시스템의 진공 작업 불량입니다.
대책	재진공하여 냉매가스를 충전하십시오. 콘덴서 오일 오염 : 세척 및 교환하십시오. 리시버 드라이어 교환하십시오.

저압
2.5[kg/cm²] 23.0[kg/cm²]

⑦ 에어컨 장치에 수분이 흡입되었을 때의 경우

압력	저압 : 저압 ~ 1.5[kg/cm²](낮거나 심하게 떨림) 고압 : 7 ~ 15[kg/cm²](낮거나 심하게 떨림)
상황	에어컨 냉방 상태가 주기적으로 차거나 차지 않습니다. 게이지 압력이 가끔 떨어졌다가 정상압력이 되었다 합니다.
원인	에어컨 시스템 내에 수분이 혼합되어 팽창 밸브가 가끔 동결됩니다.
진단	리시버 드라이어가 과포화 상태입니다. 수분이 팽창 밸브에 동결되었습니다.
대책	재진공하여 냉매가스를 충전하십시오. 리시버 드라이어를 교환하십시오.

저압
50[cmHg] ~ 1.5[kg/cm²]
7 ~ 15.0[kg/cm²]

제2절 난방장치

　난방장치란 겨울철 실내를 따뜻하게 하고 동시에 앞면의 창유리가 흐려지는 것을 방지하는 장치(defroster)도 겸하게 되어 있다. 난방장치는 주로 엔진의 냉각수를 이용한 온수난방 방식이다.

1_ 온수식 난방장치

1) 구조

　온수식 난방장치는 물펌프에 의해 순환하는 냉각수를 열원으로 사용한다. 히터 유닛을 중심으로 냉각수를 들여오고 또 유닛에서 엔진으로 보내기 위한 호스 및 냉각수의 유통을 차단하기 위한 밸브 등으로 구성되어 있다. 또 엔진에서의 냉각수 출구는 수온 조절기의 작동과 관계없는 곳에 설치되고, 입구는 물펌프의 입구 근처에 설치되어 있다. 온수식 난방장치의 회로는 라디에이터 회로와 병렬로 접속되어 있고 회로 조건으로는 회로 내에서 동결되는 일이 없도록 배수하기가 쉽게 설치되어 있어야 한다.

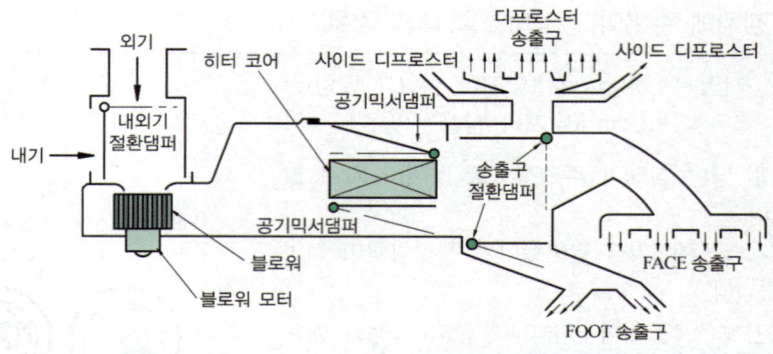

그림 3-185 / **온수식 히터의 구조**

① 히터 유닛 : 물 통로에서 오는 냉각수가 가는 파이프 내를 통과하게 되어 있고, 각 파이프에는 방열 핀(fin)이 설치되어 공기가 각 핀 사이를 통과하면서 더워지며 이 공기가 차실과 디프로스터에 보내진다.

② 송풍기(blower) : 송풍기는 직류직권 전동기인 팬(fan)을 회전시켜 히터 유닛에 의해 열교환 되어 따뜻해진 공기를 강제로 방출하여 실내로 보낸다.

2) 실내 온도조절 방법

실내 온도 조절은 열교환기를 통과하는 공기량을 조절하는 방법, 모터의 회전을 조절하여 난방의 풍량을 가감하는 방법, 열교환기에 흐르는 냉각수 양을 가감하는 방법을 각각 조합시켜 온도를 조절한다.

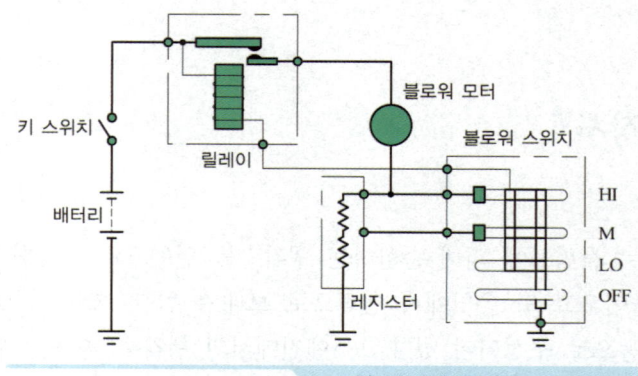

그림 3-186 / **풍량 조절 회로**

제4장 냉·난방장치 출제예상문제

01 자동차의 냉방회로에 사용되는 기본 부품의 구성으로 옳은 것은? [08년 2회]

① 압축기, 리시버, 히터, 증발기, 블로어 모터
② 압축기, 응축기, 리시버, 팽창밸브, 증발기
③ 압축기, 냉온기, 솔레노이드 밸브, 응축기, 리시버
④ 압축기, 응축기, 리시버, 팽창밸브, 히터

풀이 냉매의 순환 사이클(팽창밸브 형식)

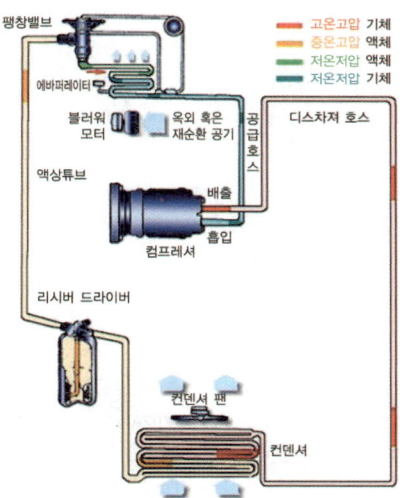

02 전자동 에어 컨디셔닝 시스템의 구성부품 중 응축기에서 보내온 냉매를 일시 저장하고 항상 액체상태의 냉매를 팽창 밸브로 보내는 역할을 하는 것은? [09년 1회]

① 익스팬션 밸브   ② 리시버 드라이어
③ 콤프   ④ 에버포레이터

풀이 리시버 드라이어는 응축기에서 보내온 냉매를 일시 저장하고 액화하지 못한 냉매를 액화하여 항상 액체상태의 냉매를 팽창밸브로 보낸다.

03 자동차 에어컨에서 익스팬션 밸브(expansion valve)는 어떤 역할을 하는가? [07년 1회]

① 냉매를 팽창시켜 고온 고압의 기체로 만들기 위한 밸브이다.
② 냉매를 급격히 팽창시켜 저온 저압의 에어플(무화) 상태의 냉매로 만든다.
③ 냉매를 압축하여 고압으로 만든다.
④ 팽창된 기체 상태의 냉매를 액화시키는 역할을 한다.

풀이 팽창밸브는 냉매를 급격히 팽창시켜 저온 저압의 기체 상태의 냉매로 만드는 역할을 한다.

ANSWER 01 ② 02 ② 03 ②

04 자동차의 에어컨에서 냉방효과가 저하되는 원인이 아닌 것은? [08년 1회]
① 냉매량이 규정보다 부족할 때
② 압축기 작동시간이 짧을 때
③ 압축기의 작동시간이 길 때
④ 냉매 주입시 공기가 유입되었을 때

풀이 차량 열부하가 클 때 압축기 작동시간이 짧으면 냉방 효과가 저하하므로 작동시간이 길어진다.

05 에어컨 라인 압력점검에 대한 설명으로 틀린 것은? [08년 4회]
① 시험기 게이지에는 저압, 고압, 충전 및 배출의 3개 호스가 있다.
② 에어컨 라인 압력은 저압 및 고압이 있다.
③ 에어컨 라인 압력 측정시 시험기 게이지 저압과 고압 핸들 밸브를 완전히 연다.
④ 엔진 시동을 걸어 에어컨 압력을 점검한다.

풀이 에어컨 라인 압력 측정시 시험기 게이지 저압과 고압 핸들 밸브를 완전히 잠그어야 한다.

06 자동온도 조절장치(FATC)의 센서 중에서 포토 다이오드를 이용하여 전류로 컨트롤 하는 센서는? [09년 2회]
① 일사센서   ② 내기온도센서
③ 외기온도센서 ④ 수온센서

풀이 일사센서는 조사량에 따라 흐르는 전류가 증가하는 포토 다이오드를 이용하여 일사량을 측정하며, 온도센서는 서미스터를 이용하여 측정한다.

07 에어컨 시스템에 사용되는 에어컨 릴레이에 다이오드를 부착하는 이유로 가장 적절한 것은? [09년 4회]
① ECU 신호에 오류를 없애기 위해
② 서지전압에 의한 ECU 보호
③ 릴레이 소손을 방지하기 위해
④ 정밀한 제어를 위해

풀이 에어컨 릴레이에 다이오드를 부착하는 이유는 에어컨 스위치 off시 서지전압(역기전력)에 의해 ECU가 파손되는 것을 방지하기 위함이다.

04 ③ 05 ③ 06 ① 07 ②

친환경 자동차

제1장 하이브리드 자동차

제2장 전기자동차

제3장 수소연료전지 자동차

01 하이브리드 자동차

제1절 하이브리드 개요

하이브리드(hybrid)란 잡종, 혼성물, 혼혈아란 의미로, 하이브리드 자동차란 서로 다른 종류의 동력원을 가진 자동차를 말한다. 주로 가솔린 엔진, 디젤 엔진, LPi 엔진 중 1개의 동력원과 전기모터를 함께 사용한다.

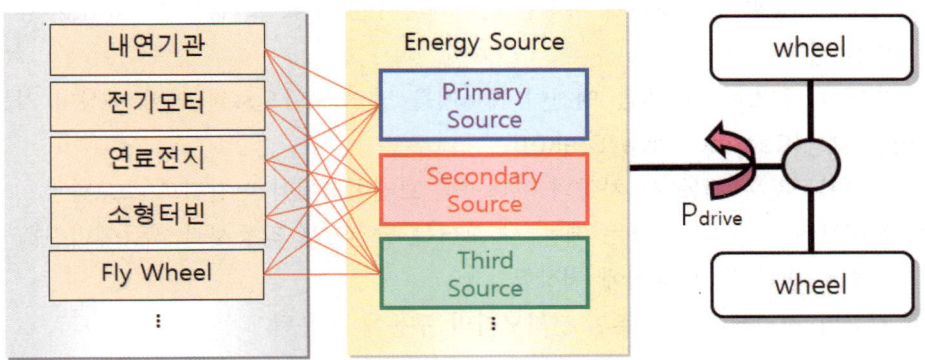

그림 6-1 / 하이브리드 자동차의 구성 방법

1_ 하이브리드 일반

1) 하이브리드 자동차의 필요성

① 석유자원 고갈에 대한 대체 에너지 개발이 필요
② 배출가스 규제 대응 및 온난화 가스인 CO_2 배출량 감소가 의무화
③ CARB(California Air Resource Board)의 ZEV(Zero Emission Vehicle) 규격 입법화
④ 2003년부터 무공해차 10% 의무화

2) 하이브리드의 장·단점

① 엔진과 모터의 장점을 이용하여 효율을 증대시킨다.
② 연비가 향상되고, 배기가스가 저감된다.

③ 복수의 동력을 탑재하므로 복잡하고 공간이 필요하다.
④ 배터리, 인버터 등 부품이 증가하므로 제작비용, 중량이 증가한다.
⑤ 대중화되어 있지 않아 비싸다.

3) 하이브리드 자동차의 원리 3가지 핵심

① 아이들 스탑(Idle stop)
  ㉠ 차량이 정지할 때 엔진을 자동으로 정지시킴으로써 불필요한 연료소모 방지
  ㉡ 전기모터를 이용하여 부드럽고 빠르게 엔진을 재시동 시킬 수 있음
  ㉢ 일반 자동차는 엔진의 빠른 재시동이 불가능하므로 아이들 스탑 기능을 채용할 수 없음

② 전기모터 동력 보조(Power Assist)
  ㉠ 가속 및 등판시 배터리에 저장된 전기에너지를 이용, 모터를 구동하여 차량의 구동력을 증대함
  ㉡ 모터의 동력보조량 만큼 엔진이 에너지를 덜 소모함으로써 연비 향상이 가능

③ 회생 제동(Regenerative Brake)
  ㉠ 일반자동차는 제동 시 차량의 에너지를 브레이크에서 마찰열로 소모함
  ㉡ 하이브리드 전기자동차는 제동 시 모터를 발전기로 작동시켜 제동에너지를 전기에너지로 변환 후 배터리에 저장함
  ㉢ 저장된 전기에너지는 추후 전기모터의 구동에 사용됨

4) 하이브리드 자동차 기본 동력전달

① 정지 시 : 엔진이 자동으로 정지되어 연료 소모량을 줄인다.(idle stop)

② 정지 상태에서 출발 시 : 배터리를 이용하여 전기모터를 돌려 바퀴를 구동한다.

③ **일반 주행 시** : 엔진과 전기모터 모두가 차량 바퀴를 움직인다. 엔진의 힘은 바퀴와 전기모터에 나누어 전달되며, 효율적인 측면에서 힘의 배분이 컨트롤 된다.

④ **가속 및 고속 주행 시** : 일반 주행에 더하여 배터리 전기를 이용하여 전기모터를 구동한다.(동력 보조)

⑤ **감속 시(브레이크를 밟았을 때)** : 브레이크 시 발생되는 열에너지를 전기모터가 발전

기 역할을 하여 배터리를 충전한다.(회생 브레이크)

2_하이브리드 자동차의 분류

1) 탑재한 엔진에 따라 : 내연기관과 모터의 조합 기준

① 모터(배터리) + 디젤 엔진
② 모터(배터리) + 가솔린 엔진

2) 모터의 사용방법에 따라

① 시리즈 하이브리드 : 구동은 모터, 엔진은 발전용으로만 사용
② 패러렐(병렬형) 하이브리드 : 구동에 모터 + 엔진
③ 시리즈 패러렐(combine) 하이브리드 : 모터 또는 엔진 구동 또는 모터 + 엔진 구동

3) 주행 동력 및 충전 방법에 따라

① 소프트 타입(FMED) : 변속기와 모터 사이에 클러치를 두어 제어하며, 출발 시 엔진+모터로 엔진과 모터를 구동하고, 주행 시 엔진을 구동하여 주행한다.
② 하드 타입(TMED) : 엔진과 모터 사이에 클러치를 두어 제어하며, 순수 EV(전기 구동) 모드가 존재한다. 출발 시 모터만으로 구동하고, 가속 시 엔진+모터를 구동하여 가속력을 증대시킨다.
③ 플러그 인 타입 : HEV 대비 전기차 주행능력을 확대한 차량으로, 가정용 전기 또는 외부 전원으로 배터리를 충전하는 방식이다.

3_ 주행패턴(하드 타입과 소프트 타입)

4_ 도요타 프리우스(Prius) 구분

① 1세대(THS-Ⅰ, 1997년) : 1,500cc 58마력, 모터 33kW(44마력)
② 2세대(THS-Ⅱ, 2003년) : 1,500cc 78마력, 모터 50kW(67마력)
③ 3세대(HSD, 2009년) : 1,800cc 98마력, 모터 80마력

도요타 HSD의 특징은 전기모터가 엔진을 단순히 보조하는 역할을 하는 Mild Hybrid 시스템이 아닌, 가솔린 엔진과 전기모터 간의 최적의 밸런스를 찾아내고, 최대 80마력의 출력을 갖는 모터가 독자적으로 구동하는 Full Hybrid 시스템이다.

5_ HEV 주행 패턴(에너지 흐름도)

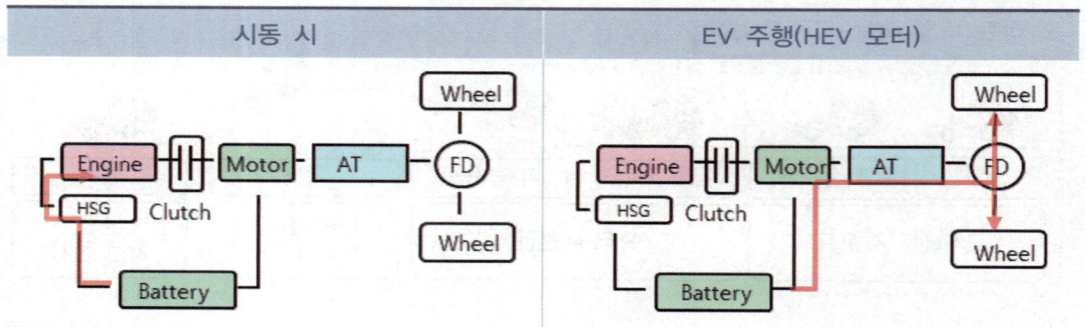

1) 엔진 시동

고전압 배터리를 이용하여 HSG를 시동한다.
HSG 고장 시 HEV 모터로 엔진을 시동한다.

2) EV 주행(HEV 모터 단독 구동)

차량 출발 시나 저속 주행 시 HEV 모터 동력만으로 주행한다.
엔진과 모터 사이의 클러치는 차단된 상태로 모터의 동력이 바퀴까지 전달된다.
엔진 OFF 시에는 EOP(Electric Oil Pump)를 작동해 AT 유압을 발생한다.

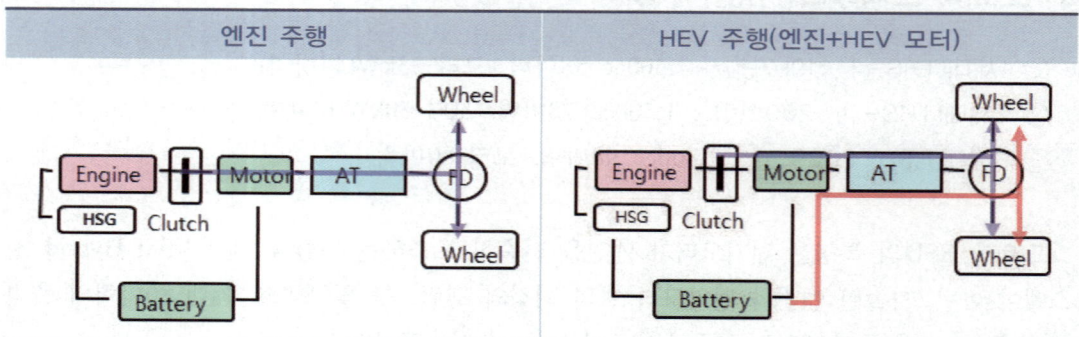

3) 중·고속 정속 주행

중·고속 정속 주행 시에는 엔진의 동력이 바퀴에 전달하기 위해 엔진과 HEV 모터 사이의 엔진 클러치를 연결하여 변속기에 동력을 전달한다.

4) HEV 주행(엔진 + 모터)

급가속 또는 등판 시에는 엔진과 HEV 모터를 동시에 HEV 모드로 주행한다.

클러치 체결 전 HSG를 구동하여 엔진 회전속도를 빠르게 올려 HEV 모터와 동기 시킨다.

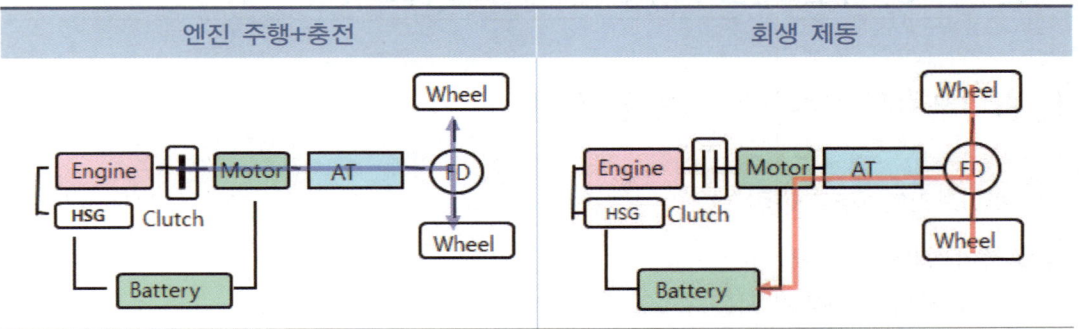

5) 정속 주행 중 배터리 충전

주행 중 차량의 상태를 모니터링하여 고전압 배터리 충전 량이 기준치 이하일 경우, HEV 모터의 발전 기능을 통해 고전압 배터리를 충전한다.

6) 회생 제동(브레이크) : 감속, 제동 시 차량의 운동에너지를 전기에너지로

변환하여 고전압 배터리를 충전한다.

브레이크를 밟으면 전체 제동량과 배터리 잔량(SOC)을 연산하여 기계적 제동량(유압)과 회생 제동량(모터 제동)을 분배한다.

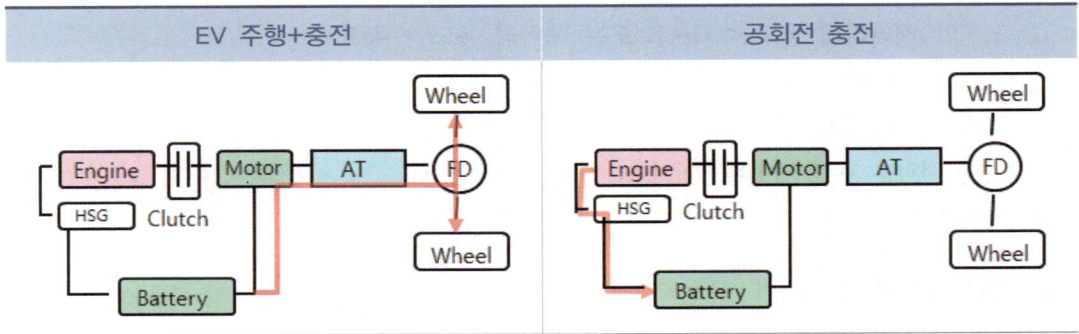

7) EV 주행 중 충전

EV 모드 주행 시 고전압 배터리 잔량(SOC)이 기준치 이하로 떨어지면, 엔진을 강제 구동하여 HSG로 고전압 배터리를 충전하면서 EV 주행을 한다.

8) 공회전 충전

EV 주행 중 정지 상태에서 고전압 배터리 잔량(SOC)이 기준치 이하로 떨어지면, 엔진을 강제 구동하여 HSG의 발전 기능을 이용해 고전압 배터리를 충전한다.

제2절 하이브리드 시동 및 취급방법

1_ 하이브리드 시스템의 시동 및 조건

1) 하이브리드 모터 시동
① 하이브리드 모터에 의한 시동
② 시동 모터를 이용한 시동

2) 하이브리드 모터에 의한 시동 조건
① Key 시동(P/N단)
② 아이들 스탑 해제

3) 특이사항
① 모터 시동 금지 시는 Key 시동 시 스타터로 시동
② 아이들 스탑 중 금지 조건 발생 시 아이들 스탑을 즉각 해제하고 모터 시동

4) 하이브리드 모터 시동 금지 조건
① 고전압 배터리의 온도 < -10도 또는 배터리 온도 > 45도
② MCU Inverter 온도 > 94도
③ SOC 18% 이하
④ 엔진 냉각수 온도 - 10도 이하
⑤ ECU/MCU/BMS 고장 시

5) 시동 rpm 조정
① ECU 아이들 rpm 이상으로 설정
② 장시간 아이들 스탑 후 시동 시 CVT 유압 발생을 위하여 시동 rpm을 상승시킨다.

2_ 하이브리드 자동차 정비 시 주의사항

하이브리드 시스템은 일반 배터리(12V)도 있지만, 고전압(140~380V) 시스템으로 구성되어 있으므로 쇼트, 감전 및 누전에 주의한다.

1) 작업 전 준비사항

① 안전복, 절연 장갑, 고무장갑, 보호안경 및 안전화를 준비
② ABC 소화기를 준비
③ 전해질을 닦을 수 있는 수건을 준비

2) 고전압 시스템 점검 시 주의사항

① 취급 기술자는 고전압 시스템에 대한 검사와 서비스 교육이 선행될 것
② 모든 고전압 시스템 부품에는 고전압 라벨이 부착
③ 고전압 작업 시 절연 장갑을 착용하고, 고전압 안전 스위치를 OFF할 것
④ 안전 스위치 OFF 후 5분 경과 후 작업할 것(MCU 방전 시간 필요)
⑤ 작업 시 금속성 물질을 제거(시계, 반지, 목걸이, 금속성 필기구 등)
⑥ 고전압 케이블 작업 시 반드시 전압계를 이용하여 0.1V 이하인지 확인
⑦ 고전압 터미널 체결 시 규정 토크 준수
⑧ 정비, 점검 시 "주의 : 고전압 흐름, 촉수금지" 경고판 설치

3) 차량 정비 시 작업 순서

① 이그니션 스위치 "OFF"
② 후석 시트 등받이 제거
③ 절연 장갑 착용 상태에서 12V 배터리 접지 케이블 탈거
④ 안전 스위치 "OFF"
⑤ 안전 스위치 "OFF" 후, 고전압 부품 취급 전에 5~10분 이상 대기한 후 테스트기로 DC Link 전압을 측정하여 0V를 확인한 후 작업한다. 대기시간은 인버터 내의 콘덴서에 충전되어 있는 고전압을 방전시키기 위해 필요한 시간이다.

4) 차량 사고 시 조치사항

① 고전압 케이블(절연피복이 벗겨진 상태)은 손대지 말 것
② 차량 화재 시 ABC 소화기로 진압할 것
③ 차량이 반쯤 침수되었을 경우 안전 스위치 등 일체의 접근 금지
④ 차량에 손댈 경우, 차량을 물에서 완전히 안전한 곳으로 이동 후 조치
⑤ 고전압 배터리 전해질 누수 발생 시 피부에 접촉하지 말 것
⑥ 리튬 폴리머 배터리는 겔(Gel) 타입 전해질 적용(액상 전해질 미적용)
⑦ 차량 파손으로 고전압 차단이 필요하면, 다음 순서대로 조치할 것
 ㉠ 차량 정지 후 P 단으로 하고, 사이드 브레이크를 작동시킬 것

ⓛ IG Key 제거 후 보조 배터리 접지(-)를 탈거
ⓒ 절연 장갑을 착용한 후 안전 스위치 "OFF" 할 것

제3절 하이브리드 시스템 구성

HEV는 전기 동력 부품인 전기 모터 / 인버터 / 컨버터 / 배터리로 시스템이 구성되며, 차량 구동을 지원하는 전기 모터는 엔진 측에 장착되고, 인버터 / 컨버터 / 배터리는 통합 패키지 형태로 차량 후방에 탑재된다.

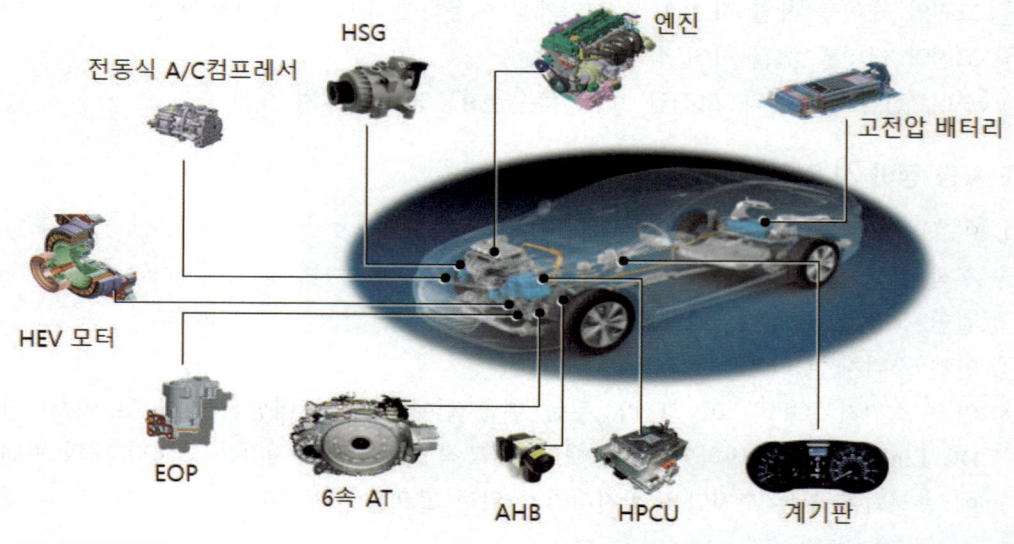

그림 6-2 / 하이브리드 자동차의 주요 부품

1_ 하이브리드 기본 부품

1) 엔진

하이브리드 자동차의 엔진은 전자제어 가솔린 엔진으로, 기존 오토 사이클이 아닌 앳킨슨 사이클을 사용하였다. 앳킨슨 사이클은 오토 사이클과는 달리 압축행정이 팽창행정에 비해 짧다. 앳킨슨 사이클 엔진은 펌핑 손실을 최소화하여 연비가 향상되나 압축되는 혼합기가 적어 출력이 떨어지게 된다.

2) 자동변속기

하이브리드 자동차의 변속기는 일반적으로 6속을 채용하며, EV 모드 주행을 위한 전동식 오일펌프(EOP)와 EOP를 제어하기 위한 오일펌프 유닛(OPU)가 적용된다.

3) HEV 모터와 HSG(Hybrid Starter & Generator)

HEV 모터와 HSG는 모터 기능 및 발전 기능의 2가지 역할을 하며, HSG는 시동 제어, 엔진속도 제어, 소프트 랜딩 제어, 발전 제어를 한다

4) 엔진 클러치

엔진 클러치는 EV 모드에서 HEV 모드로 변환 시 엔진의 동력을 HEV 모터로 연결하는 부품이다. 따라서 엔진 클러치는 주행 조건에 따라 엔진과 모터의 동력을 연결하거나 차단시킨다.

5) 고전압 배터리 및 BMS(Battery Management System)

고전압 배터리는 리튬 이온 폴리머 배터리를 주로 사용하며, 1셀의 전압은 3.75V이다. 전압은 그랜저의 경우 72셀 270V로 되어있다. BMS는 각 셀의 전압, 전류, 배터리의 온도를 감지하며, ECU는 이 값을 참고로 하여 SOC를 판단하고, Power-Cut, 냉각 제어, 릴레이 제어, 셀 밸런싱, 자기 진단 등 고전압 배터리를 제어한다. 고전압 배터리에는 배터리 온도를 낮추기 위한 냉각시스템이 있어 배터리 온도가 최적의 상태로 유지될 수 있도록 하며, 고전압을 ON/OFF 제어하기 위한 PRA(Power Relay Assembly)가 있어 IG OFF 상태에서는 메인 릴레이를 차단한다.

6) 인버터

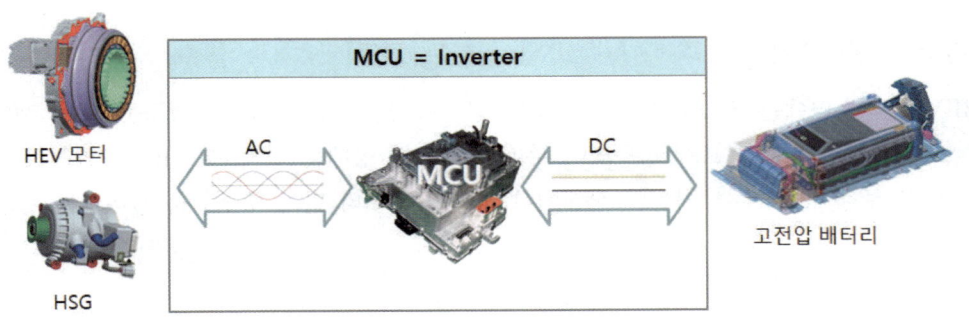

인버터는 MCU의 기능 중 하나이며, 고전압 배터리의 직류전압을 3상 교류전압으로 변환하여 HEV 모터와 HSG에 공급하여 구동 토크를 제어한다. 감속 및 제동 시에는 교류를 직류로 변환하여 고전압 배터리를 충전한다.

7) LDC(Low voltage DC-DC Converter)

LDC는 하이브리드 전기 자동차에 12V 전장 전원을 공급하는 장치로, 고전압 직류를 저전압 직류로 낮추어 차량에 일반적인 사용 전압(12V)으로 변환한다.

일반 자동차의 경우 자동차의 등화 등 각종 전기 장치를 12V 배터리를 직접 사용하지만, HEV는 고전압 배터리를 LDC를 이용하여 저전압 12V로 낮추어 사용한다.

8) AHB(Active Hydraulic Booster, 액티브 하이드롤릭 부스터)

하이브리드 자동차가 EV 주행 시 시동 OFF 상태이므로 진공 부압이 없어 AHB를 적용하여, 제동력 확보 및 회생제동 협조 제어를 통해 연비를 향상시킨다. 부스터 브레이크와 유사한 답력을 위해 페달 시뮬레이터가 적용된다.

9) EWP(Electric Water Pump, 전기식 워터펌프)

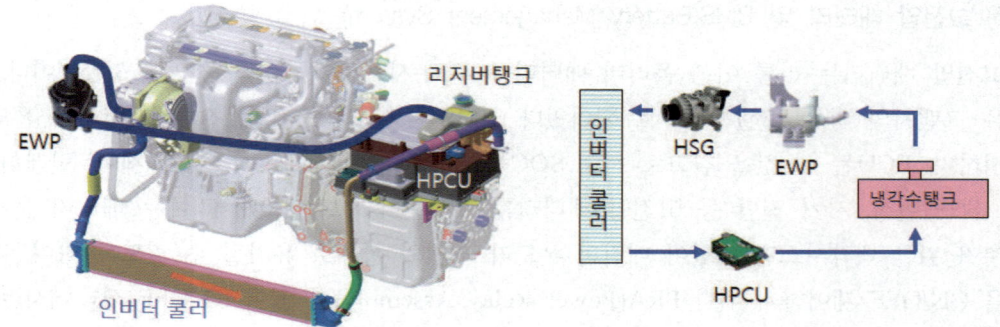

EWP는 MCU에 의해 제어되는 엔진 냉각장치와는 별개의 냉각장치이다. 냉각수 주입 시 GDS를 설치하여 냉각수 주입 요령에 맞춰 진행하며, 공기 빼기 순서를 반드시 지켜야 한다.

10) HEV 클러스터

HEV 클러스터에는 READY 램프와 EV 램프가 있으며, READY 램프는 모든 제어기가 정상일 때 "READY" 램프가 점등되어 주행이 가능한 상태를 알려주며, EV 램프는 HEV 모터에 의한 주행 또는 주행 가능한 상태에서 점등되어 모터 단독 주행임을 알려주는 램프이다.

제1장 하이브리드 자동차 출제예상문제

01 주행거리가 짧은 전기자동차의 단점을 보완하기 위하여 만든 자동차로 전기자동차의 주 동력인 전기 배터리에 보조 동력장치를 조합하여 만든 자동차는?

① 하이브리드 자동차 ② 태양광 자동차
③ 천연가스 자동차 ④ 전기 자동차

> [풀이] 하이브리드 자동차는 긴 충전시간, 짧은 항속거리, 무거운 중량의 배터리를 가진 전기자동차의 단점을 보완하기 위하여 전기 배터리에 보조 동력원으로 주로 내연기관을 조합하여 만든 자동차이다.

02 하이브리드 전기 자동차와 일반 자동차와의 차이점에 대한 설명 중 틀린 것은?

① 하이브리드 차량은 주행 또는 정지 시 엔진의 시동을 끄는 기능을 수반한다.
② 하이브리드 차량은 정상적인 상태일 때 항상 엔진 기동 전동기를 이용하여 시동을 건다.
③ 차량의 출발이나 가속 시 하이브리드 모터를 이용하여 엔진의 동력을 보조하는 기능을 수반한다.
④ 차량 감속 시 하이브리드 모터가 발전기로 전환되어 고전압 배터리를 충전하게 된다.

> [풀이] 하이브리드 자동차는 정상적인 상태일 때 HSG(시동발전기, Hybrid Starter Generator)를 이용하여 시동을 걸며, 고전압 배터리 시스템에 이상이 있거나 배터리 SOC가 기준치 이하로 떨어질 경우 12V 스타트모터를 작동시켜 엔진시동을 제어한다.(fail safe 기능)

03 하이브리드 자동차의 연비 향상 요인이 아닌 것은?

① 주행 시 자동차의 공기저항을 높여 연비가 향상된다.
② 정차 시 엔진을 정지(오토 스톱)시켜 연비를 향상시킨다.
③ 연비가 좋은 영역에서 작동되도록 동력 분배를 제어한다.
④ 희생 제동(배터리 충전)을 통해 에너지를 흡수하여 재사용한다.

> [풀이] 하이브리드 자동차의 연비 향상 요인은 주로 아이들 스톱(idle stop), 회생제동 및 효율적인 동력 분배 기능 때문이다. 공기저항이 크면 연비가 나빠진다.

04 하이브리드 자동차의 특징이 아닌 것은?

① 회생제동
② 2개의 동력원으로 주행
③ 저전압 배터리와 고전압 배터리 사용
④ 고전압 배터리 충전을 위해 LDC(저전압 직류변환장치)를 사용

> [풀이] ①~③항이 하이브리드 자동차의 특징이며, 고전압 배터리 충전은 엔진 단독 주행 중 고전압 배터리의 충전량이 기준치 이하일 경우 HEV 모터를 통해 충전하고, EV 모드 주행 시 고전압 배터리 잔량이 기준치 이하로 떨어지면 HSG로 엔진을 구동하여 고전압 배터리를 충전하며 회생 제동 시에는 차량의 운동 에너지를 전기 에너지로 변환하여 충전한다.

01 ①　02 ②　03 ①　04 ④

05 하이브리드 자동차에 사용되는 엔진으로 적절한 것은?
① 오토 사이클 엔진
② 밀러 사이클 엔진
③ 사바테 사이클 엔진
④ 브레이턴 사이클 엔진

풀이 밀러 사이클 엔진은 저압축 고팽창 엔진으로 하이브리드 자동차에 사용된다.

06 KS R 0121에 의한 하이브리드의 동력 전달 구조에 따른 분류가 아닌 것은?
① 병렬형 HV
② 복합형 HV
③ 동력집중형 HV
④ 동력분기형 HV

풀이 KS R 0121에 의한 동력 전달 구조에 따른 분류
① 병렬형 HV(parallel HV)
② 직렬형 HV(series HV)
③ 복합형 HV(compound HV)
④ 동력분기형 HV(power split HV)로 구분

07 도로 차량-하이브리드 자동차 용어(KS R 0121)의 동력 전달 구조에 따른 분류에서 다음이 설명하는 것은?

하이브리드 자동차의 두 개의 동력원이 공통으로 사용되는 동력 전달 장치를 거쳐 각각 독립적으로 구동축을 구동시키는 방식의 구조를 갖는 하이브리드 자동차

① 직렬형
② 병렬형
③ 동력분기형
④ 복합형

풀이 KS R 0121에 의한 동력 전달 구조에 따른 분류에서 병렬형 HV(parallel HV)에 대한 설명이다.

08 하이브리드 자동차 용어(KS R 0121)에 의한 하이브리드 정도에 따른 분류가 아닌 것은?
① 마일드 HV
② 스트롱 HV
③ 풀 HV
④ 복합형 HV

풀이 KS R 0121에 의한 하이브리드 정도에 따른 분류
① 마일드 HV(mild HV), 소프트 HV(soft HV)
② 스트롱 HV(strong HV), 하드 HV(hard HV)
③ 풀 HV(full HV)로 구분한다.

09 하이브리드 자동차의 동력 전달 방식에 해당하지 않는 것은?
① 직렬형
② 병렬형
③ 수직형
④ 직·병렬형

풀이 HEV 엔진과 모터의 연결방식(동력전달 방식)에 따라 직렬형(series type), 병렬형(parallel type), 직·병렬형(series-parallel type)으로 구분한다.

10 자동차 복합에너지소비효율(km/L)에 따른 등급 부여 기준에서 2등급의 범위는? (단, 경형 및 플러그인 하이브리드, 전기, 수소연료전지 자동차는 제외한다.)
① 11.5~9.4
② 13.7~11.6
③ 15.9~13.8
④ 20.0~16.0

풀이 복합에너지 소비효율(km/L)에 따른 등급 분류

연비	1등급	2등급	3등급	4등급	5등급
단위 (km/L)	16.0 이상	15.9 ~13.8	13.7 ~11.6	11.5 ~9.4	9.3 이하

05 ② 06 ③ 07 ② 08 ④ 09 ③ 10 ③

11 하이브리드 시스템에 대한 설명 중 틀린 것은?

① 직렬형 하이브리드는 소프트타입과 하드타입이 있다.
② 소프트타입은 순수 EV(전기차) 주행 모드가 없다.
③ 하드타입은 소프트타입에 비해 연비가 향상된다.
④ 플러그-인 타입은 외부 전원을 이용하여 배터리를 충전한다.

풀이 직렬형은 순수 EV모드가 없는 소프트 타입을, 병렬형은 모터 단독주행이 가능한 하드 타입을 말한다.

12 하이브리드 자동차(HEV)에 대한 설명으로 거리가 먼 것은?

① 병렬형(Parallel)은 엔진과 변속기가 기계적으로 연결되어 있다.
② 병렬형(Parallel)은 구동용 모터 용량을 크게 할 수 있는 장점이 있다.
③ FMED(Flywheel Mounted Electric Device) 방식은 모터가 엔진 측에 장착되어 있다.
④ TMED(Transmission Mounted Electric Device) 방식은 모터가 변속기 측에 장착되어 있다.

풀이 하이브리드 자동차에서 병렬형(Parallel)이란 모터의 동력 흐름과 엔진의 동력 흐름이 별도로(병렬로) 되어 있어 동력을 함께 사용하거나 한 가지만 선택하여 사용할 수 있는 방식이다. 병렬형은 엔진과 변속기가 기계적으로 연결되어 변속기가 필요하고, 구동용 모터 용량을 작게 할 수 있는 장점이 있다.

13 병렬형 하이브리드 자동차의 특징 설명으로 틀린 것은?

① 모터는 동력 보조만 하므로 에너지 변환 손실이 적다.
② 기존 내연기관 차량을 구동장치의 변경 없이 활용 가능하다.
③ 소프트 방식은 일반 주행 시에는 모터 구동만을 이용한다.
④ 하드 방식은 EV 주행 중 엔진 시동을 위해 별도의 장치가 필요하다.

풀이 ①, ②항이 병렬형 하이브리드 자동차에 대한 옳은 설명이고, 하드 방식은 EV 주행 중 엔진 시동을 위해 별도의 장치인 HSG가 필요하다. 소프트 방식은 엔진이 작동되어야 주행이 가능한 방식으로 일반 주행 시에 엔진으로 구동하고 모터 단독으로는 구동이 안되는 방식이다.
[참고] HSG : Hybrid Starter & Generator

14 병렬형(Parallel) TMED(Transmission Mounted Electric Device) 방식의 하이브리드 자동차(HEV)에 대한 설명으로 틀린 것은?

① 모터가 변속기에 직결되어 있다.
② 모터 단독 구동이 가능하다.
③ 모터가 엔진과 연결되어 있다.
④ 주행 중 엔진 시동을 위한 HSG가 있다.

풀이 병렬형 TMED 방식은 모터 단독 주행이 가능한 하드타입으로서 모터와 변속기가 직결되어 있고, 주행 중 엔진 시동을 위한 HSG가 장착되어 있다. 엔진 단독 구동 시에는 엔진 클러치를 연결하여 변속기에 동력을 전달한다.

ANSWER 11 ① 12 ② 13 ③ 14 ③

15. 병렬형 하드 타입 하이브리드 자동차에 대한 설명으로 옳은 것은?
① 배터리 충전은 엔진이 구동시키는 발전기로만 가능하다.
② 구동모터가 플라이휠에 장착되고 변속기 앞에 엔진 클러치가 있다.
③ 엔진과 변속기 사이에 구동모터가 있는데 모터만으로는 주행이 불가능하다.
④ 구동모터는 엔진의 동력보조 뿐만 아니라 순수 전기모터로도 주행이 가능하다.

풀이 병렬형 하드 타입 하이브리드 자동차는 모터의 동력 흐름과 엔진의 동력 흐름이 별도로(병렬로) 되어 있어 동력을 함께 사용하거나 한가지만 선택하여 사용할 수 있는 방식이다. 따라서, 구동모터는 엔진의 동력보조 뿐만 아니라 순수 전기모터로도 단독주행이 가능한 하드타입이다.

16. 직렬형 하이브리드 자동차의 특징에 대한 설명으로 틀린 것은?
① 병렬형보다 에너지 효율이 비교적 높다.
② 엔진, 발전기, 전동기가 직렬로 연결된다.
③ 모터의 구동력만으로 차량을 주행시키는 방식이다.
④ 엔진을 가동하여 얻은 전기를 배터리에 저장하는 방식이다.

풀이 직렬형 하이브리드 자동차는 엔진에서 발생한 전기를 배터리에 저장한 다음, 다시 전기로 모터를 구동하므로 병렬형보다 에너지효율이 낮다.

17. 병렬형(Parallel) TMED(Transmission Mounted Electric Device)방식의 하이브리드 자동차(HEV)의 주행 패턴에 대한 설명으로 틀린 것은?
① 엔진 OFF시에는 EOP(Electric Oil Pump)를 작동해 자동변속기 구동에 필요한 유압을 만든다.
② 엔진 단독 구동 시에는 엔진 클러치를 연결하여 변속기에 동력을 전달한다.
③ EV 모드 주행 중 HEV 주행 모드로 전환할 때 엔진동력을 연결하는 순간 쇼크가 발생할 수 있다.
④ HEV 주행 모드로 전환할 때 엔진 회전 속도를 느리게 하여 HEV모터 회전 속도와 동기화 되도록 한다.

풀이 ①~③항은 병렬형 TMED 방식의 하이브리드 자동차(HEV)의 주행 패턴에 대한 옳은 설명이며, TMED 방식은 HEV 단독 주행이 가능한 하드타입으로서 모터와 변속기가 직결되어 있으므로 엔진 회전속도와는 관련이 없다.

18. 마일드(mild) 하이브리드 자동차의 HSG (Hybrid Starter Generator)의 기능으로 틀린 것은?
① 기관의 시동
② 전력의 발전
③ 가속 시 기관의 회전토크 지원
④ 전기에너지를 이용한 장거리 주행

풀이 마일드(mild) 하이브리드 자동차는 엔진 동력을 기본으로 모터는 보조만 하며, 모터로만으로 단독 구동은 불가능한 자동차이다. HSG는 엔진을 시동하고 가속 시 회전토크를 지원하며, 모터와 인버터를 통해 회생제동에 의해 전력을 발전시켜 에너지를 저장한다.

15 ④ 16 ① 17 ④ 18 ④

19 일반적인 직렬형 하이브리드 자동차의 동력 전달 과정으로 옳은 것은?

① 엔진 → 전동기 → 변속기 → 축전지 → 발전기 → 구동바퀴
② 엔진 → 변속기 → 축전지 → 발전기 → 전동기 → 구동바퀴
③ 엔진 → 변속기 → 발전기 → 축전지 → 전동기 → 구동바퀴
④ 엔진 → 발전기 → 축전지 → 전동기 → 변속기 → 구동바퀴

> 풀이) 직렬형 하이브리드(series hybrid) 자동차는 엔진을 구동하여 발전기에서 발생한 전기를 배터리에 저장한 다음, 다시 배터리 전기로 모터(전동기)를 구동하여 변속기를 거쳐 바퀴를 구동한다.

20 하이브리드 자동차 용어 (KS R 0121)에서 충전시켜 다시 쓸 수 있는 전지를 의미하는 것은?

① 1차 전지　② 2차 전지
③ 3차 전지　④ 4차 전지

> 풀이) KS R 0121에 의한 에너지 저장 시스템 용어에서 2차 전지(rechargeable battery)란 충전시켜 다시 쓸 수 있는 전지로, 납산 축전지, 알칼리 축전지, 기체 전지, 리튬 이온 전지, 니켈-수소 전지, 니켈-카드뮴 전지, 폴리머 전지 등이 있다.

21 하이브리드 자동차에 사용되는 배터리 중에서 에너지 밀도가 가장 높은 것은?

① Li-Ion(리튬-이온) 배터리
② AGM(흡수성 유리섬유) 배터리
③ Li-Polymer(리튬-폴리머) 배터리
④ Ni-MH(니켈-수산화금속) 배터리

> 풀이) 배터리 종류별 에너지 밀도

종류	납	니켈 카드뮴	니켈 수소	리튬 이온	리튬 이온 폴리머
에너지 밀도 (Wh/kg)	35	50~60	60~80	90~120	180~200

22 하이브리드 자동차에 적용하는 배터리 중 자기방전이 없고 에너지 밀도가 높으며 전해질이 젤타입이고 내 진동성이 우수한 방식은?

① 리튬이온 폴리머 배터리(Li-Pb battery)
② 니켈수소 배터리(NI-MH battery)
③ 니켈카드뮴 배터리(Ni-Cd battery)
④ 리튬이온 배터리(Li-ion battery)

> 풀이) 하이브리드 자동차에 적용되는 리튬이온 폴리머 배터리(Li-Pb battery)는 자체 방전이 매우 낮고 에너지 밀도가 높으며, 전해질이 고체이기 때문에 누수의 염려가 없어 안전하고 내 진동성이 우수하다.

ANSWER 19 ④　20 ②　21 ③　22 ①

23 HEV(Hybrid Electric Vehicle)용 리튬이온 2차전지에 대한 설명으로 가장 거리가 먼 것은?

① 셀 당 전압은 약 3.75V이다.
② 충전상태가 0%이면 배터리 전압은 12V이다.
③ 충전 시 충전상태가 100%를 넘지 않도록 한다.
④ 평상시 배터리 충전상태는 BMS에 의해 약 55~65%로 제어된다.

풀이 ①, ③, ④항이 리튬이온 2차전지에 대한 설명이며, 보조 배터리의 경우 SOC가 0이면 12V, SOC가 100이면 12.8V 이다. HEV용 배터리의 경우 SOC가 0이면 200V, SOC가 100이면 310V 이다.
[참고] 리튬이온 2차전지의 셀 당 전압은 약 3.75V 이며, 2V 이하로 방전 시에 열화가 진행되고 과충전 시(배터리 셀 전압 ~5V 이상) 화학적 분해 반응을 통하여 발열 및 가스 발생의 원인이 되므로 충전 시 충전상태가 100%를 넘지 않도록 하여야 하며, 평상시 배터리 충전상태는 BMS에 의해 고전압 배터리가 최적의 효율을 낼 수 있는 약 55~65%로 제어된다.

24 하이브리드 자동차에서 리튬 이온 폴리머 고전압 배터리는 9개의 모듈로 구성 되어 있고, 1개의 모듈은 8개의 셀로 구성되어 있다. 이 배터리의 전압은? (단, 셀 전압은 3.75V이다.)

① 30V   ② 90V
③ 270V   ④ 375V

풀이 하이브리드 자동차에 사용되는 리튬이온 폴리머 배터리의 최소단위는 셀(cell)이다.
8개의 셀을 1모듈로 하고, 9개 모듈이 있으므로, 3.75V×8×9 = 270V

25 하이브리드 자동차의 고전압 배터리의 충·방전 과정에서 전압 편차가 생긴 셀을 동일 전압으로 제어하는 것은?

① 충전상태 제어
② 셀 밸런싱 제어
③ 파워 제한 제어
④ 고전압 릴레이 제어

풀이 하이브리드 자동차에서 개별 셀의 충전 상태 및 전압 편차가 생긴 셀을 동일한 전압으로 매칭하여 배터리 수명과 에너지 용량 및 효율 증대를 갖게 제어하는 것을 셀 밸런싱 제어라 한다.

26 하이브리드 자동차의 리튬이온 폴리머 배터리에서 셀의 균형이 깨지고 셀 충전 및 용량 불일치로 인한 사항을 방지하기 위한 제어는?

① 셀 그립 제어   ② 셀 서지 제어
③ 셀 펑션 제어   ④ 셀 밸런싱 제어

풀이 하이브리드 자동차에 적용되는 리튬이온 폴리머 배터리는 고전압 배터리의 충·방전 과정에서 전압 편차가 생겨 셀의 균형이 깨지고 셀 충전 및 용량 불일치로 인한 사항을 방지하기 위하여 각각의 셀을 제어하는 것은 셀 밸런싱 제어라 한다.

27 하이브리드 자동차의 고전압 배터리 관리시스템에서 셀 밸런싱 제어의 목적은?

① 배터리의 적정 온도 유지
② 상황별 입출력 에너지 제한
③ 배터리 수명 및 에너지 효율 증대
④ 고전압 계통 고장에 의한 안전사고 예방

풀이 배터리 셀 밸런싱 제어의 목적은 개별 셀의 충전 상태 및 전압 편차가 생긴 셀을 동일 전압으로 제어하여 배터리의 수명 및 에너지 효율을 증대시키기 위함이다.

23 ② 24 ③ 25 ② 26 ④ 27 ③

28 하이브리드 자동차의 컨버터(Converter)와 인버터(Inverter)의 전기특성 표현으로 옳은 것은?

① 컨버터(Converter) : AC에서 DC로 변환, 인버터(Inverter) : DC에서 AC로 변환
② 컨버터(Converter) : DC에서 AC로 변환, 인버터(Inverter) : AC에서 DC로 변환
③ 컨버터(Converter) : AC에서 AC로 승압, 인버터(Inverter) : DC에서 DC로 승압
④ 컨버터(Converter) : DC에서 DC로 승압, 인버터(Inverter) : AC에서 AC로 승압

> 컨버터(converter)란 교류를 직류로, 또는 직류를 직류로 감압 또는 승압 변환시키는 장치이며, 인버터(inverter)란 직류를 교류로 변환하는 장치이다.

29 하이브리드 자동차의 컨버터(Converter)와 인버터(Inverter)의 전기특성 표현으로 옳은 것은?

① 컨버터(Converter) : AC에서 DC로 변환, 인버터(Inverter) : DC에서 AC로 변환
② 컨버터(Converter) : DC에서 AC로 변환, 인버터(Inverter) : AC에서 DC로 변환
③ 컨버터(Converter) : AC에서 AC로 변환, 인버터(Inverter) : DC에서 DC로 변환
④ 컨버터(Converter) : DC에서 DC로 변환, 인버터(Inverter) : AC에서 AC로 변환

> 문제 28번 해설 참조

30 하이브리드자동차의 전원 제어 시스템에 대한 두 정비사의 의견 중 옳은 것은?

- 정비사 KIM : 인버터는 열을 발생하므로 냉각이 중요하다.
- 정비사 LEE : 컨버터는 고전압의 전원을 12볼트로 변환하는 역할을 한다.

① 정비사 KIM만 옳다.
② 정비사 LEE만 옳다.
③ 두 정비사 모두 틀리다.
④ 두 정비사 모두 옳다.

> 컨버터는 교류를 직류로, 인버터는 직류를 교류로 변환시키는 장치로, 스위칭 소자를 사용하므로 열이 많이 발생한다.

31 하이브리드 자동차에서 직류(DC) 전압을 다른 직류(DC) 전압으로 바꾸어 주는 장치는 무엇인가?

① 캐패시터   ② DC-AC 인버터
③ DC-DC 컨버터   ④ 리졸버

> 하이브리드 자동차에서 직류(DC) 전압을 다른 직류(DC) 전압으로 바꾸어 주는 장치를 LDC(Low DC-DC Converter)라 한다.

32 하이브리드 자동차의 동력제어 장치에서 모터의 회전속도와 회전력을 자유롭게 제어할 수 있도록 직류를 교류로 변환하는 장치는?

① 컨버터   ② 레졸버
③ 인버터   ④ 커패시터

> 인버터란 직류를 교류로 변환하는 장치를 말하며, 컨버터는 교류를 직류로 변환하는 장치를 말한다.

28 ① 29 ① 30 ④ 31 ③ 32 ③

33 하이브리드 자동차에서 PRA(Power Relay Assembly) 기능에 대한 설명으로 틀린 것은?

① 승객 보호
② 전장품 보호
③ 고전압 회로 과전류 보호
④ 고전압 배터리 암전류 차단

풀이 하이브리드 자동차에서 PRA는 고전압 배터리의 기계적인 분리(암전류 차단), 고전압 회로 과전류 보호(Fuse), 전장품 보호(초기 충전회로 적용), 고전압 정비 시 작업자 보호를 위해 안전 스위치(Safety SW)가 적용되어 있다.

34 하이브리드 고전압장치 중 프리차저 릴레이 & 프리차저 저항의 기능 아닌 것은?

① 메인릴레이 보호
② 타 고전압 부품 보호
③ 메인 퓨즈, 버스바, 와이어 하네스 보호
④ 배터리 관리 시스템 입력 노이즈 저감

풀이 MCU는 IG ON시 메인릴레이 (+)를 작동시키기 이전에 프리차저 릴레이를 먼저 동작시켜 저항을 통해 270V 고전압이 인버터 측으로 공급되기 때문에 돌입전류에 의한 인버터의 손상을 방지한다. 프리차저 릴레이 작동 후 완만한 전압 상승이 완료되면 메인릴레이 (+)를 작동시켜 정상적인 270V 전원공급을 완료한다. 즉, IG ON시 릴레이 작동순서는 메인릴레이 (-), 프리차저 릴레이, 메인릴레이 (+) 순이 된다.

35 하이브리드 자동차의 고전압 배터리 (+)전원을 인버터로 공급하는 구성품은?

① 전류 센서
② 고전압 배터리
③ 세이프티 플러그
④ 프리 차저 릴레이

풀이 문제 34번 해설 참조

36 시동 키 ON시 PRA(Power Relay Assembly) 작동순서로 맞는 것은?

① 메인 릴레이(+) ON → 메인 릴레이(-) ON → 프리차저 릴레이 ON
② 메인 릴레이(+) ON → 프리차저 릴레이 ON → 메인 릴레이(-) ON
③ 메인 릴레이(-) ON → 메인 릴레이(+) ON → 프리차저 릴레이 ON
④ 메인 릴레이(-) ON → 프리차저 릴레이 ON → 메인 릴레이(+) ON

풀이 시동 키 ON시 PRA 작동순서는 메인 릴레이(-) ON → 프리차저 릴레이 ON → 메인 릴레이(+) ON 이다. [현대자동차, 소나타 HEV, 2011, p97]
[참고] 고전압 배터리 릴레이 제어

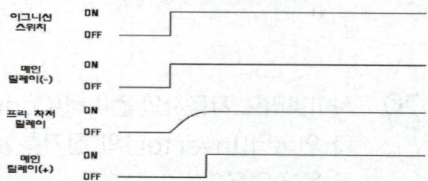

37 하이브리드 자동차에서 돌입전류에 의한 인버터 손상을 방지하는 것은?

① 메인 릴레이
② 프리차저 릴레이와 저항
③ 안전 스위치
④ 부스 바

풀이 MCU는 IG ON시 메인릴레이 (+)를 작동시키기 이전에 프리차저 릴레이를 먼저 동작시켜 저항을 통해 270V 고전압이 인버터 측으로 공급되기 때문에 돌입전류에 의한 인버터의 손상을 방지한다.

33 ① 34 ④ 35 ④ 36 ④ 37 ②

38 다음은 하이브리드 자동차에서 사용하고 있는 캐패시터(Capacitor)의 특징을 나열한 것이다. 틀린 것은?

① 충전시간이 짧다.
② 출력의 밀도가 낮다.
③ 전지와 같이 열화가 거의 없다.
④ 단자 전압으로 남아있는 전기량을 알 수 있다.

> 캐패시터(Capacitor)의 특징
> ① 충전시간이 짧다.
> ② 출력의 밀도가 높다.
> ③ 전지와 같이 열화가 거의 없다.
> ④ 단자 전압으로 남아있는 전기량을 알 수 있다.

39 하이브리드자동차용 슈퍼 커패시터의 용도에 대한 설명으로 옳은 것은?

① 정속 주행 시 안정된 전기에너지를 공급할 수 있다.
② 배터리를 대신하여 항상 탑재되는 중요 장치이다
③ 축적된 에너지는 발진이나 가속 시 이용하기 좋다.
④ 주로 등화장치에 전기에너지를 공급하는 장치이다.

> 슈퍼 커패시터란 커패시터(콘덴서)의 성능 중 전기용량을 중점적으로 강화한 것으로, 교류 전원으로부터 전력을 공급받아 충전해 두고 전원이 끊어진 경우 소전력을 공급한다. 설정용 메모리에 전력을 일시적으로 공급하거나 정전 시에 동작하는 안전기기에 사용된다.

40 하이브리드 자동차 고전압 배터리의 사용 가능 에너지를 표시하는 것은?

① SOC(State of Charge)
② PRA(Power Relay Assembly)
③ LDC(Low DC-DC Converter)
④ BMS(Battery Management System)

> SOC(State of Charge)란 고전압 배터리에서 사용 가능한 에너지, 즉 배터리 정격용량 대비 방전 가능한 전류량의 백분율을 말한다.
> (SOC = 잔존 배터리 용량/정격용량)

41 하이브리드 자동차와 관련하여 배터리 팩이나 시스템에서의 유효한 용량으로 정격용량의 백분율로 표시한 것은?

① SOC(State Of Charge)
② PRA(Power Relay Assembly)
③ LDC(Low DC-DC Converter)
④ BMS(Battery Management System)

> 문제 40번 해설 참조

42 하이브리드 자동차 고전압 배터리 충전상태(SOC)의 일반적인 제한 영역은?

① 20~80%   ② 55~86%
③ 86~110%   ④ 110~140%

> 하이브리드 자동차의 고전압 배터리 충전상태(SOC)는 최대 제한영역이 최소 20%에서 최대 80%이내이며, 평상시에는 SOC영역이 55%~65% 범위를 벗어나지 않게 해야 한다.

38 ② 39 ③ 40 ① 41 ① 42 ①

제1장_하이브리드 자동차 출제예상문제

43 하이브리드 자동차에서 배터리 시스템의 열적, 전기적 기능을 제어 또는 관리하고 배터리 시스템과 다른 차량 제어기와의 사이에서 통신을 제공하는 전자장치는?

① SOC(State Of Charge)
② HCU(Hybrid Control Unit)
③ HEV(Hybrid Electric Vehicle)
④ BMS(Battery Management System)

풀이 BMS(Battery Management System)는 고전압 배터리 시스템의 열적, 전기적 기능을 제어 또는 관리하고 배터리 시스템과 다른 차량 제어기와의 사이에서 통신(HCU 또는 MCU)을 제공하며, SOC 추정, 파워 제한, 냉각 제어, 릴레이 제어, 셀 밸런싱, 고장진단 등을 수행한다.

44 하이브리드 자동차에서 고전압 배터리 관리시스템(BMS)의 주요 제어 기능으로 틀린 것은?

① 모터제어
② 출력제한
③ 냉각제어
④ SOC제어

풀이 문제 47번 해설 참조

45 하이브리드자동차 배터리 관리시스템(BMS)의 역할로 틀린 것은?

① 배터리 충전제어
② 등화장치 제어
③ 파워 제한 기능
④ 배터리 냉각시스템 제어

풀이 문제 47번 해설 참조

46 하이브리드 자동차에서 고전압 배터리 제어기(Battery Management System)의 역할 설명으로 틀린 것은?

① 충전상태 제어
② 파워 제한
③ 냉각 제어
④ 저전압 릴레이 제어

풀이 문제 47번 해설 참조

47 BMS(Battery Management System)에서 제어하는 항목과 제어내용에 대한 설명으로 틀린 것은?

① 고장 진단 : 배터리 시스템 고장 진단
② 컨트롤 릴레이 제어 : 배터리 과열 시 컨트롤 릴레이 차단
③ 셀 밸런싱 : 전압 편차가 생긴 셀을 동일한 전압으로 매칭
④ SOC(Stage Of Charge) 관리 : 배터리의 전압, 전류, 온도를 측정하여 적정 SOC 영역관리

풀이 하이브리드 자동차(HEV)의 BMS는 SOC 추정(충전상태 제어), 파워(출력) 제한, 냉각 제어, 릴레이 제어, 셀 밸런싱, 고장진단 등을 수행한다.
※ 컨트롤 릴레이는 엔진 ECU 및 연료펌프, 인젝터, AFS 등에 전원을 공급하는 역할을 한다.

48 하이브리드 시스템을 제어하는 컴퓨터의 종류가 아닌 것은?

① 모터 컨트롤 유닛(Motor Control Unit)
② 하이드로릭 컨트롤 유닛(Hydraulic Control Unit)
③ 배터리 콘트롤 유닛(Battery Control Unit)
④ 통합제어 유닛(Hybrid Control Unit)

풀이 하이드로릭 컨트롤 유닛은 ABS 시스템을 제어하는 컴퓨터이다.

43 ④ 44 ① 45 ② 46 ④ 47 ② 48 ②

49 하이브리드 자동차에 사용되는 모터의 작동 원리는?

① 렌츠의 법칙
② 플레밍의 왼손 법칙
③ 플레밍의 오른손 법칙
④ 앙페르의 오른나사 법칙

풀이 모터(전동기)의 작동 원리는 플레밍의 왼손 법칙이다.

50 하이브리드 모터 3상의 단자 명이 아닌 것은?

① U ② V ③ W ④ Z

풀이 3상 교류모터의 단자명은 U, V, W 이다.

51 하이브리드 전기자동차, 전기자동차 등에는 직류를 교류로 변환하여 교류모터를 사용하고 있다. 교류모터에 대한 장점으로 틀린 것은?

① 효율이 좋다.
② 소형화 및 고회전이 가능하다.
③ 로터의 관성이 커서 응답성이 양호하다.
④ 브러시가 없어 보수할 필요가 없다.

풀이 **교류 모터의 장점**
① 크기에 비해 모터의 효율이 좋다.
② 소형화 및 고회전이 가능하다.
③ 같은 출력을 내는 직류모터에 비해 가격이 3배 이상 저렴하다.
④ 브러시가 없어서 보수할 필요가 없어 수명이 길다.
⑤ 보수 유지비용이 저렴하다.

52 하이브리드 자동차의 영구자석 동기 전동기(Permanent Magnet Synchronous Motor)에 대한 설명 중 틀린 것은?

① 비동기 전동기와 비교해서 효율이 높다.
② 에너지 밀도가 높은 영구자석을 사용한다.
③ 대용량의 브러시와 정류자를 사용하여 한다.
④ 전자 스위칭 회로를 이용하여 특성에 맞게 전동기를 제어한다.

풀이 ①, ②, ④항이 영구자석 동기 전동기(PMSM)에 대한 옳은 설명으로, 동기 모터는 고정자와 회전자로 구성되어 있으며 브러시와 정류자가 없어 수명이 길다.

53 하이브리드 자동차에서 하이브리드 모터 작동을 위한 전기 에너지를 공급하는 것은?

① 엔진제어기
② 고전압 배터리
③ 변속기 제어기
④ 보조배터리 충전 컨트롤 유닛

풀이 고전압 배터리는 고출력 하이브리드 모터에 에너지를 공급 및 충전함으로써 EV 및 HEV 모드 주행에 필요한 에너지 역할을 한다.

54 하이브리드 전기자동차의 구동 모터 작동을 위한 전기 에너지를 공급 또는 저장하는 기능을 하는 것은?

① 보조 배터리   ② 변속기 제어기
③ 고전압 배터리 ④ 엔진 제어기

풀이 고전압 배터리는 고출력 하이브리드 모터에 에너지를 공급 및 충전함으로써 EV 및 HEV 모드 주행에 필요한 에너지 역할을 한다.

49 ② 50 ④ 51 ③ 52 ③ 53 ② 54 ③

55 하이브리드 자동차에서 모터의 회전자와 고정자의 위치를 감지하는 것은?
① 레졸버
② 인버터
③ 경사각 센서
④ 저전압 직류 변환장치

풀이 레졸버(회전자 위치 센서)보정이란 MCU가 모터에게 정확한 토크를 지령하려면 레졸버와 모터가 정확히 조립되어야 하지만 기계적인 공차에 의해 모터와 레졸버의 위치를 맞추는 것이 어려우므로 정확한 상의 위치 값과 레졸버의 출력 값이 같아지도록 보정해주는 것을 말한다. 즉, 모터의 회전자와 하우징과 연결된 레졸버 고정자의 위치를 감지한다.

56 하이브리드 모터의 위치 및 회전수를 검출하는 센서는?
① 크랭크 각 센서
② 엔코더
③ 레졸버
④ 입력축 속도 센서

풀이 레졸버(회전자 위치 센서)란 모터 내부의 로터의 절대위치 및 회전수를 검출하는 센서로, 모터의 회전자와 하우징과 연결된 레졸버 고정자의 위치를 감지한다.

57 하이브리드 자동차에서 모터 내부의 로터 위치 및 회전수를 감지하는 것은?
① 레졸버   ② 커패시터
③ 액티브 센서 ④ 스피드센서

풀이 문제 56번 해설 참조

58 하드 타입 하이브리드 구동모터의 주요 기능으로 틀린 것은?
① 출발 시 전기모드 주행
② 가속 시 구동력 증대
③ 감속 시 배터리 충전
④ 변속 시 동력 차단

풀이 하드 타입 하이브리드 전기자동차의 구동모터는 출발 시 모터 단독으로 전기모드 주행이 가능한 병렬형으로, 구동 모터는 가속 시 구동력을 증대시키고 제동 및 감속 시 회생제동을 통해 고전압 배터리를 충전시킨다.

59 하드 방식의 하이브리드 전기자동차의 작동에서 구동 모터에 대한 설명으로 틀린 것은?
① 구동모터로만 주행이 가능하다.
② 고 에너지의 영구 자석을 사용하며 교환 시 레졸버 보정을 해야 한다.
③ 구동 모터는 제동 및 감속 시 회생제동을 통해 고전압 배터리를 충전한다.
④ 구동 모터는 발전 기능만 수행한다.

풀이 문제 59번 해설 참조

60 하이브리드자동차 구동모터의 기능으로 틀린 것은?
① 가속 시 전기에너지를 이용하여 구동력을 보조한다.
② 감속 시 발전기로 작동되어 에너지를 회수한다.
③ 동력용 핸들(MDPS)의 보조 동력을 공급한다.
④ 엔진을 시동한다.

풀이 ①, ②, ④항과 같이 구동모터는 구동 기능 및 발전 기능을 하며, 구동모터가 MDPS에 보조 동력을 공급하지 않는다.(LDC를 통해 MDPS에 전기에너지를 공급하여 작동)

55 ① 56 ③ 57 ① 58 ④ 59 ④ 60 ③

61 하이브리드 자동차에서 모터 제어기의 기능으로 틀린 것은?

① 하이브리드 모터 제어기는 인버터라고도 한다.
② 하이브리드 통합제어기의 명령을 받아 모터의 구동전류를 제어한다.
③ 고전압 배터리의 교류 전원을 모터의 작동에 필요한 3상 직류 전원으로 변경하는 기능을 한다.
④ 감속 및 제동 시 모터를 발전기 역할로 변경하여 배터리 충전을 위한 에너지 회수기능을 담당한다.

[풀이] MCU는 하이브리드 자동차의 2개 모터(구동 모터, HSG)에 고전압 전력을 공급하고 HCU와의 통신을 통해 모터를 최적으로 제어한다. 또한 HCU의 명령을 받아 모터의 구동 전류와 감속 및 제동 시 모터는 발전기 역할을 하여 배터리 충전을 위한 에너지 회수 기능을 담당한다. MCU를 일반적으로 인버터라고도 부르며 발전기 역할을 수행할 경우 인버터는 컨버터 역할을 수행하기도 한다.

62 하이브리드 자동차의 모터 컨트롤 유닛(MCU)에 대한 설명으로 틀린 것은?

① 고전압을 12V로 변환하는 기능을 한다.
② 회생제동 시 컨버터(AC→DC변환)의 기능을 수행한다.
③ 고전압 배터리의 직류를 3상 교류로 바꾸어 모터에 공급한다.
④ 회생제동 시 모터에서 발생되는 3상 교류를 직류로 바꾸어 고전압 배터리에 공급한다.

[풀이] ②~④항이 MCU에 대한 설명이며, 고전압을 12V로 변환하는 것은 LDC가 한다.

63 하이브리드자동차에서 가솔린 엔진의 냉각이 효과적으로 이루어질 경우 나타나는 장점으로 틀린 것은?

① 충진율이 개선된다.
② 엔진의 노크경향성이 감소한다.
③ 저압축비를 실현할 수 있어 출력이 좋아진다.
④ 엔진작동 온도를 엔진의 부하상태와 관계없이 항상 일정영역으로 유지할 수 있다.

[풀이] ①, ②, ④항이 엔진 냉각의 효과이며, 저압축비로 인해 출력이 낮아진다.

64 하이브리드 자동차의 고전압 배터리 시스템 제어특성에서 모터 구동을 위하여 고전압 배터리가 전기 에너지를 방출하는 동작 모드로 맞는 것은?

① 제동모드　　② 방전모드
③ 정지모드　　④ 충전모드

[풀이] 고전압 배터리가 전기 에너지를 방출하는 것을 방전모드라 한다.

ANSWER 61 ③　62 ①　63 ③　64 ②

65 병렬형(Parallel) TMED(Transmission Mounted Electric Device) 방식의 하이브리드 자동차의 HSG(Hybrid Starter Generator)에 대한 설명 중 틀린 것은?

① 엔진 시동 기능과 발전 기능을 수행한다.
② 감속 시 발생되는 운동에너지를 전기에너지로 전환하여 배터리를 충전한다.
③ EV 모드에서 HEV(Hybrid Electric Vehicle) 모드로 전환 시 엔진을 시동한다.
④ 소프트 랜딩(Soft Landing) 제어로 시동 ON 시 엔진 진동을 최소화하기 위해 엔진 회전수를 제어한다.

풀이 HSG(Hybrid Starter Generator)의 역할
① 시동 제어 : 엔진 시동 기능과 발전 기능을 수행한다.
② 엔진속도 제어 : EV 모드에서 HEV 모드로 전환 시 엔진을 시동한다.
③ 소프트 랜딩(Soft Landing) 제어 : 시동 OFF 시 발생되는 진동은 HSG에 부하를 걸어 엔진 진동을 최소화한다.
④ 발전제어 : 감속 시 발생되는 운동에너지를 전기에너지로 전환하여 배터리를 충전한다.

66 병렬형 하드 타입의 하이브리드 자동차에서 HEV모터에 의한 엔진 시동 금지 조건인 경우, 엔진의 시동은 무엇으로 하는가?

① HEV 모터
② 블로워 모터
③ 기동 발전기(HSG)
④ 모터 컨트롤 유닛(MCU)

풀이 병렬형 하드 타입 하이브리드 자동차는 모터와 엔진은 분리되어 있고 모터와 변속기가 직결되어 있으므로 HEV모터 단독 주행이 가능하고, HEV모터에 의한 엔진 시동 금지 조건인 경우, 기동 발전기(HSG)로 엔진을 시동한다.

67 직·병렬형 하드타입 하이브리드 자동차에서 엔진 시동기능과 공전 상태에서 충전기능을 하는 장치는?

① MCU(Motor Control Unit)
② PRA(Power Relay Assembly)
③ LDC(Low DC-DC Converter)
④ HSG(Hybrid Starter Generator)

풀이 HSG(기동 발전기)는 엔진 시동 기능과 발전 기능을 수행하는 장치이다.

68 하이브리드 차량에서 감속 시 전기 모터를 발전기로 전환하여 차량의 운동 에너지를 전기 에너지로 변환시켜 배터리로 회수하는 시스템은?

① 회생 제동 시스템
② 파워 릴레이 시스템
③ 아이들링 스톱 시스템
④ 고전압 배터리 시스템

풀이 하이브리드 자동차에서 자동차의 제동 및 감속은 회생제동 모드로서, 차량 감속 시 전기 모터를 발전기로 전환하여 구동바퀴에서 발생하는 운동 에너지를 전기 에너지로 변환시켜 배터리를 충전하는 모드이다.

65 ④ 66 ③ 67 ④ 68 ①

69 하이브리드 자동차에 적용된 연비 향상 기술로서 감속 또는 제동 시 모터를 발전기로 활용하여 운동에너지를 전기에너지로 변환하는 것은?

① 아이들 스탑
② 회생 제동장치
③ 고전압 배터리 제어 시스템
④ 하이브리드 모터 콘트롤 유닛

풀이 하이브리드 자동차에서 자동차의 제동 및 감속은 회생제동 모드로서, 차량 감속 시 전기 모터를 발전기로 전환하여 구동바퀴에서 발생하는 운동 에너지를 전기 에너지로 변환시켜 배터리를 충전하는 모드이다.

70 하이브리드 자동차 회생 제동시스템에 대한 설명으로 틀린 것은?

① 브레이크를 밟을 때 모터가 발전기 역할을 한다.
② 하이브리드 자동차에 적용되는 연비향상 기술이다.
③ 감속 시 운동에너지를 전기 에너지로 변환하여 회수 한다.
④ 회생제동을 통해 제동력을 배가시켜 안전에 도움을 주는 장치이다.

풀이 문제 69번 해설 참조

71 하이브리드 자동차의 회생제동에 의한 에너지 변환 모드의 설명으로 옳은 것은?

① 운동에너지의 일부를 열에너지로 회수
② 운동에너지의 일부를 화학에너지로 회수
③ 운동에너지의 일부를 전기에너지로 회수
④ 전기에너지의 일부를 운동에너지로 회수

풀이 문제 69번 해설 참조

72 하이브리드 자동차에서 회생제동의 시기는?

① 출발할 때   ② 정속주행할 때
③ 급가속할 때 ④ 감속할 때

풀이 문제 69번 해설 참조

73 하이브리드 자동차 바퀴에서 발생되는 회전 동력을 전기 에너지로 변환하여 배터리로 충전을 실시하는 모드는?

① 정속 모드   ② 정지 모드
③ 가속 모드   ④ 감속 모드

풀이 문제 69번 해설 참조

74 하이브리드 차량의 구동바퀴에서 발생하는 운동에너지를 전기적 에너지로 변환시켜 고전압 배터리로 충전하는 모드는?

① ISG(Idle Stop & Go) 모드
② 회생 제동 모드
③ 언덕길 밀림 방지 모드
④ 변속기 발전 모드

풀이 하이브리드 자동차에서 자동차의 제동 및 감속은 회생제동 모드로서, 차량 감속 시 전기 모터를 발전기로 전환하여 구동바퀴에서 발생하는 운동 에너지를 전기 에너지로 변환시켜 배터리를 충전하는 모드이다.

75 하이브리드 전기자동차에서 언덕길을 내려갈 때 배터리를 충전시키는 모드는?

① 가속모드   ② 공회전모드
③ 회생제동모드 ④ 정속주행모드

풀이 문제 74번 해설 참조

69 ② 70 ④ 71 ③ 72 ④ 73 ④ 74 ② 75 ③

76 주행 중인 하이브리드 자동차에서 제동 시에 발생된 에너지를 회수(충전)하는 제어모드는?

① 가속 모드 ② 발진 모드
③ 시동 모드 ④ 회생제동 모드

풀이) 문제 74번 해설 참조

77 하드타입의 하이브리드 차량이 주행 중 감속 및 제동할 경우 차량의 운동에너지를 전기에너지로 변환하여 고전압배터리를 충전하는 것은?

① 가속제동 ② 감속제동
③ 재생제동 ④ 회생제동

풀이) 문제 74번 해설 참조

78 하이브리드 자동차가 주행 중 감속 또는 제동상태에서 모터를 발전모드로 전환시켜서 제동에너지의 일부를 전기에너지로 변환하는 모드는?

① 발진가속모드 ② 제동전기모드
③ 회생제동모드 ④ 주행전환모드

풀이) 문제 74번 해설 참조

79 주행 중인 하이브리드 자동차에서 제동 및 감속 시 충전불량 현상이 발생하였을 때 점검이 필요한 곳은?

① 회생제동 장치 ② LDC 제어 장치
③ 발진 제어 장치 ④ 12V용 충전 장치

풀이) 문제 74번 해설 참조

80 하이브리드 자동차는 감속 시 전기에너지를 고전압 배터리로 회수(충전)한다. 이러한 발전기 역할을 하는 부품은?

① AC 발전기 ② 스타팅 모터
③ 하이브리드 모터 ④ 모터 컨트롤 유닛

풀이) 하이브리드 자동차는 감속 시 자동차의 휠에 의해 하이브리드 모터가 회전하여 회전 동력을 전기에너지로 전환하여 고전압 배터리로 회수 충전한다.

81 하이브리드 자동차에서 정차 시 연료 소비 절감, 유해 배기가스 저감을 위해 기관을 자동으로 정지시키는 기능은?

① 아이들 스탑 기능
② 고속 주행 기능
③ 브레이크 부압 보조기능
④ 정속 주행 기능

풀이) 오토 스톱(auto stop)은 아이들 스톱이라고도 하며, 연료소비 및 배출가스를 저감시키기 위해 차량이 정지할 경우 엔진을 자동으로 정지시키는 기능이다.

82 하이브리드 자동차 계기판에 있는 오토 스톱(Auto Stop)의 기능에 대한 설명으로 옳은 것은?

① 배출가스 저감
② 엔진오일 온도 상승 방지
③ 냉각수 온도 상승 방지
④ 엔진 재시동성 향상

풀이) 문제 81번 해설 참조

76 ④ 77 ④ 78 ③ 79 ① 80 ③ 81 ① 82 ①

83 하이브리드에 적용되는 오토 스톱 기능에 대한 설명으로 옳은 것은?

① 모터 주행을 위해 엔진을 정지
② 위험물 감지 시 엔진을 정지시켜 위험을 방지
③ 엔진에 이상이 발생 시 안전을 위해 엔진을 정지
④ 정차 시 엔진을 정지시켜 연료소비 및 배출가스 저감

풀이 문제 81번 해설 참조

84 병렬형(하드방식) 하이브리드 자동차에서 엔진의 스타트&스톱 모드에 대한 설명으로 옳은 것은?

① 주행하던 자동차가 정차 시 항상 스톱모드로 진입한다.
② 스톱모드 중에 브레이크에서 발을 떼면 항상 시동이 걸린다.
③ 배터리 충전상태가 낮으면 스톱기능이 작동하지 않을 수 있다.
④ 스타트 기능은 브레이크 배력장치의 압력과는 무관하다.

풀이 ISG(Idle Stop & Go, Auto Stop, Strat Stop, 공회전 제한장치) 작동 조건
① 차가 밀리지 않는 평지상태
② 냉각수온 30℃ 이상, 브레이크 부압 -35kPa(-5psi) 이하
③ 운전석 도어 및 안전벨트, 후드 모두 닫힘 상태
④ EMS상태가 정상일 것
⑤ 차속 8km/h 이상 주행 후 0km/h 진입 시
⑥ ISG 스위치 ON, 브레이크 스위치 ON, 가속페달 OFF, 변속기어 D 또는 N 상태
⑦ 히터와 에어컨 시스템이 조건을 만족했을 때
⑧ 외기온이 너무 낮거나 높지 않을 때 (-10℃ ~ +35℃ 이하)
⑨ 배터리 센서가 활성화되어 있는 상태일 때

85 하이브리드 자동차의 오토스톱(Auto Stop) 기능이 미작동하는 조건과 관계없는 것은?

① 고전압 배터리의 온도가 규정 온도보다 높은 경우
② 엔진냉각수 온도가 규정 온도보다 낮은 경우
③ 무단변속기 오일 온도가 규정 온도보다 낮은 경우
④ 에어컨이 작동 중인 경우

풀이 문제 84번 참조

86 다음은 하이브리드 자동차 계기판(Cluster)에 대한 설명이다. 틀린 것은?

① 계기판에 'READY' 램프가 소등(OFF)시 주행이 안 된다.
② 계기판에 'READY' 램프가 점등(ON)시 주행이 가능하다.
③ 계기판에 'READY' 램프가 점멸(BLINKING)시 비상모드 주행이 가능하다.
④ EV 램프는 HEV(Hybrid Electric Vehicle) 모터에 의한 주행 시 소등된다.

풀이 ①~③항이 옳은 설명이고, EV 램프는 HEV 모터에 의한 주행 시(EV 모드 주행) 점등된다.

87 하이브리드 자동차의 주행에 있어 감속 시 계기판의 에너지 사용표시 게이지는 어떻게 표시되는가?

① RPM(엔진회전수) ② Charge(충전)
③ Assist(모터작동) ④ 배터리 용량

풀이 하이브리드 자동차에서 자동차의 제동 및 감속은 회생제동 모드로서, 차량 감속 시 배터리를 충전하므로 계기판의 에너지 사용표시는 Charge(충전)가 표시된다.

83 ④ 84 ③ 85 ④ 86 ④ 87 ②

88 하이브리드 자동차에서 저전압(12V) 배터리가 장착된 이유로 틀린 것은?

① 오디오 작동
② 등화장치 작동
③ 네비게이션 작동
④ 하이브리드 모터 작동

[풀이] 하이브리드 전기자동차에서 12V 저전압 배터리는 등화장치, 오디오 및 내비게이션 등 각종 전기장치의 작동에 사용되며, 하이브리드 모터는 270V 이상의 고전압 배터리를 이용, 직류를 교류로 변환하여 작동시킨다.

89 하이브리드 전기자동차에서 자동차의 전구 및 각종 전기장치의 구동 전기 에너지를 공급하는 기능을 하는 것은?

① 보조 배터리 ② 변속기 제어기
③ 모터 제어기 ④ 엔진 제어기

[풀이] 문제 88번 해설 참조

90 하이브리드 자동차에서 에너지 저장 시스템의 종류로 틀린 것은?

① 펌프(pump) 저장 시스템
② 플라이휠(flywheel) 저장 시스템
③ 축압(accumulator) 저장 시스템
④ 커패시터(capacitor) 저장 시스템

[풀이] 에너지 저장 시스템의 종류
① 화학적 : 휘발유, 경유, 메탄올, 에탄올, LPG, CNG, 수소, 바이오매스 등
② 전자기술적 : 납축전지, Li-ion, Li-Polymer, 초전도체, 슈퍼 캐패시터 등
③ 기계적 : 플라이휠, 토션 스프링
④ 공압/유압적 : 어큐물레이터

91 하이브리드 자동차의 총합제어 기능이 아닌 것은?

① 오토스톱제어
② 경사로밀림방지제어
③ 브레이크 정압제어
④ LDC(DC-DC 변환기) 제어

[풀이] ①, ②, ④항은 하이브리드 자동차에 적용된 제어 기능이며, 브레이크 정압제어란 없다.

92 하이브리드 자동차의 보조 배터리가 방전으로 시동 불량일 때 고장원인 또는 조치방법에 대한 설명으로 틀린 것은?

① 단시간에 방전이 되었다면 암전류 과다 발생이 원인이 될 수도 있다.
② 장시간 주행 후 바로 재시동이 불량하면 LDC 불량일 가능성이 있다.
③ 보조 배터리가 방전이 되었어도 고전압 배터리로 시동이 가능하다.
④ 보조 배터리를 점프 시동하여 주행 가능하다.

[풀이] ①, ②, ④항이 하이브리드 자동차의 시동 불량 시 고장원인 및 조치방법이고, 보조 배터리가 방전되었으면 점프 시켜야만 시동이 가능하다.
고전압 배터리는 주행 동력에 사용되는 배터리이다.

93 다음 중 하이브리드 자동차에 적용된 이모빌라이저 시스템의 구성품이 아닌 것은?

① 스마트라(Smatra)
② 트랜스폰더(Transponder)
③ 안테나 코일(Coil Antenna)
④ 스마트 키 유닛(Smart Key Unit)

[풀이] 이모빌라이저 시스템의 구성품
① 엔진 ECU : IG ON시 키 정보를 받아 시동 여부를 판단

② 스마트라 : 키에 내장된 트랜스폰더와 통신 중계기 역할
③ 트랜스폰더 : 차량의 비밀코드를 저장(key에 내장)
④ 코일 안테나 : IGN key 실린더에 내장된 안테나 코일

94 하이브리드 자동차에서 엔진정지 금지조건이 아닌 것은?

① 브레이크 부압이 낮은 경우
② 하이브리드 모터 시스템이 고장인 경우
③ 엔진의 냉각수 온도가 낮은 경우
④ D레인지에서 차속이 발생한 경우

풀이 엔진정지 금지조건
① 브레이크 부압이 낮은 경우
② 하이브리드 모터 시스템이 고장인 경우
③ 엔진의 냉각수 온도가 낮은 경우

95 하이브리드 자동차에서 기동발전기(hybrid starter & generator)의 교환 방법으로 틀린 것은?

① 안전 스위치를 OFF하고, 5분 이상 대기한다.
② HSG 교환 후 반드시 냉각수 보충과 공기빼기를 실시한다.
③ HSG 교환 후 진단정비를 통해 HSG 위치센서 (레졸버)를 보정한다.
④ 점화 스위치를 OFF하고, 보조 배터리의 (−)케이블은 분리하지 않는다.

풀이 하이브리드 자동차의 기동발전기(HSG) 교환 방법
① 점화 스위치를 OFF하고, 보조 배터리의 (−)케이블을 분리한다.
② 안전 스위치를 OFF하고, 5분 이상 대기한다.
③ 방전 여부 확인은 U, V, W 상간 전압이 0V 인지를 확인한다.
④ HSG 교환 후 반드시 냉각수 보충(5.5L 정도)과 공기빼기를 실시한다.
⑤ HSG 교환 후 진단정비를 통해 HSG 위치센서 (레졸버)를 보정한다.

96 하이브리드 자동차의 모터 컨트롤 유닛(MCU) 취급 시 유의사항이 아닌 것은?

① 충격이 가해지지 않도록 주의한다.
② 손으로 만지거나 전기 케이블을 임의로 탈착하지 않는다.
③ 시동키 2단(IG ON) 또는 엔진 시동상태에서는 만지지 않는다.
④ 컨트롤 유닛이 자기보정을 하기 때문에 AC 3상 케이블의 각 상간 연결의 방향을 신경 쓸 필요 없다.

풀이 하이브리드 자동차의 모터 컨트롤 유닛(MCU) 취급 시 유의사항
① 이그니션 스위치(점화 스위치)를 OFF하고, 보조 배터리 (−)를 탈거한다.
② 절연 장갑을 착용하고 작업한다.
③ 안전 플러그(safety plug)를 탈거한다.
④ 전원을 차단하고 일정 시간(5~10분)이 경과 후 작업한다.
⑤ U, V, W상 간 전압이 0V 인지를 확인한다.
⑥ 작업 시 시계, 반지, 목걸이 등 장신구를 제거한다.
⑦ 모터 교환 후 진단장비를 통해 구동모터 위치센서(레졸버) 보정을 한다.

94 ④ 95 ④ 96 ④

97 하이브리드 자동차의 하이브리드 모터 취급 시 유의사항으로 틀린 것은?

① 작업하기 전 반드시 고전압을 차단하여 안전을 확보해야 한다.
② 고전압에 대한 방전 여부를 측정할 때에는 절연장갑을 착용할 필요가 없다.
③ 차량 이그니션 키를 OFF 상태로 하고, 1분이 지난 후 방전이 된 것을 확인하고 작업한다.
④ 방전여부는 파워케이블의 커넥터 커버 분리 후 전압계를 사용하여 각 상간 전압이 0V인지 확인한다.

[풀이] 문제 96번 해설 참조

98 하이브리드 자동차의 모터 취급 시 유의사항이 아닌 것은?

① 엔진 룸 내부를 고압 세차하여 모터에 이물질이 없도록 관리한다.
② 모터 수리작업은 반드시 안전절차에 따라 점검한다.
③ 엔진가동 중 모터에 연결된 고전압 파워 케이블을 탈거하지 않는다.
④ 시동키 2단(IG ON) 또는 엔진 시동상태에서는 고전압 배선을 탈거하지 않는다.

[풀이] ②~④항에 유의하여야 하고, 하이브리드 자동차에 사용되는 모터는 고전압을 사용하므로 물이 들어가지 않도록 한다.

99 하이브리드 자동차의 전기장치 정비 시 반드시 지켜야 할 내용이 아닌 것은?

① 절연장갑을 착용하고 작업한다.
② 서비스플러그(안전플러그)를 제거한다.
③ 전원을 차단하고 일정 시간이 경과 후 작업한다.
④ 하이브리드 컴퓨터의 커넥터를 분리하여야 한다.

[풀이] 하이브리드 자동차 고전압 전기장치 정비 시 주의할 점
① 이그니션 스위치를 OFF한다.
② 절연 장갑을 착용하고 작업한다.
③ 안전 플러그(safety plug)를 탈거한다.
④ 전원을 차단하고 일정 시간(5~10분)이 경과 후 작업한다.
⑤ 작업 시 시계, 반지, 목걸이 등 장신구를 제거한다.

100 하이브리드 차량 엔진 작업 시 조치해야 할 사항이 아닌 것은?

① 안전 스위치를 분리하고 작업한다.
② 이그니션 스위치를 OFF하고 작업한다.
③ 12V 보조 배터리 케이블을 분리하고 작업한다.
④ 고전압 부품 취급은 안전 스위치를 분리 후 1분 안에 작업한다.

[풀이] 문제 99번 해설 참조

101 하이브리드 자동차의 고전압 장치 점검 시 주의 사항으로 틀린 것은?

① 조립 및 탈거 시 배터리 위에 어떠한 것도 놓지 말아야 한다.
② 이그니션 스위치를 OFF하면 고전압에 대한 위험성이 없어진다.
③ 취급 기술자는 고전압 시스템에 대한 검사와 서비스 교육이 선행되어야 한다.
④ 고전압 배터리는 "고전압" 주의 경고가 있으므로 취급 시 주의를 기울어야 한다.

[풀이] 하이브리드 자동차에서 이그니션(점화) 스위치를 OFF해도 고전압 장치가 OFF된 것이 아니므로 고전압 장치를 차단하려면 안전 스위치(안전 플러그, safety plug)를 제거하여야 한다.

ANSWER 97 ② 98 ① 99 ④ 100 ④ 101 ②

102 하이브리드 자동차에서 고전압 장치 정비 시 고전압을 해제하는 것은?

① 전류 센서
② 배터리 팩
③ 프리차저 저항
④ 안전 스위치(안전 플러그)

🔵풀이 하이브리드 자동차에서 안전 플러그(safety plug)를 탈거하면 고전압과의 연결을 차단시킬 수 있다.

103 하이브리드 차량의 정비시 전원을 차단하는 과정에서 안전 플러그를 제거 후 고전압 부품을 취급하기 전에 5 ~ 10분 이상 대기 시간을 갖는 이유 중 가장 알맞은 것은?

① 고전압 배터리 내의 셀의 안정화를 위해서
② 제어모듈 내부의 메모리 공간의 확보를 위해서
③ 저전압(12V) 배터리에 서지 전압이 인가되지 않기 위해서
④ 인버터 내의 컨덴서에 충전되어 있는 고전압을 방전시키기 위해서

🔵풀이 하이브리드 차량의 정비 시 안전 플러그를 제거 후 고전압 부품을 취급하기 전에 5 ~ 10분 이상 대기 시간을 갖는 이유는 인버터 내의 컨덴서에 충전되어 있는 고전압을 방전시키기 위해 필요한 시간이다.

104 하이브리드 차량 정비 시 고전압 차단을 위해 안전 플러그(세이프티 플러그)를 제거한 후 고전압 부품을 취급하기 전 일정시간 이상 대기시간을 갖는 이유로 가장 적절한 것은?

① 고전압 배터리 내의 셀의 안정화
② 제어모듈 내부의 메모리 공간의 확보
③ 저전압(12V) 배터리에 서지 전압 차단
④ 인버터 내 콘덴서에 충전되어 있는 고전압 방전

🔵풀이 문제 103번 해설 참조

105 하이브리드 차량에서 화재발생 시 조치해야 할 사항이 아닌 것은?

① 화재 진압을 위해 적절한 소화기를 사용한다.
② 차량의 시동키를 off하여 전기 동력 시스템 작동을 차단시킨다.
③ 메인 릴레이(+)를 작동시켜 고전압 배터리(+)전원을 인가한다.
④ 화재 초기 상태라면 트렁크를 열고 신속히 세이프티 플러그를 탈거한다.

🔵풀이 ①, ②, ④항이 하이브리드 차량 화재발생 시 올바른 조치사항이며, 메인 릴레이(+)를 작동시켜 고전압 배터리를 연결시키는 것은 위험하다.

106 하이브리드 전기차에서 고전압 배터리 또는 차량화재 발생 시 조치해야 할 사항이 아닌 것은?

① 차량의 시동키를 off하여 전기 동력 시스템 작동을 차단시킨다.
② 화재 초기 상태라면 트렁크를 열고 신속히 세이프티 플러그를 탈거한다.
③ 메인 릴레이(+)를 작동시켜 고전압 배터리(+) 전원을 인가한다.
④ 화재 진압을 위해서는 액체 물질을 사용하지 말고 분말소화기 또는 모래를 이용한다.

🔵풀이 문제 105번 해설 참조

102 ④ 103 ④ 104 ④ 105 ③ 106 ③

02 전기자동차

제1절 전기자동차 개요

전기자동차(EV)는 동력 발생 및 동력 변환 과정 등 많은 부분이 내연기관 자동차와는 다른 오직 배터리만으로 작동하는 순수 전기차를 의미한다. EV는 배터리만으로 자동차를 구동하므로 배터리 성능이 가장 중요하며, 초기에는 주행거리가 매우 적었으나 현재는 대부분 한 번 충전에 400km 이상 주행이 가능하다.

1_ 전기자동차의 장점

1) 주행 중 CO_2를 전혀 배출하지 않는다.
2) 진동이나 소음도 적으며 환경친화적이다.
3) 출발이나 가속이 부드럽다.
4) 연료비가 적게 들어 경제적이다.
5) 운전 중 기어 조작이 필요 없어 운전 조작이 간편하다.
6) 차량 디자인 및 부품 배치에 자유도가 크다.
7) 비상용 전원으로 사용할 수 있다.
8) 내연기관 자동차보다 부품 수가 적어 유지 보수 비용이 적게 든다.

2_ 전기자동차의 단점

1) 배터리 가격이 고가라 차량 가격이 비싸다.
2) 내연기관에 비해 아직은 주행거리가 작다.
3) 충전 인프라가 부족하여 충전에 어려움이 있다.
4) 배터리로 인한 화재의 위험이 있다.
5) 배터리의 수명 및 용량에 한계가 존재한다.
6) 충전시간이 길어 불편하다.
7) 추운 곳이나 겨울철에 배터리 성능이 저하하여 주행거리가 작아진다.

3_ 전기자동차의 구성

전기자동차의 구성은 개략적으로 급속 및 완속 충전기, 고전압 및 저전압 배터리, 인버터와 컨버터 및 모터로 구성되어 있으며, 각 부품들의 연결에 따라 직류 또는 교류로 상호 작동한다.

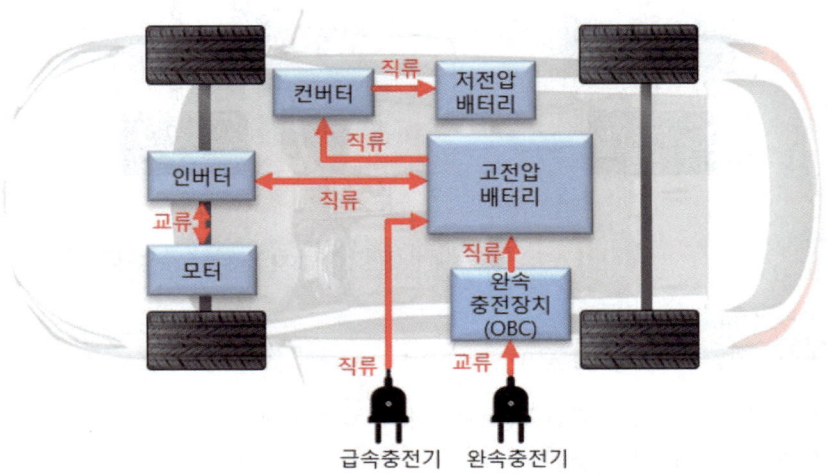

그림 6-3 / **전기자동차의 구성 및 전기 에너지 흐름**

4_ 전기자동차의 전력 흐름

전기자동차는 차량 주행 시에만 전기를 사용하고, 완속 충전, 급속충전 및 회생제동 시에는 충전상태이다. 다음은 차량 주행 및 충전에 따른 전기의 흐름 상태를 나타낸다.

1. 차량 주행

차량 주행 시에는 고전압 배터리의 전기로 인버터를 이용하여 직류 전기를 교류로 바꾸어 모터를 구동하며, 컨버터를 이용하여 저전압 배터리 충전 및 등화장치를 작동시킨다.

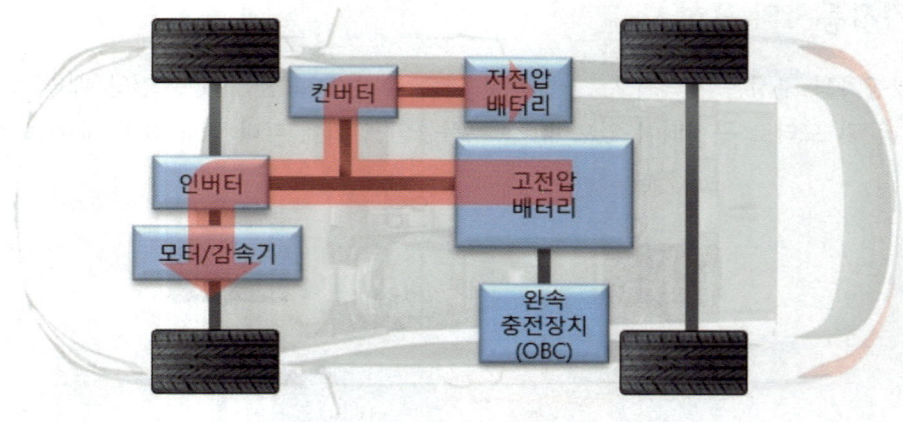

그림 6-4 / 전기자동차의 차량 주행 중 전력 흐름

2. 회생제동

차량이 감속 시에는 바퀴의 회전력을 이용하여 고전압 배터리를 충전시키며, 역시 컨버터를 이용하여 저전압 배터리를 충전시킨다.

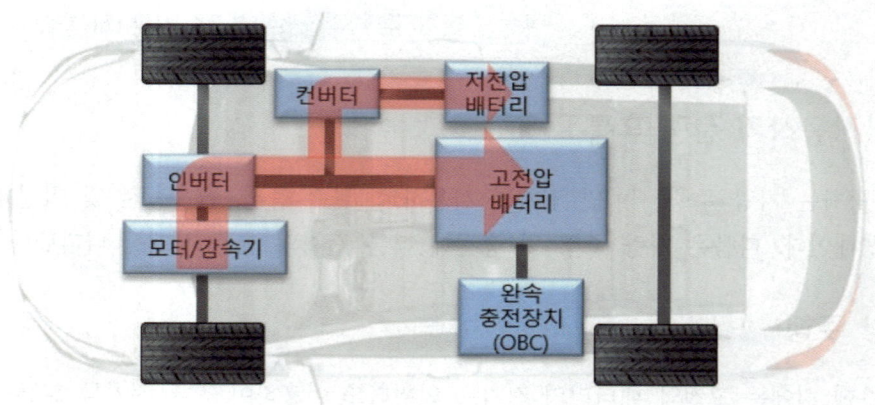

그림 6-5 / 전기자동차의 차량 회생제동 중 전력 흐름

3. 완속 충전

완속 충전은 가정용 교류를 이용하여 충전하므로, 교류를 직류로 바꿔주는 완속 충전장치(OBC, On Board Charger)가 있고 이를 이용하여 고전압 배터리를 충전시킨다.

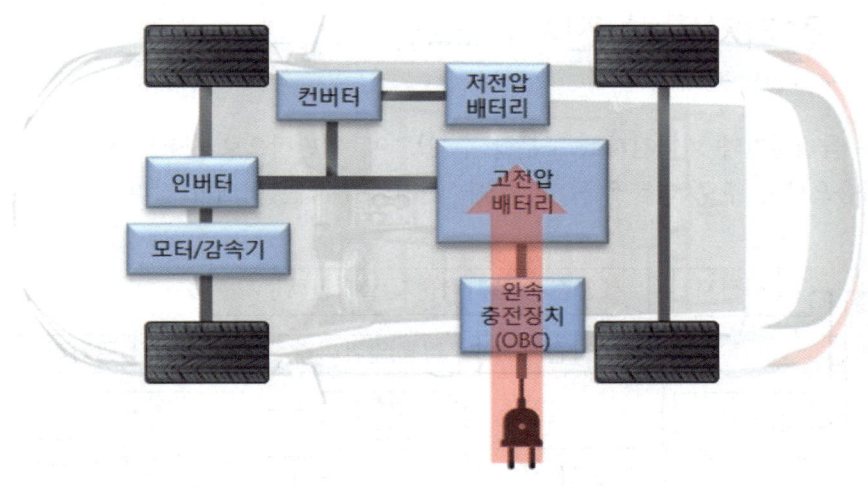

그림 6-6 / 전기자동차의 완속충전 중 전력 흐름

4. 급속충전

급속충전은 고전압 배터리에 직접 직류 전류를 가해 고전압 배터리를 충전시킨다.

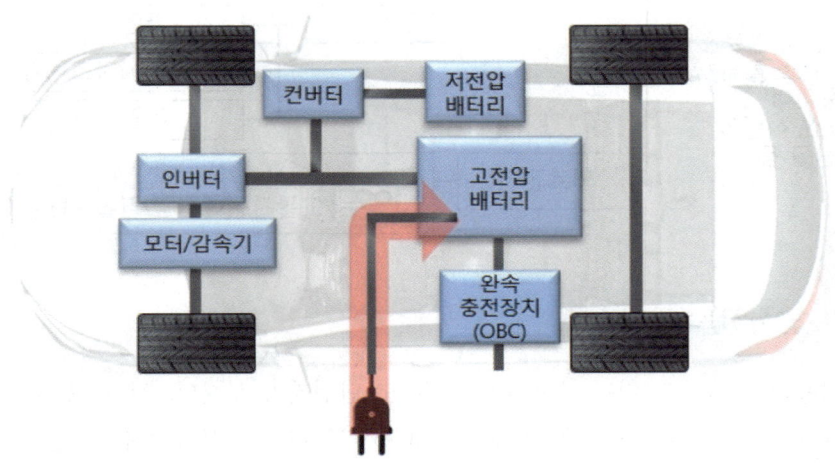

그림 6-7 / 전기자동차의 급속충전 중 전력 흐름

제2절 전기자동차 전지(Battery)

전지는 물리전지와 화학전지로 구분할 수 있으며, 일반적으로 사용하는 전지는 화학전지로 자동차용으로는 주로 리튬계를 사용한다. 전지의 분류는 아래와 같다.

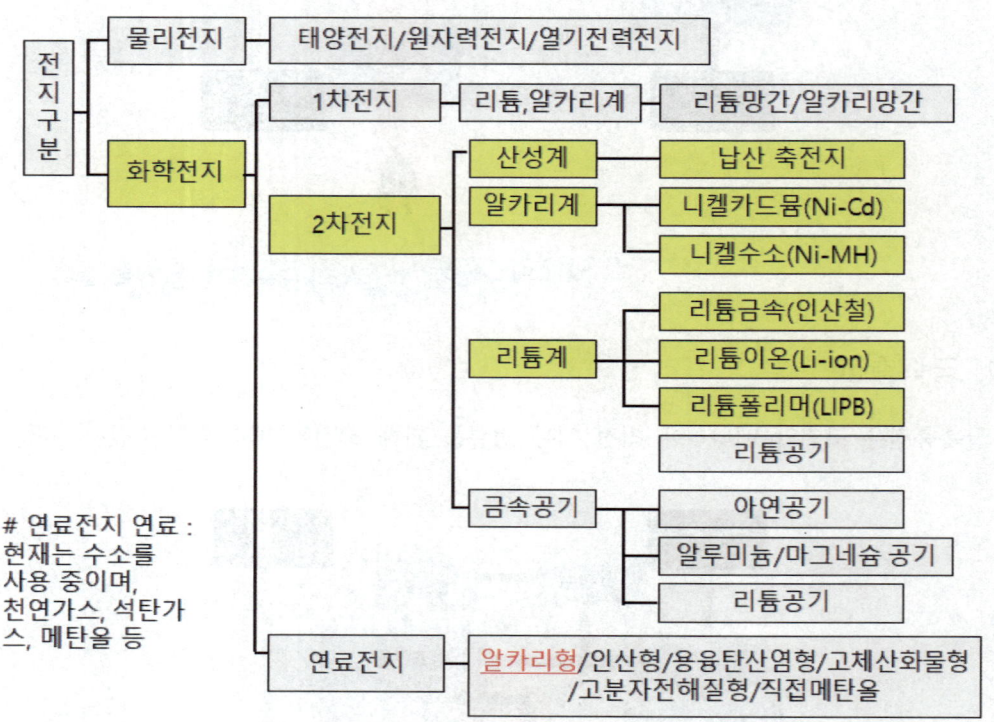

1_ 셀(cell, 단전지)

전지에 사용되는 기본 단위는 셀(cell)이라 하며, 단전지라 부른다. 전기자동차에 사용되는 전지는 리튬 이온 배터리이며, 1셀 당 전압은 3.75V로 기존 납산축전지의 1셀 전압 2.1V에 비해 두배 가량 전압이 높다. 리튬 이온 배터리가 상용화된 제품으로는 1셀당 전압이 가장 높아 현재 전기자동차용 배터리로 대부분 사용되고 있다.

2_ 셀, 모듈, 팩(Cell, Module, Pack)

셀 이란 배터리의 기본 단위로, 단위 부피당 높은 용량을 지녀야 하고 긴 수명과 주행 중 충격을 견디며 고온 및 저온에서도 높은 신뢰성과 안정성을 지녀야 한다. 모듈이란 셀을 열과 진동 등 외부 충격에 보호될 수 있도록 적정한 개수를 하나로 묶은 것이고, 팩은 모듈을 여러 개 묶은 것에 배터리의 온도나 전압 등을 관리해 주는 배터리 관리 시스템(BMS, Battery Management System)과 냉각장치 등을 추가하여 하나의 배터리 상태로 자동차에 장착하는 것을 말한다. 즉, 셀 < 모듈 < 팩 이다.

일반적으로 자동차에는 8개의 셀을 모아 30V(3.75V×8)로 하나의 모듈을 만들고, 이를 9개 연결하여(30V×9) 270V 배터리를 자동차용으로 사용한다. 셀의 숫자와 모듈의 숫자에 따라 모듈의 전압이나 배터리의 전압이 결정된다.

구 분	정 의
배터리 셀(Cell)	전기에너지를 충전, 방전해 사용할 수 있는 리튬이온 배터리의 기본단위로, 양극, 음극, 분리막, 전해액을 사각형의 알루미늄 케이스에 넣어 만듦
배터리 모듈(Module)	배터리 셀을 외부 충격과 열, 진동으로부터 보호하기 위해 일정한 개수로 묶어 프레임에 넣은 배터리 조립체(Assembly)
배터리 팩(Psck)	전기자동차에 장착되는 배터리 시스템의 최종형태로, 배터리 모듈에 BMS, 냉각시스템 등 각종 제어 및 보호 시스템을 장착하여 완성됨

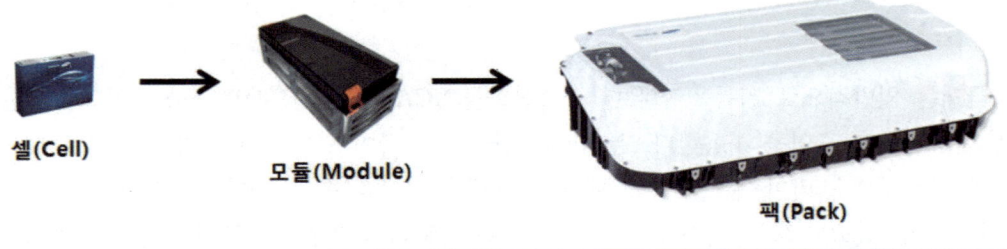

그림 6-8 / 배터리의 셀, 모듈, 팩

3_ 배터리의 4대 구성요소

배터리는 양극(56%), 음극(16%), 분리막(격리판, 15%), 전해액(13%) 4가지로 구성되어 있다.

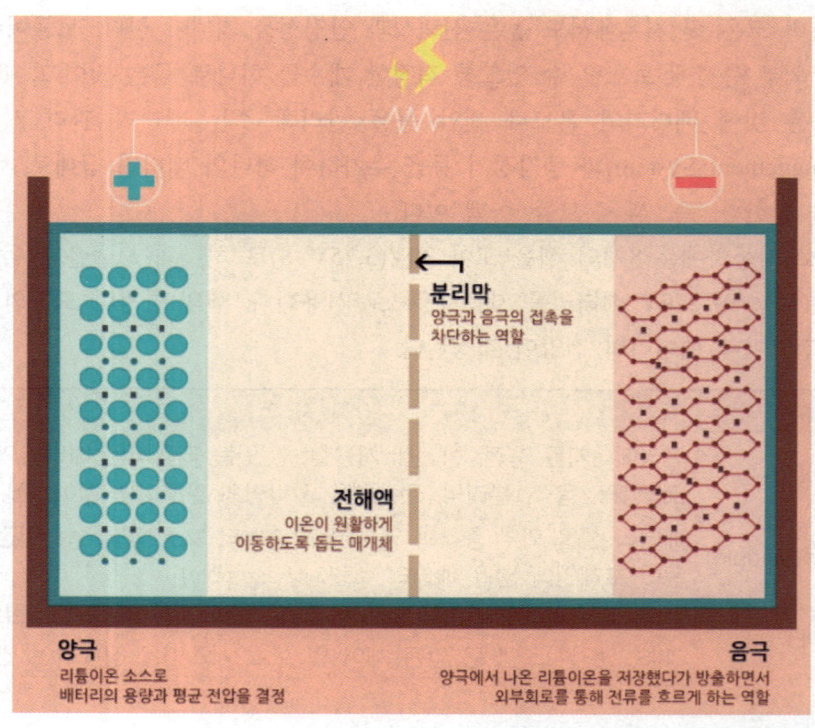

그림 6-9 / **리튬이온 배터리의 4대 요소**

양극재는 일반적으로 리튬을 함유한 금속산화물(NCA 또는 NCM)로 구성되어 있고, 음극재는 탄소재료인 흑연을 사용한다. 분리막은 양극과 음극이 만나면 폭발하므로 서로 섞이지 않도록 물리적으로 막아주는 역할을 하며, 전해액은 양극과 음극 사이에서 리튬이온이 원활히 이동할 수 있도록 돕는 매개체로, 전해액의 종류에 따라 리튬이온의 움직임이 둔해지기도 빨라지기도 한다.

1. 양극

양극은 리튬이 들어가는 공간으로, 리튬이 원소 상태에서는 반응이 불안정하여 리튬과 산소로 된 리튬산화물을 양극으로 사용한다. 실제 배터리에서 전극 반응에 관여하는 물질을 활물질이라 부르며, 리튬이온 배터리의 양극에서는 리튬산화물이 활물질로 사용된다. 양극재의 중요 원소는 리튬(Li), 니켈(Ni), 코발트(Co), 망간(Mn), 알루미늄(Al) 등이며, 이들의 함량에 따라 용량, 가격, 수명 및 출력특성 향상에 영향이 크므로 각 금속원소의 조합이 배터리 성능에 굉장히 중요하다.

2. 음극

음극 역시 양극처럼 음극재에 활물질이 입혀진 형태로, 음극 활물질은 양극에서 나온 리튬이온을 가역적으로 흡수 및 방출하면서 외부 회로를 통해 전류를 흐르게 하는 역할을 수행한다. 배터리가 충전상태일 때 리튬이온은 음극에 존재하게 되며, 양극과 음극을 도선으로 이어주게 되면 리튬이온은 전해액을 통해 양극이온으로 이동하게 되고, 리튬이온과 분리된 전자(e-)는 도선을 따라 이동하면서 전기를 발생하게 된다. 음극재 또한 양극재에 이어 두 번째로 중요하며, 음극재의 재료는 안정적인 구조를 지닌 흑연(graphite)을 사용한다. 흑연은 음극 활물질이 지녀야 할 구조적인 안정성, 낮은 전자화학 반응성, 리튬이온을 많이 저장할 수 있는 조건, 가격 등을 갖춘 재료이다. 흑연에는 천연흑연과 인조흑연이 있으며, 천연흑연은 용량 성능은 좋으나 수명이 짧고, 인조흑연은 반대로 수명이 길지만 용량이 작다. 또한 인조흑연은 천연흑연보다 내부 구조가 일정하고 안정적이라 수명이 길고 급속충전에 유리하다. 인조흑연은 2,500℃ 이상의 온도에서 가열해 흑연의 고결정 구조를 얻을 수 있으므로 가격이 천연흑연보다 2배 더 비싸다.

3. 분리막(격리판)

전지의 양극과 음극은 산화제와 환원제이다. 양극과 음극이 직접 접촉하게 되면 자기방전을 일으킬 뿐 아니라 급격히 진행되면 위험하므로 서로 섞이지 않도록 물리적으로 막아주는 역할을 하여야 한다. 즉, 전자가 전해액을 통해 직접 흐르지 않도록 하고 내부의 미세한 구멍을 통해 원하는 이온만 이동할 수 있게 한다. 리튬전지의 분리막으로는 폴리에틸렌(PP)과 폴리프로필렌(PP)와 같은 합성수지가 사용되고 있다.

※ **분리막의 구비조건**

① 배터리 셀 내부에 있는 여러 종류의 이온들과 반응하지 말아야 한다.
② 전기화학적으로 안정적이어야 한다.
③ 절연 특성이 뛰어나야 한다.
④ 두께가 얇고 강도가 우수해야 한다.

4. 전해액

양극과 음극사이에서 리튬이온이 원활히 이동할 수 있도록 돕는 매개체로, 전자는 도선을 통해 이동하지만 리튬이온은 전해액을 통해 이동하므로 이온 전도성이 높은 물질을 주로 사용한다. 전해액은 염, 용매, 첨가제로 구성되어 있으며, 염은 리튬이온이 지나갈 수 있는 이동 통로, 용매는 염을 용해시키기 위한 유기 액체, 첨가제는 특정 목적으로 소량 첨가되는 물질이다. 이렇게 만들어진 전해액은 이온들만 전극이로 이동시키고 전자는 통과하지 못하게 한다. 전해액의 종류에 따라 리튬이온의 움직임이 둔해지기도 빨라지기도 하므로 전해액은 까다로운 조건들을 만족해야만 사용이 가능하다. 양극과 음극이 배터리의 기본 성능을 결정한다면, 분리막과 전해액은 배터리의 안정성은 결정짓는 중요한 구성요소이다.

4_ 리튬이온 배터리의 충·방전 과정

이미 알다시피 전기의 흐름은 전자의 흐름과는 반대이다. 즉, 전기가 흐른다(방전)는 것은 양극에서 음극으로 전류는 흐르지만 전자는 음극에서 양극으로 이동하는 과정이다. 리튬이온 배터리는 납산 축전지와는 달리 화학반응이 아니라 리튬이온의 이동으로 충전과 방전을 한다. 충전이란 양극 산화물에서 리튬 이온(Li+)이 격자구조를 빠져나와 음극으로 이동해 음극의 탄소 결정 속으로 들어가는 과정이고, 방전이란 리튬 이온(Li+)이 음극인 탄소 격자에서 빠져나와 양극 산화물로 들어가는 과정을 말한다. 이때 외부에서는 충전 시 전자가 음극으로 들어가고, 방전 시에는 전자가 음극에서 나오게 된다. 즉, 충전과 방전 시 내부에서는 리튬 이온의 흐름이, 외부에서는 전자의 흐름이 전위차를 발생하여 전기가 흐르게 되는 것이다.

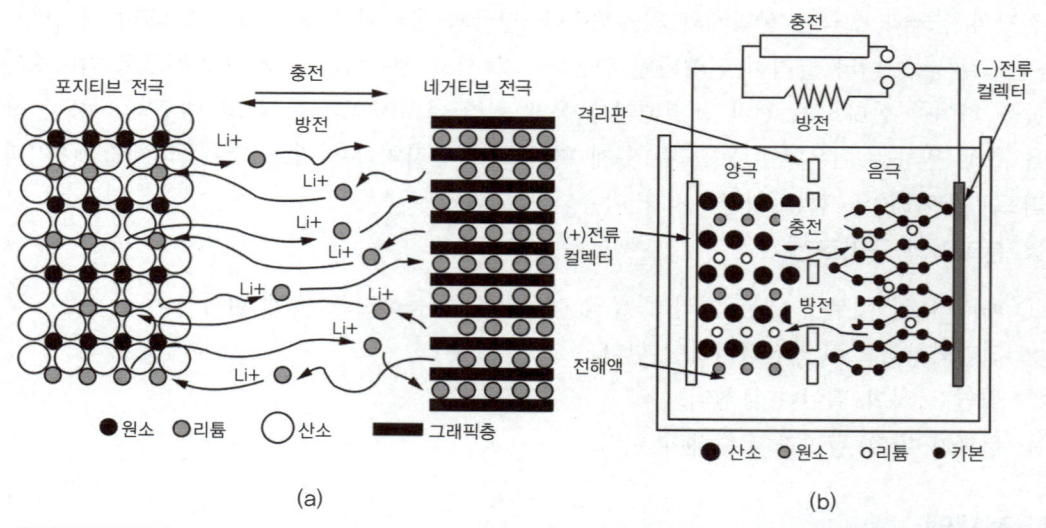

그림 6-10 / 리튬이온 전지의 충·방전작용

5_ 전고체 배터리(all solid state battery)

리튬이온 배터리는 양극, 음극, 전해질, 분리막으로 구성되어 전해질은 액체 상태의 전해질을 사용하나, 이와 달리 전고체 배터리는 전해질이 액체가 아닌 고체 상태로 사용하는 배터리이다. 액체 전해질의 경우 양극과 음극의 접촉을 방지하기 위해 분리막이 있지만, 전고체 배터리는 액체 전해질 대신 고체 전해질이 분리막 역할까지 대신하고 있다. 전고체 배터리가 중요한 이유는 배터리의 용량을 높이기 위해서는 배터리의 개수를 늘리는 방법이 있으나 이는 가격 상승과 공간 효율성이 저해되므로, 전고체 배터리로 전기차 배터리 모듈, 팩 등의 시스템을 구성하면 부품 수의 감소로 부피 당 에너지 밀도를 높이고 용량도 높여야 하는 전기차용 배터리로 적합하기 때문이다.

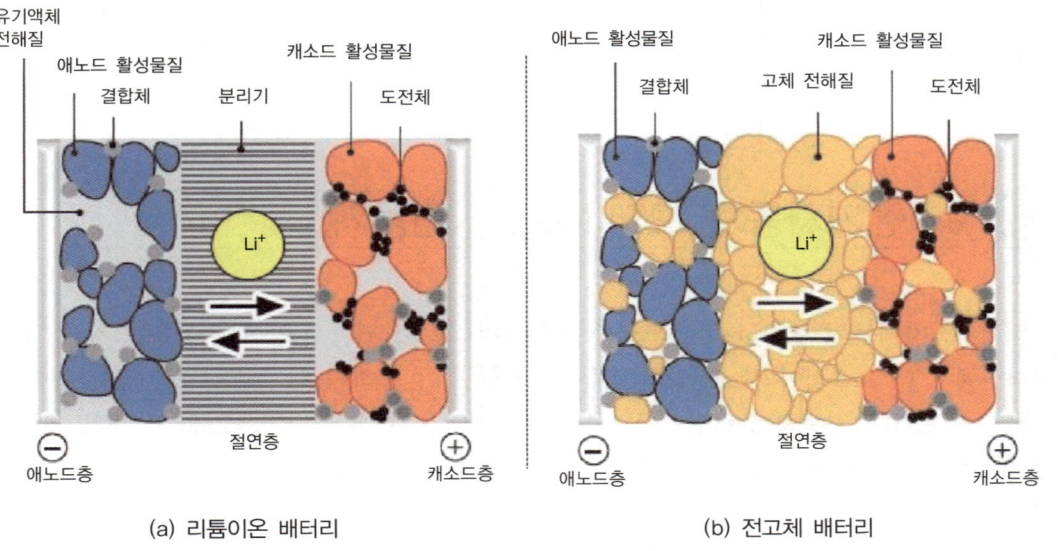

그림 6-11 / **리튬이온 배터리와 전고체 배터리의 구조**

※ 전고체 배터리의 장·단점

① 온도 변화에 따른 증발이나 충격에 따른 누액 위험이 없다.
② 인화성 물질이 포함되지 않아 폭발 및 발화가능성이 낮아 안전하다.
③ 액체 전해질보다 에너지 밀도가 높아 주행거리도 증가하고, 충전시간도 짧다.
④ 부품이 덜 들어가므로 무게가 가볍다.
⑤ 플렉서블(flexible, 휘는) 배터리 구현에 적합하다.
⑥ 액체 전해질보다 이온전도성이 낮아 출력이 낮고 수명이 짧다.
⑦ 상용화까지 시간이 필요하다.

표 6-1 / **리튬이온 배터리와 전고체 배터리의 차이**

구분	리튬이온 배터리	전고체 배터리
양극재	고체 (리튬, 니켈, 망간, 코발트 등)	고체 (리튬, 니켈, 망간, 코발트 등)
음극재	고체 (흑연, 실리콘 등)	고체 (리튬 금속)
전해질	액체 (용매 리튬염 첨가제)	고체 (황화물 산화물 폴리머)
분리막	고체 필름	불필요

제3절 전기자동차 모터(Motor, 전동기)

전기자동차에는 주로 교류(AC)모터를 사용하며, 교류모터를 사용하는 이유는 가격, 수명, 출력면에서 더 효율적이고 고전압의 직류를 인버터를 이용하여 쉽게 교류로 바꾸는 것이 가능하기 때문이다. 자동차 동력전달에 사용되는 모터의 출력은 일반적으로 80~150kW 정도이다. 또한 모터는 구동용 및 회생용의 용도로 사용되며 모터의 회전수 제어로 주행속도를 제어한다.

1_ 모터의 분류

2_ 모터의 종류

1) 직류모터

① DC 브러시 모터 : 플레밍의 왼손법칙을 이용한 일반 DC 모터이다.
② DC 브러시리스 모터(BLDC 모터) : 브러시를 사용하지 않고 비접촉의 회전 위치 검출기와 반도체 소자로서 통전 및 전류시키는 기능을 바꾸어 놓은 모터이다.

2) 교류모터

① 유도 모터(induction motor) : 스테이터에서 발생하는 회전 자기장과 로터에 생기는 유도 자계와의 상호작용으로 회전력을 얻는다.
② 동기 모터(synchronous motor) : 스테이터의 회전 자기장과 로터인 자석과의 상호작용으로 회전하며, 스테이터에 전류를 공급하여 회전 자기장을 형성하고, 로터(회전자)에 영구자석(네오듐) 또는 전자석을 사용한다.

3_ 직류(DC) 모터의 작동원리

1) 브러시 모터

일반적인 직류 모터로, 플레밍의 왼손법칙에 의해 회전한다. 정류자와 브러시가 있으며 자동차용 시동모터에 사용된다. 정류자와 브러시의 마모가 가장 큰 결점이다. 전기자 코일과 계자 코일의 결선에 따라 직권식, 분권식, 복권식이 있다.

2) 브러시리스(Brushless) 모터

BLDC 모터라 하며, 브러시를 사용하지 않고 비접촉 위치 검출기와 반도체 소자로 대체하여 3상 코일의 스위치를 차례로 ON, OFF 함으로써 전기자가 연속 회전하도록 한다.

4_ 교류 모터의 작동원리

1) 유도 모터(induction motor)

회전 자기장과 비자성체(도체)인 로터 자계와의 상호작용으로 회전하며, 아라고의 원판이 그 좋은 예이다. 자석이 회전하면 로터에는 플레밍의 오른손 법칙에 의한 유도 전류(와전류)가 발생하며 이 유도 전류와 자석의 자력선에 의해 전자력이 발생(플레밍의 왼손 법칙)되어 자석과 같은 방향으로 원판은 회전하게 된다.

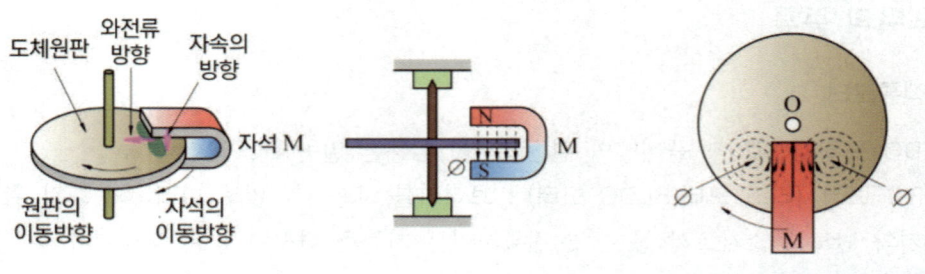

그림 6-12 / 아라고의 원판

실제로는 3상 코일을 이용한 회전 자기장으로 로터를 회전시키며, 로터에 자계의 변화가 없으면 회전 자기장과 로터의 전자력이 발생되지 않으므로 회전 자기장의 속도보다 로터의 회전 속도가 느리게 된다. 이를 로터의 슬립이라 하며, 고정자 회전 자기장의 주 속도와 로터의 회전 속도가 다르므로 비동기 모터라 부른다.

2) 동기 모터(synchronous motor)

회전 자기장(고정자)과 자석(회전자, 로터)과의 상호 작용으로 회전하며, 회전자에 영구자석을 사용하므로 고정자와 회전자는 동기 속도로 회전하게 된다. 로터에 영구 자석을 사용하면 영구자석형 동기모터, 권선을 감아 자석을 만들면 권선형 동기모터라 부른다. 또한 자석의 배치방법에 따라 표면 자석형(SPM)과 매립 자석형(IPM)이 있다.

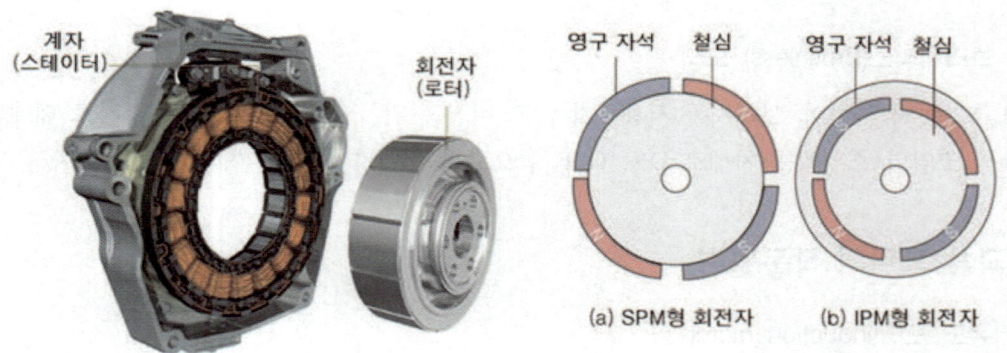

(a) SPM형 회전자   (b) IPM형 회전자

그림 6-13 / 로터의 자석 배치방법

제4절 전기자동차의 주요 부품

전기자동차는 동력 발생 장치인 배터리와 동력 변환 장치인 모터가 핵심이라고 할 수 있으며, 그 외 인버터/컨버터, 모터 제어기, 회생제동장치, 축전지 시스템(BMS) 등이 있다.

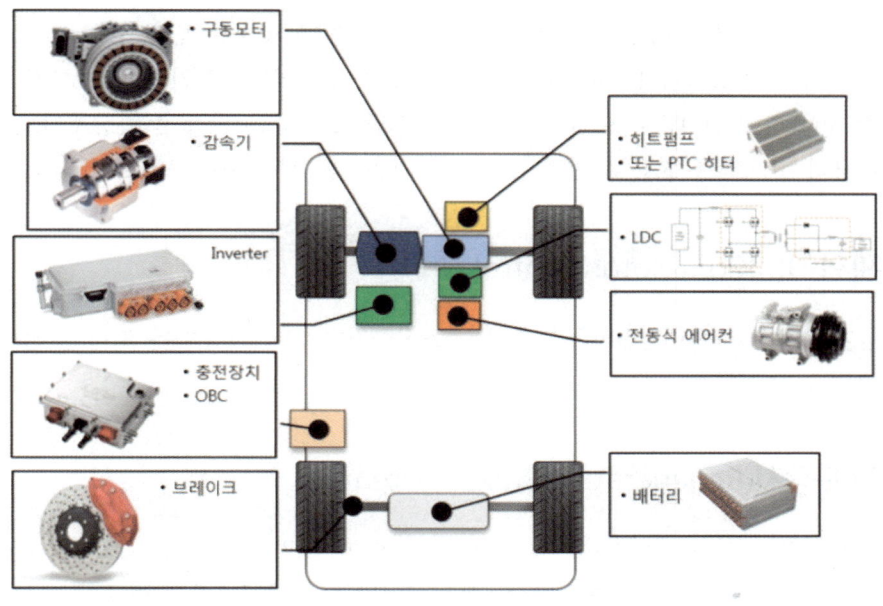

그림 6-14 / 전기자동차의 주요 부품

1_ 배터리(Battery)

전기자동차에 사용되는 배터리는 기존 납산 배터리가 아닌 주로 리튬이온 폴리머 배터리를 사용하고 있으며, 니켈 수소 전지와는 달리 메모리 효과가 없으므로 수명에 거의 영향을 미치지 않는다. 메모리 효과란 니켈 수소전지의 경우 조금 사용하고 다시 충전하는 shallow charge-discharge(즉, 불충분한 충·방전)를 반복하게 되면 NiOH 고용체를 생성하게 되어 다시 되돌아가지 못하므로 남아있는 용량을 사용하지 못하게 되는 현상을 말한다.

2_ 모터(Motor)

전기자동차의 동력전달에 사용되는 모터의 출력은 현재 80~150kW 정도가 일반적으로 주류는 AC 모터이다. 또한 모터는 구동용 또는 회생용으로 사용되며, 모터의 회전수 제어로 주행속도를 제어한다.

EV에 교류모터를 사용하는 이유는 가격, 수명, 출력면에서 더 효율적이며, 수백V의 직류를 교류로 바꾸는 것은 인버터로 가능하기 때문이다.

3_ 인버터/컨버터(Inverter/Converter)

컨버터는 교류를 직류로 바꾸거나, 직류 전압을 높이거나 낮추는 변환기이다.

인버터는 이와 반대로 직류를 교류로 변환하는 장치 즉, 역변환장치이며, EV 자동차에서는 컨버터를 이용하여 300V 정도의 고전압을 저전압으로 낮춰 각종 등화장치에 사용하며, 인버터를 이용하여 직류를 교류로 변화시켜 유도 전동기를 제어하여 구동모터를 작동시킨다.

4_ 모터제어기(MCU : Motor Control Unit)

내연기관 자동차는 가속페달을 밟아 출력을 조절하지만, 전기자동차는 모터를 컨트롤러로 제어하여 출력을 조절한다.

5_ 회생제동장치(Regenerative Brake System)

회생제동이란 감속 시 브레이크를 밟지 않음으로 인한 바퀴의 회전으로 모터의 저항을 이용하여 속도를 줄이는 동시에 이때 발생한 운동에너지를 전기에너지로 바꾸어 자동차의 배터리를 충전시키는 제동방법으로, 전기에너지도 회수하고 제동력도 발휘할 수 있는 전기자동차의 주행거리 향상에 필수적인 기능이다. 이에 따라 에너지의 효율이 높아지고 주행거리가 늘어남은 물론 브레이크 패드의 수명도 연장시키게 되어 소모품인 브레이크의 교환주기도 길어져 결과적으로 절약을 할 수 있게 된다.

6_ 축전지 시스템(BMS : Battery Management System)

BMS란 배터리를 최적의 상태로 관리하는 전자회로 시스템이다. 즉, BMS는 배터리 팩에 내장되어 배터리의 전류, 전압, 온도 등을 측정하여 배터리의 잔량을 제어하는 것으로, 수십 개의 배터리 셀들의 잔존 용량과 전지의 수명을 사용자에게 알려주고, 과충전, 과방전, 과전류 등 상태를 조절하여 배터리의 효율과 수명을 연장시켜 주고 안전을 유지하도록 한다. 또한 셀 들간의 전압 차에 의한 수명 단축을 방지하기 위해 전지간 균형을 유지하여 에너지를 최적화 시켜주는 셀 밸런싱(cell balancing) 기능도 있다. 전기자동차에서 BMS의 핵심 기능은 다음과 같다.

① 배터리 잔존용량 측정 : 배터리의 SOC(State Of Charge)를 측정
② 셀(전지) 밸런싱 : 셀의 용량 편차를 균일하게 조정
③ 보호회로 : 과충전, 과방전, 과전류 상태에서 전류를 차단

제5절 전기자동차의 충전

전기자동차를 충전하는 방법은 AC(교류) 충전과 DC(직류) 충전으로 나눌 수 있다. 전기자동차에 사용되는 배터리는 고전압 직류(DC) 배터리이므로 AC 충전은 차량이 AC 전류를 입력받아 고전압 DC 전류로 바꾸어 충전하는 방식으로 이를 위해서 차량에는 OBC(On Board Charger)라는 교류 → 직류 변환장치가 탑재된다.

DC 충전 방식도 충전기가 공급받은 380V 교류를 직류로 변환하여 차량에 필요한 전압과 전류를 제공하는 방식이다. 차량의 OBC는 용량에 한계가 있지만, 급속 충전기의 경우 50~400kW까지 충전 가능하므로 보통 15~20분 정도면 충전된다.

1_ 충전 시간에 따른 충전 방식

충전 시간에 따라 고속, 완속 충전기를 사용하는 방법 및 가정에서 이동형으로 사용하는 방법이 있다.

① 급속 충전기(약 50~400kW) : 한시간 이내 충전할 때이며, 보통 15~20분 정도 소요
② 완속 충전기(약 7~16kW) : 4~5시간 정도 충전
③ 이동형 충전기(약 3kW) : 가정에서 사용하는 220V 콘덴서에 연결하여 8~10시간 정도 충전

2_ 충전구에 따른 3가지 충전 방식

세계적으로 전기자동차가 순차적으로 개발되면서 제조사별로 다른 충전방식이 적용되어 국제표준으로 5가지 급속 방식이 규정되어 있으며, 국내 전기자동차에 사용되는 충전방식은 크게 차데모(CHAdeMO), AC 3상, DC 콤보1을 사용하고 있다. CHAdeMO란 charge de move의 합성어로 일본의 충전기 규격 이름이며, 콤보란 직류와 교류를 동시에 사용한다는 의미로, 완속과 급속을 1개의 충전구에서 충전할 수 있는 방식이다.

표 6-2 / 전기자동차의 3가지 충전 방식

구분	차데모	AC 3상	DC 콤보
커넥터 형상			
개발 주체	일본 도쿄 전력	르노	GM 등 독일, 미국의 7개 기업

특징	- 완속/급속 소켓 구분
	  전파간섭의 우려가 적음
		- 배터리와 전력망을 전기 교란으로부터 보호하는 기술 적용	- 충전구가 하나로 통합
			  (위 : 완속, 아래 : 급속)
			- 비상 급속충전이 가능

단점	- 부피가 크고 충전시간이 길다	- 충전기 출력을 20kW 이상 올리기 어려움 - 충전기 설치비용이 높다	- 완속충전 시간이 길다

제6절 / 전기자동차의 냉·난방장치

 물은 높은 곳에서 낮은 데로 흐르지만 낮은 곳에서 높은 곳으로 올리기 위해서는 펌프가 필요하듯, 열도 온도가 낮은 저온에서 고온으로 이동시키려면 펌프가 필요하다. 열을 저온에서 고온으로 이동시키는 장치가 히트펌프이다. 전기자동차는 내연기관이 없으므로 엔진의 냉각수를 이용하여 히터를 작동할 수 없으며, 기존 PTC 히터를 사용하여 난방을 하는 방법도 있으나 고전압 배터리의 소모로 인해 주행거리가 단축되는 단점이 있으므로, 전기자동차의 냉·난방시스템은 히트펌프 시스템을 사용한다.

1_ 냉방 사이클

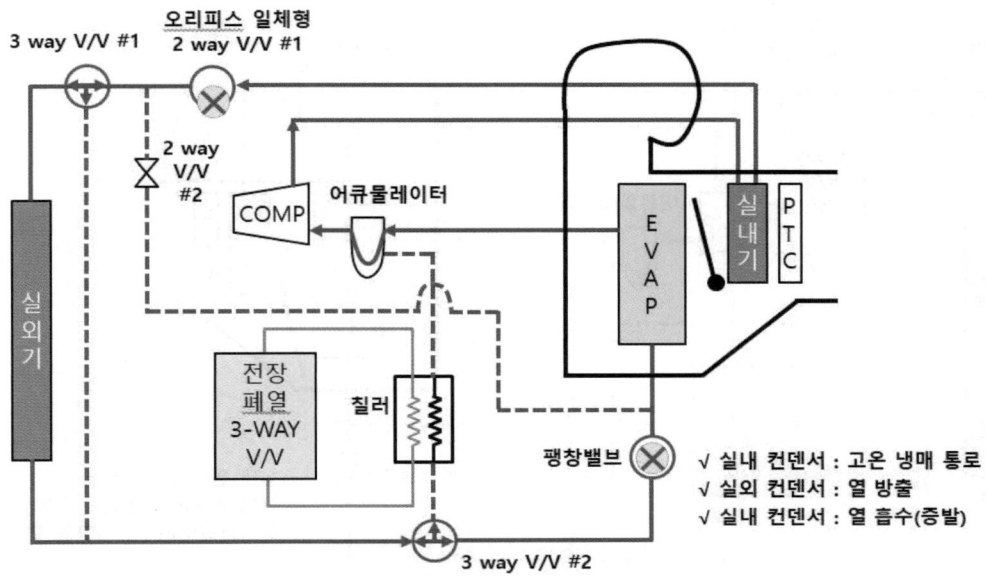

1) 냉매 흐름

컴프레서 → 실내 컨덴서 → 2way 밸브 #1(By pass) → 3way 밸브 #1 → 실외 컨덴서 → 3way 밸브 #2 → TXV(팽창밸브) → 이배퍼레이터 → 컴프레서

2) 냉방 사이클

히트펌프가 적용되더라도 냉방을 위한 사이클은 TXV 타입과 동일한 방향으로 흘러가는 것을 볼 수 있으며, 실내 컨덴서 및 어큐물레이터는 냉방과 관계없이 지나가는 통로이다.

2_ 난방 사이클(최대 난방 시)

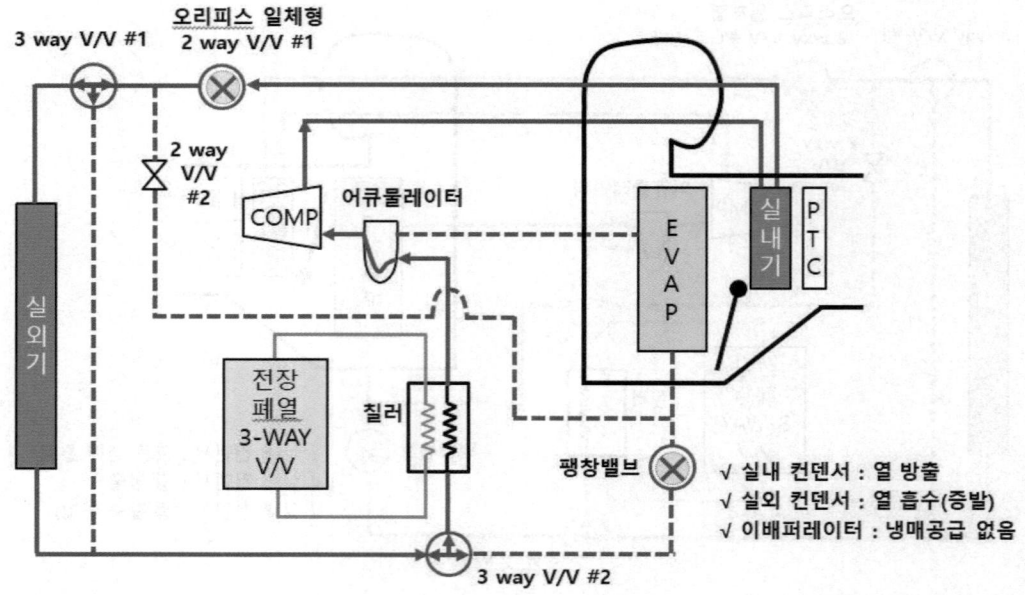

1) 냉매 흐름

컴프레서 → 실내 컨덴서 → 2way 밸브 #1(오리피스) → 3way 밸브 #1 → 실외 컨덴서 → 3way 밸브 #2(ON) → 전장폐열 칠러 → 어큐물레이터 → 컴프레서

2) 난방 사이클(최대 난방 Mode)

히트펌프 구동 시 컴프레서에서 토출된 고온 고압의 기체 냉매는 실내 컨덴서를 지나 2Way 밸브까지 공급된다. FATC에서 2Way 밸브와 3way #2 밸브를 구동하면 대기하고 있던 냉매는 오리피스관을 통해 저온 저압의 액체 상태의 냉매로 확산되어 외부 컨덴서로 유입되고 열교환을 시작한다. 열교환을 끝낸 저온 저압의 기체 냉매와 아직 열교환을 못한 액체 상태의 냉매는 3way 밸브 #2를 통해 칠러로 공급되고 전장폐열을 통해 2차 열교환을 한 후 어큐물레이터로 유입된다. 어큐물레이터는 남아있는 액체 상태의 냉매와 기체 상태의 냉매를 분리하여 기체 상태의 냉매만 컴프레서로 유입될 수 있도록 동작한다. 이후 실외 컨덴서에 착상(Icing)이 발생하거나 또는 실내 제습이 필요한 경우를 제외한 상태에서는 동일한 사이클을 유지하며, 히트펌프(난방)을 구동한다. 히트펌프가 구동되는 중에도 실내 난방 부하에 따라 고전압 PTC가 구동되어 난방을 보조한다.

3) 난방 실행 조건

난방을 실행하기 위해서는 FATC를 Auto 모드로 설정하거나, 컨트롤 패널의 Heat 스위치를 눌러야 한다. Auto 모드 시에는 온도에 따라 FATC가 자동으로 히트펌프를 구동하지만, 사용자가 선택한 수동모드에서는 Heat 스위치를 눌러야만 난방모드로 진입한다. 만일 Heat 스위치를 누르지 않고 설정 온도만 높인다면 차가운 바람만 송풍된다.

3_ 난방 사이클(실외기 착상 시)

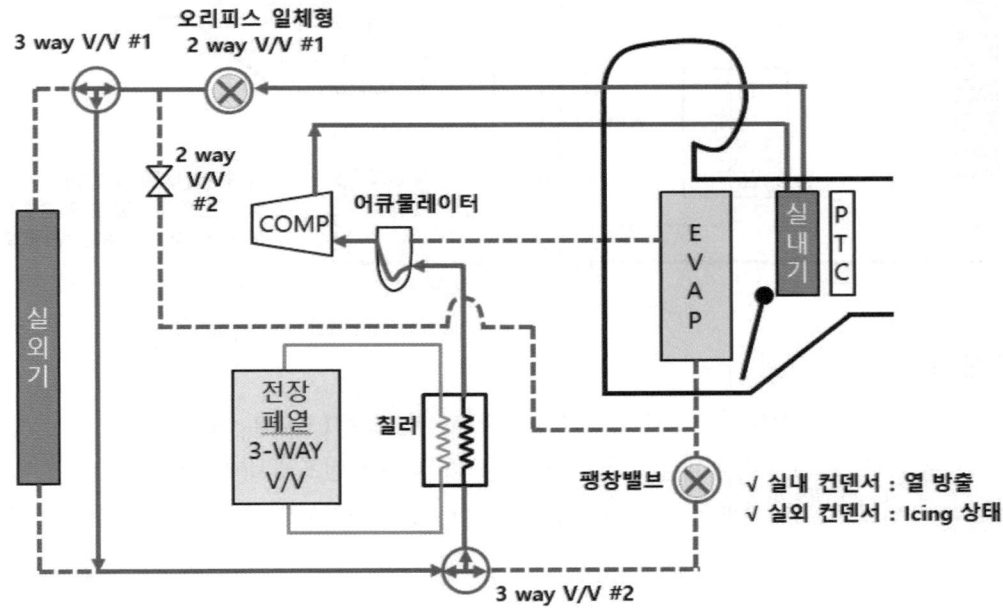

1) 냉매 흐름

컴프레서(냉매량 조절) → 실내 컨덴서 → 2way 밸브 #1(오리피스) → 3way 밸브 #1(ON, 컨덴서 출구로 By-pass) → 3way 밸브 #2(ON) → 전장폐열 칠러 → 어큐물레이터 → 컴프레서

2) 난방 사이클(난방 Mode)

실외 컨덴서가 얼었을 경우, 컴프레셔 토출량 조정과 함께 실외 컨덴서 출구 쪽으로 냉매를 By-pass시킨다. 이후 칠러에서만 냉매의 증발을 담당하고 고전압 PTC가 구동되어 난방을 조한다.

4_ 난방 사이클(실내 제습 시)

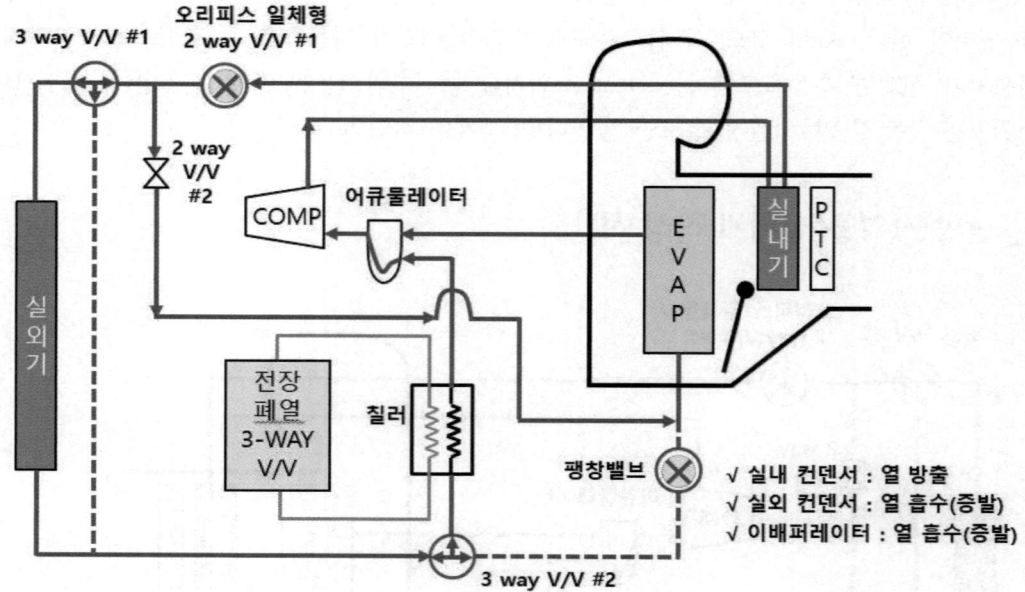

1) 냉매 흐름

컴프레서(냉매량 조절) → 실내 컨덴서 → 2way 밸브 #1(오리피스) →
① 2way 밸브 #2 → 이배퍼레이터 → 어큐물레이터 → 컴프레서(제습)
② 3way 밸브 #1 → 컨덴서 → 3way 밸브 #2(ON) → 전장폐열 칠러 → 어큐물레이터 →
컴프레서(난방)

2) 난방 사이클(최대 난방 Mode + 실내 제습)

실내 제습이 필요한 경우에는, 이배퍼레이터로 냉매를 공급하여 건조한 바람을 송풍시킨다. 이때 냉매는 오리피스에 의해 팽창된 상태이므로 TXV(팽창밸브)로 공급되지 않는다.

5_ 난방 사이클(실외기 착상+실내 제습 시)

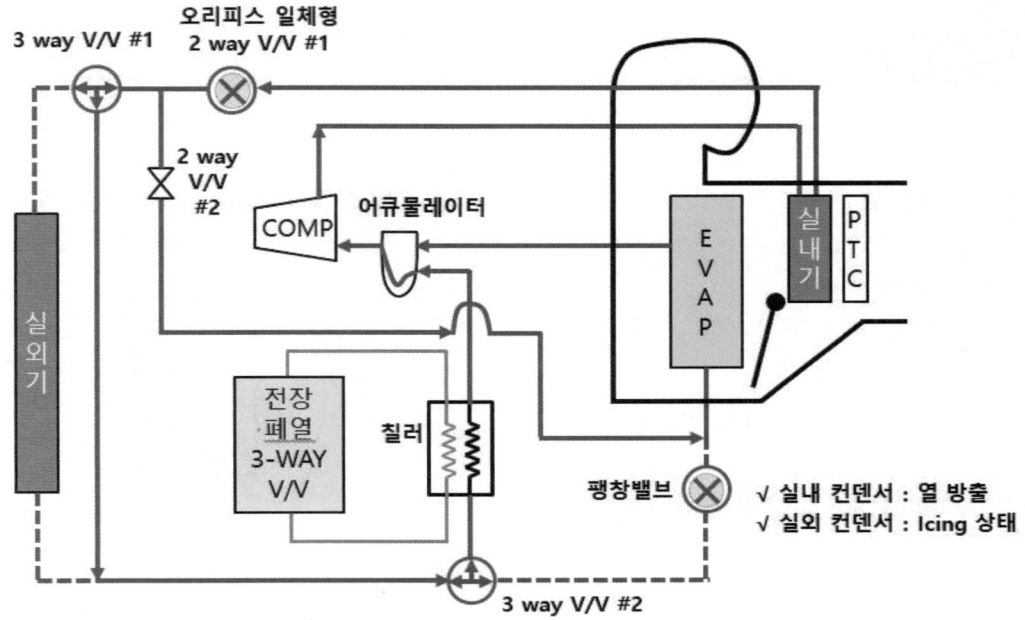

1) 냉매 흐름

컴프레서(냉매량 조절) → 실내 컨덴서 → 2way 밸브 #1(오리피스) →

① 2way 밸브 #2 → 이배퍼레이터 → 어큐물레이터 → 컴프레셔

② 3way 밸브 #1(컨덴서 출구로 By-pass) → 3way 밸브 #2 → 전장폐열 칠러 → 어큐물레이터 → 컴프레서

2) 난방 사이클(난방 Mode + 실내 제습)

실외 컨덴서가 얼고 제습이 필요한 경우, 컴프레셔 토출량 조정과 함께 3Way 밸브를 통해 실외 컨덴서 출구 측으로 냉매를 By-pass시킨다. 이후 칠러에서만 냉매의 증발을 담당하고 고전압 PTC가 구동되어 난방을 보조한다. 더불어 이배퍼레이터로 냉매를 공급하여 건조한 바람을 송풍시킨다. 오리피스관을 통해 팽창된 2Way 밸브를 통해 소량을 이배퍼레이터로 보내어 냉방의 효과를 나타낼 수 있다. 이때 냉매는 오리피스에 의해 팽창된 상태이므로 TXV(팽창밸브)로 공급되지 않는다.

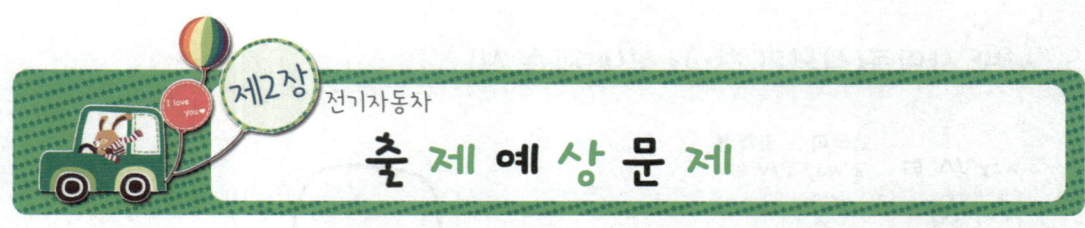

제2장 전기자동차 출제예상문제

01 전기의 3요소는?

① 전류, 도체, 자계
② 전압, 저항, 자기
③ 전류, 전압, 저항
④ 도체, 자기, 자계

[풀이] 전기의 3요소는 전류, 전압, 저항이다.

02 전자력에 대한 설명으로 틀린 것은?

① 전자력은 자계의 세기에 비례한다.
② 전자력은 자력에 의해 도체가 움직이는 힘이다.
③ 전자력은 도체의 길이, 전류의 크기에 비례한다.
④ 전자력은 자계방향과 전류의 방향이 평행일 때 가장 크다.

[풀이] ①~③항이 전자력에 대한 옳은 설명이며, 전자력은 자계방향과 전류의 방향이 직각일 때 가장 크다.

03 자동차의 각종 전기장치 중 전기적 에너지를 열로 바꾸어 이용하는 것은?

① 서미스터
② 시가라이터
③ 기동전동기
④ 솔레노이드

[풀이] 각종 전기장치의 역할
① 서미스터 : 온도 → 저항
② 시가라이터 : 전기 → 열
③ 기동전동기 : 전기 → 힘
④ 솔레노이드 : 전기 → 힘

04 그림과 같이 철심에 1·2차 코일을 감고 1차 측 전류 I1이 20A일 때 2차 측 전류는?

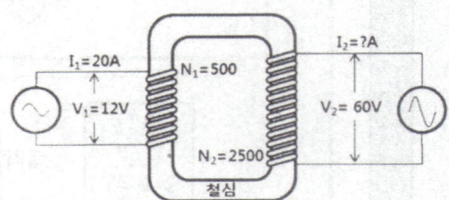

① 4A   ② 8A   ③ 10A   ④ 20A

[풀이] 에너지 보존법칙에 의해 1차측과 2차측의 전력이 같으므로 $V_1I_1 = V_2I_2$ 즉, $I_2 = \dfrac{V_1}{V_2} \times I_1$

$\therefore I_2 = \dfrac{V_1}{V_2} \times I_1 = \dfrac{12}{60} \times 20 = 4A$

05 그림과 같은 사인파에서 A와 B의 위상차는?

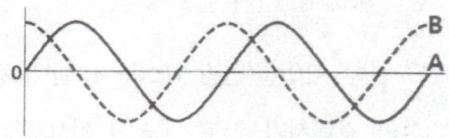

① 30°   ② 60°
③ 90°   ④ 180°

[풀이] 사인파의 1 사이클은 360°이다. 최대값과 최소값이 지나가는 0에서 만나면 위상차가 180°이고, 그 중 반을 지나가므로 90°위상차이다.

01 ③ 02 ④ 03 ② 04 ① 05 ③

06 Vrms(전압실효값)에 대한 설명으로 틀린 것은?

① 교류전기의 실효값의 크기
② 교류를 직류로 대체할 때 등가에너지 값
③ 신호의 자승, 평균, 평방근의 값
④ 정현파 교류 파형 최대값의 1/2 이다.

풀이 Vrms(전압실효값)은 다음과 같이 설명할 수 있다.
① 교류전기의 실효값의 크기
② 교류를 직류로 대체할 때 등가에너지 값
③ 신호의 자승, 평균, 평방근의 값
④ 정현파 교류 파형 최대값의 $\frac{1}{\sqrt{2}}$ 이다.

07 차체 전장품이 증가하면서 도입된 LAN (local area network)시스템의 장점으로 틀린 것은?

① 설계 변경에 대한 대응이 용이하다.
② 스위치, 액추에이터 근처에 ECU를 설치할 수 있다.
③ 전기기기의 사용 커넥터 수와 접속 부위의 감소로 신뢰성이 향상되었다.
④ 자동차 전체 ECU를 통합시켜 크기는 증대되었으나 비용은 감소되었다.

풀이 ①~③항이 LAN 시스템에 대한 옳은 설명이며, ECU를 통합이 아닌 모듈별로 하여 용량은 작아지고 개수는 증가되어 비용도 증가된다.

08 자동차에 사용되는 CAN 통신에 대한 설명으로 틀린 것은? (단, HI-Speed CAN의 경우)

① 표준화된 통신 규약을 사용한다.
② CAN 통신 종단저항은 120Ω을 사용한다.
③ 연결된 모든 네트워크의 모듈은 종단저항이 있다.
④ CAN 통신은 컴퓨터들 사이에 신속한 정보 교환을 목적으로 한다.

풀이 ①, ②, ④항이 CAN 통신에 대한 설명이며, 종단저항은 CAN-High선과 CAN-Low 선의 양단 끝에 있다.

09 다음 중 CAN 데이터 버스의 구성 요소가 아닌 것은?

① CAN 배선   ② 노드
③ 저항   ④ 콘덴서

풀이 CAN 데이터 버스 시스템은 최소한 2개의 노드, CAN-High 배선, CAN-Low 배선, 최소한 2개의 터미널 저항으로 구성된다.

10 자동차 CAN 통신 시스템의 종류로 125 kbps 이하에 적용되며 바디전장 계통의 데이터 통신에 응용하는 것은?

① Low Speed CAN
② High Speed CAN
③ Ultra Sonic CAN
④ Super Speed CAN

풀이 HIgh Speed CAN은 125~1Mbps, Low Speed CAN은 10~125kbp의 네트워크 통신속도에 해당하며, 고속 CAN은 파워 트레인 등 실시간 제어에, 저속 CAN은 파워 윈도우 등 바디전장 계통의 데이터 통신에 사용된다.

06 ④ 07 ④ 08 ③ 09 ④ 10 ①

11. 자동차 CAN통신의 CLASS구분으로 가장 거리가 먼 것은? (단, SAE 기준이다.)

　① CLASS A : 접지를 기준으로 1개의 와이어링으로 통신선을 구성하고, 진단통신에 응용되며 K-라인 통신이 이에 해당된다.
　② CLASS B : CLASS A 보다 많은 정보의 전송이 필요한 경우에 사용되며, 바디전장 및 클러스터 등에 사용되며 저속 CAN에 적용된다.
　③ CLASS C : 실시간으로 중대한 정보교환이 필요한 경우로서 1~10ms 간격으로 데이터 전송주기가 필요한 경우에 사용되며 파워트레인 계통에서 응용되고 고속 CAN통신에 적용된다.
　④ CLASS D : 수백 수천 bits의 블록 단위 데이터 전송이 필요한 경우에 사용되며, 멀티미디어 통신에 응용되며 FlexRay 통신에 적용된다.

　풀이　CLASS D : 수백 수천 bite의 블록단위 데이터 전송이 필요한 경우에 사용되며, AV, CD, DVD 등의 멀티미디어 통신에 응용되며 MOST 통신에 적용된다.

　[참고] CAN 통신 CLASS 구분 : SAE 정의 기준

구분	특징	적용 예
A	1. 통신속도 : 10kbps 이하 2. 접지를 기준으로 1개의 와이어링으로 통신선 구성 가능 3. 응용분야 : 바디전장(도어, 시트, 파워윈도우)등의 구동신호	K-Line 통신 LIN통신
B	1. 통신속도 : 40kbps 내외 2. Class A보다 많은 정보의 전송이 필요할 때 3. 응용분야 : 바디 전장 모듈 간 정보교환	J1850 저속 CAN
C	1. 통신속도 : 1Mbps 내외 2. 실시간으로 중대한 정보교환이 필요한 경우로서 1~10ms 간격으로 데이터 전송 주기가 필요한 경우 사용 3. 응용분야 : 엔진, 변속기, 섀시 계통 간의 정보교환	고속 CAN
D	1. 통신속도 : 수십 Mbps 2. 수백 수천 bites의 블록단위 데이터 전송이 필요하다. 3. 응용분야 : AV, CD, DVD 신호 등의 멀티미디어	MOST IDB 1394

12. 일반적인 자동차 통신에서 고속 CAN 통신이 적용되는 부분은?

　① 멀티미디어 장치　② 펄스폭 변조기
　③ 차체 전장부품　　④ 파워 트레인

　풀이　주행 중 자동차의 급격한 변화에 민첩하게 대응하기 위하여 파워 트레인 등의 실시간 제어에 고속 CAN 통신이 사용되며, 파워 윈도우 등 바디전장 계통의 데이터 통신에는 저속 CAN이 사용된다.

13. 자동차 데이터 통신 중에 하나의 선이라도 단선되면 두 배선의 차등전압을 알 수 없어 통신 불량이 발생하는 통신방식은?

　① A-CAN 통신　　② B-CAN 통신
　③ C-CAN 통신　　④ D-CAN 통신

　풀이　C-CAN(CAN등급 C) 통신은 단일배선 적응능력이 없으므로 데이터 통신 중에 하나의 선이라도 단선되면 두 배선의 차등전압을 알 수 없어 통신 불량이 발생하게 된다.

14. 플렉스레이(FlexRay) 데이터 버스의 특징으로 거리가 먼 것은?

　① 데이터 전송은 2개의 채널을 통해 이루어진다.
　② 실시간 능력은 해당 구성에 따라 가능하다.
　③ 데이터를 2채널로 동시에 전송한다.
　④ 데이터 전송은 비동기방식이다.

　풀이　플렉스레이(FlexRay) 데이터 버스의 특징
　① 데이터 전송은 2개의 채널을 통해 이루어진다.
　② 최대 데이터 전송속도는 10Mbps이다.
　③ 데이터를 2채널로 동시에 전송함으로써 데이터 안전도는 4배로 상승한다.
　④ 데이터 전송은 동기방식이다.
　⑤ 실시간(real time) 능력은 해당 구성에 따라 가능하다.

11 ④　12 ④　13 ③　14 ④

15 자동차 관련 용어 정의에서 틀린 것은? (단, 자동차 및 자동차부품의 성능과 기준에 관한 규칙에 의한다.)

① 자율주행시스템이란 운전자 또는 승객의 조작 없이 주변 상황과 도로 정보 등을 스스로 인지하고 판단하여 자동차를 운행할 수 있게 하는 자동화 장비, 소프트웨어 및 이와 관련한 일체의 장치
② 자동차안정성제어장치란 자동차의 주행 중 급제동 시 제동감속도에 따라 자동으로 경고를 주는 장치
③ 비상자동제동장치란 주행 중 전방 충돌 상황을 감지하여 충돌을 완화하거나 회피할 목적으로 자동차를 감속 또는 정지시키기 위하여 자동으로 제동장치를 작동시키는 장치
④ 차로이탈경고장치란 자동차가 주행하는 차로를 운전자의 의도와는 무관하게 벗어나는 것을 운전자에게 경고하는 장치

풀이 자동차 및 자동차 부품에 관한 규칙 제2조(정의)
① 64. 자율주행시스템 ③ 61. 비상자동제동장치
③ 60. 차로이탈 경고장치에 대한 설명이고, ②항은 25의6 긴급제동 신호장치에 대한 설명이다.

16 자동차 안전기준에 관한 규칙에 명시된 고전압 기준은?

① DC 40V 또는 AC 20V 이상 전기장치
② DC 60V 또는 AC 30V 이상 전기장치
③ DC 80V 또는 AC 40V 이상 전기장치
④ DC 100V 또는 AC 50V 이상 전기장치

풀이 자동차 및 자동차 부품에 관한 규칙 제2조(정의)
52. 고전원 전기장치란 직류 60V 초과 1500V 이하, 교류(실효치를 말한다.) 30V 초과 1000V 이하의 전기장치를 말한다.

17 고전원 전기장치 절연 안전성에 대한 기준으로 틀린 것은?

① 고전원 전기장치 보호기구의 노출 도전부는 전기적 샤시와 배선, 용접 또는 볼트 등의 방법으로 전기적으로 접속되어야 한다.
② 노출 도전부와 전기적 샤시 사이의 저항은 1Ω 미만이어야 한다.
③ 직류회로 및 교류회로가 독립적으로 구성된 경우 절연저항은 각각 100Ω/V(DC), 500Ω/V(AC) 이상이어야 한다.
④ 직류회로 및 교류회로가 전기적으로 조합되어 있는 경우 절연저항은 500Ω/V 이상이어야 한다.

풀이 자동차 및 자동차 부품에 관한 규칙
[별표5] 고전원 전기장치 절연 안전성 등에 관한 기준
6. 고전원 전기장치 보호기구의 노출 도전부는 전기적 샤시와 배선, 용접 또는 볼트 등의 방법으로 전기적으로 접속되어야 하고, 노출 도전부와 전기적 샤시 사이의 저항은 0.1Ω 미만이어야 한다.
7. 가) 직류회로 및 교류회로가 독립적으로 구성된 경우 절연저항은 각각 100Ω/V(DC), 500Ω/V(AC) 이상이어야 한다.
나) 직류회로 및 교류회로가 전기적으로 조합되어 있는 경우 절연저항은 500Ω/V 이상이어야 한다.

ANSWER 15 ② 16 ② 17 ②

18. 전기회생제동장치가 주제동장치의 일부로 작동되는 경우에 대한 설명으로 틀린 것은? (단, 자동차 및 자동차부품의 성능과 기준에 관한 규칙에 의한다.)
   ① 주제동장치의 제동력은 동력 전달계통으로부터의 구동전동기 분리 또는 자동차의 변속비에 영향을 받는 구조일 것
   ② 전기회생제동력이 해제되는 경우에는 마찰제동력이 작동하여 1초 내에 해제 당시 요구 제동력의 75% 이상 도달하는 구조일 것
   ③ 주제동장치는 하나의 조종장치에 의하여 작동되어야 하며, 그 외의 방법으로는 제동력의 전부 또는 일부가 해제되지 아니하는 구조일 것
   ④ 주제동장치 작동 시 전기회생제동장치가 독립적으로 제어될 수 있는 경우에는 자동차에 요구되는 제동력을 전기회생제동력과 마찰제동력 간에 자동으로 보상하는 구조일 것

   [풀이] 자동차 및 자동차 부품에 관한 규칙
   "제15조(제동장치)" 참조
   ②~④항이 제15조(제동장치) 규칙의 내용이고, ①항은 "주제동장치의 제동력은 동력 전달계통으로부터의 구동전동기 분리 또는 자동차의 변속비에 영향을 받지 아니하는 구조일 것"이다.

19. 도로 차량-전기자동차용 교환형 배터리 일반 요구사항(KS R 1200)에 따른 엔클로저의 종류로 틀린 것은?
   ① 방화용 엔클로저
   ② 촉매 방지용 엔클로저
   ③ 감전 방지용 엔클로저
   ④ 기계적 보호용 엔클로저

   [풀이] 도로 차량-전기자동차용 교환형 배터리 일반
   요구사항(KS R 1200) 중 하나 이상의 기능을 가진 교환형 배터리의 일부분이다.
   ① 방화용 엔클로저 : 내부로부터의 화재나 불꽃이 확산되는 것을 최소화 하도록 설계된 엔클로저(enclosure)
   ② 기계적 보호용 엔클로저 : 기계적 또는 기타 물리적인 원인에 의한 손상을 방지하기 위해 설계된 엔클로저(enclosure)
   ③ 감전 방지용 엔클로저 : 위험 전압이 인가되는 부품 또는 위험 에너지가 있는 부품과의 접촉을 막기 위해 설계된 엔클로저(enclosure)

20. Ni-Cd 배터리에서 일부만 방전된 상태에서 다시 충전하게 되면 추가로 충전한 용량 이상의 전기를 사용할 수 없게 되는 현상은?
   ① 스웰링 현상   ② 배부름 효과
   ③ 메모리 효과   ④ 설페이션 현상

   [풀이] 2차전지로 흔히 사용하는 Ni-Cd 배터리는 shallow charge-discharge를 반복하면, 즉 "조금 사용하고 다시 충전하고"를 계속하면 NiOH 고용체를 형성하게 되어 다시는 되돌아가지 못해 남아있는 용량을 사용하지 못하게 된다.
   이와 같이 전지가 사용할 수 있는 용량의 한계를 기억하는 것과 같은 현상을 메모리 효과라 한다.

18 ① 19 ② 20 ③

21 AGM(Absorbent Glass Mat) 배터리에 대한 설명으로 거리가 먼 것은?

① 극판의 크기가 축소되어 출력 밀도가 높아졌다.
② 유리섬유 격리판을 사용하여 충전 사이클 저항성이 향상되었다.
③ 높은 시동 전류를 요구하는 기관의 시동성을 보장한다.
④ 셀-플러그는 밀폐되어 있기 때문에 열 수 없다.

풀이) AGM 배터리란 하이브리드 차량의 ISG 기능으로 인한 잦은 정차와 재 시동에 의한 소모되는 에너지를 빠르게 충전할 수 있는 고효율 배터리로, 내부에 유리섬유를 넣어 배터리 액이 밖으로 흐르지 않도록 안정성을 확보하여 가격이 높지만 수명이 길고 충전시간이 짧으며 저온에서 시동성이 좋은 배터리이다.

22 고전압 배터리에 사용되는 리튬이온 폴리머(Li-PB) 배터리의 음극은 어떤 물질로 되어 있는가?

① C(탄소) ② Li(리튬)
③ Ni(니켈) ④ Pb(납)

풀이) 리튬이온 폴리머 배터리의 음극은 탄소, 양극은 금속산화물을 사용한다.

23 리튬 폴리머 고전압 배터리 1셀의 전압은?

① 1.2V ② 2.0V
③ 3.75V ④ 5V

풀이) 리튬 폴리머 고전압 배터리 1셀의 전압은 3.75V 정도이며, 이것을 수십 개 직렬로 연결하여 고전압 배터리를 구성한다.

24 고전압 배터리에 대한 설명으로 틀린 것은?

① 리튬 이온 폴리머 배터리를 사용한다.
② 고전압 배터리 전해질은 액체를 사용한다.
③ 최적의 배터리 셀 온도는 45℃ 이하로 한다.
④ BMS는 배터리의 모든 셀 전압을 확인한다.

풀이) 고전압 배터리 전해질은 폭발방지를 위하여 폴리머(젤) 형식을 사용한다.

25 전기자동차의 충전방법에서 급속충전 순서로 옳은 것은?

① 급속충전기 → PRA → 고전압배터리
② 급속충전기 → PRA → OBC → 고전압배터리
③ 급속충전기 → OBC → PRA → 고전압배터리
④ 급속충전기 → 고전압 정션블록 → 고전압배터리

풀이) 급속충전 시 전원 공급 순서
급속충전기 → PRA → 고전압배터리

26 전기자동차의 충전방법에서 완속충전 순서로 옳은 것은?

① 완속충전기 → OBC → 고전압 정션블록 → PRA → 고전압배터리
② 완속충전기 → OBC → PRA → 고전압 정션블록 → 고전압배터리
③ 완속충전기 → 고전압 정션블록 → OBC → PRA → 고전압배터리
④ 완속충전기 → 고전압 정션블록 → PRA → OBC → 고전압배터리

풀이) 완속충전 시 전원 공급 순서
완속충전기 → OBC → 고전압 정션블록 → PRA → 고전압배터리

21 ① 22 ① 23 ③ 24 ② 25 ① 26 ①

27 상용 전원인 220V의 AC 전압을 이용하여 고전압 배터리를 충전할 수 있는 장치는?

① MCU　　② OBC
③ LDC　　④ HDCU

💡 OBC(On Board Charger)는 상용 전기를 사용하여 배터리를 충전시킨다.

28 전기자동차 충전에 대한 설명으로 틀린 것은?

① 완속충전은 AC 100/220V의 전압을 이용한다.
② 완속충전을 위해 OBC 장치가 있다.
③ 급속충전은 AC 300V 이상의 고전압을 이용한다.
④ 급속 충전은 30분 내외의 시간이 소요된다.

💡 급속충전은 급속충전기기를 사용하여 고전압 배터리를 충전한다.

29 배터리의 충전 상태를 표현한 것은?

① SOC(State Of Charge)
② SOH(State Of Health)
③ PRA(Power Relay Assembly)
④ BMS(Battery Management System)

💡 SOC(State of Charge)란 고전압 배터리에서 사용 가능한 에너지, 즉 배터리 정격용량 대비 방전 가능한 전류량의 백분율을 말한다.
(SOC = 잔존 배터리 용량/정격용량)

30 고 전압 배터리의 충·방전 과정에서 전압 편차가 생긴 셀을 동일한 전압으로 매칭 하여 배터리 수명과 에너지 용량 및 효율 증대를 갖게 하는 것은?

① SOC(state of charge)
② 파워 제한
③ 셀 밸런싱
④ 배터리 냉각제어

💡 하이브리드 자동차에서 개별 셀의 충전 상태 및 전압 편차가 생긴 셀을 동일한 전압으로 매칭하여 배터리 수명과 에너지 용량 및 효율 증대를 갖게 제어하는 것을 셀 밸런싱 제어라 한다.

31 고전압 배터리의 셀 밸런싱을 제어하는 장치는?

① MCU(Motor Control Unit)
② LDC(Low DC-DC Convertor)
③ ECM(Electronic Control Module)
④ BMS(Battery Management System)

💡 BMS(Battery Management System)는 고전압 배터리 시스템의 열적, 전기적 기능을 제어 또는 관리하고 배터리 시스템과 다른 차량 제어기와의 사이에서 통신(HCU 또는 MCU)을 제공하며, SOC 추정, 파워 제한, 냉각 제어, 릴레이 제어, 셀 밸런싱, 고장진단 등을 수행한다.

27 ②　28 ③　29 ①　30 ③　31 ④

32 다음 중 파워 릴레이 어셈블리에 설치되며 인버터의 커패시터를 초기 충전할 때 충전 전류에 의한 고전압 회로를 보호하는 것은?

① 프리 차저 레지스터 ② 메인 릴레이
③ 안전 스위치 ④ 부스 바

> 프리차저 릴레이 및 프리차저 레지스터는 파워 릴레이 어셈블리(PRA)에 설치되어 있으며, MCU는 IG ON시 메인릴레이 (+)를 작동시키기 이전에 프리차저 릴레이를 먼저 동작시켜 저항을 통해 270V 고전압이 인버터 측으로 공급되기 때문에 돌입전류에 의한 인버터의 손상을 방지한다.

33 고전압 배터리 관리 시스템의 메인 릴레이를 작동시키기 전에 프리 차지 릴레이를 작동시키는데 프리 차지 릴레이의 기능이 아닌 것은?

① 등화장치 보호
② 고전압 회로 보호
③ 타 고전압 부품 보호
④ 고전압 메인 퓨즈, 부스바, 와이어 하네스 보호

> PRA(Power Relay Assembly)는 고전압 배터리의 기계적인 분리(암전류 차단), 고전압 회로 과전류 보호(Fuse), 전장품 보호(초기 충전회로 적용), 고전압 정비 시 작업자 보호를 위해 안전 스위치(Safety SW)가 적용되어 있다.

34 파워릴레이 어셈블리(PRA) 내에 장착되어 있으며 IG On 시, 인버터의 커패시터를 초기 충전할 때 고전압 배터리와 고전압 회로를 연결하는 기능을 하는 장치는?

① 메인 릴레이(+,-) ② 전류센서
③ 승온히터 센서 ④ 프리차지 릴레이

> 인버터의 커패시터를 초기 충전할 때는 프리차지 릴레이가 On 되며 충전이 완료되면 릴레이는 OFF 된다.

35 고전압 전기자동차의 파워릴레이 어셈블리(PRA) 장치에 포함되지 않는 부품은?

① 메인 릴레이(+,-) ② 전류센서
③ 승온히터 센서 ④ 프리차지 릴레이

> 파워릴레이 어셈블리(PRA) 장치는 메인 릴레이(+,-), 프리차지 릴레이, 프리차지 저항, 승온히터 릴레이, 승온히터 퓨즈, 전류 센서 등으로 구성되어 있다.

36 전기자동차에 작용된 커패시터(콘덴서)는 고전압의 전력을 안정적으로 공급하기 위해 적용되어 있다. 고전압 차단 시 커패시터에 저장된 고전압을 1초 이내에 60V 이하로 방전시키는 방법은?

① 고전압을 구동모터의 코일로 흘려 발열작용으로 방전
② 고전압을 구동모터의 코일로 흘려 자기작용으로 방전
③ 고전압을 고전압배터리로 흘려 화학작용으로 방전
④ 고전압을 고전압배터리로 흘려 충전작용으로 방전

> 전기자동차 시스템에서 Key OFF만 해도 1초 이내에 커패시터에 저장된 고전압을 구동모터의 코일로 흘려 열로써 방전하도록 제어한다.

37 전기자동차에서 수동으로 고전압 배터리 연결회로를 단선시켜 차량에 공급되는 전원을 차단할 수 있는 장치는?

① MCU
② 세이프티플러그(서비스 플러그)
③ LDC
④ 컨버터

> 세이프티 플러그 또는 인터락 커넥터는 수동으로 고전압 배터리 전원을 차단할 수 있다.

32 ① 33 ① 34 ④ 35 ③ 36 ① 37 ②

38 전기자동차용 배터리 관리 시스템에 대한 일반 요구사항(KS R 1201)에서 다음이 설명하는 것은?

> 배터리가 정지기능 상태가 되기 전까지의 유효한 방전상태에서 배터리가 이동성 소자들에게 전류를 공급할 수 있는 것으로 평가되는 시간

① 잔여 운행시간
② 안전 운전 범위
③ 잔존 수명
④ 사이클 수명

풀이 전기자동차용 배터리 관리 시스템에 대한 일반 요구사항(KS R 1201) 중 용어와 정의에서 잔여 운행시간(remaining run time)에 대한 정의이다.

39 전기자동차 및 플러그인 하이브리드 자동차의 복합 1회 충전 주행거리(km) 산정방법으로 옳은 것은? (단, 자동차의 에너지소비효율 및 등급표시에 관한 규정에 의한다.)

① 0.55×도심주행 1회 충전 주행거리+0.45×고속도로 주행 1회 충전 주행거리
② 0.45×도심주행 1회 충전 주행거리+0.55×고속도로 주행 1회 충전 주행거리
③ 0.5×도심주행 1회 충전 주행거리+0.5×고속도로 주행 1회 충전 주행거리
④ 0.6×도심주행 1회 충전 주행거리+0.4×고속도로 주행 1회 충전 주행거리

풀이 산업통상자원부 고시
 "자동차 에너지소비효율 및 등급표시에 관한 규정"
 [별표 1] 자동차의 에너지소비효율 산정방법 등 4항 전기자동차 및 플러그인하이브리드자동차의 1회 충전 주행거리 산정방법
 ① 복합 1회 충전 주행거리(km) = 0.55×도심주행 1회 충전 주행거리+0.45×고속도로 주행 1회 충전 주행거리

40 전기자동차의 냉각시스템에 대한 설명 중 틀린 것은?

① EWP는 고전압 부품과 고전압 배터리를 냉각시킨다.
② 냉각시스템 제어기는 냉각대상 부품의 온도에 따라 EWP RPM을 제어한다.
③ 3-WAY 밸브는 BMS에 의해 제어되며 냉각수의 흐름을 제어한다.
④ 냉각시스템은 배터리 셀의 온도를 30℃ 이하로 유지시킨다.

풀이 냉각시스템은 배터리 셀의 온도를 45℃ 이하로 유지시킨다.

41 전기 자동차용 전동기에 요구되는 조건으로 틀린 것은?

① 구동 토크가 작아야 한다.
② 고출력 및 소형화해야 한다.
③ 속도제어가 용이해야 한다.
④ 취급 및 보수가 간편해야 한다.

풀이 ②~④항이 전동기에 요구되는 조건이고, 전기 자동차용 전동기(모터)는 구동 토크가 커야 한다.

42 삼상 교류모터에서 회전속도를 결정짓는 요소가 아닌 것은?

① 모터의 극수
② 전류의 세기
③ 교류 주파수
④ 슬립율

풀이 모터의 회전속도는 모터의 극(+, −)수와 주파수, 슬립율에 따라 변화된다.

$$N = \frac{120f}{P}(1-s)\,(\text{RPM})$$

여기서, N : 모터의 회전속도 (RPM)
 f : 주파수(Hz)
 P : 극의 수
 s : 슬립율

38 ① 39 ① 40 ④ 41 ① 42 ②

43 전기자동차에서 많이 사용하는 모터의 형식은?

① 직류 직권 모터
② 직류 복합 모터
③ 유도자석 비동기 모터
④ 영구자석 동기 모터

> 풀이) 전기자동차에서는 유도자석 비동기 모터를 일부 차에서 사용하나, 주로 영구자석 동기 모터를 많이 사용한다.

44 전기자동차에 사용되는 동기모터의 회전원리를 설명한 것 중 틀린 것은?

① 스테이터의 자력에 따라 로터가 회전한다.
② 파워모듈은 교류전류 커브를 생성하여 모터를 구동한다.
③ 동기모터의 U, V, W상에 공급되는 교류는 120°의 위상차를 갖는다.
④ 동기모터의 회전수와 토크 제어를 위해 인버터를 이용한다.

> 풀이) 전기자동차에 사용되는 동기모터의 회전원리
> ① 스테이터의 자력에 따라 로터가 회전한다.
> ② 인버터는 교류전류 커브를 생성하여 모터를 구동한다.
> ③ 동기모터의 U, V, W상에 공급되는 교류는 120°의 위상차를 갖는다.
> ④ 동기모터의 회전수와 토크 제어를 위해 인버터를 이용한다.

45 전기자동차에 사용되는 동기모터에 대한 설명으로 틀린 것은?

① 영구자석을 이용한 동기모터를 사용한다.
② 로터의 위치를 인식 및 학습하는 레졸버 센서가 장착되어 있다.
③ 모터 및 EPCU 교환 시 레졸버 센서의 초기화 학습이 필요하다.
④ 모터의 속도와 토크제어는 저항을 사용한 전류제어 방식을 사용한다.

> 풀이) 전기자동차에 사용되는 동기모터에 대한 설명
> ① 영구자석을 이용한 동기모터를 사용한다.
> ② 로터의 위치를 인식 및 학습하는 레졸버 센서가 장착되어 있다.
> ③ 모터 및 EPCU 교환 시 레졸버 센서의 초기화 학습이 필요하다.
> ④ 모터의 속도와 토크제어는 PWM 방식으로 전압과 주파수를 동시에 가변제어 한다.

46 전기모터의 효율을 높이기 위하여 모터의 회전자(로터)위치 인식 및 학습을 하는 장치는?

① 레졸버 센서
② 모터 컨트롤 유니트
③ 휠속도센서
④ 감속기

> 풀이) 레졸버 센서는 모터 내의 회전자(로터)의 위치를 확인하여 교류모터의 효율을 높이는데 도움을 준다.

47 전기자동차에서 모터의 속도와 토크를 제어하기 위해 사용하는 방식으로 옳은 것은?

① 전류제어방식으로 저항을 사용하여 전력을 변화시키며 제어한다.
② 회전수와 토크를 제어하기 위해 컨버터를 이용하여 직류전류를 생성하여 모터를 구동한다.
③ 통합형 전동식 제동장치를 사용하여 속도와 토크를 제어한다.
④ PWM 방식(전압제어)으로 전압과 주파수 동시에 가변제어한다.

> 풀이) PWM 방식(전압제어)으로 전압과 주파수 동시에 가변제어하여 모터의 속도와 토크를 제어할 수 있다.

43 ④ 44 ② 45 ④ 46 ① 47 ④

48 친환경(전기)자동차에 사용되는 감속기의 주요 기능에 해당하지 않는 것은?

① 감속 기능 : 모터 구동력 증대
② 증속 기능 : 중속 시 다운 시프트 적용
③ 차동 기능 : 차량 선회 시 좌우바퀴 차동
④ 파킹 기능 : 운전자 P단 조작 시 차량 파킹

풀이 전기 자동차의 감속기는 구동 모터로부터 동력을 전달받아 속도는 감속하고 구동력을 증대시키는 기능과 차량 선회 시 좌우바퀴의 속도차에 따른 차동장치의 역할 및 P단 조작 시 전자식 파킹 액추에이터를 장착하여 차량 파킹 기능을 수행한다.

49 전기자동차에서 회생제동 시 에너지 흐름 순서로 올바른 것은?

① 휠 → 모터 → EPCU → 감속기 → 고전압배터리
② 휠 → 모터 → 감속기 → EPCU → 고전압배터리
③ 휠 → 감속기 → EPCU → 모터 → 고전압배터리
④ 휠 → 감속기 → 모터 → EPCU → 고전압배터리

풀이 회생제동 시 에너지 흐름 순서는 휠 → 감속기 → 모터 → EPCU(인버터 → PRA) → 고전압배터리 이다.

50 전기자동차의 냉방 사이클에서 냉매의 순환 과정이 올바른 것은?

① 컴프레서→컨덴서→팽창밸브→이배퍼레이터
② 컴프레서→컨덴서→이배퍼레이터→팽창밸브
③ 컴프레서→팽창밸브→컨덴서→이배퍼레이터
④ 컴프레서→팽창밸브→이배퍼레이터→컨덴서

풀이 냉방 사이클에서 냉매의 순환 과정
컴프레서→컨덴서→팽창밸브→이배퍼레이터

51 전기자동차의 히트펌프 시스템(난방 시스템)에서 냉매의 순환 과정이 올바른 것은?

① 컴프레서→실내 컨덴서→오리피스→실외 컨덴서
② 컴프레서→실외 컨덴서→오리피스→실내 컨덴서
③ 컴프레서→오리피스→실내 컨덴서→실외 컨덴서
④ 컴프레서→오리피스→실외 컨덴서→실내 컨덴서

풀이 히트펌프 시스템에서 냉매의 순환 과정
컴프레서→실내 컨덴서→오리피스→실외 컨덴서

52 전기자동차의 통합형 전동브레이크(IEB)에서 제동을 위하여 압력을 발생시키는 장치는?

① PTS(Pedal Travel Stroke Sensor)
② BCU(Brake Control Unit)
③ ESC(Electronic Stability Control)
④ PSU(Pressure Source Unit)

풀이 전기자동차의 통합형 전동브레이크(IEB)장치는 엔진의 부압을 사용할 수 없어서 PSU(presssure source unit)를 사용하여 압력을 발생시켜 제동력을 향상시킨다.

48 ② 49 ④ 50 ① 51 ① 52 ④

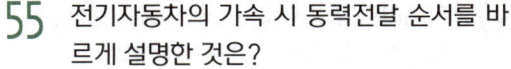

53 SBW(shift by wire) 장치에 대한 설명으로 틀린 것은?

① 변속레버가 없이 변속 버튼으로 운전자의 변속단을 선택한다.
② 변속버튼의 신호는 "P와 P 이외(D/R/N)"의 2가지 위치만 SCU에게 송신한다.
③ D/R/N단 간 제어는 MCU가 제어한다.
④ VCU의 신호를 받아 파킹 액추에이터를 구동하여 주행 및 정차를 한다.

풀이 SBW(shift by wire) 장치
① 변속레버가 없이 변속 버튼으로 운전자의 변속단을 선택한다.
② 변속버튼의 신호는 "P와 P 이외(D/R/N)"의 2가지 위치만 SCU(shift control unit)에게 송신한다.
③ D/R/N단 간 제어는 VCU가 제어한다.
④ VCU의 신호를 받아 파킹 액추에이터를 구동하여 주행 및 정차를 한다.

54 전기자동차에 사용되는 감속기에 대한 설명으로 틀린 것은?

① 변속기와 같은 역할을 한다.
② 감속기어는 모터의 회전수와 구동력을 감소시킨다.
③ 파킹기어를 포함하여 5개의 기어로 구성되어 있다.
④ 차동기어는 선회 시 좌우바퀴의 속도차에 따른 회전수의 분배를 한다.

풀이 전기자동차에 사용되는 감속기에 대한 설명
① 변속기와 같은 역할을 한다.
② 감속기어는 모터의 회전수는 감소시키고 구동력은 증대시킨다.
③ 파킹기어를 포함하여 5개의 기어로 구성되어 있다.
④ 차동기어는 선회 시 좌우바퀴의 속도차에 따른 회전수의 분배를 한다.

55 전기자동차의 가속 시 동력전달 순서를 바르게 설명한 것은?

① 고전압 배터리→구동모터→MCU→감속기→바퀴
② 고전압 배터리→MCU→감속기→구동모터→바퀴
③ 고전압 배터리→MCU→구동모터→감속기→바퀴
④ 고전압 배터리→감속기→MCU→구동모터→바퀴

풀이 전기자동차의 가속 시 동력전달은 "고전압 배터리 → MCU → 구동모터 → 감속기 → 바퀴" 순서이다.

56 전기자동차의 감속 시 동력전달 순서를 바르게 설명한 것은?

① 바퀴→구동모터→MCU→감속기→고전압 배터리
② 바퀴→MCU→감속기→구동모터→고전압 배터리
③ 바퀴→MCU→구동모터→감속기→고전압 배터리
④ 바퀴→감속기→구동모터→MCU→고전압 배터리

풀이 전기자동차의 감속 시 동력전달은 "바퀴 → 감속기 → 구동모터 → MCU → 고전압 배터리" 순서이다.

ANSWER 53 ③ 54 ② 55 ③ 56 ④

57 카메라로 주행차량의 전방영상을 촬영한 뒤 영상처리를 거쳐 차선을 인식하여 경보해주는 장치는?

① 위험속도 방지장치
② 적응순항 제어장치
③ 차간거리 경보장치
④ 차선이탈 경보장치

풀이 차선이탈 경보장치(Lane Departure Warning System, LDWS)는 카메라로 주행차량의 전방영상을 촬영한 뒤 영상처리를 거쳐 차선을 인식하여 경보해주는 장치이다.
방향지시등 작동 없이 차선을 이탈하면 계기판의 이미지와 경고음으로 운전자에게 알려준다.

58 주행 조향 보조 시스템(LKAS)에 대한 구성 요소별 역할에 대한 설명으로 틀린 것은?

① 클러스터 : 동작 상태 알림
② 레이더 센서 : 전방 차선, 광원, 차량
③ LKAS 스위치 : 운전자에 의한 시스템 ON/OFF제어
④ 전동식 파워스티어링 : 목표 조향 토크에 따른 조향력 제어

풀이 주행 조향 보조 시스템(LKAS)는 전방 인식 다기능 카메라(Multi Function Camera, MFC)를 이용하여 차선이탈을 판정하고, MDPS에 보조 토크를 제공하여 차선을 유지하도록 도와주는 편의장치이다. 레이더 센서는 선행차량과의 거리 및 속도를 측정하는 기능으로 ASCC에 사용되는 부품이다.
[참고] **LKAS 주요 구성품**
① ON/OFF 스위치 : 시스템 ON/OFF(운전자 선택)
② 전방 인식 카메라 : 전방 차선, 광원, 차량, 보행자 인식
③ MDPS : 목표 조향 토크에 따른 조향력 제어
④ 클러스터 : 차선 인식 상태 및 동작 상태 경보

59 후진경보장치에서 물체에 부딪혀 되돌아오는 시간을 측정하여 물체와의 거리를 측정하는 센서는?

① 적외선 센서
② 와전류 센서
③ 광전도 셀
④ 초음파 센서

풀이 자동차의 후진경보장치(Back Warning System, BWS)에 사용되는 초음파 센서는 40kHz의 초음파를 발산하고 이 음파가 물체에 부딪혀 되돌아올 때까지의 시간을 측정하여 물체와의 거리를 측정하는 센서이다.
[참고] 물체와의 거리(S) = $1/2 V \times T$
V : 음파의 속도(340m/s)
T : 물체까지의 왕복 시간(S)

60 주행안전장치에서 AFLS(Adaptive Front Lighting System)의 주요 제어 기능에 관한 설명으로 적절하지 않은 것은?

① Dynamic Bending – 곡선 도로에서 차량 진행 방향에 최적의 조명 제공
② Auto Leveling – 차량의 기울기 조건에 대한 헤드램프 로우 빔의 현상
③ Around View Monitoring – 운전자가 원하는 주변 부분 감지
④ 페일 세이프 – 시스템 고장 및 오동작 감지 시에 안전모드 동작

풀이 AFLS(능동 전조등 시스템)이란 차량 주행 시 도로 상황, 기후 환경 및 차량상태를 감지해 전조등의 빔 패턴을 능동적으로 조절하여 최적의 빔 패턴의 출력으로 운전자의 야간 시인성을 향상시키는 시스템이다.

57 ④ 58 ② 59 ④ 60 ③

61 가상 엔진 사운드 시스템(VSS)에 관한 설명으로 틀린 것은?

① 엔진 구동 소리와 유사한 소리를 발생한다.
② 자동차 속도 약 40km/h 이상부터 작동한다.
③ 차량 주변 보행자 주의환기로 사고 위험성이 감소한다.
④ 전기차 모드에서 보행자가 차량을 인지할 수 있도록 작동한다.

풀이 가상 엔진 사운드 시스템(Virtual Engine Sound System)이란 전기차는 엔진 소음이 없으므로 저속 EV모드로 운행 중 차량 근접을 보행자에게 경고하기 위한 시스템이다.
엔진 구동소리와 유사한 소리를 외부 스피커를 통해 가상 사운드를 작동하여 보행자에게 주의를 환기시켜 사전에 사고를 예방하는 시스템이다.
[차속에 따른 출력 범위]
P단 : 사운드 OFF
전진 : D, N단 0.4~28km/h
후진 : 차속과 관계없이 후진 선택 시 계속 출력

62 운전 중 제동 시점이 늦거나 제동력이 충분히 확보되지 않아 발생할 수 있는 사고에 대한 충돌이나 피해를 경감하기 위한 시스템은?

① 자동 긴급 제동 시스템
② 긴급 정지신호 시스템
③ 안티 록 브레이크 시스템
④ 전자식 파킹 브레이크 시스템

풀이 자동 긴급 제동 시스템(Autonomous Emergency Braking, AEB)는 졸음운전 방지 장치로, 전방 충돌 예상 상황에서 자동으로 브레이크를 작동시켜 운전 중 제동 시점이 늦거나 제동력이 충분히 확보되지 않아 발생할 수 있는 사고를 방지하거나 그 피해를 최소화하기 위한 기능이다.

63 전기장치 정비 시 주의사항으로 틀린 것은?

① 센서, 릴레이 취급 시 심한 충격을 주지 않도록 한다.
② 커넥터를 확실하게 연결되었는가를 확인한다.
③ 커넥터를 분리시킬 때는 배선을 잡고 당긴다.
④ 커넥터 연결은 딱 소리가 날 때까지 밀어 넣는다.

풀이 커넥터를 분리시킬 때에는 커넥터 본체를 잡고 커넥터 키를 누르면서 잡아 당긴다.

64 자동차관리법상 저속전기자동차의 최고속도(km/h) 기준은? (단, 차량 총중량이 1361kg을 초과하지 않는다.)

① 20　　② 40
③ 60　　④ 80

풀이 자동차 관리법 시행규칙 [제57조2]
저속전기자동차의 기준 : 저속전기자동차란 최고속도가 매시 60킬로미터를 초과하지 않고, 차량 총중량이 1361킬로그램을 초과하지 않는 자동차를 말한다.

61 ②　62 ①　63 ③　64 ③

03 수소연료전지 자동차(FCEV : Fuel Cell Electronic Vehi

제1절 수소연료전지 자동차 일반

1_ FCEV 개요

수소연료전지 자동차는 연료전지 스택(Stack)이라는 특수한 장치에서 수소(H_2)와 산소(O)의 화학반응을 통해 물(H_2O)을 생성하고, 생성하는 과정에서 발생되는 전기적인 에너지를 사용하여 구동 모터를 돌려 주행하는 자동차를 말한다. 즉, 수소와 공기 중의 산소를 반응시켜 전기를 생성하고, 생산된 전기는 인버터를 통해 모터로 공급된다. 또한 스택에서 생산된 전기의 충·방전을 보조하기 위해 별도의 고전압 배터리가 적용된다. 이 과정에서 유일하게 배출하는 배기가스는 수증기이다.

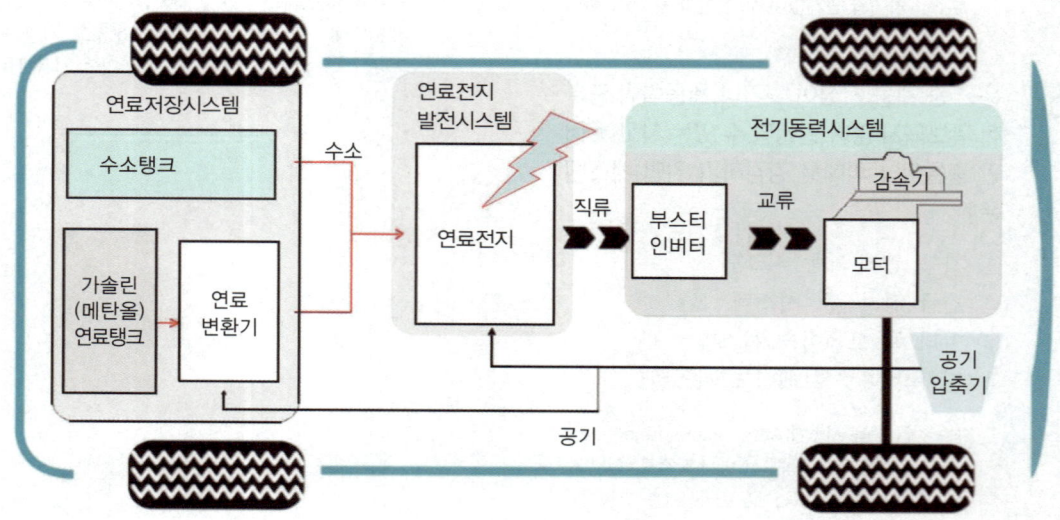

그림 6-13 / 수소연료전지 자동차

2_ 수소 연료전지 자동차의 장·단점

1) 장점

① 기존 발전 방법보다 효율성이 높다.(약 40~60%)
② 물과 열만 배출하는 청정에너지로 친환경적이다.
③ 다양한 연료의 사용이 가능하다.(메탄올, 천연가스, 석탄가스 등)
④ 탄소 배출량이 적다.
⑤ 수소 연료전지의 크기가 작아 공간 확보가 용이하다.

2) 단점

① 차량 가격이 높다.
② 초기 설치비용이 고가이다.
③ 수소 공급, 저장, 배포 등 인프라 구축이 어렵다.
④ 수소 취급관련 별도의 안전교육이 필요하다.

3_ 수소 자동차 정비 시 주의사항

① 환기 및 수소감지 시스템을 구비한 공인 작업장에서 수리하여야 한다.
② 차량 주변에 점화원이 없어야 한다.
③ 수소 가스를 누출시킬 때에는 누출 경로 주변에 점화원이 없어야 한다.
④ 수소공급 시스템이 가압되어 있기 때문에 가스 누출로 인한 위험이 있을 수 있고 부상을 입을 수도 있다.
⑤ 수소 탱크는 고압수소 가스로 충전되어 있기 때문에 탱크를 비우기 전에 수소 탱크를 제거하지 않는다.

4_ 수소 생산 방식

수소는 연소할 때 공해물질 방출이 전혀 없는 청정에너지이며, 생산을 위한 원료의 고갈 우려가 없다. 또한 에너지 밀도가 높고, 이용기술의 실용화 가능성이 높은 에너지이다.

① 추출(개질) : 천연가스(메탄), LPG, 갈탄 등을 고온/고압에서 분해
② 부생수소 : 석유화학이나 제철공장의 공정 중에 부산물로 발생
③ 수전해 : 물을 전기 분해하면 수소와 산소가 발생

표 6-3 / 수소가스 제조방법

구분	추출(개질)	부생수소	수전해
원리	천연가스 + 물 → 추출 → H_2 + CO_2	석유 코크스 나프타 → 화학공정 → H_2 + 목적물질	신재생에너지 + 물 → 수전해 → H_2 + O_2
특징	- 기존 에너지 활용 가능 - CO_2 발생	- 현재 가장 저렴한 방법 - 분리·정제로 생산	- 탄소 제로 수소생산 방법 - 현재는 고비용

제2절 수소 연료전지

1_ BOP(Balance Of Plant)

내연기관의 작동에는 공기, 연료, 점화 3가지 시스템이 필요하듯, 수소 연료전지 자동차에는 공기공급 시스템, 수소(연료)공급 시스템, 열관리 시스템 3가지가 전력(동력)을 만들어 내는데 필요하고, 이를 BOP라 한다.

공기공급 시스템(APS : Air Processing System)은 외부의 공기를 압축하고 냉각시켜 스택에 공급하는 장치이다.

수소공급 시스템(FPS : Fuel Processing System)은 충전탱크의 수소 연료를 적당한 압력으로 전환하여 스택까지 전송하는 장치이다.

열관리 시스템(TMS : Thermal Management System)은 스택 내부에서 전기를 생산하는 고정에서 발생하는 열을 냉각하고, 스택 내부의 온도를 올려 일정한 온도로 유지하는 장치이다.

2_ 연료전지 스택(Fuel Cell Stack)

연료전지 스택이란 수소와 산소의 반응을 통해 전기를 생산해내는 장치로 연료전지 자동차도 모터를 사용하므로, 이를 구동하기 위한 전기에너지를 확보하기 위하여 다수의 셀을 직렬로 연결하여 사용한다. 스택 내에서 전기를 만드는 최소 부품을 셀(연료전지 셀)이라 한다.

셀은 원자에서 전자를 분리시켜 전기를 만들고, 이온을 다른 경로로 움직이게 하는 일을 한다. 각 셀은 약 0.5~1V의 전압을 출력하므로, 약 440장을 적층구조로 조립하여 250~450V의 전압을 생산하여 수소자동차의 모터 구동에 사용한다.

3_ 연료전지 스택의 전기발생 원리

연료전지 스택의 수소극(Anode)에 수소를 공급하고 스택의 산소극(Cathode)에 공기(산소)를 공급하면, 수소극을 통해 들어온 수소는 촉매에 의해 양자(H^+)와 전자(e^-)로 나누어진다. 이때 수소 양자(H^+)는 전해질을 통과하여 산소극의 산소와 만나 물 분자(H_2O)를 생성하고, 수소 이온(e^-)은 외부 회로로 이동하여 전기를 발생시킨다.

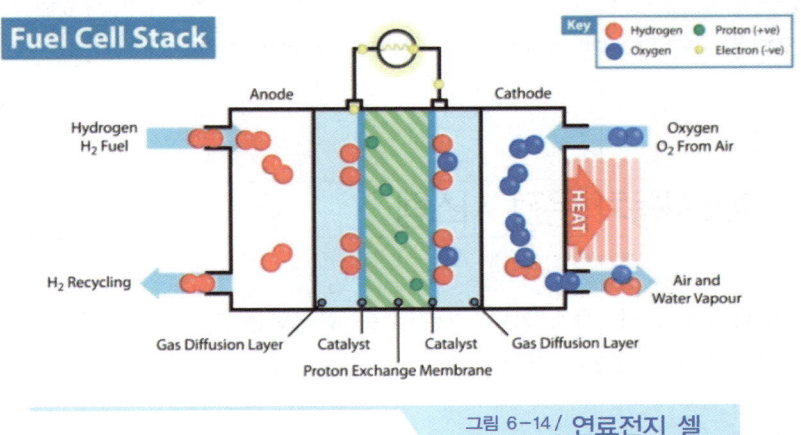

그림 6-14 / 연료전지 셀

셀의 화학반응식은 다음과 같다.
수소반응 : $2H_2 \rightarrow 4H^+ + 4e^-$
산소반응 : $4H^+ + O_2 + 4e^- \rightarrow 2H_2O$

4_ 연료전지 스택의 주요 구성품

1) 막-전극 접합체(MEA : Membrane Electrode Assembly)

전해질막과 전극이 일체로 되어있는 구조이며 양극과 음극 사이에 이온이 움직이는 통로로, 전자의 이동이 가능하게 하므로 전기를 만들어 내는 스택의 핵심 부품이다. 수소 이온인 양성자(H^+)만 통과하여 산소와 반응한다.

2) 기체 확산층(GDL : Gas Diffusion layer)

전극에 있는 수소를 Membrane까지 확산시켜 주며, 반응 생성물(가스 및 물) 제거, 셀에서 전기를 만들기 위해 필요한 물 관리, 촉매층의 전자를 이동시키는 역할 등을 한다.

3) 분리판(separator)

스택으로 공급되는 기체(수소, 산소)의 공급 통로, 스택 냉각을 위한 냉각수의 통로, 발전된 전류를 이동시키는 통로의 역할을 한다.

4) 스택 전압 모니터(SVM : Stack Voltage Monitor)

스택 내부의 각 셀에서 발생되는 전압을 실시간으로 측정하는 역할을 하며, 감지된 전압을 CAN 통신을 통해 FCU에 전송하고, FCU는 이 정보를 이용하여 가용할 수 있는 전압을 파악하여 모터를 구동하는데 필요한 기초 신호로 사용한다.

제3절 수소자동차 운전 시스템

연료전지(Stack)에 공기, 수소(연료), 냉각수를 공급하는 장치로, 공기공급 시스템, 수소공급 시스템, 열관리 시스템으로 구분한다.

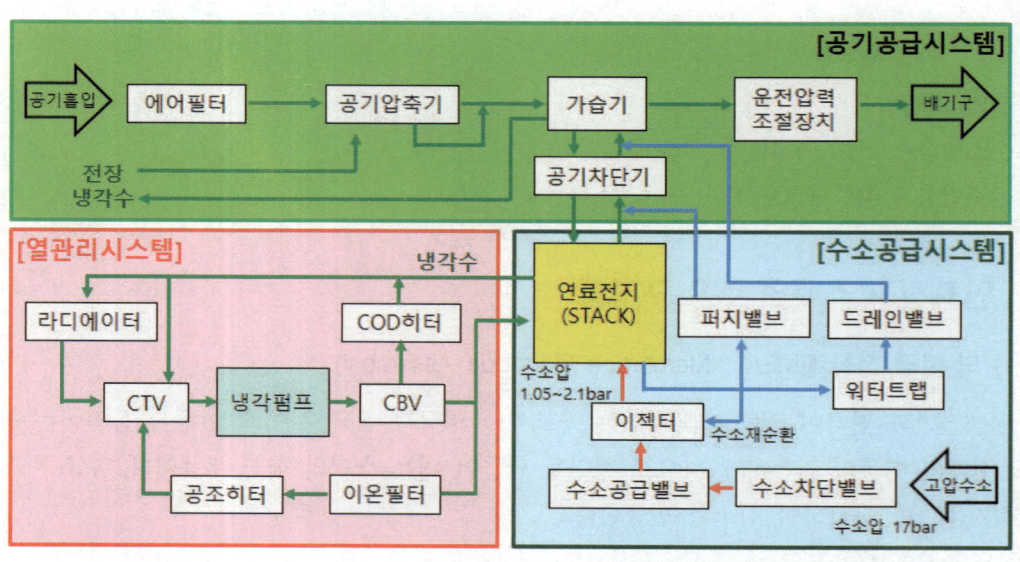

그림 6-15 / 수소 자동차 운전시스템

1_ 연료전지 운전장치

1) **공기공급 시스템**(APS : Air Processing System) : 흡입공기는 에어필터를 지나 공기압축기로 흡입되며, 가습기를 지나 수분을 보충한 습한 공기상태로 되어 공기차단기의 inlet을 거쳐 스택으로 공급된 후, 다시 공기 차단기의 outlet을 통해 가습기로 되돌아간다. 가습기를 통과한 공기는 공기 압력밸브(운전압력 조절장치)를 지나 배기로 배출된다.

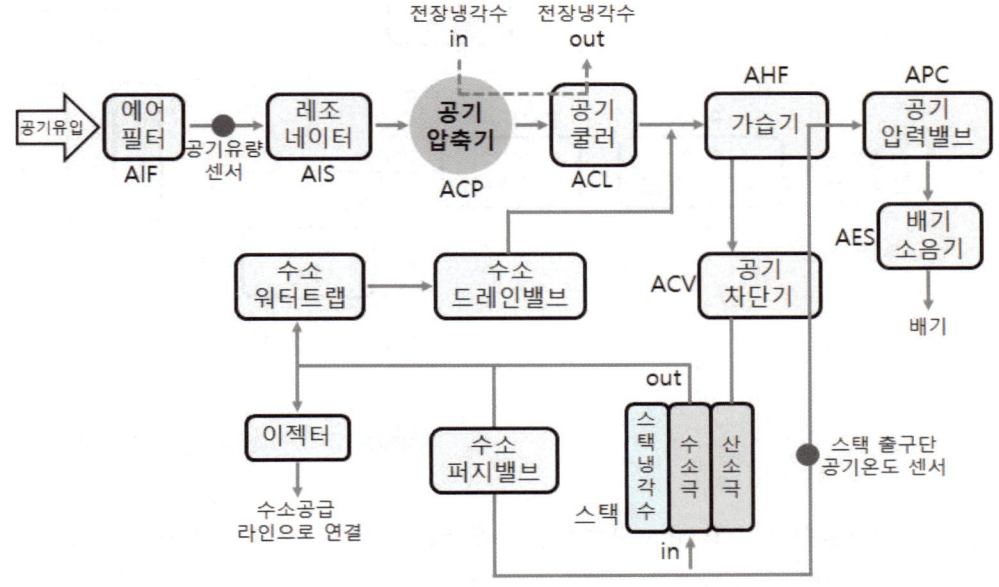

그림 6-16 / **공기공급 시스템 흐름도**

2) **수소공급 시스템**(FPS : Fuel Processing System) : 수소 탱크로부터 공급된 약 700bar 의 수소(연료)는 첵밸브, 고압 레귤레이터를 거쳐 약 17bar로 감압되어 수소차단밸브를 거치고, 수소공급밸브를 거쳐 2차 감압 후 이젝터로 공급된 후 스택에 연료를 공급한다. 스택에서 배출되는 연료는 이젝터, 퍼지밸브, 워터 트랩으로 흘러 들어가며 이젝터로 유입된 연료 일부는 재순환되며 순도가 떨어지면 퍼지밸브를 통해 대기로 배출된다. 수소 워터트랩은 스택 수소층에서 발생된 생성수(H_2O)를 모았다가 드레인 밸브를 통해 외부로 배출된다.

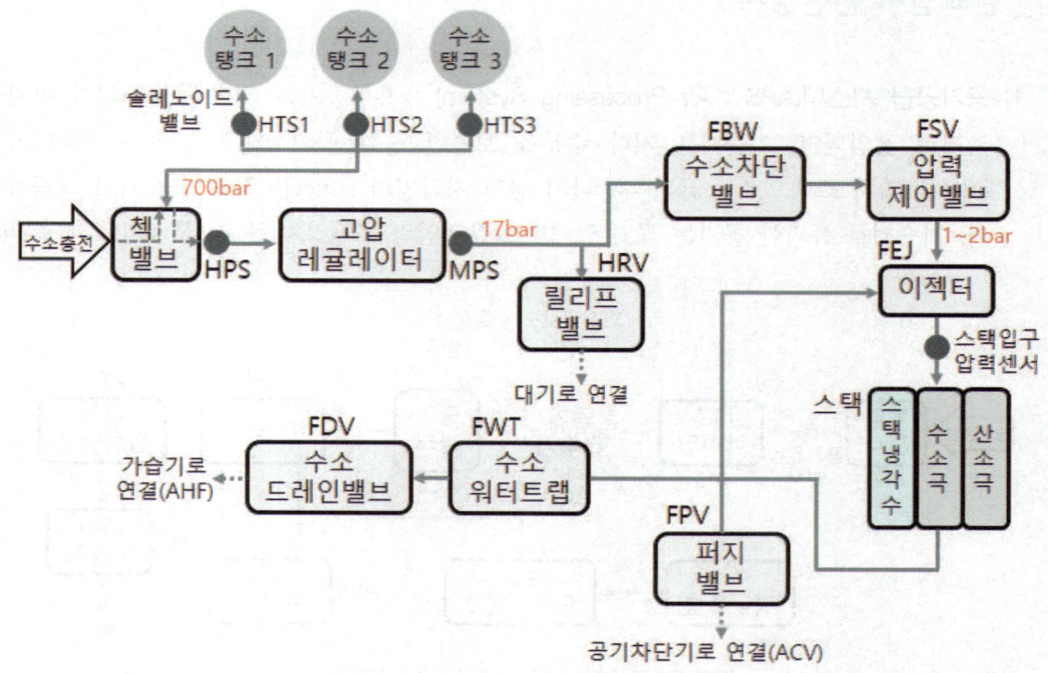

그림 6-17 / 수소공급 시스템 흐름도

3) **열관리 시스템**(TMS : Thermal Management System) : 수소와 산소의 반응으로 인한 연료전지 스택의 온도 상승을 억제하고 스택 전반의 온도 분포를 균일하게 냉각, 관리하는 것이 열관리 시스템이다. 스택 냉각수의 흐름에 따라 일반운전, 과열, 냉시동으로 구분된다.

① 일반운전 시 냉각수 흐름 : 스택 냉각수펌프(CSP)에서 펌핑된 냉각수는 스택우회밸브 (CBV)를 거쳐 스택으로 유입된 후 다시 스택 냉각수 온도밸브(CTV)를 거쳐 냉각수 펌프로 유입된다. 이때 CBV를 통과한 냉각수 중 일부는 항상 히터코어와 이온필터를 지나 CTV로 유입되어 냉각수 펌프로 들어간다.

② 과열 시 냉각수 흐름 : 과열 시에는 스택을 지나온 냉각수의 대다수가 라디에이터를 지나 냉각된 후 CTV로 유입된다. 스택을 통과한 냉각수 일부는 FCU CAN 신호에 따라 라디에이터를 통과한 냉각수와 통과 이전의 냉각수를 적절히 섞어 온도제어를 수행한다.

③ 냉시동 시 냉각수 흐름 : 스택 냉각수펌프에서 펌핑된 냉각수는 CBV에서 스택으로 연결되는 라인을 차단하고 COD 히터로 연결한다. COD 히터를 통해 데워진 냉각수는

다시 CTV로 입력되어 다시 냉각수 펌프로 유입된다. 이때 스택은 냉각수가 공급되지 않은 상태이므로 스택 자체에서 발생되는 열로 히팅을 한다.

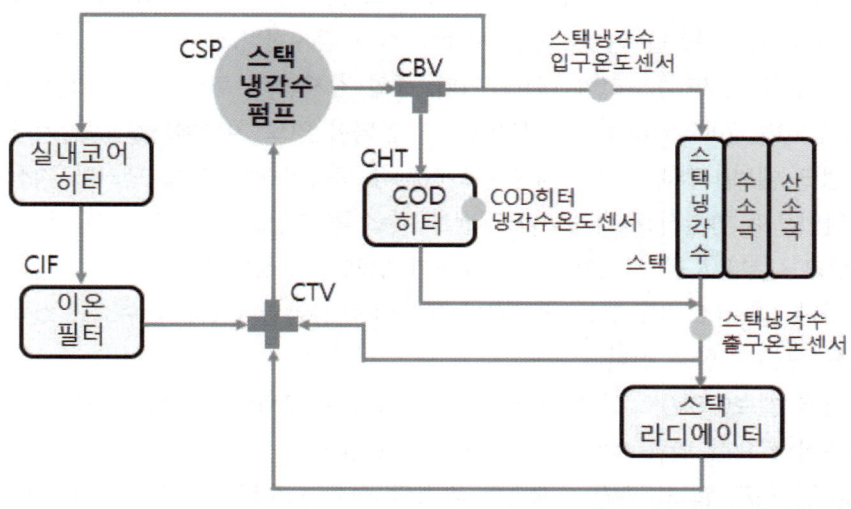

그림 6-18 / 열관리 시스템 흐름도

2_ 연료전지 운전장치의 주요 구성품

1) 공기공급 시스템

① **에어 필터** : 이물질에 의해 전기 생산이 저하하므로 일반 차량보다 여과성능이 뛰어나다.
② **공기유량 센서** : 스택에 유입되는 공기의 양을 측정하여 FCU로 입력한다.
③ **공기 압축기(ACP)** : 에어필터를 통해 유입된 공기의 압력을 높여 스택에 보내는 장치이다. 10만 rpm, 2bar까지 압축시킨다.
④ **공기 쿨러 및 가습기** : 공기 쿨러 및 가습기는 일체로 되어있으며, 쿨러는 효율적인 공기의 냉각을, 가습기는 스택으로 공급되는 공기에 수분을 공급한다.
⑤ **공기 차단기(ACV)** : 가습기에서 공급된 공기를 스택으로 공급하고, 스택에서 사용된 공기를 다시 가습기로 배출시키는 통로 역할을 한다.
⑥ **공기압력 밸브(APC)** : 가습기와 배기구 사이에 설치되며, 부하에 따라 운전압력 조절 장치의 공기압력 밸브를 닫아 스택 내부의 공기단에 배압을 형성하도록 하여 수소와 충분히 반응을 할 수 있도록 한다.

2) 수소공급 시스템

① 수소 저장탱크 : 수소 충전소에서 약 700bar로 충전시킨 기체 수소를 충전하는 탱크이다.
② 고압감지 센서(HPS) : 충전된 수소의 이상 고압을 감지하여 수소탱크 제어유닛(HMU)으로 전송하는 역할을 한다. 최고 900bar 까지 감지한다.
③ 중압감지 센서(MPS) : 고압 레귤레이터, 중압 감지센서, 릴리프 밸브가 하나로 블록으로 구성되며, 700bar의 압력이 17bar로 감압되어 연료 차단밸브로 공급된다.
④ 수소탱크 밸브(HTS) : 수소 저장탱크에 각각 하나씩 적용되며, 탱크에 저장된 수소를 공급라인으로 연결하는 솔레노이드 밸브, 수소를 수동으로 차단할 수 있는 매뉴얼 밸브, 탱크 내부온도를 감지하는 온도센서가 일체로 구성된다.
⑤ 연료차단 밸브(FBV) : 고압 레귤레이터에 의해 감압된 17bar의 수소를 스택으로 공급 및 차단하는 역할을 한다.
⑥ 연료공급 밸브(FSV) : 연료 차단밸브에서 공급된 17bar의 연료를 스택에서 전력을 생산하는데 필요한 만큼 압력을 조절하는 밸브이다.
⑦ 연료라인 퍼지 밸브(FPV) : 재순환 과정의 수소는 순도가 낮아 전력효율이 떨어지므로 스택에서 일정량의 수소를 소비할 때, FCU는 수소 순도를 높이기 위해 퍼지 밸브를 개방하여 수소를 배출하고 새로운 수소를 공급한다.
⑧ 워터 트랩(FWT) : 스택 내부 수소확산 영역에서 생성된 물을 저장한다. 최대 200ml를 저장할 수 있다.
⑨ 생성수 레벨 센서 : 워터 트랩에 저장된 수분의 양을 측정한다.
⑩ 드레인 밸브(FDV) : FCU의 구동에 의해 워터 트랩에 저장된 물을 공기 공급라인의 가습기로 보낸다.
⑪ 적외선 이미터(HMI) : 수소 충전 건이 차량과 연결되면, HMU는 적외선 이미터를 통해 충전관리 시스템에 현재 수소저장탱크의 압력 및 온도를 전송한다. 이 신호를 수신한 충전 시스템은 탱크 부하에 맞는 속도로 수소 충전을 실시한다.

3) 열관리 시스템

① 스택 냉각수 펌프(CSP) : 내연기관에서의 워터펌프 역할과 같으며, 250V~450V 전원을 입력받아 내부 인버터에서 3상으로 변환한 뒤 펌프를 구동한다. FCU와의 통신을 통해 회전수를 제어하고 연료전지 냉각시스템의 냉각수를 순환시키는 역할을 한다.
② COD 히터(CHT) : COD 히터는 내부에 발열체를 가지고 있으며, COD 릴레이를 통해 고압회로와 연결된다. COD 히터는 4가지 역할을 수행한다.
    ㉠ COD 기능 : 연료전지 셀의 내구성 향상을 위해 IG off시 스택에 남아있는 잔류 전류를 강제 반응시켜 소진하는 기능

ⓒ 냉시동 기능 : 냉시동 조건(영하 30℃)이 되면, 약 30초 동안 COD 히터를 가열하여 냉각수 온도를 올린다.
　　ⓒ 회생제동 기능 : 회생제동 시 고전압 배터리의 SOC가 높을 경우 COD 히터를 사용하여 발열로 소진한다.
　　ⓔ 급속 고전압 소진 : 충돌, 절연파괴 등과 같은 위급상황 시 고전압 시스템 차단 후 COD 히터를 통해 잔류 고전압을 소진한다.
③ **이온 필터(CIF)** : 스택 냉각수의 이온을 필터링하여 차량의 전기전도도를 일정 수준으로 유지하여 전기 안전성을 확보해주는 기능을 한다. 스택 냉각수는 전장 냉각수 대비 전기 전도도가 낮아 혼합하여 사용할 수 없다. 만일 전장 냉각수를 스택 냉각수에 넣을 경우 단락(절연 파괴)되어 차량 운행이 정지된다.
④ **스택 우회밸브(CBV)** : 스택 우회밸브는 3 Way 밸브로, 일반 운전조건일 경우 냉각수는 스택으로 유입되어 냉각작용을 하며, 냉시동 조건에서는 COD히터로 보내 냉각수 온도를 상승시킨다.
⑤ **스택 냉각수 온도제어 밸브(CTV)** : 스택 냉각수 온도제어 밸브는 4 Way 밸브로 써모스탯 역할을 한다. 일반 운전조건일 경우 스택에서 유입된 냉각수를 바로 펌프로 연결하지만, 냉각수 온도가 상승하면 라디에이터에서 유입되는 통로를 펌프와 연결시킨다.
⑥ **스택 냉각수 온도센서** : 스택으로 유입되는 냉각수 온도를 감지하여 FCU로 보낸다. 스택 입구 온도센서와 출구 온도센서의 정보를 기준으로 냉각수 온도를 제어하여 스택이 과열되지 않도록 제어한다.
⑦ **라디에이터** : 냉각수의 통로로, 스택 라디에이터, 전장 라디에이터, 콘덴서가 일체로 구성되었다.
⑧ **쿨링팬** : 라디에이터를 냉각시키는 역할을 한다.

3_ 수소 자동차의 시동 준비과정

하이브리드 자동차, 전기자동차 수소 자동차 등 전기모터를 사용하는 친환경 자동차는 엔진 시동 대신 모터를 구동할 수 있다는 의미인 초록색 "READY" 램프를 점등한다. READY 램프가 점등되었다는 것은 내연기관 자동차에서 시동이 걸린 것과 동일한 주행 가능하다는 의미이다.

시동 버튼을 누르면, 다음과 같은 순서로 "READY"가 진행된다.
① 브레이크 페달을 밟고 시동 버튼을 누른다.
② SMK(IBU)는 실내에 존재하는 스마트키 인증이 완료되면 전원 릴레이를 구동하여 각 제어기에 전원을 공급한다.
③ FCU는 IGN(On/Start 전원) 전원이 입력되면 K-Line을 통해 SMK로 이모빌라이저 인증을 요청하고 응답을 받는다.
④ 인증과 별도로 SMK는 시동 출력(12V)을 한다. 이때 시동 출력과 동일하게 스타트 피드백 단자로 12V가 입력되어야 한다.(미 입력시 시동 출력을 멈춤)
⑤ FCU는 약 1초 이상 시동 신호를 입력받으면 SMK로 P CAN을 통해 시동 출력 정지 신호를 보낸다.
⑥ 즉, FCU는 연료도어가 닫혀있고, 연료전지 시스템 및 고전압 회로가 정상이며, 이모빌라이저 인증이 정상이고, FCU로 시동 신호가 입력되는 4가지 조건을 만족할 경우

4_수소 자동차 약어 설명

약어	원 어
FCEV	Fuel Cell Electric Vehicle(연료전지 전기자동차)
FCU	Fuel-cell Control unit(연료전지 컨트롤 유닛)
PFC	Power-train Fuel Cell(수소전기차 동력원)
BOP	Balance of Plant(연료전지 시스템 운전장치)
HMU	Hydrogen Manufacture Unit(수소저장시스템 제어기)
APS	Air Processing System(공기공급 시스템)
FPS	Fuel Processing System(수소공급 시스템)
TMS	Thermal Management System(열관리 시스템)
LDC	Low DC-DC Converter
BHDC	Bi-directional High Voltage DC-DC Converter
ACV	Air Cut-off Valve(공기 차단기)
APC	Air Pressure Control Valve(공기 압력밸브)
MPS	Mid Pressure Sensor(중압 감지센서)
HPS	High Pressure Sensor(고압 감지센서)
HTS	Hydrogen Tank Solenoid(수소탱크 밸브)
FBV	Fuel Block Valve(수소 차단밸브)
FSV	Fuel Supply Valve(수소압력 제어밸브)
FPV	Fuel line Purge Valve(수소 퍼지밸브)
FWT	Fuel-cell Water Trap(워터 트랩)
FDV	Fuel-cell Frain Valve(드레인 밸브)
HIE	Hydrogen IR Emitter(적외선 이미터)
CSP	Coolant Stack Pump(스택 냉각수 펌프)
CBV	Coolant Bypass Valve(냉각수 우회밸브)
CTV	Coolant Temperature Valve(냉각수 온도밸브)
COD	Cathode Oxygen Depletion
CHT	COD Heater

제4절 수소 자동차의 전력 변환

수소 자동차(FCEV)는 전기자동차(EV)의 부품을 모두 가지고 있다. 또한, 운용되는 전압의 종류는 400V, 240V, 12V까지 다양하다.

인버터는 대개 출력(직류)을 교류로 변환시키는 장치이고, 컨버터는 출력을 직류로 변환시키는 장치이다.

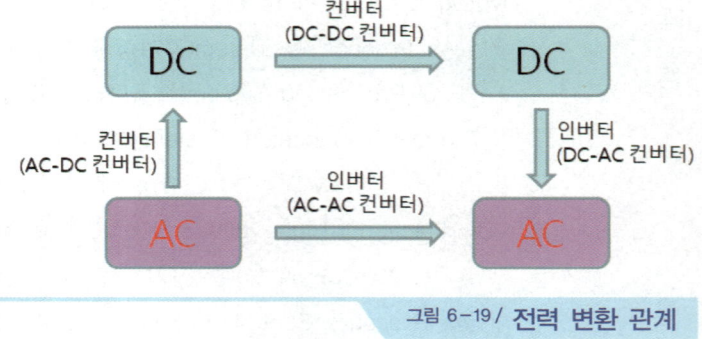

그림 6-19 / 전력 변환 관계

1_ 수소 자동차의 시동 시 전력변환

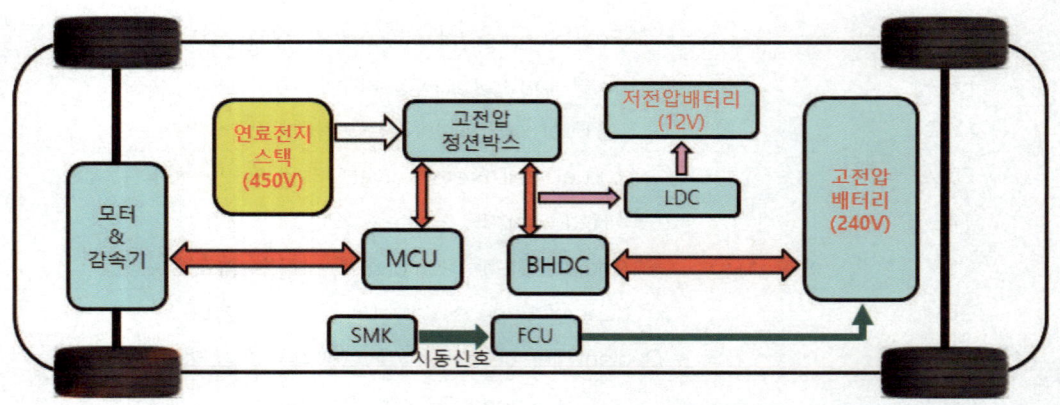

그림 6-20 / 수소자동차 시동 시 전력변환

스마트키(SMK)의 시동신호가 FCU에 전달되면 FCU는 고전압 배터리(240V)에 작동을 명령한다.(PRA 작동) 이 때 고전압 배터리 내부 전원으로는 구동모터를 작동시킬 수 있는 토크가 부족하므로, BHDC를 통해 240V를 450V로 승압하여 고전압 정션박스로 보낸다. MCU는 이 고전압 직류를 구동모터를 제어하기 위한 3상 교류로 변환시켜 모터를 구동시킨다. 이와 동시에, 고전압은 LDC로도 입력되어 12V배터리를 충전시킨다.

2_ 수소 자동차의 평지주행 시 전력변환

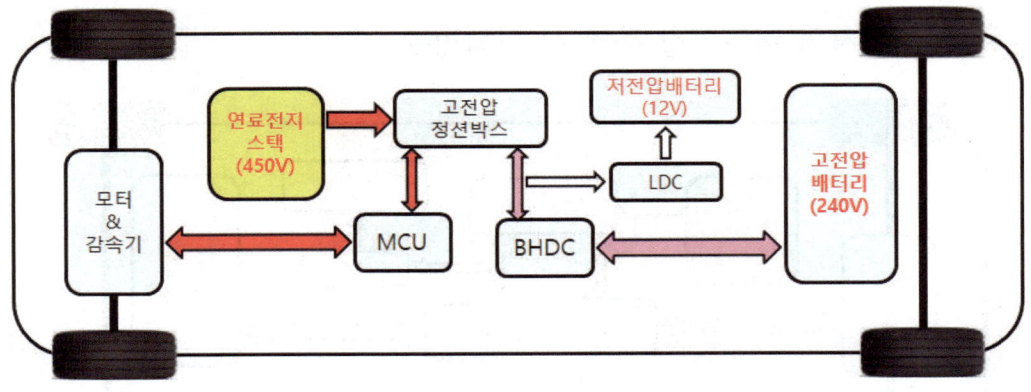

그림 6-21 / **수소자동차 평지주행 시 전력변환**

평지 주행 시는 저부하, 정속주행 조건이므로 스택에서 생산되는 전기로 충분히 구동이 가능하다. 주행하면서도 남은 전기는 회수하여 고전압배터리에 충전시켜 효율을 높인다. BHDC는 스택의 450V 고전압을 감압시켜 240V의 고전압 배터리를 충전시킨다.

3_ 수소 자동차의 등판주행 시 전력변환

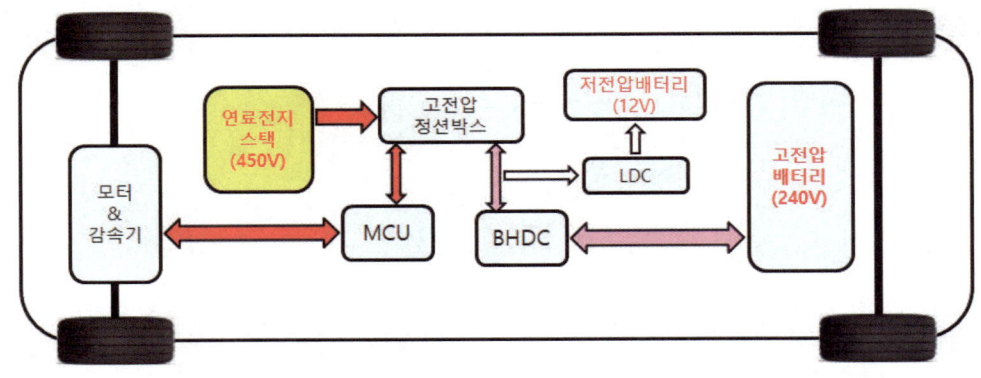

그림 6-22 / **수소자동차 등판주행 시 전력변환**

기본적으로 스택에서 생산되는 전기를 사용하여 모터를 구동시키지만 부족할 경우 고전압 배터리의 지원을 받는다.(스택+고전압 배터리) 고전압배터리는 240V이므로 BHDC에서 450V로 승압하여 고전압 정션박스로 보내면 MCU는 직류를 교류로 변환하여 3상 교류모터를 구동하게 된다.

4_ 수소 자동차의 내리막길 주행 시 전력변환

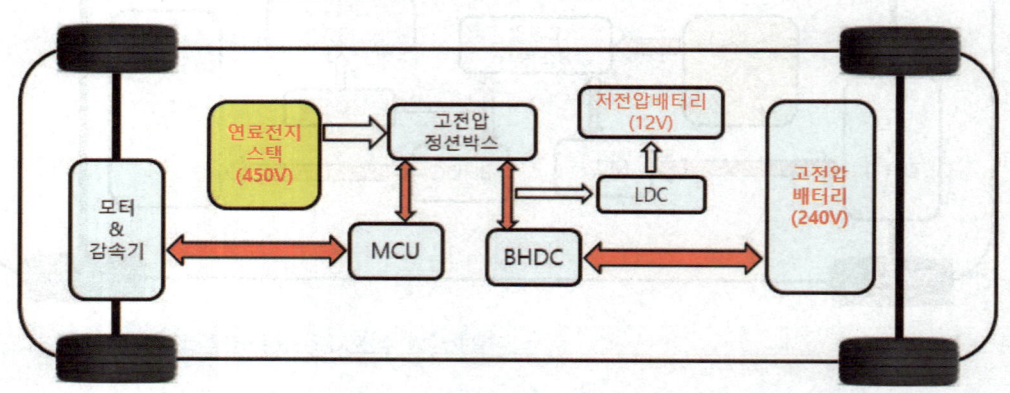

그림 6-23 / 수소자동차 내리막길 주행 시 전력변환

하이브리드 자동차와 마찬가지로 감속 시에는 회생제동에 의해 구동모터가 발전기가 되어 전기를 생산한다. 이때 MCU는 교류를 직류로 변환하여 고전압배터리를 충전시킨다. 만약 고전압배터리가 완전 충전되어 있을 때(고전압 배터리 SOC가 높을 때), 계속 충전이 된다면 회생제동에 의해 과충전 될 우려가 있으므로 남은 전기를 COD 히터로 보내 자체적으로 소진시킨다.

제3장 수소연료 전지자동차 출제예상문제

01 연료전지의 장점에 해당되지 않는 것은?
① 상온에서 화학반응을 하므로 위험성이 적다.
② 에너지 밀도가 매우 크다.
③ 연료를 공급하여 연속적으로 전력을 얻을 수 있으므로 충전이 필요 없다.
④ 출력밀도가 크다.

풀이 연료전지의 장점
① 연료를 공급하여 연속적으로 전력을 얻을 수 있으므로 충전이 필요 없다.
② 에너지 밀도가 매우 크다.
③ 상온에서 화학반응을 하므로 위험성이 적다.

02 KS 규격 연료전지기술에 의한 연료전지의 종류로 틀린 것은?
① 고분자 전해질 연료 전지
② 액체 산화물 연료전지
③ 인산형 연료 전지
④ 알칼리 연료 전지

풀이 KS 규격 연료전지의 종류
공기 호흡형 연료전지, 알카리 연료전지, 직접 연료전지, 직접 메탄올 연료전지, 용융 탄산염 연료전지, 인산형 연료전지, 고분자 전해질 연료전지, 양자 교환막 연료전지, 재생 연료전지, 고체 산화물 연료전지, 고체 고분자 연료전지

03 연료전지의 종류 중 전해액에 따른 구분으로 틀린 것은?
① 알칼리형
② 인산형
③ 액체 산화물형
④ 고분자 전해질형

풀이 연료전지의 전해액에 따른 구분
알카리형, 인산형, 용융 탄산염형, 고체 산화물형, 고분자 전해질형, 직접 메탄올

04 수소 연료전지 전기차(HFCEV)의 장점이 아닌 것은?
① 유해한 배기가스가 없어 친환경적이다.
② 화석연료에 비해 저렴하다.
③ 충전시간이 짧다.
④ 수소 제조에 쓰이는 촉매의 가격이 저렴하다.

풀이 ①~③은 수소 연료전지 자동차의 장점이며, 촉매의 재료인 백금, 팔라듐, 세륨 등이 희토류이며 귀금속이라 비싸다.

01 ④ 02 ② 03 ③ 04 ④

05 수소 연료전지 전기차(HFCEV)에 대한 특징이 아닌 것은?

① 연료전지는 직접 발전하므로 효율이 높다.
② 연료전지의 연료는 탄소 등 다른 불순물이 없으므로 유해한 배기가스가 없다.
③ 대기 중의 먼지나 화학물질이 정화된 후 배출되므로 공기정화 기능이 있다.
④ 수소제조에 들어가는 비용이 높아 연료 가격이 비싸다.

풀이 ①~③항이 수소연료전지 전기차의 특징이며, 현재의 기술로 수소의 가격은 저렴한 편이다.

06 수소 연료전지 전기차의 주행 특성이 틀린 것은?

① 차량에 부하가 적을 경우, 스택에서 생산된 전기로 모터를 구동한다.
② 차량에 부하가 클 경우, 스택의 전기 생산량을 높여 모터에 공급되는 전압을 높인다.
③ 차량에 부하가 없을 경우, 회생제동으로 생산된 전기를 스택에 저장하여 연비를 향상시킨다.
④ 차량에 부하가 없을 경우, 스택으로 공급되는 연료를 차단하여 스택을 정지시킨다.

풀이 수소 연료전지 전기차의 주행상황에 따른 주행 특성은 다음과 같다.
① 차량에 부하가 적을 경우, 스택에서 생산된 전기로 모터를 구동한다.
② 차량에 부하가 클 경우, 스택의 전기 생산량을 높여 모터에 공급되는 전압을 높인다.
③ 차량에 부하가 없을 경우, 스택으로 공급되는 연료를 차단하여 스택을 정지시킨다. 또한, 회생제동으로 생산된 전기는 스택으로 가지 않고 고전압 배터리를 충전하여 연비를 향상시킨다.

07 수소 연료전지 전기차에 사용되는 수소가스 제조 기술 중 다른 방식은?

① Alkaline
② PEM(Polymer electrolyte membrane)
③ Solid oxide electrolysis
④ 천연가스 개질법

풀이 ①~③은 물을 전기분해하여 수소를 얻는 방식이고, 천연가스 개질법은 화석연료를 열분해하여 수소가스를 제조하는 방식이다.

08 물 전기분해를 통한 수소가스 제조 기술이 아닌 것은?

① Alkaline
② PEM(Polymer electrolyte membrane)
③ Solid oxide electrolysis
④ Hydrogen decomposition

풀이 Alkaline electrolysis는 수산화칼륨이나 수산화나트륨이 녹아 있는 알카리 수용액에서 수소를 생산하는 방식이고, PEM은 친환경적으로 수소를 생산하는 대표적인 방식이다.
Solid oxide electrolysis는 개발단계로서 고온의 수증기를 수소와 산소이온으로 분해시키고, 이때 음극에서 발생한 수소를 정제하는 방식이다.

09 수소 연료전지 전기차(HFCEV)는 수소와 산소를 반응시켜 동력을 발생시킨다. 이때 발생되는 수증기 30ml를 만들기 위해 필요한 산소 기체의 부피는?

① 15ml ② 30ml ③ 60ml ④ 75ml

풀이 수소와 산소의 반응식 $2H_2 + O_2 = 2H_2O$에서 부피의 비는 분자수의 비와 같다.
따라서, 산소 : 수증기 = 1:2이므로, 수증기 30ml를 만들기 위해 필요한 산소 기체의 부피는 1:2=x:30 ∴ x = 15ml이다.

05 ④ 06 ③ 07 ④ 08 ④

10 수소연료 전지차의 에너지소비효율 라벨에 표시되는 항목이 아닌 것은? (단, 자동차의 에너지소비효율 및 등급표시에 관한 규정에 의한다.)

① CO_2 배출량
② 1회 충전 주행거리
③ 도심주행 에너지소비효율
④ 고속도로주행 에너지소비효율

 수소전기차 에너지소비효율 라벨
① 복합 에너지 소비효율
② CO_2 배출량
③ 도심주행 에너지소비효율
④ 고속도로주행 에너지소비효율

11 연료전지의 효율(η)을 구하는 식은?

① 효율(η)
$= \dfrac{1\,mol의\ 연료가\ 생성하는\ 전기에너지}{생성\ 엔트로피}$

② 효율(η)
$= \dfrac{1\,mol의\ 연료가\ 생성하는\ 전기에너지}{생성\ 엔탈피}$

③ 효율(η)
$= \dfrac{10\,mol의\ 연료가\ 생성하는\ 전기에너지}{생성\ 엔트로피}$

④ 효율(η)
$= \dfrac{10\,mol의\ 연료가\ 생성하는\ 전기에너지}{생성\ 엔탈피}$

풀이 연료전지의 효율(η)
$= \dfrac{1\,mol의\ 연료가\ 생성하는\ 전기에너지}{생성\ 엔탈피}$

12 다음 중 두 정비사의 의견 중 옳은 것은?

• 정비사 A : 수소 연료전지 전기차는 스택과 전장에 모두 냉각수가 필요하다.
• 정비사 B : 냉각수는 모두 물을 사용하므로 같이 사용해도 좋다.

① 정비사 A만 옳다.
② 정비사 B만 옳다.
③ 두 정비사 모두 틀리다.
④ 두 정비사 모두 옳다.

풀이 스택 냉각수와 전장 냉각수는 계열은 동일하나 냉각수 특성이 다르므로 절대로 혼용하면 안된다.

13 수소 연료전지 전기차의 1셀(Cell)은 약 몇 V 인가?

① 0.5~1V   ② 1.2~1.5V
③ 2.1~2.3V ④ 3.7~3.75V

풀이 수소와 산소가 반응하여 생기는 전압은 1셀 당 약 0.5~1V이다.

14 수소 연료전지는 수소와 산소의 화학반응에 의해 에너지로서 무엇을 발생하는가?

① 열의 발생
② 압력의 발생
③ 전압의 발생
④ 전류의 발생

풀이 수소 연료전지는 수소와 산소의 화학반응에 의해 에너지로서 전류를 발생한다.

ANSWER   10 ② 11 ② 12 ① 13 ① 14 ④

15. 다음 중 수소 연료전지 전기차에 대한 설명 중 틀린 것은?
① 연료전지 셀을 적층구조로 만든 것을 스택이라 한다.
② 연료전지 셀의 음극에는 수소가, 양극에는 산소가 공급된다.
③ 연료전지 셀은 수소와 산소의 화학반응으로 전압을 발생한다.
④ 하나의 셀은 약 3.75V의 전압을 발생할 수 있다.

풀이 ①~③항이 옳은 설명이고, 하나의 셀은 약 0.5~1V의 전압을 발생할 수 있다.

16. 고분자 전해질형 연료전지의 특징으로 틀린 것은?
① 다른 형태의 연료전지에 비해 전류밀도가 큰 고출력 연료전지이다.
② 100℃ 이상의 고온에서 작동되어 시동성이 우수하다.
③ 고분자 막을 전해질로 사용한다.
④ 수소 이외에도 메탄올이나 천연가스를 연료로 사용할 수 있어 동력원으로 적합하다.

풀이 ①, ③, ④항 외에 100℃ 미만의 저온에서 작동되며, 구조가 간단하고 시동성이 우수하다.

17. 수소 연료전지 전기차에서 스택의 주요 구성요소가 아닌 것은?
① 막전극 집합체   ② 기체 확산층
③ 분리판   ④ 고전압 배터리

풀이 연료전지 스택의 주요 구성요소는 막전극 집합체, 기체 확산층, 분리판, 개스킷 체결기구, 인클로저 등이 있다.

18. 수소 연료전지 전기차에서 연료전지 스택의 막전극 집합체(Membrane Electrode Assembly, MEA)의 주요 기능이 아닌 것은?
① 수소 이온의 전달
② 기체 상태의 산소, 수소를 차단
③ 전자를 차단하는 절연체 역할
④ 전해액의 원활한 이동

풀이 연료전지 스택의 막전극 집합체는 수소이온 만을 선택적으로 통과시키고, 기체 상태의 산소, 수소를 차단하며 전자의 직접 전달을 방지하기 위한 절연체 역할을 한다.

19. 수소 연료전지 전기차에서 연료전지 운전장치의 시스템이 아닌 것은?
① 공기공급 시스템
② 수소공급 시스템
③ 전력공급 시스템
④ 열관리 시스템

풀이 연료전지 운전장치(BOP, Balance Of Plant)는 공기공급 시스템, 수소공급 시스템, 열관리 시스템으로 구성되어 있다.

15 ④ 16 ② 17 ④ 18 ④ 19 ③

20 수소 연료전지 전기차에서 공기공급 시스템의 순서로 올바른 것은?

① 에어필터 → 공기압축기 → 공기쿨러 → 가습기 → 공기차단기 → 스택
② 에어필터 → 공기쿨러 → 가습기 → 공기차단기 → 공기압축기 → 스택
③ 에어필터 → 가습기 → 공기차단기 → 공기압축기 → 공기쿨러 → 스택
④ 에어필터 → 공기차단기 → 공기압축기 → 공기쿨러 → 가습기 → 스택

풀이 수소 연료전지 전기차에서 공기공급 시스템의 순서는 다음과 같다.
에어필터 - 공기압축기 - 공기쿨러 - 가습기 - 공기차단기 - 스택

21 수소 연료전지 전기차에서 수소공급 시스템의 순서로 올바른 것은?

① 수소탱크 → 고압 레귤레이터 → 수소 차단밸브 → 압력제어밸브 → 이젝터 → 스택
② 수소탱크 → 수소 차단밸브 → 압력제어밸브 → 이젝터 → 고압 레귤레이터 → 스택
③ 수소탱크 → 압력제어밸브 → 이젝터 → 고압 레귤레이터 → 수소 차단밸브 → 스택
④ 수소탱크 → 이젝터 → 고압 레귤레이터 → 수소 차단밸브 → 압력제어밸브 → 스택

풀이 수소 연료전지 전기차에서 수소공급 시스템의 순서는 다음과 같다.
수소탱크 → 고압 레귤레이터 → 수소 차단밸브 → 압력제어밸브 → 이젝터 → 스택

22 수소 연료전지 전기차에서 연료탱크의 고압을 낮은 압력으로 낮추어 스택으로 공급하는 장치는?

① 고압 레귤레이터
② 연료 공급밸브
③ 릴리프 밸브
④ 드레인 밸브

풀이 수소 저장탱크에 저장된 700bar의 압력은 고압 레귤레이터를 지나 약 17bar로 감압된다.

23 수소 연료전지 자동차의 연료탱크 내 700bar의 고압은 17bar로 1차 감압된 후, 일반적인 운전 조건에서 1~2bar로 감압하여 스택에 공급한다. 이 장치는?

① 연료 차단 밸브
② 연료 공급 밸브
③ 연료라인 퍼지 밸브
④ 저압 레귤레이터

풀이 고압 레귤레이터를 통해 공급된 고압은 수소 차단밸브를 거쳐 연료 공급 밸브에서 1~2bar로 감압하여 스택에 공급된다.

24 수소 연료전지 전기차에서 열관리 시스템(Thermal Management System)의 구성품이 아닌 것은?

① 냉각펌프   ② 라디에이터
③ PTC 히터   ④ COD 히터

풀이 열관리 시스템(Thermal Management System, TMS)은 스택 냉각펌프, 스택 라디에이터, COD 히터, 온도 조절밸브(CTV), 냉각수 바이패스 밸브(CBV) 등으로 구성되어 있다.

20 ① 21 ① 22 ① 23 ② 24 ③

25 다음 중 연료전지 운전장치의 열관리 시스템에서 COD(Cathode Oxygen Depletion) 히터의 역할이 아닌 것은?

① 잔류 전류 소진 기능
② 회생 에너지 소진 기능
③ 급속 고전압 소진 기능
④ 겨울철 실내 히팅 기능

> 풀이 연료전지 운전장치의 COD 히터는 COD(Cathode Oxygen Depletion, 잔류 전류 소진) 기능, 냉·시동 기능, 회생제동 기능, 급속 고전압 소진 기능을 수행한다.

26 다음 중 수소 연료전지 전기차의 전력변환 시스템에 대한 설명으로 틀린 것은?

① 차량 시동을 걸면 스택에서 발생한 고전압으로 모터를 구동한다.
② 차량 시동을 걸면 고전압은 LDC로도 입력되어 12V 배터리를 충전한다.
③ 모터를 구동할 때는 BHDC를 이용 고전압 배터리의 전압을 상승시켜 모터를 구동한다.
④ 회생제동 시 발생되는 전기에너지를 고전압 배터리에 충전할 때는 BHDC를 이용 감압하여 충전한다.

> 풀이 ②~④항이 옳은 설명이고, 차량 시동을 걸면 고전압 배터리에서 나온 에너지는 BHDC를 이용하여 승압 과정을 거쳐 모터를 구동한다.

27 친환경 자동차에 적용되는 브레이크 밀림방지장치(어시스트 시스템)에 대한 설명으로 맞는 것은?

① 경사로에서 정차 후 출발 시 차량 밀림 현상을 방지하기 위해서 밀림 방지용 밸브를 이용 브레이크를 한시적으로 작동하는 장치이다.
② 경사로에서 출발 전 한시적으로 하이브리드 모터를 작동시켜 차량밀림현상을 방지하는 장치이다.
③ 차량 출발이나 가속 시 무단변속기에서 크립토크(creep torque)를 이용하여 차량이 밀리는 현상을 방지하는 장치이다.
④ 브레이크 작동 시 브레이크 작동 유압을 감지하여 높은 경우 유압을 감압시켜 브레이크 밀림을 방지하는 장치이다.

> 풀이 브레이크 밀림방지장치는 정차 시 아이들 스톱 모드로 들어가기 때문에 경사로에서 정차 후 출발 시 차량 밀림현상을 방지하기 위해서 밀림 방지용 밸브를 이용 브레이크를 한시적으로 작동하는 장치이다.

28 압축천연가스(CNG)의 특징으로 거리가 먼 것은?

① 전 세계적으로 매장량이 풍부하다.
② 옥탄가가 매우 낮아 압축비를 높일 수 없다.
③ 분진 유황이 거의 없다.
④ 기체연료임으로 엔진체적효율이 낮다.

> 풀이 **압축천연가스(CNG)의 특징**
> ① 전 세계적으로 매장량이 풍부하다.
> ② 옥탄가가 높아 연소효율이 향상된다.
> ③ 분진 및 유황이 거의 없다.
> ④ 기체연료이므로 엔진체적효율이 낮다.
> ⑤ 일산화탄소 및 질소산화물의 발생이 적다.

25 ④ 26 ① 27 ① 28 ②

29 압축천연가스(CNG)의 특징으로 틀린 것은?

① 옥탄가가 낮아 연소효율이 향상된다.
② 전 세계적으로 매장량이 풍부하다.
③ 분진 및 유황이 거의 없다.
④ 질소산화물의 발생이 적다.

풀이 압축천연가스(CNG)의 특징
① 전 세계적으로 매장량이 풍부하다.
② 옥탄가 높아 연소효율이 향상된다.
③ 분진 및 유황이 거의 없다.
④ 기체연료이므로 엔진체적효율이 낮다.
⑤ 일산화탄소 및 질소산화물의 발생이 적다.

30 자동차 연료로써 압축천연가스(CNG)의 장점으로 틀린 것은?

① 질소산화물의 발생이 적다.
② 탄화수소의 점유율이 높다.
③ CO 배출량이 적다.
④ 옥탄가가 높다.

풀이 문제 29번 해설 참조

31 압축천연가스를 연료로 사용하는 기관의 특성으로 틀린 것은?

① 질소산화물, 일산화탄소 배출량이 적다.
② 혼합기 발열량이 휘발유나 경유에 비해 좋다.
③ 1회 충전에 의한 주행거리가 짧다.
④ 오존을 생성하는 탄화수소에서의 점유율이 낮다.

풀이 ①, ③, ④항 외에 혼합기 발열량이 휘발유나 경유에 비해 낮다.

32 CNG 자동차에서 가스 실린더 내 200bar의 연료압력을 8~10bar로 감압시켜주는 밸브는?

① 마그네틱 밸브
② 저압 잠금밸브
③ 레귤레이터밸브
④ 연료량 조절밸브

풀이 CNG 자동차에서 연료 압력조절기(레귤레이터)는 가스탱크 내의 25~200bar의 고압가스를 엔진에 필요한 8bar로 감압시키는 역할을 한다.

33 CNG(Compressed Natural Gas) 차량에서 연료량 조절밸브 어셈블리 구성품이 아닌 것은?

① 가스압력센서
② 가스온도센서
③ 연료온도조절기
④ 저압가스차단밸브

풀이 CNG 차량에서 연료량 조절밸브 어셈블리는 가스 압력센서, 가스 온도센서, 가스 차단밸브로 구성되어 있다.

ANSWER 29 ① 30 ② 31 ② 32 ③ 33 ③

최근 과년도 문제해설

※ 2022년부터 관련 법령 개정에 따라 필기시험 과목 중 일반기계공학이 빠지고 친환경 자동차편이 추가되었습니다. 이후 CBT 시험 방식으로 출제되므로 문제 복원이 어려워 문제도 80문항에서 일반기계공학편이 빠진 60문항으로 수록하였습니다.

자동차정비산업기사 제1회
(2017.03.05 시행)

제1과목 자동차엔진

01 전자제어 디젤엔진의 제어모듈(ECU)로 입력되는 요소가 아닌 것은?

① 가속페달의 개도   ② 기관 회전속도
③ 연료 분사량   ④ 흡기 온도

 디젤엔진의 제어모듈(ECU)은 ①, ②, ④항 등 각 센서의 정보를 입력받아 연산 후, 분사노즐(인젝터)을 통해 연료를 분사한다.

02 실린더 압축압력 시험에 대한 설명으로 틀린 것은?

① 압축압력 시험은 엔진을 크랭킹하면서 측정한다.
② 습식시험은 실린더에 엔진오일을 넣은 후 측정한다.
③ 건식시험에서 실린더 압축압력이 규정값보다 낮게 측정되면 습식시험을 실시한다.
④ 습식시험 결과 압축압력의 변화가 없으면 실린더 벽 및 피스톤 링의 마멸로 판정할 수 있다.

 압축압력 측정 방법
① 기관을 정상 작동온도로 한다.
② 모든 점화플러그를 뺀다.
③ 압축압력 게이지를 측정할 실린더에 꼽고 기관을 크랭킹 한다.
④ 건식시험에서 실린더 압축압력이 규정값보다 낮게 측정되면 엔진오일을 넣고 습식시험을 실시한다.
⑤ 습식시험 결과 압축압력에 변화가 없으면 밸브가이드 마멸이, 압축압력이 약간 상승하면 실린더 벽 및 피스톤 링의 마멸로 판정할 수 있다.

03 디젤엔진의 노크 방지법으로 옳은 것은?

① 착화 지연기간이 짧은 연료를 사용한다.
② 분사 초기에 연료 분사량을 증가시킨다.
③ 흡기 온도를 낮춘다.
④ 압축비를 낮춘다.

 디젤 노킹 방지법
① 세탄가가 높은 연료를 사용한다.
② 착화지연을 짧게 한다.
③ 기관의 온도를 높인다.
④ 흡기온도를 높인다.
⑤ 압축비, 압축압력, 흡기압력을 높인다.

04 수랭식 엔진과 비교한 공랭식 엔진의 장점으로 틀린 것은?

① 구조가 간단하다.
② 냉각수 누수 염려가 없다.
③ 단위 출력당 중량이 무겁다.
④ 정상 작동온도에 도달하는 데 소요되는 시간이 짧다.

 1 ③ 2 ④ 3 ① 4 ③

공랭식 엔진의 특징
① 구조가 간단하다.
② 냉각수 누수 염려가 없다.
③ 마력당 중량이 가볍다.
④ 정상온도에 도달하는 시간이 짧다.
⑤ 공기에 의해 냉각하므로 냉각효과가 나쁘다.

05 LPG엔진에서 주행 중 사고로 인해 봄베 내의 연료가 급격히 방출되는 것을 방지하는 밸브는?

① 체크 밸브
② 과류방지 밸브
③ 액·기상 솔레노이드 밸브
④ 긴급차단 솔레노이드 밸브

 과류방지 밸브는 차량 사고 등으로 연료배관이 파손되어 봄베 내의 연료가 급격히 방출되는 것을 방지하여 연료 방출로 인한 위험을 방지한다.

06 밸브 스프링의 공진현상을 방지하는 방법으로 틀린 것은?

① 2중 스프링을 사용한다.
② 원뿔형 스프링을 사용한다.
③ 부등 피치 스프링을 사용한다.
④ 밸브 스프링의 고유 진동수를 높인다.

 밸브스프링 서징(공진)현상 방지법
① 2중 스프링, 부등 피치 스프링, 원뿔형 스프링을 사용한다.
② 스프링 정수를 크게 한다.

07 운행차 배출가스 정밀검사 무부하 검사방법에서 경유자동차 매연 측정방법에 대한 설명으로 틀린 것은?

① 광투과식 매연측정기 시료채취관을 배기관 벽면으로 부터 5mm 이상 떨어지도록 설치하고 20cm 정도의 깊이로 삽입한다.
② 배출가스 측정값에 영향을 주거나 측정에 장애를 줄 수 있는 에어컨, 서리제거장치 등 부속장치를 작동하여서는 아니된다.
③ 가속 페달을 밟을 때부터 놓을 때까지의 소요시간은 4초 이내로 하고 이 시간 내에 매연농도를 측정한다.
④ 예열이 충분하지 아니한 경우에는 엔진을 충분히 예열시킨 후 매연농도를 측정하여야 한다.

 운행차 배출가스 정밀검사 무부하 검사방법
① 광투과식 매연측정기 시료채취관을 배기관 벽면으로 부터 5mm 이상 떨어지도록 설치하고 5cm 정도의 깊이로 삽입한다.
② 배출가스 측정값에 영향을 주거나 측정에 장애를 줄 수 있는 에어컨, 서리제거장치 등 부속장치를 작동하여서는 아니된다.
③ 가속 페달을 밟을 때부터 놓을 때까지의 소요시간은 4초 이내로 하고 이 시간 내에 매연농도를 측정한다.
④ 예열이 충분하지 아니한 경우에는 엔진을 충분히 예열시킨 후 매연농도를 측정하여야 한다.

5 ② 6 ④ 7 ①

08 총 배기량이 160cc인 4행정 기관에서 회전수 1800rpm, 도시평균유효압력이 87 kgf/cm^{2}일 때 축마력이 22PS인 기관의 기계효율은 약 몇 %인가?

① 75　　② 79
③ 84　　④ 89

지시(도시)마력 = $\dfrac{PALZN}{75 \times 60}$ = $\dfrac{PVZN}{75 \times 60 \times 100}$

여기서, P : 지시평균 유효압력[kgf/cm^2]
　　　　A : 실린더 단면적[cm^2]
　　　　L : 행정[m]
　　　　V : 배기량[cm^3]
　　　　Z : 실린더수
　　　　N : 엔진 회전수(rpm)
　　　　(4행정기관 : N/2, 2행정기관 : N)

∴ 도시마력 = $\dfrac{87 \times 160 \times 900}{75 \times 60 \times 100}$

　　　　　　 = 27.84ps

∴ 기계효율 = $\dfrac{제동마력}{지시마력} \times 100(\%)$

　　　　　　 = $\dfrac{22}{27.84} \times 100$

　　　　　　 = 79%

09 자동차용 부동액으로 사용되고 있는 에틸렌 글리콜의 특징으로 틀린 것은?

① 팽창계수가 작다.
② 비중은 약 1.11이다.
③ 도료를 침식하지 않는다.
④ 비등점은 약 197℃이다.

 에틸렌 글리콜의 특징
　① 비등점(boiling point)이 197.6℃, 응고점(freezing point)이 -37℃이다.
　② 무색이며 단맛이 있고 끈끈한 액체로 먹으면 안된다.
　③ 물에 잘 용해되며 금속을 부식시키고 팽창계수가 크다.
　④ 20℃에서 비중은 약 1.11이다.
　⑤ 도료를 침식하지 않는다.

10 전자제어 엔진에서 지르코니아 방식 후방 산소센서와 전방 산소센서의 출력파형이 동일하게 출력된다면, 예상되는 고장 부위는?

① 정상　　　　② 촉매 컨버터
③ 후방 산소센서　④ 전방 산소센서

 촉매 컨버터가 정상 작동할 경우 후방 산소센서의 출력파형은 전방 산소센서와는 다르게 0.45V에서 일정하게 수평으로 출력되어야 한다. 후방 산소센서와 전방 산소센서의 출력파형이 같으면 촉매 컨버터가 작동하지 않는 것이다.

11 디젤엔진의 연료분사량을 측정하였더니 최대 분사량이 25cc이고, 최소분사량이 23cc, 평균분사량이 24cc이다. 분사량의 (+)불균율은?

① 약 2.1%　　② 약 4.2%
③ 약 8.3%　　④ 약 8.7%

(+)불균율 = $\dfrac{최대-평균}{평균} \times 100(\%)$

　　　　　 = $\dfrac{25-24}{24} \times 100$

　　　　　 = 4.17%

8 ②　9 ①　10 ②　11 ②

12 디젤엔진에서 착화지연의 원인으로 틀린 것은?

① 높은 세탄가
② 압축압력 부족
③ 분사노즐의 후적
④ 지나치게 빠른 분사시기

 디젤 착화지연의 원인
① 세탄가가 낮은 연료의 사용
② 압축압력의 부족
③ 압축비, 흡기온도의 낮음
④ 분사노즐의 후적
⑤ 지나치게 빠른 분사시기

13 전자제어 가솔린엔진에서 패스트 아이들 기능에 대한 설명으로 옳은 것은?

① 정차 시 시동 꺼짐 방지
② 연료 계통 내 빙결 방지
③ 냉간 시 웜업 시간 단축
④ 급감속 시 연료 비등 활성

 패스트 아이들(fast idle) 기능
냉간 시 웜업(warm-up) 시간을 단축시키기 위해 공전속도를 빠르게 올리는 것을 말한다.

14 검사유효기간이 1년인 정밀검사 대상 자동차가 아닌 것은?

① 차령이 2년 경과된 사업용 승합자동차
② 차령이 2년 경과된 사업용 승용자동차
③ 차령이 3년 경과된 비사업용 승합자동차
④ 차령이 4년 경과된 비사업용 승용자동차

 자동차 검사유효기간

구 분		검사유효기간
비사업용 승용자동차		2년(신차 4년)
사업용 승용차		1년(신차 2년)
사업용 화물자동차	차령 2년 이하	1년
	차령 2년 초과	6월
그 밖의 자동차	차령 5년 이하	1년
	차령 5년 초과	6월

비사업용 승용자동차는 차령 4년이 경과되면 검사 유효기간이 2년으로 되며, 기타 사업용은 표와 같다.

15 점화순서가 1-3-4-2인 기관에서 2번 실린더가 배기행정이면 1번 실린더의 행정으로 옳은 것은?

① 흡입   ② 압축
③ 폭발   ④ 배기

 행정 찾는 방법
① 피스톤 핀의 움직임으로 찾는다. 4행정 기관에서, 상사점에서 하사점으로 내려오는 행정은 흡기행정과 동력행정이고, 하사점에서 상사점으로 올라가는 행정은 압축행정과 배기행정이다. 또한, 1번과 4번, 2번과 3번 크랭크 핀이 항상 같이 움직이므로 2번이 배기 행정이면 3번이 같이 올라가는 행정이므로 압축행정이 된다. 점화순서에 따라 3번보다 먼저 압축한 후 폭발하면서 내려오는 실린더는 1번 실린더이고, 같이 내려오는 4번 실린더는 흡입 행정이 된다. 6실린더에서는 매우 유용하므로 반드시 이 방법을 이해하도록 한다.
② 점화순서(1-3-4-2)의 반대로 행정을 적으면 된다. 즉, 2번이 배기이므로 4번은 흡입, 3번은 압축, 1번은 폭발(동력) 행정이다. 단, 이 방법은 6실린더에서는 적용할 수 없다.

 12 ① 13 ③ 14 ④ 15 ③

16 냉각수 온도 센서의 역할로 틀린 것은?

① 기본 연료 분사량 결정
② 냉각수 온도 계측
③ 연료 분사량 보정
④ 점화시기 보정

 냉각수 온도 센서(WTS)는 냉각수 온도를 계측하고 연료 분사량 및 점화시기를 보정하는 역할을 한다. 기본 분사량은 흡입 공기량(AFS)과 기관 회전수(CAS)로 결정한다.

17 최적 점화시기를 의미하는 MBT(Minimum spark advance for Best Torque)에 대한 설명으로 옳은 것은?

① BTDC 약 10°~15° 부근에서 최대폭발압력이 발생되는 점화시기
② ATDC 약 10°~15° 부근에서 최대폭발압력이 발생되는 점화시기
③ BBDC 약 10°~15° 부근에서 최대폭발압력이 발생되는 점화시기
④ ABDC 약 10°~15° 부근에서 최대폭발압력이 발생되는 점화시기

MBT(Minimum spark advance for Best Torque)란 ATDC 약 10°~15° 부근에서 최대폭발압력을 발생시키는 최적의 점화시기를 말한다.

18 실린더 안지름이 80mm, 행정이 78mm인 기관의 회전속도가 2500rpm일 때 4사이클 4실린더 엔진의 SAE 마력은 약 몇 PS인가?

① 9.7
② 10.2
③ 14.1
④ 15.9

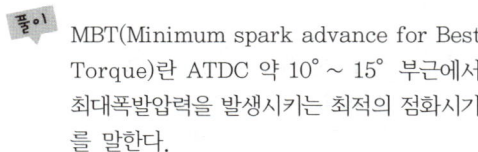

$$SAE \text{ 마력} = \frac{M^2 Z}{1,613} = \frac{D^2 Z}{2.5}$$

여기서, M : 내경[mm]
　　　　D : 내경[inch]
　　　　Z : 실린더 수

∴ $SAE \text{ 마력} = \frac{80^2 \times 4}{1613} = 15.87 PS$

19 내연기관의 열역학적 사이클에 대한 설명으로 틀린 것은?

① 정적사이클을 오토사이클이라고도 한다.
② 정압사이클을 디젤사이클이라고도 한다.
③ 복합사이클을 사바테사이클이라고도 한다.
④ 오토·디젤·사바테사이클 이외의 사이클은 자동차용 엔진에 적용하지 못한다.

오토·디젤·사바테사이클 이외에도 하이브리드 자동차에는 앳킨슨(Atkinson) 사이클을 적용하고 있다.

20 전자제어 연료분사장치에서 인젝터 분사시간에 대한 설명으로 틀린 것은?

① 급감속할 경우에 연료분사가 차단되기도 한다.
② 배터리 전압이 낮으면 무효 분사시간이 길어진다.
③ 급가속할 경우에 순간적으로 분사시간이 길어진다.
④ 지르코니아 산소센서의 전압이 높으면 분사시간이 길어진다.

 산소센서의 출력 전압이 높으면 농후하다는 의미이므로 인젝터의 통전(분사)시간을 줄여 연료 분사량을 감소시킨다.

 16 ① 17 ② 18 ④ 19 ④ 20 ④

제2과목 자동차섀시

21 적재 차량의 앞축중이 1500kg, 차량 총중량이 3200kg, 타이어 허용하중이 850kg인 앞 타이어의 부하율은 약 몇 %인가? (단, 앞 타이어 2개, 뒷 타이어 2개, 접지폭 13cm)

① 78 ② 81
③ 88 ④ 91

 타이어 부하율

$$= \frac{적차시\ 전(or\ 후)\ 축중}{타이어\ 허용하중 \times 타이어\ 갯수} \times 100(\%)$$

$$\therefore 타이어\ 부하율 = \frac{1500}{850 \times 2} \times 100 = 88.2\%$$

22 앞바퀴 얼라인먼트 검사를 할 때 예비점검 사항이 아닌 것은?

① 타이어 상태
② 차축 휨 상태
③ 킹핀 마모 상태
④ 조향핸들 유격 상태

 앞바퀴 얼라인먼트 측정 전 준비사항
① 타이어 공기압을 규정으로 맞춘다.
② 조향핸들과 허브 베어링의 유격을 점검한다.
③ 타이로드 엔드의 헐거움을 점검한다.
④ 차축 또는 프레임의 휨 상태를 확인한다.
⑤ 현가 스프링의 피로를 점검한다.
⑥ 차량은 공차상태에서 측정한다.

23 전자제어 제동장치(ABS)에서 페일 세이프(fail safe) 상태가 되면 나타나는 현상은?

① 모듈레이터 모터가 작동된다.
② 모듈레이터 솔레노이드 밸브로 전원을 공급한다.
③ ABS 기능이 작동되지 않아서 주차브레이크가 자동으로 작동된다.
④ ABS 기능이 작동되지 않아도 평상시 (일반) 브레이크는 작동된다.

 페일 세이프(fail safe)
부품의 고장에 의해 장치가 작동하지 않더라도 항상 정상 상태를 유지할 수 있는 안전 기능으로, ABS 시스템 이상 발생 시 ABS 기능이 작동되지 않아도 평상시(일반) 브레이크로 정상 작동하는 것을 페일 세이프라 한다.

24 전자제어 현가장치 제어모듈의 입·출력 요소가 아닌 것은?

① 차속 센서
② 조향각 센서
③ 휠스피드 센서
④ 가속페달 스위치

 전자제어 현가장치(ECS) 입력신호
① 차속 센서 : 자동차의 속도를 검출
② 조향각 센서 : 조향 휠의 회전방향을 검출
③ G 센서 : 자동차의 가감속을 검출
④ 차고 센서 : 자동차의 차고를 검출
⑤ 스로틀 포지션 센서 : 급 가·감속 상태를 검출
⑥ 브레이크 압력 스위치 신호 : 차고조절을 위해 제동 여부를 검출
휠 스피드 센서는 ABS ECU 입력 신호로 사용된다.

 21 ③ 22 ③ 23 ④ 24 ③

25 자동차의 휠 얼라인먼트에서 캠버의 역할은?

① 제동 효과 상승
② 조향 바퀴에 동일한 회전수 유도
③ 하중으로 인한 앞차축의 휨 방지
④ 주행 중 조향 바퀴에 방향성 부여

풀이 캠버의 효과
① 킹핀 경사각과 함께 조향핸들의 조작을 가볍게 한다.
② 수직방향의 하중에 의한 앞차축의 휨을 방지한다.
③ 볼록노면 도로에 대해 수직인 효과가 있다.
④ 하중을 받았을 때 앞바퀴의 아래쪽이 벌어지는 것을 방지한다.

26 브레이크 라이닝 표면이 과열되어 마찰계수가 저하되고 브레이크 효과가 나빠지는 현상은?

① 페이드 ② 캐비테이션
③ 언더 스티어링 ④ 하이드로 플래닝

풀이 용어 설명
① 페이드(fade) : 브레이크 라이닝의 표면이 과열되어 마찰계수가 저하되고 브레이크 효과가 나빠지는 현상
② 캐비테이션(cavitation) : 물이 관속을 유동하고 있을 때 물 속의 어느 부분의 정압이 그때 물의 온도에 해당하는 증기압 이하로 되어 물이 증발을 일으키고 수중에 녹아있던 용존산소가 낮은 압력으로 인하여 기포가 발생하는 현상
③ 언더 스티어링(under steering) : 조향각을 일정하게 하고 선회 시 선회반경이 커지는 현상

④ 하이드로 플래닝(hydro planning, 수막현상) : 고속 주행 시 노면과 타이어 사이에 물이 빠지지 못하여 마찰력이 작아지는 현상

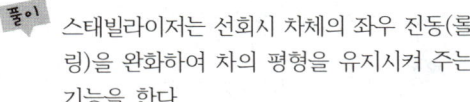

27 차체의 롤링을 방지하기 위한 현가부품으로 옳은 것은?

① 로워 암 ② 컨트롤 암
③ 쇼크 업소버 ④ 스태빌라이저

풀이 스태빌라이저는 선회시 차체의 좌우 진동(롤링)을 완화하여 차의 평형을 유지시켜 주는 기능을 한다.

28 자동변속기 토크컨버터에서 스테이터의 일방향 클러치가 양방향으로 회전하는 결함이 발생했을 때, 차량에 미치는 현상은?

① 출발이 어렵다.
② 전진이 불가능하다.
③ 후진이 불가능하다.
④ 고속 주행이 불가능하다.

풀이 자동변속기 토크컨버터에서 스테이터의 일방향 클러치가 양방향으로 회전하게 되면 동력을 전달할 수 없게 되어 출발이 어렵게 된다.

정답 25 ③ 26 ① 27 ④ 28 ①

29 브레이크장치의 프로포셔닝 밸브에 대한 설명으로 옳은 것은?

① 바퀴의 회전속도에 따라 제동시간을 조절한다.
② 바깥 바퀴의 제동력을 높여서 코너링 포스를 줄인다.
③ 급제동 시 앞바퀴보다 뒷바퀴가 먼저 제동되는 것을 방지한다.
④ 선회 시 조향 안정성 확보를 위해 앞바퀴의 제동력을 높여준다.

풀이 프로포셔닝(proportioning) 밸브는 제동 시 브레이크 작용력이 증대됨에 따라 뒤쪽의 유압 증가비율을 앞쪽보다 작게 하여 앞바퀴보다 뒷바퀴가 먼저 제동되는 것을 방지한다. 즉, 뒷바퀴의 조기고착에 의한 조종 불안정을 방지하기 위한 밸브이다.

30 전자제어 동력조향장치에 대한 설명으로 틀린 것은?

① 동력조향장치에는 조향기어가 필요없다.
② 공전과 저속에서 조향핸들 조작력이 작다.
③ 솔레노이드 밸브를 통해 오일탱크로 복귀되는 오일량을 제어한다.
④ 중속 이상에서는 차량속도에 감응하여 조향핸들 조작력을 변화시킨다.

풀이 동력조향장치는 일반 조향기어에 보조력을 발생시키는 장치이므로 조향기어는 당연히 있어야 한다.

31 내경이 40mm인 마스터 실린더에 20N의 힘이 작용했을 때 내경이 60mm인 휠 실린더에 가해지는 제동력은 약 몇 N인가?

① 30 ② 45
③ 60 ④ 75

풀이 마스터 실린더 압력 = $\dfrac{하중}{단면적}$ = $\dfrac{20}{\dfrac{\pi}{4} \times 4^2}$

휠 실린더의 단면적은 $\dfrac{\pi}{4} \times 6^2$ 이므로
∴ 하중(제동력) = 압력 × 단면적
= $\dfrac{20}{\dfrac{\pi}{4} \times 4^2} \times \dfrac{\pi}{4} \times 6^2$ = 45N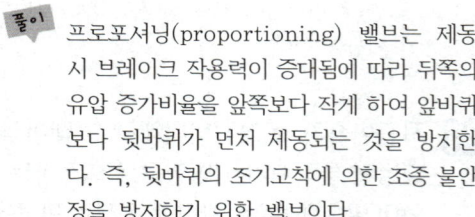

32 차량주행 중 발생하는 수막현상(하이드로 플래닝)의 방지책으로 틀린 것은?

① 주행속도를 높게 한다.
② 타이어 공기압을 높게 한다.
③ 리브 패턴 타이어를 사용한다.
④ 트레드 마모가 적은 타이어를 사용한다.

풀이 **수막(하이드로 플래닝) 현상의 방지방법**
① 물 배출이 용이한 리브 패턴 타이어를 사용
② 트래드 마모가 적은 타이어를 사용
③ 카프(가로 홈)형으로 세이빙 가공한 것을 사용
④ 타이어 공기압을 높인다.
⑤ 차량의 속도를 줄인다.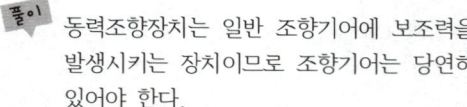

정답 29 ③ 30 ① 31 ② 32 ①

33. 자동차 제동성능에 영향을 주는 요소가 아닌 것은?

① 여유 동력
② 제동 초속도
③ 차량 총중량
④ 타이어의 미끄럼비

풀이) 제동성능에 영향을 미치는 요인 : 차량 총중량, 제동 초속도, 노면과의 마찰계수(타이어의 미끄럼비) 등
여유 동력은 가속성능과 관계 있다.

34. 전자제어 제동장치인 EBD(electronic brake force distribution) 시스템의 효과로 틀린 것은?

① 적재용량 및 승차인원에 관계없이 일정하게 유압을 제어한다.
② 뒷바퀴의 제동력을 향상시켜 제동거리가 짧아진다.
③ 프로포셔닝 밸브를 사용하지 않아도 된다.
④ 브레이크 페달을 밟는 힘이 감소된다.

풀이) EBD란 전자식 제동력 분배 장치로, 적재용량 및 승차인원에 대응하여 제동 감속에 의한 무게 이동을 감지하여 뒷바퀴의 유압(제동압력)을 제어함으로써 제동 시 뒷바퀴의 조기 고착에 의한 차량의 스핀 현상을 방지하기 위한 장치이다.

35. 무단변속기(CVT)의 특징으로 틀린 것은?

① 가속성능을 향상시킬 수 있다.
② 연료소비율을 향상시킬 수 있다.
③ 변속에 의한 충격을 감소시킬 수 있다.
④ 일반 자동변속기 대비 연비가 저하된다.

풀이) 무단변속기의 특징
① 운전 중 용이하게 감속비를 변화시킬 수 있다.
② 동력성능 및 가속성능이 향상된다.
③ 변속패턴에 따라 운전하여 연비가 향상된다.
④ 파워트레인 통합제어의 기초가 된다.

36. 토크컨버터의 펌프 회전수가 2800rpm이고, 속도비가 0.6, 토크비가 4일 때의 효율은?

① 0.24
② 2.4
③ 0.34
④ 3.4

풀이) 토크 컨버터의 전달효율
① 토크비(t) = $\dfrac{터빈 회전력(T_t)}{펌프 회전력(T_p)}$
② 속도비(n) = $\dfrac{터빈 회전수(N_t)}{펌프 회전수(N_p)}$
③ 전달효율 η = 토크비(t) × 속도비(n)
∴ 전달효율 η = 4.0 × 0.6 = 2.4

37. 기관의 동력을 주행 이외의 용도에 사용할 수 있도록 하는 동력인출장치(power take off)로 틀린 것은?

① 윈치 구동장치
② 차동 기어장치
③ 소방차 물펌프 구동장치
④ 덤프트럭 유압펌프 구동장치

풀이) 동력인출장치(PTO)란 기관의 동력을 주행 이외의 용도에 사용할 수 있도록 하는 구동장치이다. 차동기어는 차량 선회 시 좌우 바퀴의 회전 차를 흡수하는 장치이다.

정답) 33 ① 34 ① 35 ④ 36 ② 37 ②

38. 6속 DCT(double clutch transmission)에 대한 설명으로 옳은 것은?

① 클러치 페달이 없다.
② 변속기 제어모듈이 없다.
③ 동력을 단속하는 클러치가 1개이다.
④ 변속을 위한 클러치 액추에이터가 1개이다.

DCT는 수동변속기와 자동변속기의 장점을 가진 수동변속기로 클러치 페달이 없고 자동변속기와 같이 P-R-N-D 및 매뉴얼 모드로 되어 있다. 변속기 제어모듈인 TCU, 수동변속기에서 손의 역할을 하는 기어 액추에이터와 발의 역할을 하는 클러치 액추에이터 2개(홀수단, 짝수단)가 장착되어 있다.

39. 릴리스 레버 대신 원판의 스프링을 이용하고, 레버 높이를 조정할 필요가 없는 클러치 커버의 종류는?

① 오번 형
② 이너 레버 형
③ 다이어프램 형
④ 아우터 레버 형

릴리스 레버와 코일 스프링의 역할을 접시모양의 원판(다이어프램)형 스프링이 동시에 수행하고 레버높이를 조절할 필요가 없는 형식을 말한다.

40. 차량 주행 시 조향핸들이 한쪽으로 쏠리는 원인으로 틀린 것은?

① 조향핸들의 축 방향 유격이 크다.
② 좌·우 타이어의 공기 압력이 서로 다르다.
③ 앞차축 한쪽의 현가 스프링이 절손되었다.
④ 뒷차축이 차의 중심선에 대하여 직각이 아니다.

조향 휠이 한쪽으로 쏠리는 원인
① 타이어 공기압이 불균일하다.
② 좌·우 축거가 다르다.
③ 좌·우 브레이크 라이닝의 간극이 다르다.
④ 앞차축 한쪽의 현가 스프링이 절손되었다.
⑤ 쇼크 업소버 작동이 불량하다.
⑥ 휠 얼라인먼트가 불량하다.
⑦ 뒤차축이 차의 중심선에 대하여 직각이 아니다.

제3과목 자동차전기

41. 다음 회로에서 전류(A)와 소비 전력(W)은?

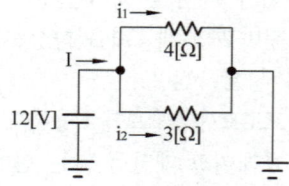

① I = 0.58A, P = 5.8W
② I = 5.8A, P = 58W
③ I = 7A, P = 84W
④ I = 70A, P = 840W

합성저항 $R = \dfrac{R_1 R_2}{R_1 + R_2}$

∴ $R = \dfrac{3 \times 4}{3+4} = \dfrac{12}{7} \Omega$

오옴의 법칙 $I = \dfrac{E}{R}$ 을 적용하면

∴ $I = \dfrac{12}{\frac{12}{7}} = 7A$

소비전력 $P = E \cdot I = 12V \times 7A = 84W$

정답 38 ① 39 ③ 40 ① 41 ③

42 자동차 전자제어모듈 통신방식 중 고속 CAN통신에 대한 설명으로 틀린 것은?

① 진단장비로 통신라인의 상태를 점검할 수 있다.
② 차량용 통신으로 적합하나 배선수가 현저하게 많아진다.
③ 제어모듈 간의 정보를 데이터 형태로 전송할 수 있다.
④ 종단 저항값으로 통신라인의 이상 유무를 판단할 수 있다.

 ①, ③, ④ 항이 고속 CAN통신에 대한 설명이며, CAN통신은 수많은 정보를 2선으로 전달하므로 배선수가 현저하게 적어진다.

43 차량 전기배선의 색 표기방법으로 틀린 것은?

① Y – 노랑   ② B – 갈색
③ W – 흰색   ④ R – 빨강

 배선 색상 약어

약어	배선 색상
B	검정색(Black)
Br	갈 색(Brown)
G	초록색(Green)
Gr	회 색(Gray)
L	파랑색(bLue)
Lg	연두색(Light Green)
T	황갈색(Tawny)
O	오렌지색(Orange)
P	분홍색(Pink)
R	빨강색(Red)
W	흰 색(White)
Y	노랑색(Yellow)
Pp	자주색(Purple)
Ll	하늘색(Light Blue)

44 자동차에 사용되는 에어컨 리시버 드라이어의 기능으로 틀린 것은?

① 액체 냉매 저장   ② 냉매 압축 송출
③ 냉매의 수분 제거 ④ 냉매의 기포 분리

 리시버 드라이어(receiver drier, 건조기)의 기능
① 액체 냉매 저장
② 냉매의 수분 제거 및 기포 분리
③ 냉매량 관찰
리시버 드라이어는 응축기에서 보내온 냉매를 일시 저장하고 액화하지 못한 냉매를 액화하여 항상 액체상태의 냉매를 팽창밸브로 보낸다.

45 광전소자 레인센서가 적용된 와이퍼 장치에 대한 설명으로 틀린 것은?

① 발광다이오드로부터 초음파를 방출한다.
② 레인센서를 통해 빗물의 양을 감지한다.
③ 발광다이오드와 포토다이오드로 구성된다.
④ 빗물의 양에 따라 알맞은 속도로 와이퍼 모터를 제어한다.

 레인센서 와이퍼(rain sensor wiper) 장치란 우적감지 시스템으로, 앞창유리 상단의 강우량을 레인센서를 통해 감지하여 운전자가 스위치를 조작하지 않고도 자동으로 와이퍼 속도를 제어하는 시스템이다. 발광다이오드(LED)에서 적외선이 방출되면 빗물 반사에 의해 되돌아오는 적외선을 포토 다이오드가 감지하여 비의 양을 감지한다.

42 ② 43 ② 44 ② 45 ①

46 방향지시등의 이상 현상에 대한 설명으로 틀린 것은?

① 하나의 램프 단선 시 점멸 주기가 달라질 수 있다.
② 회로의 저항이 클 때 점멸 주기가 달라질 수 있다.
③ 방향지시등 스위치 불량 시 점멸 주기가 달라질 수 있다.
④ 방향지시등 릴레이(플래셔 유닛) 불량 시 모든 방향지시등 작동이 불량하다.

 방향지시등 스위치가 불량하면 방향지시등이 켜지지 않는다. 방향지시등이 점멸하면 점멸 주기가 다르더라도 방향지시등 스위치는 정상이다.

47 크랭킹(크랭크축은 회전)은 가능하나 기관이 시동되지 않는 원인으로 틀린 것은?

① 점화장치 불량
② 알터네이터 불량
③ 메인 릴레이 불량
④ 연료펌프 작동 불량

 ①, ③, ④ 항이 불량이면 크랭킹은 가능하나 기관이 시동되지 않는다. 알터네이터 불량은 시동 후에 점검할 수 있다.

48 자동차 및 자동차부품의 성능과 기준에 관한 규칙에서 자동차 전기장치의 안전기준으로 틀린 것은?

① 차실 안의 전기 단자 및 전기 개폐기는 적절히 절연물질로 덮어 씌워야 한다.
② 자동차의 전기배선은 모두 절연물질로 덮어 씌우고, 차체에 고정시켜야 한다.
③ 차실 안에 설치하는 축전지는 여유공간 부족 시 절연물질로 덮지 않아도 무관하다.
④ 축전지는 자동차의 진동 또는 충격 등에 의하여 이완되거나 손상되지 않도록 고정시켜야 한다.

 자동차 및 자동차부품의 성능과 기준에 관한 규칙 제18조(전기장치) 자동차의 전기장치는 다음 각 호의 기준에 적합하여야 한다.
① 자동차의 전기배선은 모두 절연물질로 덮어 씌우고, 차체에 고정시킬 것
② 차실 안의 전기단자 및 전기개폐기는 적절히 절연물질로 덮어 씌울 것
③ 축전지는 자동차의 진동 또는 충격 등에 의하여 이완되거나 손상되지 아니하도록 고정시키고, 차실 안에 설치하는 축전지는 절연물질로 덮어 씌울 것

49 충전 불량으로 입고된 차량의 점검 항목으로 틀린 것은?

① 벨트 장력
② 충전 전류
③ 메인 퓨즈블 링크 상태
④ 엔진 구동 시 배터리 비중

 ①, ②, ③ 항이 충전 불량의 원인이고, 엔진 구동 시 배터리 비중과 충전 불량과는 관련이 없다.

50 12V 60AH 배터리가 방전되어 정전류 충전법으로 보충전하려고 할 때, 표준충전 전류 값은? (단, 배터리는 20시간율 용량이다.)

① 3A   ② 6A
③ 9A   ④ 12A

 46 ③ 47 ② 48 ③ 49 ④ 50 ②

> 정전류 충전법의 표준충전 전류는 축전지 용량의 10%이며, 최대 충전전류는 20%, 최소 충전 전류는 5%이다.
> ∴ 60AH × 0.1 = 6A

51 점화장치의 파워 트랜지스터 불량 시 발생하는 고장 현상이 아닌 것은?

① 주행 중 엔진이 정지한다.
② 공전 시 엔진이 정지한다.
③ 엔진 크랭킹이 되지 않는다.
④ 점화 불량으로 시동이 안 걸린다.

> 파워 트랜지스터가 불량하면 점화가 불량하여 시동이 걸리지 않거나 공전 시 또는 주행 중 엔진이 정지한다. 파워 TR이 불량해도 크랭킹은 가능하다.

52 리모컨으로 도어 잠금 시 도어는 모두 잠기나 경계진입모드가 되지 않는다면 고장 원인은?

① 리모컨 수신기 불량
② 트렁크 및 후드의 열림 스위치 불량
③ 도어 록·언록 액추에이터 내부 모터 불량
④ 제어모듈과 수신기 사이의 통신선 접촉 불량

> 리모컨으로 도어 잠금 시 도어는 모두 잠기므로 리모컨 수신기, 통신선, 액추에이터는 관련이 없다. 도어, 트렁크 및 후드 중 어느 하나라도 열림 스위치가 불량이면 리모컨으로 도어 잠금 시 도어는 잠기나 경계모드로 진입되지 않는다.

53 배터리 세이버 기능에서 입력신호로 틀린 것은?

① 미등 스위치
② 와이퍼 스위치
③ 운전석 도어 스위치
④ 키 인(key in) 스위치

> 배터리 세이버 기능이란 운전자가 시동을 끄고 하차를 위해 운전석 도어를 열면 즉시 미등을 자동으로 소등시키는 기능이다. 입력신호는 미등 스위치 ON, 운전석 도어 열림, 키 인(key in) 스위치 OFF 신호이다.

54 점화장치에서 드웰시간이란?

① 파워TR 베이스 전원이 인가되어 있는 시간
② 점화2차 코일에 전류가 인가되어 있는 시간
③ 파워TR이 OFF에서 ON이 될 때까지의 시간
④ 스파크플러그에서 불꽃방전이 이루어지는 시간

> **드웰각(캠각)** : 단속기 접점이 닫혀있는 동안 캠이 회전한 각도로, 전자식에서는 "1차코일의 통전시간" 이다. 즉, 파워TR 베이스에 전원이 인가되어 있는 시간을 말한다.

55 자동차의 전자동에어컨장치에 적용된 센서 중 부특성 저항방식이 아닌 것은?

① 일사량 센서
② 내기온도 센서
③ 외기온도 센서
④ 증발기온도 센서

정답 51 ③ 52 ② 53 ② 54 ① 55 ①

내기온도 센서, 외기온도 센서, 증발기온도 센서는 모두 온도 증가에 따라 저항이 감소하는 부특성 저항 방식이며, 일사량 센서는 일반적으로 포토 다이오드를 사용하여 일사량이 증가하면 내부저항이 작아져서 전압으로 변환되는 포토 다이오드 방식이다.

56 기동전동기의 전기자 코일과 전기자 철심이 단락되지 않도록 사용하는 절연체가 아닌 것은?

① 운모 ② 종이
③ 알루미늄 ④ 합성수지

 알루미늄은 전기의 양도체로 절연체가 아니다.

57 반도체의 장점이 아닌 것은?

① 수명이 길다.
② 소형이고 가볍다.
③ 내부 전력 손실이 적다.
④ 온도 상승 시 특성이 좋아진다.

 반도체의 특징
① 매우 소형이고 가볍다.
② 예열시간을 요하지 않고 바로 작동한다.
③ 내부 전력손실이 적다.
④ 수명이 길다.
⑤ 온도가 상승하면 특성이 몹시 나빠진다.
⑥ 정격값을 넘으면 파괴되기 쉽다.

58 하드 타입 하이브리드 구동모터의 주요 기능으로 틀린 것은?

① 출발 시 전기모드 주행
② 가속 시 구동력 증대
③ 감속 시 배터리 충전
④ 변속 시 동력 차단

 하드 타입 하이브리드 구동모터는 출발 시 모터 단독으로 전기모드 주행이 가능한 병렬형으로 가속 시 구동력을 증대시키고 감속 시 배터리를 충전시킨다.

59 자동차 검사기준 및 방법에서 전조등 검사에 관한 사항으로 틀린 것은?

① 전조등의 변환빔을 측정하여야 한다.
② 공차상태에서 운전자 1인이 승차하여 검사를 시행한다.
③ 전조등시험기로 전조등의 광도와 주광축의 진폭을 측정한다.
④ 긴급자동차 등 부득이한 사유가 있는 경우에는 적차상태에서 검사를 시행할 수 있다.

 자동차 전조등은 주행빔(상향)을 측정한다.

60 점화플러그의 구비조건으로 틀린 것은?

① 내열성이 작아야 한다.
② 열전도성이 좋아야 한다.
③ 기밀이 잘 유지되어야 한다.
④ 전기적 절연성이 좋아야 한다.

점화플러그의 구비조건
① 전기적 절연성이 좋아야 한다.
② 내열성이 커야 한다.
③ 열전도성이 좋아야 한다.
④ 기밀이 잘 유지되어야 한다.

 56 ③ 57 ④ 58 ④ 59 ① 60 ①

자동차정비산업기사 제2회
(2017.05.07 시행)

제1과목 | 자동차엔진

01 전자제어 가솔린엔진의 지르코니아 산소 센서에서 약 0.1V 정도로 출력값이 고정되어 발생되는 원인으로 틀린 것은?

① 인젝터의 막힘
② 연료 압력의 과대
③ 연료 공급량의 부족
④ 흡입공기의 과다유입

 산소센서 출력값이 0.1V로 낮게 발생되는 것은 연료가 부족하여 희박하다는 의미이므로 ①, ③, ④항이 해당된다. 연료압력이 높으면 농후하게 된다.

02 자동차 배기가스 중에서 질소산화물을 산소, 질소로 환원시켜 주는 배기장치는?

① 블로바이가스 제어장치
② 배기가스 재순환장치
③ 증발가스 제어장치
④ 삼원촉매장치

 삼원촉매장치는 질소산화물(NOx)을 산소(O_2)와 질소(N_2)로 환원시켜주는 역할을 한다.

03 운행차 배출가스 검사에 사용되는 매연측정기에 대한 설명으로 틀린 것은?

① 측정기는 형식승인된 기기로서 최근 1년 이내에 정도검사를 필한 것이어야 한다.
② 안정된 전원에 연결 후 충분히 예열하여 안정화 시킨 후 조작한다.
③ 채취부 및 연결호스 내에 축적되어 있는 매연은 제거하여야 한다.
④ 자동차 엔진이 가동된 상태에서 영점조정을 하여야 한다.

운행차 배출가스 검사방법 제5조 [매연측정기]
① 측정기는 형식승인된 기기로서 최근 1년 이내에 정도검사를 필한 것이어야 한다.
② 안정된 전원에 연결하여 충분히 예열하여 안정화 시킨 후 측정기 사용설명서에 따라 조작한다.
③ 측정기의 영점을 조정한다. 다만, 영점조정 시 자동차 엔진이 정지된 상태에서 시행하여야 한다.
④ 채취부 및 연결호스 내에 매연이 축적되어 있는지 확인하고 매연이 축적되어 있는 경우에는 이를 제거하여야 한다.

정답 1 ② 2 ④ 3 ④

04 가솔린 연료 200cc를 완전 연소시키기 위한 공기량은 약 몇 kg인가? (단, 공기와 연료의 혼합비는 15:1, 가솔린의 비중은 0.73이다.)

① 2.19   ② 5.19
③ 8.19   ④ 11.19

 필요 공기중량 = 연료량(체적)×비중×혼합비
∴ 필요 공기중량 = 0.2L×0.73×15
= 2.19kg

05 엔진의 흡·배기 밸브의 간극이 작을 때 일어나는 현상으로 틀린 것은?

① 블로바이로 인해 엔진 출력이 증가한다.
② 흡입 밸브 간극이 작으면 역화가 일어난다.
③ 배기 밸브 간극이 작으면 후화가 일어난다.
④ 일찍 열리고 늦게 닫혀 밸브 열림 기간이 길어진다.

 흡기밸브의 간극이 작으면 흡기밸브가 일찍 열리므로 역화가 일어날 수 있고, 배기밸브 간극이 작으면 늦게 닫히게 되므로 후화가 일어날 수 있다. 따라서 밸브 열림 기간이 길어지게 된다.
블로바이가 발생하면 엔진 출력이 감소한다.

06 연료소비율이 200g/PS·h인 가솔린엔진의 제동 열효율은 약 몇 %인가? (단, 가솔린의 저위발열량은 10200kcal/kg이다.)

① 11   ② 21
③ 31   ④ 41

 제동열효율(η_b) = $\dfrac{632.3 \times PS}{C \times W} \times 100$ (%)

여기서, C : 연료의 저위발열량[kcal/kgf]
W : 연료 중량[kgf]
PS : 제동마력[주어지지 않으면 1PS]

∴ 제동열효율(η_b) = $\dfrac{632.3 \times 1}{0.2 \times 10200} \times 100$
= 30.99%

07 가솔린엔진의 연료압력이 규정값 보다 낮게 측정되는 원인으로 틀린 것은?

① 연료펌프 불량
② 연료필터 막힘
③ 연료공급파이프 누설
④ 연료압력조정기 진공호스 누설

 ①~③항은 연료압력이 규정값 보다 낮게 측정되는 원인이고, 진공호스가 누설되면 진공이 작용하지 않아 연료압력이 증가한다.

08 구멍형 노즐을 사용하는 디젤엔진에서 분사노즐의 구비 조건으로 틀린 것은?

① 후적이 일어나지 않을 것
② 낮은 연료압력에서는 분사를 차단할 것
③ 연소실의 구석까지 분무할 수 있을 것
④ 연료를 미세한 안개 모양으로 분무할 것

 분사노즐의 구비조건
① 연료를 미세한 안개 모양으로 하여 쉽게 착화되게 할 것
② 분무가 연소실의 구석구석까지 뿌려지게 할 것
③ 후적이 일어나지 않을 것
④ 고온, 고압의 가혹한 조건에서 장시간 사용할 수 있을 것

 4 ① 5 ① 6 ③ 7 ④ 8 ②

09 가솔린 연료와 비교한 LPG 연료의 특징으로 틀린 것은?

① 옥탄가가 높다.
② 노킹 발생이 많다.
③ 프로판과 부탄이 주성분이다.
④ 배기가스의 일산화탄소 함유량이 적다.

풀이 **LPG 연료의 특징**
① 액체 LPG는 물보다 가볍고, 기체 LPG는 공기보다 무겁다.
② 프로판과 부탄이 주성분이다.
③ 연소효율이 좋고, 엔진이 정숙하다.
④ 배기가스에서 일산화탄소 함유량이 적다.
⑤ 옥탄가가 높고 노킹이 적어 점화시기를 앞당길 수 있다.
⑥ 연소실에 카본부착이 없어 점화플러그 수명이 길어진다.
⑦ 가스 상태이므로 증기폐쇄(vapor lock)가 일어나지 않는다.
⑧ 온도상승에 의한 압력상승이 일어나므로, 탱크용량의 85%까지만 충전시킨다.

10 전자제어 연료분사 장치에서 인젝터 분사시간에 대한 설명으로 틀린 것은?

① 급가속 시 순간적으로 분사시간이 길어진다.
② 급감속 시 순간적으로 분사가 차단되기도 한다.
③ 배터리 전압이 낮으면 무효 분사시간이 짧아진다.
④ 지르코니아 산소센서의 전압이 높으면 분사시간이 짧아진다.

풀이 인젝터 밸브가 열리고 닫힐 때의 작동지연시간을 무효 분사시간이라 하며, 배터리 전압에 영향을 받는다. 배터리 전압이 높으면 무효 분사시간은 짧아지고 배터리 전압이 낮으면 무효 분사시간이 길어진다. 따라서, 배터리 전압이 낮은 경우에는 무효 분사시간이 길어져 분사량이 감소하게 된다.

11 전자제어 엔진에서 혼합기의 농후, 희박 상태를 감지하여 연료 분사량을 보정하는 센서는?

① 냉각수온 센서   ② 흡기온도 센서
③ 대기압 센서   ④ 산소 센서

풀이 산소센서는 이론공연비 14.7 : 1을 기준으로 공연비가 희박하면 0.1V, 농후하면 0.9V를 발생하여 혼합기의 농후, 희박 상태를 감지하며, 이를 기준으로 연료 분사량을 보정하는 센서이다.

12 가솔린엔진의 공연비 및 연소실에 대한 설명으로 옳은 것은?

① 연료를 완전 연소시키기 위한 공기와 연료의 이론공연비는 14.7 : 1 이다.
② 연소실의 형상은 혼합기의 유동에 영향을 미치지 않는다.
③ 연소실의 형상은 연소에 영향을 미치지 않는다.
④ 공연비는 연료와 공기의 체적비이다.

풀이 이론 공연비란 연료를 완전 연소시키기 위한 공기와 연료와의 질량비인 14.7 : 1 이며, 연소실의 형상은 혼합기의 유동 및 연소에 지대한 영향을 미친다.

정답 9 ② 10 ③ 11 ④ 12 ①

13 주행 중 엔진이 과열되는 원인으로 틀린 것은?
① 냉각수 부족
② 라디에이터 캡 불량
③ 워터 펌프 작동 불량
④ 서모스탯이 열린 상태에서 고착

 ①, ②, ③항은 엔진이 과열되는 원인이고, 서모스탯이 열린 상태에서 고착되면 엔진이 과냉된다.

14 전자제어 가솔린엔진의 공연비 제어와 관련된 센서가 아닌 것은?
① 흡입 공기량 센서
② 냉각수 온도 센서
③ 일사량 센서
④ 산소 센서

 공연비 제어는 삼원촉매장치의 효율을 높이기 위해 산소센서를 이용하여 공연비를 피드백 제어하며, 흡입공기량 센서와 냉각수 온도 센서 등을 이용하여 연료 분사량을 조절하게 된다.
일사량 센서는 자동에어컨 시스템에서 사용된다.

15 전자제어 가솔린엔진의 연료압력조절기가 일정한 연료압력 유지를 위해 사용하는 압력으로 옳은 것은?
① 대기압
② 연료 분사압력
③ 연료의 리턴압력
④ 흡기다기관의 부압

 연료압력조절기는 흡기 매니홀드의 부압에 의해 작동되며, 연료 분사량을 일정하게 유지하기 위해 흡기다기관 내의 절대압력과 연료 분배관의 압력차를 항상 일정하게($2.55kgf/cm^2$) 유지시킨다.

16 운행차 배출가스 검사방법에서 휘발유, 가스 자동차 검사에 관한 설명으로 틀린 것은?
① 무부하검사방법과 부하검사방법이 있다.
② 무부하검사방법으로 이산화탄소, 탄화수소 및 질소산화물을 측정한다.
③ 무부하검사방법에는 저속공회전 검사모드와 고속공회전 검사모드가 있다.
④ 고속공회전 검사모드는 승용자동차와 차량 총중량 3.5톤 미만의 소형자동차에 한하여 적용한다.

 운행차 배출가스 검사방법은 ①, ③, ④항의 방법으로 하며, 무부하검사방법으로는 일산화탄소, 탄화수소 및 공기 과잉률을 측정한다.

17 실린더 안지름이 80mm, 행정이 78mm인 4사이클 4실린더 엔진의 회전수가 2500rpm일 때 SAE마력은 약 몇 PS인가?
① 15.9
② 20.9
③ 25.9
④ 30.9

풀이 SAE 마력 = $\frac{M^2 Z}{1,613}$ = $\frac{D^2 Z}{2.5}$
여기서, M : 내경[mm]
D : 내경[inch]
Z : 실린더 수
∴ SAE 마력 = $\frac{80^2 \times 4}{1613}$ = 15.87PS

 13 ④ 14 ③ 15 ④ 16 ② 17 ①

18 엔진 윤활유에 캐비테이션이 발생할 때 나타나는 현상으로 틀린 것은?

① 진동 감소
② 소음 증가
③ 윤활 불안정
④ 불규칙한 펌프 토출압력

 캐비테이션(cavitation)이란 공동(空洞) 현상으로서 회전에 의해 뒷부분의 오일이 비어 있는 현상을 말한다. 캐비테이션 현상이 발생되면 펌프 토출압력이 불규칙해져서 윤활이 불안정해지며 진동과 소음이 증가하고 점도지수가 낮아지게 된다.

19 전자제어 LPI 차량의 구성품이 아닌 것은?

① 연료차단 솔레노이드밸브
② 연료펌프 드라이버
③ 과류방지밸브
④ 믹서

 LPI 기관의 구성품
① 연료탱크(봄베)
② 연료펌프 드라이버
③ 멀티밸브 유닛 : 연료차단 솔레노이드밸브, 수동밸브, 릴리프밸브, 리턴밸브, 과류 방지밸브
④ 인젝터
⑤ 연료압력 레귤레이터 : 가스압력센서, 가스온도센서
믹서는 LPG 차량에서 사용되는 부품이다.

20 전자제어 엔진에서 크랭크각 센서의 역할에 대한 설명으로 틀린 것은?

① 운전자의 가속의지를 판단한다.
② 엔진 회전수(rpm)를 검출한다.
③ 크랭크축의 위치를 감지한다.
④ 기본 점화시기를 결정한다.

 크랭크각 센서는 ②, ③, ④의 역할을 하며, 스로틀포지션센서(TPS)로 운전자의 가속의지를 판단한다.

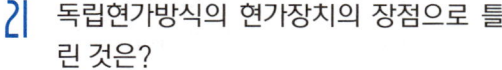

21 독립현가방식의 현가장치의 장점으로 틀린 것은?

① 바퀴의 시미(shimmy) 현상이 작다.
② 스프링의 정수가 작은 것을 사용할 수 있다.
③ 스프링 아래 질량이 작아 승차감이 좋다.
④ 부품수가 적고 구조가 간단하다.

독립 현가장치의 특징
① 차량의 높이를 낮게 할 수 있어 안전성이 좋다.
② 바퀴가 시미를 잘 일으키지 않고 로드 홀딩이 좋다.
③ 스프링 정수가 적은 스프링을 사용할 수 있다.
④ 스프링 아래 질량이 적어 승차감이 우수하다.
⑤ 일체 차축 현가에 비해 부품수가 많아 구조가 복잡하다.
⑥ 주행시 바퀴의 움직임에 따라 윤거나 얼라인먼트가 변화하므로 타이어 마모가 크다.

 18 ①　19 ④　20 ①　21 ④

22 조향장치에서 킹핀이 마모되면 캠버는 어떻게 되는가?

① 캠버의 변화가 없다.
② 항상 0의 캠버가 된다.
③ 더욱 정(+)의 캠버가 된다.
④ 더욱 부(−)의 캠버가 된다.

 킹핀이 마모되면 킹핀이 안쪽으로 기울어져 너클이 타이어를 안쪽으로 당기게 되므로 더욱 부(−)의 캠버가 된다.

23 구동력이 108kgf인 자동차가 100km/h로 주행하기 위한 엔진의 소요마력은 몇 PS인가?

① 20　　　② 40
③ 80　　　④ 100

 소요마력 $= \dfrac{F \times v}{75}$

여기서, F : 구동력[kgf]
　　　　v : 차속[m/s]

∴ 엔진 소요마력 $= \dfrac{F \times v}{75} = \dfrac{108 \times \left(\dfrac{100}{3.6}\right)}{75}$
$= 40\text{PS}$

24 자동차의 축거가 2.6m, 전륜 바깥쪽 바퀴의 조향각이 30°, 킹핀과 타이어 중심 거리가 30cm일 때 최소회전반경은 약 몇 m인가?

① 4.5　　　② 5.0
③ 5.5　　　④ 6.0

 최소회전반경 $R = \dfrac{L}{\sin\alpha} + r$

여기서, α : 외측바퀴 회전각도[°]
　　　　L : 축거[m]
　　　　r : 타이어 중심과 킹핀 중심과의 거리[m]

∴ 최소회전반경 $R = \dfrac{2.6}{\sin 30°} + 0.3 = 5.5\text{m}$

25 센터 디퍼렌셜 기어 장치가 없는 4WD 차량에서 4륜 구동상태로 선회 시 브레이크가 걸리는 듯한 현상은?

① 타이트 코너 브레이킹 현상
② 코너링 언더 스티어 현상
③ 코너링 요 모멘트 현상
④ 코너링 포스 현상

 타이트 코너 브레이킹(tight corner braking) 현상이란 센터 디퍼렌셜 기어 장치가 없는 파트타임 4륜구동(4WD) 자동차에서 앞·뒤 바퀴의 선회 차에 의해 발생되는 현상으로, 코너 회전 시, U턴 시, 주차 시 등 회전반경이 작은 경우에 심하게 발생한다. 전륜은 빨리 회전하여야 하나 천천히 회전하여 브레이크가 걸리는 듯 주행하고 후륜은 천천히 회전하여야 하나 강제로 끌리는 듯이 공전하게 되는 현상을 말한다.

26 튜브가 없는 타이어(tubeless tire)에 대한 설명으로 틀린 것은?

① 튜브 조립이 없어 작업성이 좋다.
② 튜브 대신 타이어 안쪽 내벽에 고무막이 있다.
③ 날카로운 금속에 찔리면 공기가 급격히 유출된다.
④ 타이어 속의 공기가 림과 직접 접촉하여 열 발산이 잘된다.

 튜브리스 타이어(tubeless tire)의 특징
① 튜브 조립이 없어 작업성이 좋다.
② 튜브 대신 타이어 안쪽 내벽에 고무막이 있다.
③ 못 등에 찔려도 공기가 급격히 유출되지

22 ④　23 ②　24 ③　25 ①　26 ③

않는다.
④ 타이어 속의 공기가 림과 직접 접촉하여 열 발산이 잘된다.
⑤ 림이 변형되면 공기가 새기 쉽다.

27 전자제어 현가장치에서 자동차가 선회할 때 차체의 기울어진 정도를 검출하는 데 사용되는 센서는?

① G 센서
② 차속 센서
③ 뒤 압력 센서
④ 스로틀 포지션 센서

 G 센서(gravity sensor, 중력센서)
롤제어 전용 센서로, 자동차가 선회할 때 차체의 기울어진 방향과 기울어진 정도를 검출하는 데 사용되는 센서이다.

28 스탠딩웨이브 현상 방지대책으로 옳은 것은?

① 고속으로 주행한다.
② 전동저항을 증가시킨다.
③ 강성이 큰 타이어를 사용한다.
④ 타이어 공기압을 표준보다 15~25% 정도 낮춘다.

 스탠딩웨이브 현상 방지대책
① 저속 운행을 한다.
② 강성이 큰 타이어를 사용한다.
③ 타이어의 공기압을 높인다.

29 자동차가 주행할 때 발생하는 저항 중 자동차의 전면 투영면적과 관계있는 저항은?

① 구름저항
② 구배저항
③ 공기저항
④ 마찰저항

 공기저항(R_a) = $\mu_a \cdot A \cdot v^2$
여기서, μ_a : 공기저항계수
A : 전면 투영면적[m²]
v : 차속[m/s]

30 공기 브레이크의 장점에 대한 설명으로 틀린 것은?

① 차량 중량에 제한을 받지 않는다.
② 베이퍼록 현상이 발생하지 않는다.
③ 공기 압축기 구동으로 엔진 출력이 향상된다.
④ 공기가 조금 누출되어도 제동성능이 현저하게 저하되지 않는다.

 공기 브레이크의 장점
① 차량 중량에 제한을 받지 않는다.
② 베이퍼록 현상이 발생하지 않는다.
③ 공기가 조금 누출되어도 제동성능이 현저하게 저하되지 않는다.
④ 페달을 밟는 양에 따라 제동력이 조절된다.
⑤ 압축공기의 압력을 높이면 제동력을 크게 할 수 있다.
공기 압축기 구동으로 인해 엔진 출력에 부하가 걸린다.

31 ABS 컨트롤 유닛(제어모듈)에 대한 설명으로 틀린 것은?

① 휠의 감속·가속을 계산한다.
② 각 바퀴의 속도를 비교·분석한다.
③ 미끄러짐 비를 계산하여 ABS 작동 여부를 결정한다.
④ 컨트롤 유닛이 작동하지 않으면 브레이크가 전혀 작동하지 않는다.

 ①~③항이 ABS 컨트롤 유닛(제어모듈)에

 27 ① 28 ③ 29 ③ 30 ③ 31 ④

대한 옳은 설명이며, ABS 컨트롤 유닛이 작동하지 않아도 일반 풋 브레이크로 제동이 가능하다.

32 운행차의 정기검사에서 배기소음 및 경적소음을 측정하는 장소선정 기준으로 틀린 것은?

① 주위 암소음의 크기는 자동차로 인한 소음의 크기보다 가능한 10dB 이하 이어야 한다.
② 가능한 주위로부터 음의 반사와 흡수 및 암소음에 영향을 받지 않는 밀폐된 장소를 선정한다.
③ 마이크로 폰 설치 위치의 높이에서 측정한 풍속이 10m/sec 이상일 때에는 측정을 삼가해야 한다.
④ 마이크로폰 설치 중심으로부터 반경 3m 이내에는 돌출 장애물이 없는 아스팔트 또는 콘크리트 등으로 평탄하게 포장되어 있어야 한다.

 운행차 배기소음 및 경적소음 측정 장소선정
① 가능한 주위로부터 음의 반사와 흡수 및 암소음에 영향을 받지 않는 개방된 장소를 선정한다.
② 마이크로폰 설치 중심으로부터 반경 3m 이내에는 돌출 장애물이 없는 아스팔트 또는 콘크리트 등으로 평탄하게 포장되어 있어야 한다.
③ 주위 암소음의 크기는 자동차로 인한 소음의 크기보다 가능한 10dB 이하 이어야 한다.
④ 마이크로 폰 설치 위치의 높이에서 측정한 풍속이 2m/sec 이상일 때에는 마이크로폰에 방충망을 부착하여야 하고, 10m/sec 이상일 때에는 측정을 삼가야 한다.

33 변속비 2, 종감속장치의 피니언 잇수 12개, 링기어 잇수 36개일 때 구동차축에 전달되는 토크는? (단, 1500rpm에서 기관의 토크가 20kgf·m이다.)

① 40kgf·m   ② 60kgf·m
③ 120kgf·m   ④ 240kgf·m

 구동차축에 전달되는 토크는 총감속비에 비례하여 증대되므로, 구동차축 토크 = 기관토크×총감속비 이다.
총감속비 = 변속비×종감속비
$= 2 \times \left(\dfrac{36}{12}\right) = 6$
∴ 구동차축 토크 = 20kgf·m × 6
= 120kgf·m

34 자동차의 최고속도를 증대시킬 수 있는 방법으로 옳은 것은?

① 총 감속비를 작게 한다.
② 자동차의 중량을 높인다.
③ 구동바퀴의 유효반경을 작게 한다.
④ 구름저항 및 공기저항을 크게 한다.

최고속도를 증대시킬 수 있는 방법
① 엔진 회전수를 빠르게 한다.
② 총 감속비를 작게 한다.
③ 자동차의 중량을 가볍게 한다.
④ 구동바퀴의 유효반경을 크게 한다.
⑤ 구름저항 및 공기저항을 작게 한다.

35 주행속도가 일정값에 도달하면 토크컨버터의 펌프와 터빈을 기계적으로 직결시켜 미끄러짐에 의한 손실을 최소화하는 장치는?

① 프런트 클러치   ② 리어 클러치
③ 엔드 클러치   ④ 댐퍼 클러치

 32 ② 33 ③ 34 ① 35 ④

댐퍼 클러치는 주행속도가 일정값에 도달하면 토크컨버터의 펌프와 터빈을 기계적으로 직결시켜 미끄러짐에 의한 손실을 최소화하는 장치이다.

36 하이드로백은 무엇을 이용하여 브레이크 배력작용을 하는가?

① 대기압과 흡기다기관 압력의 차
② 대기압과 압축 공기의 차
③ 배기가스 압력 이용
④ 공기압축기 이용

 하이드로백(hydro-vac)은 대기압과 흡기다기관의 압력차를 이용하여 브레이크에 배력작용을 한다.

37 브레이크 파이프 라인에 잔압을 두는 이유로 틀린 것은?

① 베이퍼 록을 방지한다.
② 브레이크의 작동 지연을 방지한다.
③ 피스톤이 제자리로 복귀하도록 도와준다.
④ 휠 실린더에서 브레이크액이 누출되는 것을 방지한다.

잔압을 두는 목적
① 브레이크 작동 신속
② 베이퍼 록 방지
③ 오일 누출 방지(공기 유입 방지)

38 무단변속기(CVT)에 대한 설명으로 틀린 것은?

① 연비를 향상시킬 수 있다.
② 가속성능을 향상시킬 수 있다.
③ 동력성능이 우수하나, 변속 충격이 크다.
④ 변속 중에 동력전달이 중단되지 않는다.

무단변속기의 특징
① 운전 중 용이하게 감속비를 변화시킬 수 있다.
② 가속성능을 향상시킬 수 있다.
③ 변속패턴에 따라 운전하여 연비가 향상된다.
④ 파워트레인 통합제어의 기초가 된다.
무단변속기는 연속적으로 변속하므로 변속단이 없고, 변속 시 변속 충격이 발생되지 않는다.

39 드라이브 라인의 구성품으로 변속기 주축 뒤쪽의 스플라인을 통해 설치되며 뒤차축의 상하 운동에 따라 추진축의 길이 변화를 가능하게 하는 것은?

① 토션 댐퍼   ② 센터 베어링
③ 슬립 조인트   ④ 유니버설 조인트

 슬립 조인트(slip joint)는 변속기 주축 뒤쪽의 스플라인을 통해 설치되며 뒤차축의 상하 운동에 따라 추진축의 길이 변화를 가능하게 한다.

[참고] 드라이브 라인의 구성품과 역할
① 추진축(propeller shaft) : 회전력 전달
② 자재이음(universal joint) : 각도 변화
③ 슬립이음(slip joint) : 길이 변화

40 차속감응형 전자제어 유압방식 조향장치에서 제어 모듈의 입력 요소로 틀린 것은?

① 차속 센서   ② 조향각 센서
③ 냉각수온 센서   ④ 스로틀 포지션 센서

 전자제어 동력조향장치(ECPS)에서 컨트롤 유닛은 차속 센서, 스로틀 포지션 센서, 조향각 센서로부터 정보를 입력받아 유량제어 솔레노이드 밸브의 전류를 듀티 제어하여 차속에 따라 조향력을 조절한다.
냉각수온 센서는 엔진 ECU로 입력된다.

 36 ① 37 ③ 38 ③ 39 ③ 40 ③

제3과목 자동차전기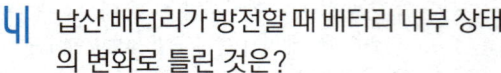

41 납산 배터리가 방전할 때 배터리 내부 상태의 변화로 틀린 것은?

① 양극판은 과산화납에서 황산납으로 된다.
② 음극판은 해면상납에서 황산납으로 된다.
③ 배터리 내부 저항이 증가한다.
④ 전해액의 비중이 증가한다.

 납산 배터리가 방전될 때 양극판과 음극판은 황산납으로 되고, 전해액은 묽은황산에서 물로 변한다. 이에 따라 전해액의 비중은 감소한다.

42 자동차의 안전기준에서 방향지시등에 관한 사항으로 틀린 것은?

① 등광색은 백색이어야만 한다.
② 다른 등화장치와 독립적으로 작동되는 구조이어야 한다.
③ 자동차 앞면·뒷면 및 옆면 좌·우에 각각 1개를 설치해야 한다.
④ 승용자동차와 차량총중량 3.5톤 이하 화물자동차 및 특수자동차를 제외한 자동차에는 2개의 뒷면 방향지시등을 추가로 설치할 수 있다.

 자동차 및 자동차부품의 성능과 기준에 관한 규칙 [제44조] 방향지시등
등광색은 호박색일 것

43 14V 배터리에 연결된 전구의 소비전력이 60W이다. 배터리의 전압이 떨어져 12V가 되었을 때 전구의 실제 전력은 약 몇 W인가?

① 3.2
② 25.5
③ 39.2
④ 44.1

 전력 $P(W) = E \cdot I = I^2 \cdot R$
$= E^2/R$
$\therefore R = \dfrac{E^2}{P} = \dfrac{14^2}{60}$
$= \dfrac{49}{15} \Omega$
$\therefore$ 전력 $P(W) = E^2/R = \dfrac{12^2}{\frac{49}{15}}$
$= 44.08W$

44 하이브리드 자동차의 동력제어 장치에서 모터의 회전속도와 회전력을 자유롭게 제어할 수 있도록 직류를 교류로 변환하는 장치는?

① 컨버터
② 레졸버
③ 인버터
④ 커패시터

 인버터란 직류를 교류로 변환하는 장치를 말하며, 컨버터는 교류를 직류로 변환하는 장치를 말한다.

45 주행 중 계기판 내부의 엔진 회전수를 나타내는 타코미터의 작동불량 발생 시 점검 요소로 틀린 것은?

① CAN 통신
② 계기판 내부의 타코미터
③ BCM(body control module)
④ CKP(crankshaft position sensor)

 엔진 회전수는 크랭크포지션 센서, 점화코일 또는 CAN 통신을 통해 계기판 내부의 계기 장치에서 아날로그 또는 디지털 방식으로 표시된다.
BCM은 타코미터와 관련이 없다.

 41 ④ 42 ① 43 ④ 44 ③ 45 ③

46 고속 CAN High, Low 두 단자를 자기진단 커넥터에서 측정 시 종단 저항 값은?
(단, CAN시스템은 정상인 상태이다.)

① 60Ω ② 80Ω
③ 100Ω ④ 120Ω

 종단저항은 120Ω으로, 2개가 병렬로 연결되어 있으므로,

합성저항 $R = \dfrac{R_1 R_2}{R_1 + R_2} = \dfrac{120 \times 120}{120 + 120}$
$= 60\,\Omega$

47 자동차의 안전기준에서 전기장치에 관한 사항으로 틀린 것은?

① 축전지가 진동 또는 충격 등에 의해 손상되지 않도록 고정 시킬 것
② 전기배선 중 배터리에 가까운 선만 절연물질로 덮어 씌울 것
③ 차실 내부의 전기단자는 적절히 절연물질로 덮어 씌울 것
④ 차실 안에 설치하는 축전지는 절연물질로 덮어 씌울 것

 자동차 및 자동차부품의 성능과 기준에 관한 규칙 제18조(전기장치)
자동차의 전기장치는 다음 각 호의 기준에 적합하여야 한다.
① 자동차의 전기배선은 모두 절연물질로 덮어 씌우고, 차체에 고정시킬 것
② 차실안의 전기단자 및 전기개폐기는 적절히 절연물질로 덮어 씌울 것
③ 축전지는 자동차의 진동 또는 충격 등에 의하여 이완되거나 손상되지 아니하도록 고정시키고, 차실 안에 설치하는 축전지는 절연물질로 덮어 씌울 것

48 하이브리드 자동차에서 저전압(12V) 배터리가 장착된 이유로 틀린 것은?

① 오디오 작동
② 등화장치 작동
③ 네비게이션 작동
④ 하이브리드 모터 작동

 저전압(12V) 배터리는 등화장치, 오디오 및 네비게이션 등의 작동에 사용되며, 하이브리드 모터는 144V 이상의 고전압 배터리를 이용, 직류를 교류로 변환하여 작동시킨다.

49 12V 전압을 인가하여 0.00003C의 전기량이 충전되었다면 콘덴서의 정전 용량은?

① 2.0μF ② 2.5μF
③ 3.0μF ④ 3.5μF

정전용량 $C = \dfrac{Q}{E}$

여기서, C : 콘덴서의 정전용량[F]
Q : 전기량[C]
E : 전압[V]

∴ $C = \dfrac{Q}{E} = \dfrac{0.00003}{12} = 0.0000025\,F$
$= 2.5\,\mu F$

50 냉방장치의 구성품으로 압축기로부터 들어온 고온·고압의 기체 냉매를 냉각시켜 액체로 변화시키는 장치는?

① 증발기 ② 응축기
③ 건조기 ④ 팽창밸브

 응축기(condenser)는 라디에이터 앞쪽에 설치되며, 압축기(compressor)로부터 들어온 고온 고압의 기체 냉매를 냉각시켜 액체로 변화시키는 역할을 한다.

 46 ① 47 ② 48 ④ 49 ② 50 ②

51 시동 후 피니언 기어와 전기자 축에 동력전달을 차단하여 기동전동기를 보호하는 부품은?

① 풀 인 코일
② 브러시 홀더
③ 홀드 인 코일
④ 오버 러닝 클러치

 오버 러닝 클러치(over running clutch)
엔진이 시동된 후, 피니언 기어와 전기자 축에 동력전달을 차단하여 엔진의 회전으로 인해 기동전동기가 파손되는 것을 방지하는 장치이다.

52 자동차 에어컨 시스템에서 응축기가 오염되어 대기 중으로 열을 방출하지 못하게 되었을 경우 저압과 고압의 압력은?

① 저압과 고압 모두 낮다.
② 저압과 고압 모두 높다.
③ 저압은 높고 고압은 낮다.
④ 저압은 낮고 고압은 높다.

 응축기가 오염되어 대기 중으로 열을 방출하지 못하면 저압과 고압의 압력은 모두 높아진다.

53 가솔린엔진의 DLI(distributor less ignition) 점화 방식의 특징으로 틀린 것은?

① 드웰 시간의 변화가 없다.
② 배전기가 없음으로 누전이 적다.
③ 부품 개수가 줄어 고장 요소가 적다.
④ 전파방해가 적어 다른 전자제어 장치에 거의 영향을 주지 않는다.

 ②, ③, ④항은 DLI 점화방식의 특징이며, 엔진 회전수에 맞게 최적의 점화시기를 ECU가 연산하여 드웰 시간을 조정하므로 점화진각 폭에 제한이 없다.

55 에어컨 압축기 종류 중 가변용량 압축기에 대한 설명으로 옳은 것은?

① 냉방 부하에 따라 냉매 토출량을 조절한다.
② 냉방 부하에 관계없이 일정량의 냉매를 토출한다.
③ 냉방 부하가 작을 때만 냉매 토출량을 많게 한다.
④ 냉방 부하가 클 때만 작동하여 냉매 토출량을 적게 한다.

가변용량 압축기는 냉방 부하에 따라 냉매 토출량을 조절하며 냉방부하가 작을 때는 냉매 토출량을 적게, 냉방 부하가 클 때는 냉매 토출량을 많게 한다.

55 전기회로의 점검방법으로 틀린 것은?

① 전류 측정 시 회로와 병렬로 연결한다.
② 회로가 접촉 불량일 경우 전압강하를 점검한다.
③ 회로의 단선 시 회로의 저항 측정을 통해서 점검할 수 있다.
④ 제어모듈 회로 점검 시 디지털 멀티미터를 사용해서 점검할 수 있다.

전기회로에서 전류 측정 시에는 회로와 직렬로 연결하여 측정한다.

 51 ④ 52 ② 53 ① 54 ① 55 ①

56 평균전압 220V 교류전원에 대한 설명으로 틀린 것은?

① MAX-P 전압은 약 220V이다.
② P-P 전압은 $200 \times 2\sqrt{2}$ V가 된다.
③ 1사이클 중 (+)듀티는 50%가 된다.
④ 디지털 멀티미터는 평균 전압이 표시된다.

> 풀이 교류의 최대값(MAX-P 전압)은 실효값에 $\sqrt{2}$를 곱한 값이므로 약 $220 \times \sqrt{2}$ V이다.

57 전자제어 엔진에서 크랭킹은 가능하나 시동이 되지 않을 경우 점검요소로 틀린 것은?

① 연료펌프 작동
② 엔진 고장코드
③ 인히비터 스위치
④ 점화플러그 불꽃

> 풀이 인히비터 스위치가 고장이거나 위치가 맞지 않으면 크랭킹도 되지 않는다.

58 도난방지장치가 장착된 자동차에서 도난경계 상태로 진입하기 위한 조건이 아닌 것은?

① 후드가 닫혀 있을 것
② 트렁크가 닫혀 있을 것
③ 모든 도어가 닫혀 있을 것
④ 모든 전기장치가 꺼져 있을 것

> 풀이 **도난방지 차량 경계상태 진입조건**
> 도어 키 스위치, 도어 스위치, 후드 스위치, 트렁크 스위치

59 점화플러그에 대한 설명으로 틀린 것은?

① 열형 점화플러그는 열 방출량이 높다.
② 조기 점화를 방지하기 위하여 적절한 열가를 가지고 있다.
③ 점화플러그의 간극이 기준값 보다 크면 실화가 발생할 수 있다.
④ 점화플러그의 간극이 기준값 보다 작으면 불꽃이 약해질 수 있다.

> 풀이 열형 점화플러그는 열 방출량이 적어 열을 많이 갖고 있는 플러그이며, 열을 많이 방출하는 플러그를 냉형 플러그라 한다.

60 점화플러그 간극이 규정보다 넓을 때 방전구간에 대한 설명으로 옳은 것은?

① 점화전압이 높아지고 점화시간은 길어진다.
② 점화전압이 높아지고 점화시간은 짧아진다.
③ 점화전압이 낮아지고 점화시간은 길어진다.
④ 점화전압이 낮아지고 점화시간은 짧아진다.

> 풀이 점화플러그 간극이 규정보다 넓으면 점화전압은 높아지지만 점화시간은 짧아진다.

정답 56 ① 57 ③ 58 ④ 59 ① 60 ②

자동차정비산업기사 제3회
(2017.08.19 시행)

제1과목 자동차엔진

01 디젤기관의 분사펌프 부품 중 연료의 역류를 방지하고 노즐의 후적을 방지하는 것은?
① 태핏   ② 조속기
③ 셧 다운 밸브   ④ 딜리버리 밸브

풀이 디젤기관에 사용되는 딜리버리 밸브는 연료의 역류를 방지하고 노즐의 후적을 방지하는 역할을 한다.

02 디젤엔진에서 직접분사실식과 비교하였을 때의 예연소실식의 장점으로 옳은 것은?
① 열효율이 높다.
② 냉각 손실이 적다.
③ 실린더 헤드의 구조가 간단하다.
④ 사용 연료의 변화에 민감하지 않다.

풀이 ①~③은 직접분사실식의 장점이고, 예연소실식은 사용 연료의 변화에 민감하지 않으므로 연료의 선택이 편리하다.

[참고] 예연소실식의 장·단점
① 연료의 분사압력(100~120kg$_f$/cm^2)이 낮아 연료장치의 고장이 적고, 수명이 길다.
② 사용 연료의 변화에 둔감하므로 연료의 선택이 편리하다.
③ 운전상태가 정숙하고 노크가 적다.
④ 연소실 표면적 대 체적비가 크므로 냉각손실이 크다.
⑤ 예열플러그가 필요하다.
⑥ 연소실의 구조가 복잡하다.
⑦ 연료소비율(200~250g/ps-h)이 직접분사식에 비해 크다.

03 디젤엔진의 노크 방지책으로 틀린 것은?
① 압축비를 높게 한다.
② 착화지연기간을 길게 한다.
③ 흡입공기 온도를 높게 한다.
④ 연료의 착화성을 좋게 한다.

풀이 디젤 노킹 방지법
① 세탄가가 높은 연료를 사용한다.
② 착화지연을 짧게 한다.
③ 기관의 온도를 높인다.
④ 흡기온도를 높인다.
⑤ 압축비, 압축압력, 흡기압력을 높인다.

04 고도가 높은 지역에서 대기압 센서를 통한 연료량 제어방법으로 옳은 것은?
① 기본 분사량을 증량
② 기본 분사량을 감량
③ 연료 보정량을 증량
④ 연료 보정량을 감량

풀이 고도가 높은 지역에서 측정된 공기의 체적은 기압이 낮아 실제보다 적게 들어와 산소가 희박하므로 연료를 감량 보정하여야 한다.

 1 ④ 2 ④ 3 ② 4 ④

05 엔진의 윤활유가 갖추어야 할 조건으로 틀린 것은?

① 비중이 적당할 것
② 인화점이 낮을 것
③ 카본 생성이 적을 것
④ 열과 산에 대하여 안정성이 있을 것

 윤활유의 구비조건
① 비중이 적당할 것
② 적당한 점도를 가질 것
③ 응고점은 낮고, 인화점이 높을 것
④ 열과 산에 대하여 안정성이 있을 것
⑤ 카본 형성에 대한 저항력이 있을 것

06 디젤엔진의 회전수가 2500rpm이고 회전력이 28kg$_f$·m일 때, 제동출력은 약 몇 PS인가?

① 98
② 108
③ 118
④ 128

 제동출력(축마력, 제동마력, PS)=$\dfrac{TN}{716}$

여기서, T : 회전력[m-kg$_f$]
N : 엔진 회전수[rpm]

∴ 제동출력=$\dfrac{28 \times 2500}{716}$=97.7ps

07 전자제어 연료분사식 가솔린엔진에서 연료펌프와 딜리버리 파이프 사이에 설치되는 연료댐퍼의 기능으로 옳은 것은?

① 감속 시 연료차단
② 연료라인의 맥동 저감
③ 연료라인의 릴리프 기능
④ 분배 파이프 내 압력 유지

 댐퍼(damper)란 충격흡수(완충)의 의미로 연료 압력의 맥동을 저감하는 역할을 한다.

08 흡·배기 밸브의 냉각 효과를 증대하기 위해 밸브 스템 중공에 채우는 물질로 옳은 것은?

① 리튬
② 나트륨
③ 알루미늄
④ 바륨

 흡·배기 밸브의 냉각 효과를 증대시키기 위해 밸브 스템 중공에 나트륨을 봉입한다.

09 운행자동차 배기소음 측정 시 마이크로폰 설치 위치에 대한 설명으로 틀린 것은?

① 지상으로부터의 최소높이는 0.5m 이상이어야 한다.
② 지상으로부터의 높이는 배기관 중심 높이에서 ±0.05m인 위치에 설치한다.
③ 자동차의 배기관이 2개 이상일 경우에는 인도 측과 가까운 쪽 배기관에 대하여 설치한다.
④ 자동차의 배기관 끝으로부터 배기관 중심선에 45°±10°의 각을 이루는 연장선 방향으로 0.5m 떨어진 지점에 설치한다.

 배기소음 측정 시 마이크로폰 설치방법
자동차 배기관의 끝으로부터 배기관 중심선에 45°±10°의 각을 이루는 연장선 방향으로 0.5m 떨어진 지점에 설치하고, 지상으로부터의 높이는 배기관 중심높이에서 ±0.05m인 위치에 설치한다.
지상으로부터의 최소높이는 0.2m 이상이어야 하며, 배기관이 2개 이상일 경우에는 인도 측과 가까운 쪽 배기관에서 대하여 설치한다.

 5 ② 6 ① 7 ② 8 ② 9 ①

10 [보기]는 어떤 사이클을 나타낸 것인가?

[보기]
단열압축 → 정압급열 → 단열팽창 → 정적방열

① 카르노 사이클　② 정압 사이클
③ 브레이튼 사이클　④ 복합 사이클

풀이 단열압축→정압급열→단열팽창→정적방열을 갖는 P-V 지압선도는 정압(디젤) 사이클이다.

[참고] 정압(디젤) 사이클의 P-V 지압선도

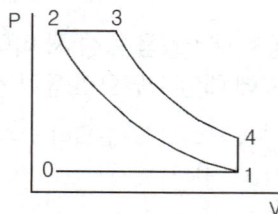

1→2 : 단열압축 과정
2→3 : 정압급열 과정
3→4 : 단열팽창 과정
4→1 : 정적방열 과정

11 가솔린엔진에서 블로바이 가스 발생 원인으로 옳은 것은?

① 엔진 부조
② 실린더와 피스톤 링의 마멸
③ 실린더 헤드 가스켓의 조립 불량
④ 흡기밸브의 밸브 시트면 접촉 불량

풀이 블로바이(blow by) 가스란 피스톤의 압축에 의해 실린더와 피스톤 링의 마멸로 누설되는 미연소 가스를 말한다.

12 전자제어 엔진의 MAP 센서에 대한 설명으로 옳은 것은?

① 흡기 다기관의 절대 압력을 측정한다.
② 고도에 따르는 공기의 밀도를 계측한다.
③ 대기에서 흡입되는 공기 내의 수분 함유량을 측정한다.
④ 스로틀 밸브의 개도에 따른 점화각도를 검출한다.

풀이 MAP 센서는 압전효과를 이용하여 흡기 다기관내의 절대압력을 측정한다.

13 엔진 효율(engine efficiency)을 설명한 것으로 옳은 것은?

① 엔진이 소비한 연료량과 발생된 출력의 비율
② 엔진의 흡입 공기질량과 행정체적에 상당하는 대기질량과의 비율
③ 엔진에 공급된 총 열량 중에서 일로 변환된 열량이 차지하는 비율
④ 엔진의 동력행정에서 발생된 압력이 피스톤에 행한 일과 출력 압력과의 비율

풀이 엔진 효율이란 엔진에 공급된 총 열량 중에서 일로 변환된 열량이 차지하는 비율을 말한다.

14 출력 50kW의 엔진을 1분간 운전했을 때 제동출력이 전부 열로 바뀐다면 몇 kJ인가?

① 2500　　② 3000
③ 3500　　④ 4000

풀이 1J = 1W · s, 1kJ = 1kW · s 이므로,
50kW × 60s = 3000kW · s = 3000kJ

정답　10 ②　11 ②　12 ①　13 ③　14 ②

15 운행차 배출가스 정기검사에서 매연검사 방법으로 틀린 것은?

① 3회 연속 측정한 매연농도를 산술 평균하여 소수점 이하는 버린 값을 최종 측정치로 한다.
② 3회 연속 측정한 매연농도의 최대치와 최소치의 차가 10%를 초과한 경우 최대 10회까지 추가 측정한다.
③ 측정기의 시료 채취관을 배기관의 벽면으로부터 5mm 이상 떨어지도록 설치하고 5cm 이상의 깊이로 삽입한다.
④ 시료 채취를 위한 급가속 시 가속페달을 밟을 때부터 놓을 때까지 소요시간은 4초 이내로 한다.

풀이 광투과식 무부하 급가속 매연 측정 방법 측정기의 시료 채취관을 배기관의 벽면으로부터 5mm 이상 떨어지도록 설치하고 5cm 이상의 깊이로 삽입한다. 시료 채취를 위한 급가속 시 가속페달을 밟을 때부터 놓을 때까지 소요시간은 4초 이내로 한다. 3회 연속 측정한 매연농도를 산술 평균하여 소수점 이하는 버린 값을 최종 측정치로 한다. 3회 연속 측정한 매연농도의 최대치와 최소치의 차가 5%를 초과한 경우 최대 10회까지 추가 측정한다.

16 공기유량센서 중 흡입 통로에 발열체를 설치하여 통과하는 공기의 양에 따라 발열체의 온도변화를 이용하는 방식은?

① 베인식   ② 열선식
③ 맵센서식 ④ 칼만와류식

풀이 전자제어 가솔린기관의 흡입 공기유량센서 중 열선식은 흡입 통로에 발열체를 설치하여 통과하는 공기의 양에 따라 발열체의 온도변화를 이용하여 공기량을 검출하는 질량유량 검출방식이다.

17 엔진 ECU(제어모듈)로 입력되는 신호가 아닌 것은?

① 차속 센서
② 인히비터 스위치
③ 스로틀 위치 센서
④ 아이들 스피드 액추에이터

풀이 전원, 센서, 스위치 등은 입력신호, 램프, 릴레이, 액추에이터 등 작동부품은 출력신호이다.

18 윤활유 소비 증대의 원인으로 가장 거리가 먼 것은?

① 엔진 연소실 내에서의 연소
② 엔진 열에 의한 증발로 외부 방출
③ 베어링과 핀 저널 마멸에 의한 간극 증대
④ 크랭크케이스 또는 크랭크축 씰에서 누유

풀이 베어링과 핀 저널이 마멸되어 간극이 증대되면 유압이 낮아진다.

19 엔진의 실제 운전에서 혼합비가 17.8 : 1일 때 공기 과잉율(λ)은? (단, 이론 혼합비는 14.8 : 1이다.)

① 약 0.83   ② 약 1.20
③ 약 1.98   ④ 약 3.00

풀이 공기과잉률(λ)
$$= \frac{\text{실제 흡입된 공기량}}{\text{이론 공기량}}$$
$\therefore$ 공기과잉률 $= \frac{17.8}{14.8} = 1.2$

정답 15 ② 16 ② 17 ④ 18 ③ 19 ②

20. 엔진 오일의 열화 방지법으로 틀린 것은?
① 이물질 혼입을 방지한다.
② 교환한 오일은 침전시킨 후 사용한다.
③ 유황 성분이 적은 윤활유를 사용한다.
④ 산화 안정성이 좋은 윤활유를 사용한다.

 교환한 오일은 재사용하지 않는다.

제2과목 자동차섀시

21. 제동 시 슬립률(λ)을 구하는 공식으로 옳은 것은? (단, 자동차의 주행 속도는 V, 바퀴의 회전 속도는 Vw이다.)

① $\lambda = \dfrac{V - V_W}{V} \times 100(\%)$

② $\lambda = \dfrac{V}{V - V_W} \times 100(\%)$

③ $\lambda = \dfrac{V_W - V}{V_W} \times 100(\%)$

④ $\lambda = \dfrac{V_W}{V_W - V} \times 100(\%)$

풀이

슬립률 $= \dfrac{V - V_W}{V} \times 100(\%)$

여기서, V : 차량속도
　　　　Vw : 차륜속도

슬립률이 0%라면(Vw=100) 바퀴가 회전하는 상태이고, 100%라면(Vw=0) 브레이크가 작용하여 완전히 고착된 상태로, 가장 큰 마찰계수를 얻을 수 있다.

22. 유압식 전자제어 동력조향장치 중에서 실린더 바이패스 제어 방식의 기본 구성부품으로 틀린 것은?
① 유압 펌프
② 동력 실린더
③ 프로포셔닝 밸브
④ 유량제어 솔레노이드 밸브

 프로포셔닝 밸브는 제동장치 부품이다.

23. 브레이크 페달의 지렛대 비가 그림과 같을 때 페달을 100kgf의 힘으로 밟았다. 이때 푸시로드에 작용하는 힘은?

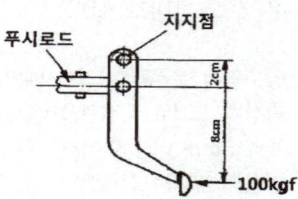

① 200kgf　　② 400kgf
③ 500kgf　　④ 600kgf

풀이
$10 \times 100 = 2 \times F$
∴ 푸시로드에 작용하는 힘
$F = \dfrac{10 \times 100}{2} = 500 \text{kg}_f$

24. 자동변속기의 토크컨버터에서 터빈과 연결되는 것은?
① 조향 너클　　② 스태빌라이저
③ 변속기 입력축　　④ 엔진 플라이휠

 자동변속기의 토크컨버터에서 펌프는 엔진 플라이휠과 볼트로 붙어 있고, 터빈에는 변속기 입력축이 꼽혀 있다.

정답　20 ②　21 ①　22 ③　23 ③　24 ③

25 엔진회전수 3000rpm에서 엔진토크가 12kgf·m일 때 차륜의 구동력은 몇 kgf 인가? (단, 총감속비 8, 동력전달 효율 90%, 차륜의 회전반경 30cm이다.)

① 32　　② 96
③ 135　　④ 288

구동력 $F = \dfrac{T}{r}$

여기서, T : 회전력[kgf·m]
　　　　r : 타이어 반지름[m]
동력전달 효율이 90%,
총감속비가 8 이므로
구동바퀴의 토크는
$12 \times 8 \times 0.9 = 86.4$ kgf·m
∴ 차륜의 구동력
$F = \dfrac{T}{r} = \dfrac{86.4}{0.3} = 288$ kgf

26 조향장치의 구비조건이 아닌 것은?

① 고속 주행 시 조향핸들이 안정될 것
② 조행핸들의 회전과 구동바퀴 선회차가 크지 않을 것
③ 저속 주행 시 조향핸들 조작을 위해 큰 힘이 요구될 것
④ 주행 중 받은 충격에 조향 조작이 영향을 받지 않을 것

조향장치의 구비조건
① 조작하기 쉽고 방향전환이 원활하게 행해질 것
② 회전반경이 적을 것
③ 조향핸들과 구동바퀴의 선회차가 크지 않을 것
④ 조향조작이 주행 중의 충격에 영향을 받지 않을 것
⑤ 고속 주행에도 조향휠이 안정되고 복원력이 좋을 것
⑥ 조향 휠의 조작력은 저속에서는 가볍게 하고 고속에서는 적절히 무거울 것

27 수동변속기의 클러치 역할을 하는 자동변속기의 부품은?

① 밸브 바디　　② 토크컨버터
③ 엔드 클러치　　④ 댐퍼 클러치

자동변속기에서 토크컨버터는 수동변속기에서 클러치의 역할을 하는 부품이다.

28 자동차 제동 시 정지거리로 옳은 것은?

① 반응시간 + 제동시간
② 반응시간 + 공주거리
③ 공주거리 + 제동거리
④ 미끄럼 양 + 제동시간

정지거리란 운전자가 가속페달에서 브레이크까지 옮기는 시간 동안 움직인 공주거리와 브레이크를 밟아 제동되어 정차할 때까지 움직인 거리인 제동거리를 더한 총 거리이다. 즉, 정지거리 = 공주거리 + 제동거리

29 자동변속기와 비교 시 수동변속기의 특징이 아닌 것은?

① 고장률이 높다.
② 소형이며 경량이다.
③ 보수비용이 저렴하다.
④ 기계적인 동력전달로 연비가 우수하다.

수동변속기는 자동변속기에 비해 부품이 적고 간단하여 고장률이 낮다.

25 ④　26 ③　27 ②　28 ③　29 ①

30 입·출력 속도비 0.4, 토크비 2인 토크컨버터에서 펌프 토크가 8kgf·m일 때 터빈 토크는?

① 2kgf·m ② 4kgf·m
③ 8kgf·m ④ 16kgf·m

터빈 토크 = 펌프 토크 × 토크비
= 8 × 2 = 16kgf·m

[참고] 토크 컨버터의 전달효율

① 토크비(t) = $\dfrac{터빈회전력(T_t)}{펌프회전력(T_p)}$

② 속도비(n) = $\dfrac{터빈회전수(N_t)}{펌프회전수(N_p)}$

③ 전달효율 η = 토크비(t) × 속도비(n)

33 무단변속기(CVT)에 대한 설명으로 틀린 것은?

① 가속 성능을 향상시킬 수 있다.
② 변속단에 의한 기관의 토크변화가 없다.
③ 변속비가 연속적으로 이루어지지 않는다.
④ 최적의 연료소비곡선에 근접해서 운행한다.

무단변속기의 특징
① 운전 중 용이하게 감속비를 변화시킬 수 있다.
② 가속성능을 향상시킬 수 있다.
③ 변속패턴에 따라 운전하여 연비가 향상된다.
④ 파워트레인 통합제어의 기초가 된다.
무단변속기는 변속비가 연속적으로 이루어지므로 변속단이 없고, 변속 시 변속 충격이 발생되지 않는다.

32 선회 시 차체의 기울어짐 방지와 관계 된 전자제어 현가장치의 입력 요소는?

① 도어 스위치 신호
② 헤드램프 동작 신호
③ 스톱 램프 스위치 신호
④ 조향 휠 각속도 센서 신호

조향 휠 각속도 센서는 조향 휠의 작동속도를 감지하여 ECS(제어모듈)에 입력하면, 선회 시 외륜 측은 내압을 올리고(급기), 내륜 측은 내압을 내려서(배기) 차체의 기울어짐을 방지한다.

33 동기물림식 수동변속기에서 기어 변속 시 소음이 발생하는 원인이 아닌 것은?

① 클러치 디스크 변형
② 싱크로메시 기구 마멸
③ 싱크로나이저 링의 마모
④ 클러치 디스크 토션 스프링 장력 감쇠

①~③항은 기어 변속 시 소음이 발생하는 원인이고, 클러치 디스크의 토션 스프링 장력이 감쇠되면 클러치 접속 시 회전 충격이 발생된다.

34 차동기어장치의 역할로 옳은 것은?

① 주행속도를 높이는 역할
② 엔진의 토크를 증가시키는 역할
③ 주행 시 구동력을 증가시키는 역할
④ 선회 시 좌·우 구동바퀴의 회전속도를 다르게 하는 역할

차동기어는 선회 시 좌·우 구동바퀴의 회전속도를 다르게 하여 회전차를 흡수하는 역할을 한다.

30 ④ 31 ③ 32 ④ 33 ④ 34 ④

35 ABS시스템과 슬립(미끄럼)현상에 관한 설명으로 틀린 것은?

① 슬립(미끄럼)양을 백분율(%)로 표시한 것을 슬립율이라 한다.
② 슬립율은 주행속도가 늦거나 제동 토크가 작을수록 커진다.
③ 주행속도와 바퀴 회전속도에 차이가 발생하는 것을 슬립현상이라 한다.
④ 제동 시 슬립현상이 발생할 때 제동력이 최대가 될 수 있도록 ABS시스템이 제동압력을 제어한다.

풀이 제동 시 슬립율은 주행속도가 빠르거나 제동 토크가 클수록 슬립율은 커진다.

36 전자제어 브레이크 장치의 구성품 중 휠 스피드센서의 기능으로 옳은 것은?

① 휠의 회전속도를 감지
② 하이드로릭 유닛을 제어
③ 휠 실린더의 유압을 제어
④ 페일 세이프 기능을 수행

풀이 휠 스피드 센서 : 톤 휠의 회전에 의해 발생된 신호로 바퀴의 회전속도를 검출하여 ABS ECU로 보낸다.

37 4WD 시스템의 전기식 트랜스퍼(electric shift transfer)의 스피드 센서인 펄스 제너레이터 센서에 대한 설명으로 틀린 것은?

① 회전속도에 비례하여 주파수가 변한다.
② 마그네틱 센서 방식일 경우 교류전압이 발생한다.
③ 제어모듈은 주파수를 감지하여 출력축 회전속도를 검출한다.
④ 4L 모드 상태에서의 출력파형은 4H 모드에 비하여 시간당 주파수가 많다.

풀이 펄스 제너레이터인 스피드 센서는 회전속도가 빠를수록 주파수가 많아지므로, 4H 모드가 4L 모드보다 시간당 주파수가 많다.

38 차량 주행 중 조향핸들이 한쪽으로 쏠리는 원인으로 틀린 것은?

① 한쪽 타이어의 편마모
② 휠 얼라인먼트 조정 불량
③ 좌·우 타이어 공기압 불일치
④ 동력 조향장치 오일펌프 불량

풀이 조향 휠이 한쪽으로 쏠리는 원인
① 좌·우 타이어 공기압이 불균일하다.
② 좌·우 축거가 다르다.
③ 좌·우 브레이크 라이닝의 간극이 다르다.
④ 앞차축 한쪽의 현가 스프링이 절손되었다.
⑤ 쇽업소버 작동이 불량하다.
⑥ 휠 얼라인먼트 조정이 불량하다.
⑦ 뒤차축이 차의 중심선에 대하여 직각이 아니다.
⑧ 한쪽 타이어가 편마모 되었다.

39 독립현가장치에 대한 설명으로 옳은 것은?

① 강도가 크고 구조가 간단하다.
② 타이어와 노면의 접지성이 우수하다.
③ 스프링 아래 무게가 커서 승차감이 좋다.
④ 앞바퀴에 시미(shimmy)가 일어나기 쉽다.

풀이 독립 현가장치의 특징
① 차량의 높이를 낮게 할 수 있어 안전성이 좋다.
② 바퀴가 시미를 잘 일으키지 않고 로드 홀딩이 좋다.
③ 스프링 정수가 적은 스프링을 사용할 수 있다.

35 ② 36 ① 37 ④ 38 ④ 39 ②

④ 스프링 아래 질량이 적어 승차감이 우수하다.
⑤ 일체 차축 현가에 비해 부품수가 많아 구조가 복잡하다.
⑥ 주행 시 바퀴의 움직임에 따라 윤거나 얼라인먼트가 변화하므로 타이어 마모가 크다.

40 자동차 검사기준 및 방법에서 제동장치의 제동력 검사기준으로 틀린 것은?

① 모든 축의 제동력 합이 공차중량의 50% 이상일 것
② 주차 제동력의 합은 차량 중량의 30% 이상일 것
③ 동일 차축의 좌·우 차바퀴 제동력의 차이는 해당 축중의 8% 이내일 것
④ 각축의 제동력은 해당 축중의 50%(뒤축의 제동력은 해당 축중의 20%) 이상일 것

 자동차 및 자동차부품의 성능과 기준에 관한규칙
[별표 4의 2] :
주차 제동장치의 제동능력은 경사각 11도30분 이상의 경사면에서 정지상태를 유지할 수 있거나 제동능력이 차량중량의 20% 이상일 것

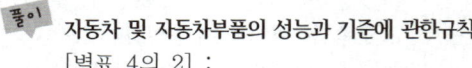

41 HID(high intensity discharge) 전조등에 대한 설명으로 틀린 것은?

① 밸러스트가 있어야 된다.
② 필라멘트가 있어야 된다.
③ 제논과 같은 불활성가스가 봉입된 고휘도 램프이다.
④ 고전압을 인가하여 방전을 일으켜 빛을 발생시킨다.

 HID 전조등은 필라멘트 대신 양 끝에 텅스텐 전극을 설치하고, 고전압을 인가하여 방전을 일으켜 빛을 발생시킨다. 전구 내에는 제논과 같은 불활성 가스를 봉입하며 전자제어 유닛인 밸러스트가 있어야 한다.

42 퓨즈와 릴레이를 대체하며 단선, 단락에 따른 전류 값을 감지함으로써 필요 시 회로를 차단하는 것은?

① BCM(body control module)
② CAN(controller area network)
③ LIN(local interconnect network)
④ IPS(intelligent power switching device)

 IPS란 반도체 소자를 이용한 부하 전원 컨트롤 장치로, 퓨즈와 릴레이를 대체하며 단선, 단락에 따른 전류 값을 감지함으로써 필요 시 회로를 차단하는 기능을 한다.

43 점화플러그의 구비조건으로 틀린 것은?

① 내열 성능이 클 것
② 열전도 성능이 없을 것
③ 기밀 유지 성능이 클 것
④ 자기 청정 온도를 유지할 것

점화플러그의 구비조건
① 전기적 절연성이 좋아야 한다.
② 내열성이 커야 한다.
③ 열전도성이 좋아야 한다.
④ 기밀이 잘 유지되어야 한다.
⑤ 자기청정온도를 유지하여야 한다.

 40 ② 41 ② 42 ④ 43 ②

44 가솔린자동차 점화전압의 크기에 대한 설명으로 틀린 것은?

① 압축 압력이 크면 높아진다.
② 점화플러그 간극이 크면 높아진다.
③ 연소실 내에 혼합기가 희박하면 낮아진다.
④ 점화플러그 중심전극이 날카로우면 낮아진다.

풀이 가솔린 자동차의 점화요구전압은 점화플러그 간극이 넓을수록, 압축압력이 높을수록, 혼합기가 희박할수록 점화요구전압은 높아지고, 혼합기의 온도가 높을수록, 냉각수 온도가 높을수록 중심전극이 날카로울수록 점화요구전압은 낮아진다.

45 충전장치 점검 및 정비 방법으로 틀린 것은?

① 배터리 터미널의 극성에 주의한다.
② 엔진구동 중에는 벨트 장력을 점검하지 않는다.
③ 발전기 B 단자를 분리한 후 엔진을 고속회전시키지 않는다.
④ 발전기 출력전압이나 전류를 점검할 때는 절연저항 테스터를 활용한다.

풀이 발전기 출력전압이나 전류를 점검할 때는 회로 시험기를 활용한다.

46 자동차 제어모듈 내부의 마이크로 컴퓨터에서 프로그램 및 데이터를 계산하고 처리하는 장치는?

① RAM   ② ROM
③ CPU   ④ I/O

용어설명
① RAM(Random Access Memory) : 일시 기억장치로 녹음과 재생이 가능한 것으로, 배터리 전원을 끄면 기억이 지워질 수 있는 IC 메모리
② ROM(Read Only Memory) : 영구 기억장치라 하며 레코드 판이나 CD와 같이 재생만 가능하며, 배터리 전원을 꺼도 기억이 지워지지 않는 부분
③ CPU(Central Process Unit) : RAM과 ROM에 의해 저장되어진 데이터를 중앙처리장치라는 CPU에서 데이터를 계산하고 처리하는 최종 판단을 한다.
④ I/O(Input/Output) interface : 입력과 출력에 실제로 작동하는 센서나 액추에이터, 스위치 등을 CPU나 그 주변의 IC 들과 연결하는 역할

47 주행 중 배터리 충전 불량의 원인으로 틀린 것은?

① 발전기 'B' 단자가 접촉이 불량하다.
② 발전기 구동벨트의 장력이 강하다.
③ 발전기 내부 브러시가 마모되어 슬립링에 접촉이 불량하다.
④ 발전기 내부 불량으로 충전 전압이 배터리 전압보다 낮게 나온다.

풀이 발전기 구동벨트의 장력이 강하면 발전기 베어링이 마모되지만 충전에는 영향이 없다.

48 광속에 대한 설명으로 옳은 것은?

① 빛의 세기로서 단위는 칸델라이다.
② 빛의 밝기의 정도로서 단위는 룩스이다.
③ 광원에서 방사되는 빛의 다발로서 단위는 루멘이다.
④ 광속은 광원의 광도에 비례하고 광원으로부터 거리의 제곱에 반비례한다.

44 ③ 45 ④ 46 ③ 47 ② 48 ③

광속이란 광원에서 방사되는 빛의 다발로, 단위시간당 통과하는 광량을 말한다. 단위는 루멘(Lm)을 사용한다.

49 납산 배터리의 방전종지전압에 대한 설명으로 옳은 것은?

① 셀 당 방전종지전압은 0.75V이다.
② 방전종지전압을 설페이션이라 한다.
③ 방전종지전압은 시간당 평균 방전량이다.
④ 방전종지전압을 넘어 방전을 지속하면 충전 시 회복능력이 떨어진다.

 셀 당 방전종지전압은 1.75V이며, 방전종지 전압을 넘어 방전을 지속하면 충전 시 회복능 력이 떨어진다.
방전종지전압은 설페이션, 시간당 평균 방 전량과는 관련이 없다.

50 기동전동기의 전류소모 시험 결과 배터리의 전압이 12V일 때 120A를 소모하였다면 출력은 약 몇 PS인가?

① 1.96   ② 2.96
③ 3.96   ④ 4.96

 전력 $P(W) = E \cdot I$
∴ $P = 12 \times 120 = 1440W = 1.44kW$
1kW = 1.36ps 이므로,
$1.44 \times 1.36 = 1.958PS$

51 병렬형 하드 타입 하이브리드 자동차에 대한 설명으로 옳은 것은?

① 배터리 충전은 엔진이 구동시키는 발전기로만 가능하다.
② 구동모터가 플라이휠에 장착되고 변속기 앞에 엔진 클러치가 있다.
③ 엔진과 변속기 사이에 구동모터가 있는데 모터만으로는 주행이 불가능하다.
④ 구동모터는 엔진의 동력보조 뿐만 아니라 순수 전기모터로도 주행이 가능하다.

 병렬형 하드 타입 하이브리드 자동차는 모터의 동력 흐름과 엔진의 동력 흐름이 별도로 (병렬로) 되어 있어 동력을 함께 사용하거나 한가지만 선택하여 사용할 수 있는 방식이다. 따라서, 구동모터는 엔진의 동력보조 뿐만 아니라 순수 전기모터로도 단독주행이 가능한 하드타입이다.

52 그림은 어떤 부품의 파형인가?

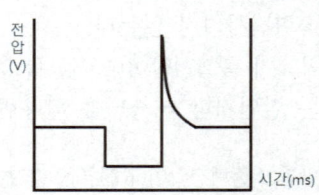

① 인젝터
② 산소 센서
③ 휠 스피드 센서
④ 크랭크 각 센서

 위 그림은 인젝터 파형이다.

 49 ④ 50 ① 51 ④ 52 ①

53 하이브리드 자동차의 고전압 배터리의 충·방전과정에서 전압 편차가 생긴 셀을 동일 전압으로 제어하는 것은?

① 충전상태 제어
② 셀 밸런싱 제어
③ 파워 제한 제어
④ 고전압 릴레이 제어

 하이브리드 자동차에서 개별 셀의 충전 상태 및 전압 편차가 생긴 셀을 동일 전압으로 제어하는 것을 셀 밸런싱 제어라 한다.

54 가솔린엔진의 점화시기 제어에 대한 설명으로 옳은 것은?

① 가속 시 지각 시킨다.
② 감속 시 진각 시킨다.
③ 노킹 발생 시 진각 시킨다.
④ 냉각수 온도가 높으면 지각 시킨다.

 냉간 시 냉각수 온도가 낮을 때에는 운전성을 향상시키기 위해 수온센서 신호에 따라 진각시키고, 온도가 올라가면 지각시킨다.
또한, 가속하면 진각시키고 감속하면 진각시켰던 것을 지각시킨다. 그리고, 노킹이 발생되면 진각하고 있던 제어를 즉시 지각시킨다.

55 점화코일의 시험 항목으로 틀린 것은?

① 압력시험
② 출력시험
③ 절연 저항시험
④ 1, 2차코일 저항시험

 점화코일 성능시험은 1, 2차코일 저항시험, 절연 저항시험, 출력시험 등을 시험한다.

56 전자동 에어컨 시스템의 입력 요소로 틀린 것은?

① 습도 센서
② 차고 센서
③ 일사량 센서
④ 실내온도 센서

 차고(車高)센서는 전자제어 현가장치(ECS)에 입력되는 센서이다.

57 전자제어 에어컨에서 자동차의 실내 및 외부의 온도 검출에 사용되는 것은?

① 서미스터
② 포텐셔미터
③ 다이오드
④ 솔레노이드

 전자제어 에어컨에서 자동차의 실내 및 외부의 온도 검출에 사용되는 센서는 NTC 방식의 서미스터로 전원은 5V이며, 온도의 변화에 따라 센서의 저항이 변화하여 감지 온도와 출력값이 반비례하는 특성을 갖는다.

58 공기정화용 에어필터에 관련된 내용으로 틀린 것은?

① 공기 중의 이물질만 제거 가능한 형식이 있다.
② 필터가 막히면 블로워 모터의 소음이 감소된다.
③ 필터가 막히면 블로워 모터의 송풍량이 감소된다.
④ 공기 중의 이물질과 냄새를 함께 제거 가능한 형식이 있다.

 에어필터가 막히면 블로워 모터의 소음이 커진다.

 53 ② 54 ④ 55 ① 56 ② 57 ① 58 ②

59 다음 병렬회로의 합성저항은 몇 Ω인가?

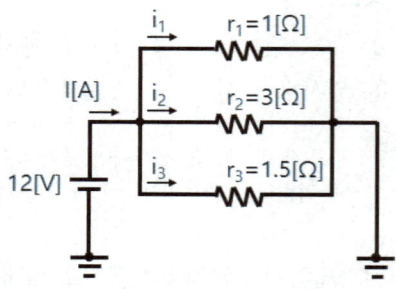

① 0.1
② 0.5
③ 1
④ 5

$R = \dfrac{1}{\dfrac{1}{1}+\dfrac{1}{3}+\dfrac{1}{1.5}} = \dfrac{1}{\dfrac{3}{3}+\dfrac{1}{3}+\dfrac{2}{3}} = \dfrac{3}{6} = 0.5\Omega$

60 단면적 0.002cm², 길이 10m인 니켈크롬선의 전기저항은 몇 Ω인가? (단, 니켈크롬선의 고유저항은 110μΩ 이다.)

① 45
② 50
③ 55
④ 60

도체의 전체저항 $R = \rho \times \dfrac{\ell}{A}$

여기서, R : 도체의 전체저항[Ω]
ρ : 도체의 고유저항[Ω]
ℓ : 도체의 길이[cm]
A : 도체의 단면적[cm²]

∴ 도체의 전체저항
$R = \rho \times \dfrac{\ell}{A} = 110 \times 10^{-6} \times \dfrac{1000}{0.002} = 55\Omega$

\# 문제에서 니켈-크롬선의 단위는 μΩ cm 이다.

정답 59 ② 60 ③

자동차정비산업기사 제1회

(2018.03.04 시행)

제1과목 자동차엔진

01 엔진에서 윤활유 소비 증대에 영향을 주는 원인으로 가장 적절한 것은?

① 신품 여과기의 사용
② 실린더 내벽의 마멸
③ 플라이휠 링기어 마모
④ 타이밍 체인 텐셔너의 마모

풀이) 실린더 내벽의 마멸과 피스톤 링의 소결에 의해 윤활유가 연소되어 가장 많이 소비된다.

02 제동 열효율에 대한 설명으로 틀린 것은?

① 정미 열효율이라고도 한다.
② 작동가스가 피스톤에 한 일이다.
③ 지시 열효율에 기계효율을 곱한 값이다.
④ 제동 일로 변환된 열량과 총 공급된 열량의 비이다.

풀이) 작동가스가 피스톤에 한 일을 도시일이라 한다.

03 지르코니아 방식의 산소센서에 대한 설명으로 틀린 것은?

① 지르코니아 소자는 백금으로 코팅되어 있다.
② 배기가스 중의 산소 농도에 따라 출력 전압이 변화한다.
③ 산소센서의 출력 전압은 연료분사량 보정 제어에 사용된다.
④ 산소센서의 온도가 100℃ 정도가 되어야 정상적으로 작동하기 시작한다.

풀이) 산소센서의 온도는 300℃ 이상 되어야 정상적으로 작동하기 시작한다.

04 액상 LPG의 압력을 낮추어 기체 상태로 변환시킨 후 엔진에 연료를 공급하는 장치는?

① 믹서
② 봄베
③ 대시 포트
④ 베이퍼라이저

풀이) 베이퍼라이저(vaporizer)는 액체를 기체로 변화시켜 주는 장치로 감압, 기화 및 압력조절 작용을 한다.

정답) 1 ② 2 ② 3 ④ 4 ④

05 전자제어 디젤연료분사장치에서 예비분사에 대한 설명으로 옳은 것은?
① 예비분사는 디젤엔진의 시동성을 향상시키기 위한 분사를 말한다.
② 예비분사는 연소실의 연소압력 상승을 부드럽게 하여 소음과 진동을 줄여준다.
③ 예비분사는 주분사 이후에 미연가스의 완전연소와 후처리 장치의 재연소를 위해 이루어지는 분사이다.
④ 예비분사는 인젝터의 노후화에 따른 보정분사를 실시하여 엔진의 출력 저하 및 엔진부조를 방지하는 분사이다.

풀이 예비분사(pilot injection)는 연소실의 압력 상승을 부드럽게 하여 엔진의 소음과 진동을 줄여 주고, 엔진의 출력에 직접 관계되는 에너지는 주분사(main injection)로부터 나온다.

06 엔진 플라이휠의 기능과 관계없는 것은?
① 엔진의 동력을 전달한다.
② 엔진을 무부하 상태로 만든다.
③ 엔진의 회전력을 균일하게 한다.
④ 링기어를 설치하여 엔진의 시동을 걸 수 있게 한다.

풀이 **플라이휠의 역할**
① 엔진의 동력을 전달한다.
② 엔진의 회전력을 균일하게 한다.
③ 링기어를 설치하여 기관의 시동을 걸 수 있게 한다.
④ 플라이휠의 무게는 엔진의 회전속도와 실린더 수에 관계된다.

07 엔진에서 디지털 신호를 출력하는 센서는?
① 압전 세라믹을 이용한 노크 센서
② 가변저항을 이용한 스로틀포지션 센서
③ 칼만 와류 방식을 이용한 공기유량 센서
④ 전자유도 방식을 이용한 크랭크축 각도 센서

풀이 ①, ②, ④항은 아날로그 신호를 출력하며, 칼만와류 방식의 공기유량 센서는 초음파를 이용하여 칼만 와류수만큼 밀집되거나 분산되는 디지털 신호를 수신하여 출력한다.

08 엔진의 실린더 지름이 55mm, 피스톤 행정이 50mm, 압축비가 7.4라면 연소실 체적은 약 몇 cm^3 인가?
① 9.6
② 12.6
③ 15.6
④ 18.6

풀이 $$압축비(\varepsilon) = \frac{실린더\ 체적(V)}{연소실\ 체적(V_c)}$$
$$= 1 + \frac{행정\ 체적(V_s)}{연소실\ 체적(V_c)}$$

여기서, V : 실린더 체적[cc]
V_s : 행정 체적(배기량)[cc]
V_c : 연소실(간극) 체적[cc]

∴ 연소실 체적(V_c)
$$= \frac{V_s}{\varepsilon - 1} = \frac{0.785 \times 5.5^2 \times 5}{7.4 - 1} = 18.55cc$$

5 ② 6 ② 7 ③ 8 ④

09 가솔린 엔진에서 공기과잉률(λ)에 대한 설명으로 틀린 것은?

① λ값이 1일 때가 이론 혼합비 상태이다.
② λ값이 1보다 크면 공기과잉 상태이고, 1보다 작으면 공기부족 상태이다.
③ λ값이 1에 가까울 때 질소산화물(NOx)의 발생량이 최소가 된다.
④ 엔진에 공급된 연료를 완전 연소시키는 데 필요한 이론 공기량과 실제로 흡입한 공기량과의 비이다.

풀이 ①, ②, ④항이 공기과잉률에 대한 옳은 설명이고, 공기과잉률이 1에 가까우면 이론공연비로 연소하므로 완전연소에 가까워 출력은 좋아지나, 온도가 상승하므로 질소산화물(NOx)의 발생량은 증가한다.

10 전자제어 엔진에서 분사량은 인젝터 솔레노이드 코일의 어떤 인자에 의해 결정되는가?

① 전압치   ② 저항치
③ 통전시간   ④ 코일권수

풀이 인젝터의 연료 분사량은 인젝터(니들밸브)의 통전시간(개방시간)으로 결정된다.

11 실린더 내에 흡입되는 흡기량이 감소하는 이유가 아닌 것은?

① 배기가스의 배압을 이용하는 과급기를 설치하였을 때
② 흡입 및 배기 밸브의 개폐시기 조정이 불량할 때
③ 흡입 및 배기의 관성이 피스톤 운동을 따르지 못할 때
④ 피스톤 링, 밸브 등의 마모에 의하여 가스 누설이 발생할 때

풀이 배기가스의 배압을 이용하는 과급기(터보차저)를 설치하면 실린더 내로 흡입되는 공기량을 증가시킬 수 있다.

12 디젤노크에 대한 설명으로 가장 적합한 것은?

① 착화지연기간이 길어지면 발생한다.
② 노크 예방을 위해 냉각수 온도를 낮춘다.
③ 고온 고압의 연소실에서 주로 발생한다.
④ 노크가 발생되면 엔진 회전수를 낮추면 된다.

풀이 디젤노크의 주 원인은 착화지연기간이 길어짐에 따라 실린더 내에 분사되어 누적된 연료량이 일시에 급격히 착화 연소 팽창하게 되어 고열과 함께 심한 충격이 가해지게 되어 발생한다.

13 운행차의 배출가스 정기검사의 배출가스 및 공기과잉률(λ) 검사에서 측정기의 최종 측정치를 읽는 방법에 대한 설명으로 틀린 것은? (단, 저속공회전 검사모드이다.)

① 측정치가 불안정할 경우에는 5초간의 평균치로 읽는다.
② 공기과잉률은 소수점 셋째 자리에서 0.001 단위로 읽는다.
③ 탄화수소는 소수점 첫째 자리 이하는 버리고 1ppm 단위로 읽는다.
④ 일산화탄소는 소수점 둘째 자리 이하는 버리고 0.1% 단위로 읽는다.

풀이 저속공회전 검사모드에서 측정기의 최종측정치를 읽는 방법
① 일산화탄소(CO)는 소수점 둘째자리에서

정답 9 ③ 10 ③ 11 ① 12 ① 13 ②

절사하여 0.1% 단위로 최종 측정치를 읽는다.
② 탄화수소(HC)는 소수점 첫째 자리에서 절사하여 1ppm 단위로 최종 측정치를 읽는다.
③ 공기과잉률(λ)은 소수점 둘째 자리에서 0.01 단위로 최종 측정치를 읽는다.
④ 측정치가 불안정할 경우에는 5초간의 평균치로 읽는다.

14 총 배기량이 2000cc인 4행정 사이클 엔진이 2000rpm으로 회전할 때, 회전력이 15kgf·m라면 제동평균 유효압력은 약 몇 kgf/cm² 인가?

① 7.8 ② 8.5
③ 9.4 ④ 10.2

 ① 제동마력(BHP) = $\frac{1}{75} \times T \times \frac{2\pi N}{60}$
$= \frac{2\pi TN}{75 \times 60}$

② 평균 유효압력에 의한 제동마력(BHP)
$= \frac{PVN}{75 \times 60 \times 2 \times 100}$

여기서, P : 제동평균 유효압력[kgf/cm²]
V : 총배기량[cm³]
T : 회전력[kgf·m]
N : 엔진 회전수[rpm]
(4행정기관은 $N/2$, 2행정기관은 N)

∴ $\frac{2\pi TN}{75 \times 60} = \frac{PVN}{75 \times 60 \times 2 \times 100}$

∴ 제동평균 유효압력(P)
$= \frac{2 \times 100 \times 2\pi \times T}{V} = \frac{400\pi T}{V}$
$= \frac{400 \times 3.14 \times 15}{2000}$
$= 9.42 \text{kgf/cm}^2$

15 전자제어 연료분사장치에서 연료분사량 제어에 대한 설명 중 틀린 것은?
① 기본 분사량은 흡입공기량과 엔진회전수에 의해 결정된다.
② 기본 분사량은 흡입공기량과 엔진회전수를 곱한 값이다.
③ 스로틀밸브의 개도 변화율이 크면 클수록 비동기 분사시간은 길어진다.
④ 비동기분사는 급가속 시 엔진의 회전수에 관계없이 순차모드에 추가로 분사하여 가속 응답성을 향상시킨다.

풀이 기본 분사량은 흡입공기량과 엔진회전수에 의해 결정되며, 필요한 연료 분사량은 흡입공기의 질량을 계측하여 구한다.

16 연료필터에서 오버플로우 밸브의 역할이 아닌 것은?
① 필터 각부의 보호 작용
② 운전 중에 공기빼기 작용
③ 분사펌프의 압력상승 작용
④ 연료공급 펌프의 소음 발생 방지

풀이 **오버플로우 밸브의 역할**
① 연료필터 내의 압력이 규정 이상으로 상승되는 것을 방지
② 운전 중에 연료 탱크 내에서 발생된 기포를 자동적으로 배출
③ 연료필터 각 부분을 보호
④ 연료공급 펌프의 소음 발생 방지

17 다음은 운행차 정기검사의 배기소음도 측정을 위한 검사 방법에 대한 설명이다. ( ) 안에 알맞은 것은?

> 자동차의 변속장치를 중립 위치로 하고 정지가동 상태에서 원동기의 최고 출력 시의 75% 회전속도로 (   )초 동안 운전하여 최대 소음도를 측정한다.

① 3
② 4
③ 5
④ 6

 운행차 정기검사에서 배기소음 측정 시 자동차의 변속장치를 중립 위치로 하고 정지가동 상태에서 원동기 최고 출력 시의 75%의 회전속도로 4초 동안 운전하여 최대 소음도를 측정한다.

18 CNG(Compressed Natural Gas) 엔진에서 가스의 역류를 방지하기 위한 장치는?

① 체크밸브
② 에어조절기
③ 저압연료 차단밸브
④ 고압연료 차단밸브

 CNG 엔진에서 체크밸브는 충전 시 가스의 역류를 방지하는 밸브이다.

19 산소센서를 설치하는 목적으로 옳은 것은?

① 연료펌프의 작동을 위해서
② 정확한 공연비 제어를 위해서
③ 컨트롤 릴레이를 제어하기 위해서
④ 인젝터의 작동을 정확히 조절하기 위해서

 산소센서는 배기가스 중의 산소의 농도 차이에 따라 출력전압이 발생되면 이를 피드백하여 정확하게 이론 공연비로 제어하기 위하여 설치한다.

20 엔진의 지시마력이 105PS, 마찰마력이 21PS일 때 기계효율은 약 몇 %인가?

① 70
② 80
③ 84
④ 90

$$기계효율 = \frac{제동마력}{지시마력} \times 100[\%]$$

제동마력 = 지시마력 − 마찰마력이므로

$$\therefore 기계효율 = \frac{105-21}{105} \times 100 = 80[\%]$$

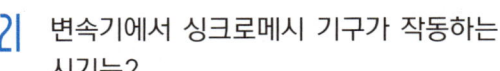

자동차섀시

21 변속기에서 싱크로메시 기구가 작동하는 시기는?

① 변속기어가 물릴 때
② 변속기어가 풀릴 때
③ 클러치 페달을 놓을 때
④ 클러치 페달을 밟을 때

 변속기에서 기어 변속 시(변속기어가 물릴 때) 싱크로메시 기구를 이용하여 서로 다른 단 기어들의 속도를 동기시켜 변속하는 장치이다.

 17 ② 18 ① 19 ② 20 ② 21 ①

22 ABS 장치에서 펌프로부터 토출된 고압의 오일을 일시적으로 저장하고 맥동을 완화시켜 주는 구성품은?

① 어큐뮬레이터
② 솔레노이드 밸브
③ 모듈레이터
④ 프로포셔닝 밸브

풀이 어큐뮬레이터는 ABS 장치에서 하이드롤릭 유닛에 포함되어 있으며, E.C.U의 신호에 따라 펌프로부터 휠 실린더에 공급되는 고압의 오일을 일시적으로 저장하고 맥동을 완화시켜 주는 부품이다.

 23 일반적으로 브레이크 드럼의 재료로 사용되는 것은?

① 연강
② 청동
③ 주철
④ 켈밋 합금

풀이 보통 브레이크 드럼의 재질은 강성과 내마모성이 우수한 주철을 사용한다.

 24 자동차의 변속기에서 제3속의 감속비 1.5, 종감속 구동 피니언 기어의 잇수 5, 링기어의 잇수 22, 구동바퀴의 타이어 유효반경 280mm, 엔진회전수 3300rpm으로 직진 주행하고 있다. 이때 자동차의 주행속도는 약 몇 km/h인가? (단, 타이어의 미끄러짐은 무시한다.)

① 26.4
② 52.8
③ 116.2
④ 128.4

풀이 자동차의 속도 $(V) = \dfrac{\pi DN}{R_t \times R_f} \times \dfrac{60}{1,000}$ [km/h]

여기서, D : 타이어 직경(m)

N : 엔진 회전수(rpm)
R_t : 변속비
R_f : 종감속비
∴ 자동차의 속도 (V)
$= \dfrac{\pi DN}{R_t \times R_f} \times \dfrac{60}{1,000}$
$= \dfrac{3.14 \times 0.56 \times 3,300}{1.5 \times \dfrac{22}{5}} \times \dfrac{60}{1,000}$
$= 52.78 \text{km/h}$

 25 동력전달 장치인 추진축이 기하학적인 중심과 질량 중심이 일치하지 않을 때 일어나는 진동은?

① 요잉
② 피칭
③ 롤링
④ 훨링

풀이 훨링(whirling) : 추진축이 기하학적인 중심과 질량적 중심이 일치하지 않아 고속 주행 시 떨리는 현상

 26 자동차의 동력전달 계통에 사용되는 클러치의 종류가 아닌 것은?

① 마찰 클러치
② 유체 클러치
③ 전자 클러치
④ 슬립 클러치

풀이 클러치의 종류
① 마찰 클러치
   a. 원판 클러치
      • 코일 스프링 형식
      • 다이어프램 스프링 형식
   b. 원뿔 클러치
② 유체 클러치
③ 전자 클러치

 22 ① 23 ③ 24 ② 25 ④ 26 ④

27 공압식 전자제어 현가장치에서 컴프레셔에 장착되어 차고를 낮출 때 작동하며, 공기 챔버 내의 압축공기를 대기 중으로 방출시키는 작용을 하는 것은?

① 에어 액추에이터 밸브
② 배기 솔레노이드 밸브
③ 압력 스위치 제어 밸브
④ 컴프레셔 압력 변환 밸브

풀이 배기 솔레노이드 밸브는 컴프레셔에 장착되어 있으며, 공기 챔버 내의 압축공기를 대기 중으로 방출시키면 챔버가 수축하여 차고가 낮아지게 된다.

28 제동 초속도가 105km/h, 차륜과 노면의 마찰계수가 0.4인 차량의 제동거리는 약 몇 m인가?

① 91.5   ② 100.5
③ 108.5   ④ 120.5

풀이 제동거리 $(S) = \dfrac{v^2}{2\mu g}$

여기서, v : 제동 초속도 $[m/s^2]$
μ : 마찰계수
g : 중력가속도 $[9.8 m/s^2]$

∴ 제동거리 $(S) = \dfrac{\left(\dfrac{105}{3.6}\right)^2}{2 \times 0.4 \times 9.8} = 108.5m$

29 타이어가 편마모되는 원인이 아닌 것은?

① 쇽업소버가 불량하다.
② 앞바퀴 정렬이 불량하다.
③ 타이어의 공기압이 낮다.
④ 자동차의 중량이 증가하였다.

풀이 타이어 편마모의 원인
① 쇽업소버가 불량하다.
② 앞바퀴 정렬이 불량하다.
③ 타이어의 공기압이 너무 높거나 낮다.
④ 급발진, 급제동이 빈번하다.
⑤ 선회 시 하중 이동이 심하다.

30 차륜 정렬에서 캐스터에 대한 설명으로 틀린 것은?

① 캐스터에 의해 바퀴가 추종성을 가지게 된다.
② 선회 시 차체운동에 의한 바퀴 복원력이 발생한다.
③ 수직 방향의 하중에 의해 조향륜이 아래로 벌어지는 것을 방지한다.
④ 바퀴를 차축에 설치하는 킹핀이 바퀴의 수직선과 이루는 각도를 말한다.

풀이 캠버는 수직 방향의 하중에 의해 조향륜이 아래로 벌어지는 것을 방지한다.

31 전자제어 제동장치(ABS)의 구성요소가 아닌 것은?

① 휠 스피드 센서   ② 차고 센서
③ 하이드롤릭 유닛 ④ 어큐뮬레이터

풀이 전자제어 제동장치(ABS)의 구성부품
① 휠 스피드 센서 : 차륜의 회전상태를 검출
② 전자제어 컨트롤 유닛(E.C.U) : 휠 스피드 센서의 신호를 받아 ABS를 제어
③ 하이드롤릭 유닛 : E.C.U의 신호에 따라 휠 실린더에 공급되는 유압을 제어
어큐뮬레이터는 하이드롤릭 유닛에 포함되어 있으며, 차고 센서는 전자제어 현가장치(ECS)에 사용되는 부품이다.

정답 27 ② 28 ③ 29 ④ 30 ③ 31 ②

32 전자제어 현가장치와 관련된 센서가 아닌 것은?

① 차속 센서
② 조향각 센서
③ 스로틀 개도 센서
④ 파워오일 압력 센서

 전자제어 현가장치(ECS) 입·출력 센서
① 차속 센서 : 자동차의 속도를 검출
② 조향각 센서 : 조향 휠의 회전방향을 검출
③ G 센서 : 자동차의 가·감속을 검출
④ 차고 센서 : 자동차의 차고를 검출
⑤ 스로틀 포지션 센서 : 급 가·감속 상태를 검출
⑥ 브레이크 압력 스위치 신호 : 차고 조절을 위해 제동 여부를 검출
파워오일 압력 센서는 전자제어 동력 조향 장치인 파워스티어링 작동 시 사용되는 센서이다.

33 차량의 여유 구동력을 크게 하기 위한 방법이 아닌 것은?

① 주행저항을 적게 한다.
② 총 감속비를 크게 한다.
③ 엔진 회전력을 크게 한다.
④ 구동바퀴의 유효반지름을 크게 한다.

 차량의 여유 구동력을 크게 하기 위해서는 ①~③항 외에 구동바퀴의 반경을 작게 하여야 한다.

34 타이어에 195/70R 13 82S라고 적혀 있다면 S는 무엇을 의미하는가?

① 편평 타이어
② 타이어의 전폭
③ 허용 최고 속도
④ 스틸 레이디얼 타이어

 타이어 표기법

195/ 70 R 13 82 S
 ①   ② ③ ④ ⑤ ⑥

① 단면폭(195mm)
② 편평비(70%)
③ 레이디얼 타이어
④ 타이어의 내경(13inch)
⑤ 타이어 최대 허용하중(kg)
⑥ 허용 최고 속도(S:180km/h)

35 자동차의 바퀴가 정적 불평형일 때 일어나는 현상은?

① 시미 현상
② 롤링 현상
③ 트램핑 현상
④ 스탠딩 웨이브 현상

 자동차의 바퀴가 정적 불평형일 때 트램핑 현상, 동적 불평형일 때 시미 현상이 발생된다.

36 선회 시 차체가 조향 각도에 비해 지나치게 많이 돌아가는 것을 말하며, 뒷바퀴에 원심력이 작용하는 현상은?

① 하이드로 플래닝
② 오버 스티어링
③ 드라이브 휠 스핀
④ 코너링 포스

 선회 시 앞바퀴에서 발생하는 코너링 포스가 뒷바퀴보다 크거나, 뒷바퀴에 원심력이 많이 작용하여 조향 각도에 비해 차체가 지나치게 많이 돌아가는 현상을 오버 스티어링이라 한다.

 32 ④ 33 ④ 34 ③ 35 ③ 36 ②

37 우측 앞 타이어의 바깥쪽이 심하게 마모되었을 때의 조치 방법으로 옳은 것은?

① 토인으로 수정한다.
② 앞·뒤 현가스프링을 교환한다.
③ 우측 차륜의 캠버를 부(−)의 방향으로 조절한다.
④ 우측 차륜의 캐스터를 정(+)의 방향으로 조절한다.

풀이 정(+)의 캠버가 너무 크면 앞 타이어의 바깥쪽이 심하게 마모되는 현상이 발생하므로, 해당(우측) 차륜의 캠버를 부(−)의 방향으로 조절하여 준다.

38 조향장치가 기본적으로 갖추어야 할 조건이 아닌 것은?

① 선회 시 좌·우 차륜의 조향각이 달라야 한다.
② 조향장치의 기계적 강성이 충분하여야 한다.
③ 노면의 충격을 감쇄시켜 조향핸들에 가능한 적게 전달되어야 한다.
④ 선회 주행 시 조향핸들에서 손을 떼도 선회 방향성이 유지되어야 한다.

풀이 ①~③항은 조향장치의 기본적인 조건이며, 선회 주행 시 조향핸들에서 손을 떼면 원심력이 작용하여 조향 핸들이 직진 방향으로 되돌아와야 한다.

39 유압식 브레이크의 마스터 실린더 단면적이 4cm²이고, 마스터 실린더 내 푸시로드에 작용하는 힘이 80kgf라면, 단면적 3cm²인 휠 실린더의 피스톤에서 발생하는 유압은 몇 kgf/cm²인가?

① 40   ② 60
③ 80   ④ 120

풀이 압력$(P) = \dfrac{W}{A}$[kgf/cm²]

∴ 마스터 실린더 압력(P)
$= \dfrac{W}{A} = 20\text{kgf/cm}^2$

∴ 휠 실린더에 작용하는 힘(W)
$= 20 \times 3 = 60\text{kgf}$

[참고] 유압은 휠 실린더 피스톤에서도 20kgf/cm²이다.
문제는 피스톤에 작용하는 힘을 물어보는 문제이다.

40 자동변속기의 6포지션형 변속레버 위치(Select Pattern)를 올바르게 나열한 것은? (단, D : 전진위치, N : 중립위치, R : 후진위치, 2,1 : 저속전진위치, P : 주차위치)

① P−R−N−D−2−1
② P−N−R−D−2−1
③ R−N−D−P−2−1
④ R−N−P−D−2−1

풀이 자동차 및 자동차부품의 성능과 기준에 관한 규칙
제2장 제1절 13조 3항 : 자동변속장치는 다음 각 호의 기준에 적합하여야 한다.
1. 중립위치는 전진(D)위치와 후진(R)위치 사이에 있을 것
2. 조종레버가 조향기둥에 설치된 경우 조종

37 ③ 38 ④ 39 ② 40 ①

레버의 조작방향은 중립위치에서 전진위치로 조작되는 방향이 시계방향일 것
3. 주차위치가 있는 경우에는 후진위치에 가까운 끝부분에 있을 것. 다만, 순서대로 조작되지 아니하는 조종레버를 갖춘 경우에는 그러하지 아니한다.

제3과목 자동차전기

41 점화코일에 관한 설명으로 틀린 것은?

① 점화플러그에 불꽃방전을 일으킬 수 있는 높은 전압을 발생한다.
② 점화코일의 입력측이 1차 코일이고, 출력측이 2차 코일이다.
③ 1차 코일에 전류 차단 시 플레밍의 왼손 법칙에 의해 전압이 상승된다.
④ 2차 코일에서는 상호유도작용으로 2차 코일의 권수비에 비례하여 높은 전압이 발생한다.

 ①, ②, ④항이 점화코일에 대한 옳은 설명이고, 1차 코일에 전류 차단 시 상호유도 작용에 의해 2차코일에서는 높은 전압이 발생된다.

42 교류 발전기에서 유도 전압이 발생되는 구성품은?

① 로터   ② 회전자
③ 계자코일   ④ 스테이터

 교류(AC) 발전기에서 유도전압은 로터의 회전에 의해 스테이터에서 발생된다.

43 배터리 극판의 영구 황산납(유화, 설페이션) 현상의 원인으로 틀린 것은?

① 전해액의 비중이 너무 낮다.
② 전해액이 부족하여 극판이 노출되었다.
③ 배터리의 극판이 충분하게 충전되었다.
④ 배터리를 방전된 상태로 장기간 방치하였다.

 설페이션(sulfation, 백화, 유화) 현상 : 극판에 백색 결정성 황산납($PbSO_4$)이 생성되는 현상으로, 전해액의 비중이 너무 낮거나 축전지의 장기방치, 불완전한 충·방전, 전해액 부족 등이 원인이다.

44 회로가 그림과 같이 연결되었을 때 멀티미터가 지시하는 전류 값은 몇 A인가?

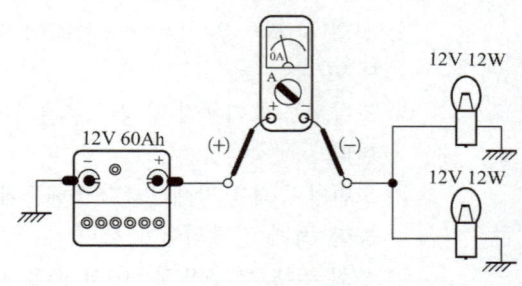

① 1   ② 2
③ 3   ④ 4

 12W 2개를 사용하므로, 소비 전력은 24W이다.
∴ 전류 $I = \dfrac{P}{E} = \dfrac{24}{12} = 2A$

정답 41 ③ 42 ④ 43 ③ 44 ②

45 제동등과 후미등에 관한 설명으로 틀린 것은?

① 제동등과 후미등은 직렬로 연결되어 있다.
② LED 방식의 제동등은 점등 속도가 빠르다.
③ 제동등은 브레이크 스위치에 의해 점등된다.
④ 퓨즈 단선 시 전체 후미등이 점등되지 않는다.

 제동등과 후미등은 병렬로 연결되어 각각 따로 작동한다.

46 다이오드를 이용한 자동차용 전구 회로에 대한 설명 중 옳은 것은?

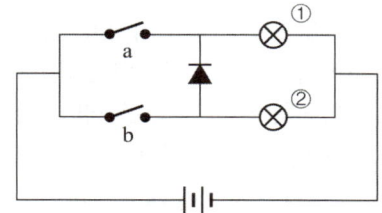

① 스위치 b가 ON일 때 전구 ②만 점등된다.
② 스위치 b가 ON일 때 전구 ①만 점등된다.
③ 스위치 a가 ON일 때 전구 ①만 점등된다.
④ 스위치 a가 ON일 때 전구 ①과 전구 ② 모두 점등된다.

풀이 스위치 a가 ON일 때 전구 ①만 점등되며, 스위치 b가 ON일 때는 전구 ①, ②가 모두 점등된다.

47 에어백 장치에서 승객의 안전벨트 착용 여부를 판단하는 것은?

① 시트부하 스위치   ② 충돌 센서
③ 버클 스위치   ④ 안전 센서

 에어백 장치에서 승객의 안전벨트 착용 여부는 버클 스위치 신호로 판단한다.

48 하이브리드 자동차에서 모터의 회전자와 고정자의 위치를 감지하는 것은?

① 레졸버
② 인버터
③ 경사각 센서
④ 저전압 직류 변환장치

 레졸버(회전자 위치 센서)는 모터의 절대위치를 검출하는 센서로, 모터의 회전자와 하우징과 연결된 레졸버 고정자의 위치를 감지한다.

49 전자동 에어컨 시스템에서 제어모듈의 출력 요소로 틀린 것은?

① 블로워 모터
② 냉각수 밸브
③ 내·외기 도어 액추에이터
④ 에어믹스 도어 액추에이터

풀이 냉각수 밸브(thermostat)는 에어컨 ECU에 의해 작동하는 출력 요소가 아니고, 냉각수 온도에 따라 왁스 펠릿이 팽창 수축하여 열리고 닫힌다.

50 일반적인 오실로스코프에 대한 설명으로 옳은 것은?

① X축은 전압을 표시한다.
② Y축은 시간을 표시한다.
③ 멀티미터의 데이터보다 값이 정밀하다.
④ 전압, 온도, 습도 등을 기본으로 표시한다.

정답 45 ① 46 ③ 47 ③ 48 ① 49 ② 50 ③

오실로스코프는 X축은 시간, Y축은 전압을 표시하며, 멀티미터의 데이터보다 값이 정밀하다.

51 점화순서가 1-5-3-6-2-4인 직렬 6기통 기관에서 2번 실린더가 흡입 초 행정일 경우 1번 실린더의 상태는?

① 흡입 말 ② 동력 초
③ 동력 말 ④ 배기 중

 행정 찾는 법(위상차로 찾는 방법)
상사점에서 하사점으로 내려오는 행정은 흡기행정과 폭발행정, 하사점에서 상사점으로 올라가는 행정은 압축행정과 배기행정이다. 또한 1번과 6번, 2번과 5번, 3번과 4번 크랭크 핀은 같이 움직이므로 2번이 흡입 초이면 5번은 당연히 폭발(동력) 초이다.
점화 순서에 따라 1번 실린더는 5번 실린더보다 먼저 동력행정을 하였으므로 현재는 동력을 마무리하는 동력 말 상태이다.

52 서로 다른 종류의 두 도체(또는 반도체)의 접점에서 전류가 흐를 때 접점에서 줄 열(Joule's heat) 외에 흡열이 일어나는 현상은?

① 홀 효과   ② 피에조 효과
③ 자계 효과 ④ 펠티에 효과

 펠티에 효과(Peltier effect)
서로 다른 두 도체를 결합하고 회로 내에 전류를 흐르게 하면 전류의 방향에 따라 한쪽 면에서는 흡열하고, 반대 면에서는 발열하는 현상이다.

53 하이브리드 차량에서 감속 시 전기 모터를 발전기로 전환하여 차량의 운동 에너지를 전기 에너지로 변환시켜 배터리로 회수하는 시스템은?

① 회생 제동 시스템
② 파워 릴레이 시스템
③ 아이들링 스톱 시스템
④ 고전압 배터리 시스템

 하이브리드 자동차에서 자동차의 감속은 회생제동 모드로서, 차량 감속 시 전기 모터를 발전기로 전환하여 휠에 의한 운동 에너지를 전기 에너지로 변환시켜 배터리를 충전하는 모드이다.

54 공기조화 장치에서 저압과 고압 스위치로 구성되어 있으며, 리시버 드라이어에 주로 장착되어 있는데 컴프레셔의 과열을 방지하는 역할을 하는 스위치는?

① 듀얼 압력 스위치
② 콘덴서 압력 스위치
③ 어큐뮬레이터 스위치
④ 리시버 드라이어 스위치

 듀얼 압력 스위치는 안전장치로서 시스템 내의 냉매의 압력에 의해 작동한다. 만약 냉매가 전혀 없는 상태에서 에어컨을 작동시키면, 증발기는 냉각되지 않으므로 핀서모 스위치가 작동하지 않아 컴프레셔는 계속 작동하게 되므로 과열되어 파손될 우려가 있다. 냉매가 과다 충전이거나 시스템이 막히면 냉매의 압력이 급격히 상승하여 컴프레셔 및 시스템이 파손되므로 듀얼압력 스위치는 OFF 된다.

 51 ③ 52 ④ 53 ① 54 ①

[참고] 듀얼 압력 스위치 작동 압력[kgf/cm^2]

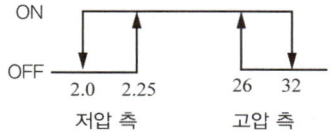

55 오토 라이트(Auto Light) 제어회로의 구성부품으로 가장 거리가 먼 것은?

① 압력 센서
② 조도 감지 센서
③ 오토 라이트 스위치
④ 램프 제어용 휴즈 및 릴레이

 오토 라이트 제어회로의 구성부품
① 램프 제어용 휴즈 및 릴레이
② 조도 감지 센서
③ 오토 라이트 스위치(멀티펑션 스위치)

56 가솔린 엔진에서 크랭크축의 회전수와 점화 시기의 관계에 대한 설명으로 옳은 것은?

① 회전수와 점화시기는 무관하다.
② 회전수의 증가와 더불어 점화 시기는 진각된다.
③ 회전수의 감소와 더불어 점화 시기는 진각 후 지각된다.
④ 회전수의 증가와 더불어 점화 시기는 지각 후 진각된다.

 가솔린 엔진에서 크랭크축의 회전수가 증가하면 점화 시기는 진각된다.

57 직권식 기동전동기의 전기자 코일과 계자 코일의 연결 방식은?

① 직렬로 연결되었다.
② 병렬로 연결되었다.
③ 직·병렬 혼합 연결되었다.
④ 델타 방식으로 연결되었다.

 전동기의 종류
① 직권 전동기 : 계자코일과 전기자코일이 직렬로 연결
② 분권 전동기 : 계자코일과 전기자코일이 병렬로 연결
③ 복권 전동기 : 계자코일과 전기자코일이 직병렬로 연결

58 [보기]가 설명하고 있는 법칙으로 옳은 것은?

[보기]
유도 기전력의 방향은 코일 내 자속의 변화를 방해하는 방향으로 발생한다.

① 렌츠의 법칙
② 자기 유도 법칙
③ 플레밍의 왼손 법칙
④ 플레밍의 오른손 법칙

 렌츠의 법칙(Lenz's law)
"유도 기전력은 코일 내의 자속의 변화를 방해하는 방향으로 발생한다." 는 법칙으로, 자동차용 교류발전기에 적용되고 있다.

정답 55 ① 56 ② 57 ① 58 ①

59. 자동차 정기검사의 등화장치 검사기준에서 ( )에 알맞은 것은?

주광축의 진폭은 진폭 10미터 위치에서 다음 수치 이내일 것

(단위 : 센티미터)

진폭\전조등	상	하	좌	우
좌측	10	30	( )	30
우측	10	30	30	30

① 10 ② 15
③ 20 ④ 25

 자동차관리법 시행규칙 [별표15] : 주광축의 진폭은 10미터 위치에서 다음 수치 이내일 것

(단위 : 센티미터)

진폭\전조등	상	하	좌	우
좌측	10	30	15	30
우측	10	30	30	30

60. 점화파형에 대한 설명으로 틀린 것은?

① 압축압력이 높을수록 점화요구전압이 높아진다.
② 점화플러그의 간극이 클수록 점화요구전압이 높아진다.
③ 점화플러그의 간극이 좁을수록 불꽃방전시간이 길어진다.
④ 점화 1차 코일에 흐르는 전류가 클수록 자기 유도전압이 낮아진다.

 ①~③항은 점화파형에 대한 옳은 설명이고, 점화 1차 코일에 흐르는 전류가 클수록 자기 유도전압도 커진다.

 59 ② 60 ④

자동차정비산업기사 제2회
(2018.04.28 시행)

제1과목 자동차엔진

01 기관의 도시 평균유효압력에 대한 설명으로 옳은 것은?

① 이론 PV선도로부터 구한 평균유효압력
② 기관의 기계적 손실로부터 구한 평균유효압력
③ 기관의 실제 지압선도로부터 구한 평균유효압력
④ 기관의 크랭크축 출력으로부터 계산한 평균유효압력

 도시평균 유효압력은 기관의 실제 지압선도로부터 구한 평균유효압력을 의미한다.

02 전자제어 디젤 연료분사 방식 중 다단분사의 종류에 해당하지 않는 것은?

① 주분사
② 예비분사
③ 사후분사
④ 예열분사

 전자제어 디젤 연료분사 다단분사 방식
① 예비분사(점화분사, 파일럿분사)
② 주분사(메인분사)
③ 사후분사

03 디젤엔진의 기계식 연료분사장치에서 연료의 분사량을 조절하는 것은?

① 컷오프밸브
② 조속기
③ 연료여과기
④ 타이머

 조속기(governor, 거버너) : 기관의 회전속도나 부하 변동에 따라 자동으로 연료 분사량을 조절하여 엔진 속도를 제어하는 장치

04 자동차 정기검사의 소음도 측정에서 운행 자동차의 소음허용기준 중 ( )에 알맞은 것은? (단, 2006년 1월 1일 이후에 제작되는 자동차)

소음 항목 자동차 종류	배기소음 dB(A)	경적소음 dB(C)
경자동차	( ) 이하	110 이하

① 100
② 105
③ 110
④ 115

 소음진동 관리법 시행규칙 [별표13]
자동차의 소음 허용기준(제29조 및 제40조 관련)

2006년 1월 1일 이후에 제작되는 자동차

소음 항목 자동차 종류	배기소음 dB(A)	경적소음 dB(C)
경자동차	100 이하	110 이하

 1 ③ 2 ④ 3 ② 4 ①

05 자동차 디젤엔진의 분사펌프에서 분사 초기에는 분사시기를 변경시키고 분사 말기는 분사시기를 일정하게 하는 리드 형식은?

① 역 리드   ② 양 리드
③ 정 리드   ④ 각 리드

 플런저의 리드 방식
① 정 리드 : 분사 초기가 일정하고 분사 말기가 변화
② 역 리드 : 분사 초기가 변화하고 분사 말기가 일정
③ 양 리드 : 분사 초기와 분사 말기가 모두 변화

06 캐니스터에서 포집한 연료 증발가스를 흡기다기관으로 보내주는 장치는?

① PCV   ② EGR 밸브
③ PCSV   ④ 써모 밸브

 차콜 캐니스터(charcoal canister)는 흡착 저장된 연료증발 가스를 기관이 정상온도에 도달하면 ECU의 신호에 의해 PCSV를 통해 서지탱크(흡기 매니홀드)로 유입시켜 연소시킨다.

07 전자제어 가솔린엔진에 사용되는 센서 중 흡기온도 센서에 대한 내용으로 틀린 것은?

① 흡기온도가 낮을수록 공연비는 증가된다.
② 온도에 따라 저항값이 변화되는 NTC형 서미스터를 주로 사용한다.
③ 엔진 시동과 직접 관련되며 흡입공기량과 함께 기본 분사량을 결정한다.
④ 온도에 따라 달라지는 흡입 공기밀도 차이를 보정하여 최적의 공연비가 되도록 한다.

 ①, ②, ④항이 흡기온도 센서에 대한 올바른 내용이고, 엔진 시동과 직접 관련된 기본 분사량 결정은 흡입공기량 센서(AFS)와 엔진 회전수 신호(CAS)이다.

08 전자제어 가솔린 분사장치의 흡입공기량 센서 중에서 흡입하는 공기의 질량에 비례하여 전압을 출력하는 방식은?

① 핫 필름식   ② 칼만 와류식
③ 맵 센서식   ④ 베인식

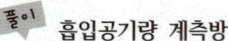 흡입공기량 계측방식
① 직접 계측방식(mass flow type)
  a. 체적 검출방식 : 베인식, 칼만 와류식
  b. 질량 검출방식 : 열선(Hot wire)식
                   열막(Hot film)식
② 간접 계측방식(speed density type) :
  흡기다기관 절대압력(MAP센서) 방식

09 운행차 정밀검사의 관능 및 기능검사에서 배출가스 재순환장치의 정상적 작동 상태를 확인하는 검사방법으로 틀린 것은?

① 정화용 촉매의 정상부착 여부 확인
② 재순환 밸브의 수정 또는 파손 여부를 확인
③ 진공호스 및 라인 설치 여부, 호스 폐쇄 여부 확인
④ 진공밸브 등 부속장치의 유·무, 우회로 설치 및 변경 여부를 확인

대기환경 보전법 시행규칙 [별표26] 운행차의 정밀검사 방법 기준 및 검사항목 항목(제97조 관련)

 5 ① 6 ③ 7 ③ 8 ① 9 ①

출가스 재순환장치가 정상적으로 작동할 것	① 재순환 밸브의 부착 여부 확인 ② 재순환 밸브의 수정 또는 파손 여부를 확인 ③ 진공밸브 등 부속장치의 유무, 우회로 설치 여부 및 변경 여부를 확인 ④ 진공호스 및 라인 설치 여부, 호스 폐쇄 여부 확인

10 기관에서 밸브 스템의 구비조건이 아닌 것은?

① 관성력이 증대되지 않도록 가벼워야 한다.
② 열전달 면적을 크게 하기 위하여 지름을 크게 한다.
③ 스템과 헤드의 연결부는 응력집중을 방지하도록 곡률반경이 작아야 한다.
④ 밸브 스템의 윤활이 불충분하기 때문에 마멸을 고려하여 경도가 커야 한다.

 밸브 스템의 구비조건
① 열전달 면적을 넓히기 위하여 지름을 크게 한다.
② 밸브 스템의 윤활이 충분하지 않으므로 마멸을 고려하여 경도가 커야 한다.
③ 헤드와 스템의 연결부 곡선은 응력집중을 견딜 수 있고, 가스의 흐름이 좋도록 곡률반경이 커야 한다.
④ 관성력이 증대되지 않도록 가벼워야 한다.

11 LPG를 사용하는 자동차의 봄베에 부착되지 않는 것은?

① 충전밸브
② 송출밸브
③ 안전밸브
④ 메인 듀티 솔레노이드 밸브

 봄베(bombe)란 LPG 기관의 연료탱크를 의미하며, 충전밸브, 송출밸브(액상밸브, 기상밸브), 안전밸브, 액면 표시 장치 등이 설치되어 있다.
메인 듀티 솔레노이드 밸브는 믹서에 설치되어 있다.

12 LPG엔진의 특징에 대한 설명으로 옳은 것은?

① 연료 관 내에 베이퍼록이 발생하기 쉽다.
② 연료의 증발잠열로 인해 겨울철 시동성이 좋지 않다.
③ 옥탄가가 낮은 연료를 사용하여 노크가 빈번히 발생한다.
④ 연소가 불안정하여 다른 엔진에 비해 대기오염물질을 많이 발생한다.

LPG 엔진의 특징
① 대기오염이 적고, 위생적이다.
② 연소효율이 좋고, 엔진이 정숙하다.
③ 오일의 오염이 적어 엔진 수명이 길다.
④ 기화하기 쉬워 연소가 균일하다.
⑤ 가스 상태이므로 증기폐쇄(베이퍼 록)가 일어나지 않는다.
⑥ 옥탄가가 높고 노킹이 적어 점화시기를 앞당길 수 있다.
⑦ 연소실에 카본부착이 없어 점화플러그 수명이 길어진다.
LPG 기관은 액체 LPG가 기체로 기화하기 위하여 증발잠열이 필요하므로 저온 시동성이 나쁘다.

 10 ③ 11 ④ 12 ②

13. 전자제어 엔진에서 연료의 기본 분사량 결정 요소는?
    ① 배기 산소 농도 ② 대기압
    ③ 흡입 공기량   ④ 배기량

     전자제어 엔진에서 연료의 기본 분사량 결정 요소는 흡입 공기량 센서와 엔진 회전수 신호이다.

14. 엔진이 압축행정일 때 연소실 내의 열과 내부에너지의 변화의 관계로 옳은 것은? (단, 연소실 내부 벽면 온도가 일정하고, 혼합가스가 이상기체이다.)
    ① 열=방열, 내부에너지=증가
    ② 열=흡열, 내부에너지=불변
    ③ 열=흡열, 내부에너지=증가
    ④ 열=방열, 내부에너지=불변

     연소실 내는 방열, 내부 에너지는 불변

15. 배기량 400cc, 연소실 체적 50cc인 가솔린엔진이 3000rpm일 때, 축토크가 8.95 kgf·m이라면 축출력은 약 몇 PS인가?
    ① 15.5   ② 35.1
    ③ 37.5   ④ 38.1

     출력(축마력, 제동마력, PS)
    $= \dfrac{2\pi TN}{75 \times 60} = \dfrac{TN}{716}$
    여기서, T : 회전력[m-kgf]
    　　　 N : 엔진 회전수[rpm]
    ∴ 축출력 $= \dfrac{8.95 \times 3000}{716} = 37.5\,PS$

16. 전자제어 엔진의 연료분사장치 특징에 대한 설명으로 가장 적절한 것은?
    ① 연료 과다 분사로 연료소비가 크다.
    ② 진단장비 이용으로 고장 수리가 용이하지 않다.
    ③ 연료분사 처리속도가 빨라서 가속 응답성이 좋아진다.
    ④ 연료 분사장치 단품의 제조원가가 저렴하여 엔진 가격이 저렴하다.

     전자제어 연료분사장치의 특징
    ① 연료를 컴퓨터로 정밀 제어하므로 연료소비가 작다.
    ② 연료분사 처리속도가 빨라서 가속 응답성이 좋아진다.
    ③ 진단장비 이용으로 고장 수리가 용이하다.
    ④ 연료 분사장치 단품의 제조원가가 비싸기 때문에 엔진 가격이 상승한다.

17. 엔진의 오일 여과기 및 오일 팬에 쌓이는 이물질이 아닌 것은?
    ① 오일의 열화 및 노화로 발생한 산화물
    ② 토크컨버터의 열화로 인한 퇴적물(슬러지)
    ③ 기관 섭동 부분의 마모로 발생한 금속 분말
    ④ 연료 및 윤활유의 불완전 연소로 생긴 카본

     토크컨버터의 열화로 인한 퇴적물(슬러지)은 자동변속기의 오일 여과기나 오일 팬에 쌓이게 된다.

 13 ③   14 ④   15 ③   16 ③   17 ②

18 연료장치에서 연료가 고온 상태일 때 체적 팽창을 일으켜 연료 공급이 과다해지는 현상은?

① 베이퍼록 현상
② 퍼컬레이션 현상
③ 캐비테이션 현상
④ 스텀블 현상

 용어 설명

① 베이퍼 록(vapor lock) : 연료가 파이프 내에서 가열, 기화되어 연료의 흐름을 방해하거나 전달하지 않는 현상
② 퍼컬레이션(percolation) : 연료가 고온 상태일 때 체적팽창으로 인해 연료 공급이 과다해지는 현상
③ 캐비테이션(cavitation) : 공동(空洞) 현상으로 오일이 회전에 의해 뒤 부분에 오일이 비어있는 현상을 말한다. 공동 현상이 발생되면 점도지수가 낮아진다.
④ 스텀블(stumble) : 주행 중에 일시적으로 발생하는 출력저하로 차량이 울컥거리는 현상

19 가솔린엔진에서 노크 발생을 억제하기 위한 방법으로 틀린 것은?

① 연소실 벽 온도를 낮춘다.
② 압축비, 흡기온도를 낮춘다.
③ 자연발화온도가 낮은 연료를 사용한다.
④ 연소실 내 공기와 연료의 혼합을 원활하게 한다.

 가솔린엔진에서 노크 발생을 억제하기 위해서는 ①, ②, ④항의 방법과 옥탄가가 높은 연료를 사용하여야 하므로 자연발화온도가 높은 연료를 사용한다.

20 피스톤의 단면적 40cm², 행정 10cm, 연소실 체적 50cm³인 기관의 압축비는 얼마인가?

① 3 : 1   ② 9 : 1
③ 12 : 1 ④ 18 : 1

 압축비$(\varepsilon) = \dfrac{\text{실린더 체적}(V)}{\text{연소실 체적}(V_c)}$

$= 1 + \dfrac{\text{행정 체적}(V_s)}{\text{연소실 체적}(V_c)}$

여기서, V : 실린더 체적[cc]
V_s : 행정 체적(배기량)[cc]
V_c : 연소실(간극) 체적[cc]

행정체적 = 피스톤 단면적 × 행정
$= 40 \times 10 = 400$cc

∴ 압축비 $= 1 + \dfrac{\text{행정 체적}(V_s)}{\text{연소실 체적}(V_c)}$

$= 1 + \dfrac{400}{50} = 9$

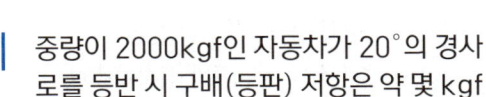

21 중량이 2000kgf인 자동차가 20°의 경사로를 등반 시 구배(등판) 저항은 약 몇 kgf 인가?

① 522   ② 584
③ 622   ④ 684

 구배저항 Rg

$= W \cdot \sin\theta \fallingdotseq W \cdot \tan\theta = \dfrac{WG}{100}$

여기서, W : 차량 총중량
θ : 경사각도
G : 구배(경사율)

∴ 구배저항(Rg)
$= W \cdot \sin\theta = 2000 \times \sin 20°$
$= 2000 \times 0.342 = 684$kgf

 18 ② 19 ③ 20 ② 21 ④

22 무단변속기(CVT)를 제어하는 유압제어 구성부품에 해당하지 않는 것은?

① 오일 펌프
② 유압제어 밸브
③ 레귤레이터 밸브
④ 싱크로메시 기구

풀이 싱크로메시 기구는 수동변속기 구성부품이다.

23 축거를 $L(m)$, 최소회전반경을 $R(m)$, 킹핀과 바퀴 접지면과의 거리를 $r(m)$이라 할 때 조향각 α를 구하는 식은?

① $\sin\alpha = \dfrac{L}{R-r}$
② $\sin\alpha = \dfrac{L-r}{R}$
③ $\sin\alpha = \dfrac{R-r}{L}$
④ $\sin\alpha = \dfrac{L-R}{r}$

풀이 최소회전반경 $R = \dfrac{L}{\sin\alpha} + r$

여기서, α : 외측바퀴 회전각도[°]
L : 축거[m]
r : 타이어 중심과 킹핀 중심과의 거리[m]

∴ $\sin\alpha = \dfrac{L}{R-r}$

24 TCS(Traction Control System)가 제어하는 항목에 해당하는 것은?

① 슬립 제어
② 킥 업 제어
③ 킥 다운 제어
④ 히스테리시스 제어

풀이 TCS 제어의 종류
① 엔진토크 제어 : 연료 분사량 저감 또는 cut, 점화시기 지연, 스로틀 밸브의 개폐에 의해 엔진토크를 조정
② 브레이크 제어 : 구동 타이어를 직접 제어하므로 split 노면에서 가속성이 좋고 한쪽 타이어가 빠졌을 경우 탈출이 용이하다.
③ 구동계 제어 : 클러치 제어, 2WD-4WD 제어, 차동장치 제어
④ 미끄럼 제어(slip control) : 뒷바퀴와 구동바퀴와의 비교에 의해 미끄럼 비율이 적절하도록 제어
⑤ 추적 제어(trace control) : 급회전 시 횡가속도의 증가로 주행 성능이 떨어지므로 구동력을 제어하여 안정된 선회가 가능하도록 한다.
킥 업, 킥 다운, 히스테리시스는 자동변속기 특성이다.

25 TCS(Traction Control System)에서 트레이스 제어를 위해 컴퓨터(TCU)로 입력되는 항목이 아닌 것은?

① 차고 센서
② 휠스피드 센서
③ 조향 각속도 센서
④ 액셀러레이터 페달 위치 센서

풀이 트레이스 제어 입력조건
① 운전자의 조향휠 조작량
② 가속 페달 밟는 양
③ 움직이지 않는 바퀴의 좌·우측 속도 차이

[참고] 트레이스 제어는 가속 페달 밟는 양(액셀러레이터 페달 위치 센서), 운전자의 조향휠 조작량(조향 각속도 센서), 움직이지 않는 바퀴의 좌·우측 속도 차이(휠스피드 센서)를 검출하여 구동력을 제어함으로써 안정한 선회가 가능하도록 한다.

정답 22 ④ 23 ① 24 ① 25 ①

26 선회 주행 시 앞바퀴에서 발생하는 코너링 포스가 뒷바퀴보다 크게 되면 나타나는 현상은?

① 토크 스티어링 현상
② 언더 스티어링 현상
③ 오버 스티어링 현상
④ 리버스 스티어링 현상

 선회 주행 시 앞바퀴에 발생하는 코너링 포스가 크게 되면 앞바퀴는 안정된 주행을, 뒷바퀴는 코너링 포스가 작아 밀리게 되므로 회전 반경이 작아지는 오버 스티어링 현상이 나타나게 된다.

27 사이드슬립 테스터로 측정한 결과 왼쪽 바퀴가 안쪽으로 6mm, 오른쪽 바퀴가 바깥쪽으로 8mm 움직였다면 전체 미끄럼양은?

① in 1mm
② out 1mm
③ in 7mm
④ out 7mm

 사이드슬립 테스터 슬립량 계산법
① 사이드 슬립은 좌, 우 바퀴의 합성력이므로 좌, 우 바퀴의 슬립양을 더해서 둘로 나눈다.
② in과 out은 부호를 반대로 한다.
 즉, in 6mm − out 8mm = out 2mm
 ∴ out 2mm ÷ 2 = out 1mm

28 클러치 페달을 밟았다가 천천히 놓을 때 페달이 심하게 떨리는 이유가 아닌 것은?

① 플라이 휠이 변형되었다.
② 클러치 압력판이 변형되었다.
③ 플라이 휠의 링기어가 마모되었다.
④ 클러치 디스크 페이싱의 두께차가 있다.

 클러치 연결 시 떨리는 원인
① 클러치 조정 불량
② 클러치 디스크 페이싱의 두께차
③ 클러치 디스크의 휨(런아웃) 과대
④ 클러치 압력판의 변형
⑤ 플라이 휠의 변형
플라이 휠의 링기어의 마모는 시동과 관련 있다.

29 2세트의 유성기어 장치를 연이어 접속시키고 일체식 선기어를 공용으로 사용하는 방식은?

① 라비뇨식
② 심프슨식
③ 벤딕스식
④ 평행축 기어 방식

 유성기어의 종류
① 단순 유성기어 : 싱글 피니언 식, 더블 피니언 식
② 복합 유성기어 : 심프슨(simpson) 형식, 라비뇨(ravineau) 형식(선하심 링하라)

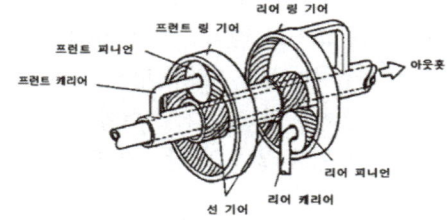
[심프슨 형]

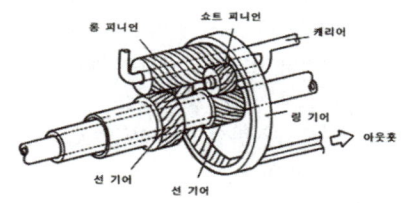
[라비뇨 형]

26 ③ 27 ② 28 ③ 29 ②

30 저속 시미(shimmy)현상이 일어나는 원인으로 틀린 것은?

① 앞 스프링이 절손되었다.
② 조향핸들의 유격이 작다.
③ 로어암의 볼조인트가 마모되었다.
④ 타이로드 엔드의 볼조인트가 마모되었다.

 저속 시미는 앞 스프링의 절손, 조향링키지의 마모, 볼 조인트의 마모, 타이어의 이상 마모, 캐스터, 캠버, 토인 조정불량 등 근본적인 고장이다.
조향핸들 유격이 작으면 정상이다.
조향핸들의 유격이 크면 저속 시미가 발생한다.

31 병렬형 하이브리드 자동차의 특징 설명으로 틀린 것은?

① 모터는 동력 보조만 하므로 에너지 변환 손실이 적다.
② 기존 내연기관 차량을 구동장치의 변경 없이 활용 가능하다.
③ 소프트 방식은 일반 주행 시에는 모터 구동만을 이용한다.
④ 하드 방식은 EV 주행 중 엔진 시동을 위해 별도의 장치가 필요하다.

 ①, ②항이 병렬형 하이브리드 자동차에 대한 옳은 설명이고, 하드 방식은 EV 주행 중 엔진 시동을 위해 별도의 장치인 HSG가 필요하다. 소프트 방식은 엔진이 작동되어야 주행이 가능한 방식으로 일반 주행 시에 엔진으로 구동하고 모터 단독으로는 구동이 안되는 방식이다.
[참고] HSG : Hybrid Starter & Generator

32 드럼식 브레이크와 비교한 디스크식 브레이크의 특징이 아닌 것은?

① 자기작동작용이 발생하지 않는다.
② 냉각성능이 작아 제동성능이 향상된다.
③ 마찰 면적이 적어 패드의 압착력이 커야 한다.
④ 주행 시 반복 사용하여도 제동력 변화가 적다.

 디스크식 브레이크의 특징
① 구조가 간단하여 정비가 용이하다.
② 디스크가 대기 중에 노출되어 냉각 효과가 크다.
③ 주행 시 반복 사용하여도 제동력 변화가 적다.
④ 부품의 평형이 좋고 한쪽만 제동되는 일이 적다.
⑤ 자기작동이 없으므로 페달 조작력이 커야 한다.
⑥ 방열이 잘 되어 페이드 현상이 적고, 디스크에 물이 묻어도 제동력의 회복이 빠르다.
⑦ 마찰 면적이 적어 패드의 강도가 커야 하고, 패드의 압착력도 커야 한다.

33 전자제어 현가장치의 기능에 대한 설명 중 틀린 것은?

① 급제동 시 노스다운을 방지할 수 있다.
② 변속 단에 따라 변속비를 제어할 수 있다.
③ 노면으로부터의 차량 높이를 조절할 수 있다.
④ 급선회 시 원심력에 의한 차체의 기울어짐을 방지할 수 있다.

 전자제어 현가장치(ECS)의 기능
① 노면 상태에 따라 승차감을 조절
② 노면으로부터 차량 높이 조절

③ 급제동 시 노스다운(nose down)을 방지
④ 급선회 시 차체의 기울어짐 방지

34 무단변속기(CVT)의 특징에 대한 설명으로 틀린 것은?

① 토크 컨버터가 없다.
② 가속 성능이 우수하다.
③ A/T 대비 연비가 우수하다.
④ 변속단이 없어서 변속 충격이 거의 없다.

 무단변속기(CVT)의 특징
① 운전 중 용이하게 감속비를 변화시킬 수 있다.
② 가속 성능을 향상시킬 수 있다.
③ A/T 대비 연비가 우수하다.
④ 파워트레인 통합제어의 기초가 된다.
⑤ 변속단이 없어서 변속 충격이 거의 없다.
무단변속기(CVT)에도 엔진의 동력을 토크컨버터를 이용하여 전달된다.

35 다음 그림은 자동차의 뒤차축이다. 스프링 아래 질량의 진동 중에서 X축을 중심으로 회전하는 진동은?

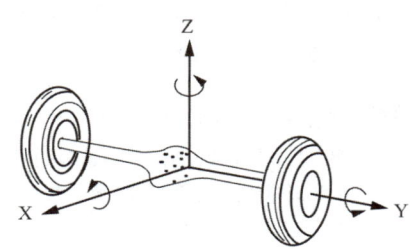

① 휠 트램프   ② 휠 홉
③ 와인드 업   ④ 롤링

 스프링 아래질량 운동
• X축 : 휠 트램프(wheel tram)
• Y축 : 와인드 업(wind up)
• Z축 : 조(jaw)
• 상하 : 휠 홉(wheel hop)

36 공기 브레이크의 특징으로 틀린 것은?

① 베이퍼록이 발생되지 않는다.
② 유압으로 제동력을 조절한다.
③ 기관의 출력이 일부 사용된다.
④ 압축공기의 압력을 높이면 더 큰 제동력을 얻을 수 있다.

 공기 브레이크의 장점
① 차량 중량에 제한을 받지 않는다.
② 베이퍼록 현상이 발생하지 않는다.
③ 공기가 조금 누출되어도 제동 성능이 현저하게 저하되지 않는다.
④ 페달을 밟는 양에 따라 제동력이 조절된다.
⑤ 압축공기의 압력을 높이면 제동력을 크게 할 수 있다.
⑥ 기관의 출력이 일부 사용된다.

37 ABS(Anti-lock Brake System)에 대한 두 정비사의 의견 중 옳은 것은?

정비사 KIM : 발전기의 전압이 일정 전압 이하로 하강하면 ABS 경고등이 점등된다.

정비사 LEE : ABS 시스템의 고장으로 경고등이 점등 시 일반 유압 제동 시스템은 작동할 수 없다.

① 정비사 KIM만 옳다.
② 정비사 LEE만 옳다.
③ 두 정비사 모두 옳다.
④ 두 정비사 모두 틀리다.

 34 ① 35 ① 36 ② 37 ①

발전기 전압이 일정 전압 이하로 하강하면 ABS 경고등이 점등되며, ABS 시스템의 고장으로 경고등이 점등 시에도 일반 유압 제동 시스템은 작동한다.

38 기관의 축출력은 5000rpm에서 75kW 이고, 구동륜에서 측정한 구동출력이 64kW 이면 동력전달장치의 총 효율은 약 몇 %인가?

① 15.3 ② 58.8
③ 85.3 ④ 117.8

 동력전달장치 효율 = $\dfrac{\text{구동륜 출력}}{\text{축(엔진) 출력}} \times 100(\%)$

∴ $\dfrac{64}{75} \times 100 = 85.3\%$

39 다음은 종감속기어에서 종감속비를 구하는 공식이다. ( ) 안에 알맞은 것은?

종감속비 = $\dfrac{(\quad\quad)\text{의 잇수}}{\text{구동피니언의 잇수}}$

① 링기어 ② 스크루기어
③ 스퍼기어 ④ 래크기어

 종감속비란 구동피니언 기어와 링기어와의 잇수비를 의미한다.

∴ 종감속비 = $\dfrac{\text{링기어의 잇수}}{\text{구동피니언의 잇수}}$

40 휴대용 진공펌프 시험기로 점검할 수 있는 항목과 관계없는 것은?

① 서모밸브 점검
② EGR 밸브 점검
③ 라디에이터 캡 점검
④ 브레이크 하이드로 백 점검

 ①, ②, ④항은 휴대용 진공펌프 시험기로 점검할 수 있으며, 라디에이터 캡은 라디에이터 캡 시험기로 점검한다.

 자동차전기

41 에어백 시스템을 설명한 것으로 옳은 것은?

① 충돌이 생기면 무조건 전개되어야 한다.
② 프리텐셔너는 운전석 에어백이 전개된 후에 작동한다.
③ 에어백 경고등이 계기판에 들어와도 조수석 에어백은 작동된다.
④ 에어백이 전개되려면 충돌감지 센서의 신호가 입력되어야 한다.

 계기판에 에어백 경고등이 들어오면 에어백은 작동하지 않으며, 충돌감지 센서 신호가 입력되면 에어백 ECU는 충돌량을 계산하여 작동조건이 될 때 에어백은 전개된다. 프리텐셔너는 에어백보다 먼저 작동한다.

 38 ③ 39 ① 40 ③ 41 ④

42 기동전동기의 풀인(pull-in)시험을 시행할 때 필요한 단자의 연결로 옳은 것은?

① 배터리(+)는 ST단자에, 배터리(-)는 M단자에 연결한다.
② 배터리(+)는 ST단자에, 배터리(-)는 B단자에 연결한다.
③ 배터리(+)는 B단자에, 배터리(-)는 M단자에 연결한다.
④ 배터리(+)는 B단자에, 배터리(-)는 ST단자에 연결한다.

풀이) 기동전동기의 풀인 시험은 배터리(+)는 ST단자에, 배터리(-)는 M단자(AM단자, F단자)에 연결하여 마그네틱 스위치의 흡인력을 시험한다.

43 기전력이 2V이고 0.2Ω의 저항 5개가 병렬로 접속되었을 때 각 저항에 흐르는 전류는 몇 A인가?

① 10 ② 20
③ 30 ④ 40

풀이) 옴의 법칙 $I = \dfrac{E}{R}$
여기서, E : 전압[V]
I : 전류[A]
R : 저항[Ω]
병렬접속일 때는 각각의 저항에 옴의 법칙에 따라 전류가 흐른다.
∴ 전류 $I = \dfrac{E}{R} = \dfrac{2}{0.2} = 10A$

44 다음은 자동차 정기검사의 등화장치 검사 기준에서 전조등의 광도 측정 기준이다. ( ) 안에 알맞은 것은?

광도(최고속도가 매시 ( )킬로미터 이하인 자동차를 제외한다)는 다음 기준에 적합할 것
(1) 2등식 : 1만 5천칸델라 이상
(2) 4등식 : 1만 2천칸델라 이상

① 25 ② 35
③ 45 ④ 60

풀이) 자동차관리법 시행규칙 [별표15]
자동차 검사기준 및 방법(제73조 관련)
광도(최고속도가 매시 25킬로미터 이하인 자동차는 제외한다)는 다음 기준에 적합할 것
(1) 2등식 : 1만 5천칸델라 이상
(2) 4등식 : 1만 2천칸델라 이상

45 $0.2\mu F$와 $0.3\mu F$의 축전기를 병렬로 하여 12V의 전압을 가하면 축전기에 저장되는 전하량은?

① $1.2\mu C$ ② $6\mu C$
③ $7.2\mu C$ ④ $14.4\mu C$

풀이) 축전되는 전기량 $Q = C \cdot E$
병렬이므로 각각 더한다.
∴ $Q = (0.2 + 0.3) \times 12 = 6\mu C$

정답) 42 ① 43 ① 44 ① 45 ②

46 점화플러그의 방전전압에 영향을 미치는 요인이 아닌 것은?

① 전극의 틈새 모양, 극성
② 혼합가스의 온도, 압력
③ 흡입공기의 습도와 온도
④ 파워 트랜지스터의 위치

 방전전압에 영향을 미치는 요인
① 전극의 틈새 모양, 간극 및 극성
② 점화코일의 성능
③ 혼합가스의 온도, 압력
④ 흡입공기의 습도와 온도

47 그림과 같은 회로에서 전구의 용량이 정상일 때 전원 내부로 흐르는 전류는 몇 A 인가?

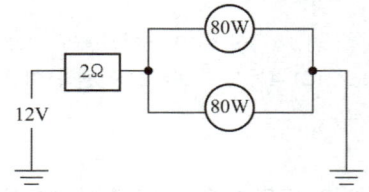

① 2.14 ② 4.13
③ 6.65 ④ 13.32

 전력 $P(W) = E \cdot I = I^2 \cdot R = E^2/R$
여기서, P : 전력[W]
E : 전압[V]
I : 전류[A]
R : 저항[Ω]
80W 전구의 저항 $R = \dfrac{E^2}{P} = \dfrac{12^2}{80} = 1.8Ω$

∴ 전체 합성저항 $= 2 + \dfrac{1}{\dfrac{1}{1.8} + \dfrac{1}{1.8}} = 2.9Ω$

∴ 전류 $I = \dfrac{E}{R} = \dfrac{12}{2.9} = 4.138A$

48 다음은 자동차 정기검사의 계기장치 검사기준이다. ( ) 안의 내용으로 알맞은 것은?

| 속도계의 지시오차는 정 (㉠)퍼센트, 부 (㉡)퍼센트 이내일 것 |

① ㉠ 15 ㉡ 5
② ㉠ 25 ㉡ 10
③ ㉠ 25 ㉡ 5
④ ㉠ 25 ㉡ 10

 자동차관리법 시행규칙 [별표15]
자동차 검사기준 및 방법(제73조 관련)
속도계의 지시오차는 정 25퍼센트, 부 10퍼센트 이내일 것

49 자계와 자력선에 대한 설명으로 틀린 것은?

① 자계란 자력선이 존재하는 영역이다.
② 자속은 자력선 다발을 의미하며 단위로는 Wb/m^2를 사용한다.
③ 자계강도는 단위자기량을 가지는 물체에 작용하는 자기력의 크기를 나타낸다.
④ 자기유도는 자석이 아닌 물체가 자계 내에서 자기력의 영향을 받아 자석을 띠는 현상을 말한다.

 자속(magnetic flux)의 단위는 웨버[Wb]이며, Wb/m^2은 단위 면적당 자속(자속 밀도)의 단위이다.

 46 ④ 47 ② 48 ④ 49 ②

50 MF(Maintenance Free) 배터리의 특징에 대한 설명으로 틀린 것은?

① 자기방전률이 높다.
② 전해액의 증발량이 감소되었다.
③ 무보수(무정비)배터리라고도 한다.
④ 산소와 수소가스를 증류수로 환원시킬 수 있는 촉매 마개를 사용한다.

 MF 축전지의 특징
① MF 배터리는 Maintenance Free란 뜻으로, 무보수(무정비) 배터리라고도 한다.
② 촉매장치가 있으므로 증류수를 보충할 필요가 없다.
③ 자기방전 비율이 낮아, 장기간 보관이 가능하다.
④ 인디케이터(indicator)가 있어 충전상태를 확인할 수 있다.

51 전자제어 점화장치의 작동 순서로 옳은 것은?

① 각종 센서→ECU→파워트랜지스터→점화코일
② ECU→각종 센서→파워트랜지스터→점화코일
③ 파워트랜지스터→각종 센서→ECU→점화코일
④ 각종 센서→파워트랜지스터→ECU→점화코일

 각종 센서의 신호를 ECU로 입력하면 ECU는 최적의 점화 시기를 연산한 후, 파워 트랜지스터를 ON, OFF하여 점화코일에서 고압을 발생시킨다.

52 점화 2차 파형에서 감쇠 진동 구간이 없을 경우 고장 원인으로 옳은 것은?

① 점화 코일 불량
② 점화 코일의 극성 불량
③ 점화 케이블의 절연 상태 불량
④ 스파크 플러그의 에어 갭 불량

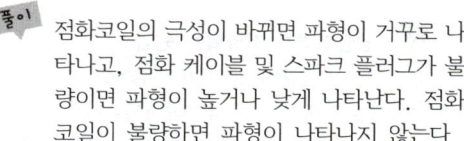 점화코일의 극성이 바뀌면 파형이 거꾸로 나타나고, 점화 케이블 및 스파크 플러그가 불량이면 파형이 높거나 낮게 나타난다. 점화코일이 불량하면 파형이 나타나지 않는다.

53 릴레이 내부에 다이오드 또는 저항이 장착된 목적으로 옳은 것은?

① 역방향 전류 차단으로 릴레이 접점 보호
② 역방향 전류 차단으로 릴레이 코일 보호
③ 릴레이 접속 시 발생하는 스파크로부터 전장품 보호
④ 릴레이 차단 시 코일에서 발생하는 서지전압으로부터 제어모듈 보호

 릴레이 내부에 다이오드 또는 저항을 장착하는 목적은 릴레이 차단 시 코일에서 발생하는 서지전압으로 인해 제어모듈이 파손되는 것을 방지하기 위함이다.

54 교류발전기 불량 시 점검해야 할 항목으로 틀린 것은?

① 다이오드 불량 점검
② 로터코일 절연 점검
③ 홀드인 코일 단선 점검
④ 스테이터 코일 단선 점검

 ①, ②, ④항은 교류발전기 불량 시 점검해야 할 항목이며, 홀드 인 코일은 기동전동기 점검 사항이다.

 50 ① 51 ① 50 ① 53 ④ 54 ③

55 자동차의 에어컨 중 냉방효과가 저하되는 원인으로 틀린 것은?

① 압축기 작동시간이 짧을 때
② 냉매량이 규정보다 부족할 때
③ 냉매주입 시 공기가 유입되었을 때
④ 실내공기순환이 내기로 되어 있을 때

 냉방효과가 저하되는 원인
① 냉매량이 규정보다 부족할 때
② 압축기 작동시간이 짧을 때
③ 실내공기순환이 외기로 되어 있을 때
④ 냉매주입 시 공기가 유입되었을 때

56 자동차의 전조등에 사용되는 전조등 전구에 대한 설명 중 (　) 안에 알맞은 것은?

> (　) 전구는 전구 안에 (　) 화합물과 불활성가스가 함께 봉입되어 있으며, 백열전구에 비해 필라멘트와 전구의 온도가 높고 광효율이 좋다.

① 네온　　　　② 할로겐
③ 필라멘트　　④ LED

 할로겐 전구는 전구 안에 할로겐 화합물과 불활성가스가 함께 봉입되어 있으며, 백열전구에 비해 필라멘트와 전구의 온도가 높고 광효율이 좋다.

[참고] 할로겐 전구의 특징
① 전구 안에 할로겐 화합물과 불활성 가스를 봉입하여 필라멘트의 증발을 막아 수명이 길다.
② 백열전구에 비해 더 밝고 환하며 자연색에 가깝다.
③ 전력소모가 작다.
④ 자동차의 헤드라이트, 전시관의 스포트라이트용으로 사용

57 배터리의 과충전 현상이 발생되는 주된 원인은?

① 배터리 단자의 부식
② 전압 조정기의 작동 불량
③ 발전기 구동 벨트 장력의 느슨함
④ 발전기 커넥터의 단선 및 접촉 불량

 ①, ③, ④항은 충전 불량의 원인이고, 전압 조정기(레귤레이터) 작동이 불량하면 과충전 또는 충전 불량이 될 수 있다.

58 차량으로부터 탈거된 에어백 모듈이 외부 전원으로 인해 폭발(전개)되는 것을 방지하는 구성품은?

① 클럭 스프링　　② 단락 바
③ 방폭 콘덴서　　④ 인플레이터

 단락 바(short bar, 자동쇼트 커넥터) : 에어백 ECU 탈거 시 에어백 라인 중 High 선과 Low 선을 단락시켜 정전기나 임펄스(impulse)에 의해 인플레이터가 점화되지 않도록 하는 일종의 안전장치

 55 ④　56 ②　57 ②　58 ②

59 자동차에 적용된 이모빌라이저 시스템의 구성품이 아닌 것은?

① 외부 수신기
② 안테나 코일
③ 트랜스 폰더 키
④ 이모빌라이저 컨트롤 유닛

 이모빌라이저 시스템의 구성품
① 엔진 ECU(이모빌라이저 컨트롤 유닛) : IG ON 시 키 정보를 받아 시동 여부를 판단
② 스마트라 : 키에 내장된 트랜스폰더와 통신 중계기 역할
③ 트랜스 폰더 키 : 차량의 비밀코드를 저장 (key에 내장)
④ 코일 안테나 : IGN key 실린더에 내장된 안테나 코일

60 배터리 전해액의 온도(1℃) 변화에 따른 비중의 변화량은? (단, 표준온도는 20℃이다.)

① 0.0003
② 0.0005
③ 0.0007
④ 0.0009

 배터리의 전해액 비중은 온도가 1℃ 올라감에 따라 0.0007씩 낮아진다.
\# 비중 환산공식 : $S_{20} = S_t + 0.0007(t-20)$

59 ① 60 ③

자동차정비산업기사 제3회
(2018.08.19 시행)

제1과목 자동차 기관

01 전자제어 디젤엔진의 연료분사장치에서 예비(파일럿)분사가 중단될 수 있는 경우로 틀린 것은?

① 연료분사량이 너무 작은 경우
② 연료압력이 최소압보다 높을 경우
③ 규정된 엔진회전수를 초과하였을 경우
④ 예비(파일럿)분사가 주분사를 너무 앞지르는 경우

풀이 파일럿 분사가 중단될 수 있는 조건
① 에비(파일럿)분사가 주분사를 너무 앞지르는 경우
② 엔진회전수 3,200rpm 이상인 경우
③ 연료분사량이 너무 작은 경우
④ 주 분사 연료량이 불충분한 경우
⑤ 엔진 가동 중단에 오류가 발생한 경우
⑥ 연료압이 최소값(100bar) 이하인 경우

02 전자제어 가솔린엔진에서 인젝터의 연료 분사량을 결정하는 주요 인자로 옳은 것은?

① 분사 각도
② 솔레노이드 코일수
③ 연료펌프 복귀 전류
④ 니들밸브의 열림 시간

풀이 인젝터의 연료 분사량은 인젝터(니들밸브)의 통전시간(개방시간, 열림시간)으로 결정된다.

03 엔진 오일을 점검하는 방법으로 틀린 것은?

① 엔진 정지 상태에서 오일량을 점검한다.
② 오일의 변색과 수분의 유입 여부를 점검한다.
③ 엔진오일의 색상과 점도가 불량한 경우 보충한다.
④ 오일량 게이지 F와 L 사이에 위치하는지 확인한다.

풀이 엔진 오일을 점검하는 방법
① 엔진 정지 상태에서 오일량을 점검한다.
② 오일의 변색과 수분의 유입 여부를 점검한다.
③ 오일량 게이지 F와 L 사이에 위치하는지 확인한다.
④ 엔진오일의 색상과 점도가 불량한 경우 교환한다.

04 전자제어 가솔린엔진에서 (-)duty 제어 타입의 액추에이터 작동 사이클 중 (-)duty가 40%일 경우의 설명으로 옳은 것은?

① 전류 통전시간 비율이 40%이다.
② 전압 비통전시간 비율이 40%이다.
③ 한 사이클 중 분사시간의 비율이 60%이다.

정답 1 ② 2 ④ 3 ③ 4 ①

④ 한 사이클 중 작동하는 시간의 비율이 60%이다.

 (−)duty 40%란 한 사이클 중 전류 통전시간 비율(분사시간, 작동시간)이 40%를 의미한다.

05 엔진의 밸브 스프링이 진동을 일으켜 밸브 개폐 시기가 불량해지는 현상은?

① 스텀블 ② 서징
③ 스털링 ④ 스트레치

[풀이] 밸브 서징(surging) 현상이란 고속 시 캠에 의한 밸브의 열고 닫는 움직임이 밸브 스프링의 고유 진동수와의 공명에 의해 캠의 운동에 관계없이 밸브가 심하게 진동하는 현상

[참고] 밸브스프링 서징(공진)현상 방지법
① 2중 스프링, 부등피치 스프링, 원뿔형 스프링을 사용한다.
② 스프링 정수를 크게 한다.

06 가솔린 전자제어 연료분사장치에서 ECU로 입력되는 요소가 아닌 것은?

① 연료 분사 신호
② 대기 압력 신호
③ 냉각수 온도 신호
④ 흡입 공기 온도 신호

 냉각수 온도 신호, 흡입 공기 온도 신호, 대기 압력 신호 등은 입력신호이고, 연료 분사 신호는 ECU에서 출력하는 출력신호이다.

07 수랭식 엔진의 과열 원인으로 틀린 것은?

① 라디에이터 코어가 30% 막힌 경우
② 워터펌프 구동벨트의 장력이 큰 경우
③ 수온조절기가 닫힌 상태로 고장 난 경우
④ 워터재킷 내에 스케일이 많이 있는 경우

[풀이] 수랭식 엔진의 과열 원인
① 냉각수가 부족할 때
② 수온조절기가 닫힌 상태로 고장일 때
③ 워터펌프 작동 불량
④ 워터펌프 구동벨트의 장력이 헐거운 경우
⑤ 워터재킷 내에 스케일이 많이 있는 경우
⑥ 라디에이터 캡 불량
⑦ 라디에이터 코어가 20% 이상 막힌 경우
⑧ 전동팬이 고장일 때

08 전자제어 가솔린엔진에서 인젝터 연료분사압력을 항상 일정하게 조절하는 다이어프램 방식의 연료압력조절기 작동과 직접적인 관련이 있는 것은?

① 바퀴의 회전 속도
② 흡입 매니폴드의 압력
③ 실린더 내의 압축 압력
④ 배기가스 중의 산소 농도

 전자제어 가솔린엔진의 연료압력조절기는 연료 분사량을 일정하게 유지하기 위해 흡기다기관 내의 절대압력과 연료 분배관의 압력차를 다이어프램을 이용하여 항상 일정하게 ($2.55 kgf/cm^2$) 유지시킨다.

정답 5 ②　6 ①　7 ②　8 ②

09 가솔린엔진의 연소실 체적이 행정 체적의 20%일 때 압축비는 얼마인가?

① 6 : 1 ② 7 : 1
③ 8 : 1 ④ 9 : 1

$$압축비(\varepsilon) = \frac{실린더 체적(V)}{연소실 체적(V_c)}$$
$$= 1 + \frac{행정 체적(V_s)}{연소실 체적(V_c)}$$

여기서, V : 실린더 체적[cc]
V_s : 행정 체적(배기량)[cc]
V_c : 연소실(간극) 체적[cc]

∴ 압축비 $= 1 + \frac{행정 체적(V_s)}{연소실 체적(V_c)}$
$= 1 + \frac{100}{20} = 6$

10 운행차 정기검사에서 가솔린 승용자동차의 배출가스검사 결과 CO 측정값이 2.2%로 나온 경우, 검사 결과에 대한 판정으로 옳은 것은? (단, 2007년 11월에 제작된 차량이며, 무부하 검사방법으로 측정하였다.)

① 허용기준인 1.0%를 초과하였으므로 부적합
② 허용기준인 1.5%를 초과하였으므로 부적합
③ 허용기준인 2.5% 이하이므로 적합
④ 허용기준인 3.2% 이하이므로 적합

2006년 이후 제작 가솔린 승용자동차의 무부하 검사방법 배출가스 검사 기준이 CO 1.0% 이하, HC 120ppm 이하이므로, CO 허용기준인 1.0%를 초과하였으므로 부적합

11 전자제어 가솔린엔진에 대한 설명으로 틀린 것은?

① 흡기온도 센서는 공기밀도 보정 시 사용된다.
② 공회전속도 제어에 스텝 모터를 사용하기도 한다.
③ 산소 센서의 신호는 이론공연비 제어에 사용된다.
④ 점화시기는 크랭크각 센서가 점화 2차 코일의 저항으로 제어한다.

전자제어 가솔린 기관의 점화시기 제어는 크랭크 각 센서, 대기압 센서, 냉각수 온도 센서, TPS, AFS 등의 신호에 의해 ECU에서 최적의 점화시기를 연산한 후 파워 TR 1차 전류를 차단하여 고전압을 발생시킨다.

12 엔진의 부하 및 회전 속도의 변화에 따라 형성되는 흡입다기관의 압력 변화를 측정하여 흡입공기량을 계측하는 센서는?

① MAP 센서
② 베인식 센서
③ 핫 와이어식 센서
④ 칼만 와류식 센서

MAP 센서는 엔진의 부하 및 회전 속도의 변화에 따라 형성되는 흡입 다기관의 압력 변화를 압전효과를 이용하여 흡입 다기관 내의 절대압력을 측정하여 흡입공기량을 간접 계측하는 센서이다.

정답 9 ① 10 ① 11 ④ 12 ①

13 LPG 자동차 봄베의 액상연료 최대 충전량은 내용적의 몇 %를 넘지 않아야 하는가?

① 75% ② 80%
③ 85% ④ 90%

 LPG 자동차 연료탱크(Bombe)의 최대 충전량은 온도 상승에 따른 팽창을 고려하여 봄베 전체 체적의 85%만 충전하도록 하고 있다.

14 점화 1차 전압 파형으로 확인할 수 없는 사항은?

① 드웰 시간
② 방전 전류
③ 점화코일 공급 전압
④ 점화플러그 방전 시간

 점화 1차 전압 파형으로 점화 1차코일 공급 전압, 점화플러그 방전 시간, 드웰 시간(파워 TR ON 구간) 등을 확인할 수 있다.

15 4행정 사이클 자동차엔진의 열역학적 사이클 분류로 틀린 것은?

① 클러크 사이클   ② 디젤 사이클
③ 사바테 사이클   ④ 오토 사이클

 내연기관의 열역학적 사이클에 의한 분류
① 오토 사이클 : 정적 사이클 – 가솔린 기관
② 디젤 사이클 : 정압 사이클 – 저속 디젤기관
③ 사바테 사이클 : 복합(합성) 사이클 – 고속 디젤기관

16 무부하 검사방법으로 휘발유 사용 운행자동차의 배출가스 검사 시 측정 전에 확인해야 하는 자동차의 상태로 틀린 것은?

① 냉·난방 장치를 정지시킨다.
② 변속기를 중립 위치에 놓는다.
③ 원동기를 정지시켜 충분히 냉각한다.
④ 측정에 장애를 줄 수 있는 부속 장치들의 가동을 정지한다.

 측정대상 자동차의 상태
① 원동기를 가동시켜 충분히 웜 업(warm up)시킨다.
② 변속기를 중립(N) 또는 주차(P) 위치에 놓는다.
③ 측정 시 자동차의 이탈을 방지하기 위해 고정시키거나 주차브레이크를 작동시킨다.
④ 측정에 장애를 줄 수 있는 에어컨 등 부속 장치를 작동하여서는 안 된다.

17 엔진의 연소실 체적이 행정 체적의 20%일 때 오토 사이클의 열효율은 약 몇 %인가?
(단, 비열비 $\kappa = 1.4$)

① 51.2   ② 56.4
③ 60.3   ④ 65.9

압축비$(\epsilon) = 1 + \dfrac{\text{행정 체적}(V_s)}{\text{연소실 체적}(V_c)}$

$= 1 + \dfrac{100}{20} = 6$

오토사이클 이론 열효율(η_o)

$= 1 - \dfrac{1}{\epsilon^{k-1}} = 1 - \left(\dfrac{1}{\epsilon}\right)^{k-1}$

∴ 이론 열효율(η_o)

$= 1 - \left(\dfrac{1}{6}\right)^{1.4-1} = 0.5116$, 즉 51.2%

 13 ③ 14 ② 15 ① 16 ③ 17 ①

18 산소센서의 피드백 작용이 이루어지고 있는 운전 조건으로 옳은 것은?

① 시동 시 ② 연료 차단 시
③ 급 감속 시 ④ 통상 운전 시

풀이 산소센서는 통상 운전 시(센서 온도 300℃ 이상) 배기가스 내의 산소량을 계측하여 ECU로 피드백 신호를 보내어 공연비를 제어한다.

19 엔진의 회전수가 4000rpm이고, 연소지연시간이 1/600초일 때 연소지연시간 동안 크랭크축의 회전각도로 옳은 것은?

① 28° ② 37°
③ 40° ④ 46°

풀이 연소지연시간 동안 크랭크축 회전각도(α)
= 6·N·T
여기서, N : 엔진 회전수[rpm]
    T : 연소지연시간[sec]
∴ 크랭크축 회전각도(α) = 6·N·T
$= 6 \times 4000 \times \frac{1}{600} = 40°$

20 차량에서 발생되는 배출가스 중 지구 온난화에 가장 큰 영향을 미치는 것은?

① H_2 ② CO_2
③ O_2 ④ HC

풀이 지구 온난화에 가장 큰 영향을 미치는 자동차 배출가스는 온실가스의 약 80%를 차지하는 이산화탄소(CO_2)이다.

제2과목 자동차섀시

21 유체클러치와 토크컨버터에 대한 설명 중 틀린 것은?

① 토크컨버터에는 스테이터가 있다.
② 토크컨버터는 토크를 증가시킬 수 있다.
③ 유체클러치는 펌프, 터빈, 가이드링으로 구성되어 있다.
④ 가이드링은 유체클러치 내부의 압력을 증가시키는 역할을 한다.

풀이 유체 클러치에서 가이드 링은 유체의 흐름을 안내하여 오일의 와류 및 유체 충돌을 방지한다.

22 레이디얼 타이어의 특징에 대한 설명으로 틀린 것은?

① 하중에 의한 트레드 변형이 큰 편이다.
② 타이어 단면의 편평율을 크게 할 수 있다.
③ 로드 홀딩이 우수하며 스탠딩 웨이브가 잘 일어나지 않는다.
④ 선회 시에 트레드의 변형이 적어 접지 면적이 감소되는 경향이 적다.

풀이 레이디얼 타이어의 특징
① 타이어 단면의 편평률을 크게 할 수 있다.
② 로드 홀딩이 우수하며 스탠딩 웨이브가 잘 일어나지 않는다.
③ 선회 시에도 트레드의 변형이 적어 접지 면적이 감소되는 경향이 적다.
④ 하중에 의한 변형이 적고, 수명이 길다.

 18 ④ 19 ③ 20 ② 21 ④ 22 ①

23 6속 더블 클러치 변속기(DCT)의 주요 구성품이 아닌 것은?

① 토크 컨버터
② 더블 클러치
③ 기어 액추에이터
④ 클러치 액추에이터

 DCT는 수동변속기와 자동변속기의 장점을 가진 수동변속기로 클러치 페달이 없고 자동변속기와 같이 P-R-N-D 및 매뉴얼 모드로 되어 있다. 더블 클러치로 구성되어 있고, 변속기 제어모듈인 TCU, 수동변속기에서 손의 역할을 하는 기어 액추에이터와 발의 역할을 하는 클러치 액추에이터 2개(홀수단, 짝수단)가 장착되어 있다.

24 브레이크 액의 구비조건이 아닌 것은?

① 압축성일 것
② 비등점이 높을 것
③ 온도에 의한 변화가 적을 것
④ 고온에서의 안정성이 높을 것

 브레이크 액의 구비조건
① 비압축성일 것
② 빙점은 낮고 비점은 높을 것
③ 화학적으로 안정되고 침전물이 생기지 않을 것
④ 윤활 성능이 있을 것
⑤ 온도에 대한 점도 변화가 작을 것
⑥ 고무 또는 금속 제품을 연화, 팽창, 부식시키지 않을 것

25 동력 조향장치에서 3가지 주요부의 구성으로 옳은 것은?

① 작동부 - 오일펌프, 동력부 - 동력실린더, 제어부 - 제어밸브
② 작동부 - 제어밸브, 동력부 - 오일펌프, 제어부 - 동력실린더
③ 작동부 - 동력실린더, 동력부 - 제어밸브, 제어부 - 오일펌프
④ 작동부 - 동력실린더, 동력부 - 오일펌프, 제어부 - 제어밸브

 동력 조향장치 주요부
① 동력부 - 오일펌프
② 작동부 - 동력실린더
③ 제어부 - 제어밸브

26 차량의 주행 성능 및 안정성을 높이기 위한 방법에 관한 설명 중 틀린 것은?

① 유선형 차체 형상으로 공기저항을 줄인다.
② 고속 주행 시 언더 스티어링 차량이 유리하다.
③ 액티브 요잉 제어장치로 안정성을 높일 수 있다.
④ 리어 스포일러를 부착하여 횡력의 영향을 줄인다.

 리어 스포일러를 부착하여 양력의 영향을 줄인다.

정답 23 ① 24 ① 25 ④ 26 ④

27 조향장치에 관한 설명으로 틀린 것은?
① 방향 전환을 원활하게 한다.
② 선회 후 복원성을 좋게 한다.
③ 조향핸들의 회전과 바퀴의 선회 차이가 크지 않아야 한다.
④ 조향핸들의 조작력을 저속에서는 무겁게, 고속에서는 가볍게 한다.

풀이 조향장치가 갖추어야 할 조건
① 조작하기 쉽고 방향 전환이 원활하게 행해질 것
② 회전반경이 적을 것
③ 조향핸들과 바퀴의 선회 차이가 크지 않을 것
④ 조향조작이 주행 중의 충격에 영향을 받지 않을 것
⑤ 고속 주행에도 조향휠이 안정되고 복원력이 좋을 것
⑥ 조향 휠의 조작력은 저속에서는 가볍게 하고 고속에서는 적절히 무거울 것

28 ABS 장치에서 펌프로부터 발생된 유압을 일시적으로 저장하고 맥동을 안정시켜 주는 부품은?
① 모듈레이터
② 아웃-렛 밸브
③ 어큐뮬레이터
④ 솔레노이드 밸브

 어큐뮬레이터(accumulator, 축압기) : 펌프로부터 토출된 고압의 오일을 일시적으로 저장하고, 맥동을 완화시켜 주는 역할을 한다.

 29 엔진이 2000rpm일 때 발생한 토크 60kgf·m가 클러치를 거쳐, 변속기로 입력된 회전수와 토크가 1900rpm, 56kgf·m이다. 이때 클러치의 전달효율은 약 몇 %인가?
① 47.28 ② 62.34
③ 88.67 ④ 93.84

풀이 전달효율(η)
$= \dfrac{\text{출력축 동력}}{\text{입력축 동력}} \times 100(\%)$
$= \dfrac{\text{출력축 회전력} \times \text{출력축 회전수}}{\text{입력축 회전력} \times \text{입력축 회전수}} \times 100(\%)$
∴ 전달효율(η) = $\dfrac{56 \times 1900}{60 \times 2000} \times 100 = 88.67\%$

30 종감속장치에서 구동피니언의 잇수가 8, 링기어의 잇수가 40이다. 추진축이 1200rpm일 때 왼쪽 바퀴가 180rpm으로 회전하고 있다. 이때 오른쪽 바퀴의 회전수는 몇 rpm인가?
① 200 ② 300
③ 600 ④ 800

 한쪽 바퀴 회전수(Nw) 구하는 공식
$= \dfrac{\text{엔진 회전수}}{\text{총감속비}} \times 2 - \text{다른쪽 바퀴 회전수}$
$= \dfrac{\text{추진축 회전수}}{\text{종감속비}} \times 2 - \text{다른쪽 바퀴 회전수}$
∴ 오른쪽 바퀴 회전수(Nw)
$= \dfrac{1200}{\frac{40}{8}} \times 2 - 180$
$= 300[\text{rpm}]$

정답 27 ④ 28 ③ 29 ③ 30 ②

31 수동변속기에서 기어변속이 불량한 원인이 아닌 것은?

① 릴리스 실린더가 파손된 경우
② 컨트롤 케이블이 단선된 경우
③ 싱크로나이저 링의 내부가 마모된 경우
④ 싱크로나이저 슬리브와 링의 회전 속도가 동일한 경우

 동기물림식 수동변속기는 싱크로나이저 슬리브와 링의 회전 속도가 동일한 경우 기어변속이 원활하게 이루어진다.

32 구동륜 제어 장치(TCS)에 대한 설명으로 틀린 것은?

① 차체 높이 제어를 위한 성능 유지
② 눈길, 빙판길에서 미끄러짐을 방지
③ 커브 길 선회 시 주행 안정성 유지
④ 노면과 차륜간의 마찰 상태에 따라 엔진 출력 제어

 구동륜 제어 장치(TCS)는 눈길, 빙판길에서 미끄러짐을 방지하는 슬립 제어(slip control), 커브 길 선회 시 주행 안정성을 유지하는 추적 제어(trace control), 노면과 차륜 간의 마찰 상태에 따라 토크를 조정하는 엔진 출력 제어(torque control)를 실행한다.
＃ 차체 높이 제어는 현가장치의 차고(車高) 제어이다.

33 4륜 조향장치(4 wheel steering system)의 장점으로 틀린 것은?

① 선회 안정성이 좋다
② 최소 회전 반경이 크다.
③ 견인력(휠 구동력)이 크다.
④ 미끄러운 노면에서의 주행 안정성이 좋다.

 4륜 조향장치의 장점
① 고속 직진 및 고속 선회 시 안정성이 좋다.
② 차선의 변경 용이하다.
③ 최소 회전 반경이 작아진다.
④ 주차가 편리하다.
⑤ 견인력(휠 구동력)이 크다.

34 자동변속기에서 급히 가속페달을 밟았을 때, 일정속도 범위 내에서 한 단 낮은 단으로 강제 변속이 되도록 하는 것은?

① 킥 업   ② 킥 다운
③ 업 시프트   ④ 리프트 풋 업

킥 다운(kick down)이란 자동변속기 차량에서 주행 중 급히 가속페달을 밟았을 때 (85% 이상) 강제로 down shift되어 큰 구동력을 얻도록 한다.

35 전자제어 현가장치(ECS)의 감쇠력 제어 모드에 해당되지 않는 것은?

① Hard
② Soft
③ Super Soft
④ Height Control

전자제어 현가장치(ECS) 제어 모드
① 감쇠력 제어 : Super Soft, Soft, Medium, Hard
② 차고 제어 : Low, Normal, High, Extra-High

정답 31 ④   32 ①   33 ②   34 ②   35 ④

36 96km/h로 주행 중인 자동차의 제동을 위한 공주시간이 0.3초일 때 공주거리는 몇 m인가?

① 2 ② 4
③ 8 ④ 12

공주거리 S(m) = 제동초속도×공주시간 이므로
공주거리 $S = \dfrac{96}{3.6} \times \dfrac{3}{10} = 8[m]$

37 휠 얼라인먼트를 점검하여 바르게 유지해야 하는 이유로 틀린 것은?

① 직진성의 개선
② 축간 거리의 감소
③ 사이드 슬립의 방지
④ 타이어 이상 마모의 최소화

차륜 정렬(wheel alignment)의 목적
① 조향 휠의 조작을 쉽게 한다.
② 조향 휠에 복원성을 준다.
③ 직진성을 좋게 한다.
④ 바퀴가 옆방향으로 미끄러지는 것과 타이어의 마멸을 최소화한다.

38 전동식 동력조향장치의 자기진단이 안 될 경우 점검사항으로 틀린 것은?

① CAN 통신 파형 점검
② 컨트롤유닛 측 배터리 전원 측정
③ 컨트롤유닛 측 배터리 접지 여부 점검
④ KEY ON 상태에서 CAN 종단저항 측정

자기진단이 안 될 경우 컨트롤유닛 측 배터리 전원과 접지를 점검 또는 CAN 통신 파형으로 진단한다.

CAN 종단저항 측정으로는 자기진단 불량을 확인할 수 없다.

39 자동변속기 차량의 셀렉트 레버 조작 시 브레이크 페달을 밟아야만 레버 위치를 변경할 수 있도록 제한하는 구성품으로 나열된 것은?

① 파킹 리버스 블록 밸브, 시프트록 케이블
② 시프트록 케이블, 시프트록 솔레노이드 밸브
③ 시프트록 솔레노이드 밸브, 스타트록 아웃 스위치
④ 스타트록 아웃 스위치, 파킹 리버스 블록 밸브

자동변속기 차량의 셀렉트 레버 조작 시 안전을 위하여 브레이크 페달을 밟아야만 시프트록 솔레노이드 밸브가 작동하여 시프트록 케이블을 움직여 시프트 레버 위치를 변경할 수 있다. (시프트 인터록 기능)
파킹 리버스 블록 기능은 차속 8~10km/h 이상일 경우 D→R로 시프트가 제한되며, 스타트록 아웃 스위치는 P/N에서만 닫혀 시동이 가능하게 한다.

40 브레이크 회로 내의 오일이 비등·기화하여 제동압력의 전달작용을 방해하는 현상은?

① 페이드 현상
② 사이클링 현상
③ 베이퍼록 현상
④ 브레이크록 현상

베이퍼 록(vapor lock) 현상
브레이크의 빈번한 사용이나 끌림 등에 의한 마찰열이 브레이크 회로에 전달되어, 브레이크 회로 내에 기포가 발생되어 압력전달이 불가능하게 되는 현상

정답 36 ③ 37 ② 38 ④ 39 ② 40 ③

제3과목 자동차전기

41 4주행 중인 하이브리드 자동차에서 제동 및 감속 시 충전불량 현상이 발생하였을 때 점검이 필요한 곳은?

① 회생제동 장치
② LDC 제어 장치
③ 발진 제어 장치
④ 12V용 충전 장치

 하이브리드 자동차에서 자동차의 제동 및 감속은 회생제동 모드로서, 차량 감속 시 모터는 자동차의 휠에 의해 회전하여 회전동력을 전기 에너지로 전환하여 배터리를 충전하는 모드이다.

42 발광 다이오드에 대한 설명으로 틀린 것은?

① 응답 속도가 느리다.
② 백열전구에 비해 수명이 길다.
③ 전기적 에너지를 빛으로 변환시킨다.
④ 자동차의 차속센서, 차고센서 등에 적용되어 있다.

 발광 다이오드의 특징
① PN 접합면에 순방향 전압을 걸면 빛을 발산한다.
② 소비전력이 작다.
③ 응답속도가 빠르다.
④ 백열전구에 비하여 수명이 길다.
⑤ 전기적 에너지를 빛으로 변환시킨다.
⑥ 자동차의 차속센서, 차고센서 등에 적용되어 있다.

43 그림과 같은 회로에서 스위치가 OFF되어 있는 상태로 커넥터가 단선되었다. 이 회로를 테스트 램프로 점검하였을 때 테스트 램프의 점등 상태로 옳은 것은?

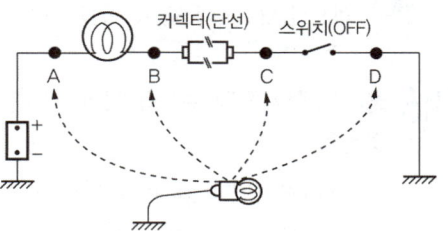

① A: OFF, B: OFF, C: OFF, D: OFF
② A: ON, B: OFF, C: OFF, D: OFF
③ A: ON, B: ON, C: OFF, D: OFF
④ A: ON, B: ON, C: ON, D: OFF

 A와 B까지는 회로가 이상이 없으므로 테스트 램프 ON(점등), 커넥터가 단선되어 있으므로 C와 D는 테스트 램프 모두 OFF(소등)

44 기동전동기에 흐르는 전류가 160A이고, 전압이 12V일 때 기동전동기의 출력은 약 몇 PS인가?

① 1.3   ② 2.6
③ 3.9   ④ 5.2

 출력(전력) $P = E \cdot I = I^2 \cdot R = E^2/R$ [W]
여기서, P : 전력[W]
E : 전압[V]
I : 전류[A]
R : 저항[Ω]
∴ 출력(P)
= 12×160 = 1,920W = 1.92kW
1kW = 1.36ps이므로,
1.92×1.36 = 2.6PS

 41 ① 42 ① 43 ③ 44 ②

45 단위로 cd(칸델라)를 사용하는 것은?

① 광원 ② 광속
③ 광도 ④ 조도

풀이) 광도의 단위는 칸델라(cd)를 사용한다.

46 물체의 전기저항 특성에 대한 설명 중 틀린 것은?

① 단면적이 증가하면 저항은 감소한다.
② 도체의 저항은 온도에 따라서 변한다.
③ 보통의 금속은 온도상승에 따라 저항이 감소된다.
④ 온도가 상승하면 전기저항이 감소하는 소자를 부특성 서미스터(NTC)라 한다.

풀이) 보통의 금속은 온도상승에 따라 분자의 운동이 활발해지므로 저항이 증가하는 정온도 특성을 갖는다.

47 하이브리드 차량 정비 시 고전압 차단을 위해 안전 플러그(세이프티 플러그)를 제거한 후 고전압 부품을 취급하기 전 일정시간 이상 대기시간을 갖는 이유로 가장 적절한 것은?

① 고전압 배터리 내의 셀의 안정화
② 제어모듈 내부의 메모리 공간의 확보
③ 저전압(12V) 배터리에 서지 전압 차단
④ 인버터 내 콘덴서에 충전되어 있는 고전압 방전

풀이) 하이브리드 차량의 정비 시 안전 플러그를 제거 후 고전압 부품을 취급하기 전에 5 ~ 10분 이상 대기 시간을 갖는 이유는 인버터 내의 콘덴서에 충전되어 있는 고전압을 방전시키기 위해 필요한 시간이다.

48 점화장치에서 파워TR(트랜지스터)의 B(베이스) 전류가 단속될 때 점화코일에서는 어떤 현상이 발생하는가?

① 1차 코일에 전류가 단속된다.
② 2차 코일에 전류가 단속된다.
③ 2차 코일에 역기전력이 형성된다.
④ 1차 코일에 상호유도작용이 발생한다.

풀이) 파워 트랜지스터(파워 TR)는 컴퓨터의 신호를 받아 B(베이스) 전류가 단속될 때 점화 1차 코일에 흐르는 전류를 단속하는 기능을 한다.

49 하이브리드 자동차의 고전압 배터리 관리 시스템에서 셀 밸런싱 제어의 목적은?

① 배터리의 적정 온도 유지
② 상황별 입출력 에너지 제한
③ 배터리 수명 및 에너지 효율 증대
④ 고전압 계통 고장에 의한 안전사고 예방

풀이) 배터리 셀 밸런싱 제어의 목적은 개별 셀의 충전 상태 및 전압 편차가 생긴 셀을 동일 전압으로 제어하여 배터리의 수명 및 에너지 효율을 증대시키기 위함이다.

50 4행정 사이클 가솔린엔진에서 점화 후 최고압력에 도달할 때까지 1/400초가 소요된다. 2100rpm으로 운전될 때의 점화 시기는?(단, 최고 폭발압력에 도달하는 시기는 ATDC 10°이다.)

① BTDC 19.5°
② BTDC 21.5°
③ BTDC 23.5°
④ BTDC 25.5°

45 ③ 46 ③ 47 ④ 48 ① 49 ③ 50 ②

> 연소지연시간 동안 크랭크축 회전각도(α)
> $= 6 \cdot N \cdot T$
> 여기서, N : 엔진 회전수[rpm]
> 　　　　T : 연소지연시간[sec]
> ∴ 크랭크축 회전각도(α)
> 　$= 6 \cdot N \cdot T$
> 　$= 6 \times 2100 \times \dfrac{1}{400} = 31.5°$
> 최고 폭발압력은 상사점 후(ATDC) 10°이므로 31.5 − 10 = 21.5,
> 즉 상사점 전(BTDC) 21.5°에서 점화시키면 된다.

51 자동 전조등에서 외부 빛의 밝기를 감지하여 자동으로 미등 및 전조등을 점등시키기 위해 적용된 센서는?

① 조도 센서
② 초음파 센서
③ 중력(G) 센서
④ 조향 각속도 센서

> 자동 전조등(Auto Light System)은 조도 센서를 이용하여 외부 빛의 밝기를 감지하여 자동으로 미등 및 전조등을 점등시켜 준다.

52 바디 컨트롤 모듈(BCM)에서 타이머 제어를 하지 않는 것은?

① 파워 윈도우　② 후진등
③ 감광 룸램프　④ 뒤 유리 열선

> 후진등은 시프트 레버를 후진 위치에 놓으면 즉시 켜진다.

53 논리회로 중 NOR 회로에 대한 설명으로 틀린 것은?

① 논리합회로에 부정회로를 연결한 것이다.
② 입력 A와 입력 B가 모두 0이면 출력이 1이다.
③ 입력 A와 입력 B가 모두 1이면 출력이 0이다.
④ 입력 A 또는 입력 B 중에서 1개가 1이면 출력이 1이다.

> **NOR(논리합부정) 회로**
>
>
>
> 논리합(OR)　논리부정(NOT)　논리합부정(NOR)
>
> NOR(논리합부정) 회로는 논리합회로에 논리부정회로를 연결한 것으로, 입력 A와 입력 B가 모두 0이면 출력이 1이고 입력 A와 입력 B가 모두 1이면 출력이 0이다. 또한 입력 A 또는 입력 B 중에서 1개가 1이면 출력이 0이다.

54 전류의 3대 작용으로 옳은 것은?

① 발열작용, 화학작용, 자기작용
② 물리작용, 화학작용, 자기작용
③ 저장작용, 유도작용, 자기작용
④ 발열작용, 유도작용, 증폭작용

> **전류의 3대 작용** : 발열작용, 화학작용, 자기작용

51 ①　52 ②　53 ④　54 ①

55 발전기 B단자의 접촉 불량 및 배선 저항과다로 발생할 수 있는 현상은?

① 엔진 과열
② 충전 시 소음
③ B단자 배선 발열
④ 과충전으로 인한 배터리 손상

 발전기 B단자의 접촉 불량 및 배선의 저항이 과다하면 접촉 저항이 커져서 배선이 발열한다.

56 자동차에 직류 발전기보다 교류 발전기를 많이 사용하는 이유로 틀린 것은?

① 크기가 작고 가볍다.
② 정류자에서 불꽃 발생이 크다.
③ 내구성이 뛰어나고 공회전이나 저속에도 충전이 가능하다.
④ 출력 전류의 제어작용을 하고 조정기 구조가 간단하다.

 교류발전기는 정류자가 없다.

57 조수석 전방 미등은 작동되나 후방만 작동되지 않는 경우의 고장 원인으로 옳은 것은?

① 미등 퓨즈 단선
② 후방 미등 전구 단선
③ 미등 스위치 접촉 불량
④ 미등 릴레이 코일 단선

 ①, ③, ④ 항의 고장은 미등이 전부 작동되지 않으며, 후방 미등 전구가 단선이면 해당 전구만 작동하지 않는다.

58 자동차 정기검사에서의 전조등 광도 측정 기준이다. (   ) 안에 알맞은 것은?

주광축의 진폭은 10미터 위치에서 다음 수치 이내일 것

(단위 : 센티미터)

구분	상	하	좌	우
좌측	10	30	15	30
우측	10	30	( )	30

① 10   ② 15
③ 30   ④ 45

 자동차관리법 시행규칙 [별표15] : 주광축의 진폭은 10미터 위치에서 다음 수치 이내일 것

(단위 : 센티미터)

진폭 전조등	상	하	좌	우
좌측	10	30	15	30
우측	10	30	30	30

59 자동차 전자제어 에어컨 시스템에서 제어 모듈의 입력요소가 아닌 것은?

① 산소센서
② 외기온도센서
③ 일사량센서
④ 증발기온도센서

 산소센서는 엔진 ECU에 입력되는 요소이다.

 55 ③   56 ②   57 ②   58 ③   59 ①

60 점화플러그에 대한 설명으로 틀린 것은?

① 열형플러그는 열방산이 나쁘며 온도가 상승하기 쉽다.
② 열가는 점화플러그의 열방산 정도를 수치로 나타내는 것이다.
③ 고부하 및 고속회전의 엔진은 열형플러그를 사용하는 것이 좋다.
④ 전극 부분의 작동온도가 자기청정온도보다 낮을 때 실화가 발생할 수 있다.

 고부하 및 고속 회전의 엔진은 점화플러그에서 열의 흡수가 많으므로 열을 많이 방출하는 냉형플러그를 사용하는 것이 좋다.

60 ③

자동차정비산업기사 제1회
(2019.03.03 시행)

제1과목 자동차엔진

01 6기통 4행정 사이클 엔진이 10kgf·m의 토크로 1000rpm으로 회전할 때 축출력은 약 몇 kW인가?

① 9.2   ② 10.3
③ 13.9   ④ 20

$$B.H.P = \frac{2\pi TN}{75 \times 60} = \frac{TN}{716}$$

여기서, T : 회전력[m-kgf]
N : 엔진 회전수[rpm]
1kW = 1.36ps이므로
B.H.P

$$kW = \frac{TN}{716 \times 1.36} = \frac{10 \times 1000}{716 \times 1.36}$$
$$= 10.26kW$$

02 연료 10.4kg을 연소시키는 데 152kg의 공기를 소비하였다면 공기와 연료의 비는? (단, 공기의 밀도는 1.29kg/m3이다.)

① 공기(14.6kg) : 연료(1kg)
② 공기(14.6m³) : 연료(1m³)
③ 공기(12.6kg) : 연료(1kg)
④ 공기(12.6m³) : 연료(1m³)

이론공연비 = 공기중량/연료중량

∴ 이론공연비 = $\frac{152}{10.4}$ = 14.615

즉, 공기 14.6kg에 연료 1kg을 소비한다.

03 전자제어 엔진에서 흡입되는 공기량 측정방법으로 가장 거리가 먼 것은?

① 피스톤 직경
② 흡기 다기관 부압
③ 핫 와이어 전류량
④ 칼만와류 발생 주파수

흡입공기량 계측방식
① 직접 계측방식(mass flow type)
  ㉠ 체적 검출방식 : 베인식, 칼만 와류식
  ㉡ 질량 검출방식 : 열선(Hot wire)식, 열막(Hot film)식
② 간접 계측방식(speed density type) : 흡기다기관 절대압력(MAP센서) 방식
• 피스톤 직경은 공기량 계측과 관련이 없다.

04 디젤 사이클의 P-V 선도에 대한 설명으로 틀린 것은?

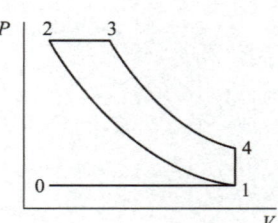

① 1 → 2 : 단열 압축과정
② 2 → 3 : 정적 팽창과정
③ 3 → 4 : 단열 팽창과정
④ 4 → 1 : 정적 방열과정

1 ② 2 ① 3 ① 4 ②

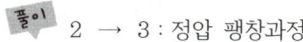 2 → 3 : 정압 팽창과정

05 실린더 내경 80mm, 행정 90mm인 4행정 사이클 엔진이 2000rpm으로 운전할 때 피스톤의 평균속도는 몇 m/sec인가? (단, 실린더는 4개이다.)

① 6　　　　② 7
③ 8　　　　④ 9

$$\text{피스톤 평균속도}(v) = \frac{2LN}{60} = \frac{LN}{30}$$
여기서, L : 행정[m]
　　　　N : 엔진 회전수[rpm]
$$\therefore \text{피스톤 평균속도}(v) = \frac{0.09 \times 2000}{30}$$
$$= 6\text{m/s}$$

06 라디에이터 캡의 작용에 대한 설명으로 틀린 것은?

① 라디에이터 내의 냉각수 비등점을 높여 준다.
② 라디에이터 내의 압력이 낮을 때 압력밸브가 열린다.
③ 냉각장치의 압력이 규정값 이상이 되면 수증기가 배출되게 한다.
④ 냉각수가 냉각되면 보조 물탱크의 냉각수가 라디에이터로 들어가게 한다.

①, ③, ④항이 라디에이터 캡에 대한 설명이고 라디에이터 내의 압력이 높을 때 압력밸브가 열린다.

07 배출가스 중 질소산화물을 저감하기 위해 사용하는 장치가 아닌 것은?

① 매연 필터(DPF)
② 삼원 촉매 장치(TWC)
③ 선택적 환원 촉매(SCR)
④ 배기가스 재순환 장치(EGR)

 ②~④항은 질소산화물을 저감하기 위한 장치이고, 매연 필터(DPF)란 배기가스 후처리 장치로 배기가스 중의 입자상 물질(PM)을 포집하는 장치이다.

08 전자제어 가솔린엔진(MPI)에서 급가속 시 연료를 분사하는 방법으로 옳은 것은?

① 동기분사　　② 순차분사
③ 간헐분사　　④ 비동기분사

 일반 주행 시에는 동기분사나 순차분사를 행하나 급가속 시에는 비동기분사를 하여 급가속 시 필요한 연료를 추가로 공급한다.

09 운행차 배출가스 정기검사의 매연 검사방법에 관한 설명에서 (　)에 알맞은 것은?

측정기의 시료채취관을 배기관의 벽면으로부터 5mm 이상 떨어지도록 설치하고 (　)cm 정도의 깊이로 삽입한다.

① 5　　　　② 10
③ 15　　　　④ 30

 광투과식 무부하 급가속 매연 측정 방법
매연 측정 시 원동기는 중립 상태로 급가속하여 최고 회전속도로 2초간 공회전시키고, 정

 5 ①　6 ②　7 ①　8 ④　9 ①

지가동 상태로 5~6초간 3회 반복 실시한 후, 측정기의 시료 채취관을 배기관의 벽면으로부터 5mm 이상 떨어지도록 설치하고 5cm 이상의 깊이로 삽입한다. 시료 채취를 위한 급가속 시 가속페달을 밟을 때부터 놓을 때까지 소요시간은 4초 이내로 한다.

3회 연속 측정한 매연농도를 산술 평균하여 소수점 이하는 버린 값을 최종 측정치로 한다. 3회 연속 측정한 매연농도의 최대치와 최소치의 차가 5%를 초과한 경우 최대 10회까지 추가 측정한다.

10 커먼레일 디젤엔진에서 연료압력조절밸브의 장착 위치는? (단, 입구 제어 방식)

① 고압펌프와 인젝터 사이
② 저압펌프와 인젝터 사이
③ 저압펌프와 고압펌프 사이
④ 연료필터와 저압펌프 사이

풀이 연료압력을 고압펌프 입구에서 제어하는 방식이므로 연료압력 조절밸브를 저압펌프와 고압펌프 사이에 장착한다.

11 엔진의 기계효율을 구하는 공식은?

① $\dfrac{마찰마력}{제동마력} \times 100\%$
② $\dfrac{도시마력}{이론마력} \times 100\%$
③ $\dfrac{제동마력}{도시마력} \times 100\%$
④ $\dfrac{마찰마력}{도시마력} \times 100\%$

풀이 기계효율 = $\dfrac{제동마력}{도시마력} \times 100\%$

12 산소센서 내측의 고체 전해질로 사용되는 것은?

① 은   ② 구리
③ 코발트   ④ 지르코니아

풀이 지르코니아 타입 산소센서는 지르코니아 소재를 U자형으로 성형하여 산소센서 내측의 고체 전해질로 사용한다.

13 옥탄가에 대한 설명으로 옳은 것은?

① 탄화수소의 종류에 따라 옥탄가가 변화한다.
② 옥탄가 90 이하의 가솔린은 4 에틸납을 혼합한다.
③ 옥탄가의 수치가 높은 연료일수록 노크를 일으키기 쉽다.
④ 노크를 일으키지 않는 기준연료를 이소옥탄으로 하고 그 옥탄가를 0으로 한다.

풀이 무연 휘발유란 4 에틸납이 혼합되지 않은 연료로, 옥탄가 수치가 높은 연료일수록 안티노크성이 좋다. 노크를 일으키지 않는 기준연료인 이소옥탄의 옥탄가를 100으로 하고, 노크를 일으키는 노말헵탄을 0으로 하여 옥탄가를 측정한다.

14 윤활유의 유압 계통에서 유압이 저하되는 원인으로 틀린 것은?

① 윤활유 누설
② 윤활유 부족
③ 윤활유 공급펌프의 손상
④ 윤활유 점도가 너무 높을 때

풀이 유압이 낮아지는 원인
① 유압조절밸브 스프링 장력 저하

② 베어링 마모로 오일간극이 커졌을 때
③ 오일의 희석 및 점도가 저하되었을 때
④ 오일이 부족할 때
⑤ 오일펌프 불량 및 유압회로의 누설

15 디젤엔진 후처리장치의 재생을 위한 연료 분사는?

① 주 분사　　② 점화 분사
③ 사후 분사　④ 직접 분사

 사후 분사(post injection)는 디젤기관 후처리장치(DPF)에 저장되어 있는 입자상 물질(PM)을 연소시켜 배기가스 후처리 장치의 재생을 돕기 위한 분사이다.

16 전자제어 가솔린엔진(MPI)에서 동기분사가 이루어지는 시기는 언제인가?

① 흡입행정 말　② 압축행정 말
③ 폭발행정 말　④ 배기행정 말

 동기분사(Sequential injection)는 크랭크축이 2회전할 때 점화순서에 의하여 배기 말~흡입 초 행정 시에 연료를 분사하는 방식이다.

17 자동차 엔진에서 인터쿨러 장치의 작동에 대한 설명으로 옳은 것은?

① 차량의 속도 변화
② 흡입 공기의 와류 형성
③ 배기 가스의 압력 변화
④ 온도 변화에 따른 공기의 밀도 변화

 인터쿨러(intercooler)는 압축된 고온의 공기를 냉각하여 공기의 밀도를 높여 엔진의 효율을 향상시키는 장치이다.

18 전자제어 가솔린엔진에서 연료분사량 제어를 위한 기본 입력신호가 아닌 것은?

① 냉각수온 센서　② MAP 센서
③ 크랭크각 센서　④ 공기유량 센서

 전자제어 가솔린엔진의 연료분사량 제어는 흡입 공기량(AFS)과 기관 회전수(CAS)로 기본 분사량을 결정하고, 시동 시 증량보정, 냉각수온 보정, 흡기온도 보정, 축전지 전압 보정, 가속 시 및 출력 증가 시 보정, 감속 시 연료 차단 등을 수행한다.

19 엔진의 윤활장치 구성부품이 아닌 것은?

① 오일 펌프　　② 유압 스위치
③ 릴리프 밸브　④ 킥다운 스위치

 킥다운 스위치는 자동변속기 부품이다.

20 가솔린엔진에 사용되는 연료의 구비조건이 아닌 것은?

① 옥탄가가 높을 것
② 착화온도가 낮을 것
③ 체적 및 무게가 적고 발열량이 클 것
④ 연소 후 유해 화합물을 남기지 말 것

가솔린 연료의 구비조건
① 옥탄가가 높을 것
② 체적 및 무게가 적고 발열량이 클 것
③ 빠른 속도로 연소되며 완전 연소될 것
④ 연소 후 유해 화합물을 남기지 말 것
⑤ 인화 및 폭발의 위험이 적고 가격이 저렴할 것
⑥ 저장 및 취급이 용이할 것

정답 15 ③ 16 ④ 17 ④ 18 ① 19 ④ 20 ②

제2과목 자동차새시

21 무단변속기(CVT)의 제어밸브 기능 중 라인압력을 주행조건에 맞도록 적절한 압력으로 조정하는 밸브로 옳은 것은?

① 변속 제어 밸브
② 레귤레이터 밸브
③ 클러치 압력 제어 밸브
④ 댐퍼 클러치 제어 밸브

 무단변속기(CVT)에서 레귤레이터 밸브는 라인압력을 주행조건에 맞도록 적절한 압력으로 조정하는 밸브이다.

22 주행 중 차량에 노면으로부터 전달되는 충격이나 진동을 완화하여 바퀴와 노면과의 밀착을 양호하게 하고 승차감을 향상시키는 완충기구로 짝지어진 것은?

① 코일스프링, 토션바, 타이로드
② 코일스프링, 겹판스프링, 토션바
③ 코일스프링, 겹판스프링, 프레임
④ 코일스프링, 너클 스핀들, 스테이빌라이저

 현가 스프링의 종류
① 코일 스프링
② 겹판 스프링
③ 토션바 스프링

23 휠 얼라인먼트의 요소 중 토인의 필요성과 가장 거리가 먼 것은?

① 앞바퀴를 차량 중심선상으로 평행하게 회전시킨다.
② 조향 후 직전 방향으로 되돌아오는 복원력을 준다.
③ 조향 링키지의 마멸에 의해 토 아웃이 되는 것을 방지한다.
④ 바퀴가 옆 방향으로 미끄러지는 것과 타이어 마멸을 방지한다.

 ①, ③, ④항은 토인의 필요성이고, 조향 후 직진방향으로 되돌아오는 복원력은 킹핀 경사각과 캐스터에서 얻을 수 있다.

24 조향장치에서 조향휠의 유격이 커지고 소음이 발생할 수 있는 원인과 가장 거리가 먼 것은?

① 요크플러그의 풀림
② 등속조인트의 불량
③ 스티어링 기어박스 장착 볼트의 풀림
④ 타이로드 엔드 조임 부분의 마모 및 풀림

 ①, ③, ④항은 조향장치와 관련된 부품이고, 등속조인트는 구동장치 관련부품이므로 관련이 없다.

25 선회 시 안쪽 차륜과 바깥쪽 차륜의 조향각 차이를 무엇이라 하는가?

① 애커먼 각
② 토우 인 각
③ 최소회전반경
④ 타이어 슬립각

 애커먼 장토 이론에 의해 선회 시 안쪽 차륜과 바깥쪽 차륜의 조향각 차이를 애커먼 조향각이라 한다.
조향각이 커질수록 내외륜의 조향각 차이는 커진다.

 21 ② 22 ② 23 ② 24 ② 25 ①

26 추진축의 회전 시 발생되는 휠링(whirling)에 대한 설명으로 옳은 것은?

① 기하학적 중심과 질량적 중심이 일치하지 않을 때 일어나는 현상
② 일정한 조향각으로 선회하며 속도를 높일 때 선회반경이 작아지는 현상
③ 물체가 원운동을 하고 있을 때 그 원의 중심에서 멀어지려고 하는 현상
④ 선회하거나 횡풍을 받을 때 중심을 통과하는 차체의 전후 방향축 둘레의 회전운동 현상

휠링(whirling)
추진축이 기하학적인 중심과 질량적 중심이 일치하지 않아 고속 주행 시 떨리는 현상

27 자동차의 엔진 토크 14kgf·m, 총 감속비 3.0, 전달효율 0.9, 구동바퀴의 유효반경 0.3m일 때 구동력은 몇 kgf인가?

① 68
② 116
③ 126
④ 228

구동력 $F = \dfrac{T}{r}$

여기서, T : 회전력[kgf·m]
r : 타이어 반지름[m]

총감속비가 3.0, 동력 전달효율이 0.9이므로 구동바퀴의 토크는
$14 \times 3 \times 0.9 = 37.8 \text{kgf·m}$

∴ 차륜의 구동력 $F = \dfrac{T}{r} = \dfrac{37.8}{0.3}$
$= 126 \text{kgf}$

28 제동장치에서 발생되는 베이퍼 록 현상을 방지하기 위한 방법이 아닌 것은?

① 벤틸레이티드 디스크를 적용한다.
② 브레이크 회로 내에 잔압을 유지한다.
③ 라이닝의 마찰표면에 윤활제를 도포한다.
④ 비등점이 높은 브레이크 오일을 사용한다.

라이닝의 마찰표면에 윤활제를 바르면 브레이크가 미끄러진다.

29 수동변속기의 마찰클러치에 대한 설명으로 틀린 것은?

① 클러치 조작기구는 케이블식 외에 유압식을 사용하기도 한다.
② 클러치 디스크의 비틀림 코일 스프링은 회전 충격을 흡수한다.
③ 클러치 릴리스 베어링과 릴리스 레버 사이의 유격은 없어야 한다.
④ 다이어프램 스프링식은 코일 스프링식에 비해 구조가 간단하고 단속작용이 유연하다.

①, ②, ④항은 마찰클러치에 대한 옳은 설명이고, 클러치 릴리스 베어링과 릴리스 레버 사이의 유격은 자유간극이라 하며 반드시 있어야 한다.

26 ① 27 ③ 28 ③ 29 ③

30 자동차 수동변속기의 단판 클러치 마찰면의 외경이 22cm, 내경이 14cm, 마찰계수 0.3, 클러치 스프링 9개, 1개의 스프링에 각각 300N의 장력이 작용한다면 클러치가 전달 가능한 토크는 몇 N·m인가? (단, 안전계수는 무시한다.)

① 74.8　② 145.8
③ 210.4　④ 281.2

 전달 회전력(T) = $\mu \cdot F \cdot r \cdot n$[N·m]

여기서, μ : 마찰계수
　　　　F : 전 스프링 힘[N]
　　　　r : 평균 유효반지름[m]
　　　　n : 마찰면의 수(단판 클러치인 경우 2)

평균 유효반지름 = $\dfrac{r_1+r_2}{2}$ = $\dfrac{0.11+0.07}{2}$
　　　　　　　＝ 0.09m

∴ 전달 회전력(T) = $\mu \cdot F \cdot r \cdot n$
　　　　　　　＝ $0.3 \times 300 \times 9 \times 0.09 \times 2$
　　　　　　　＝ 145.8N·m

31 다음 승용차용 타이어의 표기에 대한 설명이 틀린 것은?

```
205 / 65 / R 14
```

① 205 : 단면폭 205mm
② 65 : 편평비 65%
③ R : 레이디얼 타이어
④ 14 : 림 외경 14mm

 14 : 타이어의 내경[inch]
타이어에 표기되어 있으면 타이어의 내경을, 림에 표기되어 있으면 림의 외경을 의미한다.

32 자동변속기에서 변속시점을 결정하는 가장 중요한 요소는?

① 매뉴얼 밸브와 차속
② 엔진 스로틀밸브 개도와 차속
③ 변속 모드 스위치와 변속시간
④ 엔진 스로틀밸브 개도와 변속시간

 A/T 변속선도

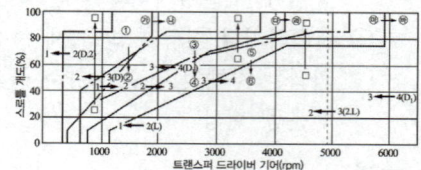

가로축은 트랜스퍼 드라이브 기어(차속 또는 엔진 회전수), 세로축은 엔진 스로틀 개도(부하)로 변속시점을 결정한다.

33 차륜정렬 시 사전 점검사항과 가장 거리가 먼 것은?

① 계측기를 설치한다.
② 운전자의 상황 설명이나 고충을 청취한다.
③ 조향 핸들의 위치가 바른지의 여부를 확인한다.
④ 허브 베어링 및 액슬 베어링의 유격을 점검한다.

 ②~④항이 차륜정렬 시 사전 점검사항이다.

30 ②　31 ④　32 ②　33 ①

34 ABS와 TCS(Traction Control System)에 대한 설명으로 틀린 것은?

① TCS는 구동륜이 슬립하는 현상을 방지한다.
② ABS는 주행 중 제동 시 타이어의 록(Lock)을 방지한다
③ ABS는 제동 시 조향 안정성 확보를 위한 시스템이다.
④ TCS는 급제동 시 제동력 제어를 통해 차량 스핀 현상을 방지한다.

 ④항은 ABS의 기능이다.

35 브레이크 작동 시 조향 휠이 한쪽으로 쏠리는 원인이 아닌 것은?

① 브레이크 간극 조정 불량
② 휠 허브 베어링의 헐거움
③ 한쪽 브레이크 디스크의 변형
④ 마스터 실린더의 체크밸브 작동이 불량

 ①~③항이 브레이크 작동 시 조향 휠이 한쪽으로 쏠리는 원인이고, 마스터 실린더의 체크밸브가 불량하면 양쪽의 고장이 같으므로 조향 휠이 쏠리지 않는다.

36 자동차가 주행 시 발생하는 저항 중 타이어 접지부의 변형에 의한 저항은?

① 구름저항　② 공기저항
③ 등판저항　④ 가속저항

풀이 자동차가 주행 시 발생하는 저항 중 구름저항은 타이어 접지부의 변형에 의해, 공기저항은 주행속도에 따른 공기의 압력에 의해, 등판저항은 도로의 경사도에 의해, 가속저항은 가속을 하기 위해 필요한 힘에 의해 발생된다.

37 자동변속기에서 변속레버를 조작할 때 밸브바디의 유압회로를 변환시켜 라인압력을 공급하거나 배출하는 밸브로 옳은 것은?

① 매뉴얼 밸브
② 리듀싱 밸브
③ 변속제어 밸브
④ 레귤레이터 밸브

 매뉴얼 밸브(manual valve)는 변속레버를 조작할 때 밸브바디의 유압회로를 변환시켜 라인압력을 공급하거나 배출하는 밸브이다.

38 전자제어 현가장치(ECS)의 제어기능이 아닌 것은?

① 안티 피칭 제어
② 안티 다이브 제어
③ 차속 감응 제어
④ 감속 제어

 전자제어 현가장치(ECS)의 제어
① 안티 롤 제어
② 안티 피치 제어
③ 안티 바운스 제어
④ 안티 스쿼트 제어
⑤ 안티 다이브 제어
⑥ 안티 쉐이크 제어
⑦ 고속 안정성 제어(차속 감응 제어)

정답　34 ④　35 ④　36 ①　37 ①　38 ④

39 캐스터에 대한 설명으로 틀린 것은?

① 앞바퀴에 방향성을 준다.
② 캐스터 효과란 추종성과 복원성을 말한다.
③ (+) 캐스터가 크면 직진성이 향상되지 않는다.
④ (+) 캐스터는 선회할 때 차체의 높이가 선회하는 바깥쪽보다 안쪽이 높아지게 된다.

 ①, ②, ④항은 캐스터에 대한 옳은 설명이고, (+) 캐스터가 크면 직진성이 향상된다.

40 평탄한 도로를 90km/h로 달리는 승용차의 총 주행저항은 약 몇 kgf인가? (단, 공기저항계수 0.03, 총중량 1145kgf, 투영면적 1.6m2, 구름저항계수 0.015)

① 37.18　　② 47.18
③ 57.18　　④ 67.18

 평탄한 도로를 등속으로 달리므로 총 주행저항은 구름저항(R_r)과 공기저항(R_a)뿐이다.
∴ 총 주행저항(R_t)
= 구름저항(R_r) + 공기저항(R_a)
= $\mu_r \cdot W + \mu_a \cdot A \cdot v^2$
= $0.015 \times 1145 + 0.03 \times 1.6 \times \left(\frac{90}{3.6}\right)^2$
= 47.18kgf

[참고] 자동차의 총 주행저항(Rt)
① 구름저항(R_r) = $\mu_r \cdot W$
② 공기저항(R_a) = $\mu_a \cdot A \cdot v^2$
③ 등판저항(R_g, 구배저항)
　= $W \cdot \sin\theta ≒ W \cdot \tan\theta = \frac{W \times G}{100}$
④ 가속저항(R_{ac}) = $\frac{W + \Delta W}{g} \times a = m \times a$

제3과목 자동차전기

41 12V를 사용하는 자동차의 점화코일에 흐르는 전류가 0.01초 동안에 50A 변화하였다. 자기인덕턴스가 0.5H일 때 코일에 유도되는 기전력은 몇 V인가?

① 6　　② 104
③ 2500　　④ 60000

 점화코일의 자기유도전압(역기전력, E)

$$자기유도전압(E) = -L\frac{di}{dt}$$

여기서, L : 자기 인덕턴스[H]
　　　　dt : 시간 변화
　　　　di : 전류 변화

∴ 자기유도전압(E) = $-L\frac{di}{dt}$ = $0.5 \times \frac{50}{0.01}$

= 2500(V)
• 식의 "-"는 역기전력을 의미

42 자동차 에어컨(FATC) 작동 시 바람은 배출되나 차갑지 않고, 컴프레서 동작음이 들리지 않는다. 다음 중 고장원인과 가장 거리가 먼 것은?

① 블로우 모터 불량
② 핀 서모 센서 불량
③ 트리플 스위치 불량
④ 컴프레서 릴레이 불량

 ②~④항이 불량이면 에어컨 작동 시 바람은 배출되나 차갑지 않은 경우이다. 바람이 배출되므로 블로우 모터는 정상이다.

정답　39 ③　40 ②　41 ③　42 ①

43. 라이트를 벽에 비추어 보면 차량의 광축을 중심으로 좌측 라이트는 수평으로, 우측 라이트는 약 15도 정도의 상향 기울기를 가지게 된다. 이를 무엇이라 하는가?

① 컷 오프 라인
② 쉴드 빔 라인
③ 루미네슨스 라인
④ 주광축 경계 라인

풀이 전조등의 컷오프 라인이란 우리나라는 우측 차선 주행이므로 좌측 라이트는 수평으로, 우측 라이트는 약 15도 정도의 상향 기울기를 두는 것을 말한다.

44. 다음 직렬회로에서 저항 R_1에 5mA의 전류가 흐를 때 R1의 저항값은?

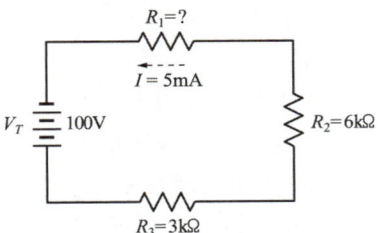

① 7kΩ
② 9kΩ
③ 11kΩ
④ 13kΩ

풀이 옴의 법칙 $I = \dfrac{E}{R}$ ∴ $R = \dfrac{E}{I}$

∴ $R = \dfrac{100}{5 \times 10^{-3}} = 20\text{k}\Omega$

∴ $R_1 = 20\text{k}\Omega - 6\text{k}\Omega - 3\text{k}\Omega = 11\text{k}\Omega$

45. 가솔린엔진에서 기동전동기의 소모전류가 90A이고, 배터리 전압이 12V일 때 기동전동기의 마력은 약 몇 PS인가?

① 0.75
② 1.26
③ 1.47
④ 1.78

풀이 전력 P(W) = E · I

∴ P = 12 × 90 = 1,080W = 1.08kW
1kW = 1.36ps 이므로,
1.08 × 1.36 = 1.47PS

46. 자동차의 회로 부품 중에서 일반적으로 "ACC 회로"에 포함된 것은?

① 카 오디오
② 히터
③ 와이퍼 모터
④ 전조등

풀이 카 오디오는 ACC 회로에 연결되어 있다.

47. 전자배전 점화장치(DLI)의 구성 부품으로 틀린 것은?

① 배전기
② 점화플러그
③ 파워TR
④ 점화코일

풀이 전자배전 점화장치(DLI)는 점화코일에서 점화플러그로 직접 배전하므로 배전기가 없다.

정답 43 ① 44 ③ 45 ③ 46 ① 47 ①

48 직류 직권식 기동 전동기의 계자 코일과 전기자 코일에 흐르는 전류에 대한 설명으로 옳은 것은?

① 계자 코일 전류와 전기자 코일 전류가 같다.
② 계자 코일 전류가 전기자 코일 전류보다 크다.
③ 전기자 코일 전류가 계자 코일 전류보다 크다.
④ 계자 코일 전류와 전기자 코일 전류가 같을 때도 있고, 다를 때도 있다.

 직류 직권식 기동 전동기는 계자 코일과 전기자 코일이 직렬로 연결되어 있으므로 전류는 같다.

49 리모콘으로 록(LOCK) 버튼을 눌렀을 때 문은 잠기지만 경계상태로 진입하지 못하는 현상이 발생하는 원인과 가장 거리가 먼 것은?

① 후드 스위치 불량
② 트렁크 스위치 불량
③ 파워윈도우 스위치 불량
④ 운전석 도어 스위치 불량

 도난방지 차량 경계상태 입력요소
① 도어 키 스위치
② 도어 스위치
③ 후드 스위치
④ 트렁크 스위치

50 하이브리드 자동차는 감속 시 전기에너지를 고전압 배터리로 회수(충전)한다. 이러한 발전기 역할을 하는 부품은?

① AC 발전기
② 스타팅 모터
③ 하이브리드 모터
④ 모터 컨트롤 유닛

 하이브리드 자동차는 감속 시 자동차의 휠에 의해 하이브리드 모터가 회전하여 회전 동력을 전기에너지로 전환하여 고전압 배터리로 회수 충전한다.

51 1개의 코일로 2개 실린더를 점화하는 시스템의 특징에 대한 설명으로 틀린 것은?

① 동시점화방식이라 한다.
② 배전기 캡 내로부터 발생하는 전파 잡음이 없다.
③ 배전기로 고전압을 배전하지 않기 때문에 누전이 발생하지 않는다.
④ 배전기 캡이 없어 로터와 세그먼트(고압단자) 사이의 전압에너지 손실이 크다.

 동시점화방식(DLI)의 특징
① 배전기에 의한 누전이 없다.
② 배전기가 없어 로터와 세그먼트 사이의 전압에너지 손실이 적다.
③ 배전기 캡에서 발생하는 전파 잡음이 없다.
④ 점화진각 폭에 제한이 없다.
⑤ 점화 에너지를 크게 할 수 있다.
⑥ 내구성이 크므로 신뢰성이 향상된다.

정답 48 ① 49 ③ 50 ③ 51 ④

52 자동차 에어백 구성품 중 인플레이터 역할에 대한 설명으로 옳은 것은?

① 충돌 시 충격을 감지한다.
② 에어백 시스템 고장 발생 시 감지하여 경고등을 점등한다.
③ 질소가스, 점화회로 등이 내장되어 에어백이 작동될 수 있도록 점화장치 역할을 한다.
④ 에어백 작동을 위한 전기적인 충전을 하여 배터리 전원이 차단되어도 에어백을 전개시킨다.

> **풀이** 에어백 인플레이터(inflator)는 점화장치, 질소가스 등이 내장되어 충돌 시 에어백 컨트롤 유닛으로부터 충돌 신호를 받아 에어백이 작동할 수 있도록 점화장치 역할을 한다.

53 다음 회로에서 전압계 V_1과 V_2를 연결하여 스위치를 「ON」, 「OFF」하면서 측정한 결과로 옳은 것은? (단, 접촉저항은 없음)

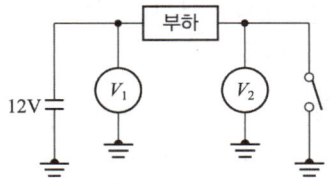

① ON : $V_1 - 12V$, $V_2 - 12V$
  OFF : $V_1 - 12V$, $V_2 - 12V$
② ON : $V_1 - 12V$, $V_2 - 12V$
  OFF : $V_1 - 0V$, $V_2 - 12V$
③ ON : $V_1 - 12V$, $V_2 - 0V$
  OFF : $V_1 - 12V$, $V_2 - 12V$
④ ON : $V_1 - 12V$, $V_2 - 0V$
  OFF : $V_1 - 0V$, $V_2 - 0V$

> **풀이** 스위치를 ON했을 때는 V_1에는 전원전압인 12V가, V_2에는 접지전압인 0V가 측정되고 스위치를 OFF했을 때는 전압강하가 일어나지 않으므로 전압계 V_1과 V_2에는 모두 12V가 측정된다.

54 운행자동차 정기검사에서 등화장치 점검 시 광도 및 광축을 측정하는 방법으로 틀린 것은?

① 타이어 공기압을 표준공기압으로 한다.
② 광축 측정 시 엔진 공회전 상태로 한다.
③ 적차 상태로 서서히 진입하면서 측정한다.
④ 4등식 전조등의 경우 측정하지 않는 등화는 발산하는 빛을 차단한 상태로 한다.

> **풀이** 전조등 시험 시 준비사항
> ① 타이어 공기압을 표준공기압으로 한다.
> ② 시험기 설치 장소가 수평 상태이어야 한다.
> ③ 축전지 성능이 정상 상태이어야 한다.
> ④ 자동차의 원동기는 공회전 상태로 한다.
> ⑤ 자동차는 예비운전이 되어 있는 공차 상태에 운전자 1인이 승차한 상태로 한다.
> ⑥ 4등식 전조등의 경우 측정하지 않는 등화는 발산하는 빛을 차단한 상태로 한다.

정답 52 ③ 53 ③ 54 ③

55 반도체의 장점으로 틀린 것은?

① 수명이 길다.
② 매우 소형이고 가볍다.
③ 일정시간 예열이 필요하다.
④ 내부 전력 손실이 매우 적다.

 반도체의 특징
① 매우 소형이고, 가볍다.
② 예열시간을 요하지 않고 바로 작동한다.
③ 내부 전력손실이 적다.
④ 수명이 길다.
⑤ 온도가 상승하면 특성이 몹시 나빠진다.
⑥ 정격값을 넘으면 파괴되기 쉽다.

56 발전기 구조에서 기전력 발생 요소에 대한 설명으로 틀린 것은?

① 자극의 수가 많은 경우 자력은 크다.
② 코일의 권수가 적을수록 자력은 커진다.
③ 로터코일의 회전이 빠를수록 기전력은 많이 발생한다.
④ 로터코일에 흐르는 전류가 클수록 기전력이 커진다.

 ①, ③, ④항이 발전기에서 기전력 발생에 대한 옳은 설명이고, 코일의 권수가 적을수록 자력은 작아진다.

57 자동차 정기검사 시 전조등의 전방 10m 위치에서 좌·우측 주광축의 하향 진폭은 몇 cm 이내이어야 하는가?

① 10   ② 15
③ 20   ④ 30

 자동차 전조등의 광도 및 광축

광도	2등식	15,000~112,500cd
	4등식	12,000~112,500cd
광축	상향	10cm 이하
	하향	H×3/10 이내(30cm 이내)
	좌	30cm 이내 (운전석의 경우 15cm)
	우	30cm 이내

58 리튬이온 배터리와 비교한 리튬폴리머 배터리의 장점이 아닌 것은?

① 폭발 가능성 적어 안전성이 좋다.
② 패키지 설계에서 기계적 강성이 좋다.
③ 발열 특성이 우수하여 내구 수명이 좋다.
④ 대용량 설계가 유리하여 기술 확장성이 좋다.

 ①, ③, ④항이 리튬폴리머 배터리의 장점이고, 단점으로는 기계적 충격에 약하고, 저온 성능이 나쁘며 용량/에너지 밀도가 낮다.

 55 ③ 56 ② 57 ④ 58 ②

59 자동차용 냉방장치에서 냉매사이클의 순서로 옳은 것은?

① 증발기 → 압축기 → 응축기 → 팽창밸브
② 증발기 → 응축기 → 팽창밸브 → 압축기
③ 응축기 → 압축기 → 팽창밸브 → 증발기
④ 응축기 → 증발기 → 압축기 → 팽창밸브

 에어컨 냉매 순환과정
압축기(compressor) → 응축기(condenser) → 건조기(receiver drier) → 팽창밸브(expansion valve) → 증발기(evaporator)

[참고] 에어컨 냉매 사이클

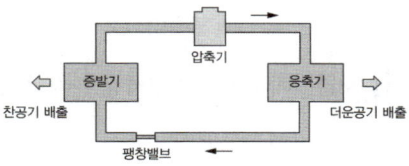

60 교류발전기에서 정류작용이 이루어지는 소자로 옳은 것은?

① 계자 코일   ② 트랜지스터
③ 다이오드   ④ 아마추어

 교류(AC) 발전기의 실리콘 다이오드는 교류를 정류하고, 역류를 방지한다.

정답 59 ① 60 ③

자동차정비산업기사 제2회 (2019.04.27 시행)

제1과목 자동차기관

01 출력이 A = 120PS, B = 90kW, C = 110HP인 3개의 엔진을 출력이 큰 순서대로 나열한 것은?

① B > C > A ② A > C > B
③ C > A > B ④ B > A > C

1kW = 1.36PS = 1.34HP
90kW = 90 × 1.36 = 122.4PS
110HP = 110 × $\frac{1.36}{1.34}$ = 111.64PS
∴ B > A > C이다.

02 전자제어 가솔린엔진에서 고속운전 중 스로틀 밸브를 급격히 닫을 때 연료 분사량을 제어하는 방법은?

① 변함 없음
② 분사량 증가
③ 분사량 감소
④ 분사 일시 중단

전자제어 가솔린 기관에서 고속운전 중 스로틀 밸브를 급격히 닫으면 연료 분사량을 일시 중지(fuel cut)하여 배출가스 저감 및 연비를 개선한다.

03 점화 파형에서 파워TR(트랜지스터)의 통전시간을 의미하는 것은?

① 전원전압
② 피크(peak) 전압
③ 드웰(dwell) 시간
④ 점화시간

점화 파형에서 드웰(dwell) 시간은 파워 TR의 통전시간, 즉 인젝터(니들밸브)의 개방시간이다.

04 자동차에 사용되는 센서 중 원리가 다른 것은?

① 맵(MAP)센서
② 노크센서
③ 가속페달센서
④ 연료탱크압력센서

①, ②, ④ 항은 압력센서이고, 가속페달센서는 위치센서로 전위차계(potentiometer)를 이용한다.

05 라디에이터 캡의 점검 방법으로 틀린 것은?

① 압력이 하강하는 경우 캡을 교환한다.
② 0.95~1.25kgf/cm² 정도로 압력을 가한다.
③ 압력 유지 후 약 10~20초 사이에 압력이 상승하면 정상이다.

1 ④ 2 ④ 3 ③ 4 ③ 5 ③

④ 라디에이터 캡을 분리한 뒤 씰 부분에 냉각수를 도포하고 압력 테스터를 설치한다.

> 풀이) 압력 유지 후 약 10~20초 사이에 압력이 유지되어야 정상이다.

06 디젤엔진의 배출가스 특성에 대한 설명으로 틀린 것은?

① NOx 저감 대책으로 연소 온도를 높인다.
② 가솔린 기관에 비해 CO, HC 배출량이 적다.
③ 입자상물질(PM)을 저감하기 위해 필터(DPF)를 사용한다.
④ NOx 배출을 줄이기 위해 배기가스 재순환 장치를 사용한다.

> 풀이) 연소 온도가 높아지면 NOx 배출량은 증가한다.

07 LPG를 사용하는 자동차에서 봄베의 설명으로 틀린 것은?

① 용기의 도색은 회색으로 한다.
② 안전밸브에 주 밸브를 설치할 수는 없다.
③ 안전밸브는 충전밸브와 일체로 조립된다.
④ 안전밸브에서 분출된 가스는 대기 중으로 방출되는 구조이다.

> 풀이) 안전밸브는 주 밸브(충전밸브)에 설치되어 있다.

08 도시마력(지시마력, indicated horse power) 계산에 필요한 항목으로 틀린 것은?

① 총 배기량
② 엔진 회전수
③ 크랭크축 중량
④ 도시 평균 유효 압력

> 풀이) 지시(도시)마력 = $\dfrac{PALZN}{75 \times 60}$
> = $\dfrac{PVZN}{75 \times 60 \times 100}$
>
> 여기서, P : 지시(도시)평균 유효압력[kgf/cm²]
> A : 실린더 단면적[cm²]
> L : 행정[m]
> V : 배기량[cm³]
> Z : 실린더수
> N : 엔진 회전수[rpm]
> (4행정기관 : N/2, 2행정기관 : N)
>
> 따라서, 지시마력 계산에 크랭크축 중량은 필요 없다.

09 다음 설명에 해당하는 커먼레일 인젝터는?

> 운전 전 영역에서 분사된 연료량을 측정하여 이것을 데이터베이스화한 것으로, 생산 계통에서 데이터베이스 정보를 ECU에 저장하여 인젝터별 분사시간 보정 및 실린더 간 연료분사량의 오차를 감소할 수 있도록 문자와 숫자로 구성된 7자리 코드를 사용한다.

① 일반 인젝터
② IQA 인젝터
③ 클래스 인젝터
④ 그레이드 인젝터

정답) 6 ① 7 ② 8 ③ 9 ②

인젝터의 분류
① 일반 인젝터 : 초기의 인젝터로, 분사량 편차를 고려하지 않아 등급을 나누지 않은 인젝터
② 그레이드 인젝터 : 인젝터 생산 후 분사량 편차에 따라 X, Y, Z 세 등급으로 분류한 인젝터
③ 클래스화 인젝터 : 단순히 그레이드를 나누는 것이 아니라 인젝터를 C1, C2, C3 클래스로 나누어 사용된 클래스를 ECU에 입력하면 입력된 클래스에 따라 분사량을 조절하는 것
④ IQA 인젝터 : Injection Quantity Adaptation 약자로 인젝터 간 연료 분사량 편차를 보정한다는 의미이다. 운전 전영역에서 분사된 연료량을 측정하여 이것을 데이터베이스화한 것으로, 인젝터를 생산 계통에서 데이터베이스 정보를 ECU에 저장하여 인젝터별 분사시간 보정 및 실린더 간 연료분사량의 오차를 감소시킬 수 있도록 문자와 숫자로 구성된 7자리 코드를 사용한다.

10 전자제어 MPI 가솔린엔진과 비교한 GDI 엔진의 특징에 대한 설명으로 틀린 것은?

① 내부 냉각효과를 이용하여 출력이 증가된다.
② 층상 급기모드를 통해 EGR 비율을 많이 높일 수 있다.
③ 연료분사 압력이 높고, 연료 소비율이 향상된다.
④ 층상 급기모드 연소에 의하여 NOx 배출이 현저히 감소한다.

 GDI 엔진은 연료를 연소실에 직접 분사하여 증발잠열에 의해 흡기온도가 떨어져서 흡기 냉각 효과에 따른 충전효율이 향상되어 전 영역에서 토크가 증가되었고, 노크특성 개선으로 압축비 증대에 따른 부분부하 연비 향상과 성능 증대에 따른 연비형 기어비를 선정하여 차량 연비를 개선하였다.
배기가스 저감을 위해 시동 직후 분할분사와 점화시기 지각제어에 의해 초기 배기온도를 높게 하여 촉매 활성화 시간이 빨라져서 배기가스를 저감할 수 있다.
층상 급기모드에서 NOx의 생성을 최대한 낮추기 위해 EGR 비율을 높여야 하나, NOx가 현저히 감소하지는 않는다. 연소 온도가 좋아지면 NOx의 배출은 증가한다.

11 디젤엔진에서 단실식 연료분사방식을 사용하는 연소실의 형식은?

① 와류실식　② 공기실식
③ 예연소실식　④ 직접분사실식

 디젤엔진 연소실의 분류
① 단실식 : 직접 분사실식
② 복실식 : 예연소실식, 와류실식, 공기실식

12 4행정 가솔린엔진이 1분당 2500rpm에서 9.23kgf·m의 회전토크일 때 축 마력은 약 몇 PS인가?

① 28.1　② 32.2
③ 35.3　④ 37.5

 출력(축마력, 제동마력, PS)
$$= \frac{2\pi TN}{75 \times 60} = \frac{TN}{716}$$
여기서, T : 회전력[m-kgf]
　　　　N : 엔진 회전수[rpm]
∴ 축 마력 $= \frac{TN}{716} = \frac{9.23 \times 2500}{716}$
　　　　　$= 32.2PS$

 10 ④　11 ④　12 ②

13 다음 그림은 스로틀 포지션 센서(TPS)의 내부회로도이다. 스로틀 밸브가 그림에서 B와 같이 닫혀 있는 현재 상태의 출력전압은 약 몇 V인가? (단, 공회전 상태이다.)

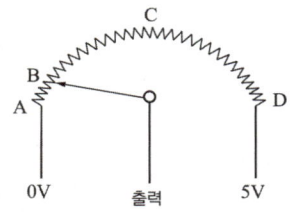

① 0V
② 약 0.5V
③ 약 2.5V
④ 약 5V

풀이 스로틀 포지션 센서(TPS)는 공전 시(닫힘) 약 0.5V, 전부하 시(열림) 약 4.5V를 나타낸다.

14 전자제어 엔진에서 연료 차단(fuel cut)에 대한 설명으로 틀린 것은?

① 배출가스 저감을 위함이다.
② 연비를 개선하기 위함이다.
③ 인젝터 분사 신호를 정지한다.
④ 엔진의 고속회전을 위한 준비단계이다.

풀이 전자제어 기관에서 감속 시 연료 차단(fuel cut)은 인젝터의 분사신호를 정지하여 배출가스 저감 및 연비를 개선하기 위함이다.

15 윤활유의 주요 기능이 아닌 것은?

① 방청작용
② 산화작용
③ 밀봉작용
④ 응력분산작용

풀이 윤활유의 6대 작용
① 감마작용
② 밀봉작용
③ 냉각작용
④ 세척작용
⑤ 방청작용
⑥ 응력 분산작용

16 엔진 크랭크축의 휨을 측정할 때 필요한 기기가 아닌 것은?

① 블록 게이지
② 정반
③ 다이얼 게이지
④ V 블록

풀이 크랭크축 휨 측정은 정반 위에 V블록을 놓고, 그 위에 크랭크축을 올려놓은 다음 다이얼 게이지를 설치하고 크랭크축을 회전시켜 휨 값을 읽는다. 측정값의 1/2을 휨 값으로 한다.

17 배출가스 측정 시 HC(탄화수소)의 농도단위인 ppm을 설명한 것으로 적당한 것은?

① 백분의 1을 나타내는 농도단위
② 천분의 1을 나타내는 농도단위
③ 만분의 1을 나타내는 농도단위
④ 백만분의 1을 나타내는 농도단위

풀이 PPM이란 Parts Per Million의 약자로 백만분의 1을 의미한다.

18 피스톤의 재질로서 가장 거리가 먼 것은?

① Y-합금
② 특수 주철
③ 켈밋 합금
④ 로엑스(Lo-Ex) 합금

풀이 피스톤의 재질은 특수 주철과 알루미늄 합금을 주로 사용하며, 알루미늄 합금에는 구리계열의 Y-합금과 규소계열의 로엑스(Lo-Ex) 합금을 사용한다. 켈밋 합금은 엔진 베어링에 사용된다.

정답 13 ② 14 ④ 15 ② 16 ① 17 ④ 18 ③

19. 4실린더 4행정 사이클 엔진을 65PS로 30분간 운전시켰더니 연료가 10ℓ 소모되었다. 연료의 비중이 0.73, 저위발열량이 11000kcal/kg이라면 이 엔진의 열효율은 몇 %인가?
(단, 1마력당 일량은 632.5kcal/h이다.)

① 23.6 ② 24.6
③ 25.6 ④ 51.2

 제동 열효율 = $\dfrac{632.5 \times PS}{CW} \times 100(\%)$

여기서, C : 연료의 저위발열량[kcal/kgf]
W : 연료 중량[kgf]
PS : 마력[주어지지 않으면 1마력]
30분간 운전하였으므로 632.5÷2
∴ 제동 열효율
$= \dfrac{632.5 \times 65}{10 \times 0.73 \times 11000 \times 2} \times 100$
$= 25.6\%$

20. 전자제어 가솔린 분사장치(MPI)에서 폐회로 공연비 제어를 목적으로 사용하는 센서는?

① 노크센서
② 산소센서
③ 차압센서
④ EGR 위치센서

 전자제어 가솔린 분사장치(MPI)에서 산소센서는 배기가스 중의 산소농도를 측정하여 이를 ECU에 피드백시켜 혼합비의 농후와 희박을 판단한다.
ECU는 이 신호를 근거로 인젝터 작동시간으로 연료 분사량을 연속적으로 조절하여 공연비를 제어하는 것을 폐회로 시스템 또는 피드백 시스템이라 한다.

제2과목 자동차새시

21. 제동장치에서 공기 브레이크의 구성 요소가 아닌 것은?

① 언로더 밸브   ② 릴레이 밸브
③ 브레이크 챔버   ④ 하이드로 에어백

 ①, ②, ③ 항은 공기 브레이크의 구성 요소이고, 하이드로 에어백은 유압 브레이크 부품이다.

22. 클러치의 구비조건에 대한 설명으로 틀린 것은?

① 단속 작용이 확실해야 한다.
② 회전부분의 평형이 좋아야 한다.
③ 과열되지 않도록 냉각이 잘되어야 한다.
④ 전달효율이 높도록 회전관성이 커야 한다.

 클러치 구비조건
① 단속 작용 및 동력전달이 확실하고 신속할 것
② 방열이 잘 되어 과열되지 않을 것
③ 회전부분의 평형이 좋을 것
④ 내열성이 좋을 것
⑤ 회전관성이 작을 것

23. 자동차 타이어의 수명에 영향을 미치는 요인과 가장 거리가 먼 것은?

① 엔진의 출력
② 주행 노면의 상태
③ 타이어와 노면 온도
④ 주행 시 타이어 적정 공기압 유무

 타이어 수명에 영향을 미치는 요인
① 운전 습관

 19 ③ 20 ② 21 ④ 22 ④ 23 ①

② 주행 노면의 상태
③ 타이어와 노면 온도
④ 주행 시 타이어 적정 공기압 유무
⑤ 적재 하중
⑥ 차륜 정렬상태
⑦ 주행 속도

24 하이드로 플래닝에 관한 설명으로 옳은 것은?
① 저속으로 주행할 때 하이드로 플래닝이 쉽게 발생한다.
② 트레드가 과하게 마모된 타이어에서는 하이드로 플래닝이 쉽게 발생한다.
③ 하이드로 플래닝이 발생할 때 조향은 불안정하지만 효율적인 제동은 가능하다.
④ 타이어의 공기압이 감소할 때 접촉영역이 증가하여 하이드로 플래닝이 방지된다.

  하이드로 플래닝 현상
하이드로 플래닝(수막현상)은 자동차가 빗길 주행 중 타이어에서 물이 배출되지 못하여 노면과의 사이에서 수막이 생겨 제동력이 저하하는 현상으로, 고속 주행 시 타이어 폭이 넓어 접촉영역이 클수록, 타이어 마모가 커서 트레드 깊이가 낮을수록 발생 위험이 높다.

[참고] 하이드로 플래닝 현상의 방지법
① 물 배출이 용이한 리브 패턴 타이어를 사용
② 트레드 마모가 적은 타이어를 사용
③ 카프(가로 홈)형으로 세이빙 가공한 것을 사용
④ 타이어 공기압을 높인다.
⑤ 차량의 속도를 감속한다.

25 자동변속기에 사용되고 있는 오일(ATF)의 기능이 아닌 것은?
① 충격을 흡수한다.
② 동력을 발생시킨다.
③ 작동 유압을 전달한다.
④ 윤활 및 냉각작용을 한다.

  자동변속기 오일(ATF)은 ①, ③, ④ 항의 기능을 하지만, 동력을 발생시키지는 않는다.

26 자동차의 정속주행(크루즈 컨트롤) 장치에 적용되어 있는 스위치와 가장 거리가 먼 것은?
① 세트(set) 스위치
② 리드(reed) 스위치
③ 해제(cancel) 스위치
④ 리줌(resume) 스위치

풀이 정속주행(오토 크루즈 컨트롤) 장치 스위치
① 세트(set) 스위치 : 주행속도를 고정할 때
② 가속(accel) 스위치 : 주행 속도를 가속할 때
③ 코스트(coast) 스위치 : 주행 속도를 감속시킬 때
④ 리줌(resume) 스위치 : 일시 해제상태를 원래 속도로 복귀시킬 때
⑤ 해제(cancel) 스위치 : 주행 속도를 해제할 때

정답 24 ② 25 ② 26 ②

27 정지 상태의 자동차가 출발하여 100m에 도달했을 때의 속도가 60km/h이다. 이 자동차의 가속도는 약 몇 m/s²인가?

① 1.4　　② 5.6
③ 6.0　　④ 8.7

 위 문제는 출발 후 도달할 때까지 걸린 시간이 없으므로 가속도를 계산할 수 없다.
[참고] 정지 상태에서 1.4m/s²의 가속도로 주행하면 11.9초 후에 속도가 60km/h에 도달하게 된다.

즉, 가속도 = $\dfrac{\text{나중속도} - \text{처음속도}}{\text{걸린시간}}$

$= \dfrac{\dfrac{60}{3.6} - 0}{11.9} = 1.4 \text{m/s}^2$

28 자동차의 축간거리가 2.5m, 킹핀의 연장선과 캠버의 연장선이 지면 위에서 만나는 거리가 30cm인 자동차를 좌측으로 회전하였을 때 바깥쪽 바퀴의 조향각도가 30°라면 최소회전반경은 약 몇 m인가?

① 4.3　　② 5.3
③ 6.2　　④ 7.2

 최소회전반경 $R = \dfrac{L}{\sin\alpha} + r$

여기서, α : 외측바퀴 회전각도[°]
　　　　L : 축거[m]
　　　　r : 타이어 중심과 킹핀 중심과의 거리[m]

∴ 최소회전반경 $R = \dfrac{2.5}{\sin 30°} + 0.3 = 5.3\text{m}$

29 자동차 정기검사에서 조향장치의 검사 기준 및 방법으로 틀린 것은?

① 조향 계통의 변형, 느슨함 및 누유가 없어야 한다.
② 조향바퀴 옆 미끄럼양은 1m 주행에 5mm 이내이어야 한다.
③ 기어박스·로드암·파워실린더·너클 등의 설치상태 및 누유 여부를 확인한다.
④ 조향핸들을 고정한 채 사이드슬립 측정기의 답판 위로 직진하여 측정한다.

 조향핸들에서 손을 떼고 5km/h로 서행하면서 사이드슬립 측정기의 답판 위로 직진하여 측정한다.

30 자동차 검사를 위한 기준 및 방법으로 틀린 것은?

① 자동차의 검사항목 중 제원측정은 공차상태에서 시행한다.
② 긴급자동차는 승차인원 없는 공차상태에서만 검사를 시행해야 한다.
③ 제원측정 이외의 검사항목은 공차상태에서 운전자 1인이 승차하여 측정한다.
④ 자동차 검사기준 및 방법에 따라 검사 기기·관능 또는 서류 확인 등을 시행한다.

 제원측정 이외의 검사항목은 공차상태에서 운전자 1인이 승차하여 측정한다. 긴급자동차도 같다.

정답　27 ①　28 ②　29 ④　30 ②

31 듀얼 클러치 변속기(DCT)에 대한 설명으로 틀린 것은?

① 연료소비율이 좋다.
② 가속력이 뛰어나다.
③ 동력 손실이 적은 편이다.
④ 변속단이 없으므로 변속충격이 없다.

풀이 듀얼 클러치 변속기(DCT)는 수동변속기와 자동변속기의 장점을 가진 수동변속기로 클러치 페달이 없고 브레이크 페달과 가속페달만 있으며 자동변속기와 같이 P-R-N-D 및 매뉴얼 모드로 되어 있다.
더블 클러치로 구성되어 있고, 변속기 제어 모듈인 TCU, 수동변속기에서 손의 역할을 하는 기어 액추에이터와 발의 역할을 하는 클러치 액추에이터 2개(홀수단, 짝수단)가 장착되어 있다.
DCT는 수동변속기와 자동변속기에 비해 연료소비율이 좋고 가속력이 뛰어나며 동력 손실이 적은 편이다.

32 차체 자세제어장치(VDC, ESP)에서 선회 주행 시 자동차의 비틀림을 검출하는 센서는?

① 차속 센서
② 휠 스피드 센서
③ 요 레이트 센서
④ 조향핸들 각속도 센서

풀이 **요 레이트 센서 & 횡 G센서**
요 레이트 센서와 횡 G센서는 일체형으로, 요 레이트 센서는 선회 주행 시 차량의 회전 각속도(비틀림)를 검출하여 계산된 목표 선회량과의 차이를 계산하고 횡 G센서는 차량의 횡 미끌림을 감지하는 센서로 노면 추정에 의한 목표 선회량을 보완하는 기능을 한다.

33 차체 자세제어장치(VDC, ESP)에 관한 설명으로 틀린 것은?

① 요 레이트 센서, G 센서 등이 적용되어 있다.
② ABS제어, TCS제어 등의 기능이 포함되어 있다.
③ 자동차의 주행 자세를 제어하여 안전성을 확보한다.
④ 뒷바퀴가 원심력에 의해 바깥쪽으로 미끄러질 때 오버 스티어링으로 제어를 한다.

풀이 VDC는 뒷바퀴가 원심력에 의해 바깥쪽으로 미끄러지면 오버 스티어링이 되므로 차체 자세 제어를 위해 언더 스티어링으로 제어를 한다.

34 사이드 슬립 점검 시 왼쪽 바퀴가 안쪽으로 8mm, 오른쪽 바퀴가 바깥쪽으로 4mm 슬립되는 것으로 측정되었다면 전체 미끄럼값 및 방향은?

① 안쪽으로 2mm 미끄러진다.
② 안쪽으로 4mm 미끄러진다.
③ 바깥쪽으로 2mm 미끄러진다.
④ 바깥쪽으로 4mm 미끄러진다.

풀이 **사이드슬립 테스터 슬립양 계산법**
① 사이드 슬립은 좌, 우 바퀴의 합성력이므로 좌, 우 바퀴의 슬립량을 더해서 둘로 나눈다.
② in과 out은 부호를 반대로 한다.
즉, in 8mm − out 4mm = in 4mm
∴ in 4mm ÷ 2 = in 2mm

정답 31 ④ 32 ③ 33 ④ 34 ①

35 동력전달장치에 사용되는 종감속장치의 기능으로 틀린 것은?

① 회전 속도를 감소시킨다.
② 축 방향 길이를 변화시킨다.
③ 동력전달 방향을 변환시킨다.
④ 구동 토크를 증가시켜 전달한다.

 종감속 장치의 기능은 ①, ③, ④ 항이고, 축 방향의 길이 변화를 가능하게 하는 것은 슬립 이음(slip joint)의 역할이다.

36 디스크 브레이크의 특징에 대한 설명으로 틀린 것은?

① 마찰면적이 적어 패드의 압착력이 커야 한다.
② 반복적으로 사용하여도 제동력의 변화가 적다.
③ 디스크가 대기 중에 노출되어 냉각 성능이 좋다.
④ 자기작동 작용으로 인해 페달 조작력이 작아도 제동 효과가 좋다.

 디스크 브레이크의 특징
① 구조가 간단하여 정비가 용이하다.
② 디스크가 대기 중에 노출되어 냉각 효과가 크다.
③ 주행 시 반복 사용하여도 제동력 변화가 적다.
④ 부품의 평형이 좋고 한쪽만 제동되는 일이 적다.
⑤ 자기작동이 없으므로 페달 조작력이 커야 한다.
⑥ 방열이 잘 되어 페이드 현상이 적고, 디스크에 물이 묻어도 제동력의 회복이 빠르다.
⑦ 마찰 면적이 적어 패드의 강도가 커야 하고, 패드의 압착력도 커야 한다.

37 토크 컨버터의 클러치 점(clutch point)에 대한 설명과 관계없는 것은?

① 토크 증대가 최대인 상태이다.
② 오일이 스테이터 후면에 부딪친다.
③ 일방향 클러치가 회전하기 시작한다.
④ 클러치 점 이상에서 토크 컨버터는 유체 클러치로 작동한다.

 토크 컨버터에서 펌프(임펠러)가 회전하고 터빈(런너)가 정지하고 있을 때를 정지 점(stall point), 터빈(런너)이 회전하여 펌프(임펠러)의 회전속도에 가까워져 스테이터가 공전하기 시작할 때를 클러치 점(clutch point)이라 한다.
정지 점에서 토크 증대가 최대인 상태이고, 클러치 점에서 ②~④항의 현상이 발생된다.

38 자동차 ABS에서 제어모듈(ECU)의 신호를 받아 밸브와 모터가 작동되면서 유압의 증가, 감소, 유지 등을 제어하는 것은?

① 마스터 실린더
② 딜리버리 밸브
③ 프로포셔닝 밸브
④ 하이드롤릭 유닛

전자제어 제동장치(ABS)에서 하이드롤릭 유닛은 제어모듈(ECU)의 신호를 받아 밸브와 모터가 작동되면서 휠 실린더에 공급되는 유압의 증가, 감소, 유지 등을 제어하는 역할을 한다.

 35 ② 36 ④ 37 ① 38 ④

39 전자제어 현가장치에서 자동차가 선회할 때 원심력에 의한 차체의 흔들림을 최소로 제어하는 기능은?

① 안티 롤 제어
② 안티 다이브 제어
③ 안티 스쿼트 제어
④ 안티 드라이브 제어

 전자제어 현가장치(E.C.S)의 기능
① 안티 롤 제어 : 자동차가 선회할 때 원심력에 의한 차체의 좌우 흔들림을 제어
② 안티 다이브 제어 : 급제동 시 앞쪽으로 내려가는 nose down 현상을 방지하기 위한 제어
③ 안티 스쿼트 제어 : 급출발 시 앞쪽이 높아지는 nose up 현상을 방지하기 위한 제어

40 ABS 시스템의 구성품이 아닌 것은?

① 차고 센서
② 휠 스피드 센서
③ 하이드롤릭 유닛
④ ABS 컨트롤 유닛

 전자제어 제동장치(ABS)의 구성부품
① 휠 스피드 센서 : 차륜의 회전상태를 검출
② 전자제어 컨트롤 유닛(E.C.U) : 휠 스피드 센서의 신호를 받아 ABS를 제어
③ 하이드롤릭 유닛 : E.C.U의 신호에 따라 휠 실린더에 공급되는 유압을 제어
• 차고 센서는 전자제어 현가장치(ECS)에 사용되는 부품이다.

제3과목 자동차전기

41 자동 공조장치에 대한 설명으로 틀린 것은?

① 파워 트랜지스터의 베이스 전류를 가변하여 송풍량을 제어한다.
② 온도 설정에 따라 믹스 액추에이터 도어의 개방 정도를 조절한다.
③ 실내 및 외기온도 센서 신호에 따라 에어컨 시스템의 제어를 최적화한다.
④ 핀서모 센서는 에어컨 라인의 빙결을 막기 위해 콘덴서에 장착되어 있다.

 ①~③항은 공조장치에 대한 옳은 설명이고, 핀서모 센서는 에어컨 라인의 빙결을 막기 위해 증발기(Evaporator)에 장착되어 있다.

42 5A의 일정한 전류로 방전되어 20시간이 지났을 때 방전종지전압에 이르는 배터리의 용량은?

① 60Ah   ② 80Ah
③ 100Ah   ④ 120Ah

 배터리 용량(Ah) = 방전전류(A) × 방전시간(h)
∴ 배터리 용량 = 5A × 20h = 100Ah

43 기동전동기의 피니언기어 잇수가 9, 플라이휠의 링기어 잇수가 113, 배기량 1500cc인 엔진의 회전저항이 8kgf·m일 때 기동전동기의 최소 회전토크는 약 몇 kgf·m인가?

① 0.38   ② 0.48
③ 0.55   ④ 0.64

 39 ① 40 ① 41 ④ 42 ③ 43 ④

필요 최소회전력
$= \dfrac{\text{피니언 잇수}}{\text{링기어 잇수}} \times \text{엔진 회전저항}$

∴ 최소 회전력 $= \dfrac{9}{113} \times 8 = 0.64\,\text{kgf}\cdot\text{m}$

44 자동차용 납산 배터리의 구성요소로 틀린 것은?

① 양극판
② 격리판
③ 코어 플러그
④ 벤트 플러그

 ①, ②, ④ 항은 납산 배터리의 구성요소이고, 코어 플러그는 엔진의 실린더 블록에 있는 동파방지용 플러그이다.

45 에어컨 자동온도조절장치(FATC)에서 제어 모듈의 출력요소로 틀린 것은?

① 블로어 모터
② 에어컨 릴레이
③ 엔진 회전수 보상
④ 믹스 도어 액추에이터

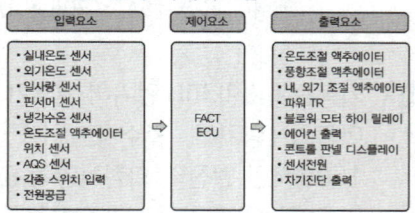
FATC 입·출력 다이어그램

• ①, ②, ④항은 FATC 제어모듈의 출력요소이고, 엔진 회전수 보상은 엔진 ECU 출력요소이다.

46 그림과 같이 캔(CAN) 통신회로가 접지 단락되었을 때 고장진단 커넥터에서 6번과 14번 단자의 저항을 측정하면 몇 Ω 인가?

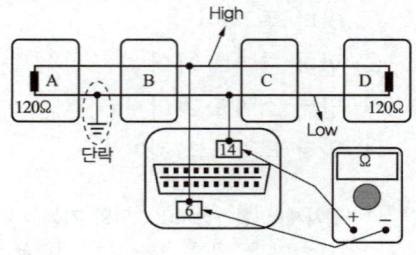

① 0
② 60
③ 100
④ 120

 캔(CAN) 통신회로에서 CAN High, CAN Low 중 어느 하나가 접지 단락되면 실제 회로에서는 경고등 점등이나 고장 증상 등의 문제가 발생하나, 저항 측정에서는 병렬접속이 되어 합성저항인 60Ω이 측정된다.

47 BMS(Battery Management System)에서 제어하는 항목과 제어내용에 대한 설명으로 틀린 것은?

① 고장 진단 : 배터리 시스템 고장 진단
② 컨트롤 릴레이 제어 : 배터리 과열 시 컨트롤 릴레이 차단
③ 셀 밸런싱 : 전압 편차가 생긴 셀을 동일한 전압으로 매칭
④ SOC(Stage Of Charge) 관리 : 배터리의 전압, 전류, 온도를 측정하여 적정 SOC 영역관리

 하이브리드 자동차(HEV)의 BMS는 SOC 추정(충전상태 제어), 파워 제한, 냉각 제어, 릴레이 제어, 셀 밸런싱, 고장진단 등을 수행한다.
• 컨트롤 릴레이는 엔진 ECU 및 연료펌프,

 44 ③ 45 ③ 46 ② 47 ②

인젝터, AFS 등에 전원을 공급하는 역할을 한다.

48 12V 5W의 번호판등이 사용되는 승용차량에 24V 3W가 잘못 장착되었을 때, 전류값과 밝기의 변화는 어떻게 되는가?

① 0.125A, 밝아진다.
② 0.125A, 어두워진다.
③ 0.0625A, 밝아진다.
④ 0.0625A, 어두워진다.

24V 3W의 저항을 먼저 구한다.
$$R = \frac{E^2}{P} = \frac{24^2}{3} = 192\,\Omega$$
12V에 연결하면, 옴의 법칙에 의해
전류 $I = \frac{E}{R} = \frac{12}{192} = 0.0625A$
소비전력 $P = E \cdot I$
$= 12V \times 0.0625A = 0.75W$
즉, 흐르는 전류는 0.0625A
소비전력은 3W에서 0.75W로 작아지므로 어두워진다.

49 자동차 정기검사에서 전기장치의 검사기준 및 방법에 해당되지 않는 것은?

① 축전지의 설치상태를 확인한다.
② 전기배선의 손상여부를 확인한다.
③ 전기선의 허용 전류량을 측정한다.
④ 축전지의 접속·절연상태를 확인한다.

자동차관리법 시행규칙 제73조(자동차 검사기준 및 방법 [별표 15] 전기장치)
① 축전지의 접속·절연 및 설치상태가 양호할 것
② 전기배선의 손상이 없고 설치상태가 양호할 것
• 허용 전류량 측정은 없다.

50 납산 배터리 양(+)극판에 대한 설명으로 틀린 것은?

① 음극판보다 1장 더 많다.
② 방전 시 황산납으로 변환된다.
③ 충전 후 갈색의 과산화납으로 변환된다.
④ 충전 시 전자를 방출하면서 이산화납으로 변환된다.

납산 배터리에서 양(+)극판은 음(-)극판보다 1장 더 적다. 즉, 음극판이 1장 더 많다.

51 LAN(Local Area Network) 통신장치의 특징이 아닌 것은?

① 전장부품의 설치장소 확보가 용이하다.
② 설계변경에 대하여 변경하기 어렵다.
③ 배선의 경량화가 가능하다.
④ 장치의 신뢰성 및 정비성을 향상시킬 수 있다.

①, ③, ④ 항이 LAN 통신의 특징이며, LAN 통신 방식을 사용하면 기능 업그레이드를 소프트웨어로 처리함으로 설계 변경의 대응이 쉽다.

52 점화플러그의 열가(heat range)를 좌우하는 요인으로 거리가 먼 것은?

① 엔진 냉각수의 온도
② 연소실의 형상과 체적
③ 절연체 및 전극의 열전도율
④ 화염이 접촉되는 부분의 표면적

점화플러그 열가에 영향을 주는 요인
① 절연체 및 전극의 열전도율
② 점화플러그 전극의 형상
③ 연소실의 형상과 체적
④ 화염이 접촉되는 부분의 표면적

 48 ④　49 ③　50 ①　51 ②　52 ①

53 에어백 시스템에서 화약 점화제, 가스 발생제, 필터 등을 알루미늄 용기에 넣은 것으로, 에어백 모듈 하우징 안쪽에 조립되어 있는 것은?

① 인플레이터
② 에어백 모듈
③ 디퓨저 스크린
④ 클럭 스프링 하우징

 에어백 인플레이터는 화약, 점화제, 가스 발생제, 필터 등을 알루미늄 용기에 넣은 것으로 에어백 모듈 하우징 내측에 조립되어 있다.

54 방향지시등의 점멸 속도가 빠르다. 그 원인에 대한 설명으로 틀린 것은?

① 플래셔 유닛이 불량이다.
② 비상등 스위치가 단선되었다.
③ 전방 우측 방향지시등이 단선되었다.
④ 후방 우측 방향지시등이 단선되었다.

 ①, ③, ④항은 방향지시등의 점멸속도가 빠른 원인이고, 비상등 스위치가 단선이면 비상등이 들어오지 않는다. 방향지시등과는 관련이 없다.

55 점화장치 고장 시 발생될 수 있는 현상으로 틀린 것은?

① 노킹 현상이 발생할 수 있다.
② 공회전 속도가 상승할 수 있다.
③ 배기가스가 과다 발생할 수 있다.
④ 출력 및 연비에 영향을 미칠 수 있다.

 점화장치가 고장 시 ①, ③, ④항의 현상이 발생될 수 있고, 공회전 속도는 하강할 수 있다.

56 리튬-이온 축전지의 일반적인 특징에 대한 설명으로 틀린 것은?

① 셀당 전압이 낮다.
② 높은 출력밀도를 가진다.
③ 과충전 및 과방전에 민감하다.
④ 열관리 및 전압관리가 필요하다.

 ②~④항은 리튬-이온 축전지의 특징이고, 셀당 전압이 3.7V 정도로 납산 축전지(2.1V)보다 높다.

57 자동차 정기검사에서 4등식 전조등의 광도 검사기준으로 맞는 것은?

① 11,500칸델라 이상
② 12,000칸델라 이상
③ 15,000칸델라 이상
④ 112,500칸델라 이상

 전조등의 광도
• 2등식 : 15,000칸델라 이상 ~ 112,500칸델라 이하
• 4등식 : 12,000칸델라 이상 ~ 112,500칸델라 이하

 53 ① 54 ② 55 ② 56 ① 57 ②

58. 점화장치에서 드웰시간에 대한 설명으로 옳은 것은?

① 점화 1차 코일에 전류가 흐르는 시간
② 점화 2차 코일에 전류가 흐르는 시간
③ 점화 1차 코일에 아크가 방전되는 시간
④ 점화 2차 코일에 아크가 방전되는 시간

 드웰시간(캠각)
단속기 접점이 닫혀있는 동안 캠이 회전한 각도로, 전자식에서는 "1차코일의 통전시간"이다. 즉, 파워TR 베이스에 전원이 인가되어 점화 1차 코일에 전류가 흐르는 시간을 말한다.

59. 다음에 설명하고 있는 법칙은?

> 회로에 유입되는 전류의 총합과 회로를 빠져나가는 전류의 총합이 같다.

① 옴의 법칙
② 줄의 법칙
③ 키르히호프의 제1법칙
④ 키르히호프의 제2법칙

 키르히호프의 제1법칙(전류의 법칙)
도체내의 임의의 한 점으로 유입된 전류의 총합은 유출한 전류의 총합과 같다.

60. 기동전동기의 오버런닝 클러치에 대한 설명으로 옳은 것은?

① 작동원리는 플레밍의 왼손 법칙을 따른다.
② 실리콘 다이오드에 의해 정류된 전류로 구동된다.
③ 변속기로 전달되는 동력을 차단하는 역할도 한다.
④ 시동 직후, 엔진 회전에 의한 기동전동기의 파손을 방지한다.

 오버런닝 클러치(over running clutch)는 엔진이 시동된 후, 피니언 기어와 전기자 축에 동력전달을 차단하여 엔진의 회전으로 인해 기동전동기가 파손되는 것을 방지하는 장치이다.
한쪽 방향으로만 동력을 전달하여 일방향 클러치라고도 하며, 오버런닝 클러치의 종류는 롤러식, 스프래그식, 다판 클러치식이 있다.

정답 58 ① 59 ③ 60 ④

자동차정비산업기사 제3회
(2019.08.04 시행)

제1과목 자동차기관

01 라디에이터 캡 시험기로 점검할 수 없는 것은?

① 라디에이터 캡의 불량
② 라디에이터 코어 막힘 정도
③ 라디에이터 코어 손상으로 인한 누수
④ 냉각수 호스 및 파이프와 연결부에서의 누수

풀이 라디에이터 캡 시험기로 ①, ③, ④항을 점검할 수 있으나, 라디에이터의 코어가 어느 정도 막혔는지는 알 수 없다.

02 다음은 운행차 정기검사에서 배기소음 측정을 위한 검사방법에 대한 설명이다. ( ) 안에 알맞은 것은?

> 자동차의 변속장치를 중립 위치로 하고 정지가동 상태에서 원동기의 최고 출력 시의 75% 회전속도로 ( )초 동안 운전하여 최대 소음도를 측정한다.

① 3
② 4
③ 5
④ 6

풀이 운행차 정기검사에서 배기소음 측정 시 자동차의 변속장치를 중립 위치로 하고 정지가동 상태에서 원동기 최고 출력 시의 75%의 회전속도로 4초 동안 운전하여 최대 소음도를 측정한다.

03 전자제어 엔진에서 수온센서 단선으로 컴퓨터(ECU)에 정상적인 냉각수온 값이 입력되지 않으면 어떻게 연료 분사되는가?

① 연료 분사를 중단
② 흡기 온도를 기준으로 분사
③ 엔진 오일온도를 기준으로 분사
④ ECU에 의한 페일 세이프 값을 근거로 분사

풀이 페일 세이프(fail safe)
부품의 고장에 의해 장치가 작동하지 않더라도 항상 정상상태를 유지할 수 있는 안전 기능으로, 냉각수온 센서가 고장이면 ECU는 페일 세이프 값을 근거로 연료를 분사한다.

04 엔진의 냉각장치에 사용되는 서모스탯에 대한 설명으로 거리가 먼 것은?

① 과열을 방지한다.
② 엔진의 온도를 일정하게 유지한다.
③ 과냉을 통해 차내 난방효과를 낮춘다.
④ 냉각수 통로를 개폐하여 온도를 조절한다.

풀이 서모스탯(thermostat)이란 수온조절기란 의미로, 기관과 라디에이터 사이에 설치되어 온도에 따라 열림량을 조절하며, 기관의 온도를 일정하게 유지하여 과열을 방지하는 역할을 한다.

정답 1 ② 2 ② 3 ④ 4 ③

05 디젤엔진에서 냉간 시 시동성 향상을 위해 예열장치를 두어 흡기를 예열하는 방식 중 가열 플랜지 방법을 주로 사용하는 연소실 형식은?

① 직접분사식   ② 와류실식
③ 예연소실식   ④ 공기실식

 디젤기관에서 직접 분사실식은 단실식이므로 냉간 시 시동성 향상을 위해 흡기다기관 내에 예열장치를 두어 흡기를 예열하는 방식을 사용한다.
흡기 히터 방식 또는 히트 레인지 방식이 있다.

06 배기가스 후처리 장치(DPF)의 필터에 포집된 PM을 연소시키기 위한 연료분사 방법으로 옳은 것은?

① 주 분사   ② 점화 분사
③ 사후 분사   ④ 파일럿 분사

 디젤기관에서 사후 분사(post injection)는 후처리장치(DPF)의 필터에 저장되어 있는 입자상 물질(PM)을 연소시켜 배기가스 후처리 장치의 재생을 돕기 위한 분사이다.

07 가솔린엔진의 연료 구비조건으로 틀린 것은?

① 발열량이 클 것
② 옥탄가가 높을 것
③ 연소속도가 빠를 것
④ 온도와 유동성이 비례할 것

 가솔린엔진 연료의 구비조건
① 발열량이 클 것
② 옥탄가가 높을 것
③ 연소속도가 빠를 것
④ 온도에 관계없이 유동성이 좋을 것
⑤ 안티노크성이 클 것
⑥ 연소 후 유해 화합물을 남기지 않을 것

08 실린더 헤드의 변형 점검 시 사용되는 측정 도구는?

① 보어 게이지
② 마이크로미터
③ 간극 게이지
④ 텔리스코핑 게이지

 실린더 헤드의 변형 점검은 직각자와 간극 게이지(필러 게이지, 시크니스 게이지)로 한다.

09 전자제어 연료분사장치에서 차량의 가·감속 판단에 사용되는 센서는?

① 스로틀포지션센서 ② 수온센서
③ 노크센서   ④ 산소센서

 스로틀포지션센서(TPS)는 운전자가 가속페달을 밟는 양에 따라 가속, 감속 정보를 제공하는 센서이다.

10 가솔린엔진에서 인젝터의 연료 분사량 제어와 직접적으로 관계있는 것은?

① 인젝터의 니들 밸브 지름
② 인젝터의 니들 밸브 유효 행정
③ 인젝터의 솔레노이드 코일 통전 시간
④ 인젝터의 솔레노이드 코일 차단 전류 크기

 인젝터의 연료 분사량은 인젝터 솔레노이드 코일(니들밸브)의 통전시간(개방시간)으로 결정된다.

정답 5 ① 6 ③ 7 ④ 8 ③ 9 ① 10 ③

11. 단행정 엔진의 특징에 대한 설명으로 틀린 것은?
   ① 직렬형 엔진인 경우 엔진의 길이가 짧아진다.
   ② 직렬형 엔진인 경우 엔진의 높이를 낮게 할 수 있다.
   ③ 피스톤의 평균속도를 올리지 않고 회전속도를 높일 수 있다.
   ④ 흡·배기 밸브의 지름을 크게 할 수 있어 흡입효율을 높일 수 있다.

    단행정(오버스퀘어) 기관의 장점과 단점
   ① 피스톤의 평균속도를 높이지 않고 기관의 회전속도를 빠르게 할 수 있어 출력을 크게 할 수 있다.
   ② 흡·배기 밸브의 지름을 크게 할 수 있어 흡·배기 효율을 높일 수 있다.
   ③ 내경에 비해 행정이 작으므로 기관의 높이를 낮게 할 수 있다.
   ④ 내경이 커서 피스톤이 과열되기 쉽고, 베어링 하중이 증가한다.
   ⑤ 기관의 높이는 낮아지나, 길이가 길어진다.

12. 압축상사점에서 연소실체적(v_c)은 0.1ℓ이고 압력(P_c)은 30bar이다. 체적이 1.1ℓ로 증가하면 압력은 약 몇 bar가 되는가? (단, 동작유체는 이상기체이며 등온과정이다.)
   ① 2.73   ② 3.3
   ③ 27.3   ④ 33

   풀이 $P_1 v_1 = P_2 v_2$ 이므로, $30 \times 0.1 = P_2 \times 1.1$
   $\therefore P_2 = \dfrac{30 \times 0.1}{1.1} = 2.73 \text{bar}$

13. 운행차 정기검사에서 자동차 배기소음 허용기준으로 옳은 것은? (단, 2006년 1월 1일 이후 제작되어 운행하고 있는 소형 승용자동차이다.)
   ① 95dB 이하   ② 100dB 이하
   ③ 110dB 이하 ④ 112dB 이하

    소음진동 관리법 시행규칙 [별표13]
   자동차의 소음 허용기준(제29조 및 제40조 관련)

   2006년 1월 1일 이후에 제작되는 자동차

소음항목 자동차종류	배기소음 (dB(A))	경적소음 (dB(C))
경자동차	100 이하	110 이하

14. 엔진이 과열되는 원인이 아닌 것은?
   ① 워터펌프 작동 불량
   ② 라디에이터의 코어 손상
   ③ 워터재킷 내 스케일 과다
   ④ 수온조절기가 열린 상태로 고장

   풀이 수냉식 엔진의 과열 원인
   ① 냉각수가 부족할 때
   ② 수온조절기가 닫힌 상태로 고장일 때
   ③ 워터펌프 작동 불량
   ④ 워터펌프 구동벨트의 장력이 헐거운 경우
   ⑤ 워터재킷 내에 스케일이 많이 있는 경우
   ⑥ 라디에이터 캡 불량
   ⑦ 라디에이터 코어가 20% 이상 막힌 경우
   ⑧ 전동팬이 고장일 때

 11 ① 12 ① 13 ② 14 ④

15 가솔린 300cc를 연소시키기 위해 필요한 공기는 약 몇 kg인가? (단, 혼합비는 15 : 1이고, 가솔린의 비중은 0.75이다.)

① 1.19 ② 2.42
③ 3.38 ④ 4.92

필요 공기중량 = 연료량(체적) × 비중 × 혼합비

∴ 필요 공기중량 = 0.3L × 0.75 × 15
= 3.375kg

16 실린더의 라이너에 대한 설명으로 틀린 것은?

① 도금하기가 쉽다.
② 건식과 습식이 있다.
③ 라이너가 마모되면 보링 작업을 해야 한다.
④ 특수주철을 사용하여 원심 주조할 수 있다.

①, ②, ④항은 라이너에 대한 옳은 설명이고 라이너가 마모되면 동일 규격으로 교환한다.

17 오토사이클의 압축비가 8.5일 경우 이론 열효율은 약 몇 %인가? (단, 공기의 비열비는 1.4이다.)

① 49.6 ② 52.4
③ 54.6 ④ 57.5

이론 열효율(η_o) = $1 - \dfrac{1}{\epsilon^{k-1}} = 1 - \left(\dfrac{1}{\epsilon}\right)^{k-1}$

∴ $\eta_o = 1 - \left(\dfrac{1}{8.5}\right)^{1.4-1} = 0.575$

즉, 57.5%

18 DOHC 엔진의 특징이 아닌 것은?

① 구조가 간단하다.
② 연소효율이 좋다.
③ 최고회전속도를 높일 수 있다.
④ 흡입 효율의 향상으로 응답성이 좋다.

DOHC 기관의 장점
① 흡입 효율의 향상으로 응답성이 좋다.
② 허용 최고회전속도를 높일 수 있다.
③ 연소효율이 좋다.
④ 구조가 복잡하고, SOHC에 비해 비싸다.

19 GDI엔진에 대한 설명으로 틀린 것은?

① 흡입 과정에서 공기의 온도를 높인다.
② 엔진 운전 조건에 따라 레일압력이 변동된다.
③ 고부하 운전영역에서 흡입공기 밀도가 높아진다.
④ 분사시간은 흡입공기량의 정보에 의해 보정된다.

GDI 엔진은 연소실 내에 연료를 직접 분사하는 엔진으로 부분부하 시에는 압축행정 말기에, 고부하 시에는 흡입행정 초기에 연료를 분사하여 증발 잠열에 의한 흡입공기 냉각으로 충진효율을 향상시킨다.

정답 15 ③ 16 ③ 17 ④ 18 ① 19 ①

20 전자제어 엔진에서 연료 분사 피드백에 사용되는 센서는?

① 수온 센서
② 스로틀포지션 센서
③ 산소 센서
④ 에어플로어 센서

 산소 센서는 배기관에 장착되어 있으며 배기가스 중의 산소 농도차에 따라 전압이 발생되면 이를 피드백하여 이론 공연비로 제어하기 위한 센서이다.

 **자동차새시**

21 클러치의 차단 불량 원인으로 틀린 것은?

① 클러치 페달 자유간극 과소
② 클러치 유압계통에 공기 유입
③ 릴리스 포크의 소손 또는 파손
④ 릴리스 베어링의 소손 또는 파손

 릴리스 베어링, 릴리스 포크가 소손 또는 파손되거나 유압계통에 공기가 혼입되면, 작동이 불량하여 클러치 차단이 불량하게 된다. 클러치 디스크가 마모되면 자유간극이 작아져서 차단은 빨리되나 늦게 연결되거나 미끄러지게 된다.

22 전륜 6속 자동변속기 전자제어 장치에서 변속기 컨트롤 모듈(TCM)의 입력신호로 틀린 것은?

① 공기량 센서
② 오일 온도센서
③ 입력축 속도 센서
④ 인히비터 스위치 신호

 자동변속기 TCM 입·출력 신호

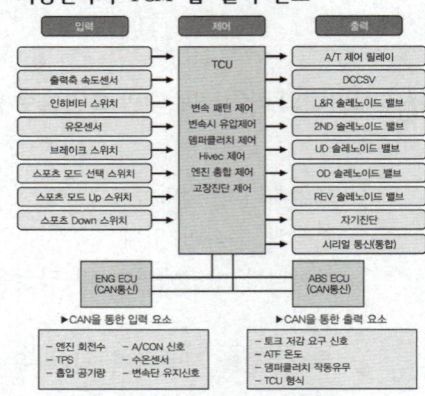

• 흡입 공기량 센서는 엔진 ECU 입력 신호이다.

23 조향 핸들을 2바퀴 돌렸을 때 피트먼 암이 90° 움직였다면 조향 기어비는?

① 1 : 6   ② 1 : 7
③ 8 : 1   ④ 9 : 1

$$조향기어비 = \frac{핸들 회전각도}{피트먼암 회전각도}$$

∴ 조향기어비 = $\frac{720}{90}$ = 8

 20 ③ 21 ① 22 ① 23 ③

24 자동변속기에서 유성기어 장치의 3요소가 아닌 것은?

① 선 기어   ② 캐리어
③ 링 기어   ④ 베벨 기어

유성기어 장치의 3요소
선기어, 링기어, 유성기어 캐리어

25 자동차 앞바퀴 정렬 중 "캐스터"에 관한 설명으로 옳은 것은?

① 자동차의 전륜을 위에서 보았을 때 바퀴의 앞부분이 뒷부분보다 좁은 상태를 말한다.
② 자동차의 전륜을 앞에서 보았을 때 바퀴중심선의 윗부분이 약간 벌어져 있는 상태를 말한다.
③ 자동차의 전륜을 옆에서 보면 킹핀의 중심선이 수직선에 대하여 어느 한쪽으로 기울어져 있는 상태를 말한다.
④ 자동차의 전륜을 앞에서 보면 킹핀의 중심선이 수직선에 대하여 약간 안쪽으로 설치된 상태를 말한다.

캐스터
자동차의 전륜을 옆에서 보면 킹핀의 중심선이 수직선에 대하여 어느 한쪽으로 기울어져 있는 상태를 말한다.

26 록업(lock-up) 클러치가 작동할 때 동력 전달 순서로 옳은 것은?

① 엔진 → 드라이브 플레이트 → 컨버터 케이스 → 펌프 임펠러 → 록 업 클러치 → 터빈 러너 허브 → 입력 샤프트
② 엔진 → 드라이브 플레이트 → 터빈 러너 → 터빈러너 허브 → 록 업 클러치 → 입력 샤프트
③ 엔진 → 드라이브 플레이트 → 컨버터 케이스 → 록 업 클러치 → 터빈 러너 허브 → 입력 샤프트
④ 엔진 → 드라이브 플레이트 → 터빈 러너 → 펌프 임펠러 → 일 방향 클러치 → 입력 샤프트

록업(lock-up) 클러치 작동 시 동력전달 순서
엔진에서 발생된 회전력은 드라이브 플레이트를 거쳐 일체로 되어 있는 컨버터 케이스(펌프 임펠러)가 회전하게 된다. 컨버터 케이스인 펌프 임펠러가 회전하면 유체에 의해 터빈과 키로 물려있는 록 업 클러치가 같이 회전하고 터빈 러너 허브에 꽂혀 있는 입력 샤프트가 회전하여 동력이 유성기어로 전달된다.

27 총 중량 1톤인 자동차가 72km/h로 주행 중 급제동하였을 때 운동에너지가 모두 브레이크 드럼에 흡수되어 열이 되었다. 흡수된 열량(kcal)은 얼마인가? (단, 노면의 마찰계수는 1이다.)

① 47.79   ② 52.30
③ 54.68   ④ 60.25

운동에너지$(E) = \frac{1}{2} m \cdot v^2$

운동에너지$(E) = \frac{1}{2} \times \frac{1,000}{9.8} \times \left(\frac{72}{3.6}\right)^2$
$= 20,408 \text{kgf} \cdot \text{m}$
1kcal = 427kgf·m이므로
$\frac{20,408}{427} = 47.79 \text{kcal}$

24 ④   25 ③   26 ③   27 ①

28. 수동변속기의 클러치에서 디스크의 마모가 너무 빠르게 발생하는 경우로 틀린 것은?

① 지나친 반클러치의 사용
② 디스크 페이싱의 재질 불량
③ 다이어프램 스프링의 장력이 과도할 때
④ 디스크 교환 시 페이싱 단면적이 규정보다 작은 제품을 사용하였을 경우

 ①, ②, ④ 항은 클러치 디스크의 마모가 빠르게 되는 원인이며, 다이어프램 스프링 장력이 과대하여도 디스크 마모와는 관련이 없다.

29. 유압식과 비교한 전동식 동력조향장치(MDPS)의 장점으로 틀린 것은?

① 부품수가 적다.
② 연비가 향상된다.
③ 구조가 단순하다.
④ 조향 휠 조작력이 증가한다.

 전동식 조향장치(MDPS)의 장점
① 오일을 사용하지 않아 친환경적이다.
② 조립 부품수가 감소되어 구조가 단순하고 조립성이 향상된다.
③ 차량속도별 정확한 조향력 제어가 가능하다.
④ 엔진 부하가 감소하여 연비 향상에 도움이 된다.
⑤ 유압식에 비해 조작력이 가볍다.

30. 전자제어 제동장치(ABS)의 유압제어 모드에서 주행 중 급제동 시 고착된 바퀴의 유압제어는?

① 감압제어   ② 정압제어
③ 분압제어   ④ 증압제어

 전자제어 제동장치(ABS)에서 주행 중 급제동 시 바퀴가 고착되면 즉시 브레이크 압력을 감압시킨다.

[참고] **ABS 입구밸브와 출구밸브의 작동**

모드	입구(inlet)밸브	출구(outlet)밸브
감압모드	ON	ON
유지모드	ON	OFF
증압모드	OFF	OFF

입구밸브는 NO타입이므로 ON하면 입구가 닫혀 유압이 들어오지 못하고, 출구밸브는 NC타입이므로 ON하면 출구가 열려 유압이 빠져나가므로 제동력이 감압된다.

31. 전자제어 제동 장치(ABS)에서 하이드로릭 유닛의 내부 구성부품으로 틀린 것은?

① 어큐뮬레이터
② 인렛 미터링 밸브
③ 상시 열림 솔레노이드 밸브
④ 상시 닫힘 솔레노이드 밸브

 하이드로릭 유닛 내부에는 펌프로부터 토출된 고압의 오일을 일시적으로 저장하고, 맥동을 완화해주는 역할을 하는 어큐뮬레이터와 상시 열림(normal open) 솔레노이드, 상시 닫힘(normal close) 솔레노이드 밸브로 구성되어 있다.
• 인렛 미터링 밸브(Inlet Metering Valve)는 커먼레일 디젤기관에서 입구제어방식의 연료압력 조절밸브이다.

32. 브레이크 페달을 강하게 밟을 때 후륜이 먼저 록(lock)되지 않도록 하기 위하여 유압이 일정 압력으로 상승하면 그 이상 후륜측에 유압이 가해지지 않도록 제한하는 장치는?

① 프로포셔닝 밸브
② 압력 체크 밸브

 28 ③ 29 ④ 30 ① 31 ② 32 ①

③ 이너셔 밸브
④ EGR 밸브

프로포셔닝(proportioning) 밸브는 제동 시 후륜이 먼저 록(lock)되지 않도록 하기 위하여 유압이 일정 압력으로 상승하면 그 이상 후륜 측에 유압이 가해지지 않도록 제한하여 뒷바퀴의 조기고착에 의한 조종 불안정을 방지하기 위한 밸브이다.

33 동기물림식 수동변속기의 주요 구성품이 아닌 것은?

① 도그 클러치
② 클러치 허브
③ 클러치 슬리브
④ 싱크로나이저 링

동기물림식의 주요 구성품
클러치 허브, 클러치슬리브, 싱크로나이저 링, 싱크로나이저 키
- 도그 클러치는 상시물림식에 사용되는 부품이다.

34 TCS(Traction Control System)의 제어장치에 관련이 없는 센서는?

① 냉각수온 센서
② 아이들 신호
③ 후차륜 속도 센서
④ 가속페달포지션 센서

구동륜 제어장치(TCS)의 주요 센서
엔진 ECU, TCU, 트랙션 컨트롤 스위치, 조향각 센서, 엑셀 포지션 센서, 후륜 속도센서

35 브레이크 슈의 길이와 폭이 85mm× 35mm, 브레이크 슈를 미는 힘이 50kgf 일 때 브레이크 압력은 약 몇 kgf/cm²인가?

① 1.68 ② 4.57
③ 16.8 ④ 45.7

$$압력(P) = \frac{W}{A} [kgf/cm^2]$$

단면적 = $8.5 \times 3.5 = 29.75 cm^2$

∴ 브레이크 압력(P) = $\frac{W}{A} = \frac{50}{29.75}$
= $1.68 kgf/cm^2$

36 전자제어 현가장치(ECS)에 대한 입력 신호에 해당되지 않는 것은?

① 도어 스위치
② 조향 휠 각도
③ 차속 센서
④ 파워 윈도우 스위치

전자제어 현가장치 구성도

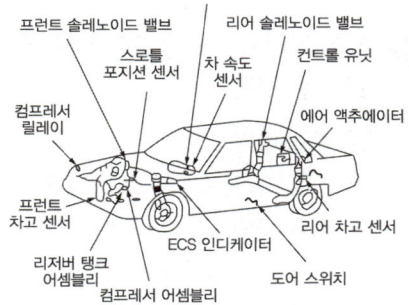

- 파워 윈도우 스위치는 EPS 입력 신호이다.

정답 33 ① 34 ① 35 ① 36 ④

37 금속분말을 소결한 브레이크 라이닝으로 열전도성이 크며 몇 개의 조각으로 나누어 슈에 설치된 것은?

① 몰드 라이닝
② 위븐 라이닝
③ 메탈릭 라이닝
④ 세미 메탈릭 라이닝

 브레이크 라이닝의 종류
① 워븐(woven) 라이닝 : 장섬유의 석면을 황동, 납, 아연 등과 실로 짜고 가공하여 가열 성형한 것으로, 마찰계수가 크다.
② 몰드(mould) 라이닝 : 단섬유의 석면을 합성수지 등 결합제와 섞어 고온 고압하에서 성형한 것으로, 내열 내마모성이 우수하다.
③ 메탈릭(metallic, 금속) 라이닝 : 금속분말을 소결한 브레이크 라이닝으로, 열전도성이 크며 몇 개의 조각으로 나누어 슈에 설치된 것
④ 세미 메탈릭(semi-metallic, 반금속) 라이닝 : 석면과 금속가루를 섞어 소결시켜 만든 브레이크 라이닝

38 유체 클러치의 스톨 포인트에 대한 설명으로 틀린 것은?

① 속도비가 "0"일 때를 의미한다.
② 스톨 포인트에서 효율이 최대가 된다.
③ 스톨 포인트에서 토크비가 최대가 된다.
④ 펌프는 회전하나 터빈이 회전하지 않는 상태이다.

 스톨 포인트(stall point, 정지점)란 펌프는 회전하나 터빈은 회전하지 않는 상태(속도비 "0")를 의미하고, 이때 토크비는 최대가 된다. 스톨 포인트에서 효율은 가장 낮다.

39 자동차의 바퀴가 동적 불균형 상태일 경우 발생할 수 있는 현상은?

① 시미　　② 요잉
③ 트램핑　④ 스탠딩 웨이브

 타이어가 정적 불평형일 경우 타이어가 상하로 움직이는 트램핑 현상이, 동적 불평형(unbalance)일 경우 타이어가 좌우로 움직이는 시미 현상이 발생한다.

40 브레이크 내의 잔압을 두는 이유로 틀린 것은?

① 제동의 늦음을 방지하기 위해
② 베이퍼 록 현상을 방지하기 위해
③ 브레이크 오일의 오염을 방지하기 위해
④ 휠 실린더 내의 오일 누설을 방지하기 위해

 잔압을 두는 목적
① 브레이크 작동 신속(작동 지연 방지)
② 베이퍼 록 방지
③ 오일 누출 방지(공기 유입 방지)

제3과목 자동차전기

41 주행 중인 하이브리드 자동차에서 제동 시에 발생된 에너지를 회수(충전)하는 모드는?

① 가속 모드　② 발진 모드
③ 시동 모드　④ 회생제동 모드

 하이브리드 자동차에서 자동차의 감속은 회생제동 모드로서, 차량 감속 시 모터는 자동차의 휠에 의해 회전하여 회전동력을 전기 에너지로 전환하여 배터리를 충전하는 모드이다.

 37 ③　38 ②　39 ①　40 ③　41 ④

42 다이오드 종류 중 역방향으로 일정 이상의 전압을 가하면 전류가 급격히 흐르는 특성을 가지고 회로보호 및 전압조정용으로 사용되는 다이오드는?

① 스위치 다이오드
② 정류 다이오드
③ 제너 다이오드
④ 트리오 다이오드

 제너 다이오드는 어떤 기준 전압(브레이크 다운 전압) 이상이 되면 역방향으로 큰 전류가 흐르는 반도체 소자로, 회로보호 및 전압조정용으로 사용된다.

43 두 개의 영구자석 사이에 도체를 직각으로 설치하고 도체에 전류를 흘리면 도체의 한 면에는 전자가 과잉되고, 다른 면에는 전자가 부족해 도체 양면을 가로 질러 전압이 발생되는 현상을 무엇이라고 하는가?

① 홀 효과
② 렌츠의 현상
③ 칼만 볼텍스
④ 자기유도

용어 설명
① 홀 효과(hall effect) : 자계 내에 홀 효과를 발생하는 반도체를 설치하고 전류를 흘리면 플레밍의 왼손법칙에 의해 홀 전압이 발생되는 현상
② 렌츠의 법칙(Lenz's law) : 유도 기전력은 코일 내의 자속의 변화를 방해하는 방향으로 발생한다.
③ 칼만 볼텍스(karman vortex) : 와류를 발생시키는 기둥을 공기 흐름의 중간에 설치해 두면 공기가 흐를 때 기둥 뒷부분에 공기의 소용돌이(와류)가 발생되는 현상

④ 자기유도(self induction) : 하나의 코일에 흐르는 전류를 단속하면 코일에 유도전압이 발생되는 작용

44 할로겐 전구를 백열전구와 비교했을 때 작동 특성이 아닌 것은?

① 필라멘트 코일과 전구의 온도가 아주 높다.
② 전구 내부에 봉입된 가스압력이 약 40bar까지 높다.
③ 유리구 내의 가스로는 불소, 염소, 브롬 등을 봉입한다.
④ 필라멘트의 가열 온도가 높기 때문에 광효율이 낮다.

 할로겐 전구의 작동 특성(백열전구와 비교)
① 필라멘트 코일과 전구의 온도가 아주 높다.
② 전구 내부에 봉입된 가스압력이 약 40bar까지 높다.
③ 유리구 내의 가스로는 불소, 염소, 브롬 등을 봉입한다.
④ 필라멘트의 가열 온도가 높기 때문에 광효율이 아주 높다.
• 백열전구 : 10~18[lm/W]
• 할로겐 전구 : 22~26[lm/W]

정답 42 ③ 43 ① 44 ④

45 그림과 같은 회로에서 스위치가 OFF되어 있는 상태로 커넥터가 단선되었다. 테스트 램프를 사용하여 점검하였을 경우 테스트 램프 점등상태로 옳은 것은?

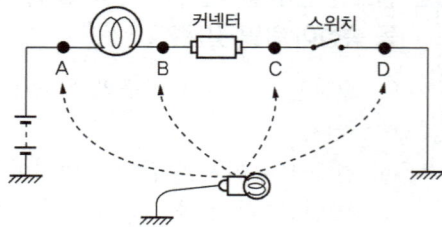

① A : OFF, B : OFF, C : OFF, D : OFF
② A : ON, B : OFF, C : OFF, D : OFF
③ A : ON, B : ON, C : OFF, D : OFF
④ A : ON, B : ON, C : ON, D : OFF

 커넥터가 단선이고, 스위치도 OFF되어 있으므로 A, B까지는 ON이고 C와 D는 OFF이다.

46 20시간율 45Ah, 12V의 완전 충전된 배터리를 20시간율의 전류로 방전시키기 위해 몇 와트(W)가 필요한가?

① 21W ② 25W
③ 27W ④ 30W

$$방전\ 전류 = \frac{축전지\ 용량}{방전시간}$$

∴ 방전 전류 = $\frac{45}{20}$ = 2.25A

∴ 소비 전력(P) = E × I
= 12 × 2.25 = 27W

47 자동차의 오토라이트 장치에 사용되는 광전도 셀에 대한 설명 중 틀린 것은?

① 빛이 약할 경우 저항값이 증가한다.
② 빛이 강할 경우 저항값이 감소한다.
③ 황화카드뮴을 주성분으로 한 소자이다.
④ 광전소자의 저항값은 빛의 조사량에 비례한다.

 광전도 셀(광전도 소자, CdS)
황화카드뮴을 주성분으로 한 소자로, 빛의 조사량에 따라 저항값이 부특성으로 변화한다.

48 에어컨 구성부품 중 응축기에서 들어온 냉매를 저장하여 액체상태의 냉매를 팽창 밸브로 보내는 역할을 하는 것은?

① 온도 조절기   ② 증발기
③ 리시버 드라이어   ④ 압축기

 리시버 드라이어는 응축기에서 보내온 냉매를 일시 저장하고 액화하지 못한 냉매를 액화하여 항상 액체상태의 냉매를 팽창밸브로 보내는 역할을 한다.

49 자동차 에어컨 시스템에서 고온·고압의 기체냉매를 냉각 및 액화하는 역할을 하는 것은?

① 압축기   ② 응축기
③ 팽창밸브   ④ 증발기

 응축기(condenser)는 라디에이터 앞쪽에 설치되며, 고온·고압의 기체 냉매를 냉각 및 액화하는 역할을 한다.

 45 ③ 46 ③ 47 ④ 48 ③ 49 ②

50 전압 24V, 출력전류 60A인 자동차용 발전기의 출력은?

① 0.36kW ② 0.72kW
③ 1.44kW ④ 1.88kW

풀이
출력(P) = 전압(E)×전류(I)
∴ 출력(P) = 24×60 = 1,440W
= 1.44kW

 51 점화플러그의 착화성을 향상시키는 방법으로 틀린 것은?

① 점화플러그의 소염 작용을 크게 한다.
② 점화플러그의 간극을 넓게 한다.
③ 중심 전극을 가늘게 한다.
④ 접지 전극에 U자의 홈을 설치한다.

풀이 점화플러그의 착화성을 향상시키는 방법
① 점화플러그의 소염 작용을 작게 한다.
② 점화플러그의 간극을 넓게 한다.
③ 중심 전극을 가늘게 한다.
④ 접지 전극에 U자의 홈을 설치한다.

 52 다음 중 유압계의 형식으로 틀린 것은?

① 서모스탯 바이메탈식
② 밸런싱 코일 타입
③ 바이메탈식
④ 부든 튜브식

풀이 유압계의 형식
① 밸런싱 코일 타입
② 바이메탈식
③ 부든 튜브식
• 서모스탯과 바이메탈을 같이 사용하지 않는다.

 53 에어컨 냉매(R-134a)의 구비조건으로 옳은 것은?

① 비등점이 적당히 높을 것
② 냉매의 증발 잠열이 작을 것
③ 응축 압력이 적당히 높을 것
④ 임계 온도가 충분히 높을 것

풀이 에어컨 냉매(R-134a)의 구비조건
① 비등점이 적당할 것
② 응축 압력이 적당히 낮을 것
③ 증기의 비체적이 작을 것
④ 임계 온도가 충분히 높을 것
⑤ 냉매의 증발잠열이 클 것
⑥ 인화성과 폭발성이 없을 것
⑦ 전기 절연성이 좋을 것

 54 하이브리드 고전압장치 중 프리차저 릴레이 & 프리차저 저항의 기능이 아닌 것은?

① 메인릴레이 보호
② 타 고전압 부품 보호
③ 메인 퓨즈, 버스바, 와이어 하네스 보호
④ 배터리 관리 시스템 입력 노이즈 저감

풀이 MCU는 IG ON시 메인릴레이 (+)를 작동시키기 이전에 프리차저 릴레이를 먼저 동작시켜 저항을 통해 144V 고전압을 공급하여 인버터의 손상을 방지한다.
프리차저 릴레이 작동 후 완만한 전압 상승이 완료되면 메인릴레이 (+)를 작동시켜 정상적인 144V 전원공급을 완료한다. IG ON시 릴레이 작동순서는 메인릴레이 (−), 프리차저 릴레이, 메인릴레이 (+) 순이 된다.

 50 ③ 51 ① 52 ① 53 ④ 54 ④

55 기본 점화시기에 영향을 미치는 요소는?

① 산소센서 ② 모터포지션센서
③ 공기유량센서 ④ 오일온도센서

 흡입공기량 센서(AFS)와 크랭크 각 센서(CAS)는 기본 점화시기 및 연료 분사시기의 기본 센서이다.

56 에어백 시스템에서 모듈 탈거 시 각종 에어백 점화 회로가 외부 전원과 단락되어 에어백이 전개될 수 있다. 이러한 사고를 방지하는 안전장치는?

① 단락 바 ② 프리 텐셔너
③ 클럭 스프링 ④ 인플레이터

 단락 바(short bar, 자동쇼트 커넥터)
에어백 ECU 탈거 시 에어백 라인 중 High 선과 Low 선을 단락시켜 정전기나 임펄스(impulse)에 의해 인플레이터가 점화되지 않도록 하는 일종의 안전장치

57 전자제어식 가솔린엔진의 점화시기 제어에 대한 설명으로 옳은 것은?

① 점화시기와 노킹 발생은 무관하다.
② 연소에 의한 최대 연소압력 발생점은 하사점과 일치하도록 제어한다.
③ 연소에 의한 최대 연소압력 발생점이 상사점 직후에 있도록 제어한다.
④ 연소에 의한 최대 연소압력 발생점이 상사점 직전에 있도록 제어한다.

 전자제어식 가솔린엔진의 점화시기 제어는 연소에 의한 최대 연소압력 발생점이 상사점 직후에 있도록 제어한다. 또한, 냉각수 온도가 낮을 때에는 운전성을 향상시키기 위해 수온센서 신호에 따라 진각시키고, 온도가 올라가면 지각시킨다. 또한, 가속하면 진각시키고 감속하면 진각시켰던 것을 지각시킨다. 그리고, 노킹이 발생되면 진각하고 있던 제어를 즉시 지각시킨다.

58 전조등 장치에 관한 설명으로 옳은 것은?

① 전조등 회로는 좌우로 직렬 연결되어 있다.
② 실드 빔 전조등은 렌즈를 교환할 수 있는 구조로 되어 있다.
③ 실드 빔 전조등 형식은 내부에 불활성 가스가 봉입되어 있다.
④ 전조등을 측정할 때 전조등과 시험기의 거리는 반드시 10m를 유지해야 한다.

 실드빔(sealed beam)형 전조등은 렌즈, 반사경, 필라멘트가 일체로 된 구조이고, 내부에 불활성 가스가 들어 있어 렌즈 및 전구를 교환할 수 없는 구조이다.
전조등 회로는 좌, 우로 병렬 연결어 있으며, 전조등 측정 시 집광식은 1m, 스크린식은 3m를 유지한다.

59 자동차 기동전동기 종류에서 전기자코일과 계자코일의 접속방법으로 틀린 것은?

① 직권전동기 ② 복권전동기
③ 분권전동기 ④ 파권전동기

 기동전동기의 코일 접속방법에 따른 분류
① 직권 전동기 : 계자코일과 전기자코일이 직렬로 연결
② 분권 전동기 : 계자코일과 전기자코일이 병렬로 연결
③ 복권 전동기 : 계자코일과 전기자코일이 직병렬로 연결

 55 ③ 56 ① 57 ③ 58 ③ 59 ④

60 자동차 축전지의 기능으로 옳지 않은 것은?

① 시동장치의 전기적 부하를 담당한다.
② 발전기가 고장일 때 주행을 확보하기 위한 전원으로 작동한다.
③ 주행상태에 따른 발전기의 출력과 부하와의 불균형을 조정한다.
④ 전류의 화학작용을 이용한 장치이며, 양극판, 음극판 및 전해액이 가지는 화학적 에너지를 기계적 에너지로 변환하는 기구이다.

풀이 축전지의 기능
① 시동 시 전기부하를 담당한다.
② 주행 상태에 따른 발전기의 출력과 전기적 부하와의 불균형을 조정한다.
③ 발전기 고장 시 주행을 확보하기 위한 전원으로 작동한다.

정답 60 ④

제1·2회 통합 기출문제
(2020.06.21 시행)

제1과목 자동차기관

01 배출가스 정밀검사의 기준 및 방법, 검사항목 등 필요한 사항은 무엇으로 정하는가?

① 대통령령
② 환경부령
③ 행정안전부령
④ 국토교통부령

 운행차의 배출가스 정밀검사의 기준 및 방법, 검사항목 등 필요한 사항은 대기환경보전법에 있으며 환경부령으로 정한다.

02 베이퍼라이저 1차실 압력 측정에 대한 설명으로 틀린 것은?

① 1차실 압력은 약 0.3kgf/cm² 정도이다.
② 압력 측정 시에는 반드시 시동을 끈다.
③ 압력 조정 스크루를 돌려 압력을 조정한다.
④ 압력 게이지를 설치하여 압력이 규정치가 되는지 측정한다.

 압력 측정을 하기 위해서는 시동을 걸어야 한다.

03 가솔린 연료 분사장치에서 공기량 계측센서 형식 중 직접계측방식으로 틀린 것은?

① 베인식
② MAP 센서식
③ 칼만 와류식
④ 핫 와이어식

 흡입공기량 계측방식
① 직접 계측방식(mass flow type)
   a. 체적 검출방식 : 베인식, 칼만 와류식
   b. 질량 검출방식 : 열선(Hot wire)식, 열막(Hot film)식
② 간접 계측방식(speed density type) : 흡기다기관 절대압력(MAP센서) 방식

04 동력행정 말기에 배기밸브를 미리 열어 연소압력을 이용하여 배기가스를 조기에 배출시켜 충전 효율을 좋게 하는 현상은?

① 블로 바이(blow by)
② 블로 다운(blow down)
③ 블로 아웃(blow out)
④ 블로 백(blow back)

 블로 다운(blow-down) 이란 동력행정 말기에 배기밸브를 미리 열어 피스톤이 내려가고 있는데도 자체 가스의 압력으로 연소가스가 배출되는 현상으로, 펌핑 손실을 줄일 수 있어 충전효율을 좋게 한다.

 1 ② 2 ② 3 ② 4 ②

05 가변 밸브 타이밍 시스템에 대한 설명으로 틀린 것은?

① 공전 시 밸브 오버랩을 최소화하여 연소 안정화를 이룬다.
② 펌핑 손실을 줄여 연료 소비율을 향상시킨다.
③ 공전 시 흡입 관성효과를 향상시키기 위해 밸브 오버랩을 크게 한다.
④ 중부하 영역에서 밸브 오버랩을 크게 하여 연소실 내의 배기가스 재순환 양을 높인다.

 가변밸브 타이밍(VVT : Variable Valve Timing)시스템이란, 엔진 회전수와 부하에 따라 흡기 밸브의 개폐시기를 변경시킬 수 있는 장치를 말한다.
즉, 경부하 및 고속 고부하시에는 지각시켜 밸브 오버랩 구간을 적게 하고, 중부하 및 저속 고부하시에는 진각시켜 밸브 오버랩 구간을 길게 한다.

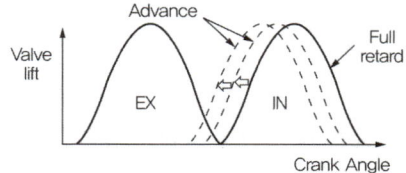

06 자동차 연료의 특성 중 연소 시 발생한 H_2O가 기체일 때의 발열량은?

① 저 발열량
② 중 발열량
③ 고 발열량
④ 노크 발열량

 저 발열량이란 연료가 연소 시 발생한 총 발열량에서 수증기의 응축잠열을 뺀 것으로, 수증기가 기체일 때의 발열량을 말한다.

07 흡·배기 밸브의 냉각 효과를 증대하기 위해 밸브 스템 중공에 채우는 물질로 옳은 것은?

① 리튬
② 바륨
③ 알루미늄
④ 나트륨

 흡·배기 밸브의 냉각 효과를 증대시키기 위해 밸브 스템 중공에 나트륨을 봉입한다. 이 밸브를 나트륨 밸브라 부른다.

08 고온 327℃, 저온 27℃의 온도 범위에서 작동되는 카르노 사이클의 열효율은 약 몇 %인가?

① 30
② 40
③ 50
④ 60

 카르노 사이클 열효율(η_c)
$= 1 - \dfrac{Q_2}{Q_1} = 1 - \dfrac{T_2}{T_1}$

∴ 열효율(η_c) $= 1 - \dfrac{Q_2}{Q_1} = 1 - \dfrac{T_2}{T_1}$
$= 1 - \dfrac{273+27}{273+327} = 0.5$,
즉 50%

09 LPI 엔진에서 사용하는 가스 온도센서(GTS)의 소자로 옳은 것은?

① 서미스터
② 다이오드
③ 트랜지스터
④ 사이리스터

 LPI 엔진에서 사용하는 가스 온도센서(GTS)는 연료압력 레귤레이터 유닛 몸체에 장착되어 있으며, 서미스터 소자의 원리를 이용하여 시스템 내의 LPG 연료의 특성을 파악하여 분사시기를 결정한다.

정답 5 ③ 6 ① 7 ④ 8 ③ 9 ①

가스 압력센서와 함께 연료 조성비율 판정 신호로도 사용되어 연료 분사량 보정 및 펌프 구동시간 제어에도 사용된다.

10 가변 흡입 장치에 대한 설명으로 틀린 것은?

① 고속 시 매니폴드의 길이를 길게 조절한다.
② 흡입 효율을 향상시켜 엔진 출력을 증가시킨다.
③ 엔진회전속도에 따라 매니폴드의 길이를 조절한다.
④ 저속 시 흡입관성의 효과를 향상시켜 회전력을 증대한다.

가변 흡입 장치(VICS : Variable Induction Control System)는 기관이 저속일 때 흡기 매니폴드의 길이를 길게 하여 흡입 관성의 효과를 향상시켜 회전력을 증대시키고, 고속일 때는 흡기 매니폴드의 길이를 짧게 하여 기관 출력을 향상시킨다.
즉, 기관의 저속과 고속에서 기관 출력을 향상시킨다.

11 디젤엔진의 직접 분사실식의 장점으로 옳은 것은?

① 노크의 발생이 쉽다.
② 사용 연료의 변화에 둔감하다.
③ 실린더 헤드의 구조가 간단하다.
④ 타 형식과 비교하여 엔진의 유연성이 있다.

직접 분사실식 연소실의 장·단점
① 실린더 헤드의 구조가 간단하여 열 변형이 적고 열효율이 높다.
② 사용 연료에 매우 민감하여 노크 발생이 쉽다.
③ 엔진의 시동이 쉽고, 연료 소비율이 적다.
④ 연소실 표면적이 작기 때문에 열손실이 적다.
⑤ 분사압력이 높아 분사펌프와 노즐의 수명이 짧다.
⑥ 연소실의 냉각손실이 작기 때문에 한냉지를 제외하고는 냉 시동에도 별도의 보조장치를 필요로 하지 않는다.

12 CNG(Compressed Natural Gas) 엔진에서 스로틀 압력 센서의 기능으로 옳은 것은?

① 대기 압력을 검출하는 센서
② 스로틀의 위치를 감지하는 센서
③ 흡기다기관의 압력을 검출하는 센서
④ 배기 다기관 내의 압력을 측정하는 센서

스로틀 압력센서는 흡기다기관의 압력을 검출하는 센서이다.
공단 정답에는 4번으로 잘못 기재되었음

13 공회전 속도 조절장치(ISA)에서 열림(open)측 파형을 측정한 결과 ON시간이 1ms이고, OFF시간이 3ms일 때, 열림 듀티값은 몇 %인가?

① 25   ② 35
③ 50   ④ 60

$$듀티값 = \frac{ON}{ON + OFF} \times 100[\%]$$
$$\therefore 듀티값 = \frac{1}{1+3} \times 100[\%] = 25\%$$

정답 10 ① 11 ③ 12 ③ 13 ①

14 내연기관의 열역학적 사이클에 대한 설명으로 틀린 것은?

① 정적 사이클을 오토 사이클이라고도 한다.
② 정압 사이클을 디젤 사이클이라고도 한다.
③ 복합 사이클을 사바테 사이클이라고도 한다.
④ 오토, 디젤, 사바테 사이클 이외의 사이클은 자동차용 엔진에 적용하지 못한다.

 오토, 디젤, 사바테사이클 이 외에도 하이브리드 자동차에는 앳킨슨(Atkinson) 사이클을 적용하고 있다.

15 전자제어 모듈 내부에서 각종 고정 데이터나 차량제원 등을 장기적으로 저장하는 것은?

① IFB(Inter Face Box)
② ROM(Read Only Memory)
③ RAM(Random Access Memory)
④ TTL(Transistor Transistor Logic)

 ROM이란 영구 기억장치라 하고, 레코드 판이나 CD와 같이 재생만 가능하며, 배터리 전원을 꺼도 기억이 지워지지 않는 부분으로, 전자제어 모듈 내부에서 각종 고정 데이터나 차량제원 등을 장기적으로 저장하는 역할을 한다.

16 4행정 사이클 기관의 총배기량 1000cc, 축마력 50PS, 회전수 3000rpm일 때 제동평균 유효압력은 몇 kgf/cm2인가?

① 11
② 15
③ 17
④ 18

 제동마력(BHP) $= \dfrac{PALZN}{75 \times 60} = \dfrac{PVN}{75 \times 60 \times 100}$

여기서, P : 제동평균 유효압력[kgf/cm^2]
V : 총배기량[cm^3]
N : 엔진 회전수[rpm]
(4행정기관은 $N/2$, 2행정기관은 N)

∴ 4행정인 경우, 제동마력(BHP)
$= \dfrac{PVN}{75 \times 60 \times 2 \times 100}$

∴ 제동평균 유효압력(P)
$= \dfrac{75 \times 60 \times 2 \times 100 \times PS}{V \times N}$
$= \dfrac{75 \times 60 \times 2 \times 100 \times 50}{1000 \times 3000} = 15\text{kgf/cm}^2$

17 최적의 점화시기를 의미하는 MBT(Minimum spark advance for Best Torque)에 대한 설명으로 가장 적절한 것은?

① BTDC 약 10°~15° 부근에서 최대폭발압력이 발생되는 점화시기
② ATDC 약 10°~15° 부근에서 최대폭발압력이 발생되는 점화시기
③ BBDC 약 10°~15° 부근에서 최대폭발압력이 발생되는 점화시기
④ ABDC 약 10°~15° 부근에서 최대폭발압력이 발생되는 점화시기

 MBT(Minimum spark advance for Best Torque)란 ATDC 약 10°~15° 부근에서 최대폭발압력을 발생시키는 최적의 점화시기를 말한다.

 14 ④ 15 ② 16 ④ 17 ②

18. 전자제어 가솔린 엔진에서 티타니아 산소 센서의 경우 전원은 어디에서 공급되는가?
   ① ECU   ② 축전지
   ③ 컨트롤 릴레이   ④ 파워TR

 티타니아 산소센서는 산소농도에 따라 저항값이 변화하면 그 값이 ECU에서 전압으로 바뀌어서 ECU는 배기가스 중의 산소 농도를 감지하게 된다.

19. 전자제어 가솔린 연료 분사장치에서 흡입 공기량과 엔진회전수의 입력으로만 결정되는 분사량으로 옳은 것은?
   ① 기본 분사량
   ② 엔진시동 분사량
   ③ 엔진차단 분사량
   ④ 부분 부하 운전 분사량

 전자제어 가솔린 연료 분사장치에서 기본 분사량은 흡입 공기량과 엔진 회전수에 의해 결정된다.

20. 디젤엔진에서 최대분사량이 40cc, 최소분사량이 32cc일 때 각 실린더의 평균 분사량이 34cc라면 (+)불균율은 몇 %인가?
   ① 5.9   ② 17.6
   ③ 20.2   ④ 23.5

 분사량의 불균율+ 불균율
$= \dfrac{최대-평균}{평균} \times 100 [\%]$
$\therefore +$ 불균율$= \dfrac{40-34}{34} \times 100 = 17.6\%$

제2과목 자동차섀시

21. 휠 얼라인먼트의 주요 요소가 아닌 것은?
   ① 캠버   ② 캠 옵셋
   ③ 셋백   ④ 캐스터

 휠 얼라인먼트의 주요 요소 : 캠버, 캐스터, 토인, 킹핀(조향축) 경사각, 셋백, 스러스트각

22. ECS 제어에 필요한 센서와 그 역할로 틀린 것은?
   ① G센서 : 차체의 각속도를 검출
   ② 차속센서 : 차량의 주행에 따른 차량속도 검출
   ③ 차고센서 : 차량의 거동에 따른 차체 높이를 검출
   ④ 조향휠 각도센서 : 조향휠의 현재 조향 방향과 각도를 검출

 G센서는 자동차의 가·감속을 검출한다.

23. 최고 출력이 90PS로 운전되는 기관에서 기계효율이 0.9인 변속장치를 통하여 전달된다면 추진축에서 발생되는 회전수와 회전력은 약 얼마인가? (단, 기관의 회전수 5000rpm, 변속비는 2.5이다.)
   ① 회전수 : 2456rpm, 회전력 32kgf·m
   ② 회전수 : 2456rpm, 회전력 29kgf·m
   ③ 회전수 : 2000rpm, 회전력 29kgf·m
   ④ 회전수 : 2000rpm, 회전력 32kgf·m

정답 18 ① 19 ① 20 ② 21 ② 22 ① 23 ③

출력(PS) = $\dfrac{2\pi TN}{75 \times 60} = \dfrac{TN}{716}$

여기서, T : 기관 회전력[kgf·m]
N : 기관 회전수[rpm]

∴ 기관 회전력 = $\dfrac{PS \times 716}{N} = \dfrac{90 \times 716}{5000}$
    = 12.9kgf·m

추진축 회전력
 = 기관 회전력×기계효율×변속비
 = 12.9×0.9×2.5 = 29kgf·m

추진축 회전수 = $\dfrac{rpm}{변속비} = \dfrac{5000}{2.5} = 2000rpm$

24 브레이크 파이프 라인에 잔압을 두는 이유로 틀린 것은?

① 베이퍼 록을 방지한다.
② 브레이크의 작동 지연을 방지한다.
③ 피스톤이 제자리로 복귀하도록 도와준다.
④ 휠 실린더에서 브레이크액이 누출되는 것을 방지한다.

잔압을 두는 목적
① 브레이크 작동 신속
② 베이퍼 록 방지
③ 오일 누출 방지(공기 유입 방지)

25 무단변속기(CVT)의 장점으로 틀린 것은?

① 변속충격이 적다.
② 가속성능이 우수하다.
③ 연료소비량이 증가한다.
④ 연료소비율이 향상된다.

무단변속기(CVT)의 특징
① 변속단이 없어서 변속 충격이 거의 없다.
② 가속성능을 향상시킬 수 있다.
③ A/T 대비 연비가 우수하다.
④ 운전 중 용이하게 감속비를 변화시킬 수 있다.
⑤ 변속 중에 동력전달이 중단되지 않는다.
⑥ 파워트레인 통합제어의 기초가 된다.

26 노면과 직접 접촉은 하지 않고 충격에 완충 작용을 하며 타이어 규격과 기타정보가 표시된 부분은?

① 비드   ② 트레드
③ 카커스   ④ 사이드 월

사이드 월 부에는 타이어 규격과 기타 정보가 표시되어 있다.

27 제동 시 뒷바퀴의 록(lock)으로 인한 스핀을 방지하기 위해 사용되는 것은?

① 딜레이 밸브
② 어큐뮬레이터
③ 바이패스 밸브
④ 프로포셔닝 밸브

프로포셔닝(proportioning) 밸브는 제동 시 후륜이 먼저 록(lock) 되지 않도록 하기 위하여 유압이 일정 압력으로 상승하면 그 이상 후륜 측에 유압이 가해지지 않도록 제한하여 뒷바퀴의 조기고착에 의한 조종 불안정(스핀)을 방지하기 위한 밸브이다.

24 ③   25 ③   26 ④   27 ④

28 엔진 회전수가 2000rpm으로 주행 중인 자동차에서 수동변속기의 감속비가 0.8이고, 차동장치 구동피니언의 잇수가 6, 링기어의 잇수가 30일 때, 왼쪽바퀴가 600rpm으로 회전한다면 오른쪽 바퀴는 몇 rpm인가?

① 400　　② 600
③ 1000　　④ 2000

 한쪽바퀴 회전수(Nw) 구하는 공식

$$Nw = \frac{엔진 회전수}{총감속비} \times 2 - 다른쪽 바퀴 회전수$$

∴ 오른쪽 바퀴 회전수(Nw)

$$= \frac{2000}{0.8 \times \frac{30}{6}} \times 2 - 600 = 400 \text{rpm}$$

29 후륜구동 차량의 종감속 장치에서 구동피니언과 링기어 중심선이 편심되어 추진축의 위치를 낮출 수 있는 것은?

① 베벨 기어
② 스퍼 기어
③ 웜과 웜 기어
④ 하이포이드 기어

 하이포이드(hypoid) 기어는 링기어의 중심보다 구동 피니언 기어의 중심을 10~20% 낮게(off-set) 편심시켜 추진축의 높이를 낮게 할 수 있어 무게중심이 낮아지고 거주성이 향상되는 방식의 종감속 기어이다.

30 전동식 동력조향장치(MDPS)의 장점으로 틀린 것은?

① 전동모터 구동 시 큰 전류가 흐른다.
② 엔진의 출력 향상과 연비를 절감할 수 있다.
③ 오일 펌프 유압을 이용하지 않아 연결 호스가 필요 없다.
④ 시스템 고장 시 경고등을 점등 또는 점멸시켜 운전자에게 알려준다.

 전동식 조향장치(MDPS)의 특징
① 오일을 사용하지 않아 친환경적이다.
② 엔진 부하가 감소하여 연비 향상에 도움이 된다.
③ 조립 부품수가 감소되어 조립성이 향상된다.
④ 유압식에 비해 조작력이 가볍다.
⑤ 차량속도별 정확한 조향력 제어가 가능하다.
⑥ 시스템 고장 시 경고등을 점등 또는 점멸시켜 운전자에게 알려준다.

31 공기식 제동장치의 특성으로 틀린 것은?

① 베이퍼 록이 발생하지 않는다.
② 차량 중량에 제한을 받지 않는다.
③ 공기가 누출되어도 제동 성능이 현저히 저하되지 않는다.
④ 브레이크 페달을 밟는 양에 따라서 제동력이 감소되므로 조작하기 쉽다.

 공기식 제동장치의 특성
① 차량 중량에 제한을 받지 않는다.
② 베이퍼 록 현상이 발생하지 않는다.
③ 공기가 조금 누출되어도 제동성능이 현저하게 저하되지 않는다.
④ 페달을 밟는 양에 따라 제동력이 조절된다.
⑤ 압축공기의 압력을 높이면 제동력을 크게

 28 ①　29 ④　30 ①　31 ④

할 수 있다.
브레이크 페달을 밟는 양에 따라 제동력이 커진다.

32 자동차에 사용하는 휠 스피드 센서의 파형을 오실로스코프로 측정하였다. 파형의 정보를 통해 확인할 수 없는 것은?

① 최저 전압　　② 평균 저항
③ 최고 전압　　④ 평균 전압

 휠 스피드 센서의 파형을 오실로스코프로 측정하면 최고 전압, 최저 전압, 평균 전압 등이 표시된다.

33 대부분의 자동차에서 2회로 유압 브레이크를 사용하는 주된 이유는?

① 안전상의 이유 때문에
② 더블 브레이크 효과를 얻을 수 있기 때문에
③ 리턴 회로를 통해 브레이크가 빠르게 풀리게 할 수 있기 때문에
④ 드럼 브레이크와 디스크 브레이크를 함께 사용할 수 있기 때문에

 2회로 유압 브레이크는 회로를 X자형으로 나누어 한쪽 브레이크 라인이 파손되더라도 안전상의 이유로 다른 한쪽은 브레이크가 작용되도록 마스터 실린더를 동시에(tandem) 배치한 브레이크 형식이다.

34 현재 실용화된 무단변속기에 사용되는 벨트 종류 중 가장 널리 사용되는 것은?

① 고무벨트　　② 금속벨트
③ 금속체인　　④ 가변체인

풀이 현재 실용화된 무단변속기에는 금속벨트 방식이 가장 널리 사용되고 있다.

35 선회 시 자동차의 조향 특성 중 전륜 구동보다는 후륜 구동 차량에 주로 나타나는 현상으로 옳은 것은?

① 오버 스티어　　② 언더 스티어
③ 토크 스티어　　④ 뉴트럴 스티어

풀이 후륜 구동 차량은 앞부분보다 뒷부분이 무거워 선회 시 원심력에 의해 뒷부분이 많이 밀리게 되므로 조행핸들을 덜 조작하여도 조향 조작이 많이 되는 오버 스티어 경향이 발생한다.

36 중량 1350kgf의 자동차의 구름저항계수가 0.02이면 구름저항은 몇 kgf인가?
(단, 공기저항은 무시하고, 회전부분 상당 중량은 0으로 한다.)

① 13.5　　② 27
③ 54　　④ 67.5

 구름저항(R_r) = $\mu r \cdot W$
여기서, μr : 구름저항계수
　　　　W : 차량중량[kgf]
∴ 구름저항 = 0.02 × 1350 = 27kgf

정답 32 ② 33 ① 34 ② 35 ① 36 ②

37 자동변속기 컨트롤유닛과 연결된 각 센서의 설명으로 틀린 것은?
① VSS(Vehicle Speed Sensor) - 차속 검출
② MAF(Mass Airflow Sensor) - 엔진 회전속도 검출
③ TPS(Throttle Position Sensor) - 스로틀밸브 개도 검출
④ OTS(Oil Temperature Sensor) - 오일 온도 검출

풀이 MAF(Mass Airflow Sensor)는 흡입 공기량을 검출하는 센서이다.

38 CAN통신이 적용된 전동식 동력 조향장치(MDPS)에서 EPS경고등이 점등(점멸)될 수 있는 조건으로 틀린 것은?
① 자기 진단 시
② 토크센서 불량
③ 컨트롤 모듈 측 전원 공급 불량
④ 핸들위치가 정위치에서 ±2° 틀어짐

풀이 EPS경고등이 점등(점멸) 될 수 있는 조건
① 조향각 센서 0점 설정 불량 시 (신품 교환 시)
② IG ON시
③ 시스템 고장 시
핸들위치가 정위치에서 ±2° 틀어진 것은 EPS경고등이 점등될 수 있는 조건이 아니다.

39 수동변속기의 클러치 차단 불량 원인은?
① 자유간극 과소
② 릴리스 실린더 소손
③ 클러치판 과다 마모
④ 쿠션스프링 장력 약화

풀이 릴리스 실린더가 소손되면 릴리스 레버를 작동시킬 수 없으므로 클러치 차단이 불량해진다.

40 전자제어 에어 서스펜션의 기본 구성품으로 틀린 것은?
① 공기압축기 ② 컨트롤 유닛
③ 마스터 실린더 ④ 공기저장 탱크

풀이 마스터 실린더는 브레이크 부품이다.

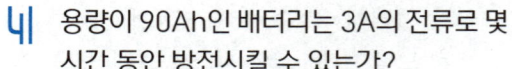

자동차전기

41 용량이 90Ah인 배터리는 3A의 전류로 몇 시간 동안 방전시킬 수 있는가?
① 15 ② 30
③ 45 ④ 60

풀이 축전지 용량=방전전류 × 방전시간
∴ 방전시간 = $\dfrac{축전지 용량}{방전전류} = \dfrac{90Ah}{3A}$
= 30시간

37 ② 38 ④ 39 ② 40 ③ 41 ②

42 점화 1차 파형에 대한 설명으로 옳은 것은?

① 최고 점화전압은 15~20kV의 전압이 발생한다.
② 드웰구간은 점화 1차 전류가 통전되는 구간이다.
③ 드웰구간이 짧을수록 1차 점화 전압이 높게 발생한다.
④ 스파크 소멸 후 감쇄 진동구간이 나타나면 점화 1차코일의 단선이다.

 드웰구간은 점화 1차 전류가 통전되는 구간으로 드웰구간이 넓을수록 1차 전압이 높게 나타나며, 1차 유도전압은 약200~300V 정도이다. 1차 코일이 단선이면 점화 파형이 나타나지 않는다.

43 전자제어 구동력 조절장치(TCS)의 컴퓨터는 구동바퀴가 헛돌지 않도록 최적의 구동력을 얻기 위해 구동 슬립율이 몇 %가 되도록 제어하는가?

① 약 5~10%   ② 약 15~20%
③ 약 25~30% ④ 약 35~40%

 TCS 슬립비 $= \dfrac{V_w - V_b}{V_w} \times 100[\%]$

여기서, V_w : 바퀴 속도
         V_b : 차량 속도

\# TCS ECU는 최적의 구동력을 얻기 위하여 구동바퀴의 슬립율이 15~20%가 되도록 제어한다.

44 그림과 같은 논리(logic) 게이트 회로에서 출력상태로 옳은 것은?

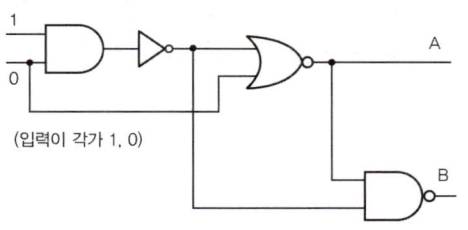

(입력이 각각 1, 0)

① A - 0, B - 0
② A - 1, B - 1
③ A - 1, B - 0
④ A - 0, B - 1

 논리회로에서 1과 0이 첫 번째 AND 회로에 입력되면 0, NOT 회로를 지나 1, 밑에 0이 NOR 회로에 같이 입력되므로 출력은 0, 즉 A = 0, NOT 회로를 지난 1이 NAND 회로에 같이 입력되므로 B = 1,
즉 A = 0, B = 1 이다.

[참고] 논리회로
① 논리적(AND 회로)

② 논리합(OR 회로)
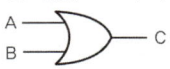

③ 논리 부정(NOT 회로)
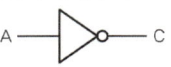

④ 논리적 부정(NAND 회로)
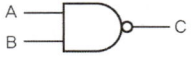

⑤ 논리합 부정(NOR 회로)
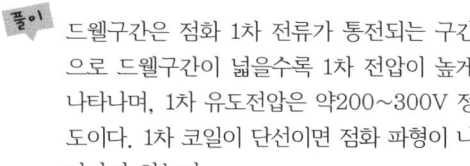

 42 ② 43 ② 44 ④

45. 저항의 도체에 전류가 흐를 때 주행 중에 소비되는 에너지는 전부 열로 되고, 이때의 열을 줄열(H)이라고 한다. 이 줄열(H)을 구하는 공식으로 틀린 것은? (단, E는 전압, I는 전류, R은 저항, t는 시간이다.)

① H = $0.24EIt$
② H = $0.24IE^2t$
③ H = $0.24\dfrac{E^2}{R}t$
④ H = $0.24I^2Rt$

 줄의 법칙(Joule's Law)
줄의 법칙(H) = $0.24I^2Rt$
= $0.24\dfrac{E^2}{R}t = 0.24EIt$

46. 병렬형 하드 타입의 하이브리드 자동차서 HEV모터에 의한 엔진 시동 금지 조건인 경우, 엔진의 시동은 무엇으로 하는가?

① HEV 모터
② 블로워 모터
③ 기동 발전기(HSG)
④ 모터 컨트롤 유닛(MCU)

 병렬형 하드 타입 하이브리드 자동차는 모터와 변속기가 직결되어 있어 HEV모터 단독 주행이 가능하고, HEV모터에 의한 엔진 시동 금지 조건인 경우, 기동 발전기(HSG)로 엔진을 시동한다.

47. 냉방장치의 구성품으로 압축기로부터 들어온 고온·고압의 기체 냉매를 냉각시켜 액체로 변화시키는 장치는?

① 증발기
② 응축기
③ 건조기
④ 팽창 밸브

 응축기(condenser)는 라디에이터 앞쪽에 설치되며, 압축기(compressor)로부터 들어온 고온 고압의 기체 냉매를 냉각시켜 액체로 변화시키는 역할을 한다.

48. 할로겐 전조등에 비하여 고휘도 방전(HID) 전조등의 특징으로 틀린 것은?

① 광도가 향상된다.
② 전력소비가 크다.
③ 조사거리가 향상된다.
④ 전구의 수명이 향상된다.

 HID 전조등의 특징
① 광도가 향상된다.
② 전력 소모량이 적다.
③ 조사거리가 향상된다.
④ 전구의 수명이 길고, 점등 시간도 빠르다.
⑤ 전자제어 장치가 있어 전원을 안정되게 공급한다.

49. 다음 중 배터리 용량 시험 시 주의 사항으로 가장 거리가 먼 것은?

① 기름 묻은 손으로 테스터 조작은 피한다.
② 시험은 약 10~15초 이내로 하도록 한다.
③ 전해액이 옷이나 피부에 묻지 않도록 한다.
④ 부하 전류는 축전지 용량의 5배 이상으로 조정하지 않는다.

 ①~③항은 배터리 용량 시험 시 주의사항이고, 부하 전류는 축전지 용량의 3배 이상으로 조정하지 않는다.

 45 ② 46 ③ 47 ② 48 ② 49 ④

50 점화순서가 1-5-3-6-2-4인 직렬 6기통 가솔린 엔진에서 점화장치가 1코일 2실린더(DLI)일 경우 1번 실린더와 동시에 불꽃이 발생되는 실린더는?

① 3번　　② 4번
③ 5번　　④ 6번

풀이 직렬 6기통 동시 점화방식의 경우 1,6번 2,5번 3,4번이 동시에 점화되므로, 1번이 점화되면 동시에 6번 실린더에서 불꽃이 발생된다.

51 빛과 조명에 관한 단위와 용어의 설명으로 틀린 것은?

① 광속(luminous flux)이란 빛의 근원 즉, 광원으로부터 공간으로 발산되는 빛의 다발을 말하는데, 단위는 루멘(lm : lumen)을 사용한다.
② 광밀도(luminance)란 어느 한 방향의 단위 입체각에 대한 광속의 방향을 말하며, 단위는 칸델라(cd : candela)이다.
③ 조도(illuminance)란 피조면에 입사되는 광속을 피조면 단면적으로 나눈 값으로서, 단위는 룩스(lux)이다.
④ 광효율(luminous efficiency)이란 방사된 광속과 사용된 전기 에너지의 비로서, 100W 전구의 광속이 1380lm이라면 광효율은 1380lm/100W = 13.8lm/W가 된다.

풀이 광밀도(luminance, 휘도)란 어느 특정방향으로 표면의 단위면적당 방출되는 광도를 말하며, 단위는 제곱미터 당 칸델라(cd/m^2)이다. 광도(luminous intensity)란 광원으로부터 어느 방향으로 얼마만큼의 빛의 양이 나오고 있는가를 나타내는 것으로, 단위는 칸델라(cd : candela)이다.

52 하드타입의 하이브리드 차량이 주행 중 감속 및 제동할 경우 차량의 운동에너지를 전기에너지로 변환하여 고전압배터리를 충전하는 것은?

① 가속제동　　② 감속제동
③ 재생제동　　④ 회생제동

풀이 하이브리드 자동차에서 자동차의 감속은 회생제동 모드로서, 차량 감속 시 모터는 자동차의 휠에 의해 회전하여 회전동력을 전기 에너지로 전환하여 배터리를 충전하는 모드이다.

53 기동전동기의 작동원리는?

① 렌츠의 법칙
② 앙페르의 법칙
③ 플레밍의 왼손 법칙
④ 플레밍의 오른손 법칙

풀이 기동 전동기는 플레밍의 왼손법칙을 응용한 것이다.

54 윈드 실드 와이퍼가 작동하지 않는 원인으로 틀린 것은?

① 퓨즈 단선
② 전동기 브러시 마모
③ 와이퍼 블레이드 노화
④ 전동기 전기자 코일의 단선

풀이 ①, ②, ④항은 와이퍼가 작동하지 않는 원인이며, 와이퍼 블레이드가 노화되면 와이퍼는 작동하나 잘 닦이지 않는다.

50 ④　51 ②　52 ④　53 ③　54 ③

55 계기판의 유압 경고등 회로에 대한 설명으로 틀린 것은?

① 시동 후 유압 스위치 접점은 ON 된다.
② 점화스위치 ON 시 유압 경고등이 점등된다.
③ 시동 후 경고등이 점등되면 오일양 점검이 필요하다.
④ 압력 스위치는 유압에 따라 ON/OFF 된다.

 점화스위치 ON 시 유압 경고등은 점등되고, 시동이 되면 유압스위치 접점은 OFF 되어 경고등이 꺼진다.

56 점화 2차 파형의 점화전압에 대한 설명으로 틀린 것은?

① 혼합기가 희박할수록 점화전압이 높아진다.
② 실린더 간 점화전압의 차이는 약 10kV 이내이어야 한다.
③ 점화플러그 간극이 넓으면 점화전압이 높아진다.
④ 점화전압의 크기는 점화 2차 회로의 저항과 비례한다.

 점화 2차 전압의 실린더 간 차이는 상대 비교했을 때 차이가 적을수록 좋으나, 점화전압의 경우 약 500V 이내, 피크전압으로 약 5kV 이내이면 양호하다.

57 디지털 오실로스코프에 대한 설명으로 틀린 것은?

① AC전압과 DC전압 모두 측정이 가능하다.
② X축에서는 시간, Y축에서는 전압을 표시한다.
③ 빠르게 변화하는 신호를 판독이 편하도록 트리거링 할 수 있다.
④ UNI(Unipolar) 모드에서는 Y축은 (+), (−)영역을 대칭으로 표시한다.

 ①~③항은 디지털 오실로스코프에 대한 옳은 설명이고, BI(Bipolar) 모드에서 Y축은 (+), (−) 영역을 대칭으로 표시한다.

58 점화코일에 대한 설명으로 틀린 것은?

① 1차 코일보다 2차 코일의 권수가 많다.
② 1차 코일의 저항이 2차 코일의 저항보다 작다.
③ 1차 코일의 배선 굵기가 2차 코일보다 가늘다.
④ 1차 코일에서 발생되는 전압보다 2차 코일에서 발생되는 전압이 높다.

 점화코일의 구조
① 1차코일의 저항보다 2차코일의 저항이 크다.
② 1차코일의 굵기보다 2차코일의 굵기가 가늘다.
③ 1차코일의 권수보다 2차코일의 권수가 많다.
④ 1차코일의 유도전압보다 2차코일의 유도전압이 높다.
⑤ 1차코일을 개자로형은 바깥쪽에, 폐자로형은 안쪽에 감는다.

 55 ① 56 ② 57 ④ 58 ③

59 에어컨 시스템이 정상 작동 중일 때 냉매의 온도가 가장 높은 곳은?

① 압축기와 응축기 사이
② 응축기와 팽창밸브 사이
③ 팽창밸브와 증발기 사이
④ 증발기와 압축기 사이

 에어컨 회로에서 냉매의 온도가 가장 높은 곳은 압축하여 콘덴서(응축기)로 고온고압의 상태로 보내는 압축기와 응축기 사이이다.

60 지름 2mm, 길이 100cm인 구리선의 저항은? (단, 구리선의 고유저항은 $1.69\mu\Omega \cdot m$이다.)

① 약 0.54Ω ② 약 0.72Ω
③ 약 0.9Ω ④ 약 2.8Ω

 도체의 전체저항 $(R) = \rho \times \dfrac{\ell}{A}$

여기서, R : 도체의 전체저항$[\Omega]$
ρ : 도체의 고유저항$[\Omega \cdot m]$
ℓ : 도체의 길이$[m]$
A : 도체의 단면적$[m^2]$

∴ 도체의 전체저항 $(R) = \rho \times \dfrac{\ell}{A}$

∴ $R = 1.69 \times 10^{-6} \times \dfrac{1}{\dfrac{3.14}{4} \times 0.002^2}$

$= 1.69 \times 10^{-6} \times \dfrac{1}{\dfrac{3.14}{4} \times 0.000004}$

$= 0.54\Omega$

 59 ① 60 ①

자동차정비산업기사 제3회 (2020.08.22 시행)

제1과목 자동차기관

01 윤활장치에서 오일 여과기의 여과방식이 아닌 것은?

① 비산식 ② 전류식
③ 분류식 ④ 샨트식

 오일 여과기의 여과방식에 의한 분류
① 전류식 : 윤활유 전부를 여과시켜 공급하는 방식, 막히면 바이패스 밸브로 통과
② 분류식 : 윤활유의 일부는 여과시키고, 여과하지 않은 오일은 공급하는 방식
③ 션트(shunt)식 : 오일의 일부는 여과시켜 공급, 일부는 바로 공급되는 방식
비산식은 윤활방식의 일종이다.

02 엔진이 과냉되었을 때의 영향이 아닌 것은?

① 연료의 응결로 연소가 불량
② 연료가 쉽게 기화하지 못함
③ 조기 점화 또는 노크가 발생
④ 엔진 오일의 점도가 높아져 시동할 때 회전 저항이 커짐

 엔진이 과냉되면 엔진 오일의 점도가 높아져 시동할 때 회전저항이 커지고, 연소실의 온도가 정상 작동온도로 올라가지 않아 연료가 쉽게 기화하지 못하고 연료의 응결로 연소가 불량하여 출력이 저하하고 연료소비가 증가하게 된다.

03 냉각계통의 수온 조절기에 대한 설명으로 틀린 것은?

① 펠릿형은 냉각수 온도가 60℃ 이하에서 최대로 열려 냉각수 순환을 잘되게 한다.
② 수온 조절기는 엔진의 온도를 알맞게 유지한다.
③ 펠릿형은 왁스와 합성고무를 봉입한 형식이다.
④ 수온 조절기는 벨로즈형과 펠릿형이 있다.

 수온조절기는 냉각수 온도가 약 65℃에서 열리기 시작하여 85℃에 이르면 최대로 열려 냉각수 순환이 잘되게 한다.

04 디젤엔진에서 경유의 착화성과 관련하여 세탄 60cc, α-메틸나프탈렌 40cc를 혼합하면 세탄가(%)는?

① 70 ② 60
③ 50 ④ 40

 세탄가
$= \dfrac{세탄}{세탄 + (\alpha - 메틸나프탈렌)} \times 100[\%]$

∴ 세탄가 $= \dfrac{60}{60+40} \times 100[\%] = 60\%$

 1 ① 2 ③ 3 ① 4 ②

05 운행차 배출가스 정기검사 및 정밀검사의 검사항목으로 틀린 것은?

① 휘발유 자동차 운행차 배출가스 정기검사 : 일산화탄소, 탄화수소, 공기과잉률
② 휘발유 자동차 운행차 배출가스 정밀검사 : 일산화탄소, 탄화수소, 질소산화물
③ 경유 자동차 운행차 배출가스 정기검사 : 매연
④ 경유 자동차 운행차 배출가스 정밀검사 : 매연, 엔진최대출력검사, 공기과잉률

풀이 경유 자동차 운행차 배출가스 정밀검사 : 매연(Lug-Down 3모드는 엔진정격회전수 및 엔진최대출력검사를 포함한다.)

06 전자제어 연료분사장치에서 제어방식에 의한 분류 중 흡기압력 검출방식을 의미하는 것은?

① K-Jetronic
② L-Jetronic
③ D-Jetronic
④ Mono-Jetronic

풀이 전자제어 연료분사장치의 제어방식에 의한 분류
① D-Jetronic : 기관의 회전수와 흡기다기관의 압력을 이용하여 공기량을 검출하는 방식
② K-Jetronic : 연속분사방식으로 흡입공기량이 공기량 계량기의 센서 플레이트의 기계적 변위에 비례하도록 연료 혼합비를 제어하는 방식
③ L-Jetronic : 공기량 계량기(air flow meter)를 이용하여 흡입공기량의 체적유량을 검출하는 방식
④ Mono-Jetronic : SPI 시스템으로 드로틀 밸브와 기관 회전수로부터 공기량을 검출하는 방식

07 기관의 점화순서가 1-6-2-5-8-3-7-4인 8기통 기관에서 5번 기통이 압축 초에 있을 때 8번 기통은 무슨 행정과 가장 가까운가?

① 폭발 초
② 흡입 중
③ 배기 말
④ 압축 중

풀이 점화순서가 1-6-2-5-8-3-7-4라는 것은 순서대로 폭발한다는 의미이므로, 5번 기통이 압축 초를 하면 8번 기통은 5번 다음에 압축 초를 하여야 하므로 4행정 순서에 따라 현재는 흡입 중을 하고 있다.

08 전자제어 가솔린엔진에서 기본적인 연료 분사시기와 점화시기를 결정하는 주요 센서는?

① 크랭크축 위치센서(Crankshaft Position Sensor)
② 냉각 수온 센서(Water Temperature Sensor)
③ 공전 스위치 센서(Idle Switch Sensor)
④ 산소센서(O_2 Sensor)

풀이 전자제어 가솔린엔진에서 엔진 ECU는 흡입공기량 센서와 크랭크축 위치 센서의 신호를 바탕으로 기본적인 연료 분사시기와 점화시기를 결정한다.

정답 5 ④　6 ③　7 ②　8 ①

09 자동차관리법상 저속전기자동차의 최고속도(km/h) 기준은? (단, 차량 총중량이 1361kg을 초과하지 않는다.)

① 20   ② 40
③ 60   ④ 80

 자동차 관리법 시행규칙 [제57조2]
저속전기자동차의 기준 : 저속전기자동차란 최고속도가 매시 60킬로미터를 초과하지 않고, 차량 총중량이 1361킬로그램을 초과하지 않는 자동차를 말한다.

10 가솔린 연료 200cc를 완전 연소시키기 위한 공기량(kg)은 약 얼마인가? (단, 공기와 연료의 혼합비는 15 : 1, 가솔린의 비중은 0.73이다.)

① 2.19   ② 5.19
③ 8.19   ④ 11.19

 필요 공기중량 = 연료량(체적)×비중×혼합비
∴ 필요 공기중량 = 0.2L×0.73×15
= 2.19kg

11 다음 중 전자제어엔진에서 스로틀 포지션 센서와 기본 구조 및 출력 특성이 가장 유사한 것은?

① 크랭크 각 센서
② 모터 포지션 센서
③ 액셀러레이터 포지션 센서
④ 흡입 다기관 절대 압력 센서

 포텐셔 미터식 스로틀포지션 센서(TPS)와 액셀러레이터 포지션 센서(APS) 모두 가변 저항식으로 센서의 움직임에 따라 출력전압이 발생한다. 즉, 완전히 열리면 높은 전압(공급 전압)이 나오고, 완전히 닫히면 낮은 전압(0V 가깝게)이 나온다.

12 밸브 오버랩에 대한 설명으로 틀린 것은?

① 흡·배기밸브가 동시에 열려 있는 상태이다.
② 공회전 운전 영역에서는 밸브 오버랩을 최소화 한다.
③ 밸브 오버랩을 통한 내부 EGR제어가 가능하다.
④ 밸브 오버랩은 상사점과 하사점 부근에서 발생한다.

 ①~③은 밸브 오버랩에 대한 옳은 설명이고, 밸브 오버랩은 상사점 부근에서 발생한다.

13 커먼레일 디젤엔진의 솔레노이드 인젝터 열림(분사개시)에 대한 설명으로 틀린 것은?

① 솔레노이드 코일에 전류를 지속적으로 가한 상태이다.
② 공급된 연료는 계속 인젝터 내부로 유입된다.
③ 노즐 니들을 위에서 누르는 압력은 점차 낮아진다.
④ 인젝터 아랫부분의 제어 플런저가 내려가면서 분사가 개시된다.

 공급된 연료의 압력에 의해 인젝터 아랫부분의 제어 플런저가 올라가면서 분사가 개시된다.

 9 ③ 10 ① 11 ③ 12 ④ 13 ④

14 전자제어 가솔린엔진에서 연료분사장치의 특징으로 틀린 것은?

① 응답성 향상
② 냉간 시동성 저하
③ 연료소비율 향상
④ 유해 배출가스 감소

 전자제어 연료분사장치의 특징
① 응답성 향상
② 냉간 시동성 향상
③ 연료소비율 향상
④ 유해 배출가스 감소

15 전자제어 가솔린엔진에서 흡입 공기량 계측 방식으로 틀린 것은?

① 베인식
② 열막식
③ 칼만 와류식
④ 피드백 제어식

 흡입공기량 계측방식
① 직접 계측방식(mass flow type)
  a. 체적 검출방식 : 베인식, 칼만 와류식
  b. 질량 검출방식 : 열선(Hot wire)식, 열막(Hot film)식
② 간접 계측방식(speed density type) : 흡기다기관 절대압력(MAP센서) 방식

16 내연기관의 열손실을 측정한 결과 냉각수에 의한 손실이 30%, 배기 및 복사에 의한 손실이 30%였다. 기계 효율이 85%라면 정미 열효율(%)은?

① 28
② 30
③ 32
④ 34

 정미 열효율(%)
={100−(배기 및 복사손실+냉각손실)}×기계효율
∴ 정미 열효율(%)
= {100−(30+30)}×0.85 = 34%

17 LPG 연료의 장점에 대한 설명으로 틀린 것은?

① 대기 오염이 적고 위생적이다.
② 노킹이 일어나지 않아 기관이 정숙하다.
③ 퍼컬레이션으로 인해 연소 효율이 증가한다.
④ 기관 오일을 더럽히지 않으며 기관의 수명이 길다.

 LPG 연료의 장점
① 연소효율이 좋아 대기 오염이 적고 위생적이다.
② 옥탄가가 높다.
③ 노킹이 일어나지 않아 기관이 정숙하다.
④ 이론 공연비에 가까운 값에서 완전 연소한다.
⑤ 가스상태이므로 증기폐쇄(vapor lock)가 일어나지 않아 퍼콜레이션(percolation)이 발생하지 않는다.
⑥ 오일의 오염이 적어 엔진 수명이 길다.

정답 14 ② 15 ④ 16 ④ 17 ③

18 디젤기관에서 착화지연기간이 1/1000초, 착화 후 최고 압력에 도달할 때까지의 시간이 1/1000초일 때, 2000rpm으로 운전되는 기관의 착화 시기는? (단, 최고 폭발압력은 상사점 후 12°이다.)

① 상사점 전 32°
② 상사점 전 36°
③ 상사점 전 12°
④ 상사점 전 24°

 연소지연시간동안 크랭크축 회전각도
= 6·N·T
여기서, N : 엔진 회전수[rpm]
T : 연소지연시간[sec]
∴ $6 \times 2000 \times \frac{2}{1000} = 24°$
최고 폭발압력은 상사점 후 12°에서 발생되므로, 24°−12° = 12°, 즉 착화 시기는 상사점 전 12°가 된다.

19 연료 여과기의 오버플로 밸브의 역할로 틀린 것은?

① 공급 펌프의 소음 발생을 억제한다.
② 운전 중 연료에 공기를 투입한다.
③ 분사펌프의 엘리먼트 각 부분을 보호한다.
④ 공급 펌프와 분사 펌프 내의 연료 균형을 유지한다.

 오버플로 밸브의 역할
① 연료필터 내의 압력이 규정 이상으로 상승되는 것을 방지
② 운전 중에 연료 탱크 내에서 발생된 기포를 자동적으로 배출
③ 연료필터 각 부분을 보호
④ 연료공급 펌프의 소음발생 방지
⑤ 공급 펌프와 분사 펌프 내의 연료 균형을 유지한다.

20 일반적으로 자동차용 크랭크축 재질로 사용하지 않는 것은?

① 마그네슘-구리강
② 크롬-몰리브덴강
③ 니켈-크롬강
④ 고탄소강

 일반적으로 크랭크축의 재질은 고탄소강, 크롬 몰리브덴강, 니켈 크롬강이 사용된다.

 자동차섀시

21 무단변속기(CVT)의 구동 풀리와 피동 풀리에 대한 설명으로 옳은 것은?

① 구동 풀리 반지름이 크고 피동 풀리의 반지름이 작을 경우 증속된다.
② 구동 풀리 반지름이 작고 피동 풀리의 반지름이 클 경우 증속된다.
③ 구동 풀리 반지름이 크고 피동 풀리의 반지름이 작을 경우 역전 감속된다.
④ 구동 풀리 반지름이 작고 피동 풀리의 반지름이 클 경우 역전 증속된다.

 구동 풀리 반지름이 크고 피동 풀리의 반지름이 작을 경우 증속되며, 구동 풀리 반지름이 작고 피동 풀리의 반지름이 클 경우에는 감속된다.

 18 ③ 19 ② 20 ① 21 ①

22 기관의 최대토크 20kgf·m, 변속기의 제1변속비 3.5, 종감속비 5.2, 구동바퀴의 유효반지름이 0.35m일 때 자동차의 구동력(kgf)은? (단, 엔진과 구동바퀴 사이의 동력전달효율은 0.45이다.)

① 468　　　② 368
③ 328　　　④ 268

풀이 구동력 $F = \dfrac{T}{r}$

여기서, T : 회전력[kgf·m]
　　　　r : 타이어 반지름[m]
총감속비 = 변속비×종감속비
　　　　 = 3.5×5.2 = 18.2
동력전달효율이 0.45 이므로 구동바퀴의 토크는 20×18.2×0.45 = 163.8kgf·m
∴ 차륜의 구동력 $F = \dfrac{T}{r} = \dfrac{163.8}{0.35} = 468$kgf

23 기관의 토크가 14.32kgf·m이고, 2500rpm으로 회전하고 있다. 이때 클러치에 의해 전달되는 마력(PS)은? (단, 클러치의 미끄럼은 없는 것으로 가정한다.)

① 40　　　② 50
③ 60　　　④ 70

풀이 전달마력(HPS) = $\dfrac{2\pi TN}{75 \times 60} = \dfrac{T \cdot N}{716}$

∴ 전달마력(HPS) = $\dfrac{T \cdot N}{716}$
= $\dfrac{14.32 \times 2500}{716}$ = 50PS

24 전자제어 동력 조향장치에서 다음 주행 조건 중 운전자에 의한 조향 휠의 조작력이 가장 작은 것은?

① 40km/h 주행 시
② 80km/h 주행 시
③ 120km/h 주행 시
④ 160km/h 주행 시

풀이 전자제어 동력 조향장치에서 조향 휠의 조작력은 저속에서는 가볍게 하고 고속에서는 적절히 무겁게 하므로 저속 주행 시 휠의 조작력이 가장 작다.

25 오버 드라이브(Over Drive) 장치에 대한 설명으로 틀린 것은?

① 기관의 수명이 향상되고 운전이 정숙하게 되어 승차감도 향상된다.
② 속도가 증가하기 때문에 윤활유의 소비가 많고 연료 소비가 증가한다.
③ 기관의 여유출력을 이용하였기 때문에 기관의 회전속도를 약 30% 정도 낮추어도 그 주행속도를 유지할 수 있다.
④ 자동변속기에서도 오버 드라이브가 있어 운전자의 의지(주행속도, TPS 개도량)에 따라 그 기능을 발휘하게 된다.

풀이 ①, ③, ④항이 오버 드라이브에 대한 옳은 설명이고, 오버 드라이브는 엔진의 여유동력을 이용하므로 연료 소비량이 감소한다.

정답 22 ①　23 ②　24 ①　25 ②

26 클러치의 구성부품 중 릴리스 베어링(Release bearing)의 종류에 해당하지 않는 것은?
① 카본형   ② 볼 베어링형
③ 니들 베어링형   ④ 앵귤러 접촉형

 릴리스 베어링의 종류 : 카본 형, 볼베어링 형, 앵귤러 접촉 형

27 제동 시 슬립율(λ)을 구하는 공식은? (단, 자동차의 주행 속도는 V, 바퀴의 회전 속도는 V_w이다.)

① $\lambda = \dfrac{V - V_w}{V} \times 100(\%)$

② $\lambda = \dfrac{V}{V - V_w} \times 100(\%)$

③ $\lambda = \dfrac{V_w - V}{V_w} \times 100(\%)$

④ $\lambda = \dfrac{V_w}{V_w - V} \times 100(\%)$

 슬립률(λ) = $\dfrac{V - V_w}{V} \times 100[\%]$

여기서, V : 차량속도
V_w : 차륜속도

28 전동식 동력 조향장치(Motor Driven Power Steering) 시스템에서 정차 중 핸들 무거움 현상의 발생 원인이 아닌 것은?
① MDPS CAN 통신선의 단선
② MDPS 컨트롤 유닛측의 통신 불량
③ MDPS 타이어 공기압 과다주입
④ MDPS 컨트롤 유닛측 배터리 전원공급 불량

 타이어 공기압이 높으면 핸들은 가벼워진다.

29 공기 브레이크의 주요 구성부품이 아닌 것은?
① 브레이크 밸브   ② 레벨링 밸브
③ 릴레이 밸브   ④ 언로더 밸브

 ①, ③, ④ 항은 공기 브레이크의 구성 요소이고, 레벨링 밸브는 공기 현가장치 부품이다.

30 자동차 제동장치가 갖추어야 할 조건으로 틀린 것은?
① 최고속도와 차량의 중량에 대하여 항상 충분한 제동력을 발휘할 것
② 신뢰성과 내구성이 우수할 것
③ 조작이 간단하고 운전자에게 피로감을 주지 않을 것
④ 고속주행 상태에서 급제동 시 모든 바퀴에 제동력이 동일하게 작용할 것

제동장치가 갖추어야 할 조건
① 조작이 간단하고, 운전자에게 피로감을 주지 않을 것
② 신뢰성과 내구성이 우수할 것
③ 최고속도와 차량의 중량에 대하여 항상 충분한 제동력을 발휘할 것
④ 작동이 확실하고 효과가 클 것
⑤ 점검이나 조정이 쉬울 것
고속주행 상태에서 급제동 시 하중의 이동에 따라 바퀴에 제동력이 적절하게 분배되어야 한다.

 26 ③   27 ①   28 ③   29 ②   30 ④

31 브레이크장치의 프로포셔닝 밸브에 대한 설명으로 옳은 것은?

① 바퀴의 회전속도에 따라 제동시간을 조절한다.
② 바깥 바퀴의 제동력을 높여서 코너링 포스를 줄인다.
③ 급제동 시 앞바퀴보다 뒷바퀴가 먼저 제동되는 것을 방지한다.
④ 선회 시 조향 안정성 확보를 위해 앞바퀴의 제동력을 높여준다.

풀이 프로포셔닝(proportioning) 밸브는 제동 시 브레이크 작용력이 증대됨에 따라 뒤쪽의 유압 증가비율을 앞쪽보다 작게 하여 앞바퀴보다 뒷바퀴가 먼저 제동되는 것을 방지한다. 즉, 뒷바퀴의 조기고착에 의한 조종 불안정을 방지하기 위한 밸브이다.

32 ABS 컨트롤 유닛(제어모듈)에 대한 설명으로 틀린 것은?

① 휠의 회전속도 및 가·감속을 계산한다.
② 각 바퀴의 속도를 비교·분석한다.
③ 미끄럼 비를 계산하여 ABS 작동 여부를 결정한다.
④ 컨트롤 유닛이 작동하지 않으면 브레이크가 전혀 작동하지 않는다.

풀이 ①~③항이 ABS 컨트롤 유닛(제어모듈)에 대한 옳은 설명이며, ABS 컨트롤 유닛이 작동하지 않아도 일반 풋 브레이크로 제동이 가능하다.

33 자동차를 옆에서 보았을 때 킹핀의 중심선이 노면에 수직인 직선에 대하여 어느 한쪽으로 기울어져 있는 상태는?

① 캐스터   ② 캠버
③ 셋백   ④ 토인

풀이 자동차를 옆에서 보았을 때 킹핀의 중심선이 노면에 수직인 직선에 대하여 뒤로 기울어져 있으면 정(+)의 캐스터, 앞으로 기울어져 있으면 부(-)의 캐스터라 한다.

34 전동식 동력조향장치의 입력 요소 중 조향핸들의 조작력 제어를 위한 신호가 아닌 것은?

① 토크 센서 신호
② 차속 센서 신호
③ G 센서 신호
④ 조향 각 센서 신호

풀이 전동식 조향장치(MDPS) 입·출력 요소

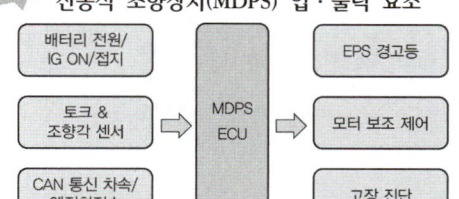

35 센터 디퍼렌셜 기어 장치가 없는 4WD 차량에서 4륜 구동상태로 선회 시 브레이크가 걸리는 듯한 현상은?

① 타이트 코너 브레이킹
② 코너링 언더 스티어
③ 코너링 요 모멘트
④ 코너링 포스

정답 31 ③ 32 ④ 33 ① 34 ③ 35 ①

타이트 코너 브레이킹(tight corner braking) 현상이란 센터 디퍼렌셜 기어 장치가 없는 파트타임 4륜구동(4WD) 자동차에서 앞·뒤 바퀴의 선회 차에 의해 발생되는 현상으로, 코너 회전 시, U턴 시, 주차 시 등 회전반경이 작은 경우에 심하게 발생한다. 전륜은 빨리 회전하여야 하나 천천히 회전하여 브레이크가 걸리는 듯 주행하고 후륜은 천천히 회전하여야 하나 강제로 끌리는 듯 공전하게 되는 현상을 말한다.

36 구동력이 108kgf인 자동차가 100km/h로 주행하기 위한 엔진의 소요마력(PS)은?

① 20 ② 40
③ 80 ④ 100

 소요마력 $= \dfrac{F \times v}{75}$

여기서, F : 구동력[kgf]
v : 차속[m/s]

∴ 엔진 소요마력 $= \dfrac{F \times v}{75} = \dfrac{108 \times \left(\dfrac{100}{3.6}\right)}{75}$
$= 40\text{PS}$

37 다음 중 댐퍼 클러치 제어와 가장 관련이 없는 것은?

① 스로틀 포지션 센서
② 에어컨 릴레이 스위치
③ 오일 온도 센서
④ 노크 센서

 댐퍼 클러치는 스로틀 포지션 센서, 냉각수 온도 센서, 오일온도 센서, 차속(펄스제너레이터-B), 에어컨 릴레이 스위치 등의 상황에 따라 작동과 비작동이 반복된다.

38 전자제어 현가장치에서 안티 스쿼트(Anti -squat) 제어의 기준신호로 사용되는 것은?

① G 센서 신호
② 프리뷰 센서 신호
③ 스로틀 포지션 센서 신호
④ 브레이크 스위치 신호

 스쿼트란 급가속시 차량 앞쪽이 들리는 현상으로, 스로틀포지션 센서의 신호를 안티 스쿼트 제어에 사용한다.

39 전자제어 현가장치에 대한 설명으로 틀린 것은?

① 조향 각 센서는 조향 휠의 조향 각도를 감지하여 제어모듈에 신호를 보낸다.
② 일반적으로 차량의 주행상태를 감지하기 위해서는 최소 3점의 G센서가 필요하며 차량의 상·하 움직임을 판단한다.
③ 차속 센서는 차량의 주행속도를 감지하며 앤티 다이브, 앤티 롤, 고속안정성 등을 제어할 때 입력신호로 사용된다.
④ 스로틀 포지션 센서는 가속페달의 위치를 감지하여 고속 안정성을 제어할 때 입력신호로 사용된다.

 전자제어 현가장치에서 스로틀 포지션 센서는 자동차의 급 가·감속을 검출하여 안티 스쿼트와 안티 다이브의 입력신호로 사용된다.

 36 ② 37 ④ 38 ③ 39 ④

40 다음 중 구동륜의 동적 휠 밸런스가 맞지 않을 경우 나타나는 현상은?

① 피칭 현상
② 시미 현상
③ 캐치 업 현상
④ 링클링 현상

 타이어가 정적 불평형일 경우 타이어가 상하로 움직이는 트램핑 현상이, 동적 불평형(unbalance)일 경우 타이어가 좌우로 움직이는 시미 현상이 발생한다.

42 차량에서 12V 배터리를 탈거한 후 절연체의 저항을 측정하였더니 1MΩ이라면 누설전류(mA)는?

① 0.006
② 0.008
③ 0.010
④ 0.012

 오옴의 법칙 $I = \dfrac{E}{R}$

여기서, E : 전압[V]
I : 전류[A]
R : 저항[Ω]

$\therefore I = \dfrac{12}{1 \times 10^{-6}} = 0.012\text{mA}$

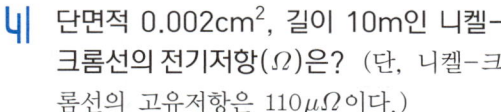

제3과목　**자동차전기**

41 단면적 0.002cm², 길이 10m인 니켈-크롬선의 전기저항(Ω)은? (단, 니켈-크롬선의 고유저항은 110μΩ이다.)

① 45　② 50
③ 55　④ 60

 도체의 전체저항 $(R) = \rho \times \dfrac{\ell}{A}$

여기서, R : 도체의 전체저항[Ω]
ρ : 도체의 고유저항[Ω]
ℓ : 도체의 길이[cm]
A : 도체의 단면적[cm²]

$\therefore$ 도체의 전체저항 $(R) = \rho \times \dfrac{\ell}{A}$

$= 110 \times 10^{-6} \times \dfrac{1000}{0.002} = 55\,\Omega$

\# 문제에서 니켈-크롬선의 단위는 $\mu\Omega \cdot \text{cm}$이다.

43 트랜지스터식 점화장치에서 파워 트랜지스터에 대한 설명으로 틀린 것은?

① 점화장치의 파워 트랜지스터는 주로 PNP형 트랜지스터를 사용한다.
② 점화1차 코일의 (-)단자는 파워 트랜지스터의 컬렉터(C) 단자에 연결된다.
③ 베이스(B) 단자는 ECU로부터 신호를 받아 점화코일의 스위칭 작용을 한다.
④ 이미터(E) 단자는 파워 트랜지스터의 접지단으로 코일의 전류가 접지로 흐르게 한다.

 ②~④항이 파워 트랜지스터(TR)에 대한 옳은 설명이고, 트랜지스터식 점화장치에서 파워 트랜지스터는 주로 NPN형을 사용한다.

---

 40 ②　41 ③　42 ④　43 ①

44 어린이운송용 승합자동차에 설치되어 있는 적색 표시등과 황색 표시등의 작동 조건에 대한 설명으로 옳은 것은?

① 정지하려고 할 때는 적색 표시등이 점멸
② 출발하려고 할 때는 적색 표시등이 점등
③ 정차 후 승강구가 열릴 때는 적색 표시등 점멸
④ 출발하려고 할 때는 적색 및 황색 표시등이 동시에 점등

 어린이운송용 승합자동차가 도로에 정차하거나 출발하려고 할 때에는 황색 표시등이 점멸되도록 하고 정지한 때에는 적색 표시등이 점멸되도록 할 것

45 방향지시등을 작동시켰을 때 앞 우측 방향지시등은 정상적인 점멸을 하는데, 뒤 좌측 방향지시등은 점멸속도가 빨라졌다면 고장원인으로 볼 수 있는 것은?

① 비상등 스위치 불량
② 방향지시등 스위치 불량
③ 앞 우측 방향지시등 단선
④ 앞 좌측 방향지시등 단선

 방향지시등을 어느 한쪽으로 작동시켰을 때 점멸속도가 빨라졌다면, 그 방향의 방향지시등 앞쪽 및 뒤쪽 중 어느 하나가 단선되었다는 의미이다.

46 냉·난방장치에서 블로워 모터 및 레지스터에 대한 설명으로 옳은 것은?

① 최고 속도에서 모터와 레지스터는 병렬 연결된다.
② 블로워 모터 회전속도는 레지스터의 저항 값에 반비례한다.
③ 블로워 모터 레지스터는 라디에이터 팬 앞쪽에 장착되어 있다.
④ 블로워 모터가 최고속도로 작동하면 블로워 모터퓨즈가 단선될 수도 있다.

 블로워 모터 회로도

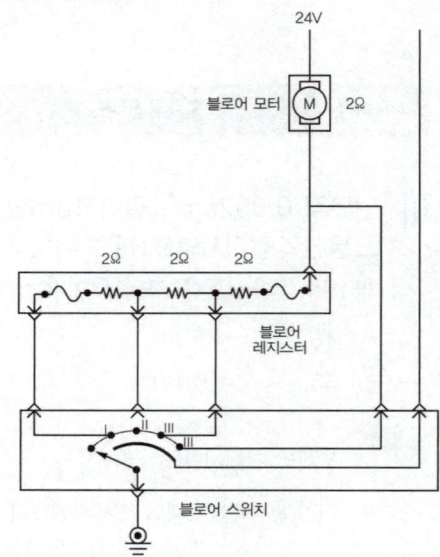

블로워 모터의 각 단은 직렬로 연결되어 저항이 크면 속도가 저하하고, 저항이 작으면 빨라진다.
즉, 블로워 모터 회전속도는 저항 값에 반비례한다.

44 ③ 45 ④ 46 ②

47 자동차 냉방 시스템에서 CCOT(Clutch Cycling Orifice Tube) 형식의 오리피스 튜브와 동일한 역할을 수행하는 TXV(Thermal Expansion Valve) 형식의 구성부품은?

① 컨덴서
② 팽창 밸브
③ 핀센서
④ 리시버 드라이어

 TXV 형식의 팽창밸브(expansion valve)는 CCOT 형식의 오리피스 튜브와 같이 액화된 고온·고압의 냉매를 저온·저압의 냉매로 만드는 역할을 한다.

48 기동 전동기 작동 시 소모전류가 규정치보다 낮은 이유는?

① 압축압력 증가
② 엔진 회전저항 증대
③ 점도가 높은 엔진오일 사용
④ 정류자와 브러시 접촉저항이 큼

 기동전동기는 브러시와 정류자를 통해 전류가 흐르므로, 브러시와 정류자의 접촉저항이 크게 되면 소모전류도 낮아진다.

49 경음기소음 측정 시 암소음 보정을 하지 않아도 되는 경우는?

① 경음기소음 : 84dB, 암소음 : 75dB
② 경음기소음 : 90dB, 암소음 : 85dB
③ 경음기소음 : 100dB, 암소음 : 92dB
④ 경음기소음 : 100dB, 암소음 : 85dB

 측정음과 암소음의 차이가 9dB을 초과하면 암소음 보정치를 적용하지 않는다.

[참고] 암소음 보정치 산정

측정치와 암소음의 차이	3dB	4~5dB	6~9dB
보정치	-3	-2	-1

50 전기회로의 점검방법으로 틀린 것은?

① 전류 측정 시 회로와 병렬로 연결한다.
② 회로가 접촉 불량일 경우 전압강하를 점검한다.
③ 회로의 단선 시 회로의 저항 측정을 통해서 점검할 수 있다.
④ 제어모듈 회로 점검 시 디지털 멀티미터를 사용해서 점검할 수 있다.

 전기회로에서 전류 측정 시에는 회로와 직렬로 연결하여 측정한다.

51 하이브리드 자동차에서 고전압 배터리 관리 시스템(BMS)의 주요 제어 기능으로 틀린 것은?

① 모터제어
② 출력제한
③ 냉각제어
④ SOC제어

 하이브리드 자동차(HEV)의 BMS는 SOC 추정(충전상태 제어), 파워(출력) 제한, 냉각 제어, 릴레이 제어, 셀 밸런싱, 고장진단 등을 수행한다.

정답 47 ② 48 ④ 49 ④ 50 ① 51 ①

52 자동차에서 저항 플러그 및 고압 케이블을 사용하는 가장 적합한 이유는?

① 배기가스 저감
② 잡음 발생 방지
③ 연소 효율 증대
④ 강력한 불꽃 발생

 자동차에서 저항 플러그 및 고압 케이블에 5~10kΩ 정도의 저항체를 내장하여 사용하는 이유는 전파 장해 및 각종 잡음 발생을 방지하기 위함이다.

53 점화장치의 파워 트랜지스터 불량 시 발생하는 고장 현상이 아닌 것은?

① 주행 중 엔진이 정지한다.
② 공전 시 엔진이 정지한다.
③ 엔진 크랭킹이 되지 않는다.
④ 점화 불량으로 시동이 안 걸린다.

 파워 트랜지스터가 불량하면 점화가 불량하여 시동이 걸리지 않거나 공전 시 또는 주행 중 엔진이 정지한다. 파워 TR이 불량해도 크랭킹은 가능하다.

54 다음 회로에서 스위치를 ON하였으나 전구가 점등되지 않아 테스트 램프(LED)를 사용하여 점검한 결과 i점과 j점이 모두 점등되었을 때 고장원인으로 옳은 것은?

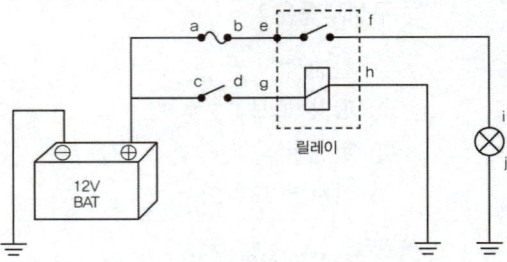

① 휴즈 단선   ② 릴레이 고장
③ h와 접지선 단선 ④ j와 접지선 단선

 스위치 c~d를 ON하면 릴레이는 자석이 되어 접점 e~f가 붙는다. 테스트 램프를 사용하여 점검한 결과 i점과 j점이 모두 점등하였으므로 릴레이, 접점, 전구 모두 이상이 없다. 따라서 j와 접지선 사이가 단선 또는 접지 불량이다.

55 자동차 PIC 시스템의 주요기능으로 가장 거리가 먼 것은?

① 스마트키 인증에 의한 도어 록
② 스마트키 인증에 의한 엔진 정지
③ 스마트키 인증에 의한 도어 언록
④ 스마트키 인증에 의한 트렁크 언록

 PIC 시스템은 스마트키를 소지한 운전자가 키나 리모컨을 사용하지 않은 상태에서 차량으로 입/출(Unlock/Lock)을 할 수 있는 시스템으로, 스마트키 인증에 의한 도어 록/언록 및 트렁크 언록 기능을 수행한다.

 52 ② 53 ③ 54 ④ 55 ②

56 점화플러그에 대한 설명으로 옳은 것은?

① 에어갭(간극)이 규정보다 클수록 불꽃 방전시간이 짧아진다.
② 에어갭(간극)이 규정보다 작을수록 불꽃 방전 전압이 높아진다.
③ 전극의 온도가 낮을수록 조기점화 현상이 발생된다.
④ 전극의 온도가 높을수록 카본퇴적 현상이 발생된다.

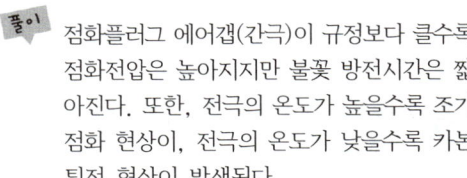
점화플러그 에어갭(간극)이 규정보다 클수록 점화전압은 높아지지만 불꽃 방전시간은 짧아진다. 또한, 전극의 온도가 높을수록 조기점화 현상이, 전극의 온도가 낮을수록 카본퇴적 현상이 발생된다.

57 충전장치의 고장 진단방법으로 틀린 것은?

① 발전기 B단자의 저항을 점검한다.
② 배터리 (+)단자의 접촉 상태를 점검한다.
③ 배터리 (−)단자의 접촉 상태를 점검한다.
④ 발전기 몸체와 차체의 접촉 상태를 점검한다.

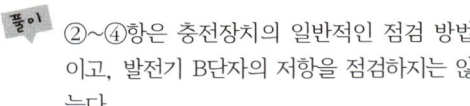
②~④항은 충전장치의 일반적인 점검 방법이고, 발전기 B단자의 저항을 점검하지는 않는다.

58 광도가 25000cd의 전조등으로부터 5m 떨어진 위치에서의 조도(lx)는?

① 100   ② 500
③ 1000   ④ 5000

조도$(Lx) = \dfrac{광도(cd)}{r^2}$

여기서 r : 거리[m]

∴ 조도$(Lx) = \dfrac{25000}{5^2} = 1000 Lux$

59 메모리 효과가 발생하는 배터리는?

① 납산 배터리
② 니켈 배터리
③ 리튬-이온 배터리
④ 리튬-폴리머 배터리

메모리 효과란 전지의 용량이 남은 상태에서 전지를 충전시키면 남아있는 상태부터 충전된 용량만큼만 사용이 가능한 현상으로 니켈류 배터리에서 주로 나타나는 증상이다.

60 반도체 접합 중 이중접합의 적용으로 틀린 것은?

① 서미스터
② 발광 다이오드
③ PNP 트랜지스터
④ NPN 트랜지스터

반도체 소자의 접합방식의 분류
① 무접합 : 접합면이 없는 것, 서미스터, CdS 등
② 단접합 : 접합면이 1개, 다이오드, 제너 다이오드
③ 이중접합 : 접합면이 2개, PNP, NPN형 트랜지스터, 전계효과 트랜지스터, 발광 다이오드
④ 다중접합 : 접합면이 3개 이상, 사이리스터, 포토 트랜지스터

56 ①　57 ①　58 ③　59 ②　60 ①

제1회 자동차정비산업기사 CBT 기출복원 문제

제1과목 자동차기관

01 가솔린 기관에서 연료 분사장치를 사용할 때의 장점에 해당되지 않는 것은?

① 체적효율이 증대된다.
② 소기에 의한 연료 손실이 없다.
③ 역화의 염려가 없다.
④ 증기 폐쇄가 발생시 연료 분사량이 정확하다.

02 내경 87mm, 행정 70mm인 6기통 기관의 출력은 회전속도 5,600rpm에서 90kW이다. 이 기관의 비체적 출력 즉, 리터 출력(kW/L)은?

① 6kW/L ② 9kW/L
③ 15kW/L ④ 36kW/L

03 다음 중 압축비가 가장 높은 기관은?

① 디젤기관
② 소구기관
③ 가솔린기관
④ LPG기관

04 압축비가 9:1 인 오토사이클 기관의 열효율은? (단, k=1.4 이다.)

① 약 35% ② 약 45%
③ 약 58% ④ 약 66%

05 기관의 기계효율을 높이기 위한 방법이 아닌 것은?

① 각 부의 윤활을 잘 시켜 저항을 작게 한다.
② 엔진의 평형을 위해 플라이휠의 질량을 크게 한다.
③ 연료펌프, 순환펌프 등 각종 보조 장치의 구동저항을 줄인다.
④ 배기가스의 배출을 방해하는 저항을 줄인다.

06 기관에서 블로 다운(blow down) 현상의 설명으로 옳은 것은?

① 밸브와 밸브 시트 사이에서의 가스의 누출현상
② 배기행정 초기에 배기밸브가 열려 배기가스 자체의 압력에 의하여 가스가 배출되는 현상
③ 압축행정시 피스톤과 실린더 사이에서 공기가 누출되는 현상
④ 피스톤이 상사점 근방에서 흡배기 밸브가 동시에 열려 배기류의 잔류가스를 배출시키는 현상

01 ④ 02 ④ 03 ① 04 ③ 05 ② 06 ②

07 밸브 스프링의 서징 현상을 방지하는 방법으로 틀린 것은?
① 피치가 작은 스프링을 사용한다.
② 피치가 서로 다른 이중 스프링을 사용한다.
③ 원추형 스프링을 사용한다.
④ 스프링의 고유 진동수를 높인다.

08 기관의 회전속도가 3000rpm 이고, 연소지연시간이 1/900초일 때, 연소지연시간 동안 크랭크축의 회전각도는?
① 30°
② 28°
③ 25°
④ 20°

09 피스톤과 커넥팅로드를 연결하는 피스톤 핀의 고정방법이 아닌 것은?
① 고정식
② 반 부동식
③ 3/4부동식
④ 전 부동식

10 연료분사 밸브는 엔진 회전수 신호 및 각종 센서의 정보 신호에 의해 제어된다. 분사량과 직접적으로 관련이 되지 않는 것은?
① 밸브 분사공의 직경
② 분사 밸브의 연료 레일
③ 연료 라인의 압력
④ 분사 밸브의 통전 시간

11 윤활유의 성질 중에서 가장 중요한 것은?
① 점도
② 비중
③ 밀도
④ 응고점

12 라디에이터 압력식 캡의 진공밸브가 열리는 시점으로 맞는 것은?
① 라디에이터 내의 압력이 대기압보다 높을 때
② 라디에이터 내의 압력이 대기압보다 낮을 때
③ 라디에이터 내의 압력이 규정치보다 높을 때
④ 보조탱크 내의 압력이 규정치보다 낮을 때

13 가솔린 기관에서 가솔린 200cc를 완전 연소시키기 위하여 몇 kgf의 공기가 필요한가? (단, 가솔린 비중은 0.73 이고 혼합비는 15 : 1 이다.)
① 2.19kgf
② 3.04kgf
③ 1.46kgf
④ 1.86kgf

14 디젤기관에서 분사펌프의 딜리버리 밸브의 기능으로 틀린 것은?
① 연료 잔압 유지
② 연료분사량 증감
③ 역류방지
④ 후적방지

07 ① 08 ④ 09 ③ 10 ② 11 ① 12 ② 13 ① 14 ②

15. 전자제어 연료 분사장치에서 인젝터의 솔레노이드 코일에 전류가 통하는 시간으로 결정되는 것은?
① 응답성　② 분사량
③ 분사 압력　④ 흡인력

16. 기관에서 배기장치의 기능으로 틀린 것은?
① 배출가스의 강한 충격음을 완화시킨다.
② 배기가스가 유출되는 데 큰 저항을 주지 않도록 한다.
③ 배기가스가 차실내로 유입되지 않게 한다.
④ 소음기가 설치되어 배기가스의 유해물질을 저감시킨다.

17. 증발가스 제어장치의 퍼지 컨트롤 솔레노이드 밸브 (PCSV)의 작동을 설명한 것으로 틀린 것은?
① 엔진이 워밍업(Warming up) 된 상태에서 작동함
② 퍼지 컨트롤 솔레노이드 밸브는 평상시 열려있는 방식(Normal Open)의 밸브임
③ 일정시간 작동하다가 캐니스터에 포집된 증발가스가 없다고 ECU에서 판단되면 작동 중지됨
④ 공회전 상태에서도 연료 탱크 및 증발가스 라인의 압력을 줄이기 위해 작동은 되나 주로 공회전 이외의 영역에서 작동함

18. 전자제어 가솔린 기관에서 연소시 1회에 필요한 연료의 질량을 결정하는 요소가 아닌 것은?
① 기관 회전속도
② 흡기공기의 질량
③ 목표 공연비
④ 기관의 압축압력

19. 엔진 최대출력의 정격 회전수가 4,000rpm인 경유사용 자동차 배출가스 정밀검사 방법 중 부하검사의 Lug-Down 3모드에서 3모드에 해당하는 엔진 회전수는?
① 2,800rpm
② 3,000rpm
③ 3,200rpm
④ 4,000rpm

20. 어떤 오토기관의 배기가스 온도를 측정한 결과 전부하 운전 시에는 850°C, 공전 시에는 350°C일 때 각각 절대 온도(K)로 환산한 것으로 옳은 것은?
① 1,850, 1,350
② 850, 350
③ 1,123, 623
④ 577, 77

15 ②　16 ④　17 ②　18 ④　19 ③　20 ③

제2과목 자동차섀시

21 ABS 컨트롤 유닛의 휠 스피드 센서에 대한 고장 감지 사항과 관계가 없는 것은?

① key 스위치 ON부터 주행까지 항상 감시한다.
② ABS가 작동될 때만 감시한다.
③ 전압과 주파수에 대한 감시도 한다.
④ 휠 스피드 센서가 고장이 나면 즉시 경고등을 점멸한다.

22 전자제어 현가장치 자동차의 컨트롤 유닛(ECU)에 입력되는 신호가 아닌 것은?

① 홀드 스위치 신호
② 조향핸들 조향각도 신호
③ 스로틀 포지션 센서 신호
④ 브레이크 압력 스위치 신호

23 엔진의 출력이 100PS이고 클러치판과 압력판 사이의 마찰계수가 0.3, 그리고 클러치판의 평균 반경이 40cm, 엔진의 회전수가 3,000rpm일 때 클러치가 미끄러지지 않으려면 스프링 장력의 총합은 얼마 이상이어야 하는가?

① 약 50kgf
② 약 100kgf
③ 약 150kgf
④ 약 200kgf

24 수동변속기에서 싱크로메시 기구가 작용하는 시기는?

① 변속 기어를 뺄 때
② 변속 기어가 물릴 때
③ 클러치 페달을 놓을 때
④ 클러치 페달을 밟을 때

25 자동차의 중량 및 하중분포를 측정하는 조건으로 틀린 것은?

① 자동차는 공차 또는 적차 상태를 각각 측정한다.
② 연결자동차는 연결한 상태로 측정한다.
③ 공차상태의 중량분포로서 적차상태의 중량분포를 산출하기가 어려울 때에는 공차상태만 측정한다.
④ 측정단위는 kgf 으로 한다.

26 자동변속기 차량을 밀거나 끌어서 시동할 수 없는 이유로 가장 거리가 먼 것은?

① 토크 컨버터가 마찰열에 의해 파손을 가져오기 때문이다.
② 구동 바퀴로부터의 동력이 회전부분의 마찰을 가져오기 때문이다.
③ 충분한 윤활이 안되어 구동부품의 소결을 가져오기 때문이다.
④ 중량이 무겁고 또한 밀어서 시동을 걸 경우 배터리의 손상을 가져오기 때문이다.

21 ② 22 ① 23 ④ 24 ② 25 ③ 26 ④

27 독립현가 방식인 맥퍼슨 형식의 특징과 관계없는 것은?

① 기관실의 유효 체적을 넓게할 수 있다.
② 기구가 간단하여 고장이 적고 보수가 쉽다.
③ 스프링 아래 질량이 적기 때문에 로드 홀딩이 양호하다.
④ 바퀴가 들어 올려지면 캠버가 부의 캠버로 변한다.

28 차축의 형식 중 구동 차축의 스프링 아래 질량이 커지는 것을 피하기 위해 종감속기어와 차동장치를 액슬 축으로부터 분리하여 차체에 고정한 형식은?

① 3/4 부동식(three quarter floating axle type)
② 반부동식(half floating axle type)
③ 벤조식(banjo axle type)
④ 데 디온식(de dion axle type)

29 공기식 전자제어 현가장치의 구성에서 입력 요소가 아닌 것은?

① 차고센서
② G 센서
③ 도어 스위치
④ 에어 컴프레서 릴레이

30 애커먼 장토식 조향원리에 대한 설명으로 틀린 것은?

① 조향방향과 조향각이 변화하여도 하중이 분포하는 면적은 거의 변화가 없다.
② 킹핀과 타이로드의 양단을 잇는 그 연장선이 후차축의 중심과 일치하여야 한다.
③ 좌우 전륜의 회전축 연장선이 후차축의 연장선에서 만나서 모든 차륜이 동일점을 중심으로 선회하여야 한다.
④ 외측륜의 조향각이 내측륜의 조향각보다 커야 한다.

31 4바퀴 조향장치(4 wheel steering)의 제어목적 중 가장 거리가 먼 것은?

① 미끄러운 도로를 주행할 때 안정성이 향상된다.
② 차체의 사이드슬립 각도를 '0'으로 하여 선회 안정성을 증대한다.
③ 저속 운전영역에서 우수한 조향성능을 유지한다.
④ 가로방향 가속도와 요레이트의 위상지연을 최대화 한다.

정답 27 ④ 28 ④ 29 ④ 30 ④ 31 ④

32. 전자제어 조향장치(EPS)에 대한 설명으로 적합하지 않은 것은?

① 전자제어 조향장치(EPS)에는 차속센서, 솔레노이드가 사용된다.
② 전자제어식 EPS는 차속센서의 조향시 조향력을 유지하기 위한 신호로 스로틀위치센서(TPS)가 이용되기도 한다.
③ 차속감응식의 경우 저속에서는 가볍게, 고속에서는 무겁게 조향할 수 있는 특성이 있다.
④ 전동 전자제어식에서는 속도에 따라 솔레노이드 밸브에 흐르는 전압을 듀티비로 제어한다.

33. 검사기기를 이용하여 운행 자동차의 주 제동력을 측정하고자 한다. 다음 중 측정방법이 잘못된 것은?

① 바퀴의 흙이나 먼지, 물 등의 이물질을 제거한 상태로 측정한다.
② 공차상태에서 사람이 타지 않고 측정한다.
③ 적절히 예비운전이 되어 있는지 확인한다.
④ 타이어의 공기압은 표준 공기압으로 한다.

34. 추진축의 토션 댐퍼가 하는 일은?

① 완충작용
② torque 전달
③ 회전력 상승
④ 전단력 감소

35. 유성기어에서 링기어 잇수가 50, 선기어 잇수가 20, 유성기어 잇수가 10 이다. 링기어를 고정하고 선기어를 구동하면 감속비는 얼마인가?

① 0.14
② 1.4
③ 2.5
④ 3.5

36. 고무로 피복된 코드를 여러 겹 겹친 층에 해당되며, 타이어에서 타이어 골격을 이루는 부분은?

① 카커스(carcass)부
② 트레드(tread)부
③ 숄더(shoulder)부
④ 비드(bead)부

37. 캠버에 관한 설명 중 틀린 것은?

① 정면에서 보았을 때 차륜 중심선이 수직선에 대해 경사되어 있는 상태를 말한다.
② 정(+)의 캠버란 차륜 중심선의 위쪽이 안으로 기울어진 상태를 말한다.
③ 정(+)의 캠버는 직진성을 좋게 한다.
④ 부(-)의 캠버는 커브 주행시 선회력을 증가 시킨다.

정답 32 ④ 33 ② 34 ① 35 ④ 36 ① 37 ②

38 하이드로 마스터의 진공계통을 이루는 주요 부품은?

① 체크밸브, 하이드로릭 실린더
② 체크밸브, 파워실린더, 릴레이밸브, 파워피스톤
③ 릴레이밸브, 진공펌프, 하이드로릭 실린더
④ 진공펌프, 오일파이프, 파워실린더

39 그림과 같은 브레이크 장치가 있다. 피스톤의 면적이 3cm² 일 때 푸시로드에 가해주는 힘(kgf)과 유압(kgf/cm²)은?

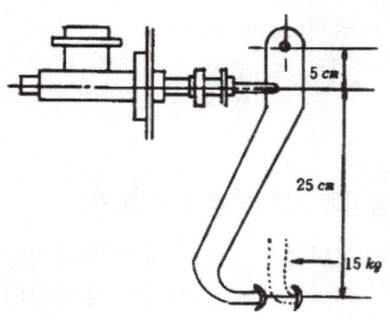

① 푸시로드에 45kgf 힘, 유압은 45kgf/cm²
② 푸시로드에 70kgf 힘, 유압은 45kgf/cm²
③ 푸시로드에 90kgf 힘, 유압은 30kgf/cm²
④ 푸시로드에 105kgf 힘, 유압은 30kgf/cm²

40 그림과 같은 단순유성기어 장치를 이용할 때 어느 경우든 증속되는 경우는?

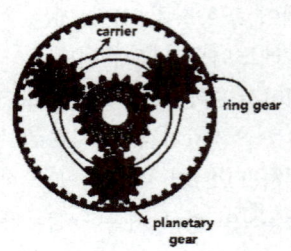

① 유성 캐리어를 구동시킨다.
② 선기어를 구동시킨다.
③ 유성 캐리어를 고정시킨다.
④ 선기어를 고정하고 링기어를 구동시킨다.

제3과목 자동차전기

41 전자력에 대한 설명으로 틀린 것은?

① 전자력은 자계의 세기에 비례한다.
② 전자력은 자력에 의해 도체가 움직이는 힘이다.
③ 전자력은 도체의 길이, 전류의 크기에 비례한다.
④ 전자력은 자계방향과 전류의 방향이 평행일 때 가장 크다.

정답 38 ② 39 ③ 40 ① 41 ④

42 어떤 직류 발전기의 전기자 총 도체수가 48, 자극수가 2, 전기자 병렬회로 수가 2, 각 극의 자속이 0.018 Wb 이다. 회전수가 1,800rpm 일 때 유기되는 전압은? (단, 전기자 저항은 무시한다.)

① 약 21V ② 약 23.5V
③ 약 25.9V ④ 약 28V

43 점화플러그의 구비조건으로 틀린 것은?

① 내열 성능이 클 것
② 열전도 성능이 없을 것
③ 기밀 유지 성능이 클 것
④ 자기 청정 온도를 유지할 것

44 그림과 같은 회로에서 스위치가 OFF되어 있는 상태로 커넥터가 단선되었다. 이 회로를 테스트 램프로 점검하였을 때 테스트 램프의 점등상태로 옳은 것은?

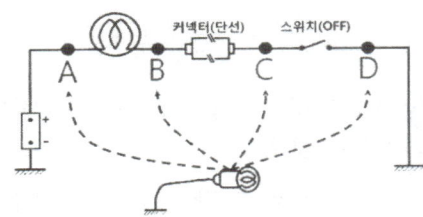

① A: OFF, B: OFF, C: OFF, D: OFF
② A: ON, B: OFF, C: OFF, D: OFF
③ A: ON, B: ON, C: OFF, D: OFF
④ A: ON, B: ON, C: ON, D: OFF

45 이모빌라이저의 구성품으로 틀린 것은?

① 트랜스폰더
② 코일 안테나
③ 엔진 ECU
④ 스마트키

46 자동차에 사용되는 각종 전기·전자 소자 구성품에 대한 내용으로 틀린 것은?

① 인젝터는 솔레노이드밸브가 사용되며 통전되는 시간에 따라 분사량이 결정된다.
② 릴레이는 기본 전원을 연결했을 경우 주 회로에 연결되기 때문에 스위치 기능이 있는 에어컨 등에 주로 사용된다.
③ 트랜지스터는 NPN형과 PNP형이 있으며, 베이스에 전압이 인가된 경우에만 전류가 흐른다.
④ 다이오드에는 여러 종류가 있는데 어느 것이나 순방향으로 전원을 연결했을 경우에만 전류가 흐른다.

47 자속밀도 0.8Wb/m²의 평균자속 내에 길이 0.5m의 도체를 직각으로 두고 이것을 30m/s의 속도로 운동시키면 이 도체에는 몇 V의 기전력이 발생하겠는가?

① 8V ② 12V
③ 16V ④ 18V

정답 42 ③ 43 ② 44 ③ 45 ④ 46 ④ 47 ②

48. 20℃에서 양호한 상태인 160AH 축전지는 40A의 전기를 얼마동안 발생시킬 수 있는가?
① 4분 ② 15분
③ 60분 ④ 240분

49. 기동전동기의 동력전달방식에 속하지 않는 것은?
① 피니언 섭동식
② 벤딕스식
③ 전기자 섭동식
④ 스프래그식

50. 스파크 플러그의 절연저항에 대한 설명으로 옳은 것은?
① 절연저항 측정은 절연 저항계를 사용한다.
② 절연저항이 10MΩ 이상이면 불량으로 판단한다.
③ 절연저항 측정은 중심 전극과 고전압 커넥터(단자 너트)에서 측정한다.
④ 절연체 균열이 발생되어도 엔진부조와 무관하다.

51. 전기식 경음기는 전류의 어떠한 작용에 의해 진동판을 진동시키는가?
① 분류작용 ② 발열작용
③ 자기작용 ④ 화학작용

52. 자동차에서 50m 떨어진 거리에서 조도를 측정하였더니 8 Lux 가 나왔다. 자동차의 전조등에서 광원의 광도는 얼마인가?
① 12,500 cd ② 15,000 cd
③ 20,000 cd ④ 22,000 cd

53. 자동차 냉방장치에서 차량의 앞쪽 정면에 설치되어 고온, 고압, 기체상태의 냉매가 응축점에서 냉각되어 액체 상태로 되게 하는 것은?
① 콘덴서
② 리시버 드라이어
③ 증발기
④ 블로워 유니트

54. 노크센서(knock sensor)에 이용되는 기본적인 원리는?
① 홀 효과 ② 피에조 효과
③ 자계실드 효과 ④ 펠티어 효과

55. 에어 백(Air bag) 작업 시 주의사항으로 잘못된 것은?
① 스티어링 휠 장착 시 클럭스프링의 중립을 확인할 것
② 에어백 관련 정비 시 배터리 (-)단자를 떼어 놓을 것
③ 보디 도장 시 열처리를 요할 때는 인플레이터를 탈거할 것
④ 인플레이터의 저항은 아날로그 테스터기로 측정할 것

48 ④ 49 ④ 50 ① 51 ③ 52 ③ 53 ① 54 ② 55 ④

56 점화장치에서 점화 1차코일의 끝부분 (-) 단자에 시험기를 접속하여 측정할 수 없는 것은?

① 노킹의 유무
② 드웰 시간
③ 엔진의 회전속도
④ TR의 베이스 단자 전원공급 시간

57 다음 중 전기 저항이 제일 큰 것은?

① 2 MΩ
② 1.5×10^6 Ω
③ 1,000 kΩ
④ 500,000 Ω

58 교류발전기 불량 시 점검해야 할 항목으로 틀린 것은?

① 다이오드 불량 점검
② 로터코일 절연 점검
③ 홀드인 코일 단선 점검
④ 스테이터 코일 단선 점검

59 기동전동기의 풀인(pull-in)시험을 시행할 때 필요한 단자의 연결로 옳은 것은?

① 배터리(+)는 ST단자에, 배터리(-)는 M단자에 연결한다.
② 배터리(+)는 ST단자에, 배터리(-)는 B단자에 연결한다.
③ 배터리(+)는 B단자에, 배터리(-)는 M단자에 연결한다.
④ 배터리(+)는 B단자에, 배터리(-)는 ST단자에 연결한다.

60 에어컨 시스템이 정상 작동 중일 때 냉매의 온도가 가장 높은 곳은?

① 압축기와 응축기 사이
② 응축기와 팽창밸브 사이
③ 팽창밸브와 증발기 사이
④ 증발기와 압축기 사이

제4과목 친환경자동차

61 하이브리드 전기 자동차와 일반 자동차와의 차이점에 대한 설명 중 틀린 것은?

① 하이브리드 차량은 주행 또는 정지 시 엔진의 시동을 끄는 기능을 수반한다.
② 하이브리드 차량은 정상적인 상태일 때 항상 엔진 기동 전동기를 이용하여 시동을 건다.
③ 차량의 출발이나 가속 시 하이브리드 모터를 이용하여 엔진의 동력을 보조하는 기능을 수반한다.
④ 차량 감속 시 하이브리드 모터가 발전기로 전환되어 고전압 배터리를 충전하게 된다.

62 하이브리드 자동차의 특징이 아닌 것은?

① 회생제동
② 2개의 동력원으로 주행
③ 저전압 배터리와 고전압 배터리 사용
④ 고전압 배터리 충전을 위해 LDC(저전압 직류변환장치)를 사용

 56 ① 57 ① 58 ③ 59 ① 60 ① 61 ② 62 ④

63. 도로 차량-하이브리드 자동차 용어(KS R 0121)의 동력 전달 구조에 따른 분류에서 다음이 설명하는 것은?

> 하이브리드 자동차의 두 개의 동력원이 공통으로 사용되는 동력 전달 장치를 거쳐 각각 독립적으로 구동축을 구동시키는 방식의 구조를 갖는 하이브리드 자동차

① 직렬형 ② 병렬형
③ 동력분기형 ④ 복합형

64. 고전압 전기자동차의 파워릴레이 어셈블리(PRA) 장치에 포함되지 않는 부품은?

① 메인 릴레이(+, -)
② 전류센서
③ 승온히터 센서
④ 프리차지 릴레이

65. 하이브리드 차량에서 화재발생 시 조치해야 할 사항이 아닌 것은?

① 화재 진압을 위해 적절한 소화기를 사용한다.
② 차량의 시동키를 off하여 전기 동력 시스템 작동을 차단시킨다.
③ 메인 릴레이(+)를 작동시켜 고전압 배터리 (+)전원을 인가한다.
④ 화재 초기 상태라면 트렁크를 열고 신속히 세이프티 플러그를 탈거한다.

66. 하이브리드 자동차 고전압 배터리의 사용 가능 에너지를 표시하는 것은?

① SOC(State of Charge)
② PRA(Power Relay Assembly)
③ LDC(Low DC-DC Converter)
④ BMS(Battery Management System)

67. 자동차 CAN통신 시스템의 특징이 아닌 것은?

① 양방향 통신이다.
② 모듈간의 통신이 가능하다.
③ 싱글 마스터(single master) 방식이다.
④ 데이터를 2개의 배선(CAN-HIGH, CAN-LOW)을 이용하여 전송한다.

68. 하이브리드 자동차의 컨버터(Converter)와 인버터(Inverter)의 전기특성 표현으로 옳은 것은?

① 컨버터(Converter) : AC에서 DC로 변환, 인버터(Inverter) : DC에서 AC로 변환
② 컨버터(Converter) : DC에서 AC로 변환, 인버터(Inverter) : AC에서 DC로 변환
③ 컨버터(Converter) : AC에서 AC로 승압, 인버터(Inverter) : DC에서 DC로 승압
④ 컨버터(Converter) : DC에서 DC로 승압, 인버터(Inverter) : AC에서 AC로 승압

63 ② 64 ③ 65 ③ 66 ① 67 ③ 68 ①

69 하이브리드 고전압장치 중 프리차저 릴레이 & 프리차저 저항의 기능 아닌 것은?

① 메인릴레이 보호
② 타 고전압 부품 보호
③ 메인 퓨즈, 버스바, 와이어 하네스 보호
④ 배터리 관리 시스템 입력 노이즈 저감

70 하이브리드 시스템을 제어하는 컴퓨터의 종류가 아닌 것은?

① 모터 컨트롤 유닛(Motor Control Unit)
② 하이드로릭 컨트롤 유닛(Hydraulic Control Unit)
③ 배터리 콘트롤 유닛(Battery Control Unit)
④ 통합제어 유닛(Hybrid Control Unit)

71 하이브리드(Hybrid) 자동차의 모터가 40kW일 때 이것은 마력(PS)으로 약 얼마인가?

① 32
② 36
③ 41
④ 54

72 하이브리드 자동차에서 모터의 회전자와 고정자의 위치를 감지하는 것은?

① 레졸버
② 인버터
③ 경사각 센서
④ 저전압 직류 변환장치

73 전기자동차의 감속기에 대한 기능이 아닌 것은?

① 감속기능 : 모터의 회전수를 감소하여 구동력 증대
② 증속기능 : 고속 주행 시 업 시프트하여 속도를 증대
③ 차동기능 : 선회 시 속도차에 따른 회전수를 분배
④ 파킹기능 : 운전자 조작에 의한 주차 기능

74 하이브리드 자동차 및 전기자동차의 구동 모터로 유도 전동기를 주로 사용한다. 다음 내용 중 거리가 먼 것은?

① 고정자에서 생성된 회전자계에 의해 회전자에는 기전력이 유도되어 전류가 흐른다.
② 회전자에 유도된 자계와 고정자와의 합성자계에 의해 회전자는 회전한다.
③ 회전자와 고정자는 같은 방향으로 회전하나 회전자가 약간 빠르게 회전한다.
④ 회전자의 속도와 고정자와의 속도 차이를 슬립이라 한다.

정답 69 ④ 70 ② 71 ④ 72 ① 73 ② 74 ③

75. 다음 그림은 충전기 단자이다. 완속 충전만 가능한 단자는 어느 것인가?

①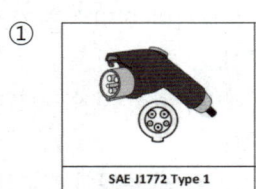
SAE J1772 Type 1
1Φ 240V/7.68kW

②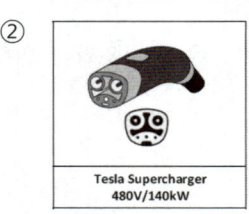
Tesla Supercharger
480V/140kW

③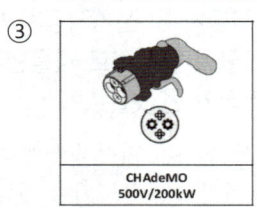
CHAdeMO
500V/200kW

④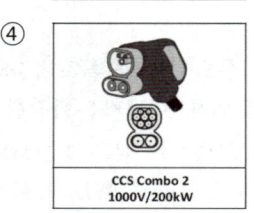
CCS Combo 2
1000V/200kW

76. 전기자동차에서 MCU(Motor Control Unit)에 대한 설명으로 잘못된 것은?

① EPCU 내부에 MCU가 있다.
② MCU가 인버터 기능을 한다.
③ 모터 구동에 고전압 배터리 직류를 사용한다.
④ 감속 또는 회생제동 시 발생한 에너지로 고전압 배터리를 충전시킨다.

77. 히트펌프 시스템에 대한 설명 중 틀린 것은?

① 히트펌프의 구동은 엔진 동력을 이용한다.
② 히트펌프 시스템의 효과를 극대화하기 위해 전장폐열을 흡수하여 활용한다.
③ 직접 난방보다는 난방효율 보조로 사용된다.
④ 실내 난방부하에 따라 고전압 PTC가 사용된다.

78. 연료전지의 장점에 해당되지 않는 것은?

① 상온에서 화학반응을 하므로 위험성이 적다.
② 에너지 밀도가 매우 크다.
③ 연료를 공급하여 연속적으로 전력을 얻을 수 있으므로 충전이 필요 없다.
④ 출력밀도가 크다.

79. 수소 연료전지 전기차의 장점이 아닌 것은?

① 전기자동차보다 충전 속도가 빠르다.
② 장거리 주행에 유리하다.
③ 많은 탑재량을 요구하는 상용차에 유리하다.
④ 내연기관 자동차 및 전기차보다 가격 경쟁력이 좋다.

정답
75 ① 76 ③ 77 ① 78 ④ 79 ④

80 CNG(Compressed Natural Gas) 차량에서 연료량 조절밸브 어셈블리 구성품이 아닌 것은? [기사 19-3]

① 가스압력센서
② 가스온도센서
③ 연료온도조절기
④ 저압가스차단밸브

80 ③

제2회 자동차정비산업기사 CBT 기출복원 문제

제1과목 자동차엔진

01 자동차의 중량 및 하중분포를 측정하는 조건으로 틀린 것은?

① 자동차는 공차 또는 적차 상태를 각각 측정한다.
② 연결자동차는 연결한 상태로 측정한다.
③ 공차상태의 중량 분포로서 적차 상태의 중량 분포를 산출하기가 어려울 때에는 공차 상태만 측정한다.
④ 측정단위는 kgf으로 한다.

02 기관이 고속에서 회전력의 저하를 가져오는 이유는?

① 관성에 의해서 점화시기가 너무 진각되기 때문이다.
② 충전 효율이 너무 높기 때문이다.
③ 체적효율이 낮아지기 때문이다.
④ 혼합비가 너무 농후하기 때문이다.

03 오버스퀘어 엔진의 장점이 아닌 것은?

① 피스톤 평균속도를 올리지 않고 회전속도를 높일 수 있다.
② 흡·배기밸브의 지름을 크게 할 수 있어 단위 실린더 체적당 흡입 효율을 높일 수 있다.
③ 직렬형인 경우 엔진의 높이를 낮게 할 수 있다.
④ 엔진의 길이가 짧고 진동이 작다.

04 연소실 체적이 $45cm^3$, 압축비가 7.3일 때 이 기관의 행정체적은 몇 cm^3 인가?

① 283.5　② 293.5
③ 328.5　④ 338.5

05 헤드개스킷이 파손될 때 일어나는 현상 중 해당되지 않는 것은?

① 냉각수에 기포가 생긴다.
② 방열기의 상부에 기름이 뜬다.
③ 압축압력이 저하되어 시동이 잘 안된다.
④ 연소실에 카본이 잘 부착되지 않는다.

정답　01 ③　02 ③　03 ④　04 ①　05 ④

06 실린더 지름이 50mm, 피스톤의 평균속도가 20m/s인 기관에서 흡입가스의 평균속도가 50m/s 일 때, 흡입밸브의 유로 면적(cm²)은?

① 약 7.9　② 약 8.6
③ 약 15.3　④ 약 21.6

07 직렬형 6실린더 기관의 점화순서가 1-5-3-6-2-4에서 1번 실린더가 폭발행정 ATDC 30°에 위치할 때 2번 실린더의 행정과 피스톤 위치는?

① 배기행정, BTDC 30°
② 배기행정, BTDC 60°
③ 배기행정, BTDC 90°
④ 배기행정, BTDC 180°

08 기관의 과열원인으로 틀린 것은?

① 라디에이터 압력 캡의 스프링 장력 부족
② 라디에이터 코어 막힘
③ 팬벨트 장력 부족이나 끊어짐
④ 수온조절기가 열린 상태로 고장

09 자동차용 윤활유에 물리적 또는 화학적 성질을 강화하여 윤활성을 향상시키기 위해 사용하는 첨가제가 갖추어야 할 조건이 아닌 것은?

① 휘발성이 낮을 것
② 물에 대한 안정성이 우수할 것
③ 첨가제 상호간 빠른 반응으로 침전될 것
④ 윤활유에 대한 첨가제의 용해도가 충분할 것

10 핫 필름 타입(Hot Film Type)의 에어플로센서에 대한 특징을 설명한 것으로 옳은 것은?

① 세라믹 기관을 층 저항으로 집적시켰다.
② 자기 청정기능의 열선이 있다.
③ 백금 선을 사용한다.
④ 와류에 의한 주파수를 검출하여 공기량을 측정한다.

11 디젤기관의 연소과정 중에서 디젤노크에 직접적인 영향을 미치는 기간은?

① 착화 지연기간
② 폭발적 연소기간
③ 제어 연소기간
④ 후기 연소기간

12 비중 0.85인 가솔린 0.5kg을 완전 연소시키는데 필요한 공기량은? (단, 공연비는 14.5:1 이다.)

① 4.15kg　② 5.17kg
③ 6.16kg　④ 7.25kg

정답　06 ①　07 ③　08 ④　09 ③　10 ①　11 ①　12 ④

13 다음 중 행정체적이나 회전속도에 변화를 주지 않고 기관의 흡기 효율을 높이기 위한 방법은?
① 여과기 설치
② 과급기 설치
③ 흡기관의 진공도 이용
④ EGR 밸브 설치

14 자동차 배출 가스는 그 배출원에 따라 3가지로 구분하는데 여기에 해당되지 않는 것은?
① 불활성 가스   ② 배기 가스
③ 블로바이 가스   ④ 연료증발 가스

15 전자제어 가솔린 연료분사 엔진의 특성으로 틀린 것은?
① 유해 배기가스가 감소한다.
② 압축압력이 상승하여 토크가 증가한다.
③ 기화기식 엔진에 비해 연비를 향상시킬 수 있다.
④ 급격한 부하 변동에도 연료공급이 신속히 이루어진다.

16 전자제어 연료 분사방식의 엔진에 사용되는 센서 중 부특성 서미스터(NTC) 소자를 이용한 센서는?
① 냉각수온센서, 산소센서
② 흡기온센서, 대기압센서
③ 대기압센서, 스로틀포지션센서
④ 냉각수온센서, 흡기온센서

17 커먼레일 기관의 크랭킹시 레일압력조절 밸브의 공급 전원이 0V일 때 나타나는 현상은?
① 시동 안 됨
② 가속 불량
③ 매연과다 발생
④ 아이들(idle) 부조

18 디젤노크에 대한 설명으로 가장 적합한 것은?
① 연료가 실린더 내 고온 고압의 공기 중에 분사하여 착화할 때 착화지연기간이 길어지면 실린더 내에 분사하여 누적된 연료량이 일시에 급격히 착화 연소 팽창하게 되어 고열과 함께 심한 충격이 가해지게 된다.
② 연료가 실린더 내 고온 고압의 공기 중에 분사하여 점화될 때 점화지연기간이 길어지면 실린더 내에 분사하여 누적된 연료량이 일시에 급격히 착화 연소 팽창하게 되어 고열과 함께 심한 충격이 가해지게 된다.
③ 연료가 실린더 내 저온 저압의 공기 중에 분사하여 착화될 때 착화지연기간이 짧아지면 실린더 내에 분사하여 누적된 연료량이 서서히 증가하고 착화 연소 팽창하게 되어 고열과 함께 심한 충격이 가해지게 된다.
④ 연료가 실린더 내 저온 저압의 공기 중에 분사하여 점화될 때 점화지연기간이 짧아지면 실린더 내에 분사하여 누적된 연료량이 서서히 증가하고 점화

 정답
13 ② 14 ① 15 ② 16 ④ 17 ① 18 ①

연소 팽창하게 되어 고열과 함께 심한 충격이 가해지게 된다.

19 엔진오일의 분류 방법 중 점도에 따른 분류는?

① SAE 분류 ② API 분류
③ MPI 분류 ④ ASE 분류

20 칼만 와류(karman vortex)식 흡입공기량 센서를 사용하는 전자제어 가솔린 엔진에서 대기압 센서를 사용하는 이유는?

① 고지에서의 산소 희박 보정
② 고지에서의 습도 희박 보정
③ 고지에서의 연료량 압력 보정
④ 고지에서의 점화시기 보정

제2과목 자동차섀시

21 차량이 주행 중 ABS 작동조건에 해당되지 않음에도 불구하고 ABS 작동 진동(맥동)음이 발생되었을 때 예상할 수 있는 고장원인으로 적합한 것은?

① 제동등 스위치 커넥터 접촉 불량
② 하이드로릭 유니트 내부 밸브 릴레이 불량
③ 휠 스피드센서 에어갭 불량(과다)
④ 차속센서(Vehicle Speed Sensor) 불량

22 타이어 트레드 패턴(tread pattern)의 필요성에 대한 설명으로 틀린 것은?

① 공기 누설을 방지한다.
② 타이어 내부에서 발생한 열을 발산한다.
③ 트레드에 발생한 파손이나 손상 등의 확산을 방지한다.
④ 사이드 슬립(side slip)이나 전진 방향의 미끄럼을 방지한다.

23 전자제어 현가장치(ECS)에 대한 설명 중 틀린 것은?

① 안정된 조향성을 준다.
② 차의 승차인원(하중)이 변해도 차는 수평을 유지한다.
③ 차량정지시 감쇄력을 적게 한다.
④ 고속 주행시 차체의 높이를 낮추어 공기저항을 적게 하고, 승차감을 향상시킨다.

24 현재 대부분의 자동차에서 2회로 유압 브레이크를 사용하는 주된 이유는?

① 더블 브레이크 효과를 얻을 수 있기 때문에
② 리턴 회로를 통해 브레이크가 빠르게 풀리게 할 수 있기 때문에
③ 안전상의 이유 때문에
④ 드럼브레이크와 디스크 브레이크를 함께 사용할 수 있기 때문에

19 ① 20 ① 21 ③ 22 ① 23 ③ 24 ③

25 도로 구배 30%인 경사로를 중량 1,000kgf인 자동차가 시속 72km/h의 속도로 내려오고 있다. 이 자동차의 공기저항은 얼마인가? (단, 이 자동차의 전면 투영면적은 1.8m², 공기저항계수 0.025kgf·s/m⁴ 이다.)

① 0.9kgf ② 90kgf
③ 18kgf   ④ 180kgf

26 자동변속기 오일압력이 너무 낮은 원인으로 틀린 것은?

① 엔진 RPM이 높다.
② 오일 펌프 마모가 심하다.
③ 오일 필터가 막혔다.
④ 릴리프 밸브 스프링 장력이 약하다.

27 유압식 조향장치에 비해 전동식 조향장치(MDPS)의 특징이 아닌 것은?

① 오일을 사용하지 않아 친환경적이다.
② 부품수가 많아 경량화가 어렵다.
③ 차량속도별 정확한 조향력 제어가 가능하다.
④ 연비 향상에 도움이 된다.

28 ABS에서 1개의 휠 실린더에 NO(normal open) 타입의 입구밸브(inlet solenoid valve)와 NC(normal closed) 타입의 출구밸브(outlet solenoid valve)가 각각 1개씩 있을 때 바퀴가 고착된 경우의 감압제어는?

① inlet S/V : on – outlet S/V : on
② inlet S/V : off – outlet S/V : on
③ inlet S/V : on – outlet S/V : off
④ inlet S/V : off – outlet S/V : off

29 전자제어 현가장치(ECS)에서 목표 차고(車高)와 실제 차고(車高)가 다르더라도 차고(車高) 조정이 이루어지지 않는 경우는?

① 엔진시동 직후
② 주행 중 엔진 정지 시
③ 직진 경사로를 주행할 시
④ 커브길 급회전 시

30 다음 그림과 같은 유성기어 장치에서 A=5rpm 이며, 댐퍼 클러치 작동일 때 D와 B는 일체로 결합된다. 이 때 C의 회전속도는?

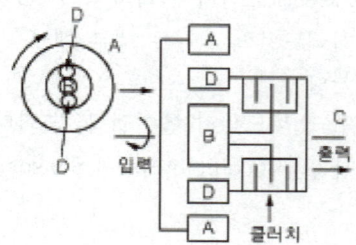

정답 25 ③ 26 ① 27 ② 28 ① 29 ④ 30 ②

① 회전하지 않는다.
② 5rpm
③ 10rpm
④ 20rpm

31 자동변속기와 비교 시 무단변속기(CVT)의 장점으로 옳은 것은?

① 변속 충격이 전혀 없어 승차감이 향상된다.
② 변속 시 엔진 토크를 감소시켜 연비가 향상된다.
③ 자동차 주행속도와 상관없이 엔진을 최저연비 상태로 제어할 수 있다.
④ 엔진을 최대 출력 상태로 지속적으로 제어할 수 있어 가속성이 우수하다.

32 변속기의 기어물림은 톱(top)으로 하였을 때는?

① 구동바퀴의 회전력이 가장 크게 된다.
② 구동바퀴의 회전력은 변함없다.
③ 구동바퀴의 회전력이 가장 작게 된다.
④ 총 감속비가 크게 된다.

33 장력 300N인 코일 스프링이 6개 설치된 클러치가 있다. 이 클러치의 정지 마찰계수가 0.3이면, 페이싱 한 면에 작용하는 마찰력은?

① 90N
② 540N
③ 600N
④ 1,080N

34 드가르봉식 쇽업쇼버의 특징이 아닌 것은?

① 구조가 복잡하고 피스톤이 1개 이다.
② 실린더 내부의 압력이 약 $30kgf/cm^2$ 걸려있기 때문에 분해하는 것은 위험하다.
③ 실린더가 하나로 되어 있기 때문에 방열효과가 좋다.
④ 오랫동안 작동을 반복해도 감쇠효과가 저하되지 않는다.

35 전자제어 현가장치(ECS) 장착 자동차에서 차고센서가 감지하는 곳은?

① 지면과 액슬
② 프레임과 지면
③ 차체와 지면
④ 로워암과 차체

36 자동차의 축간거리가 2.4m, 바깥쪽 바퀴의 조향각이 30°, 안쪽 바퀴의 조향각이 33°일 때 최소 회전반경은? (단, 바퀴의 접지면 중심과 킹핀 중심과의 거리는 15cm)

① 4.95m
② 6.30m
③ 6.80m
④ 7.30m

정답 31 ① 32 ③ 33 ② 34 ① 35 ④ 36 ①

37 동력조향장치의 세프티 첵 밸브(safety check valve)에 대한 역할이다. 잘못된 것은?

① 세프티 첵 밸브는 컨트롤 밸브에 설치되어 있다.
② 세프티 첵 밸브는 엔진의 정지, 오일펌프의 고장 등 유압이 발생할 수 없는 경우 기계적으로 작동이 가능하게 해준다.
③ 세프티 첵 밸브는 압력차에 의해 자동으로 열린다.
④ 세프티 첵 밸브는 유압계통이 정상일 경우 밸브 시트에서 열려 오일이 잘 통과하도록 되어 있다.

38 자동차 마스터 실린더의 푸시로드에 작용하는 힘이 150kgf, 피스톤 면적이 3cm²이면 마스터 실린더 내에 발생하는 유압은?

① 40kgf/cm²
② 50kgf/cm²
③ 60kgf/cm²
④ 70kgf/cm²

39 제동장치에 사용되는 배력장치의 크기를 결정하는 요소는?

① 진공탱크의 크기와 진공탱크의 재질
② 진공탱크의 크기와 진공의 크기
③ 진공의 크기와 진공탱크의 재질
④ 진공탱크의 형상과 압력의 크기

40 EBD(electronic brake-force distribution) 제어의 장점을 설명한 것 중 가장 거리가 먼 것은?

① 기계식 장치보다 빠른 응답성 제공
② P밸브(프로포셔닝 밸브) 삭제 가능
③ 차량 제동 조건 변화에 따른 이상적인 제동력 제공
④ 휠 스피드 센서의 전 차종 공용화

제3과목 자동차전기

41 흡기 매니홀드 압력변화를 피에죠(Piezo) 소자를 이용하여 측정하는 센서는?

① 차량속도 센서
② MAP 센서
③ 수온 센서
④ 크랭크 포지션 센서

42 단방향 3단자 사이리스터(thyristor : SCR)는 애노드(A), 캐소드(K), 게이트(G)로 이루어지는데 다음 중 전류의 흐름 방향을 설명한 것으로 틀린 것은?

① A에서 K로 흐르는 전류가 순방향이다.
② 순방향은 언제나 전류가 흐른다.
③ A와 K간에 순방향 전압이 공급된 상태에서 G에 순방향 전압이 인가되면 도통한다.
④ A와 K사이가 도통된 것은 G전류를 제거해도 계속 도통이 유지되며, A전위가 "0"이 되면 해제된다.

 37 ④ 38 ② 39 ② 40 ④ 41 ② 42 ②

43 반도체의 특징이 아닌 것은?
① 내부 전력손실이 적다.
② 고유저항이 도체에 비하여 적다.
③ 온도가 상승하면 특성이 몹시 나빠진다.
④ 정격값을 넘으면 파괴되기 쉽다.

44 OBD Ⅱ 진단에서 DTC가 보기와 같이 나타날 때 P가 의미하는 것은?

[보기]
P0437

① PWM
② PROM
③ Protocol
④ Power train

45 총 배기량은 1,500cc이고 회전 저항이 6kgf-m인 기관의 플라이 휠 링기어 잇수가 120이다. 기동전동기 피니언 잇수가 12이면 필요로 하는 최소 회전력은 몇 kgf-m 인가?

① 0.6
② 1.0
③ 3.47
④ 25

46 가솔린 기관의 점화장치 중 DLI 시스템에 대한 특징으로 거리가 먼 것은?
① 전파 잡음에 유리하다.
② 고속이 되어도 발생 전압이 거의 일정하다.
③ 점화시기의 위치 결정을 위한 센서가 필요하다.
④ 점화코일의 성능은 떨어지나 간단한 구조이다.

47 트랜지스터 전압 조정기는 기존의 접점식에 비해 여러 가지 장점이 있다. 이 중에서 틀린 것은?
① 스위칭 타임이 짧아 제어 공차가 적다.
② 전자식 온도 보상이 가능하므로 제어공차가 적다.
③ 스위칭 전류가 크기 때문에 레귤레이터의 이용범위가 넓다.
④ 충격과 진동에 약하다.

48 전자 열선식 방향지시등(플래셔 유닛)의 작동 설명으로 틀린 것은?
① 램프에 흐르는 전류를 일정한 주기로 단속하여 램프를 점멸시킨다.
② 열선이 가열되어 늘어나면 유닛 접점이 열린다.
③ 열에 의한 열선의 신축작용을 이용한 것이다.
④ 램프에 흐르는 전류를 매분당 60회 이상 120회 이하의 주기로 단속한다.

49 20,000cd의 전조등(광원)으로부터 10m 떨어진 위치에서의 밝기는 몇 룩스(lux)인가?
① 2,000
② 200
③ 20
④ 20,000

43 ② 44 ④ 45 ① 46 ④ 47 ④ 48 ② 49 ②

50 에어백 시스템의 클럭스프링에 관한 설명으로 틀린 것은?

① 정면 충돌을 감지하는 센서이다.
② 운전석 도어 모듈과 에어백 컨트롤 유닛 회로를 연결시켜 주는 일종의 배선이다.
③ 클럭 스프링을 취급함에 있어 감김이 멈출 때 과도한 힘을 가하지 않도록 한다.
④ 스티어링 휠과 스티어링 컬럼 사이에 장착된다.

51 자동차 에어컨 냉방 사이클에 냉매가 흐르는 순서가 맞는 것은? (단, 어큐뮬레이터 오리피스 튜브 방식이다.)

① 압축기-응축기-증발기-어큐뮬레이터-오리피스 튜브
② 압축기-응축기-오리피스 튜브-증발기-어큐뮬레이터
③ 압축기-오리피스 튜브-응축기-어큐뮬레이터-증발기
④ 압축기-오리피스 튜브-어큐뮬레이터-증발기-응축기

52 차량용 냉방장치에서 냉매 교환 및 충전시의 진공 작업에 대한 설명 중 옳지 않은 것은?

① 시스템 내부의 공기와 수분을 제거하기 위한 작업이다.
② 시스템 내부의 압력을 낮게 함으로써 수분이 쉽게 기화되도록 한다.
③ 실리카겔 등의 흡수제로 수분을 제거한다.
④ 진공펌프나 컴프레서를 이용한다.

53 4기통 디젤기관에 저항이 0.5Ω인 예열 플러그를 각 기통에 병렬로 연결하였다. 이 기관에 설치된 예열 플러그의 합성저항은 몇 Ω인가? (단, 기관의 전원은 24V 임)

① 0.13   ② 0.5
③ 2   ④ 12

54 자동차 에어컨에서 익스팬션 밸브(expansion valve)는 어떤 역할을 하는가?

① 냉매를 팽창시켜 고온 고압의 기체로 만들기 위한 밸브이다.
② 냉매를 급격히 팽창시켜 저온 저압의 에어플(무화) 상태의 냉매로 만든다.
③ 냉매를 압축하여 고압으로 만든다.
④ 팽창된 기체 상태의 냉매를 액화시키는 역할을 한다.

55 난방장치의 열교환기 중 물을 사용하지 않는 방식의 히터는?

① 온수식 히터
② 가열플러그식 히터
③ 간접형 연료 연소식 히터
④ PTC 히터

50 ①　51 ②　52 ③　53 ①　54 ②　55 ④

56 자동 전조등은 외부 빛의 밝기를 감지하여 자동으로 미등 및 전조등을 점등시켜 준다. 이 때 필요한 센서는?

① 조도 센서
② 조향각속도 센서
③ 초음파 센서
④ 중력(G) 센서

57 그림과 같은 상태에서 86번과 85번 단자에 각각 ① 또는 ②의 상태와 같이 테스트 램프를 연결할 경우 나타나는 현상에 대한 설명으로 옳은 것은? (단, 테스트 램프에 내장된 전구는 5W이다.)

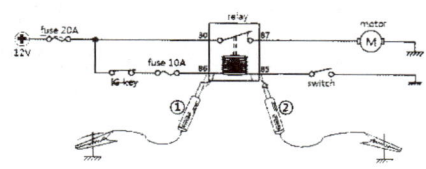

① ①의 상태에서 테스트 램프 점등, ②의 상태에서 점등하지 않지만 릴레이가 동작한다.
② ①과 ②, 모든 상태에서 테스트 램프가 점등하지만 ①의 상태에서는 릴레이가 동작한다.
③ ①과 ②, 모든 상태에서 테스트 램프가 점등하지 않지만 ②의 상태에서는 릴레이가 동작한다.
④ ①의 상태에서 10A 퓨즈 단선, ②의 상태에서는 릴레이가 동작한다.

58 주차 보조장치에서 차량과 장애물의 거리 신호를 컨트롤 유닛으로 보내주는 센서는?

① 초음파 센서 ② 레이저 센서
③ 마그네틱 센서 ④ 적분 센서

59 자동차 냉방 시스템에서 CCOT(Clutch Cycling Orifice Tube) 형식의 오리피스 튜브와 동일한 역할을 수행하는 TXV(Thermal Expansion Valve) 형식의 구성부품은?

① 컨덴서
② 팽창 밸브
③ 핀센서
④ 리시버 드라이어

60 에어백 모듈의 취급 방법으로 잘못 설명된 것은?

① 탈거하거나 창착시에는 전원을 차단한다.
② 내부저항의 점검은 아날로그 시험기를 사용한다.
③ 전류를 직접 부품에 통하지 않도록 한다.
④ 백 커버는 면을 위로하여 보관한다.

정답 56 ① 57 ① 58 ① 59 ② 60 ②

제4과목 친환경자동차

61 하이브리드 자동차 용어 (KS R 0121)에서 충전시켜 다시 쓸 수 있는 전지를 의미하는 것은?

① 1차 전지 ② 2차 전지
③ 3차 전지 ④ 4차 전지

62 하이브리드자동차용 슈퍼 커패시터의 용도에 대한 설명으로 옳은 것은?

① 정속 주행 시 안정된 전기에너지를 공급할 수 있다.
② 배터리를 대신하여 항상 탑재되는 중요 장치이다
③ 축적된 에너지는 발진이나 가속 시 이용하기 좋다.
④ 주로 등화장치에 전기에너지를 공급하는 장치이다.

63 주행 중인 하이브리드 자동차에서 제동 및 감속 시 충전불량 현상이 발생하였을 때 점검이 필요한 곳은?

① 회생제동 장치
② LDC 제어 장치
③ 발진 제어 장치
④ 12V용 충전 장치

64 차체 전장품이 증가하면서 도입된 LAN(local area network)시스템의 장점으로 틀린 것은?

① 설계 변경에 대한 대응이 용이하다.
② 스위치, 액추에이터 근처에 ECU를 설치할 수 있다.
③ 전기기기의 사용 커넥터 수와 접속 부위의 감소로 신뢰성이 향상되었다.
④ 자동차 전체 ECU를 통합시켜 크기는 증대되었으나 비용은 감소되었다.

65 하이브리드 전기자동차에서 언덕길을 내려갈 때 배터리를 충전시키는 모드는?

① 가속모드 ② 공회전모드
③ 회생제동모드 ④ 정속주행모드

66 하이브리드 자동차의 고전압 배터리 시스템 제어특성에서 모터 구동을 위하여 고전압 배터리가 전기 에너지를 방출하는 동작 모드로 맞는 것은?

① 제동모드 ② 방전모드
③ 정지모드 ④ 충전모드

67 마일드(mild) 하이브리드 자동차의 HSG (Hybrid Starter Generator)의 기능으로 틀린 것은?

① 기관의 시동
② 전력의 발전
③ 가속 시 기관의 회전토크 지원

61 ② 62 ③ 63 ① 64 ④ 65 ③ 66 ② 67 ④

④ 전기에너지를 이용한 장거리 주행

68 하이브리드 자동차에 적용하는 배터리 중 자기방전이 없고 에너지 밀도가 높으며 전해질이 젤타입이고 내 진동성이 우수한 방식은?

① 리튬이온 폴리머 배터리(Li-Pb battery)
② 니켈수소 배터리(NI-MH battery)
③ 니켈카드뮴 배터리(Ni-Cd battery)
④ 리튬이온 배터리(Li-ion battery)

69 하이브리드 자동차의 고전압 배터리의 충·방전 과정에서 전압 편차가 생긴 셀을 동일 전압으로 제어하는 것은?

① 충전상태 제어
② 셀 밸런싱 제어
③ 파워 제한 제어
④ 고전압 릴레이 제어

70 하이브리드 자동차에서 PRA(Power Relay Assembly) 기능에 대한 설명으로 틀린 것은?

① 승객 보호
② 전장품 보호
③ 고전압 회로 과전류 보호
④ 고전압 배터리 암전류 차단

71 하이브리드자동차 배터리 관리시스템(BMS)의 역할로 틀린 것은?

① 배터리 충전제어
② 등화장치 제어
③ 파워 제한 기능
④ 배터리 냉각시스템 제어

72 하이브리드 모터 3상의 단자 명이 아닌 것은?

① U   ② V
③ W   ④ Z

73 히트펌프 시스템에 대한 설명 중 틀린 것은?

① 히트펌프의 구동은 엔진 동력을 이용한다.
② 히트펌프 시스템의 효과를 극대화하기 위해 전장폐열을 흡수하여 활용한다.
③ 직접 난방보다는 난방효율 보조로 사용된다.
④ 실내 난방부하에 따라 고전압 PTC가 사용된다.

정답 68 ① 69 ② 70 ① 71 ② 72 ④ 73 ①

74 전기자동차의 EPCU(Electric Power Control Unit)는 전력을 제어하는 통합형 모듈로, 고전압 배터리 전원을 받아 구동모터를 제어한다. 다음 중 EPCU에 속하지 않는 것은?

① VCU(Vehicle Control Unit)
② MCU(Motor Control Unit)
③ TCU(Transmission Control Unit)
④ LDC(Low DC-DC Converter)

75 3,000mAh 배터리의 C-rate가 100C일 경우 방전 시 전류는 얼마인가?

① 30mA ② 30A
③ 300mA ④ 300A

76 고전압 배터리에 사용되는 배터리 셀의 형상이 아닌 것은?

① 각형 ② 구형
③ 원통형 ④ 파우치형

77 다음 중 수소 연료전지 전기차의 특징이 아닌 것은?

① 자동차 연료로 수소를 사용한다.
② 수소를 연소실에 직접 공급하여 동력을 발생시킨다.
③ 이산화탄소를 전혀 배출하지 않고 물만 생성한다.
④ 구동모터를 사용하여 주행한다.

78 연료전지의 효율(η)을 구하는 식은?

① 효율(η) = $\dfrac{1\text{mol의 연료가 생성하는 전기에너지}}{\text{생성 엔트로피}}$

② 효율(η) = $\dfrac{1\text{mol의 연료가 생성하는 전기에너지}}{\text{생성 엔탈피}}$

③ 효율(η) = $\dfrac{10\text{mol의 연료가 생성하는 전기에너지}}{\text{생성 엔트로피}}$

④ 효율(η) = $\dfrac{10\text{mol의 연료가 생성하는 전기에너지}}{\text{생성 엔탈피}}$

79 CNG(compressed natural gas) 엔진에서 가스의 역류를 방지하기 위한 장치는?

① 체크밸브
② 에어조절기
③ 저압연료차단밸브
④ 고압연료차단밸브

80 전자제어 압축천연가스(CNG) 자동차의 기관에서 사용하지 않는 것은?

① 연료 온도센서 ② 연료펌프
③ 연료압력 조절기 ④ 습도센서

정답 74 ③ 75 ④ 76 ② 77 ② 78 ② 79 ① 80 ②

제3회 자동차정비산업기사 CBT 기출복원 문제

제1과목 자동차엔진

01 실린더의 건식 라이너에 관한 설명과 사용 시 나타나는 특징으로 가장 거리가 먼 것은?

① 실린더 블록의 강성이 저하된다.
② 일체형의 실린더가 마모된 경우에 사용한다.
③ 가솔린 엔진에 많이 사용한다.
④ 실린더 블록의 구조가 복잡하다.

02 내연기관의 기계효율 향상을 위한 대책이 아닌 것은?

① 베어링 면적이 작은 베어링 사용
② 피스톤 측압 발생 증대
③ 운동부분 중량 감소
④ 배기저항 감소

03 4행정 사이클 6실린더 기관의 실린더 안지름이 200mm, 실린더 벽 두께가 1.2mm, 실린더 벽의 허용 응력이 2,100kgf/cm² 일 때 이 기관의 최대 허용 폭발 압력은?

① 15.1kgf/cm²   ② 18.3kgf/cm²
③ 21.2kgf/cm²   ④ 25.2kgf/cm²

04 4행정 6실린더 기관의 점화순서가 1-5-3-6-2-4 일 때 3번 기통이 배기행정 중간에 있으면 5번 기통은 무슨 행정을 하는가?

① 흡입 초   ② 폭발 말
③ 압축 말   ④ 압축 초

05 가솔린 기관의 제원이 실린더 내경 d = 55mm, 행정 S = 70mm, 연소실 체적 Vc = 21cm³인 기관이 이론 공기 표준 사이클인 오토 사이클로서 운전될 경우의 열효율은 약 몇 % 인가? (단, 비열비 k = 1.2 이다.)

① 35.4   ② 31.2
③ 42.7   ④ 43.2

06 기관의 비출력을 높이기 위한 방법 중의 하나로서 실린더 내에 흡입되는 공기량을 증가시키는 방법이 최근 많이 사용되고 있는데 다음 중에서 관계가 없는 것은?

① 터보챠저 장착
② 슈퍼챠저 장착
③ DOHC방식 채용
④ 다점분사방식 채용(MPI)

 01 ① 02 ② 03 ④ 04 ① 05 ① 06 ④

07 자동차 기관에서 오일에 의한 윤활작용에 대한 설명 중 틀린 것은?

① 구동 부위의 소착 및 마모 방지
② 마찰열의 냉각 및 고온 부분의 냉각
③ 부식의 발생방지 및 엔진의 신뢰성, 내구성 유지
④ 응력을 집중시켜 엔진효율 증대

08 연료의 휘발성을 표시하는 방법으로 틀린 것은?

① ASTM 증류법
② 리드 증기압
③ 기체/액체 비율
④ 퍼포먼스 수

09 유체커플링 방식 냉각 팬에 가장 많이 사용하는 작동유는?

① 실리콘 오일
② 냉동 오일
③ 기어 오일
④ 자동변속기 오일

10 조속기를 설치한 기관에서 회전수 2,000rpm으로 유지하려 한다. 무부하시 2,100rpm 이고, 전 부하시 1,900rpm 이면, 조속기의 속도 처짐(속도 변화율)은 몇 %인가?

① 10.5%   ② 11.5%
③ 12.5%   ④ 13.5%

11 흡기계통으로 유입되는 공기를 가열하는 방법이 아닌 것은?

① 배기열의 일부를 이용하여 흡기 매니폴드의 온도를 상승시킨다.
② 예열플러그를 사용하여 흡입공기를 가열한다.
③ 흡기 매니폴드 주위에 물재킷을 만들어 온수를 순환한다.
④ 배기가스를 직접 흡기 매니폴드의 일부로 유도하여 이용한다.

12 연료탱크로부터 발생한 증발가스를 저장했다가 운전 중 흡입 부압을 이용해 흡기 매니폴드에 보내는 것은?

① 캐니스터
② 에어컨트롤 밸브
③ 인탱크 밸브
④ 에어 바이패스 솔레노이드 밸브

13 피스톤의 작동과는 관계없이 기관이 요구하는 연료량을 1/2로 나누어서 1사이클당 2회씩 분사하는 것으로서 인젝터 구동회로가 간단하며 분사량 조정이 쉬운 것은?

① 그룹 분사
② 비동기 분사
③ 순차 분사
④ 독립 분사

  07 ④ 08 ④ 09 ① 10 ① 11 ② 12 ① 13 ②

14 흡입 공기통로에 발열 저항체를 설치하여 공기량에 따라 발열 저항체의 온도를 일정하게 유지하도록 공급전류를 변화시켜 그 전류값으로 공기량을 계측하는 방식은?

① 칼만 맴돌이식 에어플로미터
② 베인 플레이트식 에어플로미터
③ 핫 와이어식 에어플로미터
④ 흡입 부압 에어플로미터

15 전자제어 가솔린 기관에 대한 설명으로 ( ) 안에 적합한 내용은?

> 감속 시는 스로틀 밸브가 (　　) 때문에 흡기관 내 압력은 (　　)지고 흡기밸브 및 그 주위의 부착연료는 기화가 촉진되며, 가속 시와는 반대로 공연비가 (　　)해지므로 그 분량만큼 연료의 (　　)이 필요하다.

① 열리기, 낮아, 농후, 감량
② 열리기, 높아, 희박, 증량
③ 닫히기, 낮아, 농후, 감량
④ 닫히기, 높아, 희박, 증량

16 커먼레일 기관에 장착된 가변용량 터보차저(VGT : variable geometry turbocharger)장치의 터보제어 솔레노이드 점검 요령과 거리가 먼 것은?

① 터보제어 솔레노이드 듀티 변화를 관찰한다.
② 엔진회전수와 부스터 압력센서의 변화를 관찰한다.
③ 연료 분사량과 부스터 압력센서 변화를 관찰한다.
④ 가속시 부스터 압력센서 출력 변화는 없어야 한다.

17 가변 밸브 타이밍 시스템에 대한 설명으로 틀린 것은?

① 공전 시 밸브 오버랩을 최소화하여 연소 안정화를 이룬다.
② 펌핑 손실을 줄여 연료 소비율을 향상시킨다.
③ 공전 시 흡입 관성효과를 향상시키기 위해 밸브 오버랩을 크게 한다.
④ 중부하 영역에서 밸브 오버랩을 크게 하여 연소실 내의 배기가스 재순환 양을 높인다.

18 전자제어 디젤엔진의 연료분사장치에서 예비(파일럿)분사가 중단될 수 있는 경우로 틀린 것은?

① 연료분사량이 너무 작은 경우
② 연료압력이 최소압보다 높을 경우
③ 규정된 엔진회전수를 초과하였을 경우
④ 예비(파일럿)분사가 주분사를 너무 앞지르는 경우

정답   14 ③   15 ③   16 ④   17 ③   18 ②

19. 전자제어 기관에서 크랭킹은 가능하나 시동이 되지 않을 경우 점검방법으로 틀린 것은?

① 연료펌프 강제구동 시험을 한다.
② 인히비터 스위치를 점검한다.
③ 계기판의 엔진고장 경고등의 점등 유무를 확인한다.
④ 점화 불꽃 발생여부를 확인한다.

20. 운행차 배출가스 정기검사에서 매연검사 방법으로 틀린 것은?

① 3회 연속 측정한 매연농도를 산술 평균하여 소수점 이하는 버린 값을 최종 측정치로 한다.
② 3회 연속 측정한 매연농도의 최대치와 최소치의 차가 10%를 초과한 경우 최대 10회까지 추가 측정한다.
③ 측정기의 시료 채취관을 배기관의 벽면으로부터 5mm 이상 떨어지도록 설치하고 5cm 이상의 깊이로 삽입한다.
④ 시료 채취를 위한 급가속 시 가속페달을 밟을 때부터 놓을 때까지 소요시간은 4초 이내로 한다.

제2과목 자동차섀시

21. 6속 더블 클러치 변속기(DCT)의 주요 구성품이 아닌 것은?

① 토크 컨버터
② 더블 클러치
③ 기어 액추에이터
④ 클러치 액추에이터

22. 제동 시 슬립률(λ)을 구하는 공식으로 옳은 것은? (단, 자동차의 주행 속도는 V, 바퀴의 회전 속도는 Vw 이다.)

① $\lambda = \dfrac{V - V_W}{V} \times 100(\%)$

② $\lambda = \dfrac{V}{V - V_W} \times 100(\%)$

③ $\lambda = \dfrac{V_W - V}{V_W} \times 100(\%)$

④ $\lambda = \dfrac{V_W}{V_W - V} \times 100(\%)$

23. 자동변속기 전자제어 시스템 중 퍼지(fuzzy) 제어 시스템에서 퍼지 제어를 거부하는 조건을 설명한 것으로 틀린 것은?

① 정상온도 작동 D 레인지의 경우
② 홀드모드가 ON일 경우
③ 오일온도가 일정 이하인 경우
④ N에서 D로 제어 중일 경우

24. 하중이 2 ton이고 압축 스프링 변형량이 2cm일 때 스프링 상수는?

① 100 kgf/mm
② 120 kgf/mm
③ 150 kgf/mm
④ 200 kgf/mm

정답 19 ② 20 ② 21 ① 22 ① 23 ① 24 ①

25 클러치 디스크의 페이싱이 마모되면 클러치 페달의 유격은 어떻게 변화하는가?

① 커진다.
② 작아진다.
③ 변화없다.
④ 증가하거나 작아진다.

26 토크 컨버터가 유체 클러치로서 작용할 때 가장 적당한 것은?

① 터빈의 속도가 펌프 속도의 5/10에 도달했을 때
② 펌프 속도가 터빈 속도의 5/10에 도달했을 때
③ 터빈의 속도가 펌프 속도의 8/10에 도달했을 때
④ 펌프 속도가 터빈 속도의 8/10에 도달했을 때

27 공기식 전자제어 현가장치(ECS)에서 사용되는 센서 종류와 관계가 없는 것은?

① 차고센서
② 차속센서
③ 오일 압력센서
④ 조향 휠 각도센서

28 사이드 슬립 검사(side slip test)에 대한 설명으로 옳은 것은?

① 앞바퀴 차륜 정렬의 불평형으로 인한 주행 중 앞차축의 옆 방향 휨량을 검사한다.
② 답판 움직임은 토인(toe-in)의 경우 외측으로 토 아웃(toe-out)의 경우에는 내측으로 각각 이동한다.
③ 자동차가 직진하고 있을 때 캠버(camber) 각이 있으면 차륜은 서로 차량 내측을 향하는 특성이 있다.
④ 직진시 전륜은 항상 내측으로 진행하려 하므로 외측으로 진행하게 하는 토 아웃(toe-out)을 부여한다.

29 조향장치의 구비조건으로 부적당한 것은?

① 조작이 가볍고 원활해야 한다.
② 회전반경이 커야 한다.
③ 주행 중 노면의 충격이 조향장치에 영향을 미치지 말아야 한다.
④ 조향 중 차체나 섀시 각 부에 무리한 힘이 작용되지 않아야 한다.

정답: 25 ② 26 ③ 27 ③ 28 ② 29 ②

30 전자제어 조향장치(Electric Power Steering)의 구성 요소 중 조향각 센서에 대한 설명으로 옳은 것은?

① 기존 동력 조향장치의 캐치 업(catch up) 현상을 보상하기 위한 센서
② 자동차의 속도를 검출하여 컨트롤 유닛에 입력하기 위한 센서
③ 차속과 조향각 신호를 기초로 하여 최적 상태의 유량을 제어하기 위한 센서
④ 스로틀 밸브의 열림량을 감지하여 컨트롤 유닛에 입력하기 위한 센서

31 부(-)의 킹핀 오프셋에 관한 설명 중 틀린 것은?

① 제동시 차륜이 안쪽으로부터 바깥쪽으로 벌어지도록 작용한다.
② 노면과 좌우 차륜간의 마찰계수가 서로 다른 경우 마찰계수가 큰 차륜이 안쪽으로 더 크게 조향되므로 자동차는 주행차선을 그대로 유지하게 된다.
③ 제동시 차륜이 안쪽으로 조향되는 특성을 나타낸다.
④ 차륜 중심선의 접지점이 킹핀 중심선의 연장선의 접지점보다 안쪽에 위치한 상태를 말한다.

32 제동장치에서 탠덤 마스터 실린더의 사용 목적은?

① 브레이크 라이닝의 마모를 적게 한다.
② 브레이크 오일의 소모를 줄일 수 있다.
③ 브레이크 드럼의 마모를 적게 한다.
④ 앞·뒤 브레이크 제동을 분리시켜 안정을 얻게 한다.

34 전자제어 제동장치(ABS)에 대한 설명으로 틀린 것은?

① 고장 발생 시 전자제어 진단기기를 이용하여 고장 내용을 알 수 있다.
② 경고등 점등 시 ABS 시스템은 정상 작동하지 않지만, 통상적인 브레이크 작동은 유지된다.
③ 미끄러운 노면에서 급제동 시 페달의 진동이 느껴진다면 ABS 시스템을 반드시 점검토록 한다.
④ 주행 중 ABS 제어모듈은 항상 각 부를 모니터링하고 있으며, 고장 발생 시 경고등을 점등시킨다.

35 자동차의 바퀴잠김 방지식 제동장치(ABS)의 기능 설명 중 틀린 것은?

① 방향 안정성 확보
② 조향 안정성 확보
③ 제동거리 단축 가능
④ 주행성능 향상

정답 30 ① 31 ① 32 ④ 34 ③ 35 ④

36 종감속 장치에서 구동피니언의 잇수가 6, 링기어의 잇수가 30일 때, 왼쪽 바퀴가 180rpm이면 오른쪽 바퀴는? (단, 추진축은 1,000rpm이다.)

① 180rpm   ② 200rpm
③ 220rpm   ④ 400rpm

37 레이디얼 타이어 호칭에서 195/60 R 14에서 60은 무엇을 표시하는가?

① 타이어 폴   ② 속도
③ 하중지수   ④ 편평비

38 전자제어 브레이크 장치의 구성품 중 휠 스피드 센서의 기능으로 옳은 것은?

① 휠의 회전속도를 감지
② 하이드로릭 유닛을 제어
③ 휠 실린더의 유압을 제어
④ 페일 세이프 기능을 수행

39 동력 조향장치의 기능을 설명한 것 중 맞는 것은?

① 기구학적 구조를 이용하여 작은 조작력으로 큰 조작력을 얻는다.
② 작은 힘으로 조향 조작이 가능하다.
③ 바퀴로부터의 충격을 흡수하기 어렵다.
④ 구조가 간단하고, 고장시 기계식으로 환원하여 안전하다.

40 전동 모터식 동력 조향장치의 종류가 아닌 것은?

① 칼럼(column) 구동방식
② 인티그럴(integral) 구동방식
③ 피니언(pinion) 구동방식
④ 래크(rack) 구동방식

제3과목　자동차전기

41 빛과 조명에 관한 단위와 용어의 설명으로 틀린 것은?

① 광속(luminous flux)이란 빛의 근원 즉, 광원으로부터 공간으로 발산되는 빛의 다발을 말하는데, 단위는 루멘(lm : lumen)을 사용한다.
② 광밀도(luminance)란 어느 한 방향의 단위 입체각에 대한 광속의 방향을 말하며, 단위는 칸델라(cd : candela)이다.
③ 조도(illuminance)란 피조면에 입사되는 광속을 피조면 단면적으로 나눈 값으로서, 단위는 룩스(lux)이다.
④ 광효율(luminous efficiency)이란 방사된 광속과 사용된 전기 에너지의 비로서, 100W 전구의 광속이 1380lm이라면 광효율은 1380lm/100W = 13.8lm/W가 된다.

정답   36 ③   37 ④   38 ①   39 ②   40 ②   41 ②

42. 발광 다이오드에 대한 설명으로 틀린 것은?
   ① 응답속도가 느리다.
   ② 백열전구에 비해 수명이 길다.
   ③ 전기적 에너지를 빛으로 변환시킨다.
   ④ 자동차의 차속센서, 차고센서 등에 적용되어 있다.

43. 저항을 병렬 연결하여 구성된 회로를 점검한 내용으로 맞는 것은?
   ① 합성저항은 각 저항의 합과 같다.
   ② 회로 내의 어느 저항에서나 똑같은 전류가 흐른다.
   ③ 회로 내의 어느 저항에서나 똑같은 전압이 흐른다.
   ④ 각 저항에 걸리는 전압의 합은 전원전압과 같다.

44. 전기·전자회로에서 기본 논리회로가 아닌 것은?
   ① AND 회로
   ② NAND 회로
   ③ OR 회로
   ④ NNOT 회로

45. 무 배전기 점화(D.L.I)시스템에서 압축 상사점으로 되어 있는 실린더를 판별하는 전자적 검출방식의 신호는?
   ① AFS 신호
   ② TPS 신호
   ③ No.1 TDC 신호
   ④ MAP 신호

46. 직류 직권 전동기에 대한 설명으로 옳은 것은?
   ① 토크는 전기자 코일에 흐르는 전류와 여자 코일에 흐르는 전류에 반비례한다.
   ② 전기자 코일에 흐르는 전류의 제곱에 비례한다.
   ③ 전기자 전류(부하)의 변화에 따라 회전속도는 큰 변화가 없다.
   ④ 직권식 모터의 토크는 전기자 전류에만 비례한다.

47. 완전 충전되어 있는 축전지의 전해액은 다음 어느 것에 해당하는가?
   ① H_2SO_4
   ② H_2O
   ③ $PbSO_4$
   ④ PbO_2

48. 어떤 기관의 회전속도가 3,000rpm이고, 연소지연 시간이 1/900초일 때 연소지연 시간 동안의 크랭크축의 회전 각도는?
   ① 30°
   ② 28°
   ③ 25°
   ④ 20°

42 ① 43 ③ 44 ④ 45 ③ 46 ② 47 ① 48 ④

49 자동차용 교류 발전기에서 스테이터 코일의 Y결선에 대한 내용으로 틀린 것은?

① 각 코일의 한 끝은 공통점으로 접속하고 다른 쪽 끝을 각각 결선할 것이다.
② 선간 전압은 각 상전압의 $\sqrt{3}$ 배가 된다.
③ 전류를 이용하기 위한 결선 방법이다.
④ 저속에서 발생전압이 높다.

50 계기장치에서 미터(meter)의 고장현상별 점검 내용으로 틀린 것은?

① 지침 고정 - 미터부의 공급전원 점검
② 지시값 상이 - 입력신호선의 접촉 불량 점검
③ 지침 떨림 - 센더(sender)부의 전원전압 점검
④ 지침 고정 - 센더(sender)부의 입력신호선 단선 점검

51 종합 편의 및 안전장치에서 차속신호를 받아 작동하는 기능은?

① 감광식 룸 램프 제어기능
② 파워 윈도 제어기능
③ 도어록 제어기능
④ 엔진오일 경고 제어기능

52 자동차용 냉방장치에서 냉매를 팽창밸브로 통과시킨 때의 상태가 아닌 것은?

① 온도가 강하한다.
② 압력은 강하한다.
③ 엔탈피는 일정하다.
④ 엔트로피는 감소한다.

53 다음은 냉매 취급시의 안전 및 주의사항이다. 적당하지 않는 것은?

① 냉매를 다룰 때는 장갑 및 보안경을 착용한다.
② 냉매를 빨리 충진시키기 위하여 R-134a 용기를 60℃ 정도로 가열한다.
③ 냉매의 교환은 맑고 건조한 날에 행한다.
④ 냉매의 교환은 넓고 개방된 장소에서 행한다.

54 CAN통신이 적용된 전동식 동력 조향장치(MDPS)에서 EPS경고등이 점등(점멸) 될 수 있는 조건으로 틀린 것은?

① 자기 진단 시
② 토크센서 불량
③ 컨트롤 모듈 측 전원 공급 불량
④ 핸들위치가 정위치에서 ±2° 틀어짐

정답 49 ③ 50 ③ 51 ③ 52 ④ 53 ② 54 ④

55 전자제어 현가장치(ECS) 시스템의 센서와 제어기능의 연결이 맞지 않는 것은?

① 앤티 피칭 제어 – 상하가속도 센서
② 앤티 바운싱 제어 – 상하가속도 센서
③ 앤티 다이브 제어 – 조향각 센서
④ 앤티 롤링 제어 – 조향각 센서

56 다음에 설명하고 있는 법칙은?

회로에 유입되는 전류의 총합과 회로를 빠져나가는 전류의 총합이 같다.

① 옴의 법칙
② 줄의 법칙
③ 키르히호프의 제1법칙
④ 키르히호프의 제2법칙

57 12V 전압을 인가하여 0.00003C의 전기량이 충전되었다면 콘덴서의 정전 용량은?

① 2.0μF
② 2.5μF
③ 3.0μF
④ 3.5μF

58 다음 중 트립 컴퓨터의 기능이 아닌 것은?

① 적산 거리계
② 주행 가능 거리
③ 최고 속도
④ 주행 시간

59 자동차 전자제어 에어컨 시스템에서 제어 모듈의 입력요소가 아닌 것은?

① 산소센서
② 외기온도센서
③ 일사량센서
④ 증발기온도센서

60 전자동 에어컨 시스템의 입력 요소로 틀린 것은?

① 습도 센서
② 차고 센서
③ 일사량 센서
④ 실내온도 센서

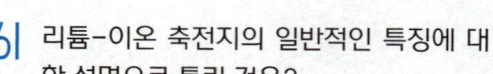

친환경자동차

61 리튬-이온 축전지의 일반적인 특징에 대한 설명으로 틀린 것은?

① 셀당 전압이 낮다.
② 높은 출력밀도를 가진다.
③ 과충전 및 과방전에 민감하다.
④ 열관리 및 전압관리가 필요하다.

정답 55 ③ 56 ③ 57 ② 58 ③ 59 ① 60 ② 61 ①

62. 하이브리드 차량 정비 시 고전압 차단을 위해 안전 플러그(세이프티 플러그)를 제거한 후 고전압 부품을 취급하기 전 일정시간 이상 대기시간을 갖는 이유로 가장 적절한 것은?

① 고전압 배터리 내의 셀의 안정화
② 제어모듈 내부의 메모리 공간의 확보
③ 저전압(12V) 배터리에 서지 전압 차단
④ 인버터 내 콘덴서에 충전되어 있는 고전압 방전

63. 하이브리드 자동차의 전기장치 정비 시 반드시 지켜야 할 내용이 아닌 것은?

① 절연장갑을 착용하고 작업한다.
② 서비스플러그(안전플러그)를 제거한다.
③ 전원을 차단하고 일정 시간이 경과 후 작업한다.
④ 하이브리드 컴퓨터의 커넥터를 분리하여야 한다.

64. 병렬형 하드 타입의 하이브리드 자동차에서 HEV모터에 의한 엔진 시동 금지 조건인 경우, 엔진의 시동은 무엇으로 하는가?

① HEV 모터
② 블로워 모터
③ 기동 발전기(HSG)
④ 모터 컨트롤 유닛(MCU)

65. 차량의 전파통신 부분에서 주파수를 계산할 수 있는 식을 바르게 표시한 것은? (단, F : 주파수(Hz), λ : 파장(m), C : 속도(m/s), T : 주기)

① $F = \lambda/C$
② $F = \lambda \times C/T$
③ $F = C/\lambda$
④ $F = C \times T$

66. 하이브리드 자동차의 저전압 직류 변환장치(LDC)에 대한 설명으로 맞는 것은?

① 하이브리드 구동 모터를 제어한다.
② 일반 자동차의 발전기와 같은 역할을 한다.
③ 시동 OFF시 고전압 배터리의 출력을 보조한다.
④ 시동 모터 제어를 위해 안정적인 전원을 공급한다.

67. 하이브리드 자동차에 사용되는 모터의 작동원리는?

① 렌츠의 법칙
② 플레밍의 왼손 법칙
③ 플레밍의 오른손 법칙
④ 앙페르의 오른나사 법칙

정답 62 ④ 63 ④ 64 ③ 65 ③ 66 ② 67 ②

68 마일드(mild) 하이브리드 자동차의 HSG(Hybrid Starter Generator)의 기능으로 틀린 것은?

① 기관의 시동
② 전력의 발전
③ 가속 시 기관의 회전토크 지원
④ 전기에너지를 이용한 장거리 주행

69 하이브리드 자동차의 오토스톱(Auto Stop) 기능이 미작동하는 조건과 관계없는 것은?

① 고전압 배터리의 온도가 규정 온도보다 높은 경우
② 엔진냉각수 온도가 규정 온도보다 낮은 경우
③ 무단변속기 오일 온도가 규정 온도보다 낮은 경우
④ 에어컨이 작동 중인 경우

70 고전원 전기장치 절연 안전성에 대한 기준으로 틀린 것은?

① 고전원 전기장치 보호기구의 노출 도전부는 전기적 샤시와 배선, 용접 또는 볼트 등의 방법으로 전기적으로 접속되어야 한다.
② 노출 도전부와 전기적 샤시 사이의 저항은 1Ω 미만이어야 한다.
③ 직류회로 및 교류회로가 독립적으로 구성된 경우 절연저항은 각각 100Ω /V(DC), 500Ω /V(AC) 이상이어야 한다.
④ 직류회로 및 교류회로가 전기적으로 조합되어 있는 경우 절연저항은 500Ω /V 이상이어야 한다.

71 전기자동차에서 MCU(Motor Control Unit)에 대한 설명으로 잘못된 것은?

① EPCU 내부에 MCU가 있다.
② MCU가 인버터 기능을 한다.
③ 모터 구동에 고전압 배터리 직류를 사용한다.
④ 감속 또는 회생제동 시 발생한 에너지로 고전압 배터리를 충전시킨다.

72 하이브리드 자동차에서 배터리 시스템의 열적, 전기적 기능을 제어 또는 관리하고 배터리 시스템과 다른 차량 제어기와의 사이에서 통신을 제공하는 전자장치는?

① SOC(State Of Charge)
② HCU(Hybrid Control Unit)
③ HEV(Hybrid Electric Vehicle)
④ BMS(Battery Management System)

정답 68 ④ 69 ④ 70 ② 71 ③ 72 ④

73 시동 키 ON시 PRA(Power Relay Assembly) 작동순서로 맞는 것은?

① 메인 릴레이(+) ON → 메인 릴레이(-) ON → 프리차저 릴레이 ON
② 메인 릴레이(+) ON → 프리차저 릴레이 ON → 메인 릴레이(-) ON
③ 메인 릴레이(-) ON → 메인 릴레이(+) ON → 프리차저 릴레이 ON
④ 메인 릴레이(-) ON → 프리차저 릴레이 ON → 메인 릴레이(+) ON

74 히트펌프 시스템에서 냉방 시와 난방 시의 열교환이 옳은 것은?

① 냉방 시 : 실내기는 흡열, 실외기는 방열 난방 시 : 실외기는 흡열, 실내기는 방열
② 냉방 시 : 실외기는 흡열, 실내기는 방열 난방 시 : 실내기는 방열, 실외기는 흡열
③ 냉방 시 : 실내기는 흡열, 실외기는 방열 난방 시 : 실외기는 방열, 실내기는 흡열
④ 냉방 시 : 실외기는 흡열, 실내기는 방열 난방 시 : 실내기는 흡열, 실외기는 방열

75 전기자동차의 충전기에 사용하는 통신 방법이 아닌 것은?

① CP(Control Pilot)
② PLC(Power Line Communication)
③ CAN(Controller Area Network)
④ LIN(Local Interconnect Network)

76 연료전지의 장점에 해당되지 않는 것은?

① 상온에서 화학반응을 하므로 위험성이 적다.
② 에너지 밀도가 매우 크다.
③ 연료를 공급하여 연속적으로 전력을 얻을 수 있으므로 충전이 필요 없다.
④ 출력밀도가 크다.

77 수소 연료전지 전기차에서 연료탱크의 고압을 낮은 압력으로 낮추어 스택으로 공급하는 장치는?

① 고압 레귤레이터
② 연료 공급밸브
③ 릴리프 밸브
④ 드레인 밸브

정답 73 ④ 74 ① 75 ④ 76 ④ 77 ①

78 LPI 엔진에서 사용하는 가스 온도센서 (GTS)의 소자로 옳은 것은?

① 서미스터　　② 다이오드
③ 트랜지스터　④ 사이리스터

79 자동차 차대번호 등의 운영에 관한 규정성 국가공통부호 배정자 및 한국교통안전공단에서 표기하는 차대번호 중 사용연료 종류별 표기부호로 틀린 것은?

① B : 연료장치　② C : CNG
③ L : LNG　　　④ S : 태양열

80 압축 천연가스(CNG) 자동차에 대한 설명으로 틀린 것은?

① 연료라인 점검 시 항상 압력을 낮춰야 한다.
② 연료 누출 시 공기보다 가벼워 가스는 위로 올라간다.
③ 시스템 점검 전 반드시 연료 실린더 밸브를 닫는다.
④ 연료 압력조절기는 탱크의 압력보다 약 5bar가 더 높게 조절한다.

정답　78 ①　79 ③　80 ④

제4회 자동차정비산업기사 CBT 기출복원 문제

제1과목 자동차엔진

01 고속 디젤기관에 가장 적합한 사이클은?
① 사바테 사이클   ② 정압사이클
③ 정적사이클   ④ 디젤사이클

02 가솔린 엔진의 피스톤과 피스톤 링에 대한 설명으로 틀린 것은?
① 피스톤의 위쪽에 설치되는 2개의 피스톤 링은 연소가스의 누설을 방지하는 압축 링이다.
② 피스톤의 톱 랜드(top land)는 가스의 누설을 방지하기 위해 세컨드 랜드보다 지름이 크다.
③ 윤활을 하는 오일 링을 피스톤의 가장 아래쪽에 설치한다.
④ 피스톤의 스커트부는 피스톤 자세를 안정시키는 역할을 한다.

03 자동차용 기관오일의 기본적인 역할을 설명한 것 중 틀린 것은?
① 마찰을 감소시켜 동력손실을 줄인다.
② 연소가스의 blow-down 현상을 방지한다.
③ 마찰 운동부의 냉각작용을 한다.
④ 접촉부의 녹이나 부식을 방지한다.

04 전자제어 가솔린기관에서 직접분사방식(GDI)을 간접분사방식과 비교했을 때 단점은?
① 연료분사압력이 상대적으로 낮다.
② 희박혼합기 모드에서는 NOx의 발생량이 현저하게 증가한다.
③ 분사밸브의 작동전압이 너무 낮다.
④ 내부 냉각효과가 너무 낮다.

05 전자제어 가솔린기관에서 연료펌프 내에 설치되어 기관이 정지하면 곧바로 닫혀 압력회로의 압력을 일정시간 동안 유지시키는 밸브는?
① 체크 밸브
② 니들 밸브
③ 릴리프 밸브
④ 딜리버리 밸브

06 기관 실린더 벽의 유막이 끊어져 피스톤이나 실린더 벽에 상처를 일으키는 현상을 무엇이라고 하는가?
① 플러터(flutter) 현상
② 스틱(stick) 현상
③ 프리 이그니션(pre ignition) 현상
④ 스카프(scuff) 현상

 01 ① 02 ② 03 ② 04 ② 05 ① 06 ④

07 전자제어 가솔린 기관에서 피드백 제어가 해제되는 경우가 아닌 것은?

① 전부하 출력시
② 연료 차단시
③ 희박 신호가 길게 계속될 때
④ 냉각 수온이 높을 때

08 가솔린 분사장치의 공기량 계측방식에서 칼만와류식은 어느 계측방식에 속하는가?

① 기계적 체적 유량 계측 방식
② 베인식 질량 유량 계측 방식
③ 초음파식 체적 유량 계측 방식
④ 열선식 질량 유량 계측방식

09 LPG 연료의 특성으로 틀린 것은?

① 발열량은 약 12000 kcal/kg 이다.
② 기화된 상태에서는 공기보다 비중이 작다.
③ 옥탄가가 높아 노킹을 잘 일으키지 않는다.
④ 노말 부탄과 프로판을 주성분으로 한 탄화수소의 혼합물이다.

10 기관에 과급기를 설치하는 가장 주된 목적은?

① 압축압력을 높여 착화지연시간을 길게 하기 위하여
② 기관회전수를 높이기 위해서
③ 연소 소비량을 많게 하기 위해서
④ 공기밀도를 증가시켜 출력을 향상시키기 위해서

11 그림은 엔진이 정상적인 난기 상태에서 정화장치(촉매) 앞, 뒤에 설치된 산소센서 출력이다. 설명 중 옳은 것은?

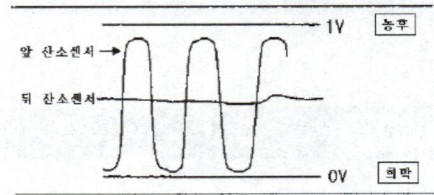

① 정화장치(촉매) 고장이다.
② 뒤쪽에 설치된 산소센서 고장이다.
③ 정화장치(촉매)가 정상적인 작용을 하고 있다.
④ 앞쪽 산소센서가 정상적으로 동작할 때 뒤쪽 산소센서는 동작을 멈춘다.

12 피스톤 재질로서 가장 거리가 먼 것은?

① 화이트메탈
② 구리계의 Y합금
③ 특수 주철
④ 규소계의 Lo-Ex 합금

13 라디에이터의 온도조절기에서 왁스실에 왁스를 넣어 온도가 높아지면 팽창축을 올려 열리는 식의 온도조절기는?

① 벨로우즈형
② 펠릿형
③ 바이패스형
④ 바이메탈형

 07 ④ 08 ③ 09 ② 10 ④ 11 ③ 12 ① 13 ②

14. 디젤 자동차의 배기가스 후처리 장치인 DPF(diesel particulate filter)를 설명한 것 중 틀린 것은?

① 포집된 매연(PM)을 재생(연소)하기 위해 사후분사를 실시함
② 포집된 매연(PM)을 재생(연소)할 때의 온도는 대략 100°C 정도임
③ 포집된 매연(PM)의 재생(연소)여부를 판단하기 위해 DPF의 앞, 뒤 압력 센서의 신호를 받음
④ 배기관의 매연(PM)을 포집하고 재생(연소)하는 장치임

15. 전자제어 가솔린 분사장치에서 주로 연료 분사 보정량을 산출하기 위한 신호로 거리가 먼 것은?

① 냉각수 온도 신호
② 흡입 공기 온도 신호
③ 크랭크 각 센서 신호
④ 산소 센서 신호

16. 전자제어 가솔린엔진에서 고속운전 중 스로틀 밸브를 급격히 닫을 때 연료 분사량을 제어하는 방법은?

① 변함 없음
② 분사량 증가
③ 분사량 감소
④ 분사 일시 중단

17. 운행차 정기검사에서 가솔린 승용자동차의 배출가스검사 결과 CO 측정값이 2.2%로 나온 경우, 검사 결과에 대한 판정으로 옳은 것은? (단, 2007년 11월에 제작된 차량이며, 무부하 검사방법으로 측정하였다.)

① 허용기준인 1.0%를 초과하였으므로 부적합
② 허용기준인 1.5%를 초과하였으므로 부적합
③ 허용기준인 2.5% 이하이므로 적합
④ 허용기준인 3.2% 이하이므로 적합

18. [보기]는 어떤 사이클을 나타낸 것인가?

[보기]
단열압축→정압급열→단열팽창→정적방열

① 카르노 사이클 ② 정압 사이클
③ 브레이튼 사이클 ④ 복합 사이클

19. 다음은 배출가스 정밀검사에 관한 내용이다. 정밀검사모드로 맞는 것을 모두 고른 것은?

1. ASM2525 모드
2. KD147 모드
3. Lug Down 3 모드
4. CVS-75 모드

① 1, 2   ② 1, 2, 3
③ 1, 3, 4 ④ 2, 3, 4

14 ② 15 ③ 16 ④ 17 ① 18 ② 19 ②

20. 전자제어 MPI 가솔린 엔진과 비교한 GDI 엔진의 특징에 대한 설명으로 틀린 것은?

① 내부 냉각효과를 이용하여 출력이 증가된다.
② 층상 급기모드를 통해 EGR 비율을 많이 높일 수 있다.
③ 연료분사 압력이 높고, 연료 소비율이 향상된다.
④ 층상 급기모드 연소에 의하여 NOx 배출이 현저히 감소한다.

제2과목 자동차섀시

21. 전자제어 현가장치에서 자동차가 선회할 때 원심력에 의한 차체의 흔들림을 최소로 제어하는 기능은?

① 안티 롤 제어
② 안티 다이브 제어
③ 안티 스쿼트 제어
④ 안티 드라이브 제어

22. 승용차용 타이어의 표기법으로 잘못된 것은?

[보기]

205 / 65 / R 14
ㄱ   ㄴ   ㄷ   ㄹ

① ㄱ : 단면폭(205mm)
② ㄴ : 편평비(65%)
③ ㄷ : 레이디얼(R)구조
④ ㄹ : 림외경(14mm)

23. 자동변속기에서 규정 차속 이상이 되면 펌프 임펠러와 터빈 런너를 기계적으로 직결시켜 미끄럼에 의한 손실을 없게 하고 연비 향상과 정숙성을 도모하는 장치는?

① 킥다운(kick down) 장치
② 히스테리시스 장치
③ 펄스 제너레이션 장치
④ 록업(Lock up) 장치

24. 위시본식 평행 사변형 현가장치에서 장애물에 의해 바퀴가 들어 올려 지면 바퀴 정렬의 변화는?

① 캠버는 변화가 없다.
② 더욱 부의 캠버가 된다.
③ 더욱 정의 캠버가 된다.
④ 더욱 정의 캐스터가 된다.

25. 전자제어 제동장치(ABS)에서 휠 스피드 센서 (마그네틱 방식)의 파형에 관한 설명으로 틀린 것은?

① 각 바퀴의 회전속도를 검출하여 컴퓨터로 입력시킨다.
② 파형으로 휠 스피드 신호 측정시 주기적으로 빠지는 경우는 대개 톤 휠이 손상된 경우이다.
③ 일반적으로 에어갭은 적으면 적을수록 유리하다.
④ 차량의 속도가 증가하면 주파수도 증가하고 P-P 전압도 상승한다.

 20 ④ 21 ① 22 ④ 23 ④ 24 ① 25 ③

26. 암의 길이가 713mm인 프로니 동력계에서 제동하중이 170kgf이었다. 측정 축의 회전수가 1,500rpm일 경우 기관의 제동마력은 몇 PS인가?
   ① 138PS ② 200PS
   ③ 237PS ④ 254PS

27. 전자제어 동력 조향장치에서 갑자기 핸들의 조작력이 증가되는 원인 중 가장 거리가 먼 것은?
   ① 클러치 스위치 신호 불량
   ② 차속 신호 불량
   ③ 컨트롤 유닛 불량
   ④ 전원 측 전압 불량

28. 조향각을 일정하게 유지하고 차의 주행 속도를 증가시켰을 때 선회 반경이 커지는 현상은?
   ① 오버 스티어링
   ② 언더 스티어링
   ③ 뉴트럴 스티어링
   ④ 리버스 스티어링

29. 제동장치에서 마스터 백은 무엇을 이용하여 브레이크에 배력작용을 하게 한 것인가?
   ① 배기가스 압력 이용
   ② 대기 압력만 이용
   ③ 흡기 다기관의 압력만 이용
   ④ 대기압과 흡기 다기관의 압력차 이용

30. 드럼 브레이크에서 전·후진 시 2개의 슈가 모두 리딩 슈로 작동하는 브레이크는?
   ① 심플렉스(simplex) 브레이크
   ② 듀플렉스(duplex) 브레이크
   ③ 유니 서보(uni servo) 브레이크
   ④ 듀어 서보(duo servo) 브레이크

31. 풀 타임(full time) 4륜 구동 방식에서 타이트 코너 브레이크 현상을 제거하는 방법은?
   ① 바퀴를 작게 한다.
   ② 타이어 공기압을 높여준다.
   ③ 앞, 뒤 바퀴에 구동력을 전달하는 부분에 중앙 차동 장치를 설치한다.
   ④ 프로펠러 샤프트에 유니버셜 조인트를 2개 연속으로 장착한다.

32. 공기 현가장치에서 공기 저장탱크와 서지탱크를 연결하는 배관 사이에 설치되어 자동차의 높이를 일정하게 유지시키는 밸브는?
   ① 서브 밸브 ② 메인 밸브
   ③ 체크 밸브 ④ 레벨링 밸브

33. 기관의 회전력이 15.5kgf·m이고, 3200rpm으로 회전하고 있다면 클러치에 전달되는 마력(PS)은 약 얼마인가?
   ① 56.3 ② 61.3
   ③ 66.3 ④ 69.3

26 ④ 27 ① 28 ② 29 ④ 30 ④ 31 ③ 32 ④ 33 ④

34 유체클러치의 펌프와 터빈사이의 관계로 틀린 것은?

① 펌프는 크랭크축에 연결되고 터빈은 변속기 입력축에 연결된다.
② 전달효율은 최대 98% 정도이다.
③ 미끄럼 값은 약 2~3% 정도이다.
④ 회전력 변화율은 3 : 1 정도이다.

35 ABS 시스템에서 스피드 센서에 의해 4륜 각각의 차륜 속도 및 차륜 감가속도를 연산하여 차륜의 슬립 상태를 판단하며 각종 솔레노이드 밸브에 대한 증압 및 감압 형태를 결정하는 부품은?

① 모터 및 펌프(MOTOR & PUMP)
② ABS ECU
③ 하이드롤릭 밸브
④ EBD

36 자동차의 중량이 1,275kgf, 가속 저항이 200kgf, 회전부분 상당 중량은 자동차 중량의 5%일 때 가속도는?

① 약 0.15 m/s²
② 약 1.25 m/s²
③ 약 1.36 m/s²
④ 약 1.46 m/s²

37 암소음이 80dB인 장소에서 자동차 배기 소음이 85dB 이었을 때 배기 소음의 최종 측정값은?

① 80dB ② 82dB
③ 83dB ④ 85dB

38 구동륜 제어 장치(TCS)에 대한 설명으로 틀린 것은?

① 차체 높이 제어를 위한 성능 유지
② 눈길, 빙판길에서 미끄러짐을 방지
③ 커브 길 선회 시 주행 안정성 유지
④ 노면과 차륜간의 마찰 상태에 따라 엔진 출력 제어

39 조향장치에서 킹핀이 마모되면 캠버는 어떻게 되는가?

① 캠버의 변화가 없다.
② 더 정(+)의 캠버가 된다.
③ 더 부(-)의 캠버가 된다.
④ 항상 0의 캠버가 된다.

40 자동차 동력 조향장치의 유압회로 내 유압유의 점도가 높을 때 일어나는 현상이 아닌 것은?

① 회로 내 잔압이 낮아진다.
② 유압 라인의 열 발생 원인이 된다.
③ 동력 손실이 커진다.
④ 관내 마찰손실이 커진다.

34 ④ 35 ② 36 ④ 37 ③ 38 ① 39 ③ 40 ①

제3과목 자동차전기

41 논리회로 중 NOR 회로에 대한 설명으로 틀린 것은?

① 논리합회로에 부정회로를 연결한 것이다.
② 입력 A와 입력 B가 모두 0이면 출력이 1이다.
③ 입력 A와 입력 B가 모두 1이면 출력이 0이다.
④ 입력 A 또는 입력 B 중에서 1개가 1이면 출력이 1이다.

42 L단자와 S단자로 구성된 발전기에서 L단자에 대한 설명으로 틀린 것은?

① L단자는 충전 경고등 작동선이다.
② 뒷유리 열선 시스템에서도 L단자 신호를 이용한다.
③ 시동 후 L단자 전압은 시동 전 배터리 전압보다 높다.
④ L단자 회로가 단선되면 충전 경고등이 점등된다.

43 ECU에서 제어하는 에어컨 릴레이에 다이오드를 부착하는 이유는?

① 점화신호 오류방지
② 릴레이를 보호하기 위해
③ 서지전압에 의한 ECU 보호
④ 정밀한 제어를 위해

44 자동차의 전조등에 45W의 전구 2개가 병렬 연결되어 있다. 축전지가 12V 80AH일 때 회로에 흐르는 총 전류는?

① 3A ② 3.75A
③ 7.5A ④ 16A

45 배터리의 외형표기에서 "55 D 26 R"의 의미로 옳은 것은?

① 55 = 성능랭크, D = 배터리의 길이, 26 = 높이 폭, R = 배터리의 극성위치
② 55 = 성능랭크, D = 배터리의 길이, 26 = 높이 폭, R = 배터리의 저항크기
③ 55 = 성능랭크, D = 높이 폭, 26 = 배터리의 길이, R = 배터리의 극성위치
④ 55 = 성능랭크, D = 높이 폭, 26 = 배터리의 길이, R = 배터리의 저항크기

46 자동 공조장치에 대한 설명으로 틀린 것은?

① 파워 트랜지스터의 베이스 전류를 가변하여 송풍량을 제어한다.
② 온도 설정에 따라 믹스 액추에이터 도어의 개방 정도를 조절한다.
③ 실내 및 외기온도 센서 신호에 따라 에어컨 시스템의 제어를 최적화한다.
④ 핀서모 센서는 에어컨 라인의 빙결을 막기 위해 콘덴서에 장착되어 있다.

41 ④ 42 ④ 43 ③ 44 ③ 45 ③ 46 ④

47 기동 전동기에 전류는 많이 흐르지만 작동하지 않을 경우의 원인이 아닌 것은?

① 전기자 코일이 접지되었을 때
② 계자코일이 단락되었을 때
③ 전기자 축 베어링이 고착되었을 때
④ 전기자 코일 또는 계자코일이 개회로 되었을 때

48 절연저항이 2MΩ인 고압케이블에 12kV의 고전압이 인가될 때 누설 전류는?

① 0.6mA ② 6mA
③ 12mA   ④ 24mA

49 점화플러그의 열값에 대한 설명이 옳은 것은?

① 열값이 크면 냉형이다.
② 열값이 크면 열형이다.
③ 냉형은 냉각효과가 적다.
④ 냉형은 저속회전 엔진에 사용한다.

50 자동차 편의장치(ETACS, ISU)는 어떠한 기능을 작동 시키기 위해서 각종 신호를 입력받아 상황을 판단한 후 출력제어를 한다. 다음 중 에탁스 입력요소 중 옳지 않은 것은?

① 열선 스위치
② 감광식 룸램프
③ 차속센서
④ 와셔 스위치

51 전조등의 감광장치가 아닌 것은?

① 저항을 쓰는 방법
② 이중 필라멘트를 쓰는 방법
③ 부등을 쓰는 방법
④ 굵은 배선을 쓰는 방법

52 응축기 냉각핀이 막혀 공기 흐름이 막혔을 경우 저·고압측 압력변화가 정상일 때와 비교해서 맞는 것은?

① 저압측 압력이 떨어진다.
② 저압측 압력은 상승되고 고압측 압력은 떨어진다.
③ 저·고압측 모두 압력이 상승된다.
④ 저·고압측 모두 압력이 떨어진다.

53 전자제어 기관에서 냉방장치가 작동시 아이들 업(idle up) 기능에 대한 설명으로 틀린 것은?

① 엔진의 공회전시 또는 급가속시 작동한다.
② 냉방장치 가동에 따른 과부하로 엔진이 정지하거나 부조하는 것을 방지한다.
③ ECU가 아이들 업 액추에이터를 작동시켜 엔진 회전수를 상승시킨다.
④ 컴프레서의 마그네틱 클러치를 차단하는 것과 상호 보완적으로 작용한다.

정답: 47 ④ 48 ② 49 ① 50 ② 51 ④ 52 ③ 53 ①

54 점화장치에서 마그네틱코어 픽업코일과 로터가 일직선으로 정렬되어 있을 때 점화코일의 상태를 설명한 것으로 가장 맞는 것은?

① 1차 전류가 흐르고 있는 드웰 구간
② 1차 전류가 단속 되어진 구간
③ 2차 전류가 흐르고 있는 구간
④ 2차 전류가 단속 되어진 구간

55 자동차에 적용된 다중 통신장치인 LAN 통신(local area network)의 특징으로 틀린 것은?

① 다양한 통신 장치와 연결이 가능하고 확장 및 재배치가 가능하다.
② LAN 통신을 함으로써 자동차용 배선이 무거워진다.
③ 사용 커넥터 및 접속점을 감소시킬 수 있어 통신장치의 신뢰성을 확보할 수 있다.
④ 기능 업그레이드를 소프트웨어로 처리함으로 설계 변경의 대응이 쉽다.

56 다음은 자동차 정기검사의 계기장치 검사 기준이다. ( ) 안의 내용으로 알맞은 것은?

> 속도계의 지시오차는 정 (㉠)퍼센트, 부 (㉡)퍼센트 이내일 것

① ㉠ 15 ㉡ 5
② ㉠ 25 ㉡ 10
③ ㉠ 25 ㉡ 5
④ ㉠ 25 ㉡ 10

57 전자 점화장치(HEI : High Energy Ignition)의 특성으로 틀린 것은?

① HC 가스가 증가한다.
② 고속성능이 향상된다.
③ 최적의 점화시기 제어가 가능하다.
④ 점화성능이 향상된다.

58 부특성 서미스터를 적용한 냉각수 온도센서는 수온이 올라감에 따라 저항은 어떻게 변화하는가?

① 변화없다.
② 일정하다.
③ 상승한다.
④ 감소한다.

59 에어백 시스템에서 화약 점화제, 가스 발생제, 필터 등을 알루미늄 용기에 넣은 것으로 에어백 모듈 하우징 내측에 조립되어 있는 것은?

① 인플레이터
② 디퓨저 스크린
③ 에어백 모듈
④ 클럭 스프링 하우징

 에어백 인플레이터는 화약, 점화제, 가스 발생제, 필터 등을 알루미늄 용기에 넣은 것으로 에어백 모듈 하우징 내측에 조립되어 있다.

정답 54 ② 55 ② 56 ④ 57 ① 58 ④ 59 ①

60 파워TR 내부의 TR3와 화살표에 표기된 저항이 어떤 작용을 하는가?

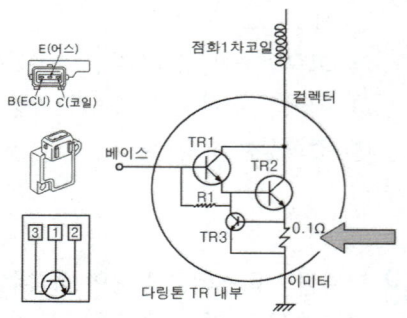

① TR의 열화를 방지한다.
② 1차코일에 흐르는 전류를 제한한다.
③ 1차코일에서 발생하는 유도전압을 제한한다.
④ 베이스와 이미터에 흐르는 전류를 제한한다.

제4과목 친환경자동차

61 하이브리드 자동차에서 리튬 이온 폴리머 고전압 배터리는 9개의 모듈로 구성 되어 있고, 1개의 모듈은 8개의 셀로 구성되어 있다. 이 배터리의 전압은? (단, 셀 전압은 3.75V이다.)

① 30V ② 90V
③ 270V ④ 375V

62 일반적인 직렬형 하이브리드 자동차의 동력전달 과정으로 옳은 것은?

① 엔진 → 전동기 → 변속기 → 축전지 → 발전기 → 구동바퀴
② 엔진 → 변속기 → 축전지 → 발전기 → 전동기 → 구동바퀴
③ 엔진 → 변속기 → 발전기 → 축전지 → 전동기 → 전동바퀴
④ 엔진 → 발전기 → 축전지 → 전동기 → 변속기 → 구동바퀴

63 병렬형 하드 타입 하이브리드 자동차에 대한 설명으로 옳은 것은?

① 배터리 충전은 엔진이 구동시키는 발전기로만 가능하다.
② 구동모터가 플라이휠에 장착되고 변속기 앞에 엔진 클러치가 있다.
③ 엔진과 변속기 사이에 구동모터가 있는데 모터만으로는 주행이 불가능하다.
④ 구동모터는 엔진의 동력보조 뿐만 아니라 순수 전기모터로도 주행이 가능하다.

64 하이브리드 자동차의 고전압 배터리 관리 시스템에서 셀 밸런싱 제어의 목적은?

① 배터리의 적정 온도 유지
② 상황별 입출력 에너지 제한
③ 배터리 수명 및 에너지 효율 증대
④ 고전압 계통 고장에 의한 안전사고 예방

60 ② 61 ③ 62 ④ 63 ④ 64 ③

65. 하이브리드 전기자동차의 구동 모터 작동을 위한 전기 에너지를 공급 또는 저장하는 기능을 하는 것은?

① 보조 배터리
② 변속기 제어기
③ 고전압 배터리
④ 엔진 제어기

66. 다음은 하이브리드 자동차에서 사용하고 있는 캐패시터(Capacitor)의 특징을 나열한 것이다. 틀린 것은?

① 충전시간이 짧다.
② 출력의 밀도가 낮다.
③ 전지와 같이 열화가 거의 없다.
④ 단자 전압으로 남아있는 전기량을 알 수 있다.

67. BMS(Battery Management System)에서 제어하는 항목과 제어내용에 대한 설명으로 틀린 것은?

① 고장 진단 : 배터리 시스템 고장 진단
② 컨트롤 릴레이 제어 : 배터리 과열 시 컨트롤 릴레이 차단
③ 셀 밸런싱 : 전압 편차가 생긴 셀을 동일한 전압으로 매칭
④ SOC(Stage Of Charge) 관리 : 배터리의 전압, 전류, 온도를 측정하여 적정 SOC 영역관리

68. 하이브리드 자동차에서 직류(DC) 전압을 다른 직류(DC) 전압으로 바꾸어 주는 장치는 무엇인가?

① 캐패시터
② DC-AC 인버터
③ DC-DC 컨버터
④ 리졸버

69. 하이브리드 시스템에 대한 설명 중 틀린 것은?

① 직렬형 하이브리드는 소프트타입과 하드타입이 있다.
② 소프트타입은 순수 EV(전기차) 주행 모드가 없다.
③ 하드타입은 소프트타입에 비해 연비가 향상된다.
④ 플러그-인 타입은 외부 전원을 이용하여 배터리를 충전한다.

70. 전기차 전력 제어장치(EPCU)의 통합제어 모듈 내부 구성 부품이 아닌 것은?

① VCU   ② LDC
③ OBC   ④ MCU

71. 직·병렬형 하드타입 하이브리드 자동차에서 엔진 시동기능과 공전 상태에서 충전 기능을 하는 장치는?

① MCU(Motor Control Unit)
② PRA(Power Relay Assembly)
③ LDC(Low DC-DC Converter)
④ HSG(Hybrid Starter Generator)

65 ③ 66 ② 67 ② 68 ③ 69 ① 70 ③ 71 ④

72. 하이브리드 자동차에서 회생제동의 시기는?
① 출발할 때
② 정속주행할 때
③ 급가속할 때
④ 감속할 때

73. 하이브리드 자동차 고전압 배터리 충전상태(SOC)의 일반적인 제한 영역은?
① 20~80%
② 55~86%
③ 86~110%
④ 110~140%

74. 전기자동차의 전력변환에 OBC, MCU, LDC 등을 사용한다. 전력변환 방식이 맞는 것은?
① OBC : 교류→직류, MCU : 직류→교류, LDC : 직류→직류
② OBC : 교류→직류, MCU : 직류→직류, LDC : 직류→교류
③ OBC : 직류→교류, MCU : 직류→교류, LDC : 직류→직류
④ OBC : 직류→교류, MCU : 직류→직류, LDC : 직류→교류

75. 전기자동차에 사용되는 칠러에 대한 설명 중 틀린 것은?
① 칠러는 히트펌프 시스템에 사용된다.
② 칠러에는 전장폐열 칠러와 배터리 칠러가 있다.
③ 전장폐열 칠러는 PE(Power Electric) 부품 냉각에 배터리 칠러는 고전압배터리 냉각에 사용된다.
④ 전장폐열 칠러와 배터리 칠러에서 흡수한 열원을 자동차의 난방에 사용한다.

76. 수소탱크 밸브에 적용된 부품이 아닌 것은?
① 수소를 공급라인으로 연결하는 솔레노이드 밸브
② 수소를 차단하는 매뉴얼 밸브
③ 탱크 내부의 압력을 감지하는 압력센서
④ 탱크 내부의 온도를 감지하는 온도센서

77. 연료전지를 구분하는 방법이 아닌 것은?
① 작동온도
② 연료의 종류
③ 전해액
④ 고전압배터리의 용량

정답 72 ④ 73 ① 74 ① 75 ④ 76 ③ 77 ④

78 로터리 기관을 왕복형 기관과 비교했을 때 특징이 아닌 것은?

① 부품 수가 적다.
② 출력이 같은 왕복형 기관에 비해 대형이고 무겁다.
③ 왕복운동 부분과 밸브기구가 없으므로 진동과 소음이 적다.
④ 캠에 의한 밸브기구가 없으므로 고속 시 출력이 저하되는 일이 적다.

79 압축천연가스(CNG)의 특징으로 거리가 먼 것은?

① 전 세계적으로 매장량이 풍부하다.
② 옥탄가가 매우 낮아 압축비를 높일 수 없다.
③ 분진 유황이 거의 없다.
④ 기체연료임으로 엔진체적효율이 낮다.

80 CNG(Compressed Natural Gas) 엔진에서 스로틀 압력 센서의 기능으로 옳은 것은?

① 대기 압력을 검출하는 센서
② 스로틀의 위치를 감지하는 센서
③ 흡기다기관의 압력을 검출하는 센서
④ 배기 다기관 내의 압력을 측정하는 센서

78 ② 79 ② 80 ③

제5회 자동차정비산업기사 CBT 기출복원 문제

제1과목 자동차엔진

01 S/B 비율(Stroke/Bore ratio)에 관한 내용으로 옳지 않은 것은?

① 스퀘어엔진은 S/B의 비율이 1인 형식이다.
② 일반적으로 같은 배기량에서는 단행정 기관이 장행정 기관보다 더 큰 출력을 얻을 수 있다.
③ 실용적 측면에서는 장행정기관이 단행정 기관보다 우수하다.
④ 장행정기관을 오버스퀘어엔진 이라고도 한다.

02 가솔린 연료의 옥탄가를 나타낸 것은?

① 이소옥탄 ÷ (이소옥탄 + 노멀헵탄)
② 노멀헵탄 ÷ (이소옥탄 + 노멀헵탄)
③ 이소옥탄 ÷ (세탄 + α메틸나프탈린)
④ 세탄 ÷ (세탄 + α메틸나프탈린)

03 API 분류에서 고부하 및 가혹한 조건의 디젤 기관에서 쓰는 윤활유는?

① DL   ② DM
③ DC   ④ DS

04 전자제어식 LPG 엔진의 믹서를 점검하는 방법을 설명한 것이다. 틀린 것은?

① 메인 듀티 솔레노이드 밸브, 슬로우 듀티 솔레노이드 밸브, 시동 솔레노이드 밸브의 각 단자저항을 측정하여 저항이 규정값 내에 들어있으면 양호하다고 판정할 수 있다.
② 슬로우 듀티 솔레노이드 밸브는 단자에 배터리 전원을 인가했을 때 통로가 연결되고, 전원을 OFF 했을 때 차단되면 정상이라고 할 수 있다.
③ 시동 솔레노이드 밸브는 단자에 배터리 전원을 OFF하면 플런저는 작동을 멈추고, 슬로우 듀티 솔레노이드의 통로가 연결되면 정상이다.
④ 시동 솔레노이드 밸브는 단자에 배터리 전원을 인가했을 때 플런저가 작동되면 정상이다.

05 전자제어 가솔린기관에서 OBD(On Board Diagnose) 감시기능 중 틀린 것은?

① 촉매 고장 감시기능
② 실화 감시기능
③ 증발가스 누설 감시기능
④ 외기온도 감시기능

 01 ④ 02 ① 03 ④ 04 ③ 05 ④

06 실린더 내경 기준 값이 78mm인 기관에서 실린더가 마모되어 최대 값이 78.40mm로 측정 되었다면 실린더의 수정 값은?

① 78.00mm
② 78.25mm
③ 78.50mm
④ 78.75mm

07 4행정 사이클 기관에서 실린더의 직경×행정이 60mm×80mm인 6기통 기관의 총배기량은?

① 약 1,357cc
② 약 13,570cc
③ 약 4,800cc
④ 약 48,000cc

08 플라이휠의 무게와 가장 관계가 깊은 것은?

① 진동댐퍼
② 회전수와 실린더 수
③ 압축비
④ 기동모터의 출력

09 가솔린기관에서 가변 흡기장치의 설명으로 적합하지 않은 것은?

① 흡기밸브의 열림과 닫힘 시기를 조절하여 밸브 오버랩을 증가시킨다.
② 엔진회전수와 엔진부하에 따라 흡기다기관의 길이를 변화시킨다.
③ 엔진이 저속 회전시 흡기다기관의 길이를 길게 하여 관성 과급효과를 본다.
④ 엔진이 고속 회전시 흡기다기관의 길이를 짧게 하여 흡입저항을 줄인다.

10 자동차의 배기장치에 대한 설명으로 틀린 것은?

① 기통수가 1개인 기관에서는 실린더에 배기매니홀드 없이 직접 배기파이프를 부착한다.
② 배기파이프는 배기가스를 외부로 방출하는 강관이며 배기가스 열의 일부를 발산하는 역할도 한다.
③ 소음기를 부착하면 기관의 배압이 감소하고, 출력이 높아진다.
④ 배기관은 배기가스의 흐름에 저항을 주지 않아야 한다.

11 전자제어 가솔린에서 속도-밀도 방식의 공기유량 센서가 직접 계측하는 것은?

① 흡기관의 압력
② 흡기관의 유속
③ 흡기공기의 질량유량
④ 흡입공기의 체적유량

 06 ④ 07 ① 08 ② 09 ① 10 ③ 11 ①

12. MAP 센서 방식의 전자제어 연료분사장치 기관에서 분사밸브의 분사시간 I_t(ms)를 구하는 공식으로 맞는 것은? (단, 기본분사시간 Pt, 기본분사시간 수정계수 c, 분사밸브의 무효분사시간 Vt)

① $I_t = P_t \times c + V_t$
② $I_t = P_t + c + V_t$
③ $I_t = c \times V_t + P_t$
④ $I_t = P_t \times V_t + c$

13. 노즐에서 분사되는 연료의 입자 크기에 관한 설명 중 알맞은 것은?

① 노즐 오리피스의 지름이 크면 연료의 입자 크기는 작다.
② 배압이 높으면 연료의 입자 크기는 커진다.
③ 분사압력이 높으면 연료의 입자 크기는 커진다.
④ 공기온도가 낮아지면 연료의 입자 크기는 커진다.

14. 전자제어 가솔린 분사장치의 인젝터에 대한 설명으로 틀린 것은?

① 인젝터 점검은 작동음, 인젝터 저항, 연료 분사량, 연료 분무형태 등을 점검한다.
② 인젝터는 ECU(ECM)에 의하여 제어되는 솔레노이드를 가진 연료분사 노즐이다.
③ 흡입공기량 및 엔진 회전수로부터 기본 연료분사 시간을 계산한다.
④ 크랭크각 센서, TDC 센서 등으로부터 보정 연료 분사 시간을 산출한다.

15. 유압식 밸브 리프터의 특징이 아닌 것은?

① 밸브 간극의 조정이 필요하지 않다.
② 충격을 흡수하지 못하기 때문에 밸브기구의 내구성이 저하된다.
③ 기계식에 비해 작동 소음이 적다.
④ 오일펌프나 오일회로에 고장이 생기면 작동이 불량하다.

16. 어느 기관의 냉각수 규정량이 16ℓ 였다. 사용 중에 주입된 냉각수량이 12ℓ 였다면 라디에이터의 코어 막힘률은 몇 % 인가?

① 40 ② 12
③ 16 ④ 25

17. 혼합비에 따른 촉매장치의 정화효율을 나타낸 그래프에서 질소산화물의 특성을 나타낸 것은?

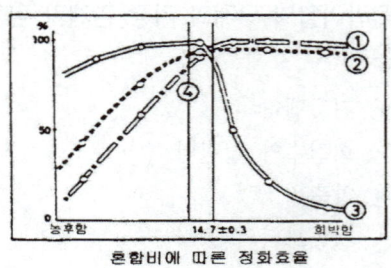

혼합비에 따른 정화효율

① ① ② ②
③ ③ ④ ④

정답 12 ① 13 ④ 14 ④ 15 ② 16 ④ 17 ③

18 연료 증발가스를 활성탄에 흡착 저장 후 엔진 웜업 시 흡기 매니폴드로 보내는 부품은?

① 차콜 캐니스터
② 플로트 챔버
③ PCV장치
④ 삼원촉매장치

19 100% 물로 냉각수를 사용할 경우 발생할 수 있는 현상으로 틀린 것은?

① 비등점이 낮고 오버히트 발생
② 부식에 의한 냉각계통의 스케일 발생
③ 빙점의 상승으로 기관 동파발생
④ 냉각효과 상승으로 과냉 현상 발생

20 가솔린을 완전 연소시켰을 때 발생되는 것은?

① 이산화탄소, 물
② 아황산가스, 질소
③ 수소, 일산화탄소
④ 이산화탄소, 납

제2과목 자동차섀시

21 앞·뒤바퀴 모두 정렬(all wheel alignment) 할 필요성으로 거리가 먼 것은?

① 타이어의 마모가 최소가 되도록 한다.
② 주행 방향을 항상 올바르게 유지시켜 안정성을 준다.
③ 전·후륜이 역방향으로 되어 일렬 주차 시 편리하다.
④ 조향휠에 복원성을 향상시킨다.

22 공기식 현가장치에서 벨로스형 공기 스프링 내부의 압력 변화를 완화하여 스프링 작용을 유연하게 해주는 것은?

① 언로드 밸브
② 레벨링 밸브
③ 서지 탱크
④ 공기 압축기

23 수동변속기에서 동기물림식의 장점이 아닌 것은?

① 변속 소음이 거의 없고 변속이 용이하다.
② 변속기 기어 수명이 길다.
③ 기어 치형이 헬리컬형이므로 하중 부담 능력이 크다.
④ 변속시 특별히 가속시키거나, 더블 클러치를 조작할 필요가 있다.

정답 18 ① 19 ④ 20 ① 21 ③ 22 ③ 23 ④

24 공기식 브레이크 장치에서 브레이크 드럼을 탈거할 때 에어 압력이 저하되어 주차 브레이크가 채워지지 않도록 하는 조치 방법은?

① 스프링 브레이크 실린더의 릴리즈 실린더 볼트를 풀어 놓고 작업한다.
② 철사 또는 고정 와이어를 이용하여 슈가 벌어지지 않게 고정한 후 작업한다.
③ 스프링 브레이크 실린더에 공급된 압축공기 파이프를 분리한다.
④ 로드 센싱 밸브의 입구와 출구의 압력 차이가 발생하지 않도록 압력을 유지한다.

25 ABS에서 시동을 껐다가 다시 켤 때 ABS 경고등이 계속 점등되는 경우 예상 원인으로 틀린 것은?

① ECU 내부 고장
② 솔레노이드 불량
③ 하이드로릭 펌프 전원 불량
④ 휠 실린더 리턴 불량

26 자동차의 무게중심 높이가 0.9m, 오른쪽 안전폭이 1.0m, 왼쪽 안전폭이 1.2m의 자동차에서 좌우 최대 안전 경사각도는 각각 얼마인가?

① 오른쪽 : 약 48°, 왼쪽 : 약 53°
② 오른쪽 : 약 53°, 왼쪽 : 약 48°
③ 오른쪽 : 약 42°, 왼쪽 : 약 37°
④ 오른쪽 : 약 37°, 왼쪽 : 약 42°

27 제동장치 베이퍼록 현상의 원인이 아닌 것은?

① 공기 브레이크의 과도한 사용
② 드럼과 라이닝의 끌림에 의한 가열
③ 긴 비탈길에서 브레이크의 사용 빈도가 많은 운전
④ 오일의 변질에 의한 비등점 저하

28 자동차가 54km/h로 달리다가 급가속하여 10초 후에 90km/h가 되었을 때 가속도(m/sec^2)는?

① 0.5　　② 1
③ 2　　　④ 3

29 동력 전달장치에서 종감속 장치의 기능이 아닌 것은?

① 회전 토크를 증가시켜 전달한다.
② 회전 속도를 감소시킨다
③ 좌·우 구동륜의 회전 속도를 차등 조절한다.
④ 필요에 따라 동력 전달 방향 변환시킨다.

30 자동변속기에서 토크 컨버터의 토크 변환율이 최대가 될 때는?

① 터빈이 펌프의 1/3 회전할 때
② 터빈이 펌프의 1/2 회전할 때
③ 터빈이 정지 상태에서 회전하려고 할 때
④ 펌프와 터빈의 회전속도가 거의 같아졌을 때

24 ① 25 ④ 26 ① 27 ① 28 ② 29 ③ 30 ③

31 판스프링에서 아이(eye)의 중심거리를 무엇이라 하는가?
① 새클(shackle) ② 스팬(span)
③ 캠버(camber) ④ 닙(nip)

32 클러치 커버에서 릴리스 포크가 릴리스 베어링을 미는 힘이 150kgf일 때 포크를 밟는 힘은? (단, 포크 지지점에서 밟는점과 지지점에서 릴리스 베어링까지 레버비가 3:1)
① 38kgf ② 50kgf
③ 75kgf ④ 200kgf

33 전자제어 현가장치에서 조향각 센서의 설명으로 틀린 것은?
① 조향각 센서는 광단속기 타입의 센서이다.
② 조향각 센서는 조향 휠과 컬럼 샤프트에 설치되어 있다.
③ 조향각 센서 고장 시 핸들은 무거워진다.
④ 조향각 센서는 광단속기와 디스크로 구성된다.

34 차속 감응형 동력조향 시스템(EPS)에서 고속 주행 시 조향력 제어 방법으로 맞는 것은?
① 조향력을 가볍게 한다.
② 조향력을 무겁게 한다.
③ 고속 제어는 하지 않는다.
④ 조향력 제어를 순간적으로 정지한다.

35 자동차 차륜 정렬에서 기하학적 중심선과 뒷바퀴가 정렬에서 벗어난 상태의 각도를 무엇이라고 하는가?
① 협각
② 셋 백
③ 스러스트 각
④ 스크러브 레디우스

36 내경이 50mm인 마스터 실린더에 30N의 힘이 작용하였을 때 내경이 80mm인 휠 실린더에 작용하는 제동력은?
① 약 1.52N ② 약 34.6N
③ 약 76.8N ④ 약 168.6N

37 4WD 시스템의 전기식 트랜스퍼(EST: electric shift transfer)의 스피드 센서인 펄스 제너레이터 센서에 대한 설명으로 틀린 것은?
① 마그네틱 센서로서 교류전압이 발생한다.
② 회전속도에 비례하여 주파수가 변한다.
③ 컴퓨터는 주파수를 감지하여 출력축 회전속도를 검출한다.
④ 4L 모드 상태에서의 출력파형은 출력축 4H 모드에 비하여 시간당 주파수가 많다.

정답 31 ② 32 ② 33 ③ 34 ② 35 ③ 36 ③ 37 ④

38 유압식 쇽업소버의 구조에서 오일의 상·하 실린더로 이동하는 작은 구멍의 명칭은?

① 밸브 하우징 ② 베이스 밸브
③ 오리피스 ④ 스텝 홀

39 ABS(Anti-lock Brake System) 시스템에 대한 두 정비사의 의견 중 옳은 것은?

> 정비사 KIM : 발전기 전압이 일정 전압 이하로 하강하면 ABS 경고등이 점등된다.
> 정비사 LEE : ABS 시스템의 고장으로 경고등 점등 시 일반 유압 제동시스템은 비작동한다.

① 정비사 KIM만 옳다.
② 정비사 LEE만 옳다.
③ 두 정비사 모두 틀리다.
④ 두 정비사 모두 옳다.

40 ABS시스템과 슬립(미끄럼) 현상에 관한 설명으로 틀린 것은?

① 슬립(미끄럼)양을 백분율(%)로 표시한 것을 슬립율이라 한다.
② 슬립율은 주행속도가 늦거나 제동 토크가 작을수록 커진다.
③ 주행속도와 바퀴 회전속도에 차이가 발생하는 것을 슬립현상이라 한다.
④ 제동 시 슬립현상이 발생할 때 제동력이 최대가 될 수 있도록 ABS시스템이 제동압력을 제어한다.

제3과목 자동차전기

41 자동차의 점화스위치를 작동(ON) 하였으나 기동전동기의 피니언이 작동되지 않을 시, 점검항목이 아닌 것은?

① 점화코일 ② 축전지
③ 점화스위치 ④ 배선 및 휴즈

42 12V 5W의 번호판등이 사용되는 승용차량에 24V 3W가 잘못 장착되었을 때, 전류값과 밝기의 변화는 어떻게 되는가?

① 0.125A, 밝아진다.
② 0.125A, 어두워진다.
③ 0.0625A, 밝아진다.
④ 0.0625A, 어두워진다.

43 AC 발전기의 발생전압을 조정하는 방식에 대한 설명으로 틀린 것은?

① 컷아웃 릴레이는 발전기 정지시 또는 충전전압이 낮을 때 역전류를 방지하는 조정방식이다.
② 접점식 조정기는 접점 방식에 의해 발생전압에 따라 충전 경고등 점등, 로터코일의 여자전류 등을 조정하는 방식이다.
③ 트랜지스터식 조정기는 접점대신 트랜지스터의 스위칭 작용을 이용하여 로터전류의 평균값을 변화시켜 전압을 제어하는 방식이다.
④ IC 조정기는 작동이 안정되고 신뢰성이 높으며 초소형이기 때무에 발전기 내부에 내장시켜 외부 배선이 없는 장점이 있다.

 38 ③ 39 ① 40 ② 41 ① 42 ④ 43 ①

44 아래 자동차 냉방 사이클에서 ( )의 부품에 대한 설명으로 옳은 것은? 압축기→콘덴서→( )→팽창밸브→증발기→압축기

① 냉매 속에 들어 있는 수분을 흡수하고 냉매를 원활하게 공급할 수 있도록 냉매를 저장한다.
② 라디에이터 앞에 설치되어 고온고압의 기체상태의 냉매를 응축하여 고온고압의 액체상태의 냉매로 만든다.
③ 냉매를 증발기에 갑자기 팽창시켜 저온 저압의 액체로 만든다.
④ 차내의 공기를 에버포레이트에 전달하며 냉각된 공기를 차내로 공급한다.

45 점화코일의 1차코일 저항값이 20°C일 때 5Ω이었다. 작동시(80°C)의 저항은? (단, 구리선의 저항온도계수는 0.004이다.)

① 6.20Ω ② 5.32Ω
③ 5.24Ω ④ 3.80Ω

46 점화 지연시간이 1/800초인 연료를 사용하여 최고 폭발압력을 ATDC 5°에서 발생시키기 위해 TDC 몇도 전방에서 점화를 해야 하는가? (단, 기관은 2,500rpm이다.)

① 13.7° ② 17.9°
③ 18.7° ④ 21.7°

47 배터리가 탈거된 상태에서 그림과 같이 CAN 통신라인을 점검할 때 화살표 부분이 차체와 접지되었다면 측정되는 저항값은?

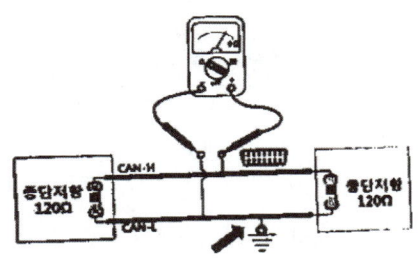

① 약 0 Ω
② 약 60 Ω
③ 약 120 Ω
④ 약 240 Ω

48 4극 발전기를 1,800rpm로 운전할 경우 이 발전기의 주파수(f)는 몇 Hz인가?

① 120 ② 45
③ 60   ④ 50

49 광도가 200cd 일 때 거리가 5m인 곳의 조도는 몇 Lux 인가?

① 200 ② 40
③ 8   ④ 5

정답 44 ① 45 ① 46 ① 47 ② 48 ③ 49 ③

50 저항식 레벨 센터(포텐쇼미터) 유닛 방식의 연료계에서 계기의 지침과 연료 유닛의 뜨개에 대해 바르게 설명한 것은?

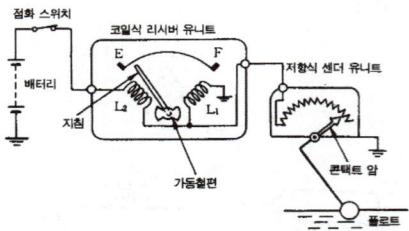

① 뜨개에 흐르는 전류가 많아지면 연료계기의 지침이 "E"에 위치한다.
② 연료가 줄어들면 센더 유닛의 저항은 작아진다.
③ 연료가 증가하면 센더 유닛에 흐르는 전류는 감소한다.
④ 센더 유닛의 저항이 낮아지면 연료계기의 지침이 "F"에 위치한다.

51 냉방장치에서 자동차 실내의 냉방효과는 어떤 경우에 나타나는가?

① 증발기에서 흡입 열량이 있을 때
② 응축기에서 방출 열량이 있을 때
③ 공급 에너지에 열량의 비가 발생될 때
④ 압축기에서 공급되는 에너지가 있을 때

52 다음 그림에서 기동 전동기의 구성품 설명으로 틀린 것은?

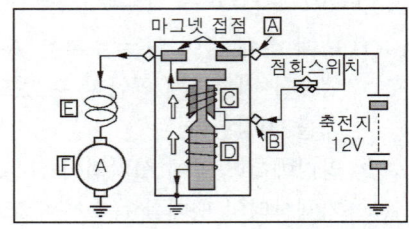

① "C"는 풀인(full in) 코일이다.
② "D"는 홀드인(hold in) 코일이다.
③ "E"는 리턴 스프링이다.
④ "F"는 전기자(armature)이다.

53 레인 센서 방식의 와이퍼 제어 시스템에서 앞 유리의 빗물 양을 감지하기 위한 반도체 소자는?

① 정전압다이오드, 포토다이오드
② 정전류다이오드, 발광다이오드
③ 발광다이오드, 포토다이오드
④ 포토다이오드, 정류다이오드

54 점화플러그의 규격 표기가 BKR5E 일 때 숫자 5의 의미는?

① 열가
② 나사지름
③ 저항 내장형 종류
④ 간극

정답 50 ④ 51 ① 52 ③ 53 ③ 54 ①

55 자동차의 직류직권 기동전동기를 설명한 것 중 틀린 것은?

① 기동 회전력이 크다.
② 부하를 크게 하면 회전속도가 낮아지고 흐르는 전류는 커진다.
③ 회전속도 변화가 작다.
④ 계자코일과 전기자코일이 직렬로 연결되어 있다.

56 교류발전기의 전압 조정기에서 출력전압을 조정하는 방법은?

① 회전속도 변경
② 코일의 권수 변경
③ 자속의 수 변경
④ 수광 다이오드를 사용

57 전자동 에어 컨디셔닝 시스템의 구성부품 중 응축기에서 보내온 냉매를 일시 저장하고 항상 액체 상태의 냉매를 팽창 밸브로 보내는 역할을 하는 것은?

① 익스팬션 밸브
② 리시버 드라이어
③ 콤프
④ 에버포레이터

58 교류발전기 로터(rotor)코일의 저항 값을 측정하였더니 200Ω이었다. 이 경우의 설명으로 옳은 것은?

① 로터 회로가 접지되었다.
② 정상이다.
③ 저항 과대로 불량 코일이다.
④ 전기자회로의 접지불량이다.

59 전류의 자기작용을 응용한 예를 설명한 것으로 틀린 것은?

① 스타터 모터의 작용
② 릴레이의 작동
③ 시거라이터의 작동
④ 솔레노이드의 작동

60 차량에서 12V 배터리를 탈거한 후 절연체의 저항을 측정하였더니 1MΩ이라면 누설전류(mA)는?

① 0.006   ② 0.008
③ 0.010   ④ 0.012

정답 55 ③ 56 ③ 57 ② 58 ③ 59 ③ 60 ④

제4과목 친환경자동차

61 플렉스레이(FlexRay) 데이터 버스의 특징으로 거리가 먼 것은?

① 데이터 전송은 2개의 채널을 통해 이루어진다.
② 실시간 능력은 해당 구성에 따라 가능하다.
③ 데이터를 2채널로 동시에 전송한다.
④ 데이터 전송은 비동기방식이다.

62 하이브리드 자동차의 특징이 아닌 것은?

① 회생제동
② 2개의 동력원으로 주행
③ 저전압 배터리와 고전압 배터리 사용
④ 고전압 배터리 충전을 위해 LDC(저전압 직류변환장치)를 사용

63 하이브리드 자동차의 동력전달방식에 해당하지 않는 것은?

① 직렬형 ② 병렬형
③ 수직형 ④ 직·병렬형

64 하이브리드 자동차의 동력제어 장치에서 모터의 회전속도와 회전력을 자유롭게 제어할 수 있도록 직류를 교류로 변환하는 장치는?

① 컨버터 ② 레졸버
③ 인버터 ④ 커패시터

65 하이브리드자동차의 전원 제어 시스템에 대한 두 정비사의 의견 중 옳은 것은?

> 정비사 KIM : 인버터는 열을 발생하므로 냉각이 중요하다.
> 정비사 LEE : 컨버터는 고전압의 전원을 12볼트로 변환하는 역할을 한다.

① 정비사 KIM만 옳다.
② 정비사 LEE만 옳다.
③ 두 정비사 모두 틀리다.
④ 두 정비사 모두 옳다.

66 하이브리드 전기자동차, 전기자동차 등에는 직류를 교류로 변환하여 교류모터를 사용하고 있다. 교류모터에 대한 장점으로 틀린 것은?

① 효율이 좋다.
② 소형화 및 고회전이 가능하다.
③ 로터의 관성이 커서 응답성이 양호하다.
④ 브러시가 없어 보수할 필요가 없다.

67 하이브리드 자동차의 MCU는 모터에게 정확한 토크를 지령하기 위해 레졸버를 사용한다. 다음 중 레졸버의 구성요소가 아닌 것은?

① 고정자   ② 회전자
③ 고정 변압기 ④ 회전 변압기

---

61 ④ 62 ④ 63 ③ 64 ③ 65 ④ 66 ③ 67 ③

68 하이브리드 자동차와 관련하여 배터리 팩이나 시스템에서의 유효한 용량으로 정격 용량의 백분율로 표시한 것은?

① SOC(State Of Charge)
② PRA(Power Relay Assembly)
③ LDC(Low DC-DC Converter)
④ BMS(Battery Management System)

69 하드 타입 하이브리드 구동모터의 주요 기능으로 틀린 것은?

① 출발 시 전기모드 주행
② 가속 시 구동력 증대
③ 감속 시 배터리 충전
④ 변속 시 동력 차단

70 하드타입의 하이브리드 차량이 주행 중 감속 및 제동할 경우 차량의 운동에너지를 전기에너지로 변환하여 고전압배터리를 충전하는 것은?

① 가속제동
② 감속제동
③ 재생제동
④ 회생제동

71 하이브리드 차량 정비 시 고전압 차단을 위해 안전 플러그(세이프티 플러그)를 제거한 후 고전압 부품을 취급하기 전 일정시간 이상 대기시간을 갖는 이유로 가장 적절한 것은?

① 고전압 배터리 내의 셀의 안정화
② 제어모듈 내부의 메모리 공간의 확보
③ 저전압(12V) 배터리에 서지 전압 차단
④ 인버터 내 콘덴서에 충전되어 있는 고전압 방전

72 다음 중 전기자동차의 부품이 아닌 것은?

① OBC(On Board Charger)
② LDC(Low DC-DC Converter)
③ BMS(Battery Management System)
④ BHDC(Bi-directional High voltage DC-DC Converter)

73 하이브리드 자동차에서 고전압 배터리 관리 시스템(BMS)의 주요 제어 기능으로 틀린 것은?

① 모터제어   ② 출력제한
③ 냉각제어   ④ SOC제어

74 자동차의 각종 전기장치 중 전기적 에너지를 열로 바꾸어 이용하는 것은?

① 서미스터   ② 시가라이터
③ 기동전동기   ④ 솔레노이드

정답 68 ① 69 ④ 70 ④ 71 ④ 72 ④ 73 ① 74 ②

75. 전기자동차의 충전방법에서 급속충전 순서로 옳은 것은?
① 급속충전기 → PRA → 고전압배터리
② 급속충전기 → PRA → OBC → 고전압배터리
③ 급속충전기 → OBC → PRA → 고전압배터리
④ 급속충전기 → OBC → 고전압배터리

76. 수소 연료전지 전기차에서 열관리 시스템(Thermal Management System)의 구성품이 아닌 것은?
① 냉각펌프   ② 라디에이터
③ PTC 히터   ④ COD 히터

77. 다음 중 연료전지에 대한 설명이 잘못 된 것은?
① 연료전지는 연료극, 공기극, 전해질로 구성된다.
② 전극은 일종의 촉매 역할을 한다.
③ 전해질은 이온을 전달시켜 주는 매개체 역할을 한다.
④ 연료극과 공기극간 전압은 약 3.75V 이다.

78. 압축천연가스(CNG)의 특징으로 틀린 것은?
① 옥탄가가 낮아 연소효율이 향상된다.
② 전 세계적으로 매장량이 풍부하다.
③ 분진 및 유황이 거의 없다.
④ 질소산화물의 발생이 적다.

79. LPI 엔진의 연료장치에서 장시간 차량 정지 시 수동으로 조작하여 연료토출 통로를 차단하는 밸브는?
① 과류방지밸브   ② 매뉴얼밸브
③ 리턴밸브   ④ 릴리프밸브

80. LPI 기관의 연료라인 압력이 봄베 압력보다 항상 높게 설정되어 있는 이유로 옳은 것은?
① 연료의 피드백 제어
② 연료의 기화 방지
③ 공전속도 제어
④ 정확한 듀티 제어

정답 75 ① 76 ③ 77 ④ 78 ① 79 ② 80 ②

제6회 자동차정비산업기사 CBT 기출복원 문제

제1과목 자동차엔진

01 다음 중 정적 사이클에 속하는 기관은?

① 디젤기관　② 가솔린기관
③ 소구기관　④ 복합기관

02 기관의 피스톤 행정이 300mm이고 피스톤의 평균속도가 5m/s일 때 이 기관의 회전수는 몇 rpm인가?

① 500 rpm
② 1,000 rpm
③ 1,500 rpm
④ 2,000 rpm

03 플라이휠에 관한 설명 중 옳은 것은?

① 플라이휠의 무게는 회전속도와 크랭크축의 길이와 밀접한 관계가 있다.
② 플라이휠은 밸브의 개폐시기와 기관의 회전속도를 증가시킨다.
③ 폭발행정 때 에너지를 저장하여 다른 행정 때 회전을 원활하게 바꾸어 준다.
④ 플라이휠의 구조는 중심부는 두껍게 하고 외부는 얇게 하여 전체적으로 가볍게 만든다.

04 터보차저 기관의 특징으로 틀린 것은?

① 배기가스의 동력을 이용한다.
② 충전효율의 증가로 연료소비율이 낮아진다.
③ 기관의 압축비를 늘릴 수 있어 유리하다.
④ 같은 배기량으로 높은 출력을 얻을 수 있다.

05 전자제어 디젤기관에서 출구제어방식 연료압력 조절밸브의 설명으로 맞는 것은?

① 듀티값이 높을수록 연료압은 낮아진다.
② 시동시에는 레일압력을 낮게한다.
③ 듀티값이 낮을수록 연료압은 낮아진다.
④ 저압펌프를 거친 후의 연료압력을 제어한다.

06 GDI 기관에서 고압 분사 인젝터의 특징이 아닌 것은?

① 고압의 연료를 차단하거나 분사하는 밸브 볼이 부착되어 있다.
② 엔진 회전수에 따라 분사압력이 다르다.
③ 주로 피크 홀드 분사방식을 사용한다.
④ 촉매 히팅이 필요할 땐 배기행정 때 분사한다.

정답　01 ②　02 ①　03 ③　04 ③　05 ③　06 ④

07 4행정 사이클 기관의 구조가 스퀘어 스트로크 엔진(square stroke engine)이며, 실제 흡입 공기량이 1,117.5cc일 때 체적효율은 몇 %인가? (단, 실린더의 수는 4개 이며, 행정은 78mm 이다.)
① 80 ② 75
③ 70 ④ 65

08 항공기의 냉각방법에 실용화된 것으로 에틸렌 글리콜 (ethylene glycol)과 같은 비등점이 높은 액체를 사용하여 액체의 온도를 물냉각보다 훨씬 높여서 방열효과를 높인 냉각 방법은?
① 증발 냉각 방법
② 특수 고체 냉각 방법
③ 밀폐형 강제순환 냉각 방법
④ 특수 액체 냉각 방법

09 흡배기 밸브의 헤드 형상 중 고출력 엔진이나 경주용차에 사용되는 것으로 열을 받는 면적이 넓은 결점을 가지고 있는 것은?
① 플랫형(flat head type)
② 튤립형(tulip head type)
③ 서브형(serve head type)
④ 버섯형(mushroom head type)

10 자동차용 가솔린 연료의 구비 조건으로 거리가 먼 것은?
① 공기와 혼합이 잘될 것
② 연료 계통의 부품에 부식을 주지 않을 것
③ 적당한 휘발성이 있을 것
④ 블로-바이(blow-by) 가스가 적을 것

11 가솔린기관에서 공기와 연료의 혼합비(λ=람다)에 대한 설명으로 틀린 것은?
① λ 값이 1일 때를 이론혼합비라 하고 CO의 양은 적다.
② λ 값이 1보다 크면 공기 과잉 상태이다.
③ λ 값이 1보다 작으면 농후해지고 CO양은 많아진다.
④ λ 값이 1부근일 때 질소 산화물의 양은 최소이다.

12 기관에서 산소센서를 설치하는 목적으로 가장 알맞은 것은?
① 정확한 공연비 제어를 위해서
② 일시적인 인젝터의 작동 차단을 위해서
③ 연소실의 불완전 연소를 해소하기 위해서
④ 연료펌프의 작동압의 정확한 조정을 위해서

정답 07 ② 08 ④ 09 ② 10 ④ 11 ④ 12 ①

13 자동차용 윤활유의 첨가제로 옳지 않은 것은?

① 유성 향상제
② 청정 분산제
③ 점도 강하제
④ 산화 방지제

14 기관에서 압축 및 폭발 행정시 피스톤과 실린더벽 사이로 탄화수소(HC)가 다량 포함된 미연소가스가 누출되는 현상을 무엇이라고 하는가?

① 블로바이(blow-by) 현상
② 블로백(blow-back) 현상
③ 블로다운(blow-down) 현상
④ 블로업(blow-up) 현상

15 배기가스 재순환장치에서 EGR율(exhaust gas recirculation)을 나타낸 식은?

① EGR율 = $\dfrac{EGR\ 가스유량}{흡입\ 공기량 + EGR\ 가스유량} \times 100\%$

② EGR율 = $\dfrac{흡입공기량}{EGR\ 가스유량} \times 100\%$

③ EGR율 = $\dfrac{EGR\ 가스유량}{흡입\ 공기량 + NOx\ 가스유량} \times 100\%$

④ EGR율 = $\dfrac{EGR\ 가스유량}{EGR\ 가스유량 - 흡입\ 공기량} \times 100\%$

16 전자제어 가솔린기관에서 엔진 컴퓨터(ECU)로 입력되는 센서가 아닌 것은?

① 공기흐름 센서
② 산소 센서
③ 스로틀 포지션 센서
④ 퍼지컨트롤 센서

17 배기가스 중에 산소량이 많이 함유되어 있을 때 산소 센서의 상태는 어떻게 나타나는가?

① 희박하다.
② 농후하다.
③ 농후하기도 하고 희박하기도 하다.
④ 아무런 변화도 일어나지 않는다.

18 전자제어 엔진에서 입력신호에 해당되지 않는 것은?

① 냉각수온 센서 신호
② 흡기온도 센서 신호
③ 에어플로 센서 신호
④ 인젝터 신호

19 자동온도조절장치(ATC)의 부품과 그 제어기능을 설명한 것으로 틀린 것은?

① 실내센서 : 저항치의 변화
② 인테이크 액추에이터 : 스트로크 변화
③ 일사센서 : 광전류의 변화
④ 에어믹스도어 : 저항치의 변화

정답 13 ③ 14 ① 15 ① 16 ④ 17 ① 18 ④ 19 ④

20 급가속시에 혼합기가 농후해지는 이유로 올바른 것은?

① 연비 증가를 위해
② 배기가스 중의 유해가스를 감소하기 위해
③ 최저의 연료 경제성을 얻기 위해
④ 최대 토크를 얻기 위해

제2과목 자동차섀시

21 싱글 피니언 유성기어 장치를 사용하는 오버 드라이브 장치에서 선기어가 고정된 상태에서 링기어를 회전시키면 유성기어 캐리어는?

① 회전수는 링기어보다 느리게 된다.
② 링기어와 함께 일체로 회전하게 된다.
③ 반대 방향으로 링기어보다 빠르게 회전하게 된다.
④ 캐리어는 선기어와 링기어 사이에 고정된다.

22 전자식 제동분배(electronic brake-force distribution) 장치에 대한 설명으로 틀린 것은?

① 기존의 프로포셔닝 밸브에 비하여 제동거리가 증가된다.
② 뒷바퀴 제동압력을 연속적으로 제어함으로써 스핀현상을 방지한다.
③ 프로포셔닝 밸브를 설치하지 않아도 된다.
④ 뒷바퀴의 유압을 좌우 각각 독립적으로 제어가 가능하므로 선회하면서 제동할 때 안정성이 확보된다.

23 종감속 장치에 사용되는 기어 중 하이포이드 기어의 특징으로 틀린 것은?

① 운전이 정숙하다.
② 구동 피니언과 링기어의 중심선이 일치하지 않는다.
③ 차체의 중심이 낮아져서 안전상 및 거주성이 향상된다.
④ 하중 부담 능력이 작다.

24 공기 브레이크에서 유압식 브레이크의 마스터 실린더와 같은 기능을 하는 것은?

① 브레이크 밸브
② 브레이크 챔버
③ 퀵릴리즈 밸브
④ 릴레이 밸브

25 자동차의 진동에 대한 설명 중 틀린 것은?

① 바운싱(bouncing) : 상하운동
② 롤링(rolling) : 좌우운동
③ 피칭(pitching) : 앞뒤운동
④ 요잉(yawing) : 차체 앞부분 진동

26 브레이크 페달이 점점 딱딱해져서 주행 불능 상태가 되었을 때 어떤 고장인가?

① 마스터 실린더 피스톤 컵의 고장이다.
② 브레이크 오일의 양이 적어졌다.
③ 슈 리턴 스프링의 장력이 강력해졌다.
④ 마스터 실린더 바이패스 통로가 막혔다.

20 ④ 21 ① 22 ① 23 ④ 24 ① 25 ④ 26 ④

27 전자제어 자동변속기에서 파워(power) 모드를 선택했을 때 변속기의 작동을 바르게 설명한 것은?

① 오버 드라이브를 조기 작동시킨다.
② 출발시 2단 출발하도록 한다.
③ 변속시점이 고정되어 진다.
④ 변속시점을 지연시켜 바퀴의 구동력을 증대시킨다.

28 릴리스 레버의 상호간의 차이가 너무 심할 때 일어나는 현상은?

① 클러치 판이 빨리 마모된다.
② 클러치 페달 유격이 많아진다.
③ 클러치 단속이 잘 안된다.
④ 클러치가 미끄러진다.

29 전자제어 현가장치에서 차고센서에 대한 설명으로 틀린 것은?

① 레버로 연결된 로드와 센서 보디로 구성되어 있다.
② 레버의 회전량이 센서로 전달된다.
③ 액슬과 바퀴의 중심점 위치 변화를 감지한다.
④ 검출방식에는 초음파 방식과 광단속기 방식이 있다.

30 선 기어 잇수가 20개, 링 기어 잇수가 40개의 유성기어에서 선 기어를 고정하고 링 기어가 75회전 하였다면 캐리어의 회전수는?

① 30회전　② 50회전
③ 90회전　④ 120회전

31 1998년에 출고된 휘발유 승용차의 운행차 배출가스 허용 기준과 측정 방법은?

① CO 1.4% 이하 HC 260ppm 이하, 무부하 급가속시 측정
② CO 1.2% 이하 HC 220ppm 이하, 공전시 측정
③ CO 4.5% 이하 HC 1,200ppm 이하, 공전시 측정
④ CO 2.0% 이하 HC 800ppm 이하, 무부하 급가속시 측정

32 디스크 브레이크의 특성을 드럼 브레이크와 비교하여 설명한 것 중 디스크 브레이크의 장점이 아닌 것은?

① 페이드(fade) 현상이 적다.
② 자기작동 작용(서보 작용)을 한다.
③ 편 제동 현상이 없다.
④ 패드(pad) 교환이 용이하다.

정답　27 ④　28 ③　29 ③　30 ②　31 ②　32 ②

33 작동유(오일)의 운동에너지를 직선운동의 기계적 일로 변환시켜 주는 액추에이터는?

① 유압 실린더　② 유압 모터
③ 유압 터빈　　④ 축압기

34 앞바퀴에 수직방향으로 작용하는 하중에 의한 앞차축의 휨을 방지하고 조향핸들의 조작을 가볍게 하기 위하여 시행하는 앞바퀴의 정렬방식은?

① 캐스터　② 토인
③ 캠버　　④ 킹핀 경사각

35 주행 중 자동차 안정성 제어장치가 작동하지 않아도 되는 항목으로 가장 거리가 먼 것은?

① 자동차를 후진하는 경우
② 시동 시 자가 진단하는 경우
③ 운전자가 자동차 안정성 제어장치의 기능을 정지시킨 경우
④ 자동차의 속도가 시속 60킬로미터 미만인 경우

36 동력 전달장치에서 안전을 위한 점검 사항으로 볼 수 없는 것은?

① 변속기의 오일 누유
② 추진축 및 자재이음의 진동 여부
③ 변속 링키지의 이탈 여부
④ 변속기의 각인

37 공기브레이크에서 공기압축기의 공기압력을 제어하는 것은?

① 언로더 밸브
② 안전 밸브
③ 릴레이 밸브
④ 체크 밸브

38 자동차가 요철이 심한 노면을 주행할 때 좌우 구동륜의 구동토크를 균등하게 분배하는 것은?

① 현가장치
② 차동장치
③ 4WS(wheel steering)장치
④ ABS(anti-lock brake system)장치

39 전자제어 서스펜션(ECS) 시스템의 제어 기능이 아닌 것은?

① 안티 피칭 제어
② 안티 다이브 제어
③ 차속 감응 제어
④ 안티 요잉 제어

정답　33 ①　34 ③　35 ④　36 ④　37 ①　38 ②　39 ④

40. 브레이크 페달의 지렛대 비가 그림과 같을 때 페달을 100kgf의 힘으로 밟았다. 이때 푸시로드에 작용하는 힘은?

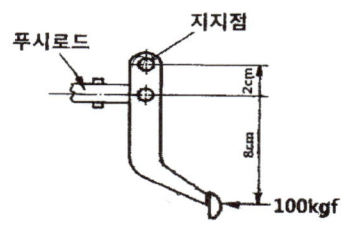

① 200kgf ② 400kgf
③ 500kgf ④ 600kgf

제3과목 자동차전기

41. 지름 2mm, 길이 100cm인 구리선의 저항은? (단, 구리선의 고유저항은 1.69μΩ·m이다.)

① 약 0.54Ω ② 약 0.72Ω
③ 약 0.9Ω ④ 약 2.8Ω

42. 순방향으로 전류를 흐르게 하였을 때 빛이 발생되는 반도체는?

① 포토 다이오드
② 제너 다이오드
③ 발광 다이오드
④ 실리콘 다이오드

43. 이모빌라이져 시스템의 구성품으로 틀린 것은?

① 트랜스 폰더
② 터치 센서
③ 안테나코일
④ 이모빌라이져 유닛

44. 그림과 같이 12V의 축전지에 24W의 전구 2개를 접속하였을 때 전류계에 흐르는 전류는?

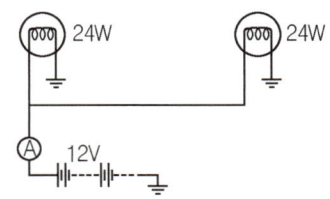

① 2A ② 3A
③ 4A ④ 6A

45. 압력을 감지하는 센서에 해당하지 않는 것은?

① MAP 센서
② 에어컨 컴프레서 오일 센서
③ 연료탱크 압력 센서
④ 연료압력 센서

정답 40 ③ 41 ① 42 ③ 43 ② 44 ③ 45 ②

46 자동차 냉방장치에서 저·고압측 압력이 정상치보다 높을 때의 결함 원인으로 가장 거리가 먼 것은?

① 냉매 과충진
② 응축기 팬 작동 안 됨
③ 응축기 핀튜브 막힘
④ 팽창밸브 막힘

47 에탁스에서 감광식 룸 램프 제어의 타임 챠트에 대한 설명으로 옳은 것은?

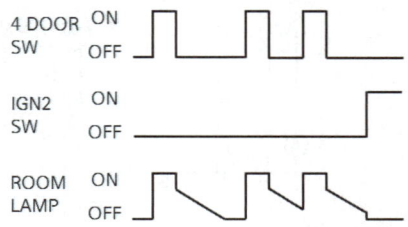

① 도어 열림 시 룸 램프는 소등된다.
② 도어 닫힘 시 즉시 소등된다.
③ 감광 룸 램프는 이그니션 키와 상관없이 동작한다.
④ 감광 동작 중 이그니션 키를 ON하면 즉시 감광 동작은 정지된다.

48 자동차 에어컨 냉매의 구비 조건 중 거리가 먼 것은?

① 비등점이 적당히 낮을 것
② 응축 압력이 적당히 낮을 것
③ 증기의 비체적이 작을 것
④ 임계 온도가 충분히 높을 것

49 기동전동기에 대한 설명으로 옳은 것은?

① 플레밍의 오른손 법칙을 이용한다.
② 교류 직권 전동기를 주로 사용한다.
③ 전기자 코일 결선은 중권식을 많이 사용한다.
④ 회전속도가 빨라질수록 흐르는 전류는 감소한다.

50 그림은 ECU가 발전기 전류를 제어하는 회로도이다. (그림에서 엔진 가동시 ECU B20번 단자에서는 크랭크각 센서 1주기에서 FR신호를 입력 받는다.) 회로 설명 중 거리가 먼 것은?

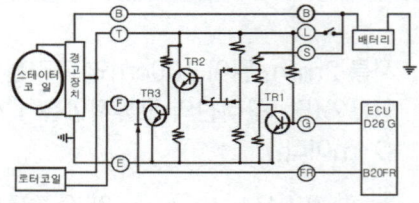

① TR3가 동작할 땐 발전중이다.
② TR2가 동작되면 TR3가 동작한다.
③ TR1이 동작할 때 TR2는 동작하지 않는다.
④ ECU D26 단자가 접지되지 않으면 TR1이 동작한다.

정답 46 ④ 47 ④ 48 ③ 49 ④ 50 ②

51 점화장치에서 DLI(Distributor-less Ignition : 무배전기 점화장치)의 특징을 설명한 것 중 옳은 것은?

① 배전기식 보다는 성능 면에서 떨어진다.
② 2차 전압의 손실을 최소화 할 수 있다.
③ 점화코일의 개수를 줄일 수 있다.
④ 고속형 기관에는 불리하다.

52 자동차용 MF배터리(납산) 특징에 대한 설명으로 적합하지 않은 것은?

① 충전 상태 점검창이 녹색이면 충전이 필요한 상태, 백색이면 방전 상태, 적색이면 완전 충전 상태를 나타낸다.
② 극판의 재질로 납과 저 안티몬 합금 또는 납과 칼슘 합금을 사용함으로써 국부전지를 형성하지 않아 정비가 불필요하다.
③ 증류수를 보충할 필요가 없고 자기방전이 적기 때문에 장기간 보관할 수 있다.
④ 화학반응 시 생긴 수소 및 산소가스를 물로 환원하여 다시 보충되며 벤트 플러그는 밀봉 촉매마개를 사용한다.

53 자동차용 계기장치에서 작동원리가 유사하게 짝지어 진 것은?

(1)기관 회전계	(2)유압계
(3)충전 경고등	(4)연료계
(5)수온계	(6)차량 속도계

① (3)-(5)　　② (1)-(2)-(4)
③ (1)-(6)　　④ (2)-(4)-(6)

54 논리회로에 대한 설명으로 틀린 것은?

① AND 회로 : 모든 입력이 "1"일 때만 출력이 "1"이 되는 회로
② OR 회로 : 입력 중 최소한 어느 한 쪽의 입력이 "1"이면 출력이 "1"이 되는 회로
③ NAND 회로 : 모든 입력이 "0"일 경우만 출력이 "0"이 되는 회로
④ NOR 회로 : 입력 중 최소한 어느 한 쪽의 입력이 "1"이면 출력이 "0"이 되는 회로

55 도난방지장치에서 리모콘을 이용하여 경계상태로 돌입하려고 하는데 잘 안 되는 경우의 점검부위가 아닌 것은?

① 리모콘 자체 점검
② 글로브 박스 스위치 점검
③ 트렁크 스위치 점검
④ 수신기 점검

56 축전지의 전해액 비중은 온도 1℃의 변화에 대해 얼마나 변화하는가?

① 0.0005
② 0.0007
③ 0.0010
④ 0.0015

정답　51 ②　52 ①　53 ③　54 ③　55 ②　56 ②

57 두 개의 영구자석 사이에 도체를 직각으로 설치하고 도체에 전류를 흘리면 도체의 한 면에는 전자가 과잉되고 다른 면에는 전자가 부족되어 도체 양면을 가로 질러 전압이 발생되는 현상을 무엇이라고 하는가?

① 홀 효과
② 렌쯔의 현상
③ 칼만 볼텍스
④ 자기유도

58 전조등 4핀 릴레이를 단품 점검하고자 할 때 적합한 시험기는?

① 암페어시험기
② 축전기시험기
③ 회로시험기
④ 전조등시험기

59 에어컨 라인 압력점검에 대한 설명으로 틀린 것은?

① 시험기 게이지에는 저압, 고압, 충전 및 배출의 3개 호스가 있다.
② 에어컨 라인 압력은 저압 및 고압이 있다.
③ 에어컨 라인 압력 측정시 시험기 게이지 저압과 고압 핸들 밸브를 완전히 연다.
④ 엔진 시동을 걸어 에어컨 압력을 점검한다.

60 LAN(Local Area Network) 통신장치의 특징이 아닌 것은?

① 전장부품의 설치장소 확보가 용이하다.
② 설계변경에 대하여 변경하기 어렵다.
③ 배선의 경량화가 가능하다.
④ 장치의 신뢰성 및 정비성을 향상시킬 수 있다.

제4과목 친환경자동차

61 자동차 관련 용어 정의에서 틀린 것은? (단, 자동차 및 자동차부품의 성능과 기준에 관한 규칙에 의한다.)

① 자율주행시스템이란 운전자 또는 승객의 조작 없이 주변 상황과 도로 정보 등을 스스로 인지하고 판단하여 자동차를 운행할 수 있게 하는 자동화 장비, 소프트웨어 및 이와 관련한 일체의 장치
② 자동차안정성제어장치란 자동차의 주행 중 급제동 시 제동감속도에 따라 자동으로 경고를 주는 장치
③ 비상자동제동장치란 주행 중 전방 충돌 상황을 감지하여 충돌을 완화하거나 회피할 목적으로 자동차를 감속 또는 정지시키기 위하여 자동으로 제동장치를 작동시키는 장치
④ 차로이탈경고장치란 자동차가 주행하는 차로를 운전자의 의도와는 무관하게 벗어나는 것을 운전자에게 경고하는 장치

  57 ① 58 ③ 59 ③ 60 ② 61 ②

62 하이브리드 자동차의 연비 향상 요인이 아닌 것은?

① 주행 시 자동차의 공기저항을 높여 연비가 향상된다.
② 정차 시 엔진을 정지(오토 스톱)시켜 연비를 향상시킨다.
③ 연비가 좋은 영역에서 작동되도록 동력 분배를 제어한다.
④ 희생 제동(배터리 충전)을 통해 에너지를 흡수하여 재사용한다.

63 메모리 효과가 발생하는 배터리는?

① 납산 배터리
② 니켈 배터리
③ 리튬-이온 배터리
④ 리튬-폴리머 배터리

64 하이브리드 자동차에서 모터 내부의 로터 위치 및 회전수를 감지하는 것은?

① 레졸버
② 커패시터
③ 액티브 센서
④ 스피드센서

65 하이브리드 자동차의 모터 컨트롤 유닛(MCU) 취급 시 유의사항이 아닌 것은?

① 충격이 가해지지 않도록 주의한다.
② 손으로 만지거나 전기 케이블을 임의로 탈착하지 않는다.
③ 시동키 2단(IG ON) 또는 엔진 시동상태에서는 만지지 않는다.
④ 컨트롤 유닛이 자기보정을 하기 때문에 AC 3상 케이블의 각 상간 연결의 방향을 신경 쓸 필요 없다.

66 하이브리드 시스템을 제어하는 컴퓨터의 종류가 아닌 것은?

① 모터 컨트롤 유닛(Motor Control Unit)
② 하이드로릭 컨트롤 유닛(Hydraulic Control Unit)
③ 배터리 콘트롤 유닛(Battery Control Unit)
④ 통합제어 유닛(Hybrid Control Unit)

67 자동차 복합에너지소비효율(km/L)에 따른 등급 부여 기준에서 2등급의 범위는? (단, 경형 및 플러그인하이브리드, 전기, 수소연료전지 자동차는 제외한다.)

① 11.5~9.4
② 13.7~11.6
③ 15.9~13.8
④ 20.0~16.0

62 ① 63 ② 64 ① 65 ④ 66 ② 67 ③

68 다음 중 리튬이온 배터리의 소재가 아닌 것은?

① 양극 ② 음극
③ 분리판 ④ 전해액

69 하이브리드 자동차의 영구자석 동기 전동기(Permanent Magnet Synchronous Motor)에 대한 설명 중 틀린 것은?

① 비동기 전동기와 비교해서 효율이 높다.
② 에너지 밀도가 높은 영구자석을 사용한다.
③ 대용량의 브러시와 정류자를 사용하여 한다.
④ 전자 스위칭 회로를 이용하여 특성에 맞게 전동기를 제어한다.

70 하이브리드 자동차의 리튬이온 폴리머 배터리에서 셀의 균형이 깨지고 셀 충전 및 용량 불일치로 인한 사항을 방지하기 위한 제어는?

① 셀 그립 제어
② 셀 서지 제어
③ 셀 펑션 제어
④ 셀 밸런싱 제어

71 하이브리드자동차에서 가솔린 엔진의 냉각이 효과적으로 이루어질 경우 나타나는 장점으로 틀린 것은?

① 충진율이 개선된다.
② 엔진의 노크경향성이 감소한다.
③ 저압축비를 실현할 수 있어 출력이 좋아진다.
④ 엔진작동 온도를 엔진의 부하상태와 관계없이 항상 일정영역으로 유지할 수 있다.

72 고전압 배터리에 사용되는 리튬이온 폴리머(Li-PB) 배터리의 음극은 어떤 물질로 되어 있는가?

① C(탄소) ② Li(리튬)
③ Ni(니켈) ④ Pb(납)

73 AGM(Absorbent Glass Mat) 배터리에 대한 설명으로 거리가 먼 것은?

① 극판의 크기가 축소되어 출력 밀도가 높아졌다.
② 유리섬유 격리판을 사용하여 충전 사이클 저항성이 향상되었다.
③ 높은 시동 전류를 요구하는 기관의 시동성을 보장한다.
④ 셀-플러그는 밀폐되어 있기 때문에 열 수 없다.

정답 68 ③ 69 ③ 70 ④ 71 ③ 72 ① 73 ①

74 상용 전원인 220V의 AC 전압을 이용하여 고전압 배터리를 충전할 수 있는 장치는?

① MCU ② OBC
③ LDC ④ HDCU

75 수소 연료전지 전기차의 1셀(Cell)은 약 몇 V 인가?

① 0.5~1V ② 1.2~1.5V
③ 2.1~2.3V ④ 3.7~3.75V

76 수소 연료전지 전기차의 주행 특성이 틀린 것은?

① 차량에 부하가 적을 경우, 스택에서 생산된 전기로 모터를 구동한다.
② 차량에 부하가 클 경우, 스택의 전기 생산량을 높여 모터에 공급되는 전압을 높인다.
③ 차량에 부하가 없을 경우, 회생제동으로 생산된 전기를 스택에 저장하여 연비를 향상시킨다.
④ 차량에 부하가 없을 경우, 스택으로 공급되는 연료를 차단하여 스택을 정지시킨다.

77 LPI(Liquified Petroleum Injection) 기관에서 인젝터가 연료분사 후 기화잠열에 의한 수분 빙결 현상을 방지하기 위한 것은?

① 아이싱 팁 ② 가스온도센서
③ 릴리프 밸브 ④ 과류방지 밸브

78 자동차 연료로써 압축천연가스(CNG)의 장점으로 틀린 것은?

① 질소산화물의 발생이 적다.
② 탄화수소의 점유율이 높다.
③ CO 배출량이 적다.
④ 옥탄가가 높다.

79 CNG(Compressed Natural Gas) 차량에서 연료량 조절밸브 어셈블리 구성품이 아닌 것은?

① 가스압력센서
② 가스온도센서
③ 연료온도조절기
④ 저압가스차단밸브

80 CNG 자동차에서 가스 실린더 내 200bar의 연료압력을 8~10bar로 감압시켜주는 밸브는?

① 마그네틱 밸브
② 저압 잠금밸브
③ 레귤레이터밸브
④ 연료량 조절밸브

정답 74 ② 75 ① 76 ③ 77 ① 78 ② 79 ③ 80 ③

저자 프로필

김형진 (前) 서울특별시 북부기술교육원
김승수 서울특별시 북부기술교육원

자동차정비산업기사 필기

초 판 인쇄 | 2013년 4월 20일
초 판 발행 | 2013년 4월 25일
개정 8판 발행 | 2023년 1월 5일
개정 9판 발행 | 2025년 1월 20일

저　자 | 김형진·김승수
발 행 인 | 조규백
발 행 처 | **도서출판 구민사**
　　　　　(07293) 서울특별시 영등포구 문래북로116 604호(문래동 3가, 트리플렉스)
전화 (02) 701-7421
팩스 (02) 3273-9642
홈페이지 www.kuhminsa.co.kr

신고번호 | 제2012-000055호(1980년 2월 4일)
I S B N | 979-11-6875-468-3　13550

값 29,000원

※ 낙장 및 파본은 구입하신 서점에서 바꿔드립니다.
※ 본서를 허락없이 부분 또는 전부를 무단복제, 게재행위는 저작권법에 저촉됩니다.